CARACTERÍSTICAS DEL DISEÑO

El contenido está organizado y presentado de manera funcional, lo que permite a los aprendices acceder a la información desde donde la necesiten.

Fuente: iStock@MarkBernard

Objetivos

Luego de finalizar este módulo, podrá hacer lo siguiente:

1. Identificar los tipos, usos y propiedades de los caños de plástico y sus accesorios.
   a. Identificar los tipos de caños de plástico y sus usos.
   b. Describir la clasificación según las dimensiones y el rotulado de los caños de plástico.
   c. Describir los diferentes tipos de conectores que se utilizan en los caños de plástico.
   d. Identificar los requisitos de almacenamiento y manipulación para los caños de plástico.
2. Describir los diferentes métodos para unir caños de plástico.
   a. Explicar cómo medir y cortar caños de plástico.
   b. Describir cómo se unen los caños de PVC y CPVC.
   c. Describir los procedimientos para instalar caños de PVC de campana y espiga.
   d. Describir los métodos para unir tuberías de PEX y PE.
3. Describir los métodos que se utilizan para instalar, proteger y probar los caños de plástico.
   a. Describir los sugetadores colgantes y soportes para sostener los caños.
   b. Describir la protección de los caños de plástico en lugares ocultos.
   c. Explicar los métodos de prueba de presión para caños de plástico.

Tareas prácticas

Bajo supervisión, podrá hacer lo siguiente:

1. Seleccionar los tipos de materiales correctos para los sistemas de tuberías de plástico.
2. Identificar los tipos de accesorios y válvulas y sus usos.
3. Seleccionar el equipo de protección personal adecuado para trabajar con caños de plástico.
4. Medir, cortar y unir caños de plástico de forma correcta.
5. Seleccionar el soporte y el espaciado correctos para la aplicación.

Generalidades

Con la incorporación de los caños de plástico, el trabajo de los plomeros cambió mucho. Los caños de plástico son resistentes, duraderos y no necesitan mucho mantenimiento. Todos los accesorios de plomería que existen pueden conseguirse en plástico. Los plomeros deben estar familiarizados con los diversos tipos de caños de plástico, ya que cada uno tiene propiedades y aplicaciones particulares. Además, deben saber usar los métodos y las herramientas especiales para medir, cortar e instalar caños y accesorios de plástico.

NOTA

Los códigos varían entre jurisdicciones. Por eso, es importante que consulte el código correspondiente cada vez que tenga dudas sobre las reglamentaciones. Consultar un conjunto incorrecto de códigos puede causar tantos problemas como no consultar ninguno. Consiga el código local aprobado, léalo y familiarícese con él. La Administración de Seguridad y Salud Ocupacional (OSHA) de los Estados Unidos redacta los códigos de seguridad.

Recursos digitales para plomería

Escanee este código con la cámara de su teléfono o dispositivo móvil para ver los recursos digitales relacionados con este oficio.

ESCANÉAME

Los alumnos pueden explorar el programa de Plomería con las pestañas codificadas por colores en la esquina superior derecha.

AF896679

Los objetivos enumeran las habilidades y el conocimiento que se necesitan para completar el módulo con éxito.

Las tareas prácticas le brindan una oportunidad de aplicar su conocimiento a trabajos reales.

La presentación de cada sección ofrece una estructura organizativa visual de la información. Los objetivos y las tareas prácticas se explican en detalle en cada sección.

1.0.0 Herramientas manuales utilizadas en la plomería

Tareas prácticas

1. Identificar las herramientas para plomería.
2. Utilizar las herramientas para plomería de forma adecuada.
3. Demostrar el mantenimiento y almacenamiento adecuados de herramientas manuales y electricas.

Objetivo

Describir las herramientas manuales que se utilizan en la plomería.

a. Identificar los requisitos básicos de seguridad para las herramientas manuales.
b. Identificar las herramientas de medición y disposición de los componentes que se utilizan en la plomería.
c. Explicar los tipos de herramientas de nivelación que se utilizan en la plomería.
d. Identificar las herramientas manuales de corte que se utilizan en la plomería.
e. Describir las herramientas que se utilizan para sujetar y ensamblar caños.
f. Identificar los martillos que utilizan los plomeros.
g. Describir los destornilladores que utilizan los plomeros.

La plomería, como cualquier otro oficio especializado, tiene sus propias herramientas. Debe familiarizarse con la amplia gama de herramientas manuales y eléctricas específicas de la plomería, así como con otras muchas herramientas de uso general necesarias en el oficio. Hay que saber utilizar las herramientas en forma correcta, seleccionar las adecuadas para cada tarea y preparar las superficies para su uso. Lo más importante es que respete todas las normas de seguridad y mantenimiento aplicables a las herramientas que utilice. Sus herramientas son su

1.1.0 Tipos de tubos de cobre

Hay cinco tipos diferentes de tubos de cobre: K, L, M, DWV y ACR (*aire acondicionado y refrigeración*). Cada tipo representa una serie de tamaños con diferentes espesores de pared. El tubo puede ser de cobre duro estirado o cobre suave y flexible recocido.

- El *cobre duro estirado* se fabrica mediante la tracción del tubo a través de matrices para reducir su diámetro. El proceso de estirado endurece el cobre y lo hace muy rígido.
- El *cobre recocido* se fabrica mediante el proceso de recocido, en el cual se calienta y se enfría lentamente el material para atenuar las tensiones internas. Esto reduce la fragilidad y aumenta la tenacidad.

Todos los tipos de tubos están disponibles en formas duras. Las formas **duras vienen en longitudes de 3 a 6 m (10 a 20 pies) y diámetros de 0.64 a 30.48 cm (¼ a 12 pulg.). Los tubos de cobre estirado se suelen utilizar en los sis-**

ACR: sistema de aire acondicionado y refrigeración.

Cobre duro estirado: tubo fabricado mediante tracción a través de matrices para reducir su diámetro. El proceso de estirado en frío endurece el cobre y lo hace muy rígido.

Recocido: proceso que implica calentar un material y enfriarlo lentamente para atenuar las tensiones internas. Esto reduce la fragilidad y aumenta la tenacidad.

Las palabras técnicas aparecen a un costado del texto en la misma página donde se las presenta por primera vez.

Las ecuaciones matemáticas paso a paso ayudan a que los conceptos sean claros y fáciles de comprender.

1.2.0 Suma y resta de números enteros

Suma: Resultado de un problema de suma. Por ejemplo, en la operación $7 + 8 = 15$, 15 es la suma.

Sumar significa combinar los valores de dos o más números juntos para obtener una suma o total. Para sumar números enteros, siga estos pasos:

$\begin{array}{r} 723 \\ +\ 84 \\ \hline \end{array}$	**Paso 1** Alinee los dígitos de los números superiores e inferiores por columnas de valor posicional.
$\begin{array}{r} 723 \\ +\ 84 \\ \hline 7 \end{array}$	**Paso 2** Comenzando por el lado derecho, sume primero los números ubicados en la columna de las unidades (el 3 y el 4).
$\begin{array}{r} \overset{1}{7}23 \\ +\ 84 \\ \hline 07 \end{array}$	**Paso 3** Siga sumando los dígitos de cada columna, de derecha a izquierda. En este ejemplo, si se suman el 2 y el 8 de la columna de las decenas, se obtiene 10. Esto requiere llevarse el 1 de la columna de las decenas a la siguiente columna de la izquierda. Para esto, coloque el 0 en la columna de decenas y lleve el 1 arriba de la columna de centenas, como se muestra.
$\begin{array}{r} \overset{1}{7}23 \\ +\ 84 \\ \hline 807 \end{array}$	**Paso 4** Sume el 7 que ya estaba en la columna de centenas al 1 que se llevó. El total resultante es 807.

Los códigos QR dirigen a los alumnos a videos que destacan el contenido que se presenta.

HISTORIAS DE ÉXITO: *Las credenciales son importantes. Empiece a construir su carrera hoy mismo*

Escanee este código con la cámara de su teléfono o dispositivo móvil para ver este video.

La información importante se presenta, resalta e ilustra para facilitar el aprendizaje.

La ubicación de imágenes cerca de la descripción del texto y los detalles como las leyendas y etiquetas ayudan a los aprendices a asimilar la información.

Para utilizar el cortatubos manual, siga estos pasos (consulte la *Figura 11*):

Paso 1 Coloque el cortatubos sobre la parte del tubo que desea cortar (*Figura 11* [*A*]). Apriete la perilla para forzar el disco de corte contra el tubo.

Paso 2 Realice el corte girando el cortador alrededor del tubo con una presión constante.

Paso 3 Utilice la cuchilla de escariado incorporada para eliminar las rebabas del interior del tubo (*Figura 11* [*B*]).

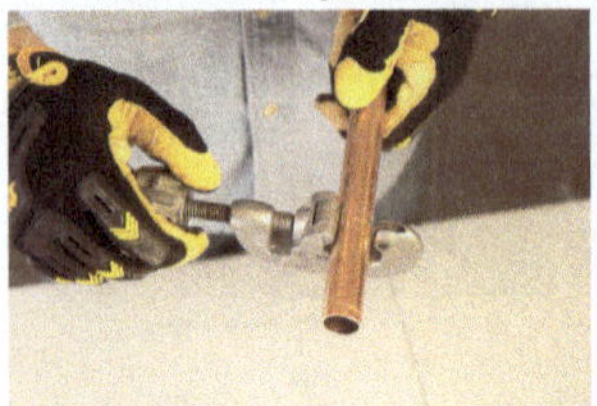

(A)

(B)

Figura 11 Uso de un cortatubos manual.
Fuente: Ridge Tool Company

PRECAUCIÓN

Utilice solo reductores en las instalaciones de caños de gas y nunca utilice reductores roscados, ya que pueden dañar los caños.

cerrar los caños abiertos (*Figura 12*). Los reductores roscados suelen utilizarse para conectar el extremo macho de un caño a un accesorio más grande. Los reductores roscados tradicionales tienen una tuerca hexagonal en el extremo hembra (*Figura 13*). Algunos acoplamientos tienen piezas de extensión, que son accesorios con aberturas hembra en un extremo y conexiones macho en el otro. Los juegos para aislar bridas utilizan una empaquetadura para evitar que las bridas entren en contacto entre sí al unirse, al tiempo que garantizan un sellado hermético en la unión. Las uniones con aislamiento se utilizan para proteger a los caños exteriores contra la corrosión galvánica.

Tapones macho avellanados con cavidad cuadrada y hexagonal para caños

Tapón macho para caños con cavidad cuadrada

Figura 11 Tapones macho.
Fuente: cortesía de Anvil International & Smith-Cooper

Figura 12 Tapón hembra.
Fuente: cortesía de Anvil International & Smith-Cooper

Figura 13 Reductor roscado.

Los recuadros nuevos resaltan la información sobre seguridad y otros temas importantes para los aprendices. Los recuadros de advertencia resaltan las situaciones potencialmente peligrosas, mientras que los recuadros de precaución alertan a los aprendices de los peligros que pueden dañar a los equipos. Los recuadros de notas proporcionan información adicional sobre un tema particular.

¡ADVERTENCIA!

Una sierra de cinta portátil siempre corta en dirección al usuario. Por esta razón, los trabajadores deben tener especial cuidado para evitar lesiones al utilizar este tipo de sierra. Lleve siempre el PPE adecuado y mantenga la concentración en el trabajo.

PRECAUCIÓN

Jamás suponga nada. Nunca está de más preguntar, pero puede ocurrir un desastre si no lo hace. Por ejemplo, no suponga que una fuente de energía eléctrica está desconectada. Primero pregunte si está desconectada y, luego, compruébelo usted mismo para estar completamente seguro.

NOTA

Esta capacitación por sí sola no proporciona ningún nivel de certificación en el uso de equipos de detención de caídas o equipo de sujeción contra asumir que los conocimientos adquiridos en caídas. Los alumnos no deben este módulo son suficientes para certificarlos en el uso de equipos de detención de caídas en una obra.

¿Sabías qué?

Louis Henry Sullivan, un arquitecto estadounidense de finales del siglo XIX, creó un nuevo estilo de arquitectura que originó edificios altos que aún seguían siendo bellos, un concepto único en esa época. Llamado el "padre de los rascacielos", es mejor conocido por su diseño del edificio Wainwright en St. Louis.

Las presentaciones con recuadros brindan información adicional que enriquece al texto.

Dibujos ortogonales

Los dibujos ortogonales se usan en los planos de elevación. Muestran vistas frontales de los diferentes lados de un objeto con dimensiones proporcionales a las dimensiones físicas reales. En los dibujos ortogonales, el diseñador traza líneas que son de las dimensiones reales. Doce pulgadas, por ejemplo, pueden representarse mediante representaciones ¹/₄ a escala pulgada en el plano. Del mismo modo, en un ejemplo en el que se utilizan medidas métricas con una proporción de 1:2, 30 milímetros pueden representarse con 15 milímetros en el dibujo.

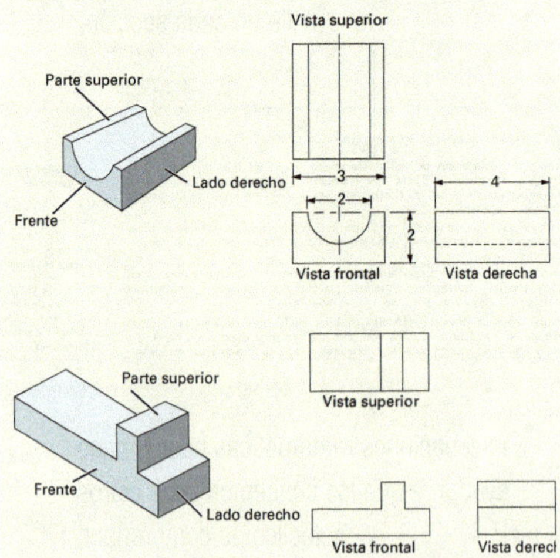

En todo el mundo

GOST

La OSHA trabaja para proteger a los trabajadores mediante el establecimiento de estándares de seguridad en los Estados Unidos, mientras que, en el ámbito internacional, se aplican otros sistemas. Uno de estos conjuntos de estándares técnicos que se aplica a nivel regional se conoce como "GOST".

Las normas GOST tienen un mayor alcance que las de la OSHA, ya que abarcan una gama mucho más amplia de temas que solo la seguridad de los trabajadores. La primera serie de normas GOST se publicó en 1968 como normas estatales de la antigua Unión Soviética. Tras la disolución de la Unión Soviética, GOST se convirtió en una norma regional utilizada por muchos miembros anteriores de la Unión Soviética. Aunque los países también pueden tener algunas normas propias, países como Bielorrusia, Moldavia, Armenia y Ucrania siguen utilizando las normas GOST. Sin embargo, las normas ya no son administradas por Rusia. En la actualidad, las normas son administradas por el Consejo Euroasiático de Normalización, Metrología y Certificación (EASC).

Iniciativa verde

Biodiésel

Las grúas y otros equipos utilizados en las maniobras de aparejamiento consumen mucho combustible, al igual que los demás equipos de una obra típica. La mayoría de los grandes camiones y equipos de construcción funcionan con combustible diésel. Estos vehículos y máquinas podrían volverse más ecológicos y utilizar biodiésel. El biodiésel es un combustible a base de aceite vegetal elaborado a partir de soja, canola y otros aceites vegetales de desecho. Incluso es posible fabricar biodiésel a partir del aceite de fritura reciclado de los restaurantes. El bio diésel se considera un combustible ecológico, ya que se fabrica con recursos renovables y productos de desecho. El biodiésel puede combinarse con el diésel normal en cualquier proporción o emplearse completamente solo. Esto significa que se puede utilizar cualquier combinación de biodiésel y diésel de petróleo normal, o que se puede alternar según las necesidades.

Pero, ¿qué beneficios tiene el biodiésel sobre otros combustibles tradicionales?

- No perjudica el medio ambiente. El biodiésel es sostenible y permite un uso mucho más eficiente de nuestros recursos que el diésel.
- No es tóxico. El biodiésel reduce los riesgos para la salud, como el asma y la contaminación del agua, que están relacionados con el diésel de petróleo.
- Produce menos emisiones de gases de efecto invernadero. El biodiésel es casi neutro en carbono y contribuye muy poco al calentamiento global.
- Puede mejorar la vida del motor. El biodiésel proporciona una excelente lubricación y puede reducir en gran medida el desgaste del motor.

Considere el impacto medioambiental que se produciría si todos los vehículos y equipos en cada lugar de trabajo se convirtieran al biodiésel. El uso de biodiésel también sigue aumentando en Europa, donde Alemania produce la mayor parte de estos combustibles. Sin embargo, incluso países minúsculos como Malta y Chipre tienen cierto nivel de producción.

En la sección Iniciativa verde, se analizan formas de conservar el medio ambiente, ahorrar energía y tomar buenas decisiones acerca del bienestar del planeta.

Las preguntas de repaso al final de cada sección y del módulo permiten a los alumnos evaluar su progreso.

Módulo 02102 Preguntas de repaso

1. Según la OSHA, una persona competente es ____.
   a. un trabajador capacitado para utilizar herramientas de manera adecuada
   b. un trabajador que puede identificar peligros
   c. un trabajador que puede identificar peligros y está autorizado para tomar medidas correctivas de inmediato
   d. cualquier capataz o supervisor en la obra
2. La sigla OSHA significa ____.
   a. Ley de Normas Ocupacionales para la Salud
   b. Administración de Servicios y Salud Ocupacionales
   c. Oficina de Administración de Seguridad y Salud
   d. Administración de Seguridad y Salud Ocupacional
3. Una forma sencilla para garantizar un lugar de trabajo seguro es ____.
   a. revisar el lugar de trabajo con frecuencia y mantenerlo ordenado
   b. comprar su propio kit de primeros auxilios
   c. guardar el equipo para mal tiempo en su baúl
   d. evitar trabajar en condiciones climáticas frías

Repaso de la sección 4.0.0

1. Si los trabajadores de la construcción recortan las paredes de una excavación en ángulo hasta el piso, se lo denomina ____.
   a. sistema en pendiente
   b. apuntalamiento
   c. cajón de entibación
   d. apertura de zanjas
2. Para que las condiciones laborales en un espacio confinado se consideren seguras, el nivel de oxígeno por volumen debe oscilar entre ____.
   a. el 6.5% y el 10.5%
   b. el 11.5% y el 14.5%
   c. el 19.5% y 23.5%
   d. el 24.5% y 28.5%
3. La cantidad mínima de aire fresco que exige la OSHA por cada empleado que trabaja bajo tierra es de ____.
   a. 100 pies cúbicos por minuto
   b. 100 pies cúbicos por hora
   c. 200 pies cúbicos por hora
   d. 200 pies cúbicos por minuto
4. Las válvulas de cierre, los interruptores de desconexión y los disyuntores son ejemplos de ____.
   a. dispositivos de desconexión de energía eléctrica
   b. dispositivos de eliminación de la energía
   c. dispositivos de bloqueo y etiquetado
   d. dispositivos de bloqueo múltiple

NCCERconnect

Este curso interactivo en línea es un complemento único en la web que brinda una serie de elementos visuales, auditivos e interactivos para potenciar la capacitación. También se incluye un texto electrónico completo.

Visite **www.nccerconnect.com** para obtener más información.

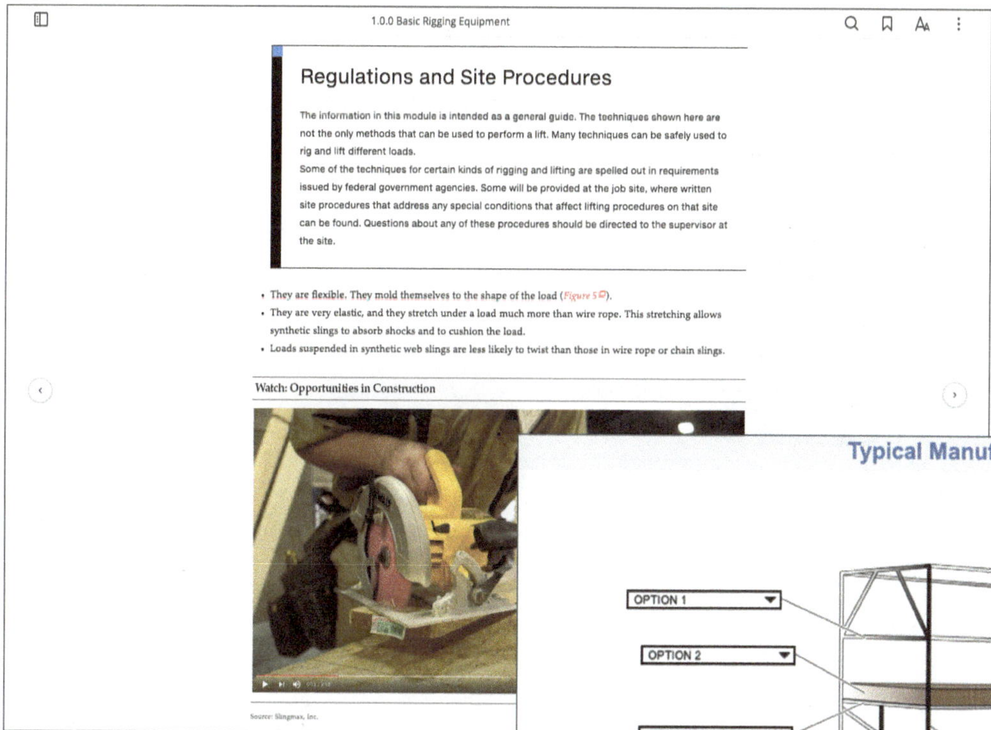

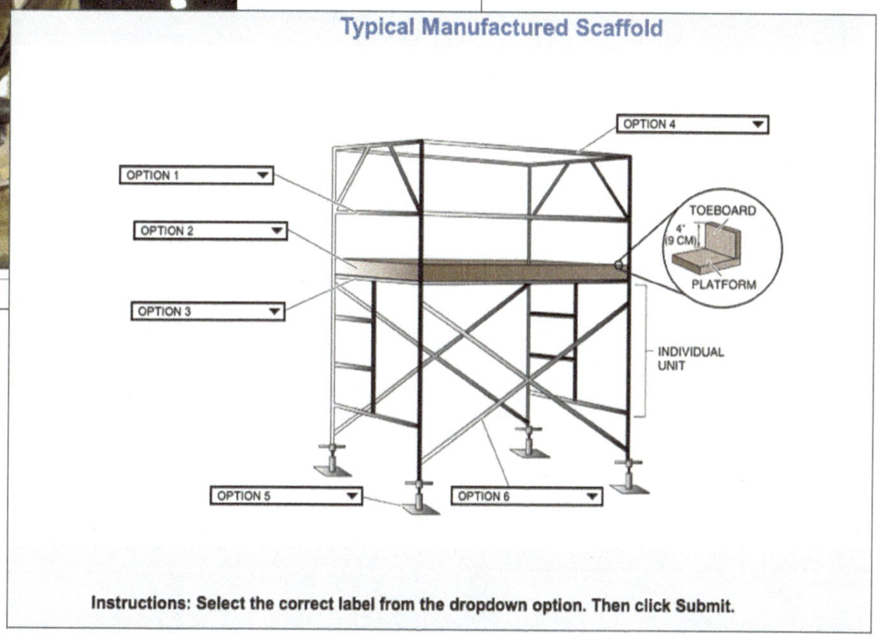

RECONOCIMIENTOS

Este plan de estudio fue revisado gracias a la visión y el liderazgo de los siguientes patrocinadores:

ABC Southern California Chapter
Construction Education Foundation, Inc.
Eredita Plumbing Services
Polk Mechanical
Porter & Chester Institute
Putnam Career & Technical Center
Santa Fe College
Simpson Strong-Tie
Southern Crescent Technical College
Victaulic
Winn's Career Education

Este plan de estudio no existiría si no fuera por la dedicación y el trabajo desinteresado de aquellos voluntarios que integraron el equipo de autores. Extendemos un sincero agradecimiento a las siguientes personas:

Jack Carbone
Marco A Castillo
Billy Elliott, Jr
Terry Lunt
Jim Mailey
Michael Manry
John Stronkowski
Kenny Tortorici

Nota final: Este libro es el resultado del esfuerzo colaborativo entre el personal de producción, editorial y desarrollo de Pearson Education, Inc. y del NCCER. Les agradecemos a todas las personas que se involucraron con dedicación en todas las etapas de este proyecto.

SOCIOS DEL NCCER

Para ver la lista completa de socios del NCCER, visite

www.nccer.org/about-us/partners.

ESCANÉAME

También puede escanear este código usando la cámara de su teléfono o dispositivo móvil para ver estas organizaciones asociadas.

ÍNDICE

Módulo 02101 Introducción a la plomería

1.0.0 El oficio de la plomería 2

1.1.0 Historia de la plomería 2

1.1.1 Los primeros sistemas de plomería 2

1.1.2 Una nueva organización profesional 4

1.1.3 La plomería en el siglo XX 4

1.2.0 La plomería en la actualidad 5

1.2.1 Responsabilidades en el oficio de la plomería 6

1.2.2 ¿Qué es la plomería? 7

1.2.3 Protección de la salud, la seguridad y el bienestar público 7

1.2.4 Las tres etapas de un proyecto de plomería 9

1.2.5 Códigos de plomería y licencias 9

Repaso de la sección 1.0.0 10

2.0.0 Las responsabilidades de un profesional de la plomería 11

2.1.0 Claves del éxito profesional 11

2.1.1 Actitud positiva 12

2.1.2 Honestidad 12

2.1.3 Lealtad 12

2.1.4 Voluntad de aprender 13

2.1.5 Responsabilidad 13

2.1.6 Cooperación 13

2.1.7 Atención a las normas y los reglamentos 13

2.1.8 Puntualidad y confiabilidad 13

2.1.9 Comunicación efectiva 14

2.1.10 Otras cualidades importantes 14

2.2.0 Oportunidades profesionales en el sector de la plomería 14

2.2.1 Capacitación formal en construcción 17

2.2.2 Programa de aprendizaje para jóvenes 17

2.2.3 Normas de capacitación para aprendices 18

2.2.4 Qué se espera del empleador o patrocinador 19

2.2.5 Qué se espera de un programa de capacitación 19

2.2.6 Qué se espera del Comité de capacitación para aprendices 20

Repaso de la sección 2.0.0 20

Módulo 02101 Preguntas de repaso 21

Módulo 02102 Seguridad en la plomería

1.0.0 Causas y consecuencias de los accidentes 26

1.1.0 Causas y costos de prácticas laborales inseguras 27

1.1.1 Prácticas inseguras 27

1.1.2 Condiciones inseguras 28

1.1.3 Costos y consecuencias 28

Repaso de la sección 1.0.0 30

2.0.0 Prevención de accidentes 30
2.1.0 Equipo de protección personal 30
2.1.1 Cascos 31
2.1.2 Gafas de seguridad, anteojos y protectores faciales 32
2.1.3 Guantes 33
2.1.4 Calzado de seguridad 34
2.1.5 Protección auditiva 34
2.1.6 Protección contra caídas 36
2.1.7 Protección respiratoria 38
2.1.8 Vestimenta y cuidado personal adecuados 42
2.2.0 Comunicación de peligros 42
2.2.1 Derecho a saber 43
2.2.2 Etiquetas 43
2.2.3 Hojas de datos de seguridad 45
2.2.4 Respuesta ante emergencias 45
2.3.0 Zonas de trabajo 46
2.3.1 Carteles 47
2.3.2 Señalizaciones 48
2.3.3 Barricadas y barreras 48
2.3.4 Superficies para caminar y trabajar 50
2.3.5 Vehículos motorizados 54
Repaso de la sección 2.0.0 57
3.0.0 Medidas de seguridad en el uso de las herramientas 58
3.1.0 Herramientas manuales 58
3.1.1 Herramientas con filo 58
3.1.2 Herramientas de impacto 58
3.1.3 Polvo y partículas en suspensión 59
3.2.0 Herramientas eléctricas 60
3.2.1 Herramientas eléctricas con cable 61
3.2.2 Herramientas neumáticas 62
3.2.3 Herramientas de combustible líquido 63
Repaso de la sección 3.0.0 64
4.0.0 Medidas de seguridad en áreas de trabajo específicas 64
4.1.0 Apertura de zanjas 64
4.1.1 Riesgos en la apertura de una zanja 65
4.1.2 Pautas para trabajar dentro de una zanja y a su alrededor 66
4.1.3 Señales de inestabilidad en una zanja 69
4.1.4 Fallos en zanjas 70
4.1.5 Haciendo la zanja más segura 70
4.2.0 Espacios confinados 71
4.2.1 Clasificación de los espacios confinados 75
4.2.2 Permisos de ingreso 75
4.2.3 Peligros atmosféricos 78
4.2.4 Peligros de explosión 78

4.2.5 Atmósferas tóxicas 79
4.2.6 Peligros adicionales 79
4.2.7 Monitoreo y pruebas 80
4.2.8 Ventilación 80
4.2.9 Equipo de protección personal 81
4.2.10 Comunicación 81
4.2.11 Capacitación 81
4.3.0 Seguridad subterránea 81
4.3.1 Acceso 82
4.3.2 Monitoreo de aire y ventilación 82
4.3.3 Iluminación 83
4.3.4 Comunicaciones 83
4.3.5 Equipo de protección personal 83
4.3.6 Peligros de explosión e incendio 83
4.3.7 Procedimientos de emergencia 84
4.4.0 Bloqueo y etiquetado 84
4.4.1 Secuencia para el bloqueo y etiquetado 85
4.4.2 Restitución de la energía 86
4.4.3 Autorización de retirada en caso de emergencia 86
4.5.0 Medidas y respuesta ante emergencias 86
Repaso de la sección 4.0.0 88
Módulo 02102 Preguntas de repaso 88

Módulo 02103 Herramientas del oficio de la plomería

1.0.0 Herramientas manuales utilizadas en la plomería 96
1.1.0 Seguridad de las herramientas manuales 97
1.1.1 La seguridad primero 97
1.2.0 Herramientas de medición y disposición de los componentes 98
1.2.1 Regla de plomero 98
1.2.2 Cinta métrica 99
1.2.3 Circómetro 99
1.2.4 Regla plegable 99
1.2.5 Escuadras 100
1.3.0 Herramientas de nivelación 101
1.3.1 Nivel de burbuja 101
1.3.2 Nivel de plomero 101
1.3.3 Nivel torpedo 102
1.3.4 Herramientas de nivelación láser 102
1.3.5 Plomada 104
1.3.6 Línea de tiza 105
1.4.0 Herramientas manuales de corte 105
1.4.1 Sierras para metales 106
1.4.2 Cinceles 108
1.4.3 Cortacaños manuales 109

1.4.4 Palas ... 112
1.5.0 Herramientas para el montaje y la sujeción ... 113
1.5.1 Llaves ... 113
1.5.2 Pinzas ... 117
1.5.3 Prensas ... 118
1.5.4 Roscadoras de trinquete ... 120
1.6.0 Martillos ... 120
1.6.1 Martillo sacaclavos ... 121
1.6.2 Martillo de bola ... 121
1.6.3 Maza ... 122
1.6.4 Perforadora para montantes metálicos ... 122
1.7.0 Destornilladores ... 123
1.7.1 Destornilladores de multiples puntas ... 123
Repaso de la sección 1.0.0 ... 125
2.0.0 Herramientas eléctricas ... 126
2.1.0 Seguridad de las herramientas eléctricas ... 126
2.1.1 Protección interruptor de circuito de falla a tierra (GFCI) ... 127
2.1.2 Cables de extensión ... 127
2.2.0 Herramientas eléctricas de corte ... 128
2.2.1 Sierras sable ... 128
2.2.2 Sierras de cinta portátiles ... 130
2.2.3 Sierras abrasivas ... 130
2.2.4 Amoladoras angulares ... 132
2.3.0 Herramientas para taladrar y perforar ... 132
2.3.1 Taladros eléctricos portátiles ... 133
2.3.2 Taladros inalámbricos ... 135
2.3.3 Brocas ... 135
2.3.4 Llaves de impacto ... 137
2.4.0 Herramientas para la conexión de caños ... 137
2.4.1 Máquinas eléctricas para roscar caños ... 137
2.4.2 Herramientas para ranurar caños ... 138
2.4.3 Herramientas para soldadura blanda ... 138
2.4.4 Herramientas de prensado ... 141
Repaso de la sección 2.0.0 ... 143
Módulo 02103 Preguntas de repaso ... 143

Módulo 02104 Introducción a la matemática aplicada a la plomería

1.0.0 Cálculos matemáticos básicos ... 150
1.1.0 Repaso de los números enteros ... 151
1.1.1 Valor posicional ... 151
1.1.2 Suma ... 151
1.1.3 Resta ... 151
1.1.4 Multiplicación ... 151
1.1.5 División ... 151

1.2.0 Repaso de fracciones 151
1.2.1 Fracciones equivalentes 152
1.2.2 Reducción a la mínima expresión 152
1.2.3 Denominador común 152
1.2.4 Fracciones impropias 153
1.2.5 Suma 153
1.2.6 Resta 153
1.2.7 Multiplicación y división 154
1.2.8 Números enteros y fracciones: problemas prácticos 154
1.3.0 Repaso de los decimales 155
1.3.1 Suma y resta 155
1.3.2 Multiplicación 156
1.3.3 División 156
1.3.4 Redondeo de decimales 157
1.3.5 Decimales: problemas prácticos 157
1.4.0 Repaso de los procesos de conversión 158
1.4.1 Conversión de decimales a porcentajes y de porcentajes a decimales 158
1.4.2 Fracciones a decimales 159
1.4.3 Decimales a fracciones 159
1.4.4 Pulgadas a sus equivalentes decimales en pies 162
1.4.5 Conversiones: problemas prácticos 162
1.5.0 Sistema métrico 163
1.5.1 Conversiones dentro del sistema métrico 163
1.5.2 Conversión de unidades de medidas 164
1.5.3 Conversión métrica: problemas prácticos 165
1.6.0 Cuadrados y raíces cuadradas 166
1.6.1 Cuadrados y raíces cuadradas: problemas prácticos 166
Repaso de la sección 1.0.0 166
2.0.0 Medición de los caños 167
2.1.0 Partes de un conector y dimensiones asociadas 167
2.1.1 Partes de un conector 167
2.1.2 Ajuste 169
2.1.3 Distancia del centro al extremo del conector 169
2.1.4 Cómo usar las tablas de los fabricantes 170
2.2.0 Cálculo de la longitud de un caño 174
2.2.1 Método de centro a centro 174
2.2.2 Método de extremo a centro 174
2.2.3 Método cara a cara 175
2.2.4 Principios generales de medición 175
Repaso de la sección 2.0.0 175
Módulo 02104 Preguntas de repaso 176

Módulo 02105 Introducción a los planos de plomería

1.0.0 Lectura de planos 184
1.1.0 Elementos de un conjunto de planos 184
1.1.1 Portada 187
1.1.2 Plano del sitio 187
1.1.3 Plano de cimientos 187
1.1.4 Plano de planta 187
1.1.5 Dibujos de elevación 187
1.1.6 Planos de la instalación eléctrica 190
1.1.7 Planos de HVAC/instalaciones mecánicas 190
1.1.8 Planos de plomería 190
1.1.9 Planos de coordinación 190
1.2.0 Componentes básicos de los planos 190
1.2.1 Rótulos y bloques de revisión 190
1.2.2 Planos de detalle y dibujos de corte transversal 192
1.2.3 Tablas de información 193
1.2.4 Notas, abreviaturas y leyendas 193
1.3.0 Escalas y acotaciones 193
1.3.1 Escala 194
1.3.2 Acotaciones 195
1.4.0 Símbolos y notas 196
1.4.1 Símbolos 196
1.4.2 Notas 199
1.5.0 Documentos del proyecto de plomería 199
1.5.1 Códigos 199
1.5.2 Especificaciones 200
1.5.3 Modelado de información de construcción 200
Repaso de la sección 1.0.0 201
2.0.0 Tipos de dibujos 202
2.1.0 Dibujos en perspectiva 202
2.1.1 Dibujos isométricos y oblicuos 202
2.1.2 Diagramas de tuberías ascendentes 204
2.2.0 Dibujos esquemáticos 204
2.3.0 Dibujos ortográficos 204
2.4.0 Tipos de planos de plomería 207
2.4.1 Datos técnicos aprobados 207
2.4.2 Dibujos de accesorios 208
2.4.3 Despieces 209
2.4.4 Dibujos en corte 209
Repaso de la sección 2.0.0 212
Módulo 02105 Preguntas de repaso 212

Módulo 02106 Caños de plástico y sus accesorios

1.0.0 Caños de plástico y sus accesorios 218
1.1.0 Caños de plástico 218
1.1.1 Usos y aplicaciones de los caños de plástico 219
1.1.2 Propiedades y tipos de caños de plástico 219
1.1.3 ABS 220
1.1.4 PVC 221
1.1.5 CPVC 221
1.1.6 PE 222
1.1.7 PEX 222
1.1.8 PB 222
1.2.0 Dimensionamiento y etiquetado de caños 223
1.2.1 Dimensionar tubería de plástico 223
1.2.2 Etiquetas y marcas 224
1.3.0 Conectores de caños de plástico 225
1.3.1 Accesorios para el suministro de agua 225
1.3.2 Válvulas de suministro de agua 226
1.3.3 Conectores DWV 227
1.4.0 Almacenamiento y manipulación de materiales 228
Repaso de la sección 1.0.0 229
2.0.0 Trabajar con caños de plástico y sus accesorios 229
2.1.0 Medición y corte de caños de plástico 229
2.1.1 Medición 229
2.1.2 Corte 230
2.2.0 Unión de caños de plástico y conectores 231
2.2.1 Soldadura con solvente 232
2.2.2 Unión de caños y accesorios de CPVC o PVC 233
2.3.0 Instalación de caños de PVC de campana y espiga 236
2.4.0 Unión de tuberías de plástico 237
2.4.1 Unión de tuberías de PEX 237
2.4.2 Unión de tuberías de PE 239
Repaso de la sección 2.0.0 240
3.0.0 Instalación, protección y monitoreo de caños de plástico .. 241
3.1.0 Soportes para caños 241
3.1.1 Sujetadores colgantes 241
3.1.2 Abrazaderas 243
3.2.0 Protección para caños ocultos 244
3.3.0 Pruebas de presión 246
Repaso de la sección 3.0.0 246
Módulo 02106 Preguntas de repaso 246

Módulo 02107 Tubos de cobre y sus accesorios

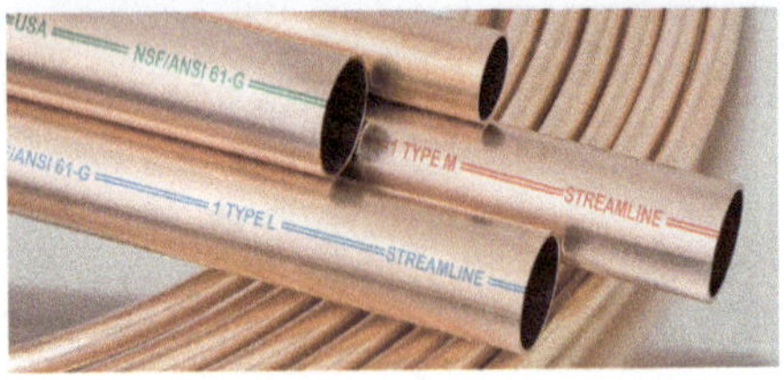

1.0.0 Tipos de tubos de cobre y sus accesorios 252
1.1.0 Tipos de tubos de cobre 253
1.2.0 Dimensionamiento y etiquetado de tubos de cobre 253
1.3.0 Accesorios y válvulas 254
1.3.1 Accesorios para el suministro de agua 254
1.3.2 Válvulas para el suministro de agua 256
1.3.3 Accesorios de drenaje, desagüe y ventilación (DWV) 258
1.3.4 Accesorios alternativos 258
1.4.0 Almacenamiento y manipulación de materiales 261
Repaso de la sección 1.0.0 261
2.0.0 Medición, corte y doblado 262
2.1.0 Medición 262
2.2.0 Corte 263
2.3.0 Doblado 264
2.4.0 Unión de tubos de cobre 264
2.4.1 Soldadura blanda 264
2.4.2 Creación de juntas por compresión 267
2.4.3 Creación de juntas abocardadas 268
2.4.4 Instalación de juntas mecánicas ranuradas 270
Repaso de la sección 2.0.0 270
3.0.0 Instalación y prueba de tubos de cobre 271
3.1.0 Sujetadores colgantes y soportes 271
3.1.1 Fijaciones para tubos 272
3.1.2 Conectores 273
3.1.3 Adjuntos estructurales 274
3.2.0 Aislamiento del tubo de cobre 275
3.3.0 Pruebas de presión 276
3.3.1 Pruebas de presión en los sistemas de suministro de agua 276
Repaso de la sección 3.0.0 277
Módulo 02107 Preguntas de repaso 278

Módulo 02108 Caños de hierro fundido y sus accesorios

1.0.0 Caño de hierro fundido 284
1.1.0 Caño con espiga y campana y caño sin campana 285
1.1.1 Espiga y campana 285
1.1.2 Sin campana 285
1.1.3 Tamaños y etiquetado 286
1.2.0 Conectores 287
1.2.1 Codos 287
1.2.2 Ramales 289
1.2.3 Reductores 292
1.2.4 Sifones 292

1.2.5 Almacenamiento y manipulación de los accesorios 292
Repaso de la sección 1.0.0 293
2.0.0 Medición, corte y unión 293
2.1.0 Medición y corte de caños de hierro fundido 294
2.1.1 Medición de caños con espiga y campana 294
2.1.2 Medición de caños sin campana 297
2.1.3 Corte de caños de hierro fundido 297
2.2.0 Unión de caños 298
2.2.1 Unión de caños con espiga y campana 298
2.2.2 Unión de caños sin campana 299
Repaso de la sección 2.0.0 301
3.0.0 Soporte, instalación y prueba de caños 301
3.1.0 Soporte para tramos de caños horizontales y verticales 301
3.1.1 Sujetadores colgantes y soportes 302
3.2.0 Instalación y prueba de caños de hierro fundido 304
3.2.1 Estructuras de madera 304
3.2.2 Estructuras de mampostería y hormigón 304
3.2.3 Prueba de las instalaciones 306
Repaso de la sección 3.0.0 307
Módulo 02108 Preguntas de repaso 307

Módulo 02109 Caños de acero y sus accesorios

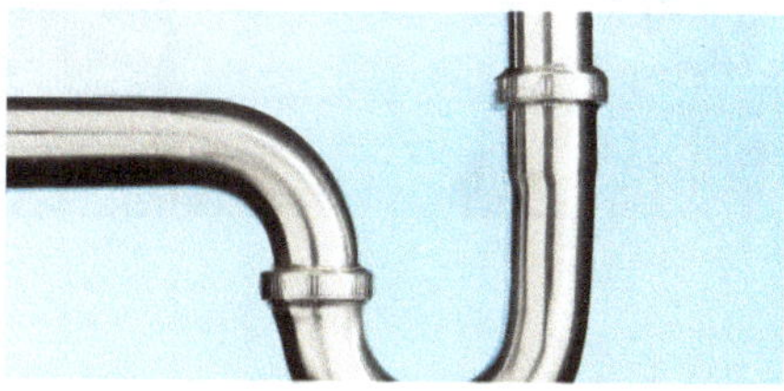

1.0.0 Caño de acero 314
1.1.0 Fuentes de, almacenamiento y manipulación de caños de acero ... 315
1.1.1 Origen y estándares de los caños de acero 315
1.1.2 Almacenamiento y manipulación de caños de acero 315
1.2.0 Roscas 315
1.3.0 Dimensionamiento y etiquetado de caños de acero 317
1.3.1 Dimensionamiento de caños 317
1.3.2 Etiquetado 318
1.4.0 Accesorios y válvulas 318
1.4.1 Conectores en T 319
1.4.2 Codos 320
1.4.3 Uniones 320
1.4.4 Acoplamientos y otros accesorios 321
1.4.5 Válvulas para caños roscados 322
1.4.6 Accesorios y válvulas para caños ranurados 324
Repaso de la sección 1.0.0 325
2.0.0 Medición, corte y unión de caños de acero 325
2.1.0 Trabajo con caños roscados 326
2.1.1 Medición 326
2.1.2 Corte 327
2.1.3 Escariado 327
2.2.0 Roscado 328

2.3.0 Unión de caños roscados 333
2.4.0 Ranurado y unión de caños ranurados 335
2.4.1 Ranurado de los extremos de los caños 335
2.4.2 Unión de caños ranurados 335
2.5.0 Tubo de acero inoxidable corrugado 337
2.5.1 Introducción al CSST 337
2.5.2 Dimensiones y etiquetas 338
2.5.3 Reguladores y válvulas 339
2.5.4 Tipos de instalaciones de CSST 339
Repaso de la sección 2.0.0 342
3.0.0 Instalación y soporte de caños 342
3.1.0 Soporte de caños y accesorios 343
3.1.1 Sujetadores colgantes y soportes 343
3.1.2 Accesorios de caños 343
3.1.3 Conectores 343
3.2.0 Fijaciones estructurales 346
Repaso de la sección 3.0.0 347
Módulo 02109 Preguntas de repaso 348

Módulo 02110 Introducción a las instalaciones de plomería

1.0.0 Instalaciones de plomería 354
1.1.0 Tipos de materiales 356
1.1.1 Porcelana vítrea 356
1.1.2 Esmalte porcelánico 357
1.1.3 Hierro fundido 357
1.1.4 Chapa de acero 357
1.1.5 Acero inoxidable 357
1.1.6 Plástico 357
1.2.0 Tipos básicos de instalaciones de baño 358
1.2.1 Fregaderos y lavabos 358
1.2.2 Bañeras 361
1.2.3 Cabinas de ducha 361
1.3.0 WC y mingitorios 362
1.3.1 Principios básicos de funcionamiento 363
1.3.2 Inodoros antiguos 363
1.3.3 Diseños de inodoros 364
1.3.4 Mingitorios con lavado por arrastre de agua 365
1.3.5 Mingitorios con chorro de sifón 366
1.3.6 Dispositivos de descarga 366
1.3.7 Mingitorios sin agua 367
1.3.8 Bidés 367
1.3.9 Conservación del agua 368
1.4.0 Instalaciones comunes de la cocina 369
1.4.1 Trituradores de residuos de alimentos 369

1.4.2 Lavavajillas domésticos ... 370
1.5.0 Otras instalaciones de plomería ... 372
1.5.1 Lavaderos ... 372
1.5.2 Fregaderos de servicio y lavatrapos ... 372
1.5.3 Desagües y sumideros de suelo ... 373
1.5.4 Bebederos y enfriadores de agua ... 373
1.5.5 Códigos locales de plomería ... 375
Repaso de la sección 1.0.0 ... 375
2.0.0 Grifería ... 376
2.1.0 Grifos de compresión y sin compresión ... 376
2.1.1 Grifos de compresión ... 377
2.1.2 Grifos sin compresión ... 379
2.2.0 Accesorios de cocina y baño ... 380
2.2.1 Grifos para fregaderos y lavabos ... 380
2.2.2 Accesorios combinados para ducha y bañera ... 380
2.3.0 Grifos de servicio ... 381
Repaso de la sección 2.0.0 ... 382
Módulo 02110 Preguntas de repaso ... 383

Módulo 02111 Introducción a los sistemas de drenaje, desagüe y ventilación (DWV)

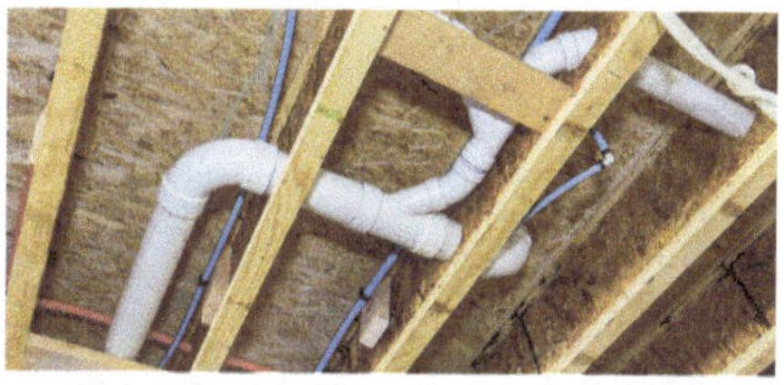

1.0.0 Descripción general del sistema de drenaje, desagüe y ventilación ... 388
1.1.0 Sistemas y componentes de DWV ... 388
1.1.1 Sistemas de DWV en edificios ... 390
1.1.2 Desagües fijos ... 390
1.1.3 Sistemas de drenaje ... 391
1.1.4 Ventilaciones ... 392
Repaso de la sección 1.0.0 ... 392
2.0.0 Sifones de DWV ... 392
2.1.0 Tipos y partes de los sifones ... 393
2.1.1 Sifones en P ... 393
2.1.2 Sifones en S ... 394
2.1.3 Interceptores ... 394
2.1.4 Partes de los sifones ... 396
2.2.0 Instalación de sifones ... 396
2.2.1 Requisitos de instalación ... 396
2.2.2 Pérdida del sello del sifón ... 397
2.2.3 Sifonaje ... 398
2.2.4 Aspiración ... 398
2.2.5 Impulso ... 399
2.2.6 Oscilación ... 399
2.2.7 Contrapresión ... 399
2.2.8 Evaporación ... 400
2.2.9 Capilaridad ... 400
2.2.10 Grietas ... 400

Repaso de la sección 2.0.0 ..... **400**

3.0.0 Accesorios de DWV 400

3.1.0 Accesorios y aplicaciones en DWV **402**

3.1.1 Ventilación 402

3.1.2 Codos 403

3.1.3 Adaptadores 405

3.1.4 Puntos de acceso al drenaje 406

3.1.5 Conectores en T 406

3.1.6 Conectores Y 407

3.1.7 Accesorios diversos 409

Repaso de la sección 3.0.0 ..... **409**

4.0.0 Construcción de DWV y conexiones al alcantarillado 409

4.1.0 Tipos de sistemas de alcantarillado y sus componentes **410**

4.1.1 Pendiente 410

4.1.2 Drenaje del edificio 411

4.1.3 Puntos de acceso al drenaje 411

4.1.4 Alcantarillado del exterior del edificio 412

4.1.5 Red de alcantarillado 412

4.1.6 Sistemas municipales de tratamiento de aguas residuales 412

4.1.7 Sistemas privados de eliminación de aguas residuales 413

4.2.0 Códigos de plomería **414**

4.2.1 El impacto del código en sistemas de desagüe y alcantarillado 414

Repaso de la sección 4.0.0 ..... **415**

Módulo 02111 Preguntas de repaso 415

Módulo 02112 Introducción a los sistemas de distribución de agua

1.0.0 Tipos de sistemas de distribución 420

1.1.0 Fuentes de agua **420**

1.2.0 Tratamiento del agua **423**

1.2.1 Desinfección de un sistema de suministro de agua 424

1.2.2 Presión del agua 425

1.3.0 Suministro y distribución **426**

1.3.1 Materiales 426

1.3.2 Línea de servicio particular de un suministro privado 426

1.3.3 Línea de servicio particular desde una red pública de suministro de agua 427

1.3.4 Pruebas de la red de suministro de agua 429

Repaso de la sección 1.0.0 ..... **430**

2.0.0 Componentes del sistema de distribución de agua 430

2.1.0 Prevención de la contaminación **430**

2.1.1 Espacios de aire 430

2.1.2 Válvula vacuorreguladora 431

2.1.3 Válvulas antirretorno 431

2.2.0 Válvulas 433
2.2.1 Tipos de válvulas 433
2.2.2 Válvula de compuerta 433
2.2.3 Válvula de globo 435
2.2.4 Válvula en ángulo 436
2.2.5 Válvula esférica 436
2.2.6 Válvula de retención 436
2.2.7 Manorreductor 437
2.2.8 Válvula de corte de suministro 438
2.2.9 Válvula de alivio de temperatura y presión 438
2.2.10 Válvula atemperadora 438
Repaso de la sección 2.0.0 439
3.0.0 Distribución de agua en edificios 439
3.1.0 Colocación de los componentes principales del sistema 440
3.1.1 Ubicación del calentador de agua 440
3.1.2 Ubicación del descalcificador de agua 440
3.1.3 Ubicación de grifos para mangueras 441
3.1.4 Colocación de las instalaciones 441
3.2.0 Tuberías de suministro 441
3.2.1 Líneas principales de suministro 441
3.2.2 Líneas de ramales y tuberías ascendentes 442
Repaso de la sección 3.0.0 443
Módulo 02112 Preguntas de repaso 443

Apéndices de plomería

Apéndice A: Respuestas a las preguntas de repaso 447
Apéndice 02101A 449
Apéndice 02103A 451
Apéndice 02105A 453
Recursos adicionales 461
Glosario 465

MÓDULO 02101

Introducción a la plomería

Fuente: iStock@Cylonphoto

Objetivos

Luego de finalizar este módulo, podrá hacer lo siguiente:

1. Describir el oficio de la plomería.
   a. Describir la historia de este oficio.
   b. Describir el oficio de la plomería en la actualidad.
2. Identificar las responsabilidades de la persona que trabaja en el sector de la plomería.
   a. Indicar las características personales del profiesonista.
   b. Identificar las oportunidades profesionales en la industria de la plomería.

Tareas prácticas

Este es un módulo de conocimientos teóricos. No hay tareas prácticas.

Generalidades

Los plomeros se encargan de proteger la salud, la seguridad y el bienestar de las personas en todo el mundo. Para ello, instalan, realizan el mantenimiento y reparan sistemas de plomería que suministran agua potable y eliminan las aguas residuales nocivas con organismos peligrosos. La capacitación de calidad y las habilidades de pensamiento crítico son esenciales para ser un buen plomero. Tener una ética de trabajo profesional y buenos hábitos en cuanto a la seguridad también contribuyen, en gran medida, a triunfar en este oficio.

NOTA

Los códigos varían entre jurisdicciones. Por eso, es importante que consulte el código correspondiente cada vez que tenga dudas sobre la normativa. Consultar un conjunto incorrecto de códigos puede causar tantos problemas como no consultar ninguno. Consiga el código local aprobado, léalo y familiarícese con él. La Administración de Seguridad y Salud Ocupacional (OSHA) de los Estados Unidos redacta los códigos de seguridad.

NCCER Credenciales reconocidas en la industria

Si está capacitando a través de un patrocinador acreditado por el NCCER, puede ser elegible para obtener credenciales del NCCER. El número de identificación de este módulo es 02101. Tenga en cuenta que este módulo puede haber sido utilizado en otros planes de estudios del NCCER y puede aplicarse a la realización de otros niveles. Comuníquese con el NCCER al 1.888.622.3720 o visite **www.nccer.org** para obtener más información.

También puede mostrar en línea sus credenciales reconocidas por el sector con las insignias digitales del NCCER. Transforme sus conocimientos, habilidades y logros en insignias que puede compartir en las plataformas de redes sociales, enviar a su red y agregar a su currículum. Para obtener más información, visite **www.nccer.org**.

Recursos digitales para plomería

ESCANÉAME

Escanee este código con la cámara de su teléfono o dispositivo móvil para ver los recursos digitales relacionados con este oficio.

1.0.0 El oficio de la plomería

Tareas prácticas

No hay tareas prácticas en esta sección.

Objetivo

Describir el oficio de la plomería.

a. Describir la historia de este oficio.

b. Describir el oficio de la plomería en la actualidad.

Plomería: según el Código Nacional de Normas de Plomería, se trata de "la práctica, los materiales y los accesorios que se encuentran dentro de una estructura o transporte de un edificio o adyacente, utilizados en la instalación, el mantenimiento, la ampliación, la modificación y la eliminación de todas las tuberías, los accesorios sanitarios, dispositivos sanitarios y los accesorios preensamblados...".

La plomería ha influido profundamente en el desarrollo de la sociedad moderna al mejorar la salud y la seguridad pública. Los sistemas de plomería les permiten a las personas disponer de agua dulce limpia y potable para beber, lavar, cocinar y muchos otros usos. Asimismo, reducen la propagación de enfermedades al drenar de forma segura las aguas residuales que contienen organismos nocivos. Un saneamiento mejorado contribuye a prolongar la esperanza de vida de hombres, mujeres y niños. Los sistemas de plomería también les permiten a las personas combatir incendios, regar el césped, llenar piscinas y realizar muchas actividades cotidianas.

1.1.0 Historia de la plomería

Drenaje, desagüe y ventilación (DWV - Drain, Waste, and Vent): sistema de tuberías que combina el desagüe sanitario con la ventilación.

La plomería es el resultado de miles de años de mejorías, inventos e innovaciones. Los sistemas de plomería, incluidos los sistemas de **drenaje, desagüe y ventilación (DWV)**, han sido esenciales para la protección de la salud y la seguridad públicas. Con el tiempo, estos sistemas han evolucionado a tal punto que, en la actualidad, muchas enfermedades comunes transmitidas por el agua ya no son tan frecuentes en los Estados Unidos.

1.1.1 Los primeros sistemas de plomería

Los arqueólogos han estimado que los primeros sistemas rudimentarios de plomería estaban en uso tan temprano como el año 2900 a. C. En la Mesopotamia (Irak en la actualidad), se han encontrado caños de barro, alcantarillas de mampostería, inodoros y sistemas de drenaje que respaldan esta hipótesis.

Acueducto: canaleta fabricada por el hombre para transportar agua.

En el año 312 a. C., los romanos comenzaron a llevar agua a Roma a través de un sistema de **acueductos** o sistema de canales para transportar agua. La mayoría de los acueductos estaban formados por zanjas de piedra descubiertas que empleaban la gravedad para transportar el agua cuesta abajo. Los más afamados acueductos en arco no eran tan comunes como los sencillos sistemas de zanjas. Para el año 100 d. C., los avances en estos sistemas eran tales que permitieron a Roma construir y mantener baños públicos y fuentes por toda la ciudad. Los acueductos también se utilizaban para drenar los residuos y verterlos en el río aguas abajo de la ciudad. En la *Figura 1* se muestra un acueducto que data de la época del Imperio romano.

Los arqueólogos e historiadores creen que el uso extendido de los caños de plomo en las antiguas ciudades romanas puede haber contribuido a la caída del imperio. El plomo es perjudicial para el cerebro, el sistema nervioso y órganos vitales como el hígado. El agua transportada por estos caños podría haber envenenado gradualmente a muchas personas en el Imperio romano.

Plumbum: palabra latina para *plomo*.

Plumbarius: término romano para designar a la persona que trabaja con plomo. Es la raíz de la palabra *plomero*.

Plomero: persona que instala o repara sistemas de plomería y accesorios sanitarios.

De los romanos deriva la palabra que actualmente utilizamos para describir a quienes instalan y mantienen sistemas de suministro de agua y de desagüe. La palabra latina para *plomo* es **plumbum**, y la persona que trabajaba con este material se llamaba **plumbarius**. Con el paso de los siglos, esta palabra antigua evolucionó a un término que usted conoce muy bien: **plomero**.

Durante el siglo V d. C., los godos invadieron Roma, y el Imperio romano llegó a su fin. Las ciudades romanas y sus infraestructuras quedaron en la ruina. Gran parte de la ciencia, las matemáticas y la tecnología de la edad de oro romana y griega fue cayendo en el olvido. El período posterior a la caída de Roma (del 500 d. C. al 1400 d. C.) suele denominarse la *Edad del Oscurantismo* debido al declive social y cultural que supuso esta pérdida.

Durante ese período, las personas dejaron de lado el saneamiento y la higiene. Tiraban las aguas residuales en las calles y no almacenaban ni preparaban sus alimentos de forma saludable. Como resultado, durante esos años, murieron más personas a causa de enfermedades que por las guerras. Algunos historiadores estiman que un tercio

Figura 1 Antiguo acueducto romano.
Fuente: iStock@aronaze

de la población europea pereció debido a enfermedades propagadas por condiciones de vida insanitarios. Estas condiciones provocaron epidemias, como la peste bubónica y la viruela, que mataron a cientos de miles de personas en todo el continente.

Sin embargo, a mediados de la primera década de 1300, el saneamiento volvió a las ciudades europeas. Durante esa época, se colocó la primera tubería de suministro de agua en Londres. Los baños y balnearios antiguos construidos por los romanos en Inglaterra volvieron a utilizarse durante el siglo XVI. En ese período, resurgió el oficio de la plomería. En el año 1625 se promulgaron las primeras leyes de aprendices en la plomería en Inglaterra. Otros países empezaron a desarrollar sistemas de suministro de agua. Poco a poco surgió una nueva era de conciencia sanitaria.

La inspiración y la innovación desempeñaron un papel importante en el desarrollo de la plomería moderna, pero los desastres también tuvieron su cuota de participación. En 1666, después de que el gran incendio de Londres casi destruyera la ciudad, los ciudadanos organizaron las primeras brigadas de bomberos y ampliaron el sistema de suministro de agua. En los Estados Unidos, las fatales epidemias de cólera en Filadelfia y en Nueva York en los años 1793 y 1832, respectivamente, impulsaron la construcción de sistemas de suministro de agua mejorados. Lo mismo ocurrió en muchas ciudades después de los terremotos en California.

El primer inodoro con limpieza por descarga de agua de Thomas Crapper

La invención del primer inodoro con limpieza por descarga de agua se atribuye al plomero londinense Thomas Crapper. Fue el creador de muchas innovaciones, desde drenajes y bocas de inspección hasta uniones para caños. Uno de sus inventos más famosos fue el primer inodoro "moderno", que utilizaba un sistema de sifón en forma de U para descargar los desechos depositados en la taza. En realidad, según los registros, la patente de este dispositivo se concedió a Albert Giblin. Es probable que Crapper comprara los derechos de la patente a Giblin y, luego, comercializara él mismo el dispositivo. La asociación de Crapper con el aparato puede haberse originado durante la Primera Guerra Mundial, cuando los soldados utilizaban su nombre para referirse a los inodoros que veían al pasar por Inglaterra camino a los frentes de batalla en Europa. Aun en la actualidad se siguen fabricando e instalando modelos personalizados del inodoro de Crapper, como el que aparece en esta imagen.

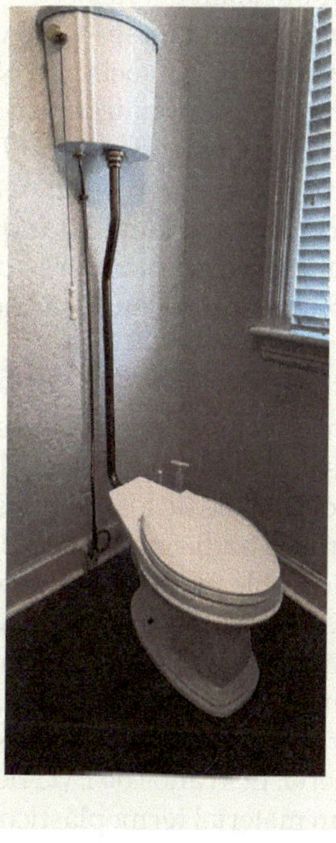

De hecho, los Estados Unidos han aportado muchos de los avances más notables en la tecnología de la plomería, así como en normas sanitarias y de seguridad. Los primeros colonos de Norteamérica trajeron consigo la idea de que los baños y balnearios tenían propiedades curativas. En el año 1652, la ciudad de Boston desarrolló los primeros sistemas de suministro de agua, utilizando tuberías de madera tanto para la extinción de incendios como para uso privado. En al año 1804, en Filadelfia, se comenzaron a utilizar tuberías de hierro fundido para la red hídrica. A mediados de la primera década de 1800, las residencias estadounidenses solían disponer de baños privados exteriores que funcionaban con pozos o cisternas.

No fue hasta mediados del siglo XIX cuando, en los Estados Unidos, se empezaron a desarrollar redes prácticas de suministro de agua y saneamiento. En el año 1857, un ingeniero llamado John Adams diseñó un sistema de alcantarillado para Brooklyn, Nueva York. Cuando observó que funcionaba a la perfección, publicó su diseño para que otras ciudades pudieran adoptarlo.

PRECAUCIÓN

El cloro es muy tóxico y corrosivo. También es altamente inflamable. Reacciona bruscamente con muchas sustancias químicas, incluida el agua. Siempre utilice el equipo de protección personal adecuado (PPE) cuando trabaje con cloro en estado líquido o gaseoso. Siempre consulte la hoja de datos de seguridad (SDS) antes trasladar, almacenar o manipular recipientes con cloro.

Cloro: un gas pesado de color amarillo-verdoso que se utiliza como desinfectante en el tratamiento del agua. Solo se lo debe manipular con el equipo de protección personal adecuado.

Aun así, el tratamiento de las aguas residuales seguía representando un problema para muchas ciudades. El primer avance en lo que respecta a la purificación del agua fue un filtro de arena lento instalado en Richmond, Virginia, en el año 1832. Más tarde, los científicos descubrieron que el tratamiento del suministro de agua con **cloro** (un gas pesado de color amarillo-verdoso) combatía las bacterias mortales. Tras este descubrimiento, las ciudades de los Estados Unidos e Inglaterra comenzaron a tratar las aguas residuales con cloro.

A pesar de estos avances, los sistemas de plomería de mediados del siglo XIX no eran lo bastante complejos ni grandes para abastecer el rápido crecimiento de las ciudades y las poblaciones producto de la Revolución Industrial. En al año 1855, en Chicago, se seguía dependiendo de pozos individuales y del río Chicago para mantener a una población de 75,000 habitantes. La densidad poblacional de las ciudades industriales de los Estados Unidos amenazaba con agotar las reservas locales de agua y saturar los ríos y arroyos con aguas residuales. En consecuencia, el oficio de la plomería tuvo que evolucionar con el tiempo para satisfacer estas nuevas demandas.

1.1.2 Una nueva organización profesional

A finales del siglo XIX, los fabricantes y distribuidores de artículos nuevos de plomería vendían sus productos directamente, como componentes individuales. Ignoraban el hecho que estos elementos debían combinarse e instalarse en un sistema de plomería correctamente diseñado para poder funcionar. Los distribuidores no se hacían responsables de la debida instalación de estos sistemas. Los resultados eran obvios. La gente utilizaba sistemas de plomería deficientes e inseguros que podían empeorar las condiciones sanitarias en lugar de mejorarlas. Si se experimentaba alguna falla, se solía culpar a los plomeros. Si bien estos tenían los conocimientos y la capacidad para instalar sistemas de plomería seguros y eficaces, los fabricantes y distribuidores monopolizaban el oficio.

Como resultado, se formó una organización denominada la *National Association of Master Plumbers* (Asociación Nacional de Maestros Plomeros) que adoptó un conjunto de pautas profesionales en su segunda convención anual en Baltimore, Maryland, en el año 1884. Conocidas como *The Baltimore Resolutions* (las Resoluciones de Baltimore), estas pautas consiguieron, por fin, que los plomeros tomaran las riendas de su oficio. Contribuyeron a garantizar que las instalaciones de plomería en los Estados Unidos cumplieran con estándares de seguridad y sanidad, y exigieron a los plomeros el cumplimiento de rigurosas normas profesionales típicas de otros oficios.

Termoplástico: material plástico que se utiliza en plomería y sistemas sanitarios; es blando y flexible cuando se calienta, y duro y rígido cuando se enfría.

Termoestable: material plástico utilizado en plomería y sistemas sanitarios que se vuelve muy infusible e insoluble cuando se lo trata con calor o productos químicos.

PVC (policloruro de vinilo o polyvinyl chloride): material termoplástico que se utiliza con frecuencia en los tubos de los sistemas de agua fría; se trata del primer tipo de plástico aprobado para utilizarse en plomería.

1.1.3 La plomería en el siglo XX

El saneamiento y la medicina siguen siendo, en gran medida, responsables del cuidado de la salud pública en los Estados Unidos. Desde 1910 se ha logrado un enorme progreso en el desarrollo de los métodos y las tecnologías de la plomería. La confiabilidad de los materiales tradicionales de las tuberías, como el cobre y el hierro fundido, ha mejorado considerablemente. Los nuevos componentes **termoplásticos** (blandos y flexibles cuando se calientan) y **termoestables** (cambian a estado sólido con el calor) han tenido un impacto significativo en la plomería. Las propiedades físicas de estos plásticos los hacen ideales para los sistemas sanitarios. El **PVC (policloruro de vinilo o polyvinyl chloride)**, creado en los años treinta, fue el primer plástico que se utilizó para la plomería. Los caños de PVC tienen una resistencia muy alta a los impactos y se fabrican con un material termoplástico. Tienen una vida útil indefinida que soporta la mayoría de las condiciones. Los plomeros suelen utilizar el PVC para los sistemas de agua fría. Los fabricantes han mejorado los **accesorios** sanitarios, que son dispositivos que reciben agua de una línea de suministro. Los accesorios más comunes son los fregaderos, la grifería, las cabinas de ducha y los inodoros.

En 1911, la empresa Kohler diseñó la primera bañera de una pieza. Antes de este tiempo, los baños consistían en una tina y un delantal circundante separado. El invento de Kohler era mucho más higiénico y atractivo. En 1926, la misma empresa introdujo en el mercado el fregadero eléctrico, que era una combinación del fregadero convencional y el lavavajillas eléctrico.

Otros inventores fundaron empresas cuyos nombres resuenan incluso en la actualidad. Al Moen posee más de setenta y cinco patentes y es el creador de la grifería monocomando. En 1906, William Sloan creó una válvula de descarga que proporcionaba agua a presión siempre que el usuario la necesitara. La empresa de Halsey W. Taylor sigue fabricando diversos bebederos higiénicos.

Accesorios: dispositivos que reciben agua de una línea de suministro. Los accesorios más comunes son los fregaderos, las cabinas de ducha y los inodoros.

1.2.0 La plomería en la actualidad

El agua dulce representa aproximadamente el 3% del agua de la Tierra. Dado que la mayor parte del agua dulce se encuentra en los casquetes polares, los glaciares, o debajo de la superficie terrestre, solo disponemos de un 0.5% para consumo y uso. En muchos lugares, el uso excesivo del suministro subterráneo ha provocado el **agotamiento de acuíferos**, que se produce cuando el agua dulce subterránea se utiliza más rápido de lo que tarda en reabastecerse. Dos de los acuíferos más grandes de los Estados Unidos son el acuífero Floridano, que yace bajo todo el estado de Florida y partes de Georgia, Alabama y Carolina del Sur, y el acuífero Ogallala, que se extiende desde Texas hasta Dakota del Sur. Ambos acuíferos han sufrido problemas graves de agotamiento de aguas subterráneas debido a la agricultura y a la demanda de la población.

Al comienzo del siglo XXI, las sociedades de todo el mundo empezaron a reconocer la necesidad de optimizar el uso de los recursos naturales, sobre todo el agua dulce. La labor en este sentido seguirá repercutiendo en la profesión de la plomería durante muchos años. En este sentido, se destacan prácticas como la **captación de agua de lluvia** (recolección y almacenamiento de agua de lluvia que puede volver a utilizarse), la reutilización de **aguas grises** (agua que proviene del lavado de ropa y bañeras) e innovaciones como el **canal de biofiltración** (una depresión en el suelo que filtra los contaminantes de las aguas pluviales). En muchos lugares también se reutiliza el **agua regenerada** en sistemas que no se destinan al consumo humano, como los accesorios con descarga de agua. Este tipo de agua pasa por un filtrado para quitar impurezas y sólidos.

En el 2000, el ***Consejo de Construcción Ecológica de los Estados Unidos* (USGBC)**, organización sin fines de lucro fundada en 1993, creó el sistema de certificación de construcción sustentable ***Liderazgo en Energía y Diseño Ambiental* (LEED)**. Esta certificación les permite a los contratistas identificar y aplicar métodos mejorados para el diseño, la construcción, el funcionamiento y el mantenimiento de edificios sustentables. De los 110 puntos que se pueden obtener en la escala de calificación de LEED, entre 10 y 14 corresponden a la categoría de **eficiencia hídrica**, es decir, al uso controlado del agua potable para reducir el desperdicio. En otras categorías también se aborda el aprovechamiento del agua. Tanto las agencias federales como los gobiernos estatales exigen que todas las construcciones nuevas cumplan con la certificación LEED; por eso, resulta fundamental que los plomeros conozcan estas normas y que trabajen conforme a ellas.

En algunas zonas del país, los plomeros también se encargan de instalar y mantener sistemas **geotérmicos** y de **agua calentada por energía solar**. Consulte el **código** pertinente a su localidad para determinar si los plomeros de su zona realizan la instalación y mantenimiento de estos sistemas.

Hoy en día, la mayoría de la educación en la plomería se enfoca en la construcción nueva de viviendas y locales comerciales, al igual que la mayoría de los exámenes estatales de fontanería. Sin embargo, esto no logra apreciar que un porcentaje significativo de todos los plomeros se dedica a la parte de servicios en la industria. De hecho, los nombres más reconocidos en el sector corresponden a grandes franquicias nacionales de mantenimiento de sistemas de plomería. La plomería de construcciones modernas hace hincapié en el diseño y el cumplimiento básico de los códigos de plomería. El mantenimiento de los sistemas de plomería se centra en la resolución de problemas, la localización de fallas y la modernización continua

Agotamiento de acuíferos: uso de agua dulce subterránea a un ritmo más rápido de lo que tarda en reabastecerse.

Captación de agua de lluvia: recolección y almacenamiento de agua de lluvia para el riego.

Aguas grises: agua que proviene de los baños y las lavadoras.

Canal de biofiltración: depresión en el suelo que filtra los contaminantes de las aguas pluviales.

Agua regenerada: aguas residuales a las que se les han eliminado las impurezas y los sólidos para poder reutilizarse como agua no potable.

Consejo de Construcción Ecológica de los Estados Unidos (USGBC - United States Green Building Council): organización del oficio de la construcción sin ánimo de lucro responsable del desarrollo de LEED.

Liderazgo en Energía y Diseño Ambiental (LEED - Leadership in Energy and Environmental Design): sistema para certificar que un edificio se ha diseñado y construido de acuerdo con los estándares ambientales.

Eficiencia hídrica: uso gestionado del agua potable para reducir los residuos.

Geotérmico: calor que se genera bajo la superficie de la tierra.

Agua calentada por energía solar: agua que se ha calentado por la luz solar de forma directa o indirecta.

Código: requisitos que adoptan los gobiernos locales y estatales con el fin de establecer normas mínimas para diversos tipos de construcción. Un código tiene fuerza de ley una vez adoptado por la autoridad competente (AHJ).

de los accesorios sanitarios a medida que es necesario repararlos y sustituirlos. Ser experto en ambos aspectos del sector supone una ventaja inmensa. La experiencia de la construcción nueva ayuda a los profesionales de la plomería a comprender qué hay dentro de una pared o debajo del suelo y por qué está ahí. La experiencia en mantenimiento fomenta la importancia de las opciones iniciales del diseño para abordar los desafíos futuros de cada sistema.

1.2.1 Responsabilidades en el oficio de la plomería

La plomería está prácticamente en todas partes: en cocinas y baños; en campos de golf, en parques, y en los sistemas municipales de saneamiento, alcantarillado y suministro de agua. Debido a que el entorno creado por el ser humano depende de la plomería, los plomeros desempeñan un papel muy importante en la sociedad. Los sistemas que instalan los plomeros no solo brindan agua potable y la eliminación eficaz de los residuos, sino que también pueden incluir lo siguiente:

- tuberías de gas combustible;
- tuberías de gas medicinal;
- drenaje pluvial;
- tuberías industriales;
- sistemas de riego;
- aspersores contra incendios para viviendas;
- drenaje para sistemas de refrigeración y climatización.

Los plomeros son técnicos expertos que poseen un conjunto de habilidades adecuadas para este campo. Asimismo, son habilidosos para los trabajos manuales. Pueden utilizar herramientas de medición y pruebas precisas con habilidad. Les encanta solucionar problemas complejos. Se enorgullecen de su trabajo.

Deben utilizar el pensamiento crítico para poder leer e interpretar planos de construcción, analizar las especificaciones del fabricante, comprender y aplicar la normativa, instalar sistemas completos de plomería y solucionar problemas. Deben tener un entendimiento sólido de las matemáticas básicas. También deben estar en forma y ser flexibles porque su trabajo puede ser físicamente exigente; suelen trabajar en espacios reducidos y pasan muchas horas de pie.

Potable: agua segura para cocinar y beber.

Los plomeros dependen de estos conocimientos y habilidades porque realizan una amplia variedad de tareas. Deben diseñar, instalar, reparar y mantener líneas de suministro de agua **potable** y tendidos de tuberías, sistemas de drenaje, sistemas DWV y sistemas de gas. Otros oficios similares exigen que los trabajadores tengan conocimientos básicos similares a los de un plomero. Entre estos oficios se encuentran los siguientes:

- instaladores de aspersores, quienes instalan aspersores y otros sistemas de protección contra incendios en edificios;
- instaladores de tuberías, quienes colocan tuberías de vapor, calefacción y refrigeración del agua, lubricación y otros usos;
- instaladores de equipos de vapor, quienes instalan sistemas de tuberías que transportan líquidos o gases a alta presión;
- instaladores de sistemas de riego, quienes diseñan, instalan y mantienen sistemas de riego para pequeñas superficies, como jardines residenciales, y para grandes superficies, como campos de golf.

Los plomeros también se especializan en el diseño, la construcción, la remodelación, la renovación y el mantenimiento de edificaciones comerciales y residenciales. Pueden ser dueños y dirigir su propia empresa o especializarse en otras ramas relacionadas y convertirse en inspectores de plomería, instructores, estimadores o gerentes de seguridad.

Muchos plomeros se especializan en el mantenimiento de ciertos tipos de sistemas, como de la climatización, calefacción y de distribución del agua. Se convierten en expertos en la localización de fallas y en la reparación de equipos averiados. Si usted se especializa en el mantenimiento y la reparación de sistemas específicos, siempre tendrá trabajo.

Sea cual fuera su especialidad, los plomeros utilizan lo último en tecnología, herramientas y equipos. Deben estar actualizado en materia de avances tecnológicos en plomería, de mejores métodos para realizar trabajos de plomería, de las cualidades y ventajas de los materiales nuevos, y de los cambios en los códigos y las normas que rigen al sector. Un código es un documento legal adoptado por una jurisdicción que establece las normativas mínimas aceptables para todos los materiales, prácticas e instalaciones que se utilizan en los edificios y sistemas de construcción.

La mayoría de los estados y localidades exigen que los plomeros tengan licencia de **plomero calificado**, maestro plomero o contratista de plomería. Consulte el código local para conocer las pautas que corresponden a su área.

Plomero calificado: plomero que ha aprobado un programa de capacitación para aprendices.

1.2.2 ¿Qué es la plomería?

El *Código Internacional de Instalaciones Hidráulicas y Sanitarias® (IPC®* - International Plumbing Code*)* define la plomería y un sistema de plomería de la siguiente manera:

- *Plomería* abarca la práctica, los materiales y los accesorios utilizados en la instalación, el mantenimiento, la ampliación y la modificación de todas las tuberías, accesorios sanitarios, dispositivos sanitarios y **accesorios preensamblados** dentro de una estructura o adyacente a ella, en relación con el drenaje sanitario o las instalaciones de drenaje pluvial; los sistemas de ventilación; y los sistemas públicos o privados de suministro de agua.
- *El sistema de plomería* incluye los caños de distribución del agua, los accesorios sanitarios y sifones, los equipos de tratamiento o uso del agua, los caños de drenaje, desagüe y ventilación, y los desagües de un edificio, además de las respectivas conexiones, dispositivos y accesorios preensamblados que se encuentran dentro de una estructura o establecimiento, y el servicio de agua, el alcantarillado del exterior y el desagüe pluvial de un edificio que sirven a dicha estructura o establecimiento.

Accesorios preensamblados: accesorios o aparatos que no tienen demanda del lado del suministro de agua y no añaden ninguna carga del lado de los residuos.

El *Código Uniforme de Plomería® (UPC®* - Uniform Plumbing Code*)* define la plomería y un sistema de plomería de la siguiente manera:

- *Plomería* es la actividad, el oficio o trabajo relacionado con la instalación, desmontaje, modificación o reparación de sistemas de plomería o partes de ellos.
- *El sistema de plomería* incluye todas las tuberías de agua potable, las de fuentes alternativas de agua, las de suministro para las instalaciones y las de distribución, los accesorios sanitarios y sifones, los caños de drenaje y ventilación, y los desagües y alcantarillados del exterior del edificio, junto con sus respectivas uniones y conexiones, dispositivos, receptores y accesorios preensamblados dentro de las líneas de propiedad de las instalaciones, además de sus tuberías de agua potable, equipos de tratamiento o uso de esta agua, sistemas de vacío y de gases médicos, tuberías de transporte de líquido y gas combustible, y calentadores de agua y ventilaciones.

Estas definiciones principalmente abarcan el mismo rango de actividades, mientras enfatizan diferentes aspectos. En conjunto, expresan el vasto campo laboral de la plomería moderna.

1.2.3 Protección de la salud, la seguridad y el bienestar público

El objetivo de los plomeros es ofrecer sistemas de tuberías adecuados que protejan la salud, la seguridad y el bienestar de la nación. Los plomeros logran este objetivo de dos maneras:

- la instalación de sistemas de plomería seguros y confiables;
- el mantenimiento y reparación de forma adecuada los sistemas existentes.

Organismos federales como la Agencia de Protección Ambiental (EPA - Environmental Protection Agency) aplican reglas y normas en torno a cuestiones ambientales. La aprobación de la Ley de Agua Limpia y la Ley de Agua Potable Limpia permitieron la elaboración de programas que garantizaban el cumplimiento de estas normativas. Los organismos sanitarios estatales y locales también establecen sus propias normas y reglamentos complementarios aplicables a sus jurisdicciones. Los plomeros deben cumplir con todas las normas y medidas de protección relacionadas con su trabajo. También deben notificar cualquier accidente o suceso que pueda ser peligroso para su salud o para el ambiente.

Uno de los mayores problemas de salud y seguridad que enfrentan los plomeros en la actualidad es la contaminación causada por **conexiones cruzadas** inadecuadas entre los sistemas de plomería potable y no potable. Los problemas de conexión cruzada pueden producirse cuando una diferencia de presión accidental entre

Conexión cruzada: enlace entre un sistema de agua potable y uno de agua no potable en el que una diferencia de presión accidental entre los dos sistemas provoca el contraflujo de agua contaminada hacia el sistema de agua potable.

Contraflujo: flujo de agua contaminada que ingresa en el sistema de agua potable por una conexión cruzada entre los sistemas de agua potable y no potable.

los dos sistemas provoca el **contraflujo** de agua contaminada hacia el sistema de agua potable.

Varios factores pueden provocar el contraflujo:

- cortes y daños en la red hídrica;
- una falla en una bomba;
- una inyección de aire en el sistema;
- una conexión accidental a una fuente de alta presión.

Cuando las aguas residuales u otros líquidos se desvían hacia el suministro de agua dulce, pueden contaminarlo y provocar enfermedades e, incluso, la muerte. La *Escherichia coli*, también conocida como *E. coli*, y la *Legionella* (bacteria que causa la legionelosis) pueden propagarse a través del contraflujo de sistemas contaminados. Un dispositivo de seguridad llamado **válvula antirretorno** impide que las aguas residuales entren en el sistema de suministro de agua. Más adelante en esta capacitación, se brindará más información sobre el contraflujo y cómo evitarlo.

Válvula antirretorno: dispositivo que impide la entrada de agua no potable en un sistema de suministro potable.

Desinfección: proceso de destrucción de los organismos perjudiciales en el agua potable.

Filtrado: proceso de limpieza del agua para eliminar partículas y productos químicos.

Ablandamiento: proceso de eliminación de las sales de magnesio y sodio que provocan la aparición de escamas en el interior de las tuberías y accesorios.

Para evitar la propagación de organismos, sustancias químicas y materiales nocivos en los sistemas de suministro del agua, el agua se somete a procesos de **desinfección**, **filtrado** y **ablandamiento**. La desinfección del agua consiste en destruir los organismos nocivos que contiene. El filtrado es el proceso de limpieza del agua para eliminar partículas y productos químicos. Mediante el ablandamiento, se eliminan las sales de magnesio y sodio que provocan la aparición de escamas en el interior de las tuberías y accesorios.

Garantizar la seguridad y preservar la salud de los plomeros es una prioridad. Uno de los peligros que corren los plomeros son las lesiones causadas por quemaduras. Durante muchos años, los códigos de plomería establecían que el agua debía estar a temperaturas de hasta 140°F (60°C). La Sociedad Americana de Ingenieros de Plomería (ASPE - American Society of Plumbing Engineers) descubrió que esta temperatura previene la proliferación de la bacteria legionela. Sin embargo, el agua a esta temperatura puede generar quemaduras casi de inmediato al entrar en contacto con la piel. Por ello, muchos códigos incluyen requisitos específicos para mitigar el riesgo de quemaduras.

PRECAUCIÓN

Un caño del tamaño incorrecto en un sistema de plomería puede provocar fallas e, incluso, dañar el caño y los accesorios. Asegúrese de que todos los caños utilizados en un sistema de plomería tengan el tamaño adecuado según el código local aplicable. Estos incluyen tablas con tamaños de referencia.

Inciiativa verde

Accesorios de bajo caudal

Uno de los principales objetivos de la plomería es proteger la salud, la seguridad y el bienestar de la nación. Otro es preservar el medioambiente. La conservación del agua es uno de los problemas medioambientales más graves y los accesorios que contribuyen en esta labor, como inodoros y cabezales de duchas, ayudan a preservar este recurso natural vital.

Los inodoros consumen aproximadamente el 30% del agua de una vivienda típica. En 1992, el gobierno federal exigió que los inodoros instalados en sistemas de plomería nuevos y renovados no consumieran más de 1.6 gal por descarga [GPF] (6.05 L por descarga), es decir, aproximadamente la mitad que los inodoros más antiguos. Desde entonces, se han fabricado inodoros de alta eficiencia que utilizan tan solo 1.28 o, incluso, 1.1 GPF (4.85 L o 4.16 L por descarga). Los partidarios de los inodoros de bajo caudal afirman que el ahorro de agua de estos aparatos puede ser de millones de litros al año y prolongar la vida útil de las instalaciones de tratamiento del agua. Los mingitorios sin agua utilizan un filtro de cartucho que contiene un sello líquido en lugar de agua para eliminar los residuos y el olor. Se instalan en lugares en los que el acceso al suministro de agua es difícil o cuando es necesario para la conservación del agua.

Sin embargo, para que funcionen de manera apropiada, estos accesorios deben tener el tamaño adecuado e instalarse correctamente. Cuando los inodoros de bajo caudal o alta eficiencia se conectan a sistemas de DWV diseñados para caudales más elevados, estos últimos pueden atascarse y desbordarse, o requerir varias descargas para vaciar las tazas, lo que va en contra del propósito del accesorio. La instalación de accesorios de bajo caudal incluso puede requerir la sustitución de las líneas de alcantarillado para adaptarse a este caudal, lo que supone un gasto bastante elevado. Los contratistas afirman que la mayoría de las consultas que reciben giran en torno a los inodoros de bajo caudal.

Siempre consulte el código local antes de instalar accesorios sanitarios. Lea las instrucciones del fabricante y siga los procedimientos de instalación al pie de la letra. La instalación adecuada de los accesorios al primer intento ayuda al contratista a ahorrar tiempo y dinero, y aumenta las posibilidades de dejar a los clientes satisfechos.

1.2.4 Las tres etapas de un proyecto de plomería

La plomería se puede dividir en tres etapas generales:

- **Etapa preliminar de instalación subterránea**
- **Etapa preliminar de instalación sobre el nivel del suelo** (también conocida como *conexión vertical, instalación de bajante* o *a través de las paredes*)
- **Etapa de terminaciones** (también se la denomina *etapa final* o *de acabado*)

Etapa preliminar de instalación subterránea: fase de un proyecto de plomería durante la cual el plomero ubica todas las conexiones de suministro y desagüe de los sistemas del edificio con respecto a los servicios públicos, y establece por dónde entrarán o saldrán estos sistemas del edificio.

Durante la etapa preliminar de instalación subterránea, el plomero ubica todas las conexiones de suministro y desagüe de los sistemas del edificio con respecto a los servicios públicos, y establece por dónde entran o salen estos sistemas del edificio. En la etapa preliminar de instalación sobre el nivel del suelo, los plomeros realizan orificios en las paredes, cielorrasos o pisos para fijar o colgar tuberías y conectarlas a los accesorios. Luego, se instalan las tuberías de los sistemas de suministro de agua y desagües del edificio.

NOTA

Muchos de los términos de plomería se utilizan de forma indistinta en algunas áreas. Asegúrese de emplear los términos como se suelen utilizar en su lugar de trabajo.

Etapa preliminar de instalación sobre el nivel del suelo: se trata de la segunda etapa de un proyecto de plomería. Durante esta fase, se realizan orificios en las paredes, cielorrasos y pisos. Luego, se fijan o cuelgan los caños de suministro y de desagüe para conectarlos a los accesorios. También se la denomina *instalación de bajante, conexión vertical* o *instalación a través de las paredes*.

Durante la etapa de terminaciones, los plomeros instalan los accesorios y dispositivos como fregaderos, duchas, inodoros, lavavajillas y calentadores de agua. También pueden encargarse de instalar los controles automáticos que regulan los sistemas de tuberías a presión.

Etapa de terminaciones: se trata de la tercera etapa de un proyecto de plomería. Durante la etapa de terminaciones, los plomeros instalan accesorios, dispositivos, sistemas de purificación de agua, calentadores de agua y controles. También se la denomina *etapa final* o *de acabado*.

Durante cada una de las tres fases, los plomeros se aseguran de que el sistema esté bien sujeto y sea seguro. Las llamadas de regreso son costosas y pueden dañar tu reputación profesional.

Más allá de la correcta instalación de un sistema de plomería, su mantenimiento y reparación deben ser periódicos. Incluso se podría considerar que el mantenimiento preventivo y el correctivo son la cuarta etapa en un proyecto de plomería. Los plomeros deben realizar distintas tareas de servicio y mantenimiento, lo que incluye lo siguiente:

- reparación de accesorios y componentes defectuosos;
- verificación del buen funcionamiento del sistema;
- verificación de los niveles de lubricantes;
- regulación del caudal y el porcentaje de uso;
- inspección del estado de los calentadores de agua.

1.2.5 Códigos de plomería y licencias

Los códigos de plomería son cada vez más exhaustivos con el objetivo de adaptarse a los avances tecnológicos y de materiales más recientes. Los municipios en todos los Estados Unidos adoptan ordenanzas basadas en normas nacionales de plomería recomendadas, denominadas **códigos modelo**. Estos suelen interpretarse o modificarse con el fin de adaptarse a cada localidad. Por ejemplo, es posible que una ciudad propensa a terremotos, como Los Ángeles, incorpore normas para proteger las instalaciones de los daños sísmicos. De manera similar, una ciudad propensa a inundaciones, como Houston, podría añadir requisitos especiales para protegerse contra la contaminación por el agua de la inundación.

Códigos modelo: ordenanzas de edificación redactadas por una organización nacional de construcción según las normas nacionales de plomería recomendadas. Los códigos modelo que no han sido adoptados por una jurisdicción no tienen fuerza de ley.

Los tres códigos modelo principales relacionados con la plomería son el *Código Internacional de Instalaciones Hidráulicas y Sanitarias® (IPC®)*, el *Código Uniforme de Plomería® (UPC®)* y los capítulos sobre plomería del *Código Internacional Residencial® (IRC®)*. En la *Figura 2* se muestran las últimas versiones del *IPC®* y del *UPC®*. Más adelante en esta capacitación, aprenderá sobre la redacción y la implementación de los códigos de este oficio.

Figura 2 El *IPC®* y el *UPC®* son dos de los principales códigos de plomería.

Si bien los códigos modelo brindan las pautas, las ordenanzas municipales tienen fuerza de ley. Como aprendiz de plomería, usted debe estar familiarizado con el código de plomería vigente en la zona donde trabaja. Cada código local de plomería abarca la instalación, modificación, reparación, reemplazo, agregados y uso de los sistemas de plomería. Establecen normas para muchas cuestiones, que incluyen lo siguiente:

- materiales que se suelen utilizar en los sistemas de plomería;
- accesorios, juntas y conexiones;
- sujetadores colgantes y soportes;
- suministro y distribución del agua;
- ventilaciones;
- sistemas de drenaje de aguas pluviales y sanitarias;
- sistemas de suministro de agua potable.

Aprendizaje en el ámbito laboral (OJL - On-the-job learning): experiencia práctica que se emplea junto con las lecciones en el aula en un programa de capacitación para aprendices. La Oficina de Capacitación para Aprendices exige 144 horas de instrucción en el aula y 2,000 horas de OJL al año.

Algunos estados exigen que los plomeros tengan licencia. Muchos estados también exigen que se realice un programa de capacitación para aprendices o uno de **aprendizaje en el ámbito laboral (OJL)** o experiencia laboral, antes de realizar el examen para obtener la licencia. Antes de recibir una licencia (*Figura 3*), deberá aprobar un examen que pondrá a prueba sus conocimientos sobre la profesión y las ordenanzas locales de plomería.

Figura 3 Ejemplos de certificaciones y licencias de plomería.

Repaso de la sección 1.0.0

1. Uno de los tipos de plástico que se ha utilizado en la plomería desde la década de 1930 se llama _____.
   a. Tereftalato de polietileno (PET)
   b. Policloruro de vinilo (PVC)
   c. Polipropileno (PP)
   d. Poliestireno (Styrofoam)

2. ¿Qué porcentaje del suministro total de agua dulce del planeta está disponible para uso o consumo?
   a. 0.5%
   b. 3%
   c. 5%
   d. 10%

3. Las tres etapas de un proyecto de plomería son _____.
   a. elevación, diseño y arquitectura
   b. etapa preliminar de instalación subterránea, etapa preliminar de instalación sobre el nivel del suelo y etapa de terminaciones
   c. etapa preliminar de cimientos, etapa preliminar estructural y etapa de detalles
   d. programación, instalación y detalles

2.0.0 Las responsabilidades de un profesional de la plomería

Objetivo

Identificar las responsabilidades de la persona que trabaja en el sector de la plomería.

a. Indicar las características personales del profiesonista.

d. Identificar las oportunidades profesionales en la industria de la plomería.

Tareas prácticas

No hay tareas prácticas en esta sección.

Para ser un plomero exitoso, debe ser capaz de ofrecer productos acabados de alta calidad en el menor tiempo posible. Seguramente ha escuchado la frase "a término y dentro (o por debajo) del presupuesto". Tómese un momento para reflexionar sobre el significado de esta frase. Significa que el trabajo debe terminarse en el plazo previsto y no debe costar más de lo pactado al principio.

2.1.0 Claves del éxito profesional

Los plomeros exitosos deben tener flexibilidad para adaptar sus métodos de trabajo a las necesidades particulares de cada tarea. A medida que adquiera experiencia en la profesión, desarrollará la flexibilidad necesaria para cumplir con los diversos requisitos de cada trabajo. También reforzará su conocimiento sobre las distintas herramientas y materiales necesarios para realizar determinadas tareas, y aprenderá más sobre las tecnologías y métodos que tiene a su disposición. Con el tiempo, mejorará su capacidad para finalizar un trabajo a término, dentro del presupuesto y que logre la satisfacción de los clientes. Un cliente satisfecho lo tendrá en cuenta para otros trabajos.

Manténgase al día con las novedades respecto de los métodos, materiales y equipos del oficio de la plomería. Estos conocimientos le ayudarán a usted y a la empresa para la que trabaja a seguir siendo competitivos. Nunca deje de aprender. Al finalizar el programa de capacitación, pasará a un aula más grande: el mundo.

Nunca arriesgue su propia seguridad ni la de los demás y demuestre siempre un alto nivel de profesionalismo. Recuerden que este oficio tiene un patrimonio histórico lleno de orgullo, y que usted representa a un gran grupo de profesionales que son esenciales para la sociedad moderna. Como plomero, los clientes deben quedar satisfechos con su trabajo, tanto individual como con el del colectivo en general.

Los profesionales de la construcción se rigen por un código **ética** profesional. La ética consiste en principios y valores que guían el comportamiento de un individuo. En su labor de plomero, usted debe comprender y acatar el código de ética que rige su profesión. En el *Apéndice 02101A*, se enumeran los principios éticos para los miembros de los oficios de la construcción.

Ética: conjunto de principios y valores que guían el comportamiento de un individuo.

El plomero que realiza su trabajo con eficacia tiene las siguientes cualidades:

- Actitud positiva
- Honestidad
- Lealtad
- Voluntad de aprender
- Responsabilidad
- Cooperación
- Atención a las normas y los reglamentos
- Rapidez y confiabilidad
- Comunicación eficaz

Muchos de estos conceptos se mencionan en el *Básico* del NCCER. En esta sección, aprenderá cómo se aplican específicamente al oficio de la plomería. Tanto en el aula como en el trabajo, notará que los plomeros más eficaces que vaya conociendo demuestran cualidades similares. Aprenda de ellos y conviértase en un mejor plomero.

Consejos para tener una actitud positiva

Esta es una lista breve de lo que debería recordar para cultivar y mantener una actitud positiva:

- Recuerde que su actitud lo acompaña a todos lados.
- Las sugerencias útiles y los cumplidos son mucho más efectivos que los comentarios negativos.
- Intente detectar las características positivas de sus compañeros y supervisores.
- Enfóquese en los aspectos positivos de su trabajo y del lugar donde lo hace.

2.1.1 Actitud positiva

Tener una actitud positiva conlleva ser enérgico y estar motivado, atento y en alerta. Significa comprender la importancia de la seguridad y responder bien ante los cambios. Esta actitud le ayudará a cumplir sus obligaciones y a sentirse orgulloso de su trabajo.

Un empleado con una actitud positiva contribuye a la productividad de los demás dando el ejemplo. Probablemente recuerde alguna situación en la que haya tenido que trabajar con alguien que se la pasaba quejándose y perdiendo el tiempo. ¿Se acuerda de lo difícil y desagradable que era trabajar en ese entorno? Intente tener esto en mente cuando trabaje y pregúntese: ¿Estoy proyectando una actitud positiva?

Un entorno de trabajo positivo no solo ayuda a mejorar la productividad, sino que también hace que el trabajo sea más agradable. Los empleadores prestan atención a su actitud. Los supervisores observan su actitud en la manera en que aborda un trabajo, responde a las instrucciones y maneja los problemas, en especial los imprevistos.

2.1.2 Honestidad

La honestidad y la integridad personal son rasgos importantes de un profesional exitoso. La honestidad implica más que solo decir la verdad y no mentir ni robar nunca. También significa trabajar bien por un pago justo. Supone que cumplirá su parte del trato y cumplirá sus promesas con acciones.

Siéntase orgulloso de realizar un buen trabajo y de obrar con lealtad. Nunca le mienta a los clientes, supervisores ni compañeros de trabajo. Respete la propiedad de los demás. Asegúrese de que las herramientas y los materiales que pertenecen a su empleador (o patrocinador), a los clientes y a otros comerciantes no sufran daños ni sean robados del taller o del lugar de trabajo. Trate la propiedad de los demás con el mismo respeto que trata la suya.

Su reputación siempre lo precederá. Si esta se caracteriza por la honestidad y la integridad, seguramente los empleadores querrán contratarlo porque confían en usted. En cambio, si miente, engaña o roba, esa reputación le precederá donde sea que solicite trabajo, y su carrera se verá afectada.

Si desea tener un empleo remunerado, recibir un sueldo razonable y ganarse el respeto de sus compañeros y supervisores, el punto de partida es trabajar con honestidad. Es así de simple.

2.1.3 Lealtad

Como empleado, usted espera que su empleador o patrocinador vele por sus intereses, le ofrezca un empleo estable y lo ascienda cuando haya puestos de trabajo disponibles. A cambio, ellos esperan que les sea leal. Sin embargo, la lealtad no se exige, se gana.

La lealtad significa algo diferente para cada persona, pero en un entorno profesional, la lealtad suele implicar lo siguiente:

- Tener en cuenta los intereses de su empleador o patrocinador.
- Hablar bien de su empleador o patrocinador a los demás.
- Mantener cualquier problema leve dentro del lugar de trabajo de forma exclusiva.
- Respetar la confidencialidad de todos los asuntos relacionados con la actividad comercial de su empleador o patrocinador.

Un empleado leal cumple sus compromisos y obligaciones. Nunca trabaje para otra persona sin antes cerciorarse de haber cumplido todas las responsabilidades que tenía con su empleador o patrocinador actual. Esta demostración de compromiso impresionará a cualquier posible empleador, y estará dispuesto a esperar por usted. De no ser así, quizá debería reconsiderar su decisión de trabajar en esa empresa.

2.1.4 Voluntad de aprender

Un buen plomero nunca deja de aprender. Siempre se adoptan máquinas, herramientas, materiales y métodos nuevos. Incluso los plomeros con experiencia deben estar dispuestos a aprender sobre estos avances. Si mantiene sus métodos y herramientas al día, su compañía podrá utilizar sus habilidades para competir con otras empresas de forma eficaz. Cuanto más competitiva sea una empresa, mayores son los beneficios. Una mayor rentabilidad aumenta las probabilidades de permanecer en el negocio, crear puestos de trabajo e incrementar los salarios. Todo esto implica una ventaja para usted como empleado.

Asimismo, cada lugar de trabajo tiene su propia metodología. Su empleador o patrocinador espera que aprenda cómo se trabaja en un determinado ámbito laboral. Debe ser capaz de adaptarse al cambio y estar dispuesto a aprender métodos y procedimientos nuevos con rapidez.

2.1.5 Responsabilidad

Como alumno, es responsable de hacer lo que se le pide. Sin embargo, como plomero profesional, su responsabilidad va más allá de las tareas asignadas. Debe saber qué se debe hacer y llevarlo a cabo por iniciativa propia. Su supervisor espera que haga bien el trabajo sin tener que pedírselo dos veces. Asumir la responsabilidad causa una impresión positiva en el empleador o patrocinador.

Siempre hágase cargo de sus actos, incluido todo el trabajo que se haga bajo su supervisión. No ponga excusas ni culpe a los demás cuando cometa un error. Si lo hace, la gente desconfiará de usted y le perderá el respeto. Si ocurre esto, tanto la calidad de su trabajo como la de todos los que trabajan con usted se verán afectadas.

2.1.6 Cooperación

Como plomero, es probable que trabaje en equipo con otras personas. Todos los días, interactuará con miembros de su equipo de trabajo y con su supervisor. La capacidad de cooperar con los compañeros de equipo es una habilidad importante en el sector de la construcción, pero esto no solo implica llevarse bien con los demás. La eficacia de cualquier equipo depende de que sus miembros cumplan con sus funciones. Todos deben contribuir para garantizar que el equipo logre sus objetivos. Esta cooperación permitirá que los proyectos se realicen a término y dentro del presupuesto.

2.1.7 Atención a las normas y los reglamentos

Los empresarios buscan trabajadores que respeten y cumplan las normas y reglamentos vigentes en su empresa, el trabajo y la profesión. Las normas y regulaciones existen para mantener la seguridad de las personas y para que un proyecto se realice a tiempo. Las empresas establecen normas en relación con los horarios de trabajo, las cuestiones administrativas y la conducta profesional. Las autoridades locales, estatales y federales elaboran reglamentos que abarcan diversos aspectos, como la seguridad, la salud, los materiales, las herramientas, el equipo y las cuestiones legales.

Las personas solo pueden trabajar bien en conjunto si entienden qué deben hacer, cuándo deben hacerlo y quién será el responsable del trabajo. Las normas y reglamentos son fundamentales en cualquier situación laboral. Las normas pueden variar según el empleador, por lo que es importante asegurarse de que entiende la normativa de su empleador o patrocinador cada vez que empiece un trabajo nuevo.

2.1.8 Puntualidad y confiabilidad

Imagine que trabaja en un equipo de instalación de tuberías formado por tres personas. Según el cronograma, deben colocar una determinada cantidad de caños en dos semanas. Si uno de los miembros del equipo se ausentara, usted y su otro compañero tendrían que hacer el trabajo de esa persona además del propio, lo que significa que cada uno tendría que trabajar un 50% más de lo previsto durante las dos semanas. Sin embargo, si el miembro del equipo ausente avisó al supervisor, entonces será posible tomar medidas para proporcionar otro trabajador o extender el plazo de finalización para la colocación de los caños.

Los profesionales son siempre puntuales y confiables cuando se presentan a trabajar. Los empleados puntuales se presentan a trabajar a tiempo; los confiables, todos los días. Los empleados que llegan tarde o se ausentan con frecuencia tienen malos hábitos de trabajo. Demuestran falta de profesionalismo y compromiso.

El reloj rige la vida laboral. Es necesario que todos los trabajadores lleguen a una hora específica y estén listos para comenzar. Las consecuencias de no llegar al trabajo con puntualidad son confusión, pérdida de tiempo y resentimiento de los miembros del equipo. Aun así, la buena noticia es que los malos hábitos pueden cambiarse. Si suele llegar tarde a trabajar, cambie su rutina matutina para poder salir antes o levántese más temprano para ocuparse de sus responsabilidades personales.

A veces necesita faltar al trabajo porque usted o un miembro de su familia está enfermo, un familiar ha fallecido, o se encuentra atascado en un embotellamiento o el automóvil se averió. En cualquiera de estos casos, avísele a su empleador o patrocinador lo antes posible para que pueda conseguir un reemplazo mientras usted esté ausente.

Su empleador o patrocinador tiene derecho a esperar que usted se presente a trabajar, a menos que tenga una razón que justifique su ausencia. Tiene la obligación ante su supervisor y sus compañeros de estar en su puesto de trabajo porque ellos dependen de usted. Esto significa que confían en usted y lo respetan. Si cumple esa obligación, contará con la confianza de sus compañeros y el aprecio de su supervisor.

2.1.9 Comunicación efectiva

Los profesionales de la plomería se comunican periódicamente con sus compañeros de trabajo, supervisores, directivos, clientes, inspectores, funcionarios y el público en general. En cada una de estas interacciones, una comunicación efectiva no solo facilita la realización del trabajo asignado, sino que también influye en la percepción del plomero, de la empresa de plomería y del sector en general.

Comunicarse de forma clara y proactiva le otorga al profesional de plomería la oportunidad de aclarar las expectativas, abordar los retos, brindar su punto de vista u opciones útiles y garantizar la satisfacción de todas las partes interesadas. Un trabajo excelente es ciertamente importante, pero las primeras y duraderas impresiones a menudo están fuertemente influenciadas por las habilidades de comunicación de un plomero profesinal.

2.1.10 Otras cualidades importantes

Demuestre integridad personal y el valor de sus convicciones al hacer lo correcto, aunque lo presionen para que haga lo contrario. No sacrifique sus principios, aunque parezca más fácil. Sea justo y equitativo en todos los acuerdos. No se aproveche de los errores o dificultades de los demás. Las personas justas tienen una mentalidad abierta y están comprometidas con la justicia, el trato igualitario con los demás y la tolerancia y aceptación de la diversidad. Sea amable y trate a las personas con respeto y dignidad por igual. Cumpla las leyes, normas y reglamentos relacionados con todas las actividades personales y comerciales.

Aspire a sobresalir en el desempeño de sus funciones; infórmese, prepárese bien y esfuércese constantemente por aumentar sus competencias mediante la adquisición de habilidades y conocimientos nuevos. Con su propia conducta, intente ser un modelo positivo para los demás.

2.2.0 Oportunidades profesionales en el sector de la plomería

El sector de la construcción brinda empleo a más personas y contribuye más a la economía del país que cualquier otro sector. Nuestra sociedad siempre necesitará personas para construir viviendas, carreteras, puentes e infraestructuras, aeropuertos, hospitales, escuelas, fábricas y edificios de oficinas nuevos; así como para mantener estructuras existentes y reemplazar las antiguas y dañadas. Esto significa que siempre habrá una fuente de empleos bien remunerados y de oportunidades laborales para los profesionales de la construcción, incluidos los plomeros. Los plomeros que dominan los principios de la administración de pequeñas empresas y desarrollan y perfeccionan sus aptitudes empresariales pueden trabajar de forma independiente.

En este oficio, se puede elegir entre varias trayectorias profesionales en función de las habilidades e intereses (consulte la *Figura 4*). Hacia dónde se dirija dependerá del orgullo y el profesionalismo que demuestre en su trabajo. El éxito que tenga dependerá de su voluntad de mejorar sus capacidades y recibir la capacitación adecuada.

Con tiempo y experiencia, los plomeros pasan de aprendices a especialistas en una o más especialidades. Estos son algunos de los tantos puestos y carreras del oficio de plomería. Tenga en cuenta que las trayectorias profesionales que se muestran en la *Figura 4* son solo ejemplos; es posible que su trayectoria resulte diferente de las mencionadas.

Un aprendiz es alguien que está aprendiendo el oficio de la plomería. Como ya vimos, cuando un plomero finaliza una capacitación para aprendices con éxito, se convierte en un plomero calificado. Los plomeros en esta categoría pueden permanecer en ella o avanzar en la profesión. Los plomeros calificados pueden supervisar a plomeros menos experimentados o se les puede solicitar que estimen los materiales y la mano de obra necesarios para un trabajo específico. En las empresas más grandes y en los trabajos a grande escala, estos plomeros suelen convertirse en especialistas.

Los jefe de obra son líderes que dirigen un único equipo de aprendices o de plomeros calificados. Los grandes proyectos de construcción con más de un equipo requieren supervisores que los controlen. Son responsables de asignar, dirigir e inspeccionar el trabajo de cada equipo.

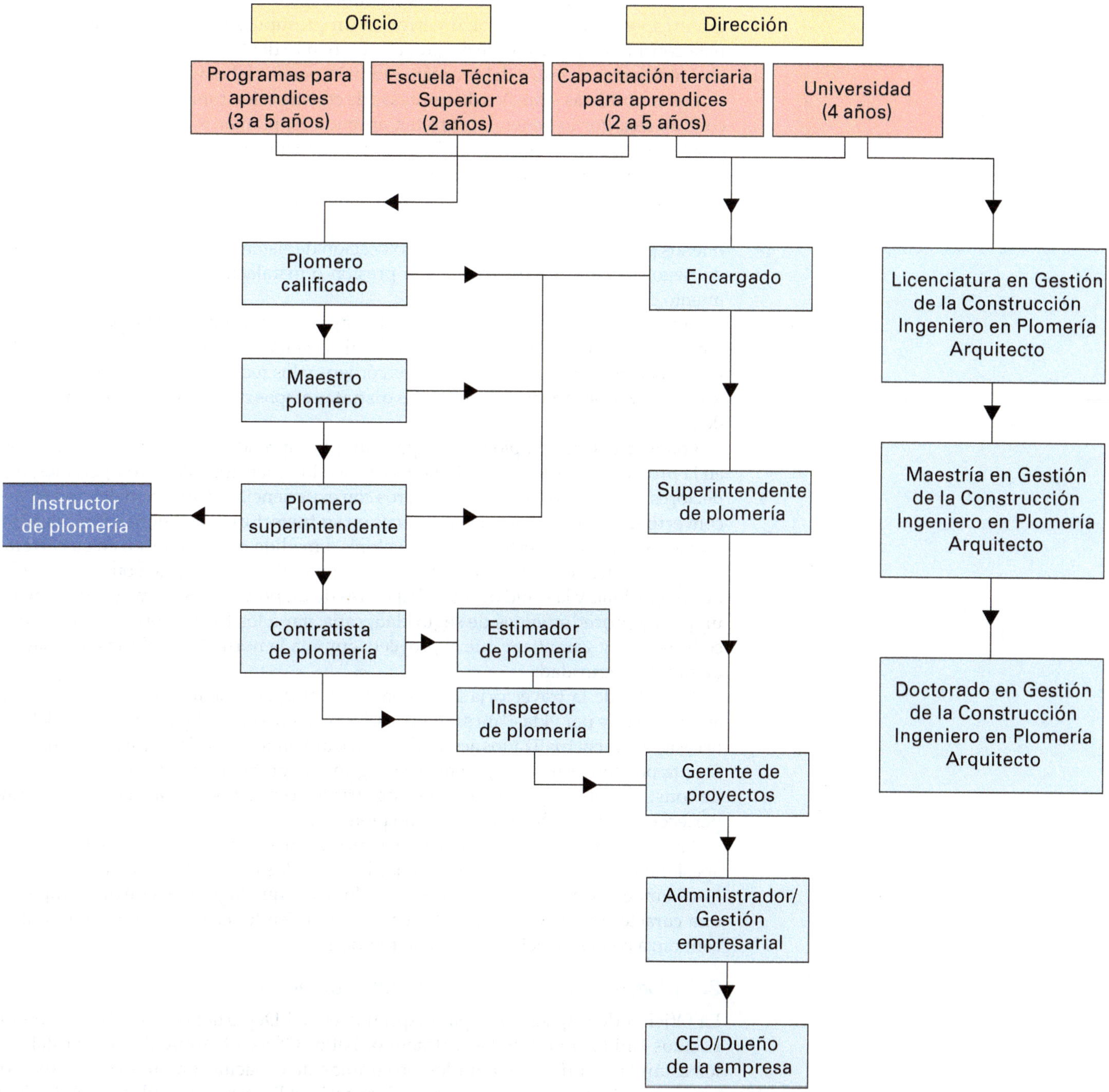

Figura 4 Oportunidades en la industria de la construcción.

Un maestro del oficio es alguien que demuestra consistentemente el más alto nivel de habilidad en una profesión. Los maestros plomeros son expertos en plomería. Pueden trabajar como mentores y profesores de los miembros menos experimentados. Los maestros plomeros suelen fundar sus propias empresas, más allá de la función que desempeñen.

Los gerentes de proyectos, a menudo denominados *administradores de proyectos*, controlan el alcance y la dirección de una empresa de plomería. Los gerentes se encargan de asignar a los trabajadores adecuados para cada tarea y de administrar las finanzas del proyecto. Las grandes empresas pueden tener varios gerentes de proyecto.

Los estimadores de plomería trabajan para contratistas y empresas de suministros de construcción. Calculan los materiales y la mano de obra necesarios para un proyecto, que luego los contratistas utilizarán para basar sus ofertas por ese trabajo. Los estimadores deben poseer un conocimiento exhaustivo de los métodos de construcción, así como de la disponibilidad y los precios de los materiales y suministros.

Son plomeros experimentados con grandes dotes en matemáticas y paciencia para elaborar presupuestos detallados y precisos. En la actualidad, los estimadores también deben poseer conocimientos sólidos en informática. Ser un estimador conlleva una gran responsabilidad, ya que un error en un presupuesto puede costarle al contratista considerables sumas de dinero. Dependiendo del tamaño y el tipo de empresa, el contratista o el gestor del proyecto también puede elaborar un presupuesto.

Los contratistas y dueños de empresas de construcción fundan y dirigen empresas contratistas. Por lo general, contratan aprendices, plomeros calificados y maestros plomeros. Según el tamaño de la empresa, los contratistas pueden administrarla a tiempo completo o trabajar en equipo. Los contratistas a menor escala pueden tener uno o dos empleados que se encarguen de la administración, los presupuestos, los pedidos de suministros y el trabajo contratado. Los subcontratistas y contratistas/dueños pueden especializarse en la colocación de sistemas concretos, como sistemas de riego, sistemas de tuberías a alta presión o instalaciones municipales de tratamiento de aguas.

Los inspectores de plomería suelen trabajar para un contratista o para una jurisdicción municipal, como un gobierno local o estatal. Se cercioran de que todas las instalaciones de plomería cumplan los códigos y los requisitos de calidad aplicables. Revisan y aprueban los trabajos en las distintas etapas de la construcción, en función de la instalación.

Los instructores de plomería capacitan a los aprendices para que se conviertan en la próxima generación de plomeros calificados, maestros plomeros, gerentes, inspectores e ingenieros. Muchos plomeros con experiencia y dedicación descubren que convertirse en instructores es un avance en su trayectoria profesional. Los maestros plomeros suelen convertirse en instructores a medida que progresan en su carrera.

Los gerentes de seguridad son otras personas clave en la obra. Son responsables de la seguridad y la salud de los trabajadores de un proyecto. Se encargan de elaborar un plan y procedimientos de seguridad, capacitar a los trabajadores en dichos procedimientos y garantizar que el proyecto cumpla la normativa aplicable en materia de salud y seguridad.

Más allá de la trayectoria profesional que elija, se embarcará en un proceso de aprendizaje de por vida. Para ser eficaces, los plomeros en cualquier trayectoria laboral necesitan estar actualizados acerca de las herramientas, materiales y métodos nuevos. Si opta por convertirse en gerente o si, algún día, pretende emprender una empresa de construcción propia, tendrá que adquirir los conocimientos adecuados y seguir perfeccionando sus habilidades como plomero.

La capacitación para aprendices es el primer paso hacia una carrera profesional apasionante y llena de desafíos. Recuerde que todos los gerentes y empresarios exitosos empezaron como aprendices. Los plomeros que logran tener éxito comparten una característica: la voluntad de seguir aprendiendo. Ese proceso de aprendizaje comienza con la capacitación para aprendices.

2.2.1 Capacitación formal en construcción

La Oficina de Capacitación para Aprendices del Departamento de Trabajo de los Estados Unidos (the U.S. Department of Labor Office of Apprenticeship) establece los estándares mínimos para los programas de capacitación en todo el país. Los programas de esta oficina cuentan con formación obligatoria en el aula y aprendizaje en el ámbito laboral (OJL). La Oficina de Capacitación para Aprendices exige un mínimo de 144 horas de instrucción en el aula y 2,000 horas de OJL al año. En un programa típico para aprendices, los alumnos deben pasar 576 horas en el aula y 8,000 horas en OJL antes de recibir el certificado de plomero calificado.

Para responder a las necesidades de capacitación de las comunidades profesionales, el NCCER creó un programa de capacitación en plomería de cuatro años. El NCCER utiliza los estándares mínimos de la Oficina de Capacitación para Aprendices como base para lograr un plan de estudios integral y brindar a los alumnos amplia experiencia en el aula y en el ámbito laboral.

El objetivo principal del NCCER es normalizar la capacitación en el oficio de la construcción en todo el país para que tanto los contratistas como los técnicos se beneficien de la capacitación, sin importar el lugar en el que se encuentren. Como aprendiz en un programa del NCCER, usted goza de beneficios que le ayudan a prepararse para su carrera en el oficio de la plomería. Pasará a formar parte del registro del NCCER. Recibirá un certificado por cada nivel de capacitación que finalice. Si solicita un puesto con cualquier contratista participante del país, usted dispondrá de un expediente de capacitación con sus calificaciones para que el contratista las verifique. Si no pudo completar su formación al momento de realizar un traslado laboral, puede retomarla donde la dejó, ya que todos los centros de capacitación participantes utilizan el mismo programa. Muchas escuelas técnicas y universidades también utilizan este programa.

El plan de estudio de *Plomería* del NCCER proporciona a los aprendices capacitación y educación impulsada por la industria. Adopta una filosofía de enseñanza basada íntegramente en las competencias. Esto significa que los aprendices deben demostrarle al instructor que cuentan con el conocimiento y las habilidades necesarias para completar las tareas prácticas incluidas en cada módulo antes de pasar a la etapa siguiente del plan de estudio.

Cuando el instructor está satisfecho de que un aprendiz ha demostrado los conocimientos y las habilidades requeridos para un módulo determinado, los puntajes de los exámenes y la información de finalización se conservan en el registro del NCCER. De esta forma, el registro del NCCER puede, posteriormente, dar cuenta de la capacitación y los conocimientos de los trabajadores cuando se trasladan de un estado a otro, de una empresa a otra o, incluso, si cambian de puesto dentro de una misma empresa.

Si se inscribe en un programa del NCCER u otro programa aprobado por la Oficina de Capacitación para Aprendices, asegúrese de trabajar para un empleador o patrocinador que avale un programa de capacitación estandarizado en todo el territorio nacional que incluya credenciales que confirmen el desarrollo de sus habilidades.

Un buen programa de capacitación para aprendices combina eficazmente la capacitación práctica basada en competencias con la formación en el aula. Esta es la mejor forma para que un plomero principiante aprenda y progrese en el oficio de la plomería. Los aprendices que aprueben la capacitación adquirirán las habilidades y los conocimientos necesarios para llevar a cabo diversas tareas.

Si posee estas aptitudes profesionales y personales, puede convertirse en un plomero calificado de primera categoría y altamente productivo. Los plomeros calificados son quienes han aprobado un programa de capacitación para aprendices. En inglés, se los llama journey plumbers, que proviene de la palabra del siglo XV *journeyman* (oficial). Los *journeymen* eran aprendices que dejaban a sus maestros tras aprender el oficio y trabajaban por cuenta propia o ajena.

Los plomeros calificados que practican su oficio con orgullo y destreza son empleados y compañeros de trabajo valiosos. Una vez que domine las aptitudes profesionales y personales necesarias, será un gran candidato para avanzar hacia una carrera apasionante y llena de desafíos como maestro plomero, superintendente de plomería, supervisor de plomería, instructor, inspector, gerente de proyectos, o contratista y propietario de una empresa.

2.2.2 Programa de aprendizaje para jóvenes

El concepto de la capacitación para aprendices es una práctica milenaria. Sin embargo, sus principios básicos no han cambiado. Los alumnos aprenden el oficio de quienes lo dominan. Aunque se presenta un poco de teoría en el aula, siempre se hace de forma que ayude al alumno a entender el objetivo que hay detrás de la habilidad requerida. El plan de estudio de la capacitación del NCCER sigue este enfoque de eficacia comprobada.

Los programas de aprendizaje para jóvenes permiten a los estudiantes comenzar su capacitación como aprendices de plomería (*Figura 5*) mientras aún están en la escuela secundaria. Los alumnos que ingresan al programa de plomería en el 11.° grado pueden completar hasta un año del programa de capacitación antes de graduarse de la escuela secundaria. Además, el programa, en colaboración con empleadores locales del sector, permite a los alumnos trabajar en el oficio y ganar dinero mientras siguen en la escuela.

Figura 5 La capacitación para aprendices de plomería puede comenzar en la escuela secundaria.

Este programa de capacitación es similar al que utilizan los patrocinadores de formación acreditados por el NCCER de todo el país. Gracias a los expedientes oficiales, puede ingresar al segundo año del programa dondequiera que se ofrezca. También se pueden emplear los créditos en una escuela de educación superior de dos o cuatro años que brinde programas de grado o certificados en el oficio de la construcción.

Puede conseguir empleo a los 16 años, pero el Departamento de Trabajo de los Estados Unidos (DOL - Department of Labor) limita su trabajo a los oficios que no están definidos como peligrosos de manera específica. Dentro de esta categoría se encuentran la fabricación de explosivos, la minería, el envasado de carne y la metalurgia. A esa edad, es posible trabajar en una obra como aprendiz o plomero calificado, pero solo si está inscrito y tiene un buen historial en un programa de capacitación para aprendices de plomería.

Debe tener al menos 18 años para poder trabajar legalmente en un oficio de riesgo. Después de graduarse de un programa de capacitación para aprendices, es posible posicionarse en un nivel más alto dentro del sector y con un sueldo mayor que el de alguien que acaba de empezar dicho programa.

Legislación sobre el trabajo infantil

La legislación federal establece las normas mínimas para trabajadores menores de 18 años. Algunas jurisdicciones municipales pueden aplicar normativas más estrictas. Los empresarios están obligados a cumplir las leyes que les corresponden.

Las disposiciones del trabajo de menores de edad de la Ley de Normas Justas de Trabajo prohíben a los empleadores utilizar mano de obra infantil ilegal, además de prohibir a las empresas hacer negocios con cualquier otra empresa que la emplee. El Departamento de Trabajo se encarga de investigar los presuntos abusos de esta ley. En dichos casos, los empresarios deben acreditar la edad de sus empleados.

Además de las disposiciones antes mencionadas, los empleadores del sector de la construcción deben acatar el Boletín n° 101 sobre el trabajo de menores de edad del Departamento de Trabajo, *Child Labor Requirements in Nonagricultural Occupations Under the Fair Labor Standards Act* (Requisitos para el trabajo de menores de edad en ocupaciones no agrícolas en virtud de la Ley de Normas Justas de Trabajo). Dicho boletín abarca lo siguiente:

- el alcance de las disposiciones del trabajo de menores de edad;
- las normas sobre la edad mínima;
- las excepciones de las disposiciones del trabajo de menores de edad;
- las normas de empleo para los trabajadores de 14 y 15 años;
- las tareas que pueden realizarse en ocupaciones peligrosas;
- las sanciones para las violaciones de las disposiciones del trabajo de menores de edad;
- el uso de certificados de edad para los empleados.

2.2.3 Normas de capacitación para aprendices

Todas las normas de capacitación para aprendices exigen cierta formación laboral, o aprendizaje en el ámbito laboral (OJL). El OJL se divide en tareas específicas en las cuales el aprendiz recibe capacitación práctica. Cada tarea requiere un número específico de horas. Por lo general, una capacitación para aprendices de plomería abarca 8,000 horas, lo que equivale a cuatro años de capacitación. En un programa basado en aptitudes, este tiempo se puede acortar si se realizan pruebas de tareas específicas a través de una serie de exámenes prácticos.

En un programa tradicional, el OJL necesario puede adquirirse en incrementos de 2,000 horas por año. Si lo suspenden o se enferma, podría llevarle un poco más de tiempo.

Los patrocinadores deben recibir, registrar y almacenar las planillas horarias de un aprendiz, y presentarlas al gobierno federal o al programa estatal de capacitación.

Por lo tanto, estas planillas deben actualizarse y ser precisas. Después de las primeras 144 horas en el aula y 1,000 horas de capacitación laboral, el aprendiz tiene derecho a recibir un aumento de su salario. A partir de allí, este aumento tendrá lugar cada 1,000 horas de trabajo cumplidas.

Los aprendices no siempre recibirán instrucción en el aula y OJL al mismo tiempo. Además, aquellos que tengan experiencia laboral especial u otros trabajos de cursos pueden obtener créditos para sus requisitos de capacitación. Esto reduce el tiempo total necesario en el aula mientras se mantiene el requisito total de 8,000 horas de OJL. Estos casos especiales dependen del tipo de programa y de sus reglamentos y normas.

Es conveniente, pero no obligatorio, que quienes ingresan a un programa de capacitación para aprendices cuenten con un título de educación secundaria o técnica, que incluya clases de plomería, artes industriales, dibujo técnico y matemáticas básicas. También es importante desarrollar la destreza manual y tener una buena condición física y equilibrio. Es fundamental ser capaz de resolver problemas matemáticos con rapidez y precisión, y saber trabajar en equipo.

Si desea ser aprendiz, debe presentar cierta información al Comité de Capacitación para Aprendices, que puede incluir lo siguiente (los requisitos reales varían según el estado):

- Los resultados de su prueba de aptitud (batería general de pruebas de aptitud o prueba GTBA (General Aptitude Test Battery); por lo general, la Comisión de Seguridad en el Empleo local se encarga de tomarla).
- Cartas de referencia y recomendación de sus empleadores o patrocinadores anteriores.
- Una identificación que certifique su edad (por ejemplo, la licencia de conducir).
- Si es veterano de las Fuerzas Armadas, una copia del formulario DD-214.
- Un registro de cualquier capacitación técnica relacionada con la industria de la construcción o de cualquier formación previa a la inscripción de la capacitación para aprendices.
- Constancia de estudios de preparatoria o certificación de Desarrollo Educativo General (GED - General Education Development).

Una vez que ingrese a un programa para aprendices, debe hacer lo siguiente:

- Utilizar el PPE adecuado en el trabajo.
- Comprar y conservar las herramientas propias del oficio, según las necesidades y los requisitos del contratista.
- Presentar un informe mensual de OJL.
- Informar cualquier cambio en su situación laboral o cambio de patrocinador.
- Asistir a las clases en el aula y cumplir todas las normas de la enseñanza presencial, por correspondencia o a distancia.

2.2.4 Qué se espera del empleador o patrocinador

Una vez que el Comité de Capacitación para Aprendices selecciona a un candidato para ser aprendiz, el empleador o patrocinador lo contrata. El puesto de trabajo que se le asigna al aprendiz tiene las mismas oportunidades de crecimiento profesional que el de un empleado certificado. A cambio, el empleador o patrocinador exige que el aprendiz progrese satisfactoriamente en el OJL y en las clases en el aula durante todo el transcurso del programa de capacitación.

El empleador o patrocinador se compromete a no emplear al aprendiz de una manera que pueda violar las normas de la capacitación de aprendiz. Además, puede pagar una parte del costo operacional del programa para aprendices.

2.2.5 Qué se espera de un programa de capacitación

Los empleadores y patrocinadores que se toman el tiempo y la iniciativa de brindar una capacitación de calidad están dispuestos a invertir en su equipo de trabajo y a mejorar las capacidades de sus trabajadores. No obstante, usted debe dedicarle tiempo a la búsqueda de un programa que lo capacite como se debe.

Escoja un empleador que tenga un programa para aprendices aprobado y que esté dispuesto a desempeñarse como su patrocinador. Este programa debe ser completo, estar estandarizado y basarse en el desarrollo y la demostración de las aptitudes, no únicamente en la cantidad de horas que pasa en el aula.

Averigüe cuántos contratistas de la zona utilizan el mismo programa antes de inscribirse. El programa de capacitación debe tener una escala de compensación bien definida para que su salario aumente en reconocimiento de sus habilidades nuevas y su experiencia.

El programa debe estar reconocido en todo el territorio nacional y debe entregarle expedientes académicos y credenciales de finalización. Cómo empleado en la industria de la construcción, es posible que acabe trabajando para distintos contratistas a lo largo de su carrera. Por eso, los contratistas de otras ciudades y estados deben poder reconocer la experiencia y las aptitudes que usted obtuvo a través del programa de capacitación.

Por último, el plan de estudio del programa debe ser completo y estar actualizado. Debe incluir lo último en técnicas, materiales, herramientas y equipos dentro de la industria de la plomería. También debe aprovechar las tecnologías modernas de capacitación interactiva, como las herramientas multimedia e Internet. Como plomero, usted sabe lo importante que es estar actualizado; lo mismo ocurre con los programas de capacitación.

2.2.6 Qué se espera del Comité de capacitación para aprendices

El Comité de Aprendices (The Apprenticeship Committee) es la entidad administrativa local a la que se asigna el aprendiz. Es responsable de la formación adecuada de los aprendices. Todo programa de aprendices, ya sea estatal o federal, está cubierto por las siguientes normas que han sido aprobadas por las agencias gubernamentales correspondientes:

- El Comité es responsable de hacer cumplir las normas y asegurarse de que la capacitación se lleve a cabo de forma adecuada. Esto garantiza que los graduados estén plenamente calificados en las áreas de capacitación designadas por las normas.
- El Comité evalúa y selecciona a personas para el programa de aprendices y las remite a los programas de formación participantes.
- El Comité coloca a los aprendices bajo un acuerdo por escrito para su participación en el programa.
- El Comité establece normas mínimas para la instrucción en el aula y el OJL (On the job learning - aprendizaje en el campo de trabajo), y supervisa al aprendiz para comprobar que se cumplan estos criterios durante el período de formación.
- El Comité atiende todas las denuncias por violación de los acuerdos del programa, ya sea por parte del empleador/patrocinador o del aprendiz, y toma medidas dentro de las pautas normativas.
- El Comité notifica a los organismos de registro todas las inscripciones, finalizaciones y bajas de alumnos.

Repaso de la sección 2.0.0

1. ¿Cuál de las siguientes afirmaciones es *verdadera* en cuanto al profesionalismo?
   a. Está bien hablar mal de su empleador siempre que sea sincero.
   b. Debe hacer lo que es correcto, incluso cuando se sienta presionado para hacer lo contrario.
   c. Es aceptable hacer trampa si eso beneficia a su empleador.
   d. Es mejor mantener los mismos procedimientos que adaptarse a métodos nuevos.

2. El programa de la Oficina de Capacitación para Aprendices del Departamento de Trabajo exige _____.
   a. 500 horas de OJL al año
   b. 750 horas de OJL al año
   c. 1,000 horas de OJL al año
   d. 2,000 horas de OJL al año

Módulo 02101 Preguntas de repaso

1. La palabra moderna *plomero* deriva de la palabra latina para designar a _____.
   a. las canaletas de agua que abastecían a Roma
   b. los médicos que trataron la intoxicación por plomo
   c. una persona que trabaja con plomo
   d. una persona que repara baños públicos

2. De los 110 puntos que se pueden obtener en la escala de calificación de LEED, ¿cuántos corresponden a la categoría de eficiencia hídrica?
   a. Entre 5 y 9 puntos
   b. Entre 10 y 14 puntos
   c. Entre 15 y 20 puntos
   d. Entre 21 y 25 puntos

3. El agua procedente de lavadoras y tinas y que se reutiliza se conoce como _____.
   a. aguas negras
   b. aguas pluviales
   c. aguas grises
   d. agua potable

4. Las normas nacionales de plomería recomendadas se denominan _____.
   a. ordenanzas
   b. códigos modelo
   c. normativa
   d. códigos uniformes

5. Otro contratista le ofrece trabajo antes de que haya cumplido sus obligaciones actuales. La reacción que demuestra profesionalismo es _____.
   a. notificar a su empleador actual su intención de renunciar de inmediato
   b. pedirle al contratista que espere hasta que usted haya cumplido sus obligaciones
   c. pedirle a su empleador actual que le permita fraccionar sus horas de trabajo entre ambos proyectos
   d. negociar con su empleador actual si está dispuesto a ofrecer mejores condiciones

6. Su supervisor le señala que usted se olvidó de completar un paso en el montaje de un desagüe en un sistema DWV. La persona responsable de dicha instalación era uno de los aprendices que usted está supervisando. La *mejor* manera de proceder es _____.
   a. explicar que el responsable era uno de los aprendices
   b. pedirle al aprendiz que le dé explicaciones al supervisor
   c. explicarle al supervisor por qué el aprendiz realizó el trabajo de esa manera
   d. hacerse cargo del trabajo que se haga bajo su supervisión

7. _____ de un plomero profesional suelen influir mucho en la primera impresión, y sobre todo en la que más perdura.
   a. Las certificaciones
   b. El PPE
   c. Las habilidades de comunicación
   d. Las habilidades para trabajar en red

8. Los expertos en plomería que pueden desempeñarse como mentores y profesores de plomeros menos experimentados se denominan _____.
   a. directores de obra
   b. administradores de plomería
   c. maestros plomeros
   d. aprendices

9. Los gerentes de proyecto se encargan de _____.
   a. evaluar los materiales y la mano de obra necesarios en los proyectos
   b. cerciorarse de que los proyectos cumplan la normativa de seguridad
   c. controlar el alcance y la dirección de una empresa de plomería
   d. instruir a todos los aprendices nuevos en una obra

10. Los estándares mínimos para los programas de capacitación en los Estados Unidos están definidos por _____.
   a. la Oficina de Programas para Aprendices
   b. el NCCER
   c. la NEMA
   d. la OSHA

11. Los participantes de un programa de capacitación del NCCER reciben los siguientes beneficios, *excepto* _____.
   a. los expedientes de capacitación para el empleador
   b. la inscripción en el Registro del NCCER
   c. la certificación de maestro plomero
   d. los certificados por cada nivel de capacitación completado

12. La organización que introdujo la certificación en Liderazgo en Energía y Diseño Ambiental (LEED) es _____.
   a. el Consejo de Construcción Ecológica de los Estados Unidos
   b. el Departamento del Interior
   c. el Consejo de Edificación Ecológica de los Estados Unidos
   d. la Agencia de Protección Ambiental

13. ¿Cuál de las siguientes opciones *no* causa contraflujo?
   a. Una falla en una bomba
   b. Una inyección de aire en el sistema
   c. Cortes y daños en la red hídrica
   d. Niveles insuficientes de agua

14. El nivel de destreza *más alto* que un profesional puede alcanzar en un oficio es _____.
   a. Maestro del oficio
   b. Profesional del oficio de élite
   c. Profesional del oficio certificado
   d. Capataz de obra

Las respuestas a las preguntas impares de repaso de los módulos se encuentran en el *Apéndice A*.

Piedra angular del oficio

Matthew Winn

MBA, CiRM, CGMA, CPA

Vicepresidente de nivel superior de Capacitación y Formación

Consejo Internacional de Códigos, Inc.

¿Cómo llegó a elegir una carrera en el sector?

Mis hermanos y yo crecimos en una familia de plomeros. Nuestros padres dirigían una empresa de plomería de servicio completo en Big Spring, Texas. Mis hermanos siguieron vinculados a la plomería durante sus carreras. Al principio me aboqué a la administración de empresas, pero luego regresé al sector de la plomería.

¿Quién lo inspiró para ingresar en el sector?

Sin dudas, nuestros padres influyeron directamente en nuestra inmersión en el sector, pero incluso de jóvenes trabajamos junto a muchos adultos maduros que recurrían a la plomería para mantener a sus familias.

¿Qué tipos de capacitación ha recibido?

Mis hermanos y yo solo pudimos acceder al aprendizaje en el ámbito laboral. Si bien esto puede ser muy práctico, nos habría venido bien un proceso educativo sistemático más amplio. Con el tiempo nos dimos cuenta de que existían esas opciones, y hoy dedicamos nuestras carreras a brindar esa formación a los demás.

¿Qué importancia tienen la educación y la capacitación en la construcción?

Mi familia considera que la plomería es una profesión, no solo un trabajo. Eso significa que debemos entender por qué y cómo realizamos nuestras tareas. Esto es fundamental, ya que nuestro desempeño repercute directamente en la salud de los clientes, así como en la del público en general.

¿Qué importancia tienen las credenciales del NCCER para su profesión?

La mayoría de los estados exigen requisitos específicos para la obtención de licencias, y el NCCER está adquiriendo cada vez más relevancia en la trayectoria hacia la obtención de licencias profesionales. Esto sucede especialmente debido a que más estados reconocen la gran necesidad y conveniencia de enseñar plomería en las escuelas secundarias.

¿Cómo ha influido la capacitación o la construcción en su vida?

La mayoría de las personas quiere saber si su vida y su trabajo tendrán sentido, tanto en el presente como en el futuro. El agua potable y la eliminación eficaz de los residuos son la base de toda sociedad moderna, lo que convierte a la plomería en uno de los oficios más importantes del sector de la construcción. Los plomeros que reconocen este hecho, sienten una motivación enorme cuando trabajan.

¿Qué tipos de trabajo realizó a lo largo de su carrera?

Crecí haciendo todo tipo de trabajos de plomería, desde mantenimiento residencial y comercial hasta construcciones nuevas. En última instancia, la experiencia y los conocimientos prácticos influyeron en mis funciones ejecutivas en finanzas, seguridad, operaciones y construcción. Hoy tengo el privilegio de combinar esos conocimientos para ayudar a la próxima generación de profesionales en plomería y cañerías a contribuir positivamente en sus comunidades.

¿Qué es lo que más le gusta de su trabajo?

Lo mejor de mi trabajo es ver la satisfacción en los ojos de un estudiante o compartir el orgullo que sienten al alcanzar el siguiente nivel de su licencia profesional.

¿Recomendaría la construcción como carrera a otras personas? ¿Por qué?

¡Por supuesto! El trabajo duro conlleva un gran mérito, y nuestra sociedad está perdiendo esa cultura. No hay nada más satisfactorio que ver el resultado tangible de tu trabajo y saber que las personas viven mejor gracias a tus servicios.

¿Qué consejos daría a quienes recién se incorporan al sector?

Aprenda todo lo que pueda y nunca deje de hacerlo porque el mundo está en constante cambio. Esté dispuesto a trabajar mucho y será recompensado económicamente por ello.

¿Un logro o hecho interesante relacionado con la carrera?

Después de haberme criado en la industria de la plomería, pero habiéndola abandonado durante gran parte de mi carrera, regresé a ella oficialmente tras obtener una licencia de inspector de plomería del Texas State Board of Plumbing Examiners (Consejo Estatal de Texas de Examinadores de Plomería).

¿Cómo define el oficio?

Lo defino de la misma manera que defino el profesionalismo: la habilidad, el juicio, la confiabilidad y el comportamiento cortés de alguien que ofrece productos o servicios de valor a sus clientes o a la sociedad en general.

Respuestas a las preguntas del repaso de las secciones

Respuesta	Referencia de sección	Objetivo
Sección 1.0.0		
1. b	1.1.3	1a
2. a	1.2.0	1b
3. b	1.2.4	1b
Sección 2.0.0		
1. b	2.1.10	2a
2. d	2.2.1	2b

MÓDULO 02102

Seguridad en la plomería

Fuente: iStock@Iryna Melnyk

Objetivos

Luego de finalizar este módulo, podrá hacer lo siguiente:

1. Describir las causas y los costos de los accidentes en las obras.
   a. Resumir las prácticas laborales inseguras y sus consecuencias.
2. Identificar los métodos para prevenir accidentes.
   a. Explicar la finalidad de los distintos tipos de equipos de protección personal a la hora de prevenir accidentes.
   b. Describir la función de la comunicación de riesgos en la prevención de accidentes.
   c. Identificar los métodos que se utilizan para establecer la seguridad de una zona de trabajo.
3. Identificar las medidas de seguridad necesarias para usar herramientas manuales y las accionadas por una fuente de energía.
   a. Describir las medidas de seguridad asociadas a las herramientas manuales.
   b. Describir las medidas de seguridad asociadas a las herramientas accionadas por una fuente de energía.
4. Identificar las medidas de seguridad asociadas a las áreas distintas de trabajo.
   a. Describir las medidas de seguridad asociadas al trabajo en zanjas.
   b. Describir las medidas de seguridad relacionadas con los espacios confinados.
   c. Identificar las medidas de seguridad asociadas al trabajo subterráneo.
   d. Demostrar un procedimiento de bloqueo y etiquetado.
   e. Describir las medidas de seguridad del lugar de trabajo y los procedimientos de respuesta ante emergencias.

Tareas prácticas

Bajo supervisión, podrá hacer lo siguiente:

1. Inspeccionar y colocarse el siguiente equipo de protección personal:
   - Guantes
   - Arnés de cuerpo entero
   - Casco
   - Protección ocular
   - Zapatos o botas de seguridad
   - Protección auditiva
2. Demostrar cómo utilizar de forma correcta una escalera de mano.
3. Inspeccionar herramientas accionadas por una fuente de energía (con cable e inalámbricas) para asegurarse de que sean seguras.
4. Inspeccionar herramientas manuales para asegurarse de que sean seguras.
5. Demostrar o emular los métodos adecuados de bloqueo y etiquetado para distintas fuentes de energía.

NOTA

Los códigos varían entre jurisdicciones. Por eso, es importante que consulte el código correspondiente cada vez que tenga dudas sobre las reglamentaciones. Consultar un conjunto incorrecto de códigos puede causar tantos problemas como no consultar ninguno. Consiga el código local aprobado, léalo y familiarícese con él. La Administración de Seguridad y Salud Ocupacional (OSHA) de los Estados Unidos redacta los códigos de seguridad.

Recursos digitales para plomería

ESCANÉAME

Escanee este código con la cámara de su teléfono o dispositivo móvil para ver los recursos digitales relacionados con este oficio.

Generalidades

Las prácticas y condiciones de trabajo inseguras suelen provocar accidentes y lesiones. Además de causar la muerte o lesiones personales, los accidentes pueden hacer perder tiempo y dinero. Por suerte, los accidentes se pueden prevenir. En este módulo, se destacan algunos de los riesgos más comunes de la plomería, así como las medidas que pueden ayudar a prevenirlos en el lugar de trabajo.

NCCER

Credenciales reconocidas en la industria

Si está capacitando a través de un patrocinador acreditado por el NCCER, puede ser elegible para obtener credenciales del NCCER. El número de identificación de este módulo es 02102. Tenga en cuenta que este módulo puede haber sido utilizado en otros planes de estudios del NCCER y puede aplicarse a la realización de otros niveles. Comuníquese con el NCCER al 1.888.622.3720 o visite **www.nccer.org** para obtener más información.

También puede mostrar en línea sus credenciales reconocidas por el sector con las insignias digitales del NCCER. Transforme sus conocimientos, habilidades y logros en insignias que puede compartir en las plataformas de redes sociales, enviar a su red y agregar a su currículum. Para obtener más información, visite **www.nccer.org**.

1.0.0 Causas y consecuencias de los accidentes

Tareas prácticas

No hay tareas prácticas en esta sección.

Objetivo

Describir las causas y los costos de los accidentes en las obras.

a. Resumir las prácticas laborales inseguras y sus consecuencias.

La mayoría de los accidentes y las lesiones relacionados con la plomería se deben a un descuido de los trabajadores, a una mala planificación de la seguridad, a la falta de capacitación o al incumplimiento de las normativas de seguridad por parte del empleador o los empleados. Los accidentes no solo afectan a los plomeros y a sus empleadores; también pueden afectar la salud y la seguridad de la comunidad. Las enfermedades, la contaminación y las inundaciones son solo algunas de las consecuencias.

Para ayudar a prevenir accidentes, su empresa debe tener un programa de seguridad. Este programa le proporcionará las normas y las medidas de seguridad necesarias para trabajar de forma segura. La seguridad debe formar parte de todas las etapas del trabajo e involucrar a los empleados de todos los niveles, incluida la dirección. La **Administración de Seguridad y Salud Ocupacional (OSHA)** del Departamento de Trabajo de los Estados Unidos exige que una **persona competente**, designada por la empresa, se encuentre en la obra antes de comenzar cualquier tipo de trabajo. El *artículo 1926.32 del CFR 29 de la OSHA* define a una persona competente como aquella capaz de detectar riesgos existentes y predecibles en el entorno, o condiciones de trabajo antihigiénicas o riesgosas para los empleados, y que cuenta con la autorización para tomar medidas correctivas con el fin de solucionar tales problemas. Una persona competente tiene experiencia, está capacitada para el trabajo y conoce los riesgos del entorno, así como las normas y reglamentos asociados al trabajo.

Administración de Seguridad y Salud Ocupacional de los Estados Unidos (OSHA - Occupational Safety and Health Administration): división del Departamento de Trabajo de los Estados Unidos establecida para garantizar un entorno laboral seguro y saludable.

Persona competente: individuo que puede identificar los riesgos existentes y previsibles o condiciones de trabajo riesgosas, insalubres o peligrosas para los empleados. Esta persona está autorizada a tomar medidas correctivas inmediatas para eliminar o controlar estos riesgos y condiciones.

Además de sus propias normas, la empresa debe cumplir muchas regulaciones locales, estatales y nacionales. Por ejemplo, la OSHA exige lo siguiente:

- El empleador "proporcionará a cada uno de sus empleados un empleo y un lugar de trabajo libre de riesgos reconocidos que causen o que puedan causar la muerte o daños físicos graves a sus empleados".
- El empleador "cumplirá con las normas de seguridad y salud ocupacionales" que se establecen en la Ley de Seguridad y Salud Ocupacional federal.
- El empleado "cumplirá con las normas de seguridad y salud ocupacional y con todas las reglas, normativas y órdenes emitidas de acuerdo con este Acta que se correspondan con sus propias acciones y conductas".

A esto se lo denomina "cláusula de obligaciones generales" de la OSHA. Además, el organismo indica que los empleados tienen la obligación de corregir cualquier riesgo reconocible cuando lo identifiquen. Este tipo de normas de seguridad tienen como objetivo hacer que los lugares de trabajo sean seguros y que no haya accidentes en ellos. Las políticas y los procedimientos de seguridad ayudan a que usted y su empresa cumplan estas normativas. Recuerda que hay una buena razón para cada regulación.. Cumplir con las buenas prácticas de seguridad salva vidas.

1.1.0 Causas y costos de prácticas laborales inseguras

Los accidentes y las lesiones causan dolor y sufrimiento, así como dificultades financieras para los empleados, sus familias y sus empresas. Todos los trabajadores de una obra, incluidos los plomeros, tienen la obligación moral, legal y financiera de ayudar a evitar accidentes y lesiones. Para ello, debe entender que las acciones y condiciones inseguras causan accidentes. Los actos inseguros son todas las cosas que usted hace o no hace que pueden causar un accidente. Las condiciones inseguras son factores que hacen que el área de trabajo sea peligrosa.

1.1.1 Prácticas inseguras

Las prácticas laborales inseguras pueden provocar lesiones graves y, en ocasiones, la muerte. Puede prevenir que esto ocurra cambiando su comportamiento. Es su responsabilidad reconocer dichas prácticas de trabajo y detenerlas de inmediato. Esto puede implicar pedirles a sus compañeros de trabajo que detengan una determinada actividad. Si sus compañeros no dejan de actuar de forma insegura, deje lo que esté haciendo y aléjese de ellos. En algunos casos, quizás sea necesario informárselo al supervisor. Estos son algunos ejemplos de prácticas laborales inseguras:

- Operar equipos a velocidades inadecuadas.
- Operar equipos sin autorización.
- Usar equipos defectuosos.
- Desactivar un dispositivo de seguridad.
- Realizar el mantenimiento de un equipo mientras está en movimiento o energizado.
- Usar equipos de manera incorrecta.
- No usar el equipo de protección personal (PPE).
- No advertir a los compañeros de trabajo sobre una situación peligrosa o potencialmente peligrosa.
- Trabajar en una posición inadecuada.
- Trabajar bajo los efectos del alcohol o drogas.
- Operar herramientas o equipos cuando se toman ciertos tipos de medicamentos recetados.
- Levantar cargas de forma incorrecta.
- Cargar o ubicar equipos o suministros de manera inadecuada.
- Travesuras.

Los actos inseguros también pueden ser trabajos que no se realizan de forma correcta. Los trabajadores deben utilizar siempre el PPE adecuado, como el sistema de detección de caídas que se muestra en la *Figura 1*. Los trabajadores que no utilicen el PPE adecuado, no sigan los procedimientos de seguridad o no adviertan a sus compañeros sobre condiciones potencialmente peligrosas pueden provocar accidentes o agravarlos. Manténgase seguro, cuide la seguridad de los demás, respete siempre las normas de seguridad y utilice el equipo adecuado para el trabajo.

Figura 1 Los sistemas de detención de caídas pueden evitar lesiones por caídas.
Fuente: iStock@Oranat Taesuwan

1.1.2 Condiciones inseguras

Las condiciones laborales inseguras pueden causar muchos accidentes y lesiones. Los factores ambientales como el ruido, el calor o frio extremo, la mala iluminación y escasen circulación del aire pueden crear condiciones inseguras, ya que afectan su capacidad de reacción o limitan sus movimientos. La falta de limpieza y orden también es un riesgo. El desorden en los pasillos, derrames y la eliminación inadecuada de residuos pueden hacer que el simple hecho de caminar en la obra sea peligroso.

Para trabajar de forma segura, debe poder oír, ver, respirar y mantener el equilibrio. Antes de comenzar un trabajo, busque y corrija todas las condiciones de trabajo inseguras. Si encuentra caños y accesorios sueltos, levántelos y guárdelos en su lugar, y mantenga el área de trabajo limpia y libre de desechos que puedan causar accidentes. Mantenga las latas de pegamento cerradas para reducir la cantidad de gases tóxicos que se liberan al aire. Compruebe que no haya agua estancada en el piso que pueda suponer un riesgo eléctrico. Los peligros tóxicos, biológicos y eléctricos que pueden afectar a los plomeros se abordan más adelante en este módulo.

1.1.3 Costos y consecuencias

Los accidentes son muy costosos. Cuando se producen, todos los implicados pierden, incluida la empresa y sus empleados. Quizás no crea que todos los accidentes le puedan costar dinero. Sin embargo, piénselo de esta manera: si se produce un accidente en una obra, la empresa tendrá que pagar tasas de seguro más elevadas, costos de atención médica o reparaciones, tiempo de inactividad y los costos de las investigaciones o multas. Si la empresa paga por estos problemas, tiene menos dinero para gastar en aumentos y bonificaciones por rendimiento y para contratar trabajadores de reemplazo. Lo que eso significa para usted es más trabajo sin un aumento en el salario. Recuerde que usted forma parte de la empresa y que los accidentes en el lugar de trabajo le afectarán, aunque no esté directamente implicado.

Los costos por accidente pueden clasificarse en **costos directos** y **costos indirectos**. Los costos relacionados con los accidentes se pueden comparar con un iceberg (*Figura 2*). La punta del iceberg representa los costos directos, como las facturas médicas, las indemnizaciones y las primas de seguros. Los costos indirectos, que son mayores, no se ven. Pueden ser daños a la propiedad y a los equipos, retrasos en la producción y pérdida de tiempo. Las lesiones que se producen fuera del trabajo también pueden retrasar la producción por igual e implicar más gastos para los empleadores. Una tasa alta de incidentes puede afectar a la capacidad de su empresa para garantizar futuros trabajos.

Costos directos: en el caso de los accidentes laborales, los costos directos pueden ser primas, indemnizaciones y facturas médicas correspondientes.

Costos indirectos: en el caso de los accidentes laborales, los costos indirectos suelen ser los daños a la propiedad y a los equipos, los retrasos en la construcción y los costos asociados a volver a capacitar a otros trabajadores.

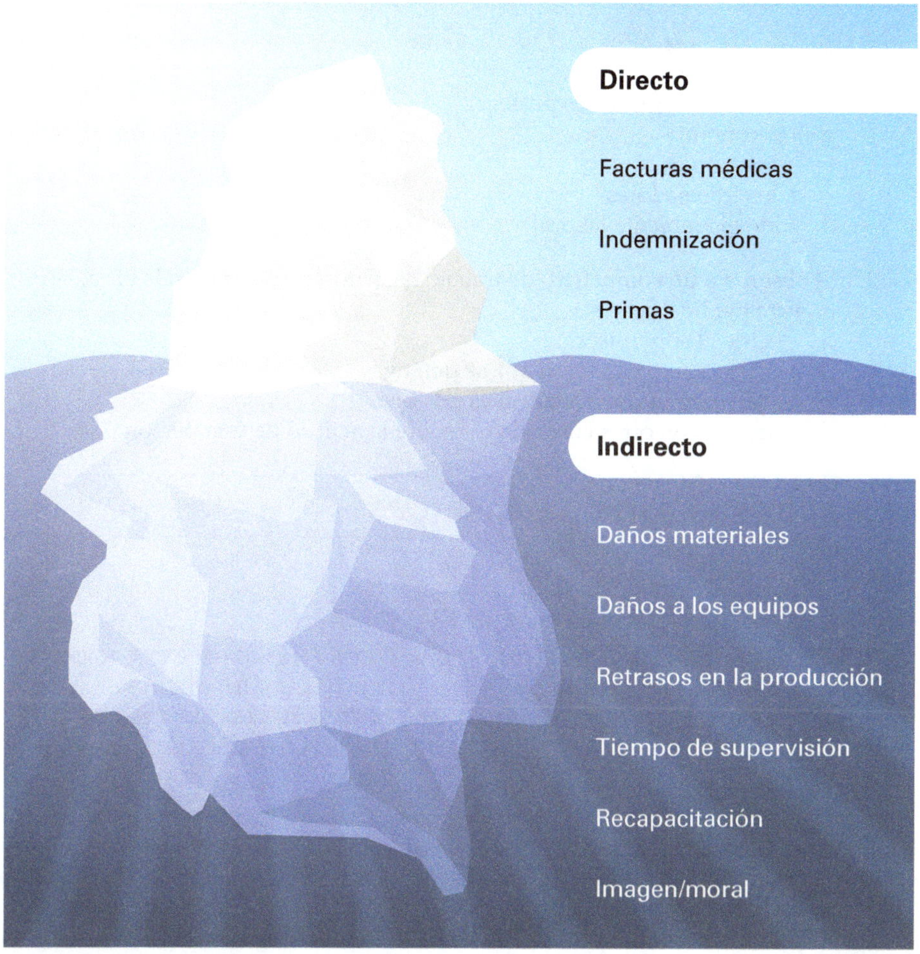

Figura 2 Costos ocultos de los accidentes.

La OSHA, que forma parte del Departamento de Trabajo de los Estados Unidos, es una agencia gubernamental que protege a millones de trabajadores cada año. Su misión es garantizar un entorno de trabajo seguro y saludable. Desde la creación de la agencia en 1971, las muertes laborales se han reducido a la mitad, y los índices de lesiones y enfermedades han disminuido casi un 40%. Al mismo tiempo, la cantidad de personas que trabajan ha aumentado. En la actualidad, la cantidad de personas que trabajan en los Estados Unidos se ha triplicado desde la creación de la OSHA, ya que pasó de 56 millones de trabajadores en 3.5 millones de lugares de trabajo a 159 millones de trabajadores en 8 millones de lugares de trabajo.

La OSHA adopta y hace cumplir las regulaciones de seguridad conocidas como *normas*. Algunas, como la **Norma sobre la comunicación de riesgos (HazCom)**, se aplican a todas las industrias. Otras solo corresponden a determinadas industrias. Además de las normas generales de industrias, la OSHA tiene una serie de normas para la plomería en la construcción. Hay 26 estados que tienen sus propios programas de la OSHA. Las regulaciones estatales deben ser, al menos, tan estrictas como las normas nacionales. Debe averiguar qué normativa se aplica en su lugar de trabajo. Los programas federales y estatales de la OSHA mantienen la seguridad en los lugares de trabajo mediante la investigación de accidentes, las inspecciones y los programas de capacitación de extensión.

Norma sobre la comunicación de riesgos (HazCom - Hazard Communication Standard): normativa federal de la OSHA que exige a los empleadores educar e informar a los trabajadores sobre los riesgos químicos en el lugar de trabajo (*CFR 29, artículos 1910.1200*).

¿Sabías qué?

Más de lo que se ve

Según la Oficina de Estadísticas Laborales de los Estados Unidos, cada año se producen más de 20,000 lesiones oculares en el lugar de trabajo. El costo total de estas lesiones es un estimado de $300 millones por año debido a la pérdida de la productividad, los tratamientos médicos y los pagos de indemnización.

Fuente: Oficina de Estadísticas Laborales de los Estados Unidos

Repaso de la sección 1.0.0

1. La misión de la OSHA es proteger _____.
   a. la economía
   b. a los empleadores
   c. a los trabajadores
   d. todo el ambiente laboral

2. Si observa a un compañero de trabajo haciendo travesuras en la obra, su *primera* medida debe ser _____.
   a. decirle al supervisor
   b. pedirle a su compañero que se detenga
   c. alejarse de su compañero si es posible
   d. quejarse con otros compañeros sobre la actitud de esta persona

2.0.0 Prevención de accidentes

Tareas prácticas

1. Inspeccionar y colocarse el siguiente equipo de protección personal:
   - Guantes
   - Arnés de cuerpo entero
   - Casco
   - Protección ocular
   - Zapatos o botas de seguridad
   - Protección auditiva
2. Demostrar cómo utilizar de forma correcta una escalera de mano.

Objetivo

Identificar los métodos para prevenir accidentes.

a. Explicar la finalidad de los distintos tipos de equipos de protección personal a la hora de prevenir accidentes.
b. Describir la función de la comunicación de riesgos en la prevención de accidentes.
c. Identificar los métodos que se utilizan para establecer la seguridad de una zona de trabajo.

Existen muchas herramientas y protecciones que se utilizan para evitar lesiones en la obra. La primera línea de defensa es eliminar el riesgo en sí. Por ejemplo, no trabaje en alturas si el trabajo puede hacerse en el suelo y la pieza terminada se puede elevar hasta el lugar de instalación. Si no se puede eliminar el riesgo, se debe usar el equipo de protección personal (PPE - Personal Protective Equipment) adecuado. Se debe advertir a los trabajadores del peligro mediante una comunicación efectiva, y se debe establecer una zona de trabajo segura.

2.1.0 Equipo de protección personal

El PPE está diseñado para protegerlo de las lesiones. Muchos plomeros se lesionan en el trabajo porque no utilizan el PPE.

No detectará todas las condiciones que pueden ser peligrosas con solo observar un lugar de trabajo. Antes de realizar cualquier trabajo, deténgase y observe qué tipo de accidentes podrían ocurrir. El uso del sentido común y del PPE reduce en gran medida las posibilidades de resultar herido. El mejor PPE no sirve de nada si no respeta estas cuatro pautas:

- Inspecciónelo de forma regular y sustituya cualquier elemento que esté dañado o desgastado.
- Cuídelo de forma adecuada.
- Utilícelo de manera correcta cuando lo necesite.
- Evite adaptarlo o modificarlo de cualquier manera.

Los plomeros suelen utilizar los siguientes tipos de PPE:

- Cascos
- Protección ocular y facial
- Guantes
- Calzado de seguridad
- Protección auditiva
- Protección contra caídas
- Protección respiratoria
- Vestimenta adecuada

NOTA

La protección contra caídas incluye un arnés y una cuerda de seguridad que conforman un sistema denominado *sistema personal de detención de caídas*. Los trabajadores deben saber cómo inspeccionar, colocarse y mantener sus sistemas.

2.1.1 Cascos

En la Figura 3, se muestra un casco típico. La carcasa externa del casco protege la cabeza durante una caída o de cualquier objeto que salga despedido. El arnés interno del casco mantiene un espacio entre la carcasa externa y la cabeza. Cuando utilice un casco, ajuste la banda, no el casco, para que la estructura se adapte al tamaño de su cabeza y quede un espacio mínimo de 1 pulg. (2.54 cm) entre la cabeza y la carcasa externa del casco.

Asegúrese siempre de que el casco que utilice no haya superado su vida útil. La vida útil de un casco depende de factores como su fecha de fabricación, la marca y el modelo. Por ejemplo, la fecha de fabricación que se muestra en la *Figura 3* indica que el casco se fabricó en septiembre de 2019. Si el fabricante del casco indica que la vida útil es de cinco años, entonces el casco se debe reemplazar en septiembre de 2024.

Nunca use una gorra debajo del casco. El botón de la parte superior de la gorra impedirá que el casco funcione bien si recibe un impacto. Además, si tiene el cabello largo (más de 4 pulg. [10 cm]), debe recogérselo, ya que puede engancharse con facilidad en la maquinaria. No es necesario que se corte el cabello, pero es posible que tenga que cubrirlo con un pañuelo o una red para cabello bajo el casco.

NOTA

La OSHA define los accidentes y los incidentes de forma diferente. Al notificar las lesiones, utilice siempre la palabra accidente, no incidente.

El casco se debe utilizar de forma correcta. Observe que algunos cascos tienen un ala corta y robusta en la parte delantera. Este ala está diseñada para desviar objetos que caen, así que nunca uses el casco al revés o empujado hacia atrás de tu rostro. El uso incorrecto del casco, elimina la protección que ofrece el ala. Otros cascos tienen un ala que se extiende todo alrededor. En este caso, la parte delantera del casco es la opuesta al lado que tiene las piezas de ajuste. Recuerde que nunca se deben utilizar marcadores ni pegatinas en los cascos, ya que algunos contienen productos químicos que pueden degradar la resistencia del material compuesto.

Figura 3 Casco típico.

Historia de caso

Seguridad de los cascos

No obtendrá la protección para la que está diseñado un casco si no lo usa de forma correcta. En uno de los accidentes notificados, un trabajador que llevaba el casco hacia atrás estaba bajando un tramo de caño de 6 pulg. (15.24 cm) cuando el caño empezó a caerse. Como el ala del casco estaba girado hacia atrás y no podía desviar los objetos que caían, al caer, el caño lo golpeó en la frente. El trabajador sufrió daños cerebrales como consecuencia de este accidente y no pudo volver a trabajar.

Moraleja: Use siempre el casco de forma correcta.

2.1.2 Gafas de seguridad, anteojos y protectores faciales

Utilice protección ocular (*Figura 4*) siempre que exista la más leve posibilidad de sufrir lesiones oculares. Por lo general, las áreas que presentan riesgos para la seguridad ocular por parte de objetos que caen o salen despedidos se pueden identificar, pero esté siempre atento a otros riesgos posibles, como al alcantarillado y el agua a presión.

Existen diferentes tipos de protección ocular. Los anteojos de seguridad ofrecen la mejor protección desde todas las direcciones. Las gafas de seguridad normales protegen los ojos de los pequeños objetos que salen despedidos de frente, como astillas, partículas, arena o polvo, pero puede utilizar también una pantalla facial para añadir protección. Puede utilizar las gafas de seguridad graduadas si proporcionan la misma protección que las gafas de seguridad normales.

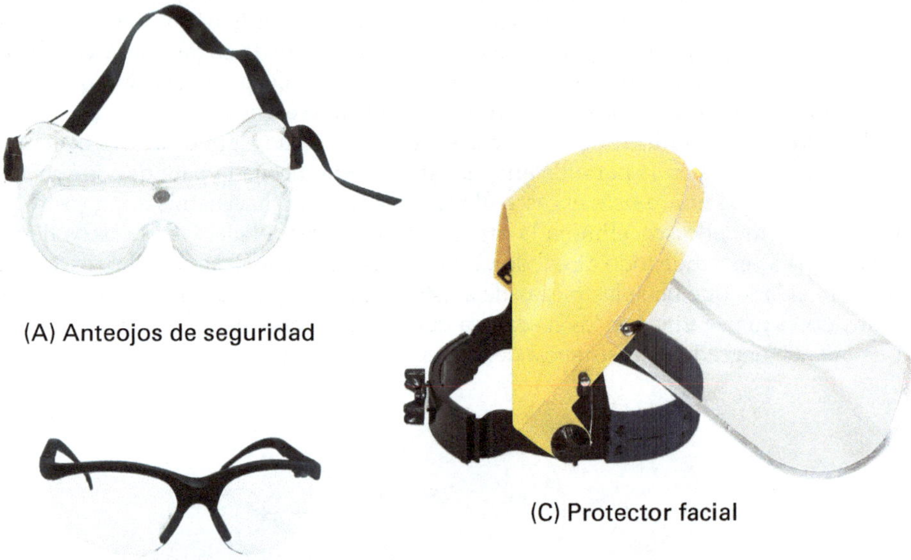

(B) Gafas de seguridad

Figura 4 Gafas de seguridad típicas.
Fuente: iStock@Nur Fandilah (4C)

Historia de caso

Seguridad ocular

En un accidente reportado, un plomero sufrió una lesión ocular grave después de que los escombros del trabajo que estaba realizando le cayeran en los ojos. Un supervisor le había dicho varias veces que usara gafas de seguridad. Si hubiera hecho caso al supervisor, el plomero no se habría lesionado ni habría tenido que ausentarse del trabajo para recuperarse.

Moraleja: Utilice siempre protección ocular mientras esté en el lugar de trabajo.

Protección ocular

Si debe usar gafas con aumento, las normas OSHA establecen que debe protegerse los ojos de una de las siguientes maneras:

- anteojos cuyas lentes protectoras también tengan aumento;
- anteojos de seguridad que se puedan utilizar sobre las gafas con aumento sin alterar su ajuste;
- anteojos de seguridad que incorporen lentes con aumento montadas detrás de las lentes protectoras.

Su optometrista puede brindarle las gafas necesarias.

Fuente: *artículo 1926.102 del CFR 29 de la normativa de la OSHA*

2.1.3 Guantes

En muchos trabajos, se necesitan guantes resistentes (*Figura 5*) para proteger las manos de los cortes, las quemaduras químicas o la exposición a aguas residuales sin tratar. En cualquier caso, asegúrese de utilizar guantes que sean adecuados para el trabajo. Los guantes de trabajo se suelen fabricar de tela, lienzo o cuero, pero también suelen estar hechos de malla metálica o de un material llamado *Kevlar*®, que brinda protección contra los cortes metálicos. Nunca use guantes de tela cerca de equipos giratorios o en movimiento. Inspeccione los guantes todos los días para asegurarse de que estén en buen estado. Reemplace de inmediato los guantes desgastados, rotos o que ya no le queden bien. El par de guantes marrones que se muestra en la *Figura 5* son un ejemplo de guantes para aguas residuales, que se suelen utilizar cuando se trabaja con equipos de alcantarillado. Se los conoce como *guantes feos*.

Figura 5 Guantes de trabajo.
Fuente: Ridge Tool Company (5E)

Además de realizar una prueba visual, una forma efectiva de revisar los guantes de caucho es con una prueba de aire. Las pruebas de aire se suelen utilizar para probar los guantes de caucho que utilizan los electricistas. Los siguientes pasos se explican en el *artículo 1910.137 del título 29 del CFR.*

Paso 1 Sujete el guante por el puño, gírelo varias veces para crear un sello, y enróllelo hacia los dedos. Se formará una bolsa de aire dentro del guante.

Paso 2 Sujete la parte enrollada del guante con firmeza. Inspeccione el exterior inflado del guante en busca de grietas o degradación de la superficie del material de aislamiento. Al forzar la entrada de aire en el guante, se pueden encontrar daños en el aislamiento que no se apreciarán durante una inspección visual.

Paso 3 Inspeccione el guante en busca de orificios en el material aislante. Sujételo cerca del oído. Si oye que sale aire del guante o si el guante no mantiene la presión, significa que está dañado. Los guantes dañados deben desecharse.

¡ADVERTENCIA!

Lávese y desinféctese siempre bien las manos si ha estado expuesto a aguas residuales, incluso si usó guantes. Hacerlo puede prevenir enfermedades. En general, es mejor utilizar alcohol en gel en lugar de un limpiador antibacteriano. Algunas investigaciones recientes indican que el uso excesivo de limpiadores antibacterianos puede hacer que las bacterias sean más resistentes.

PRECAUCIÓN

Un equipo de protección que está en buenas condiciones un día puede estar dañado al día siguiente. Realice siempre una inspección visual diaria del PPE para evitar lesiones por culpa de equipos defectuosos o desgastados.

2.1.4 Calzado de seguridad

Para protegerse los pies de la caída de objetos y de pinchazos, utilice calzado de seguridad con punta de acero o de material compuesto duro que sea resistente a las perforaciones (*Figura 6*). El acero o el material compuesto duro protege los dedos de los pies de la caída de objetos. La suela resistente a los pinchazos reduce las posibilidades de pincharse los pies con clavos u otros objetos punzantes. Es obligatorio utilizar este tipo de calzado de seguridad cuando se utilizan equipos para apisonar o martillos neumáticos. Si existen riesgos eléctricos, use zapatos o botas sin metal. Los trabajos de soldadura requieren botas u otros zapatos resistentes sin cordones ni ojales para evitar que los metales calientes o las chispas queden en el calzado. No use zapatos empapados en aceite para soldar. Al hacerlo, aumenta el riesgo de incendios.

También es importante tener en cuenta de qué forma puede afectar el agua a los zapatos, en especial a las suelas. Muchas de las lesiones se producen por resbalones sobre superficies mojadas. Cuando trabaje en superficies mojadas o congeladas, utilice botas de caucho o zapatos con suela antideslizante. Siempre reemplace las botas o los zapatos cuando la suela está desgastada o el zapato tenga agujeros, incluso si los agujeros fueran en la parte superior. Para reducir la posibilidad de caerse o sufrir lesiones en los pies, no use nunca zapatos abiertos o con tacos.

Figura 6 Calzado de seguridad.
Fuente: iStock@kozmoat98

2.1.5 Protección auditiva

La mayoría de los daños en el cuerpo producen dolor. Sin embargo, las lesiones auditivas no siempre lo hacen. La exposición a ruidos fuertes durante un período largo puede provocar la pérdida de la audición, incluso cuando el ruido no es tan fuerte como para causar dolor. La mayoría de las empresas siguen las normas de la OSHA sobre cuándo los trabajadores deben utilizar protección auditiva. Uno de los tipos de protección auditiva son los tapones para los oídos especialmente diseñados para filtrar el ruido (*Figura 7*). Debe limpiarlos con agua y jabón con frecuencia para evitar infecciones en los oídos. Como los tapones se fabrican de diferentes tamaños, asegúrese de usar los que se ajusten bien a su pabellón auditivo.

Otro tipo de protección auditiva son las orejeras, protectores grandes y acolchados que cubren toda la oreja (*Figura 8*). Las orejeras tienen una banda para la cabeza que debe ajustarse para lograr el calce correcto. Si el nivel de ruido es muy alto, tal vez deba usar tanto tapones como orejeras.

Se puede prevenir la pérdida de audición inducida por el ruido al limitar la exposición y utilizar el PPE adecuado. En la *Tabla 1* se muestra la exposición máxima recomendada a niveles de ruido de 90 **decibelios (dB)** o más.

Figura 7 Tapones para los oídos.

Decibelios (dB): medida de la intensidad o el volumen del sonido. Cuanto más alto sea el nivel de decibelios, más fuerte y potencialmente dañino será el sonido.

Figura 8 Orejeras.
Fuente: iStock@79mtk

TABLA 1 Niveles máximos de ruido

Nivel de ruido (decibelios)	Horas máx. de exposición continua por día	Ejemplos
90	8	Cortacésped eléctrica
92	6	Lijadora de banda
95	4	Tractor
97	3	Taladro manual
100	2	Sierra circular
102	1.5	Llave de impacto
105	1	Pistola rociadora de pintura
110	0.5	Pala mecánica
115	0.25 o menos	Taladro percutor

¿Sabías qué?

No olvide la protección auditiva

Las estadísticas recopiladas por el Instituto Nacional de Seguridad y Salud Ocupacional (NIOSH) de los Estados Unidos indican que el 48% de los plomeros afirman haber sufrido una leve pérdida de la audición debido al uso de maquinaria eléctrica ruidosa en lugares pequeños.

Botiquín de primeros auxilios

Tenga siempre cerca un botiquín de primeros auxilios. Las lesiones leves se pueden tratar con facilidad cuando se dispone de los elementos necesarios. Un botiquín completo debe incluir los siguientes elementos:

- Vendas autoadhesivas
- Gasa esterilizada
- Vendas de gasa
- Cinta adhesiva de primeros auxilios
- Moleskin (curitas)
- Tijeras de primeros auxilios
- Pinzas de depilación
- Guantes esterilizados
- Hisopos con yodo o alcohol
- Ibuprofeno u otros antiinflamatorios
- Crema antibiótica
- Aspirina u otro analgésico

Algunos botiquines también tienen torniquetes, entablillados, silbatos de seguridad, serpentinas de seguridad, ganchos de seguridad y bolsas de basura. Mantenga siempre el botiquín de primeros auxilios con todos los elementos. De este modo, cuando alguien necesite utilizarlo, los elementos necesarios estarán disponibles. También puede ser útil llevar un informe de accidente y un lápiz en el botiquín.

Nunca intente tratar usted mismo las lesiones graves. Siempre llame al 911 en caso de emergencia. Compruebe la política de la empresa en cuanto a la administración de medicamentos. Algunas empresas prohíben la distribución de medicamentos.

2.1.6 Protección contra caídas

La norma *OSHA 1926.501* exige que los trabajadores utilicen el equipo de protección personal contra caídas y reciban la capacitación adecuada al respecto para determinadas situaciones laborales. La OSHA elaboró un Programa de Inspección Enfocada (Focused Inspection Program) para abordar las cuatro áreas de alto riesgo. Uno de los principales grupos de riesgo son las caídas desde lugares elevados. Estas caídas son accidentes que se relacionan con fallas en el equipo de protección contra caídas, o con la falta o el uso inadecuado de este equipo. Utilizar el equipo de protección personal contra caídas puede ayudar a prevenir estos accidentes. El equipo suele incluir un arnés de seguridad y una cuerda de seguridad. Consulte la *Figura 9* para determinar la longitud adecuada del equipo de protección contra caídas para una altura determinada. Para todas las distancias de caída menores de 18½ pies (5.5 m), utilice una línea de vida retráctil. Para todas las distancias de caída mayores de 18½ pies (5.5 m), utilice una cuerda de seguridad o línea de vida retráctil absorbente de impactos.

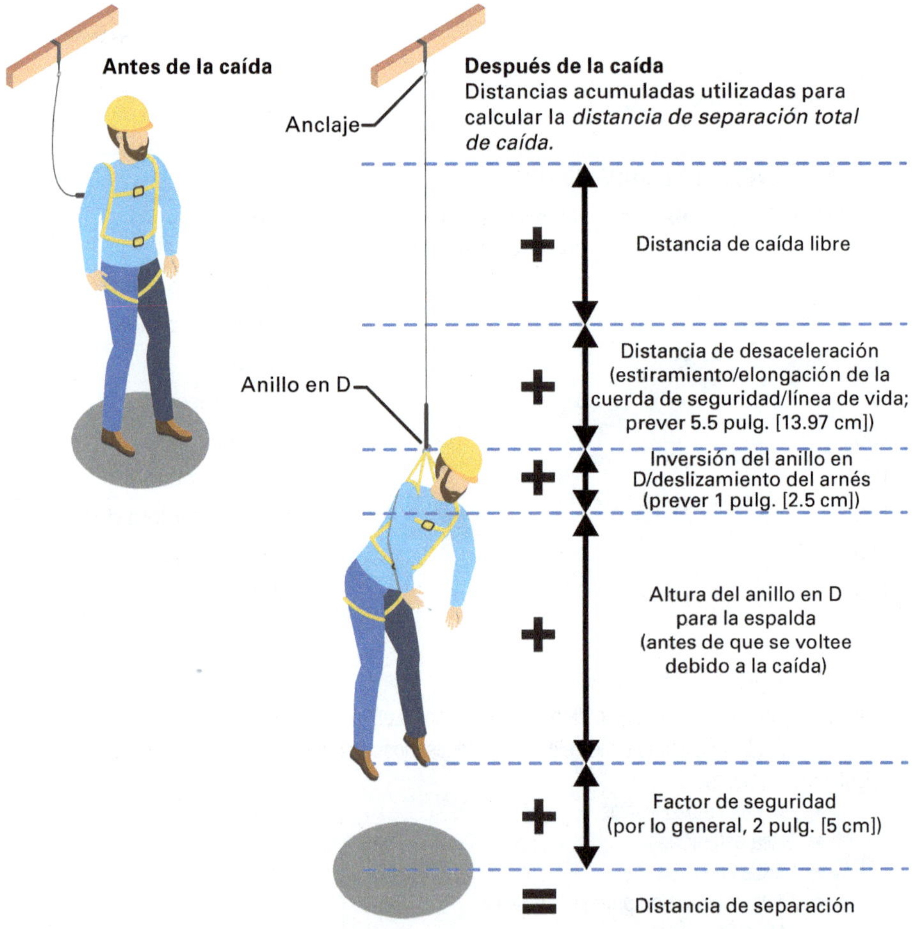

Figura 9 Equipos de protección contra caídas según la altura.

Los equipos de protección contra caídas incorporan hilos rojos por dentro que aparecen cuando el equipo se ha estirado, rasgado o dañado de alguna manera. Si observa estos hilos rojos en el equipo, no lo utilice. Nunca escriba su nombre en la correa del equipo de protección contra caídas con un marcador. La tinta podría reaccionar con el material de la cuerda y provocar corrosión y degradación. No sujete nunca una cuerda de seguridad retráctil a una cuerda fija.

El arnés de seguridad (*Figura 10*) es un arnés reforzado que se ajusta al cuerpo e incluye correas para las piernas, los hombros, el pecho y la pelvis. La cuerda de seguridad (*Figura 11*) es un sistema de ingeniería que lo protege contra las caídas libres superiores a 3 pies (91 cm); tiene extremos reforzados con anillos en D encajados en ellos. Uno de los anillos en D se sujeta al arnés de seguridad y el otro, a un punto de anclaje ubicado por encima del área de trabajo. La OSHA exige que los anclajes deben ser capaces de soportar 5,000 lb (2,268 kg) por persona. Una persona calificada le indicará la ubicación de un punto de anclaje resistente. La cuerda de seguridad

NOTA

Inspeccione siempre la cuerda para comprobar si está desgastada o dañada antes de utilizarla. No utilice cuerdas de seguridad si están cortadas, desgastadas o dañadas de algún modo.

Figura 10 Arnés de seguridad de cuerpo entero típico.
Fuente: se utiliza con permiso del MSA

Figura 11 Cuerda de seguridad.

debe tener la longitud necesaria para permitirle realizar sus tareas, pero también debe ser más corta que el recorrido de la caída para detenerlo por completo y limitar dicha distancia a un máximo de 3.5 pies (1 m). También debe tener la resistencia para soportar el doble de la energía de un posible impacto si se produjera una caída libre de 6 pies (1.8 m) o la distancia permitida por el fabricante. Si se produce una caída y el entretejido de seguridad de la cuerda queda expuesto, reemplace la cuerda.

¡ADVERTENCIA!

No utilice nunca un arnés ni una cuerda de seguridad para otra cosa que no sea su finalidad. Consulte siempre las instrucciones del fabricante al momento de conectar un arnés o cuerda de seguridad. Más del 70% de los accidentes registrados en el lugar de trabajo son producto del uso incorrecto de la cuerda y el arnés.

En las obras de construcción, la protección contra caídas incluye cubiertas o sistemas de barandas diseñados para evitar que los trabajadores se caigan de cualquier superficie ubicada a más de 6 pies (1.83 m) por encima de una superficie inferior. También está diseñada para evitar que los trabajadores se caigan en una cavidad o excavación de al menos 6 pies (1.83 m) de profundidad. Las cubiertas para las cavidades también lo protegen de los objetos que puedan caer desde arriba del área de trabajo. Se requiere el uso de equipos de protección contra caídas cuando se trabaje en estos sitios:

- en espacios generales de trabajo a una altura mayor de 4 pies (1.21 m);
- en obras en construcción a una altura mayor de 6 pies (1.82 m);
- en andamios de 10 pies (3 m) de altura (consulte las normas locales, ya que esto puede variar);
- cerca de huecos en los pisos (por ejemplo, un hueco de escalera, un hueco de ascensor, una chimenea o un hueco para las bajantes de plomería);
- por encima de equipos y máquinas peligrosas, sin importar la altura.

Los equipos de protección contra caídas siempre se deben amarrar a un punto fijo. Nunca se amarre inclinado, ya que se puede calcular mal la longitud requerida.

Mantenga los arneses y las cuerdas de seguridad en buen estado de funcionamiento. Antes de utilizar este equipo, revise que no haya daños, como desgaste en las correas y hebillas del arnés o anillos en D que estén doblados o muy rayados. Compruebe que el arnés no tenga cortes o irregularidades. No utilice el equipo de protección contra caídas que presente indicios de desgaste o daño. Si encuentra algún daño, devuelva el arnés para que lo prueben o reemplacen.

PRECAUCIÓN

Siga siempre las instrucciones del fabricante cuando utilice un arnés. Conozca y respete los procedimientos de seguridad de su empresa cuando trabaje sobre techos, escaleras de mano y andamios.

Todas las empresas están obligadas por ley a disponer de un plan de protección contra caídas por escrito que aborde los riesgos de caída específicos del sitio y las medidas adoptadas para prevenir cada riesgo. Esta información se suele incluir en la capacitación o en las reuniones de seguridad que se deben programar con frecuencia. Si no está seguro del plan de su empresa o tiene dudas al respecto, pregunte a su supervisor antes de realizar cualquier trabajo aéreo.

2.1.7 Protección respiratoria

Asbesto: sustancia fibrosa e resistentes al fuego que se utiliza en el aislamiento de tuberías, tejas, tableros de pared, revestimientos de pisos y algunos tipos de aislantes. En la actualidad, se encuentra prohibido por ley por suponer un riesgo para la salud.

Siempre que haya peligro de asfixia u otros riesgos respiratorios, se debe utilizar un respirador. También se debe utilizar cuando trabaje con **asbestos** resistentes al fuego o cerca de ellos, o en lugares donde crezcan hongos peligrosos. Se requiere capacitación especial para el uso de respiradores. Es importante respetar las siguientes pautas:

- Utilizar el tipo de protección respiratoria adecuado para cada riesgo particular.
- Aprobar una prueba física cardiopulmonar antes de utilizar la protección respiratoria.
- Realizar una prueba de ajuste con el equipo de protección respiratoria antes de utilizarlo para asegurarse de se adapta bien al rostro.

PRECAUCIÓN

La normativa de la OSHA exige que los trabajadores se sometan a una prueba cardiopulmonar antes de utilizar la protección respiratoria. Consulte las normas locales correspondientes.

La ley federal especifica los tipos de respiradores que deben usarse según los diferentes riesgos respiratorios. Los respiradores se agrupan en tres tipos principales, en función de cómo protegen al usuario de los contaminantes.

¡ADVERTENCIA!

El *artículo 745 del título 40 del CFR* de la EPA, *Renovation, Repair & Painting Final Rule* (Norma definitiva para la remodelación, reparación y pintura) exige que "las remodelaciones realizadas a cambio de una remuneración se deben llevar a cabo por empresas certificadas que utilicen remodeladores certificados si la vivienda se construyó antes de 1978, si se la clasifica como habitación ocupada por niños y si la remodelación altera más de 6 pies^2 (0.56 m^2) de pintura con plomo por superficie de habitación interior o 20 pies^2 (1.86 m^2) de área exterior por pared". Todos los plomeros que trabajen en viviendas construidas antes de 1978 están sujetos a esta norma, por lo que deben ser conscientes de su entorno y realizar pruebas para detectar la presencia de plomo en el área de trabajo.

¡ADVERTENCIA!

Si encuentra asbesto u hongos, no los manipule ni intente eliminarlos. Debe informar a su supervisor sobre la presencia de estos de inmediato. El asbesto y los hongos están relacionados con enfermedades a largo plazo. Solo el personal capacitado que cuente con el equipo adecuado para manipularlos y eliminarlos puede resolver estas situaciones.

Respiradores de purificación de aire

Los respiradores purificadoras de aire ofrecen el grado de protección más bajo. Se fabrican para utilizarse solo en ambientes que tengan la cantidad de oxígeno necesaria para sustentar la vida (más del 19.5%). Los respiradores son específicas para cada sustancia química. Utilizan filtros y cartuchos especiales para eliminar determinados gases, vapores y partículas del aire. Los cartuchos contienen carbón vegetal, que absorbe ciertos vapores y gases tóxicos o mortales. Los filtros eliminan partículas como el polvo, los vapores y los humos metálicos, ya que quedan atrapados dentro del material del filtro. Cuando el usuario detecta algún sabor u olor, significa que el carbón ha alcanzado la capacidad máxima de absorción. Por lo tanto, el cartucho ya no puede eliminar los contaminantes. Los filtros se deben cambiar cuando la respiración se dificulta.

Los fabricantes de respiradores purificadoras de aire clasifican sus productos en cuatro grupos:

- las que no requieren mantenimiento;
- de poco mantenimiento;
- reutilizables;
- respiradores purificadoras de aire con suministro forzado (PAPR).

Los respiradores reutilizables se encuentran en modelos de respirador de medio-respiradore (*Figura 12*) o de protección facial completa. Estos respiradores requieren la sustitución de cartuchos, filtros y otras piezas. Para utilizarlos, se necesita también un programa completo de mantenimiento de respiradores. Consulte siempre las instrucciones del fabricante antes de utilizarlos.

Los respiradores motorizados de purificación de aire" (PAPR - Powered Air-Purifying Respirators) (*Figura 13*) se pueden encontrar en modelos de media respiradore, protección facial completa y con casco. Utilizan sopladores para impulsar el aire a través de los cartuchos y filtros que se sujetan a el respirador. Los motores de los sopladores pueden ubicarse en el respirador o montarse en una correa. Según los cartuchos que se utilicen, las PAPR pueden filtrar partículas, polvo, humos y nieblas junto con determinados gases y vapores. Aparte de las unidades con el soplador montado en el respirador, las PAPR tienen una unidad de purificación de aire con suministro forzado montada en la correa y conectada a el respirador por un tubo de respiración. Muchos modelos disponen de una alarma sonora y visible que se activa cuando el caudal de aire llega al nivel mínimo requerido. Esta función advierte al usuario que el filtro está cargado o que la batería tiene poca carga.

Figura 12 Respirador de medio rostro.
Fuente: iStock@joebelanger

El asbesto

El asbesto es una sustancia peligrosa y fibrosa que provoca enfermedades pulmonares, incluido el cáncer. En el pasado se utilizaba con regularidad en la construcción. El aislamiento de caños, las tejas, los paneles de pared, los recubrimientos de pisos y el aislamiento por soplado son solo algunos de los productos que pueden contener asbesto.

El gobierno federal puso fin a la producción de la mayoría de los productos con asbesto a principios de la década de 1970. Sin embargo, se continuó instalando estos productos durante los 70 y hasta principios de los 80. Hoy en día, las fibras de asbesto se pueden liberar durante las renovaciones de edificios antiguos. Respirar polvo de asbesto puede tener efectos crónicos y duraderos.

Fuente: Agencia para Sustancias Tóxicas y el Registro de Enfermedades

Figura 13 Respirador purificadora de aire de protección facial completa.
Fuente: iStock@BartCo

Respiradores con suministro de aire

Los respiradores con suministro de aire (*Figura 14*) brindan aire durante períodos prolongados a través de una manguera de alta presión conectada a una fuente de aire externa, como un compresor, un cilindro de aire comprimido o una bomba. Ofrecen protección en ambientes donde los respiradores purificadoras de aire no son adecuadas. Los respiradores con suministro de aire se utilizan normalmente en atmósferas tóxicas. Algunas se pueden utilizar en atmósferas inmediatamente peligrosas para la vida y la salud (IDLH - Immediately Dangerous to Life and Health) si están equipadas con un cilindro de aire para el escape de emergencia. Una atmósfera se considera IDLH si supone un peligro inmediato para la vida o produce efectos inmediatos, irreversibles y debilitantes para la salud. Existen dos tipos de respiradores con suministro de aire: las de flujo continuo y las de presión a demanda.

Los respiradores con suministro de aire de flujo continuo brindan aire al usuario de forma constante. Se suministra el aire a través de una o dos mangueras desde la fuente hasta el respirador. A menos que el compresor o la bomba estén diseñados en especial para filtrar el aire, o que se utilice un sistema de filtrado de aire portátil, la unidad debe ubicarse en un lugar donde haya aire respirable. Los respiradores con suministro de aire de presión a demanda son iguales a las de flujo continuo, excepto que suministran el aire al respirador a través de una válvula de presión a demanda a medida que el usuario inhala.

Figura 14 Respirador con suministro de aire.
Fuente: iStock@AllmanMedia

Los respiradores

La normativa de la OSHA (*artículo 1910.134 del CFR 29*) exige que los empleados que utilizan respiradores en el lugar de trabajo reciban una capacitación anual. Los empleados deben finalizar la capacitación antes de que se les exija utilizar el respirador. Según la OSHA, "la capacitación debe ser exhaustiva e integral y debe repetirse cada año, o más a menudo si fuera necesario". Puede ser necesaria una capacitación adicional si la anterior queda obsoleta o si el empleado no domina el uso del respirador y demuestra dificultades para utilizarla.

NOTA

Es necesario ser certificado para utilizar un SCBA. La capacitación para la certificación abarca el mantenimiento y la inspección del equipo, así como la correcta colocación y retirada.

Atmósfera deficiente en oxígeno: ambiente en el que no hay suficiente oxígeno para sustentar la vida. Por lo general, se considera así por tener menos del 19.5% de oxígeno por volumen.

Espacios confinados: espacios que, por su diseño o configuración, tienen aberturas limitadas para la entrada y la salida, cuentan con una ventilación natural desfavorable, pueden contener o producir sustancias peligrosas y no están destinados a la ocupación permanente de los empleados.

Aparato: herramienta que combina diferentes funciones para realizar un trabajo determinado.

Figura 15 Aparato de respiración para escapes de emergencia.
Fuente: iStock@tatajantra

Equipo de respiración autónomo (SCBA - Self-Contained Breathing Apparatus)

Estos equipos proporcionan el grado más alto de protección respiratoria. Se pueden utilizar en **atmósferas deficientes en oxígeno** (menos del 19.5% de oxígeno), en **espacios confinados** o mal ventilados que tengan aberturas limitadas, y en atmósferas IDLH. Suministran aire durante unos 30 a 60 minutos desde un cilindro de aire comprimido que se carga en la espalda del usuario. Los **aparatos** de respiración para escapes de emergencia (EEBA - Emergency Escape Breathing Apparatus) son una versión más pequeña de los cilindros SCBA (*Figura 15*). Los EEBA se utilizan para escapar de entornos peligrosos y suelen proporcionar un suministro de aire de 5 a 10 minutos.

Requisitos para la capacitación en respiradores

En una carta de explicación, la OSHA determinó el requisito de capacitación anual para la protección respiratoria. "Anual significa que la capacitación y las pruebas de ajuste se deben realizar cada año, antes o en la fecha de aniversario de la capacitación y de la prueba de ajuste anteriores del empleado; por ejemplo, si el empleado recibe capacitación o se somete a una prueba de ajuste el 1 de febrero de 2020, entonces debe recibir otra capacitación o someterse a una prueba de ajuste el 1 de febrero de 2021 o antes." Si no se respeta la fecha de aniversario, se debe anotar en el expediente del empleado el motivo del retraso y la fecha prevista.

Los empleados capacitados deben demostrar sus conocimientos en las siguientes áreas:

- Por qué es necesario un respirador y las consecuencias de un ajuste incorrecto, o su uso o mantenimiento incorrecto;
- las limitaciones y capacidades de los respiradores;
- cómo utilizar los respiradores de forma efectiva en situaciones de emergencia, incluso cuando no funciona correctamente;
- cómo inspeccionar, colocarse, quitarse, utilizar y verificar los sellos herméticos del respirador;
- los procedimientos para el mantenimiento y almacenamiento de respiradores;
- cómo reconocer los signos y síntomas médicos que pueden limitar o impedir el uso efectiva de los respiradores;
- la información que se expone en el *artículo 1910.134 del CFR 29 de la OSHA*.

Elegir un respirador

El respirador se debe elegir en función del contaminante presente y su nivel de concentración. Se debe ajustar y utilizar de forma correcta según las instrucciones del fabricante. Se debe usar todo el tiempo que dure la exposición.

Los empleadores deben tener un programa de protección respiratoria con los siguientes componentes:

- procedimientos de operación estándar para la selección y el uso;
- capacitación para los empleados;
- limpieza y desinfección periódica;
- almacenamiento higiénico;
- inspección periódica;
- pruebas de ajuste anuales;
- exámenes de función pulmonar.

Hoja de datos de seguridad (SDS - Safety data sheet): documento que debe acompañar a cualquier material peligroso. La SDS identifica el material e indica los límites de exposición, las características físicas y químicas, el tipo de riesgo que representa, las precauciones para un manejo y un uso seguros y las medidas de control específicas.

Compruebe siempre que el cartucho del respirador sea del tipo correcto para las condiciones del aire y los contaminantes de su lugar de trabajo. En determinadas concentraciones, los vapores o humos se pueden eliminar mediante dispositivos de purificación del aire si los niveles de oxígeno son aceptables. Por ejemplo, el humo producido por un incendio o los humos que se generan al soldar.

A la hora de escoger un respirador para trabajar con materiales específicos, primero se deben determinar los componentes peligrosos del material y sus niveles de exposición. Lea siempre la **hoja de datos de seguridad (SDS)**, que se suele encontrar en una carpeta en la oficina del director del proyecto o del supervisor. Las SDS identifican los ingredientes peligrosos y deben indicar el tipo de respirador y el cartucho que se recomienda utilizar con el material. Más adelante en el módulo aprenderá más sobre las SDS.

¡ADVERTENCIA!

Si le resulta difícil respirar, si se marea o tiene náuseas, si huele o nota el sabor del producto químico o si sufre otros efectos notables debido a la exposición, abandone el área de inmediato. Diríjase a una zona con aire puro y busque la ayuda necesaria. Cuando trabaje en un espacio confinado, deberá estar acompañado por, al menos, un compañero. Más adelante en el módulo aprenderá más sobre cómo trabajar en espacios confinados.

Prueba de ajuste del respirador

Los respiradores son inútiles si no se prueban de forma adecuada en cada usuario. Para que el respirador ofrezca una protección óptima, se deben realizar pruebas de ajuste con presión positiva y negativa antes de cada uso. Estas pruebas deben repetirse hasta lograr un buen sellado facial.

Siga estos pasos para realizar una prueba de ajuste con presión positiva:

Paso 1 Ajuste bien el respirador y, luego, ajuste las tiras de la cabeza y del cuello hasta que quede bien firme y cómoda.

Paso 2 Bloquee la válvula de exhalación con la mano u otro material.

Paso 3 Exhale dentro del respirador.

Paso 4 Compruebe que no haya fugas de aire alrededor de los bordes del respirador.

Paso 5 Si el respirador se hincha un poco sin que haya fugas durante unos segundos, significa que se ha logrado un buen sello.

Utilice los siguientes pasos para realizar una prueba de ajuste con presión negativa:

Paso 1 Bloquee la válvula de inhalación con la mano u otro material.

Paso 2 Intente inhalar.

Paso 3 Compruebe que no haya fugas de aire alrededor de los bordes del respirador.

Paso 4 Si el respirador se hunde un poco durante unos segundos, significa que se ha logrado un buen sello.

Asegúrese de que su respirador esté limpia y en buen estado y que todas las piezas estén en su sitio. De lo contrario, no lo protegerá. Los respiradores se deben limpiar a diario. Si no lo hace, se disminuirá su eficacia y no ofrecerá una buena protección. Por ejemplo, supongamos que ha utilizado un respirador durante dos semanas y no lo ha limpiado. Las bacterias que se acumulan al respirar en el respirador, más los contaminantes en el aire que logran penetrar, harían que el interior del respirador no esté en buenas condiciones de higiene. El uso continuado podría causarle más daños que beneficios. Recuerde que solo un respirador limpio y completo le brindará la protección necesaria. Siga estas pautas generales para el cuidado del respirador:

- Inspeccione su respirador antes y después de cada uso.
- No use un respirador si está deformada, agrietada o desgastada. No obtendrá un buen sello facial de esa forma.
- No use un respirador si falta alguna pieza. Sustituya de inmediato las correas desgastadas y las piezas faltantes antes de utilizarla.
- No exponga el respirador al calor o al frío excesivos, a productos químicos o a la luz solar.
- Limpie y lave el respirador al final de cada jornada.
- Desinfecte el respirador una vez por semana.

¿Sabías qué?

La seguridad es una cuestión mundial

El Sistema Global Armonizado de Clasificación y Etiquetado de Productos Químicos (GHS - Globally Harmonized System) de las Naciones Unidas es un estándar internacional para las hojas de datos de seguridad (SDS). Su objetivo es definir y comunicar, en las etiquetas y las SDS, los peligros para la salud, físicos y medioambientales de las sustancias químicas, así como las medidas de protección necesarias.

Limpie el respirador a diario. Los *Procedimientos de limpieza para respiradores (obligatorios)* de la OSHA se encuentran en el *Apéndice B-2* del *artículo 1910.134 del CFR 29*. Limpiar el respirador es una tarea sencilla que ayuda a garantizar el uso seguro. Los procedimientos incluyen los siguientes pasos:

Paso 1 Quite los filtros, cartuchos o depósitos. Desmonte las piezas del respirador y deseche o repare las piezas defectuosas.

Paso 2 Lave los componentes con agua tibia y un detergente suave. Utilice un cepillo de cerdas duras (no de alambre) para eliminar la suciedad.

Paso 3 Enjuague los componentes por completo con agua limpia y tibia. Deje secar.

Paso 4 Si su limpiador no contiene un agente desinfectante, sumerja los componentes durante dos minutos en uno de los siguientes líquidos: solución de hipoclorito, solución acuosa de yodo u otros limpiadores disponibles en el mercado que tengan una calidad de desinfección similar.

Paso 5 Enjuague los componentes por completo con agua limpia y tibia.

Paso 6 Seque los componentes al aire o con la mano, utilizando un paño limpio y sin pelusas.

Paso 7 Vuelva a ensamblar las piezas del respirador, y reemplace los filtros, cartuchos y depósitos cuando sea necesario.

Paso 8 Pruebe el respirador para asegurarse de que todos los componentes funcionen de forma correcta.

2.1.8 Vestimenta y cuidado personal adecuados

Excepto el PPE, la OSHA no ha establecido ninguna norma sobre la vestimenta adecuada en el lugar de trabajo ni sobre el cuidado personal. Sin embargo, la vestimenta y cuidado personal adecuados pueden ser tan importantes para su seguridad como el PPE. Preste atención a su ropa de trabajo de la misma manera que al PPE: revísela con frecuencia en busca de signos de desgaste que puedan causar problemas y manténgala limpia.

Evite usar vestimenta demasiado ajustada o suelta. La ropa ajustada puede limitar los movimientos rápidos, mientras que la ropa suelta puede engancharse en la maquinaria o los equipos. Asegúrese de que su vestimenta no tenga solapas, cuerdas o bordes irregulares que puedan enredarse en las **herramientas accionadas por una fuente de energía**. No use pantalones que se arrastren por el suelo ni camisas o chaquetas con mangas muy largas. Las chaparreras y las rodilleras también pueden ofrecer mayor protección para las piernas. Al soldar, no utilice pantalones con botamangas en los que puedan caer trozos de metal fundido o chispas.

Herramientas accionadas por una fuente de energía: herramientas que necesitan una fuente de energía, como baterías, electricidad o energía hidráulica o neumática, para funcionar.

No use joyas, ya que pueden engancharse en las máquinas. Si tiene el cabello o la barba largos, asegúrese de que no le estorben mientras trabaja. Si el cabello largo cae sobre los ojos, puede dificultarle la visión. Al igual que las joyas, el cabello largo puede quedar atrapado en una maquinaria. Por lo tanto, se lo debe atar, enrollar o cubrir. Vestirse y arreglarse de forma adecuada para su trabajo no solo le ayudará a mantenerse seguro, sino que también dará buena impresión de usted como empleado. Además, los pantalones se deben sujetar en la cintura con un cinturón, si fuera necesario.

La barba y los respiradores

Si tiene barba, es posible que el respirador no se pueda sellar de forma adecuada. Sin embargo, existen respiradores de ajuste holgado que están disponibles para uso rutinario o de emergencia. Según la OSHA, los trabajadores con barba pueden utilizar estas respiradores porque el vello facial no interfiere con el sellado de las piezas faciales de estas unidades. Su empleador debe determinar si usted puede usar este respirador o no.

2.2.0 Comunicación de peligros

La exposición a productos químicos y materiales peligrosos, como los sellantes, el asbesto, los productos de limpieza y el gas comprimido, puede causar problemas tanto ambientales como de salud. Los problemas de salud pueden incluir irritación ocular o de la piel, dificultad para respirar, reacciones alérgicas y cáncer. Los riesgos ambientales pueden ser incendios, corrosión y reactividad (explosiones).

Los tipos de materiales peligrosos en una obra van desde productos químicos hasta radiación. Las aguas residuales también se consideran peligrosas. La radiación es quizás el peligro que menos se tiene en cuenta, ya que no puede verse ni notarse. La radiación está presente durante las pruebas radiográficas de soldaduras de tuberías, tanques, equipos médicos y bombas.

Los productos químicos representan un peligro importante porque se presentan en muchas formas diferentes. No son solo líquidos. También pueden ser sólidos, gases, humos y nieblas. Muchos productos comunes contienen varias sustancias químicas. Por ejemplo, algunas pinturas contienen cadmio y plomo. Muchos productos químicos suponen un riesgo para la salud, como enfermedades o quemaduras. Otros suponen peligros físicos, como incendios o explosiones. Algunos plantean riesgos tanto físicos como para la salud. Los programas intensos de comunicación de riesgos que incluyen las SDS lo pueden ayudar a identificar los riesgos y a entender cómo protegerse. Tiene el derecho a conocer los peligros de todos los productos químicos a los que estará expuesto en el trabajo.

2.2.1 Derecho a saber

La OSHA indica a los empleadores que deben informar a sus trabajadores sobre los materiales peligrosos en el lugar de trabajo a través de la comunicación de riesgos. Es posible que haya oído hablar del *programa de derecho a saber de los trabajadores (worker right-to-know program).* Todas las personas que se encuentren en el lugar de trabajo deben recibir capacitación sobre los materiales peligrosos que posiblemente utilicen en el trabajo. Esto se realiza mediante un programa escrito de comunicación de riesgos y capacitaciones. Además, todos los materiales tienen que tener las etiquetas y las SDS adecuadas. Las etiquetas y las SDS proporcionan información sobre los riesgos para la salud, las medidas de seguridad y las respuestas ante una emergencia. Tiene que entender esta información para protegerse. La responsabilidad final acerca de su seguridad es suya. Los plomeros tienen las siguientes responsabilidades en lo que respecta a Comunicación de Riesgos (HazCom):

- Aprender a reconocer las etiquetas de los materiales peligrosos.
- Saber en dónde se guardan las SDS en su lugar de trabajo.
- Informar al supervisor los riesgos que detecte en el lugar de trabajo.
- Conocer los riesgos físicos y para la salud de los materiales que utiliza.
- Saber cómo protegerse de los riesgos.
- Saber qué hacer frente a una emergencia.
- Conocer el programa HazCom de su empleador.

¿Sabías qué?

Sacar el plomo

En un estudio de 459 trabajadores de diversos oficios de la construcción, los plomeros tenían niveles bastante elevados de plomo en la sangre. Los plomeros que tenían niveles más altos indicaron que trabajaban más en remodelaciones residenciales, reparación de tuberías de agua que contenían plomo y desmontaje de juntas de plomo. Debido a los riesgos que supone el plomo, es importante seguir algunas pautas básicas de seguridad al momento de quitar o trabajar con artefactos antiguos que contengan plomo:

- Use respiradores con filtros HEPA para eliminar los posibles contaminantes de plomo en el aire.
- Utilice la vestimenta adecuada para evitar que la piel entre en contacto con cualquier contaminante de plomo. Se recomienda utilizar ropa de protección descartable.

Fuente: Biblioteca Nacional de Medicina

2.2.2 Etiquetas

En una obra en construcción, todos los materiales que se encuentren en contenedores deben llevar una etiqueta. Las etiquetas describen el material que se encuentra en el contenedor. Además, advierten sobre los riesgos químicos.

La norma HazCom indica que los contenedores de materiales peligrosos deben estar etiquetados, rotulados o marcados. La etiqueta debe incluir el nombre del material, las advertencias de riesgo, y el nombre y domicilio del fabricante.

Rombo de advertencia de la NFPA: etiqueta de cuatro colores en forma de rombo que se coloca en contenedores o puertas para advertir a las personas sobre los riesgos específicos de seguridad de un producto, habitación o edificio.

La OSHA no exige etiquetas específicas. La información de la etiqueta puede ser cualquier tipo de mensaje con palabras, imágenes o símbolos. Sin embargo, las etiquetas deben describir los riesgos presentes. También deben ser legibles y fáciles de ver.

Las etiquetas HazCom más comunes provienen de la Asociación Nacional de Protección contra Incendios (NFPA - National Fire Protection Association), la Asociación Estadounidense de Recubrimientos (ACA - American Coatings Association) y el Departamento de Transporte de los Estados Unidos (DOT - Deptartment of Transportation). El sistema de clasificación de la NFPA para los materiales peligrosos se suele conocer como el **rombo de advertencia de la NFPA** (*Figura 16*). El rombo de cuatro colores puede ser la etiqueta de un contenedor. También se utiliza en las puertas para señalar los peligros de una habitación o edificio para ayudar a los bomberos y al personal de emergencias. Cada sección y color representan un riesgo: salud, inflamabilidad, estabilidad y riesgos específicos. Los números del cero al cuatro indican el nivel del riesgo.

En el Hazardous Materials Information System (HMIS®) (Sistema de Información sobre Materiales Peligrosos) de la ACA (*Figura 17*), al igual que el rombo de advertencia de la NFPA, se utiliza un sistema de codificación por colores para identificar los peligros asociados a un determinado producto y se asignan números a cada sección para indicar el grado de riesgo. El HMIS® está destinado a advertir a los empleados sobre los riesgos potenciales.

El DOT exige utilizar etiquetas como las que se muestran en la *Figura 17* para el transporte de materiales peligrosos. Cualquiera de estas etiquetas puede formar parte del programa de etiquetado HazCom de su empresa. Es posible que vea estas etiquetas en su lugar de trabajo.

Los materiales peligrosos en el lugar de trabajo deben estar bien etiquetados. Si se trasvasa un material de un contenedor etiquetado, el recipiente nuevo debe tener una etiqueta con toda la información de la original. Asegúrese de que los materiales con los que trabaja estén etiquetados y de comprender las etiquetas de su empresa.

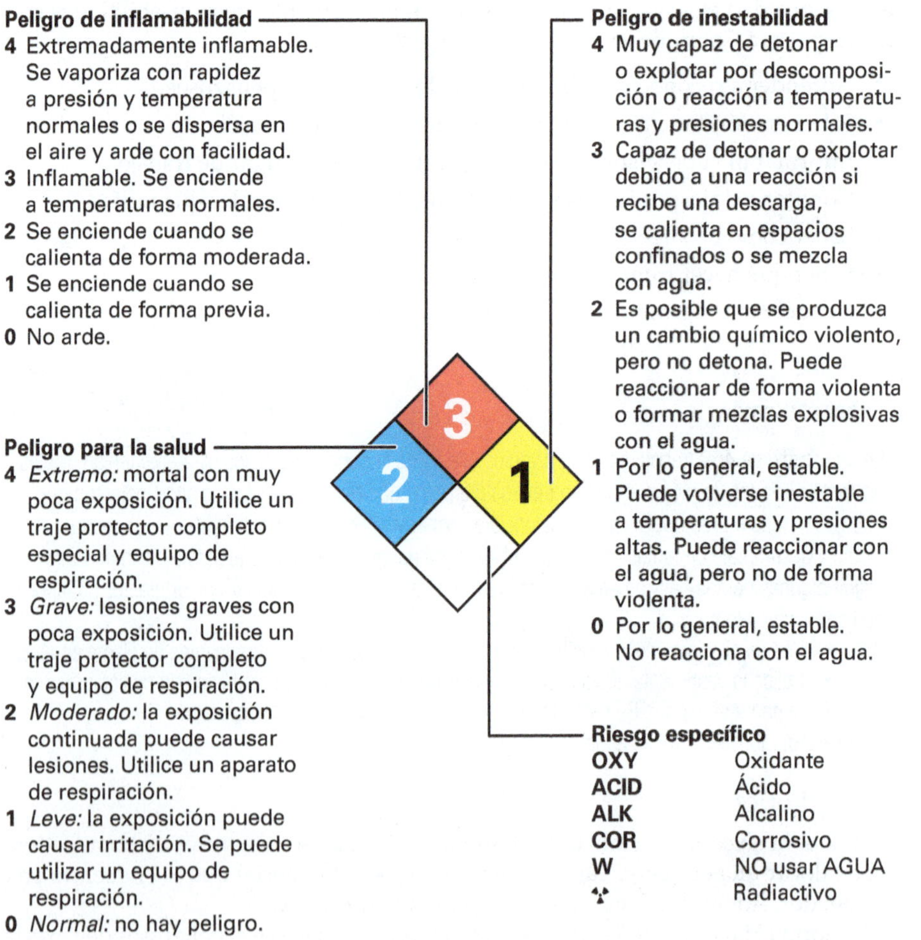

Figura 16 Rombo de advertencia de la NFPA.

2.2.3 Hojas de datos de seguridad

Todos los productos de una obra en construcción deben tener una SDS, que es una ficha técnica que elabora el fabricante o importador del producto. La SDS describe la sustancia y sus riesgos, los requisitos para el manejo seguro, los primeros auxilios y los procedimientos de emergencia en caso de derrames. Una SDS puede ser difícil de leer, ya que parte de la información incluida en la hoja es bastante técnica. Aunque la OSHA no tiene un formulario obligatorio, exige que se incluya información específica. La Asociación de Fabricantes de Sustancias Químicas (Chemical Maufacturers Association) ha desarrollado un formulario estándar que cumple las normas nacionales e internacionales. La mayoría de los fabricantes de productos químicos utilizan este formulario, en el que se incluyen estas secciones:

- información del producto químico y de la empresa;
- composición e información sobre los ingredientes;
- identificación de los riesgos;
- medidas de primeros auxilios;
- información de prevención y lucha contra incendios;
- medidas en caso de liberación accidental;
- manipulación y almacenamiento;
- controles de exposición y protección personal;
- propiedades físicas y químicas;
- estabilidad y reactividad;
- propiedades toxicológicas;
- propiedades ecológicas;
- consideraciones para la eliminación;
- información sobre el transporte;
- información normativa;
- información adicional relacionada con el producto químico.

La información a la que se le debe prestar más atención en una SDS es la siguiente:

- riesgos específicos;
- requisitos de protección personal;
- procedimientos de manipulación;
- información de primeros auxilios;
- número telefónico en caso de emergencia las 24 horas.

Sistema de información de materiales peligrosos (HMIS®) de la ACA

Etiquetas de materiales peligrosos del DOT

Figura 17 Etiquetas de HazCom.

2.2.4 Respuesta ante emergencias

Todos los lugares de trabajo deben tener un plan de respuesta ante emergencias. La planificación se debe coordinar bien y comunicar a todos los involucrados. Si su supervisor le indica que debe evacuar el lugar de trabajo, diríjase a un lugar seguro y espere hasta que las condiciones sean seguras. Estar preparado puede reducir la gravedad de una emergencia. La planificación es muy importante si el accidente se produce en un área remota que no tenga línea telefónica. Conozca la ubicación de las estaciones de lavado de ojos cercanas, incluidas las estaciones portátiles en los vehículos. Se indican con carteles como el que se muestra en la *Figura 18*.

Asegúrese de conocer el plan de emergencias de su empleador. Averigüe a quién llamar en caso de emergencia y qué hacer para protegerse. Debe conocer dónde está el hospital de emergencias y dónde deben ir, junto con sus compañeros, en caso de emergencia. Los planes de respuesta varían de una empresa a otra. Como mínimo, todos los planes deben incluir el nombre del hospital de emergencias más cercano, los puntos de reunión de seguridad y un punto de contacto para emergencias. Si su empresa no tiene un plan, ocúpese de que se formule uno.

Figura 18 Cartel de estación de lavado de ojos.

Preparación para los casos de emergencia

Su empresa espera que esté preparado en caso de emergencia. Por lo tanto, es imprecindible leer y comprender el plan de respuesta ante emergencias de su empresa. Muchas empresas tienen pautas para guiar a los empleados durante una emergencia. Las siguientes pautas están diseñadas para evitar el pánico y proteger a las personas, la propiedad y el medioambiente:

- Mantenga la calma y evalúe la situación de forma rápida.
- Informe al personal afectado.
- Respete los procedimientos de seguridad de la empresa para proteger al personal, la propiedad y el medioambiente.
- Presente los informes que se le pidan.

La OSHA exige informes para determinadas situaciones de emergencia. Estos requisitos se detallan en el *artículo 1904 del CFR 29.* A pesar de que usted no sea la persona que presenta el informe, se le puede pedir que brinde información a la autoridad que lo realiza.

2.3.0 Zonas de trabajo

Los trabajos de plomería se suelen realizar en obras de construcción en áreas públicas o cerca de ellas. Generar una zona de trabajo despejada es muy importante para resguardar la seguridad. Para marcar una zona de trabajo en construcción se utilizan barricadas, vallas, cinta de precaución, señales y conos. Para garantizar la seguridad de todos, debe mantener al público y los vehículos alejados de su zona de trabajo.

Los carteles, las etiquetas y los códigos de colores en el lugar de trabajo protegen a los trabajadores de las condiciones peligrosas y los ayudan a responder ante una emergencia (*Figura 19*). Para que los carteles, las etiquetas y los códigos de colores sean eficaces, todos los trabajadores necesitan comprender su significado y saber qué medidas están requeridos a tomar. Esto reduce la confusión y garantiza su eficacia.

Figura 19 Carteles y etiquetas para zonas de trabajo.

Las señalizaciones, como las alarmas, las campanas, los timbres, los silbatos y las bocinas, también se usan para comunicar los riesgos a los trabajadores. Por ejemplo, se utilizan alarmas de reversa en montacargas, equipos de construcción y camiones. Las alarmas de incendio se utilizan para despejar las áreas de trabajo. Las líneas de cintas transportadoras tienen timbres, campanas o silbatos para avisar a los trabajadores que se están por poner en marcha.

Las barricadas son otra forma de advertencia frente al peligro. Se utilizan en las obras en construcción para no dejar pasar al personal no autorizado y controlar la circulación (*Figura 20*). También se las utiliza para controlar el tránsito peatonal en el exterior, o en salas y pasillos cuando se los termina de limpiar o encerar.

Es importante reconocer todos los carteles y las señalizaciones en la obra y asegurarse de que estén bien colocados y funcionen de forma correcta. Esto puede salvar vidas.

Figura 20 Usos típicos de las barricadas.

Figura 21 Carteles de zonas de trabajo.

2.3.1 Carteles

Todos los lugares de trabajo tienen señales y carteles específicos para identificar los riesgos. También pueden brindar información de emergencias (*Figura 21*). Los carteles más comunes en una obra son los de peligro, precaución, los informativos y los de instrucciones de seguridad o etiquetas.

Carteles de peligro

Los carteles de peligro suelen ser rojos, negros y blancos. Informan a los trabajadores que existe un riesgo directo, como alta tensión o materiales inflamables. Además, tienen advertencias específicas que se deben respetar para evitar accidentes (*Figura 22*). A modo de ejemplo, se pueden mencionar los carteles de "Prohibido fumar" y "No pasar".

Figura 22 Cartel de peligro típico.

Carteles de precaución

Los carteles de precaución son amarillos con letras negras. Advierten a los trabajadores sobre posibles riesgos y prácticas inseguras (*Figura 23*). Cuando vea un cartel de precaución, tome las medidas necesarias para protegerse. Algunos de estos carteles pueden ser los de "No accionar", "Mantener los pasillos despejados" y "Cerca electrificada".

El amarillo es el color básico utilizado para los carteles de precaución. Se utiliza para identificar los lugares en los que pueden producirse riesgos físicos por golpes contra objetos, tropiezos, caídas, tropezones y atrapamiento entre obstáculos. El amarillo sólido, las rayas amarillas y negras y las cuadrículas amarillas y negras advierten a los trabajadores de estos peligros.

Los carteles de precaución de los sistemas de tuberías que contienen materiales peligrosos son de color amarillo. El amarillo se utiliza para advertir a los trabajadores que no deben poner en marcha una máquina que se encuentra en reparación. Las barreras pintadas y las banderas deben situarse al comienzo del área de trabajo o en la fuente de energía. Los carteles y las barreras deben estar expuestos de forma que los trabajadores los identifican con facilidad en elementos como controles eléctricos, escaleras, andamios, bóvedas, válvulas, secadoras, calderas, ascensores y tanques.

Figura 23 Cartel de precaución típico.

Figura 24 Cartel de información común.

Carteles de información

Estos carteles brindan información general que no está relacionada con la seguridad (*Figura 24*). El color estándar es el azul. El fondo, todo el cartel o solo un panel pueden ser azules. Algunos ejemplos comunes son los carteles de "No ingresar", "No pasar" y "Exclusivo para empleados".

Los carteles de información también pueden ser negros y blancos. Estos se utilizan como marcadores de áreas de tránsito y limpieza. Suelen indicar lo siguiente:

- pasillos o corredores sin salida;
- ubicación de los cestos de basura;
- ubicación y ancho de los pasillos;
- habitaciones o corredores;
- escaleras (contrahuellas, sentido, bordes);
- bebederos y máquinas expendedoras de alimentos.

Figura 25 Cartel de seguridad común.

Carteles de instrucciones de seguridad

Por lo general, estos carteles se utilizan para las instrucciones y recomendaciones generales asociadas a las medidas de seguridad (*Figura 25*). El fondo y las letras de estas señales suelen ser de color blanco y verde, pero los colores pueden variar según el mensaje y la ubicación de la señal. Las letras utilizadas sobre el fondo blanco son negras. Como ejemplos comunes, encontramos los carteles de "Informe todas las condiciones inseguras a su supervisor", "Camine, no corra" y "Ayude a mantener esta planta segura y despejada".

Etiquetas de seguridad

Las etiquetas de seguridad se utilizan como advertencia temporal sobre los riesgos potenciales y directos (*Figura 26*). Son parecidas a los carteles, pero no están diseñadas para utilizarse en lugar de los carteles ni como medio de protección permanente. Por ejemplo, se puede utilizar una etiqueta que indique "Fuera de servicio" en los equipos dañados hasta que se los pueda retirar o reparar. Durante los **procedimientos de bloqueo y etiquetado**, se puede colocar una etiqueta de "No encender" en una máquina para indicar que es peligrosa y evitar su uso hasta que se garantice lo contrario. Las etiquetas y los dispositivos utilizados para fijarlas deben cumplir requisitos específicos para garantizar su durabilidad y eficacia.

Procedimientos de bloqueo y etiquetado: procesos que implican identificar equipos peligrosos, bloquearlos para que ningún trabajador pueda utilizarlos hasta que se certifique el uso seguro y colocar una etiqueta en el equipo que explique el problema y advierta que no debe usarse.

2.3.2 Señalizaciones

Las señalizaciones se utilizan para informar a los trabajadores sobre posibles peligros. Los tipos de señalizaciones pueden ser las alarmas, las campanas, los timbres, los silbatos, las bocinas y las señales manuales. Las señales manuales permiten controlar el tránsito vehicular, guiar la manipulación de materiales y ayudar a los operadores de equipos. Todos los trabajadores involucrados necesitan saber qué significa cada señal manual antes de utilizarla. El significado se debe establecer antes de comenzar una tarea entre el operador del equipo y el observador o la persona que da las señales al operador.

2.3.3 Barricadas y barreras

Cualquier abertura en una pared, en el piso o en el suelo es un riesgo para la seguridad. Existen dos tipos de protección para estas aberturas: los protectores o las cubiertas. Siempre que sea posible, los huecos se deben cubrir. Cuando no resulte práctico cubrirlos, se deben utilizar barricadas. Se deben colocar **protecciones** alrededor de una abertura si el borde inferior de la abertura en la pared está a menos de 3 pies (91 cm) por encima del piso y permitiría que alguien pueda caerse desde 4 pies (1.22 m) o más. Por ejemplo, se deben colocar protecciones alrededor de la abertura de una ventana ubicada a varios pisos de altura para evitar que un trabajador se siente en la abertura y caiga por ella. Dos de los métodos de protección más utilizados son las barandillas y las barricadas de advertencia. Las barricadas típicas de advertencia suelen ser de cinta plástica o cuerda, y se atan a los cables o entre postes. La cinta o cuerda tiene un código de colores rojo, amarillo o amarillo y violeta.

Protección: dispositivos que protegen a los operarios de herramientas de las piezas móviles peligrosas, como cuchillas, engranajes y poleas.

El rojo significa peligro. Nadie puede ingresar en un área que tenga una barricada de advertencia de color rojo. Una barricada roja se usa cuando hay peligro de caída de objetos o cuando hay una carga suspendida sobre el área.

Entornos peligrosos

En algunas obras, se debe ser consciente de los peligros de radiación y biológicos. Esté atento a los carteles que indican estos riesgos.

Figura 26 Ejemplos de etiquetas de seguridad.

El amarillo significa precaución. Se puede ingresar en un área con una barricada amarilla, pero debe conocer cuál es el peligro y prestar atención. Las barricadas amarillas se usan alrededor de áreas mojadas o con polvo suelto. El amarillo con letras negras advierte de peligros físicos como chocar contra un objeto, tropezarse o caerse.

El amarillo con púrpura indica una advertencia de radiación. Nadie puede ingresar en un área que tenga una barricada amarilla con púrpura. Estas barricadas se usan a menudo cuando se aplican rayos X a las soldaduras de tuberías.

Las barricadas de protección ofrecen advertencia visual y protección contra las lesiones. Pueden ser postes, rieles, cadenas o cables. No se debe ingresar en un área que tenga barricadas de protección. Para poder verlas de noche, se les coloca luces intermitentes.

2.3.4 Superficies para caminar y trabajar

Según la Oficina de Estadísticas Laborales, los resbalones, los tropiezos y las caídas sobre las superficies para caminar y trabajar causan cerca del 38% de todas las muertes accidentales en la industria de la construcción. Algunos incidentes ocurren por las condiciones ambientales, como la nieve, el hielo o las superficies mojadas. Otros suceden por la falta de limpieza y el comportamiento descuidado, como dejar herramientas, materiales y equipos fuera de su lugar y sin supervisión. Estos accidentes se pueden evitar si los trabajadores son conscientes de su entorno y respetan las normas de la obra. Es su responsabilidad mantener todas las áreas para caminar y trabajar limpias y secas.

Pisos: los pisos pueden ser un peligro por diferentes razones. El hielo, la grasa, el aceite o los procesos húmedos pueden hacerlos resbaladizos. Pueden quedar abarrotados de herramientas, equipos, materiales o basura. Los huecos sin protección en pisos o en el suelo pueden causar caídas mortales. Algunos de los tipos de aberturas que se deben tener en cuenta en un lugar de trabajo son las escaleras, las compuertas, las rampas, las escotillas y los huecos de acceso para el mantenimiento (bocas de inspección). Para evitar resbalones, tropiezos y caídas al piso, asegúrese de que la superficie no tenga hielo, nieve, humedad ni esté desordenada. Si no se puede quitar el hielo, use zapatos con tacos antideslizantes. Si se utilizan procesos húmedos en el área de trabajo, asegúrese de que haya un drenaje adecuado, rejillas y alfombras. Mantenga el piso despejado de herramientas, equipos, materiales o basura con los que pueda tropezar o que le hagan resbalar. Evite las aberturas en los pisos a menos que estén bien protegidas o cubiertas.

Paredes: las aberturas en las paredes, como las ventanas, las puertas y los conductos, suelen estar a la altura de los ojos y parecen fáciles de evitar. Sin embargo, pueden ser peligrosas cuando no están protegidas con barandas o vallas. La entrada de lluvia a través del hueco puede provocar un riesgo por resbalamiento. Por ejemplo, si pierde el equilibrio y se cae cerca de una abertura en la pared sin protección, podría resbalarse por la abertura y caer al suelo o a un área de trabajo más baja. Las herramientas o los materiales que caen por las aberturas pueden causar heridas graves a los que están debajo. Cuando trabaje cerca de un hueco en la pared, asegúrese de que tenga una barricada y de que la zona de trabajo está seca y ordenada.

Plataformas: son áreas de trabajo elevadas por encima de un piso o del suelo. Se pueden ubicar sobre equipos peligrosos, como tanques de galvanizado o máquinas desengrasantes. Muchas plataformas no tienen barandas. Estas plataformas, denominadas *plataformas con lados abiertos*, son peligrosas porque los trabajadores pueden caerse hacia los costados. Para evitar accidentes, asegúrese de que las plataformas estén secas y no tengan materiales ni desechos antes de subirse.

Rampas y corredores: los peligros de las rampas y los corredores son similares a los de los pisos. Los trabajadores pueden tropezarse con herramientas y equipos o resbalarse en superficies húmedas o congeladas. Sin embargo, las rampas y corredores pueden ser más peligrosos porque tienen pendiente. Cuando los resbalones, los tropiezos y las caídas se producen en ángulo descendente, el trabajador se puede deslizar o rodar por la rampa o corredor con mayor rapidez y golpear el suelo con más fuerza. Este tipo de lesiones suele ser más grave. Imagínese que el trabajador llevara una herramienta con una hoja o borde afilado durante un accidente de este tipo. Es probable que resulte herido por la hoja o el filo de la herramienta, así como por la caída. Con las siguientes pautas, se pueden evitar resbalones, tropiezos y caídas en rampas y corredores:

- Verifique la superficie antes de utilizarla. Si la rampa o el corredor están congelados o húmedos, no los utilice hasta que se sequen o descongelen. Si no se puede quitar el hielo, use zapatos con tacos antideslizantes.
- Asegúrese de que la rampa no tenga herramientas, equipos, materiales o desechos.
- Asegúrese de que las herramientas o los equipos que lleva estén apagados y asegurados. Esto evitará lesiones si se cae.

Escaleras: los trabajadores utilizan escaleras para desplazarse entre niveles, entrar y salir de fosas y subir y bajar de las plataformas. Las escaleras pueden estar mojadas, congeladas o resbaladizas, en función del lugar. Además, pueden estar dañadas o abarrotadas de herramientas y equipos. Todas estas condiciones pueden hacer que los trabajadores se resbalen, tropiecen o caigan. No utilice una escalera si observa alguna de estas condiciones o si la escalera no tiene barandas.

Escaleras de mano: el mayor peligro de utilizar una escalera de mano es caerse. Los trabajadores pueden caerse de la escalera, o la escalera puede deslizarse en la base. La mayoría de las caídas se producen cuando el suelo o la escalera están mojados (*Figura 27*) o congelados, o la escalera no está bien fijada. Según los Centros para el Control y la Prevención de Enfermedades (Centers for Disease Control and Prevention), las escaleras están implicadas en hasta el 80% de las caídas por las que los trabajadores de la construcción deben acudir a urgencias. Casi el 14% de esos trabajadores acaba hospitalizado para recibir un tratamiento. La distancia de caída promedio es de 7.5 pies (2.3 m).

Figura 27 Líquido en una escalera de mano.

Existen diferentes prácticas seguras que pueden ayudar a prevenir resbalones y caídas desde las escaleras de mano:

- Utilice la protección contra caídas adecuada.
- Utilice botas de trabajo seguras, resistentes y en buenas condiciones.
- Mire bien dónde pisa. Asegúrese de que la base esté asegurada.
- Mantenga limpias y parejas las superficies para caminar y trabajar. Rellene orificios, surcos y grietas.
- Limpie los materiales que puedan ser resbaladizos.
- Recoja la basura.
- Si debe trepar para alcanzar un lugar más elevado, utilice una escalera de mano firme que se haya apoyado adecuadamente y esté bien asegurada en la parte superior e inferior (*Figura 28*).
- Al subir, póngase de frente a la escalera y use las dos manos.
- Mantenga siempre un contacto de tres puntos con la escalera, una mano y los dos pies o las dos manos y un pie.
- No se estire de más desde una escalera de mano. Bájese y mueva la escalera hasta el lugar deseado.
- No camine sobre una escalera de mano.

¡ADVERTENCIA!

Las escaleras de mano metálicas conducen la electricidad. Nunca use escaleras de mano metálicas cerca de equipos eléctricos. Aunque las escaleras de madera no conducen la electricidad, no debe utilizarlas cerca de equipos eléctricos si la madera está mojada o húmeda. Incluso una poca cantidad de agua puede actuar como conductor.

Asegurada en la parte inferior

Asegurada en la parte superior

Figura 28 Escaleras de mano bien aseguradas.

Andamios: son plataformas elevadas que soportan a los trabajadores y los materiales. Generalmente se utilizan en edificios o estructuras de varios pisos. Las condiciones meteorológicas y la falta de limpieza, orden y cuidado pueden hacer que sea muy peligroso trabajar en andamios. Consulte siempre el *título 29 del CFR* para conocer las instrucciones detalladas antes de armar un andamio. Debe prestar atención siempre y respetar estas pautas para evitar lesiones o la muerte:

- Utilice la protección contra caídas adecuada.
- Mantenga los tablones de los andamios sin herramientas y materiales adicionales. Limpie cualquier sustancia resbaladiza que se derrame en el andamio.
- Ancle los andamios independientes con **riostras** para evitar que se inclinen o se deslicen. Las riostras pueden ser sogas, cadenas, cables o varillas sujetadas a otro elemento como soporte o guía.
- Al usar andamios, lea las reglas y normativas de seguridad que se anuncian.
- Cuando retire objetos y herramientas de la zona de trabajo, bájelos con una soga. Nunca los arroje ni los deje caer desde el andamio.
- Asegúrese de que todo el personal se haya bajado del andamio antes de moverlo.
- Mantenga las herramientas y los materiales alejados de los bordes.
- Utilice solo andamios aprobados.
- Inspeccione el andamio con frecuencia.
- Instale todos los apoyos y accesorios de acuerdo con las recomendaciones del fabricante.
- Asegúrese de que los andamios estén a plomo y nivelados.
- Instale todos los rieles de seguridad de acuerdo con la normativa.
- Asegúrese de que las ruedas estén trabadas antes de subirse a un andamio con ruedas o desarmarlo.
- No trabaje en andamios durante una tormenta o vientos fuertes o cuando el andamio esté cubierto de hielo o nieve.
- No trabaje en andamios inestables, que reboten o que se puedan derribar con facilidad, ya que no son seguros. Los andamios deben tener una estructura sólida e incluir rodapiés y pasamanos. Los tablones de madera del piso no deben tener nudos. Los elementos rotos se deben reparar de inmediato.

Riostras: sogas, cadenas, cables o varillas sujetadas a otro elemento como soporte o guía.

Techos. Caminar y trabajar en el techo representa dos tipos de riesgos diferentes: caer a través de una abertura, como una claraboya o una ventilación, y caer del techo. Los riesgos meteorológicos y la falta de limpieza, orden y cuidado pueden hacer que se produzcan estos dos tipos de accidentes. Las siguientes pautas lo ayudarán a garantizar su seguridad cuando trabaje en un techo:

- Utilice la protección contra caídas adecuada, incluso en los techos de poca pendiente.
- Use botas o zapatos con suelas de caucho o crepé en buenas condiciones.
- La lluvia, la escarcha y la nieve son muy peligrosas, ya que hacen que los techos sean resbaladizos. De ser posible, espere a que el techo seque. De lo contrario, utilice zapatos especiales para techo con tacos antideslizantes además de la protección contra caídas.
- Cepille o barra el techo con regularidad para quitar toda la suciedad o los desechos que se acumulen.
- Retire del techo las herramientas, los cables y otros elementos sueltos que no utilice. Pueden representar un riesgo grave.
- Esté atento a cualquier otro peligro potencial, por ejemplo, los cables de energía eléctrica.
- Use el sentido común. Arriesgarse puede provocar lesiones o la muerte.

¡ADVERTENCIA!

Cuando trabaje a 6 pies (1.8 m) o más del suelo, debe amarrarse a un punto fijo y usar la protección contra caídas adecuada. Si no lo hace, podría caerse del techo y ocasionarle lesiones o incluso la muerte.

Historia de caso

Preste atención a las advertencias

Un obrero de 21 años había estado arrojando materiales viejos desde un techo con seis claraboyas sin protección. Durante un descanso, se sentó en una de ellas, que comenzó quebrarse debido a su peso. Intentó levantarse de la claraboya con los brazos, pero la cúpula de plástico se derrumbó. Murió al caer 27 pies (8 m) en el piso de hormigón que había debajo. El supervisor y sus compañeros de trabajo ya habían advertido a la víctima de que no se sentara en las claraboyas.

Moraleja: Ignorar las advertencias de seguridad puede ser mortal.

Fuente: Instituto Nacional de Seguridad y Salud Ocupacional

Tenga siempre precaución cuando camine o trabaje sobre o cerca de estas superficies, en especial si existen otros riesgos en el área.

2.3.5 Vehículos motorizados

Su capacidad para conseguir y mantener un trabajo en el sector de la plomería depende, en parte, de su capacidad para mantener un expediente de manejo aceptable. Según los expertos, los accidentes con vehículos motorizados son un problema importante para los contratistas de plomería. Una de sus responsabilidades es conducir de forma segura en el lugar de trabajo y en la carretera.

Los vehículos motorizados pueden ser camiones, camionetas, montacargas, retroexcavadoras y grúas. Los equipos motorizados pueden ser equipos portátiles, como generadores, compresores y bombas, o equipos más grandes, como los de excavación y plataformas de personal. Se los considera portátiles cuando se los puede transportar de una obra a otra o a diferentes áreas del mismo lugar de trabajo. Ya sea que esté operando uno de estos vehículos en el sitio de construcción, trabajando cerca de ellos o conduciendo un vehículo en las carreteras, debe adherirse a las precauciones de seguridad descritas en esta sección.

Muchos de los accidentes con vehículos motorizados se pueden prevenir. Es su responsabilidad conocer las medidas de seguridad necesarias para protegerse a sí mismo y a sus compañeros de trabajo. A continuación, se ofrecen algunas pautas para la seguridad personal:

- No trabaje si toma medicación recetada que pueda afectar su capacidad motora o mental.
- Nunca beba alcohol antes de trabajar ni durante la jornada laboral.
- Nunca beba alcohol antes de conducir ni mientras lo hace.
- Nunca, bajo ninguna circunstancia, consuma drogas.
- Abróchese el cinturón. Utilice siempre el cinturón de seguridad y asegúrese de que los pasajeros también lo hagan.
- Asegúrese de que todos los pasajeros estén sentados en un asiento bien firme. No permita que nadie se suba a la plataforma de un camión.

NOTA

Ser acusado de conducir bajo los efectos del alcohol o las drogas puede tener un efecto negativo sobre sus posibilidades de conseguir trabajo.

Conducción imprudente

La conducción imprudente es una causa común de accidentes. También es una de las que más se puede evitar. Estos son algunos ejemplos de manejo imprudente:

- Conducir demasiado rápido para determinadas condiciones.
- No observar hacia la dirección en que se conduce.
- Parar, avanzar o girar de repente.

Para evitar estos y otros riesgos, respete siempre las siguientes normas:

- Ajuste la velocidad a las condiciones presentes. Reduzca la velocidad en superficies mojadas, irregulares o resbaladizas.
- Conduzca con la carga lo más baja posible e inclinada hacia atrás.
- Observe hacia la dirección en que conduce; también al dar marcha atrás.
- Avance, pare y gire de forma suave y deliberada. Los movimientos bruscos pueden provocar que la carga se mueva o desestabilidad vehicular.
- Esté atento a las personas y a los demás vehículos.

Del mismo modo que revisa el PPE de forma habitual, también debe revisar cualquier vehículo que sea responsable de manejar. Siga las siguientes pautas para garantizar la seguridad vehicular:

- Asegúrese de que los dispositivos de seguridad, como la bocina, la alarma de reversa, los espejos y los frenos, funcionen de forma adecuada. (Los frenos incluyen las conexiones de los frenos del remolque, el sistema de estacionamiento o los frenos de mano y los frenos de emergencia).
- Mantenga el parabrisas, las ventanas laterales y las luces en buen estado de limpieza y funcionamiento. Mantenga el depósito del líquido limpiaparabrisas provisto de líquido.
- Siempre apague el motor antes de cargar combustible.
- Nunca ponga en marcha un vehículo motorizado en un lugar cerrado y sin ventilación.
- Asegúrese de que no haya nada detrás de su vehículo antes de hacer marcha atrás. Más adelante en la sección, se presentan algunos consejos de seguridad para hacer marcha atrás.
- Lleve el equipo de seguridad, como balizas y extintores.
- Ate o asegure las cargas de la plataforma del camión, y asegure las compuertas traseras.
- No permanezca dentro ni encima de un camión que se esté cargando por medio de un equipo de excavación. Manténgase alejado del área hasta que se haya completado la carga y esta esté asegurada.
- Asegúrese de que las palancas utilizadas para controlar la elevación o el vertido estén bloqueadas cuando no estén en uso, a fin de evitar que el mecanismo se encienda o active por accidente.
- Aléjese de las palancas utilizadas para controlar la elevación o el vertido mientras estos dispositivos estén en funcionamiento.
- Siempre apague el motor y accione los frenos antes de salir del vehículo.
- Informe de inmediato a su supervisor sobre las condiciones que no sean seguras de un vehículo.

Cuando conduzca un vehículo que pertenece a la empresa, debe utilizarlo solo para las tareas que le hayan asignado. La mayoría de las empresas tienen una política escrita que regula el uso de los vehículos de su propiedad. Se debe sancionar a los empleados que no respeten esta política, y hasta se los podría despedir. Aunque las normas específicas varían de una empresa a otra, suelen abarcar las siguientes áreas:

- Si conduce un vehículo autorizado de la empresa o uno controlado por ella, necesita tener una licencia de conducir vigente según lo exigen las normativas federales o estatales.
- Nunca transportar pasajeros que no sean empleados. No permita que personas ajenas a la empresa o empleados no capacitados utilicen los vehículos de la empresa, a menos que un directivo autorizado lo haya permitido.
- Inspeccione los vehículos de la empresa al comienzo de cada jornada laboral y manténgalos limpios.
- Respete las leyes de tránsito. Cualquier multa que reciba será su responsabilidad. Informe por escrito a su supervisor sobre cualquier citación de tránsito. Si se reiteran las infracciones, lo pueden suspender y hasta despedir.
- Utilice siempre el cinturón de seguridad y asegúrese de que los demás pasajeros también lo usen.
- Cuando deje un vehículo sin supervisión, retire las llaves, accione los frenos, suba las ventanillas y cierre las puertas.
- El consumo de alcohol o de medicamentos de venta libre es motivo de despido inmediato, ya sea que los consuma durante el trabajo o antes. Si toma una medicación recetada que pueda afectar su capacidad para realizar las tareas con seguridad, debe notificárselo a los supervisores cuando se presente a trabajar.
- Informe de inmediato al director de seguridad o a su supervisor sobre cualquier incidente que implique daños a la propiedad de la empresa, a la propiedad de

otros, lesiones personales o lesiones a terceros. No informar los accidentes en los que esté implicado un vehículo de la empresa es motivo de despido.

- No utilice equipos de detección de radar en ningún vehículo de la empresa.
- Sea amable con los demás conductores. Usted y el vehículo son una valla publicitaria rodante para la empresa.
- Capacítese en técnicas de conducción preventiva y utilícelas al momento de conducir vehículos de la empresa. Los empleados deben cumplir todos los requisitos del seguro.
- Recuerde que también es responsable de todas las herramientas y equipos que la empresa asigne a su vehículo.
- Asegúrese de que el vehículo tenga un extintor adecuado y un botiquín de primeros auxilios.

Se deben tomar medidas de seguridad al momento de hacer marcha atrás con vehículos de construcción. Siempre que sea posible, evite dar marcha atrás para disminuir los riesgos por tener menor visibilidad detrás de cualquier vehículo. Busque un lugar para estacionar que le permita salir sin retroceder. No obstante, muchos sitios tienen áreas de giro estrechas o restringidas, y no siempre se puede evitar la marcha atrás. En esos casos, siga estas pautas de seguridad a la hora de hacer marcha atrás:

- Evite tapar la vista interna trasera con equipos y materiales.
- Primero, dé una vuelta completa caminando alrededor del vehículo para comprobar los riesgos que se pueden encontrar al dar marcha atrás. No olvide mirar hacia arriba por si hay cables colgantes y eléctricos.
- Antes de dar marcha atrás, baje la ventanilla y apague la radio. Mire todos los espejos y hacia ambos lados. Toque la bocina dos veces o active la alarma de reversa para advertir a los demás. Retroceda despacio.
- Cuando sea posible, haga que un compañero lo guíe. El uso de una radio también puede ser útil para comunicarse con el guía. El guía debe ubicarse detrás del lado del conductor del vehículo (si hay espacio) y utilizar señas de movimiento completo con los brazos, no con las manos. Si pierde de vista al guía, deténgase de inmediato. No vuelva a empezar hasta ver de vuelta al guía.
- Cuando estacione en un área desde la que tenga que dar marcha atrás, coloque conos de tránsito naranjas detrás del vehículo para asegurarse de que esa zona permanezca despejada.

¡ADVERTENCIA!

Utilizar un vehículo motorizado en interiores sin ventilación adecuada puede causar enfermedades o incluso la muerte. Todos los vehículos motorizados emiten monóxido de carbono por el escape. No puede ver, oler ni saborear el monóxido de carbono, y no sabrá cuándo está en el aire. Nunca deje el vehículo en marcha cuando no esté siendo utilizado. No deje las llaves en un vehículo sin supervisión. Utilice solo vehículos aprobados en espacios interiores y hágalo bajo la supervisión de una persona competente.

¡ADVERTENCIA!

Las obras de construcción pueden ser muy ruidosas. El ruido puede impedir escuchar una alarma de reversa. Utilice tanto la vista como la audición cuando utilice o trabaje cerca de vehículos motorizados para evitar que lo golpee un vehículo motorizado, palanca, grúa o carga.

Conducción preventiva

La mejor protección contra un accidente vehicular es convertirse en un conductor precavido. Los conductores precavidos se concentran en la carretera, en las condiciones del camino y en los demás conductores que tienen alrededor. Aquí tiene algunos consejos (además de las pautas de seguridad incluidas en esta sección) para ayudarlo a mantenerse concentrado y ser un buen conductor precavido:

- Evite hacer llamadas largas con el teléfono celular mientras conduce. Esto incluye las unidades de manos libres, ya que puede distraerse. Estaciónese a un lado para hablar con tranquilidad.
- Acostúmbrese a verificar con frecuencia los puntos ciegos.
- Evite comer, beber, hablar por teléfono celular o fumar mientras conduce. Las cenizas ardientes o los derrames de alimentos o líquidos calientes o fríos pueden distraerlo por un momento, tiempo suficiente para que se produzca un accidente.
- Limpie el tablero y los asientos. Los papeles, los portapapeles, los vasos de papel vacíos, las herramientas pequeñas y cualquier otro residuo que haya en el tablero y los asientos se pueden deslizar mientras conduce y pueden distraerlo. Si tiene que parar abruptamente, esos objetos pueden salir despedidos y causar lesiones.
- Sepa a dónde se dirige antes de poner en marcha su vehículo. Si debe mirar el mapa, estaciónese. No intente hacer de copiloto y conducir al mismo tiempo.
- Aprenda a conducir de acuerdo al clima. Cuando haya hielo, nieve, niebla o el pavimento esté mojado, cambie su patrón de manejo para adaptarse a las condiciones. Reduzca la velocidad y esté muy atento a los vehículos a su alrededor. Esté preparado para tomar medidas preventivas para protegerse.

Recuerde que la mayoría de los accidentes ocurren mientras el vehículo está dando marcha atrás. Compruebe siempre los espejos retrovisores y laterales, utilice las alarmas de reversa y asegúrese de que su camino esté despejado.

Repaso de la sección 2.0.0

1. Al momento de soldar, se *deben* utilizar _____.
   a. gafas de seguridad
   b. gafas de seguridad con protectores laterales
   c. anteojos de seguridad polarizados o máscara para soldar
   d. anteojos de seguridad con correa envolvente

2. El color azul en un rombo de advertencia de la NFPA indica un _____.
   a. riesgo de incendio
   b. riesgo para la salud
   c. riesgo de explosión
   d. riesgo radiactivo

3. El cartel o la etiqueta que se utiliza para indicar a los trabajadores que existe un riesgo directo y que se deben tener en cuenta medidas específicas para evitar un accidente es el _____.
   a. cartel de peligro
   b. cartel de precaución
   c. cartel de información
   d. cartel de instrucciones de seguridad

3.0.0 Medidas de seguridad en el uso de las herramientas

Tareas prácticas

3. Inspeccionar herramientas accionadas por una fuente de energía (con cable e inalámbricas) para asegurarse de que sean seguras.
4. Inspeccionar herramientas manuales para asegurarse de que sean seguras.

Objetivo

Identificar las medidas de seguridad necesarias para usar herramientas manuales y las accionadas por una fuente de energía.

a. Describir las medidas de seguridad asociadas a las herramientas manuales.
b. Describir las medidas de seguridad asociadas a las herramientas accionadas por una fuente de energía.

Todos los días se utilizan herramientas en una obra, por eso, es fácil olvidar que pueden implicar riesgos graves para la seguridad. Los tipos de lesiones que se producen pueden ser diferentes. Algunos se deben a los tropiezos de los trabajadores con las herramientas, a las descargas eléctricas, a los bordes afilados o a los incendios. Otros pueden ser por la falta de cuidado o de capacitación. En la siguiente lista, se muestran los tipos de lesiones que se producen como resultado de accidentes con herramientas manuales y eléctricas:

- Quemaduras
- Cortes
- Esguinces
- Descarga eléctrica
- Lesiones oculares
- Pérdida de la audición
- Quebradura de huesos

3.1.0 Herramientas manuales

Herramientas con filo: herramientas que utilizan bordes afilados para realizar sus tareas. Las herramientas con filo incluyen sierras, cuchillos, tijeras, tijeras de hojalatero y tenazas.

Herramientas de impacto: herramientas con las que se golpea o que reciben golpes para realizar sus tareas. Estas herramientas pueden ser martillos, cinceles y machos de roscar.

Las herramientas manuales son herramientas sin motor que requieren la fuerza del trabajador para funcionar. Estas herramientas se vuelven peligrosas cuando se utilizan mal o se conservan de forma inadecuada. Las **herramientas con filo** (herramientas con bordes afilados) y las **herramientas de impacto** (herramientas que se deben golpear) representan un gran riesgo de lesiones debido a la fuerza que se necesita para manejarlas. La mejor manera de reducir los accidentes con herramientas manuales es inspeccionarlas y realizarles mantenimiento frecuente, además de utilizar siempre el PPE adecuado.

3.1.1 Herramientas con filo

Las herramientas con filo (*Figura 29*), como las sierras y las navajas multiuso, representan riesgos tales como cortes, heridas, amputaciones y punciones. Estas lesiones pueden ser leves, como un pequeño corte, o graves, como una amputación o una herida punzocortante. Para minimizar estos riesgos, respete las siguientes pautas:

- Apunte el filo y la punta de estas herramientas hacia el lado opuesto en que se encuentren usted y los demás.
- No dirija las herramientas con filo hacia los pasillos.
- Guárdelas de forma adecuada; si tiene una funda o cubierta protectora, utilícela.
- Mantenga las hojas afiladas e inspecciónelas con frecuencia. Las hojas desafiladas son difíciles de utilizar y controlar, por lo que suelen ser más peligrosas que las hojas afiladas.

3.1.2 Herramientas de impacto

Las herramientas de impacto (*Figura 30*), como los cinceles y punzones, se utilizan con martillos. Los tipos de lesiones más comunes que causan las herramientas de impacto son los golpes con martillo y las lesiones oculares debido a los fragmentos de la herramienta que salen despedidos. Por lo general, los golpes con martillo se

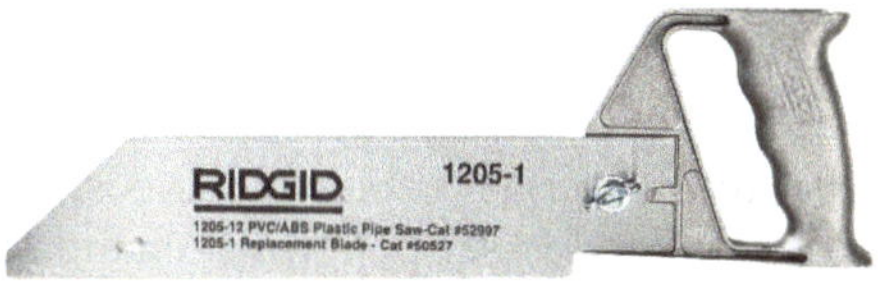

(A) Sierra multiuso para PVC

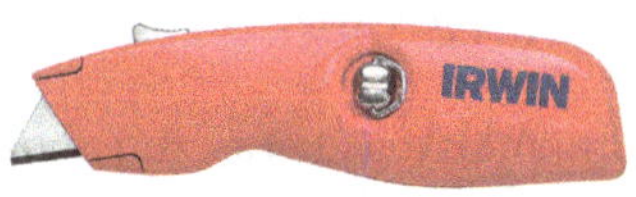

(B) Navaja multiuso

(C) Cortatubos

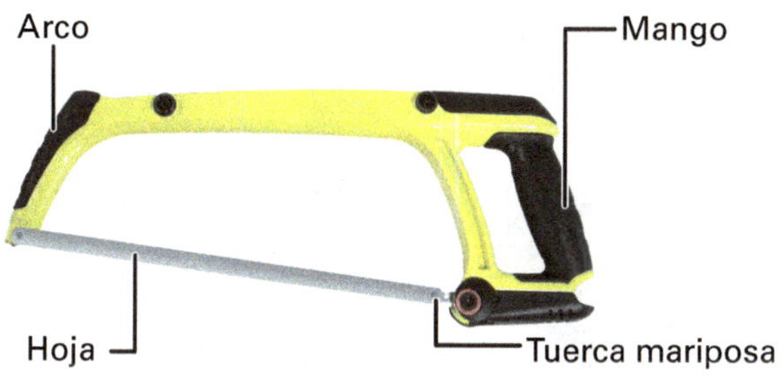

(D) Sierra para metales

Figura 29 Herramientas con filo.
Fuentes: Ridge Tool Company (29A, 29C); imagen propiedad de Stanley Black & Decker. Se utiliza con permiso (29B).

Figura 30 Herramientas de impacto.
Fuente: RIDGID

deben al descuido o la falta de atención. Si utiliza un martillo, mantenga la vista y la concentración en lo que esté haciendo.

Para evitar lesiones causadas por los fragmentos que salen despedidos de las herramientas dañadas, inspeccione la herramienta antes de utilizarla. Compruebe que no tengan la cabeza con forma de hongo ni haya grietas, astillas u otros signos de daño o fragilidad. Utilice la protección ocular adecuada cuando trabaje con estas herramientas.

3.1.3 Polvo y partículas en suspensión

Algunas herramientas manuales generan mucho polvo y partículas que se dispersan por el aire. Por ejemplo, el papel de lija, los cepillos, las limas y las sierras pueden generar mucho aserrín o polvo de yeso. La exposición a estas partículas en el corto plazo puede causar una pequeña irritación de los ojos, la nariz o los senos paranasales. En algunas personas, la exposición puede desencadenar una reacción más grave, como un ataque de asma. La exposición prolongada a lo largo de la trayectoria profesional puede afectar a los pulmones y, posiblemente, causar enfermedades pulmonares. Para evitar estos problemas, utilice máscaras filtrantes y protección ocular cuando trabaje con una herramienta que genere polvo.

3.2.0 Herramientas eléctricas

Neumático: se refiere a las herramientas accionadas por presión de aire.

Las herramientas eléctricas funcionan mediante baterías, cables eléctricos, aire a presión (**neumático**) o combustible (*Figura 31*). Pueden ser peligrosas cuando se utilizan de forma inadecuada o tienen un mantenimiento deficiente. La mayoría de los riesgos asociados a las herramientas manuales también están asociados a este tipo de herramientas. Añadir una fuente de energía a una herramienta aumenta los factores de riesgo. Por ejemplo, un brazo de sierra radial es mucho más peligroso que una sierra manual.

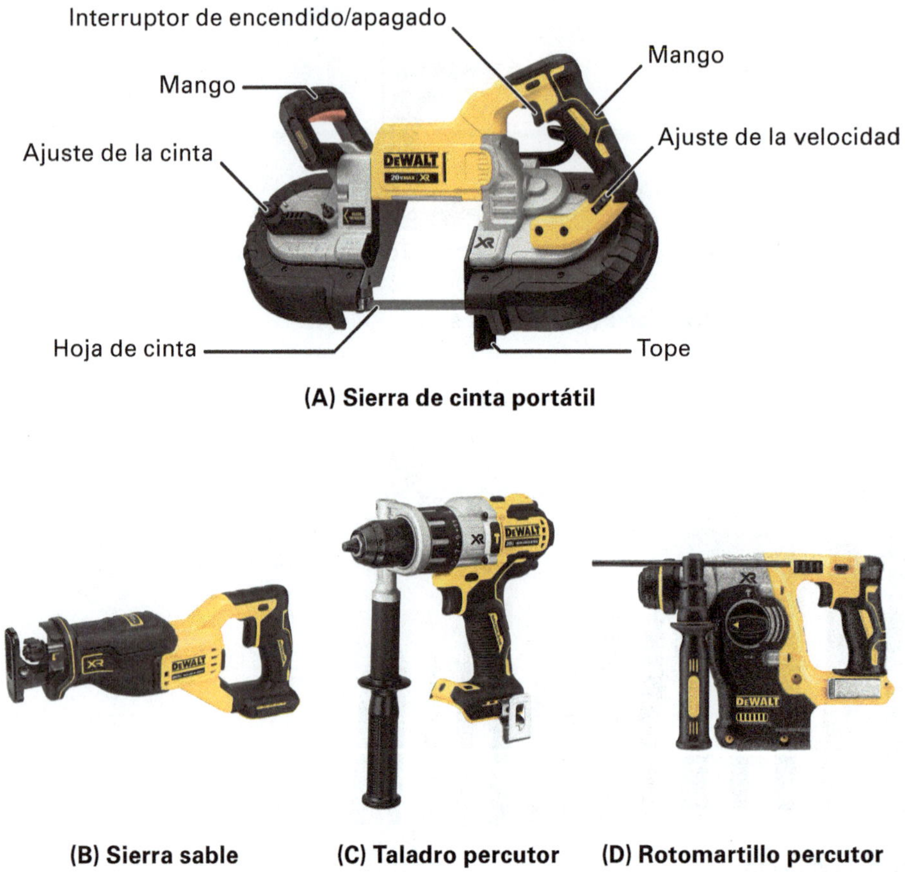

Figura 31 Herramientas accionadas por una fuente de energía.
Fuente: imagen propiedad de Stanley Black & Decker. Se utiliza con permiso.

Estas herramientas funcionan mediante diferentes fuentes de energía. Las fuentes que se utilizan en plomería pueden ser la electricidad y el combustible, como el propano.

Debe conocer las normas de seguridad y los procedimientos de funcionamiento y capacitarse de forma adecuada para las herramientas que utilice. El manual de instrucciones que brinda el fabricante de la herramienta ofrece procedimientos específicos de funcionamiento y normas de seguridad. Antes de utilizar cualquier herramienta eléctrica por primera vez, lea siempre el manual para familiarizarse con la herramienta. Si no cuenta con el manual, comuníquese con el fabricante para obtener uno.

Es importante comprender las normas generales de seguridad que se aplican al utilizar todas las herramientas accionadas por una fuente de energía, sin importar el tipo. Respete siempre las siguientes medidas de seguridad para evitar accidentes y lesiones:

- Desconecte las herramientas eléctricas (quite la batería) antes de cambiar las hojas.
- No deje las baterías de litio en el cargador durante la noche debido al riesgo de incendio que implica.
- Nunca traslade herramientas tirando del cable. Mantenga los cables alejados del calor, el aceite y los bordes afilados.

- Utilice siempre el PPE adecuado y una vestimenta que no se enganche en las herramientas.
- No se distraiga ni permita que los demás lo distraigan; no haga bromas, no corra ni lance objetos.
- Nunca deje herramientas motorizadas encendidas sin supervisión.
- Sujete el material de trabajo con abrazaderas o una prensa, a fin de que las dos manos queden libres para manejar la herramienta.
- Asegúrese de que la herramienta tenga la conexión a tierra adecuada y esté conectada a un disyuntor diferencial de falla a tierra (GFCI - Ground Fault Circuit Interrupter) antes de usarla (*Figura 32*).
- No utilice herramientas ni accesorios desafilados o averiados. Nunca use herramientas que tengan el cable rasgado.
- Nunca utilice una herramienta a la que se le haya quitado o desactivado la protección o los dispositivos de seguridad. Utilice cables de extensión con la longitud necesaria para la herramienta eléctrica que esté utilizando.
- Nunca utilice una herramienta si tiene las manos o los pies mojados. Mantenga siempre limpia el área de trabajo.
- Sujete siempre con firmeza la herramienta.
- Informe todas las condiciones inseguras a su instructor o supervisor. Retire las herramientas dañadas y márquelas con etiquetas que indiquen "No usar".

Figura 32 Disyuntor diferencial de falla a tierra.

3.2.1 Herramientas eléctricas con cable

Aunque la mayoría de los plomeros de hoy en día utilizan herramientas que funcionan con baterías, puede haber casos en los que se utilicen herramientas con cable, que se suelen denominar *eléctricas*. La electrocución representa un riesgo grave cuando se utilizan herramientas con cable. La electricidad que alimenta estas herramientas puede causar quemaduras, descargas, explosiones, electrocución e incendios. Las descargas eléctricas pueden ser leves y desagradables, o pueden ser graves y ocasionar quemaduras o la muerte. Incluso una pequeña cantidad de corriente puede hacer que el corazón deje de bombear con el ritmo adecuado. Si no se corrigen, estas condiciones pueden provocar la muerte. La descarga eléctrica también puede provocar la pérdida de equilibrio, del control muscular o del conocimiento, lo que podría hacer que la víctima se caiga o deje caer una herramienta. Las caídas desde escaleras de mano y andamios pueden ser graves. Para evitar descargas eléctricas, las herramientas eléctricas con cable deben contar con al menos uno de los siguientes tipos de protección:

- *Aislamiento doble.* Este tipo de aislamiento es más adecuado que los cables de tres hilos. Se protege al usuario y las herramientas de dos maneras: por el aislamiento común de los cables en el interior y por una carcasa que no puede conducir la electricidad al usuario en caso de funcionamiento defectuoso.
- *Alimentación con un transformador de aislamiento de baja tensión.* Si las herramientas eléctricas no tienen enchufe con conexión a tierra ni aislamiento doble, compruebe con su supervisor si está protegido por un transformador de aislamiento de baja tensión.
- *Cable con conexión a tierra.* Los cables de tres hilos tienen dos conductores que transportan la electricidad y un conector para la puesta a tierra. Posiblemente conozca el enchufe de tres clavijas que se suele encontrar en las herramientas eléctricas. Cuando encuentre un cable con un enchufe de tres clavijas, significa que la herramienta está alimentada por un cable de tres hilos con conexión a tierra y que solo se debe enchufar en un tomacorriente de tres clavijas con conexión a tierra. Nunca quite la tercera clavija (conductor de puesta a tierra) de un enchufe. Si utiliza un cable de extensión con un enchufe de tres clavijas, asegúrese de que esté bien conectado a tierra en su origen. La herramienta que se utiliza debe estar protegida por un GFCI o un grupo electrógeno.
- *Bloqueos giratorios.* Estos bloqueos en los enchufes de las herramientas garantizan que la fuente de energía coincida con la tensión nominal de la herramienta. La disposición de los conductores del enchufe solo puede insertarse en tomacorrientes que estén cableados a la tensión adecuada. La segunda ventaja es que los enchufes, una vez colocados, no se desprenden. Los bloqueos giratorios tienen una gran resistencia al impacto.

Los accidentes y las lesiones se pueden evitar al momento de utilizar herramientas eléctricas. Siga estas pautas para protegerse a usted y a sus compañeros de trabajo:

- Utilice las herramientas adecuadas para el trabajo y hágalo de forma correcta.
- Utilice el PPE adecuado, como guantes y calzado de seguridad.
- Guarde las herramientas eléctricas en un lugar seco cuando no las utilice.
- Nunca utilice herramientas eléctricas en lugares húmedos o mojados.
- Trabaje únicamente en áreas bien iluminadas.
- Consulte los códigos locales antes de trabajar con equipos eléctricos.

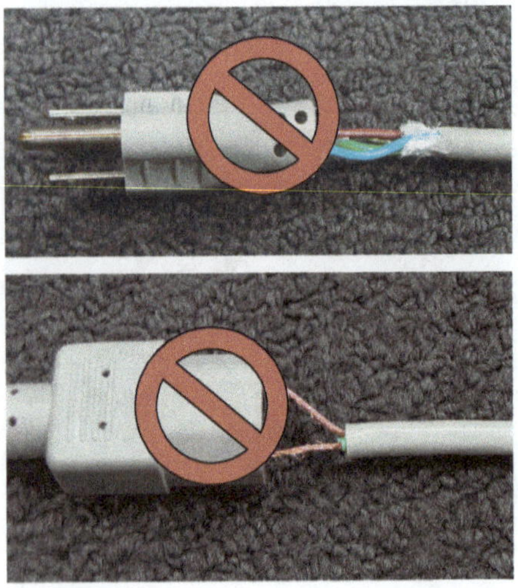

Figura 33 Nunca use cables dañados.

PRECAUCIÓN

No haga pasar cables a través de puertas u orificios en techos, paredes y pisos, ya que el cable puede sufrir daños. Verifique también que no haya esquinas afiladas en el trayecto del cable. Todas estas situaciones pueden provocar daños en el cable. Los cables de extensión pueden causar tropiezos. No los deje sin supervisión y guárdelos cuando no los esté usando.

Debido a que el mal funcionamiento de las herramientas eléctricas puede provocar chispas, se pueden causar incendios y explosiones. Asegúrese de conocer los riesgos de incendio en su área de trabajo. Evite utilizar herramientas eléctricas cerca de materiales, vapores y gases inflamables.

Por último, tenga en cuenta que los cables eléctricos de alimentación y de extensión pueden causar tropiezos. Los cables de extensión deben tener colores brillantes para hacerlos más visibles. Todos cables deben pasar por otro lugar que no sean las pasarelas, o al menos por una pared, en lugar de colocarlos en medio de este espacio. Evite extender cables a través de áreas de trabajo elevadas y andamios. En ocasiones, puede ser necesario pasar un cable por una pasarela. En ese caso, pegue el cable con cinta adhesiva y cúbralo con una alfombra o colóquelo en un cablecanal diseñado para minimizar el riesgo de tropiezos. Para mantener el piso despejado, cuelgue siempre los cables de alimentación y de extensión cuando no los utilice, de acuerdo con las normas de la OSHA. Para evitar tropiezos, no debe haber cables en los espacios de trabajo, las pasarelas y los trayectos similares.

Los cables rasgados pueden causar electrocución. Nunca utilice una herramienta eléctrica que tenga el cable rasgado (*Figura 33*), dañado o reparado. Entréguele al supervisor todos los cables rasgados o reparados que encuentre.

3.2.2 Herramientas neumáticas

Estas herramientas funcionan con aire comprimido. Una manguera de aire transporta el aire comprimido desde un compresor de aire hasta la herramienta. Las herramientas neumáticas, como la pistola de impacto que se muestra en la *Figura 34*, suelen tener más potencia por unidad de peso que otras herramientas eléctricas o a batería similares.

Figura 34 Pistola de impacto.
Fuente: iStock@Birdlkportfolio

Pautas de seguridad y mantenimiento de las herramientas neumáticas

A pesar de que los plomeros no suelen utilizar herramientas neumáticas, estas son algunas pautas básicas que se deben respetar al momento de usarlas:

- Siempre use el PPE adecuado, como protección auditiva, guantes y protección ocular.
- Revise las instrucciones del fabricante suministradas con la herramienta neumática.
- Antes de cambiar los accesorios o de llevar a cabo cualquier tarea de mantenimiento en una herramienta neumática, asegúrese de que el suministro de aire esté apagado y la herramienta esté desconectada de la manguera de suministro.
- Asegúrese de que la pieza de trabajo esté bien sujeta y mantenga siempre una postura corporal equilibrada cuando utilice la herramienta.
- Compruebe regularmente si la manguera de aire está dañada.
- Mantenga las manos alejadas del extremo de trabajo de la herramienta.
- Si utiliza una llave neumática para apretar una combinación de perno y tuerca, utilice una llave de apoyo para evitar que el perno o la tuerca giren.

3.2.3 Herramientas de combustible líquido

Algunas herramientas accionadas por una fuente de energía, como los sopletes (*Figura 35*), funcionan con un combustible líquido, como el propano. Siempre que se utilice un soplete, debe haber un extintor cerca. El peligro más grave de las herramientas de combustible proviene de los vapores de este, que pueden arder o explotar. Cuando el combustible líquido se quema, también emite gases de combustión que pueden ser peligrosos. Estos son algunos consejos para el uso seguro de las **herramientas de combustible líquido**:

Herramientas de combustible líquido: herramientas que utilizan un combustible líquido, como la gasolina o el propano líquido, para funcionar.

- Use siempre el PPE adecuado, lo que incluye protección ocular, guantes y respiradores, si fuera necesario.
- Manipule, transporte y almacene el combustible solo en contenedores aprobados para líquidos inflamables.
- Antes de rellenar el tanque de una herramienta de combustible líquido, apague el motor y deje que se enfríe. Esto reduce el riesgo de que una herramienta caliente encienda los vapores del combustible.
- Si utiliza una herramienta de combustible líquido dentro de un área cerrada, se debe contar con ventilación adecuada o utilizar respiradores para no respirar los peligrosos gases del escape.
- Cuando utilice una herramienta de combustible líquido, asegúrese de que haya extintores cerca.
- Cuando se utilicen sopletes, se debe mantener una **guardia contra incendios** (personas responsables de evitar y extinguir incendios).

Guardia contra incendios: una o varias personas que se encargan de prevenir y extinguir los incendios y notificar a los bomberos o a los ocupantes en caso de emergencia por incendio.

Figura 35 Soldadura de un caño con soplete.
Fuente: "Propane torch soldering copper pipe.jpg" por Kevin L. Neff, con licencia CC BY 2.0.

¡ADVERTENCIA!

El propano es más pesado que el aire. Cuando no hay ventilación, las fugas de propano se depositan en lugares bajos, como en el piso o en el fondo de una zanja. No se debe encender un fósforo ni hacer funcionar un equipo eléctrico cerca de una fuga de propano, ya que se podría ocasionar una explosión. El propano sustituye al oxígeno y puede provocar asfixia en espacios confinados.

Repaso de la sección 3.0.0

1. Una herramienta con filo es *más segura* si _____.
   a. está un poco desafilada, a fin de evitar cortes graves
   b. se la inspecciona y afila con frecuencia
   c. está bien engrasada
   d. se la mantiene caliente para evitar que se rompa

2. Las herramientas de combustible líquido pueden provocar un incendio si _____.
   a. el vapor del combustible entra en contacto con una herramienta caliente
   b. un cable eléctrico entra en contacto con el vapor del combustible
   c. el operador utiliza la herramienta dentro del agua
   d. la manguera de aire no tiene conexión a tierra

4.0.0 Medidas de seguridad en áreas de trabajo específicas

Tarea práctica

5. Demostrar o emular los métodos adecuados de bloqueo y etiquetado para distintas fuentes de energía.

Objetivo

Identificar las medidas de seguridad asociadas a las áreas distintas de trabajo.

a. Describir las medidas de seguridad asociadas al trabajo en zanjas.
b. Describir las medidas de seguridad relacionadas con los espacios confinados.
c. Identificar las medidas de seguridad asociadas al trabajo subterráneo.
d. Demostrar un procedimiento de bloqueo y etiquetado.
e. Describir las medidas de seguridad del lugar de trabajo y los procedimientos de respuesta ante emergencias.

Algunas áreas de trabajo presentan riesgos que requieren medidas de seguridad especiales. Estas áreas pueden ser las zanjas, los espacios confinados y las áreas subterráneas. Además, el trabajo en áreas de equipos en funcionamiento o sistemas de energía almacenada requieren el uso de procedimientos de bloqueo y etiquetado adecuados. Todos los trabajadores deben conocer las medidas de seguridad específicas y los procedimientos de respuesta ante emergencias de cada lugar de trabajo.

4.1.0 Apertura de zanjas

La seguridad es fundamental durante cualquier trabajo de excavación. Deben tomarse medidas de seguridad en todo momento para evitar lastimarse o lastimar a los demás. Utilice siempre la edición más reciente del manual de la OSHA como norma para la seguridad en las excavaciones.

Las excavaciones se realizan por diversos motivos, como colocar caños y ubicar las líneas de servicios públicos y aguas residuales. Durante una excavación, se retira la tierra del suelo para crear una excavación estrecha bajo la superficie del terreno llamada *zanja*. El ancho de la zanja está limitado a 15 pies (4.5 m), y, por lo general, la profundidad también. La tierra que se retira del suelo se denomina *escombro*. Cuando se retira la tierra del suelo, se pueden generar presiones extremas en las paredes de la zanja. Si las paredes no están bien aseguradas mediante **apuntalamiento**, sistema en pendiente, **escalonamiento** o encajonamiento (*Figura 36*), se derrumbarán. El apuntalamiento en una zanja refuerza las paredes para evitar que se derrumben, y suele conseguirse mediante el uso de cilindros hidráulicos que presionan contra placas o paneles de madera contrachapada especiales para el apuntalamiento que se colocan contra las paredes de la zanja. **Los cajones de entibación de zanjas** suelen ser unidades de una sola pieza diseñadas para proteger a los trabajadores en la

Apuntalamiento: estructura, como un sistema metálico hidráulico, mecánico o de madera, que soporta los lados de una excavación y está diseñada para evitar derrumbes.

Escalonamiento: método para proteger a los trabajadores de los derrumbes que consiste en excavar en los costados de la excavación uno o más niveles o escalones horizontales, entre los que se suelen realizar superficies verticales o casi verticales.

zanja. Pueden ejercer presión sobre las paredes de la zanja o no. El derrumbe de las paredes sin soporte puede aplastar y enterrar al instante a los trabajadores. Este tipo de derrumbe se produce cuando no hay suficiente material para soportar las paredes de una excavación.

Figura 36 Cajón de entibación de zanjas.

Fuente: "CQ031 – Setting Trench Box At Excavation For Duct Bank At Manhole E-2 (8-08-2012)" por MTA C&D - EAST SIDE ACCESS, con licencia CC BY 2.0.

4.1.1 Riesgos en la apertura de una zanja

Trabajar en las excavaciones y sus alrededores es uno de los trabajos más peligrosos que se pueden realizar. El diseño de la excavación puede no ser su responsabilidad, pero debe ser consciente de los riesgos que implica la disposición y el diseño de la excavación. Debe tomar siempre medidas de seguridad para evitar lesionarse o lastimar a los demás. Algunos de los riesgos que se pueden encontrar en una excavación:

- limitaciones de la superficie (edificios, vegetación, rocas u otros objetos en la superficie de la zanja que puedan obstaculizar las operaciones y bloquear la visión);
- instalaciones subterráneas (líneas de alcantarillado, teléfono, combustible, electricidad o agua);
- inundaciones por rotura de la red de agua o alcantarillado;
- atmósferas peligrosas (fugas de gas o líquido tóxico);
- derrumbe debido a una falla en la zanja;
- caídas por trabajar demasiado cerca del borde de la zanja;
- descarga por tocar cables eléctricos en la zanja o tocar las líneas aéreas;
- tránsito vehicular (si la excavación se encuentra cerca de una autopista);
- exposición a cargas que se caen;
- derrumbe de las paredes o edificaciones adyacentes a una zanja;
- tierra o piedra suelta dentro una zanja;
- exposición a atmósferas peligrosas.

Cajón de entibación de zanjas: estructuras que pueden soportar la fuerza de un derrumbe y que, por lo tanto, pueden proteger a los empleados dentro de la excavación. Los cajones de entibación pueden ser estructuras permanentes o portátiles y se pueden trasladar a medida que avanzan los trabajos. Estos cajones pueden ser prefabricados o se los puede construir en la obra según el *artículo 1926.652 (c)(3) o (c)(4) del CFR 29.*

Seguridad en la excavación

Los reglamentos de seguridad federales y estatales han establecido normas para proteger a quienes trabajan en las excavaciones. *El artículo 1926 del CFR 29 de la norma OSHA* establece los dispositivos de protección de zanjas que son aceptables. La OSHA ordena cómo deben utilizarse estos dispositivos. De acuerdo con la normativa de la OSHA, para las excavaciones de 5 pies (1.5 m) de profundidad o más, se requieren cajones de entibación y apuntalamiento de zanjas fabricados y diseñados de forma adecuada o un sistema en pendiente de las paredes de la zanja en ángulos que eliminen el riesgo de derrumbe, en lugares que no sean estables.

Historia de caso

Colapso de una zanja

Un plomero estaba colocando líneas de alcantarillado en una zanja de 2.5 pies (76 cm) de ancho por 8 pies (2.4 m) de profundidad. Cuando se levantó para estirar las piernas, la zanja se derrumbó. Los escombros de la zanja que estaba mal apuntalada lo enterraron por completo. Por suerte, otro plomero estaba cerca para destaparle la cabeza rápido. Se utilizó una retroexcavadora para sacarlo de allí.

El plomero resultó gravemente herido. Sufrió fractura de cráneo, fractura de mandíbula, daños en la cadera y lesiones cerebrales leves. Se recuperó del accidente, pero ahora tiene dos caderas artificiales y un trastorno neurológico.

Moraleja: Este plomero no se habría lesionado si hubiera cumplido los requisitos de la OSHA para la apertura de zanjas. Sea consciente de su entorno y respete los requisitos de la OSHA.

El tipo de suelo dentro y alrededor de una zanja es un factor que contribuye al colapso de las paredes. Se trata de un factor fundamental que se debe tener en cuenta en los trabajos de apertura de zanjas. Aunque debe ser consciente de que el tipo de suelo influye en la construcción segura de zanjas, solo una persona competente tiene la experiencia, capacitación y formación necesarias para determinar si el suelo de una zanja y sus alrededores es seguro y estable.

4.1.2 Pautas para trabajar dentro de una zanja y a su alrededor

Trabajar en una zanja expone al trabajador a muchos riesgos potenciales. El riesgo más obvio es el derrumbe de una zanja. Sin embargo, hay otras situaciones que debe tenerse en cuenta en estos trabajos. Debe tener siempre cuidado al trabajar cerca del borde de una zanja. La pared de una zanja puede ceder de repente y llevarlo hasta el fondo.

Cuando se trabaja en una zanja, las inundaciones pueden ser un aspecto preocupante. Si se rompe una tubería principal de agua o aguas residuales durante la excavación, la zanja puede llenarse de agua muy rápido. Un poco menos obvias, pero igual de peligrosas, son las condiciones en las que el suministro natural de agua se mantiene en represas. Se pueden retener toneladas de agua, pero, si la represa falla, la zanja podría inundarse con rapidez.

Las descargas eléctricas también son un riesgo potencial en una zanja. Al excavar, podría perforar por accidente el aislamiento de un cable eléctrico. Si hay líneas eléctricas aéreas cerca de la zanja, existe siempre el riesgo de que la excavadora las toque.

Cuando se trabaja cerca de autopistas, el tránsito vehicular representa un riesgo potencial. Compruebe siempre que no haya tránsito mientras se desplaza por el lugar de trabajo. Utilice siempre el PPE adecuado. En ocasiones, las zanjas se llenan de gases peligrosos o estos sustituyen el oxígeno del fondo de la zanja. Esto puede ocurrir si la zanja está cerca de instalaciones que almacenan grandes volúmenes de productos químicos. Los líquidos o gases podrían ingresar o infiltrarse en la zanja.

Por último, tiene que tener en cuenta la posibilidad de sufrir lesiones por la caída de objetos en la zanja. De forma inesperada, pueden caer dentro de la zanja tierra de la cuchara de la excavadora, partes de la cuchara o la tierra y las piedras de la excavación. Nunca ingrese a una zanja sin el PPE adecuado.

La OSHA exige que una persona competente inspeccione a diario las excavaciones, las áreas adyacentes y los dispositivos de protección contra caídas y de encajonamiento. La persona competente debe realizar estas tareas de inspección:

- antes del comienzo del trabajo;
- cuando sea necesario durante el turno;
- después de cada tormenta u otro suceso que aumente los riesgos para los trabajadores.

Cuando trabaje en una excavación o zanja o en sus alrededores, usted es responsable de su seguridad personal. También es responsable de la seguridad de las demás personas que estén en la zanja. Según la OSHA, el principal riesgo en la excavación y apertura de zanjas son las lesiones provocadas por el derrumbe. Para evitarlo, se realiza un análisis de suelo para determinar la inclinación, el escalonamiento (excavación escalonada) y el apuntalamiento adecuados. Tenga en cuenta el riesgo adicional cuando se trabaja con maquinaria pesada, se manipulan materiales a mano o se trabaja cerca del tránsito. Las líneas eléctricas aéreas y subterráneas y los servicios públicos subterráneos, como el gas natural, también representan un riesgo.

Los trabajadores deben tener una forma segura y confiable para entrar y salir de las zanjas. La OSHA se refiere a esto como ingreso (entrar en una zanja) y salida (salir de ella). Existen distintos métodos, incluidas las rampas, escaleras fijas y escaleras de mano (*Figura 37*).

Cuando se utilicen rampas estructurales, el diseño debe estar a cargo de una persona competente. Las rampas se deben construir de manera que cada sección se ajuste bien para evitar el desplazamiento del suelo en la excavación. En la *Figura 38*, se muestran las categorías de rocas y suelos determinadas por la OSHA. Además de un desplazamiento adecuado del suelo, la superficie de las rampas debe ofrecer la tracción necesaria para que los trabajadores no se resbalen. Las barandas de las rampas y escaleras deben ser lisas para que los trabajadores no se pinchen, lastimen ni se enganchen la ropa.

A continuación, se indican medidas de seguridad adicionales para el ingreso y la salida:

- En las excavaciones de zanjas de más de 4 pies (1.22 m) de profundidad, se requieren escaleras de mano, rampas o escaleras fijas.
- Las escaleras de mano, rampas o escaleras fijas utilizadas como salidas deben estar ubicadas cada 25 pies (7.6 m) en cualquier zanja que tenga más de 4 pies (1.22 m) de profundidad.
- Los rieles laterales de una escalera de mano se deben extender más de 3 pies (91 cm) por encima del rellano o de la parte superior de la zanja.
- Las escaleras de mano deben tener rieles laterales no conductores si se trabaja cerca de equipos o sistemas que utilicen electricidad.
- Deben utilizarse dos o más escaleras de mano cuando haya 25 trabajadores o más en una excavación en donde estas escaleras sean el principal medio de entrada y salida o se utilicen para el tránsito bidireccional de entrada y salida de la zanja.
- Se deben inspeccionar todas las escaleras de mano antes de cada uso por si presentan daños o defectos.
- Las escaleras dañadas deben tener una etiqueta de "No usar" y se las debe retirar de servicio hasta que estén reparadas.
- Utilice escaleras de mano únicamente en superficies estables o niveladas.
- Las escaleras de mano deben fijarse cuando se las utilice en cualquier lugar donde las actividades de excavación o el tránsito las pueda desplazar.

Figura 37 Escalera de mano en una zanja.
Fuente: "Trench box.jpg" por el NIOSH, con licencia de dominio público.

- Mientras suba o baje una escalera de mano, no lleve ningún objeto o carga que pueda hacerle perder el equilibrio.
- Tenga cuidado cuando utilice una escalera de mano para trincheras.

Categoría/tipo	Descripción
Roca estable	La materia de mineral sólido natural se puede excavar con lados verticales y permanecer intacta mientras queda expuesta. Se suele identificar con el nombre de una roca, como el granito o arenisca. Puede ser difícil determinar si un depósito es de este tipo, a menos que se sepa si hay grietas y si se adentran o se alejan de la excavación.
Suelos tipo A 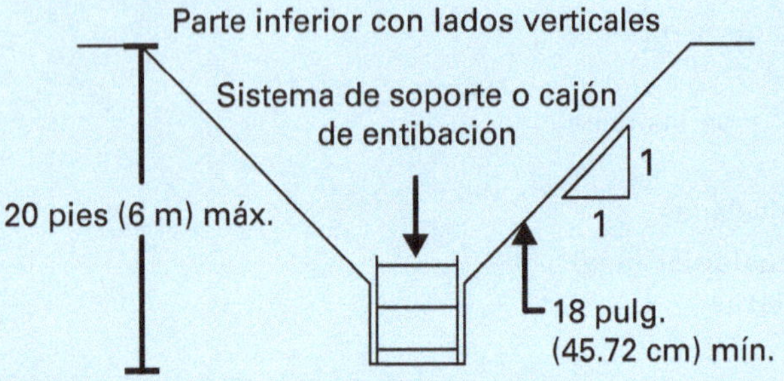	Suelos cohesivos con una resistencia limitada a la compresión de 1.5 toneladas por pie cuadrado (tsf) (144 kPa) o superior. Los ejemplos de suelos cohesivos tipo A suelen ser la arcilla, la arcilla limosa, la arcilla arenosa, la arcilla franca y, en algunos casos, la arcilla franco limosa y la arcilla franco arenosa. (Ningún suelo se considera tipo A si está fisurado; está sujeto a vibraciones de cualquier tipo; se lo ha revuelto con anterioridad; forma parte de un sistema en pendiente estratificado donde las capas se sumergen en la excavación con una pendiente de cuatro horizontales por una vertical [4H:1V] o superior; o tiene filtraciones de agua).
Suelos tipo B 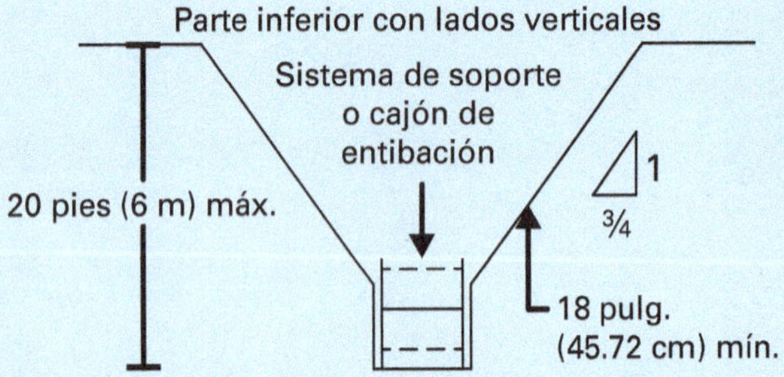	Suelos cohesivos con una resistencia limitada a la compresión de 0.5 tsf (48 kPa), pero menos de 1.5 tsf (144 kPa). Ejemplos de suelos tipo B pueden ser la grava angular; los sedimentos; los suelos franco limosos; los suelos revueltos de forma previa, a menos que se lo clasifique como tipo C; suelos que cumplen con los requisitos de resistencia a la compresión limitada o cementación de los suelos tipo A, pero fisurados o sometidos a vibraciones; roca seca e inestable, y sistemas estratificados que se inclinan hacia la zanja con una pendiente menor de 4H:1V (solo si el material se clasificaría como suelo tipo B).
Suelos tipo C 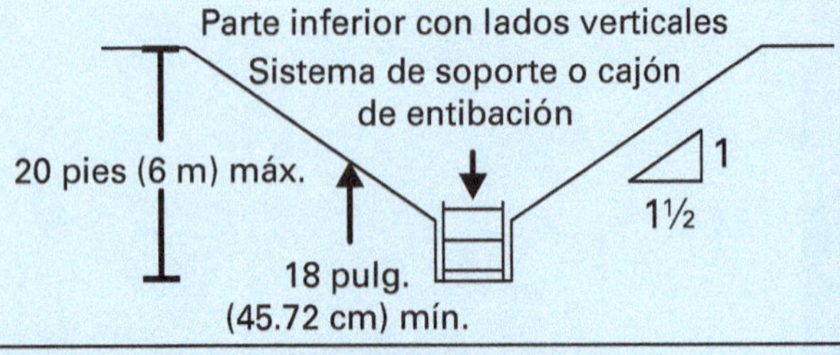	Suelos cohesivos con una resistencia limitada a la compresión de 0.5 tsf (48 kPa) o menos. Otros suelos tipo C son los suelos granulares como la grava, arena y arena arcillosa, el suelo sumergido, el suelo del que se filtra libremente el agua y la roca sumergida que no es estable. Además, en esta clasificación se incluye el material de un sistema en pendiente estratificado donde las capas se sumergen en la excavación o tienen una pendiente de cuatro horizontales por una vertical (4H:1V) o superior.
Capas geológicas estratificadas	Cuando los suelos están configurados en capas (es decir, cuando hay una estructura geológica de capas), el suelo debe clasificarse según la clasificación de la capa más débil. Cada capa se puede clasificar de forma individual si una capa más estable se encuentra debajo de una capa menos estable (es decir, cuando un suelo tipo C reposa sobre una roca estable).

Fuente: Sitio web de la Administración de Seguridad y Salud Ocupacional. Manual técnico de la OSHA, sección V, capítulo 2. "Excavaciones: Reconocimiento de riesgos en apertura de zanjas y apuntalamientos", www.osha.gov, revisado el 1 de septiembre de 2021.

Figura 38 Determinación del tipo de suelo.

4.1.3 Señales de inestabilidad en una zanja

En una zanja o excavación abierta se pueden producir distintas tensiones y deficiencias. Por ejemplo, los aumentos o disminuciones del contenido de humedad pueden afectar la estabilidad de una zanja o excavación. En las siguientes secciones, se analizan algunas de las causas más frecuentes de fallo de las zanjas. Estas condiciones se ilustran en la *Figura 39.*

Las grietas por tensión se suelen producir entre un cuarto y la mitad de la distancia desde la parte superior de la zanja. Como resultado, se puede producir un deslizamiento o resbalamiento. Además del deslizamiento, las grietas por tensión pueden ocasionar derrumbes. Los derrumbes ocurren cuando la cara vertical de la zanja cede en la línea de una grieta por tensión y se derrumba en la excavación. Una excavación sin soporte puede crear un desequilibrio de tensiones en el suelo, que, a su vez, provoca **subsidencia** en la superficie y el abultamiento de la superficie vertical de la zanja. Si no se la corrige, esta condición puede provocar el derrumbe de la pared y atrapar a los trabajadores en la zanja o presionar el **sistema de protección** que se utiliza para proteger a los trabajadores de los daños en caso de derrumbe, colapso u otro problema. El levantamiento del fondo se debe a la presión descendente que se genera por el peso del suelo adyacente. Esta presión produce un bulto en el fondo del corte. El levantamiento y la compresión pueden producirse incluso cuando el apuntalamiento y el encajonamiento estén bien instalados.

Otra señal de inestabilidad en una zanja es la corriente ascendente de agua. Este fenómeno se produce cuando el agua ingresa a la zanja desde el fondo. Una de las causas son las capas freáticas altas. La corriente ascendente de agua puede producirse con rapidez, incluso cuando se utilizan cajas de apuntalamiento o de zanja. Si esta situación comienza a ocurrir, debe abandonar la zanja de inmediato.

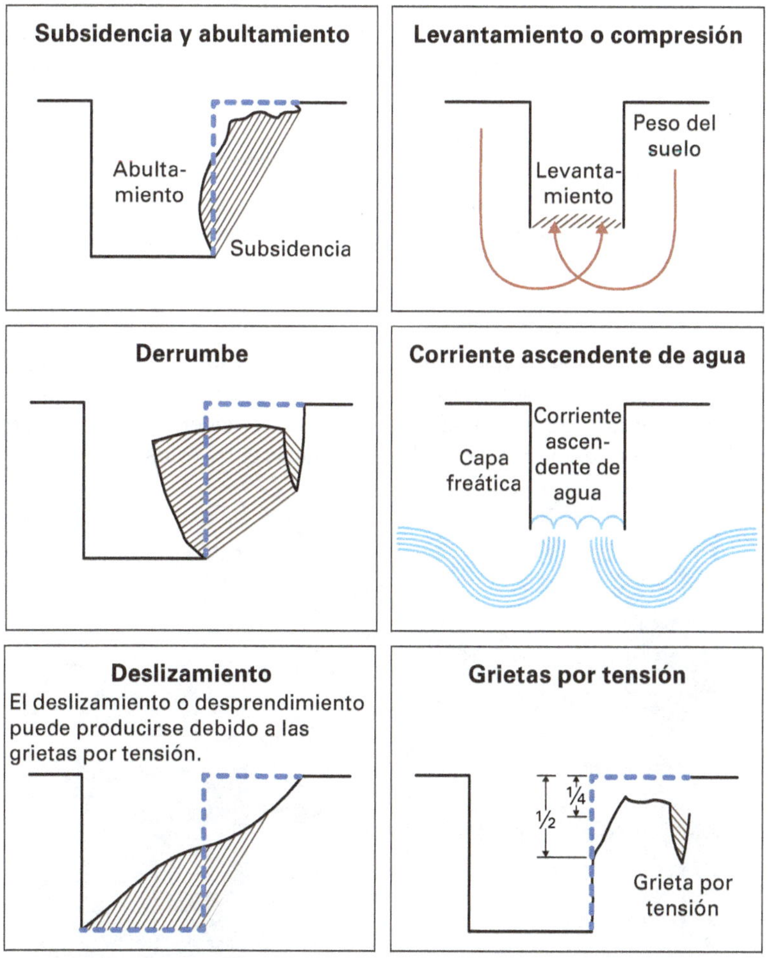

Figura 39 Señales de inestabilidad en una zanja.

¿Sabías qué?

Infracciones peligrosas y costosas contra las normas de la OSHA

Las infracciones a la normativa para andamios y apertura de zanjas son las dos citaciones que emite la OSHA con mayor frecuencia. Estas infracciones se multan por persona.

Subsidencia: depresión en la tierra causada por el desequilibrio de esfuerzos en el suelo que rodea una excavación.

Sistemas de protección: método para proteger a los empleados de los derrumbes, del material que podría caer dentro de la excavación o rodar desde un costado, o del derrumbamiento de las estructuras adyacentes. Los sistemas de protección incluyen los sistemas de soporte, sistemas de escalonamiento y pendiente y sistemas de cajones de entibación.

Notificación de llamada única

Los estados operan centros de notificación de llamada única para notificar a los propietarios de los servicios públicos subterráneos antes de una excavación. Estos programas ("Llame antes de cavar") son nacionales y proporcionan un número de teléfono gratuito (8-1-1) al que se puede llamar en cualquier estado para solicitar a los propietarios de los servicios públicos que visiten la obra y marquen todas las líneas subterráneas. Los propietarios de los servicios suelen utilizar pintura, tiza, banderas o escobillas según un código de colores estandarizado. Los centros de llamada única ayudan a evitar daños en las líneas y lesiones a los trabajadores como resultado de la excavación en una línea de servicios públicos enterrada.

4.1.4 Fallos en zanjas

El riesgo más común durante una excavación es el fallo de la zanja o el derrumbe. Utilizar el sentido común y seguir todas las medidas de seguridad correspondientes hace que la zanja sea un lugar de trabajo más seguro.

Para comprender la gravedad del fallo de una zanja, piense lo que puede ocurrir si se produce un desplazamiento de la tierra que rodea una zanja sin soporte. Un trabajador podría quedar enterrado si se produjera alguno de los siguientes incidentes:

- Uno o ambos bordes de la zanja se derrumban.
- Una o ambas paredes se deslizan hacia adentro.
- Una o ambas paredes se cortan y colapsan.

El derrumbe de las paredes de una zanja sin soporte no es la única causa de enterramiento. Pueden caer toneladas de tierra sobre los trabajadores si la pila de escombros o la tierra excavada se desliza dentro de la zanja. Estos deslizamientos se producen cuando la pila se coloca demasiado cerca del borde de la zanja o cuando el suelo bajo el montículo cede. Debe haber un mínimo de 2 pies (61 cm) entre la pared de la zanja y la pila de escombros. Esta zona también se debe mantener sin herramientas y materiales.

Las siguientes condiciones pueden producir el derrumbe de una zanja. Si observa alguna de estas condiciones, infórmeselo de inmediato al supervisor. Las siguientes causas se enumeran en orden de gravedad:

- suelo revuelto de un terreno excavado con anterioridad;
- cruce de zanjas en las que pueden desprenderse grandes esquinas de tierra;
- un derecho de paso estrecho, lo que hace que la maquinaria pesada deba estar demasiado cerca del borde de la zanja;
- vibraciones de la maquinaria de construcción, del tránsito cercano o de los trenes;
- aumento del agua subterránea que provoca la saturación del suelo y, por lo tanto, lo vuelve inestable;
- secado de las paredes de zanjas expuestas, lo que reduce la humedad natural que une las partículas del suelo;
- capas de suelo inclinadas que ingresan en la zanja, lo que provoca que las capas de los diferentes tipos de suelo se deslicen una sobre otra y hagan colapsar las paredes de la zanja.

4.1.5 Haciendo la zanja más segura

Existen muchas maneras de hacer que la zanja sea un lugar de trabajo más seguro (*Figura 40*). El escalonamiento, el sistema en pendiente, el apuntalamiento y los cajones de entibación de zanjas se utilizan para proteger a los trabajadores y el equipo. Es importante que reconozca las diferencias entre estos métodos.

(A) Escalonamiento (B) Sistema en pendiente (C) Apuntalamiento

Figura 40 Métodos de apuntalamiento.

Fuentes: iStock@ASkaternoy (40A); iStock@Maksim Safaniuk (40B); iStock@JJFarquitectos (40C)

- *Escalonamiento*: ayuda a evitar el derrumbe de una excavación mediante el proceso de excavación de uno o varios niveles horizontales o escalones a lo largo de (perpendiculares a) la pendiente de los lados de la zanja. Los dos tipos de escalonamiento son el escalonamiento simple y el múltiple. En la *Figura 40* (A), se muestra un ejemplo de escalonamiento múltiple.
- *Sistema en pendiente*: en una excavación, implica cortar las paredes en ángulo con respecto al piso de la zanja. La normativa de la OSHA (*artículo 1926 del CFR 29*) ofrece a las empresas dos opciones para establecer un ángulo seguro y adecuado: las empresas pueden utilizar las tablas y los gráficos recomendados por la OSHA, que se incluyen en el *artículo 1926 del CFR 29*, o pueden utilizar un sistema en pendiente que haya diseñado un ingeniero profesional certificado.
- *Apuntalamiento*: sostiene las paredes de una zanja y evita que se muevan y colapsen. Este método hace más que solo ofrecer un entorno seguro a los trabajadores en una zanja. Como restringe el movimiento de las paredes, también detiene el desplazamiento de las formaciones de suelo adyacentes que contienen servicios públicos enterrados o sobre los que se construyen aceras, calles, cimientos de edificios u otras estructuras.
- *Cajones de entibación de zanjas*: también llamados *blindajes de zanjas*, se colocan en excavaciones sin apuntalar para proteger a los trabajadores del derrumbe de las paredes. No proporcionan ningún soporte para las paredes de la zanja ni al suelo circundante, pero para ciertas profundidades y condiciones del suelo, soportan el peso lateral de una pared que pueda derrumbarse.

Muchas excavaciones grandes requieren el uso de pasarelas para que los trabajadores puedan cruzar de un lado a otro de la excavación. Cuando estas pasarelas estén a más de 6 pies (1.82 m) del suelo o de los niveles de trabajo inferiores, la OSHA exige la instalación de barandas y, cuando sea necesario, de redes de seguridad. El *artículo 1926.502 del CFR 29* describe las especificaciones para el tipo de sistemas de barandas que deben utilizarse según los tipos de proyectos. En general, las barandas deben cumplir las siguientes disposiciones:

- La barra superior debe estar a 42 pulg. (1.06 m) (3 pulg. [7.62 cm] más o menos) por encima del nivel de paso/trabajo.
- Cuando se utilicen barras intermedias, deben instalarse a una distancia media entre la barra superior y el nivel de paso/trabajo.
- Cuando se utilicen pantallas y mallas, deben extenderse desde la barra superior hasta el nivel de paso/trabajo y a lo largo de toda la abertura entre los soportes de las barras de la baranda.
- Los balaustres entre postes deben estar separados a menos de 19 pulg. (48.26 cm)
- La superficie de los sistemas de barandas debe ser lisa para evitar que la ropa se perfore, desgarre o enganche.
- Cuando se requieran redes de seguridad, deben inspeccionarse al menos una vez a la semana para verificar si están desgastadas o dañadas, y deben cumplir los requisitos establecidos en el *artículo 1926.502 del CFR 29.*

4.2.0 Espacios confinados

Los espacios en una obra se consideran confinados cuando su tamaño y forma restringen el movimiento de cualquier persona que deba entrar, trabajar y salir de allí (*Figura 41*). Por lo general, los espacios confinados tienen poca ventilación y se dificulta ingresar y salir de ellos. Por ejemplo, los empleados que trabajan en depósitos para procesos suelen entrar y salir por aberturas estrechas y realizar sus tareas en una posición apretada o incómoda. En algunos casos, el encierro en sí representa un peligro.

Se ingresa en los espacios confinados para realizar inspecciones, probar equipos, hacer reparaciones, limpiar, o en casos de emergencia. Se debe ingresar en estos espacios solo durante períodos cortos. Algunos de los espacios confinados en los que puede trabajar:

- Bocas de inspección
- Calderas
- Zanjas
- Túneles

- Alcantarillas
- Bóvedas de servicios públicos subterráneos
- Tuberías
- Fosas
- Conductos de aire
- Depósitos para procesos

En los espacios confinados, los riesgos como la mala calidad del aire, las toxinas, las explosiones, los incendios y las piezas de maquinaria en movimiento suelen ser más peligrosos que en espacios abiertos. Además, estos espacios pueden contener riesgos desconocidos. En una ocasión, un trabajador descendió a una boca de inspección de 21 pies (6.4 m) de profundidad en un asiento con cadena. Veinte segundos después de entrar en la alcantarilla, empezó a jadear y se cayó. Aterrizó boca abajo en el agua del fondo de la boca de inspección. La autopsia determinó que murió por falta de oxígeno.

¡ADVERTENCIA!

A menudo, más de un trabajador muere en accidentes en bocas de inspección. Nunca entre en una para rescatar a un compañero de trabajo. Los gases tóxicos también pueden agobiarlo o matarlo.

(A) Boca de inspección (B) Silo

(C) Depósito elevado (D) Torre de agua

Figura 41 Ejemplos de espacios confinados.
Fuentes: iStock@terex (41A); iStock@Nerthuz (41B); iStock@Johannes Seitz (41C); iStock@ JohnnyH5 (41D)

Para mantenerse a salvo al trabajar en una boca de inspección o en sus alrededores, siga estas pautas:

- El trabajador que se encuentre en el interior de la boca de inspección debe utilizar un arnés de seguridad para que sus compañeros puedan sacarlo rápidamente si fuera necesario.
- El trabajador que ingresa a la boca de inspección debe silbar, cantar o mantener una conversación constante para que sus compañeros sepan que se encuentra bien.
- Si este trabajador hace silencio, sus compañeros deben sacarlo de inmediato.
- Siempre se deben realizar verificaciones de gases antes de ingresar a una boca de inspección.

La mayoría de los espacios confinados tienen entradas y salidas restringidas. Los trabajadores suelen lesionarse al entrar o salir por puertas y escotillas pequeñas. También puede resultar difícil moverse en un espacio confinado, y los trabajadores pueden golpearse con los equipos en movimiento. Los escapes y rescates son mucho más difíciles en un espacio confinado.

La dirección suele elaborar programas escritos de entrada en espacios confinados para proteger a los trabajadores. Estos programas identifican los peligros y especifican el equipo o el apoyo que se necesita para evitar lesiones. Todas las obras industriales y algunas de construcción tienen programas escritos para el ingreso a espacios confinados. Es su responsabilidad conocer y respetar el programa de su empresa. No trabaje nunca en un espacio confinado solo. La OSHA exige que un asistente permanezca fuera de un **espacio confinado que requiere permiso**, que es un espacio que tiene riesgos potenciales y reales. El asistente debe controlar el ingreso, el trabajo y la salida (*Figura 42*). Consulte el diagrama de flujo de la OSHA de la *Figura 43* para determinar si un espacio requiere permiso.

Espacio confinado que requiere permiso: espacio confinado con peligros reales y posibles. Estos peligros pueden ser atmosféricos, físicos, eléctricos o mecánicos.

Figura 42 Espacio confinado que requiere permiso.

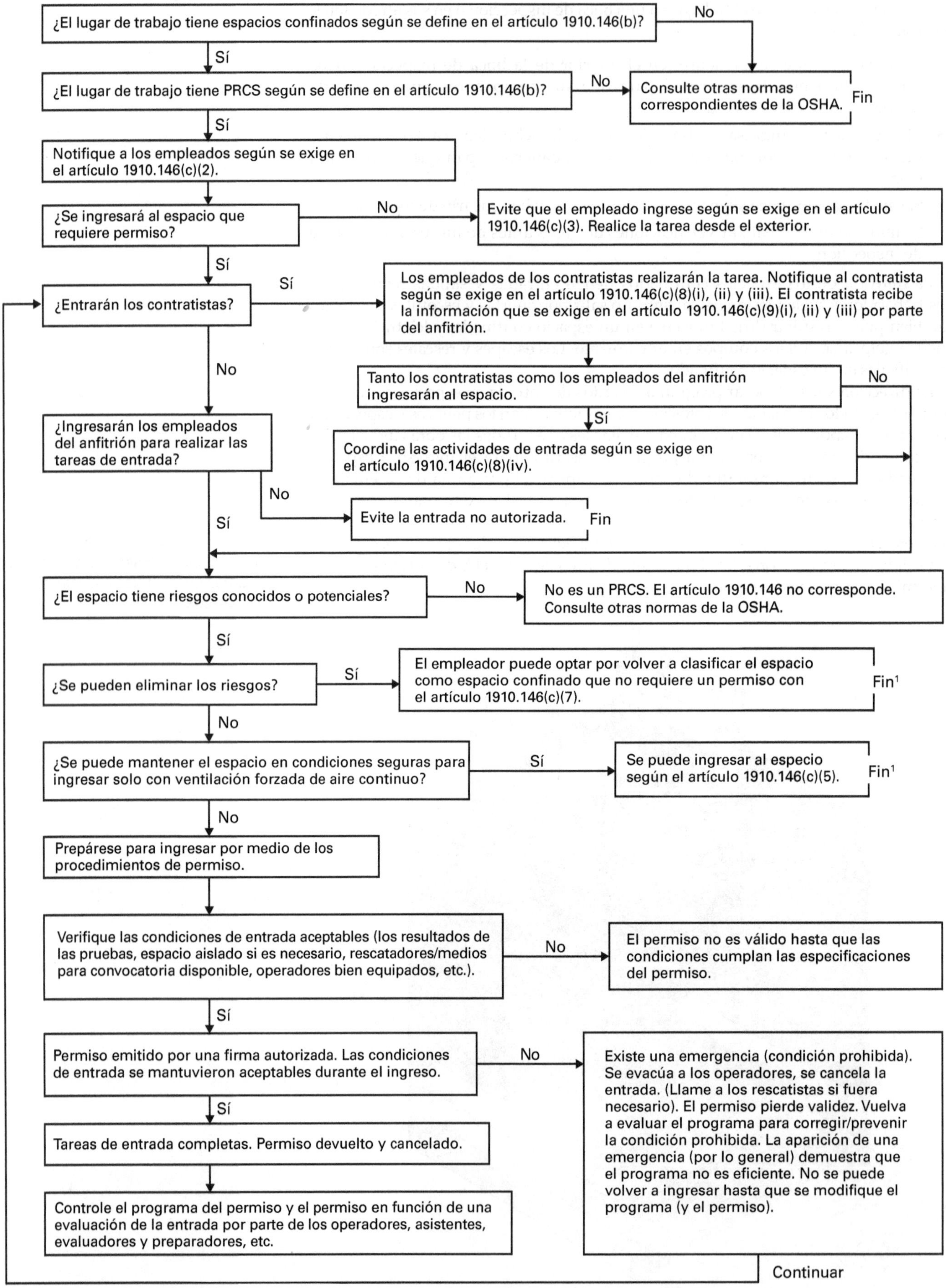

[1] Es posible que haya que evacuar los espacios y volver a evaluarlos si se presentan riesgos durante la entrada.

Figura 43 Diagrama de flujo para la toma de decisiones en un espacio confinado que requiere permiso.

4.2.1 Clasificación de los espacios confinados

Se deben inspeccionar todos los espacios confinados antes de comenzar el trabajo. La inspección ayuda a identificar posibles riesgos. Después de una inspección a cargo de una persona autorizada de la empresa, los espacios confinados se pueden clasificar según los riesgos presentes. Las dos clasificaciones son los espacios confinados que no requieren permiso y los que requieren permiso (*artículo 1910.146 del CFR 29*).

Un **espacio confinado que no requiere permiso** es un espacio laboral libre de cualquier peligro mecánico, físico, eléctrico o **peligro atmosférico** (peligro en el aire o problema de calidad de aire) que pueda causar muertes o lesiones. Una vez que se determina que un espacio no requiere permiso, los trabajadores pueden entrar con el PPE adecuado para el tipo de trabajo que debe realizar. Siempre consulte a su supervisor si no está seguro del PPE necesario.

Espacio confinado que no requiere permiso: espacio de trabajo confinado libre de peligros atmosféricos, físicos, eléctricos y mecánicos que puedan causar lesiones o la muerte.

Peligros atmosféricos: peligros potenciales en el aire o malas condiciones de calidad del aire.

Un espacio confinado que requiere permiso, como se indicó con anterioridad, tiene riesgos reales y posibles. Estos peligros pueden ser atmosféricos, físicos, eléctricos o mecánicos. *El artículo 1910.146 del CFR 29 de las normas OSHA* indica que los espacios confinados que requieren permiso tienen al menos una de las siguientes características:

- Contienen o pueden contener una atmósfera peligrosa.
- Contienen un material que puede envolver (agobiar) a la persona que ingresa al espacio confinado.
- Tienen una configuración interna tal que el empleado que entra puede quedar atrapado o sufrir asfixia, ya que hay paredes que convergen hacia el interior o un piso con pendiente hacia abajo que se estrecha hasta una sección transversal más pequeña.
- Presentan cualquier otro riesgo para la seguridad o para la salud que se considera grave.

El supervisor del lugar de trabajo debe emitir y firmar un permiso de entrada antes de que alguien pueda ingresar al espacio confinado. Nadie está autorizado a entrar en un espacio confinado sin un permiso de entrada válido. El permiso debe mantenerse en el espacio confinado mientras se realiza el trabajo. Consulte siempre al supervisor si no está seguro de si necesita un permiso para ingresar a un espacio confinado.

4.2.2 Permisos de ingreso

Los espacios confinados pueden ser extremadamente peligrosos. El ingreso a este espacio comienza cuando cualquier parte del cuerpo pasa por la entrada o apertura del espacio. Antes de entrar en un espacio confinado que requiere permiso, debe tener un permiso de ingreso (*Figura 44A* y *Figura 44B*).

Un permiso de ingreso es una lista de control del trabajo que verifica que se ha inspeccionado el espacio. También informa a todos los presentes sobre los peligros del trabajo. El supervisor debe completar y firmar todos los permisos de ingreso antes de que alguien ingrese al espacio. El permiso debe colocarse en la entrada del espacio confinado y estar disponible para que los trabajadores lo revisen. Los permisos de ingreso deben incluir la siguiente información:

- una descripción del espacio y del tipo de trabajo que se debe realizar;
- la fecha de validez del permiso y su duración;
- los resultados de todas las pruebas atmosféricas, incluidos los niveles de oxígeno, toxinas y materiales inflamables;
- el nombre y la firma de la persona que realizó las pruebas;
- el nombre y la firma del supervisor del ingreso;
- una lista de todos los trabajadores, incluidos los supervisores, quienes tienen autorización para ingresar al lugar;
- los medios por los que se comunicarán los trabajadores y supervisores;
- los equipos y procedimientos especiales que se utilizarán durante el trabajo;
- otros permisos necesarios para los trabajos que se realizan en el espacio, como la soldadura;
- la información de contacto del equipo de rescate de emergencia.

Historia de caso

Los peligros del gas en los espacios confinados

Al final de la jornada laboral, un trabajador guardó su soplete de acetileno Presto-Lite sin cerrar por completo la válvula del regulador. El soplete permaneció sellado en su caja, mientras el gas se filtraba lentamente durante la noche. A la mañana siguiente, cuando el trabajador encendía un cigarrillo, abrió la caja. Al abrir la tapa, el gas se escapó, llegó hasta la llama y provocó una explosión. Por suerte, el trabajador solo se chamuscó.

Moraleja: Compruebe siempre que las válvulas de gas estén cerradas por completo. De lo contrario, puede sufrir quemaduras graves u morir.

Historia de caso

Ventilación de espacios confinados

Un trabajador estaba utilizando un soplete de propano líquido en el área de la sentina de una barcaza de construcción. El soplete se apagó y el trabajador abandonó el lugar sin cerrar el flujo de gas. El trabajador murió cuando regresó y encendió el soplete, ya que el gas acumulado explotó.

Moraleja: Siempre se debe ventilar de forma adecuada un espacio confinado. No abandone nunca una herramienta de combustible líquido sin comprobar que ha cerrado el flujo de combustible.

Fuente: Administración de Seguridad y Salud Ocupacional

Anexo 16 – 2
Permiso para entrada en espacios confinados

Tarjeta maestra/ficha de trabajo seguro n.º________

1. **Descripción del trabajo:** ________
   Nombre del equipo/número y ubicación o área ________
   Objetivo del ingreso________
   Fecha válida de inicio________ **Duración** ________ a ________

2. **Materiales peligrosos:**
   ¿Qué contenía el equipo la última vez?________
   ¿El trabajo creará una atmósfera peligrosa? ☐ Sí ☐ No En caso afirmativo, especifique los riesgos y controles.
   ____

3. **Requisitos del rescate:**
   ☐ Externo, por el asistente ☐ Rescate complejo, por el equipo de rescate en cada punto de entrada
   ☐ No IDLH o rescate simple, por el equipo de rescate del lugar ☐ IDLH, por el equipo de rescate en cada punto de entrada
   ¿Se ha notificado al equipo de rescate sobre el ingreso? ☐ Sí ☐ N/A Hora de la notificación________
   ¿Cómo se convocará al equipo de rescate en caso de una emergencia? ☐ Canal de radio: ____ ☐ Otro:

4. **Requisitos de la prueba de gas:**
   LEL/02 Fabricante del instrumento/n.º ____/____ Hora de la prueba funcional/detector de gas ____/____
   Toxicidad - Fabricante del instrumento/n.º____/____ Hora de la prueba funcional/detector de gas ____/____
   Frecuencia de las pruebas: ☐ Continua ☐ Otra, especifique: ________
   - Los resultados de los controles continuos se deben registrar cada tres horas

Niveles aceptables	Resultados	Hora	Iniciales	Resultados	Hora	Iniciales	Resultados	Hora	Iniciales
Oxígeno: 19.5% 23.5%									
Gas combustible: %LEL - <10%									
Otro ________ < PEL* ____									
Otro ________ < PEL* ____									
Otro ________ < PEL* ____									

   - Entrada en exceso del PEL necesitará PPE adecuado.

5. **Equipos de ventilación/extracción:**
   ☐ No es necesario, la ventilación natural es adecuada ☐ Ventilación forzada ☐ Ventilación de extracción
   Tipo de equipo: ☐ Bocina neumática ☐

6. **Protección personal**
   ☐ Guantes (tipo) ________ ☐ Mascarilla (tipo) ________
   ☐ Gafas o protección facial ☐ Equipo de respiración autónomo
   ☐ Líneas de vida sujetadas al arnés ☐ Otro, especifique: ________
   ☐ Traje resistente a sustancias químicas, especifique el tipo________

7. **Protección contra incendios:** ☐ No se requiere ☐ Extintor portátil, tipo y tamaño:________
   ☐ Guardia contra incendios ☐ Otro, especifique:________

Figura 44A Permiso de entrada (1 de 2).

8. Estado del área y los equipos:

Obligatorio Sí	N/A	SE DEBEN VERIFICAR ESTOS PUNTOS CLAVE
		a. ¿Equipo bloqueado y etiquetado?
		b. La tubería está desconectada, cubierta, tapada y/o cegada.
		c. ¿Equipo vaciado, lavado, purgado y ventilado?
		d. ¿Se proporciona equipamiento eléctrico de baja tensión o protegido por GFCI?
		e. ¿Se proporcionan equipos eléctricos a prueba de explosiones?
		f. Se han tomado medidas para colocar barricadas o señales en los puntos de entrada cuando el asistente no está de servicio.

Otros requisitos:

9. Instrucciones especiales: ☐ Ninguna ☐ Verifique con el emisor antes de comenzar el trabajo

10. Aprobación	Permiso			Aceptación del permiso		
	Superintendente/ supervisor del área	Fecha	Hora	Supervisor de mantenimiento/ ingeniero/supervisor contratista	Fecha	Hora
Emitido por						
Aprobado por						
Aprobado por						

11. Revisión individual/registro de operarios: He sido instruido en permiso de trabajo correspondiente, la entrada al espacio confinado, los procedimientos de bloqueo/etiquetado, los peligros atmosféricos y físicos asociados, y he revisado los resultados de las pruebas de gases.

Operarios	Fecha	Hora Entrada/salida		Hora Entrada/salida		Hora Entrada/salida		Hora Entrada/salida		Hora Entrada/salida	

Me han informado sobre las tareas y responsabilidades de los asistentes, de los riesgos físicos y atmosféricos relacionados, y he revisado los resultados de las pruebas de gases.

Asistentes	Fecha	Hora Ingreso/salida		Hora Ingreso/salida		Hora Ingreso/salida	

12. Finalización del trabajo:

☐ Sí ☐ N/A ¿Se ha notificado al equipo de rescate?
☐ Sí ☐ No ¿Se ha completado el trabajo en el equipo y el espacio confinado está listo para volver a estar en servicio?
☐ Sí ☐ No ¿Se ha limpiado y asegurado el lugar de trabajo?
Trabajadores que respondieron a las preguntas anteriores: ____________________

13. Revisión posterior al trabajo: ¿Se encontró o generó algún riesgo durante las operaciones de entrada?
☐ Sí ☐ No En caso afirmativo, describa: ____________________
Soluciones posibles: ____________________

Enviar al archivo del trabajo dentro de los 7 días posteriores a la finalización.

Figura 44B Permiso de entrada (2 de 2).

4.2.3 Peligros atmosféricos

Los peligros atmosféricos son el tipo de riesgo más común en los espacios confinados. En una atmósfera peligrosa, el aire puede tener poco o demasiado oxígeno, ser explosivo o inflamable, o contener gases tóxicos. La atmósfera de un espacio confinado debe controlarse todo el tiempo. Se utilizan medidores especiales para detectar peligros atmosféricos (*Figura 45*). Estos medidores se pueden calibrar y utilizar según las instrucciones del fabricante. Además, los medidores deben ser capaces de detectar oxígeno y gases **combustibles** a los niveles que se especifican en el *artículo 1910.146 del CFR 29 de las normas OSHA*.

Combustible: aire o materiales que pueden explotar y provocar un incendio.

Atmósfera enriquecida de oxígeno: atmósfera en la que hay mucho oxígeno; por lo general, se considera así por tener más del 23.5% de oxígeno por volumen.

Los espacios confinados sin oxígeno suficiente se denominan *atmósferas deficientes en oxígeno*. Un espacio confinado con demasiado oxígeno es una **atmósfera enriquecida de oxígeno**. Para trabajar en condiciones seguras, el nivel de oxígeno en un espacio confinado debe estar entre el 19.5% y el 23.5% por volumen; el nivel considerado normal es del 21%. Las concentraciones de oxígeno inferiores al 19.5% por volumen se consideran deficientes y las superiores a 23.5% por volumen se consideran enriquecidas. Para medir los niveles de oxígeno, se pueden utilizar medidores de gas portátiles a batería.

Figura 45 Detector.
Fuente: iStock@sarawutk

Muchos de los procesos que tienen lugar en un espacio confinado utilizan oxígeno y pueden reducir el porcentaje de este hasta niveles inseguros. Estos procesos pueden ser los siguientes:

- combustión;
- oxidación del metal;
- descomposición de plantas o basura;
- mezcla de oxígeno con otros gases.

Cuando se reduce el oxígeno en un espacio confinado, al trabajador le resulta más difícil respirar. Los síntomas de la falta de oxígeno se producen en este orden:

1. aceleración de la respiración y del ritmo cardíaco;
2. Impedimiento del juicio mental;
3. reacción emocional extrema;
4. fatiga inusual;
5. náuseas y vómitos;
6. incapacidad para mover el cuerpo libremente;
7. pérdida de la conciencia;
8. muerte.

4.2.4 Peligros de explosión

Demasiado oxígeno en un espacio confinado representa un riesgo de incendio y puede provocar explosiones. Los materiales como la ropa y el cabello son muy inflamables y se queman con rapidez en atmósferas enriquecidas de oxígeno. Los incendios se pueden producir con facilidad en un espacio confinado con una atmósfera enriquecida de oxígeno. El aire de un espacio confinado se vuelve combustible cuando las sustancias químicas o los gases alcanzan una determinada concentración. Los gases inflamables pueden quedar atrapados en los espacios confinados. Entre otros, los gases inflamables pueden ser el acetileno, el butano, el propano y el metano. El polvo y los productos residuales de la pintura con aerosol o la soldadura también pueden formar una atmósfera combustible.

Algunos gases inflamables son más ligeros que el aire y se concentran en la parte superior de un espacio confinado. Los vapores de los combustibles suelen ser más pesados que el aire y se concentran en el fondo del espacio. Una chispa o una llama puede causar una explosión en una atmósfera combustible.

4.2.5 Atmósferas tóxicas

Los gases y vapores tóxicos pueden provenir de distintas fuentes. Pueden ser mortales cuando se inhalan o se absorben a través de la piel por encima de ciertos niveles de concentración. En los espacios sin ventilación, se pueden acumular concentraciones altas que se vuelven tóxicas muy rápido. Incluso en menores cantidades, algunas sustancias químicas pueden afectar gravemente a la respiración y a las funciones cerebrales.

Los efectos de los gases y vapores tóxicos pueden variar. Muchos gases tóxicos, como el monóxido de carbono, no pueden verse ni olerse. Algunos gases tóxicos tienen efectos nocivos que pueden no manifestarse hasta años después del contacto. Otros, como el óxido nítrico, pueden provocar la muerte con rapidez.

Los medidores especiales, calibrados para detectar gases y vapores tóxicos, hacen sonar una alarma para alertar a los trabajadores sobre una atmósfera tóxica. Estos medidores se deben configurar y utilizar según las instrucciones del fabricante.

4.2.6 Peligros adicionales

Además de los peligros atmosféricos, existen otros riesgos físicos y ambientales en los espacios confinados. Tenga en cuenta los siguientes riesgos y tome las medidas necesarias:

- *Descarga eléctrica.* Puede producirse cuando se utilizan herramientas eléctricas y cables de conexión en lugares donde hay pisos o superficies mojadas. Siempre conecte las herramientas y los equipos a tierra o utilice un GFCI cuando trabaje en espacios confinados.
- *Purgado.* Se produce cuando los gases tóxicos, corrosivos o naturales ingresan y se mezclan con el aire de un espacio confinado. Por lo general, el purgado se produce en las tuberías. Para limpiarlas, se utilizan gases de purgado. Estos gases pueden crear un desequilibrio de oxígeno en el espacio que puede asfixiar a los trabajadores casi de inmediato. Una vez finalizado este proceso, debe establecerse una ventilación adecuada para que la atmósfera sea segura. El control del aire es necesario para verificar su calidad.
- *Caída de objetos.* Los materiales o equipos pueden caer dentro de los espacios confinados y golpear a los trabajadores. Esto suele ocurrir cuando otro trabajador ingresa o sale de un espacio confinado con una abertura superior, como una boca de inspección. Además, las vibraciones pueden hacer que se caigan materiales o herramientas.
- *Inmersión.* Se produce cuando un trabajador queda enterrado vivo por un líquido o material que ingresa a un espacio confinado. Los materiales pequeños y sueltos almacenados en silos y tolvas, como el grano, la arena o el carbón, pueden envolver y asfixiar a un trabajador. Los materiales más pesados o líquidos que entran a un espacio confinado pueden aplastar o ahogar a un trabajador. Incluso cuando un trabajador queda atrapado solo hasta la cintura, puede morir por la presión descomunal de los materiales y la constricción del cuerpo.
- *Temperaturas extremas.* Los espacios confinados demasiado calientes o fríos pueden ser peligrosos. Los espacios demasiado calientes pueden provocar golpe de calor o agotamiento por calor. Los espacios demasiado fríos pueden causar **hipotermia**, un estado en el que la temperatura del cuerpo es demasiado baja. Otro de los riesgos asociados a la temperatura en un espacio confinado es el vapor. El vapor es extremadamente caliente y puede causar quemaduras graves o mortales.
- *Ruido.* En un espacio confinado, el ruido puede ser muy fuerte. Esto se debe a que el sonido rebota en las paredes de un espacio pequeño. Demasiado ruido o los ruidos muy fuertes pueden provocar daños permanentes en la audición. También pueden impedir que los trabajadores se comuniquen. Si esto ocurre, es posible que no perciba una advertencia de evacuación.
- *Superficies resbaladizas o húmedas.* Los trabajadores se pueden lastimar gravemente debido a los resbalones y caídas en superficies resbaladizas o húmedas. Estas superficies aumentan las posibilidades de electrocución por circuitos eléctricos, equipos y herramientas eléctricas.
- *Piezas móviles.* Los trabajadores pueden recibir golpes por las piezas móviles o quedar atrapados en ellas, como los barrenos o las cintas. Esto suele ocurrir cuando un trabajador se resbala o se cae. También puede producirse si el operador de la maquinaria en movimiento lleva vestimenta suelta o joyas.

¿Sabías qué?

Una mezcla explosiva

Por lo general, una mezcla de gas inflamable y aire debe tener entre un 5% y un 15% de gas y entre un 85% y un 95% de aire para que el gas explote. Una mezcla de gas y aire que no tiene suficiente gas para explotar está por debajo del límite inferior de explosividad. Es demasiado pobre para explotar. Una mezcla con una cantidad de gas superior a la máxima está por encima del límite superior de explosividad. Es demasiado rica para explotar.

Hipotermia: condición letal causada por la exposición a temperaturas muy bajas.

Es importante que comprenda cómo protegerse y proteger sus compañeros en un espacio confinado. Todos deben ser conscientes de lo que ocurre en la obra y entender cómo trabajar de forma segura. Estas son las medidas de seguridad más comunes que se deben seguir durante los trabajos en espacios confinados:

- Control y pruebas
- Ventilación
- PPE
- Comunicaciones
- Capacitación

4.2.7 Monitoreo y pruebas

El aire de un espacio confinado debe ponerse a prueba antes de que ingrese cualquier trabajador, y también debe ser constantemente monitoreado mientras los trabajadores estén dentro del espacio. Las pruebas deben estar a cargo de una persona bien capacitada y calificada, a quien se la denomina *asistente de espacios confinados*. Esta persona debe estar aprobada por la empresa o designada de alguna manera. El asistente de espacios confinados debe comprobar el contenido de oxígeno del aire, los gases o vapores explosivos y los gases o vapores tóxicos.

La atmósfera de un espacio confinado debe controlarse durante todo el trabajo. Para hacerlo, se colocan monitores a los trabajadores que ingresan al espacio confinado o se utilizan dispositivos externos. Cuando se monitoréa la atmósfera, los trabajadores pueden confiar que la calidad del aire es buena y que sabrán de inmediato si se produce un cambio en la atmósfera que los obligue a salir. El asistente debe permanecer siempre fuera del espacio de trabajo para supervisar a los trabajadores y su entorno. El asistente no ingresa para realizar rescates, pero es responsable de ordenar una evacuación cuando sea necesario.

Los trabajadores capacitados y autorizados para monitorear el aire en un espacio confinado deben hacer lo siguiente:

- Leer y comprender el manual de funcionamiento y mantenimiento que brinda el fabricante del monitor.
- Realizar el mantenimiento adecuado de los monitores según las instrucciones del fabricante.
- Inspeccionar, probar y calibrar los monitores según las instrucciones del fabricante.
- Verificar que las baterías de los monitores funcionen de forma correcta.
- Comprobar la atmósfera de un espacio confinado antes de que los empleados ingresen.
- Monitoriear en todo momento el aire del espacio confinado mientras los empleados permanezcan dentro.
- Llevar a cabo los procedimientos de seguridad de la empresa en relación con las atmósferas peligrosas o las situaciones de emergencia que puedan surgir.
- Realizar todos los informes requeridos por política de la empresa o las normas de la OSHA (*artículo 1904 del CFR 29*).
- Cuando sea necesario, volver a capacitarse o actualizar sus conocimientos.

4.2.8 Ventilación

Si el aire de un espacio confinado es peligroso o puede volverse peligroso, se debe ventilar el espacio de inmediato para eliminar los gases o vapores tóxicos y reponer el oxígeno perdido. Los ventiladores impulsan aire limpio al interior del espacio. Deben permanecer encendidos mientras los trabajadores estén dentro.

El solo hecho de impulsar o extraer aire no significa que se esté ventilando el espacio. Los gases tóxicos pueden quedar escondidos en los espacios confinados. Asegúrese de que el asistente haya verificado con cuidado todo el espacio antes de ingresar.

4.2.9 Equipo de protección personal

Todos los trabajos exigen algún tipo de PPE. El PPE estándar incluye cascos, gafas de seguridad, botas y guantes. En un espacio confinado, también pueden ser necesarios los siguientes elementos:

- Arnés de cuerpo entero
- Líneas de vida
- Respiradores purificadoras de aire
- Respiradores con suministro de aire

4.2.10 Comunicación

Todos los trabajadores de una obra deben poder comunicarse entre sí. Es muy importante que los asistentes y los trabajadores que ingresan al espacio puedan comunicarse. Esto permite a los asistentes advertir a los trabajadores sobre los peligros y ordenar una evacuación cuando fuera necesario. La comunicación entre trabajadores es otro método para controlar un espacio confinado.

¡ADVERTENCIA!

Cuando hay gases o vapores combustibles, las chispas de los dispositivos de comunicación pueden provocar una explosión. Por lo tanto, no debe utilizar equipos eléctricos, incluidos teléfonos o celulares, que no estén clasificados como intrínsecamente seguros o a prueba de explosiones.

4.2.11 Capacitación

Para ingresar a un espacio confinado, se requiere capacitación especializada. Nadie está autorizado a entrar en un espacio confinado sin una capacitación adecuada ni la autorización del supervisor de obra. La capacitación proporciona a los trabajadores los conocimientos necesarios para realizar sus trabajos con seguridad y eficacia. Si no ha recibido la capacitación adecuada, no ingrese a ningún espacio confinado.

Equipos a prueba de explosiones

Algunas tareas requieren que los trabajadores utilicen equipos eléctricos intrínsecamente seguros o a prueba de explosiones. Los dispositivos de comunicación intrínsecamente seguros (I-safe) están certificados para utilizarse en entornos peligrosos. Este equipo está diseñado para proteger a los trabajadores de las explosiones ocasionadas por chispas. Pueden ser teléfonos certificados como I-safe, computadoras portátiles y terminales de datos portátiles. Tienen que ser certificados para cumplir los siguientes requisitos del *Código Eléctrico Nacional®*:

- El aire del exterior no puede penetrar la carcasa.
- La carcasa debe tener la resistencia necesaria para contener una explosión dentro del equipo sin encender la atmósfera circundante.
- El interior debe estar relleno de polvo no inflamable o de gas inerte para evitar la ignición.

4.3.0 Seguridad subterránea

Los túneles, huecos, cámaras y pasajes ubicados bajo tierra tienen sus propios requisitos especiales de seguridad. Debido a que los espacios de trabajo subterráneos están completamente cerrados, a excepción de los túneles de acceso y de equipamiento, las consecuencias de un escape accidental de gas, incendios y otros peligros aumentan. Los plomeros que instalan líneas en lugares subterráneos deben cumplir estrictamente los requisitos de la OSHA indicados en el *artículo 1926.800 del CFR 29*.

Antes de trabajar en un espacio subterráneo, asegúrese de que se hayan tomado las medidas de seguridad adecuadas tanto en la superficie como en el espacio de trabajo. Una vez bajo tierra, familiarícese con la ubicación del equipo de seguridad, los riesgos potenciales y las vías de escape. Prepárese para que, en caso de emergencia, pueda tomar las medidas correctas de forma inmediata para protegerse a sí mismo y a sus compañeros de trabajo de cualquier lesión o la muerte.

Los empleadores son responsables de garantizar que los empleados que trabajan bajo tierra reciban una capacitación adecuada sobre los riesgos subterráneos y la seguridad, lo que incluye los siguientes elementos cuando corresponda:

- Acceso
- Monitoreo de aire
- Ventilación
- Iluminación
- Comunicaciones
- PPE
- Explosivos
- Prevención y protección contra incendios
- Procedimientos de emergencia

4.3.1 Acceso

La normativa de la OSHA especifica la cantidad de los pozos de acceso y su ubicación para el personal y los equipos. Los mecanismos de elevación se utilizan en los pozos para facilitar el acceso de los trabajadores. Estos elevadores deben funcionar de forma segura y efectiva en caso de emergencia. Deben poder funcionar incluso si falla el suministro eléctrico en el resto del lugar de trabajo subterráneo. Las fuentes de energía independientes para los elevadores de personal deben cumplir todos los requisitos de seguridad para el espacio de trabajo subterráneo.

4.3.2 Monitoreo de aire y ventilación

Se debe suministrar suficiente aire puro a las áreas de trabajo subterráneas para evitar la acumulación de polvo, humos, niebla, vapores o gases nocivos. La normativa de la OSHA especifica el uso de la ventilación mecánica en los casos en que la ventilación natural no alcance a proporcionar el aire puro necesario a los trabajadores. Consulte siempre el código local correspondiente para conocer las especificaciones mínimas para el flujo de aire seguro. Asegúrese de que todas las máquinas utilizadas en un espacio subterráneo cuenten con la evacuación adecuada de los gases de escape. La normativa OSHA exige un mínimo de 200 pies cúbicos de aire puro por minuto para cada empleado bajo tierra.

El supervisor de la obra es responsable de designar a una persona competente para realizar las pruebas de control del aire en un lugar de trabajo subterráneo. La atmósfera de este lugar debe tener el mismo contenido y la misma presión del aire normal de la superficie. Las pruebas de control del aire verifican el contenido de oxígeno y los contaminantes. Si hay gases inflamables o nocivos u otros contaminantes en concentraciones superiores a las permitidas, la normativa de la OSHA indica el procedimiento correto.

Operaciones gaseosas: condiciones laborales en las que se presentan una o varias de las siguientes condiciones: presencia de niveles superiores a los mínimos de metano o gases explosivos; que se haya producido una ignición de gas en el lugar con anterioridad; o que el área esté conectada a otra subterránea denominada de operación gaseosa.

Las condiciones laborales se clasifican como **operaciones gaseosas** cuando el monitoreo de aire indica una o varias de las siguientes situaciones:

- El nivel de metano o de gases explosivos en el aire supera los niveles mínimos aceptables.
- Se ha producido una ignición de gas con anterioridad en el espacio subterráneo.
- El área de trabajo subterránea está conectada a otra área que se ha clasificado como de operación gaseosa.

Proporcione la salida al exterior de todos los escapes de los ventiladores y compresores para asegurarse de que no contaminen el aire subterráneo. Si el monitoreo de aireaire indica que las condiciones son peligrosas para la vida, evacúe la zona de trabajo subterránea, coloque carteles en las entradas y tome todas las demás medidas necesarias que se especifican en la normativa de la OSHA y en su plan de emergencia.

¡ADVERTENCIA!

Si las concentraciones de metano u otros gases explosivos alcanzan el 5% del límite inferior de explosividad (LEL - Lower Explosive Limit), aumente la ventilación para eliminar los gases. Si los niveles alcanzan el 10% del LEL, suspenda de inmediato todo trabajo en caliente en un espacio de trabajo subterráneo. Si los niveles alcanzan el 20% del LEL, evacúe de inmediato a todos los trabajadores que no deban ocuparse de la situación y desconecte todos los equipos eléctricos que no sean de emergencia. De lo contrario, podría producirse un incendio o una explosión y provocar lesiones o la muerte.

4.3.3 Iluminación

Consulte el código local y la normativa de la OSHA para conocer los requisitos de la iluminación adecuada. Utilice solo equipos de iluminación aprobados cuando trabaje en obras subterráneas. Todos los empleados que trabajen bajo tierra deben tener una lámpara portátil (manual o fijada al casco) para uso de emergencia, a menos que haya suficiente luz natural o que exista un sistema de iluminación de emergencia.

4.3.4 Comunicaciones

Utilice radios, walkie-talkies u otros equipos de comunicación aprobados cuando la comunicación por voz no es efectiva dentro del espacio de trabajo o entre el espacio de trabajo y la superficie. La normativa de la OSHA exige al menos dos métodos de comunicación, uno de los cuales debe ser la voz, para uso cerca de los pozos cuando se eleva o traslada personal. Asegúrese de que los sistemas de comunicación eléctricos puedan funcionar en caso de que una de las unidades se rompa. Pruebe las radios y los otros equipos de comunicación antes de entrar en el lugar de trabajo subterráneo.

En la superficie debe encontrarse una persona especialmente designada siempre que haya trabajadores en un espacio de trabajo subterráneo. Esta persona es responsable de pedir ayuda si fuera necesario y mantener un registro exacto de todos los empleados que se encuentran bajo tierra.

Al final de su turno, notifique al turno siguiente sobre cualquier incidente de seguridad que se haya producido en su turno, como derrumbes, fugas de gas o fallas en los equipos. Asegúrese de que el personal del resto del lugar de trabajo coordine sus actividades con el trabajo subterráneo para evitar conflictos.

4.3.5 Equipo de protección personal

Consulte el código local correspondiente y los reglamentos de seguridad del sitio para determinar el PPE adecuado que debe utilizarse. Utilice solo respiradores aprobadas por el NIOSH cuando trabaje en obras subterráneas. Asegúrese de que todas los respiradores y los otros dispositivos de seguridad se conserven de forma adecuada según las especificaciones del fabricante. Los empleadores son responsables de capacitar a todos los trabajadores en el uso adecuado del PPE. El PPE y los equipos de seguridad que no se utilicen, como los respiradores, deben dejarse en zonas de fácil acceso cerca de los puestos de trabajo en los que el humo o el gas sean un riesgo.

4.3.6 Peligros de explosión e incendio

Bajo tierra no se permite encender fuego ni producir llamas expuestas. También está prohibido fumar, y se deben recoger todas las fuentes de ignición, como fósforos y encendedores, antes de que los trabajadores puedan descender bajo tierra. Asegúrese de que se coloquen los carteles de advertencia apropiados cuando haya riesgos de incendio y explosión. Nunca use ni almacene gasolina en un espacio subterráneo. Se puede utilizar diésel, aunque debe asegurarse de respetar los códigos locales y las especificaciones del fabricante cuando se bombea diésel hacia y desde un espacio subterráneo.

Cuando utilice gases como el acetileno y el gas licuado de petróleo (LPG - Liquid Petroleum Gas) para trabajos en caliente, consulte el código local correspondiente y la normativa de la OSHA para el almacenamiento y la manipulación adecuados. Cuando los combustibles y los gases no estén en uso, asegúrese de que todos los contenedores de combustible estén sellados y las válvulas de los tanques de gas estén bien cerradas. En la superficie, los materiales inflamables y explosivos se deben almacenar a una distancia mínima de 100 pies (30 m) de las entradas subterráneas.

Marque de forma clara todas las entradas y pozos de ventilación con carteles u otros indicadores aprobados. Cuando se realicen trabajos en caliente bajo tierra, coloque guardias contra incendios de acuerdo con las normas de la OSHA.

4.3.7 Procedimientos de emergencia

Los empleadores deben garantizar que los equipos de rescate estén en el lugar o a una distancia tal que permita responder ante una emergencia en un lapso de 30 minutos. Según la normativa de la OSHA, cuando haya más de 25 personas trabajando bajo tierra, debe haber dos equipos de rescate de 5 personas. Un equipo debe estar en el lugar de trabajo o a menos de 30 minutos del lugar. El otro equipo no puede estar a más de dos horas de distancia. Con menos de 25 trabajadores, solo se necesita un equipo en el lugar de trabajo o a menos de 30 minutos.

Los miembros del equipo de emergencia deben estar capacitados en procedimientos de rescate, en el uso de equipos de respiración y en la lucha contra incendios. Los empleadores son responsables de garantizar que los equipos de rescate estén familiarizados con la disposición del lugar de trabajo.

4.4.0 Bloqueo y etiquetado

Dispositivos de bloqueo: todos los elementos que utilizan medios positivos, como un candado, para mantener un dispositivo de desconexión de energía eléctrica en una posición segura, a fin de impedir la activación de máquinas o equipos.

Dispositivos de etiquetado: cualquier elemento de advertencia notable, como una etiqueta y un medio de sujeción, que pueda fijarse de forma segura a un dispositivo de desconexión de energía eléctrica según el procedimiento establecido. La etiqueta indica que la máquina o el equipo no se debe poner en marcha hasta que se retire el dispositivo de etiquetado de acuerdo con el procedimiento de control de energía.

Bloqueo: colocación de un dispositivo de bloqueo en un dispositivo de desconexión de energía eléctrica, de acuerdo con un procedimiento establecido, a fin de asegurar que este último y el equipo que se controla no se puedan utilizar hasta que se retire el dispositivo de bloqueo.

Dispositivo de desconexión de energía eléctrica: cualquier dispositivo mecánico que impida de forma física la transmisión o liberación de energía. Se incluyen los disyuntores eléctricos de accionamiento manual, interruptores de desconexión, válvulas en línea y bloqueadores.

Los dispositivos de bloqueo y los **dispositivos de etiquetado** protegen a los trabajadores de todas las posibles fuentes de energía, incluida el agua y otros líquidos. En el **bloqueo**, un **dispositivo de desconexión de energía eléctrica** que impide la transmisión o liberación de energía, como una válvula de cierre, un interruptor de desconexión o un disyuntor, se coloca en posición de apagado y se bloquea. Los dispositivos de bloqueo pueden utilizarse con candados de llave o de combinación. Se utilizan varios dispositivos de bloqueo (*Figura 46*) cuando más de una persona tiene acceso al equipo. En algunos casos, como en los trabajos con válvulas, se puede utilizar una cadena y un candado para trabar la válvula y evitar que la giren.

En el caso del etiquetado, los componentes que permiten el paso de agua o energía a un equipo o máquina, como los interruptores o válvulas, se colocan en una posición segura y se les añade una advertencia escrita o dispositivo de etiquetado (*Figura 47*). Un programa eficaz de bloqueo y etiquetado debe incluir:

- una inspección del equipo por parte de una persona capacitada que conozca bien el funcionamiento del equipo y los riesgos asociados;
- la identificación y el etiquetado de los dispositivos de bloqueo;
- la compra de candados, etiquetas y bloqueadores;
- un procedimiento operativo estándar por escrito que todos los empleados deben seguir.

Los procedimientos exactos de bloqueo y etiquetado pueden variar según las empresas y los lugares de trabajo. Pídale al supervisor que le explique el procedimiento de bloqueo y etiquetado de su lugar de trabajo. Debe conocer y respetar este procedimiento. Esto es por su seguridad y la de sus compañeros de trabajo. Si tiene dudas sobre los procedimientos de bloqueo y etiquetado, consulte a su supervisor. Cada capataz debe tener un kit.

Un procedimiento de bloqueo y etiquetado típico consta de estos tres pasos:

- secuencia para el bloqueo y etiquetado;
- restitución de la energía;
- autorización de retirada en caso de emergencia.

Figura 46 Dispositivo de bloqueo múltiple.
Fuente: iStock@JohariLemau

Figura 47 Colocación de un dispositivo de bloqueo y etiquetado.
Fuente: iStock@Director

4.4.1 Secuencia para el bloqueo y etiquetado

Un programa típico de bloqueo y etiquetado establece una secuencia de pasos que deben darse durante el procedimiento. Para el procedimiento típico de bloqueo y etiquetado, se deben seguir estos pasos:

Paso 1 Verifique los procedimientos para asegurarse de que no se hayan realizado cambios desde la última vez que utilizó un bloqueo o etiquetado.

Paso 2 Identifique a todos los empleados autorizados y afectados que estén involucrados con el bloqueo o etiquetado pendiente.

Paso 3 Notifique a todo el personal autorizado y afectado que se realizará un bloqueo y etiquetado y explique por qué es necesario.

Paso 4 Apague el equipo o sistema mediante los procedimientos normales de apagado o detención.

Paso 5 Bloquee todas las **fuentes de energía** que alimentan al dispositivo y pruebe los interruptores de desconexión para asegurarse de que no se puedan mover a la posición de encendido. A continuación, abra el interruptor de corte del control. Si no hay interruptor de corte, bloquee el electroimán en la posición abierta del interruptor antes de trabajar en equipos o aparatos eléctricos, como motores o relés. Quite el cable de control.

Paso 6 Bloquee y etiquete los interruptores o las válvulas necesarias en la posición abierta. Todos los empleados autorizados a utilizar el equipo deben tener un candado.

Paso 7 Descargue toda la energía almacenada.

Paso 8 Verifique que el equipo de prueba funcione con el uso de una fuente de energía conocida.

Paso 9 Verifique que todos los interruptores estén en la posición abierta y utilice los equipos de prueba para verificar que todos los componentes estén desconectados.

Paso 10 Si debe abandonar el área de forma temporal, cuando regrese vuelva a realizar otra prueba para asegurarse de que el equipo o sistema siga desconectado.

Fuentes de energía: cualquier fuente de energía eléctrica, mecánica, hidráulica, neumática, química, térmica o de otro tipo.

¿Sabías qué?

Conducta correcta y adecuada

El uso de los procedimientos **PROPER** para el bloqueo y etiquetado es la mejor manera de evitar accidentes, lesiones y muertes.

- **P**: Proceso (detener el proceso)
- **R**: Reconocimiento (identificar las fuentes de energía, como paneles eléctricos, interruptores de desconexión y centrales de distribución)
- **O**: Off (apagado) (apagar las fuentes de energía)
- **P**: Posicionar (colocar los bloqueos y las etiquetas en su lugar)
- **E**: Energía (liberar la energía almacenada)
- **R**: Regresar (los controles se vuelven a la posición neutra)

Historia de caso

Siga los procedimientos de bloqueo y etiquetado

El extremo macho roscado de una válvula de alivio de presión en el elevador de un sistema de aspersores se rompió durante un intento de volver a colocar el caño del lado de descarga de la válvula. Esto provocó que se descargaran casi 550 gal (2,080 L) de agua en un armario de servicios y en el área circundante de oficinas. No hubo heridos como resultado de este accidente, pero sí importantes daños materiales.

Moraleja: Se debería haber llevado a cabo el bloqueo y etiquetado del sistema de aspersores.

¿Sabías qué?

Establecimiento de los procedimientos de bloqueo

La OSHA proporciona un formulario de procedimiento de bloqueo básico titulado *Procedimiento típico de bloqueo mínimo, artículo 1910.147, Apéndice A* que está disponible de forma gratuita en **www.oshacfr.com**. El formulario está diseñado para ayudar a los empleadores a redactar sus procedimientos de bloqueo y etiquetado para que cumplan con los requisitos de la OSHA.

4.4.2 Restitución de la energía

Una vez realizado el trabajo en la maquinaria o equipo, se puede restituir la energía. Para ello, se suelen utilizar los siguientes pasos:

Paso 1 Vuelva a ensamblar el equipo o sistema por completo y asegúrelo.

Paso 2 Compruebe que todo el equipo y las herramientas, incluidas las puntas del probador de circuitos, se hayan contabilizado y retirado del equipo o sistema.

Paso 3 Vuelva a posicionar y a activar todos los controles de seguridad.

Paso 4 Quite los bloqueos y etiquetas de los interruptores de aislamiento. Todos los empleados deben retirar solo su propio bloqueo y etiqueta. Notifique a todo el personal afectado que el bloqueo y etiquetado ha finalizado y que el equipo o sistema se volverá a energizar.

Paso 5 Accione o cierre los interruptores de aislamiento para restablecer la energía.

4.4.3 Autorización de retirada en caso de emergencia

La normativa de la OSHA (*artículo 1910.147 del CFR 29*) establece que solo el empleado que colocó el dispositivo de bloqueo y etiquetado está autorizado a retirarlo. Sin embargo, existen ocasiones en que se lo debe quitar por casos de emergencia. Por ejemplo, el empleado que colocó el dispositivo puede estar ausente. Por lo tanto, la OSHA permite una excepción a esta regla, siempre que la empresa cumpla estas reglas adicionales:

- Verificar que el empleado autorizado que colocó el dispositivo de bloqueo y etiquetado no está en las instalaciones.
- Hacer un esfuerzo razonable para informar al empleado autorizado que se ha retirado el dispositivo de bloqueo y etiquetado.
- Asegurarse de que el empleado autorizado lo sepa antes de reanudar el trabajo en las instalaciones.

La normativa de la OSHA exige a los empleadores tener procedimientos y capacitación específicos para llevar a cabo la retirada de emergencia. Esta capacitación y los procedimientos deben formar parte del programa de control energético de la empresa. Algunas empresas pueden tener requisitos adicionales. Por ejemplo, la empresa puede exigir que se realice un registro escrito del procedimiento de retirada de emergencia y que lo firme el personal autorizado.

4.5.0 Medidas y respuesta ante emergencias

Es importante que comprenda cómo protegerse y cómo proteger a sus compañeros en el trabajo. Todos deben ser conscientes de las actividades que ocurren en una obra y entender cómo trabajar de forma segura. Algunas de las medidas habituales para mantener la seguridad en el lugar de trabajo son estas:

- Nunca opere dispositivos, válvulas, interruptores o equipos que tengan un bloqueo o una etiqueta añadida.
- Utilice solo las etiquetas que se hayan aprobado para su lugar de trabajo.
- Si un dispositivo, una válvula, un interruptor o una pieza de equipo está bloqueada, asegúrese de que la etiqueta adecuada esté colocada.
- Bloquee y etiquete todos los sistemas eléctricos.
- Bloquee y etiquete las tuberías que contengan ácidos, líquidos explosivos y vapor a alta presión.
- Bloquee y etiquete los vehículos y equipos motorizados cuando se los deba reparar o reemplazar. Desconecte o desactive todos los dispositivos de encendido.

Puede evitar accidentes, lesiones o contaminación si se asegura de estar bien capacitado, si trabaja de forma segura y si cumple las reglas. Cuando se produzcan accidentes, es importante mantener la calma y comunicarlo de inmediato al supervisor. Un trabajador capacitado en primeros auxilios debe evaluar la lesión y decidir cuál es el mejor plan de tratamiento. Por ejemplo, si la lesión es un corte menor, se puede vendar la herida. Si el corte es profundo y requiere sutura, se debe llevar al trabajador al hospital. Si el corte es grave y supone una pérdida extrema de sangre o una amputación, llame de inmediato al 911 o al número local de emergencias.

Muchas empresas, más allá de su tamaño, tienen un plan de acción ante emergencias. Dicho plan describe las medidas que deben tomar los empleados para garantizar su seguridad en caso de emergencia. La persona competente designada por la empresa o el coordinador del plan de acción de emergencia es el responsable de elaborar el plan. Los planes varían según las empresas. En general, la mayoría incluyen algunos o todos estos puntos:

- los alumnos no deben realizar acciones de emergencia para las que no estén capacitados;
- las condiciones en las que se podría necesitar una evacuación;
- una cadena jerárquica clara;
- una persona autorizada para ordenar la evacuación;
- procedimientos de evacuación y designación de las rutas de escape de emergencia (*Figura 48*);
- punto de reunión designado fuera del edificio;
- procedimientos para ayudar a los visitantes durante una evacuación;
- procedimientos para ayudar a las personas con discapacidades o dificultad para entender el inglés;
- procedimientos para los trabajadores que permanecen dentro para realizar operaciones críticas de planta antes de evacuar el edificio;
- procedimientos para contabilizar empleados luego de una evacuación;
- personal designado para rescates y primeros auxilios;
- la ubicación y los números de teléfono de los organismos de emergencia locales, como hospitales y departamentos de bomberos y policía (por lo general, llamar al 911 es la respuesta más adecuada).

Si no está seguro del plan de acción en su lugar de trabajo, debe pedir al supervisor que se lo explique. Esto puede representar la diferencia entre la vida y la muerte.

Si trabaja en una instalación en donde se necesitan mapas de evacuación, estudie el mapa con atención. Esto es muy importante si se trabaja en un edificio grande. Memorice la ruta. Por supuesto, es mejor utilizar la salida que tenga más cerca. Sin embargo, esta salida podría estar bloqueada por un incendio o por escombros. Por lo tanto, conozca siempre rutas de escape alternativas para tener más de una forma de evacuación.

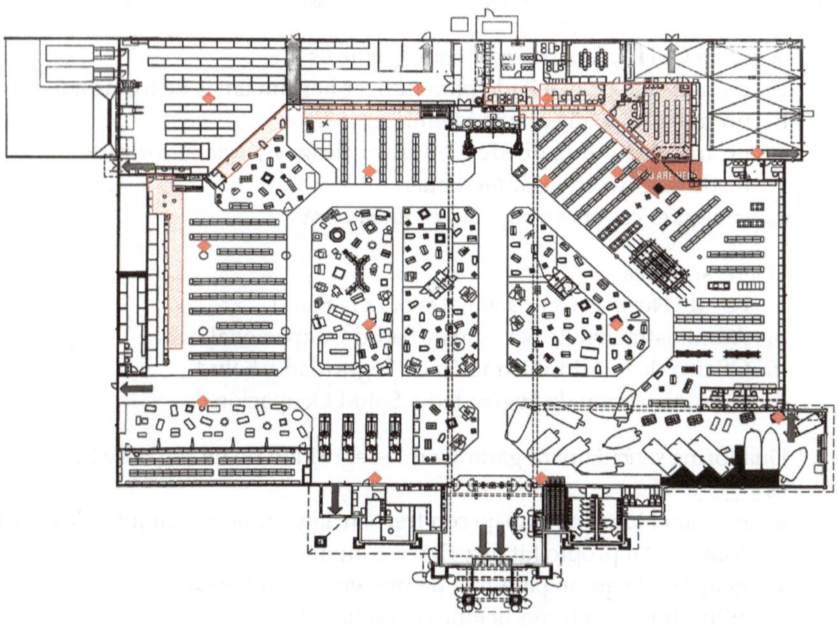

Figura 48 Plano de escape de emergencia típico.

Alarmas

En la mayoría de los lugares de trabajo, la persona responsable de coordinar el plan de acción ante emergencias de la empresa debe tener en cuenta las necesidades de los trabajadores con discapacidades o de los trabajadores para los que el inglés es el segundo idioma. Por ejemplo, las alarmas sonoras pueden tener también luces intermitentes brillantes y los carteles de advertencia y salida pueden estar escritos en más de un idioma.

Repaso de la sección 4.0.0

1. Si los trabajadores de la construcción recortan las paredes de una excavación en ángulo hasta el piso, esto se denomina _____.
   a. sistema en pendiente
   b. apuntalamiento
   c. cajón de entibación
   d. apertura de zanjas

2. Para que las condiciones laborales en un espacio confinado se consideren seguras, el nivel de oxígeno por volumen *debe* oscilar entre _____.
   a. el 6.5% y el 10.5%
   b. el 11.5% y el 14.5%
   c. el 19.5% y el 23.5%
   d. el 24.5% y el 28.5%

3. La cantidad *mínima* de aire fresco que exige la OSHA por cada empleado que trabaja bajo tierra es de _____.
   a. 100 pies cúbicos por minuto
   b. 100 pies cúbicos por hora
   c. 200 pies cúbicos por hora
   d. 200 pies cúbicos por minuto

4. Las válvulas de cierre, los interruptores de desconexión y los disyuntores son ejemplos de _____.
   a. dispositivos de desconexión de energía eléctrica
   b. dispositivos de eliminación de la energía
   c. dispositivos de bloqueo y etiquetado
   d. dispositivos de bloqueo múltiple

5. Si no está seguro del plan de acción ante emergencias en su lugar de trabajo, debe pedir _____ que se lo explique.
   a. a un representante de la OSHA
   b. al departamento local de bomberos
   c. a su compañero de trabajo
   d. a su supervisor

Módulo 02102 Preguntas de repaso

1. Según la OSHA, una persona competente es _____.
   a. un trabajador capacitado para utilizar herramientas de forma adecuada
   b. un trabajador que puede identificar riesgos
   c. un trabajador que puede identificar riesgos y está autorizado para tomar medidas correctivas inmediatas
   d. cualquier capataz o supervisor en la obra

2. OSHA significa _____.
   a. Ley de Normas Ocupacionales para la Salud
   b. Administración de Servicios y Salud Ocupacional
   c. Oficina de la Administración de Seguridad y Salud
   d. Administración de Seguridad y Salud Ocupacional

3. Una forma sencilla para garantizar la seguridad de un lugar de trabajo es _____.
   a. revisar el lugar de trabajo con frecuencia y ordenar cualquier desorden
   b. comprar su propio kit de primeros auxilios
   c. guardar el equipo para mal tiempo en su camioneta
   d. evitar trabajar en condiciones climáticas frías

4. Cuando se usa un casco, el espacio entre la cabeza y la cáscara externa del casco debe ser de _____.
   a. $\frac{1}{4}$ pulg. (0.64 cm)
   b. $1/2$ pulg. (1.27 cm)
   c. 1 pulg. (2.54 cm)
   d. 2 pulg. (5.08 cm)

5. Los cartuchos de los respiradores absorben ciertos vapores tóxicos del aire a través de _____.
   a. una fibra tratada
   b. una cámara deflectora
   c. filtros llenos de bicarbonato
   d. carbón vegetal

6. El *mayor* grado de protección respiratoria se obtiene con _____.
   a. respiradores de purificadoras de aire
   b. respiradores con suministro de aire
   c. equipos de respiración autónomos
   d. campanas de extracción

7. Para que el respirador ofrezca una protección óptima, se *deben* realizar pruebas de ajuste con presión positiva y negativa _____.
   a. la primera vez que la utilice
   b. cada vez que se la utiliza
   c. después de haberla usado al menos 20 minutos
   d. una o dos veces por semana

8. Una hoja de datos de seguridad (SDS) es una ficha técnica elaborada por _____.
   a. la OSHA
   b. el fabricante o importador del producto
   c. la Asociación Nacional de Protección contra Incendios
   d. las autoridades locales según los códigos locales

9. Los elementos *más* importantes que deben observarse en una SDS son _____.
   a. los peligros específicos, los requisitos de protección personal, los procedimientos de manipulación, la información sobre primeros auxilios y el número de teléfono de respuesta ante emergencias
   b. los peligros químicos, las propiedades explosivas, los requisitos de protección personal y la información ecológica
   c. la composición química, propiedades toxicológicas e información sobre la eliminación y el transporte
   d. las medidas en caso de liberación accidental, los requisitos de manipulación y almacenamiento, información sobre el transporte y la normativa, y el número de teléfono de respuesta ante emergencias

10. La información de una SDS puede ser difícil de entender porque _____.
    a. suele contener ecuaciones difíciles
    b. es muy técnica
    c. suele explicar cómo se debe utilizar el producto
    d. suele describir cómo se fabrica el producto

11. Si el supervisor le indica evacuar el lugar de trabajo, usted debe _____.
    a. volver al trabajo al día siguiente
    b. dirigirse a un lugar seguro y esperar hasta que las condiciones sean seguras
    c. alejarse al menos 50 pies (15 m) del lugar y esperar allí a recibir más instrucciones
    d. recoger todas sus pertenencias antes de abandonar el lugar de trabajo

12. El cartel o la etiqueta que se utilizan para advertir a los trabajadores sobre posibles riesgos y prácticas inseguras es un _____.
    a. cartel de peligro
    b. cartel de precaución
    c. cartel de información
    d. cartel de instrucciones de seguridad

13. El cartel o la etiqueta que se utiliza para comunicar a los trabajadores información general *no* relacionada con la seguridad es un _____.
    a. cartel de peligro
    b. cartel de precaución
    c. cartel de información
    d. cartel de instrucciones de seguridad

14. El cartel o la etiqueta que se utiliza para las instrucciones y sugerencias generales relacionadas con las medidas de seguridad es un _____.
    a. cartel de peligro
    b. cartel de precaución
    c. cartel de información
    d. cartel de instrucciones de seguridad

15. Los dos tipos de protección para las aberturas en paredes, pisos o el suelo son _____.
    a. las protecciones y las cubiertas
    b. los postes y las pantallas
    c. las cuerdas y los tablones
    d. los bloqueos y los perímetros

16. ¿Qué porcentaje de todas las muertes accidentales en el sector de la construcción está causado por resbalones, tropiezos y caídas?
    a. El 12%
    b. El 18%
    c. El 27%
    d. El 38%

17. Cuando las superficies del lugar de trabajo están mojadas o congeladas, debe _____.
    a. retrasar el trabajo hasta que las condiciones mejoren
    b. utilizar calzado con tacos
    c. esparcir grava u otro material granulado
    d. irse a otra área de trabajo

18. Las superficies para caminar y trabajar que se encuentran por encima del suelo y a veces sobre grandes equipos se denominan _____.
    a. cielorrasos
    b. pisos
    c. plataformas
    d. rampas

19. Para retirar las herramientas de los andamios, es *mejor* _____.
    a. bajarlas con una soga
    b. bajar el andamio hasta la altura de la cadera y, luego, retirar las herramientas
    c. utilizar el compañerismo y pasar las herramientas de una persona a otra
    d. arrojarlas con cuidado a una red resistente colocada debajo del andamio

20. Cuando se trabaja en techos, es *necesario* _____.
    a. construir una jaula simple para guardar las herramientas y los equipos necesarios
    b. construir una protección de madera contra el viento
    c. barrer con regularidad el techo para quitar la suciedad y los residuos
    d. montar antenas pararrayos en todos los hastiales.

21. Los cinceles, las cuñas y los punzones están diseñados para utilizarse con _____.
    a. cuñas
    b. llaves inglesas
    c. martillos
    d. herramientas de escariado

22. Al inspeccionar una herramienta de impacto, un indicio de que puede ser peligrosa es que _____.
    a. tiene la cabeza con forma de hongo
    b. le falta un protector
    c. tiene un enchufe de dos clavijas
    d. no tiene aislamiento

23. Una zanja es una excavación estrecha en la que la profundidad es mayor que el ancho, el cual *no* excede los _____.
    a. 10 pies (3 m)
    b. 15 pies (4.5 m)
    c. 20 pies (6 m)
    d. 25 pies (7.62 m)

24. Para proteger a los trabajadores del derrumbe de una pared en una excavación no apuntalada, se debe instalar _____.
    a. un voladizo
    b. una escalera de mano
    c. un cajón de entibación de zanjas
    d. una riostra

25. Los dispositivos de bloqueo y etiquetado se utilizan para _____.
    a. evitar el robo de herramientas y equipos de construcción
    b. mantener el inventario de herramientas y equipos de construcción
    c. proteger a los trabajadores de todas las posibles fuentes de energía
    d. permitir que solo los inspectores puedan acceder a las fuentes de energía

Piedra angular del oficio

Terry Lunt
Responsable del servicio de agua
Distrito escolar Montclair de Ontario

¿Cómo llegó a elegir una carrera en el sector?

Trabajaba como ayudante de carpintero cuando me enteré de una vacante de aprendiz de plomería. Poco después, me permitieron ingresar al programa. Este fue mi punto de partida en el camino de ser aprendiz, luego trabajador calificado, luego capataz, luego contratista, y, por último, donde estoy hoy como instructor de plomería para aprendices.

¿Quién lo inspiró para ingresar en el sector?

Mi padre y uno de mis hermanos trabajaban en la construcción como electricistas. Ambos habían pasado por la capacitación para aprendices, así que vi de primera mano que este tipo de escuela de capacitación era buena. La paga también era buena.

¿Qué tipos de capacitación ha recibido?

Cursé un programa de capacitación para aprendices del Estado de California sobre plomería y trabajos en chapa metálica. También volví a la universidad y obtuve mi credencial de profesor de educación profesional para ser instructor de plomería.

¿Qué importancia tienen la educación y la capacitación en la construcción?

Estoy constantemente aprendiendo y capacitándome para mantener todas mis certificaciones dentro de la industria de la construcción de plomería.

¿Qué importancia tienen las credenciales del NCCER para su profesión?

Como instructor de plomería e instructor de trabajadores especializados en el NCCER durante más de 15 años, he descubierto que me he convertido en la persona "a quien acudir." Tengo aprendices, trabajadores calificados, capataces y, a veces, sus jefes, que me llaman con preguntas que pueden ser desde instalaciones de plomería hasta sobre el código *UPC*©, así que tengo que asegurarme de estar siempre bien informado.

¿Cómo ha influido la capacitación o la construcción en su vida?

En mi papel como instructor de plomería y trabajador especializado, he podido tener un impacto positivo en muchos de los más jóvenes que se inician en los oficios. Sobre la marcha, también me he vuelto un mejor profesional.

¿Qué tipos de trabajo realizó a lo largo de su carrera?

Dentro del oficio de la plomería, se puede trabajar en muchas áreas diferentes. He trabajado en viviendas grandes y personalizadas, condominios, hospitales, estadios de béisbol profesional y edificios de oficinas de gran altura. He realizado todas las fases de la instalación de plomería y de caños de agua para los sistemas de tuberías de calefacción y refrigeración dentro de estos edificios.

Háblenos de su trabajo actual.

Trabajo como responsable del servicio de agua en un gran distrito escolar del sur de California. En mi trabajo, manejo una cuadrilla de plomeros y técnicos de riego. Nuestro grupo realiza todos los trabajos de mantenimiento de plomería y riego en 38 escuelas diferentes y edificios del distrito. Hace poco trabajamos en los centros escolares para llevar agua limpia y filtrada mediante la actualización de todas las fuentes de agua potable y la instalación de bebederos donde se pueden llenar botellas.

¿Qué es lo que más le gusta de su trabajo?

Trabajo con muchos oficios cada día. También tengo contratistas de plomería externos en diferentes centros escolares. Algunos de estos contratistas fueron, alguna vez, mis alumnos en las clases de perfeccionamiento de plomería en la delegación ABC del sur de California, así que esto completa el círculo de trabajo y enseñanza para mí.

¿Cuáles son los factores que más contribuyeron a su éxito?

Estuve dispuesto a trabajar duro y me he comprometido a ser bueno en lo que hago. También insistí en continuar creciendo dentro del oficio de la plomería. Realicé el programa de capacitación para aprendices del Estado de California y soy contratista matriculado de ese estado, tengo una credencial de profesor de educación profesional del Estado, tengo certificación del condado para realizar pruebas de contraflujo y otro certificado de especialista en conexiones cruzadas. También soy instructor de plomería y de trabajadores especializados del NCCER, así como experto en la materia (SME) para el plan de estudios de *Plomería* del NCCER.

¿Recomendaría la construcción como carrera a otras personas? ¿Por qué?

Por supuesto. Puede que este tipo de trabajo no sea para todo el mundo, pero para los que nos gusta trabajar con las manos y la mente, la plomería y la industria de la construcción ofrecen grandes oportunidades profesionales. Este es el tipo de trabajo del que puedes estar orgulloso.

¿Qué consejos daría a quienes recién se incorporan al sector?

Intento conseguir que entren personas cualificadas al programa de capacitación para aprendices. Les digo que les servirá para toda la vida. No es un punto de interrupción; es un punto de partida. Los conocimientos que se adquieren en un programa de capacitación para aprendices pueden llevarlos a muchos lugares diferentes.

¿Puede contarnos acerca de un logro o hecho interesante relacionado con su carrera?

He tenido la suerte de trabajar con gente magnífica. Durante mi trayectoria, he trabajado en muchos otros lugares del mundo. Mi última parada fue en Kenia, en África Oriental, donde realicé la instalación sanitaria en estaciones de llenado de botellas de agua dulce en una escuela enorme.

¿Cómo define el oficio?

Creo que el oficio consiste en hacer el trabajo y hacerlo bien. Es un proceso que se aprende. Muchos de los aprendices con los que trabajo se esfuerzan mucho todos los días. Intento recordarles que se detengan y piensen en la importancia del producto final una vez que terminen su trabajo. Los animo a que se fijen en la etapa de terminaciones, en cómo se alinean los elementos, y a que busquen formas de hacer el mismo trabajo un poco mejor la próxima vez. Además, el oficio implica el orgullo que se tiene en lo que se hace. Puedo conducir por la zona y señalar los edificios que he ayudado a construir. Ver un producto terminado de calidad hace que uno se sienta muy orgulloso de su trabajo.

Respuestas a las preguntas del repaso de las secciones

Respuesta	Referencia de sección	Objetivo
Sección 1.0.0		
1. d	1.0.0	1
2. b	1.1.1	1a
Sección 2.0.0		
1. c	2.1.2	2a
2. b	2.2.2; *Figura 16*	2b
3. a	2.3.1	2c
Sección 3.0.0		
1. b	3.1.1	3a
2. a	3.2.3	3b
Sección 4.0.0		
1. a	4.1.5	4a
2. c	4.2.3	4b
3. d	4.3.2	4c
4. a	4.4.0	4d
5. c	4.5.0	4e

MÓDULO 02103

Herramientas del oficio de la plomería

Fuente: iStock@shawnfucious

Objetivos

Luego de finalizar este módulo, podrá hacer lo siguiente:

1. Describir las herramientas manuales que se utilizan en la plomería.
   a. Identificar los requisitos básicos de seguridad para las herramientas manuales.
   b. Identificar las herramientas de medición y disposición de los componentes que se utilizan en la plomería.
   c. Explicar los tipos de herramientas de nivelación que se utilizan en la plomería.
   d. Identificar las herramientas manuales de corte que se utilizan en la plomería.
   e. Describir las herramientas que se utilizan para sujetar y ensamblar caños.
   f. Identificar los martillos que utilizan los plomeros.
   g. Describir los destornilladores que utilizan los plomeros.
2. Describir las herramientas eléctricas que se utilizan en plomería.
   a. Identificar los requisitos básicos de seguridad para las herramientas eléctricas.
   b. Identificar las herramientas de corte eléctricas que se utilizan en la plomería.
   c. Identificar las herramientas para taladrar y perforar que se utilizan en la plomería.
   d. Describir los métodos y las herramientas para la conexión de caños que se utilizan en la plomería.

Tareas prácticas

Bajo supervisión, podrá hacer lo siguiente:

1. Identificar las herramientas de plomería.
2. Utilizar las herramientas de plomería de forma adecuada.
3. Demostrar el mantenimiento y almacenamiento adecuados de herramientas manuales y eléctricas.

Generalidades

Las herramientas de un plomero son su medio de vida. Aprender a utilizarlas con seguridad y a mantenerlas correctamente es esencial para el oficio. A medida que los plomeros progresan en el oficio, es importante que inviertan en herramientas de calidad acordes con el trabajo que realizan y las habilidades que adquieren. La capacitación para aprendices es una excelente manera de aprender a utilizar correctamente las herramientas manuales y las accionadas por una fuente de energía con pericia y precisión.

NOTA

Los códigos varían entre jurisdicciones. Por eso, es importante que consulte el código correspondiente cada vez que tenga dudas sobre las reglamentaciones. Consultar un conjunto incorrecto de códigos puede causar tantos problemas como no consultar ninguno. Consiga el código local aprobado, léalo y familiarícese con él. La Administración de Seguridad y Salud Ocupacional (OSHA) de los Estados Unidos redacta los códigos de seguridad.

Recursos digitales para plomería

ESCANÉAME

Escanee este código con la cámara de su teléfono o dispositivo móvil para ver los recursos digitales relacionados con este oficio.

NCCER **Credenciales reconocidas en la industria**

Si está capacitando a través de un patrocinador acreditado por el NCCER, puede ser elegible para obtener credenciales del NCCER. El número de identificación de este módulo es 02103. Tenga en cuenta que este módulo puede haber sido utilizado en otros planes de estudios del NCCER y puede aplicarse a la realización de otros niveles. Comuníquese con el NCCER al 1.888.622.3720 o visite **www.nccer.org** para obtener más información.

También puede mostrar en línea sus credenciales reconocidas por el sector con las insignias digitales del NCCER. Transforme sus conocimientos, habilidades y logros en insignias que puede compartir en las plataformas de redes sociales, enviar a su red y agregar a su currículum. Para obtener más información, visite **www.nccer.org**.

1.0.0 Herramientas manuales utilizadas en la plomería

Tareas prácticas

1. Identificar las herramientas de plomería.
2. Utilizar las herramientas de plomería de forma adecuada.
3. Demostrar el mantenimiento y almacenamiento adecuados de herramientas manuales y electricas.

Objetivo

Describir las herramientas manuales que se utilizan en la plomería.

a. Identificar los requisitos básicos de seguridad para las herramientas manuales.
b. Identificar las herramientas de medición y disposición de los componentes que se utilizan en la plomería.
c. Explicar los tipos de herramientas de nivelación que se utilizan en la plomería.
d. Identificar las herramientas manuales de corte que se utilizan en la plomería.
e. Describir las herramientas que se utilizan para sujetar y ensamblar caños.
f. Identificar los martillos que utilizan los plomeros.
g. Describir los destornilladores que utilizan los plomeros.

Soldadura blanda: método para unir metales o sellar juntas con soldante y calor.

Soldante: aleación (estaño más antimonio, cobre y plata) con un punto de fusión bajo que se utiliza para unir metales o sellar juntas.

La plomería, como cualquier otro oficio especializado, tiene sus propias herramientas. Debe familiarizarse con la amplia gama de herramientas manuales y eléctricas específicas de la plomería, así como con otras muchas herramientas de uso general necesarias en el oficio. Hay que saber utilizar las herramientas en forma correcta, seleccionar las adecuadas para cada tarea y preparar las superficies para su uso. Lo más importante es que respete todas las normas de seguridad y mantenimiento aplicables a las herramientas que utilice. Sus herramientas son su medio de vida. Son una inversión para su futuro, igual que la capacitación. Cuando comience su carrera en plomería, adquirirá una variedad de herramientas que se utilizan en el oficio. Estos instrumentos se utilizan para medir, diseñar, nivelar, cortar, perforar, taladrar y **soldar**, que significa unir caños con **soldante** (relleno de aleación de metal blando) y calor. Su caja de herramientas también incluirá herramientas que utiliza la mayoría de los profesionales de la construcción, como llaves, pinzas, martillos, destornilladores y prensas.

A medida que avance en su carrera, las herramientas que desee adquirir dependerán, en gran medida, de los proyectos en los que trabaje con mayor frecuencia y de las especialidades a las que se dedique. Tanto si utiliza las herramientas de su empresa como las propias, debe asegurarse de que dispone de todas las herramientas necesarias. A la hora de comprar herramientas, debe tener en cuenta sus objetivos profesionales y elegir las que correspondan a los trabajos que le ayudarán a alcanzar sus metas.

Para sacar el máximo provecho a sus herramientas y prolongar su vida útil, debe inspeccionarlas y realizarles mantenimiento con regularidad. Debe comprar las herramientas de mejor calidad que pueda permitirse, pero recuerde que incluso las de mayor calidad requieren mantenimiento; por lo tanto, debe saber cómo cuidarlas a todas. El cuidado de las herramientas incluye saber con qué frecuencia inspeccionarlas en busca de daños y con qué frecuencia realizar el mantenimiento periódico. Las herramientas bien cuidadas durarán más y le harán ahorrar dinero, ya que no tendrá que sustituirlas con tanta frecuencia. El dinero ahorrado le permite comprar más herramientas y llegar a ser un plomero mejor equipado. Nadie espera que esté totalmente equipado en sus comienzos, pero siempre debe intentar ampliar su caja de herramientas a medida que sus finanzas personales lo permitan. Además, el cuidado que tenga con sus propias herramientas debe aplicarse a cualquier herramienta que le preste su empresa.

En su condición de plomero aprendiz, debe disponer de las herramientas básicas enumeradas en el *Apéndice 02103A*. Las tareas de plomería que realiza como aprendiz requieren la supervisión de trabajadores más experimentados. La orientación de ellos le indicará cómo utilizar y cuidar las herramientas de forma adecuada y segura. Aproveche esta oportunidad para aprender más acerca de su oficio. Aprender a utilizar las herramientas es parte del aprendizaje para la instalación, reparación y mantenimiento de sistemas de plomería y artefactos sanitarios. Este aprendizaje debe convertirse en algo rutinario.

1.1.0 Seguridad de las herramientas manuales

Los hábitos de trabajo seguros son importantes para todos los trabajadores. Los plomeros deben saber utilizar las herramientas con seguridad. Muchas de las herramientas que utilizan los plomeros pueden ser peligrosas si se usan en forma incorrecta o si se las desconoce. Esta es una de las razones por las que su capacitación de aprendiz es tan importante: le enseña a utilizar en forma correcta las herramientas que necesita para hacer su trabajo.

1.1.1 La seguridad primero

La seguridad en el lugar de trabajo protege a todos de lesiones y posibles muertes. Todos los trabajadores deben seguir los procedimientos de seguridad, no solo por su propio bien, sino también por el de sus compañeros. Adquirir hábitos de trabajo seguros es más que conocer lo que se debe y lo que no se debe hacer. Debe adoptar una actitud en la que la seguridad sea siempre primordial. Verá carteles en las obras que instan a los trabajadores a "pensar en la seguridad". Estas señales son un recordatorio constante de la importancia de la seguridad para usted, sus compañeros y el trabajo. En general, el funcionamiento seguro de las herramientas significa manejarlas con cuidado. Si utiliza una herramienta de forma segura, es probable que también haga un trabajo de calidad.

Como plomero, debe seguir las mismas precauciones de seguridad en el uso de las herramientas que otros profesionales de la construcción. Esto implica utilizar siempre el equipo de protección personal (PPE - personal protection equipment) apropiado para las herramientas que utilice. Cuando utilice una herramienta potencialmente peligrosa, nunca omita los preparativos de seguridad para ahorrar unos minutos o acelerar el trabajo. Cualquier lesión provocada por no haber tomado esas medidas de seguridad le costará mucho más tiempo y dinero que los pocos minutos de preparación. Desde su lugar de plomero aprendiz, cree una ética de trabajo en la que la seguridad sea lo más importante.

Enumerar todas las precauciones de seguridad posibles sería poco práctico. Sin embargo, puede empezar por familiarizarse con los principios básicos de seguridad que se describen en las siguientes secciones y respetarlos. También puede consultar el módulo 02102 del NCCER, *Seguridad en la plomería*.

Usar el PPE es el primer paso para garantizar un entorno de trabajo seguro:

- Utilice el PPE adecuado para la tarea.
- Mantenga el PPE limpio y en buenas condiciones.
- Inspeccione el PPE con frecuencia para detectar signos de desgaste o daños.

Seguir buenos hábitos laborales es esencial para evitar accidentes y lesiones en el trabajo. Siga estas pautas mientras adquiere hábitos de trabajo seguros y profesionales:

- Mantenga el área de trabajo ordenada. Los tramos cortos de caño y otros restos esparcidos por los alrededores pueden provocar su caída o la de otra persona. También hace que el lugar de trabajo parezca poco profesional.
- Concéntrese en su trabajo. Evite distraer a sus compañeros. Preste toda su atención a lo que esté haciendo. De ese modo, no cometerá errores por descuido que puedan perjudicarlo a usted o a sus compañeros o que puedan demorar el trabajo.
- No sujete ni doble el cuerpo de manera que el funcionamiento de una herramienta pueda lastimarlo. Evite utilizar herramientas manuales con la muñeca flexionada, siempre que sea posible. Sosténgalas siempre con firmeza, sobre todo a las herramientas eléctricas.

- Conozca qué herramientas se consiguen y para qué se han diseñado. Siga siempre las especificaciones recomendadas por el fabricante al utilizarlas. Use todas las herramientas de la forma en que se deben usar (por ejemplo, no utilice llaves como martillo ni destornilladores como cinceles).
- Inspeccione las herramientas en busca de defectos antes de cada uso, y repare o reemplace las defectuosas.
- No ejerza demasiada fuerza ni presión al utilizar las herramientas.
- No realice cortes en dirección a usted cuando utilice herramientas de corte. Dirija siempre la hoja en sentido contrario al cuerpo.
- Transporte las herramientas manuales al lugar de trabajo en una caja de herramientas resistente y segura. No lleve nunca una herramienta afilada ni una cuchilla en los bolsillos.
- No arroje las herramientas manuales a los compañeros de trabajo; entréguelas en la mano con el mango hacia adelante, si tuviera.
- Mueva las herramientas afiladas, como las sierras, cinceles y cuchillas, que estén ubicadas sobre bancos o mesas para que las puntas no se dirijan hacia los pasillos o lugares por donde pase la gente. Asegúrese de que los mangos de las herramientas no sobrepasen el borde del banco o mesa de trabajo. El lugar de trabajo no debe estar lleno de herramientas sin supervisión o sin usar.
- Guarde las herramientas de forma correcta luego de utilizarlas.

El mantenimiento y la seguridad van de la mano. Para garantizar el uso seguro de las herramientas manuales, cuídelas y consérvelas de forma adecuada:

- Compruebe que los bordes de corte estén afilados, y manténgalos afilados con una lima plana y una piedra de afilar.
- Mantenga las herramientas limpias y lubricadas (según corresponda).
- Para evitar que las herramientas se oxiden, coloque aceite ligero a las piezas metálicas, en especial cuando la herramienta se guarde durante mucho tiempo.
- Reemplace las cuchillas de acero cuando sea necesario.
- Verifique que los mangos estén firmes.
- Nunca utilice herramientas en malas condiciones. Una herramienta bien cuidada tiene muchas menos probabilidades de causar lesiones que una en mal estado.

1.2.0 Herramientas de medición y disposición de los componentes

Diámetro: distancia a lo largo del centro de un círculo.

Nivelado: recto con respecto al plano horizontal.

A plomo: recto con respecto al plano vertical.

Los instrumentos básicos de un plomero incluyen herramientas de medición y disposición de los componentes. Es necesario tomar medidas precisas antes de instalar tuberías, sistemas e instalaciones sanitarias. Las herramientas de medición permiten determinar la longitud, el ancho, la altura y el **diámetro** (distancia a lo largo del centro) de los objetos tales como caños. Estas herramientas también permiten determinar si una superficie está **nivelada** (recta con respecto al plano horizontal) o **a plomo** (recta con respecto al plano vertical). Las herramientas de disposición de los componentes se utilizan para realizar líneas, círculos y curvas con precisión.

La precisión de las medidas es fundamental en la plomería. Las medidas imprecisas dan lugar a sistemas mal diseñados o inútiles. Tomar las medidas adecuadas al principio es esencial para la productividad en los trabajos de plomería. Para obtener las medidas correctas, debe tener las herramientas adecuadas (reglas, cintas métricas, escuadras) y saber cómo utilizarlas.

1.2.1 Regla de plomero

Desviación: combinación de codos o curvas que permiten a una sección de la tubería salirse de la línea, pero continuar en línea paralela a la otra sección.

Una variación de la regla plegable de madera es la regla del plomero (*Figura 1*). Tiene medidas en un lado y una escala de 45 grados en el otro. Se utiliza para medir una **desviación** cuando se instala un caño o una ventilación alrededor de un obstáculo. Mediante los codos, una desviación cambia la dirección de un tramo de caño (por ejemplo, para eliminar un obstáculo) y, luego, lo devuelve a una trayectoria paralela a su dirección original.

1.2.2 Cinta métrica

Las cintas métricas de acero (*Figura 2*) son valiosas en muchas profesiones, incluida la plomería. Son compactas, flexibles y fáciles de transportar. Pueden engancharse al cinturón o colocarse en soportes especiales de cuero. Las cintas métricas de acero retráctiles se fabrican en longitudes de hasta 30 pies (9 m). Los plomeros suelen utilizar cintas métricas de acero que se retraen en la carcasa con solo pulsar un botón.

Cuando se miden tramos largos de caño, se puede utilizar una cinta de acero de 25 pies, 50 pies o 100 pies (7 m, 15 m o 30 m) de longitud (*Figura 3*). Estos trozos de cinta se enrollan de nuevo en sus carcasas mediante una manivela.

Las cintas métricas de acero vienen de distintos anchos. La mayoría de los plomeros prefieren una cinta de acero de 1 pulg. (2.54 cm) de ancho porque es más rígida y más fácil de manipular. Puede utilizarla para realizar mediciones más largas sin tener que pedir ayuda a un compañero de trabajo. Una cinta de 1 pulg. (2.54 cm) es más voluminosa, pero su rigidez le permite extenderse más lejos que, por ejemplo, una cinta de $^1/_2$ pulg. (1.27 cm) sin doblarse ni retorcerse.

Todas las cintas métricas de acero deben mantenerse limpias, secas y sin torceduras. La suciedad y la arena desgastan las marcas de la cinta. El agua hace que la cinta se oxide, en especial si entra en la carcasa que sostiene la cinta enrollada. Las torceduras que no se enderezan en la cinta impiden que se retraiga. Limpie el agua y la suciedad antes de retraer la cinta de acero. Con regularidad, aplique aceite ligero para máquinas o un aceite penetrante para que la cinta esté lubricada y funcione sin problemas.

Los plomeros también usan cintas métricas de tela. Cuando utilice una cinta métrica de tela, asegúrese de no estirarla. De lo contrario, obtendrá mediciones imprecisas.

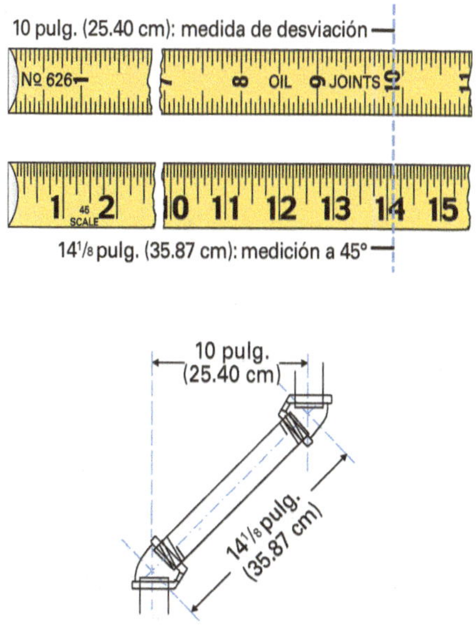

Figura 1 Regla de plomero con escala de 45 grados.

1.2.3 Circómetro

El circómetro (*Figura 4*) se utiliza para medir el diámetro de un caño o cualquier otro objeto cilíndrico utilizado en la plomería. Estos medidores suelen consistir en una cinta metálica con marcas de graduación especiales.

Figura 2 Cinta métrica de acero retráctil.
Fuente: The Stanley Works

1.2.4 Regla plegable

Las reglas plegables suelen ser de madera y vienen en longitudes de 6 pies (1.83 m) y 8 pies (2.44 m) (*Figura 5*). Por lo general, suelen tener una extensión de latón de 6 pulg. (15.24 cm) que se puede utilizar para tomar medidas interiores entre dos paredes o para medir la profundidad de un hueco. La extensión de latón le permite tomar medidas en lugares estrechos o medir distancias cortas más allá del extremo de la regla plegable.

Puede extender la regla plegable por encima de la cabeza para medir alturas. De este modo, una sola persona realiza mediciones que, de otro modo, requerirían dos personas y una escalera. Para mantener una regla plegable, lubrique ligeramente las juntas con aceite o silicona. Tenga cuidado al abrirla o cerrarla porque es fácil romper sus juntas. Procure que no se caiga, ya que podría aflojar las juntas y, como consecuencia, obtener mediciones inexactas. Pequeñas imprecisiones en la medición de centímetros pueden dar lugar a errores mucho mayores a lo largo de muchos metros.

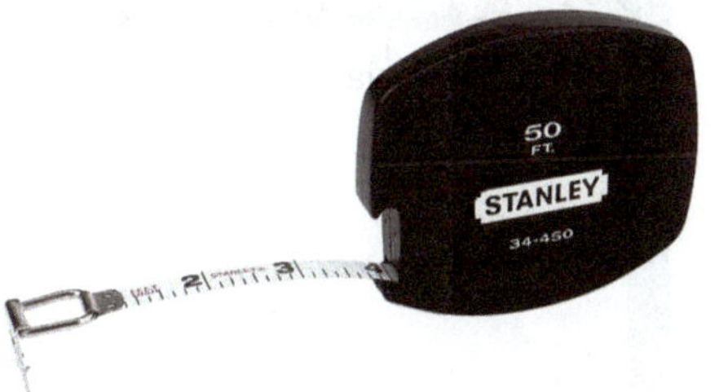

Figura 3 Cinta métrica de acero.
Fuente: The Stanley Works

Figura 4 Circómetro.

Figura 5 Regla plegable.

1.2.5 Escuadras

Las líneas y ángulos rectos y precisos son necesarios para cualquier trabajo de construcción, incluida la plomería. Un hombre llamado Laroy Starrett reconoció la importancia de las líneas rectas y los ángulos exactos (normalmente de 90 grados, con un borde perpendicular a otro) e inventó la escuadra combinada en 1877. Gracias a su versatilidad, la escuadra es una herramienta esencial para los trabajadores especializados.

Las escuadras sirven para asegurarse de que las líneas sean rectas y los ángulos sean exactos. Se utilizan para marcar, comprobar y medir. El tipo de escuadra que se debe usar depende del tipo de trabajo y de las preferencias del plomero. Las escuadras no tienen forma cuadrada; las que más utilizará son la escuadra rápida (Speed Square), con forma de triángulo, la escuadra combinada y la escuadra para enmarcar.

Escuadra para cabios: también conocida como *Speed® Square, ángulo para cabios, escuadra mágica* o *escuadra con transportador*, se utiliza para marcar y medir. Como se muestra en la *Figura 6*, tiene forma de triángulo, pero funciona como escuadra. Esta escuadra se fabrica de aluminio fundido. Combina un **inglete**, un transportador y una escuadra para enmarcar en una sola herramienta.

Inglete: superficie que forma el extremo o borde biselado de una pieza que se une por medio del corte de dos piezas en ángulo y su posterior fijación.

Uno de los lados del triángulo tiene graduaciones marcadas en su cara, lo que permite un trazado rápido y sencillo. El otro lado tiene un borde elevado que le permite encajarse en el espacio de trabajo. Los lados de una escuadra para cabios varían entre 6 pulg. (15.24 cm) y 12 pulg. (30.48 cm) de longitud. El lado más largo del triángulo, también llamado *hipotenusa*, tiene marcados los grados (de 0 a 90) para medir y marcar los cortes en inglete. Una escuadra para cabios con lados de 12 pulg. (30.48 cm) de largo tendrá una hipotenusa de algo menos de 17 pulg. (43.18 cm) (16.97 pulg. o 43.10 cm, para ser exactos).

Utilice una escuadra para cabios para ver si un corte o junta está a escuadra, para marcar líneas de corte o como **regla para nivelar**, para determinar si una superficie se ha deformado o arqueado. Puede utilizar una escuadra para cabios como regla para nivelar porque no se arquea, tuerce ni deforma a lo largo de su longitud. También puede utilizarla como guía de corte cuando utilice una sierra circular manual. La escuadra para cabios es pequeña, lo que facilita su almacenamiento y transporte en la obra. De hecho, las escuadras más pequeñas caben en el bolsillo de la mayoría de cinturones de herramientas.

Regla para nivelar: pieza larga de madera o metal que no se dobla ni tuerce en su longitud.

Escuadra para enmarcar: esta escuadra (*Figura 7*) tampoco tiene forma cuadrada. Esta herramienta en forma de L está hecha de acero o aluminio plano, con una hoja de 24 pulg. (60.96 cm) de largo y 2 pulg. (5.08 cm) de ancho, perpendicular a una lengüeta de 16 pulg. (40.64 cm) de largo y $1^1/_2$ pulg. (3.81 cm) de ancho. Esta escuadra se puede utilizar para marcar y trazar patrones, comprobar la escuadra y medir. También puede utilizarse como regla para nivelar para comprobar la horizontalidad de una superficie. La mayoría de las escuadras para enmarcar están marcadas en pulgadas y fracciones de pulgada, hasta $^1/_8$ pulg..

NOTA

Tenga cuidado de no dejar caer la escuadra ni golpearla lo tan fuerte que se modifique el ángulo entre la hoja y el cabezal (de una escuadra combinada) o la lengüeta (de una escuadra para enmarcar). Mantenga las escuadras secas para evitar que se oxiden. Una capa periódica de aceite ligero para máquinas o aceite penetrante ayuda a que estas herramientas duren más.

Figura 6 Escuadra para cabios.
Fuente: The Stanley Works

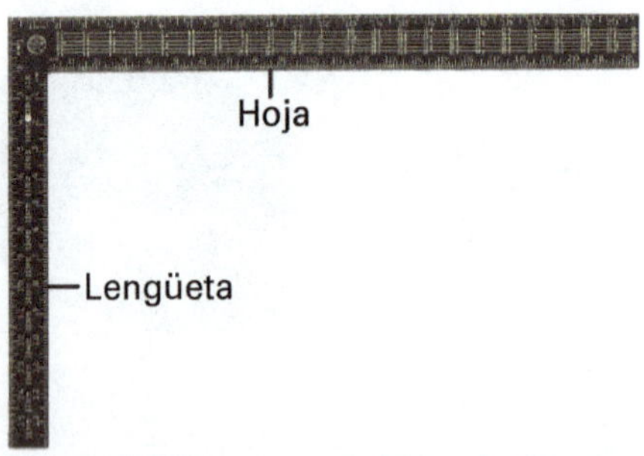

Figura 7 Escuadra para enmarcar.
Fuente: The Stanley Works

1.3.0 Herramientas de nivelación

Las escuadras son útiles para medir pequeños objetos rectangulares. Sin embargo, para estructuras fijas de mayor tamaño, una escuadra no tiene la extensión necesaria para determinar las líneas horizontales y verticales reales. Aquí es donde resultan útiles las herramientas de nivelado.

El término *nivelado* describe la rectitud de los elementos horizontales. El término *a plomo* describe la rectitud de los elementos verticales. Los elementos nivelados y a plomo se cruzan en ángulos de 90 grados, y las herramientas de nivelación y de puesta a plomo se utilizan para establecer líneas horizontales y verticales precisas. Existen muchas de estas herramientas, desde simples niveles de burbuja hasta instrumentos electrónicos y láser más sofisticados.

1.3.1 Nivel de burbuja

La herramienta más utilizada para comprobar tanto el nivel como la plomada es el nivel de burbuja (*Figura 8*). Los niveles de burbuja se fabrican de madera, aluminio o una aleación ligera. Los plomeros suelen comprar niveles de burbuja de aluminio o magnesio porque son resistentes a la humedad.

Figura 8 Nivel de burbuja.
Fuente: The Stanley Works

El elemento principal del nivel de burbuja es un tubo de vidrio o plástico sellado que contiene una cantidad específica de alcohol. Este tubo, o ampolla, está levemente curvado, y el exterior de cada ampolla está marcado con dos líneas paralelas en el centro. Esta ampolla se monta en el cuerpo de la herramienta de nivelación. El tubo está casi lleno del líquido, excepto por una burbuja de aire, de la que depende todo el funcionamiento del instrumento. Cuando el marco del tubo está nivelado de forma horizontal o a plomo de forma vertical con exactitud, la burbuja de aire se centra entre las dos líneas paralelas.

Los niveles de burbuja suelen contener tres ampollas de burbuja. La ampolla del centro de la herramienta se utiliza para establecer la línea horizontal exacta (y verificar el nivelado). En cada extremo, se ubican ampollas de forma transversal para establecer la línea vertical exacta (y verificar la plomada). Las ampollas pueden reemplazarse. Los niveles de burbuja se consiguen en varios tamaños. El estándar tiene 24 pulg. (60.96 cm) de largo, pero también vienen en tamaños de 28 pulg. (71.12 cm), 48 pulg. (121.92 cm), 72 pulg. (182.88 cm) y 78 pulg. (198.12 cm).

Los niveles de burbuja son precisos solo hasta su longitud. Cuanto más larga sea la herramienta de nivelación, mayor será su precisión. Para obtener precisión en longitudes superiores, debe utilizar un nivel más largo. Pero si se trabaja en un espacio reducido, como suelen hacerlo los plomeros, una herramienta de nivelado demasiado larga es inútil. Estas cuestiones, como la longitud de la plomada o el nivel que se medirá y la cantidad de espacio que se dispone para tomar estas medidas, deben guiar la elección del nivel de burbuja para el trabajo.

Una forma de aumentar la precisión de un nivel de burbuja es con una regla para nivelar. Esta regla es una pieza de madera o metal que no se dobla ni se tuerce. Coloque la regla a lo largo de la longitud que quiera verificar y ubique el nivel de burbuja en el centro de la regla.

1.3.2 Nivel de plomero

Algunos niveles, como el que se muestra en la *Figura 9*, pueden medir la inclinación (ángulo), así como la plomada y el nivelado. Estos tipos de niveles suelen denominarse *niveles de plomero*. Una de las ampollas se puede regular a diferentes ángulos. Al regular la ampolla y mantener el nivel en el ángulo deseado, la burbuja de la ampolla se centra. Compruebe un nivel con otro para asegurarse de que la lectura sea correcta.

Para comprobar la precisión de su nivel, coloque el nivel en su trabajo. Observe la posición de la burbuja. Coloque el nivel en un extremo y en el otro y vuelva a comprobar la burbuja. Las lecturas deben ser idénticas.

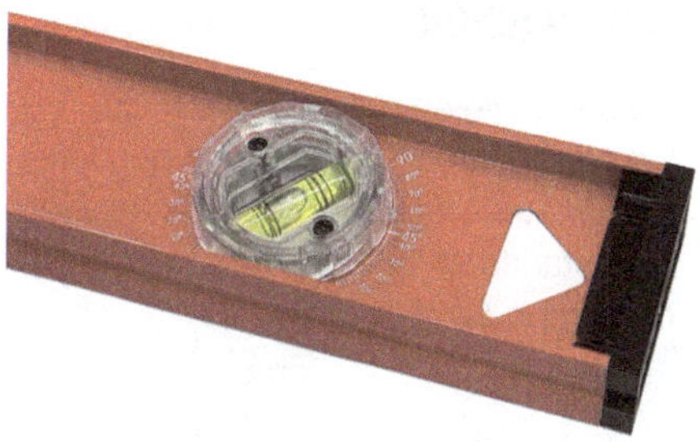

Figura 9 Nivel de plomero.

¿Sabías qué?

Diferentes denominaciones

En inglés, un nivel se denomina *spirit level*. Esto es por el uso de alcohol lo cual también es conocido como "spirits" en inglés, que se usa como el líquido utilizado en el nivel.

¿Sabías qué?

Verifique su nivel

¿Cómo puede asegurarse de que su nivel está nivelado? Compruebe periódicamente un nivel frente a otro para asegurarse de que obtiene lecturas precisas.

Lectura superior

Como plomero, la mayoría de las lecturas se realizan a la altura de los ojos, al mirar al nivel mientras descansa sobre la superficie del material que se está nivelando. A veces, sin embargo, es necesario colocar el nivel en un caño situado debajo suyo y solo puede verlo mirando hacia abajo. En estos casos, es necesario utilizar un nivel que permita al usuario una lectura superior. Este tipo de nivel tiene una abertura en la parte superior que permite ver la ampolla y la burbuja de aire desde arriba.

1.3.3 Nivel torpedo

Nivel torpedo: pequeño nivel que se utiliza en áreas confinadas o para nivelar tramos cortos de caños. La mayoría de los niveles torpedo tienen una ampolla que indica ángulos a 45 grados.

El **nivel torpedo** (*Figura 10*) es un nivel de burbuja pequeño muy útil para áreas confinadas o para nivelar tramos cortos de caños. La mayoría de los niveles torpedo tienen una ampolla que indica ángulos a 45 grados. Los plomeros suelen utilizar un nivel torpedo con base magnética. Esto es muy práctico porque la base magnética se pega al caño de hierro y facilita moverse en un espacio confinado. Los niveles torpedo suelen medir 9 pulg. (22.86 cm) de largo y caben muy bien en el bolsillo del pantalón. También se estrechan en los extremos.

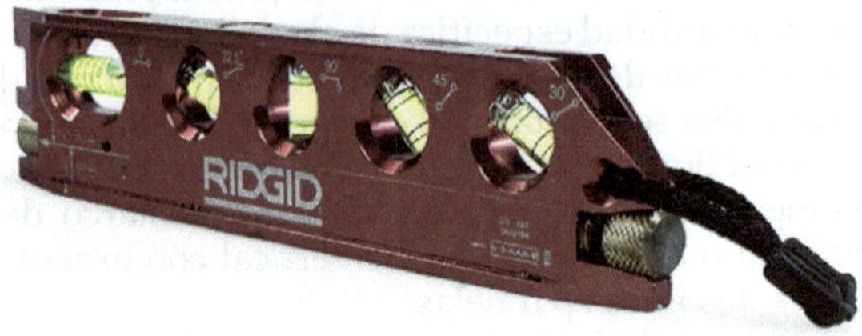

Figura 10 Nivel torpedo.

1.3.4 Herramientas de nivelación láser

Otra herramienta que puede utilizar es un nivel láser (*Figura 11*). Este dispositivo de nivelación proyecta un haz de luz fino de baja potencia a 90 grados. Los instrumentos de nivelación láser son más costosos que otras herramientas de nivelación (aunque se están volviendo cada vez más asequibles), pero ofrecen varias ventajas. Los láseres son más precisos en distancias más largas. Son muy fáciles de usar cuando se establecen líneas verticales u horizontales. Además, son útiles para medir o diseñar huecos.

Algunas herramientas de nivelación láser pueden proyectar haces de hasta 1,500 pies (457 m) para dar en un punto concreto. Pueden tener una variedad de componentes diseñados para obtener las lecturas más precisas posibles, entre los que se incluyen:

- grandes burbujas indicadoras verticales y horizontales;
- lentes refractarias que muestran imágenes de líneas o puntos;
- diodos dobles para aumentar la visibilidad del haz;
- soportes para pared, suelo o trípodes, ménsulas o abrazaderas;
- sensores de golpes integrados que notifican automáticamente al usuario, o apagan el dispositivo, si el instrumento ha recibido golpes fuertes que afecten la precisión de las lecturas;
- ampollas electrónicas de nivelado que amortiguan las vibraciones de las condiciones en la obra, para garantizar la estabilidad del rayo láser a lo largo de la distancia;
- función de control remoto;
- receptores opcionales que aumentan aún más el alcance del láser.

PRECAUCIÓN

Utilice los láseres de haz frío con extremo cuidado. Aunque se pueden utilizar láseres de baja potencia, es imposible predecir los arcos eléctricos. Utilice siempre el equipo de protección personal adecuado y consulte las especificaciones del fabricante.

PRECAUCIÓN

No se apoye en el nivel. Si lo hace, las herramientas de precisión pueden perder su calibración y será necesario reajustarlas, lo que supone una pérdida de tiempo en el trabajo.

Con esta herramienta, puede saber de inmediato si algo ha quedado alineado. Si está instalando tuberías de flujo por gravedad, por ejemplo, puede utilizar esta herramienta como guía de alineación y colocar el caño a lo largo del haz de luz emitido por el láser. Otras aplicaciones de los láseres de haz frío incluyen la instalación y alineación de elementos de construcción como paredes, tabiques y pisos de acceso.

Figura 11 Dispositivo de nivelación láser

Los láseres portátiles con funciones de plomada (tanto hacia arriba como hacia abajo), nivel y escuadra pueden mejorar enormemente la productividad, lo que ahorra tiempo y dinero. Los láseres pueden configurarse más rápido que otros dispositivos de nivelado y, debido a su precisión, requieren menos repeticiones de las medidas. El tiempo que se ahorra al utilizar un láser se traduce en un ahorro de costos. El gasto inicial de un láser se recupera rápidamente con el aumento de la productividad.

Estos dispositivos requieren relativamente poco mantenimiento, pero es importante asegurarse de que las baterías estén completamente cargadas antes del uso. Al igual que sucede con los otros niveles, estos se deben limpiar después de cada uso y guardarse en un lugar seguro y seco. Una vez al año, un profesional debe limpiar la unidad, inspeccionarla y regularla. El calor, el frío y la humedad (condiciones habituales en las obras de plomería) pueden afectar el funcionamiento del láser. Estas condiciones afectan la estabilidad y precisión del láser en mayor o menor medida, según la calidad del propio instrumento. Los láseres de mayor calidad suelen resistir mejor las condiciones ambientales adversas. Algunos láseres están diseñados y probados de forma particular para soportar golpes, la humedad y los cambios de temperatura. Sin embargo, el rendimiento de todos los láseres comienza a deteriorarse rápido a temperaturas mayores de 110°F (43°C).

¿Sabías qué?

Los niveles de láser y la luz del sol

En algunas situaciones, como a plena luz del sol, puede resultar difícil ver el rayo láser. Existen gafas de mejora que permiten al usuario ver el rayo láser con mayor facilidad. Algunos instrumentos de nivelado láser están diseñados específicamente para uso en exteriores y tienen haces fácilmente visibles a la luz del sol.

La luz que emana de un láser de haz frío no lesiona a los seres humanos de inmediato, pero una exposición prolongada podría lesionar la vista. Por lo tanto, nunca apunte a nadie con un rayo láser. Solo los plomeros calificados y capacitados deben utilizar este equipo. Los láseres de haz frío deben cumplir todas las disposiciones de Control de Radiación de Productos Electrónicos, de la Ley Federal de Alimentos, Medicamentos y Cosméticos.

NOTA

Los niveles y los tránsitos son instrumentos de precisión, y son muy caros. Tenga cuidado de no dejarlos caer ni golpearlos contra otros materiales, porque las ampollas sueltas o rotas los vuelven inútiles. También hay que mantenerlos limpios y secos para que conserven su medición exacta.

¡ADVERTENCIA!

Nunca mire directamente hacia el rayo láser ni lo apunte a un compañero de trabajo. Con el tiempo, la exposición al rayo puede lesionar la vista.

1.3.5 Plomada

Una plomada (*Figura 12*) es una herramienta de medición precisa y sencilla que se utiliza para alinear puntos de forma vertical, de un piso a otro inferior. Para establecer esta línea vertical exacta, el uso de la plomada depende de la ley de la gravedad. Por lo general, una plomada consiste en un peso con un diseño especial que se sujeta a un hilo de nailon. Se utiliza el nailon porque es más resistente a la humedad. Una plomada de precisión tiene un extremo puntiagudo.

Cuando se coloca un tramo vertical de caño, debe conocer el punto central del tramo. Para hallar ese punto, cuelgue la plomada desde un punto de la solera superior del entramado del cielorraso. La plomada puede balancearse de forma libre en la cuerda. Cuando deje de balancearse y cuelgue recta y libre, la punta de la plomada estará justo debajo del punto donde se ha atado la cuerda en la parte superior. El punto del plano de nivelado que se encuentra justo debajo de la punta de la plomada estará exactamente en línea vertical con el punto de arriba. El plano de nivelado también será exactamente perpendicular a la cuerda que sujeta la plomada. A continuación, puede pasar un segmento de caño a través de los planos de nivelado precisamente en el mismo punto de un piso a otro.

Aunque la plomada no es una herramienta complicada, hay que manejarla con cuidado. Asegúrese de no dejarla caer. Si la punta de la plomada se dobla o redondea, proporciona lecturas imprecisas. Si la cuerda no está bien sujeta al punto central de la plomada, dará lecturas imprecisas porque la plomada cuelga con un ligero ángulo respecto a la cuerda (*Figura 13*). Si la punta se daña o se desalinea, sustituya la plomada. Si la cuerda no está bien sujeta, sustitúyala. Antes de utilizar una plomada, compruebe siempre el estado de la punta y la alineación de la cuerda. Las plomadas láser crean una referencia de plomada precisa y muy visible al instante. Las plomadas láser tienen soportes amortiguados magnéticamente que les permiten asentarse y utilizarlas mucho más rápido que la plomada tradicional con cuerda.

Figura 12 Plomada.
Fuente: The Stanley Works

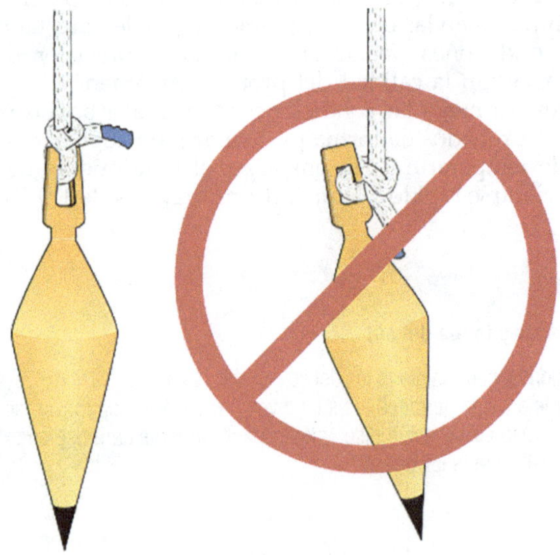

Figura 13 Cuerda unida a una plomada.

¡ADVERTENCIA!

La punta de una plomada es filosa. Es muy fácil pincharse un dedo del pie con este instrumento. Manipule esta herramienta con cuidado para no hacerse daño ni herir a un compañero de trabajo.

1.3.6 Línea de tiza

La línea de tiza (*Figura 14*) se utiliza para trazar líneas largas y rectas sobre superficies lisas o semilisas. Se debe tensar la línea de tiza entre dos puntos; luego, se retira la línea de la superficie con cuidado y se la suelta para que, al golpear la superficie, produzca una línea recta de tiza. Para conservar una línea de tiza en buenas condiciones, agregue tiza en polvo y reemplace la cuerda cuando esté desgastada.

Figura 14 Líneas de tiza.
Fuente: The Stanley Works

Debido a la forma en que están diseñadas la mayoría de las líneas de tiza, pueden utilizarse para reemplazar las plomadas. Cuando se cuelga la línea de tiza desde el clip metálico hacia abajo y se deja que la caja cuelgue libre y recta, el extremo puntiagudo de la base de la carcasa indica el punto inferior exacto del plano vertical. Luego, se transfiere la marca al suelo para que coincida con la marca en el elemento superior del entramado.

1.4.0 Herramientas manuales de corte

A veces, los plomeros tienen que hacer cambios en una estructura comercial o residencial antes de instalar los materiales y las instalaciones sanitarios. Para ello, utilizan herramientas de corte dentadas, como las sierras para metales.

También utilizan herramientas de corte fino. Estas herramientas tienen un filo de corte liso en lugar de dientes. Los cinceles, las cortadoras de caños manuales y las palas son las herramientas de filo de corte liso más utilizadas por los plomeros.

¡ADVERTENCIA!

Las herramientas de corte oxidadas o desafiladas no solo funcionan mal, sino que pueden provocar graves accidentes si se resbalan.

La preparación es fundamental para realizar cortes precisos y seguros. Antes de empezar a cortar, determine qué tipo de sierra y de hoja se adecúan mejor al material que desee cortar. Mida y marque con cuidado las dimensiones del corte (distancia, ángulo y profundidad) y, luego, ajuste los controles de la sierra para que coincidan con esas medidas. Sea cual fuera la sierra que elija, asegúrese de que esté en buenas condiciones y que tenga los dientes afilados y el mango ajustado.

NOTA

Cuando utilice el PPE, asegúrese de respetar estrictamente las instrucciones del fabricante.

PRECAUCIÓN

Las paredes y los pisos pueden ocultar el cableado, los caños, los conductos o las vigas de soporte. Antes de serrar una pared o un piso, verifique qué hay detrás de la pared o debajo de la superficie del piso.

1.4.1 Sierras para metales

La sierra para metales es una herramienta de corte multiuso. Los tipos de sierras para metales (*Figura 15*) incluyen las sierras para metales comunes, que pueden utilizarse para cortar metal y otros materiales, las sierras para PVC y los serruchos de calar. Los serruchos de calar se utilizan para cortar aberturas en paneles de yeso y madera contrachapada. Las sierras para metales pequeñas suelen venir con hojas de 6 pulg. (15.24 cm) de largo llamadas *Tiny Tims*, que suelen utilizar los plomeros (*Figura 16*).

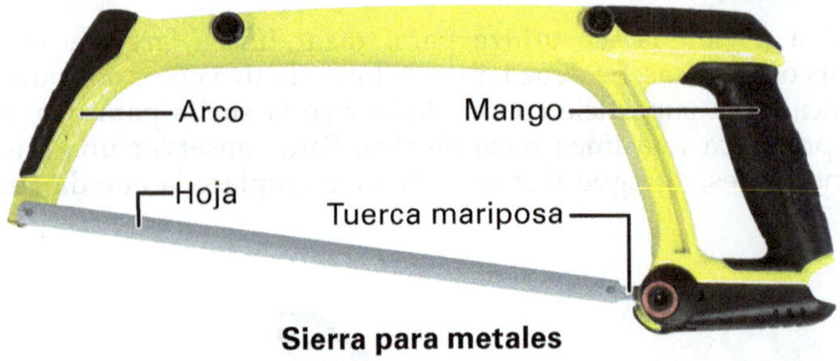

Sierra para metales

Sierra multiuso (para PVC)

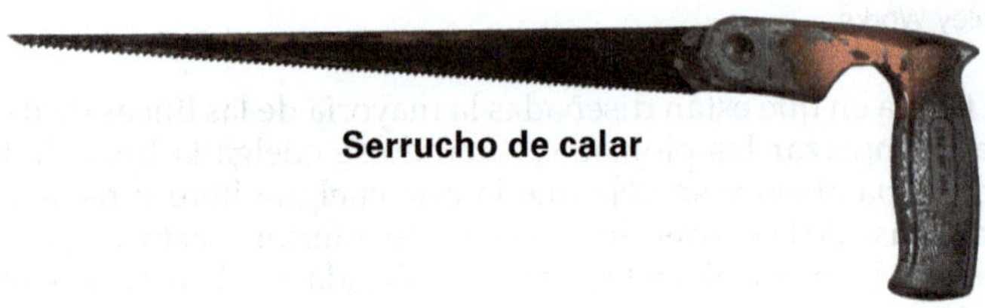

Serrucho de calar

Figura 15 Sierras para metales.

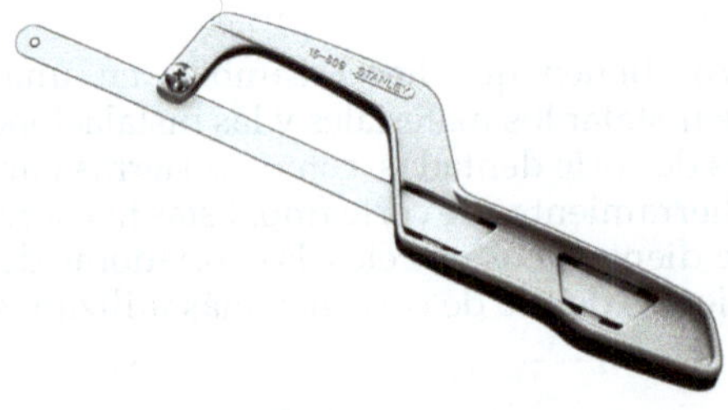

Figura 16 Sierra para metales pequeña.

Entalla: corte o ranura realizada por una hoja de sierra, determinada por la forma en que se colocan los dientes en la hoja.

Las hojas de sierra para metales vienen en diferentes estilos para diferentes usos. Las hojas difieren en longitud, flexibilidad, posición (o curvatura) de los dientes y dentado (cantidad de dientes por pulgada), según el material que vayan a cortar. La hoja de sierra que más se utiliza para cortar caños es la hoja de dorso flexible. Sus dientes están triscados, lo que significa que están doblados a cada lado de forma alternada para que la hoja realice un corte con **entalla** (ranura que produce la hoja de la sierra). La entalla es ligeramente más ancha que el espesor de la hoja (*Figura 17*). Esto evita que la hoja se atasque y reduce la fricción que se produce al cortar. Las hojas suelen ser muy dentadas (*Figura 18*). Mantenga las hojas afiladas para realizar cortes buenos.

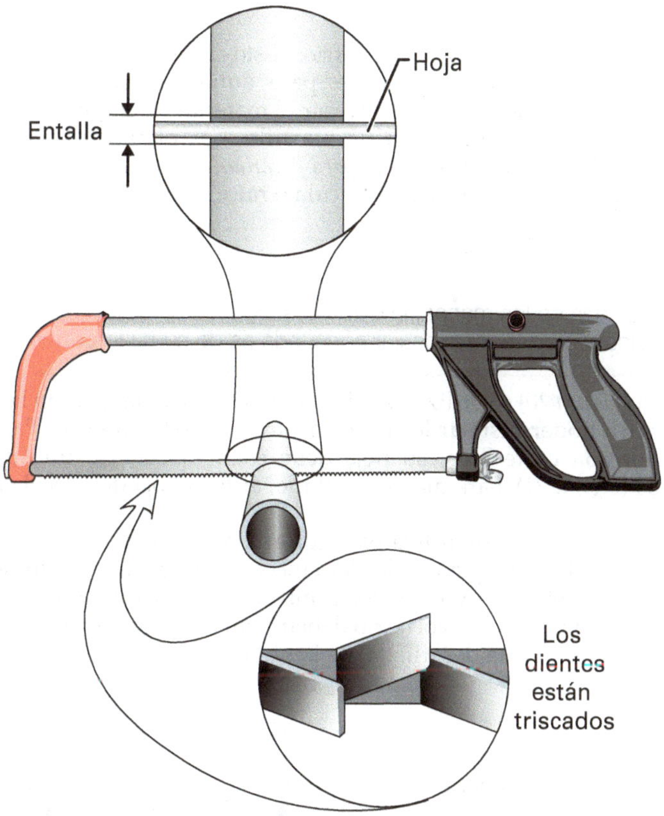

Figura 17 Corte de entalla de la sierra para metales.

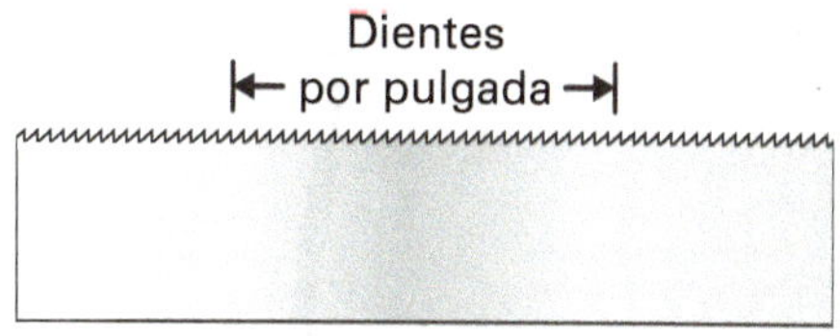

Figura 18 Dentado de la hoja.

Cuantos más dientes por pulgada tenga la hoja, más fino será el corte que realice. En general, para cortar caños se utiliza una hoja con 18, 24 o 32 dientes por pulgada. Una sierra con más dientes por pulgada genera más residuos, lo que puede obstruir la entalla. A la hora de elegir una sierra, recuerde que si bien una sierra más grande puede tener una hoja más grande que es más adecuada para cortar materiales duros, también resulta más difícil de transportar. Los plomeros siempre deben tener esto en cuenta.

No debe utilizar una sierra para metales para los cortes a escuadra. Un corte torcido puede causar problemas luego, durante el roscado y otras operaciones que requieren medidas precisas. Una **tolerancia** estrecha (las variaciones admisibles en una medida o cantidad determinada) significa que hay poco margen de espacio de sobra. Si un artefacto sanitario debe instalarse para cumplir tolerancias estrechas, un corte torcido hará que sea casi imposible encajar el artefacto en el espacio preparado.

Tolerancia: variación admisible de una medida o cantidad determinada.

Cuando use una sierra para metales, respete estas instrucciones de seguridad y mantenimiento:

- Seleccione una hoja de sierra que se adecúe al material que está cortando.
- Coloque la hoja en el arco de la sierra de manera que los dientes apunten hacia la punta del arco y queden en dirección opuesta al mango (y a usted). Ajuste la hoja con firmeza y asegúrese de que el arco esté bien alineado.
- No intente realizar cortes rectos con arcos torcidos ni con hojas sueltas; esto puede hacer que la hoja se doble, se tuerza o se rompa, lo cual es peligroso.
- No ejerza demasiada presión ni torsión al realizar un corte; esto podría provocar la rotura de la hoja y lesiones.
- Reemplace todas las hojas que no tengan filo. Las hojas desgastadas y sin filo suelen ocasionar más accidentes.
- Realice los cortes en dirección contraria a usted y haga recorridos largos, rectos y firmes, por lo que debe utilizar casi toda la longitud de la hoja al cortar.
- Disminuya la presión sobre la sierra en el recorrido hacia atrás para evitar que se desafilen los dientes de la hoja.

Tolerancias

Una tolerancia es la variación admisible de una medida o cantidad determinada. Las tolerancias se expresan en "±" (más o menos). Por ejemplo, si le dicen que un caño puede instalarse en un lugar "±1/8 pulg.", significa que la medida no puede variar más de un octavo de pulgada para seguir estando dentro de las especificaciones aceptables.

1.4.2 Cinceles

Los plomeros utilizan formones y cortafríos. Estos dos tipos de cinceles se fabrican de acero tratado a altas temperaturas para aumentar la dureza de sus filos. Para introducir el filo del cincel y atravesar el material en el que se está trabajando, se golpea el mango del cincel con un martillo. Los plomeros utilizan barras de excavación, también llamadas *barras para escardar*, para hacer palanca o perforar obstrucciones como rocas, tierra endurecida o raíces (*Figura 19*).

¡ADVERTENCIA!

Para evitar lesiones en las manos, la cara y los ojos, utilice siempre el PPE cuando afile los cinceles. La protección ocular adecuada es de suma importancia.

El formón (*Figura 20*) se utiliza para hacer aberturas o muescas en la madera de la estructura para poder instalar los caños a través de estos huecos. Para asegurarse de que el formón corte bien, su hoja debe estar biselada a un ángulo preciso de 25 grados (*Figura 21*). Para mantener el filo, afile la hoja del cincel en una piedra de aceite.

El cortafrío (*Figura 22*) se utiliza para cortar, dar forma y retirar pedazos en frío de metales más blandos que el filo del cincel, como el hierro fundido, el hierro forjado, el bronce, el cobre y el acero. También se utiliza para agrandar orificios. Ambos lados de la hoja de un cortafrío deben estar biselados a 60 grados (*Figura 23*). Si la hoja del cortafrío está desafilada, no lo utilice.

Figura 19 Barra excavadora.

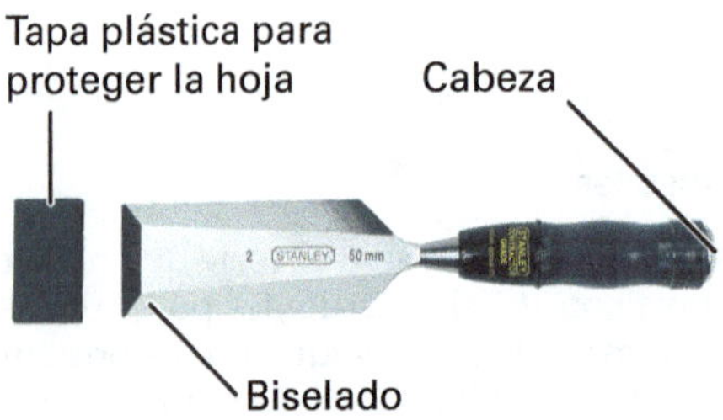

Figura 20 Formón.
Fuente: The Stanley Works

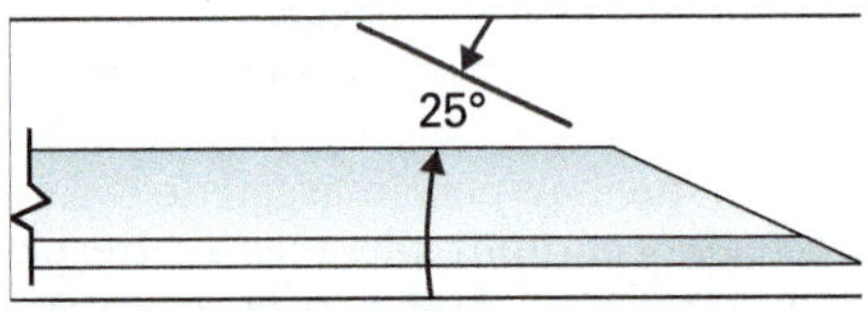

Figura 21 Filo de corte a 25 grados.

Figura 22 Cortafríos.

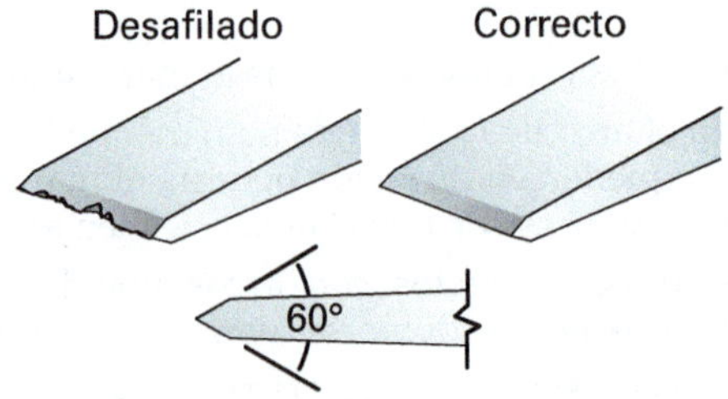

Figura 23 Filo de corte a 60 grados y hojas de cinceles afilada y desfilada.

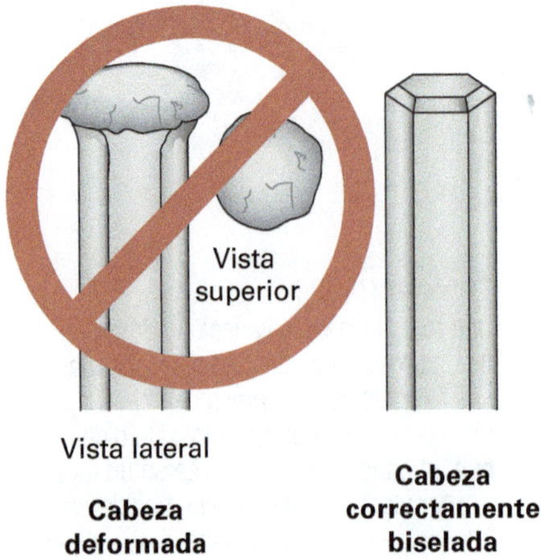

Figura 24 Reparación de una cabeza de cincel deformada.

La deformación en la cabeza (o en el mango) es un problema común de los cortafríos. El martilleo produce la deformación de la cabeza. Martillar una cabeza deformada puede ser peligroso porque puede hacer que salgan despedidos fragmentos de metal, lo que podría lesionar gravemente los ojos o las manos del usuario. No utilice nunca un cincel que tenga la cabeza deformada. Cuando el extremo del mango de un cincel se deforme, rectifique o recorte la parte aplastada del cincel con un ligero bisel (*Figura 24*).

Los cortafríos también pueden utilizarse para recortar hormigón, pero nunca utilice estas herramientas para cortar o partir una piedra u hormigón. Al golpear la cabeza del cincel, apunte la herramienta en dirección contraria a su cuerpo. No utilice el cincel como cuña o palanca, ya que el acero es frágil y puede quebrarse y causar lesiones. Utilice guantes y protección facial o gafas de seguridad cuando utilice cinceles.

1.4.3 Cortacaños manuales

Las herramientas para cortar caños vienen en una variedad de tamaños, formas y diseños. Los tamaños comunes van de ⅛ pulg. (0.32 cm) a 4 pulg. (10.16 cm). Las tres cortadoras de caños manuales más utilizadas son el cortatubos, el cortacaños y la cortadora de caños de suelo.

Cortatubos: (*Figura 25*) se utiliza para cortar tubos de cobre o conductos de pared delgada de ⅛ pulg. (0.32 cm) a 4 pulg. (10.16 cm) de diámetro. También sirve para cortar otros materiales de construcción dúctiles (flexibles), como el latón y el aluminio.

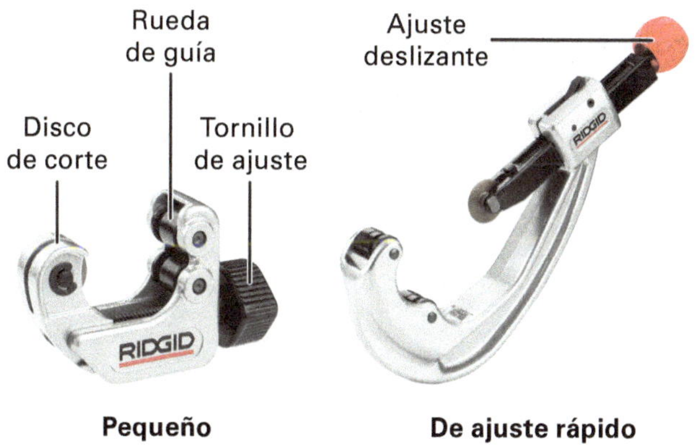

Figura 25 Cortatubos para espacios reducidos.
Fuente: Ridge Tool Company

Un cortatubos convencional tiene cuatro partes móviles: un disco de corte, un tornillo de ajuste y al menos dos ruedas de guía. La cuchilla del disco de corte va cortando el tubo a medida que se la gira alrededor del tubo y que se aprieta el disco gradualmente.

Al hacerlo, debe mantener la cuchilla en la misma ranura y hacer giros constantes y repetitivos con el disco, para obtener un corte limpio sin dañar el tubo. La cortadora de tubos también tiene una función de escariado, que le permite eliminar cualquier **rebaba** de metal del interior del tubo una vez completado el corte.

Para cortar tubos de cobre de ⅛ pulg. (0.32 cm) a ⅞ pulg. (2.22 cm) de diámetro se utiliza una cortadora de tubos pequeña especializada que resulta práctica cuando se trabaja en lugares estrechos. Otra herramienta especial de este tipo, el cortatubos de ajuste rápido, tiene un ajuste deslizante en lugar de un tornillo de ajuste. A menudo se utiliza un lápiz de cera, también llamado **crayón de ocre rojo (keel)**, para marcar una línea de corte en la superficie del tubo. En otros casos, se utiliza una **piedra de jabón** (roca blanda a base de talco) para marcar los caños de metal. El crayón produce una línea más delgada que la piedra de jabón. A continuación, se coloca el disco de corte de la cortadora de tubos en la línea de corte y se sigue esa línea al realizar el corte.

Cortacaños: (*Figura 26*) se utiliza para cortar caños de acero. Esta herramienta es básicamente igual que el cortatubos, pero es más pesada y suele tener más de un disco de corte. Se utiliza para cortar caños de diámetros grandes.

Cortadora de caños de suelo: se utiliza para cortar caños de hierro fundido o arcilla. Existen dos tipos: la cortadora con trinquete y la cortadora tipo encaje (*Figura 27*). Las cortadoras de caños de suelo son adecuadas, en particular, para espacios confinados o para cortar tuberías a las que es difícil llegar.

Rebabas: bordes irregulares o dentados que ciertas herramientas de corte dejan en los metales.

Crayón de ocre rojo (keel): elemento para marcar que utilizan los plomeros y que se asemeja a un crayón grande.

Piedra de jabón: elemento hecho de roca blanda a base de talco que se utiliza para marcar los caños metálicos antes de cortarlos.

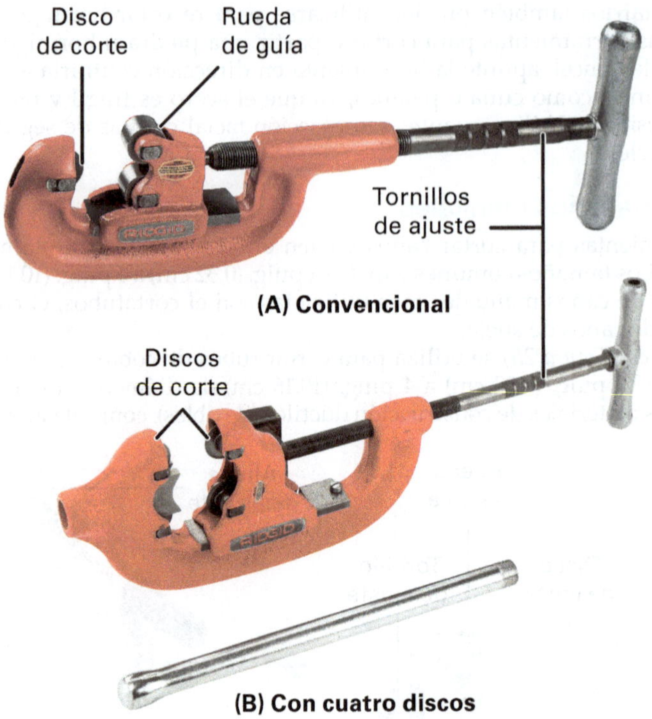

Figura 26 Cortacaños.
Fuente: Ridge Tool Company

Figura 27 Cortadoras de caños de suelo.
Fuente: Ridge Tool Company

La cortadora de caños de suelo con trinquete tiene una cadena que rodea al caño. La cadena está unida a un mango, de modo que, al girar el trinquete del mango, se tensa la cadena, la que, a su vez, empuja las cuchillas hacia el caño y genera un corte limpio.

La cortadora de caños de suelo tipo encaje, que es más común, corta con un movimiento de tijera. Dos mangos largos proporcionan palanca a la cadena de corte enrollada alrededor del caño. La cadena está provista de discos de corte en cada eslabón. Apriete la cadena y gírela alrededor del caño que pretende cortar. Como la cadena aprieta y corta en forma uniforme, el caño se rompe de forma limpia, con un chasquido. También existen cadenas tipo encaje que se acoplan a una herramienta eléctrica (*Figura 28*).

A veces se marca una línea en la superficie del caño con una piedra de jabón para guiar el corte. Asegúrese de que la línea quede perpendicular al caño, de lo contrario lo romperá al cortarlo.

Cuidado de las cortadoras: si el tubo o el caño que está cortando parece aplastado después del corte, es probable que tenga que cambiar el o los discos de corte. Sustituya los discos de corte mellados o dañados. Aplique aceite lubricante periódicamente a todas las piezas móviles del cortacaños para que funcione sin problemas.

PRECAUCIÓN

Cuando utilice una cortadora de caños de suelo con trinquete, asegúrese de que la cadena esté colocada alrededor del caño en forma correcta. La cadena debe estar perpendicular al caño, y no en ángulo. Las cadenas colocadas en forma incorrecta harán que el caño se rompa cuando intente hacer el corte.

PRECAUCIÓN

Cuando utilice una cortadora de caños de suelo, asegúrese de que las mordazas estén completamente abiertas al colocar la cortadora en el caño.

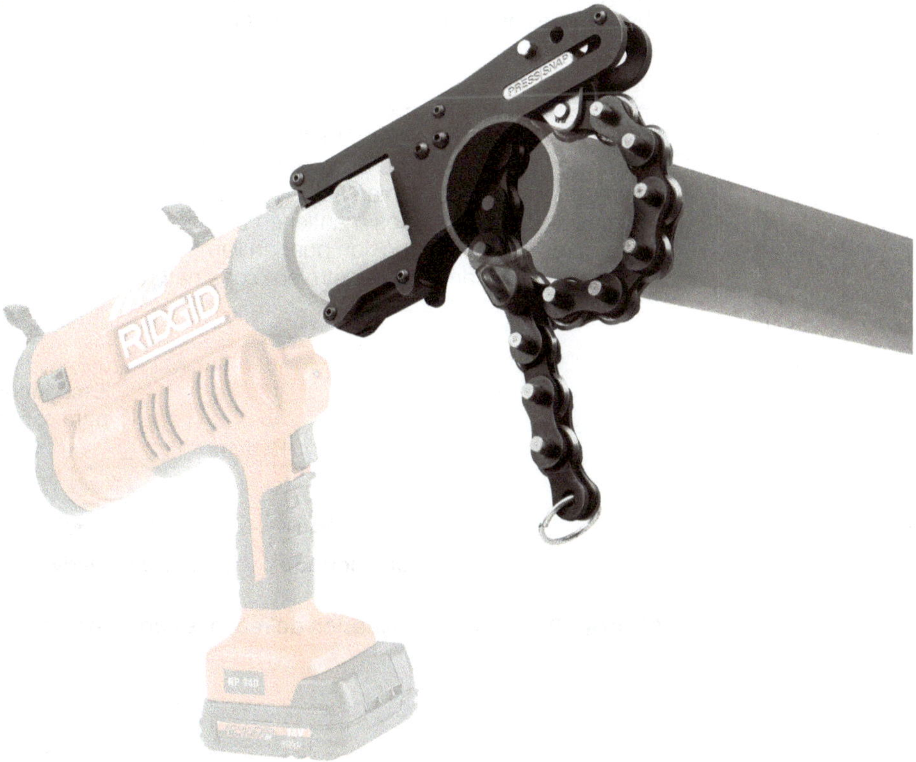

Figura 28 Cortadora de caños de suelo eléctrica.
Fuente: Ridge Tool Company

Escariado: proceso que elimina las rebabas de un caño después de haberlo cortado.

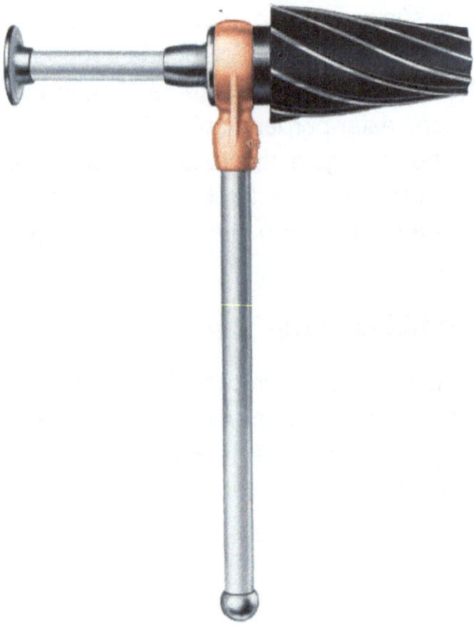

Figura 29 Escariador de caños.
Fuente: Ridge Tool Company

Escariado: después de cortar un caño, encontrará una rebaba en su parte interna. Para eliminar la rebaba, se utiliza un escariador para caños (*Figura 29*), en un proceso denominado *escariado*. Si la rebaba permanece en el caño, los sedimentos se acumulan en el interior y lo obstruyen, lo que frena el flujo de líquido dentro del caño (*Figura 30*). Como los escariadores son cónicos, un mismo modelo puede desbarbar muchos tamaños de caño. Sin embargo, asegúrese de no ensanchar en exceso el interior del caño. Un tipo de escariador es el desbarbador (a veces llamado *lápiz escariador*, porque tiene el tamaño aproximado de un lápiz), que se utiliza para eliminar rebabas de los tubos de cobre (*Figura 31*).

1.4.4 Palas

Para los caños de agua, los plomeros cavan zanjas con distintos tipos de palas, incluidas las palas de mano para zanjas. Identifique siempre la ubicación de todas las líneas y sistemas de aguas residuales, eléctricos, de agua y de gas cercanos antes de cavar. Si las palas golpean cables o caños subterráneos de servicios públicos, pueden causar numerosas lesiones y daños costosos. Cuando excave alrededor de las raíces de los árboles, utilice palas con mangos amortiguadores. El tamaño de la pala que deba utilizar depende de la tarea y de su propio tamaño. Por ejemplo, a los plomeros más altos les resulta más fácil usar palas con mangos largos que las de mango corto. Sin embargo, cuando se excava en un área confinada, como un pozo de absorción, es necesario utilizar palas con mangos muy cortos, más allá de su tamaño.

¡ADVERTENCIA!

Antes de excavar, llame siempre al 811. Debe alertar a las compañías locales de servicios públicos antes de excavar para evitar dañar cables y tuberías subterráneos. La empresa de servicios marcará la zona para que pueda excavar con seguridad. Además, todos los estados mantienen un sistema de notificación telefónica. Las empresas de construcción pueden llamar a este número para que se marquen las tuberías que transportan petróleo o gas natural antes de excavar.

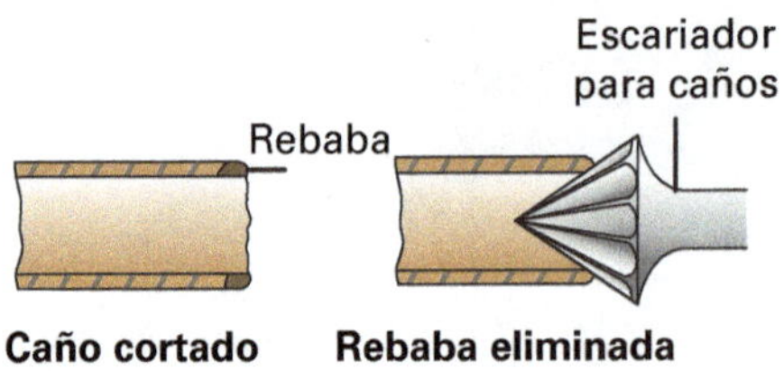

Figura 30 Rebaba y eliminación de rebabas con un escariador.

Figura 31 Desbarbador.

1.5.0 Herramientas para el montaje y la sujeción

Las herramientas de sujeción incluyen llaves, prensas y pinzas. Estas herramientas mantienen los materiales de plomería y las piezas de trabajo en su sitio sin que se muevan para que usted pueda hacer otra cosa, como realizar un orificio. Estas herramientas de sujeción ayudan a trabajar con precisión.

1.5.1 Llaves

La llave es una herramienta de montaje fundamental. Como plomero, utilizará distintas llaves para girar caños, accesorios y elementos de fijación. La física de una llave le permite funcionar como una palanca, con una mordaza, correa o cadena que sujeta un objeto para apretarlo o aflojarlo. Algunas llaves, como las de correa, están diseñadas para no dejar marcas. Se utilizan para girar sujetadores de acabado, donde la más mínima marca puede arruinar la apariencia de la terminación. Otras llaves se utilizan para sujetar materiales ocultos en la estructura de un edificio con firmeza, donde las marcas que pueden dejar no son un factor de importancia. Los plomeros utilizan una gran variedad de llaves.

Llaves para caños: se utilizan para sujetar y hacer girar caños y tuberías. Tenga en cuenta que cada tipo de llave tiene una mordaza inferior fija y una superior ajustable para el agarre. Cuando sujete un caño con este tipo de llave, deje un pequeño espacio entre el vástago de la mordaza superior y el caño. La pequeña separación permite que la llave sujete mejor el caño, ya que ambas mordazas lo aprietan alrededor con fuerza.

Entre los tipos de llaves se incluyen las llaves rectas para caños de alta resistencia, las llaves para caños acodadas a 45 y 90 grados y las llaves de boca de alta resistencia (*Figura 32*). Las llaves vienen en varias longitudes, como 6 pulg. (15.24 cm), 12 pulg. (30.48 cm), 14 pulg. (35.56 cm), 18 pulg. (45.72 cm), 24 pulg. (60.96 cm), 36 pulg. (91.44 cm) y 48 pulg. (121.92 cm). La longitud de la llave determina el tamaño del caño que puede manipular.

Figura 32 Llaves para caños.

> **¿Sabías qué?**
>
> **El mejor amigo del plomero**
>
> La llave para caños fue inventada por un bombero de barcos de vapor llamado Daniel Stillson. Había sugerido a Walworth, una empresa de calefacción y tuberías, que diseñara una llave que pudiera enroscar caños uno con otro. El propietario de la empresa le dijo a Stillson que intentara diseñar un prototipo que pudiera hacer girar el caño. Para eterna gratitud de los futuros plomeros, Stillson tuvo éxito y su prototipo hizo girar el caño. En 1870, el diseño de Stillson fue patentado y Walworth comenzó a fabricar la llave. Incluso hoy en día, las llaves para caños se denominan a veces *llaves Stillson.*

La llave recta para caños es la más común. Cuando trabaje en espacios reducidos, utilice llaves acodadas; sus ángulos (45 o 90 grados) permiten llegar a los caños en lugares estrechos. Las mordazas de las llaves para caños siempre dejan marcas en el caño. Por lo tanto, no las utilice en piezas en las que la apariencia sea importante. Cuando aplique fuerza a una llave, hágalo siempre hacia el lado abierto de las mordazas (*Figura 33*). Esta técnica le proporciona el mejor agarre y fuerza de palanca.

Otra de las variantes de la llave para caños es la llave de cadena pequeña (*Figura 34*). Esta herramienta tiene una cadena; uno de sus extremos está unido al mango de forma permanente. La cadena se pasa alrededor del caño para sujetarlo y asegurarlo, y el extremo libre de la cadena se puede fijar en las distintas posiciones del mango de la llave. Aplique aceite a la cadena con frecuencia para que no se ponga rígida ni se oxide.

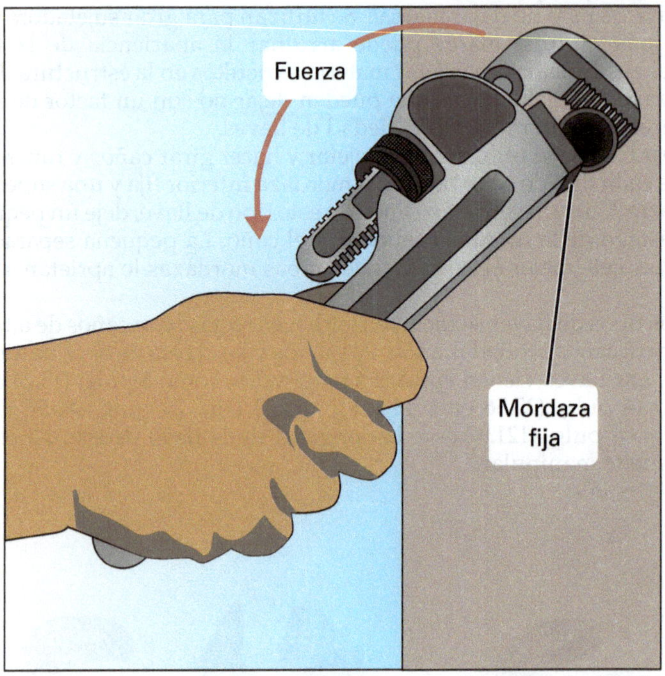

Figura 33 Método correcto para aplicar fuerza a una llave para caños.

Figura 34 Llave de cadena pequeña.
Fuente: Ridge Tool Company

Figura 35 Llave de cadena para caños.

Llaves de cadena para caños: son las llaves que se suelen utilizar en caños grandes (*Figura 35*). Las cadenas de estas llaves deben engrasarse con frecuencia. Proporcionan el apalancamiento adicional necesario para los trabajos más fuertes y pesados.

Llaves de correa: (*Figura 36*) sirven para sujetar los caños cromados o con otro tipo de acabado. Esta llave no deja marcas de mordaza ni rayones en el caño porque lo sujeta con una correa en lugar de una mordaza o cadena. Con algunas de estas llaves, es necesario aplicar colofonia a la correa para que no resbale. Otras llaves de correa utilizan correas de vinilo que no necesitan colofonia.

Llaves inglesas: son similares a las llaves para caños, pero no tienen dientes en las mordazas (*Figura 37*). Estas llaves se usan para aflojar y apretar los accesorios de los sifones, los filtros de los fregaderos y las conexiones de los inodoros. También se utilizan para tuercas grandes y de forma extraña. Las mordazas pequeñas de estas llaves permiten usarlas en lugares estrechos. Sin embargo, es difícil ajustarlas, por lo que los plomeros suelen utilizar, en su lugar, llaves ajustables y llaves de boca.

Llaves de boca: (*Figura 38*) suelen tener dos aberturas de distinto tamaño, cada una en un extremo de la herramienta. El tamaño de cada abertura está estampado en el mango. Por lo general, esta llave se utiliza para montar accesorios y sujetadores de menos de 1 pulg. (2.54 cm) de diámetro.

Llaves ajustables: las llaves como la de la *Figura 39* son similares a las llaves de boca, salvo que tienen una mordaza ajustable. Un rodillo en el vástago de la mordaza ajusta el tamaño de la apertura. Gracias a su facilidad de ajuste, esta llave se encuentra prácticamente en todas las cajas de herramientas. Hay varios tamaños de llaves ajustables, que a menudo se denominan *llaves Crescent* por la marca de herramientas Crescent®, disponibles desde 6 pulg. (15.24 cm) hasta 18 pulg. (45.72 cm) de longitud.

PRECAUCIÓN

No utilice nunca "barras de extensión" (caños utilizados para extender las llaves) porque pueden causar daños en el equipo. Utilice siempre una llave del tamaño adecuado para no dañar el caño.

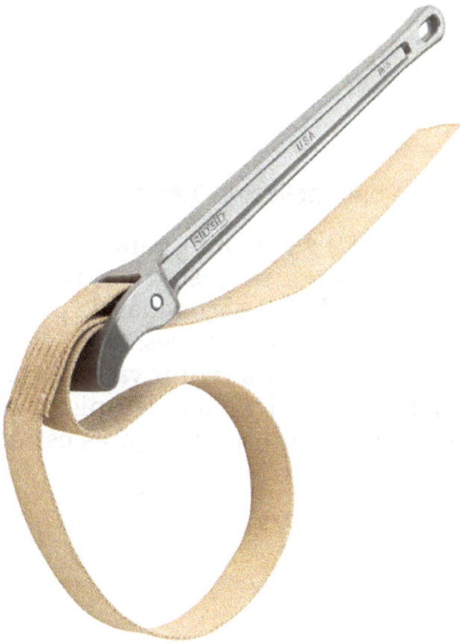

Figura 36 Llave de correa.
Fuente: Ridge Tool Company

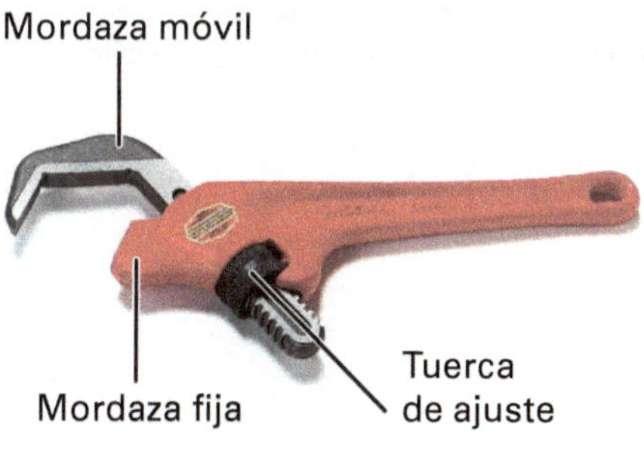

Figura 37 Llave inglesa.
Fuente: Ridge Tool Company

Figura 38 Llaves de boca.

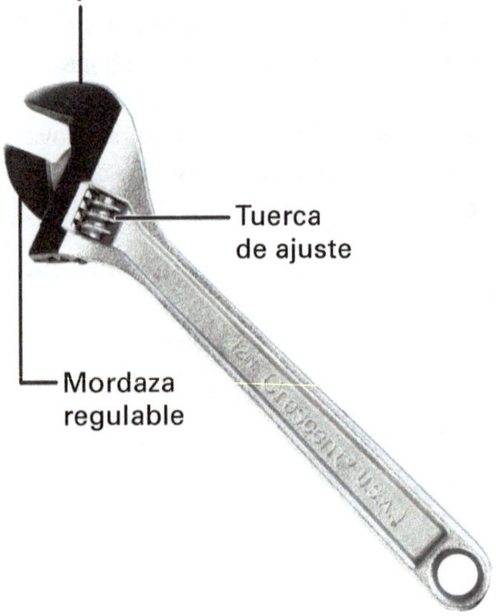

Figura 39 Llave ajustable.

Las llaves ajustables tienen mordazas lisas, por lo que son ideales para girar tuercas, pernos, accesorios de tubería pequeños y accesorios de tubería cromados. El uso de una llave ajustable puede ahorrarle mucho tiempo, ya que no tendrá que cambiar constantemente de tamaño de llave cuando trabaje con tuercas y tornillos de distintos tamaños.

Al igual que las llaves para caños, las llaves ajustables deben utilizarse en forma correcta al girar tuercas, tornillos o accesorios. Cuando aplique fuerza a una llave ajustable, hágalo siempre hacia el lado abierto de las mordazas (*Figura 40*).

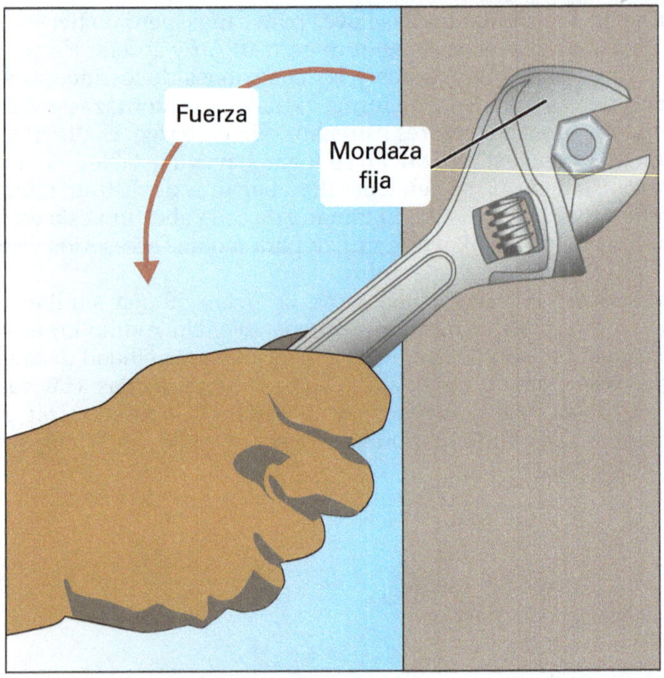

Figura 40 Método correcto para aplicar la fuerza a una llave ajustable.

Llaves para lavabos: (*Figura 41*) se crearon para trabajar en áreas estrechas y de difícil acceso, como los huecos donde se ajustan los grifos de fregaderos y lavatorios. Esta llave especial, con sus mandíbulas acodadas, le permite girar una tuerca o un tornillo que no podría alcanzar con otras llaves.

Llaves de un solo paso: se utilizan para retirar válvulas en ángulo y acoplamientos de compresión. Algunos diseños utilizan un mecanismo con trinquete. Este tipo de llave está diseñada para facilitar su uso en lugares estrechos, como debajo de los fregaderos del baño.

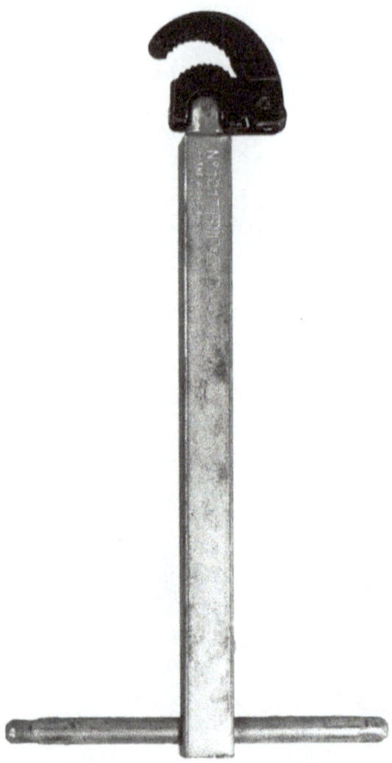

Figura 41 Llave para lavabos.

¿Sabías qué?

Un poco de historia

La llave *monkey wrench*, como se la denomina en inglés, es una llave de uso general con una mordaza ajustable para girar tuercas de distintos tamaños. Charles Moncky inventó esta herramienta hacia 1858. *Monkey wrench* también tiene un significado informal en inglés: desbaratar o sabotear. *Monkey* procede del apellido del inventor de la llave. *Wrench* era un término que significaba truco o engaño mucho antes de que se inventara la herramienta del mismo nombre.

No utilice esta llave como martillo. Si lo hace, puede dañarla y aflojar sus mordazas, lo que dificultaría su ajuste. Una llave floja puede zafarse de la tuerca con facilidad y causar lesiones.

Llaves dinamométricas: llevan acoplado un manómetro que indica el **torsion** (la fuerza que se aplica a la pieza). Esta llave es conocida por su precisión y confiabilidad. Existen varios tipos de llaves dinamométricas. El diseño sin cubo no tiene calibre; en cambio, está diseñado para desacoplarse a un límite de torsion preestablecido. La llave tipo clic facilita los ajustes porque tiene una escala deslizante con un mecanismo de bloqueo. Otras llaves dinamométricas tienen cabezales de trinquete que se pueden desmontar. Estas llaves permiten desmontar el cabezal y volver a insertarlo para aplicar el torsion en el sentido izquierdo. Debido a su bajo torsion, esta llave es muy popular entre los mecánicos de transmisiones.

Torsion: fuerza de torsión o giro aplicada en un movimiento de rotación. Las medidas se dan en pulgadas-libras o en pies-libras.

¡ADVERTENCIA!

Cuando utilice una llave dinamométrica, tenga cuidado de no forzarla. Las llaves a batería pueden causar el mismo daño que las eléctricas. El uso de un par de torsión excesivo en cualquiera de los modelos puede romperle la muñeca.

PRECAUCIÓN

Cuando utilice una llave dinamométrica, debe instalar los elementos de fijación en una secuencia para que todos se ajusten del mismo modo. Si ajusta un tornillo más que otro, puede deformar y dañar la pieza.

Seguridad en el uso de llaves: debe adoptar algunos hábitos de seguridad específicos cuando utilice las llaves, entre los que se incluyen los siguientes:

- Utilice llaves del tipo y tamaño adecuados para el trabajo.
- No utilice llaves flojas. Se pueden deslizar y causar lesiones graves. Una llave floja también puede estropear las esquinas de un tornillo con cabeza o las de una tuerca.
- Cuando trabaje en un espacio reducido, tenga cuidado de no lastimarse la mano al agarrar la llave y girarla.
- Siempre tire de la llave para hacer fuerza, nunca en sentido contrario. Si empuja una llave, el deslizamiento puede causarle lesiones en la mano, o incluso en la cara y el cuerpo. Si no puede evitar empujar una llave, hágalo con el brazo rígido, manteniendo la cara y el cuerpo hacia atrás.
- No ejerza demasiada fuerza en una llave pequeña.
- No utilice una llave como martillo.
- Cambie a una llave más grande si necesita más palanca.

Torsion

El torsion es una medida de la fuerza ejercida por un movimiento giratorio. Las llaves dinamométricas miden esta fuerza, o resistencia al giro. Se necesitan llaves dinamométricas cuando se instalan elementos de fijación que deben ajustarse en secuencia para que no se deforme la pieza de trabajo. Solo utilizará una llave dinamométrica cuando se especifique un torsion para un tornillo concreto.

1.5.2 Pinzas

Las pinzas son un tipo de llave ajustable y se utilizan para doblar y sujetar. Algunas pinzas también pueden utilizarse para cortar cables. Las pinzas tienen diferentes tipos de cabezas, dependiendo de su uso. No utilice pinzas en caños o fijaciones expuestas, porque dejan marcas de las mordazas.

Pinzas pico de loro: funcionan según el mismo principio que las pinzas con junta deslizante, pero sus mordazas tienen cinco o más ajustes (*Figura 42*). Estas pinzas pueden sujetar materiales mucho más grandes que las pinzas tradicionales. No utilice pinzas pico de loro para sujetar materiales pequeños, ya que, al ajustar por completo las mordazas, sus superficies no entran en contacto. Se las suele denominar *Channellock®* por su nombre comercial.

Pinzas de presión: son prácticas y ajustables, y se pueden utilizar como pinzas o como prensa o abrazadera manual (*Figura 43*). También se conocen como *pinzas pico de perro, alicate de sujeción* y *Vise-Grips®*, su nombre patentado. Para ajustar las mordazas de estas pinzas, se gira un tornillo fijado a uno de los mangos, lo que las bloquea con firmeza sobre la pieza de trabajo (normalmente de metal) con un agarre similar al de un tornillo de banco. Un gatillo en el otro mango afloja el agarre. El diseño estándar de las pinzas de presión tiene mordazas rectas dentadas, pero también hay otros modelos (mordazas de nariz larga, planas, en C). Gracias al ajuste preciso de las mordazas y a su enorme poder de sujeción, las pinzas de presión son una herramienta excelente para quitar pernos con las cabezas redondeadas.

Cuidado de las pinzas: las pinzas necesitan muy poco mantenimiento preventivo. Un poco de aceite en todas las articulaciones móviles y en el tornillo de ajuste de las pinzas de presión evita la oxidación y mantiene su buen funcionamiento. No exponga las pinzas a un calor extremo, ya que podría derretir sus mangos de plástico. Para garantizar la longevidad de sus pinzas, utilícelas solo para los fines previstos. No las utilice para martillar clavos ni para girar tuercas o pernos.

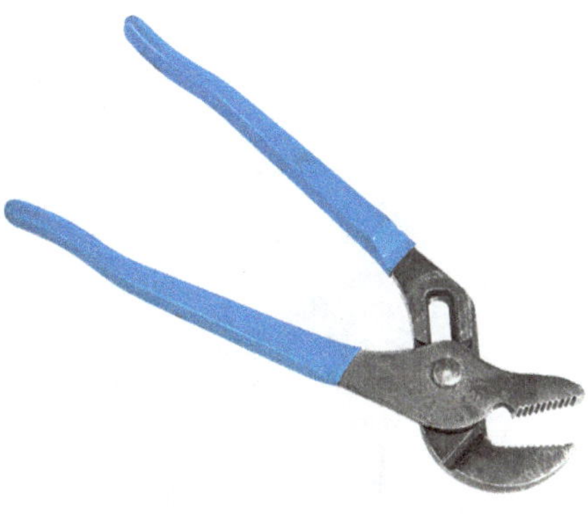

Figura 42 Pinzas pico de loro.

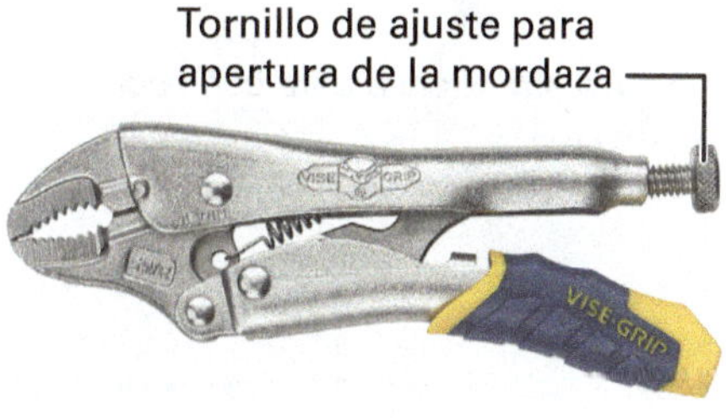

Figura 43 Pinzas de presión.
Fuente: imagen propiedad de Stanley Black & Decker. Se utiliza con permiso.

Seguridad en el uso de las pinzas. A continuación se detallan las pautas de seguridad específicas para las pinzas:

- Las pinzas no deben reemplazar a las llaves, ya que no pueden sujetar la pieza con la misma seguridad que las llaves. Si utiliza pinzas como llaves, se pueden deslizar y causar lesiones.
- Para los trabajos eléctricos, se deben utilizar pinzas aisladas.

1.5.3 Prensas

Las prensas son herramientas de sujeción. Los trabajos de plomería, como cortar, roscar y escariar, serían difíciles sin una prensa que sujete bien la pieza. La prensa permite realizar trabajos que, de otro modo, requerirían dos personas (una para sujetar la pieza y otra para cortarla, roscarla o escariarla).

Prensas de yugo estándar: son probablemente las más utilizadas por los plomeros (*Figura 44*). Sus mordazas sujetan el caño con firmeza y evitan que se mueva. Como los dientes de las prensas de yugo suelen dejar marcas en el material, utilícelas solo con caños que no queden a la vista.

Figura 44 Prensa de yugo.
Fuente: Ridge Tool Company

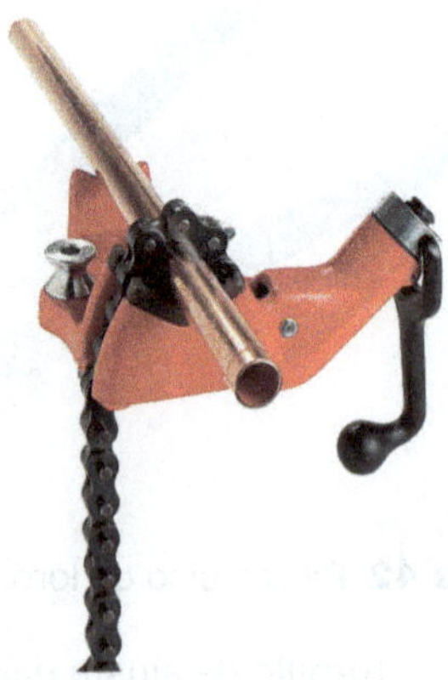

Figura 45 Prensa para caño con cadena.
Fuente: Ridge Tool Company

Prensas para caño con cadena: se utilizan de la misma manera que las prensas de yugo estándar, salvo que las prensas con cadena pueden sostener caños mucho más grandes (*Figura 45*). La cadena debe mantenerse lubricada o se pondrá rígida. Una cadena rígida degrada el funcionamiento de la prensa. Estas prensas pueden encontrarse en modelos para montar en bancos o independientes.

Tornillos de banco: tienen dos juegos de mordazas; uno para sujetar trabajos planos y otro para sujetar caños (*Figura 46*). Al girar el tornillo del mango en T, se aprieta o afloja la prensa. No es habitual ver este tornillo de banco en la obra, pero es posible que lo encuentre montado en algunos camiones de plomería.

Prensas TRISTAND®: la prensa TRISTAND® de RIDGID® tiene un soporte incorporado con patas plegables y una bandeja (*Figura 47*). La base de la prensa se extiende por fuera de las patas delanteras del soporte para que la herramienta pueda girar sin problemas. Algunos modelos incluyen ranuras adicionales para herramientas, dobladoras de caños y un tornillo de sujeción para techo. Cuando se utiliza con caños del tamaño adecuado, el tornillo de sujeción para techo le permite fijar la prensa calzándola entre el piso y el techo.

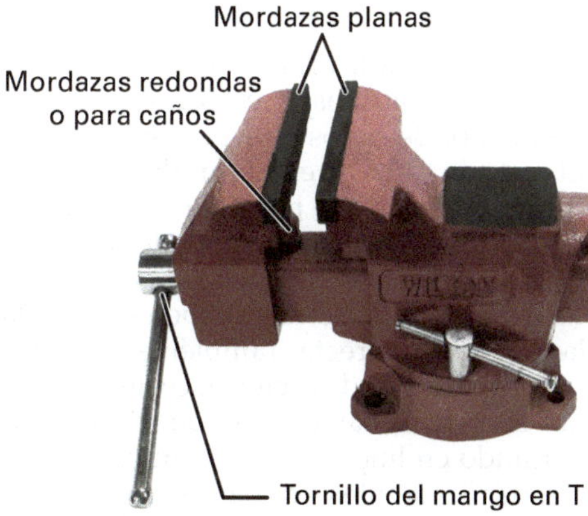

Figura 46 Tornillo de banco.
Fuente: Ridge Tool Company

Figura 47 Prensa TRISTAND® de RIDGID®.
Fuente: Ridge Tool Company

(A) Juego de terrajas

(B) Caño con extremos roscados

Figura 48 Juego de terrajas y caño roscado.

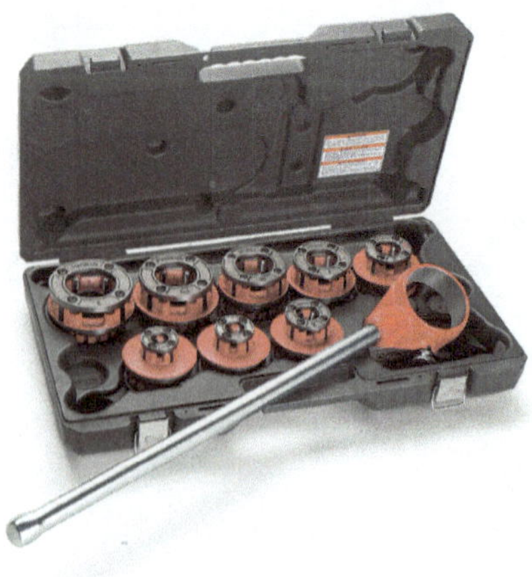

Figura 49 Terraja y mango con trinquete.
Fuente: Ridge Tool Company

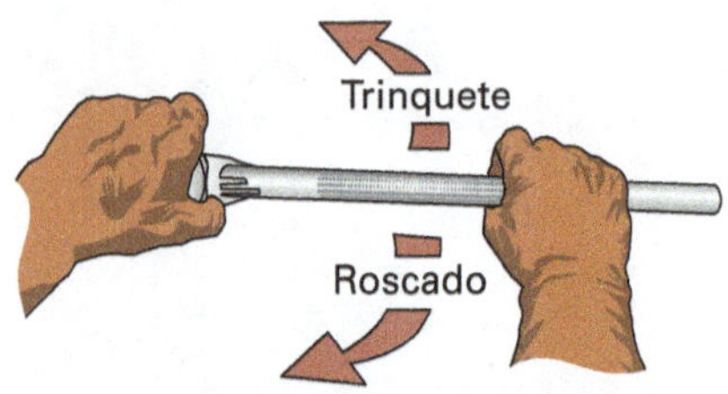

Figura 50 Manejo de una terraja y un mango con trinquete.

1.5.4 Roscadoras de trinquete

Un método para unir caños es enroscar el extremo de un caño en un accesorio roscado, como los accesorios y acoplamientos macho y hembra. Para unir segmentos de caños de esta manera, los extremos de los segmentos deben roscarse. El roscado consiste en pasar algo a través o alrededor de un segmento de caño para formar ranuras que permitan enroscar otro segmento por dentro o por fuera de él. Los caños galvanizados y los de hierro negro (fundición) deben roscarse por fuera. Para lograr roscas bien definidas, se utilizan terrajas (*Figura 48*) junto con roscadoras de trinquete. Las terrajas deben estar afiladas para que los hilos que formen tengan la conicidad correcta. También existen roscadoras eléctricas.

La aplicación de aceite de corte a la terraja reduce la fricción y el calor provocados por el corte. Si hay demasiada fricción o calor, la terraja empuja el metal que se está roscando en lugar de hacer un corte limpio. El calor y la fricción también pueden romper los dientes de la terraja.

Las terrajas se fabrican para adaptarse a todos los tamaños y materiales de caños estándares. Las terrajas forman hilos de diferentes tamaños, en general, de $^1/_2$ pulg. (1.27 cm), $^3/_4$ pulg. (1.91 cm), 1 pulg. (2.54 cm) y $1^1/_4$ pulg. (3.18 cm). Asegúrese de que las terrajas sean las adecuadas para el material del caño que va a roscar. Por ejemplo, nunca utilice terrajas de acero para roscar caños de acero inoxidable. Para ello solo deben utilizarse terrajas de acero inoxidable.

La terraja se fija o se sujeta en un mango con trinquete, donde el mecanismo de trinquete está unido al mango (*Figura 49*). El mango con trinquete ayuda a girar la terraja, dado que aumenta la fuerza de palanca sobre ella. El mecanismo de trinquete facilita el manejo del mango. Para realizar el roscado, ejerza presión en dirección descendente y, luego, lleve el mango hacia arriba para preparar otro movimiento hacia abajo (*Figura 50*).

1.6.0 Martillos

Los plomeros, como todos los demás trabajadores calificados de la construcción, utilizan martillos. Hay muchos tipos de martillos, como los sacaclavos, los de bola, las mazas y las hacha-mazas.

Los martillos vienen de muchos tamaños distintos. El tamaño está determinado por el peso de su cabeza. Por lo general, un martillo de 14 o 16 oz (400 o 500 g) se considera de peso medio (el peso está estampado en la cabeza del martillo). Algunos martillos sacaclavos pesan hasta 32 oz (900 g) y las mazas pueden pesar varios kilos.

Los martillos también vienen con diferentes tipos de mangos. Los de mangos de madera (normalmente de nogal) son los más baratos y son cómodos. Sin embargo, la cabeza puede soltarse fácilmente del mango y necesita un reajuste periódico. Los mangos de madera también pueden romperse cuando se sacan los clavos con mucha fuerza o al golpearlos en forma repetitiva. Los mangos de acero son muy resistentes (la cabeza y el mango son una sola pieza forjada), pero transfieren más el impacto del golpe a la mano que los mangos de madera o fibra de vidrio. Los mangos de plástico reforzado con fibra de vidrio pueden ser una buena opción intermedia. Son casi tan cómodos como los de madera, además de duraderos y amortiguadores. Los mangos de fibra de vidrio pueden astillarse si se golpea de forma repetida.

Use siempre protección ocular cuando utilice un martillo. Compruebe que los mangos estén bien encajados en la cabeza antes de usarlos, y no utilice martillos con mangos agrietados, astillados o muy desgastados. Nunca golpee la cara de un martillo con otro martillo o un hacha ni contra estos. Nunca golpee sacaclavos, cinceles de acero u otros objetos endurecidos con un martillo de carpintero, ya que la cara del martillo podría astillarse. Los martillos de carpintero están destinados exclusivamente a clavar o quitar clavos comunes no endurecidos.

1.6.1 Martillo sacaclavos

El tipo de martillo más común es el sacaclavos de carpintero (*Figura 51*). La cabeza del martillo tiene una cara para golpear los clavos y, en el lado opuesto, una uña de dos puntas para sacar los clavos. La cabeza es de acero. El mango puede ser de fibra de vidrio, madera o acero. Los martillos de fibra de vidrio y acero suelen tener revestimientos de goma o vinilo amortiguadores en el mango para mejorar el agarre. Los martillos sacaclavos pueden pesar 7 o 16 oz (200 o 500 gr).

Para sacar un clavo, coloque la uña del martillo por debajo de la cabeza del clavo y tire hasta que el mango quede casi en posición vertical y el clavo haya salido un poco de la madera. Luego, tire el clavo hacia arriba para sacarlo por completo (*Figura 52*). Para hacer más palanca al sacar clavos largos, fije firmemente un bloque debajo de la cabeza del martillo, sobre la misma superficie de la que está sacando el clavo.

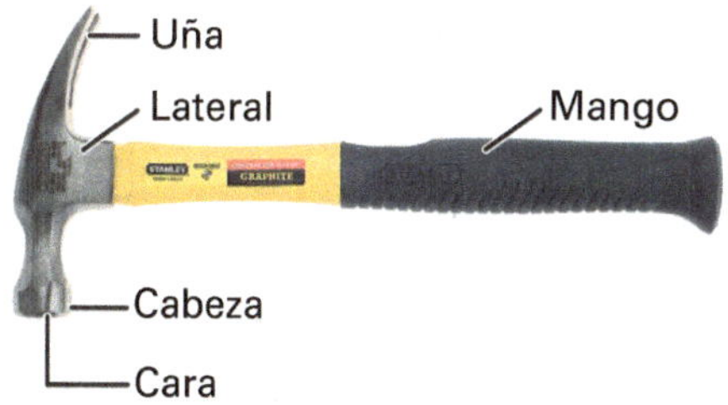

Figura 51 Martillo sacaclavos.
Fuente: The Stanley Works

Figura 52 Utilización de un martillo sacaclavos.

Las variantes del martillo sacaclavos son los martillos sacaclavos rectos y los martillos sacaclavos de uña curva (*Figura 53*). Los martillos sacaclavos rectos son mejores para hacer palanca sobre los clavos, pero los de uña curva son más compactos y son mejores para tirar de los clavos. Los sacaclavos de uña curva pesan 16 o 20 oz (500 o 600 gr), y los mangos pueden estar revestidos en grafito o fibra de vidrio o ser tubulares de acero.

Figura 53 Martillo de una curva revestido de grafito.
Fuente: The Stanley Works

¡ADVERTENCIA!

Cuando se trabaja en espacios reducidos, es mejor utilizar un martillo de bola que un martillo sacaclavos. En un espacio reducido, podría lastimarse accidentalmente con el extremo curvo del martillo.

1.6.2 Martillo de bola

El martillo de bola (*Figura 54*) tiene una cara plana para golpear y, en el otro lado de la cabeza, una cara redondeada que puede alinear soportes y sacar pernos. Este martillo también se clasifica por su peso. Las cabezas de los martillos de bola oscilan entre los 6 y 2½ oz (170 gr y 1.10 kg). Estos martillos están diseñados para golpear cinceles y para remachar, dar forma y enderezar metales no endurecidos. Cuando utilice un martillo de bola para golpear un cincel u otras herramientas diseñadas para ser golpeadas, asegúrese de que la cara del martillo tenga un diámetro al menos $^{3}/_{8}$ pulg. (0.95 cm) más grande que la cara de la herramienta que se está golpeando.

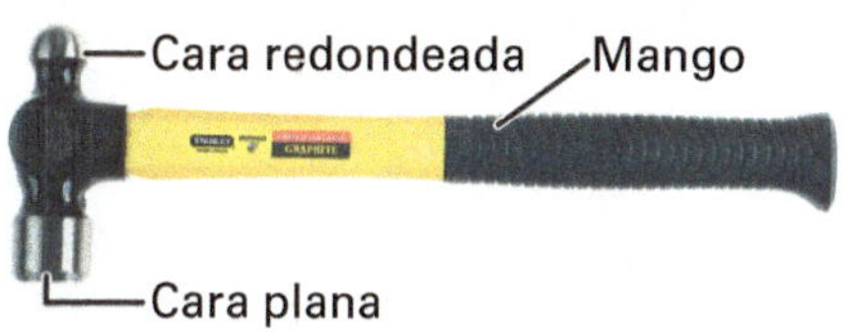

Figura 54 Martillo de bola.
Fuente: The Stanley Works

¡ADVERTENCIA!

Cuando utilice un martillo de bola, golpee de lleno en el cincel. Los golpes de refilón en el cincel pueden astillar el borde de la cara del martillo, lo que podría provocar lesiones graves, especialmente en los ojos.

1.6.3 Maza

Una maza es un martillo especialmente pesado (*Figura 55*). Es una herramienta resistente que se utiliza para clavar postes u otras estacas grandes. También se puede utilizar para romper hierro fundido u hormigón. La cabeza de la maza está hecha de acero con alto contenido de carbono y pesa entre 2 y 20 lb (0.9 y 9 kg). La forma de la cabeza de la maza y la longitud de su mango dependen del trabajo para el que esté diseñada.

Utilice siempre protección ocular cuando use mazas, y asegúrese de que el mango esté bien calzado en la cabeza de la maza. Nunca intente golpear un objeto al nivel de los hombros o por encima con una maza. En lugar de eso, utilice una plataforma para elevarse por encima del objeto que desea golpear. Si un compañero de trabajo sujeta una estaca, clavo, pasador u otro objeto que deba clavarse con la maza, esa persona debe colocarse en ángulo recto con respecto a la dirección de la maza, sostener ese objeto con un dispositivo de sujeción y usar guantes.

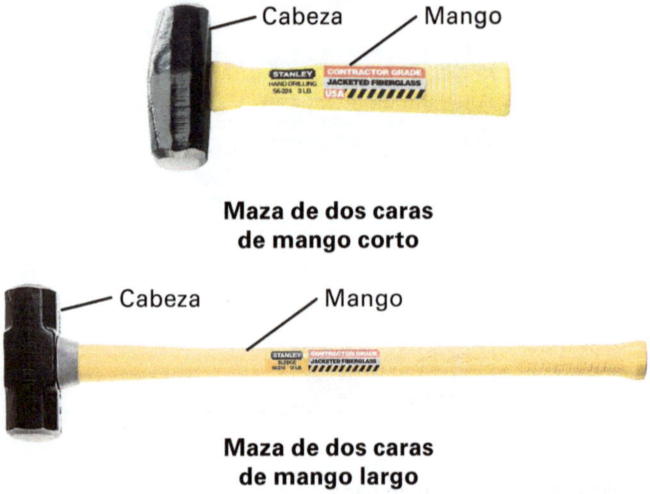

Figura 55 Mazas.
Fuente: The Stanley Works

1.6.4 Perforadora para montantes metálicos

Muchos montantes metálicos vienen preperforados. Sin embargo, hay casos en los que es necesario hacerles orificios. Las perforadoras para montantes metálicos cortan a través de los montantes de acero y dejan un agujero centrado en el montante. También alisan los bordes del agujero, previniendo enganches o cortes al pasar el alambre del anclaje a través del agujero. Para muchos trabajos, se utilizan aislantes de plástico (*Figura 57*) cuando se pasa un caño de cobre a través de orificios perforados en pies derechos de acero.

Figura 56 Perforadora para montantes metálicos.
Fuente: Ridge Tool Company

Figura 57 Aisladores que se utilizan con tuberías de cobre.
Fuente: iStock@alacatr

1.7.0 Destornilladores

Los destornilladores se utilizan para colocar y quitar una gran variedad de tronillos: de ranura plana, Phillips, Clutch y Allen. Por lo general, los destornilladores tienen el mismo diseño: un vástago de acero, la punta del destornillador en el extremo del vástago y un mango. Dada la gran variedad de tornillos que existen, hay también muchos tipos de puntas de destornillador y mangos. Los tipos más comunes son el destornillador estándar y el destornillador de punta Phillips (*Figura 58*). El mango del destornillador suele ser de madera o plástico con forma de bombilla. La longitud de la hoja y el ancho de la punta determinan el tamaño del destornillador. Los destornilladores varían desde $2^1/_2$ pulg. (6.35 cm) de longitud hasta 2 pies (60.96 cm) como máximo. Un ajuste correcto entre la punta del destornillador y la cabeza del tornillo evita que se estropee la cabeza del tornillo. Utilice un destornillador del tamaño adecuado para evitar que la punta se salga de la cabeza del tornillo y pueda dañarlo.

¡ADVERTENCIA!

No utilice el destornillador como sustituto de un martillo, cuña, sacaclavos, palanca, cincel o punzón. Para proteger los tornillos, sustituya siempre las puntas desgastadas del destornillador. Cuando utilice un destornillador, fije la pieza en una prensa. No sostenga la pieza con la mano a menos que el tornillo gire con facilidad. Utilice únicamente destornilladores con mango aislado para trabajos eléctricos. No lleve destornilladores expuestos en los bolsillos.

1.7.1 Destornilladores de múltiples puntas

Algunos destornilladores vienen con puntas intercambiables (*Figura 59*). Basta con retirar una punta del extremo del vástago y sustituirla por otra. Las puntas se guardan en el mango del destornillador. Las puntas suelen tener una hoja plana en un extremo y una cabeza Phillips en el otro. También se incluyen puntas especiales.

Calculadora

Tendrá que hacer cálculos rápidos al realizar diversos trabajos, por lo que siempre debe llevar una calculadora o un smartphone con una aplicación de calculadora instalada. La calculadora tradicional de mano, que funciona con pilas y ayuda a resolver problemas matemáticos básicos, es una opción. Las calculadoras especializadas pueden ayudarle a realizar muchos tipos de cálculos de construcción.

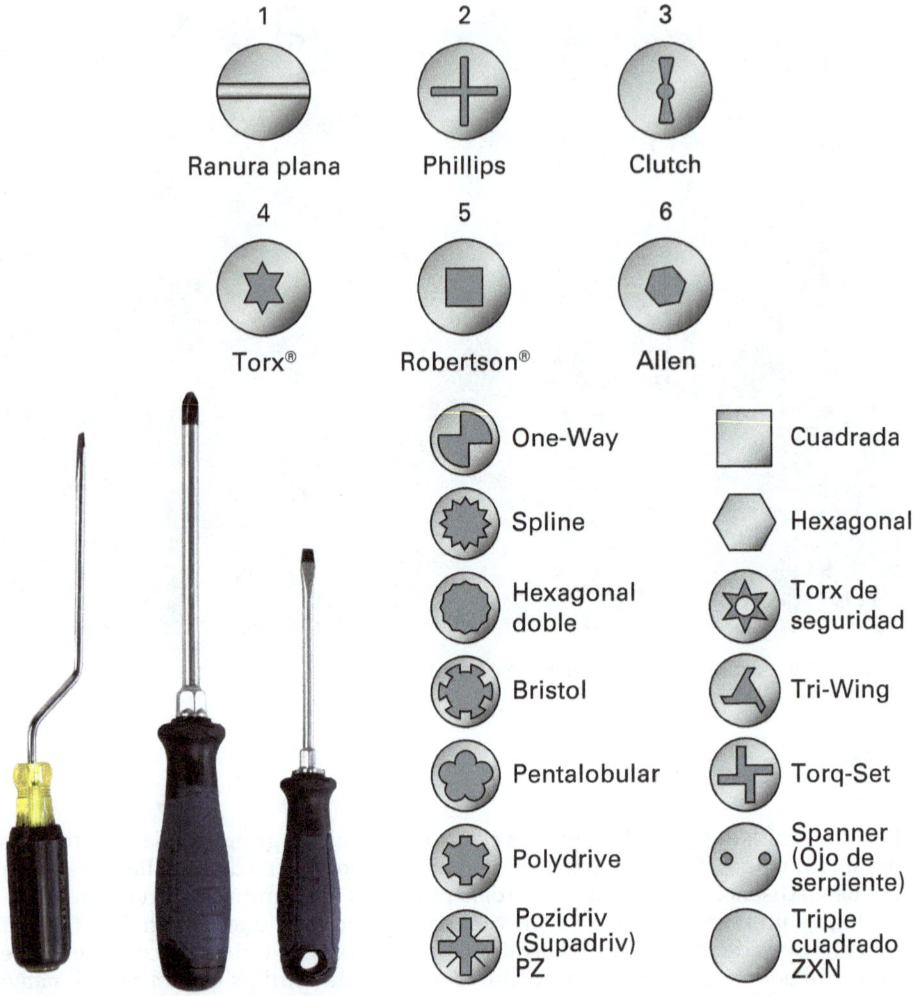

Figura 58 Destornilladores comunes.

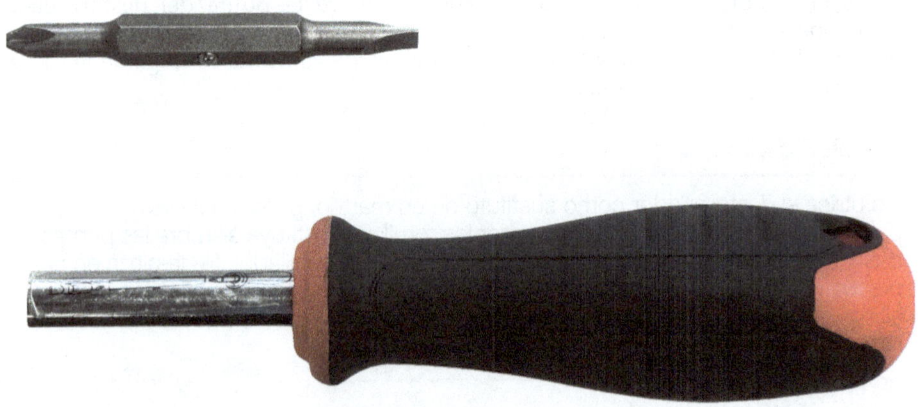

Figura 59 Destornillador de mútliples puntas.

Repaso de la sección 1.0.0

1. Para evitar que las partes metálicas de una herramienta se oxiden, se debe aplicar _____.
   a. agua
   b. grasa
   c. aceite ligero
   d. gasolina

2. Para medir las desviaciones, la regla del plomero tiene marcas a _____.
   a. 30 grados
   b. 45 grados
   c. 60 grados
   d. 90 grados

3. Los elementos nivelados y a plomo se cruzan en _____.
   a. ángulos de 30 grados
   b. ángulos de 45 grados
   c. ángulos de 90 grados
   d. ángulos de 180 grados

4. Los huecos en paredes de yeso se suelen cortar con una _____.
   a. sierra de cinta
   b. sierra para metales
   c. serrucho de calar
   d. sierra para metales pequeña

5. Las pinzas ideales para quitar los tornillos con las cabezas que se han redondeado se denominan _____.
   a. pinzas de presión
   b. pinzas con junta deslizante
   c. pinzas de electricista
   d. pinzas pico de loro

6. La *mejor* herramienta para extraer clavos es el _____.
   a. martillo sacaclavos recto
   b. martillo sacaclavos de una curva
   c. destornillador de punta plana
   d. berbiquí

7. El tornillo con cabeza Allen tiene una _____.
   a. ranura redonda
   b. ranura hexagonal
   c. ranura cuadrada
   d. ranura plana

2.0.0 Herramientas eléctricas

Tareas prácticas

1. Identificar las herramientas de plomería.
2. Utilizar las herramientas de plomería de forma adecuada.
3. Demostrar el mantenimiento y almacenamiento adecuados de herramientas manuales y electricas.

Objetivo

Describir las herramientas eléctricas que se utilizan en plomería.

a. Identificar los requisitos básicos de seguridad para las herramientas eléctricas.
b. Identificar las herramientas de corte eléctricas que se utilizan en la plomería
c. Identificar las herramientas para taladrar y perforar que se utilizan en la plomería.
d. Describir los métodos y las herramientas para la conexión de caños que se utilizan en la plomería.

Los plomeros utilizan una gran variedad de herramientas eléctricas. Entre las herramientas más comunes, los plomeros suelen utilizar sierras eléctricas, amoladoras y taladros. Estas herramientas presentan riesgos de seguridad adicionales, y es esencial que reciba capacitación sobre el uso correcto de cualquier herramienta antes de utilizarla.

2.1.0 Seguridad de las herramientas eléctricas

La OSHA y su empresa tienen políticas y procedimientos específicos para protegerse de los riesgos eléctricos en el lugar de trabajo. Por su parte, puede tomar muchas medidas para reducir la probabilidad de que ocurra un accidente eléctrico. Si tiene alguna pregunta acerca de la seguridad eléctrica en la obra, consulte a su supervisor. Sigua estas pautas básicas de seguridad eléctrica para la obra:

- Utilice cables de extensión con conexión a tierra y evite que se dañen. Nunca los sujete con grapas ni los cuelgue con clavos o alambres. Nunca use cables dañados.
- Asegúrese de que los paneles, interruptores, tomacorrientes y enchufes tengan conexión a tierra.
- Nunca use cables eléctricos sin aislar.
- Nunca use escaleras de mano metálicas cerca de cualquier fuente de electricidad.
- Nunca utilice cascos metálicos.
- Inspeccione siempre las herramientas eléctricas antes de utilizarlas.
- Nunca deje las baterías en los cargadores una vez que se hayan cargado por completo.
- No accione equipos eléctricos que tengan una etiqueta de peligro o un dispositivo de bloqueo.
- Use cables con conexión a tierra para las herramientas eléctricas portátiles y asegúrese de que estén bien conectados.
- Nunca utilice cables desgastados o rotos.
- De forma periódica, compruebe que los cables de alimentación de las herramientas eléctricas no estén dañados. Además, verifique con un medidor los enchufes de tres clavijas para asegurarse de que la puesta a tierra esté bien conectada. Los enchufes de tres clavijas solo son eficaces si están conectados a tierra de forma adecuada. Un supervisor debe controlar todas las reparaciones.
- No utilice herramientas eléctricas en lugares húmedos o mojados, incluso si tienen una conexión a tierra de seguridad.
- No utilice herramientas eléctricas cerca de líquidos inflamables; basta con una chispa para encender estos líquidos y provocar un incendio.
- Nunca utilice una herramienta que no tenga la protección de seguridad o que se la haya desactivado.

¿Sabías qué?

Cuidado con el amperaje

El amperaje es la intensidad de una corriente eléctrica, que se expresa en *amperios*. Un amperio es una unidad de corriente eléctrica. Cuanto mayor sea el amperaje, más corriente circulará por un cable eléctrico. Todos los cables eléctricos se clasifican según el número de amperios que pueden soportar. Por ejemplo, hay cables de 20 amperios, 60 amperios y 80 amperios. Asegúrese siempre de utilizar un cable que pueda soportar el amperaje que consume la herramienta que está utilizando. Si fluyen demasiados amperios por un cable no diseñado para esa corriente, el cable se calentará e iniciará un incendio.

2.1.1 Protección interruptor de circuito de falla a tierra (GFCI)

Todas las herramientas eléctricas deben tener doble aislamiento o estar protegidas con un interruptor de circuito de falla a tierra (GFCI - Ground Fault Circuit Interrupter). Las fallas a tierra son la causa más común de los riesgos de descarga eléctrica en un lugar de trabajo. Los GFCI son interruptores de acción rápida diseñados para cortar la energía eléctrica casi al instante en caso de una falla a tierra.

2.1.2 Cables de extensión

Los cables eléctricos son elementos frecuentes en las obras de construcción; sin embargo, a menudo se los pasa por alto. Tenga en cuenta las siguientes pautas para garantizar su seguridad y la de los demás trabajadores.

- Todos los cables eléctricos deben tener una etiqueta de Underwriters Laboratory (UL). Verifique la etiqueta de UL para conocer cuál es la potencia específica. No enchufe el cable a una fuente de energía que tenga más vatios que los especificados.
- Los conjuntos de cables que no tengan una marca que indique que son aptos para uso al aire libre se deben utilizar solo en interiores. Verifique la etiqueta de UL del cable para saber si tiene esta marca.
- No quite, doble ni modifique las clavijas o pines de metal de los cables eléctricos.
- Los cables de extensión que se utilicen con herramientas y equipos portátiles deben tener tres conductores y estar aprobados para uso intenso y muy intenso. Verifique la etiqueta de UL para conocer cuál es la denominación de uso.
- Evite sobrecalentar un cable eléctrico. Asegúrese de que el cable esté desenrollado y que no pase por debajo de ningún material de cobertura, como lonas, rollos de aislante o madera.
- No haga pasar cables a través de puertas u orificios en techos, paredes y pisos, ya que el cable puede sufrir daños. Verifique también que no haya esquinas afiladas en el trayecto del cable. Todas estas situaciones pueden provocar daños en el cable.
- Los cables de extensión pueden causar tropiezos. No los deje sin supervisión y guárdelos cuando no los esté usando.
- Para funcionar de forma correcta, una herramienta eléctrica debe recibir la energía eléctrica necesaria. A medida que la electricidad recorre la totalidad de un cable de extensión, tiende a perder tensión. Esta pérdida se denomina **caída de tensión**. Cuando la tensión baja, la herramienta tiene que consumir más **amperaje** (medida de la corriente eléctrica), lo que hace que el motor se caliente más. Si se prolonga este consumo de amperaje inusual, el motor puede sobrecalentarse y estropearse. En la *Tabla 1* se muestra el calibre de cable necesario para los cables de extensión de longitudes y amperajes determinados. Cuanto menor sea el número de calibre, más fuerte será el cable. Asegúrese de que los cables de extensión que utilice, en especial los largos, sean lo suficientemente fuertes para minimizar la caída de tensión.
- Los receptáculos en los extremos de los cables de extensión no forman parte del cableado permanente del edificio. Por lo tanto, deben estar protegidos con GFCI, de acuerdo con la normativa de la OSHA, más allá de que el cable de extensión esté enchufado al cableado permanente o no. Incluso cuando se utilicen GFCI, proteja siempre los cables de extensión de la humedad excesiva. Nunca conecte cables de extensión en cadena. Tanto la OSHA como los fabricantes no lo permiten porque es peligroso.

Caída de tensión: tendencia a perder tensión de la electricidad que viaja a través de la longitud de un cable de extensión.

Amperaje: medida de la corriente eléctrica.

TABLA 1 Amperajes nominales

Amperios nominales (o placa de características)	0–2.0	2.1-3.4	3.5-5.0	5.1-7.0	7.1–12.0	12.1–16.0	Igual o superior a 16.0
Longitud del cable de extensión	**Tamaño del cable**						
25 pies (7.62 m)	18	18	18	18	16	14	Normalmente no se consiguen como cables de extensión flexibles
50 pies (15.24 m)	18	18	18	16	14	12	
75 pies (22.86 m)	18	18	16	14	12	10	
100 pies (30.48 m)	18	16	14	12	10	8	
150 pies (45.72 m)	16	14	12	12	8	8	
200 pies (60.96 m)	16	14	12	10	8	6	
300 pies (91.44 m)	14	12	10	8	6	4	
400 pies (121.92 m)	12	10	8	5	4	4	
500 pies (152.40 m)	12	10	8	5	4	2	
600 pies (182.88 m)	10	8	6	4	2	2	
800 pies (243.84 m)	10	8	6	4	2	1	
1,000 pies (304.80 m)	8	6	4	2	1	0	

2.2.0 Herramientas eléctricas de corte

Las herramientas eléctricas de corte se utilizan para ahorrar tiempo y producir cortes uniformes. También son necesarias cuando se trabaja con materiales más pesados. Las más utilizadas en plomería son las sierras sable, las sierras de cinta portátiles, las sierras abrasivas y las amoladoras angulares.

2.2.1 Sierras sable

La sierra sable (*Figura 60*) es una herramienta eléctrica y se puede utilizar con distintas hojas. La elección de la hoja depende del material que se desea cortar. Un eje empuja la hoja hacia delante y hacia atrás. En el retroceso, también levanta la hoja para despejar el corte y evitar que se desgasten los dientes de la sierra. Existen modelos de sierras de una sola velocidad, de dos velocidades y de velocidad variable. Las carreras por minuto de una sierra sable oscilan entre 1,700 (velocidad más lenta en los modelos de dos velocidades) y 2,400 (velocidad más alta en la mayoría de los modelos de velocidad variable).

Figura 60 Sierra sable.
Fuente: DEWALT

¡ADVERTENCIA!

Nunca invierta el movimiento de la sierra mientras esté en funcionamiento. Si la hoja se pellizca, puede provocar un fuerte contragolpe, lo que puede empujar la sierra hacia el operario. Puede provocar lesiones, cortes e incluso la muerte. Utilice siempre una cadena de seguridad y lea las instrucciones del fabricante.

La sierra sable aporta fuerza bruta a una tarea y está diseñada para uso en materiales difíciles de cortar. Se utiliza prácticamente en todas las profesiones relacionadas con la construcción. Utilizará esta sierra potente para cortar hierro fundido, metal, plástico y madera. También puede cortar paredes o techos para crear huecos para las tuberías de plomería. La sierra sable es necesaria en cualquier trabajo de demolición.

En la parte delantera de todas las sierras sable hay una placa de apoyo. Nunca utilice una sierra sable sin la placa de apoyo porque, para que la sierra realice un buen corte, se debe apoyar la placa en la superficie de trabajo. Se pueden utilizar adaptadores para desplazar la hoja a la parte superior de la placa de apoyo para cortar a ras o a nivel con el material. Asegúrese siempre de utilizar los tipos de hoja especificados por el fabricante para el tipo de trabajo que vaya a realizar con la sierra sable.

¡ADVERTENCIA!

Siempre desenchufe o retire la batería de cualquier sierra antes de cambiar las hojas.

La sierra sable, al igual que todas las herramientas eléctricas, debe estar conectada a tierra con un enchufe de tres clavijas, que es una conexión conductora que proporciona una vía para que la corriente eléctrica pase de un aparato eléctrico a la tierra. Inspeccione el cuerpo y el cable para verificar que no haya daños antes de utilizar la sierra. No accione ninguna herramienta eléctrica si está en contacto con el agua o cerca de gases inflamables.

¡ADVERTENCIA!

No retire la clavija de conexión a tierra del enchufe de la sierra sable.

Algunos fabricantes hacen sierras sable sin cable. Esta sierra funciona del mismo modo que una sierra sable normal, pero utiliza energía de la batería en lugar de corriente eléctrica. La ausencia del cable puede ser una ventaja en espacios reducidos. No obstante, cuando utiliza una herramienta inalámbrica debe tener las mismas precauciones que con una herramienta eléctrica. Cuando utilice cualquier herramienta que funcione con batería, asegúrese de tener a mano una batería de repuesto para no perder tiempo buscándola si la que está utilizando se agota o necesita recarga.

¡ADVERTENCIA!

Asegúrese de no pisar agua cuando utilice cualquier herramienta accionada por una fuente de energía. Hacerlo aumenta en gran medida las posibilidades de electrocución, que puede causar lesiones graves e incluso la muerte.

Seguridad de las herramientas eléctricas

Antes de utilizar una sierra sable o cualquier otra herramienta eléctrica con o sin cable, compruebe siempre que esté en buenas condiciones de funcionamiento. Si se trata de una herramienta con cable, compruebe que el cable no presente cortes, desgarros ni estiramientos en toda su longitud. Si se trata de una herramienta inalámbrica, compruebe que la batería no presente abolladuras, pinchazos u otros daños. Desconecte siempre la fuente de alimentación antes de retirar las hojas de una sierra con o sin cable.

Elección de la hoja de sierra adecuada

Existen diferentes tipos de hojas para sierra. Las hojas de acero suelen ser las menos costosas, pero se desafilan más rápido. Si no utiliza con frecuencia sus herramientas accionadas por una fuente de energía, estas hojas pueden ser suficientes. Sin embargo, si utiliza mucho sus sierras eléctricas, las hojas con punta de carburo son una mejor opción. Estas hojas son más costosas que las de acero, pero también duran más.

2.2.2 Sierras de cinta portátiles

La sierra de cinta portátil (*Figura 61*) se utiliza para cortar una gran variedad de materiales, incluidos los caños con y sin hierro. Estos tipos de caños se denominan **ferrosos** y **no ferrosos**, respectivamente. Otros tipos de caños y materiales que se cortan con una sierra de cinta portátil son la **barra de acero** (material en forma de barra sin cortar) y el material en forma de tubo sin cortar. Los plásticos y los materiales con formas irregulares también se cortan con una sierra de cinta portátil. La hoja de esta sierra, con dientes como los de una sierra para metales, gira continuamente alrededor de las guías situadas en ambos extremos de la sierra. Para obtener los mejores resultados, lubrique la hoja a fin de reducir la fricción y prolongar la vida útil de la sierra.

Ferroso: que contiene hierro.

No ferroso: que no contiene hierro y, por lo tanto, no es magnético.

Barra de acero: material en barra sin cortar que se tiene disponible para utilizar en un proyecto.

2.2.3 Sierras abrasivas

También puede utilizar sierras abrasivas para cortar caños y otros materiales. Estas sierras utilizan un disco especial que puede cortar tanto metal como mampostería. Las sierras abrasivas más comunes son la sierra para demoliciones y la sierra circular. La principal diferencia entre las dos es que la sierra para demoliciones no está montada sobre una base. Utilice protección respiratoria cuando trabaje con sierras abrasivas. Antes de utilizar una sierra abrasiva, asegúrese de que el disco de corte tenga el tamaño adecuado para la clasificación de seguridad según las revoluciones por minuto (rpm) de la sierra. No sobrepase nunca el rango seguro de rpm de la sierra.

Sierras para demoliciones: (*Figura 62*) funcionan con electricidad o gasolina. Estas sierras son eficaces para cortar la mayoría de los materiales que se encuentran en una obra en construcción. Aunque todas las sierras son potencialmente peligrosas, la sierra para demolición es, en especial, una herramienta peligrosa que requiere toda la atención y concentración del operador. Antes de utilizar una sierra de gasolina, compruebe que la correa y otros componentes móviles no estén dañados.

PRECAUCIÓN

Al serrar, asegúrese de utilizar el PPE adecuado para los ojos, los oídos y las manos. Si tiene cabello largo, asegúrese de recogerlo o cubrirlo en forma correcta.

PRECAUCIÓN

El artículo 1910.106 del CFR 29 de la OSHA regula la cantidad de líquidos inflamables o combustibles que puede haber dentro o fuera de un armario de almacenamiento de gasolina o en cualquier zona de incendio de un edificio. La norma prohíbe más de 60 gal (227 L) de líquidos de clase I o clase II o más de 120 gal (454 L) de líquidos de clase III en un armario de almacenamiento.

¡ADVERTENCIA!

Las sierras para demolición que funcionan con gasolina deben manejarse con precaución. El uso de una sierra de gasolina en lugares con poca ventilación puede provocar intoxicación por monóxido de carbono. El gas de monóxido de carbono es difícil de detectar, pero es mortal. Utilice ventiladores para hacer circular el aire y pida a una persona calificada que controle la calidad del aire.

¡ADVERTENCIA!

Dado que la sierra para demolición es manual, es habitual utilizarla en posiciones que pueden poner fácilmente en riesgo el equilibrio y el apoyo. Tenga mucho cuidado de no utilizar la sierra en posiciones incómodas.

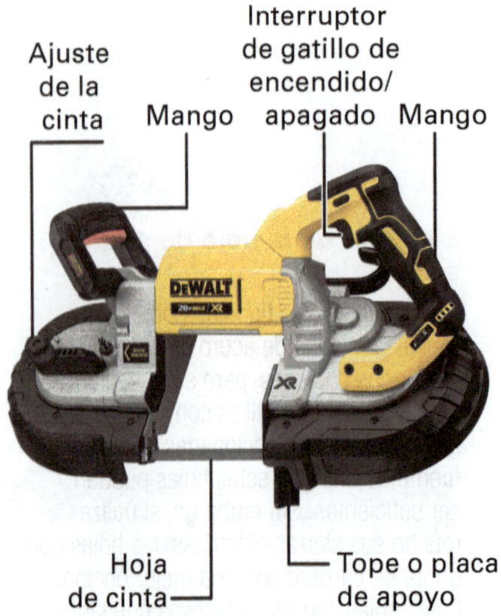

Figura 61 Sierra de cinta portátil.
Fuente: DEWALT

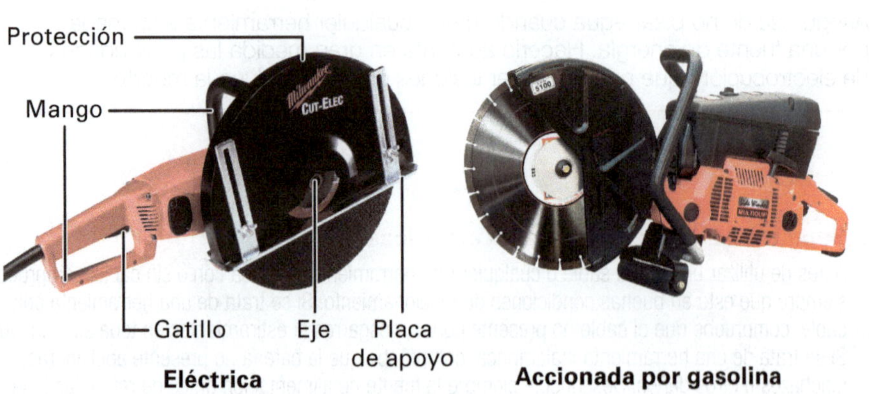

Figura 62 Sierras para demolición.
Fuente: Cortesía de Milwaukee Tool

Sierras circulares: son herramientas versátiles y precisas. Son sierras ligeras montadas sobre un brazo con muelle que pivota y se apoyan en una base metálica (*Figura 63*). Por su tamaño y peso, suelen ser portátiles. Estas sierras son ideales para obtener cortes exactos a escuadra o en ángulo. Utilizan un disco para cortar caños, canaletas, tuberías, conductos u otros materiales ligeros. El disco más común tiene una hoja abrasiva de metal, pero también se pueden utilizar hojas fabricadas para otros materiales, como PVC o madera. Una prensa en la base de la sierra circular sujeta el material con seguridad, y se la puede desplazar para obtener cortes a inglete. Algunas pueden desplazarse más de 45 grados en ambas direcciones.

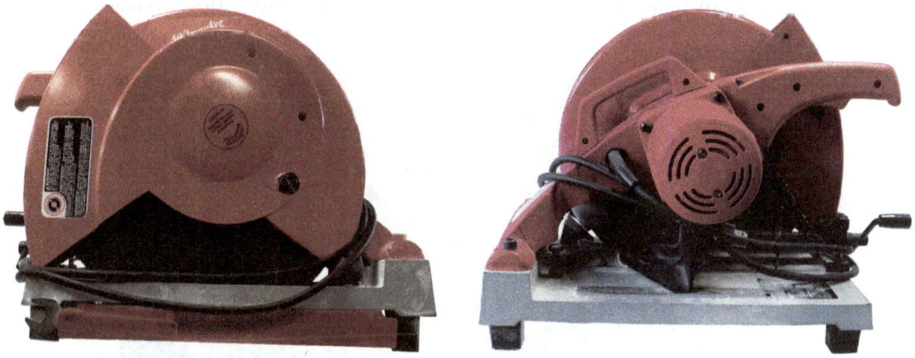

Sierras circulares

Figura 63 Sierra circular.

¡ADVERTENCIA!

Antes de utilizar una sierra rotativa, asegúrese de que la hoja tenga el tamaño correcto para la clasificación de seguridad según las rpm de la sierra. No sobrepase nunca el rango seguro de rpm de la sierra.

Las sierras circulares se clasifican según el diámetro del disco abrasivo más grande que permiten. Dos tamaños comunes son los discos de 12 pulg. (30.48 cm) y 14 pulg. (35.56 cm). Cada disco tiene una velocidad máxima de seguridad. Nunca sobrepase esa velocidad. En general, las velocidades máximas de seguridad son de 5,000 rpm para los discos de 12 pulg. (30.48 cm) y 4,350 rpm para los discos de 14 pulg. (35.56 cm).

Seguridad en el uso de las sierras abrasivas: las sierras abrasivas, como las sierras para demolición y las sierras circulares, requieren precaución extrema durante el uso. Para evitar lesionarse, cumpla estas pautas:

- Use el PPE para protegerse los ojos, oídos y manos, además de un respirador o una mascarilla antipolvo.
- Utilice discos de corte abrasivos que estén clasificados para un número de rpm superior al que puede alcanzar la herramienta. De este modo, nunca superará la velocidad máxima de seguridad para el disco que esté utilizando. Los discos se ajustan a un índice de seguridad basado en las rpm.
- Asegúrese de que el disco esté asegurado al eje antes de empezar a utilizar la sierra para demoliciones. Apunte el disco de la sierra hacia el lado contrario a usted y los demás antes de poner en marcha la máquina.
- Utilice las dos manos al momento de utilizar una sierra para demoliciones.
- Asegure en una prensa el material que quiera cortar. Las mordazas de la prensa sujetan el caño, tubo o cualquier otro material con firmeza y evitan que se mueva mientras lo corta. (Las prensas se analizarán más adelante en este módulo).
- Asegúrese de que la protección esté colocada y la placa de apoyo regulable esté firme antes de utilizar una sierra para demoliciones.
- Mantenga la sierra y los discos limpios.
- Inspeccione la sierra cada vez que la utilice. Nunca utilice una sierra dañada. Pregunte a su supervisor si tiene alguna duda sobre el estado de una sierra.
- Inspeccione el disco cada vez que lo utilice. Si observa daños, descártelo (*Figura 64*).

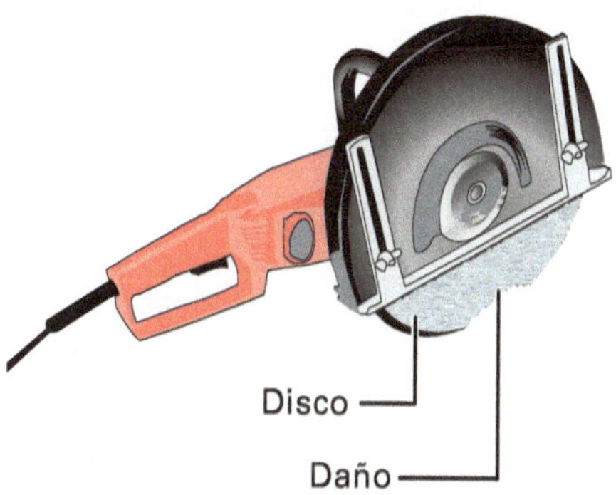

Figura 64 Hoja de sierra dañada.

2.2.4 Amoladoras angulares

Las amoladoras angulares, también llamadas *amoladoras laterales*, son herramientas electricas que se utilizan para cortar y desgastar materiales y superficies duras y pesadas, como tubos, placas metálicas o soldaduras (*Figura 65*). Estas amoladoras tienen un disco abrasivo giratorio que está ubicado en ángulo recto con respecto al eje del motor. El disco abrasivo de las amoladoras rectas rota de forma paralela al eje del motor. También se pueden realizar desbastes con la parte externa del disco abrasivo. Antes de utilizar una amoladora angular, realice siempre una prueba de sonido con el disco. Se trata de colocar el disco en una varilla y darle pequeños golpes. Cuando el disco está en buen estado, se escucha un "ring" claro; un golpe seco, en cambio, indica que el disco está en mal estado y debe desecharse.

Figura 65 Amoladoras angulares.
Fuente: iStock@Halfpoint

2.3.0 Herramientas para taladrar y perforar

PRECAUCIÓN

Nunca dé por sentado que sabe utilizar una herramienta eléctrica. Lea siempre detenidamente y comprenda las instrucciones del operario antes de utilizar y poner en marcha estas herramientas.

Las herramientas eléctricas de taladrado y perforado son instrumentos versátiles que han cambiado la profesión de la plomería, ya que reducen, en gran medida, el tiempo de instalación de los caños. Pocas cosas han mejorado tanto la productividad del plomero como el taladro eléctrico. Las terrajas también han facilitado la unión de los caños. Las herramientas de perforado permiten hacer orificios en la estructura de un edificio con rapidez.

Tomar un taladro y apretar el gatillo no es difícil, pero utilizarlo con destreza y cuidado requiere capacitación y experiencia. Para encontrar la broca para una tarea, es necesario conocer tanto las capacidades de las brocas como las propiedades de los materiales en los que se va a taladrar. Aunque los taladros son menos peligrosos que otras herramientas, como las sierras, su uso o mantenimiento inadecuados pueden provocar lesiones.

Para taladrar objetos de forma correcta, la preparación es esencial. Si es posible, coloque la pieza que quiere taladrar en una abrazadera o prensa para que las dos manos queden libres y pueda manejar el taladro. Esto también evita que la pieza de trabajo se mueva mientras taladra. Antes de taladrar un orificio en el metal, es necesario establecer y marcar un punto central preciso en la superficie del metal. Si quiere realizar un orificio grande, es posible que primero deba taladrar un orificio piloto con una broca más pequeña.

Cuando empiece a taladrar, coloque la broca, que es la parte del taladro que realiza el corte, en el punto central que ha marcado sobre la pieza. Primero, haga funcionar el taladro a baja velocidad para que la broca no se desvíe del punto central. Nunca fuerce un taladro. Si se ejerce demasiada presión sobre él, es probable que rompa la broca. Si quiere perforar la pieza de un lado al otro, reduzca la velocidad del taladro a medida que la broca se acerca al otro lado, a fin de que cuando la broca traspase, deje un orificio suave. Si la velocidad de la broca es demasiado alta o se ejerce presión sobre la broca, el orificio de salida puede resultar irregular.

Si el taladro se traba o si parece que está por suceder eso, retírelo. De este modo, la broca podrá eliminar los restos del orificio realizado. A continuación, puede continuar donde terminó. A diferencia de otras herramientas de corte, las brocas no tienen una vía de salida para los residuos que generan; la pared lateral del orificio bloquea los residuos que se generan durante la perforación. Suele ser necesario, en especial cuando se deben taladrar orificios profundos, sacar la broca del orificio para permitir que salgan los residuos Esto también ayuda a disipar el calor generado por la fricción constante entre el filo de la broca y la pieza.

Taladrar es una especie de arte. Para hacerlo bien, hay que tener en cuenta varios factores, como la velocidad de rotación de la broca (que viene definida por sus rpm), el tipo de broca, el diámetro y la profundidad del agujero que se va a perforar y las propiedades del material de la pieza. Estos factores deben equilibrarse para evitar una acumulación excesiva de calor, lo que podría provocar el fallo de la herramienta. Dichos factores se analizarán en las siguientes secciones.

2.3.1 Taladros eléctricos portátiles

El taladro eléctrico portátil (*Figura 66*), a veces llamado *taladro de pistola* debido a su forma, se utiliza para realizar orificios en materiales estructurales a fin de pasar caños y poder instalar los artefactos. Este taladro básico tiene un motor integrado en el cuerpo con forma de pistola. El mandril es un mecanismo de sujeción que aloja la broca. Después de introducir la broca en las mordazas del mandril, la broca se bloquea al ajustar el mandril. Desenchufe siempre el taladro cuando ajuste y bloquee una broca.

Si necesita perforar entre **viguetas** (viga de soporte horizontal) o en esquinas estrechas donde no cabe un taladro de pistola, puede resultar útil un taladro eléctrico portátil acodado (*Figura 67*). El diseño acodado de este taladro le permite hacer orificios donde el espacio es limitado. Los modelos de taladro con mangos alargados permiten un buen agarre para poder guiar mejor el taladro al perforar el material. El Hole Hawg® de Milwaukee puede utilizarse en lugares estrechos. Esta marca de taladros es legendaria por su torsión, o la fuerza de torsión o giro que aplica en un movimiento de rotación.

Otros dos tipos de taladros son el taladro percutor y el rotomartillo percutor (*Figura 68*). El taladro percutor combina la fuerza de un martillo con la capacidad de perforación de un taladro. Su acción de martilleo penetra en materiales compactos, como el hormigón o la mampostería, y la broca giratoria quita las virutas. Existe una gran variedad de brocas para diferentes tipos de trabajos. El rotomartillo percutor se utiliza para trabajos de mayor envergadura; el taladro percutor normal se emplea para hacer orificios para colocar pequeños anclajes que fijan las tuberías a una estructura.

Figura 66 Taladro eléctrico portátil (taladro de pistola).
Fuente: DEWALT

Viguetas: piezas de madera utilizadas de forma horizontal como soporte para techos o pisos.

Figura 67 Taladro acodado.
Fuente: DEWALT

Figura 68 Taladro percutor.
Fuente: DEWALT

Los taladros en forma de pistola son, quizás, las herramientas eléctricas más utilizadas y versátiles. Su función principal es hacer orificios en el acero, la madera, el hormigón y el plástico. De hecho, pueden perforar casi todos los materiales que se utilizan en la construcción. Los taladros en forma de pistola traen muchos accesorios que les permiten funcionar como amoladoras, lijadoras, pulidoras, cortadoras de chapa metálica y pulidoras de metal, si se le agregan discos de alambre o cepillos mil hojas.

Existen muchos tipos de taladros de pistola, fabricados por una variedad de fabricantes. Algunos son duraderos y de calidad industrial, pensados para un uso intensivo, mientras que otros son más adecuados para un uso ocasional. Naturalmente, el precio suele reflejar la calidad, así como su adaptación a diversas funciones. Un modelo de taladro industrial diseñado para un uso continuo puede ser una inversión inteligente.

Aunque hay muchos estilos diferentes de taladros de pistola, cada uno tiene una capacidad especificada (el tamaño máximo del hueco del mandril) que dicta el tamaño de la broca que puede contener el mandril. Las capacidades más comunes son de ¼ pulg. (0.64 cm), ⅜ pulg. (0.95 cm) y ½ pulg. (1.27 cm).

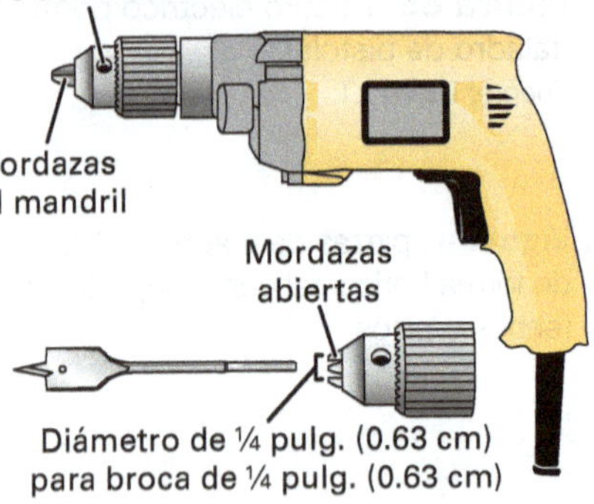

Figura 69 Mandril portabrocas.

Los mandriles portabrocas suelen tener tres mordazas que se abren y cierran simultáneamente para soltar o sujetar una broca u otro accesorio (*Figura 69*). El mecanismo del mandril se acciona con una llave para mandril o, en los modelos más nuevos, a mano. La llave del mandril es una rueda dentada que se acopla con otra situada en la base del mandril. La llave se sujeta al cable del taladro con un trozo de goma.

El tamaño del taladro de pistola se indica en términos del diámetro del hueco del mandril cuando las mordazas están completamente abiertas. Por ejemplo, si el hueco del mandril de un taladro mide $1/4$ pulg. (0.64 cm) de diámetro cuando las mordazas están completamente abiertas, se dice que el taladro es de $1/4$ pulg. (0.64 cm). Utiliza brocas con vástagos de hasta $1/4$ pulg. (0.64 cm) de diámetro.

Capacidad: cada motor de taladro tiene una capacidad máxima sin carga, que se indica en rpm. "Sin carga" significa que el taladro de pistola no está realizando ninguna perforación real y que el motor está funcionando libremente a su máxima velocidad. Los valores nominales sin carga varían en función de la capacidad del taladro. En todos los taladros, a medida que aumenta la capacidad de las brocas, disminuye la velocidad de perforación. En pocas palabras, las brocas más grandes giran más despacio. Por ejemplo, un taladro de $1/4$ pulg. (0.64 cm) puede tener valor nominal sin carga de entre 2,000 rpm y 3,500 rpm. Un taladro de $3/8$ pulg. (0.95 cm) puede tener valor nominal de entre 650 rpm y 1,200 rpm. Un taladro de $1/2$ pulg. (1.27 cm) puede tener valor nominal de entre 350 rpm y 850 rpm. Estas clasificaciones varían ligeramente según el fabricante. Las revoluciones del taladro Hole Hawg®, por ejemplo, se reducen para poder utilizar brocas Forstner de mayor tamaño.

El motivo por el que un aumento de la capacidad de las brocas implica una disminución de la velocidad de perforación es que, a medida que aumenta la capacidad de las brocas, también lo hace el torsión de la broca. El torsión es una medida de la capacidad de trabajo de una herramienta. Se requiere más torsion, por ejemplo, para taladrar un agujero de $1/2$ pulg. (1.27 cm) a través de una viga de doble T que para taladrar un agujero de $1/8$ pulg. (0.32 cm) a través de un pie derecho metálico. Por lo tanto, se debe elegir una broca más grande para la viga de doble T que para el pie derecho metálico.

Un motor de taladro de mayor capacidad gira más lento que uno de menor capacidad. Una broca más grande no puede tolerar las altas velocidades de un motor de taladro de menor capacidad sin sobrecalentarse y perder su **temple**. El temple es la resistencia y la fuerza de la broca. Esta es una de las razones por las que, al taladrar acero grueso, hay que retirar periódicamente la broca para evitar que se sobrecaliente.

Temple: fuerza y resistencia de un metal.

Rotación: los taladros de velocidad variable pueden funcionar en una amplia gama de velocidades de rotación, desde apenas por encima de cero hasta la velocidad máxima del motor. La presión aplicada al gatillo del taladro determina la velocidad de rotación: a mayor presión, mayor velocidad. Los fabricantes son conscientes de que las aplicaciones de perforación no son estándares y que las distintas aplicaciones requieren velocidades diferentes. Los orificios en algunos materiales se taladran mejor a altas velocidades, mientras que en otros materiales se necesitan velocidades más bajas.

Templado

Algunos metales y vidrios especiales se templan (se calientan y se enfrían) para aumentar su dureza y resistencia. Calentar y enfriar en forma alternada un metal, como el acero, lo somete a tensiones previas y aumenta mucho su resistencia. Las brocas se suelen templar para hacerlas más resistentes que los materiales en los que se utilizan. Sin embargo, el sobrecalentamiento de un metal templado hace que pierda su dureza.

Una variante del motor básico del taladro es el motor reversible. Estos motores de taladros permiten la rotación de la broca en sentido horario o antihorario. Esto es útil si necesita hacer retroceder la broca para sacarla de un orificio cuando ha quedado atascada. Para cambiar el sentido de giro, se acciona una palanca o un interruptor en el cuerpo del taladro. La mayoría de los motores reversibles también soportan velocidades variables. Muchos fabricantes designan estas herramientas como VSR (inversión de velocidad variable).

¡ADVERTENCIA!

Nunca invierta la marcha de los motores de los taladros mientras están en funcionamiento. Puede dañar el taladro o la pieza de trabajo, o lesionarse.

2.3.2 Taladros inalámbricos

Los taladros inalámbricos son cada vez más populares por su versatilidad y comodidad en comparación con el taladro portátil tradicional. Un taladro inalámbrico es muy útil cuando se trabaja en zonas en las que es difícil encontrar una fuente de alimentación o en las que sería incómodo o peligroso tender un tramo de cable eléctrico.

En los taladros inalámbricos, el motor funciona con baterías recargables (*Figura 70*). La batería extraíble se conecta al taladro durante su uso y se la puede enchufar a un cargador de baterías cuando no se utilice la herramienta. Algunos cargadores de baterías pueden recargarlas en una hora; otros requieren más tiempo. Si utiliza mucho el taladro inalámbrico, tenga siempre a mano una batería de repuesto para seguir utilizándolo mientras se recarga la otra.

Todas las características de los taladros en forma de pistola tradicionales se encuentran también en los modelos inalámbricos. Muchos taladros inalámbricos, por ejemplo, tienen la funcionalidad VSR. Algunos también tienen embragues ajustables que cambian la fuerza (torsión) para que el taladro se convierta en un destornillador eléctrico. Los taladros inalámbricos suelen costar más que los tradicionales, pero ese gasto puede verse compensado con creces por su flexibilidad.

Figura 70 Taladro inalámbrico.
Fuente: DEWALT

2.3.3 Brocas

Las brocas son las herramientas de corte que se utilizan en los taladros eléctricos, tanto tradicionales como inalámbricos. Se montan en el hueco del mandril y, luego, se traban. Existen varios tipos de brocas: en espiral, de paleta, copa, Forstner, para berbiquí y para mampostería. Cada una tiene una forma diferente y propiedades o usos especiales (*Figura 71*).

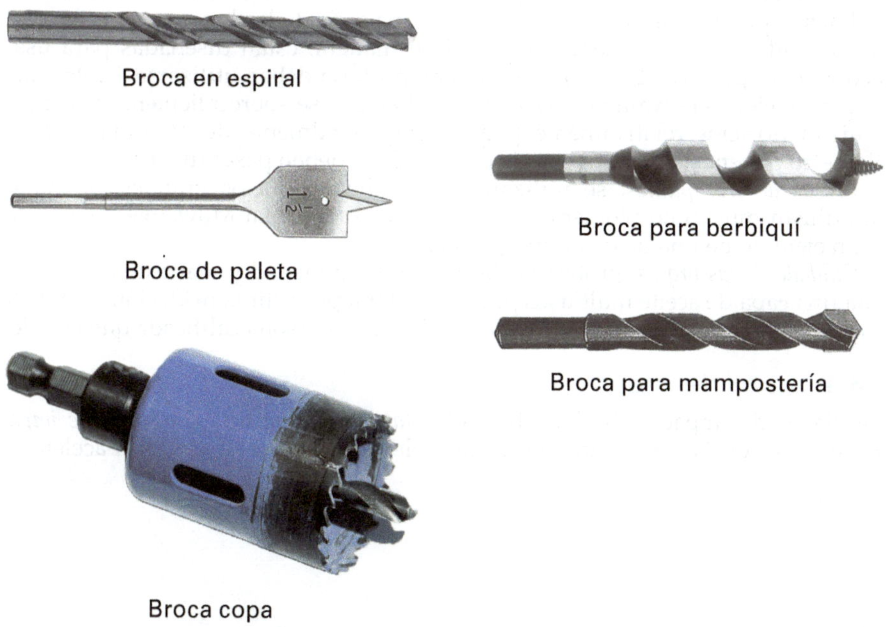

Figura 71 Tipos de brocas.
Fuente: cortesía de Milwaukee Electric Tool Corporation

NOTA

Consulte siempre las especificaciones del fabricante antes de utilizar las brocas. Asegúrese de utilizar la broca correcta para la aplicación adecuada.

¡ADVERTENCIA!

Solo el personal capacitado debe afilar las brocas. No afile brocas sin haber recibido una capacitación; podría lesionarse y dañar la broca.

Brocas en espiral: son brocas versátiles que pueden utilizarse para perforar casi cualquier material. Las brocas en espiral se suelen utilizar para realizar pequeños orificios antes de instalar los artefactos sanitarios. En general, son de $^1/_2$ pulg. (1.27 cm). Existen dos tipos de brocas en espiral: las de acero rápido y las de acero al carbono. Las brocas en espiral de acero rápido son de mayor calidad, soportan mejor las altas temperaturas sin "quemarse" y se utilizan para perforar metal (también pueden perforar madera, plásticos y materiales compuestos). Estas brocas en espiral tienen una punta ligeramente roma que no se deforma bajo presión, pero también tienen tendencia a girar fuera del centro del orificio previsto. Las brocas en espiral de acero al carbono son más baratas y están diseñadas específicamente para perforar madera. No son adecuadas para perforar metales duros como el hierro y el acero.

Brocas de paleta: son relativamente económicas. Como lo indica su nombre, tienen una hoja en forma de paleta con una punta triangular afilada. La paleta es plana, y la punta afilada actúa como guía para centrar el orificio. El borde afilado de la paleta realiza la mayor parte de la perforación. Las brocas de paleta cortan rápido y tienen la longitud necesaria para perforar piezas bastante gruesas. Estas brocas están diseñadas para cortar madera y algunos plásticos. No las utilice para perforar metales. Realizan orificios que van de ¼ pulg. (0.64 cm) a 2 pulg. (5.08 cm) de diámetro.

Brocas copa: tienen dientes, como las sierras, dispuestos alrededor de un cilindro hueco en el extremo de la broca. Esta hoja está unida a un eje, que se inserta en el mandril como el eje de cualquier otra broca. A medida que el taladro hace girar la broca, los dientes de la hoja cortan el material. Utilice estas brocas para perforar orificios de entre ½ pulg. (1.27 cm) y $3^1/_2$ pulg. (8.89 cm) de diámetro. Las brocas copa son adecuadas para perforar madera, plásticos y distintos metales, como el hierro, el acero y el aluminio. Estas brocas son muy útiles para hacer orificios para instalar tuberías, caños y conductos.

PRECAUCIÓN

Las brocas Forstner solo deben utilizarse en ángulo recto con respecto a la superficie que se perforará; de lo contrario, se podrían resbalar.

Brocas Forstner: estas brocas de múltiples puntas, perforan orificios en la madera rápidamente. Vienen en diámetros de entre ½ pulg. (1.27 cm) y $4^5/_8$ pulg. (11.75 cm). Son buenas para perforar las viguetas de piso y los pies derechos de pared y para hacer orificios en áreas de difícil acceso porque no es necesario mover la broca para hacerlo.

Brocas para berbiquí: vienen en diámetros de entre $^3/_4$ pulg. (1.91 cm) y $1^1/_2$ pulg. (3.81 cm). Están diseñadas solo para cortar madera. No las utilice para cortar metal; dañará la broca.

Brocas para mampostería: tienen una punta de carburo que permite perforar con facilidad materiales de mampostería, como el hormigón, el ladrillo, la piedra y el yeso, que desafilarían o quebrarían la mayoría de las brocas. No utilice estas brocas endurecidas de manera especial en madera; están diseñadas para usarse solo en mampostería. Las brocas para mampostería deben utilizarse a velocidades de perforación relativamente bajas para evitar que se sobrecalienten. Estas brocas realizan orificios relativamente pequeños [generalmente de $^3/_4$ pulg. (1.91 cm) diámetro o menos] en mampostería por donde se deben pasar tuberías.

Brocas de tres puntas: se utilizan para realizar orificios grandes en madera. Se utilizan mucho en plomería, HVAC y otros oficios. La Milwaukee Big Hawg® es un ejemplo de una broca de tres puntas.

Cuidado de las brocas: proteja las brocas de la humedad y manténgalas afiladas. Una fina capa de aceite multiusos puede ayudar a prevenir la oxidación. Si nota que una broca no está afilada, sustitúyala o pida a una persona calificada que la afile.

2.3.4 Llaves de impacto

Las llaves de impacto, también llamadas *taladros de impacto* o *pistolas de impacto* (*Figura 72*), son llaves de tubo de torsion elevado. Un motor eléctrico acelera una masa giratoria (llamada *martillo*) para hacer que golpee con mucha fuerza un eje de salida (llamado *yunque*) de forma repetida. El operario siente poco torsión mientras la herramienta funciona. Por debajo de la torsión mínima, el martillo gira sin golpear el yunque. Esto permite que la herramienta pueda atornillar de forma suave sin impactar. Las llaves de impacto están disponibles en todos los tamaños de llaves de tubo habituales. Las multiherramientas inalámbricas incluyen una gran variedad de accesorios que pueden extraerse y cambiarse fácilmente para diferentes usos. Los accesorios incluyen sierras, lijadoras y llaves. La velocidad de rotación se controla mediante un gatillo de velocidad variable situado en la carcasa del motor.

2.4.0 Herramientas para la conexión de caños

Existen varios métodos para unir los caños utilizados en plomería. En esta sección, se destacan los métodos más utilizados para unir caños, como el roscado, el ranurado, el prensado y la soldadura blanda.

2.4.1 Máquinas eléctricas para roscar caños

La roscadora de caños eléctrica gira, rosca, corta y escaria caños (*Figura 73*). El caño se introduce en el mandril de la máquina y se ajusta. Un pedal controla la máquina. Utilice solo el pie para accionar el pedal; nunca coloque un trozo de madera u otro objeto sobre el pedal para presionarlo. Para un funcionamiento sin problemas, asegúrese de seguir la tabla de información de mantenimiento preventivo proporcionada por el fabricante de la máquina. Las roscadoras de caños eléctricas también tienen una versión manual (*Figura 74*).

Figura 72 Llave de impacto.
Fuente: Ridge Tool Company

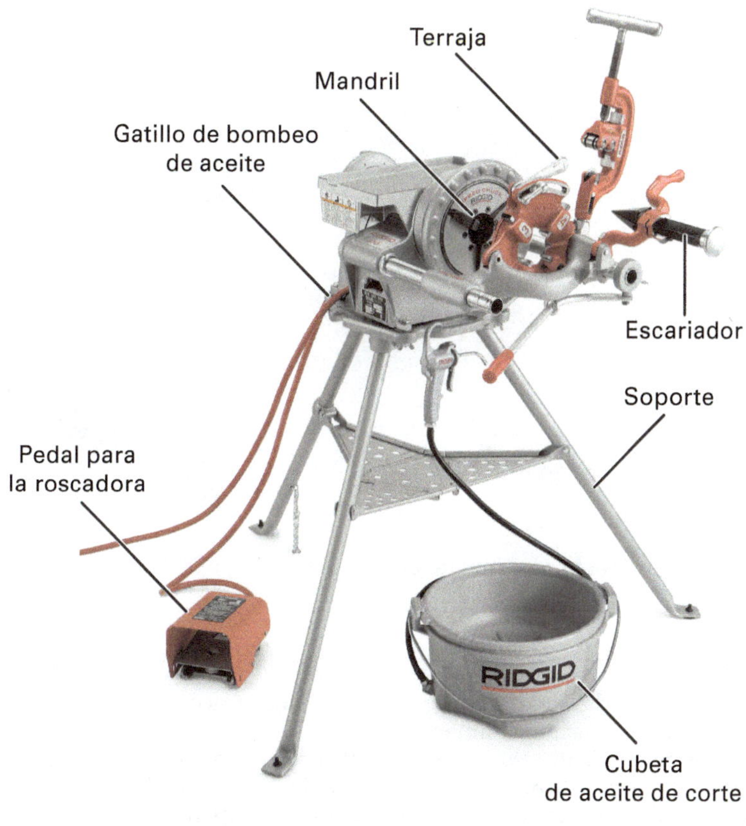

Figura 73 Roscadora de caños eléctrica.
Fuente: Ridge Tool Company

Figura 74 Roscadora de caños manual.
Fuente: Ridge Tool Company

¡ADVERTENCIA!

Cuando trabaje con una roscadora motorizada, no lleve ropa suelta, joyas o guantes que puedan quedar fácilmente atrapados en las partes giratorias de la máquina. Asegúrese de usar el PPE adecuado. Recójase el cabello largo para evitar que se enrede en la máquina durante el funcionamiento. Utilice un trozo de tela o cartón para absorber el aceite que se derrame durante el funcionamiento de la máquina y evitar así que llegue a la suela de sus zapatos de trabajo y dejen rastros resbaladizos por la obra.

2.4.2 Herramientas para ranurar caños

Las herramientas para ranurar caños (*Figura 75*) y los accesorios especiales ofrecen otro método para conectar caños. En un principio, el ranurado de caños se utilizaba para caños de cédula 40 o de pared estándar. En la actualidad, las herramientas para ranurar caños permiten a los plomeros crear ranuras en muchos materiales diferentes de caños y espesores de pared, incluido el acero de cédula 5 y superior, el acero inoxidable, el aluminio, el PVC, el CPVC y los caños de cobre de pared fina y gruesa.

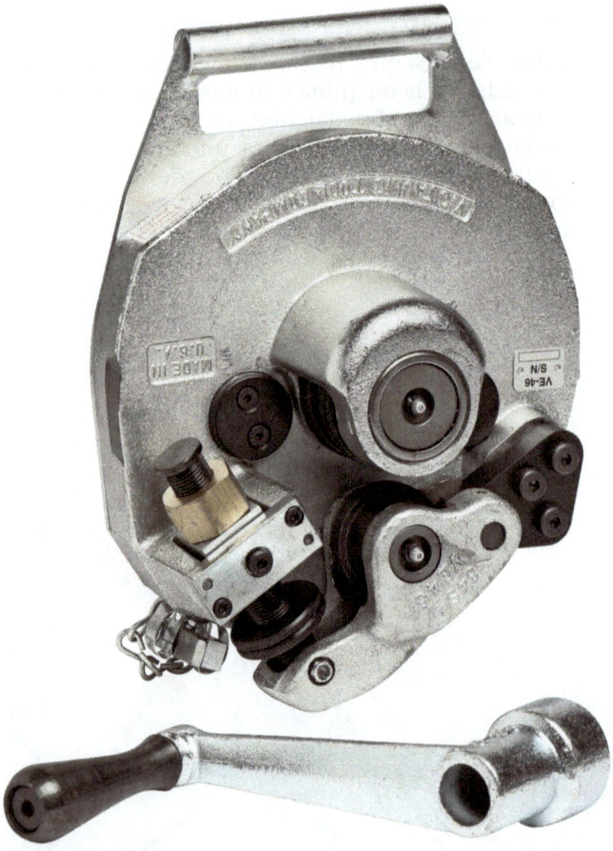

Figura 75 Herramienta para ranurar caños.
Fuente: cortesía de Victaulic Company

2.4.3 Herramientas para soldadura blanda

La soldadura blanda se utiliza para unir caños y accesorios de cobre rígidos. El material de aportación, llamado *soldante*, se distribuye de manera uniforme entre las superficies de ajuste de los caños cuando los caños o accesorios se calientan a la temperatura necesaria. Para la soldadura blanda, se utiliza un soplete pequeño y portátil de gas (*Figura 76*). El propano y acetileno son los dos gases más utilizados. El soplete calienta el metal y el **fundente** soluble en agua (también conocido como *pasta de soldar*) para unir el tubo. Las gotas de soldante son metal fundido. Pueden ocasionarle graves quemaduras si las toca. Use siempre gafas, guantes y otras prendas de protección cuando utilice un soplete para soldar. Suelde únicamente bajo la supervisión adecuada y después de haber recibido la capacitación correspondiente.

Fundente: sustancia soluble en agua que facilita la fusión (unión) de metales y ayuda a evitar la oxidación superficial (herrumbre, deslustre) durante la soldadura fuerte y la soldadura blanda. También se lo llama *pasta de soldar*.

¡ADVERTENCIA!

El acetileno tiene características inflamables extremas. Consulte siempre las especificaciones del fabricante para conocer la presión adecuada del depósito. Evite el contacto con el cobre, la plata y el mercurio. Los cilindros de acetileno deben permanecer en posición vertical en todo momento.

PRECAUCIÓN

Los gases de acetileno y propano están sometidos a una presión extrema, pueden provocar explosiones y liberar gases tóxicos a la atmósfera.

Siga estas precauciones generales cuando trabaje con gases comprimidos:

- No deje caer los cilindros ni los golpee con fuerza.
- Deje el tapón del cilindro puesto hasta que esté listo para utilizarse.
- Transporte los cilindros con carros adecuados. No ruede, arrastre ni deslice los cilindros.
- No modifique los dispositivos de seguridad de los cilindros, reguladores o válvulas.
- No exponga los cilindros de gas comprimido a temperaturas mayores de 125°F (51°C).
- No permita que ninguna llama entre en contacto con un cilindro de gas comprimido.
- Use los gases comprimidos en áreas bien ventiladas.
- Utilice el tamaño de cilindro más pequeño disponible para la aplicación que necesite.
- Cuando descargue el gas en un líquido, utilice un sifón o una válvula de retención para evitar que el líquido ingrese al regulador o cilindro.
- Consulte la información de la etiqueta y la hoja de datos de seguridad del material (MSDS) antes de manipular cualquier gas comprimido.
- Utilice el PPE adecuado.
- Tenga cuidado al retirar el tapón de un cilindro que se haya almacenado al aire libre. Los cilindros que se guardan en exteriores pueden atraer avispas y otros insectos.
- Cierre la válvula del cilindro cuando ya no esté en uso.

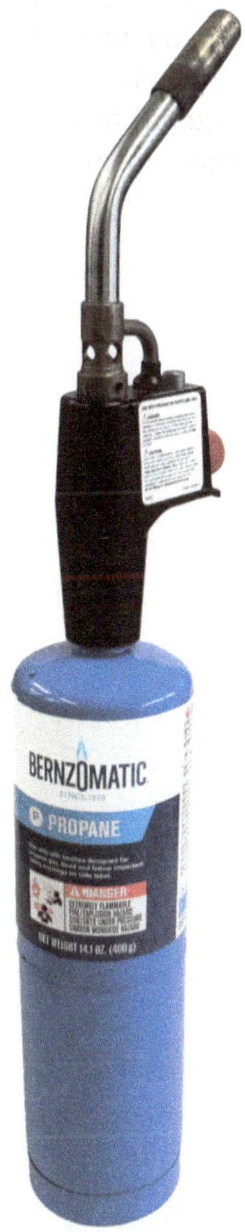

Figura 76 Soplete de gas para soldadura blanda.

La llama del soplete que genera una herramienta de soldadura blanda tiene diferentes temperaturas, todas ellas elevadas, naturalmente, pero algunas más que otras. La parte más caliente de cualquier llama se encuentra en la punta del cono interior, donde la llama pálida se encuentra con la llama exterior de color más intenso.

Los sopletes de propano se utilizan para soldar caños de cobre. Las temperaturas entre 400°F y 800°F (205°C y 425°C) pueden soldar conexiones de plomería. Las temperaturas de 3,000°F (1,650°C) pueden soldar metales y cortar o soldar hierro y acero dulce. Asegúrese de que la potencia calorífica del soplete se ajuste a la tarea. Aunque el propano extrae oxígeno del aire para arder por sí solo, si se complementa el gas propano de soplete manual con oxígeno de un depósito independiente se puede generar aún más calor.

¡ADVERTENCIA!

Trabajar con herramientas de soldadura blanda puede ser peligroso. El soldador puede quemarlo fácilmente o quemar los objetos que le rodean. No toque nunca la punta ni el calentador mientras el aparato esté encendido. Deje que el hierro se enfríe antes de cambiar la punta. Utilice un soporte para el soldador y manténgalo a una distancia segura de los materiales inflamables.

PRECAUCIÓN

Si padece algún problema respiratorio, asegúrese de trabajar en una zona bien ventilada. Los soldantes contienen fundentes a base de colofonia, que puede irritar el sistema respiratorio. También existen soldantes sin colofonia.

Se puede utilizar un chispero (*Figura 77*) para encender sopletes que no tienen la función de autoencendido. Cuando utilice un chispero, asegúrese de que el borde de la copa esté paralelo a la llama. No coloque el chispero perpendicular a la parte delantera de la salida del soplete ni deje que la copa cubra la punta de ninguna manera. De lo contrario, corre el riesgo de un fogonazo peligroso hacia usted.

NOTA

Elimine los depósitos de propano de su propiedad para no dañar el medioambiente. Muchos municipios disponen de zonas de eliminación de residuos peligrosos.

¡ADVERTENCIA!

No utilice nunca un cigarrillo ni un encendedor para encender el soplete. Nunca lleve un encendedor encima cuando utilice un soplete, dado que supone un grave riesgo de incendio.

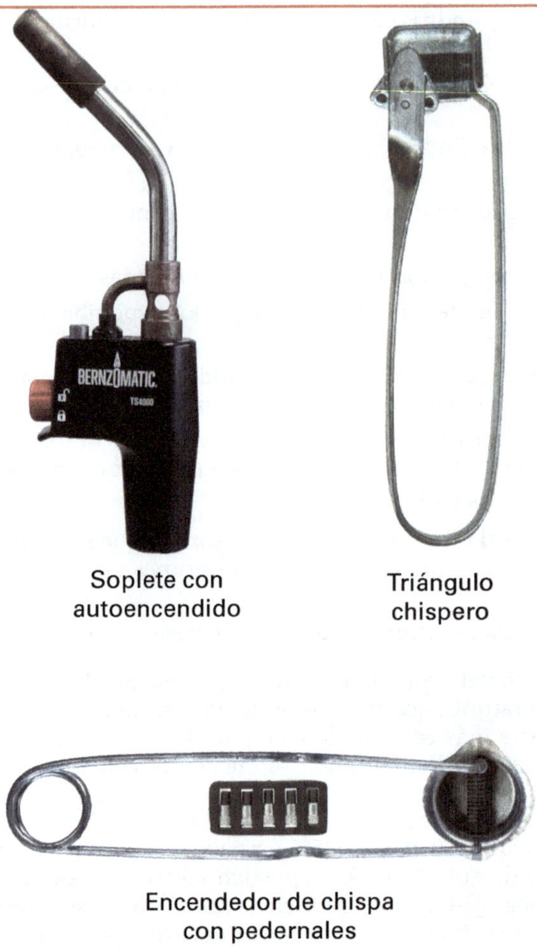

Figura 77 Chisperos.

Soldadura fuerte

En plomería, el proceso llamado *soldadura fuerte* se utiliza para unir caños y accesorios para las tuberías que transportan agua salada y aceite y para los sistemas de refrigeración y manipulación de productos químicos, líneas de vacío y aire, y líneas de vapor de baja presión. Este tipo de soldadura requiere temperaturas mucho mayores que las necesarias para la soldadura blanda de caños de cobre.

Para lograr una llama suficientemente caliente para la soldadura fuerte, utilice un soplete oxiacetilénico capaz de generar temperaturas de 1,400°F (760°C) o superiores. La soldadura fuerte requiere un soplete con la punta correcta, válvulas reguladoras y depósitos de oxígeno y acetileno. Estos depósitos vienen en dos tamaños. Los plomeros suelen utilizar el depósito B, más pequeño, que tiene dos compartimentos para almacenar el acetileno y el oxígeno presurizados.

Tenga en cuenta que el soplete que se muestra está diseñado para uso con gas oxiacetileno.

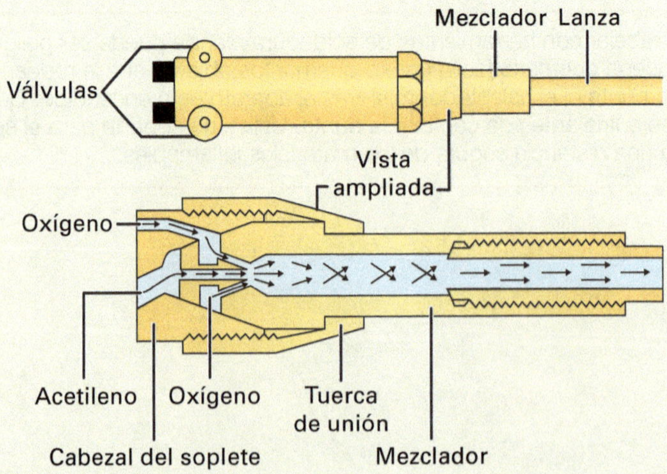

2.4.4 Herramientas de prensado

Dos métodos alternativos de conexión de caños han cambiado la naturaleza de las tuberías de agua, no solo en aplicaciones residenciales sino también en proyectos comerciales. Estas alternativas son las tuberías de polietileno reticulado (PEX) y los accesorios por presión. Cada una de ellas comparte ventajas distintas en cuanto a la velocidad y la facilidad del uso, que han seguido desarrollándose gracias a los avances en las herramientas electricas que se utilizan para realizar estas conexiones.

Herramientas para PEX

Las conexiones de PEX se realizan mediante varios métodos alternativos, y cada uno de ellos puede realizarse con una herramienta manual especialmente diseñada. La opción de compresión con anillos es muy adecuada para el uso de una herramienta de prensado motorizada (*Figura 78*). Las conexiones que se realizan con este método suelen ser rápidas, pero muy confiables y duraderas.

Figura 78 Herramienta de prensado con anillos.
Fuente: Ridge Tool Company

Herramientas y accesorios de prensado más grandes

Utilizando acoplamientos ranurados, los dos extremos de los caños se conectan mediante una herramienta de compresión (*Figura 79*), sin necesidad de soldar, pegar, soldar o roscar. Las herramientas de compresión vienen para conexiones pequeñas y grandes (*Figura 80*).

Figura 79 Herramienta de compresión de caños.
Fuente: Ridge Tool Company

Figura 80 Herramienta de compresión de caños grandes.
Fuente: Ridge Tool Company

Repaso de la sección 2.0.0

1. Un cable de extensión demasiado largo puede provocar _____.
   a. caída de tensión
   b. menor resistencia
   c. poca corriente
   d. armónicos

2. La sierra que tiene una hoja continua que gira alrededor de guías situadas en ambos extremos se denomina _____.
   a. sierra de cinta portátil
   b. sierra sable
   c. sierra circular
   d. sierra para demoliciones

3. El mecanismo ubicado en el extremo del motor de un taladro que se utiliza para sujetar o soltar una broca se denomina _____.
   a. prensa
   b. mandril
   c. llave
   d. tornillo prisionero

4. Cuando están soldando, los plomeros utilizan un soplete de gas propano o acetileno para _____.
   a. roscar el caño
   b. oxidar el caño y el accesorio
   c. calentar el caño y el accesorio
   d. eliminar las rebabas

Módulo 02103 Preguntas de repaso

1. Una escuadra que incluye un inglete, un transportador y una escuadra para enmarcar en una sola herramienta se llama _____.
   a. escuadra para enmarcar
   b. escuadra de carpintero
   c. escuadra de plomero
   d. escuadra rápida

2. El correcto funcionamiento de un nivel de burbuja depende de _____.
   a. el tipo de fluido en la burbuja
   b. la calibración precisa
   c. su capacidad para soportar la oxidación
   d. su longitud

3. Un nivel pequeño muy útil para áreas confinadas o para tramos cortos de caños se llama _____.
   a. nivel de burbuja
   b. nivel láser
   c. nivel torpedo
   d. nivel de plomero

4. En una sierra para metales, más dientes por pulgada en la hoja hace que _____.
   a. el corte sea más grueso con más residuos
   b. el corte sea más fino con más residuos
   c. el corte sea más grueso con menos residuos
   d. el corte sea más fino con menos residuos

5. *No* utilice una sierra para metales cuando necesite un corte _____.
   a. rápido
   b. a escuadra
   c. rústico
   d. flexible

6. Para cortar material con un cincel, debe _____.
   a. golpear la parte plana de la hoja del cincel con un martillo
   b. golpear la parte superior del mango con un martillo
   c. primero, marcar una ranura y, luego, golpear la parte superior de la hoja del cincel con un martillo
   d. primero, sujetar el cincel al material y, luego, golpear el mango con un martillo

7. La herramienta en la que la hoja debe biselarse en un ángulo preciso de 25 grados es el _____.
   a. formón
   b. cincel tipo hongo
   c. cortafrío
   d. cincel de encaje

8. Un resultado habitual de martillar un cortafrío es _____.
   a. el aplastamiento
   b. la deformación
   c. el esparcimiento
   d. la extensión

9. Un tipo de cortadora que se utiliza para materiales blandos de diámetro pequeño, como los tubos de cobre, latón y aluminio o los conductos de pared delgada, es _____.
   a. el cortacaños
   b. la cortadora tipo encaje
   c. la cortadora con trinquete
   d. el cortatubos

10. ¿Cuántos juegos de mordazas tiene un tornillo de banco?
    a. Dos
    b. Tres
    c. Cuatro
    d. Cinco

11. Para crear roscas en caños galvanizados y de hierro negro (fundición), utilice _____.
    a. berbiquíes
    b. brocas
    c. terrajas
    d. cortatubos

12. Para aumentar la fuerza de palanca y ayudar a girar una terraja, utilice _____.
    a. una llave dinamométrica
    b. un mango con trinquete
    c. una roscadora
    d. una llave para mandril

13. El martillo con una cara plana para golpear y una cara redonda para alinear los soportes y sacar los pernos se llama _____.
    a. martillo sacaclavos
    b. martillo para paneles de yeso
    c. martillo de bola
    d. maza

14. Compruebe si los cables de extensión tienen _____.
    a. la etiqueta de UL que indica la potencia en vatios
    b. la etiqueta de la NFPA que indica el grado de resistencia al fuego
    c. la etiqueta de la OSHA que indica los usos apropiados
    d. la etiqueta del IEEE que indica la tensión

15. Debido a su fuerza bruta, una herramienta útil para los trabajos de demolición es la _____.
    a. sierra para metales
    b. sierra de cinta portátil
    c. sierra sable
    d. sierra circular

16. El tipo de taladro que es útil porque trabaja en algunos materiales que se perforan mejor a altas velocidades y otros a velocidades más bajas es el _____.
    a. taladro de velocidad alterna
    b. taladro de velocidad eléctrica
    c. taladro de velocidad variable
    d. taladro de velocidad reversible

17. El tipo de broca que mejor sirve para cortar madera y algunos plásticos pero que *no* debe utilizarse para cortar metal es la _____.
    a. broca Forstner
    b. broca copa
    c. broca para berbiquí
    d. broca de paleta

18. El tipo de broca que se utiliza para realizar grandes orificios en la madera es la _____.
    a. broca de tres puntas
    b. broca copa
    c. broca en espiral
    d. broca Forstner

19. El tipo de broca que hace orificios en la madera con rapidez, perfora las viguetas de piso y los pies derechos de la pared y es adecuada para perforar en zonas de difícil acceso es la _____.
    a. broca para mampostería
    b. broca copa
    c. broca en espiral
    d. broca Forstner

20. Una roscadora de caños eléctrica gira, corta, rosca y _____.
    a. ensancha caños
    b. taladra caños
    c. trinca caños
    d. escaria caños

Las respuestas a las preguntas impares de repaso de los módulos se encuentran en el *Apéndice A*.

Piedra angular del oficio

Billy Elliott, Jr.
Southern Crescent Technical College
Coordinador del programa/instructor

Describa cómo se inició en la industria de la construcción.

Mi padre era maestro plomero. Sin embargo, me formé como operador instalador de sistemas de cableado del Ejército de los Estados Unidos. Tras mi baja en 1986, siempre me decían que estaba "sobrecalificado" para cualquier cosa relacionada con los sistemas telefónicos. Fue entonces cuando me pidieron que trabajara como aprendiz para la empresa de mi padre. Acepté la oferta y nunca miré atrás.

¿Quién lo inspiró para ingresar en el sector?

Mi padre es la persona que me inspiró. Mientras me formaba como su aprendiz, me enseñó que en nuestro trabajo debía primar la calidad sobre la cantidad. Por lo tanto, si hacíamos un producto acabado del que estuviéramos orgullosos, tendríamos más trabajo y dinero. El "boca a boca" siempre fue nuestra mejor publicidad.

¿Qué tipos de capacitación ha recibido?

Obtuve mis certificaciones de Oficial, Maestro Clase I y Maestro Clase II (sin restricciones) en el estado de Georgia. Una vez terminadas, viajé a Washington D. C. y me aceptaron en la UA Local nº5. Aunque tenía una licencia de maestro sin restricciones, continué mi capacitación asistiendo a clases siempre que se presentaba la oportunidad. Aún hoy sigo capacitándome mediante varias clases cada año. Creo que el aprendizaje debe ser continuo.

¿Qué importancia tienen la educación y la capacitación en la construcción?

No solo son importantes, sino esenciales. La educación y la capacitación proporcionan las habilidades y los conocimientos necesarios para que todo el mundo realice su trabajo de forma segura y evite crear peligros que puedan poner en riesgo la salud y la seguridad de cualquier persona.

¿Qué importancia tienen las credenciales del NCCER para su profesión?

He tenido graduados de mi programa de diplomatura con credenciales del NCCER y sin ellas. Es bien sabido en la universidad que los estudiantes con credenciales del NCCER son contratados inmediatamente después de graduarse. Los que carecen de las credenciales deben someterse a muchas entrevistas antes de que los contraten, o deciden cambiar de profesión para poder trabajar. Estas credenciales representan una validación del tiempo y el trabajo duro necesarios para obtenerlas.

¿Cómo ha influido la capacitación o la construcción en su vida?

Mi educación y capacitación en diversos oficios de la construcción me ha abierto muchas puertas que, de otro modo, no se habrían abierto. Me he dado cuenta de que cuanta más capacitación y educación adquiera, más valioso seré para el sector.

¿Qué tipos de trabajo realizó a lo largo de su carrera?

He desempeñado muchos trabajos durante mi carrera, como obrero, ayudante, aprendiz, oficial, maestro con restricciones, maestro sin restricciones, capataz, superintendente, director de proyecto, propietario de empresa e instructor de escuela técnica.

Háblenos de su trabajo actual.

Soy coordinador e instructor de los programas del NCCER de *plomería*, *instalación de tuberías*, *carpintería*, *dirección de obras* y *gestión de programas* en Southern Crescent Technical College.

¿Qué es lo que más le gusta de su trabajo?

Disfruto compartir con mis alumnos los conocimientos que he adquirido a lo largo de los años. Me encanta ver ese momento del "ajá" en el que por fin comprenden algo. Me gusta que me cuenten sus avances y logros una vez que salen del programa y oír lo emocionados que están por haberlos conseguido. Disfruto llevar a mis alumnos a las competiciones SkillsUSA para verlos dar lo mejor de sí mismos con la esperanza de ganar esa medalla de oro. Para ser sincero, disfruto de todo lo relacionado con mi trabajo.

¿Cuáles son los factores que más contribuyeron a su éxito?

Trabajo duro y ganas de intentar aprender algo cada día. Escuchar es clave porque nadie lo sabe todo y todos podemos aprender escuchando.

¿Recomendaría la construcción como carrera a otras personas?

¡Por supuesto! Los Estados Unidos ya está en crisis por la escasez de trabajadores calificados. Uno de los trabajos o profesiones más seguros en estos momentos es en la industria de la plomería. A diario recibo llamadas y correos electrónicos de empresas que desean contratar a mis alumnos. Me han dicho que no se presenta nadie y que, por lo tanto, llevan a cabo una búsqueda por su cuenta de aprendices calificados.

¿Qué consejos daría a quienes recién se incorporan al sector?

Tómense su tiempo para aprender todo lo posible sobre el oficio de la plomería. Se necesitan años para aprender de verdad un oficio. No se puede trabajar como ayudante o aprendiz durante un par de semanas o meses.

¿Puede contarnos acerca de un logro o hecho interesante relacionado con su carrera?

Cuando tenía mi propia empresa, una señora preocupada llamó debido a un olor a alcantarillado en su casa. Me informó que le estaban añadiendo un nuevo cuarto de baño a la casa y que había sido hospitalizada dos veces desde que empezaron las obras. Durante su estancia en el hospital, sus síntomas desaparecieron y el médico le dio el alta en ambas ocasiones sin encontrar la causa de su enfermedad. Durante mi investigación de su casa, descubrí que el nuevo cuarto de baño no tenía sifones en P en ningún accesorio y que toda la tubería de ventilación estaba abierta y terminaba en el ático sin salir por el techo. Me pareció que el diagnóstico de su enfermedad era la intoxicación por metano y, al no ser médico, le sugerí que preguntara si esta podía ser la causa. Su médico confirmó mis sospechas y la trató por dicha intoxicación. Instalamos sifones en P en todos los accesorios y nos aseguramos de que no quedaran ventilaciones abiertas en el ático. Esta clienta no volvió a "enfermarse".

¿Cómo define el oficio?

Es un proceso que se aprende. El oficio no solo consiste en hacer bien el trabajo, sino también en que la persona que lo realiza lo haga bien. Les digo a mis alumnos que siempre quiero que el trabajo que realizo para los clientes sea mejor que el que hago en mi casa. Tiene mucho que ver con el orgullo. Recuerdo haber trabajado en el Instituto Nacional de Salud, en los Laboratorios de ADN y en el Museo del Indio Americano, por nombrar algunos. Aunque eso fue hace años, aún puedo ver fotos o pasar por delante y decir: "Yo ayudé a construir eso". Es un verdadero orgullo poder hacerlo.

Respuestas a las preguntas del repaso de las secciones

Respuesta	Referencia de sección	Objetivo
Sección 1.0.0		
1. c	1.1.1	1a
2. b	1.2.1	1b
3. c	1.3.0	1c
4. c	1.4.1	1d
5. a	1.5.2	1e
6. a	1.6.1	1f
7. b	1.7.0; *Figura 58*	1g
Sección 2.0.0		
1. a	2.1.2	2a
2. a	2.2.2	2b
3. b	2.3.1	2c
4. c	2.4.3	2d

Actualización de usuario

ESCANÉAME

¿Ha encontrado un error? Para enviar una corrección, visite **https://www.nccer.org/olf** o escanee el código QR con su dispositivo móvil.

MÓDULO 02104

Introducción a la matemática aplicada a la plomería

Fuente: iStock@tfoxfoto

Objetivos

Luego de finalizar este módulo, podrá hacer lo siguiente:

1. Realizar cálculos matemáticos básicos.
   a. Demostrar operaciones matemáticas con números enteros.
   b. Demostrar operaciones matemáticas con fracciones.
   c. Demostrar operaciones matemáticas con decimales.
   d. Demostrar las conversiones matemáticas.
   e. Describir el sistema métrico.
   f. Demostrar cómo elevar al cuadrado y utilizar la raíz cuadrada.
2. Explicar cómo se miden los caños.
   a. Identificar las partes de un accesorio y las dimensiones asociadas.
   b. Calcular la longitud de un caño.

Tareas prácticas

Bajo supervisión, podrá hacer lo siguiente:

1. Medir un caño mediante los siguientes métodos:
   - De extremo a extremo
   - De extremo al centro
   - De centro a centro
   - De extremo a cara
   - De cara a cara
   - De cara al cuello
2. Determinar las dimensiones de extremo a extremo por medio del cálculo de las distancias del centro al extremo del conector y la inserción.

Generalidades

La matemática se utiliza en todas las etapas de la plomería. Lo plomeros la utilizan para leer planos, calcular la longitud de un caño, determinar la distancia del centro al extremo de un conector, colocar los artefactos y mucho más. Por lo tanto, es importante que adquieran buenas habilidades matemáticas. Comprender estos conocimientos básicos le permite desempeñar su trabajo y aumenta sus posibilidades de progresar en el oficio.

NOTA

Los códigos varían entre jurisdicciones. Por eso, es importante que consulte el código correspondiente cada vez que tenga dudas sobre las reglamentaciones. Consultar un conjunto incorrecto de códigos puede causar tantos problemas como no consultar ninguno. Consiga el código local aprobado, léalo y familiarícese con él. La Administración de Seguridad y Salud Ocupacional (OSHA) de los Estados Unidos redacta los códigos de seguridad.

Recursos digitales para plomería

ESCANÉAME

Escanee este código con la cámara de su teléfono o dispositivo móvil para ver los recursos digitales relacionados con este oficio.

NCCER **Credenciales reconocidas en la industria**

Si está capacitando a través de un patrocinador acreditado por el NCCER, puede ser elegible para obtener credenciales del NCCER. El número de identificación de este módulo es 02104. Tenga en cuenta que este módulo puede haber sido utilizado en otros planes de estudios del NCCER y puede aplicarse a la realización de otros niveles. Comuníquese con el NCCER al 1.888.622.3720 o visite **www.nccer.org** para obtener más información.

También puede mostrar en línea sus credenciales reconocidas por el sector con las insignias digitales del NCCER. Transforme sus conocimientos, habilidades y logros en insignias que puede compartir en las plataformas de redes sociales, enviar a su red y agregar a su currículum. Para obtener más información, visite **www.nccer.org**.

1.0.0 Cálculos matemáticos básicos

Tareas prácticas

No hay tareas prácticas en esta sección.

Objetivo

Realizar cálculos matemáticos básicos.

a. Demostrar operaciones matemáticas con números enteros.
b. Demostrar operaciones matemáticas con fracciones.
c. Demostrar operaciones matemáticas con decimales.
d. Demostrar las conversiones matemáticas.
e. Describir el sistema métrico.
f. Demostrar cómo elevar al cuadrado y utilizar la raíz cuadrada.

Tolerancia de ajuste: distancia que hay desde el extremo de un caño que ingresa a un conector hasta el centro del conector.

Lo plomeros utilizan la matemática para leer planos, calcular la longitud de un caño y colocar los accesorios. En consecuencia, la capacidad de adquirir las habilidades matemáticas precisas es fundamental para progresar en la profesión de la plomería. Es necesario entender los números enteros, las fracciones y los decimales (y cómo hacer las conversiones) para mejorar la eficiencia y la productividad.

Los accesorios sanitarios suelen fabricarse en tamaños del sistema estándar estadounidense y métricos. Los plomeros pueden encontrarse con situaciones en las que necesiten convertir las medidas métricas de peso, longitud o volumen al sistema estándar estadounidense. Por lo general, los cálculos para plomería requieren elevar números al cuadrado o calcular las raíces cuadradas de los números. Los plomeros deben aprender a determinar estos valores con y sin calculadora.

Asimismo, deben ser capaces de medir los caños de forma rápida y precisa. Poder identificar las partes básicas de un accesorio le permite al plomero definir los puntos inicial y final de la medición. Además, los plomeros deben saber determinar la **tolerancia de ajuste**, es decir, la que va desde el extremo de un caño que ingresa al conector hasta el centro de este. Esta distancia se puede calcular o consultar en las tablas de los fabricantes. Se utilizan tres técnicas de medición de caños (de centro a centro, de extremo al centro y de cara a cara) para calcular la longitud del caño que se quiere cortar. Los plomeros calificados saben qué método utilizar en función de la información disponible y del tipo de instalación.

La matemática es una de las herramientas más importantes que utilizará. Al igual que las habilidades de plomería, el dominio de la matemática mejora cuanto más la utilice. En este módulo, se presentan algunos conocimientos básicos de matemática utilizados por los plomeros en las obras y se explica cómo aplicarlos para calcular la longitud de los caños.

Ya aprendió matemática básica en el *Básico*. En las siguientes secciones, se repasan los números enteros, las fracciones, los decimales y los procesos de conversión.

1.1.0 Repaso de los números enteros

Los números enteros son unidades completas sin fracciones ni decimales. Estos son ejemplos de números enteros:

15 32 60 144 2436

1.1.1 Valor posicional

Cada dígito de un número entero representa un valor posicional. Eso significa que su valor depende del lugar o posición que ocupe dentro del número entero. Por ejemplo, en el número entero 5,679, el valor posicional del 5 es cinco mil, mientras que el valor posicional del 6 es seiscientos.

Los números mayores que cero son positivos (+), como 1, 2, 3. Los números menores que cero son negativos (–), como –1, –2, –3. El cero (0) no es positivo ni negativo. A excepción del cero, todos los números que no están precedidos por el signo menos son positivos.

1.1.2 Suma

Sumar significa combinar los valores de dos o más números. Cuando se suman dos o más números, el total se denomina *suma*. El signo para la suma es el signo más (+).

$$56 + 32 = 88$$

1.1.3 Resta

Restar significa encontrar la diferencia entre dos números o restarle el valor de un número a otro. El signo de la resta (–) también se llama *signo menos*. El resultado de una operación de resta se llama *diferencia*.

$$56 - 32 = 24$$

1.1.4 Multiplicación

La multiplicación es la forma rápida de sumar un mismo número varias veces. El símbolo de la multiplicación es el signo ×. Por ejemplo, debe entregar cinco cajas en cada una de las ocho obras. ¿Cuántas cajas debe entregar en total?

$$5 \times 8 = 40 \text{ cajas}$$

$$5 + 5 + 5 + 5 + 5 + 5 + 5 + 5 = 40 \text{ cajas}$$

1.1.5 División

La división es la operación opuesta a la multiplicación. El símbolo de la división es el signo ÷. En lugar de sumar un número varias veces como en la multiplicación, al dividir, se resta un número varias veces. Se puede resolver un problema con mayor rapidez si se utiliza la división en lugar de restar el mismo número una y otra vez. Por ejemplo, tiene 40 cajas para entregar en 8 obras diferentes, y necesita averiguar cuántas cajas debe dejar en cada lugar.

$$40 \div 8 = 5$$

$$40 - 8 - 8 - 8 - 8 - 8 = 0$$

(Tuvo que restar 8 cinco veces, así que la respuesta es 5).

1.2.0 Repaso de fracciones

Una fracción divide números enteros en partes. Suelen representarse como dos números separados por una barra o una línea horizontal, así:

$$1/2 \text{ o } \frac{1}{2}$$

Debe pensar en una fracción como si fuera una división. El número inferior (denominador) de la fracción indica la cantidad de partes por las que se divide el número superior (numerador). La barra o la línea horizontal significan lo mismo que el signo ÷. La fracción $1/2$ significa 1 dividido entre 2, es decir, uno dividido en dos partes iguales. Esta fracción se debe leer como "un medio".

1.2.1 Fracciones equivalentes

Las fracciones equivalentes tienen el mismo valor o son iguales. Por ejemplo, $1/2$, $2/4$, $4/8$ y $8/16$ son fracciones equivalentes. Si corta un trozo de madera de $8/16$ pulg. de largo y un compañero corta un trozo de $1/2$ pulg. de largo, los dos trozos tendrán la misma longitud.

Debe saber cómo encontrar fracciones equivalentes para poder comparar, sumar y restar medidas fraccionarias. Por ejemplo, para saber cuántos octavos de pulgada equivalen a $1/2$ pulg., multiplique el numerador y el denominador por el mismo número. Pregúntese qué número podría multiplicar por 2 para obtener 8. La respuesta es 4, así que multiplique tanto el numerador como el denominador por 4:

$$\frac{1}{2} \times \frac{4}{4} = \frac{4}{8}$$

La respuesta es que $4/8$ pulg. equivale a $1/2$ pulg..

1.2.2 Reducción a la mínima expresión

Cuando se trabaja con fracciones, lo mejor es reducirlas a la mínima expresión. Para reducir una fracción, pregúntese: "¿Cuál es el número más grande con el que se puede dividir de manera exacta tanto el numerador como el denominador?" Si no está seguro de cuál es ese número, intente usar el número 2 o 3 para empezar y, luego, continúe hasta que la fracción esté en su mínima expresión. Si no existe un número (que no sea 1) por el que se puedan dividir de manera exacta ambos números, la fracción ya se encuentra en su mínima expresión. Observe el siguiente ejemplo:

$$2/4 = 1/2$$

$$4/16 = 1/4$$

$$8/32 = 1/4$$

$$3/8 = 3/8 \text{ (ya es una fracción irreducible)}$$

$$7/16 = 7/16 \text{ (ya es una fracción irreducible)}$$

1.2.3 Denominador común

Denominador común significa que el número inferior de la fracción, o denominador, es el mismo en un grupo de fracciones. Por ejemplo, $1/4$, $2/4$ y $3/4$ tienen denominadores comunes. Antes de poder comparar fracciones, deben tener los mismos denominadores. ¿Cuál de estas fracciones es más grande?

$$\frac{3}{4} \text{ o } \frac{2}{3}$$

Para compararlas, necesita encontrar un denominador común para las fracciones. El denominador común es un número en el que ambos denominadores entran una cantidad entera de veces. Este es un método para encontrar el denominador común.

Paso 1 Multiplique los dos denominadores ($4 \times 3 = 12$). El resultado es un denominador común para $3/4$ y $2/3$. Ha encontrado un denominador común para poder comparar las fracciones con facilidad.

Paso 2 Para convertir las dos fracciones a fin de que tengan el mismo denominador, multiplique el numerador y el denominador de cada fracción por el denominador de la otra fracción. Convierta $3/4$ y $2/3$ en fracciones que tengan el número 12 como denominador común.

$$\frac{3}{4} \times \frac{3}{3} = \frac{9}{12}$$

$$\frac{2}{3} \times \frac{4}{4} = \frac{8}{12}$$

Ahora es fácil comparar las dos fracciones para ver cuál es mayor: $9/12$ o $3/4$ es mayor que $8/12$ o $2/3$.

En la construcción, muchas fracciones tienen denominadores de 2, 4, 8 o 16 debido a las unidades de medida comunes. Si uno de los denominadores es múltiplo de otro, el número más grande es el denominador común. Por ejemplo, el denominador común para $3/4$ y $5/8$ es 8. Como el denominador común más pequeño es 8, entonces se debe multiplicar $3/4$ por un número que convierta el denominador en 8. Ese número es el 2.

$$\frac{3}{4} \times \frac{2}{2} = \frac{6}{8}$$

Ahora puede ver que $3/4$, que equivale a $6/8$, es mayor que $5/8$.

1.2.4 Fracciones impropias

Las fracciones impropias tienen un numerador mayor que el denominador. Por ejemplo, $11/8$ es una fracción impropia.

Para reducir la fracción impropia $11/8$ a la mínima expresión, debe convertirla en un número mixto. Un número mixto es la combinación de un número entero con una fracción.

$$11/8 = 8/8 + 3/8 = 1\,3/8$$

Para convertir un número entero en una fracción impropia, basta con colocar el número sobre el 1. Recuerde que las fracciones expresan una división. Cuando divida cualquier número por 1, el resultado será el mismo número. Por ejemplo:

$$4 = 4/1$$

Para convertir un número mixto (por ejemplo, $2\,1/8$) en una fracción impropia, siga estos pasos:

Paso 1	Multiplique el número entero por el denominador.	$2 \times 8 = 16$
Paso 2	Sume el resultado al numerador. Coloque el total sobre el denominador.	$16 + 1 = 17$ $17/8$

1.2.5 Suma

¿Cuántas pulgadas se obtienen en total si suma $3/4$ pulg. y $5/8$ pulg.? Para responder a esta pregunta, debe sumar las dos fracciones con los siguientes pasos.

Paso 1	Encuentre el denominador común de las fracciones que quiera sumar. El 8 es el denominador común porque es múltiplo de 4.	
Paso 2	Convierta las fracciones en fracciones equivalentes con un denominador común.	$\frac{3}{4} \times \frac{2}{2} = \frac{6}{8}$
Paso 3	Sume los numeradores de las fracciones. Coloque esta suma sobre el común denominador.	$\frac{6}{8} + \frac{5}{8} = \frac{11}{8}$
Paso 4	Reduzca la fracción a la mínima expresión. Por ejemplo, en este caso es $1\,3/8$.	

1.2.6 Resta

Restar fracciones es muy parecido a sumarlas. Antes de restar, debe encontrar un denominador común. Por ejemplo, reste las siguientes fracciones:

$$\frac{7}{8} - \frac{1}{4}$$

Paso 1	Encuentre el denominador común. Convierta las fracciones en fracciones equivalentes con el mismo denominador. Multiplique el numerador y el denominador por 2 para obtener una fracción nueva con el denominador común 8.	$\frac{1}{4} \times \frac{2}{2} = \frac{2}{8}$
Paso 2	Vuelva a escribir la ecuación y reste los numeradores. La diferencia es $5/8$.	$\frac{7}{8} - \frac{2}{8} = \frac{5}{8}$

1.2.7 Multiplicación y división

El proceso para multiplicar y dividir fracciones es diferente del que se usa para sumar y restar fracciones. Para multiplicar o dividir fracciones, no es necesario encontrar un denominador común. Con $3/4 \times 5/6$ como ecuación de ejemplo, siga estos pasos:

$\frac{3}{4} \times \frac{5}{6} = \frac{15}{24}$	**Paso 1**	Multiplique los numeradores para obtener un nuevo numerador. Multiplique los denominadores para obtener un nuevo denominador.
$\frac{15}{24} = \frac{5}{8}$	**Paso 2**	Reduzca la fracción a la mínima expresión.

Dividir fracciones es muy parecido a multiplicarlas, pero con una diferencia. Se debe invertir, o dar vuelta, la fracción por la que está dividiendo. Con $3/8 \div 3/4$ como ecuación de ejemplo, siga estos pasos:

$\frac{3}{4}$ se convierte en $\frac{4}{3}$	**Paso 1**	Invierta la fracción por la que está dividiendo.
$\frac{3}{8} \div \frac{3}{4} = \frac{3}{8} \times \frac{4}{3}$	**Paso 2**	Cambie el signo de división por uno de multiplicación.
$\frac{3}{8} \times \frac{4}{3} = \frac{12}{24}$	**Paso 3**	Multiplique las fracciones.
$\frac{12}{24} = \frac{1}{2}$	**Paso 4**	Reduzca la fracción a la mínima expresión.

Si trabaja con un número entero o mixto, debe convertirlo en una fracción impropia antes de invertirlo. Con $5\,3/4 \div 4$ como ecuación de ejemplo, siga estos pasos:

$5 \times 4 = 20$ $20 + 3 = 23$ $5\frac{3}{4} = \frac{23}{4}$	**Paso 1**	Convierta $5\,3/4$ en una fracción impropia. Multiplique el número entero por el denominador. Sume el resultado al numerador. Coloque el total sobre el denominador.
$4 = \frac{4}{1}$	**Paso 2**	Convierta el número 4 en una fracción impropia.
$\frac{23}{4} \div \frac{4}{1} = \frac{23}{4} \times \frac{1}{4} = \frac{23}{16}$	**Paso 3**	Ahora se obtiene la siguiente ecuación. Invierta $4/1$ y multiplique las fracciones.
$\frac{23}{16} = 1\frac{7}{16}$	**Paso 4**	Reduzca la fracción a la mínima expresión.

1.2.8 Números enteros y fracciones: problemas prácticos

Resuelva los siguientes problemas. Recuerde que debe mostrar todo el procedimiento hasta llegar al resultado.

1. $\begin{array}{r} 178 \\ 568 \\ +\ 10 \\ \hline \end{array}$
2. $\begin{array}{r} 923 \\ -598 \\ \hline \end{array}$
3. $\begin{array}{r} 9 \\ \times 6 \\ \hline \end{array}$
4. $\begin{array}{r} 45 \\ \times\ 7 \\ \hline \end{array}$
5. $20 \div 5 =$ _____
6. ¿Cuál de las siguientes fracciones equivale a la medida $5/8$ pulg.: $15/16$ pulg., $20/32$ pulg. o $10/24$ pulg.?
7. Reduzca la fracción $108/288$ a la mínima expresión.

8. La mínima expresión de la fracción $5/16$ es _____.
9. ¿Cuál de las siguientes fracciones es mayor: $15/16$ o $5/8$?
10. Reduzca la fracción $57/16$ a la mínima expresión.
11. $1/2 + 4/16 =$ _____
12. $1/2 - 4/16 =$ _____
13. $5/32 \times 1/4 =$ _____
14. $17/32 \div 3/4 =$ _____
15. $6/8 \div 1/2 =$ _____

1.3.0 Repaso de los decimales

Los decimales representan valores inferiores a una unidad entera. Son fracciones expresadas de forma diferente. Ya debe estar familiarizado con los decimales por el dinero.

25¢ = 0.25 o $25/100$
10¢ = 0.10 o $10/100$
50¢ = 0.50 o $50/100$

En el trabajo, se necesitan los decimales para leer instrumentos o calcular el caudal. También los encontrará al leer planos civiles y calcular los niveles de presión del agua.

En la siguiente tabla, se comparan los valores posicionales de los números enteros con los valores posicionales de los decimales:

Números enteros	Decimales
1 — unidades	
10 — decenas	0.1 — décimas
100 — centenas	0.01 — centésimas
1,000 — miles	0.001 — milésimas

Para leer un decimal, diga el número tal y como está escrito y, luego, el nombre del valor posicional. Por ejemplo, 0.05 se lee "cinco centésimas". Los números mixtos también aparecen en forma decimal. Por ejemplo, 1.05 se lee "uno con cinco centésimas".

1.3.1 Suma y resta

La única regla más importante que se debe recordar al sumar y restar decimales es mantener los puntos decimales alineados.

Ejemplo 1:

Supongamos que quiere sumar 4.76 más 0.834. Alinee la operación de esta forma:

$$\begin{array}{r} 4.760 \\ +0.834 \\ \hline 5.594 \end{array}$$

Puede añadir un 0 como marcador de posición para ayudar a mantener los números en su lugar.

Ejemplo 2:

Lo mismo ocurre con la resta. Supongamos que quiere restar 5.6 menos 2.724. Coloque los puntos decimales en la misma línea y añada dos 0 al final del primer número para facilitar la resta.

$$\begin{array}{r} 5.600 \\ -2.724 \\ \hline 2.876 \end{array}$$

1.3.2 Multiplicación

Para multiplicar decimales, plantee la operación como si fueran números enteros.

$$\begin{array}{r} 3.6 \\ \underline{\times 9} \end{array}$$

$$\begin{array}{r} 3.6 \\ \underline{\times 9} \\ 324 \end{array}$$

Paso 1 Multiplique.

Paso 2 Una vez que tenga el resultado, cuente la cantidad de dígitos que tenga a la derecha del punto decimal en los dos números que se multiplican. En este ejemplo, solo hay un punto decimal y un número a la derecha.

$$\begin{array}{r} 3.6 \\ \underline{\times 9} \\ 32.4 \end{array}$$

Paso 3 En el resultado, cuente la misma cantidad de dígitos (de derecha a izquierda) y coloque el punto en ese lugar.

1.3.3 División

Tres tipos de operaciones de división que contienen decimales:

- la que tiene un punto decimal en el número que se divide (dividendo);
- la que tiene un punto decimal en el número por el que se divide (divisor);
- la que tiene un punto decimal en los dos números (dividendo y divisor).

Ejemplo 1:

¿Cuántos tramos de caño de 22 pulg. se pueden cortar de un caño de 44.5 pulg.?

$$22\overline{)44.5}$$

Paso 1 Coloque un punto decimal justo sobre la coma del dividendo.

$$\begin{array}{r} 2.0 \\ 22\overline{)44.5} \\ \underline{-44} \\ 00.5 \\ \underline{-0} \\ 00.5r \end{array}$$

Paso 2 Divida como lo hace habitualmente.

Resto: número que sobra en un problema de división. Por ejemplo, en el problema 34 ÷ 8, 8 entra en 34 cuatro veces (8 × 4 = 32) y queda 2 como resto.

¿Cuántos trozos de caño de 22 pulg. puede cortar? La respuesta es dos, con un poco de sobra. Esta parte que sobra se denomina **resto** y se expresa con una *r*. En este caso, $r = 0.5$.

Ejemplo 2:

Si los acoplamientos cuestan $0.22 cada uno, ¿cuántos puede comprar con $4,450?

$$0.22\overline{)4450}$$

Paso 1 Mueva la coma decimal del divisor hacia la derecha para formar un número entero.

- Cuando la mueve dos lugares a la derecha, 0.22 se convierte en 22.

Paso 2 Mueva el punto decimal del dividendo la misma cantidad de lugares hacia la derecha. Tal vez deba añadir ceros primero. Luego, divida como lo hace habitualmente.

- Después de añadir los ceros y mover el decimal del dividendo dos lugares a la derecha, el número se convierte en 445,000.

```
     20227.2
22)4450.00.0
   -44
    0050
     -44
       60
      -44
       160
      -154
         60
        -44
         16r
```

¿Cuántos acoplamientos se pueden comprar con $4,450? La respuesta es 20,227. Debido a que no se puede comprar una porción de un acoplamiento, la respuesta se debe redondear al número entero más cercano.

Ejemplo 3:

Tiene $44.50 para comprar 200 tuercas que cuestan $0.22 cada una. ¿Puede mantenerse dentro del presupuesto?

Paso 1 Mueva el punto decimal del divisor hacia la derecha para formar un número entero.

- Después de hacerlo, 0.22 se convierte en 22.

```
0.22)44.5
```

Paso 2 Mueva el punto decimal del dividendo la misma cantidad de lugares hacia la derecha (44.5 se convierte en 4,450). Luego, divida como lo hace habitualmente.

- Para conocer el resto en términos de dinero, debe deshacer los cambios que se hicieron en los decimales del problema original. En este caso, mueva el punto decimal dos lugares hacia la izquierda: 0.06.

```
     202
22)4450
   -44
    050
    -44
     06r
```

Podrá comprar 202 tuercas con $44.50 y le sobrarán $0.06. Por lo tanto, podrá mantenerse dentro del presupuesto.

1.3.4 Redondeo de decimales

Con frecuencia, los cálculos con decimales dan como resultado números muy precisos, como 25.29. Sin embargo, en la mayoría de las mediciones prácticas, quizás solo necesite una respuesta con un solo decimal (0.1). Para este ejercicio, debe redondear 25.29 a la décima más cercana.

Paso 1	Subraye el lugar hacia donde quiera redondear.	$25.\underline{2}9$
Paso 2	Observe el dígito ubicado a la derecha del número que subrayó.	$25.\underline{2}\mathbf{9}$
Paso 3	Si el dígito ubicado a la derecha es igual o mayor que 5, debe redondear hacia arriba el dígito subrayado (sumarle 1). Si el dígito es menor que 5, deje el dígito subrayado tal como está. En este ejemplo, el dígito de la derecha es 9, por lo que debe sumarle 1 al dígito subrayado para redondear hacia arriba.	$25.\underline{3}9$
Paso 4	Elimine todos los demás dígitos de la derecha.	25.3

1.3.5 Decimales: problemas prácticos

Resuelva los siguientes problemas. Recuerde que debe mostrar todo el procedimiento hasta llegar al resultado y redondear a la décima más cercana si es necesario.

1.
```
  7.8
 13.4
 +0.8
-----
```

2.
```
 129.6
 -54.9
------
```

3. $\begin{array}{r} 8.9 \\ \times 3.5 \\ \hline \end{array}$

4. 785 ÷ 6.7 = _____

5. 23,000.50 ÷ 7.5 = _____

1.4.0 Repaso de los procesos de conversión

En algunos casos, es necesario convertir los números con los que se quiere trabajar para que todos tengan la misma forma. Por ejemplo, quizás tenga algunos números que aparecen como decimales, otros que aparecen como porcentajes y otros, como fracciones. Los decimales, los porcentajes y las fracciones son todas formas distintas de expresar lo mismo. El decimal 0.25, el porcentaje 25% y la fracción ¼ significan lo mismo. Para trabajar de forma eficaz con las diferentes formas de los números, es necesario saber cómo convertirlos de una forma a otra.

1.4.1 Conversión de decimales a porcentajes y de porcentajes a decimales

¿Qué son los porcentajes? Piense en un número entero dividido en 100 partes. Se puede expresar cualquier porción del entero en forma de porcentaje. Los porcentajes son una manera fácil de expresar las partes de un todo. Los decimales y las fracciones también expresan las partes de un todo. Veamos la relación entre porcentajes, decimales y fracciones.

Ejemplo 1:

Para convertir un decimal a porcentaje, basta con multiplicar el decimal por 100 y añadir un signo de porcentaje. Intente convertir 7.35 a porcentaje.

7.35 × 100 = 735	**Paso 1**	Multiplique el decimal por 100.
735%	**Paso 2**	Añada un signo de porcentaje.

Ejemplo 2:

Supongamos que está preparando un galón de una solución limpiadora. La mezcla debe contener entre un 10% y un 15% del producto de limpieza y el resto debe completarse con agua. Usted tiene 0.12 galones del producto de limpieza. ¿Tiene suficiente para preparar un galón de la solución? Para responder a la pregunta, se debe convertir el decimal (0.12) en un porcentaje.

0.12 × 100 = 12	**Paso 1**	Multiplique el decimal por 100. (Mueva la coma decimal dos lugares hacia la derecha).
12%	**Paso 2**	Añada un signo de porcentaje.

Ejemplo 3:

Tiene suficiente cantidad del producto de limpieza para hacer la solución. Recuerde que la mezcla debe contener entre un 10% y un 15% del producto. Usted cuenta con el 12%.

También debe saber cómo convertir porcentajes a decimales, como se indica en el siguiente ejemplo. Supongamos que otra mezcla debe contener el 22% de un determinado producto químico por peso. Está preparando una mezcla de una libra. Debe pesar los ingredientes en una balanza digital. ¿Qué cantidad de producto químico debe añadir? Para responder a la pregunta, se debe convertir el porcentaje (22%) en un decimal.

22	**Paso 1**	Quite el signo de porcentaje.
22 ÷ 100 = 0.22	**Paso 2**	Divida el número por 100. (Mueva la coma decimal dos lugares hacia la izquierda).

Debe añadir 0.22 libras del producto químico para obtener una mezcla al 22%.

1.4.2 Fracciones a decimales

Para convertir una fracción en un decimal, haga lo que le indica la fracción; es decir, divida el numerador por el denominador.

Ejemplo 1:

Convierta $7/9$ a su equivalente decimal.

Paso 1 Prepare la división. Divida el numerador por el denominador.

$$9\overline{)7}$$

Paso 2 En este ejemplo, debe colocar una coma decimal y un 0 después del 7, ya que se necesita un número que se pueda dividir por 9. Coloque el punto decimal directamente sobre su ubicación en el número dentro del símbolo de división.

$$\begin{array}{r} .? \\ 9\overline{)7.0} \end{array}$$

Paso 3 Una vez que el punto decimal esté en el lugar adecuado sobre la línea, puede dividir con normalidad. El punto decimal mantiene todo en su lugar.

$$\begin{array}{r} .777 \\ 9\overline{)7.000} \\ -6.3 \\ \hline 0.70 \\ -0.63 \\ \hline 0.070 \\ -0.063 \\ \hline 0.007r \end{array}$$

Ejemplo 2:

Supongamos que necesita $1\frac{3}{4}$ lb de material y necesita saber su equivalente decimal.

NOTA

Para los cálculos de plomería, dividir con tres lugares decimales es suficiente.

Paso 1 Convierta la fracción en una fracción impropia. Multiplique el número entero por el denominador y sume el numerador. Coloque este número sobre el denominador.

$$1\tfrac{3}{4} = 7/4$$

Paso 2 Prepare la división. Divida el numerador por el denominador.

$$4\overline{)7.0}$$

Paso 3 Coloque la coma decimal directamente sobre su ubicación dentro del símbolo de división.

$$\begin{array}{r} .? \\ 4\overline{)7.0} \end{array}$$

Paso 4 Divida.

$$\begin{array}{r} 1.75 \\ 4\overline{)7.00} \\ -4 \\ \hline 30 \\ -28 \\ \hline 20 \\ -20 \\ \hline 0 \end{array}$$

La fracción $7/4$ convertida a decimal equivale a 1.75; por lo tanto, $1\frac{3}{4}$ lb es igual a 1.75 lb.

1.4.3 Decimales a fracciones

No solo tendrá que convertir fracciones en decimales, sino que también debe saber hacer la operación inversa y convertir decimales en fracciones.

Ejemplo 1:

¿Qué fracción de una libra es 0.25?

Paso 1 Exprese el decimal en palabras.

- 0.25 se expresa como veinticinco centésimas.

Paso 2 Escriba el decimal en fracción.

- 0.25 escrito en fracción es $25/100$.

$\frac{25}{100} = \frac{25}{100} \div \frac{25}{25} = \frac{1}{4}$	**Paso 3** Reduzca la fracción a la mínima expresión.

Puede observar que 0.25 convertido en fracción es ¼.

Ejemplo 2:

Supongamos que tiene 17.35 lb de clavos. ¿Qué fracción de una libra equivale a eso?

	Paso 1 Exprese el decimal en palabras. • 17.35 se expresa como 17 con 35 centésimas.
$17.35 = 17\frac{35}{100}$	**Paso 2** Escriba el decimal en fracción.
$\frac{35}{100} = \frac{35}{100} \div \frac{5}{5} = \frac{7}{20}$	**Paso 3** Reduzca la fracción a la mínima expresión.

De esta forma, 17.35 libras de clavos equivale a $17\frac{7}{20}$ libras de clavos.

Ejemplo 3:

Al calcular la longitud de corte de un caño, los plomeros deben ser capaces de convertir un decimal al dieciseisavo de pulgada más cercano. Estos son los pasos para hacer conversiones al dieciseisavo de pulgada con 0.91 pies como ejemplo.

$0.91 \times 12 = 10.92$	**Paso 1** Multiplique la parte decimal de un pie por 12, que es la cantidad de pulgadas en un pie. De esta forma, 0.91 equivale a 10 pulg. más un resto de 0.92 pulg.
$0.92 \times 16 = 14.72$	**Paso 2** Para convertir el resto al dieciseisavo de pulgada, multiplíquelo por 16.

Como esta respuesta no es un número entero, redondéela. Así, 14.72 se redondea a 15. Por lo tanto, 0.91 pies = $10\frac{15}{16}$ pulg.

Ejemplo 4:

Convierta 13.67 pies al dieciseisavo de pulgada más cercano. Ya sabe que tiene 13 pies. Ahora debe convertir 0.67 pies en pulgadas.

$0.67 \times 12 = 8.04$	**Paso 1** Multiplique la parte decimal de un pie por 12. • De esta forma, 0.67 equivale a 8 pulg. más un resto de 0.04 pulg.
$0.04 \times 16 = 0.64$	**Paso 2** Ahora multiplique el resto por 16.

Como esta respuesta no es un número entero, redondéela. 0.64 se redondea a 1. La respuesta es 13 pies $8\frac{1}{16}$ pulg..

Una forma más fácil de convertir un decimal en dieciseisavo (u otras fracciones) de pulgada es utilizar una tabla de conversión (ver *Tabla 1*). Por ejemplo, si tiene 0.86 pies, busque el número más cercano a ese número en la columna *Decimales de un pie* (0.859) y observe la misma fila de la columna *Pulgadas* correspondiente. De esta manera, 0.86 pies = $10\frac{5}{16}$ pulg..

TABLA 1 Conversión de pulgadas a decimales de un pie

Pulgadas	Decimales de pie	Pulgadas	Decimales de pie	Pulgadas	Decimales de pie	Pulgadas	Decimales de pie
$\frac{1}{16}$	0.005	$3\frac{1}{16}$	0.255	$6\frac{1}{16}$	0.505	$9\frac{1}{16}$	0.755
$\frac{1}{8}$	0.010	$3\frac{1}{8}$	0.260	$6\frac{1}{8}$	0.510	$9\frac{1}{8}$	0.760
$\frac{3}{16}$	0.016	$3\frac{3}{16}$	0.266	$6\frac{3}{16}$	0.516	$9\frac{3}{16}$	0.766
$\frac{1}{4}$	0.021	$3\frac{1}{4}$	0.271	$6\frac{1}{4}$	0.521	$9\frac{1}{4}$	0.771
$\frac{5}{16}$	0.026	$3\frac{5}{16}$	0.276	$6\frac{5}{16}$	0.526	$9\frac{5}{16}$	0.776
$\frac{3}{8}$	0.031	$3\frac{3}{8}$	0.281	$6\frac{3}{8}$	0.531	$9\frac{3}{8}$	0.781
$\frac{7}{16}$	0.036	$3\frac{7}{16}$	0.286	$6\frac{7}{16}$	0.536	$9\frac{7}{16}$	0.786
$\frac{1}{2}$	0.042	$3\frac{1}{2}$	0.292	$6\frac{1}{2}$	0.542	$9\frac{1}{2}$	0.792
$\frac{9}{16}$	0.047	$3\frac{9}{16}$	0.297	$6\frac{9}{16}$	0.547	$9\frac{9}{16}$	0.797
$\frac{5}{8}$	0.052	$3\frac{5}{8}$	0.302	$6\frac{5}{8}$	0.552	$9\frac{5}{8}$	0.802
$\frac{11}{16}$	0.057	$3\frac{11}{16}$	0.307	$6\frac{11}{16}$	0.557	$9\frac{11}{16}$	0.807
$\frac{3}{4}$	0.063	$3\frac{3}{4}$	0.313	$6\frac{3}{4}$	0.563	$9\frac{3}{4}$	0.813
$\frac{13}{16}$	0.068	$3\frac{13}{16}$	0.318	$6\frac{13}{16}$	0.568	$9\frac{13}{16}$	0.818
$\frac{7}{8}$	0.073	$3\frac{7}{8}$	0.323	$6\frac{7}{8}$	0.573	$9\frac{7}{8}$	0.823
$\frac{15}{16}$	0.078	$3\frac{15}{16}$	0.328	$6\frac{15}{16}$	0.578	$9\frac{15}{16}$	0.828
1	0.083	4	0.333	7	0.583	10	0.833
$1\frac{1}{16}$	0.089	$4\frac{1}{16}$	0.339	$7\frac{1}{16}$	0.589	$10\frac{1}{16}$	0.839
$1\frac{1}{8}$	0.094	$4\frac{1}{8}$	0.344	$7\frac{1}{8}$	0.594	$10\frac{1}{8}$	0.844
$1\frac{3}{16}$	0.099	$4\frac{3}{16}$	0.349	$7\frac{3}{16}$	0.599	$10\frac{3}{16}$	0.849
$1\frac{1}{4}$	0.104	$4\frac{1}{4}$	0.354	$7\frac{1}{4}$	0.604	$10\frac{1}{4}$	0.854
$1\frac{5}{16}$	0.109	$4\frac{5}{16}$	0.359	$7\frac{5}{16}$	0.609	$10\frac{5}{16}$	0.859
$1\frac{3}{8}$	0.115	$4\frac{3}{8}$	0.365	$7\frac{3}{8}$	0.615	$10\frac{3}{8}$	0.865
$1\frac{7}{16}$	0.120	$4\frac{7}{16}$	0.370	$7\frac{7}{16}$	0.620	$10\frac{7}{16}$	0.870
$1\frac{1}{2}$	0.125	$4\frac{1}{2}$	0.374	$7\frac{1}{2}$	0.625	$10\frac{1}{2}$	0.875
$1\frac{9}{16}$	0.130	$4\frac{9}{16}$	0.380	$7\frac{9}{16}$	0.630	$10\frac{9}{16}$	0.880
$1\frac{5}{8}$	0.135	$4\frac{5}{8}$	0.385	$7\frac{5}{8}$	0.635	$10\frac{5}{8}$	0.885
$1\frac{11}{16}$	0.141	$4\frac{11}{16}$	0.391	$7\frac{11}{16}$	0.641	$10\frac{11}{16}$	0.891
$1\frac{3}{4}$	0.146	$4\frac{3}{4}$	0.396	$7\frac{3}{4}$	0.646	$10\frac{3}{4}$	0.896
$1\frac{13}{16}$	0.151	$4\frac{13}{16}$	0.401	$7\frac{13}{16}$	0.651	$10\frac{13}{16}$	0.901
$1\frac{7}{8}$	0.156	$4\frac{7}{8}$	0.406	$7\frac{7}{8}$	0.656	$10\frac{7}{8}$	0.906
$1\frac{15}{16}$	0.161	$4\frac{15}{16}$	0.411	$7\frac{15}{16}$	0.661	$10\frac{15}{16}$	0.911
2	0.167	5	0.417	8	0.667	11	0.917
$2\frac{1}{16}$	0.172	$5\frac{1}{16}$	0.422	$8\frac{1}{16}$	0.672	$11\frac{1}{16}$	0.922
$2\frac{1}{8}$	0.177	$5\frac{1}{8}$	0.427	$8\frac{1}{8}$	0.677	$11\frac{1}{8}$	0.927
$2\frac{3}{16}$	0.182	$5\frac{3}{16}$	0.432	$8\frac{3}{16}$	0.682	$11\frac{3}{16}$	0.932
$2\frac{1}{4}$	0.188	$5\frac{1}{4}$	0.438	$8\frac{1}{4}$	0.688	$11\frac{1}{4}$	0.938
$2\frac{5}{16}$	0.193	$5\frac{5}{16}$	0.443	$8\frac{5}{16}$	0.693	$11\frac{5}{16}$	0.943
$2\frac{3}{8}$	0.198	$5\frac{3}{8}$	0.448	$8\frac{3}{8}$	0.698	$11\frac{3}{8}$	0.948
$2\frac{7}{16}$	0.203	$5\frac{7}{16}$	0.453	$8\frac{7}{16}$	0.703	$11\frac{7}{16}$	0.953
$2\frac{1}{2}$	0.208	$5\frac{1}{2}$	0.458	$8\frac{1}{2}$	0.708	$11\frac{1}{2}$	0.958
$2\frac{9}{16}$	0.214	$5\frac{9}{16}$	0.464	$8\frac{9}{16}$	0.714	$11\frac{9}{16}$	0.964
$2\frac{5}{8}$	0.219	$5\frac{5}{8}$	0.469	$8\frac{5}{8}$	0.719	$11\frac{5}{8}$	0.969
$2\frac{11}{16}$	0.224	$5\frac{11}{16}$	0.474	$8\frac{11}{16}$	0.724	$11\frac{11}{16}$	0.974
$2\frac{3}{4}$	0.229	$5\frac{3}{4}$	0.479	$8\frac{3}{4}$	0.729	$11\frac{3}{4}$	0.979
$2\frac{13}{16}$	0.234	$5\frac{13}{16}$	0.484	$8\frac{13}{16}$	0.734	$11\frac{13}{16}$	0.984
$2\frac{7}{8}$	0.240	$5\frac{7}{8}$	0.490	$8\frac{7}{8}$	0.740	$11\frac{7}{8}$	0.990
$2\frac{15}{16}$	0.245	$5\frac{15}{16}$	0.495	$8\frac{15}{16}$	0.745	$11\frac{15}{16}$	0.995
3	0.250	6	0.500	9	0.750	12	1.000

1.4.4 Pulgadas a sus equivalentes decimales en pies

En ocasiones, se deben convertir pulgadas a sus equivalentes decimales en pies. Para hacerlo, primero exprese las pulgadas como una fracción que tenga 12 como denominador. Se utiliza 12 porque hay 12 pulg. en un pie. Luego, reduzca la fracción y conviértala en un número decimal.

Ejemplo 1:

¿Qué número decimal en pies equivale a 3 pulg.?

$$3/12$$

Paso 1 En primer lugar, coloque el número en pulgadas sobre el 12.

$$3/12 = 1/4$$

Paso 2 Reduzca la fracción a la mínima expresión.

$$\begin{array}{r} 0.25 \\ 4\overline{)1.00} \\ \underline{-0.8} \\ 0.20 \\ \underline{-0.20} \\ 0 \end{array}$$

Paso 3 Para convertir la fracción $1/4$ a un valor decimal, divida 4 por 1.00:

Así, 3 pulg. se convierte en 0.25 pies.

Ejemplo 2:

¿Qué número decimal en pies equivale a 14.4 pulg.?

$$14.4 = 14\frac{4}{10} = \frac{144}{10}$$

Paso 1 Convierta el decimal en fracción. Si esta es una fracción propia, pásela a una fracción impropia.

$$\frac{144}{10} \times \frac{1}{12} = \frac{144}{120}$$

Paso 2 Multiplique por $1/12$.

$$\begin{array}{r} 1.2 \\ 120\overline{)144.0} \\ \underline{-120} \\ 240 \\ \underline{-240} \\ 0 \end{array}$$

Paso 3 Para convertir la fracción $144/120$ en un decimal, divida el numerador (144) por el denominador (120) y redondee la respuesta si es necesario. En este caso, el cociente llega hasta las décimas.

Así, 14.4 pulg. se convierte en 1.2 pies. ¿Comprende que esto es lo mismo que decir "14.4 dividido 12 pulg."?

1.4.5 Conversiones: problemas prácticos

Redondee las respuestas a la milésima más cercana cuando sea necesario.

1. Convierta 0.85 al porcentaje equivalente.
2. Convierta 4.35 al porcentaje equivalente.
3. Convierta 20% al decimal equivalente.
4. Convierta 150% al decimal equivalente.
5. Convierta $3/8$ al decimal equivalente.
6. Convierta $1\frac{1}{2}$ al decimal equivalente.
7. Convierta $6/4$ al decimal equivalente.
8. Convierta 0.75 a la fracción equivalente.
9. Convierta 13.4 a la fracción equivalente.
10. Convierta 133.365 a la fracción equivalente.
11. Convierta 0.3 pies al dieciseisavo de pulgada más cercano.
12. Convierta 11.86 pies al dieciseisavo de pulgada más cercano.

13. Convierta 75.8 pies al dieciseisavo de pulgada más cercano.
14. Convierta 16 pulg. al valor en pies decimales equivalente.
15. Convierta 115.6 pulg. al valor en pies decimales equivalente.

1.5.0 Sistema métrico

El sistema métrico es un sistema de medición que utiliza un método de base diez para determinar el peso, la longitud, el volumen y la temperatura. En otras palabras, todas las medidas se indican en decenas.

En el sistema métrico moderno solo hay siete unidades de medida básicas, incluido el metro, el litro y el gramo. Los múltiplos o fracciones de las unidades básicas se expresan como potencias de 10. Se utiliza un conjunto estándar de prefijos para indicar estos números mayores o menores (*Tabla 2*). De este modo, siempre sabrá que un kilómetro son 1,000 metros con solo mirar el prefijo.

TABLA 2 Prefijos métricos

Prefijos métricos y valores correspondientes	
deca- = 10	deci- = 0.1
hecto- = 100	centi- = 0.01
kilo- = 1,000	mili- = 0.001
mega- = 1,000,000	micro- = 0.000001

1.5.1 Conversiones dentro del sistema métrico

Para convertir de una unidad métrica a otra, basta con desplazar la coma decimal la cantidad de espacios necesarios. Por ejemplo, para saber cuántos milímetros hay en 5 metros, mueva la coma decimal tres lugares a la derecha (multiplique por 1,000). Si quiere saber a cuántos metros equivalen 1,500 centímetros, mueva el punto decimal dos lugares hacia la izquierda (divida por 100).

En la *Figura 1*, se muestra una forma sencilla para hacer estos cálculos. Por cada salto en la recta numérica, mueva el decimal un lugar en la misma dirección. Agregue ceros si es necesario. Por ejemplo, si tiene 100 centilitros y quiere convertirlos en hectolitros, mueva la coma decimal cuatro lugares a la izquierda y agregue un 0 (divida por 10,000). Así, 100 centilitros equivalen a 0.01 hectolitros.

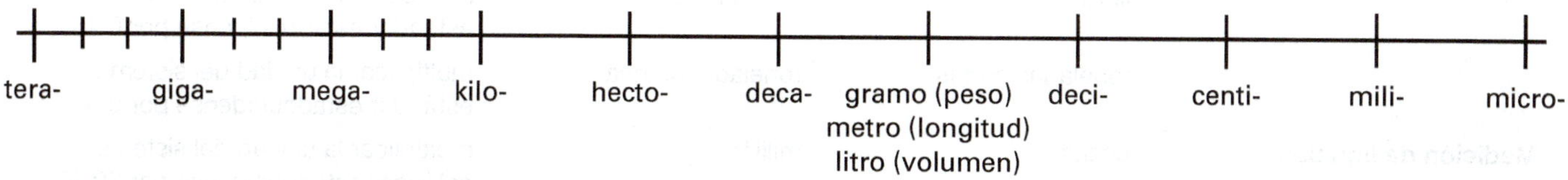

$10^0 = 1$	**UNIDAD DE BASE:** GRAMO (PESO), METRO (LONGITUD), LITRO (VOLUMEN)				$10^0 = 1$
MULTIPLICADOR	**PREFIJO**	**SIGNIFICADO**	**PREFIJO**	**MEANING**	**MULTIPLICADOR**
$10^1 = 10$	deca-	diez	deci-	décima	$10^{-1} = 0.1$
$10^2 = 100$	hecto-	cien	centi-	centésima	$10^{-2} = 0.01$
$10^3 = 1{,}000$	kilo-	mil	mili-	milésima	$10^{-3} = 0.001$
$10^6 = 1{,}000{,}000$	mega-	millón	micro-	millonésima	$10^{-6} = 0.000001$
$10^9 = 1{,}000{,}000{,}000$	giga-	mil millones	nano-	milmillonésima	$10^{-9} = 0.000000001$
$10^{12} = 1{,}000{,}000{,}000{,}000$	tera-	billón	pico-	billonésima	$10^{-12} = 0.000000000001$

Figura 1 Escala decimal.

PRECAUCIÓN

Asegúrese de expresar las medidas con el sistema correcto. Los errores ocasionados por utilizar el sistema de medidas equivocado pueden costar dinero y tiempo. No utilice nunca una herramienta métrica en caños y accesorios del sistema estándar estadounidense, o viceversa. Podría dañar la herramienta y el accesorio.

1.5.2 Conversión de unidades de medidas

Algunos países utilizan el sistema métrico y otros, el sistema estándar estadounidense. Este sistema utiliza medidas como los pies y las libras. Los accesorios sanitarios se suelen fabricar en tamaños tanto del sistema estándar estadounidense como del sistema métrico. Es posible encontrar casos en los que se necesiten convertir las medidas de los caños. Por ejemplo, los materiales importados pueden venir en medidas métricas, y quizás deba convertirlos al sistema estándar estadounidense. Además, las agencias federales utilizan el sistema métrico Para realizar conversiones entre el sistema estándar estadounidense y el sistema métrico, puede utilizar una tabla de conversión como la *Tabla 3A* y la *Tabla 3B*.

TABLA 3A Tabla de conversiones

Sistema estándar estadounidense al sistema métrico			
	Para convertir...	**a...**	**debe...**
Longitud	pulgadas	milímetros	multiplicar la unidad del sistema estándar estadounidense por 25.40
	pies	centímetros	multiplicar la unidad del sistema estándar estadounidense por 30.00
	yardas	metros	multiplicar la unidad del sistema estándar estadounidense por 0.90
	millas	kilómetros	multiplicar la unidad del sistema estándar estadounidense por 1.60
Área	pulgadas cuadradas	centímetros cuadrados	multiplicar la unidad del sistema estándar estadounidense por 6.50
	pies cuadrados	metros cuadrados	multiplicar la unidad del sistema estándar estadounidense por 0.09
	yardas cuadradas	metros cuadrados	multiplicar la unidad del sistema estándar estadounidense por 0.80
	millas cuadradas	kilómetros cuadrados	multiplicar la unidad del sistema estándar estadounidense por 2.60
	acres	hectáreas	multiplicar la unidad del sistema estándar estadounidense por 0.40
Masa y peso	onzas líquidas	gramos	multiplicar la unidad del sistema estándar estadounidense por 28.00
	libras	kilogramos	multiplicar la unidad del sistema estándar estadounidense por 0.45
	toneladas cortas	tonelada métrica	multiplicar la unidad del sistema estándar estadounidense por 0.90
Medición de líquidos	onzas	mililitros	multiplicar la unidad del sistema estándar estadounidense por 30.00
	pintas	litros	multiplicar la unidad del sistema estándar estadounidense por 0.47
	cuartos de galón	litros	multiplicar la unidad del sistema estándar estadounidense por 0.95
	galones	litros	multiplicar la unidad del sistema estándar estadounidense por 3.80
Temperatura	Fahrenheit	Celsius	restar 32 a la unidad estándar estadounidense; luego, multiplicar el resultado por 5 y dividirlo por 9

¿Sabía que?

Uso de la calculara

En algunas calculadoras, la tecla x^2 o $\sqrt{}$ puede estar escrita encima de otra tecla. En ese caso, debe pulsar la tecla de mayúsculas (shift) o una segunda tecla y, luego, pulsar la tecla que está debajo de x^2 o $\sqrt{}$. Consulte siempre las instrucciones del fabricante para conocer más detalles.

TABLA 3B Tabla de conversiones

Sistema métrico al sistema estándar estadounidense

	Para convertir...	**a...**	**debe...**
Longitud	milímetros	pulgadas	multiplicar la unidad métrica por 0.040
	centímetros	pies	multiplicar la unidad métrica por 0.033
	metros	yardas	multiplicar la unidad métrica por 1.100
	kilómetros	millas	multiplicar la unidad métrica por 0.620
Área	centímetros cuadrados	pulgadas cuadradas	multiplicar la unidad métrica por 0.160
	metros cuadrados	yardas cuadradas	multiplicar la unidad métrica por 1.200
	kilómetros cuadrados	millas cuadradas	multiplicar la unidad métrica por 0.400
	hectáreas	acres	multiplicar la unidad métrica por 2.500
Masa y peso	gramos	onzas líquidas	multiplicar la unidad métrica por 0.035
	kilogramos	libras	multiplicar la unidad métrica por 2.200
	tonelada métrica	toneladas cortas	multiplicar la unidad métrica por 1.100
Medición de líquidos	mililitros	onzas	multiplicar la unidad métrica por 0.034
	litros	pintas	multiplicar la unidad métrica por 2.100
	litros	cuartos de galón	multiplicar la unidad métrica por 1.060
	litros	galones	multiplicar la unidad métrica por 0.260
Temperatura	Celsius	Fahrenheit	multiplicar la unidad métrica por 9; luego, dividir el resultado por 5 y sumarle 32 a ese resultado

Para convertir una medida de un sistema a otro, multiplique la medida por el número de la columna del extremo derecho de la *Tabla 3A* o la *Tabla 3B*. Por ejemplo, quiere saber a cuántos kilogramos equivalen 250 lb. En la *Tabla 3A,* se encuentran las libras en la columna *Para convertir...* y los kilogramos en la columna *a...*, y observa que se debe multiplicar el número por 0.45 (250 × 0.45). La respuesta es 112.5 kilogramos.

1.5.3 Conversión métrica: problemas prácticos

Convierta las siguientes medidas:

1. 75 metros = ________ centímetros
2. 0.25 mililitros = ________ decalitros
3. 675,000 micrómetros = ________ hectómetros
4. 8.9 kilogramos = ________ decagramos
5. 1,011 milímetros = ________ centímetros
6. 68 pulgadas = ________ milímetros
7. 4.5 onzas líquidas = ________ gramos
8. 35 centímetros = ________ pies
9. 875 litros = ________ galones
10. 1,568 milímetros = ________ pulgadas
11. 62°C = ________ °F

1.6.0 Cuadrados y raíces cuadradas

Figura 2 Calculadoras de construcción.

Los cálculos en la plomería pueden requerir que eleve números al cuadrado, así como que calcule sus raíces cuadradas.

Para elevar al cuadrado un número, multiplíquelo por sí mismo. Para indicar que un número se eleva al cuadrado, escriba un superíndice de 2 a la derecha del número.

$$3 \text{ al cuadrado} = 3^2 = 3 \times 3 = 9$$

Calcular la raíz cuadrada de un número implica encontrar el número que, al multiplicarlo por sí mismo, dé como resultado el número que está bajo el signo de la raíz cuadrada. El signo radical (√) indica la raíz de un número.

$$\text{La raíz cuadrada de } 9 = \sqrt{9} = 3$$

La forma más sencilla de elevar los números al cuadrado y calcular las raíces cuadradas es con el uso de una calculadora de construcción o una aplicación de teléfono inteligente (*Figura* 2). Existen muchas aplicaciones, según el sistema operativo del teléfono inteligente. Para elevar un número al cuadrado en una calculadora, solo introduzca el número, pulse la tecla de multiplicación (×), introduzca el mismo número de nuevo y pulse el signo de igual (=). Con números más complejos, puede ahorrar tiempo si utiliza la función especial de *cuadrado*. Ingrese el número y pulse la tecla x^2 en la calculadora o en la aplicación. La respuesta aparecerá en la pantalla.

Para encontrar la raíz cuadrada de un número, pulse el número y la tecla de raíz cuadrada [√]. La respuesta aparecerá en la pantalla. No es necesario presionar la tecla de igual (=).

1.6.1 Cuadrados y raíces cuadradas: problemas prácticos

Si es necesario, utilice una calculadora para resolver los siguientes problemas. Redondee las respuestas a la décima más cercana.

1. 8 al cuadrado es _____.
2. 12^2 = _____
3. La raíz cuadrada de 156 es _____.
4. √3,136 = _____
5. √54 = _____

Repaso de la sección 1.0.0

1. Redondee las respuestas a la décima más cercana y utilice una calculadora si fuera necesario. Tiene tramos de tubos de 2.8 pies; 4.2 pies y 6 pies de largo. La longitud total de la tubería es de _____.
   a. 12.8 pies
   b. 13.0 pies
   c. 113.0 pies
   d. 130.0 pies

2. ¿Cuál es el denominador común de 2⁄6 y 3⁄8?
   a. 6
   b. 12
   c. 16
   d. 24

3. Redondee 118.76 a la décima más cercana.
   a. 118.5
   b. 118.7
   c. 118.8
   d. 119

4. 6.85 pulg. convertido a su equivalente decimal en pies es _____.
   a. 0.50 pies
   b. 0.57 pies
   c. 0.60 pies
   d. 0.75 pies

5. El prefijo métrico *tera-* representa _____.
   a. cien
   b. mil
   c. millón
   d. billón

6. Resuelva 13^2 (puede utilizar una calculadora si la necesita).
   a. 3.6
   b. 26
   c. 169
   d. 260

2.0.0 Medición de los caños

Objetivo

Explicar cómo se miden los caños.

a. Identificar las partes de un accesorio y las dimensiones asociadas.

b. Calcular la longitud de un caño.

Tareas prácticas

1. Medir un caño mediante los siguientes métodos:
   - De extremo a extremo
   - De extremo al centro
   - De centro a centro
   - De extremo a cara
   - De cara a cara
   - De cara al cuello
2. Determinar las dimensiones de extremo a extremo por medio del cálculo de las distancias del centro al extremo del conector y la inserción.

Un plomero debe ser capaz de medir caños con precisión y rapidez. La medición es una cuestión básica en la profesión y es la base de muchas otras habilidades del oficio.

2.1.0 Partes de un conector y dimensiones asociadas

Al igual que otros materiales de construcción, como la madera de 2 × 4, los caños vienen en tamaños nominales. Los tamaños nominales se utilizan para la identificación general. El tamaño real de la pieza es similar al tamaño nominal, pero no es exactamente igual.

En la fabricación e instalación de sistemas de tuberías, los plomeros suelen utilizar las medidas de centro a centro (C–C) entre dos conectores. Las longitudes de los caños y los conectores se miden sobre las líneas de centro. Las proyecciones de la **línea de centro** del caño y la línea de centro del conector se cruzan dentro del conector para crear un **punto central**.

2.1.1 Partes de un conector

En la *Figura 3*, se detallan las partes básicas de un conector. Los términos **cara**, **centro** y **dorso** se utilizan para describir estas partes. Estos elementos son importantes a la hora de medir la longitud de los caños porque establecen los puntos inicial y final de la medición. Por lo general, debe utilizar medidas de cara a centro del conector. El **cuello** del accesorio no suele utilizarse demasiado para la medición de caños.

Línea de centro: línea con la que se indica el centro de un objeto en un dibujo.

Punto central: punto que se genera donde la línea de centro del caño y la del conector se encuentran dentro del conector. El punto central se utiliza para determinar la longitud correcta de un caño.

Cara: el extremo abierto de un conector en el que se conecta un caño, como la abertura de la boca de entrada o cualquiera de sus extremos.

Centro: punto medio exacto entre otros dos puntos o superficies.

Dorso: la parte del conector opuesta al lado que tiene la abertura o cara.

Cuello: la parte del conector donde se enrosca otro caño o accesorio.

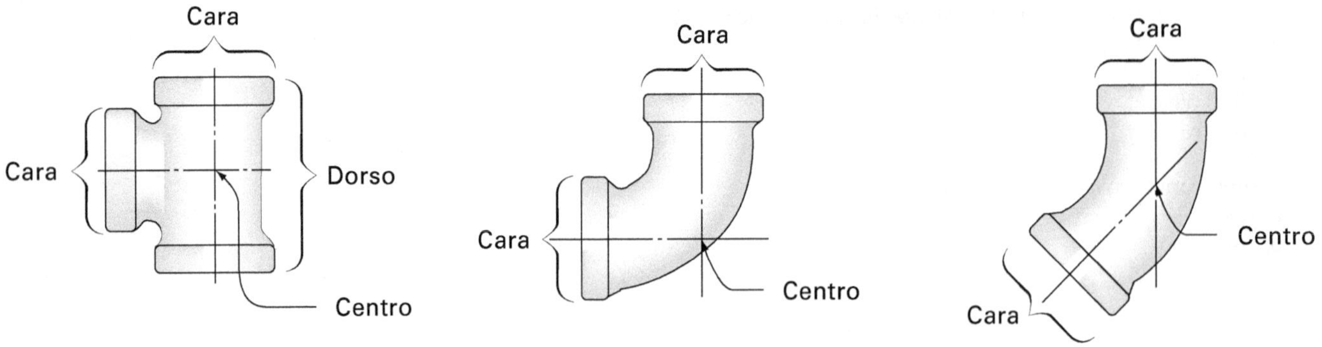

Figura 3 Partes de un conector básico.

En la *Figura 4*, se muestran los distintos métodos para medir longitudes de caños. Tendrá la oportunidad de practicar algunos de estos métodos más adelante en el módulo.

En la *Figura 5*, se muestra la misma información, pero dibujada con líneas simples. Es más práctico dibujar las longitudes de esta manera que dibujar todo el caño o conector. Compare la *Figura 4* con la *Figura 5* para observar las diferencias.

Las dimensiones de los caños ensamblados que se muestran en la *Figura 4* y en la *Figura 5* también se pueden expresar de forma verbal, como se muestra en la *Tabla 4*. Hablar así puede parecer extraño al principio, pero forma parte del vocabulario de la plomería. Para ser plomero, es necesario entender, hablar y escribir con este vocabulario. Para acostumbrarse, lea todas las expresiones en voz alta y relaciónelas con uno de los esquemas de la *Figura 5*, cuando sea posible. Por ejemplo, "8 pulg. de extremo a extremo" corresponde al primer dibujo de la *Figura 5*.

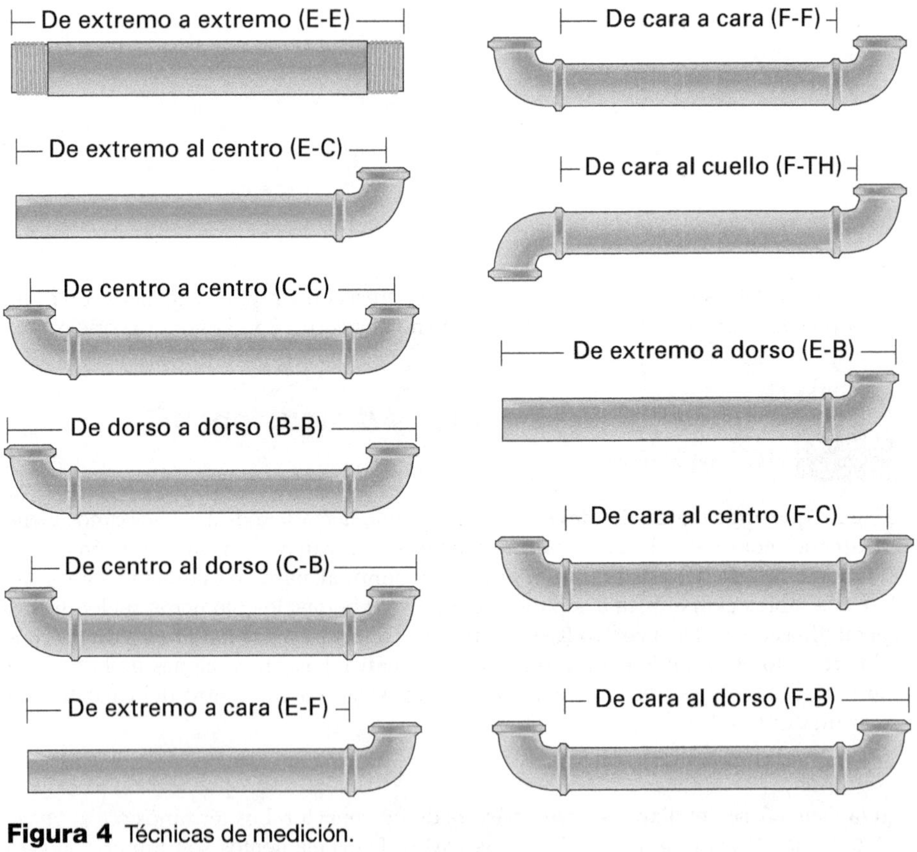

Figura 4 Técnicas de medición.

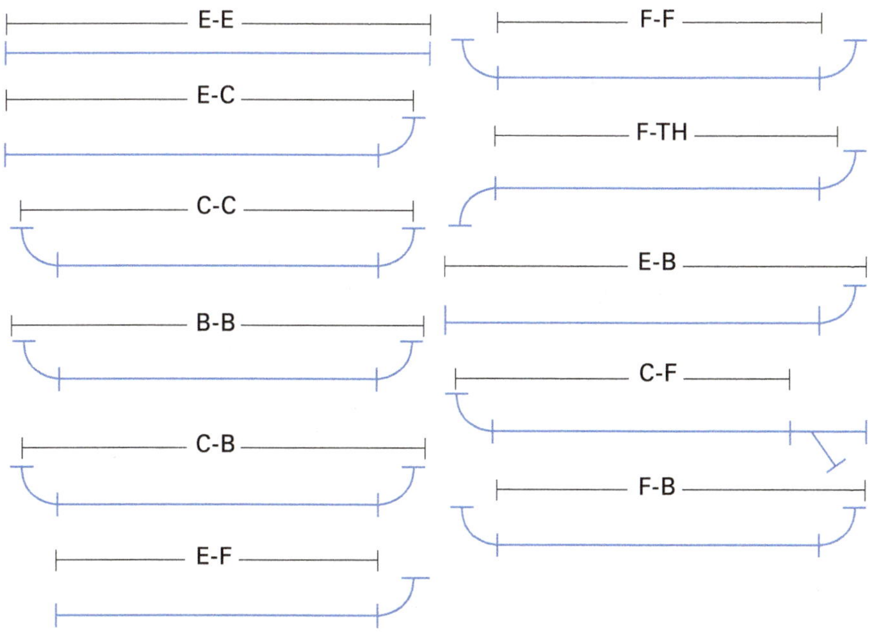

Figura 5 Vistas esquemáticas.

TABLA 4 Expresiones verbales para caños

Tamaño del caño (pulg.)	Expresión verbal	Abreviaturas
½ pulg.	8 pulg. de extremo a extremo	½ pulg. 8 pulg. E–E
¾ pulg.	10 pulg. de extremo al centro del codo	¾ pulg. 10 pulg. E–C L
1 pulg.	8 pulg. de extremo a cara del codo	1 pulg. 8 pulg. E–F L
3 pulg.	17 pulg. de extremo al dorso del codo	3 pulg. 17 pulg. E–B L
1 pulg.	11 pulg. de centro del codo al centro de la T	1 pulg. 11 pulg. C L–C T
2 pulg.	8½ pulg. de la cara del codo al cuello del codo	2 pulg. 8½ pulg. F L–TH L
4 pulg.	8 pulg. de cara del codo a cara de la Y	4 pulg. 8 pulg. F L–F Y
¾ pulg.	42 pulg. de centro de la Y a cara del codo	¾ pulg. 42 pulg. C Y–F L
6 pulg.	14 pulg. de centro de la T al dorso del codo	6 pulg. 14 pulg. C T–B L
1½ pulg.	69 pulg. de cara del codo al dorso del codo	1½ pulg. 69 pulg. F L–B L

2.1.2 Ajuste

El **ajuste de rosca** es la distancia que el extremo del caño se enrosca en el conector. La forma más práctica para determinar el ajuste de rosca es medir la profundidad de la cavidad o de la rosca del conector.

Ajuste de rosca: distancia a la que un caño se enrosca en un accesorio. También se la denomina *inserción de acople.*

2.1.3 Distancia del centro al extremo del conector

Es la distancia que hay desde el extremo de un caño que ingresa a la cara de un conector hasta el centro del conector. Algunas juntas, como las pegadas con plástico o las roscadas, tienen distancias del centro al extremo del conector. Otras, como las juntas de hierro fundido sin campana y con bridas de cara a cara, no las tienen.

Para calcular esta distancia, mida el conector desde el centro hasta la cara (C). Luego, reste la medida del ajuste de rosca (T).

2.1.4 Cómo usar las tablas de los fabricantes

También puede determinar las distancias del centro al extremo del conector con las tablas que publican los fabricantes de los conectores. En la *Figura 6*, se muestran las dimensiones de los conectores para caños de cobre, que no tienen rosca. Las dimensiones varían según los distintos tipos de conectores de los diferentes fabricantes. Por ejemplo, en la *Figura 7*, se muestran las dimensiones de los siguientes accesorios de plástico: codos, conectores en T y conectores Y. Los caños de hierro fundido (de aguas negras), que no tienen rosca, se presentan en dos formas: como caño de hierro fundido con conectores espiga y campana, o caño de hierro fundido con conectores sin campana. En la *Figura 8*, se muestran las dimensiones de los conectores para los tipos de caños de hierro fundido.

La *Figura 9* muestra las dimensiones de los conectores para tuberías roscadas, como las tes y los codos de acero. Las letras mayúsculas en el dibujo del conector se corresponden con una columna de las tablas. Para utilizar las tablas, busque el tamaño de caño en la primera columna y, luego, encuentre las dimensiones en las columnas de la derecha. Por ejemplo, la distancia del centro al extremo del conector para un codo a 90° roscado de acero es de 1 pulg., ya que C = 1½ pulg. y T = ½ pulg.; por lo tanto, 1½ pulg. – ½ pulg. = 1 pulg.

Codos en L

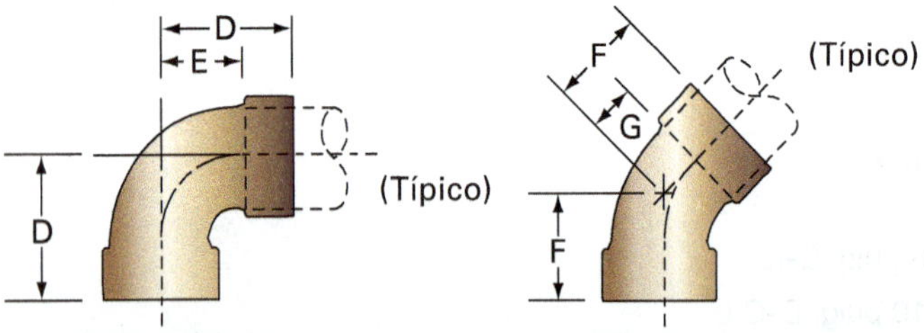

Conector en T

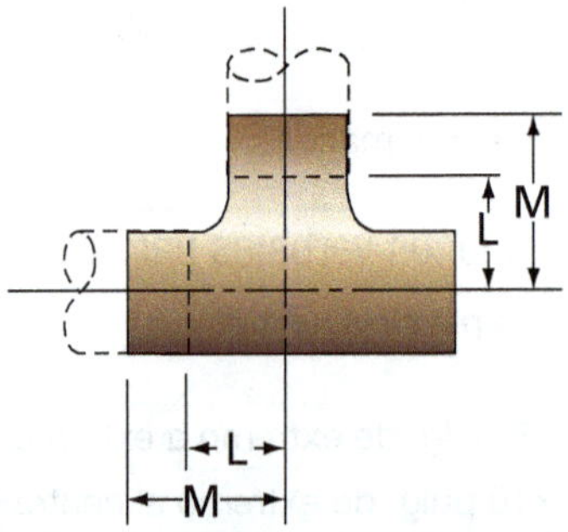

Notas:
1. Las dimensiones D y F abarcan del centro al extremo del conector.
2. Las dimensiones E y G abarcan del centro del conector al extremo del caño.
3. Las dimensiones están en pulgadas.

Tamaño nominal del caño (pulg.)	Codos de 90°			Codos de 45°		
	D	E	Peso 90 (lb)	F	G	Peso 45 (lb)
1/4	1.88	1.56	0.13	1.02	0.70	0.09
3/8	1.94	1.62	0.17	1.20	0.89	0.11
1/2	2.25	1.94	0.25	1.38	1.06	0.17
3/4	2.25	1.94	0.34	1.38	0.94	0.24
1	2.38	2.00	0.53	1.50	1.12	0.35
1 1/4	2.88	2.44	0.76	1.78	1.34	0.51
1 1/2	3.50	2.94	0.96	2.19	1.62	0.67
2	4.28	3.72	1.81	2.53	1.97	1.21
2 1/2	5.38	4.62	2.65	3.19	2.44	1.77
3	6.17	5.41	4.54	3.52	2.76	2.68
4	7.78	6.97	8.55	4.27	3.45	4.88
5	9.53	8.59	13.32	5.14	4.20	6.87
6	11.17	10.17	19.90	5.91	4.91	11.61
8	14.62	13.38	38.50	7.59	6.34	28.08
10	18.00	16.56		9.22	7.78	
12	21.25	19.69		10.70	9.14	

Notas:
1. La dimensión M abarca del centro al extremo del conector.
2. La dimensión L abarca del centro del conector al extremo del caño.
3. Las dimensiones están en pulgadas.

Tamaño nominal del caño (pulg.)	Conectores en T rectos		
	M	L	Peso (lb)
1/4	0.69	0.38	0.13
3/8	0.91	0.59	0.17
1/2	1.09	0.78	0.23
3/4	1.25	0.94	0.34
1	1.50	1.12	0.53
1 1/4	1.88	1.44	0.87
1 1/2	2.25	1.69	1.21
2	2.50	1.94	1.87
2 1/2	3.00	2.25	2.80
3	3.38	2.62	4.33
4	4.12	3.31	8.09
5	4.88	3.94	11.17
6	5.62	4.62	16.58
8	7.00	5.75	27.27
10	8.50	7.06	
12	10.00	8.43	

Figura 6 Dimensiones de los conectores para caños de cobre.

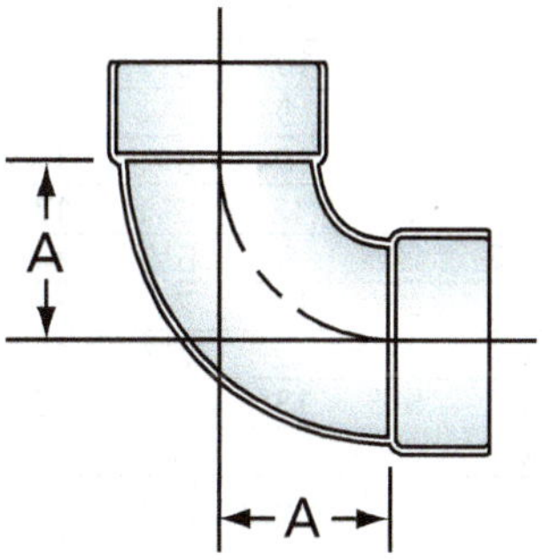

Codo
(Codo sanitario de 90°)
Conexión en campana

Tamaño (in)	A	B	C
1 1/2	1 3/4		
2	2 5/16		
3	3 1/16		
4	3 7/8		
6	5		
8	6		

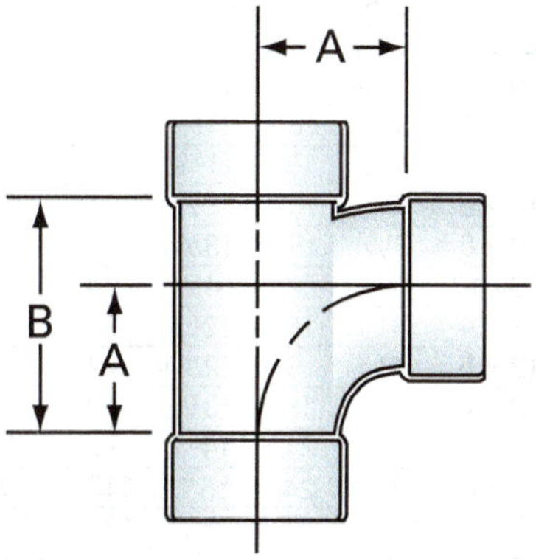

Conector en T sanitario
Conexión en campana

Tamaño (in)	A	B	C
1 1/2	1 3/4	2 3/4	
2	2 5/16	3 11/16	
3	3 1/16	4 7/8	
4	3 7/8	6 1/8	
6	5	8 1/2	
8	6	10 1/2	

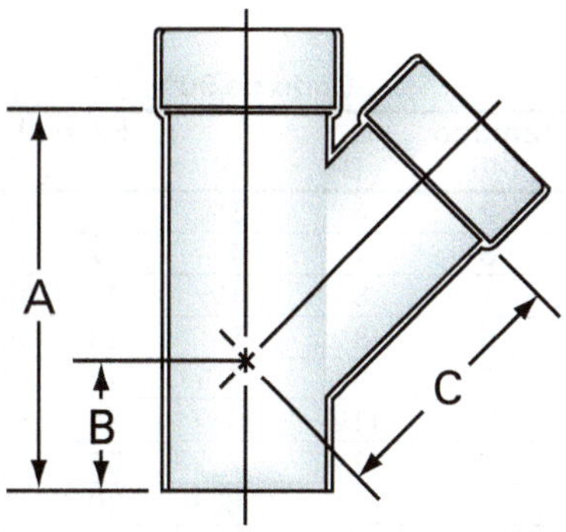

Conector Y, tipo calle
(Conector Y de 45°)
espiga × campana × campana

Tamaño (in)	A	B	C
1 1/2	4 3/4	1 7/8	2 7/8
2	5 7/8	2 1/4	3 5/8
3	8 1/8	3 1/8	5
4	10	3 5/8	6 3/8

Solo disponible en PVC

Figura 7 Dimensiones de los conectores para caños de plástico.

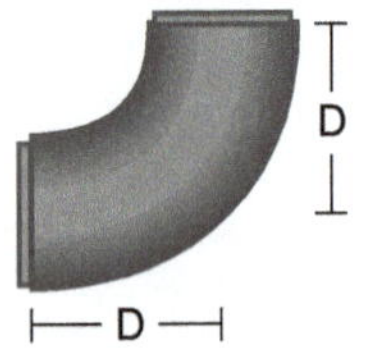

Codo de 90°		
Tamaño (in)	D	Peso (lb)
1 1/2	4 1/4	1.9
2	4 1/2	2.4
3	5	3.9
4	5 1/2	6.0
5	6 1/2	10.0
6	7	12.0
8	8 1/2	25.0
4 × 3	5 1/2	6.0

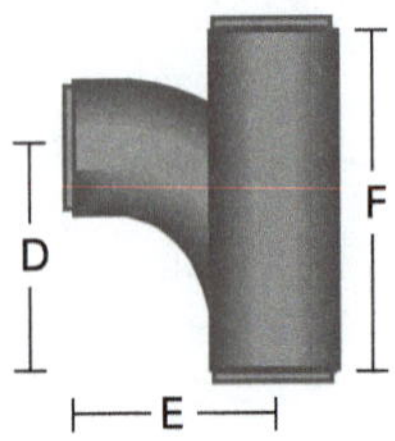

Conector en T sanitario				
Tamaño (in)	E	F	D	Peso (lb)
1 1/2×1 1/2	4 1/4	6 1/2	4 1/4	2.3
2×1 1/2	4 1/2	6 5/8	4 1/4	3.0
2×2	4 1/2	6 7/8	4 1/4	2.9
3×1 1/2	5	6	4 1/4	5.0
3×2	5	6 7/8	4 1/2	4.0
3	5	8	5	4.7
4×2	5 1/2	6 7/8	4 1/2	6.0
4 × 3	5 1/2	8	5	7.2
4	5 1/2	9 1/8	5 1/2	8.0
5 × 2	6 1/2	8 1/2	5	8.7
5 × 3	6	9 5/16	5 1/2	10.5
5 × 4	6	10 13/32	6	11.5
5	6 1/2	11 7/16	6 1/2	15.0
6 × 2	6 1/2	8 3/16	5	12.0
6 × 3	6 1/2	9 3/16	5 1/2	23.0
6 × 4	6 1/2	10 1/16	6	11.5
6 × 5	7	11 1/2	6 1/2	27.0
6	7	12 1/2	7	15.0
8 × 4	7 1/2	11 1/2	6 1/2	21.0
8 × 5	8	12 1/2	7	24.0
8 × 6	8	13 1/2	7 1/2	24.0
8	8	15 1/2	9 1/2	28.0

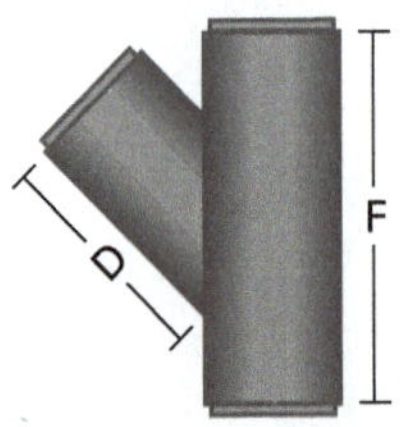

Conector Y			
Tamaño (in)	D	F	Peso (lb)
1 1/2×1 1/2	4	6	2.2
2×2	4 5/8	6 5/8	2.6
3×1 1/2	4 5/8	6 5/8	3.0
3×2	5 5/16	6 5/8	3.7
3	5 3/4	8	4.9
4×2	6	6 5/8	5.5
4 × 3	6 1/2	8	7.2
4	7 1/16	9 1/2	8.8
5 × 2	7 1/2	8 1/16	7.2
5 × 3	8	9 11/16	10.5
5 × 4	8 1/2	11 3/16	12.0
5	9 1/2	12 5/8	14.5
6 × 2	8 1/4	8 5/16	9.5
6 × 3	8 3/4	9 3/4	11.0
6 × 4	9 1/4	11 3/16	13.0
6 × 5	10 1/4	12 1/2	16.0
6	10 3/4	14 1/16	18.0
8 × 3	9 7/8	10	19.0
8 × 4	10 3/8	11 7/16	22.0
8 × 5	11 3/8	12 7/8	25.0
8 × 6	11 13/16	14 13/16	28.0
8	13 3/8	17 1/8	38.5
10 × 4	11 11/16	12 5/8	37.0
10 × 6	13 1/8	15 7/16	46.0
10 × 8	14 11/16	18 3/8	52.0
10	16 1/2	21 1/2	72.0

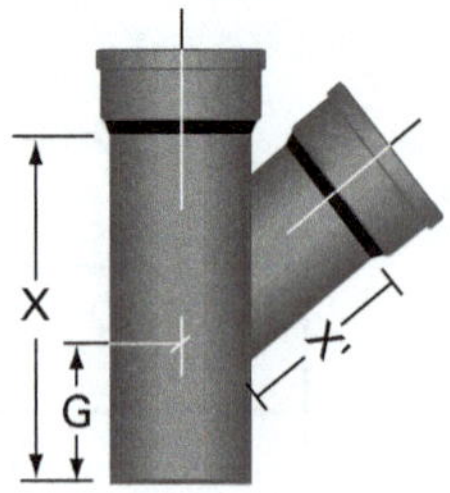

Conector Y					
Tamaño (in)	G	X	X'	Peso (lb) Servicio	Peso (lb) Extra grueso
2 × 2	4	8	4	7	8
3 × 2	4 3/16	9	5	10	14
3 × 3	5	10 1/2	5 1/2	13	17
4 × 2	3 5/8	9	5 3/4	12	17
4 × 3	4 7/16	10 1/2	6 1/4	14	20
4 × 4	5 1/4	12	6 3/4	17	24
5 × 2	3 1/8	9	6 1/2	14	–
5 × 3	3 7/8	10 1/2	7	17	24
5 × 4	4 11/16	12	7 1/2	19	27
5 × 5	5 1/2	13 1/2	8	22	32
6 × 2	2 9/16	9	7 1/4	17	–
6 × 3	3 3/8	10 1/2	7 3/4	19	27
6 × 4	4 3/16	12	8 1/4	22	31
6 × 5	4 15/16	13 1/2	8 3/4	24	35
6 × 6	5 3/4	15	9 1/4	28	40
8 × 2	3 1/8	10 1/2	8 1/2	29	–
8 × 3	3 15/16	12	9	32	–
8 × 4	4 3/4	13 1/2	9 1/2	36	52
8 × 5	5 1/2	15	10	39	–
8 × 6	6 5/16	16 1/2	10 1/2	44	63
8 × 8	7 11/16	19 1/2	11 13/16	55	82
10 × 3	2 9/16	12	11	50	–
10 × 4	3 9/16	13 1/2	11 1/8	53	74
10 × 5	4 5/16	15	11 5/8	57	–
10 × 6	5 1/8	16 1/2	12 1/8	61	86
10 × 8	6 1/2	19 1/2	13 7/16	77	110
10×10	8	22 1/2	14 1/2	94	133
12 × 4	4 1/8	15	12 7/16	70	–
12 × 5	4 7/8	16 1/2	12 15/16	74	–
12 × 6	5 11/16	18	13 7/16	80	111
12 × 8	7 1/16	21	14 3/4	96	136
12×10	8 9/16	24	15 13/16	115	160
12×12	10 1/8	27	16 7/8	135	186
15 × 4	2 1/4	15	15	130	130
15 × 6	4	18	15 3/4	109	–
15 × 8	5 3/8	21	17 1/16	127	182
15×10	6 7/8	24	18 1/8	152	213
15×12	8 7/16	27	19 3/16	242	242
15×15	10 3/4	31 1/2	20 3/4	338	338

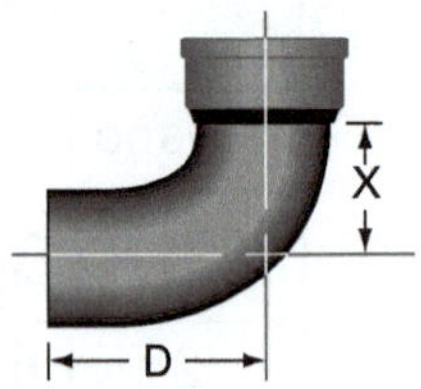

Codo de 90°				
Tamaño (in)	D	X	Peso (lb) Servicio	Peso (lb) Extra grueso
2	6	3 1/4	4	5
3	7	4	7	10
4	8	4 1/2	11	15
5	8 1/2	5	13	19
6	9	5 1/2	17	24
8	11 1/2	6 5/8	34	51
10	12 1/2	7 5/8	55	78
12	15	8 3/4	80	111
15	16 1/2	10 1/4	169	169

Figura 8 Dimensiones de los conectores para caños de hierro fundido.

4 3/4 pulg.	3 5/16 pulg.
5 7/8 pulg.	4 1/16 pulg.
5 7/8 pulg.	4 1/4 pulg.
6 1/4 pulg.	4 5/8 pulg.

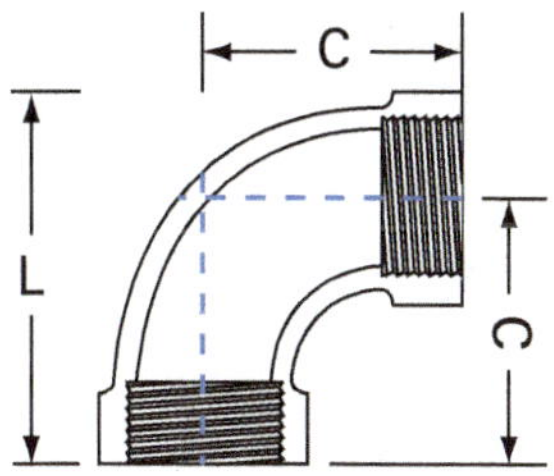

Codo roscado de 90°

A es de centro a cara
B es la cara

Tamaño nominal del caño (pulg.)	A	B
1/8	7/8	7/8
1/4	7/8	7/8
3/8	31/32	1 1/16
1/2	1 1/8	1 5/16
3/4	1 5/16	1 1/2
1	1 1/2	1 13/16
1 1/4	1 3/4	2 3/16
1 1/2	2	2 1/2
2	2 3/8	3
2 1/2	3	3 5/8
3	3 3/8	4 5/16
4	4 3/16	5 7/8

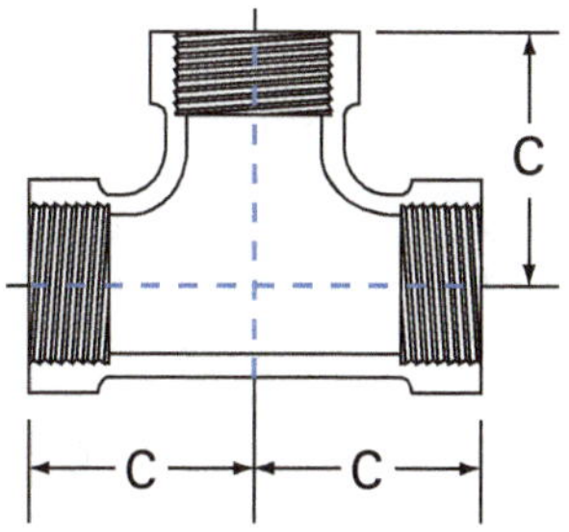

Conectores en T roscados

C es de centro a cara
T es la inserción de rosca

Tamaño nominal de caño (pulg.)	C	T
3/8	1	3/8
1/2	1 1/8	1/2
3/4	1 3/8	1/2
1	1 1/2	1/2
1 1/4	1 3/4	1/2
1 1/2	1 7/8	1/2
2	2 1/4	1/2
2 × 1 1/2	2 1/4	1/2
2 1/2	2 3/4	3/4

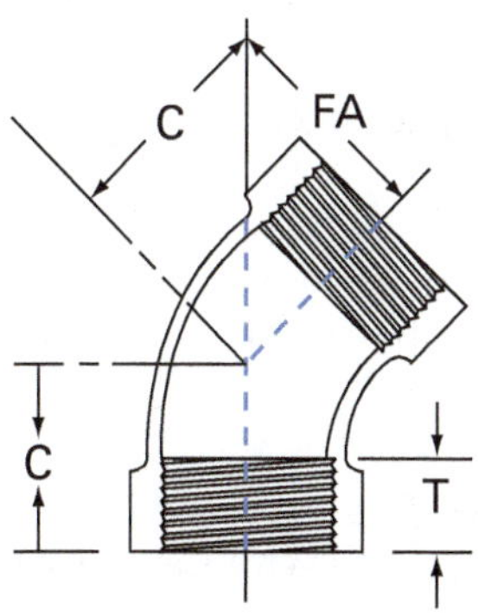

Codos roscados

FA es el ángulo del accesorio
C es de centro a cara
T es la inserción de rosca

Tamaño nominal de caño (pulg.)	C					T
	Ángulos de los accesorios					
	90°	60°	45°	22 1/2°	11 1/4°	
3/8	1		3/4			3/8
1/2	1 1/8		3/4			1/2
3/4	1 3/8		1			1/2
1	1 1/2		1 1/8			1/2
1 1/4	1 3/4	1 1/4	1 1/4	1 1/8	1	1/2
1 1/2	1 7/8	1 3/4	1 1/2	1 1/4	1 1/8	1/2
2	2 1/4	2 1/4	1 5/8	1 3/8	1 1/4	1/2
2 1/2	2 3/4	2 1/2	1 3/4	1 1/2	1 3/8	3/4

Figura 9 Dimensiones de los conectores en T y codos de acero con rosca.

2.2.0 Cálculo de la longitud de un caño

La técnica de medición que utilice determinará como calcular la longitud de caño que necesita cortar. En la mayoría de las técnicas de medición de caños, se utilizan las dimensiones de los accesorios como parte de los cálculos.

2.2.1 Método de centro a centro

Para determinar la longitud de un caño entre dos accesorios mediante el método de centro a centro, reste las distancias del centro al extremo de los conectores de la medida de centro a centro (consulte la *Figura 10*).

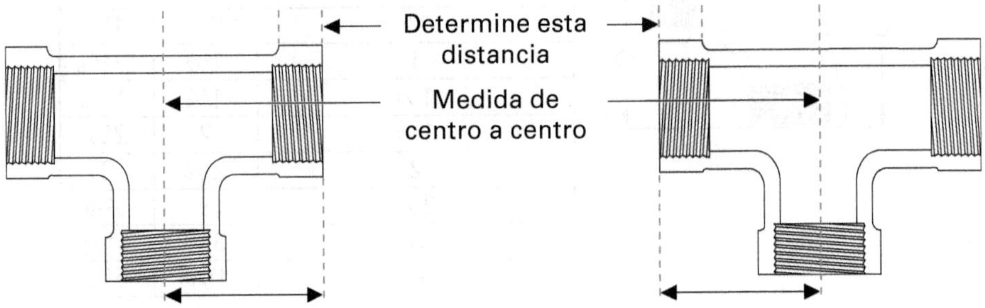

Figura 10 Método de centro a centro.

Ejemplo:

Supongamos que quiere saber qué longitud de caño de acero roscado debe cortar para cubrir un espacio entre dos conectores en T roscados. La medida de centro a centro entre los dos accesorios es de 50 pulg. (127 cm). Utiliza un caño de acero roscado de $1\frac{1}{4}$ pulg. (3.17 cm), que, como se puede ver en la *Figura 9*, tiene una inserción de rosca (T) de $\frac{1}{2}$ pulg. (1.27 cm) y una medida de centro a cara (C) de $1\frac{3}{4}$ pulg. (4.44 cm).

Paso 1 Para determinar la distancia del centro al extremo del conector, reste C menos T.

C – T = distancia del centro al extremo del conector

$1\frac{3}{4}$ pulg. (4.44 cm) – $\frac{1}{2}$ pulg. (1.27 cm) = $1\frac{1}{4}$ pulg. (3.17 cm)

Paso 2 Como tiene dos conectores, debe sumar las distancias del centro al extremo de cada conector para obtener la distancia total.

Distancia total del centro al extremo del conector =
$1\frac{1}{4}$ pulg. (3.17 cm) + $1\frac{1}{4}$ pulg. (3.17 cm) = $2\frac{1}{2}$ pulg. (6.35 cm)

Paso 3 Reste la medida de centro a centro de 50 pulg. (127 cm) menos la distancia total del centro al extremo del conector.

50 pulg. (127 cm) – $2\frac{1}{2}$ pulg. (6.35 cm) = $47\frac{1}{2}$ pulg. (120.65 cm)

Debe cortar un caño que tenga $47\frac{1}{2}$ pulg. (120.65 cm) de largo.

2.2.2 Método de extremo a centro

Para calcular la dimensión de extremo a extremo cuando se conoce la medida de extremo a centro, se debe restar solo una distancia del centro al extremo del conector porque hay un solo conector (consulte la *Figura 11*).

Ejemplo:

Supongamos que necesita conectar dos conectores en T de acero roscados de $\frac{3}{4}$ pulg. (1.90 cm). La medida de extremo a centro es de $17\frac{1}{2}$ pulg. (44.45 cm). Calcule la longitud de caño que necesita cortar.

Paso 1 Para determinar la distancia del centro al extremo del conector, reste la medida de centro a cara menos la inserción de rosca (consulte la *Figura 11*):

Distancia del centro al extremo del conector = $1\frac{3}{8}$ pulg. (3.49 cm) – $\frac{1}{2}$ pulg. (1.27 cm) = $\frac{11}{8}$ pulg. (3.49 cm) – $\frac{4}{8}$ pulg. (1.27 cm) = $\frac{7}{8}$ pulg. (2.22 cm)

Paso 2 Reste la medida del extremo al centro menos la distancia del centro al extremo del conector.

$$17\frac{1}{2} \text{ pulg. } (44.45 \text{ cm}) - \frac{7}{8} \text{ pulg. } (2.22 \text{ cm}) =$$
$$\frac{140}{8} \text{ pulg. } (44.45 \text{ cm}) - \frac{7}{8} \text{ pulg. } (2.22 \text{ cm}) = 16\frac{5}{8} \text{ pulg. } (42.22 \text{ cm})$$

Necesita un caño de acero de ¾ pulg. (1.90 cm) de 16⅝ pulg. (42.22 cm) de largo.

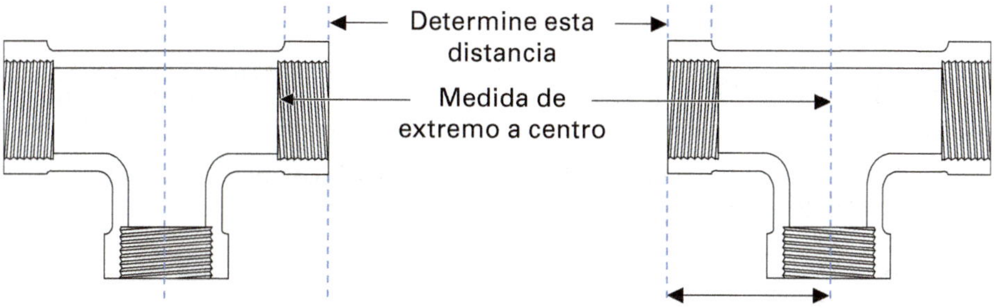

Figura 11 Método de extremo a centro.

2.2.3 Método cara a cara

Para determinar la dimensión requerida de extremo a extremo cuando se tiene una medida de cara a cara, debe añadir la inserción de rosca de cada conector.

Ejemplo:

Calcule la longitud del caño de acero necesaria para conectar conectores en T de acero roscados de ½ pulg. (1.27 cm) si la medida de cara a cara es de 6¾ pulg. (17.14 cm).

$$6\frac{3}{4} \text{ pulg. } (17.14 \text{ cm}) + \frac{1}{2} \text{ pulg. } (1.27 \text{ cm}) + \frac{1}{2} \text{ pulg. } (1.27 \text{ cm}) = 7\frac{3}{4} \text{ pulg. } (19.68 \text{ cm})$$

Necesita un caño de acero de ½ pulg. (1.27 cm) de 7¾ pulg. (19.68 cm) de largo.

2.2.4 Principios generales de medición

Como se muestra en la *Figura 4*, existen muchas técnicas de medición, según la información que se tenga y el tipo de instalación. Tal vez ya haya notado los siguientes principios generales que comparten todos estos métodos de medición:

- Si tiene una dimensión al centro, reste la distancia del centro al extremo del conector.
- Si tiene una dimensión a la cara, sume la inserción de rosca.
- Si tiene una dimensión al extremo, no es necesario sumar ni restar nada.

Repaso de la sección 2.0.0

1. Un caño nominal de ½ pulg. que tiene una longitud de 10 pulg. (25.40 cm) desde el extremo al centro de un codo en L se abrevia _____.
   a. ½ pulg.–10E–C
   b. ½ pulg. C–L
   c. ½ pulg. 10 pulg. E–C L
   d. 10 pulg. E–L C

2. La distancia desde el extremo de un caño que ingresa al accesorio hasta el centro de este es _____.
   a. de centro a centro
   b. la inserción de rosca
   c. la inserción
   d. la distancia del centro al extremo del conector

3. Necesita cortar un caño de acero roscado para conectar dos conectores en T roscados de ¾ pulg. (1.90 cm). La medida de centro a centro es de 41⅞ pulg. (106.36 cm). Dado que la medida de centro a cara es de 1⅜ pulg. (3.49 cm) y la inserción de rosca es de ½ pulg. (1.27 cm), la dimensión de extremo a extremo necesaria para este caño es de _____.
   a. ⅞ pulg. (2.22 cm)
   b. 40⅛ pulg. (101.91 cm)
   c. 41⅞ pulg. (106.36 cm)
   d. 41 pulg. (104.14 cm)

Módulo 02104 Preguntas de repaso

1. Supongamos que ya tiene 2,032.25 lb de ladrillos. Si compra 7,525.5 lb más, el total de libras de ladrillos que tendrá es de _____.
   a. 2,758
   b. 2,775.80
   c. 9,557.75
   d. 95,577.5

2. Si un caño de hierro fundido pesa 4.75 libras por pie, un caño de 129.4 pies pesa _____.
   a. 614.65 libras
   b. 1,770.40 libras
   c. 6,146.50 libras
   d. 17,704 libras

3. Si tiene un caño de 1,780 pulg. de largo, ¿cuántos trozos de caño de 12 pulg. puede cortar?
   a. 140
   b. 148
   c. 151
   d. 156

4. Si una tubería cuesta $4.20 por pie y paga un total de $120.95, el total de pies de la tubería que ha comprado es de _____.
   a. 2.8
   b. 28.6
   c. 28.8
   d. 287.9

5. Convertido a decimal, $\frac{3}{16}$ equivale a _____.
   a. 0.1875
   b. 0.316
   c. 1.875
   d. 3.187

6. 88.47 pies convertido al dieciseisavo de pulgada más cercano es igual a _____.
   a. $5\frac{10}{16}$ pulg.
   b. 88 pies $5\frac{17}{25}$ pulg.
   c. 88 pies 5⅝ pulg.
   d. 88 pies 10 pulg.

7. $1\frac{5}{16}$ pulg. equivale a _____.
   a. 0.047 pies
   b. 0.063 pies
   c. 0.109 pies
   d. 0.172 pies

8. 25^2 = _____.
   a. 3.87
   b. 30
   c. 125
   d. 625

9. Las extensiones de la línea de centro del caño y la del accesorio se encuentran dentro del accesorio para crear _____.
   a. una línea de centro
   b. una línea simple
   c. un punto central
   d. una dimensión de extremo a extremo

4 3/4 pulg.	3 5/16 pulg.
5 7/8 pulg.	4 1/16 pulg.
5 7/8 pulg.	4 1/4 pulg.
6 1/4 pulg.	4 5/8 pulg.

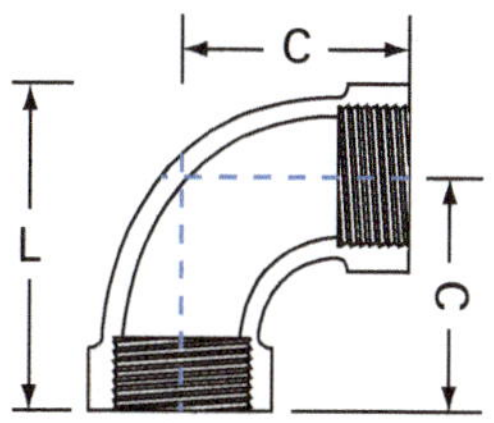

Codo roscado de 90°

A es de centro a cara
B es la cara

Tamaño nominal del caño (pulg.)	A	B
1/8	7/8	7/8
1/4	7/8	7/8
3/8	31/32	1 1/16
1/2	1 1/8	1 5/16
3/4	1 5/16	1 1/2
1	1 1/2	1 13/16
1 1/4	1 3/4	2 3/16
1 1/2	2	2 1/2
2	2 3/8	3
2 1/2	3	3 5/8
3	3 3/8	4 5/16
4	4 3/16	5 7/8

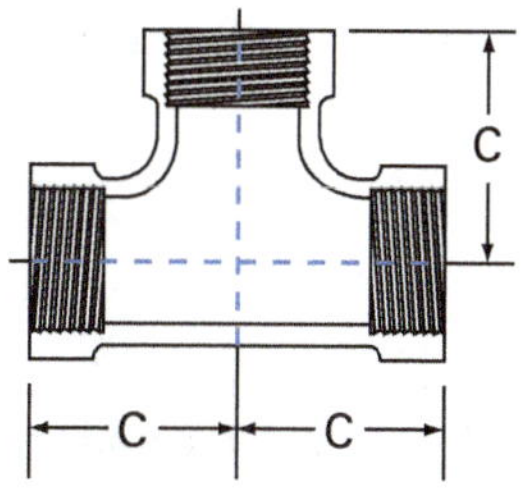

Conectores en T roscados

C es de centro a cara
T es la inserción de rosca

Tamaño nominal de caño (pulg.)	C	T
3/8	1	3/8
1/2	1 1/8	1/2
3/4	1 3/8	1/2
1	1 1/2	1/2
1 1/4	1 3/4	1/2
1 1/2	1 7/8	1/2
2	2 1/4	1/2
2 × 1 1/2	2 1/4	1/2
2 1/2	2 3/4	3/4

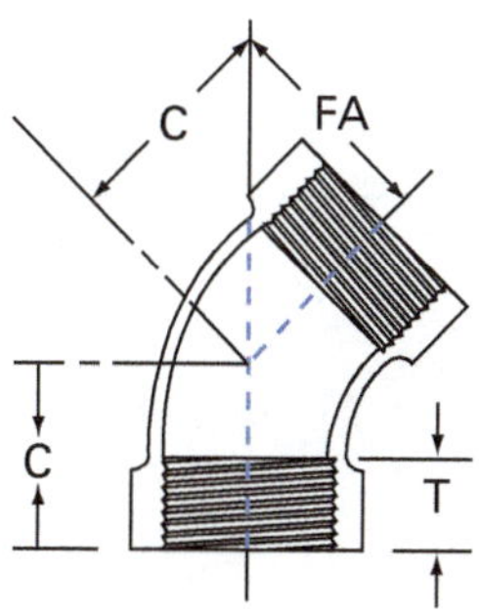

Codos roscados

FA es el ángulo del accesorio
C es de centro a cara
T es la inserción de rosca

Tamaño nominal de caño (pulg.)	C					T
	Ángulos de los accesorios					
	90°	60°	45°	22 1/2°	11 1/4°	
3/8	1		3/4			3/8
1/2	1 1/8		3/4			1/2
3/4	1 3/8		1			1/2
1	1 1/2		1 1/8			1/2
1 1/4	1 3/4	1 1/4	1 1/4	1 1/8	1	1/2
1 1/2	1 7/8	1 3/4	1 1/2	1 1/4	1 1/8	1/2
2	2 1/4	2 1/4	1 5/8	1 3/8	1 1/4	1/2
2 1/2	2 3/4	2 1/2	1 3/4	1 1/2	1 3/8	3/4

Figura RQ01

10. Un caño nominal de 4 pulg. que tiene una longitud de 12 pulg. (30.48 cm) de extremo a extremo se abrevia _____.
    a. 4–12 E
    b. 4 pulg. C-L
    c. 4 pulg. 12 pulg. E–E
    d. 12 pulg. E

11. La distancia a la que un caño se enrosca en un conector roscado se denomina _____.
    a. distancia del centro al extremo del conector
    b. inserción de rosca
    c. punto central
    d. dimensión de centro a cara

12. Según la *Figura RQ01*, la distancia del centro al extremo del conector para un codo a 45° de acero roscado de ¾ pulg. (1.90 cm) es de _____.
    a. ⅛ pulg. (0.32 cm)
    b. ¼ pulg. (0.64 cm)
    c. ½ pulg. (1.27 cm)
    d. ⅝ pulg. (1.58 cm)

13. Observe la *Figura RQ01*. En una instalación, se deben conectar dos conectores en T roscados de 1 pulg. (2.54 cm). La medida de centro a centro es de 42 pulg. (106.68 cm). La dimensión de extremo a extremo necesaria para este caño es de _____.
    a. 1½ pulg. (3.81 cm)
    b. 40 pulg. (1 m)
    c. 42 pulg. (1.06 m)
    d. 44 pulg. (1.11 m)

14. Observe la *Figura RQ01*. La dimensión de extremo a extremo necesaria para un caño roscado de ½ pulg. (1.27 cm) entre dos conectores en T con una longitud de extremo a centro de 29 pulg. (73.66 cm) es de _____.
    a. ⅝ pulg. (1.58 cm)
    b. 1⅛ pulg. (3.49 cm)
    c. 28⅜ pulg. (72.07 cm)
    d. 29 pulg. (73.66 cm)

15. La dimensión de extremo a extremo necesaria para un caño roscado de 1½ pulg. (3.81 cm) entre dos conectores en T con una longitud de cara a cara de 18⅞ pulg. (47.94 cm) es de _____.
    a. ½ pulg. (1.27 cm)
    b. 18⅞ pulg. (47.94 cm)
    c. 19⅞ pulg. (50.48 cm)
    d. 21⅞ pulg. (55.56 cm)

Las respuestas a las preguntas impares de repaso de los módulos y sus cálculos se encuentran en el *Apéndice A*.

Piedra angular del oficio

Jack Carbone

Ingeniero superior

Victaulic

¿Cómo llegó a elegir una carrera en el sector?

Mientras cursaba mi licenciatura en ingeniería mecánica en Temple University, conseguí una pasantía en Sun Pipeline. Pasé mis veranos modelando sus líneas de petróleo crudo en un sistema de software que utilizaba la dinámica de fluidos para mostrar los flujos y la presión en las tuberías. Fue una experiencia fascinante. Después de graduarme, pude aplicar esos conocimientos cuando comencé a trabajar en Alfa Laval, donde me dediqué a diseñar sistemas de purificación de aceite lubricante y de fueloil para generadores eléctricos.

¿Quién lo inspiró para ingresar en el sector?

Puede sonar algo trillado, pero en realidad fue mi padre. Fue mecánico de aviones en la Fuerza Aérea e ingeniero mecánico de oficio. Siempre andaba reparando cosas de la casa y logró que me interesara por el funcionamiento de todo. Cuando intentaba averiguar qué hacer con mi vida, me llevó a su oficina para que siguiera de cerca a algunos de los ingenieros. Por aquel entonces, trabajaba en una empresa que fabricaba resortes de gas, y su trabajo con la dinámica de fluidos me resultaba interesante.

¿Qué tipos de capacitación ha recibido?

Estudié un diplomado en matemáticas, una licenciatura en ingeniería mecánica y un máster en negocios. También he participado en clases de mecánica de fluidos para diseñar válvulas y tuberías.

¿Qué importancia tienen la educación y la capacitación en la construcción?

La educación y la capacitación en la construcción son fundamentales. En primer lugar, está el aspecto de la seguridad de la capacitación. Se debe tener un conocimiento práctico de las herramientas, el proceso y los posibles riesgos del trabajo. Además, en la economía actual, hay que ser capaz de realizar el trabajo de forma profesional y especializada. Cuantos más conocimientos pueda aportar a su empleador, mejor será para los dos. Hace falta mucha habilidad y dedicación para formar parte del sector de la construcción. En la economía actual, necesitamos personas calificadas que puedan hacer el trabajo de forma eficiente, precisa y conforme a los códigos.

¿Qué importancia tienen las credenciales del NCCER para su profesión?

Mi carrera está ligada al éxito de mi empleador, Victaulic. El éxito de mi empleador está ligado a la calidad de la instalación. Por ello, las credenciales del NCCER son muy importantes para garantizar que los sistemas se instalan con precisión y eficacia. Necesitamos mano de obra capacitada para garantizar la eficacia de las instalaciones y del proyecto y el éxito del contratista. Cuando el contratista tiene éxito, Victaulic tiene éxito.

¿Cómo ha influido la capacitación o la construcción en su vida?

Cuando intentaba decidir qué hacer con mi vida, contemplaba la posibilidad de ser profesor de matemáticas o ingeniero. Ahora, soy un ingeniero que enseña. La capacitación me dio la oportunidad de viajar por el mundo. Tuve la posibilidad de hacer cosas que jamás imaginé posible. También he tenido la capacidad de influir en el éxito de empresas y proyectos en distintos mercados de todo el mundo.

¿Qué tipos de trabajo realizó a lo largo de su carrera?

He hecho muchas cosas diferentes, desde solucionar pequeños problemas hasta diseñar sistemas de tuberías multimillonarios. También he tenido la oportunidad de trabajar en comités de códigos y he participado en el diseño de productos.

Háblenos de su trabajo actual.

Hace unos ocho años, comencé a ser capacitador. Me enfoco en la formación continua y en el desarrollo de clientes. Tengo la oportunidad de aplicar mis años de experiencia para capacitar a nuestros clientes en el uso y la instalación adecuados de nuestros productos.

¿Qué es lo que más le gusta de su trabajo?

Lo mejor de mi trabajo es conocer y ayudar a las personas que instalan los productos de Victaulic. Siempre es divertido conocer a personas que sienten pasión por el sector de las tuberías y quieren realizar su trabajo con eficacia.

¿Cuáles son los factores que más contribuyeron a su éxito?

Tener una curiosidad activa y el deseo de aprender. Siempre he desarmado cosas y he intentado averiguar cómo funcionan, que es una de las razones por las que me gusta solucionar problemas. Me gusta poder decirles a los demás cómo funcionan las cosas y por qué.

¿Recomendaría la construcción como carrera a otras personas? ¿Por qué?

Por supuesto, la industria de las tuberías es muy gratificante. Realmente, existen muchas oportunidades en la construcción. Las personas que aprenden ahora los oficios serán los próximos capataces, supervisores y propietarios de empresas. Es muy gratificante construir algo con tus propias manos y poder ver un proyecto terminado.

¿Qué consejos daría a quienes recién se incorporan al sector?

Sea curioso. Nunca deje de aprender. Cuanto más sepa, más valioso será para las empresas.

¿Puede contarnos acerca de un logro o hecho interesante relacionado con su carrera?

Para mí, mis mayores logros ocurrieron cuando dirigía equipos interdisciplinarios en un proyecto. Es muy satisfactorio ver un proyecto terminado con un equipo y te enorgullece haber cumplido los objetivos.

¿Cómo define el oficio?

Para mí, es la capacidad de tomar un dibujo bidimensional y colocarlo en un espacio tridimensional de forma ordenada y eficaz. Es la capacidad de pensar en los cambios y los obstáculos, mientras se mantienen los compromisos y la precisión. Se trata de hacer las cosas de forma correcta. Y, lo que es más importante, se trata de hacer algo de manera que te haga sentir orgulloso

Respuestas de los problemas prácticos

Sección 1.2.8

1. 756
2. 325
3. 54
4. 315
5. 4
6. $^{20}/_{32}$ pulg.
7. $^{3}/_{8}$
8. $^{5}/_{16}$ ya es una fracción irreducible
9. $^{15}/_{16}$
10. $3^{9}/_{16}$
11. $^{3}/_{4}$
12. $^{1}/_{4}$
13. $^{5}/_{128}$
14. $^{17}/_{24}$
15. $^{3}/_{2}$ o $1^{1}/_{2}$

Sección 1.3.5

1. 22.0
2. 74.7
3. 31.15
4. 117.16 redondeado a la décima más cercana o 117.2
5. 3,066.73 redondeado a la décima más cercana o 3,066.7

Sección 1.4.5

1. 85%
2. 435%
3. 0.20
4. 1.5
5. 0.375
6. 1.5
7. 1.5
8. $^{3}/_{4}$
9. $13^{2}/_{5}$
10. $133^{73}/_{200}$
11. $3^{5}/_{8}$ pulg.
12. 11 pies $10^{5}/_{16}$ pulg.
13. 75 pies $9^{5}/_{8}$ pulg.
14. 1.333 pies
15. 9.633 pies

Sección 1.5.3

1. 7,500
2. 0.000025
3. 0.00675
4. 890
5. 101.1
6. 1,727.2
7. 126
8. 1.155
9. 227.5
10. 62.72
11. 143.6

Sección 1.6.1

1. 64
2. 144
3. 12.49
4. 56
5. 7.35

Respuestas a las preguntas del repaso de las secciones

Respuesta	Referencia de sección	Objetivo
Sección 1.0.0		
1. b	1.1.2	1a
2. d	1.2.3	1b
3. c	1.3.4	1c
4. b	1.4.4	1d
5. d	1.5.1; *Figura 1*	1e
6. c	1.6.0	1f
Sección 2.0.0		
1. c	2.1.1; *Tabla 4*	2a
2. d	2.1.3	2a
3. b	2.2.1; *Figura 9*	2b

Cálculos del repaso de la sección

Sección 1.0.0

Pregunta 1

2.8 pies + 4.2 pies = **6 pies** = **13.0 pies**

Pregunta 2

6 y 8 son múltiplos de 24.

$\frac{2}{6} \times \frac{4}{4} = \frac{8}{24}$

$\frac{3}{8} \times \frac{3}{3} = \frac{9}{24}$

Pregunta 4

6.95 pulg. ÷ 12 = **0.57 pies**

Pregunta 6

$13^2 = 13 \times 13 =$ **169**

Sección 2.0.0

Pregunta 3

Distancia del centro al extremo del conector = C – T

$1\frac{3}{8}$ pulg. (3.49 cm) – $\frac{1}{2}$ pulg. (1.27 cm) = $\frac{11}{8}$ pulg. (3.49 cm) – $\frac{4}{8}$ pulg. (1.27 cm) = $\frac{7}{8}$ pulg. (2.22 cm) × 2 accesorios = $\frac{14}{8}$ pulg. o $1\frac{6}{8}$ pulg. (4.44 cm)

$41\frac{7}{8}$ pulg. (106.36 cm) – $1\frac{6}{8}$ pulg. (4.44 cm) = **$40\frac{1}{8}$** pulg. (101.91 cm)

MÓDULO 02105

Introducción a los planos de plomería

Objetivos

Luego de finalizar este módulo, podrá hacer lo siguiente:

1. Entender cómo se leen los planos.
   a. Identificar los elementos de un conjunto de planos.
   b. Identificar los componentes de un plano.
   c. Explicar cómo se escalan y acotan los dibujos.
   d. Identificar los símbolos que se utilizan en los planos de construcción.
   e. Explicar la función de los documentos de construcción en plomería.
2. Identificar los diferentes tipos de dibujos que se utilizan para instalar sistemas de plomería.
   a. Identificar los tipos de dibujos en perspectiva que utilizan los plomeros.
   b. Identificar los diagramas esquemáticos.
   c. Describir la finalidad de los dibujos ortográficos.
   d. Identificar los dibujos específicos de plomería, incluidas las presentaciones, los dibujos de accesorios, los despieces y los cortes.

Tarea práctica

Bajo supervisión, podrá hacer lo siguiente:

1. Realizar proyecciones ortográficos y dibujos isométricos.

Generalidades

Los planos de construcción representan un edificio y sus componentes. Brindan información específica acerca del diseño y las partes de una estructura y los tipos de materiales que se van a utilizar. Los plomeros deben aprender cómo interpretar un conjunto completo de planos de construcción y cómo trabajar con ellos. Esto les permite dirigir el trabajo y seguir las instrucciones escritas que se incluyen en los planos.

NOTA

Los códigos varían entre jurisdicciones. Por eso, es importante que consulte el código correspondiente cada vez que tenga dudas sobre la normativa. Consultar un conjunto incorrecto de códigos puede causar tantos problemas como no consultar ninguno. Consiga el código local aprobado, léalo y familiarícese con él. La Administración de Seguridad y Salud Ocupacional (OSHA) de los Estados Unidos redacta los códigos de seguridad.

NCCER — Credenciales reconocidas en la industria

Si está capacitando a través de un patrocinador acreditado por el NCCER, puede ser elegible para obtener credenciales del NCCER. El número de identificación de este módulo es 02105. Tenga en cuenta que este módulo puede haber sido utilizado en otros planes de estudios del NCCER y puede aplicarse a la realización de otros niveles. Comuníquese con el NCCER al 1.888.622.3720 o visite **www.nccer.org** para obtener más información.

También puede mostrar en línea sus credenciales reconocidas por el sector con las insignias digitales del NCCER. Transforme sus conocimientos, habilidades y logros en insignias que puede compartir en las plataformas de redes sociales, enviar a su red y agregar a su currículum. Para obtener más información, visite **www.nccer.org**.

Recursos digitales para plomería

ESCANÉAME

Escanee este código con la cámara de su teléfono o dispositivo móvil para ver los recursos digitales relacionados con este oficio.

1.0.0 Lectura de planos

Tareas prácticas

No hay tareas prácticas en esta sección.

Objetivo

Entender cómo se leen los planos.

a. Identificar los elementos de un conjunto de planos.
b. Identificar los componentes de un plano.
c. Explicar cómo se escalan y acotan los dibujos.
d. Identificar los símbolos que se utilizan en los planos de construcción.
e. Explicar la función de los documentos de construcción en plomería.

Planos de construcción: dibujos que muestran el diseño, la ubicación y las dimensiones de un edificio y sus diversos componentes.

Diseño asistido por computadora (CAD - Computer-aided drafting): confección de un conjunto de planos de construcción con la ayuda de una computadora.

Conjunto de planos: conjunto de dibujos o planos detallados y a escala, dibujados por un arquitecto o ingeniero que muestran toda la información y las dimensiones necesarias para construir o remodelar una estructura.

Modelado de información de construcción (BIM - Building information modeling): proceso inteligente que utiliza bases de datos informáticos y diseño asistido por computadora (CAD) para crear un modelo interactivo y dinámico de una estructura completa y para supervisar su ciclo de vida.

Dibujos isométricos: dibujos en perspectiva que crean la ilusión de un objeto tridimensional. Todas las líneas horizontales se proyectan en un ángulo de 30 grados.

Especificaciones: requisitos escritos que se incluyen en los planos o cianotipos de un proyecto de construcción. Brindan más detalles o descripciones de las normas técnicas que se deben cumplir durante la construcción. Por lo general, las especificaciones están por encima de los dibujos, pero el contrato las anula.

Planos de detalles: secciones de los planos de construcción que se amplían para explicar mejor la información.

Plano de parcela: dibujo de una estructura que incluye las dimensiones del terreno, la ubicación de la estructura en relación con los límites de la propiedad, las elevaciones de los puntos clave, las curvas de nivel existentes y finales, los servicios públicos y los puntos cardinales. También se lo denomina *plano del sitio* o *plano de emplazamiento*.

Plano de cimientos: plano de construcción que muestra la ubicación y las dimensiones de los cimientos de un edificio.

Los **planos de construcción** se utilizan para representar una estructura o sistema antes de construirlos. Los arquitectos, ingenieros y diseñadores son quienes crean la mayoría de los planos de construcción mediante un software de **diseño asistido por computadora (CAD - Computer-aided drafting)**. El software CAD les permite a los diseñadores crear un modelo virtual 3D de una edificación y todos sus componentes. Estos modelos 3D luego se utilizan para generar e imprimir los planos (a veces llamados *cianotipos* o *impresiones*) y armar un **conjunto de planos**. El CAD también puede utilizarse con el **modelado de información de construcción (BIM - Building information modeling)**, que permite ver los modelos y datos de la construcción desde cualquier lugar y utilizarlos para seguir el ciclo de vida del edificio o la estructura.

Además de interpretar los planos existentes, los plomeros deben ser capaces de crear bocetos sencillos y **dibujos isométricos**. Estos dibujos les permiten comunicarse con otros trabajadores y transmitir información específica sobre una instalación. Los fabricantes también elaboran planos con información detallada sobre los productos. La capacidad de leer estos planos para determinar las **especificaciones** e interpretar los **planos de detalles** sobre las tuberías es esencial para el oficio de la plomería.

1.1.0 Elementos de un conjunto de planos

Existen varios tipos de planos de construcción (*Figura 1*). Estos planos se agrupan en el conjunto de planos (*Figura 2*). Los planos del conjunto ilustran una variedad de vistas diferentes para transmitir información completa sobre la estructura.

Un conjunto completo de planos de construcción suele incluir un **plano de parcela**, un **plano de cimientos**, un **plano de planta**, **dibujos de elevación**, planos de detalles, **planos de la instalación eléctrica**, **planos de HVAC (calefacción, ventilación y aire acondicionado)** y **planos de plomería**. En los proyectos de construcción intervienen profesionales de muchos oficios, desde arquitectos hasta ingenieros o plomeros. Los planos de construcción son la base del consenso sobre cómo se construirá un edificio. Para completar una instalación de plomería, los trabajadores deben saber leer todo tipo de planos.

A cada tipo de plano dentro del conjunto se le asigna una letra. Por ejemplo, como a los planos eléctricos se les asigna la letra E, los primeros planos eléctricos dentro de un conjunto se numeran como E1, E2, E3 y así sucesivamente. Un conjunto de planos completo suele incluir los siguientes tipos de planos:

- General: G
  - Portada
  - Índice de planos
  - Abreviaturas
- Civil: C
- Arquitectónico: A
  - Vistas en planta (techo, piso y planos de cielorrasos reflejados)
  - Vistas en elevación
  - Secciones de pared
  - **Programa arquitectónico**
  - Planos de detalles

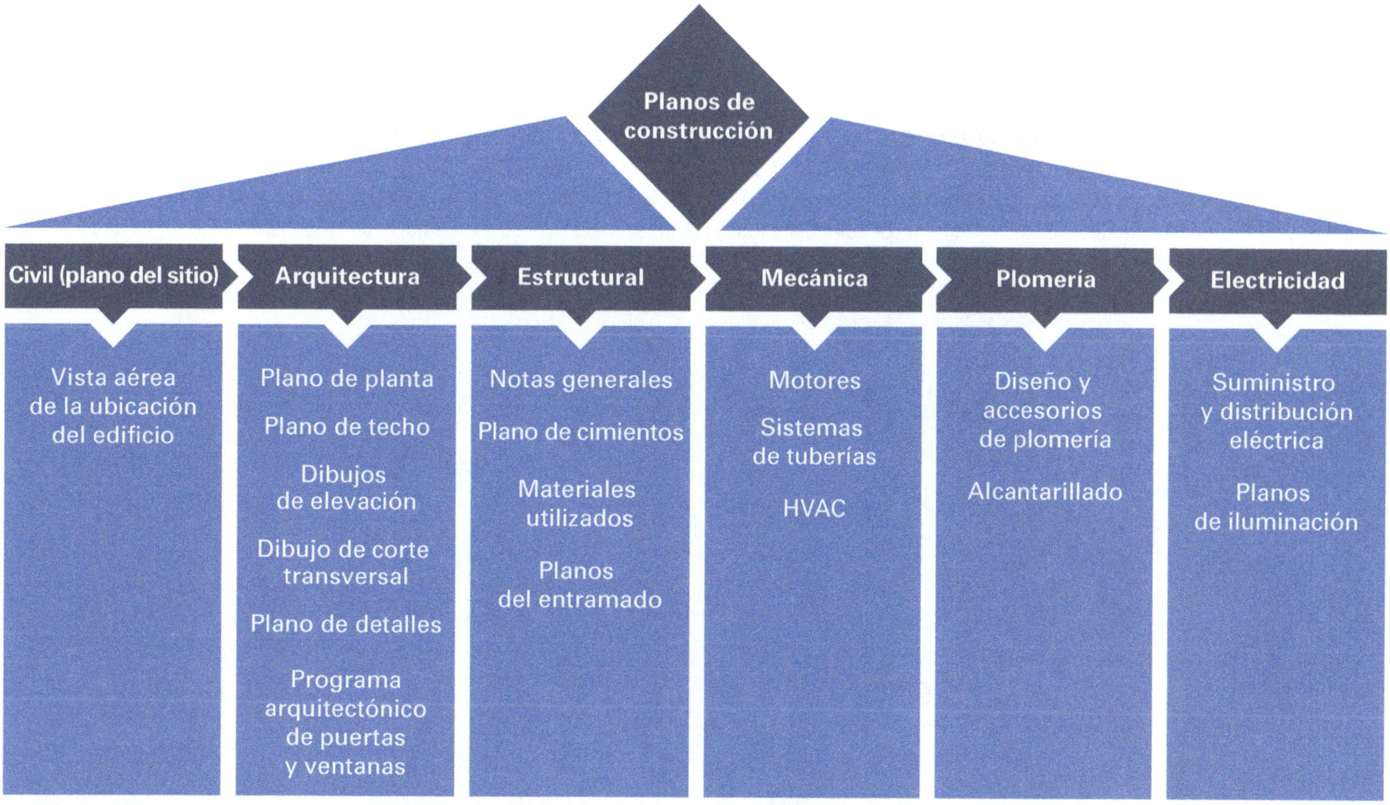

Figura 1 Tipos de planos de construcción.

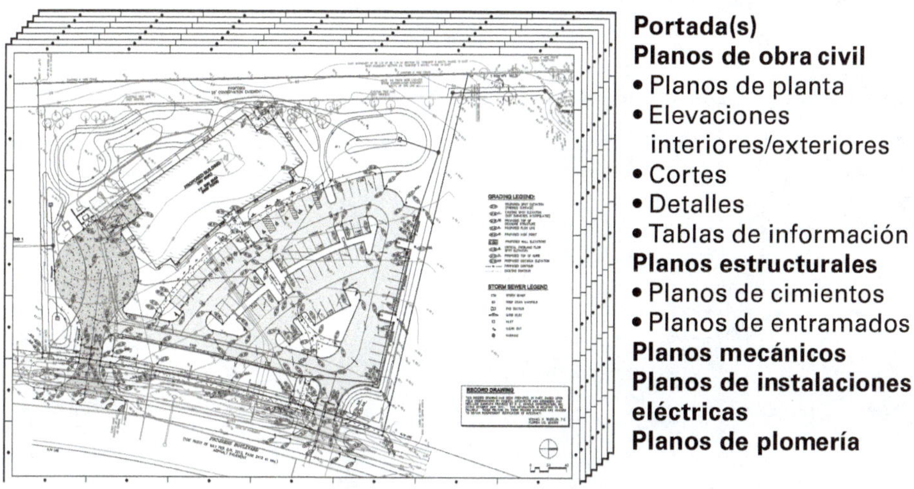

Figura 2 Organización habitual de un conjunto de planos de construcción.

- Estructural: S
  - Plano de cimientos
  - Planos del entramado
- Mecánico: M
  - Planos de calefacción, ventilación y aire acondicionado (HVAC)
- Plomería/tubería: P
- Eléctrico: E
- Protección contra incendios: F o FP

Plano de planta: plano de construcción de un edificio en el que la planta se ve desde arriba (vista aérea). El plano muestra al menos el contorno de las ubicaciones de las paredes y las dimensiones a escala. En general, este dibujo está orientado de manera que la parte superior de la página represente el norte.

Dibujos de elevación: dibujos de estructuras que muestran una vista lateral, frontal o trasera.

Planos de la instalación eléctrica: dibujos que muestran la ubicación de todos los tomacorrientes, interruptores y luminarias. Este plano puede superponerse sobre un plano de planta.

Planos de HVAC (calefacción, ventilación y aire acondicionado): planos de construcción que muestran la ubicación de los equipos de horno y aire acondicionado y la ubicación de los conductos y registros o de las tuberías y radiadores.

Planos de plomería: planos de construcción que muestran la ubicación de los accesorios y el recorrido de las tuberías, así como el tamaño y el tipo de caños que se deben instalar.

Programa arquitectónico: cuadros que describen y especifican los distintos tipos y tamaños de materiales de construcción que se emplean en una edificación. Los tipos más comunes son la programación de puertas, de ventanas y de acabados. También se pueden encontrar programación de equipos, vigas, columnas y zapatas.

¿Sabías qué?

Historia de los cianotipos

En 1861, el químico francés Alphonse Louis Poitevin descubrió que el galato ferroso, un químico que se encuentra en la resina, se vuelve azul cuando se expone a luz solar fuerte. Con este químico se cubría el papel para el proceso de cianotipia. El plano original se colocaba sobre el papel sensible a la luz y, luego, se exponía a la luz solar, dejando que la luz ultravioleta atravesara el plano y produjera una copia.

Hoy en día, la mayoría de los planos se crean por computadoras y, luego, se imprimen. Sin embargo, el término *cianotipo* se sigue usando ampliamente para referirse a las copias hechas a partir de planos originales.

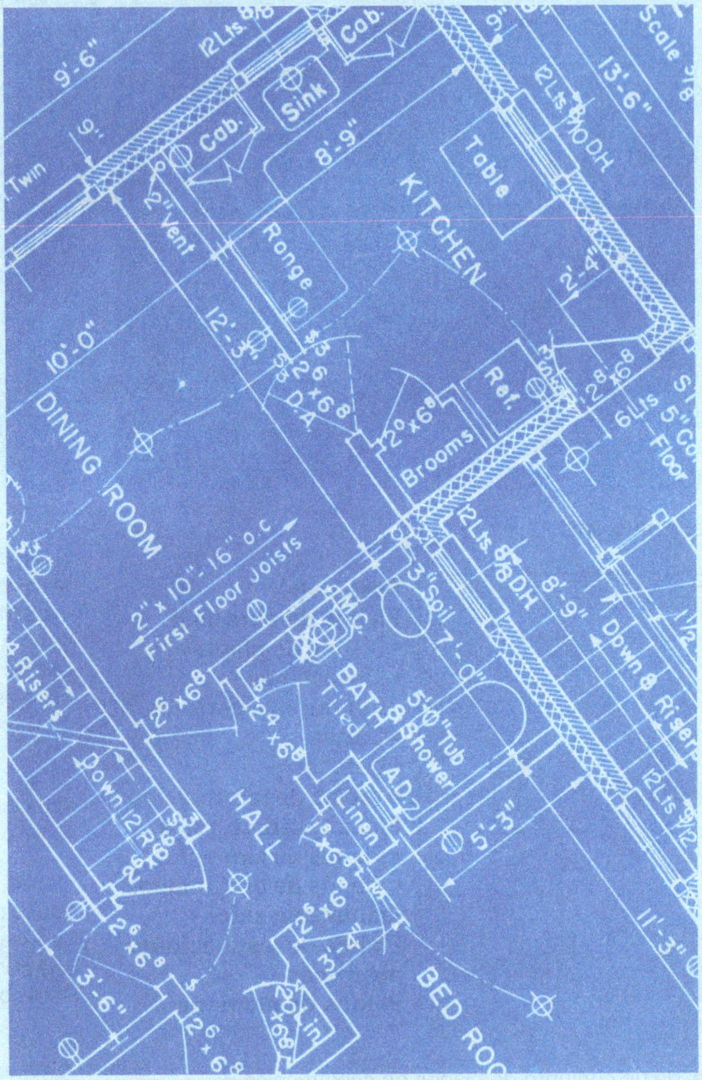

Fuente: iStock@Michael Burrell

1.1.1 Portada

En general, la portada se ubica al comienzo del conjunto de planos o de una sección importante de dibujos. En la *Figura A01* del *Apéndice 02105A* se proporciona un ejemplo de una portada. Incluye un índice para buscar otros dibujos, una lista de abreviaturas utilizadas en los otros planos y sus significados y otros tipos de información, como la ubicación de los **símbolos** de los dibujos, el tamaño de la parcela y el tamaño de la edificación.

Las portadas se deben revisar meticulosamente a fin de entender las abreviaturas y los símbolos específicos que se utilizan en todos los planos. Estos símbolos y abreviaturas pueden variar de un plano a otro.

Símbolos: marcas o dibujos que se utilizan para indicar un objeto, material, clase o entidad específicos. Las leyendas muestran los símbolos que se utilizan en un plano y su significado.

1.1.2 Plano del sitio

En el **plano del sitio**, también conocido como *plano de parcela* o *plano civil*, se muestra la ubicación del edificio dentro de la propiedad y dónde están instalados los servicios públicos, como el agua, el desagüe pluvial, el alcantarillado sanitario y la red de gas (vea el ejemplo a gran escala en la *Figura A02* del *Apéndice 02105A*). En un conjunto de planos de construcción, los planos del sitio se marcan con la letra *A* en el rótulo.

En el plano del sitio también se indica en qué partes de la propiedad no se pueden realizar construcciones. Por ejemplo, los requisitos de **retranqueo** establecen la distancia mínima que debe mantenerse entre la divisoria de la propiedad y la estructura. La **servidumbre** suele indicarse en el plano del sitio y especifica un lugar de la propiedad donde pueden instalarse servicios públicos (observe la *Figura 3*). Los códigos pueden establecer un ancho mínimo para los **retranqueos laterales** para proporcionar un acceso a los patios traseros, para reducir la posibilidad de que un incendio se propague de un edificio a otro o para promover la ventilación.

Plano del sitio: dibujo en el que se muestra la ubicación de uno o varios edificios en el sitio de construcción. En estos dibujos, se suelen mostrar las líneas topográficas, líneas eléctricas y de comunicación, líneas de agua y alcantarillado, aceras, accesos para vehículos e información similar.

Retranqueo: distancia exigida por los códigos entre un edificio y una divisoria de propiedad, como la calle.

Servidumbre: derecho de paso designado, como el acceso garantizado a las empresas de servicios públicos para la reparación de los servicios que se encuentran en terrenos privados o que los atraviesan, o para que los vehículos crucen la propiedad privada.

Retranqueos laterales: espacios a lo largo de los lados de una estructura que brindan acceso a los patios traseros, reducen la posibilidad de que un incendio se propague de un edificio a otro y promueven la ventilación alrededor de la estructura.

1.1.3 Plano de cimientos

En el plano de cimientos, se muestra el nivel más bajo de un edificio, que incluye las zapatas de hormigón, las losas y las paredes de los cimientos. También pueden aparecer las tuberías de drenaje, desagüe y ventilación (DWV) y las tuberías de suministro de agua que se deben instalar debajo de la planta baja. Además, se puede indicar la posición de los desagües del suelo y otras tuberías que se deben instalar bajo el piso del sótano. En un conjunto de planos de construcción, los planos de cimientos se marcan con la letra *S* en el rótulo.

1.1.4 Plano de planta

En el plano de planta, se muestra una vista aérea de la disposición de las habitaciones en cada planta de un edificio y la forma y el tamaño de cada habitación (vea el ejemplo a gran escala en la *Figura A03* del *Apéndice 02105A*). Los planos de planta representan lo que vería desde arriba si se quitara el techo de un edificio. Los plomeros utilizan los planos de planta para ubicar la posición de las tuberías de suministro de agua y de desagüe. En un conjunto de planos de construcción, los planos de planta también se marcan con la letra *A* en el rótulo.

1.1.5 Dibujos de elevación

Los dibujos de elevación muestran los elementos verticales de un edificio. Los dibujos de elevación y la **presentación de datos aprobada** (lista de accesorios y accesorios aprobados) deben estar relacionados con las hojas de dimensiones y coincidir con las elevaciones y detalles arquitectónicos. Esto garantiza un ajuste correcto y una instalación precisa. En estos planos se muestra la altura y el espesor de las paredes interiores o exteriores. Los plomeros pueden encontrar los dibujos de elevación en el conjunto de planos de construcción de un proyecto. Encontrará un ejemplo de dibujo de elevación interior en la *Figura 4*.

Presentación de datos aprobada: accesorios y conectors en los dibujos de catálogos que el arquitecto o ingeniero han aprobado.

Para ver otro ejemplo, consulte la *Figura A04* del *Apéndice 02105A*. Los plomeros pueden utilizar los dibujos de elevación para encontrar la información sobre dónde van los grifos para manguera exteriores y dónde debe terminar el desagüe pluvial. En un conjunto de planos de construcción, los dibujos de elevación del exterior se suelen marcar con la letra *S* en el rótulo, mientras que los de elevación del interior se suelen marcar con la letra *I*.

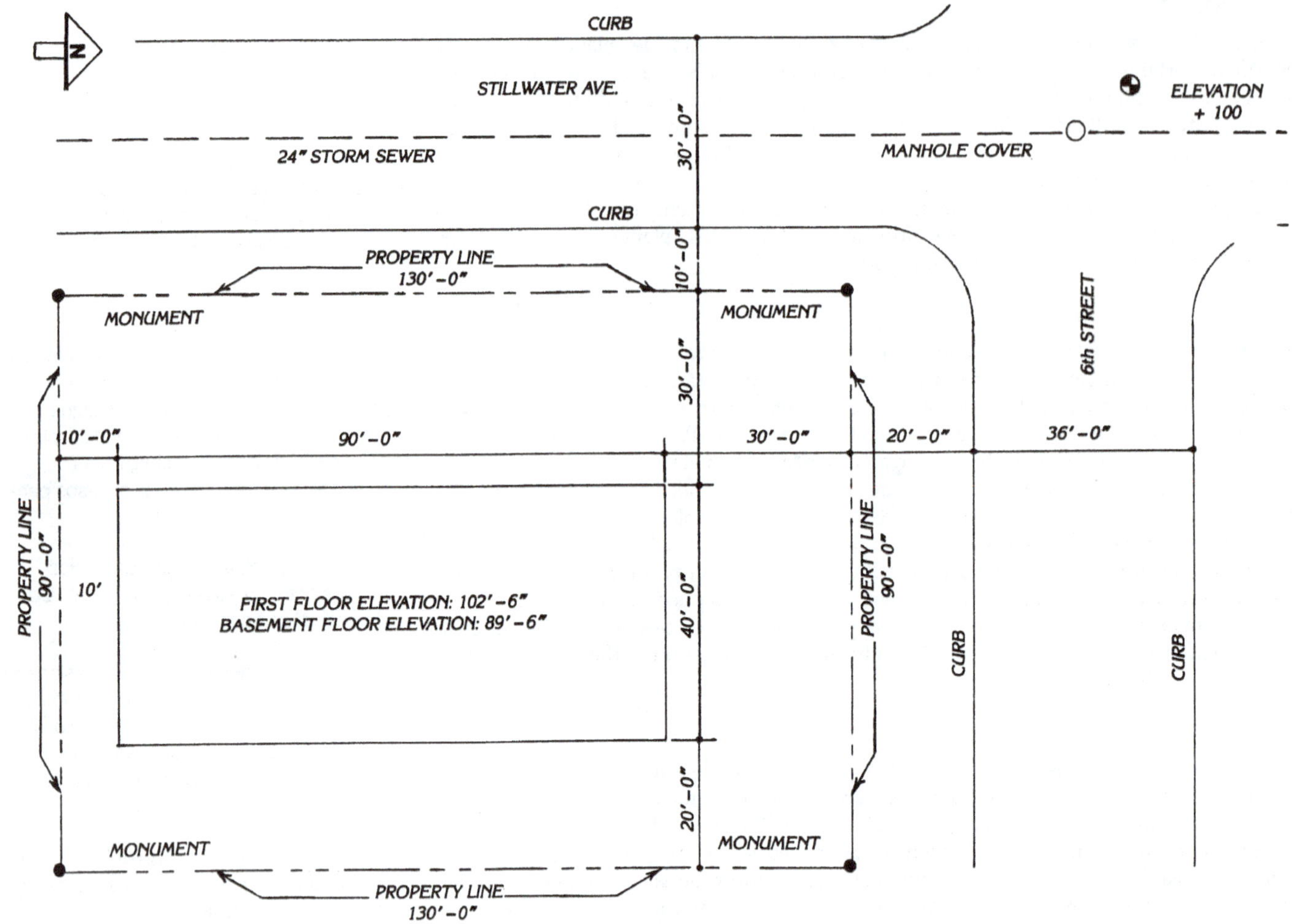

Figura 3 Plano del sitio con las servidumbres.

Planos de presentación

Los planos de presentación se obtienen de modelos 3D que exhiben un edificio desde un punto de vista deseable para mostrar sus características más interesantes. Estos dibujos no brindan información detallada para la construcción. Los utilizan principalmente el arquitecto o el contratista para vender el diseño de una casa o edificio a un posible cliente.

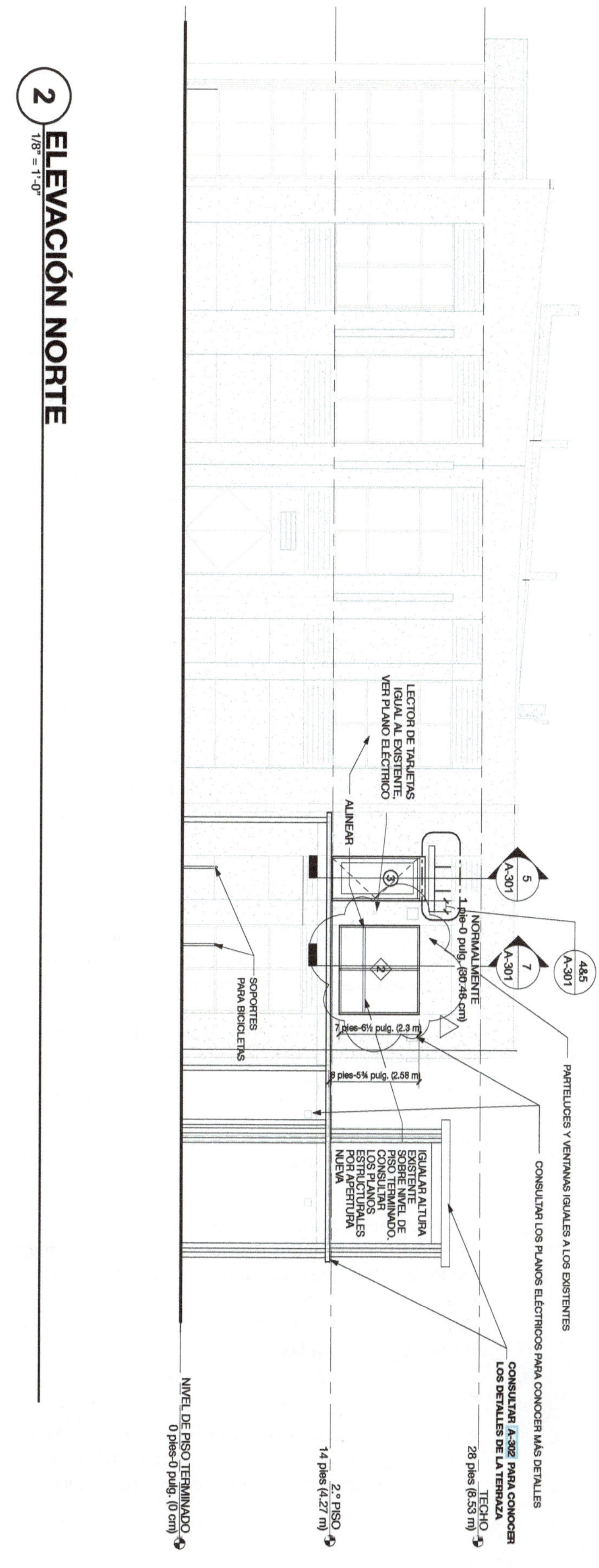

Figura 4 Detalle del dibujo de elevación.

1.1.6 Planos de la instalación eléctrica

En ocasiones, los planos de la instalación eléctrica se superponen sobre el plano de planta. Muestran cómo aparecen en el plano la iluminación y la distribución de la energía. También muestran la ubicación de los tomacorrientes, interruptores y luminarias, incluidos los controles eléctricos y los controladores programables. Los símbolos eléctricos ilustran el funcionamiento de una parte específica del sistema. Además, estos dibujos explican cómo efectuar la instalación eléctrica e incluyen especificaciones eléctricas. Vea el ejemplo a gran escala de la *Figura A05* del *Apéndice 02105A*. En un conjunto de planos de construcción, los planos de la instalación eléctrica se suelen marcar con la letra *E* en el rótulo.

1.1.7 Planos de HVAC/instalaciones mecánicas

En los planos de HVAC, también conocidos como *planos de instalaciones mecánicas*, se muestra la ubicación de los equipos de horno y aire acondicionado, además de la ubicación de los conductos y registros o de las tuberías y radiadores. Al igual que planos de la instalación eléctrica, estos también se pueden superponer sobre los planos de planta. Los planos de HVAC incluyen un diagrama eléctrico que muestra el sistema de circuitos eléctricos para el sistema de HVAC. Se incluyen tanto los dibujos mecánicos como los de control. Según el tamaño del proyecto, los conductos y las tuberías de HVAC pueden mostrarse en planos separados. Los arquitectos pueden volver a dibujar los planos de HVAC a escala para ilustrar los componentes utilizando sus formas reales. En un conjunto de planos de construcción, los planos de HVAC se suelen marcar con la letra *M* en el rótulo.

1.1.8 Planos de plomería

Al igual que los planos de la instalación eléctrica y los de HVAC, los de plomería se pueden superponer sobre los planos de planta. En ellos se muestra el sistema de tuberías, con la ubicación de los accesorios y el recorrido de las tuberías, así como el tamaño y el tipo de caños que se deben instalar (vea el ejemplo a gran escala en la *Figura A06* del *Apéndice 02105A*). También se indica el diámetro de los tramos de los caños y los conectores necesarios para realizar la instalación. Para estimar la longitud de cada tramo de caño, los plomeros pueden mirar las medidas en los planos de planta; sin embargo, no sabrán la longitud exacta del caño hasta que se realice la instalación. En un conjunto de planos de construcción, los planos de plomería se suelen marcar con la letra *P* en el rótulo.

Al mirar los planos de plomería, recuerde que lo habitual es instalar el suministro de agua fría a la derecha de cada accesorio. El hecho de controlar el agua fría con el grifo de la derecha y el agua caliente con el grifo de la izquierda evita quemaduras, porque la gente está familiarizada con esta disposición.

1.1.9 Planos de coordinación

Plano de coordinación: dibujo acotado con elevaciones y secciones que indican el trazado propuesto para los componentes del sistema. El plano de coordinación acotado incluye el equipo real acotado, así como el espacio de acceso que necesitará este equipo.

Los **planos de coordinación** son dibujos acotados con elevaciones y secciones que, si fuera necesario, indican el trazado propuesto para los componentes del sistema. Como se basan, en la medida de lo posible, en los planos del contrato, los planos de coordinación se usan para identificar y resolver los conflictos que puedan surgir con los elementos del edificio y los contratistas de los otros oficios. Este plano también debe incluir el equipo exacto que se proporcionará, así como los espacios libres que requieran los equipos.

1.2.0 Componentes básicos de los planos

Una vez que pueda recorrer un conjunto de planos para buscar las hojas que necesita, el siguiente paso es interpretarlas. Las portadas muestran información genérica sobre un plano, mientras que los dibujos de corte transversal y los planos de detalles muestran vistas más detalladas y ampliadas dentro de sistemas grandes. Entre los componentes que se pueden encontrar en una portada, podemos mencionar los rótulos, los bloques de revisión, las notas y las leyendas.

1.2.1 Rótulos y bloques de revisión

En cada hoja de un conjunto de planos, se suele colocar un rótulo y un bloque de revisión, normalmente en el ángulo inferior derecho de la hoja (*Figura 5*). También es común que el rótulo abarque todo el lado derecho de la hoja.

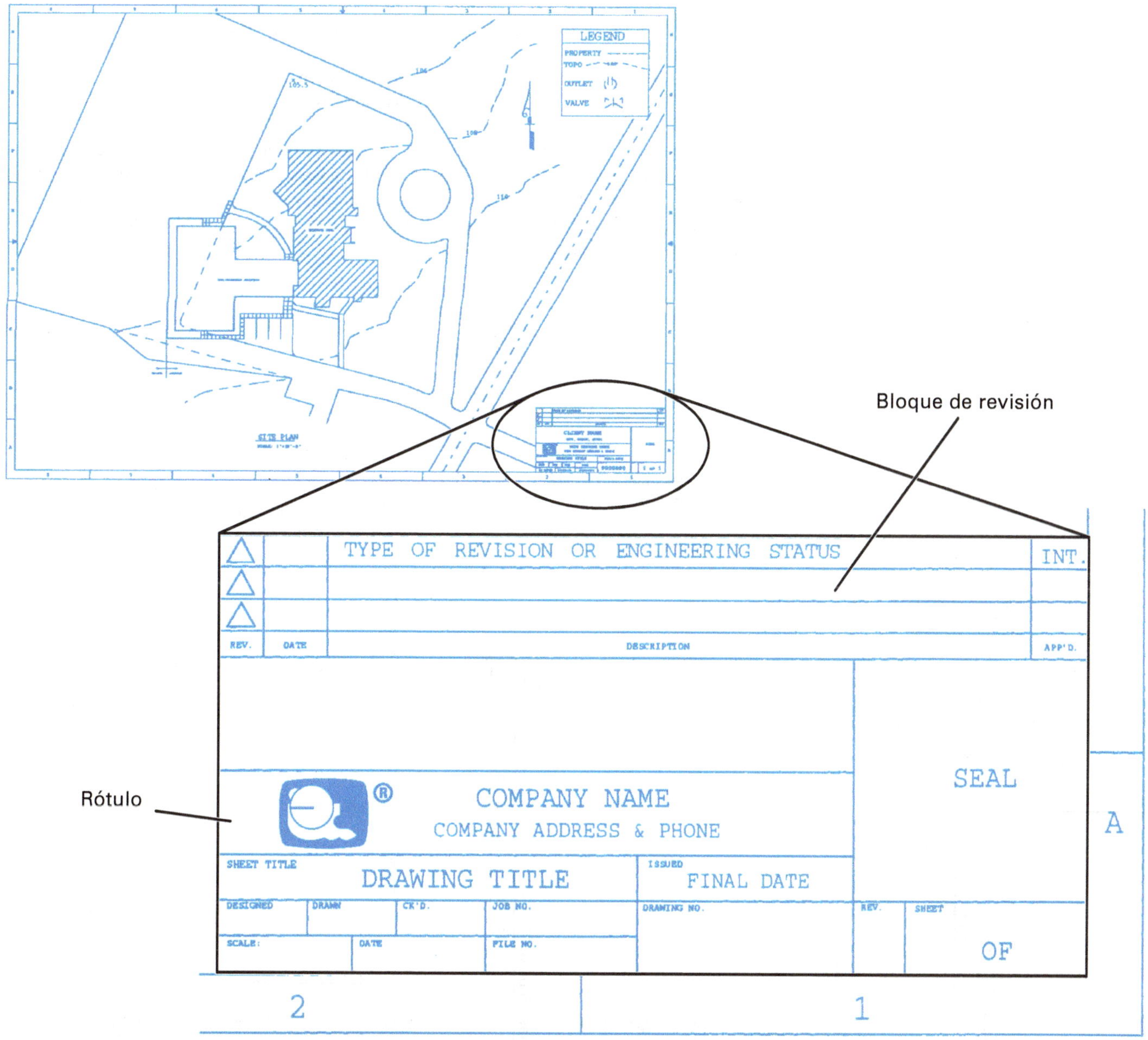

Figura 5 Rótulos y bloques de revisión.

El rótulo suele contener el nombre de la empresa que realizó los planos, el nombre del responsable de proyecto, y la dirección y el nombre del proyecto. También incluye el título y el número de la hoja, la fecha de elaboración de la hoja, la **escala** y las iniciales o nombres de las personas que prepararon y revisaron el plano.

El bloque de revisión se suele mostrar en todas las hojas del conjunto de planos, por lo general, en el ángulo inferior o superior derecho de la hoja, cerca o dentro del rótulo. Los bloques de revisión se utilizan para registrar todos los cambios (revisiones) que se realicen en el dibujo. Cuando se lleva a cabo una revisión, se agrega una anotación en el bloque de revisión. Una anotación suele contener el número o letra de la modificación (relacionados con una ubicación en el plano), una breve descripción de la modificación, la fecha y las iniciales de la persona que la realiza.

Cuando se utilizan planos, es fundamental observar la revisión en cada uno de ellos y asegurarse de que sea la más reciente. De lo contrario, se pueden generar errores costosos. Si tiene dudas sobre estado de revisión de un plano, consulte a su supervisor para asegurarse de estar usando la versión más reciente.

Escala: relación entre las dimensiones de una estructura en un dibujo y sus dimensiones reales. Por ejemplo, en una escala de $\frac{1}{4}$, 0.25 pulg. representan 1 pie. La escala suele proporcionarse tanto en unidades estadounidenses estándares como en unidades métricas.

1.2.2 Planos de detalle y dibujos de corte transversal

Básicamente, los dibujos de corte transversal muestran el corte de un objeto o estructura. Al mostrar el aspecto de la estructura terminada y cortada por la mitad, resulta más fácil ver los materiales y entender cómo se montan. La mayoría de las vistas de corte son verticales, pero también se pueden incluir vistas horizontales.

Los dibujos de corte transversal se suelen dibujar a una escala mayor que otros dibujos para facilitar la lectura. Los planos de detalles (también llamados simplemente *detalles*) se suelen incluir en los dibujos de corte transversal. Estos detalles se amplían a una escala aún mayor. En la *Figura 6*, se muestra un ejemplo de un dibujo de corte transversal y, en la *Figura 7*, un plano de detalles. Para ver un ejemplo de un plano de detalles, consulte la *Figura A07* del *Apéndice 02105A*.

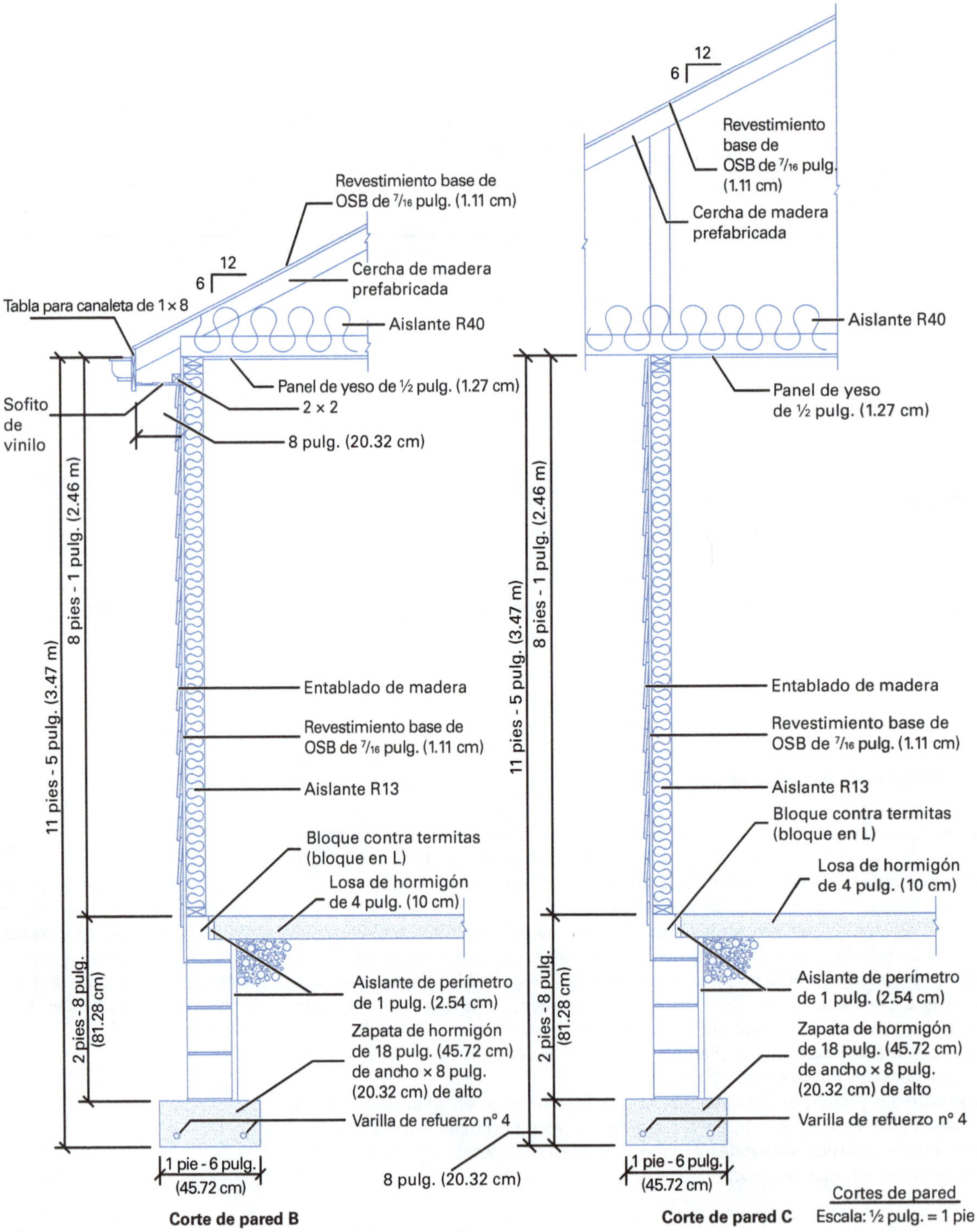

Figura 6 Ejemplo de un dibujo de corte transversal.

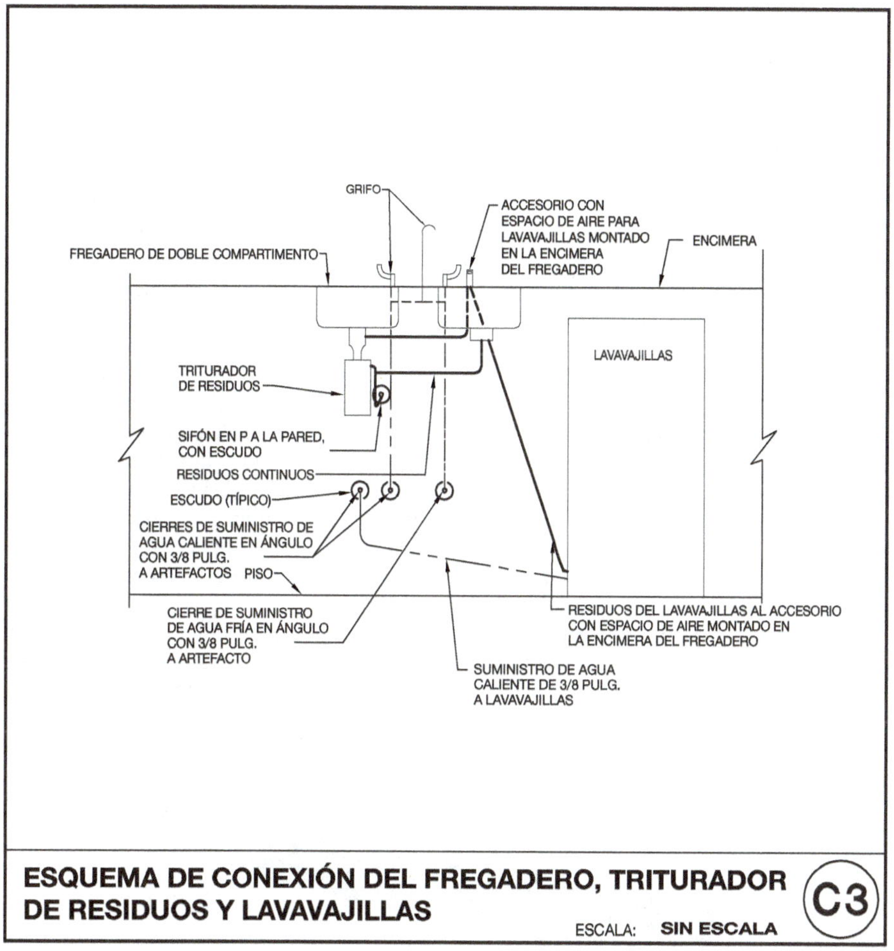

Figura 7 Ejemplo de un detalle de plomería.

1.2.3 Tablas de información

Son cuadros que describen y especifican los distintos tipos y tamaños de materiales de construcción que se emplean en una edificación. Las más comunes son las tablas de información de puertas, de ventanas y de acabados. En los conjuntos de planos de proyectos comerciales, también se brindan tablas de información de los equipos y controles mecánicos, los accesorios sanitarios, las luminarias y todos los demás equipos.

1.2.4 Notas, abreviaturas y leyendas

En los conjuntos de planos, se incluyen notas generales para cada plano, así como una **leyenda** que enumere los símbolos y las abreviaturas utilizadas en los dibujos. El índice de planos en la *Figura A01* del *Apéndice 02105A* muestra las notas generales, una leyenda y otra información general. Las hojas pueden incluir notas con información necesaria para la construcción o instalación de componentes específicos. En caso de que hubiera este tipo de notas, se suelen ubicar cerca de la parte superior o inferior de la hoja.

Leyenda: en los mapas, planos y diagramas, se trata de un cuadro explicativo que define toda la información simbólica del documento.

1.3.0 Escalas y acotaciones

Es esencial que los plomeros sepan interpretar la escala y las dimensiones de un plano en forma correcta. Estas medidas indican los tamaños y las distancias reales, y son fundamentales para la correcta instalación de las tuberías, los conectores y los accesorios. La escala suele figurar en el rótulo del plano, mientras que las dimensiones se indican en el propio plano.

1.3.1 Escala

Los planos de construcción suelen dibujarse a escala. La escala indica la relación entre el tamaño de un objeto en el dibujo y su tamaño real. El tipo de escala utilizado en un plano depende del tamaño de los objetos que se muestren, del espacio disponible en el papel y del tipo de plano. Los dibujos a escala muestran objetos tales como edificios, habitaciones, puertas, ventanas o conjuntos de tuberías reducidos a un tamaño menor.

Por ejemplo, una pared que mide 8 pies (2.44 m) de alto y 14 pies (4.27 m) de ancho no puede dibujarse en su tamaño natural. Mediante el uso de la escala, el arquitecto, diseñador o plomero puede representar la pared en un tamaño más pequeño manteniendo las mismas proporciones de altura y ancho que la pared en tamaño real. La reducción proporcional permite a los plomeros determinar el tamaño real del objeto a partir del plano.

Las escalas más comunes en los planos de plomería son $^1/_8$ pulg. = 1 pie o $^1/_4$ pulg. = 1 pie. Si la escala es $^1/_4$ pulg. = 1 pie, esto significa que por cada $^1/_4$ pulg. en el plano, el objeto real ocupa 1 pie. En otras palabras, el dibujo es $^1/_{48}$ del tamaño del objeto real (12 pulg. dividido 0.25 pulg.). La escala facilita el manejo de los planos. Suele aparecer en el rótulo del plano. Tenga en cuenta que algunos planos no están dibujados a escala. En ese caso, se coloca una nota en el dibujo que indica *No a escala* (NTS - Not to Scale).

Las tres herramientas de medición que se utilizan para dibujar o medir las líneas de un plano de construcción se denominan según la *escala* que utilizan: **escalímetro con escala de arquitecto** (que utiliza unidades pequeñas para representar 1 pie), escalímetro con escala de ingeniero y escalímetro con escala métrica.

Para dibujar y medir los planos, los plomeros utilizan la escala de arquitecto (*Figura 8*). Esta se utiliza en todos los planos que no sean los planos del sitio. El escalímetro es una regla plana o triangular. Si es plano, contiene cuatro escalas diferentes; si es triangular, puede contener 10, 11 o 12 escalas según el fabricante. La forma triangular se utiliza habitualmente porque contiene varias escalas en una sola herramienta.

PRECAUCIÓN

Cuando un plano está fuera de escala (*NTS*), los plomeros no pueden medir las dimensiones del plano y usarlas para construir el proyecto. Estos planos sirven para representar tamaños y posiciones relativas. Estas medidas son aproximadas y no poseen la precisión necesaria para construir a partir de ellas.

Escalímetro con escala de arquitecto: dispositivo de medición que utiliza unidades pequeñas, como $^1/_2$ pulg. o $^1/_4$ pulg., para representar 1 pie. También se consigue en unidades métricas. Estas unidades se utilizan para que todas las medidas del edificio guarden proporción con sus medidas reales, pero que también puedan caber en los planos.

Figura 8 Escalímetro con escala de arquitecto.

Los plomeros pueden leer el escalímetro de izquierda a derecha o de derecha a izquierda, según la escala que usen. Por ejemplo, el plomero lee la escala de $^1/_4$ de derecha a izquierda y la escala de $^1/_8$ de izquierda a derecha. En la *Tabla 1* se enumeran las escalas de un escalímetro triangular con escala de arquitecto. El tamaño real aparece en la primera fila de la tabla. Obsérvese que todas las escalas se dan en referencia a 1 pie.

TABLA 1 Escalas de un escalímetro triangular y su correspondiente reducción

Denominación	Escala	Reducción
12	12 pulg. = 1 pie	Tamaño real
3	3 pulg. = 1 pie	Un cuarto del tamaño
$1^1/_2$	$1^1/_2$ pulg. = 1 pie	Un octavo del tamaño
1	1 pulg. = 1 pie	Un doceavo del tamaño
$^3/_4$	$^3/_4$ pulg. = 1 pie	Un dieciseisavo del tamaño
$^1/_2$	$^1/_2$ pulg. = 1 pie	Un veinticuatroavo del tamaño
$^3/_8$	$^3/_8$ pulg. = 1 pie	Un treintaidosavo del tamaño
$^1/_4$	$^1/_4$ pulg. = 1 pie	Un cuarentaiochoavo del tamaño
$^3/_{16}$	$^3/_{16}$ pulg. = 1 pie	Un sesentaicuatroavo del tamaño
$^1/_8$	$^1/_8$ pulg. = 1 pie	Un noventaiseisavo del tamaño
$^3/_{32}$	$^3/_{32}$ pulg. = 1 pie	Un cientoveintiochoavo del tamaño

¿Sabías qué?

Verifique sus dimensiones

Tenga en cuenta que, aunque puede medir el dibujo y utilizar la escala para calcular una ubicación, debe utilizar las dimensiones para la construcción. Conocer las dimensiones correctas para su trabajo es fundamental para el éxito de la instalación. Compruebe siempre las dimensiones cuando escale.

Cada escala se configura de la misma manera. En primer lugar, los plomeros miran la designación de la escala, por ejemplo, de $^1/_4$ o de $^3/_{32}$. La designación va seguida de una serie de líneas, denominadas *graduaciones*. Estas graduaciones representan exactamente 1 pie, tal y como se dibuja con esa escala en particular.

Observe que el número 0 aparece en un extremo de la representación de 1 pie en cada escala. Aquí es donde el plomero empieza a medir. En la escala de $^1/_4$, por ejemplo, las graduaciones a la izquierda del cero significan pies, y las graduaciones a la derecha, pulgadas (*Figura* 9).

Cada escala tiene una cantidad diferente de graduaciones a la derecha del cero. No todas significan pulgadas. Cuando el plomero mira la escala de arquitecto, los números pueden confundirlo. Consulte la escala de $^1/_4$ en la *Figura 10*. A medida que se desplaza hacia la izquierda, verá una línea de números que comienza con 0 y termina con 46, así como una línea de números que comienza con 92 y termina con 0. Recuerde que los plomeros leen la escala de $^1/_4$ de derecha a izquierda. En la escala de $^1/_4$, solo se utilizan los números del 0 al 46. Los demás números corresponden a la escala $^1/_8$, que se lee de izquierda a derecha.

El sistema es el mismo para todas las caras del escalímetro. Los plomeros deben girar el escalímetro hasta que vean las escalas de 1 y $^1/_2$. Al leer la escala de $^1/_2$ de izquierda a derecha, se ve una fila de números que empieza con el 0 y termina en el 20. Al leer la escala de 1 de derecha a izquierda, se ve una fila de números que comienza con el 0 y termina con el 10. Verá el mismo sistema en las escalas de $^3/_{32}$ y $^3/_{16}$, de $1^1/_2$ y 3, y las de $^3/_8$ y $^3/_4$.

Consulte la escala de $^1/_4$ en la *Figura 10*. Entre el 0 y los 2 pies de esta escala, se ven cuatro graduaciones. (Las líneas más cortas de la parte superior pertenecen a la escala de $^1/_8$, pero los plomeros también las utilizan cuando leen la escala de $^1/_4$). Cada graduación a lo largo de la escala de $^1/_4$ representa 6 pies en la longitud real de un objeto. Así, una línea trazada desde el 0 hasta la graduación anterior al 2 mediría 18 pulg., es decir, 1 pies-6 pulg. de largo. Se puede ver cómo se representa 1 pies-10 pulg. en la escala de $^1/_4$ en la *Figura 11*.

La escala de ingeniero se divide en graduaciones decimales (10, 20, 30, 40, 50 y 60 divisiones por pulgada). Se utiliza cuando un área es demasiado grande para representarla con una escala habitual. Por ejemplo, en la escala habitual, un pie está representado por una porción de una pulgada, mientras que en una escala de ingeniero se puede representar un mayor número de pies por pulgada. La escala de ingeniero se utiliza para trazar y dibujar mapas. También ofrece una solución para los problemas asociados a la lectura de planos de grandes superficies, como los planos topográficos y del sitio.

La escala métrica se divide en centímetros (cm) y cada centímetro se divide en 10 milímetros (mm) o 20 mitades de milímetros. Algunas escalas se fabrican con divisiones métricas en un borde y divisiones en pulgadas en el borde opuesto. Muchas empresas expresan las medidas tanto en unidades métricas como en unidades del sistema estándar estadounidense.

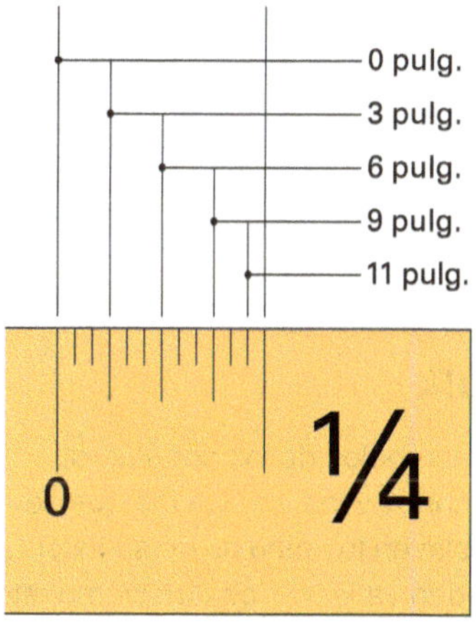

Figura 9 Escala de $^1/_4$.

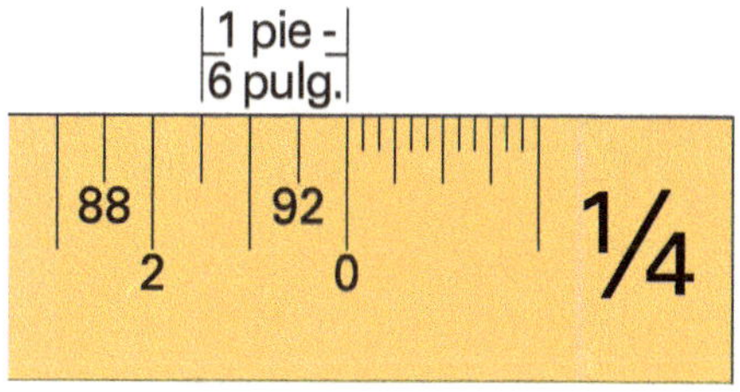

Figura 10 1 pie-6 pulg. en la escala de $^1/_4$.

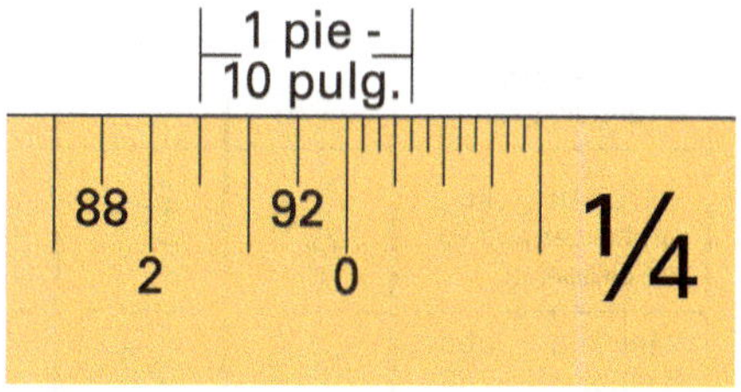

Figura 11 1 pie-10 pulg. en la escala de $^1/_4$.

1.3.2 Acotaciones

Las cotas que aparecen en un dibujo muestran la distancia real. Para indicar la dimensión de una distancia en un dibujo, los plomeros utilizan una **línea de cota**. Estas líneas se pueden dibujar con flechas o barras al final una línea de terminación perpendicular a la línea de cota. Debido a las limitaciones de espacio en el plano, es posible que los plomeros tengan que utilizar una **línea auxiliar de cota** para indicar los límites de la cota lejos de los puntos reales de esta (*Figura 12*). Asegúrese de prestar atención al punto a partir del cual se ha tomado la cota. Algunas cotas se muestran de extremo a extremo, mientras que otras se muestran a partir de las líneas de centro.

Línea de cota: línea en un dibujo con una medida que indica la longitud real.

Línea auxiliar de cota: línea que se utiliza en un dibujo para ubicar una cota lejos de los puntos reales de la medición. Se recurre a este método cuando un dibujo puede quedar demasiado saturado o desordenado si se mostrara la cota dentro de los dos puntos.

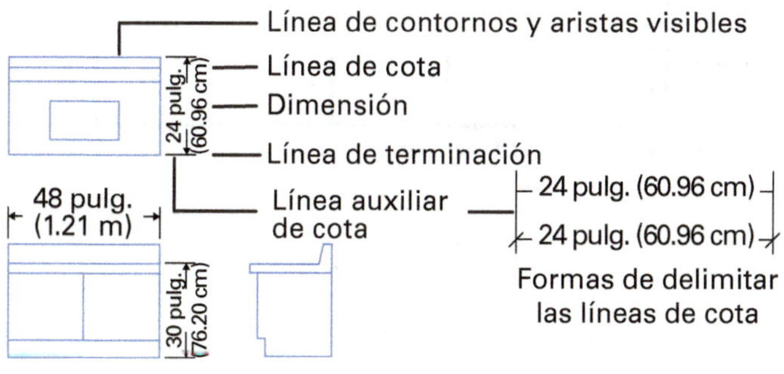

Figura 12 Líneas auxiliares de cota y líneas de cota.

1.4.0 Símbolos y notas

Los planos incluyen símbolos y notas que proporcionan información sobre la instalación y las tuberías y los accesorios que se deben instalar. Las notas suelen brindar detalles adicionales sobre la instalación o el producto que se corresponden con los números en un plano.

NOTA

Los símbolos de los conectors, los caños y los accesorios que se utilizan en los dibujos de su jurisdicción pueden variar de los que se muestran en este módulo.

1.4.1 Símbolos

Los plomeros suelen utilizar símbolos cuando dibujan los planos de los caños y conectors. Un símbolo es una marca o dibujo que representa un objeto o material en particular. Al utilizar símbolos, los plomeros pueden producir dibujos rápidos y permitir que los demás entiendan los planos con facilidad.

Tenga en cuenta que las personas no siempre utilizan los mismos símbolos para representar los mismos objetos. La mayoría de los dibujos incluyen una leyenda que explica el significado de los distintos símbolos. Consulte siempre la leyenda antes de leer el plano. Las diferencias aparentemente pequeñas entre símbolos (*Figura 13*) marcan una gran diferencia a la hora de identificar los distintos conectores.

En la *Figura 14* se pueden ver los símbolos típicos de los caños. Por lo general, las líneas de drenaje se representan con líneas continuas y las líneas de ventilación con líneas cortadas. Si los símbolos de los caños se combinan con los símbolos de los conectores, se puede ilustrar casi cualquier sistema de tuberías. Los plomeros también pueden utilizar símbolos de accesorios sanitarios para indicar qué aparatos están conectados a distintos tramos de caño (*Figura 15A* y *Figura 15B*).

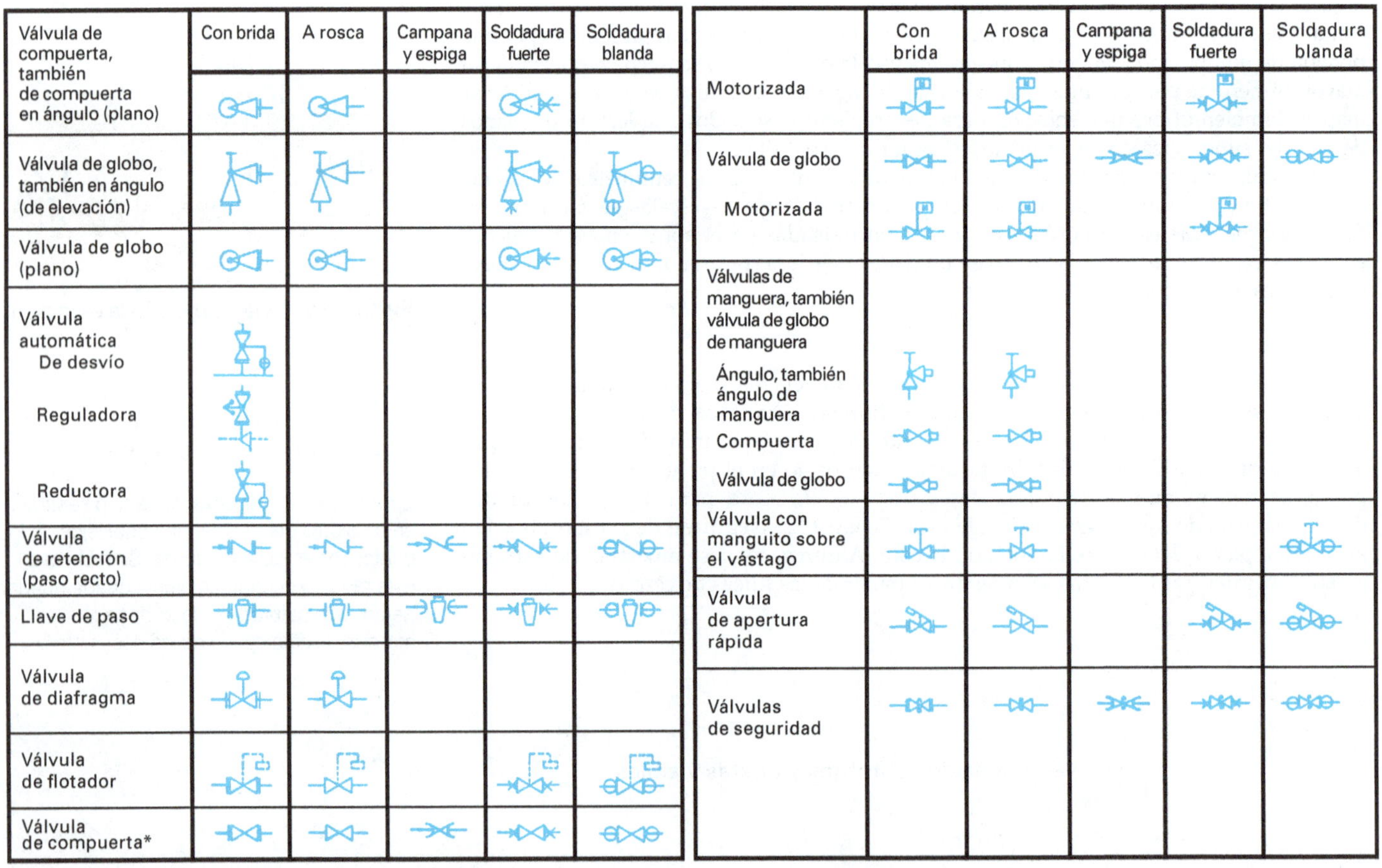

* También se utiliza como símbolo de la válvula de cierre general cuando se amplía con especificaciones.

Figura 13 Símbolos de conectors.

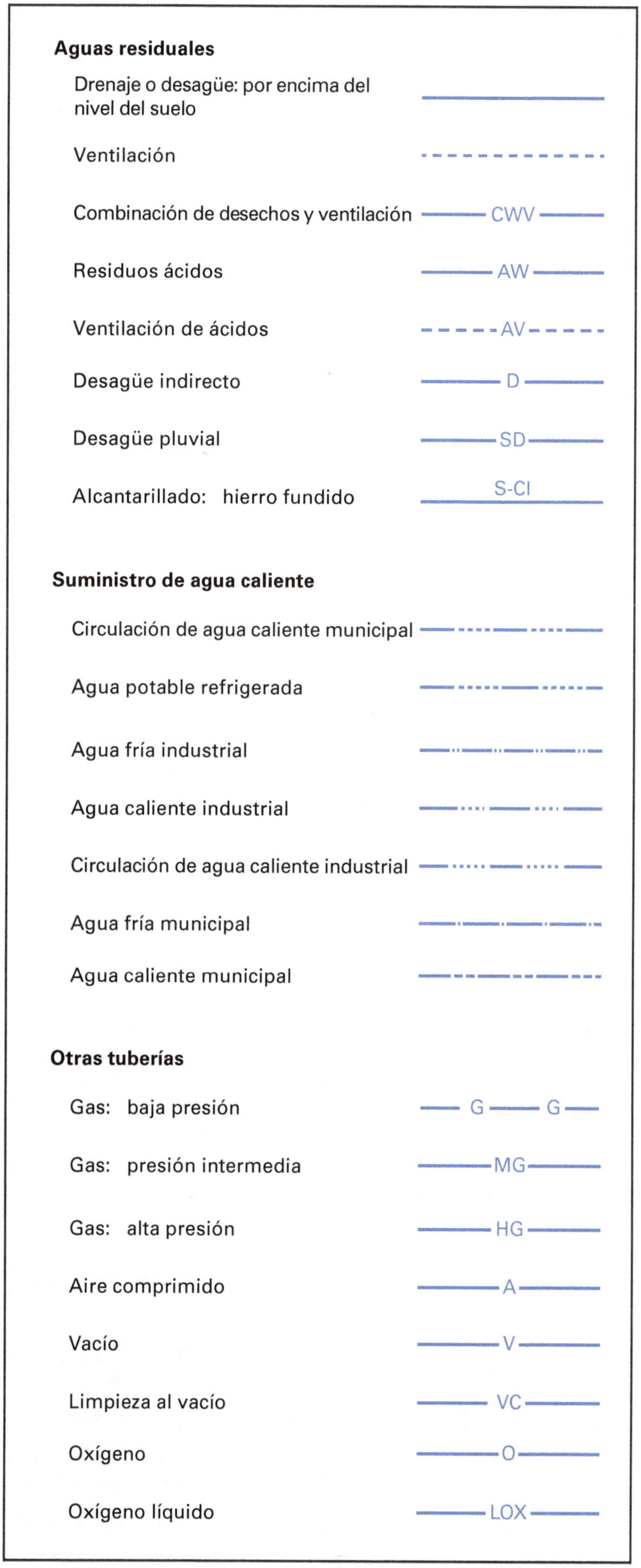

Figura 14 Símbolos típicos de los caños.

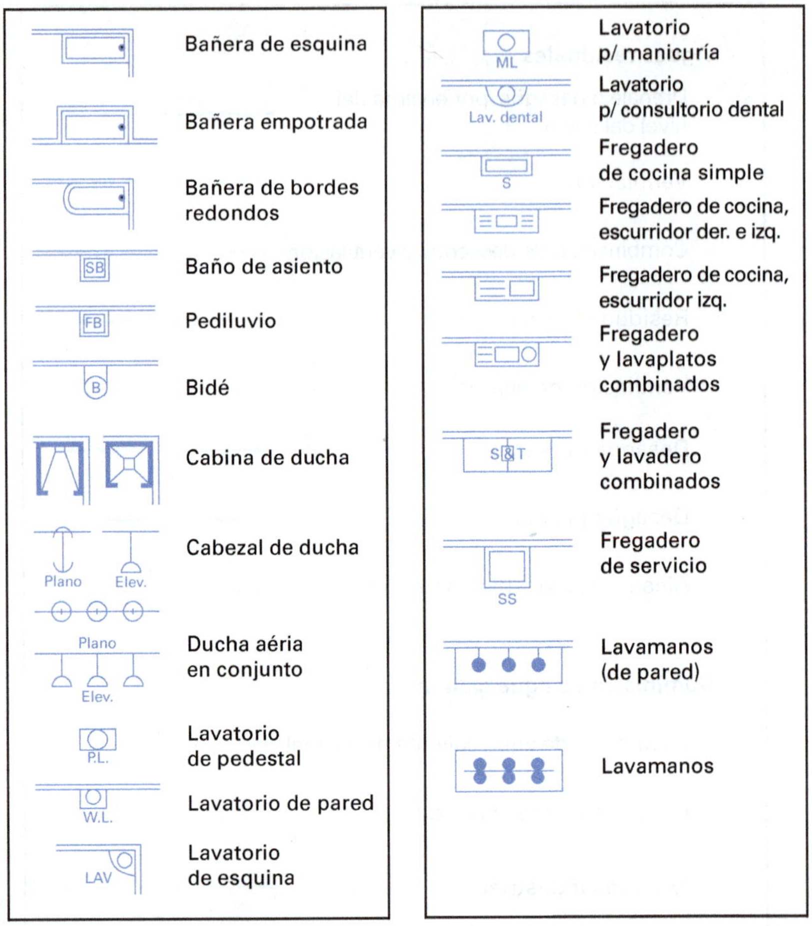

Figura 15A Símbolos de los accesorios (1 de 2).

Figura 15B Símbolos de los accesorios (2 de 2).

1.4.2 Notas

Parte de la información sobre un conjunto de planos se encuentra en el apartado de *Notas*. Las notas pueden corresponder a ciertos números dentro del plano y proporcionan más detalles sobre los materiales que necesitan los plomeros y los requisitos especiales de instalación (*Figura 16*). Busque siempre la sección de las *Notas* en los dibujos.

Notas según símbolo "◯"

1. Tapar las tomas de entrada y salida a la cuenca de disolución de ácidos existente bajo el suelo. Reutilizar la línea de desechos ácidos existente para conectarla a la nueva líneade desechos ácidos de 4 pulg. (10.16 cm) de arriba.
2. Reutilizar la línea de desechos ácidos existente de 3 pulg. (7.62 cm) para conectarla a la nueva línea de 4 pulg. (10.16 cm) de abajo.
3. Consultar los planos arquitectónicos para los enrasados.
4. CW de 2½ pulg. (6.35 cm) y HW de 1½ pulg. (3.81 cm) ascendentes al cielorraso de la planta baja, HWR de ¾ pulg. (1.90 cm) descendente a la planta inferior. Consultar los planos arquitectónicos para los enrasados.
5. Dejar una camisa de penetración en la pared estructural del espacio libre entre pisos. Consultar los planos estructurales.
6. Tuberías de desechos de 2 pulg. (5 cm) y de AW de 4 pulg. (10 cm) por dentro de pared/surco. Coordinar con los instaladores de tuberías de HVAC.
7. Consultar los planos arquitectónicos para el enrasado de paredes.

Figura 16 Ejemplo de notas.

NOTA

Recuerde que las personas usan distintos símbolos para representar los mismos objetos. Para explicar el significado de los distintos símbolos, la mayoría de los dibujos incluyen una leyenda. Consulte siempre la leyenda antes de leer el plano.

NOTA

Cuando los plomeros trabajan con planos de construcción, encontrarán muchos tipos de símbolos que se utilizan en los distintos oficios de la construcción. Además de los símbolos de plomería, también deben estar familiarizados con los símbolos arquitectónicos, de ingeniería, mecánicos y eléctricos. Por ejemplo, saber que un conducto eléctrico se encuentra cerca de los caños de plomería puede evitar errores costosos y peligrosos durante la instalación.

1.5.0 Documentos del proyecto de plomería

Antes de comenzar un proyecto de plomería, los plomeros deben utilizar una serie de documentos para determinar la información básica sobre el proyecto y los recursos que se necesitarán para completarlo (*Figura 17*).

Los documentos de construcción incluyen códigos y especificaciones, que contienen información sobre la calidad de la obra, los materiales que se van a utilizar y el método de instalación. Si no se incluyen especificaciones en un conjunto de planos, los plomeros siguen los códigos aplicables. Cada jurisdicción adopta un código de plomería específico para garantizar que los sistemas se instalen correctamente.

Figura 17 Trabajadores del oficio interpretando planos de construcción.
Fuente: iStock@Cineberg

1.5.1 Códigos

El objetivo básico de los códigos es establecer las normas mínimas que protegen la salud y la seguridad de las personas que utilizan el sistema. Los códigos representan la ley en una comunidad y se pueden hacer cumplir por medio de tribunales. Cada estado, condado, ciudad u otra entidad política establece una autoridad competente (AHJ - Authority Having Jurisdiction) que está autorizada para hacer cumplir los códigos de instalación sanitaria adoptados por esa comunidad. La AHJ puede ser una agencia, un departamento o una junta.

En los planos y especificaciones de un edificio en particular, se puede requerir una instalación de mayor calidad (es decir, por encima de las normas mínimas) que la que se exige en los códigos correspondientes, lo cual es perfectamente aceptable. Sin embargo, cualquier plano o especificación en el que se exija una instalación de plomería de calidad inferior a la de los códigos correspondientes constituye una infracción y debe abordarse por las vías adecuadas.

Códigos de plomería

Los códigos de plomería se han redactado para proteger el suministro de agua y la salud y seguridad públicas. La mayoría de ciudades, condados y estados han adoptado códigos modelo basados en normas nacionales sugeridas. Estos códigos modelo pueden ser objeto de interpretación local y suelen reflejar las condiciones locales. Por ejemplo, es habitual que en zonas que suelen sufrir terremotos o inundaciones haya requisitos especiales para hacer frente a estas condiciones. Las especificaciones de cada trabajo deben detallar estos requisitos. Los instaladores asumen la responsabilidad de corregir las infracciones del código, que puede resultar costosas. Mientras que las normas son directrices para mejorar el rendimiento o la confiabilidad, los códigos y ordenanzas son obligatorios, lo que significa que deben cumplirse.

1.5.2 Especificaciones

Como no hay espacio suficiente en los planos para incluir toda la información técnica necesaria sobre el proyecto, el diseñador elabora un conjunto de *especificaciones* para proporcionar información detallada sobre el trabajo y la calidad de los materiales. El conjunto de planos indica lo que se debe instalar, y las especificaciones explican qué materiales utilizar y cómo hacerlo.

Las especificaciones tienen tres objetivos generales:

- Definir las responsabilidades del diseñador, el responsable del proyecto, el contratista y los subcontratistas.
- Complementar los planos de trabajo con información técnica detallada relacionada con la calidad del trabajo y los materiales que se deben utilizar.
- Respaldar los planos como parte de los documentos del contrato.

NOTA

En general, si hay una discrepancia entre el conjunto de planos y las especificaciones, hay que remitirse a las especificaciones. Consulte siempre al líder de su equipo si tiene dudas acerca de la información incluida en los documentos de construcción.

El responsable de supervisar el proyecto tendrá un conjunto de especificaciones. Estas también pueden indicar que el trabajador debe seguir ciertas prácticas a la hora de probar el sistema de plomería. No todos los planos contienen un conjunto independiente de especificaciones. En ese caso, los trabajadores deben seguir los códigos de plomería correspondientes para el tipo y la calidad de los materiales y las prácticas de instalación que deben utilizarse.

Con frecuencia, los trabajadores descubren que los planos y las especificaciones de un edificio no están completos. Por ejemplo, es posible que en los planos de plomería solo se incluya la ubicación de los accesorios en el plano de planta. Cuando esto ocurre, es responsabilidad del plomero diseñar el sistema de tuberías de modo que cumpla todos los requisitos correspondientes. Los plomeros necesitan muchos más conocimientos sobre los códigos de plomería y el dimensionamiento de los caños antes de poder asumir esta responsabilidad.

Por motivos de practicidad, velocidad y facilidad de uso, las especificaciones se disponen en una serie de secciones que abordan los requisitos de construcción para las diferentes áreas de trabajo de un proyecto de construcción. Las personas que utilizan las especificaciones deben poder encontrar toda la información que necesitan sin perder demasiado tiempo.

1.5.3 Modelado de información de construcción

El modelado de información de construcción (BIM) es un proceso inteligente que utiliza bases de datos informáticas y modelado CAD para crear un modelo dinámico e interactivo de una estructura completa (*Figura 18*). El BIM se utiliza para proporcionar información del diseño, la construcción y la gestión de las edificaciones. Permite a los contratistas y propietarios de las edificaciones visualizar la estructura y colaborar durante todo el proceso de construcción. Los trabajadores pueden utilizar dispositivos móviles para acceder a los modelos 3D mientras están en la obra.

El BIM permite recorrer en forma virtual un edificio antes de su construcción para ver su aspecto final. Esto facilita a los diseñadores identificar a tiempo los problemas y conflictos que puedan existir con los distintos componentes para corregirlos antes de que termine la construcción. El BIM también permite que los diseñadores calculen los costos de la construcción del edificio y del mantenimiento de las instalaciones a largo plazo.

El BIM se puede usar para preparar los planos de coordinación y los planos conforme a obra. Si bien no reemplaza a los planos de construcción, ofrece una manera innovadora y mejorada de ver los sistemas dentro de una edificación. En los Estados Unidos, Canadá y Europa, se están desarrollando normas para el BIM. Otras formas de BIM incluyen el *entorno de edificación virtual (VBE)* y el *diseño y construcción virtual (VDC)*.

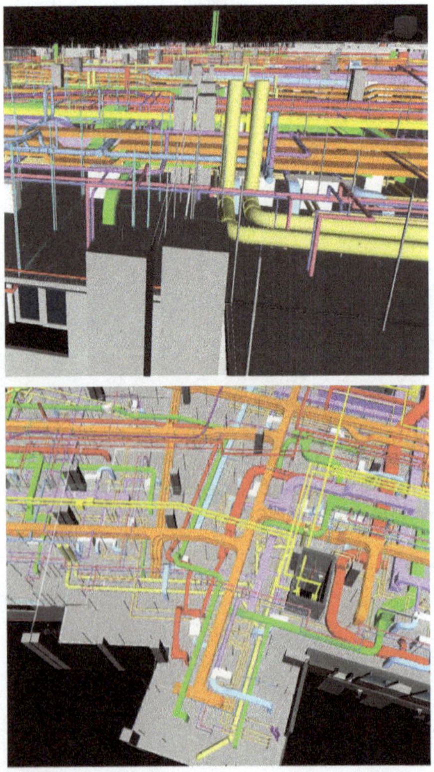

Figura 18 Ejemplos de planos de BIM.
Fuente: cortesía de Lake Mechanical Contractors Inc.

Ventajas del modelado de información de construcción (BIM)

Los planos de construcción tradicionales tienen algunos inconvenientes. Como se necesitan muchos planos para mostrar un edificio entero, pueden aparecer errores. Puede que no resulte obvio cómo el desplazamiento o cambio de una pieza afecta a otras partes de la estructura. Además, las propiedades de una pieza, es decir, su costo, dimensiones, peso y material, se enumeran por separado y pueden no estar actualizadas.

Como la tecnología BIM reúne la información en un modelo central y dinámico de toda una estructura, permite que los diseñadores experimenten con los cambios antes de que empiece la construcción. Pueden ver inmediatamente cómo afectarán los cambios de diseño al resto del edificio y si ahorrarán tiempo, materiales y mano de obra. El BIM ayuda a detectar errores y conflictos antes de que se produzcan. Realiza un seguimiento del inventario y los precios de las piezas, lo que facilita el cálculo de costos y el control del inventario. Los contratistas pueden programar eficazmente la construcción para todos los oficios involucrados. El BIM puede mostrar dónde ingresará la luz solar en una habitación a una hora determinada, la eficiencia de una sala e incluso permite comprobar cómo resonarán los sonidos en su interior.

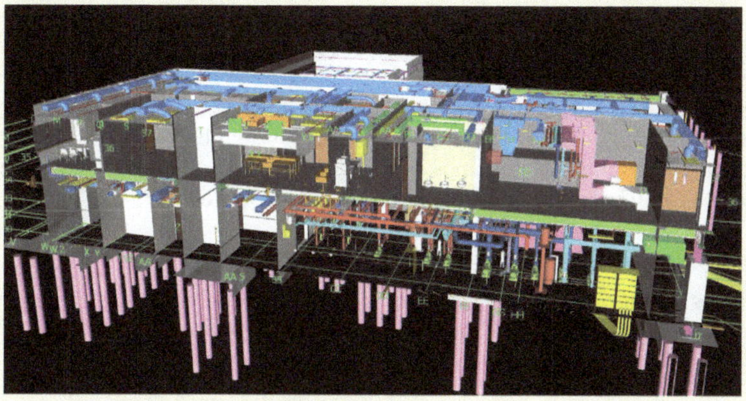

Fuente: Cuerpo de Ingenieros del Ejército de EE. UU.

Realidad aumentada

La realidad aumentada (AR) se está transformando rápidamente en una herramienta útil para la construcción. El BIM puede integrarse en las plataformas de AR, lo que permite a los usuarios ver modelos 3D en entornos reales. Esto ofrece la posibilidad de visualizar e interactuar con los datos del BIM desde cualquier lugar. Estas herramientas suelen ser compatibles con dispositivos móviles, como teléfonos inteligentes y tabletas, para lograr un fácil acceso y colaboración.

Repaso de la sección 1.0.0

1. La ubicación de las redes de alcantarillado y agua y la ubicación del edificio dentro de la propiedad se muestran en el _____.
   a. plano de cimientos
   b. plano del sitio
   c. dibujo de elevación
   d. plano de plomería

2. El instrumento que se utiliza para dibujar y medir planos a escala es _____.
   a. la escala de dimensiones
   b. el escalímetro con escala de arquitecto
   c. la escala ortográfica
   d. el escalímetro con escala de plomero

3. En un plano de plomería, las líneas de drenaje se suelen representar con _____.
   a. líneas continuas
   b. líneas cortadas
   c. líneas discontinuas
   d. líneas de puntos

4. Es aceptable que los planos y las especificaciones de un edificio en particular exijan una instalación que _____.
   a. no cumpla con la calidad de los códigos correspondientes
   b. supere la calidad de los códigos correspondientes
   c. tenga un costo menor que el estándar del sector
   d. tenga un costo mayor que el estándar del sector

2.0.0 Tipos de dibujos

Tarea práctica

1. Realizar proyecciones ortográficos y dibujos isométricos.

Objetivo

Identificar los diferentes tipos de dibujos que se utilizan para instalar sistemas de plomería.

a. Identificar los tipos de dibujos en perspectiva que utilizan los plomeros.
b. Identificar los diagramas esquemáticos.
c. Describir la finalidad de los dibujos ortográficos.
d. Identificar los dibujos específicos de plomería, incluidas las presentaciones, los dibujos de accesorios, los despieces y los cortes.

Los plomeros trabajan con muchos tipos de dibujos. Deben ser capaces de leer y crear bocetos sencillos y dibujos isométricos complejos (dibujos que crean la ilusión de un objeto tridimensional). Aunque cada tipo de dibujo puede utilizar una técnica diferente para transmitir información, todos tienen muchas similitudes.

2.1.0 Dibujos en perspectiva

Dibujos en perspectiva: dibujos que muestran la vista tridimensional de un objeto.

Dibujo oblicuo: dibujo en perspectiva que muestra la silueta de un objeto. Muestra la parte frontal del objeto, y el cuerpo se representa con un ángulo ligero.

Los **dibujos en perspectiva** muestran la vista tridimensional de un objeto. Al igual que una fotografía, estos dibujos presentan una imagen del objeto que es similar al objeto real. Los plomeros utilizan dos tipos de dibujos en perspectiva: los dibujos isométricos y los **dibujos oblicuos** (que muestra la silueta de un objeto).

2.1.1 Dibujos isométricos y oblicuos

Los dibujos isométricos son dibujos en perspectiva en los que las líneas verticales se muestran de forma vertical, pero las líneas horizontales se proyectan a 30 grados y parecen retroceder hacia el horizonte. Como ya se ha explicado, los isométricos crean una ilusión de tres dimensiones. Los plomeros se encuentran a menudo con estos dibujos.

Al convertir los planos de planta en isométricos, recuerde que las líneas horizontales del plano de planta se convierten en líneas angulares de 30 grados. El dibujo de una simple caja puede ser la forma más fácil de explicar este proceso, ya que se relaciona directamente con la forma de la mayoría de los edificios y habitaciones (*Figura 19*). Observe que los bordes verticales de la caja permanecen verticales en el boceto. Las líneas horizontales de la vista frontal se trazan a 30 grados respecto a la línea horizontal. Las líneas horizontales de la vista del lateral derecho también se dibujan a 30 grados de la horizontal. Las líneas discontinuas indican el borde posterior y los inferiores ocultos de la caja.

Bocetos

Todo plomero debe ser capaz de comunicarse con otros trabajadores. Por ejemplo, deben ser capaces de mostrar a otro plomero cómo deben instalarse los caños o cómo debe modificarse la estructura del edificio para instalar el sistema de plomería. Los plomeros suelen hacer sus bocetos en cualquier superficie que les resulte cómoda: trozos de papel, madera, el suelo o la pared. Estos bocetos sencillos pueden comunicar información con mucha eficiencia.

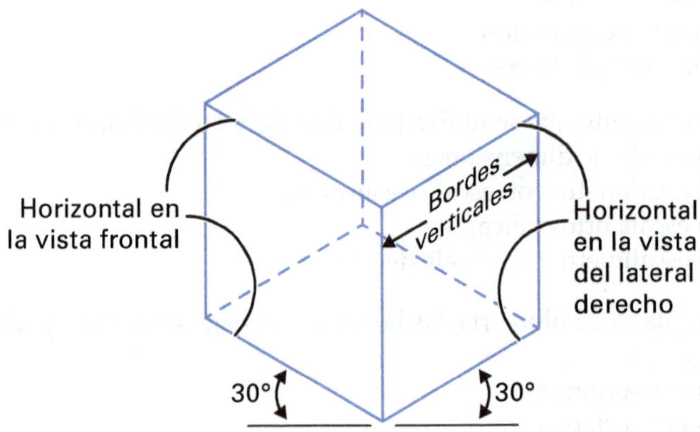

Figura 19 Boceto isométrico de una caja simple.

Los plomeros deben ser capaces de leer y crear bocetos isométricos de los montajes de plomería (*Figura 20*). El sistema de tuberías a menudo tiene que encajar dentro de las paredes o cerca de ellas. Se pueden hacer bocetos sin incluir las paredes. Sin embargo, los plomeros deben saber dónde se encuentran y colocar los conectores para realizar las curvas necesarias en el sistema de tuberías.

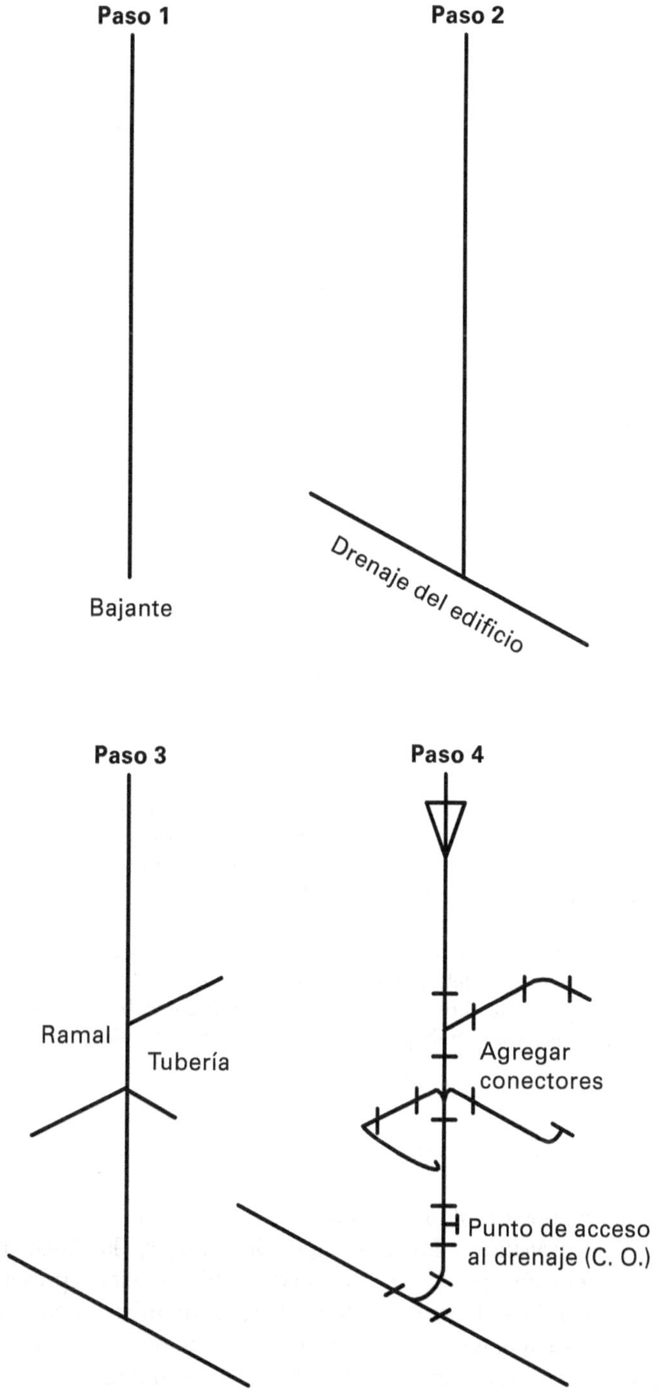

Figura 20 Pasos para hacer bocetos.

Las dimensiones en los dibujos isométricos no suelen estar a escala. Aquí se permite distorsionar el dibujo para poder ilustrar las tres dimensiones, y dicha distorsión dificulta mantener la escala. Los plomeros pueden utilizar papel isométrico para hacer este tipo de dibujos (*Figura 21*).

Vea la representación isométrica de un bajante de ventilación en la *Figura 22*. Un círculo completo dibujado en el extremo de una línea en ángulo indica que la línea continúa hacia arriba desde ese extremo de la línea horizontal. Un semicírculo indica que el caño continúa hacia abajo desde el final de la línea horizontal. Estas líneas se refieren a las líneas verticales del plano de planta. Para practicar la creación de dibujos isométricos, dibuje lo que ve en la *Figura 22* siguiendo los pasos que se muestran en la *Figura 20*.

Un dibujo oblicuo es un tipo de dibujo en perspectiva que crea la ilusión de profundidad mediante el uso de líneas que se dibujan a 45 o 60 grados con respecto a la horizontal (*Figura 23*).

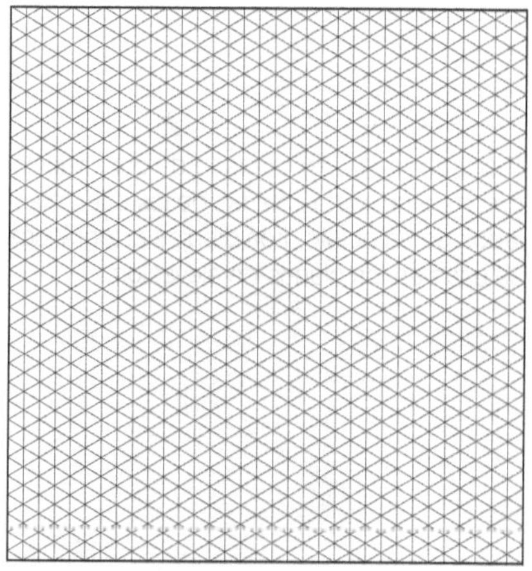

Figura 21 Papel isométrico.

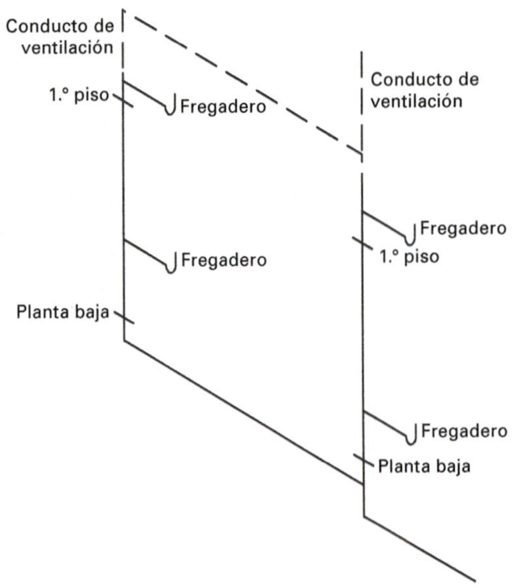

Figura 22 Boceto isométrico de un conducto de ventilación.
Fuente: Jonathan Byrd/Ivey Mechanical Company

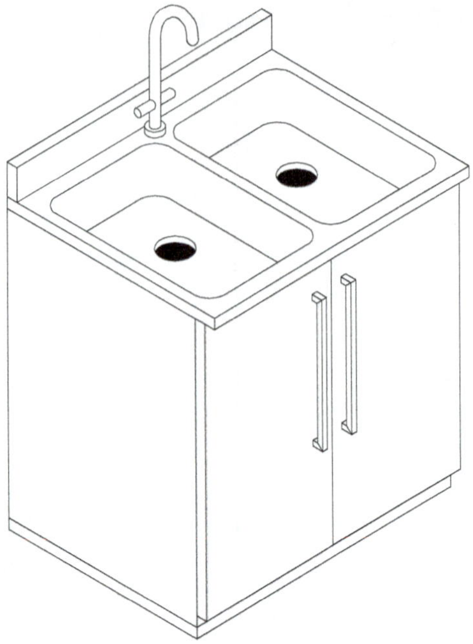

Figura 23 Dibujo oblicuo.

Diagrama de tuberías ascendentes: dibujo que muestra las tuberías verticales y horizontales, junto con los tamaños y un número de tubería ascendente que remite al conjunto completo de planos de plomería.

Cálculos de materiales: listas detalladas de todo el material y el equipo que se necesita para llevar a cabo un proyecto; se elaboran a partir de los planos y las especificaciones. Esta lista también se denomina *cómputo de materiales*.

2.1.2 Diagramas de tuberías ascendentes

Un **diagrama de tuberías ascendentes** es un dibujo isométrico de una sola línea de la plomería del edificio. Estos diagramas muestran las tuberías verticales y horizontales, junto con los tamaños y un número de tubería ascendente que remite al conjunto de planos de plomería. Suelen incluir un diagrama de agua de uso doméstico y un diagrama de DWV. Pueden mostrar sistemas de plomería en uno o más pisos.

Los diagramas de tuberías ascendentes se pueden usar para hacer los **cálculos de materiales**. Estos son listas detalladas de todo el material y el equipo que se necesita para llevar a cabo un proyecto. Los plomeros los utilizan como listas de comprobación para solicitar los artículos para el trabajo (vea el ejemplo a gran escala en la *Figura A08* del *Apéndice 02105A*).

2.2.0 Dibujos esquemáticos

Diagramas de una sola línea: planos de plomería que utilizan una sola línea para representar la línea de centro de un caño. Estos diagramas se pueden usar para representar caños de cualquier diámetro. También se los denomina *dibujos esquemáticos*.

La mayoría de los planos de plomería son **diagramas de una sola línea**, también llamados *dibujos esquemáticos*. En este tipo de dibujos, la línea representa la línea de centro del caño, por lo que se pueden utilizar para representar caños de cualquier diámetro. Vea el esquema de un bajante de tuberías en la *Figura 24*. Para comparar, remítase a la representación isométrica de un bajante de ventilación en la *Figura 22*. Observe las similitudes y diferencias entre ambos.

2.3.0 Dibujos ortográficos

Dibujo ortográfico: plano de construcción que muestra vistas planas de los diferentes lados de un objeto. Los dibujos ortográficos se usan en los planos de elevación.

Para comunicar información sobre el tamaño y la forma exactos de un objeto, los diseñadores suelen utilizar un **dibujo ortográfico**, que muestra las dimensiones reales de un objeto de forma proporcional. En estos dibujos, el diseñador traza líneas que representan las dimensiones reales en una escala menor. Doce pulgadas, por ejemplo, pueden representarse mediante $^{1}/_{4}$ pulg. en el dibujo. Para crear un dibujo ortográfico, se debe visualizar el objeto desde una o varias de las seis direcciones posibles y captar el aspecto del objeto en cada una de las vistas (*Figura 25*). Los plomeros pueden crear más vistas del objeto mirándolo desde otros ángulos (*Figura 26*). Aunque los plomeros pueden presentar hasta seis vistas diferentes, por lo general no necesitarán más de tres para mostrar el objeto por completo.

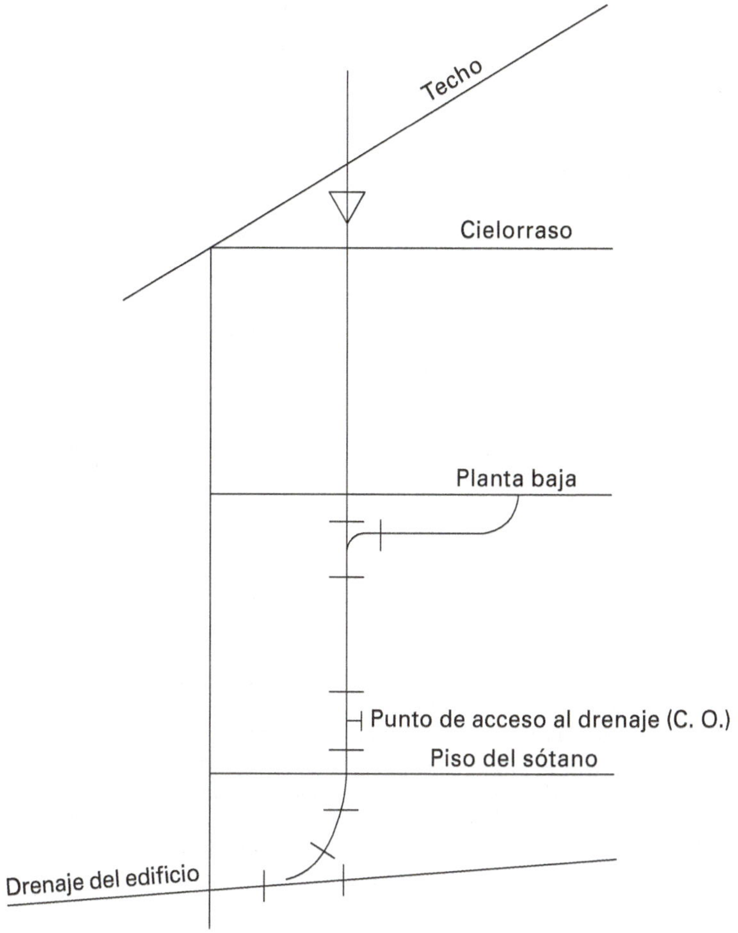

Figura 24 Boceto esquemático de una pila de tuberías.

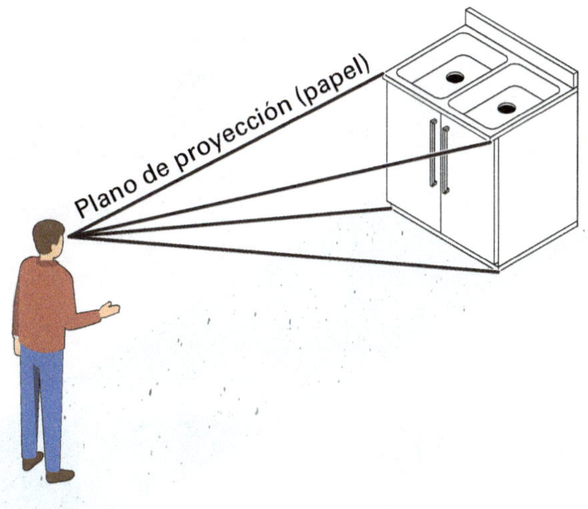

Figura 25 Proyección ortográfico.

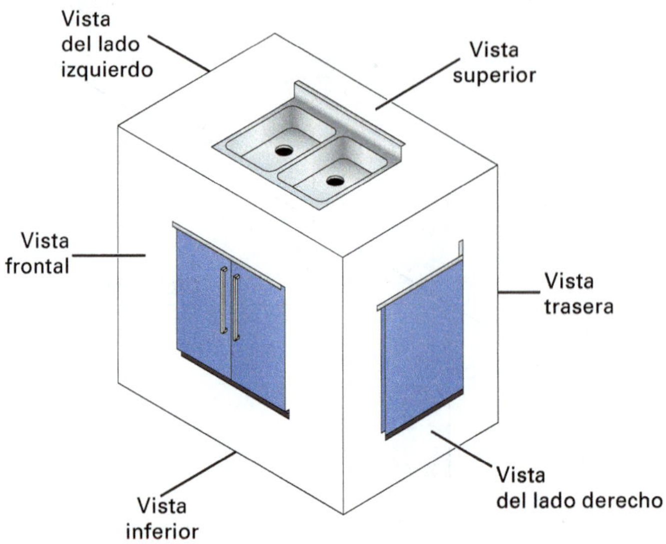

Figura 26 Planos adicionales para la proyección ortográfico.

Para que los dibujos ortográficos se puedan comprender, los diseñadores suelen dibujar las vistas en la relación adecuada entre sí. Observe en la *Figura 27* cómo se relacionan las vistas desde distintos ángulos con el dibujo terminado.

Para leer un dibujo ortográfico, los plomeros deben aprender a visualizar el aspecto del objeto terminado a partir de las vistas proporcionadas, una habilidad que requiere mucha práctica. Examine los dibujos ortográficos e isométricos del mismo objeto en la *Figura 28.* Estudie y compare estos dibujos con detenimiento. Observe también los dos dibujos de la *Figura 29.* Uno es una representación esquemática de un conjunto de tuberías; el otro, un dibujo ortográfico de lo mismo. Observe las diferencias entre estos dos dibujos.

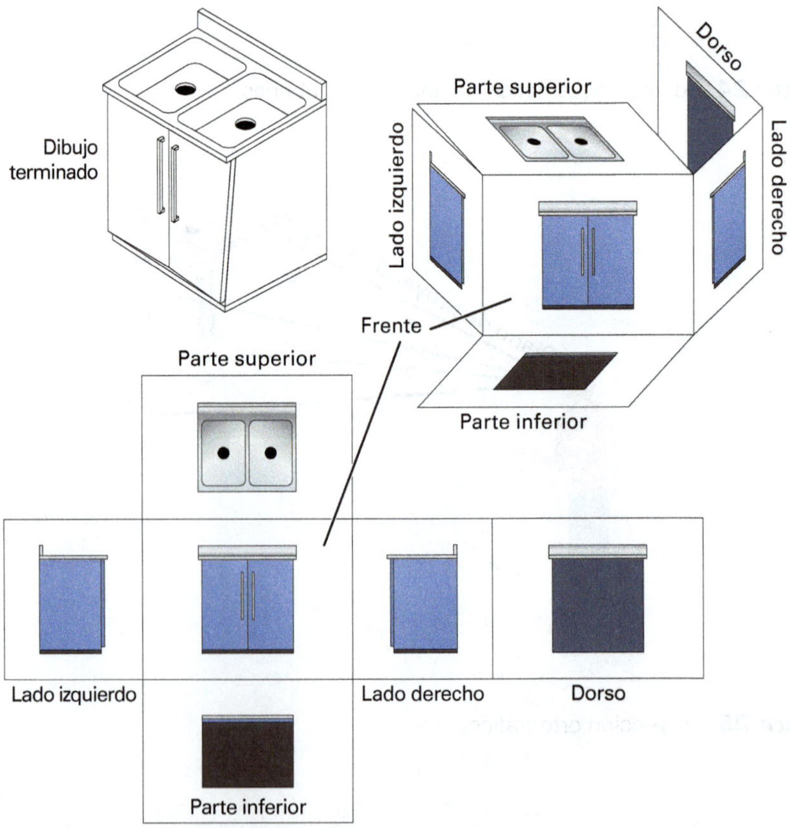

Figura 27 Relación de las vistas ortográficos.

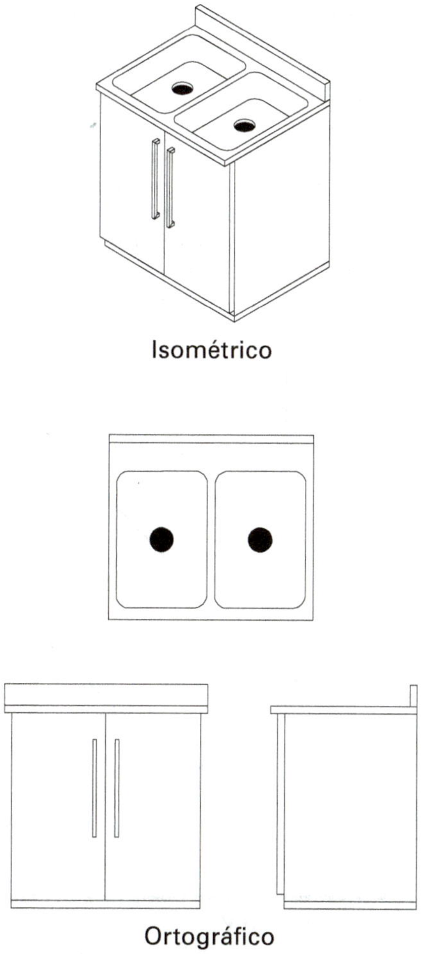

Figura 28 Vistas ortográficas e isométricas del mismo objeto.

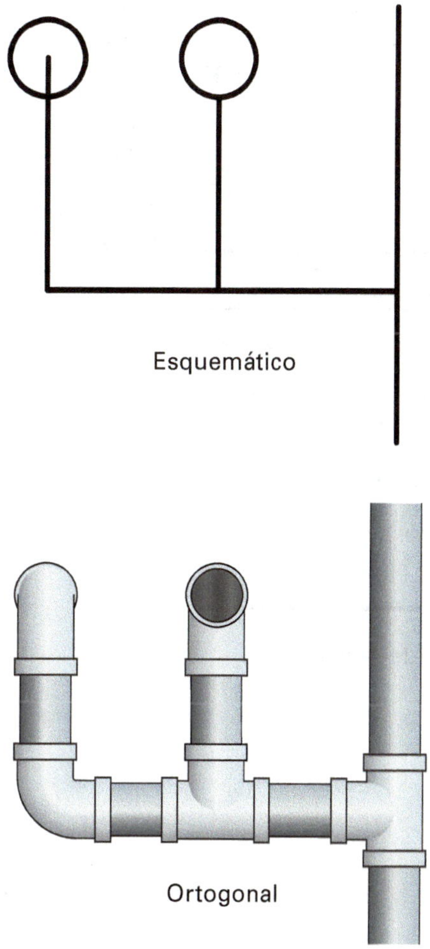

Figura 29 Dibujos esquemático y ortográfico del mismo conjunto de tuberías.

2.4.0 Tipos de planos de plomería

La mayoría de los planos de plomería incluyen diagramas de tuberías ascendentes, planos de planta, vistas isométricas y detalles. Los plomeros trabajan con muchos tipos de planos diferentes. Por ejemplo, deben ser capaces de encontrar el tamaño y las dimensiones de los conectors en los catálogos de los fabricantes, así como de interpretar los detalles de los montajes. Estudie detenidamente cada dibujo de esta sección y piense qué información contiene y cómo se muestra esa información.

2.4.1 Datos técnicos aprobados

Los fabricantes de caños y conectors publican catálogos con información sobre sus productos. Muchos de ellos publican catálogos dimensionales que muestran cada uno de sus conectors junto con las medidas totales y, en algunos casos, los pesos. Los plomeros utilizan los **dibujos de catálogos** (catalogue drawings), también llamados *datos técnicos*, para determinar factores como las dimensiones totales, las dimensiones interiores reales, la profundidad de cada conector y su longitud de tendido. Cuando el arquitecto o el ingeniero aprueban el conector o el conector en un dibujo de catálogo, el elemento se convierte en una datos técnicos aprobados.

Dibujo de catálogo: dibujo de un accesorio sanitario que se encuentra en los catálogos de los fabricantes. También se lo conoce como *presentación de datos*.

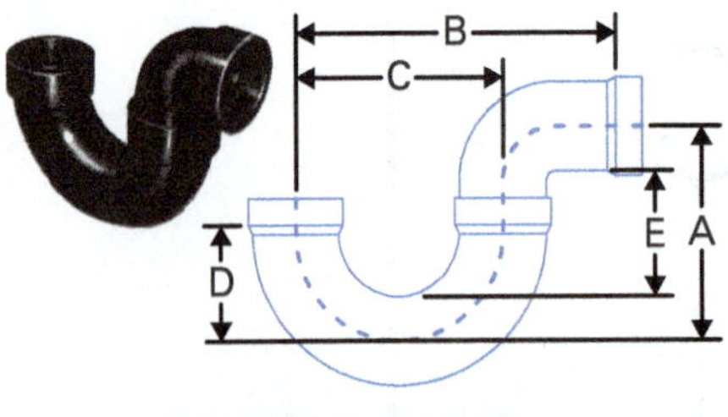

Sifón en P con junta de soldadura con solvente					
Tamaño Descripción H × H	A	B	C	D	E
1½	3¾	5 7/32	4	1 13/16	2⅛
2	4 9/16	7½	5¼	2¼	2½
3	6 5/16	8 7/16	6 5/16	2 11/16	3¼
4	7⅞	10 13/16	8⅛	3½	3⅞

Figura 30 Dibujo de catálogo de un sifón en P.

En la *Figura 30* se muestra un ejemplo de un sifón en P de un sistema de DWV de plástico con una junta soldada con solvente de un catálogo. El método utilizado en este dibujo para mostrar las dimensiones del conector es común. El dibujo utiliza letras mayúsculas (de la A a la E) que están codificadas en una tabla. La tabla proporciona la información sobre los tamaños disponibles. Este método es eficaz porque los fabricantes pueden utilizar el mismo dibujo para representar conectores de diferentes tamaños.

En la *Figura 31* se utiliza una técnica similar para brindar información sobre un conector Y de hierro fundido. En la tabla se ofrece información sobre 39 conectores distintos. Comprobando las distintas combinaciones de tamaños de caño (G, X y X^1), los plomeros pueden encontrar una combinación que funcione para su instalación. (Tenga en cuenta que SV y XH en la tabla se refieren a los pesos de los caños para acometidas y reforzados, respectivamente).

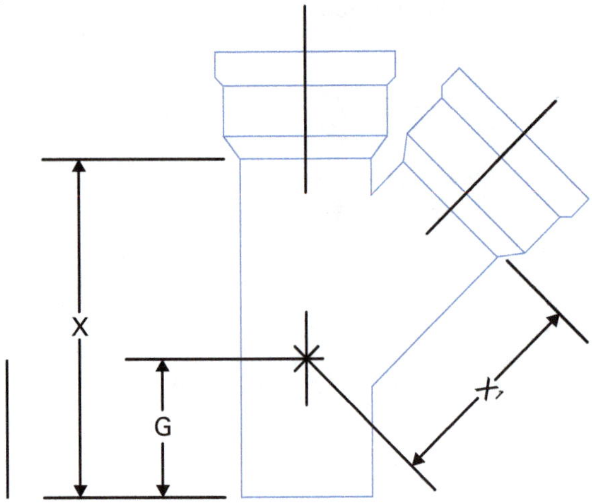

Conector Y					
				Pesos	
Tamaño	G	X	X^1	SV	XH
2 × 2	4	8	4	7	8
3 × 2	4 3/16	9	5	10	14
3 × 3	5	10½	5½	13	17
4 × 2	3⅝	9	5¾	12	17
4 × 3	4 7/16	10½	6¼	14	20

Figura 31 Dibujo de catálogo de un conector Y.

2.4.2 Dibujos de accesorios

Dibujo de accesorio de plomería: dibujo que muestra los componentes de un accesorio en detalle.

Los plomeros suelen utilizar un **dibujo de accesorio de plomería**, también llamado *hojas de corte*, para evaluar si un determinado accesorio cabe en el espacio disponible. Vea el dibujo de plomería de un inodoro típico en la *Figura 32*. El dibujo muestra las dimensiones generales y la ubicación de las tuberías de suministro de agua. El símbolo CL significa línea de centro y muestra el centro de un objeto, como un caño o accesorio.

En la Figura 33 se muestra un dibujo de un lavatorio típico. Se necesitan dos vistas para mostrar el tamaño y la forma de este lavatorio. Las dimensiones para la instalación de los caños de suministro, de agua y de desagüe varían en función del tipo de desagüe instalado. Analice este dibujo y responda a las siguientes preguntas:

1. ¿Cuál es el diámetro de la abertura que se debe cortar en la encimera?
2. ¿Cuál es la profundidad total del lavatorio?
3. Si se utiliza un desagüe pop-up, ¿a qué distancia del suelo debe colocarse el caño de desagüe?
4. ¿Qué distancia deben tener las conexiones de agua fría y caliente en la llave que se instala en este lavatorio?

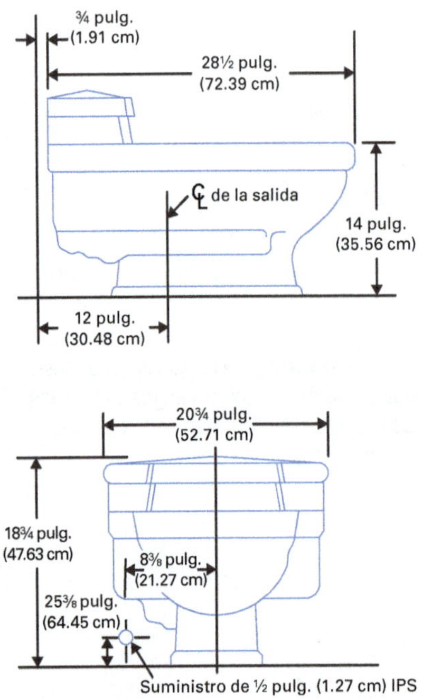

Figura 32 Dibujo de instalación de un inodoro.

Los dibujos de accesorios como los que se encuentran en la *Figura 32* y la *Figura 33* también se denominan *hojas de preparación de accesorios, hojas de especificaciones de accesorios del fabricante* y *hojas de corte*. Los cambios en la estructura del edificio, como la colocación y el revestimiento de las paredes, podrían afectar a su trabajo. Los plomeros deben volver a medir todos los accesorios antes de instalarlos para garantizar un ajuste adecuado.

Se utilizan dibujos similares para mostrar otros tipos de accesorios, como las bañeras (*Figura 34*). La vista superior es típica de las vistas que se muestran en los dibujos ortográficos, pero las vistas laterales y de los extremos se dibujan como vistas en corte transversal. Las vistas en corte transversal ilustran la forma interna de los objetos. Además, se ha eliminado parte de la vista del extremo, y la vista lateral se ha desplazado a la izquierda de su ubicación normal. Analice este dibujo con cuidado y responda a las siguientes preguntas:

1. ¿En cuántos tamaños se fabrica esta bañera?
2. ¿Cuál es la longitud total de la bañera más pequeña disponible?
3. ¿A qué altura del suelo falso estará el lateral de la bañera?
4. ¿Habrá que hacer una abertura en el suelo falso para poder instalar la bañera?
5. ¿A qué altura del suelo falso se colocará la salida para el cabezal de ducha?

2.4.3 Despieces

Los **despieces**, también llamados *dibujos de ensamble*, indican cómo ensamblar objetos complejos. Muestran la relación de las partes individuales con el objeto en su conjunto. Este tipo de dibujo también puede mostrar un desglose ilustrado de piezas (IPB - Illustrated Parts Breakdown). En la *Figura 35* se muestra un despiece de un conjunto pop-up con todas sus piezas. Observe cómo se muestran las piezas para que el lector pueda visualizar fácilmente cómo montar el pop-up.

Con este tipo de dibujos, debería poder desmontar y volver a montar cualquier producto de plomería e identificar las piezas de refacción necesarias.

2.4.4 Dibujos en corte

Para muchos productos, un **dibujo en corte** proporciona los detalles necesarios para mostrar cómo está construido el producto (*Figura 36*). Observe en el dibujo que cada pieza está numerada en correspondencia con la lista de piezas. Tenga en cuenta también que las dimensiones de los distintos tamaños de esta válvula se indican en la tabla de especificaciones. Este método elimina la necesidad de hacer un dibujo separado para cada tamaño de válvula.

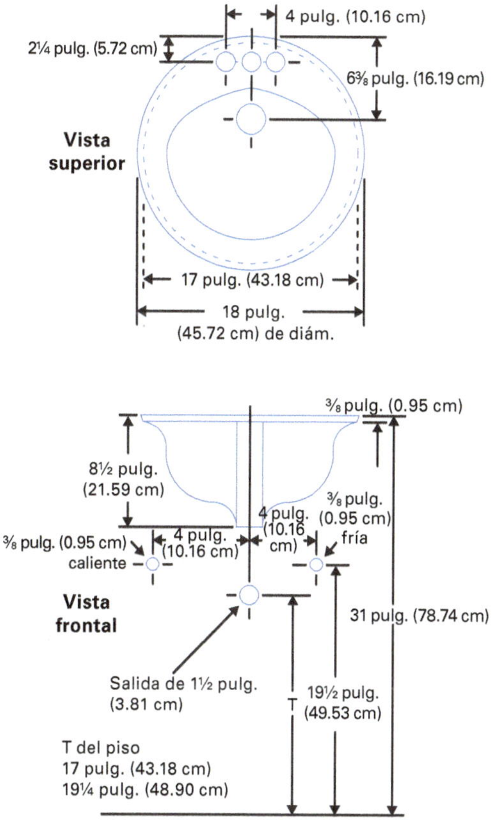

Figura 33 Dibujo de instalación de un lavatorio.

Despiece: dibujo que muestra cómo ensamblar un producto complejo. También muestra la relación de las partes individuales con el objeto en su conjunto. Se lo puede denominar *dibujo de ensamble*.

Dibujo en corte: dibujo de corte transversal que muestra los elementos de construcción de una parte concreta de un edificio o accesorio.

Requisitos de la ADA para altura del asiento del inodoro

El artículo 604.9 de la Ley de Estadounidenses con Discapacidades (ADA - American with Disabilities Act) especifica las alturas de los inodoros, desde el suelo hasta la parte superior del asiento, para adultos y niños. Estos requisitos se basan en la edad de las personas, como se muestra en la imagen. Cuando un símbolo en un dibujo indica la instalación de un inodoro, verifique que la altura de este cumpla los requisitos de la ADA. La mayoría de los planos incluyen una hoja que ilustra todos los requisitos de la ADA aplicables al proyecto.

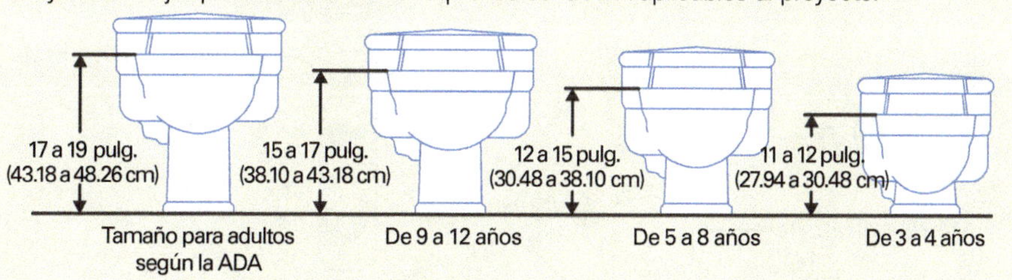

Nota: Las medidas van desde el suelo hasta la parte superior del asiento.

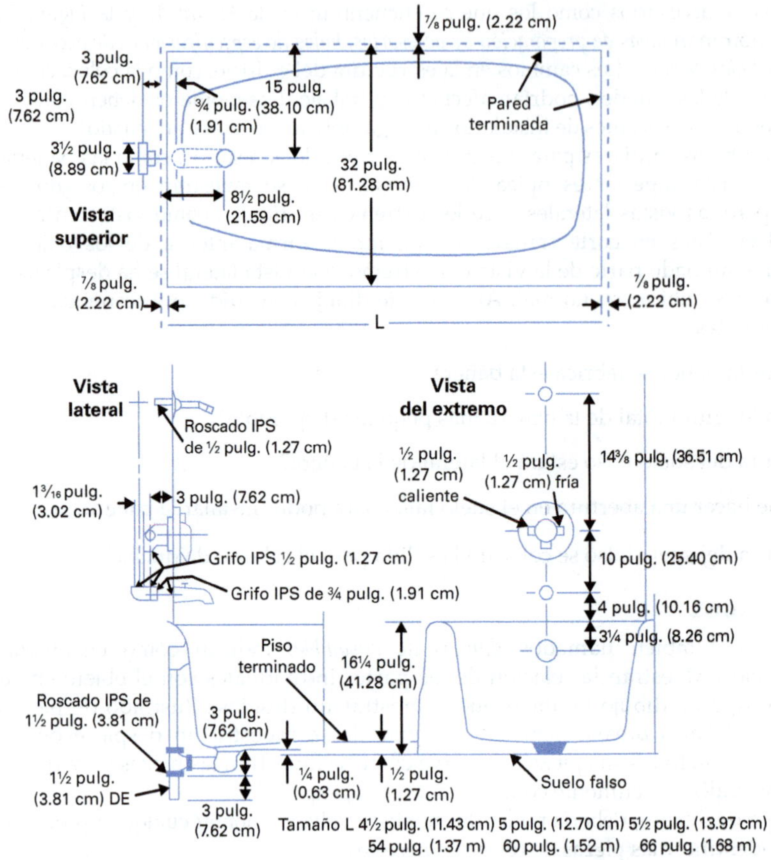

Figura 34 Dibujo de instalación de una bañera.

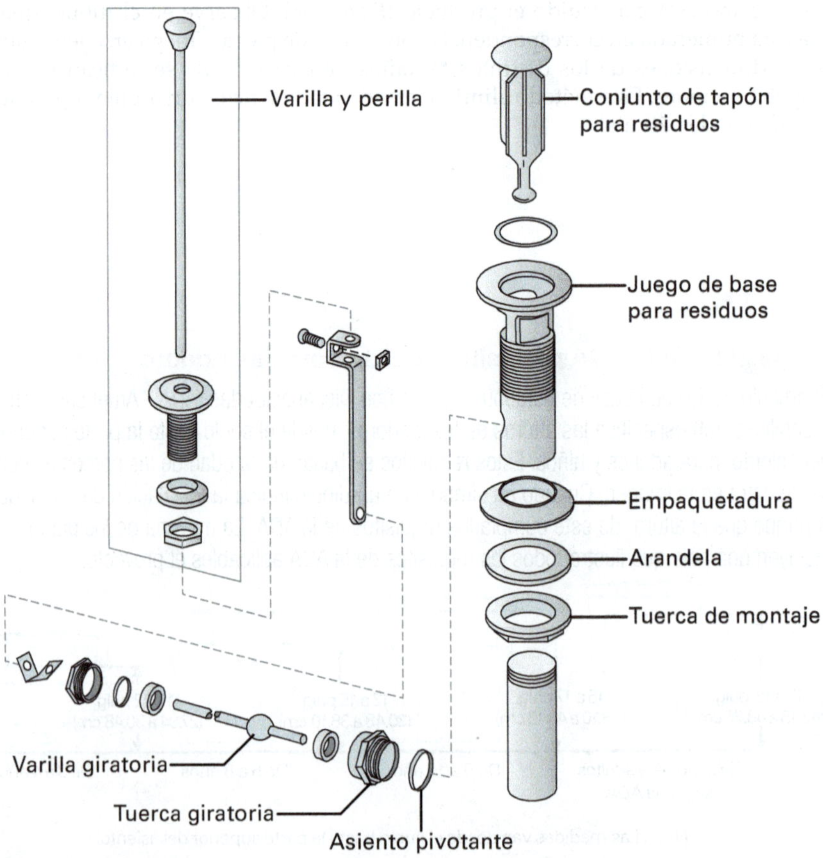

Figura 35 Despiece de un conjunto pop-up.

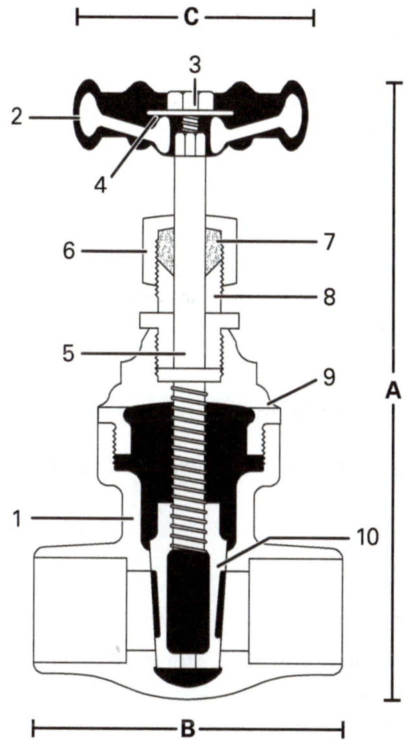

Piezas y materiales		
Elemento	**Descripción**	**Material**
1	Cuerpo	ASTM B-62
2	Manivela	Hierro maleable
3	Tuerca de la manivela	ASTM B-16
4	Placa de identificación	Latón
*5	Vástago	ASTM B-16, B-62
*6	Tuerca de la empaquetadura	ASTM B-16, B-62
7	Empaquetadura	Teflon®-Asbesto
*8	Caja de empaquetadura	ASTM B-16, B-62
9	Pieza central	ASTM B-62
*10	Disco obturador	ASTM B-62

* B-62 se utiliza en tamaños más grandes.

Especificaciones				
Tamaño de válvula (pulg.)	**Medida A**	**Medida B**	**Medida C**	**Peso (lb)**
3/8"	4 1/8"	1 5/8"	2 1/16"	0.8
1/2"	4 1/4"	2 3/16"	2 1/16"	0.9
3/4"	4 7/16"	2 7/8"	2 1/2"	1.4
1"	5 7/16"	3 3/8"	2 1/2"	2.1
1 1/4"	6 1/4"	3 7/16"	2 1/2"	2.9
1 1/2"	7 1/16"	3 3/4"	3"	3.8
2"	8 1/4"	4 3/8"	3 1/2"	6.3
2 1/2"	9 3/16"	5 3/8"	4 1/8"	10.9
3"	11 1/8"	6 1/4"	5 1/4"	16.4

Figura 36 Dibujo en corte de una válvula de compuerta.

Repaso de la sección 2.0.0

1. La representación de un objeto en tres dimensiones que se asemeja a un objeto físico se denomina _____.
   a. dibujo ortográfico
   b. diagrama esquemático
   c. dibujo isométrico
   d. dibujo lineal

2. Los dibujos esquemáticos también se conocen como _____.
   a. dibujos ortográficos
   b. dibujos oblicuos
   c. planos de proyección
   d. diagramas de una sola línea

3. Para mostrar el tamaño y la forma exactos de un objeto, los diseñadores utilizan un _____.
   a. plano de proyección
   b. dibujo ortográfico
   c. dibujo oblicuo
   d. dibujo en perspectiva

4. Para evaluar si un determinado ccesorio cabe en el espacio del que se dispone, los plomeros suelen utilizar _____.
   a. dibujos de plomería
   b. dibujos esquemáticos
   c. dibujos ortográficos
   d. dibujos lineales

Módulo 02105 Preguntas de repaso

1. El acto de mostrar el edificio, habitación u objeto real reducido en proporción del tamaño completo a un tamaño más pequeño se denomina _____.
   a. dimensionamiento del dibujo
   b. trazado del dibujo
   c. medición del dibujo
   d. escala del dibujo

2. Para establecer los límites de una medida en un dibujo, utilice _____.
   a. especificaciones
   b. escalas
   c. líneas de extensión
   d. notas

3. Para verificar las prácticas que deben utilizarse en la instalación y prueba de un sistema de plomería, los plomeros consultan _____.
   a. el rótulo
   b. la escala
   c. las dimensiones
   d. las especificaciones

4. Los planos del sitio suelen mostrar _____.
   a. los accesorios de plomería
   b. el cableado eléctrico y los accesorios
   c. las servidumbres para servicios públicos
   d. un plano aéreo de las habitaciones de un edificio

5. Para identificar dónde pueden instalarse desagües de suelo y los caños de DWV bajo el suelo del sótano, consulte el _____.
   a. plano de planta
   b. plano de detalles
   c. plano de cimientos
   d. plano de coordinación

6. La distribución de las habitaciones de un edificio se muestra en el _____.
   a. plano de parcela
   b. dibujo de elevación
   c. plano de cimientos
   d. plano de planta

7. Para asegurarse de que no haya conflictos con los equipos de calefacción y de aire acondicionado, consulte el _____.
   a. plano de planta
   b. plano de HVAC/instalaciones mecánicas
   c. plano de cimientos
   d. dibujo de elevación

8. Las tuberías verticales y horizontales, junto con los tamaños y un número de la tubería ascendente que remite al conjunto de planos de plomería, se muestran en los _____.
   a. diagramas de tuberías ascendentes
   b. diagramas de tuberías de agua
   c. planos eléctricos
   d. planos de HVAC/instalaciones mecánicas

9. Los planos que pueden utilizarse para determinar factores como las dimensiones totales, las dimensiones interiores reales, la profundidad de cada conector y la longitud de tendido se conocen como _____.
   a. dibujos esquemáticos
   b. despieces
   c. diagramas de tuberías ascendentes
   d. dibujos de catálogo

10. Los dibujos que proporcionan los detalles necesarios para mostrar cómo se construye el producto se denominan _____.
   a. dibujos esquemáticos
   b. dibujos en corte
   c. despieces
   d. dibujos de catálogo

Piedra angular del oficio

Robert Brown
Santa Fe College
Profesor de Tecnología de la plomería

¿Cómo llegó a elegir una carrera en el sector?

Quería ser mecánico de automóviles, pero las clases estaban completas. Así que mi padre me propuso plomería y calefacción. Me alegro de que lo hiciera.

¿Quién lo inspiró para ingresar en el sector?

Mi padre.

¿Qué tipos de capacitación ha recibido?

He cursado dos años de capacitación profesional (plomería y calefacción), un año de capacitación en HVAC, un año de capacitación en instalación y reparación de caños de gas, un año de capacitación en controles Honeywell y un año de capacitación en controles Fireye. También me he capacitado en la instalación y reparación de calderas y hornos de gas y derivados del petróleo. Recientemente, obtuve mi certificación de instructor, respaldada por 50 años de experiencia en los oficios de plomería y calefacción.

¿Qué importancia tienen la educación y la capacitación en la construcción?

Aprender a realizar una tarea de forma correcta y profesional es sumamente importante. Esos conocimientos solo se consiguen con una educación y una capacitación adecuadas.

¿Qué importancia tienen las credenciales del NCCER para su profesión?

Son muy importantes porque verifican quién soy y lo que puedo hacer.

Cómo ha influido la capacitación o la construcción en su vida?

Aprender un oficio de alguien que probablemente aprendió de otra persona que no tenía capacitación formal puede dar lugar a un trabajo poco profesional. Los malos hábitos pueden transmitirse. Lo veo en mi clase todo el tiempo. Una capacitación adecuada ayuda a evitar que esto ocurra.

¿Qué tipos de trabajo realizó a lo largo de su carrera?

Todas las fases de la plomería y la calefacción.

Háblenos de su trabajo actual.

Soy profesor de Tecnología de la plomería en el Santa Fe College de Gainesville, Florida. Me encanta enseñar a los alumnos el oficio de la plomería, y me encanta escuchar cómo han tenido éxito cuando vuelvo a verlos unos años después.

¿Qué es lo que más le gusta de su trabajo?

Ver cómo se encienden los ojos de un alumno cuando por fin entiende una lección o una tarea.

¿Cuáles son los factores que más contribuyeron a su éxito?

Prestar atención a los detalles. De este modo, puedo realizar una tarea en forma correcta desde el principio.

¿Recomendaría la construcción como carrera a otras personas?

Recomiendo encarecidamente una carrera en cualquiera de los oficios de la construcción por varias razones:

1. La capacitación en el área de la construcción es menos costosa que un título universitario.
2. Los trabajos en la construcción son fáciles de conseguir.
3. Es muy posible ganar el mismo dinero que un graduado universitario, o incluso más.

¿Qué consejos daría a quienes recién se incorporan al sector?

Manténgase en el oficio. Siéntase orgulloso de su trabajo. Los mejores plomeros nunca dejan de aprender.

¿Puede contarnos acerca de un logro o hecho interesante relacionado con su carrera?

Empecé mi carrera como alumno. Treinta años después, comencé a enseñar.

¿Cómo define el oficio?

Hay que ser ordenado y profesional. Debes sentirte orgulloso de tu trabajo, aunque esté escondido detrás de una pared o bajo tierra.

Respuestas a las preguntas del repaso de las secciones

Respuesta	Referencia de sección	Objetivo
Sección 1.0.0		
1. b	1.1.2	1a
2. b	1.3.1	1c
3. a	1.4.1	1d
4. b	1.5.1	1e
Sección 2.0.0		
1. c	2.1.1	2a
2. d	2.2.0	2b
3. b	2.3.0	2c
4. a	2.4.2	2d

Actualización de usuario

ESCANÉAME

¿Ha encontrado un error? Para enviar una corrección, visite **https://www.nccer.org/olf** o escanee el código QR con su dispositivo móvil.

MÓDULO 02106

Caños de plástico y sus accesorios

Fuente: iStock@MarkBernard

Objetivos

Luego de finalizar este módulo, podrá hacer lo siguiente:

1. Identificar los tipos, usos y propiedades de los caños de plástico y sus accesorios.
   a. Identificar los tipos de caños de plástico y sus usos.
   b. Describir la clasificación según las dimensiones y el rotulado de los caños de plástico.
   c. Describir los diferentes tipos de conectores que se utilizan en los caños de plástico.
   d. Identificar los requisitos de almacenamiento y manipulación para los caños de plástico.
2. Describir los diferentes métodos para unir caños de plástico.
   a. Explicar cómo medir y cortar caños de plástico.
   b. Describir cómo se unen los caños de PVC y CPVC.
   c. Describir los procedimientos para instalar caños de PVC de campana y espiga.
   d. Describir los métodos para unir tubería de PEX y PE.
3. Describir los métodos que se utilizan para instalar, proteger y probar los caños de plástico.
   a. Describir los sugetadores colgantes y soportes para sostener los caños.
   b. Describir la protección de los caños de plástico en lugares ocultos.
   c. Explicar los métodos de prueba de presión para caños de plástico.

Tareas prácticas

Bajo supervisión, podrá hacer lo siguiente:

1. Seleccionar los tipos de materiales correctos para los sistemas de tubería de plástico.
2. Identificar los tipos de accesorios y válvulas y sus usos.
3. Seleccionar el equipo de protección personal adecuado para trabajar con caños de plástico.
4. Medir, cortar y unir caños de plástico de forma correcta.
5. Seleccionar el soporte y el espaciado correctos para la aplicación.

Generalidades

Con la incorporación de los caños de plástico, el trabajo de los plomeros cambió mucho. Los caños de plástico son resistentes, duraderos y no necesitan mucho mantenimiento. Todos los accesorios de plomería que existen pueden conseguirse en plástico. Los plomeros deben estar familiarizados con los diversos tipos de caños de plástico, ya que cada uno tiene propiedades y aplicaciones particulares. Además, deben saber usar los métodos y las herramientas especiales para medir, cortar e instalar caños y accesorios de plástico.

NOTA

Los códigos varían entre jurisdicciones. Por eso, es importante que consulte el código correspondiente cada vez que tenga dudas sobre las reglamentaciones. Consultar un conjunto incorrecto de códigos puede causar tantos problemas como no consultar ninguno. Consiga el código local aprobado, léalo y familiarícese con él. La Administración de Seguridad y Salud Ocupacional (OSHA) de los Estados Unidos redacta los códigos de seguridad.

Recursos digitales para plomería

Escanee este código con la cámara de su teléfono o dispositivo móvil para ver los recursos digitales relacionados con este oficio.

ESCANÉAME

NCCER Credenciales reconocidas en la industria

Si está capacitando a través de un patrocinador acreditado por el NCCER, puede ser elegible para obtener credenciales del NCCER. El número de identificación de este módulo es 02106. Tenga en cuenta que este módulo puede haber sido utilizado en otros planes de estudios del NCCER y puede aplicarse a la realización de otros niveles. Comuníquese con el NCCER al 1.888.622.3720 o visite **www.nccer.org** para obtener más información.

También puede mostrar en línea sus credenciales reconocidas por el sector con las insignias digitales del NCCER. Transforme sus conocimientos, habilidades y logros en insignias que puede compartir en las plataformas de redes sociales, enviar a su red y agregar a su currículum. Para obtener más información, visite **www.nccer.org**.

1.0.0 Caños de plástico y sus accesorios

Tareas prácticas

1. Seleccionar los tipos de materiales correctos para los sistemas de tubería de plástico.
2. Identificar los tipos de accesorios y válvulas y sus usos.

Objetivo

Identificar los tipos, usos y propiedades de los caños de plástico y sus accesorios.

a. Identificar los tipos de caños de plástico y sus usos.
b. Describir la clasificación según las dimensiones y el rotulado de los caños de plástico.
c. Describir los diferentes tipos de conectores que se utilizan en los caños de plástico.
d. Identificar los requisitos de almacenamiento y manipulación para los caños de plástico.

El plástico ha revolucionado la plomería, un oficio que se basó en los caños y accesorios metálicos durante cientos de años. El plástico, que no se utilizó de forma generalizada en la industria de la plomería hasta la década de 1950, es el material de plomería más novedoso y ha cambiado la forma de trabajar de los plomeros. Hoy en día, los plomeros utilizan el plástico de muchas maneras distintas, entre ellas, la tubería de drenaje, desagüe y ventilación (DWV - Drain, waste, and vent), la distribución del agua, los sistemas de desechos químicos y la tubería de gas combustible.

Los caños de plásticos son resistentes, duraderos y no necesitan mucho mantenimiento. Aunque son más fáciles de usar que los caños metálicos, tienen sus desventajas. Estos caños pueden verse afectados por las temperaturas, desprender gases tóxicos cuando se calientan o se queman, y son inflamables. Los plomeros deben aprender a manejar los caños de plástico y sus accesorios de forma segura y adecuada.

Deben estar familiarizados con los diversos tipos de caños de plástico y sus dimensiones, ya que cada uno tiene propiedades particulares. Cada tipo de caño de plástico está diseñado para diferentes aplicaciones y tiene distintos métodos y requisitos de instalación. Todos los caños de plástico se deben manipular y almacenar de forma adecuada para evitar que se deterioren o dañen. La aplicación de un caño determina el tipo de conectores y uniones que son compatibles. Se utilizan conectores específicos para el suministro de agua y los sistemas DWV. Los plomeros utilizan herramientas especiales para medir, cortar y unir caños de plástico y sus conectores. Aunque las técnicas de medición y corte son estándares, los distintos tipos de caños de plástico tienen sus propios métodos de unión.

Los caños de plástico se pueden sujetar de diversas maneras. El tipo de soporte depende del material, tamaño, aplicaciones e instalación del caño. Los sujetadores colgantes se utilizan para el soporte horizontal, mientras que las **abrazaderas de caño ascendente** ofrecen soporte vertical. Los planos y las especificaciones indican los códigos que se deben cumplir. Después de finalizar la instalación, el sistema debe someterse a una prueba de presión para detectar fugas.

Abrazaderas de caño ascendente: tipo de soporte para caños con abrazaderas que está diseñado para sostener el peso de los caños y tubería verticales.

1.1.0 Caños de plástico

Los caños de plástico tienen ventajas y desventajas. Los plomeros deben entender las diferentes propiedades de estos caños y cómo se los mide dentro de la industria. En las siguientes secciones, se analizan estas características y propiedades, así como el rotulado estándar para los caños de plástico y los fabricantes de caños y accesorios de plástico más comunes. También se presentan los tipos específicos de caños de plástico que utilizará en las aplicaciones de plomería.

1.1.1 Usos y aplicaciones de los caños de plástico

Casi todos los caños y conectores de plástico son quimicamente **inerte**, lo que significa que no reaccionan con otras sustancias o materiales. Pueden resistir la mayoría de los productos químicos que se utilizan en hogares, oficinas o fábricas. Por lo general, los caños y conectores de plástico fuertes y duraderos son resistentes a la corrosión y no se pican ni oxidan, por lo que no necesitan demasiado mantenimiento. Además, los plásticos se pueden manipular con mayor facilidad que los metales porque son, dentro de todo, ligeros, lo que los hace más rentables (y más seguros) al instalarlos.

El uso de caños de plástico ayuda a eliminar uno de los riesgos más comunes asociados a la instalación: los incendios. Durante el proceso de instalación, no es necesario soldarlos con llama. Por lo tanto, es menor la probabilidad de incendios. En el pasado, cuando los plomeros unían los caños con plomo fundido, los accidentes relacionados con el derrame de plomo y el vuelco de los hornos para derretir el material eran una preocupación constante. Asimismo, las uniones no se sueldan, como es el caso de la tubería de cobre, por lo que se evita el riesgo de que los materiales de construcción ardan al unir los caños.

El plástico tiene algunas desventajas. Los cambios de temperatura hacen que se expandan y se contraigan más que el metal. Además, los caños de plástico son inflamables y pueden desprender gases tóxicos cuando se queman. Los gases de los productos químicos solventes utilizados para unir caños de plástico también son perjudiciales. Los plomeros deben estar familiarizados con los tipos de riesgos relacionados con cada variedad de caño y solvente químico. Es su responsabilidad saber cómo protegerse en el trabajo. Consulte siempre la hoja de datos de seguridad (SDS - Safety data sheet) del fabricante y las especificaciones relacionadas con las propiedades del caño que utilice.

Inerte: que no reacciona con otras sustancias químicas.

PRECAUCIÓN

No utilice caños con núcleo de espuma en instalaciones subterráneas, a menos que el código de plomería local correspondiente lo permita de manera explícita.

1.1.2 Propiedades y tipos de caños de plástico

Los plásticos contienen polímeros, largas cadenas de moléculas que los fabricantes pueden moldear, fundir o forzar a través de una matriz para conseguir las formas deseadas. Los fabricantes pueden calentar y moldear resinas en forma de gránulos, polvos y soluciones en diversas combinaciones para otorgar las propiedades deseadas al producto terminado.

Cada tipo de caño de plástico tiene propiedades únicas. Estas propiedades determinan dónde y cómo se los puede instalar, cómo se los puede unir a otras tubería y cómo se los debe sujetar. Las dos categorías generales de plásticos son los termoplásticos y los termoestables. **caños termoplásticos** pueden ablandarse una y otra vez cuando se calientan y endurecerse cuando se enfrían. Cuando se ablandan, se los puede moldear en la forma que se quiera. Los **caños termoestables** cambian su composición química cuando se calientan, por lo que, una vez endurecidos por calor o productos químicos, conservarán esa forma.

Caño termoplástico: caño que puede ablandarse una y otra vez cuando se calienta y endurecerse cuando se enfría. Cuando se ablandan, los materiales termoplásticos se pueden moldear en la forma que se quiera durante la fabricación.

Caño termoestable: caño que cambia su composición química cuando se calienta, por lo que, una vez endurecido por calor o productos químicos, conservará esa forma.

¿Sabías qué?

Incendio en el hotel MGM Grand

El 21 de noviembre de 1980, un incendio eléctrico en el hotel MGM Grand de Las Vegas causó la muerte de 85 personas y heridas a otras 1,500. Fue uno de los peores incendios de hoteles en la historia de los Estados Unidos. Los investigadores descubrieron que la mayoría de las personas murieron por inhalar gases tóxicos emitidos por la combustión del PVC del cableado y la tubería, y no por el calor o las llamas. El incendio dio lugar a cambios importantes en el diseño de los hoteles y en los códigos de edificación para evitar que se repita un desastre semejante. En la actualidad, los códigos modelo abordan el uso de caños de plástico en construcciones ignífugas para evitar problemas similares en el futuro.

Además, los caños de plástico pueden ser rígidos o flexibles. Los rígidos son rectos y mantienen su forma. Los caños flexibles se doblan, por lo que requieren menos accesorios y uniones, pero también más soporte. Los caños flexibles suelen denominarse tubería, ya que son prácticos solo en diámetros pequeños. Los fabricantes venden caños flexibles en bobinas.

NOTA

Al elegir la tubería de plástico, consulte siempre las especificaciones del proyecto. Respete siempre los códigos locales vigentes.

La construcción de los caños de plástico también puede variar. Los caños pueden ser de **pared sólida** o de **pared de núcleo celular**. La pared sólida no contiene aire atrapado en forma de espuma sólida. La construcción con núcleo celular, también denominada *construcción de núcleo de espuma,* tiene paredes que contienen aire atrapado en forma de espuma sólida y, por eso, son más ligeros. La tubería de pared de núcleo celular están formadas por tres capas de plástico: una capa interior sólida, una exterior sólida y una capa intermedia de espuma. Al contener menos material, también son más económicos que los caños de pared sólida. Los plomeros utilizan los caños de pared sólida y de pared de núcleo celular de forma indistinta para las aplicaciones de DWV.

Pared sólida: pared de caños de plástico que no contiene aire atrapado en forma de espuma sólida.

Pared de núcleo celular: pared de caños de plástico ligera y de baja densidad que contiene aire arrastrado (atrapado) en una espuma sólida.

Existen muchos tipos de plástico con los que se pueden fabricar caños y conectores de plomería. En general, solo se pueden unir caños y conectores del mismo tipo de plástico mediante los métodos de soldadura con solvente que se describen más adelante en este módulo. Se pueden utilizar algunos sistemas de unión mecánica de forma indistinta entre diferentes tipos de plásticos. Respete siempre las instrucciones del fabricante y los códigos correspondientes cuando ensamble e instale caños de plástico. En la *Tabla 1*, se resumen las aplicaciones típicas y los distintos tipos de plásticos. En las siguientes secciones, se describen los tipos de plástico más comunes que se utilizan para caños y accesorios de plomería.

TABLA 1 Tipos de caños de plástico y sus aplicaciones

Caño	Aplicaciones
ABS (acrilonitrilo-butadieno-estireno o *acrylonitrile-butadiene-styrene*)	Sistemas sanitarios de DWV, desechos corrosivos
PVC (policloruro de vinilo o *polyvinyl chloride*)	Sistemas sanitarios de DWV, instalación de agua fría
CPVC (policloruro de vinilo clorado o *chlorinated polyvinyl chloride*)	Distribución de agua caliente y fría
PE (polietileno o *polyethylene*)	Instalación de agua fría, desechos corrosivos, instalación de gas
PEX (polietileno reticulado o *cross-linked polyethylene*)	Distribución de agua caliente y fría
PB (polibutileno o *polybutylene*)	Distribución de agua caliente y fría

1.1.3 ABS

ABS (acrilonitrilo-butadieno-estireno o acrylonitrile-butadiene-styrene): caños y accesorios de plástico que se utilizan con frecuencia en sistemas de drenaje, desagüe y ventilación (DWV).

Los caños y accesorios de **ABS (acrilonitrilo-butadieno-estireno)** (*Figura 1*) están fabricados de una resina termoplástica. El ABS es el material estándar para muchos tipos de sistemas de DWV. Se lo puede encontrar en diámetros de 1.5 a 6 pulg. (3.8 a 15.2 cm).

Figura 1 Caños y conectores de ABS.
Fuente: Charlotte Pipe and Foundry Company

Estos caños pueden estar construidos con pared sólida o pared de núcleo celular, que se pueden utilizar de forma indistinta en las aplicaciones de plomería.

Al ser ligeros, son fáciles de manipular e instalar. Un tramo de caño de 3 pulg. (7.62 cm) de diámetro y 10 pies (3.04 m) de largo pesa menos de 10 lb (4.5 kg). El ABS funciona bien a temperaturas extremas porque absorbe el calor lentamente y se enfría de la misma forma, una característica importante para los sistemas que manejan aguas residuales calientes y frías.

Además, es muy resistente a los productos químicos domésticos. En las pruebas, no mostró ninguna modificación por parte de los productos comunes como el detergente, la lejía y los limpiadores de desagües domésticos. Las plantas de tratamiento de aguas residuales utilizan el ABS porque soporta bien los líquidos muy corrosivos y abrasivos que se suelen encontrar en estos sistemas.

El ABS es fuerte y duradero. En 1959, se utilizaron caños de ABS en una vivienda experimental. Veinticinco años después, una empresa de investigación independiente desenterró y analizó una sección de los caños y no encontró indicios de descomposición, óxido ni corrosión. Estos caños también resisten las cargas del suelo, los cimientos de las losas y las altas cargas superficiales sin colapsar.

1.1.4 PVC

Los caños de **PVC (policloruro de vinilo)** tienen una resistencia muy alta a los impactos y se fabrican de un material termoplástico (*Figura 2*). El material tiene una vida útil indefinida en la mayoría de las condiciones. Los tamaños designados para el PVC son similares a los que se utilizan para los caños de hierro. Los plomeros suelen utilizar el PVC para los sistemas de agua fría. Al igual que el ABS, el PVC se suele utilizar en los sistemas de DWV. También se utiliza para transportar muchos productos químicos debido a sus propiedades de resistencia química. Estos caños pueden estar construidos con pared sólida o pared de núcleo celular.

Los caños de PVC de pared sólida pueden utilizarse en sistemas de alta presión, pero solo para transportar agua a baja temperatura, hasta 140°F (60°C). Debe protegerlos de la luz solar porque la luz ultravioleta degrada los materiales termoplásticos. Son ligeros, fáciles de manipular e instalar, tienen flexibilidad en las articulaciones, lo que soporta el movimiento del suelo sin producir fugas, y duran mucho tiempo sin mantenimiento, siempre que se los proteja de la luz solar.

NOTA

"Vida útil indefinida" significa simplemente que, en condiciones de prueba, el PVC no muestra ningún indicio de deterioro durante el tiempo de la prueba. Esto impide estimar la vida útil del material.

PVC (policloruro de vinilo o polyvinyl chloride): caños y accesorios de plástico que se utilizan para la distribución de agua fría y para los sistemas de agua y sustancias químicas industriales, así como para los sistemas de drenaje, desagüe y ventilación (DWV).

1.1.5 CPVC

Los caños y accesorios de **CPVC (policloruro de vinilo clorado)** están fabricados de un polímero de vinilo de ingeniería (*Figura 3*). Los plomeros utilizan el CPVC en los sistemas de distribución de agua caliente y fría. Los caños de CPVC pueden transportar agua a una temperatura de hasta 200°F (93°C).

CPVC (policloruro de vinilo clorado o chlorinated polyvinyl chloride): caños y conectores de plástico duraderos que se utilizan con frecuencia en sistemas de distribución de agua caliente y fría.

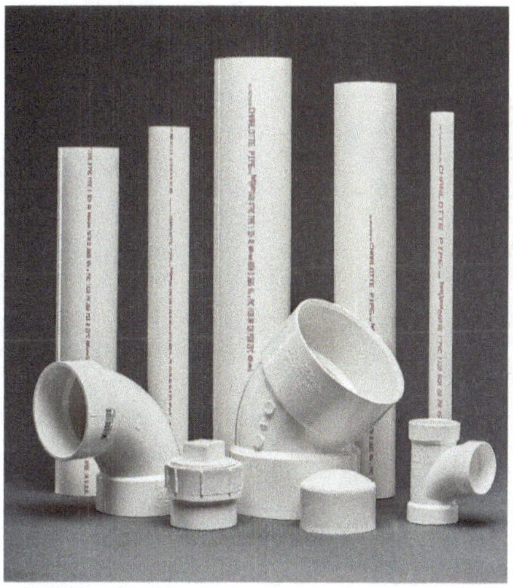

Figura 2 Caños y conectores de PVC.
Fuente: Charlotte Pipe and Foundry Company

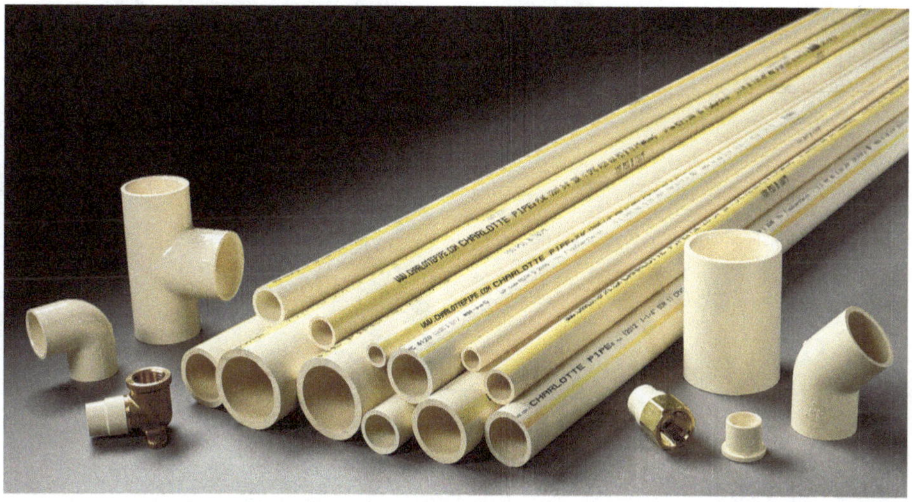

Figura 3 Caños y accesorios de CPVC.
Fuente: Charlotte Pipe and Foundry Company

Las mejoras que se le realizaron al polímero de base, el policloruro de vinilo, añadieron rendimiento a altas temperaturas y mejoraron la resistencia al impacto de este material. El CPVC se fabrica en **diámetros de los tubos de cobre (CTS)** estándares de 0.5 a 2 pulg. (1.3 a 5 cm), y existe una línea completa de accesorios.

Diámetros de los tubos de cobre (CTS - Copper tube sizes): medición del diámetro exterior de un caño. Los tamaños más comunes son 15 mm, 18 mm y 22 mm (0.59 pulg., 0.71 pulg. y 0.87 pulg.).

Según muchos códigos modelo, el CPVC se puede utilizar en interiores. Su estructura molecular prácticamente elimina la condensación en verano y la pérdida de calor en invierno, lo que disminuye la probabilidad de daños costosos por goteo en la paredes o estructuras. Las superficies interiores lisas y sin áreas de fricción de los caños de CPVC reducen la pérdida de presión, aumentan el caudal y ofrecen menos posibilidades para el crecimiento de bacterias. El CPVC no se descompone en presencia de soluciones acuosas de reacción química. Al igual que otros tipos de plástico, no se oxida, no se pica ni acumula sarro. Los tamaños designados para el CPVC son similares a los que se utilizan para los tubos de cobre.

Golpe de ariete: cambio extremo en la presión del agua dentro de un caño que ocurre al detenerse repentinamente una masa de agua en movimiento, como cuando se cierra rápido una válvula. Puede provocar un fuerte sonido, como un golpe, cuando los caños se flexionan e, incluso, puede dañar el sistema.

El CPVC es ligero y fácil de instalar. Las recientes mejoras del CPVC han hecho que los caños sean más resistentes y duraderos durante la instalación. La resistencia del CPVC es una clara ventaja para los plomeros que trabajan en estados con climas fríos. En pruebas de laboratorio de hasta 20°F (–6.7°C), los caños de CPVC resistieron **golpes de ariete**, a diferencia de la tubería de cobre, que sufrieron daños considerables en las mismas condiciones. El golpe de ariete es un cambio extremo en la presión del agua dentro de un caño cuando una masa de agua que fluye se detiene de forma repentina. Se puede notar su presencia por los fuertes sonidos de golpe que se producen por el movimiento de los caños.

1.1.6 PE

PE (polietileno o polyethylene): caños y accesorios de plástico flexible que se suelen utilizar para la distribución de agua y que no se deterioran cuando se exponen a la luz solar.

El **PE (polietileno)** es un plástico termoestable. Los plomeros suelen utilizarlo para tubería por su robustez, flexibilidad y resistencia a los productos químicos (*Figura 4*). También es resistente a la corrosión, lo que lo hace ideal para el transporte de compuestos químicos. No se deteriora si está expuesto a la luz ultravioleta, por lo que puede instalarse en el exterior sin una capa protectora. Se utiliza para líneas de servicio particular de agua fría y de gas subterráneas (en el exterior de los edificios), para servicios de agua, drenaje y alcantarillado.

Figura 4 Tubería de PE.
Fuente: iStock@JessieEldora

¿Sabías qué?

Ventajas de los caños de PE

El PE es el plástico para caños más inerte de todos, lo que significa que no suele reaccionar con otras sustancias. Por eso, se lo utiliza para la tubería de los hospitales y en las fuentes de refresco.

1.1.7 PEX

PEX (polietileno reticulado o cross-linked polyethylene): caños y conectores fabricados con calor y presión alta que son resistentes a temperaturas y presiones altas y a sustancias químicas.

Hidrónico: sistema que calefacciona y refrigera por medio de la circulación de agua o vapor a través de un sistema cerrado de tubería.

La tubería de **PEX (polietileno reticulado)** (*Figura 5*) se fabrican al someter polietileno de alta densidad a temperaturas y presiones elevadas. Al ser resistente a las altas temperaturas, presión y productos químicos, es un material perfecto para sistemas de agua potable caliente y fría, sistemas de suelo radiante **hidrónico**, conexiones de zócalos y radiadores y sistemas para derretir nieve. Los tamaños designados para el PEX son similares a los que se utilizan para los tubos de cobre. Los plomeros suelen utilizar el PEX para los distribuidores de los sistemas de distribución por su flexibilidad y facilidad de manipulación.

1.1.8 PB

PB (polibutileno o polybutylene): tubería de plástico que solía utilizarse en plomería; ya no se la utiliza, pero todavía se encuentra en algunas construcciones residenciales.

El **PB (polibutileno)** es un caño de resina termoplástica de color gris apagado o blanco que los plomeros utilizaron mucho para la tubería de suministro de agua desde finales de la década de 1970 hasta mediados de la década de 1990. El PB ya no está disponible porque solía fallar de forma desastrosa con el tiempo, por lo que es muy poco probable que le pidan instalar tubería de PB. Sin embargo, muchas edificaciones, como las casas prefabricadas, todavía contienen tubería de PB. Existen accesorios de reparación, por lo que debe aprender a identificarlos.

Figura 5 Tubería y distribuidor de PEX.
Fuente: iStock@LUNAMARINA

Elegir el material correcto

Tenga cuidado a la hora de elegir el material que utilizará para las distintas instalaciones de plomería, como el PVC, que puede utilizarse tanto para la tubería de agua como para las de DWV. Como el PVC es blanco en ambos casos, es posible confundirlos. Sin embargo, el PVC se somete a pruebas y se rotula de forma diferente para cada uso; por eso, si se utiliza el tipo incorrecto, según lo que indica el rótulo, la autoridad inspectora local podría rechazar la instalación.

1.2.0 Dimensionamiento y etiquetado de caños

Los plomeros tienen que estar familiarizados con los estándares de dimensionamiento y etiquetado de los caños de plástico. Conocer esta información le permite comprender las especificacionesdelosplanosparaobtenereinstalarlosmaterialescorrectos.Lainterpretacióndelasmarcasestándaresenloscañoslepermitedeterminarrápidosilosmaterialesqueharecibidoen la obra son los que pidió.

1.2.1 Dimensionar tubería de plástico

Los caños de plástico se fabrican con diferentes espesores de pared, según las **cédulas** o **relaciones entre el diámetro exterior y el espesor (SDR)**. La SDR es una relación fija entre el **diámetro exterior (OD)** de un caño, o la distancia entre sus paredes externas, y su espesor de pared. El número de SDR indica esta relación; por ejemplo, SDR 35. Cuanto mayor es el número de SDR, más delgada es la pared en relación con el diámetro exterior. Por ejemplo, un caño 5 cm (2 pulg.) (DE de 6 cm [2.375 pulg.]) con una SDR de 11 tiene un espesor de pared de 0.55 cm (0.216 pulg.), como se muestra en la *Tabla 2*. El mismo caño con una SDR de 17 tiene un espesor de pared de 0.36 cm (0.140 pulg.). Tenga en cuenta que los caños también se pueden medir por su **diámetro interior (ID)** o distancia entre sus paredes interiores.

Cédulas: tablas que relacionan los espesores de las paredes de los caños con su presión nominal. Las cédulas de mayor número equivalen a paredes de caño más gruesas para un tamaño nominal determinado de caño.

Relación entre el diámetro exterior y el espesor (SDR - Size dimension ratios): relación entre los diámetros exteriores de caños y el espesor de sus paredes.

Diámetro exterior (OD - Outside diameter): distancia entre las paredes externas de un caño.

Diámetro interior (ID - Inside diameter): distancia entre las paredes internas de un caño; se aproxima a los tamaños nominales de tubería que se utilizan en calefacción y plomería.

El sistema de cédulas

Las cédulas de los caños son tablas de tamaños y espesores de pared establecidas por normas de consenso, como las que elaboró la Sociedad Estadounidense de Ingenieros Mecánicos (ASME). El número de cédula se calcula a partir de varios factores, sobre todo la presión de trabajo segura del caño para un determinado tamaño nominal y material.

A medida que aumenta la presión de trabajo para un caño de, por ejemplo, 5 cm (2 pulg.), debe aumentar el espesor de la pared del caño, lo que incrementa su número de cédula y reduce su diámetro interior. Pero lo más importante es que, para una cédula y un material de caño determinados, a medida que aumenta el DE del caño, el espesor de la pared aumenta con una SDR creciente. En otras palabras, el DE de un caño aumenta más deprisa que el espesor de pared. Así, mientras que la SDR es simplemente una relación entre el DE del caño y el espesor de la pared, el número de cédula se determina mediante cálculos de ingeniería.

TABLA 2 Espesor de pared mínimo para caños de 5 cm (2 pulg.)

Asociación de Caños y Accesorios de Plástico **Espesores de pared mínimos para caños de 5 cm (2 pulg.) según la SDR/SIDR**			
IPS-DE (diámetro exterior = 2.375 pulg.) SDR (D3035)	**Espesor de pared**	**IPS-DI (diámetro interior = 2.067 pulg.) SIDR (D2239)**	**Espesor de pared**
7	0.339 pulg.	5.3	0.390 pulg.
9	0.264 pulg.	7	0.295 pulg.
11	0.216 pulg.	9	0.230 pulg.
13.5	0.176 pulg.	11.5	0.180 pulg.
17	0.140 pulg.	15	0.138 pulg.
21	0.113 pulg.	19	0.109 pulg.
26	0.091 pulg.	24	0.089 pulg.
32.5	0.073 pulg.	30.5	0.071 pulg.

Para simplificar y estandarizar el uso de caños y accesorios de plástico, los fabricantes elaboran caños con SDR basadas en la cédula 40 (pared fina), que es la más utilizada, y en la cédula 80 (pared gruesa). El número de cédula se basa en la presión de trabajo de diseño del caño. La mayoría de los códigos de plomería designan la cédula 40 como el tamaño mínimo para utilizarse en edificios y debajo de ellos. En algunos estados, se pueden utilizar caños de PVC de cédula 80 para gas.

1.2.2 Etiquetas y marcas

Los plomeros deben utilizar caños y conectores de plástico que estén etiquetados y aprobados para utilizarse en sistemas de plomería. La etiqueta en un caño de plástico incluye lo siguiente:

- el diámetro nominal del caño, el diámetro de los tubos de cobre (CTS) o el diámetro de los caños de hierro (IPS);
- el número de cédula o SDR;
- el tipo de material: PVC, CPVC, etc.;
- la **presión nominal**, que se suele expresar en **libras por pulgada cuadrada (psi)** a una determinada temperatura;
- la norma correspondiente al caño, por ejemplo, ASTM D2665;
- el organismo o laboratorio de certificación, como la National Sanitation Foundation (Fundación Nacional de Higiene);
- nombre del fabricante o de la marca;
- país de origen.

Presión nominal: presión máxima a la que se puede hacer funcionar un componente o sistema de forma continua.

Libras por pulgada cuadrada (psi - pounds per square inch): medida común que se utiliza para la presión de líquidos y gases en los Estados Unidos.

Esta etiqueta garantiza que una tercera parte acreditada (el organismo o laboratorio de certificación) ha probado el material y lo ha aprobado para el uso previsto (*Figura 6*). Por ejemplo, los números de la Sociedad Americana para Pruebas y Materiales (ASTM) en la tubería de núcleo celular son diferentes a los de la tubería de núcleo sólido de cédula 40. También se deben catalogar y rotular los cementos solventes según su uso específico.

Historia de los caños de plástico

Aunque los materiales plásticos se popularizaron en las décadas de 1950 y 1960, los plásticos se remontan a más de un siglo, hasta la incorporación del celuloide en 1870. En las décadas de 1930 y 1940, se introdujeron el Lucite™, Plexiglas™ y el nailon. El PVC, el primer plástico utilizado para la plomería, estaba en pleno desarrollo en la década de 1930.

¿Sabías qué?

Normas ASTM

La ASTM se organizó en 1898 y se ha convertido en uno de los mayores sistemas voluntarios de creación de normas del mundo. Es una organización sin ánimo de lucro que brinda un foro para que los productores, usuarios, consumidores y representantes del gobierno y del mundo académico se reúnan y redacten normas para los materiales, productos, sistemas y servicios.

La ASTM publica métodos de ensayo estándar, especificaciones, prácticas, guías, clasificaciones y terminología. También elabora normas que abarcan los metales, las pinturas, los plásticos, los textiles, el petróleo, la construcción, la energía, el medioambiente, los productos de consumo, los servicios y dispositivos médicos, los sistemas informáticos, la electrónica y muchas otras áreas. Se publican más de 10,000 normas ASTM cada año en los 72 volúmenes del Anuario de normas ASTM.

Figura 6 Rótulo típico de un caño.

1.3.0 Conectores de caños de plástico

El uso de un caño determina el tipo de conectores y uniones necesarios. En las siguientes secciones, se habla de los conectores utilizados en los sistemas de suministro de agua y de DWV. Si bien los plomeros usan algunos de los mismos conectores para las dos aplicaciones, también utilizan conectores específicos diferentes. Es importante conocer los conectores más comunes del mercado.

1.3.1 Accesorios para el suministro de agua

Los accesorios de encastre a presión para el suministro de agua son de giro corto, o radio corto, y tienen salientes o rebajos internos. El radio indica la curva o codo de un conector que cambia la dirección de la tubería. A medida que aumenta el radio, el cambio de dirección del flujo se hace más gradual y menos turbulento. Esto es muy importante para los sistemas de desagüe de aguas residuales, en los que un flujo más suave evita que los desechos orgánicos se acumulen a lo largo de la tubería.

Los accesorios más utilizados en los sistemas de suministro de agua son los que se incluyen en la *Tabla 3* y que se muestran en la *Figura 7*.

TABLA 3 Accesorios para el suministro de agua y sus usos

Accesorio	Uso
Unión	Conecta dos piezas de forma mecánica; se la suele ubicar en el lado de salida de una válvula de servicio.
Reductor	Conecta caños de diferentes diámetros.
Codo	Cambia la dirección de un caño rígido a 90 o a 45 grados.
Conector en T	Brinda una abertura para conectar un caño ramal a 90° con respecto al tramo de caño principal.
Acoplamiento	Une dos tramos de caño del mismo diámetro cuando se hace un tramo recto.
Tapón hembra	Tapa las salidas de agua al probar el sistema o crea una cámara de aire para eliminar el golpe de ariete.
Tapón macho	Cierra aberturas en otros accesorios o sella el extremo de un caño.
Distribuidor	Dirige varios tramos de suministro de agua desde el suministro principal hacia diferentes artefactos.

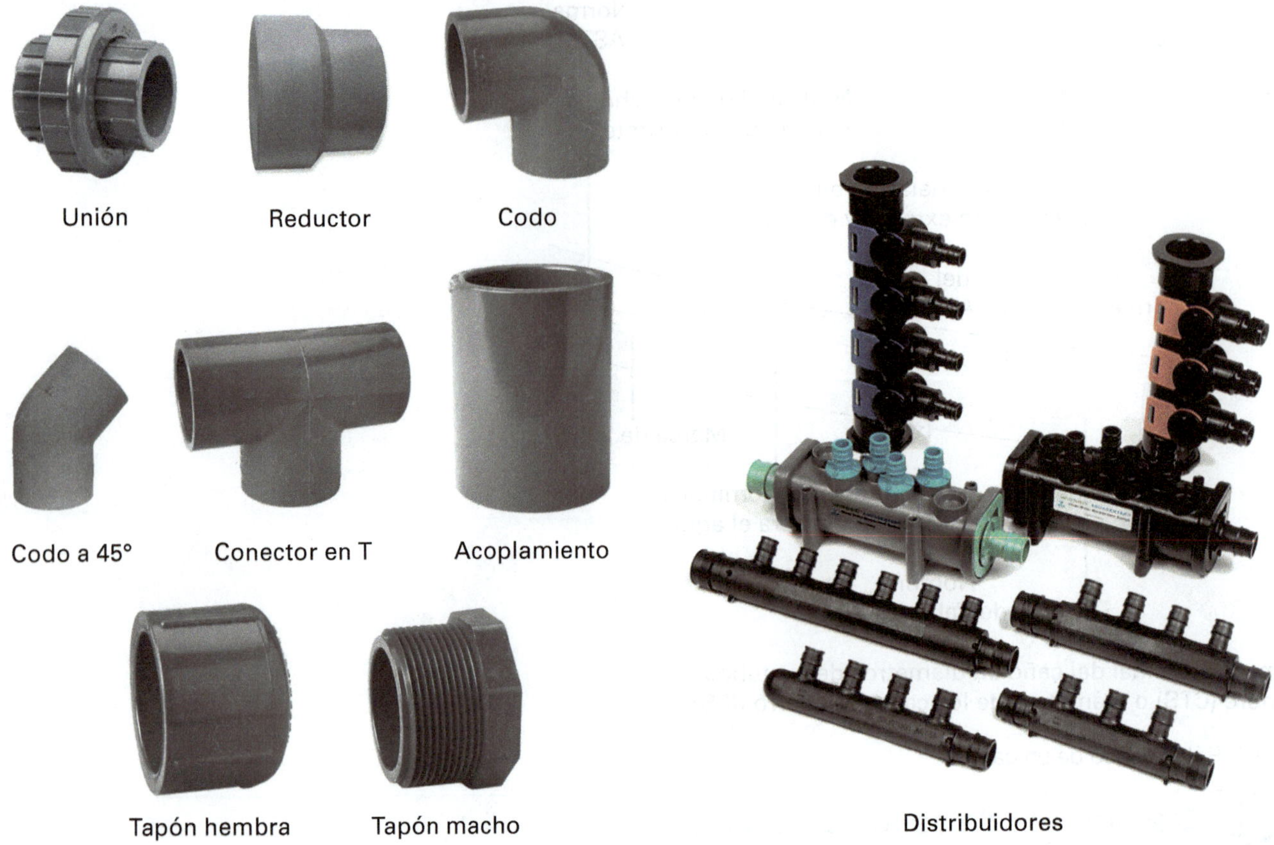

Figura 7 Accesorios para el suministro de agua.

1.3.2 Válvulas para el suministro de agua

Las válvulas regulan el flujo de un líquido. Su función puede ser abrir o cerrar el suministro, o evitar la inversión del flujo en una línea. Utilizan uno o más de los siguientes métodos para controlar el flujo a través de un sistema de tubería:

- Mueven un disco o tapón dentro de una vía o contra ella.
- Deslizan una superficie cilíndrica o esférica plana por una vía.
- Giran un disco o elipse alrededor de un eje que se extiende a lo largo del diámetro de un tubo.
- Mueven un material flexible dentro de la vía.

Válvulas comunes para sistemas de suministro de agua (*Figura 8*):

- *Válvula de compuerta.* Tiene un disco metálico cónico o en forma de cuña que encaja en una superficie lisa o en un asiento con la misma forma, lo que permite que el flujo se mantenga en línea recta con poca obstrucción. Es una buena opción para las líneas que permanecen abiertas o cerradas por completo la mayor parte del tiempo.
- *Válvula de globo.* Controla el flujo del líquido con un disco cónico, que se eleva o desciende para restringir el flujo a través de la abertura del asiento de la válvula. Como esta válvula es confiable y sencilla de reparar, se suele utilizar en las líneas de suministro de agua dentro de los edificios.
- *Válvula esférica.* Consiste en una bola con un orificio en el centro que abarca casi todo su diámetro, que se monta sobre un eje. Cuando la válvula está cerrada, el orificio queda a 90° con respecto al paso del flujo, por lo que no puede atravesar el cuerpo de la válvula. Cuando se gira la esfera un cuarto de vuelta, el agua fluye a través del orificio.

- *Válvula de cierre y desagüe.* Se abre o se cierra subiendo o bajando un disco horizontal con un vástago roscado. Una arandela **elastomérica**, o engomada, en el extremo del vástago sella el asiento de la válvula, lo que cierra el paso del agua. Esta válvula es la que más se utiliza para el drenaje y la protección contra las heladas en la superficie.
- *Válvula de retención.* Válvula automática que permite el flujo del líquido en una sola dirección. Evita el flujo inverso. Se utiliza en pozos domésticos y de riego.
- *Válvula de cierre.* Controla el flujo de líquidos o gases entre un edificio y la fuente de suministro. También se la llama *llave de paso.*

Elastomérico: engomado. Hecho de una sustancia elástica, como el vinilo polimérico.

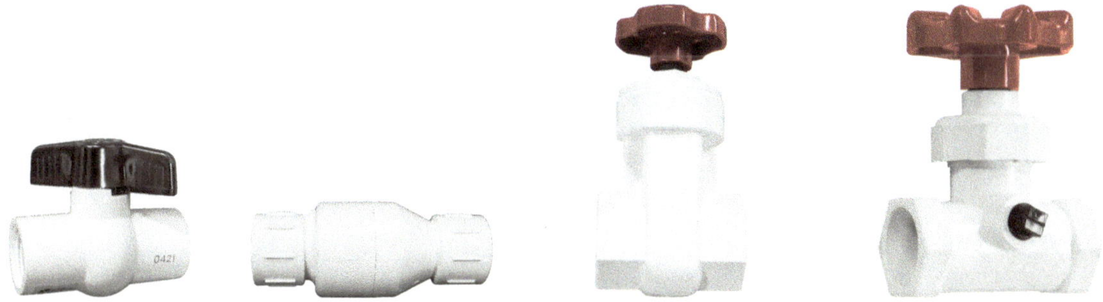

(A) Válvula esférica (B) Válvula de retención (C) Válvula de compuerta (D) Válvula de cierre y desagüe

Figura 8 Válvulas de plástico para el suministro de agua.

1.3.3 Conectores DWV

Los accesorios de drenaje, desagüe y ventilación (DWV) tienen vías internas lisas sin salientes. Los conectores que dirigen el flujo de aguas residuales también tienen un radio más largo para que los cambios de dirección sean más suaves y tengan menos probabilidades de que se acumulen sólidos (ver *Tabla 4* y *Figura 9*). A la hora de seleccionar los accesorios de DWV, consulte siempre todos los códigos correspondientes y las recomendaciones de instalación de los fabricantes.

NOTA

El *Código Uniforme de Plomería® (UPC®)* establece que las líneas horizontales de desagüe que se conecten con otras líneas horizontales iguales deben entrar mediante ramales en Y de 45°, ramales combinados en Y y ramales de codos de un octavo, u otros accesorios aprobados de barrido similar.

NOTA

Los distintos estados aceptan códigos diferentes; conozca *siempre* los códigos de su localidad para asegurarse de respetar el protocolo correcto de su región.

TABLA 4 Accesorios de DWV y sus usos

***Código Internacional de Instalaciones Hidráulicas y Sanitarias®* (2021)**
Tabla 706.3, Accesorios para el cambio de dirección

	Cambio de dirección		
Tipo de patrón del accesorio	**Horizontal a vertical**	**Vertical a horizontal**	**Horizontal a horizontal**
Codo de un dieciseisavo	X	X	X
Codo de un octavo	X	X	X
Codo de un sexto	X	X	X
Codo de 90°	X	X[a]	X[a]
Codo de radio largo acortado	X	X[a, b]	X[a]
Codo de radio largo extendido	X	X	X
Conector en T sanitario	X[c]	—	—
Conector Y	X	X	X
Combinación de conector Y con codo de un octavo	X	X	X

Para el sistema métrico del SI (Sistema Internacional de Unidades): 1 pulg. = 25.4 mm
a. Los accesorios solo se permitirán para una conexión al desagüe de 2 pulg. (5.08 cm) o menor.
b. 3 pulg. (7.62 cm) o mayor.
c. Para conocer las limitaciones de los conectores de doble T sanitarios, consulte la *Sección 706.3*.

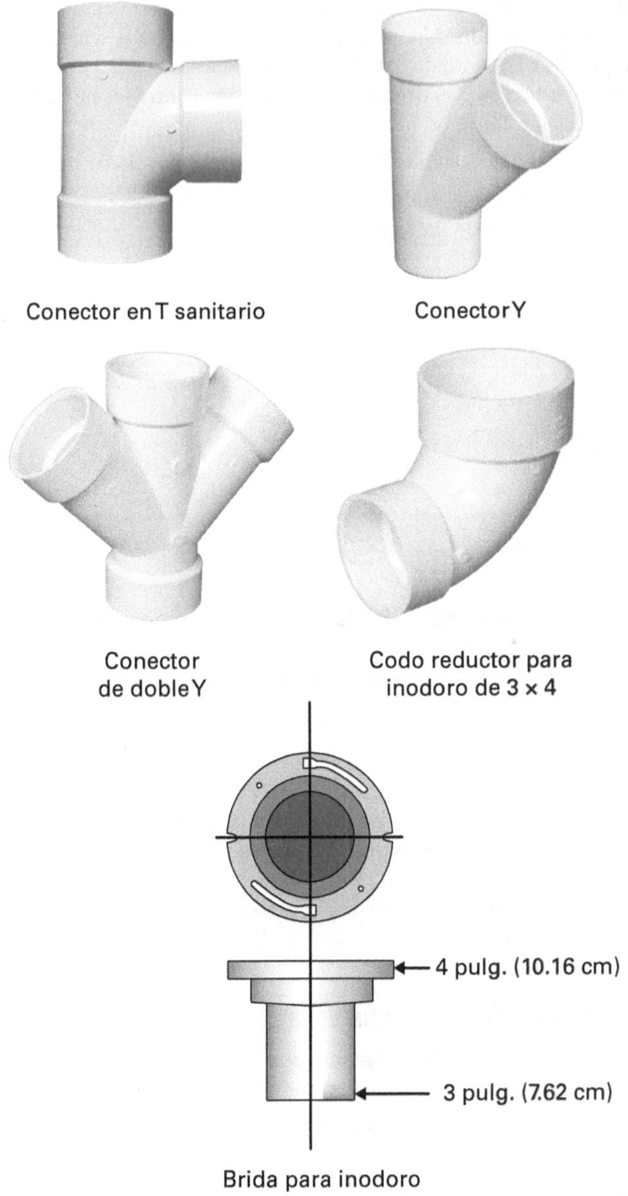

Figura 9 Accesorios de DWV.
Fuente: Charlotte Pipe and Foundry Company

1.4.0 Almacenamiento y manipulación de materiales

Para garantizar la máxima productividad en el trabajo, utilice el sentido común cuando almacene y manipule los caños de plástico. Antes de empezar a trabajar, planifique siempre con antelación. Organice los caños y accesorios en grupos por tamaño y tipo de caño. Además, almacene los caños y los accesorios cerca del lugar de trabajo para que estén al alcance. Al manipular los caños y accesorios, tenga cuidado de no doblarlos ni dañarlos. Los caños doblados o dañados no solo cuestan dinero, sino que también reducen la productividad.

Todos los caños de plástico se ven afectados por la radiación ultravioleta (UV) en mayor o menor grado, a menos que estén clasificados para uso en exteriores. Esto significa que debe guardar la mayoría de la tubería de plástico bajo una cubierta opaca durante un proyecto de construcción para protegerlas del sol. En general, la exposición al sol a corto plazo no daña la tubería, pero a largo plazo degrada el material plástico. Consulte siempre las instrucciones del fabricante sobre la forma adecuada de seleccionar y proteger la tubería que esté utilizando en particular.

Repaso de la sección 1.0.0

1. La cantidad de tipos de caños de plástico principales que suelen utilizarse en la industria de la plomería es _____.
   a. tres
   b. cuatro
   c. cinco
   d. seis

2. La SDR indica la relación entre el diámetro exterior de un caño y _____.
   a. el diámetro interior
   b. el espesor de pared
   c. la longitud
   d. la flexibilidad

3. ¿Cuál de las siguientes funciones realiza una válvula de retención?
   a. Regula la presión del agua corriente abajo
   b. Cierra y abre rápidamente el paso del flujo
   c. Permanece abierta o cerrada por completo la mayor parte del tiempo
   d. Evita el flujo inverso en un caño

4. Los caños de plástico se deben proteger de la exposición al sol a largo plazo porque _____.
   a. se pueden derretir
   b. se oscurecerán
   c. se deterioran
   d. son inflamables

2.0.0 Trabajar con caños de plástico y sus accesorios

Objetivo

Describir los diferentes métodos para unir caños de plástico.

a. Explicar cómo medir y cortar caños de plástico.
b. Describir cómo se unen los caños de PVC y CPVC.
c. Describir los procedimientos para instalar caños de PVC de campana y espiga.
d. Describir los métodos para unir tubería de PEX y PE.

Tareas prácticas

3. Seleccionar el equipo de protección personal adecuado para trabajar con caños de plástico.
4. Medir, cortar y unir caños de plástico de forma correcta.

Las técnicas de medición, corte y unión de caños y accesorios de plástico varían según los materiales que se utilicen y la función del caño (para DWV o gas, por ejemplo). Tendrá que familiarizarse con muchas herramientas para medir, cortar y unir materiales de forma adecuada.

2.1.0 Medición y corte de caños de plástico

Para instalar caños de manera eficiente, se debe ser capaz de medir y cortar los caños de forma correcta para que no se produzcan desperdicios. Medir un caño para cortarlo no es solo medir la distancia entre dos puntos. Se deben tener en cuenta las dimensiones de los conectores, las longitudes de inserción y las distancias entre las cavidades para medir el caño de forma correcta antes de cortarlo.

Los métodos de corte para caños de plástico dependen del material y el tamaño del caño que se quiere cortar. Debe familiarizarse con las herramientas y técnicas necesarias para cortar y preparar caños de manera adecuada para su instalación.

2.1.1 Medición

Es importante planificar con antelación la instalación de caños y conectores de ABS y PVC en los sistemas de drenaje, desagüe y ventilación (DWV). Estos sistemas tienen una pendiente incorporada, también llamada *inclinación* o *descenso,* que se explica en el módulo 02108 del NCCER, *Caños de hierro fundido y sus accesorios*. Debe colocar estos sistemas con precisión, y los caños deben estar cortados a la longitud exacta. Los errores no se pueden arreglar después con calor o con martillos. Si hay errores, se deben recortar y corregir.

Utilice discos afilados

No utilice cortacaños con discos desafilados porque ejercerán demasiada presión, lo que produce rebordes y rebabas más grandes que luego tendrá que eliminar. Utilice siempre discos con cuchillas, que cortan el plástico de forma limpia.

Figura 10 Escariadores.

PRECAUCIÓN

¡Marque con cuidado! Es fundamental lograr una buena alineación en el ensamble final. Para garantizar la alineación, marque con cuidado las posiciones de los accesorios que se van a enroscar o alinear de otra manera.

Achaflanar: biselar el borde de un material de construcción a 45°.

Al medir cualquier caño, asegúrese de tener en cuenta la profundidad de las juntas. Tome las medidas hasta la profundidad total de la cavidad; es decir, el caño no debe estar introducido en la cavidad de forma parcial. Esto es muy importante cuando se utiliza cemento solvente para unir caños. Con este método, debe ajustar la instalación en seco y, luego, marcar la alineación para los accesorios antes de realizar la unión.

2.1.2 Corte

Los caños de plástico se deben cortar a escuadra para lograr una unión íntegra. Corte los tubos lo más recto posible para crear una buena superficie de adherencia dentro de la junta. Si ve alguna indicación de daño o agrietamiento en el extremo de la tubería, corte al menos 2 pulg. (5 cm) después de cualquier grieta visible.

¡ADVERTENCIA!

Siga todas las medidas de precaución recomendadas por el fabricante cuando corte o sierre caños o cuando utilice cualquier herramienta con llama, calor o accionada por una fuente de energía. Utilice siempre el PPE adecuado.

Después de cortar, se debe escariar el caño. El escariado elimina los bordes imprecisos o rebabas que se producen al realizar un corte. Las rebabas que quedan en la tubería pueden impedir que el tubo y el accesorio entren en contacto de forma adecuada durante el montaje. Los caños que están bien escariados ofrecen una superficie interior lisa que permite un mejor flujo. Además, debe eliminar las rebabas del exterior del caño para asegurarse de que se ajuste bien. Cree un bisel leve en el extremo del caño para que sea más fácil colocarlo en la cavidad del accesorio y disminuir las posibilidades de empujar el cemento solvente hasta el fondo de la unión. Las herramientas que se utilizan para escariar los extremos de un caño pueden ser la hoja de escariado del cortatubos, las limas, las navajas y los escariadores (*Figura 10*).

Los caños de PVC y ABS se pueden cortar con un cortacaños adecuado, una sierra de mano o una sierra eléctrica equipada con una punta de carburo o una hoja abrasiva. Las cortadoras de caños plásticos poseen de uno a cuatro discos de corte que se pueden rotar alrededor del caño para cortarlo. Los discos se pueden utilizar con las cortadoras estándares. También puede utilizar tijeras con trinquete o cortadoras ligeras de ajuste rápido diseñadas solo para tubería de plástico (*Figura 11*).

Para asegurarse de obtener un corte a escuadra, utilice una sierra eléctrica con una guía o tope de inglete para los trabajos grandes y una caja de ingletes para los trabajos pequeños (*Figura 12*). Asegúrese de utilizar la sierra para plásticos adecuada para cortar un caño de PVC. Si no tiene una sierra, marque el caño y córtelo en la marca. Después de cortar el caño, debe escariar el interior y **achaflanar** el borde para eliminar las rebabas, los rebordes y las partes irregulares. El achaflanado consiste en biselar el borde de un caño a 45°. Se trata de una buena práctica, ya que garantiza una unión segura. Cuando la cavidad y el caño encajan bien, se reduce la posibilidad de fugas.

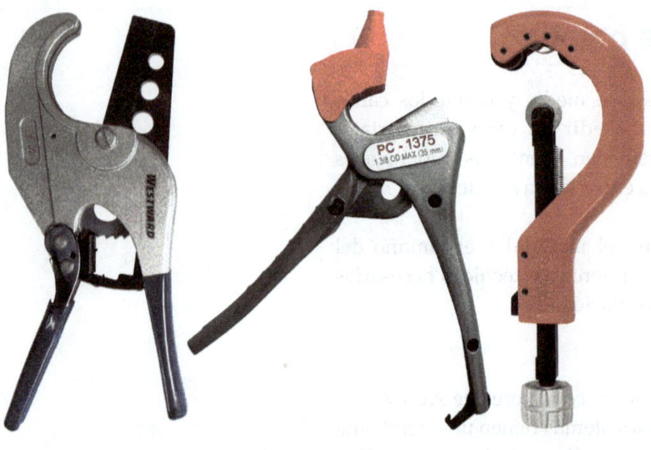

(A) Tijera con trinquete (B) Cortadora de caños blandos (C) Cortacaños

Figura 11 Herramientas de corte utilizadas para los caños de plástico.
Fuente: Reed Manufacturing (11C)

Figura 12 Uso de una sierra de cinta a batería en trabajos pequeños.
Fuente: DEWALT

2.2.0 Unión de caños de plástico y conectores

Por lo general, los accesorios de PVC para el suministro de agua y el drenaje, desagüe y ventilación (DWV) se unen mediante las mismas técnicas de instalación. Entre los métodos de instalación se encuentran los conectores mecánicos (como los de conexión con junta elástica), la campana y la espiga, las uniones roscadas, la fusión por calor, el ranurado con rodillo o el ranurado por corte y la **soldadura con solvente**.

Los **conectores con junta elástica** tienen una junta tórica o empaquetadura de caucho en la cavidad. Se debe biselar el caño en el borde de ataque para permitir que pase la empaquetadura que forma el sello (*Figura 13*). Los **caños de campana y espiga** tienen una campana en un extremo con un sello elastomérico interno. La espiga (extremo recto) del caño siguiente se introduce en el extremo de la campana para formar una junta hermética. Los plomeros también pueden conectar algunos caños de plástico a otros caños de distinto material con un **conector de transición**.

Soldadura con solvente: unión que se crea al unir dos caños de plástico con cemento solvente, que ablanda la superficie del material y crea una unión sólida de plástico cuando el solvente se evapora.

Conectores con junta elástica: accesorio con una junta tórica o empaquetadura de caucho en la cavidad.

Caño de campana y espiga: caño con una *campana*, o ensanchamiento, en un extremo y una espiga, o extremo liso, en el otro extremo. La campana y la espiga de dos caños diferentes se conectan para formar una junta. También se lo denomina *caño de enchufe y espiga*.

Conector de transición: accesorio especial que se utiliza para conectar un caño de plástico a un caño de un material diferente, según lo especifiquen los códigos correspondientes.

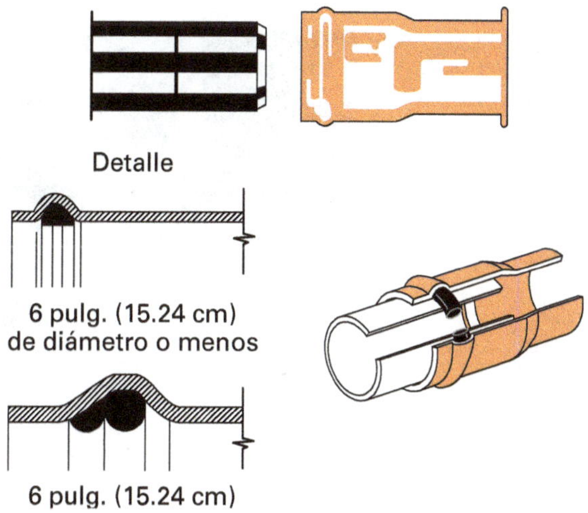

Figura 13 Conector con junta elástica.

Hay muchos tipos diferentes de **conectores por fusión**, por lo que debe consultar siempre el código local correspondiente y las especificaciones del fabricante para conocer los métodos de unión e instalación adecuados (*Figura 14*). Los accesorios de conexión por fusión y la forma de crear una soldadura a alta temperatura se explican en otra parte de este plan de estudios.

Conectores por fusión: accesorio con un tope del mismo diámetro exterior e interior que el del caño. Suele unirse a un caño mediante calor.

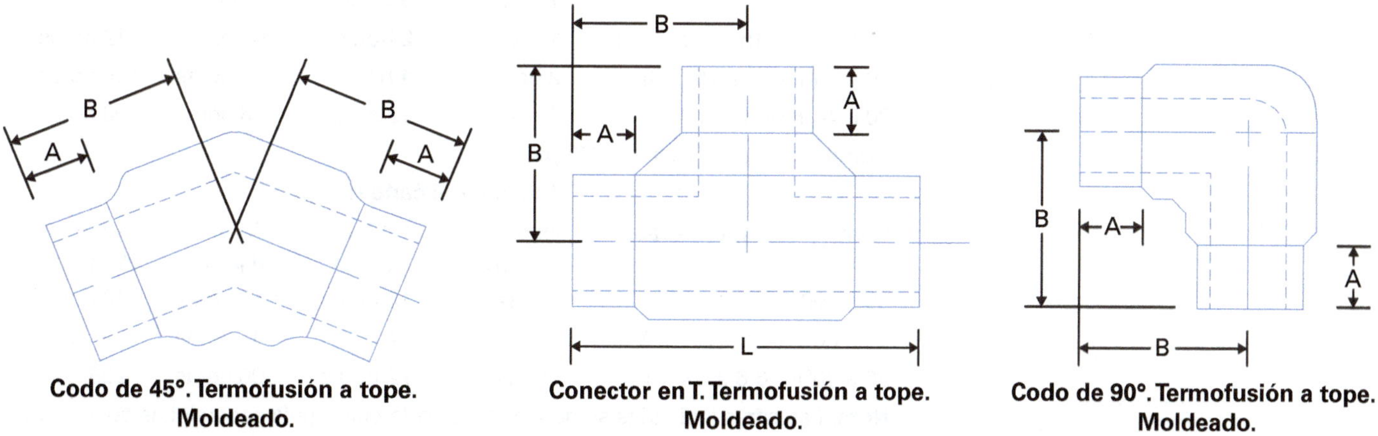

Figura 14 Conectores por fusión

2.2.1 Soldadura con solvente

Los plomeros suelen unir los caños y accesorios de plástico de ABS, PVC y CPVC con cemento solvente para formar una soldadura con solvente. El proceso de soldadura con solvente también se denomina *cementación con solvente*. Los accesorios soldados con solvente tienen conectores en los que se introducen los caños (*Figura 15*). Los plomeros aplican el cemento solvente en el extremo del caño y en el interior del extremo del conector, lo que ablanda de forma temporal las superficies de unión. Este breve período de ablandamiento le permite introducir el caño en el **ajuste por interferencia** de la cavidad; es decir, el ajuste se estrecha a medida que se introduce el caño en la cavidad. Luego, las superficies ablandadas se fusionan y la fuerza de la unión aumenta a medida que el solvente se evapora. La unión resultante es más fuerte que el propio caño. Una de las principales ventajas del proceso de soldadura con solvente es que elimina la necesidad de utilizar sopletes u ollas de plomo, lo que ayuda a prevenir el riesgo de incendio durante una instalación de plomería. En la *Tabla 5*, se muestra la gama de temperaturas para un solvente típico. Consulte siempre las instrucciones del fabricante para conocer la gama de temperaturas adecuada para el tipo de solvente y el material del caño que se utilice.

Ajuste por interferencia: ajuste que se aprieta a medida que el caño se introduce en la cavidad.

Figura 15 Conector soldado con solvente.

TABLA 5 Gama de temperaturas para un solvente típico.

Humedad: 60% o menos (180 psi)				
	Tamaño del caño (pulg.)			
Gama de temperaturas	**Hasta 1.25 pulg.**	**1.15 a 3 pulg.**	**3.5 a 8 pulg.**	**10 a 18 pulg.**
60 a 100°F (15.5 a 37.7°C)	1 hora	2 horas	6 horas	12 horas
40 a 60°F (4.4 a 15.5°C)	2 horas	4 horas	12 horas	24 horas
20 a 40°F (-6.6 a 4.4°C)	6 horas	12 horas	36 horas	96 horas
Humedad: 60% o menos (350 psi)				
	Tamaño del caño (pulg.)			
Gama de temperaturas	**Hasta 1.25 pulg.**	**1.15 a 3 pulg.**	**3.5 a 8 pulg.**	**10 a 18 pulg.**
60 a 100°F (15.5 a 37.7°C)	6 horas	12 horas	18 horas	48 horas
40 a 60°F (4.4 a 15.5°C)	12 horas	24 horas	36 horas	96 horas
20 a 40°F (-6.6 a 4.4°C)	36 horas	72 horas	96 horas	288 horas

Nota: Las cifras indicadas se deben utilizar solo como guía general. Las condiciones en el trabajo pueden variar, lo que afecta los tiempos que se indican.

Unir caños con cemento solvente

Antes de aplicar cemento solvente en una junta, asegúrese de que el caño y el conector no tengan polvo, suciedad, agua ni aceite. El cemento solvente actúa de forma veloz. Es importante trabajar con rapidez y eficacia cuando se unen caños mediante una soldadura con solvente.

Pintura base transparente o púrpura

Existen dos tipos de pintura base para caños de plástico: púrpura y transparente. Utilice una pintura base púrpura, ya que los inspectores de los códigos suelen buscar la mancha púrpura de forma específica como prueba de que se aplicó pintura base en los caños antes de utilizar el cemento solvente. En algunos casos, con autorización, puede usar pintura base transparente en un trabajo de acabado.

El tipo de cemento solvente que vaya a utilizar depende de los materiales que quiera soldar con este método. Cada tipo de plástico tiene su propio cemento, que puede variar en función del tamaño del caño y los conectores. Preste atención al elegir el cemento adecuado para el trabajo. La mayoría de los códigos exigen que se utilice **pintura base**, que limpia y ablanda el plástico, antes de colocar el cemento en el caño.

Pintura base: líquido que se aplica a un caño de plástico antes de soldarlo con solvente para limpiar y ablandar previamente el caño y asegurarse de que la soldadura sea resistente.

Debido a que el cemento se endurece rápido, se debe actuar con rapidez y eficacia al unir caños. Las instrucciones del fabricante suelen indicar los tiempos mínimos de curado para los diferentes tamaños de tubos a distintas temperaturas antes de que pueda someter la unión a una prueba de presión. El cemento solvente y los tiempos de curado también dependen de la humedad relativa. El tiempo de curado es más corto en entornos más secos, tamaños de caño más pequeños y temperaturas más altas.

¡ADVERTENCIA!

Evite que las pinturas base y los cementos entren en contacto con los ojos o la piel de forma innecesaria. Si esto ocurre, lávese de inmediato. Utilice gafas de seguridad y guantes de protección durante cualquier procedimiento de soldadura con solvente y consulte la SDS del cemento que esté utilizando. Las SDS deben estar siempre disponibles para todos en el lugar de trabajo.

¡ADVERTENCIA!

Mantenga las pinturas base y los cementos alejados de cualquier fuente de ignición, como el calor y las llamas expuestas, y aplique siempre estos productos en un área bien ventilada. Consulte siempre las instrucciones del fabricante para conocer las medidas de seguridad específicas.

2.2.2 Unión de caños y accesorios de CPVC o PVC

Cuando quiera unir caños y accesorios de CPVC o PVC, utilice solo cemento para CPVC o PVC o cemento multiuso que cumpla con las normas ASTM F-493; caso contrario, la unión podría fallar. Tenga especial cuidado cuando monte sistemas de CPVC y PVC a temperaturas muy bajas (por debajo de los 40°F [4°C]) o muy altas (por encima de los 100°F [37°C]). En entornos muy calurosos, asegúrese de que el cemento en las dos superficies que se unirán siga húmedo al juntarlas. Si el cemento se ha secado, es posible que las dos superficies no se adhieran. Existen adaptadores para conectar caños CTS de CPVC a caños de PVC de cédula 40 y 80 para los sistemas que requieren diámetros de tubería superiores a 2 pulg. (5.08 cm).

NOTA

El cemento que se utiliza para fijar los caños de PVC es diferente al que se utiliza los caños de CPVC. Asegúrese de utilizar las herramientas y procedimientos adecuados para la tarea específica que realice.

Almacene siempre la pintura base y el cemento a la sombra, entre 40°F y 110°F (4°C y 43°C), y mantenga los recipientes bien cerrados y cubiertos cuando no los utilice. Cuando aplique la pintura base y el cemento, retire todas las fuentes de ignición y tome precauciones para no respirar los vapores.

Para unir caños de CPVC o PVC y sus accesorios con cemento solvente, siga estos pasos (*Figura 16*). Tenga en cuenta que estos pasos ilustran las instrucciones típicas; sin embargo, al unir caños de plástico, siempre debe seguir las instrucciones del fabricante del cemento.

Paso 1 Corte el caño lo más recto posible con una sierra mecánica, una sierra de dientes finos o un cortacaños de disco para caños de plástico. Utilice una caja de ingletes cuando realice cortes con una sierra. Corte al menos 2 pulg. (5 cm) después de cualquier daño o grieta visible.

Paso 2 Para garantizar un contacto adecuado entre el caño y el accesorio durante el montaje, utilice una herramienta de achaflanado, una lima o escariador para eliminar las rebabas y limaduras del interior y el exterior del caño. Realice un bisel en el extremo del caño para que se lo pueda introducir con facilidad en la cavidad del accesorio. Esto también ayuda a reducir las posibilidades de que el cemento solvente se arrastre hasta el fondo de la unión durante la inserción.

(A)

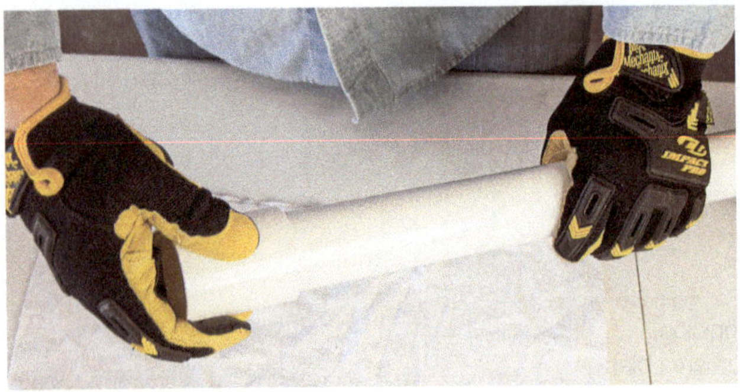

(B)

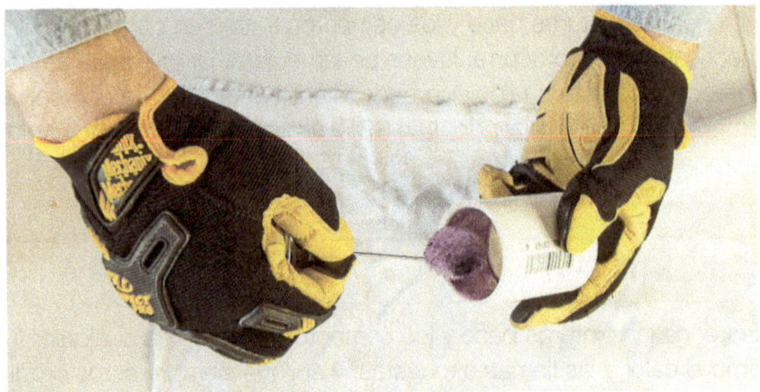

(C)

(D)

(E)

(F)

(G)

Figura 16 Unión de caños de CPVC o PVC y accesorios con cemento solvente.

Paso 3 Para asegurarse de que la junta se cure y adhiera de forma adecuada, utilice un paño limpio y seco para limpiar la suciedad y quitar la humedad de la cavidad del accesorio y del extremo del caño. El tubo debe introducirse en la cavidad entre $\frac{1}{3}$ y $\frac{2}{3}$ del recorrido de la cavidad. Consulte la *Figura 16* (A).

Paso 4 Mida la profundidad de la cavidad del accesorio y márquela en el caño. Haga una segunda marca en el caño, 2 pulg. (5 cm) más atrás, para asegurarse de que el caño se inserte por completo en el accesorio. Tenga en cuenta que la pintura base y el cemento solvente suelen borrar la primera marca.

Paso 5 Utilice una herramienta que tenga la mitad del diámetro del caño para aplicar enérgicamente la pintura base en el interior de la cavidad del accesorio. Vuelva a sumergir esta herramienta en la pintura base las veces que sea necesario, y asegúrese de que la cavidad y la herramienta permanezcan húmedas hasta que la superficie se haya ablandado. Una vez que haya aplicado la pintura base en las superficies, elimine, con el aplicador, las acumulaciones que hayan quedado en la cavidad. Consulte la *Figura 16* (C).

Paso 6 Cuando haya aplicado la pintura base en la cavidad del accesorio de forma correcta, aplique enérgicamente pintura base en el extremo del caño hasta pasar $\frac{1}{2}$ pulg. (1.27 cm) de la distancia de la profundidad de la cavidad. Consulte la *Figura 16* (D).

Paso 7 Aplique una segunda capa de pintura base en la cavidad del accesorio. Se debe comenzar el proceso de unión con cemento solvente mientras las dos superficies estén todavía pegajosas.

Paso 8 Mientras la pintura base esté todavía pegajosa, aplique el cemento solvente con una herramienta del mismo tamaño que utilizó para la pintura base. Aplique con firmeza una capa uniforme de cemento en el extremo del caño a una longitud igual a la profundidad de la cavidad del accesorio. Durante el proceso de aplicación del solvente, asegúrese de que el caño y el accesorio permanezcan limpios y sin suciedad ni humedad. Consulte la *Figura 16* (E).

Paso 9 Sin volver a sumergir la herramienta de aplicación en el cemento, aplique enérgicamente una capa de cemento de espesor mediano en la cavidad del accesorio. Evite que el cemento se acumule en exceso en la cavidad del accesorio. Consulte la *Figura 16* (F).

Paso 10 Aplique una segunda capa completa de cemento de manera uniforme sobre el caño.

Paso 11 Mientras el cemento esté todavía húmedo, ensamble de inmediato el caño y el accesorio. Si es posible, gire el caño un cuarto de vuelta o media vuelta hasta llegar al tope de la cavidad. Con la segunda marca en el caño como referencia, asegúrese de que el caño se haya insertado por completo en el accesorio. Si corresponde, gire el accesorio hasta la marca de alineación que realizó durante el montaje en seco. Mantenga el conjunto unido durante 30 segundos para evitar que el caño se salga del accesorio. Se debe observar una línea continua de cemento alrededor de la conexión del caño con el accesorio. Si la línea no es continua significa que no se ha aplicado suficiente cemento, lo que podría dar lugar a una unión defectuosa. Si esto sucede, descarte el accesorio y vuelva a montar la unión desde el *paso 1 hasta el 11*. Consulte la *Figura 16* (G).

Paso 12 Limpie el exceso de cemento de las superficies del caño y del accesorio para lograr un aspecto atractivo y profesional.

PRECAUCIÓN

Nunca deje que un cemento solvente se congele. Manténgalo siempre dentro de la gama de temperaturas que el fabricante especifique.

2.3.0 Instalación de caños de PVC de campana y espiga

Por lo general, los caños de campana y espiga de PVC se utilizan en exteriores para los desagües por gravedad. Estos sistemas exteriores se suelen instalar para conectarse con el alcantarillado municipal. Para instalar caños de campana y espiga, siga estos pasos (*Figura 17*):

Paso 1 Corte el caño lo más recto posible con una sierra mecánica, una sierra de dientes finos o un cortacaños de disco para caños de plástico. Utilice una caja de ingletes cuando realice cortes con una sierra. Corte al menos 2 pulg. (5 cm) después de cualquier daño o grieta visible.

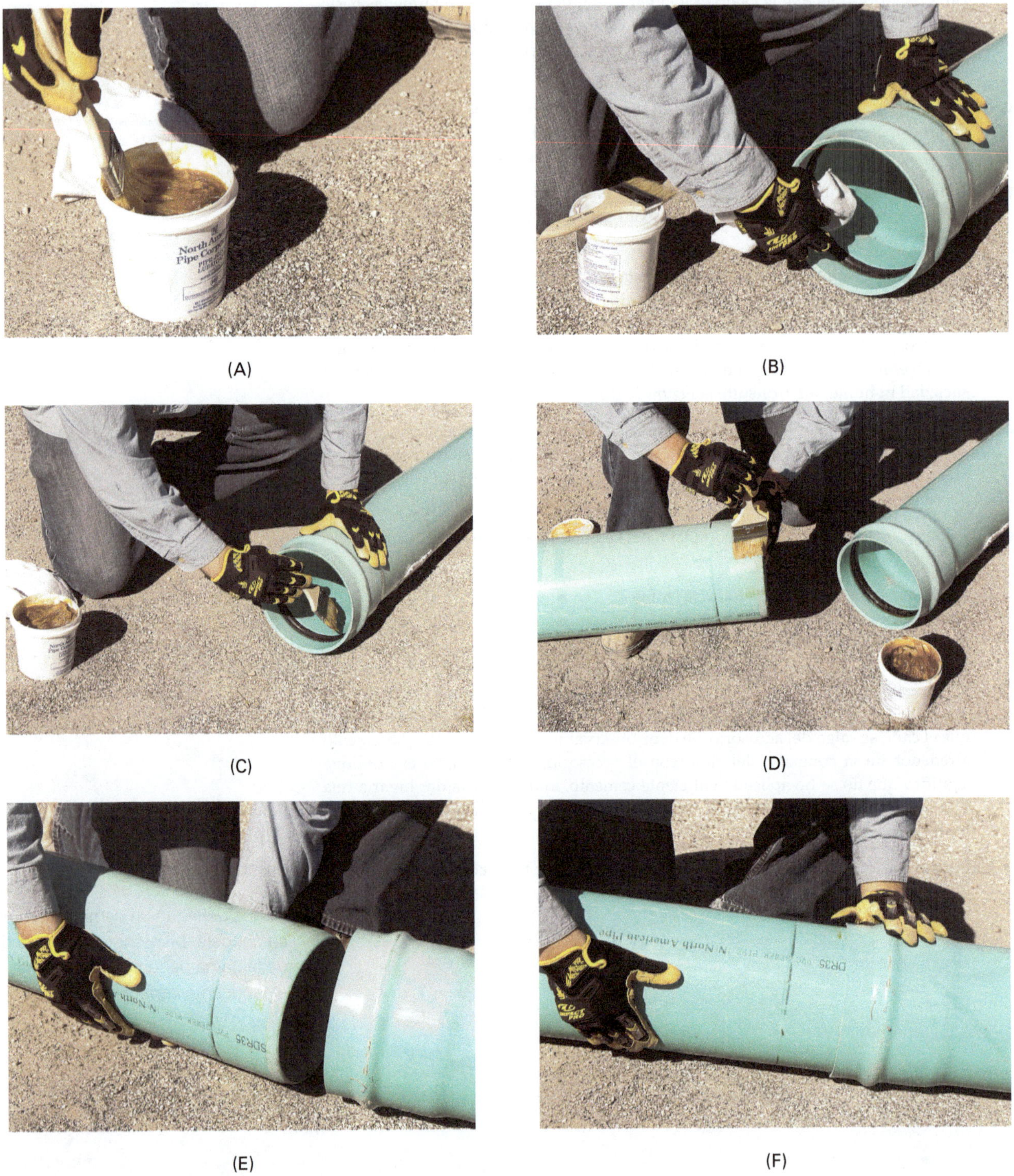

Figura 17 Instalación de caños de PVC de desagüe por gravedad.

Paso 2 Para garantizar un contacto adecuado entre el caño y el accesorio durante el montaje, utilice una herramienta de achaflanado, una lima o escariador para eliminar las rebabas y limaduras del interior y el exterior del caño. Realice un bisel en el extremo del caño para que se lo pueda introducir con facilidad en la cavidad del accesorio. Esto también ayuda a reducir las posibilidades de que el cemento solvente se arrastre hasta el fondo de la unión durante la inserción.

Paso 3 Prepare la superficie interior de la campana según las instrucciones del fabricante. Asegúrese de que la ranura no tenga suciedad ni otras partículas.

Paso 4 Doble la empaquetadura en forma de corazón con la nariz o parte redondeada de su sección transversal mirando hacia fuera de la boca de la campana.

Paso 5 Introduzca la empaquetadura en la campana y acomódela en la ranura hasta que quede lisa y sin ondulaciones. Es posible que deba apretar la empaquetadura o mojarla con agua limpia o un trapo húmedo para asegurarse de que entre bien en su sitio. Marque el caño para recordar la posición adecuada de alineación.

Paso 6 Después de colocar la empaquetadura en la campana, recubra bien la superficie expuesta con lubricante. A continuación, aplique el lubricante a toda la superficie del extremo de la espiga hasta la marca que realizó antes. Asegúrese de que la parte cónica de la espiga esté bien recubierta. Cuando haya terminado de aplicar el lubricante, el caño estará listo para la unión.

Paso 7 Alinee la espiga con la campana e insértela en ella de forma recta. El extremo de la espiga del caño tiene una marca que indica la profundidad de inserción adecuada. Esta marca quedará casi al ras del extremo de la campana cuando la unión esté ensamblada por completo. La marca de alineación no debe quedar a más de 10 mm (0.38 pulg.) del extremo de la campana una vez terminado el montaje.

PRECAUCIÓN

Cuando se instala una conexión con junta elástica de PVC, se debe ensamblar poco a poco el caño, ya sea a mano o con una barra o un bloque. Nunca gire ni clave los caños para unirlos.

2.4.0 Unión de tubería de plástico

Mientras que la soldadura con solvente es un método común para unir caños de plástico, la tubería de plástico modernas, en particular las de PEX y PE, requieren un método muy diferente. En las siguientes secciones, aprenderá sobre las herramientas y los métodos necesarios para unir estos tipos de tubería de plástico. La tecnología asociada a los tubos de plástico evoluciona muy rápido, por eso, los plomeros profesionales deben familiarizarse continuamente con los métodos más recientes.

2.4.1 Unión de tubería de PEX

Debido a que la tubería de PEX resisten altas temperaturas y productos químicos, no se las puede unir con cemento solvente ni por termofusión. Existen varios métodos para unir tubería de PEX. Uno de los más comunes es utilizar un sistema de expansión y un anillo de engaste. Otras de las herramientas que se utilizan para unir tubería de PEX son el cortatubos, la herramienta de engaste manual y el calibre "Go-No-Go" (pasa, no pasa) (*Figura 18*).

NOTA

Las herramientas de engaste deben calibrarse con regularidad.
Consulte y respete las especificaciones del fabricante en cuanto a los intervalos de calibración adecuados.

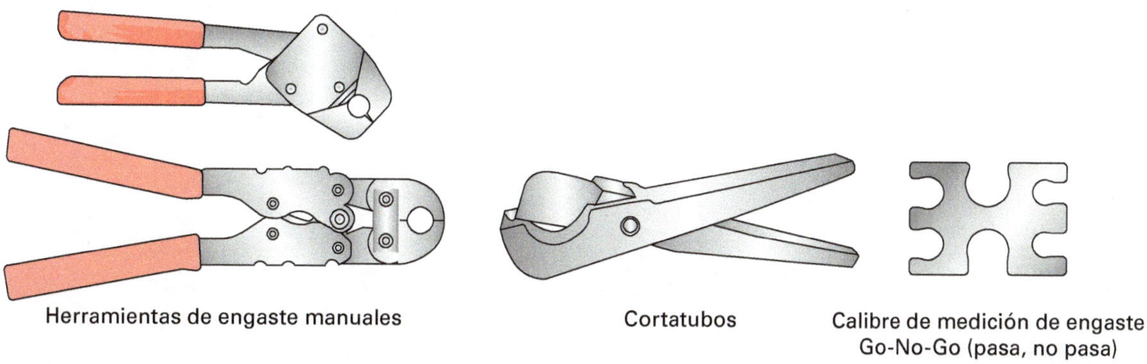

Figura 18 Herramientas para unir tubería de PEX.

Uponor, el fabricante de productos líder en sistemas de tubería de PEX, ha creado piezas para ayudar en la fijación de estas tubería, como el soporte para aplicaciones de tubería suspendidas (*Figura 19*) y los adaptadores para accesorios conectados por presión (*Figura 20*).

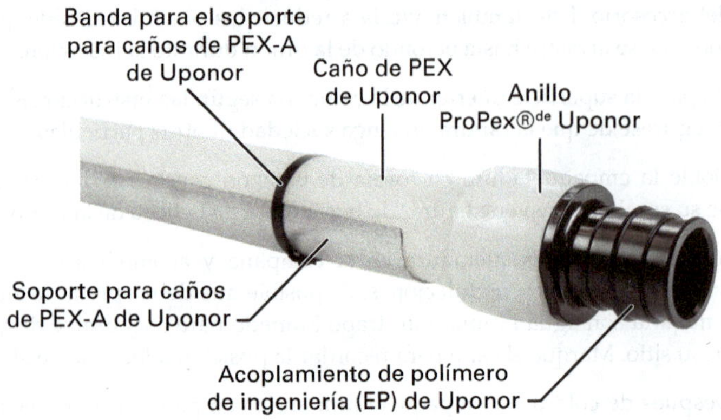

Figura 19 Soporte para caños suspendidos de Uponor.
Fuente: cortesía de Uponor

Figura 20 Adaptador de accesorios a presión de Uponor.
Fuente: cortesía de Uponor

Estas herramientas hacen que la unión de la tubería de PEX tenga menos costuras y sea más duradera.

Para unir tubería de PEX mediante el sistema de expansión y engaste, que es el que se suele utilizar, siga estos pasos (*Figura 21*):

Paso 1 Corte la tubería de forma perpendicular a su longitud con una cortadora diseñada para tubería de plástico. Elimine todo el material sobrante o las rebabas que puedan afectar la conexión del conector.

Paso 2 Introduzca un anillo de PEX por el extremo del tubo a unos 2 pulg. (5 cm).

Paso 3 Introduzca el conector en el tubo hasta que el reborde quede al ras del extremo del tubo.

Paso 4 Deslice el anillo de PEX sobre el conector y deje expuesto unos 0.13 a 0.25 pulg. (3.3 a 6.3 mm) del extremo del tubo entre el anillo y el reborde del conector.

Paso 5 Abra los mangos de la herramienta de engaste e introduzca el cabezal en el extremo del tubo hasta que haga tope. Asegúrese de tener el tamaño correcto de cabezal en la herramienta. Ubique el mango libre de la herramienta contra su cadera, o coloque una mano en cada mango si fuera necesario.

Paso 6 Asegúrese de que la herramienta de engaste esté perpendicular a la tubería. Separe los mangos por completo y vuelva a juntarlos. Repita este proceso hasta que el tubo y el anillo queden bien ajustados al reborde en el cabezal de la herramienta. Antes del último movimiento, quite la tubería de la herramienta y gire la herramienta un octavo de vuelta. Esto evita que la herramienta forme rebordes dentro de la tubería.

Paso 7 Compruebe el ajuste del anillo con el calibre de medición "Go-No-Go", según las instrucciones del fabricante. Si el ajuste es incorrecto, tendrá que cortar el conector y volver a realizar los *pasos 1 a 6*. Se puede utilizar una herramienta para quitar anillos de PEX para retirar el anillo y la tubería, a fin de poder volver a utilizar el conector si no está dañado.

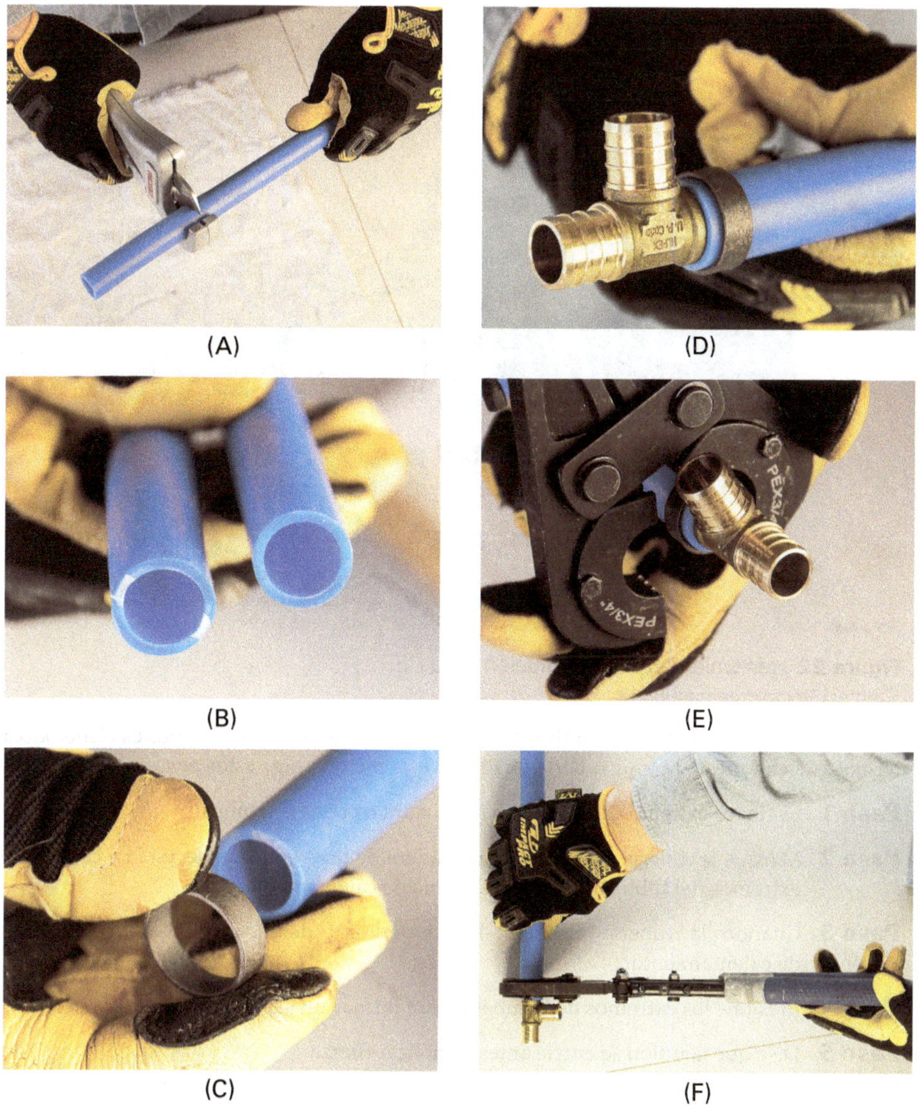

Figura 21 Unión de tubería de PEX.

2.4.2 Unión de tubería de PE

La tubería de PE son resistentes a los productos químicos; por lo tanto, la soldadura con solvente no funciona para este material. Los plomeros deben unir estos tubos mediante termofusión o con uniones mecánicas y abrazaderas. Unir caños de PE por termofusión es similar a soldar en acero, ya que los materiales de las partes unidas se fusionan y no se distinguen entre sí. Este proceso le brinda a la unión las mismas características positivas del propio caño.

La unión de PE por fusión suele exigir capacitación especial y certificación. Los fabricantes de productos de PE y equipos de unión suelen ofrecer esta capacitación y certificación de forma gratuita. Las técnicas nuevas que utilizan **collarines de compresión** para unir caños de PE se están haciendo populares porque no requieren tanta capacitación.

Collarines de compresión: pieza que utiliza la fuerza de compresión para conectar tramos de tubería de polietileno.

En la *Figura 22*, se muestran algunas de las herramientas que los plomeros utilizan en el proceso de termofusión. Estas herramientas pueden ser una indicadora de temperatura o un pirómetro, una herramienta de calentamiento, un temporizador de fusión, una plancha de calentamiento para los conectores y un anillo frío. La indicadora de temperatura se utiliza para asegurarse de que la tubería hayan alcanzado la temperatura necesaria para lograr una fusión correcta. La indicadora se usa para marcar una parte concreta en el caño. Cuando el caño alcanza la temperatura deseada, la marca se derrite. Durante la termofusión, la superficie de la plancha de calentamiento para los conectores entra en contacto directo con el caño o el accesorio.

Figura 22 Herramientas de termofusión para PE.
Fuente: iStock@freeman98589

Existen varios métodos para unir tubería de PE. Uno de los más utilizados es el método de termofusión a tope. Para unir tubería de PE con este método, siga estos pasos:

Paso 1 Corte los extremos de la tubería a escuadra con un cortatubos.

Paso 2 Marque la tubería con la barra indicadora de temperatura adecuada y caliente los extremos del tubo con una herramienta de calentamiento.

Paso 3 Cuando la tubería alcancen la temperatura deseada, quite la herramienta de calentamiento.

Paso 4 Presione los extremos de la tubería para formar un sello hermético en la unión.

Paso 5 Deje que la unión se enfríe antes de aplicar fuerza.

Repaso de la sección 2.0.0

1. Si observa algún indicio de daño o agrietamiento en el extremo de una tubería, debe cortar *al menos* _____.
   a. 1 pulg. (2.5 cm) después de cualquier grieta visible
   b. 2 pulg. (5 cm) después de cualquier grieta visible
   c. 3 pulg. (8 cm) después de cualquier grieta visible
   d. 4 pulg. (10 cm) después de cualquier grieta visible

2. Al unir caños de PVC y CPVC, la unión se basa en _____.
   a. un ajuste por compresión
   b. una unión a tope
   c. una empaquetadura lubricada
   d. un ajuste por interferencia

3. En los desagües por gravedad exteriores, que se instalan para conectarse con el alcantarillado municipal, se suelen utilizar caños con campana y espiga de _____.
   a. PVC
   b. PEX
   c. CPVC
   d. PE

4. La unión de caños y accesorios de PEX suele implicar _____.
   a. soldadura con solvente
   b. empaquetaduras lubricadas
   c. anillos de engaste
   d. juntas fusionadas

3.0.0 Instalación, protección y monitoreo de caños de plástico

Objetivo

Describir los métodos que se utilizan para instalar, proteger y probar los caños de plástico.

a. Describir los sugetadores colgantes y soportes para sostener los caños.
b. Describir la protección de los caños de plástico en lugares ocultos.
c. Explicar los métodos de prueba de presión para caños de plástico.

Tarea práctica

5. Seleccionar el soporte y el espaciado correctos para la aplicación.

Medir y unir caños de plástico de forma correcta es solo una parte de la instalación de sistemas de caños. Los sistemas de tubería deben estar bien sujetados para garantizar que los fluidos circulen en la dirección prevista y para minimizar la flexión y la vibración, que pueden causar fallos en los caños. En esta sección se presentan los tipos básicos de sujetadores colgantes y soportes que se suelen utilizar con los caños de plástico.

3.1.0 Soportes para caños

Los caños de plástico se pueden sujetar de diversas maneras. El tipo de soporte que se utilice depende del material del caño, su tamaño, su uso y si el caño se instala en posición horizontal o vertical, así como de las especificaciones del sistema y de los códigos de plomería correspondientes.

Cuando los arquitectos y asesores de ingeniería diseñan instalaciones de plomería, presentan planos y especificaciones que describen el sistema propuesto por completo. Las especificaciones se basan en códigos u ordenanzas y se las debe respetar. Por ejemplo, una especificación para los sujetadores colgantes de caños puede indicar: "Todas la tubería utilizarán sujetadores colgantes con una separación de 10 pies (3.04 m) como máximo (entre centros). Los sujetadores deben ser de tipo anillo partido de hierro maleable y fabricados por XYZ Hangers, Inc. u otro proveedor aprobado". Debe consultar siempre los códigos correspondientes y las instrucciones de instalación del fabricante para conocer los tipos e intervalos específicos adecuados para cada instalación particular. Los códigos locales incluyen los requisitos de espaciado de los sujetadores colgantes para los diferentes tipos y tamaños de caños de plástico. En la *Tabla 6*, se muestran ejemplos de la separación entre sujetadores colgantes según un código.

Si el plomero instala un caño en una zona sísmica (donde se pueden producir terremotos), los códigos locales exigen que se utilicen sujeciones antisísmicas. La finalidad de estos requisitos adicionales es garantizar que el caño esté bien sujeto a la estructura en caso de una vibración excesiva. Por ejemplo, algunos códigos exigen que la distancia entre los sujetadores colgantes y los soportes sea más estrecha que en zonas sin actividad sísmica. Además, pueden exigir que se deje un espacio adicional alrededor de los caños en los puntos en los que se unen a las paredes y los pisos para permitir el movimiento previsto.

3.1.1 Sujetadores colgantes

Los plomeros utilizan sujetadores colgantes (*Figura 23*) para el soporte horizontal de caños y tubería. El objetivo principal de los sujetadores colgantes y soportes es mantener la tubería alineada y evitar que se doble o deforme, aunque también pueden evitar que vibren. Los plomeros pueden fijar sujetadores colgantes horizontales a las estructuras de madera con tirafondos o clavos grandes. Si las vibraciones pueden ser un problema, respete las especificaciones del fabricante para determinar qué tipo de sujetador colgante debe utilizar para su instalación.

TABLA 6 Separación entre sujetadores colgantes

Código Internacional de Instalaciones Hidráulicas y Sanitarias® (2021)
Tabla 308.5, Separación entre sujetadores colgantes

Material de la tubería	Separación horizontal máxima (en pies)	Separación vertical máxima (en pies)
Caño de acrilonitrilo-butadieno-estireno (ABS)	4	10[b]
Tubería de aluminio	10	15
Caño de latón	10	10
Caño de hierro fundido	5[a]	15
Caño y tubo de policloruro de vinilo clorado (CPVC), de 1 pulg. (2.54 cm) como máximo	3	10[b]
Caño y tubo de policloruro de vinilo clorado (CPVC), de 1¼ pulg. (3.17 cm) de diámetro mínimo	4	10[b]
Caño de cobre o de aleación de cobre	12	10
Tubería de cobre o de aleación de cobre, de 1¼ pulg. (3.17 cm) de diámetro máximo	6	10
Tubería de cobre o de aleación de cobre, de 1½ pulg. (3.81 cm) de diámetro mínimo	10	10
Caño de polietileno reticulado (PEX), de 1 pulg. (2.54 cm) como máximo	2.67 (32 pulg.)	10[b]
Caño de polietileno reticulado (PEX), de 1¼ pulg. (3.17 cm) como mínimo	4	10[b]
Caño de polietileno reticulado, aluminio y polietileno reticulado (PEX-AL-PEX)	2.67 (32 pulg.)	4
Caño de plomo	Continuo	4
Caño de polietileno, aluminio y polietileno (PE-AL-PE)	2.67 (32 pulg.)	4
Caño de polietileno resistente a alta temperatura (PE-RT), de 1 pulg. (2.54 cm) como máximo	2.67 (32 pulg.)	10[b]
Caño de polietileno resistente a alta temperatura (PE-RT), de 1¼ pulg. (3.17 cm) como mínimo	4	10[b]
Caño o tubería de polipropileno (PP), de 1 pulg. (2.54 cm) como máximo	2.67 (32 pulg.)	10[b]
Caño o tubería de polipropileno (PP), de 1¼ pulg. (3.17 cm) como mínimo	4	10[b]
Caño de policloruro de vinilo (PVC)	4	10[b]
Sistemas de desagüe de acero inoxidable	10	10[b]
Caño de acero	12	15

Para el sistema métrico del SI (Sistema Internacional de Unidades): 1 pulg. = 25.4 mm; 1 pie = 304.8 mm
a. La separación horizontal máxima de los sujetadores colgantes de hierro fundido debe aumentar a 10 pies cuando se instalen tramos de caño de 10 pies.
b. Guía de plantas intermedias para tamaños de 2 pulg. (5.08 cm) como máximo.

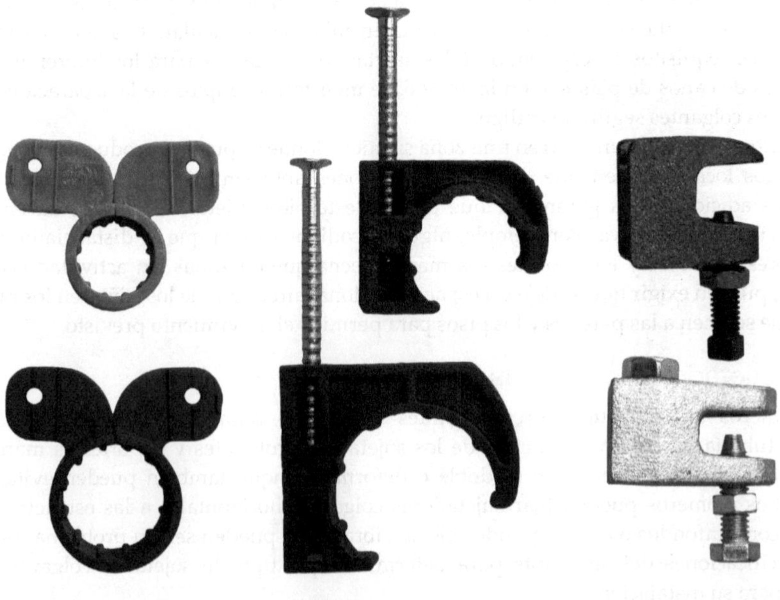

(A) Abrazaderas de suspensión (B) Monturas de fijación para tubos (C) Abrazaderas para vigas

Figura 23 Sujetadores colgantes para caños.

Los sujetadores colgantes deben tener la resistencia necesaria para soportar el peso del caño y su contenido y mantener la alineación. En general, la tubería de PVC horizontales deben tener apoyos cada 4 pies (1.2 m) como máximo, así como en los ramales y cambios de dirección y cuando se utilicen accesorios grandes. Aunque los soportes deben permitir el movimiento libre, también deben evitar que los tramos laterales de DWV se levanten, lo que podría generar una pendiente inversa en la tubería de los ramales y permitir el contraflujo en el sistema. No utilice sujetadores colgantes que puedan cortar o apretar los caños ni abrazaderas o correas apretadas que impidan que el caño se mueva o se expanda. Cuando realice los orificios en los miembros de la estructura, asegúrese de que tengan el tamaño adecuado que permita el movimiento libre. Cuando trabaje con tubería en el suelo, colóquelas sobre un lecho firme en toda su longitud.

3.1.2 Abrazaderas

Los plomeros suelen utilizar abrazaderas para vigas, abrazaderas en C y abrazaderas de suspensión para fijar los caños a las vigas y otras estructuras metálicas (*Figura 24*). Los sujetadores colgantes verticales, también llamados *abrazaderas de caño ascendente* (*Figura 25*), brindan soporte vertical para los caños y la tubería (*Figura 26*). Estos sujetadores consisten en una abrazadera de fricción que puede fijarse a los componentes estructurales de la obra para soportar la carga vertical del caño. Para fijar los sujetadores colgantes a la mampostería, al hormigón o al acero, se deben utilizar elementos de sujeción especiales.

(A) Abrazaderas de suspensión (B) Abrazaderas para vigas

Figura 24 Abrazaderas.

Utilice soportes para los caños ascendentes en cada planta o según lo requiera el diseño de la instalación. Las guías para las plantas intermedias pueden brindar gran estabilidad a los caños verticales del edificio.

¡ADVERTENCIA!

No utilice sujetadores colgantes metálicos con ningún caño de plástico. Use siempre sujetadores que estén hechos del mismo material que el caño. Para obtener más información, consulte las normas SP-58 sobre sujetadores colgantes creadas por Manufacturers Standardization Society (MSS).

PRECAUCIÓN

El área donde se debe fijar el soporte debe ser lisa para que el elemento tenga una base de apoyo sólida. Una base irregular puede hacer que el soporte se gire, se deforme o no se ajuste bien.

PRECAUCIÓN

Asegúrese de que el sujetador quede recto después de introducirlo en el orificio e instalar la arandela. La arandela centra el sujetador y lo mantiene en su sitio hasta que la lechada o el epoxi se endurecen. Si la lechada o el epoxi fraguan y el sujetador no está recto, se lo debe retirar y repetir la instalación porque es inservible de esa forma.

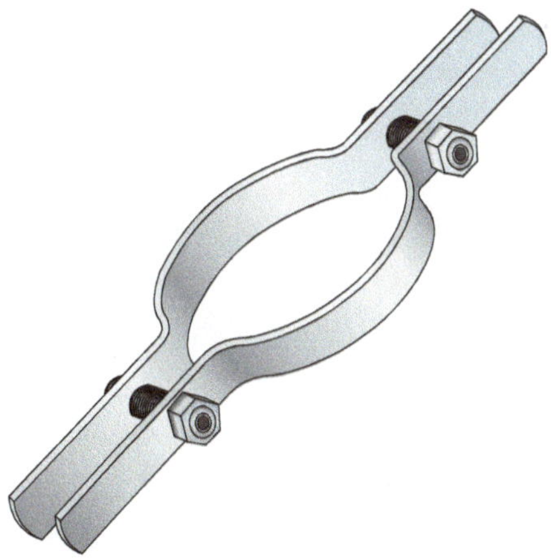

Figura 25 Abrazadera para tubería verticales.

(A) Abrazaderas para caños (B) Monturas para caños

Figura 26 Sujetadores colgantes verticales.

3.2.0 Protección para caños ocultos

Los códigos de plomería exigen que los caños instalados en lugares ocultos a través de orificios o muescas tengan protección contra los daños físicos que puedan producirse con clavos, tornillos u otros elementos de fijación. Los requisitos específicos varían en función del código de plomería adoptado.

El *Código Internacional de Instalaciones Hidráulicas y Sanitarias*® exige que los caños instalados a través de orificios o muescas en pie derechos, viguetas, cabios o cualquier objeto similar se cubran con placas de protección de acero si se encuentran a menos de 1¼ pulg. (3.17 cm) del borde más cercano. Estas placas deben tener un espesor mínimo de calibre 16 y se deben extender más de 2 pulg. (5 cm) por encima de la solera inferior y por debajo de la solera superior de una pared (*Figura 27*). El requisito de extender 2 pulg. (5 cm)

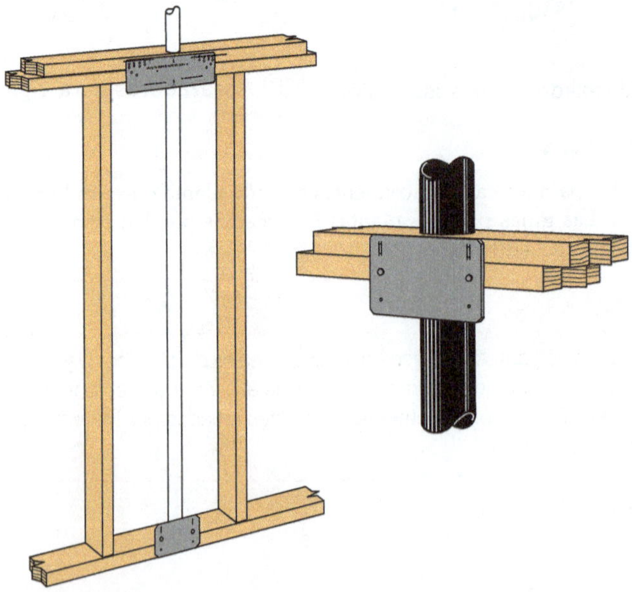

Figura 27 Placas de protección.
Fuente: cortesía de Strong-Tie

por debajo de la parte superior y por encima de la parte inferior es para proteger cualquier caño vertical que se encuentre entre los pies derechos de una pared de los sujetadores mal colocados que se usan para penetrar en el entramado superior o inferior de la pared (*Figura 28*).

El *Código Uniforme de Plomería®* exige que los caños estén protegidos por placas de acero para clavos si se encuentran a menos de 1 pulg. (2.5 cm) del entramado expuesto. Estas placas deben ser al menos de calibre 18 de espesor y extenderse más de $1^1/_2$ pulg. (3.81 cm) por fuera del diámetro exterior del caño.

(Los requisitos de protección no se aplican a los caños de hierro fundido o acero galvanizado que tienen espesores de pared superiores a las placas de protección requeridas).

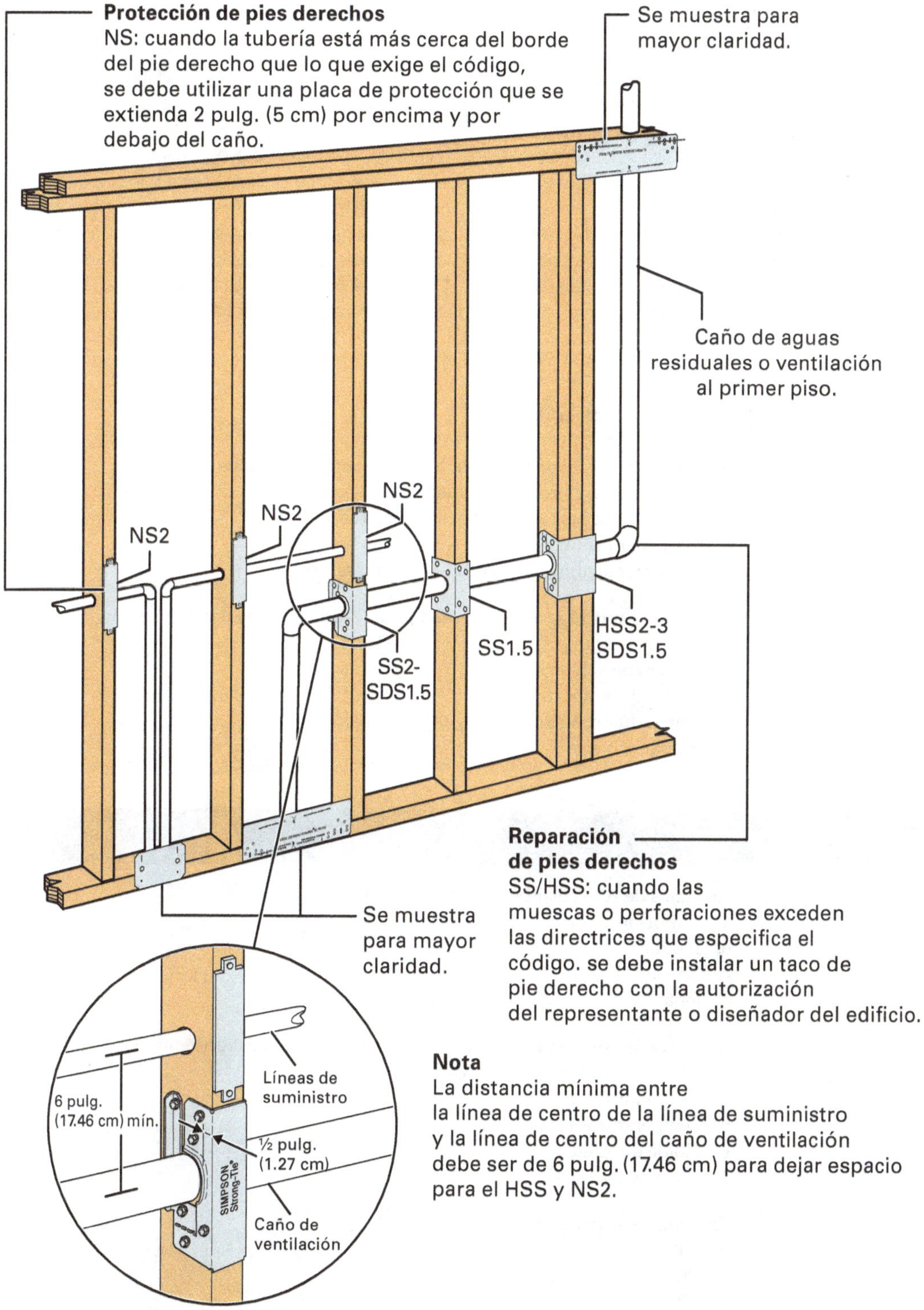

Figura 28 Protección para pies derechos.
Fuente: cortesía de Strong-Tie

3.3.0 Pruebas de presión

PRECAUCIÓN

Nunca realice una prueba de presión en una conexión soldada con solvente hasta que se hayan cumplido los tiempos de curado recomendados por el fabricante. Después de probar una conexión, lave por completo el sistema durante al menos 10 minutos para eliminar los restos de cemento solvente.

Prueba de presión hidrostática: consiste en llenar un caño con agua y purgar todo el aire de los puntos más altos y lejanos del tramo.

Una vez que se haya finalizado y curado una instalación, quizás le pidan que realice una **prueba de presión hidrostática** en el sistema, según los requisitos del código correspondiente. Este proceso consiste en llenar el sistema con agua y purgar todo el aire de los puntos más altos y más lejanos del tramo. Si encuentra una fuga, debe quitar y reemplazar el accesorio que tenga la conexión con la fuga. Puede instalar un accesorio nuevo con tramos cortos de caño y acoplamientos. En caso de temperaturas muy bajas, debe quitar toda el agua que pueda quedar en las líneas después de la prueba para evitar posibles daños por congelamiento.

¡ADVERTENCIA!

Realice la prueba de aire para los caños de plástico (excepto de PVC y CPVC) solo cuando la prueba hidrostática no sea conveniente. Si se debe realizar la prueba de aire, nunca utilice gases inflamables o combustibles. Evite probar caños de PVC y CPVC con aire. Si se realiza una prueba de aire inadecuada en estos materiales, se pueden provocar explosiones en los caños. Si es necesario realizar una prueba de aire, utilice un manómetro con una escala graduada en libras o una unidad más precisa. Nunca realice una prueba con más de cinco libras de presión de aire. Notifique a todo el personal del lugar antes de llevar a cabo esta prueba; utilice gafas de seguridad y tome medidas de precaución para proteger al sistema de daños por impacto durante la prueba. Deje que el sistema se ventile bien, hasta alcanzar la presión atmosférica, antes de retirar los tapones macho y hembra de prueba.

Repaso de la sección 3.0.0

1. El objetivo principal de los sujetadores colgantes para caños es _____.
   a. garantizar la vibración adecuada de los caños
   b. permitir que los caños se flexionen con facilidad
   c. mantener la alineación horizontal de los caños
   d. mantener la alineación vertical de los caños

2. Si encuentra una fuga al realizar una prueba hidrostática en una conexión, la conexión *se debe* _____.
   a. soldar con solvente
   b. quitar y reemplazar
   c. emparchar con epoxi
   d. probar con aire

Módulo 02106 Preguntas de repaso

1. Los caños de ABS absorben el calor de forma _____.
   a. uniforme
   b. rápida
   c. lineal
   d. lenta

2. ¿A cuál de las siguientes condiciones del sistema son más resistentes los caños de CPVC en comparación con los caños de cobre?
   a. Temperaturas elevadas
   b. Temperaturas bajas
   c. Golpe de ariete
   d. Presión del agua

3. Un ejemplo de plástico termoestable es el _____.
   a. ABS
   b. PE
   c. PB
   d. PVC

4. La SDR es una relación fija entre el diámetro exterior y _____.
   a. el espesor de pared
   b. el tipo de material
   c. los conectores
   d. los conectores Y

5. ¿Qué tipo de accesorio conecta caños de diferentes diámetros?
   a. Tapón hembra
   b. Reductor
   c. Codo
   d. Distribuidor

6. Por lo general, durante la construcción, los caños de plástico se deben almacenar en el exterior bajo lonas para protegerlos de _____.
   a. la luz ultravioleta
   b. las lluvias
   c. la suciedad
   d. los roedores e insectos

7. Al medir los caños de plástico antes de cortarlos, se debe tener en cuenta todo lo siguiente, *excepto* _____.
   a. la longitud medida entre accesorios
   b. la profundidad de inserción
   c. el diámetro del caño
   d. la tolerancia de pendiente

8. Antes de montar las uniones de caños de plástico con juntas, como los conectores de junta elástica, se debe _____.
   a. aplicar pintura base a las superficies de la unión
   b. marcar el extremo de la espiga con una barra indicadora de temperatura
   c. escariar el extremo de la campana de la unión
   d. biselar el extremo de la espiga del caño

9. ¿Cuál es uno de los factores que *más* preocupan al unir caños de PVC o CPVC cuando se trabaja a altas temperaturas?
   a. La expansión de los caños
   b. El secado del cemento
   c. La deformación de los caños
   d. El cemento que se sale de la unión

10. ¿Cuál de las siguientes acciones debe evitar cuando ensambla caños de desagüe de plástico con campana y espiga?
    a. Clavar o girar secciones de caños entre sí
    b. Lubricar la empaquetadura
    c. Limpiar la ranura del extremo de la campana
    d. Añadir una marca de alineación al extremo de la espiga

11. Debido a que resisten altas temperaturas y productos químicos, *no se puede* unir con cemento solvente o por termofusión los caños de _____.
    a. ABS
    b. PEX
    c. CPVC
    d. PE

12. Dado que la soldadura con solvente no funciona, se *debe* utilizar la termofusión o uniones mecánicas y abrazaderas al unir _____.
    a. caños de ABS
    b. tubería de PEX
    c. caños de CPVC
    d. tubería de PE

13. En general, la tubería de PVC deben sostenerse a intervalos horizontales *máximos* de _____.
    a. 3 pies (0.9 m)
    b. 4 pies (1.2 m)
    c. 5 pies (1.5 m)
    d. 8 pies (2.4 m)

14. Las abrazaderas que *más* se utilizan como soporte vertical para caños y tubería son _____.
    a. las abrazaderas para vigas
    b. las abrazaderas en C
    c. las abrazaderas de caño ascendente
    d. los sujetadores especiales

15. En caso de temperaturas muy bajas, se debe quitar toda el agua que pueda quedar en las líneas para evitar posibles daños por congelamiento _____.
    a. antes de la instalación
    b. durante la instalación
    c. antes de la prueba
    d. después de la prueba

16. Los plomeros suelen utilizar tubería de PE por su _____.
    a. robustez, flexibilidad y resistencia a los productos químicos
    b. robustez, durabilidad y resistencia a los productos químicos
    c. larga vida útil, flexibilidad y resistencia a los productos químicos
    d. robustez, flexibilidad y la posibilidad de utilizarlas en cualquier lugar

17. Los plomeros suelen utilizar abrazaderas en C para fijar los caños a _____.
    a. estructuras de hormigón
    b. estructuras metálicas
    c. estructuras gruesas
    d. estructuras delgadas

18. La tubería de PEX resisten las altas temperaturas y los productos químicos, por lo que *se deben* unir _____.
    a. con cemento solvente
    b. soldando las piezas
    c. enroscando los caños
    d. con un sistema de expansión y engaste

19. El escariado es un proceso que se realiza luego de cortar un caño para eliminar _____.
    a. el caño sobrante
    b. las rebabas
    c. el óxido
    d. los solventes

20. Las siguientes válvulas se suelen utilizar para sistemas de suministro de agua, *a excepción de* _____.
    a. las válvulas de compuerta
    b. las válvulas esféricas
    c. las válvulas de mariposa
    d. las válvulas de globo

Las respuestas a las preguntas impares de repaso de los módulos se encuentran en el *Apéndice A*.

Piedra angular del oficio

Derek Phariss

Superintendente superior

¿Cómo llegó a elegir una carrera en el sector?

Una mañana recibí una llamada de mi padre, plomero de toda la vida, preguntándome si quería un trabajo *real* en el sector. En ese momento trabajaba de noche en Walmart.

¿Quién lo inspiró para ingresar en el sector?

Mi padre, Jimmy Phariss.

¿Qué tipos de capacitación ha recibido?

Completé los niveles 1 al 4 del curso ABC del programa para aprendices.

¿Qué tipos de trabajo realizó a lo largo de su carrera?

Entre mis proyectos favoritos se encuentran la Casa Ronald McDonald, el Hospital BSW, el Block 185 (el edificio de Google Sail) y el Hospital St. David.

Háblenos de su trabajo actual.

Superviso varios trabajos multimillonarios y capacito a los superintendentes en el trabajo.

¿Cuáles son los factores que más contribuyeron a su éxito?

La capacitación. Aprender de los expertos y de la experiencia. Cada día aprendo algo nuevo.

¿Qué consejos daría a quienes recién se incorporan al sector?

¡Mantente en ello! Puede parecer difícil al principio, pero vale la pena. Las cosas que se aprenden, el crecimiento continuo y las oportunidades profesionales hacen que este campo sea muy gratificante.

¿Cómo ha modificado la tecnología su oficio?

La tecnología ha ayudado mucho con los modelos de Revit y la coordinación con CAD, lo que nos permite resolver problemas antes de empezar a construir y nos ahorra el tiempo y la mano de obra que implican rehacer un trabajo.

¿Cómo ha sido su trayectoria profesional?

Empecé como ayudante por $9.50 por hora, y cuatro años después ascendí a plomero calificado. En mi sexto año, ya era jefe. En mi séptimo año, ya era capataz, y en el décimo, pasé a ser superintendente. Ahora soy superintendente superior y gano más de $100,000 al año.

Respuestas a las preguntas del repaso de las secciones

Respuesta	Referencia de sección	Objetivo
Sección 1.0.0		
1. d	1.1.2; *Tabla 1*	1a
2. b	1.2.1	1b
3. d	1.3.2	1c
4. c	1.4.0	1d
Sección 2.0.0		
1. b	2.1.2	2a
2. d	2.2.1	2b
3. a	2.3.0	2c
3. c	2.4.1	2d
Sección 3.0.0		
1. c	3.1.1	3a
2. b	3.3.0	3c

Tubos de cobre y sus accesorios

Fuente: Mueller Streamline Co.

Objetivos

Luego de finalizar este módulo, podrá hacer lo siguiente:

1. Identificar los tipos, usos y propiedades de los tubos de cobre y sus accesorios.
   a. Identificar los tipos de tubos de cobre y sus usos.
   b. Describir las dimensiones y el etiquetado de los tubos de cobre.
   c. Describir los diferentes tipos de accesorios y válvulas utilizados en los tubos de cobre.
   d. Identificar los requisitos de almacenamiento y manipulación para los tubos de cobre.
2. Describir los diferentes métodos para cortar y doblar tubos de cobre.
   a. Explicar las herramientas y métodos utilizados para medir los tubos de cobre.
   b. Explicar las herramientas y los métodos utilizados para cortar los tubos de cobre.
   c. Describir las herramientas y los métodos utilizados para doblar los tubos de cobre.
   d. Describir los diferentes métodos utilizados para unir los tubos de cobre.
3. Describir los métodos utilizados para instalar y probar los tubos de cobre.
   a. Describir los sujetadores colgantes y soportes para los tubos de cobre.
   b. Explicar los requisitos de aislamiento de los tubos de cobre.
   c. Explicar los métodos de prueba de presión de los sistemas de tubos de cobre.

Tareas prácticas

Bajo supervisión, podrá hacer lo siguiente:

1. Seleccionar los tipos de materiales correctos para los sistemas de tubos de cobre.
2. Identificar los tipos de accesorios y válvulas y sus usos.
3. Seleccionar el equipo de protección personal adecuado para trabajar con los tubos de cobre.
4. Medir, cortar y unir tubos de cobre en forma correcta.
5. Seleccionar el soporte y el espaciado correctos para la aplicación.

Generalidades

Los tubos y accesorios cobre se utilizan en diferentes aplicaciones de plomería. Los tubos de cobre se fabrican de diferentes tamaños y con distintos espesores de pared. El cobre recocido es blando y flexible, mientras que el cobre estirado en frío es rígido y duro. Los plomeros deben utilizar tubos y accesorios de cobre etiquetados y aprobados por el fabricante.

NOTA

Los códigos varían entre jurisdicciones. Por eso, es importante que consulte el código correspondiente cada vez que tenga dudas sobre las reglamentaciones. Consultar un conjunto incorrecto de códigos puede causar tantos problemas como no consultar ninguno. Consiga el código local aprobado, léalo y familiarícese con él. La Administración de Seguridad y Salud Ocupacional (OSHA) de los Estados Unidos redacta los códigos de seguridad.

Recursos digitales para plomería

ESCANÉAME

Escanee este código con la cámara de su teléfono o dispositivo móvil para ver los recursos digitales relacionados con este oficio.

1.0.0 Tipos de tubos de cobre y sus accesorios

Tareas prácticas

1. Seleccionar los tipos de materiales correctos para los sistemas de tubos de cobre.
2. Identificar los tipos de accesorios y válvulas y sus usos.

Objetivo

Identificar los tipos, usos y propiedades de los tubos de cobre y sus accesorios.

a. Identificar los tipos de tubos de cobre y sus usos.
b. Describir las dimensiones y el etiquetado de los tubos de cobre.
c. Describir los diferentes tipos de accesorios y válvulas utilizados en los tubos de cobre.
d. Identificar los requisitos de almacenamiento y manipulación para los tubos de cobre.

El cobre es un mineral que se extrae del suelo. En estado puro, se puede fundir y moldear para lograr distintos tamaños, longitudes y ángulos. Se lo utilizó por primera vez para la plomería a principios del siglo XIX y su uso ha sido generalizado en sistemas de agua caliente y fría desde la década de 1930.

El tubo de cobre (o tubería) es diferente del caño de cobre. Los caños de cobre tienen paredes más gruesas que los tubos del mismo material. El tamaño de los caños de cobre se especifica con cédulas, al igual que los caños de otros materiales. En cambio, el tamaño de los tubos de cobre suele definirse por el diámetro exterior, el diámetro interior y el espesor de la pared. En este módulo, se hace hincapié sobre todo en los tubos de cobre.

Los tubos y accesorios de cobre pueden ser más caros que otros tipos de materiales para tuberías; sin embargo, se utilizan en una innumerable variedad de sistemas de tuberías. Tienen un amplio abanico de aplicaciones:

- suministro de agua caliente y fría;
- sistemas de drenaje, desagüe y ventilación (DWV);
- suministro de gas combustible;
- sistemas de gases medicinales;
- transporte del refrigerante en sistemas de aire acondicionado.

Unión por soldadura blanda o fuerte: unión de caños que se logra al aplicar soldante en la unión y calentarlo hasta que fluya en el interior de la unión.

Junta por compresión: método de conexión en el que se ajusta una tuerca roscada que aprieta un anillo de compresión para sellar la unión.

Junta abocardada: accesorio en el que un extremo de cada tubo que se unirá se abocina hacia fuera utilizando una herramienta especial. El extremo abocardado del tubo se acopla con el accesorio abocardado roscado y se fija al accesorio con una tuerca abocardada.

Según la aplicación del tubo, los plomeros seleccionan los accesorios y las válvulas correspondientes. Los accesorios cambian la dirección o el tamaño de un tramo de tubo, y las válvulas controlan el flujo. Los plomeros utilizan métodos específicos para medir, cortar, doblar, unir y ranurar tubos de cobre. El método que se utilice depende del tipo de tubo y de su función, así como de las herramientas especiales que se necesiten. Estos tubos se pueden unir mediante una **unión por soldadura blanda o fuerte**, lo que genera una **junta por compresión** o una **junta abocardada**. Los plomeros deben aprender a realizar cada método de forma segura y a utilizar todas las herramientas de manera adecuada.

Los sujetadores colgantes y los soportes aseguran los tramos de tubo de cobre y se utilizan para evitar fugas y daños. Los plomeros deben seleccionar el tipo de sujetador colgante según las especificaciones del trabajo. Los códigos correspondientes indican qué fijaciones y qué conectores de tubos son los adecuados para cada instalación, así como la necesidad de aislar el tubo. Después de la instalación, los plomeros deben probar la presión del sistema para detectar fugas y asegurar las conexiones.

1.1.0 Tipos de tubos de cobre

Hay cinco tipos diferentes de tubos de cobre: K, L, M, DWV y **ACR** (*aire acondicionado y refrigeración*). Cada tipo representa una serie de tamaños con diferentes espesores de pared. El tubo puede ser de **cobre duro estirado** o cobre suave y flexible recocido.

- El *cobre duro estirado* se fabrica mediante la tracción del tubo a través de matrices para reducir su diámetro. El proceso de estirado endurece el cobre y lo hace muy rígido.
- El *cobre recocido* se fabrica mediante el proceso de **recocido**, en el cual se calienta y se enfría lentamente el material para atenuar las tensiones internas. Esto reduce la fragilidad y aumenta la tenacidad.

Todos los tipos de tubos están disponibles en formas duras. Las formas duras vienen en longitudes de 10 a 20 pies (3 a 6 m) y diámetros de 1⁄4 a 12 pulg. (0.64 a 30.48 cm). Los tubos de cobre estirado se suelen utilizar en los sistemas comerciales de refrigeración y climatización. Los tipos K, L y ACR también se consiguen en serpentines blandos de 40 a 100 pies (12 a 30.5 m) de largo y con diámetros de 1⁄8 a 2 pulg. (0.32 a 5.08 cm).

Los fabricantes llenan los tramos de tubo estirado con nitrógeno y los tapan en cada extremo para mantenerlos limpios y sin humedad por dentro. Estas tuberías están diseñadas para utilizarse con accesorios formados para lograr las curvas o cambios de dirección necesarios. Se sostienen por sí mismas mejor que las tuberías de cobre recocido, como los tubos para sistemas de climatización y refrigeración (**tubo para ACR**). Por lo tanto, se necesitan menos soportes.

¡ADVERTENCIA!

Se debe verificar siempre la conexión eléctrica a tierra cuando se trabaje con tubos de cobre. Las líneas de suministro de agua de cobre se suelen utilizar como puesta a tierra eléctrica. Desconecte siempre el suministro eléctrico si interrumpe la conexión a tierra para trabajar. Cuando desconecte el suministro eléctrico, utilice siempre los procedimientos de bloqueo y etiquetado aprobados para evitar descargas eléctricas. Consulte a su supervisor inmediato antes de proceder, siempre que la energía eléctrica esté involucrada en el proceso.

ACR: sistema de aire acondicionado y refrigeración.

Cobre duro estirado: tubo fabricado mediante tracción a través de matrices para reducir su diámetro. El proceso de estirado en frío endurece el cobre y lo hace muy rígido.

Recocido: proceso que implica calentar un material y enfriarlo lentamente para atenuar las tensiones internas. Esto reduce la fragilidad y aumenta la tenacidad.

Tubo para ACR: tubos de cobre recocido fabricados específicamente para uso en trabajos de aire acondicionado y refrigeración.

1.2.0 Dimensionamiento y etiquetado de tubos de cobre

Los métodos de clasificación según las dimensiones varían entre los diferentes tipos de tubos de cobre. Los tipos K, L, M y DWV utilizan el tamaño nominal o estándar. Esto significa que el diámetro exterior (OD - Outside diameter) es siempre 1⁄8 pulg. (0.32 cm) mayor que el **tamaño nominal** (*Figura 1*). El tamaño nominal es la medida aproximada en pulgadas del diámetro interior (ID - Inside diameter) de la mayoría de los tubos de cobre. Por ejemplo, si el tamaño nominal del OD de un tubo tipo M tiene 3⁄4 pulg. (1.91 cm), el tamaño real es de 7⁄8 pulg. (2.22 cm). Esto permite utilizar los mismos accesorios con los diferentes espesores de pared y diámetros interiores de los distintos tipos de tubo de cobre. El ID suele aproximarse más al tamaño indicado. Un tubo con un ID de 1⁄2 pulg. (1.27 cm) mide aproximadamente 1⁄2 pulg. (1.27 cm) entre las paredes interiores del tubo.

Para el tubo tipo ACR, se utiliza el tamaño real del OD. Un tubo de cobre de ACR de 7⁄8 pulg. (2.22 cm) de OD tiene en realidad el mismo OD que un tubo de cobre K, L o M de 3⁄4 pulg. (1.27 cm). Esto significa que se pueden utilizar los mismos accesorios con estos tubos.

Utilice siempre tubos y accesorios de cobre etiquetados y aprobados para uso en sistemas de plomería. Los rótulos de los tubos de cobre contienen información esencial. Los fabricantes deben etiquetar de forma permanente los tipos K, L, M y DWV para mostrar el tipo de tubo, el nombre o marca del fabricante y el país de origen. También imprimen esta información en los tubos duros de un color que identifique el tipo de tubo. Para etiquetar la mayor parte del cobre blando, los fabricantes estampan la información en el producto. En la *Tabla 1*, se muestran cinco tipos de tubos de cobre y su respectivo código de colores para el etiquetado. Se pueden utilizar los códigos locales a fin de completar la columna en blanco con las aplicaciones que corresponden a cada tipo de tubo de cobre.

Tamaño nominal: medida aproximada en pulgadas del diámetro interior (ID) del caño, utilizada para la mayoría de los tubos de cobre. Sin embargo, el tamaño nominal de los tubos para ACR se basa en el diámetro exterior (OD).

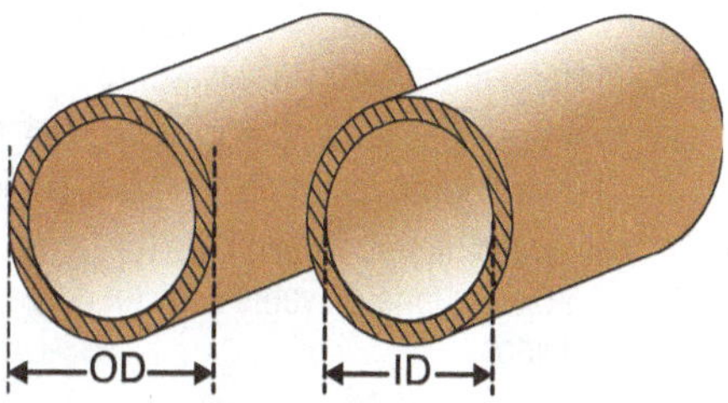

Figura 1 Diámetros de los tubos de cobre.

TABLA 1 Códigos de colores de los tubos de cobre

Tipo	Código de color	Aplicación
K	Verde	
L	Azul	
M	Rojo	
DWV	Amarillo	
ACR	Azul	

Ejercicio: En la *Tabla 1*, complete los espacios en blanco para indicar las aplicaciones que corresponden a cada tipo de tubo de cobre, según los códigos correspondientes de su área.

Conformabilidad: facilidad con la que un material puede doblarse.

Al momento de escoger los tubos de cobre, se deben tener en cuenta la resistencia y la **conformabilidad** (facilidad para doblarse). Consulte los códigos locales de plomería y mecánica a la hora de seleccionar tubos; estos códigos rigen los tipos de tubos que pueden utilizarse en determinadas aplicaciones.

1.3.0 Accesorios y válvulas

Los diferentes tipos de accesorios y válvulas utilizados en los tubos de cobre dependen de cómo se utilice el tubo. Los conectores le permiten unir tubos y cambiar la dirección o el tamaño de un tramo de tubo, por ejemplo. Están diseñados para no bloquear ni frenar el flujo de materiales en el tubo. En esta sección, se analizan los accesorios y las válvulas para el suministro de agua y los accesorios para DWV, así como otras alternativas más actuales.

1.3.1 Accesorios para el suministro de agua

Caída de presión: disminución de la presión de un punto a otro causada por las pérdidas por fricción en un sistema de fluidos, como un sistema de agua.

Las formas de los accesorios individuales sirven para fines específicos, según la orientación del tubo (horizontal o vertical). Se debe utilizar la menor cantidad de conectores posible. Menos conectores significan menos posibilidades de fugas y **caída de presión**, que es la disminución de la presión de un punto a otro causada por las pérdidas por fricción en un sistema de agua. Los accesorios de cobre más utilizados en los sistemas de suministro de agua son los que se incluyen en la *Tabla 2* y que se muestran en la *Figura 2*.

¿Sabías qué?

Cobre en todas partes

El cobre es uno de los metales más abundantes del mundo. Se utiliza desde hace miles de años. Estos son algunos datos interesantes sobre el cobre:

- Existen restos de un tubo de cobre utilizado por los egipcios hace más de 5,000 años que sigue en buen estado.
- Cuando los primeros europeos llegaron al Nuevo Mundo, encontraron que los nativos americanos empleaban el cobre en joyería y decoración. Gran parte de este cobre procedía de la región que rodea el lago Superior, que separa el norte de Michigan con Canadá.
- En 1664, se estableció una de las primeras minas de cobre de Norteamérica en Massachusetts.
- A mediados de la primera década de 1800, se encontraron nuevos yacimientos de cobre en Michigan.
- Durante la fiebre del oro de California, los mineros que buscaban oro descubrieron vetas ricas en cobre en el oeste de los Estados Unidos.

Fuente: Scott Horvath, Jefe de Medios Sociales de la Oficina de USGS

TABLA 2 Accesorios de cobre comunes con descripciones

Accesorio	Descripción
Codo a 90° y 45°	Codos que se utilizan para cambiar la dirección de la tubería 90° o 45°.
Codo de transición con ojales	Codo que permite fijar la tubería a la estructura del edificio; se utiliza con frecuencia en la última unión antes de que el caño atraviese la pared y se conecte a un artefacto.
Codo tipo calle a 90°	Codos con un extremo macho y uno hembra que se utilizan para cambiar la dirección de la tubería 90°.
Codo tipo calle a 45°	Codos con un extremo macho y uno hembra que se utilizan para cambiar la dirección de la tubería 45°.
Conector en T	Accesorio con tres aberturas que se utiliza para hacer ramales a 90° con respecto al caño principal. Los conectores en T reductores se utilizan para hacer ramales a 90° con respecto al caño principal hacia caños de menor diámetro.
Acoplamiento	Accesorio que se utiliza para conectar tramos de caño y lograr así tramos rectos.
Tapa para caño	Accesorio que se utiliza para cerrar el extremo de un caño de cobre.
Adaptadores macho y hembra	Accesorios que se sueldan al extremo de un tramo de tubo de cobre, a fin de proporcionar un extremo roscado para unir un caño a otro caño roscado.
Adaptador de conexión soldada a compresión	Accesorio que se utiliza para adaptar un tubo de cobre soldado a una junta por compresión mediante un casquillo, que es un anillo de compresión de latón utilizado para la unión. Una junta por compresión consta de una tuerca roscada que se ha ajustado sobre un anillo de compresión para sellar la junta.
Brida de conexión por soldadura	Accesorio que se utiliza para adaptar un tubo de cobre soldado a la brida de un caño de hierro.
Acoplamiento reductor	Se utiliza para conectar un caño más grande a otro más pequeño. Este acoplamiento se ajusta al exterior de ambos extremos de los caños.
Reductor bushing	Accesorio que se utiliza para conectar dos tramos de caño de diferente diámetro. Este reductor se ajusta al interior de un accesorio para reducir su tamaño.
Unión por soldadura blanda o fuerte	Accesorio de cobre o latón que se utiliza para conectar dos tramos de caño. Este accesorio se puede desmontar sin tener que cortar los caños.
Conectores abocardados	Accesorios con un extremo abocardado que puede unirse con un extremo de tubo cónico macho o con una unión. Los accesorios abocardados utilizados en refrigeración y aire acondicionado incluyen una variedad de codos, conectores en T y uniones. Son de latón estampado en caliente y están fabricados mediante un fresado preciso para formar una cara abocardada a 45°. Estos accesorios se utilizan en función del tamaño del tubo. Las tuercas abocardadas tienen forma hexagonal (seis lados). Para ajustar y aflojar estos accesorios, se utiliza una llave de boca ajustable.
Cobre ranurado	Material de acoplamiento mecánico para conectar con firmeza tubos de cobre que se hayan ranurado con rodillos. Los accesorios de cobre ranurados están hechos para conectar tubos de cobre de 5.08 a 2 a 8 pulg. (20.32 cm). Estos accesorios tienen extremos ranurados, por lo que se pueden instalar con una llave. Esto elimina la necesidad de realizar soldaduras blandas o fuertes.
Accesorios SharkBite®	Son conexiones por empuje que utilizan dientes de acero inoxidable y una junta tórica comprimible.
Accesorios ProPress®	Accesorios a presión que no necesitan soldarse.

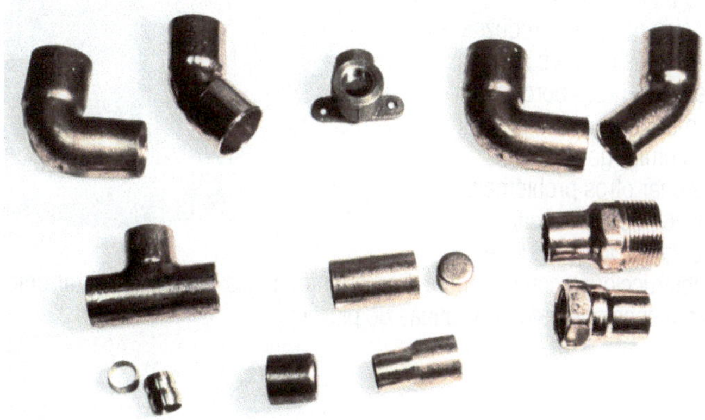

Figura 2 Accesorios para tubos de cobre.

Soldadura fuerte: método para unir dos piezas de metal que utiliza una aleación con un punto de fusión inferior al del metal o metales de la junta. La aleación se utiliza como metal de aportación para unir y rellenar los huecos entre las piezas mediante la capilaridad.

Los accesorios para soldar, también llamados *conectores soldables*, son accesorios de cobre o latón especiales que se utilizan para realizar una soldadura blanda o **soldadura fuerte** en tubos de cobre (*Figura 3*). Estos accesorios se hacen apenas más grandes que los tubos que se quiere unir, a fin de que haya espacio suficiente solo para soldar la junta. Los adaptadores permiten unir los tubos de cobre con tubos roscados en un extremo mientras se suelda el otro.

Existen dos tipos de accesorios para soldar con tubos de cobre: el cobre forjado y el bronce fundido (*Figura 4*).

Figura 3 Accesorios para soldar.

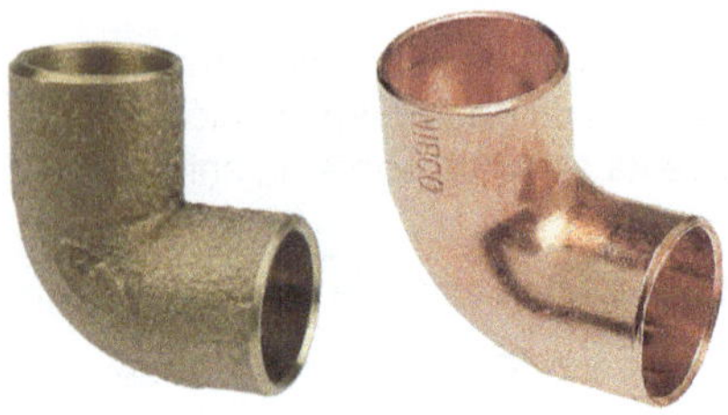

Bronce fundido Cobre forjado

Figura 4 Accesorios de bronce fundido y cobre forjado.
Fuente: NIBCO INC.

Los accesorios cobre forjado se fabrican a partir de tubos de cobre a los que se les da la forma deseada. Suelen ser ligeros y lisos por fuera, y tienen paredes delgadas.

Los accesorios de bronce fundido (también denominados *accesorios de soldante fundido*) se fabrican con un molde. Los primeros accesorios fundidos tenían orificios en las cavidades para introducir el soldante. En la actualidad, el cobre fundido se vierte en el molde y se lo deja enfriar. Los accesorios de bronce fundido tienen una superficie exterior rústica y se pueden encontrar con diferentes formas. Son más pesados que los accesorios de cobre forjado.

1.3.2 Válvulas para el suministro de agua

Las válvulas regulan el flujo de un líquido. Su función puede ser abrir o cerrar el suministro, o evitar la inversión del flujo en una línea. Utilizan uno o más de los siguientes métodos para controlar el flujo a través de un sistema de tuberías:

- Mueven un disco o tapón dentro de una vía o contra ella.
- Deslizan una superficie cilíndrica o esférica plana por una vía.
- Giran un disco o elipse alrededor de un eje que se extiende a lo largo del diámetro de un tubo.
- Mueven un material flexible dentro de la vía.

Uniones dieléctricas

Si se unen metales distintos, como el cobre y el caño galvanizado, se produce un proceso llamado *electrólisis*. Los accesorios de transición, como las uniones dieléctricas, evitan que se produzca la electrólisis. Estas uniones aíslan los diferentes materiales porque utilizan una mezcla de latón, plástico o caucho. Sin embargo, también pueden ocasionar otros problemas. Por ejemplo, se pueden formar depósitos de calcio, lo que puede conducir a obstrucciones con el tiempo. Por lo tanto, nunca se deben utilizar uniones dieléctricas a menos que estén revestidas de plástico.

Válvulas comunes para sistemas de suministro de agua (consulte la *Figura 5*):

- *Válvula de compuerta.* Válvula con un disco metálico acuñado o cónico que encaja en una superficie lisa o en un asiento con la misma forma, lo que permite un flujo en línea recta con poca obstrucción. Las válvulas de compuerta son una buena opción para las líneas que permanecerán abiertas o cerradas por completo la mayor parte del tiempo. En la *Figura 5* (A) se muestra una válvula de compuerta.
- *Válvula de globo.* Controla el flujo del líquido con un vástago móvil, que desciende para restringir el flujo a través de la abertura de la válvula. Como esta válvula es confiable y sencilla de reparar, se suele utilizar en las líneas de suministro de agua dentro de los edificios.
- *Válvula esférica.* Consiste en una bola con un orificio en su diámetro, montada sobre un vástago. Cuando la válvula esférica está cerrada, el orificio queda a 90 grados con respecto al cuerpo de la válvula, por lo que no puede haber flujo. Cuando la válvula se gira un cuarto de vuelta o se abre por completo, el agua fluye a través del orificio. En la *Figura 5* (B) se muestra una válvula esférica.
- *Válvula de compresión, cierre y desagüe.* Válvula que se abre o se cierra subiendo o bajando un disco horizontal con un vástago roscado. Una arandela elastomérica (o engomada) en el extremo del vástago sella el asiento de la válvula, lo que cierra el paso del agua. Se suele utilizar para el drenaje y la protección contra las heladas en la superficie.
- *Válvula de cierre.* Controla el flujo de líquidos o gases entre un edificio y la fuente de suministro. También se la denomina *llave de paso.* En la *Figura 5* (C) se muestra una válvula de cierre.
- *Válvula de retención.* Válvula automática que permite el flujo del líquido en una sola dirección. Evita el flujo inverso. Las válvulas de retención se suelen utilizar en los pozos domésticos y de riego. En la *Figura 5* (D) se muestra una válvula de retención.

(A) Válvula de compuerta (B) Válvula esférica (C) Válvula de cierre (D) Válvula de retención

Figura 5 Válvulas comunes para sistemas de cobre de suministro de agua.

1.3.3 Accesorios de drenaje, desagüe y ventilación (DWV)

Los accesorios de DWV están diseñados para permitir que los líquidos y otros materiales fluyan sin problemas a través de ellos. Los que más se utilizan en los sistemas de DWV son los codos (a 90°, 45°, 22½°), los adaptadores macho, los **casquillos** adaptadores, los conectores en T sanitarios, las T de punto de acceso al drenaje, las T reductoras, los conectores Y, y los reductores.

Casquillo: anillo de compresión de latón utilizado para unir tubos de cobre.

1.3.4 Accesorios alternativos

Además de los accesorios habituales que se han mencionado, se pueden utilizar algunos accesorios alternativos para unir tubos de cobre. Estas alternativas pueden ser accesorios por presión o conectores en T armados de forma mecánica.

Accesorios por presión

Los accesorios por presión, también llamados *accesorios de conexión por presión*, son accesorios mecánicos que conectan los tubos mediante un sistema de prensado en frío. Se los introdujo en Alemania en la década de 1970 y hace poco tiempo en Estados Unidos, y se los utiliza sobre todo para los sistemas de agua potable. Se instalan con una herramienta de prensado eléctrica o manual. Esta herramienta presiona de forma mecánica el accesorio alrededor del tubo contra una junta tórica ubicada dentro del accesorio. Esto asegura que la conexión sea fuerte y a prueba de fugas.

Conexiones en T

T con cabeza abultada: conector en T utilizado en un ramal que es más grande que la línea principal o que tiene una salida más grande que las aberturas del tramo.

Una **T con cabeza abultada** es un conector en T que se utiliza en ramales más grandes que la línea principal. El término también se utiliza para describir un conector en T en el que la salida es más grande que la abertura del tramo recto.

Si los conectores en T no se instalan de forma correcta, pueden ocasionar un problema llamado *inyección forzada*, como resultado de una abertura de salida más grande. Cuando el flujo de líquido choca con la pared del dorso de la T, provoca turbulencias. Esto se suma a la caída de presión, ya que el líquido se mueve de un tubo más pequeño a otro más grande. Esta turbulencia también puede ocasionar ruidos por los golpes en la línea.

Si se coloca más de un conector en T en la línea, se recomienda utilizar un tramo de caño recto entre estos conectores para reducir la turbulencia. La longitud entre los conectores en T debe ser 10 veces el diámetro del tubo. Por ejemplo, un tubo de 4 pulg. (10.16 cm) de diámetro debe tener 40 pulg. (101.60 cm) de tubo entre cada accesorio (10 × 4 pulg. = 40 pulg.).

El método de extracción en forma de T es un método mecánico para crear conexiones en T con una herramienta de extracción. La herramienta permite perforar una sección del tubo y crear una conexión en T. Se debe realizar una soldadura fuerte para unir el ramal al tubo. Este método aumenta la productividad porque solo se crea una unión soldada en lugar de tres uniones soldadas para formar la conexión en T. Se suele utilizar para crear distribuidores e instalaciones de aspersores de cobre contra incendios. Algunos códigos no permiten utilizar herramientas de extracción para las instalaciones de drenaje debido a la posibilidad de fugas. Asegúrese de seguir las instrucciones del fabricante y consulte siempre los códigos correspondientes.

Las conexiones en T mecánicas ofrecen un resultado similar si se utiliza una herramienta de corte de orificios con un conector en T mecánico colocada sobre ella con un collarín, una junta y pernos para lograr un sello adecuado. Aunque existen tamaños más pequeños para los tubos de cobre, estas conexiones se encuentran con más frecuencia en las aplicaciones de tuberías más grandes. La boca de salida puede tener un extremo roscado o ranurado para conectar caños adicionales.

Los conectores SharkBite® (*Figura 6*) son conexiones por empuje que utilizan dientes de acero inoxidable y una junta tórica comprimible para conectar el tubo de cobre.

Los conectores por presión son un tipo de conectores que no necesitan soldadura para unir los tubos de cobre (*Figura 7* y *Figura 8*). Se consiguen de cobre, bronce y acero inoxidable de ½ a 4 pulg. (1.27 a 10.16 cm).

(A) (B) (C)

Figura 6 Accesorios SharkBite®.

Figura 7 Accesorios por presión.
Fuente: cortesía de Sporlan Division - Parker Hannifin Corporation

Figura 8 Herramientas ProPress®.
Fuente: Ridge Tool Company

La unión de tuberías mediante conectores ranurados ahorra tiempo y dinero. Los conectores ranurados son más costosos que los roscados, aunque se necesitan menos horas de trabajo para unir caños con estos accesorios. En caños de diámetro grande, el ahorro de mano de obra por realizar uniones con conectores ranurados es mayor que los costos de material que se ahorran con el uso de conectores roscados. Ranurar tubos en la obra es sencillo, mientras que para roscar tubos de más de 2 pulg. (5.08 cm) es necesario volver al taller. Si se utiliza un caño de pared delgada que no se puede roscar, se puede utilizar un acoplamiento ranurado para la conexión en la obra como solución catalogada.

En la *Figura 9*, se muestran los elementos en una conexión ranurada.

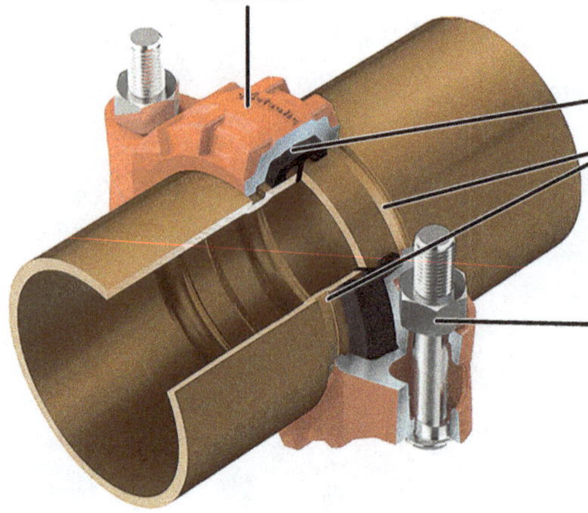

Figura 9 Conexión ranurada típica.
Fuente: cortesía de Victaulic Company

¡ADVERTENCIA!

Trabaje siempre bajo la supervisión de su instructor o jefe de equipo, y respete siempre las medidas de seguridad para protegerse de lesiones a sí mismo y a sus compañeros y para evitar daños en los equipos. No intente realizar ningún trabajo para el que no se haya capacitado de forma específica. Por ejemplo, no accione las válvulas a menos que conozca con exactitud el resultado.

Antes de trabajar solo en un sistema, debe conocer las condiciones de temperatura y presión que existen en cada punto del sistema y cómo esas condiciones pueden verse afectadas por las averías o los cambios en las posiciones de las válvulas.

Iniciativa verde

Reciclaje del cobre

Las industrias estadounidenses utilizan cerca de tres millones de toneladas de cobre al año. Alrededor de dos tercios del cobre se extrae de las minas; el resto procede del cobre reciclado. Los objetos desechados, los edificios desmantelados y la maquinaria desgastada son fuentes de chatarra para obtener cobre. Este cobre residual se puede fundir y volver a utilizar. Muchas estaciones de reciclaje pagan por el cobre de desecho.

1.4.0 Almacenamiento y manipulación de materiales

Es importante almacenar y manipular los tubos de cobre de forma cuidadosa y organizada. Siga estos consejos cuando almacene y manipule tubos de cobre en el trabajo:

- Planifique antes de empezar a trabajar.
- Almacene siempre los tubos de cobre en un lugar seguro.
- Almacene los tubos y accesorios cerca del lugar donde vaya a trabajar para que estén al alcance.
- Organice los tubos y accesorios en grupos por tamaño y tipo de tubo.
- Al manipular los tubos y accesorios, tenga cuidado de no doblarlos ni dañarlos. Los tubos doblados o dañados no solo cuestan dinero, sino que también reducen la productividad.
- Tenga mucho cuidado cuando trabaje con temperaturas bajas. El tubo de cobre frío puede pegarse a las manos sin protección y lastimarlas.

NOTA

Como el cobre es valioso, se lo suelen robar en las obras, incluso cuando ya está instalado. Adopte las medidas adecuadas para guardar el cobre de forma segura y verifique que el edificio esté cerrado al final del día.

Repaso de la sección 1.0.0

1. El cobre estirado se fabrica mediante un _____.
   a. proceso de calentamiento
   b. proceso de enfriamiento
   c. proceso de tracción
   d. proceso de presurización

2. El tubo de cobre utilizado para DWV está marcado con el código de color _____.
   a. naranja
   b. azul
   c. amarillo
   d. verde

3. ¿Cuál de las siguientes afirmaciones es *cierta* sobre los accesorios?
   a. Se pueden utilizar para reducir las caídas de presión.
   b. Se debe utilizar la menor cantidad de accesorios posible.
   c. Los accesorios para soldar son un poco más pequeños que los tubos que se deben unir.
   d. Los accesorios para soldadura blanda o fuerte se utilizan con tubos roscados.

4. Tenga mucho cuidado cuando trabaje con tubos de cobre a bajas temperaturas porque pueden _____.
   a. romperse
   b. contraerse
   c. lastimar las manos sin protección
   d. corroerse

2.0.0 Medición, corte y doblado

Tareas prácticas

3. Seleccionar el equipo de protección personal adecuado para trabajar con los tubos de cobre.
4. Medir, cortar y unir tubos de cobre en forma correcta.

Objetivo

Describir los diferentes métodos para cortar y doblar tubos de cobre.

a. Explicar las herramientas y métodos utilizados para medir los tubos de cobre.
b. Explicar las herramientas y los métodos utilizados para cortar los tubos de cobre.
c. Describir las herramientas y los métodos utilizados para doblar los tubos de cobre.
d. Describir los diferentes métodos utilizados para unir los tubos de cobre.

Algunas técnicas de medición, corte, escariado, doblado, unión y ranurado están relacionadas específicamente con el cobre. Se pueden utilizar diferentes técnicas para los distintos trabajos o tipos de tubo de cobre. Por lo tanto, debe familiarizarse con las herramientas que se utilizan para instalar tuberías de cobre de forma correcta. En las siguientes secciones, se explican los métodos para medir, cortar, doblar, unir y ranurar tubos de cobre.

¡ADVERTENCIA!

Antes de comenzar un trabajo, tenga en cuenta los posibles riesgos y utilice el PPE adecuado, como gafas de seguridad, casco y guantes. Además, tenga cuidado con los productos para el cabello y las cremas para afeitar, que pueden ser inflamables. Asegúrese siempre de que haya un extintor cerca en el lugar de trabajo.

2.1.0 Medición

Es muy importante medir el tubo con precisión. En la *Tabla 3*, se describen diversos métodos de medición de tubos de cobre.

TABLA 3 Métodos de medición de tubos de cobre

Método	Descripción	Cuándo utilizarlo
De extremo a extremo	Medida de la longitud total del tubo.	Se utiliza para tubos que no tienen ningún accesorio unido a ninguno de sus extremos.
De extremo al centro	La longitud del tubo es igual a la medida menos la dimensión del accesorio de extremo a centro.	Se utiliza para tubos que tienen un accesorio unido en un solo extremo.
De centro a centro	La longitud del tubo es igual a la medida menos la suma de las dimensiones de extremo a centro de los accesorios.	Se utiliza con un tramo de tubo que tiene accesorios unidos en ambos extremos.
De extremo a cara	La longitud del tubo es igual a la medida.	Se utiliza para tubos que tienen un accesorio unido en un solo extremo.
De cara a cara	La longitud del tubo es igual a la medida.	Se utiliza con un tramo de tubo que tiene accesorios unidos en ambos extremos.
De cara al dorso	La longitud del tubo es igual a la medida más la distancia de la cara al dorso de un accesorio soldado.	Se utiliza con un tramo de tubo que tiene accesorios unidos en ambos extremos.
De centro a cara	La longitud del tubo es igual a la medida desde el centro de uno de los accesorios hasta la cara del accesorio opuesto, más el doble de la longitud de inserción.	Se utiliza con un tramo de tubo que tiene accesorios unidos en ambos extremos.
De extremo al dorso	La longitud del tubo es igual a la medida más la longitud del accesorio soldado.	Se utiliza para tubos que tienen un accesorio unido en un solo extremo.

2.2.0 Corte

Los tubos de cobre se pueden cortar con un cortatubos manual, una sierra para metales o una cortadora pequeña (*Figura 10*). Aunque todas estas herramientas sirven para realizar el corte, el cortatubos manual es el método preferido. Antes de realizar el corte, asegúrese de que el cortatubos sea del tamaño adecuado para el tubo y verifique que el disco de corte esté en su sitio. Los cortatubos internos se utilizan para recortar los extremos extendidos de los conductos de desagüe del inodoro y de la ducha instalados por debajo del nivel de la brida.

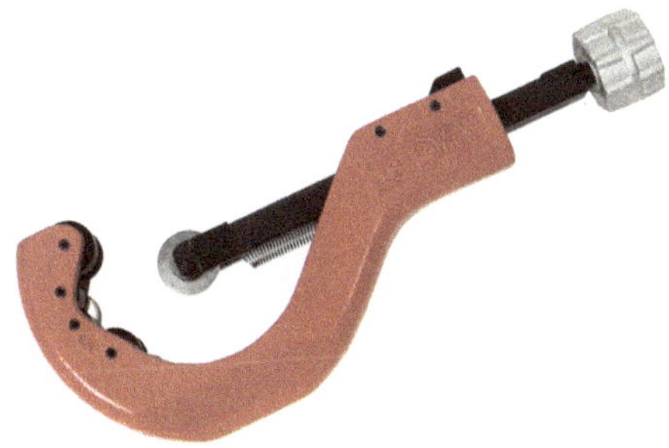

Figura 10 Cortatubos.
Fuente: Reed Manufacturing

Después del corte, se deben escariar los extremos de todos los tubos en el diámetro interior completo. El escariado elimina la pequeña rebaba (borde interior rugoso) que se crea al cortar el tubo. Las rebabas que se dejan en los tubos pueden producir corrosión en su interior. Los tubos que están bien escariados ofrecen una superficie interior lisa que permite un mejor flujo. También debe eliminar las rebabas del exterior del tubo para asegurar un buen ajuste.

Las herramientas que se utilizan para escariar los extremos de un tubo pueden ser la hoja de escariado del cortatubos, las limas (redondas o media caña), las navajas y los escariadores. Si el tubo se deforma, puede utilizar una **herramienta de dimensionamiento**, que consiste en un tapón y un anillo medidor que se utiliza para devolver la forma a un tubo deformado. Se pueden encontrar distintos modelos, y el tamaño de los cortes varía entre $\frac{1}{8}$ y $4\frac{1}{8}$ pulg. (0.32 y 10.48 cm) de diámetro exterior.

Herramienta de dimensionamiento: herramienta compuesta por un tapón y un anillo medidor que se utiliza para devolver la forma a un caño deformado.

Para utilizar el cortatubos manual, siga estos pasos (consulte la *Figura 11*):

Paso 1 Coloque el cortatubos sobre la parte del tubo que desea cortar (*Figura 11* [A]). Apriete la perilla para forzar el disco de corte contra el tubo.

Paso 2 Realice el corte girando el cortador alrededor del tubo con una presión constante.

Paso 3 Utilice la cuchilla de escariado incorporada para eliminar las rebabas del interior del tubo (*Figura 11* [B]).

(A) (B)

Figura 11 Uso de un cortatubos manual.
Fuente: Ridge Tool Company

Para cortar tubos estirados de mayor tamaño, se puede utilizar una sierra para metales y una prensa. La prensa es una herramienta de agarre que sujeta un objeto mientras se trabaja en él. El uso de una prensa le ayuda a poner los extremos a escuadrar y permite realizar cortes más precisos. La hoja de la sierra para metales debe tener al menos 32 dientes por pulgada. Evite dejar cortes de sierra en el interior del tubo. Pula el extremo para lograr una superficie suave y limpie cuidadosamente el interior del tubo con un paño. Para cortar grandes cantidades de tubos, utilice herramientas portátiles accionadas por una fuente de energía con discos abrasivos para cortar, limpiar y pulir los tubos.

2.3.0 Doblado

PRECAUCIÓN

Al doblar un tubo, tenga cuidado de no aplastarlo debido a una curva demasiado pronunciada.

NOTA

El radio de curvatura de los tubos doblados a mano es mucho mayor que cuando se utiliza una curvadora mecánica, debido al riesgo de aplastamiento.

A diferencia de los tubos de metal rígidos, como los de hierro fundido, algunos tipos de tubo de cobre blando se pueden doblar. De hecho, determinadas pruebas han demostrado que la resistencia a la rotura de un tubo doblado es mayor que la de un tubo normal. El doblado reduce el número de juntas y conectores en un sistema de plomería. Esto puede reducir las fugas, el tiempo de instalación y los costos. Cuando se utiliza un tubo blando, es mejor doblarlo en lugar de cortarlo. Los tubos de diámetro pequeño se pueden doblar con la mano con facilidad.

Puede utilizar el equipo de doblado de tubos para realizar curvas precisas y confiables, tanto en tubos blandos como rígidos. Este equipo dispone de varios tamaños de accesorios de conformación para utilizarlos en el doblado de tubos con diámetros de hasta ⅞ pulg. (2.22 cm) en cualquier ángulo de hasta 180° (*Figura 12*).

Al momento de doblar tuberías de cobre, resulta mejor utilizar una curvadora de tubos mecánica. Cuando se utiliza esta curvadora, el radio mínimo de curvatura depende del diámetro exterior del tubo, así como del tipo (estirado o recocido). Por ejemplo, un tubo recocido de ¼ pulg. (0.64 cm) puede tener un radio mínimo de curvatura de ¾ pulg. (1.90 cm) (tres veces el diámetro del tubo). Por ejemplo, un tubo estirado en frío de ½ pulg. (1.27 cm) puede tener un radio mínimo de curvatura de 2½ pulg. (6.35 cm) (cinco veces el diámetro del tubo). De la misma forma, un tubo recocido de 1 pulg. (2.54 cm) puede tener un radio mínimo de curvatura de 4 pulg. (10.16 cm) (cuatro veces el diámetro del tubo). Consulte las tablas del fabricante de la curvadora de tubos para seleccionar el radio de curvatura adecuado.

2.4.0 Unión de tubos de cobre

El cobre puede unirse de muchas maneras, como por soldadura blanda o fuerte, una junta por compresión o una junta abocardada. El método depende de la aplicación de plomería y de los factores ambientales. Las uniones por soldadura blanda o fuerte, por ejemplo, requieren un proceso de calentamiento. No debe utilizar este método cuando exista riesgo de incendio en el lugar de trabajo. Las uniones por presión de los tubos de cobre se pueden utilizar en entornos con riesgo de incendio. Como siempre, cumpla todos los códigos correspondientes y siga las instrucciones del fabricante al unir tubos de cobre. Estos tubos nunca se deben unir con una junta roscada.

2.4.1 Soldadura blanda

La soldadura blanda es un tipo de unión por calor en la que el tubo de cobre se une cuando se funde un metal de aportación blando en la unión entre los dos tubos. Los accesorios para soldar se hacen apenas más grandes que los tubos que se quiere unir, a fin de que haya espacio suficiente solo para soldar la junta. Este espacio se denomina *espacio capilar.* El soldante se funde y fluye en el hueco en un proceso conocido como **capilaridad**. La capilaridad se produce independientemente de si el soldante fundido fluye hacia arriba, hacia abajo o en forma horizontal. Los adaptadores permiten unir los tubos de cobre con tubos roscados en un extremo mientras se suelda el otro.

Capilaridad: flujo del soldante fundido en el espacio estrecho entre el caño y la junta durante la soldadura blanda. El soldante puede fluir hacia arriba, hacia abajo o en forma horizontal.

La unión por soldadura blanda o fuerte se realiza mediante la medición, el corte, el escariado, la limpieza y la aplicación de fundente al tubo de cobre; luego, se añade soldante y se lo calienta a una temperatura determinada hasta que fluya en la unión. Siempre se debe utilizar soldante sin plomo. El fundente es una pasta que actúa como agente humectante y limpiador y ayuda al proceso de soldadura blanda al evitar la oxidación de la unión, la que podría dañar al cobre. El fundente debe ser soluble al agua y no puede contener plomo. El calor necesario para la soldadura blanda (de 350 a 550°F [176 a 288°C]) puede generarse mediante electricidad o a partir de distintos tipos de gases. Se pueden realizar uniones por soldadura blanda o fuerte con cobre duro o blando de tamaños nominales de 1⁄8 a 4 pulg. (0.32 a 10.16 cm).

Las herramientas utilizadas para soldar tubos de cobre a los accesorios incluyen un cortatubos, un cepillo para accesorios, soldante, pincel para fundente y un soplete para soldadura blanda (*Figura 13*). En lugar de un cepillo para accesorios, se puede utilizar cualquier otro abrasivo que no sea lana de acero. La lana de acero contiene aceite, y esto contamina el tubo.

Figura 12 Equipo para doblar tubos.
Fuente: Ridge Tool Company

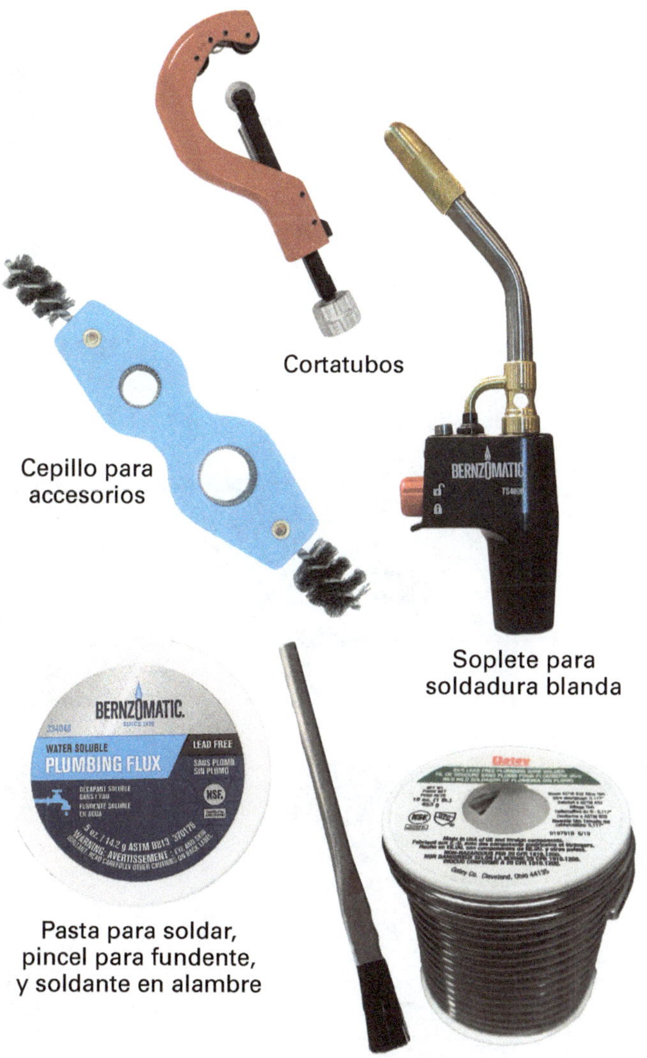

Figura 13 Herramientas para soldar un tubo de cobre a un accesorio.
Fuente: Reed Manufacturing (cortatubos); cortesía de RIDGID Tool Company (cepillo para accesorios)

Figura 14 Soldadura blanda de un tubo de cobre a un accesorio.

Para soldar tubos de cobre a un accesorio, siga estos pasos (consulte la *Figura 14*):

Paso 1 Mida y marque la longitud del tubo, incluida la **distancia del centro al extremo del conector** para la parte del tubo que se extiende dentro de los accesorios.

Paso 2 Utilice un cortatubos para cortar.

Paso 3 Utilice el escariador (*Figura 15*) del extremo del cortatubos para eliminar la rebaba del interior del tubo.

Paso 4 Limpie el interior del tubo (*Figura 14* [A]). Limpie el interior de cada accesorio frotándolo con un cepillo para accesorios. También puede limpiar el tubo con un paño abrasivo (*Figura 14* [B]). En la *Figura 14* (C), se muestra el tubo y el accesorio después de la limpieza.

Paso 5 Aplique una fina capa de fundente en el extremo de cada tubo (*Figura 14* [D]) y en el conector (*Figura 14* [E]) con un pincel para fundente.

Paso 6 Introduzca el tubo en el conector y gírelo unas cuantas veces para que el fundente se distribuya de manera uniforme. (*Figura 14* [F]).

Paso 7 Mantenga la punta de la llama del soplete para soldadura blanda contra el conector (*Figura 14* [G]). Cuando escuche un silbido proveniente del fundente, mueva la llama hacia el otro lado del conector para calentarlo de manera uniforme. Algunos plomeros utilizan un soplete para soldadura blanda especial que se enciende con un tanque de gas de 20 libras, llamado tanque B.

Paso 8 Cuando el fundente comience a hacer burbujas, retire el soplete y toque con el soldante en alambre el punto donde el tubo entra en el conector. El soldante se fundirá y penetrará en la junta. Una vez que se vea una línea de soldante completa alrededor de la unión, sabrá que la conexión está llena.

Paso 9 Deje que la zona se enfríe hasta que el soldante se solidifique.

Paso 10 Una vez que el soldante se haya solidificado, limpie con un paño suave y húmedo para eliminar los restos de fundente (*Figura 14* [H]).

La soldadura fuerte es un proceso de calentamiento muy similar al de la soldadura blanda, pero requiere metales de aportación que se funden a temperaturas mucho más altas (entre 1,100 y 1,500°F [593 y 815°C]) que los soldantes. Los plomeros utilizan la soldadura fuerte cuando las juntas deben ser muy resistentes. Por ejemplo, suele ser necesaria para unir tubos de refrigeración. También puede ser necesaria para líneas de gas medicinal u oxígeno en hospitales.

2.4.2 Creación de juntas por compresión

Una junta por compresión (*Figura 16*) es una unión mecánica que se realiza mediante la medición, el corte y el escariado de los tubos y utilizando juntas de compresión. Con este método, se debe ajustar una tuerca roscada para apretar un anillo de compresión y sellar la junta. Este tipo de unión se utiliza a menudo para unir tubos de refrigerante. Es un método popular porque utiliza juntas roscados y lleva menos tiempo que hacer juntas soldadas o abocardadas.

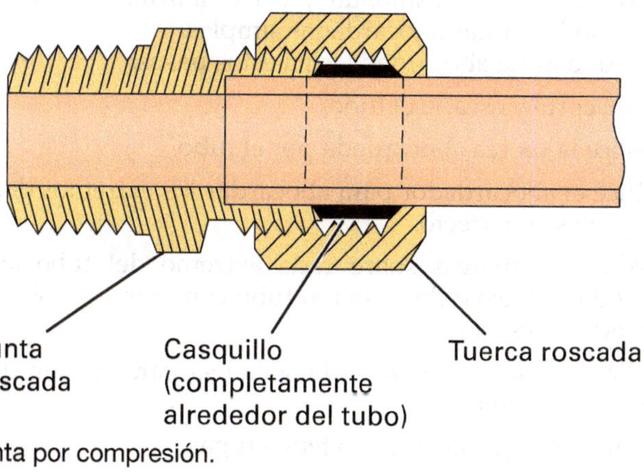

Figura 16 Junta por compresión.

Distancia del centro al extremo del conector: longitud extra que se añade a un caño al acoplar los accesorios y que debe tenerse en cuenta al montar un sistema de tuberías.

Figura 15 Escariador.

¿Sabías qué?

Accesorios para soldadura blanda o fuerte

Para soldar accesorios de cobre, debe calentar el accesorio hasta que la pasta de soldar comience a derretirse. Esta pasta fundida se asemeja a gotas de sudor en la tubería, lo que dio origen al término en inglés, "*sweat fittings*".

Para crear una junta por compresión, siga estos pasos:

Paso 1 Mida, corte y escarie el tubo. Asegúrese de que el tubo esté cortado a escuadra y no tenga rebabas.

Paso 2 Deslice la tuerca por el tubo y deslice el anillo de compresión sobre el tubo con los dientes hacia el extremo del tubo.

Paso 3 Instale el cono con la superficie convexa hacia el final del tubo. Para asegurarse de que el conector se una por completo, ¼ pulg. (6.35 mm) del tubo deben sobresalir del cono cuando se trabaja con un tubo de ½ pulg. (1.27 cm), y ½ pulg. (1.27 cm) del tubo deben sobresalir del cono cuando se trabaja con un tubo de ¾ pulg. (1.90 cm).

Paso 4 Empuje la tuerca hasta el conector y ajuste. Cuando el conector chirría, gire la tuerca una vuelta completa más.

2.4.3 Creación de juntas abocardadas

Estampado en caliente: característica de un producto que se obtiene al golpear o dar forma a un metal calentado entre matrices con un martillo pilón o una prensa.

Las juntas abocardadas pueden ser necesarias en una instalación en la que exista un riesgo de incendio y no se permita el uso de un soplete para soldadura blanda o fuerte. La junta abocardada se realiza mediante la medición, el corte y el escariado de los tubos y utilizando una junta aborcadada, que son de latón **estampado en caliente**. Este tipo de unión se suele utilizar para unir tubos de cobre blando con diámetros de ¼ a 2 pulg. (0.64 a 5.08 cm). Los accesorios de cobre blando deben ser herméticos y fáciles de desmontar con las herramientas adecuadas.

Los dos tipos de accesorios abocardados más utilizados son los abocardados simples y los abocardados dobles. Para ambos tipos, se utiliza un abocardador especial (*Figura 17*) para expandir el extremo del tubo hacia fuera en forma abocinada o de cono. El abocardado simple forma un cono de 45° que se ajusta a la cara de una junta aborcadada (*Figura 18*). En una sola intervención, se forma un abocardado simple, y, luego, se pliega la orilla sobre sí misma y se vuelve a comprimir para formar un abocardado doble. El abocardado doble (*Figura 19*) es recomendable en tubos de tamaño grande. El abocardado simple puede ser débil si se lo utiliza bajo presión y expansión excesivas. Las juntas abocardadas dobles son más fáciles de desmontar y volver a armar sin ocasionar daños, en comparación con las juntas abocardadas simples.

Para hacer una junta abocardada, siga estos pasos:

Paso 1 Mida, corte y escarie el tubo.

Paso 2 Deslice la tuerca abocardada por el tubo.

Paso 3 Utilice el abocardador para abocardar los extremos del tubo hasta que el ajuste sea perfecto.

Paso 4 Deslice las tuercas sobre cada extremo del tubo abocardado. Con suavidad, doble o dé forma al tubo con la mano sobre la rosca macho de cada accesorio.

Paso 5 Utilice una llave ajustable de boca lisa para ajustar el accesorio hasta que quede firme.

Paso 6 Compruebe que la junta no tenga fugas.

Figura 17 Herramientas de abocardado.

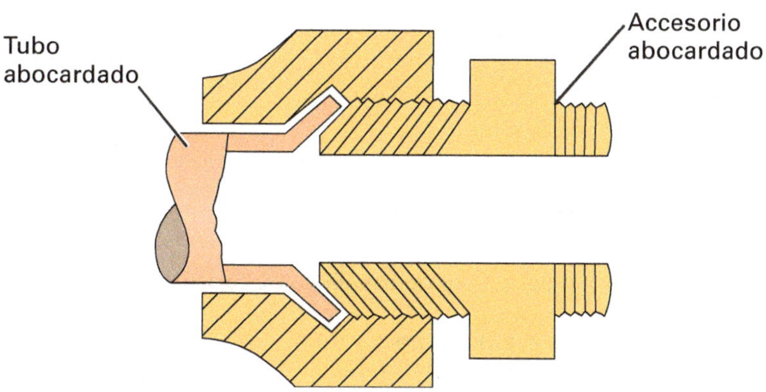

Figura 18 Abocardado simple.

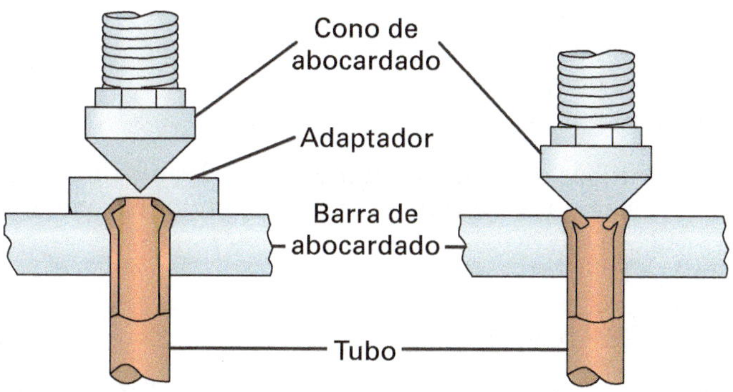

Figura 19 Abocardado doble.

Otro tipo de abocardado que se suele utilizar es el abocardado con martillo. Este abocardador se utiliza para realizar abocardados a 45° en tuberías de cobre blando tipo K para servicios de agua. Los abocardadores con martillo se fabrican de acero endurecido y se introducen en el extremo del tubo con un martillo de latón de cara blanda.

2.4.4 Instalación de juntas mecánicas ranuradas

Las juntas ranuradas son un método eficaz para unir tubos de cobre. En una junta ranurada, los extremos del tubo y del accesorio están ranurados para garantizar una conexión segura. (Vuelva a consultar la *Figura 9*). Siga estos pasos para unir tubos de cobre mediante un acoplamiento ranurado:

Paso 1 Mida, corte y escarie el tubo.

Paso 2 Asegúrese de que la empaquetadura que se va a instalar sea del tamaño y tipo adecuados. Compruebe que los extremos del caño no tengan imperfecciones ni bordes afilados.

Paso 3 Aplique el lubricante aprobado según las instrucciones del fabricante.

Paso 4 Coloque la empaquetadura sobre el extremo del tubo, de manera que no quede suelta ni sobresalga.

Paso 5 Alinee y junte los extremos de los dos tubos.

Paso 6 Centre la empaquetadura entre las ranuras de cada tubo.

Paso 7 Asegúrese de que ninguna parte de la empaquetadura se extienda en la ranura de ninguno de los tubos.

Paso 8 Coloque las carcasas sobre la empaquetadura.

Paso 9 Coloque el alojamiento de la carcasa en las ranuras.

Paso 10 Inserte los pernos; luego, ajuste las tuercas con los dedos.

Paso 11 Ajuste las tuercas con una llave, de manera alternativa y por igual hasta que se cumplan las especificaciones del par de torsión del fabricante (según sea necesario).

PRECAUCIÓN

No es necesario ajustar las tuercas de forma excesiva. El ajuste irregular puede perforar la junta.

Repaso de la sección 2.0.0

1. Para medir la longitud total de una línea de tubos, los plomeros utilizan una _____.
   a. medición de extremo a extremo
   b. medición de cara a cara
   c. medición de centro a centro
   d. medición de dorso a dorso

2. La hoja de una sierra para metales que se utiliza para cortar tubos estirados en frío debe tener _____.
   a. 10 dientes por pulgada
   b. 14 dientes por pulgada
   c. 24 dientes por pulgada
   d. 32 dientes por pulgada

3. Cuando se utiliza una curvadora mecánica, el radio de curvatura *mínimo* de los tubos de cobre estirado en frío de ½ pulg. (1.27 cm) es de _____.
   a. $^1/_2$ pulg. (1.27 cm)
   b. 1 pulg. (2.54 cm)
   c. 2½ pulg. (6.35 cm)
   d. 5 pulg. (12.70 cm)

4. El tipo de unión que puede realizarse con seguridad en un entorno con riesgo de incendio es _____.
   a. una junta abocardada
   b. una junta soldada
   c. una unión por soldadura fuerte
   d. un conector para soldadura blanda o fuerte

3.0.0 Instalación y prueba de tubos de cobre

Objetivo

Describir los métodos utilizados para instalar y probar los tubos de cobre.

a. Describir los sujetadores colgantes y soportes para los tubos de cobre.
b. Explicar los requisitos de aislamiento de los tubos de cobre.
c. Explicar los métodos de prueba de presión de los sistemas de tubos de cobre.

Tarea práctica

5. Seleccionar el soporte y el espaciado correctos para la aplicación.

Todos los tubos se deben instalar y sostener de manera que tanto el tubo como sus juntas no tengan fugas. El soporte incorrecto puede hacer que el sistema de tuberías se deforme. Esto provoca tensiones en el tubo y los accesorios y, con el tiempo, aumenta la posibilidad de que se produzcan roturas o fugas en el sistema de tubos. Sin el soporte adecuado, el tubo de desagüe puede desplazarse de su ángulo correcto y formar sifones. Estos sifones se llenan de residuos líquidos y sólidos que obstruyen la tubería. Los tubos de cobre se sostienen de diversas maneras y con distintos tamaños de sujetadores colgantes y soportes. Asegúrese de respetar las instrucciones específicas de instalación del fabricante y consulte los códigos correspondientes.

3.1.0 Sujetadores colgantes y soportes

Los sujetadores colgantes y los soportes están diseñados para sujetar y sostener el tubo en posición horizontal o vertical. El sujetador colgante que se debe utilizar depende de las especificaciones del trabajo, los documentos que describen la calidad de los materiales requeridos y el trabajo. Las especificaciones de los sujetadores colgantes y los soportes se determinan según los siguientes factores:

- el peso combinado de los accesorios y válvulas;
- el peso máximo del contenido que puede transportar el tubo;
- el material (madera, hormigón, acero) al que se fijará el sujetador colgante;
- la distancia entre el punto de anclaje y el tubo;
- el potencial de corrosión entre el sujetador colgante y los tubos, los accesorios o las válvulas;
- la expansión y la contracción del sistema de tuberías;
- la vibración de los equipos conectados al sistema de tuberías.

Los diferentes tipos de sujetadores colgantes y soportes están diseñados para sujetar y sostener el tubo en posición horizontal o vertical. Se fabrican de varios materiales, como acero al carbono, hierro maleable, fundición y plástico. Se consiguen con diferentes acabados, como cobrizado, negro, galvanizado, cromo y latón. Para reducir la corrosión, los sujetadores colgantes y los soportes deben ser del mismo material que el tubo. Si se utiliza otro material, el tubo debe estar aislado.

Los componentes básicos de los sujetadores colgantes y los soportes pueden clasificarse en las siguientes tres categorías principales:

- Fijaciones para tubos
- Conectores
- Fijaciones estructurales

NOTA

Si va a instalar tubos en una zona sísmica, es decir, donde existe la posibilidad de que se produzcan terremotos, los códigos locales exigen la aplicación de sujeciones antisísmicas. Su finalidad es garantizar que el tubo esté bien sujeto a la estructura en caso de una vibración excesiva. Por ejemplo, algunos códigos exigen que la distancia entre los sujetadores colgantes y los soportes sea más estrecha que en zonas sin actividad sísmica. Además, pueden exigir que se deje un espacio adicional alrededor de los tubos en los puntos en los que se unen a las paredes y los pisos para permitir el movimiento previsto.

Abrazaderas para vigas

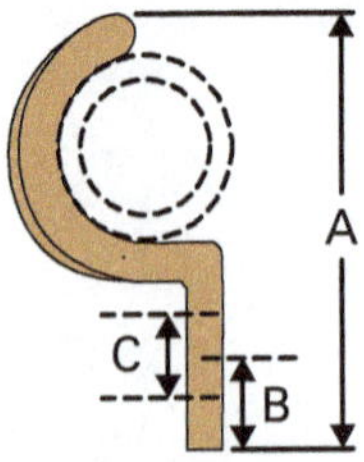

Abrazadera de un orificio

Figura 20 Fijaciones para tubos.

3.1.1 Fijaciones para tubos

La fijación para tubos es la parte del sujetador colgante que toca o se conecta directamente al tubo. Puede estar diseñada para trabajos pesados o ligeros, así como para tubos cubiertos (aislados) o tubos solos. Los códigos correspondientes para la protección contra incendios pueden restringir el uso de sujetadores colgantes de cualquier otro material que no sea cobre. En algunos casos, se pueden utilizar sujetadores colgantes recubiertos de plástico. Para conocer los requisitos específicos, consulte los códigos correspondientes. En la *Figura 20*, se muestran ejemplos de fijaciones para tubos.

Los sujetadores colgantes se utilizan para el soporte horizontal o vertical de los tubos. El objetivo principal de los sujetadores colgantes y los soportes es mantener la tubería alineada y evitar que se doble o deforme. En la *Figura 21*, se muestran ejemplos de sujetadores colgantes.

La estructura de madera de la construcción puede sujetar los tubos mediante varios estilos de fijación (*Figura 22*). Entre ellos se encuentran los ganchos para tubos, los ganchos en J, las abrazaderas para tubos y la cinta perforada para plomería (también llamada *fleje de acero*). Tenga en cuenta que la cinta perforada para plomería quizás no esté permitida en su área. Al elegir sujetadores colgantes de cualquier tipo, consulte siempre los códigos correspondientes.

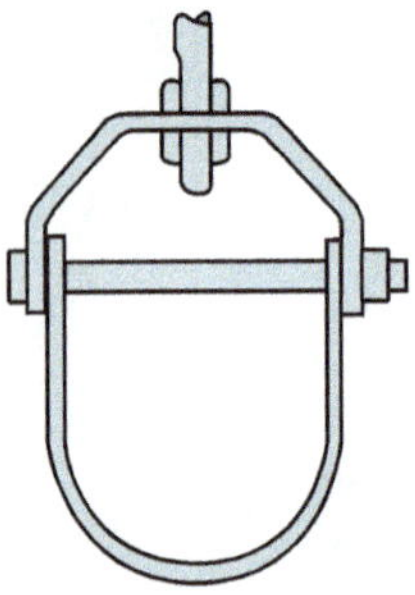

Sujetador colgante de horquilla

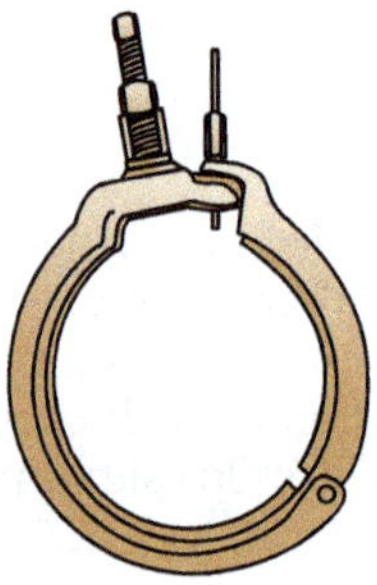

Anillo partido

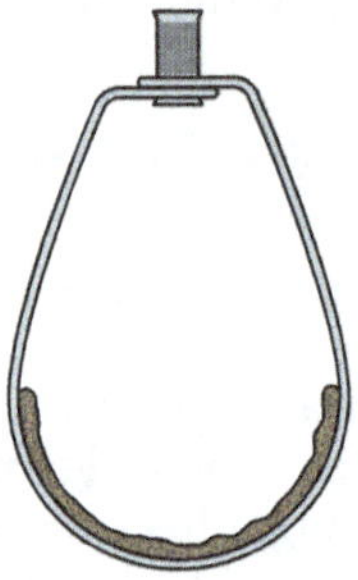

Abrazadera tipo pera con almohadilla de fieltro

Figura 21 Sujetadores colgantes para tubos.

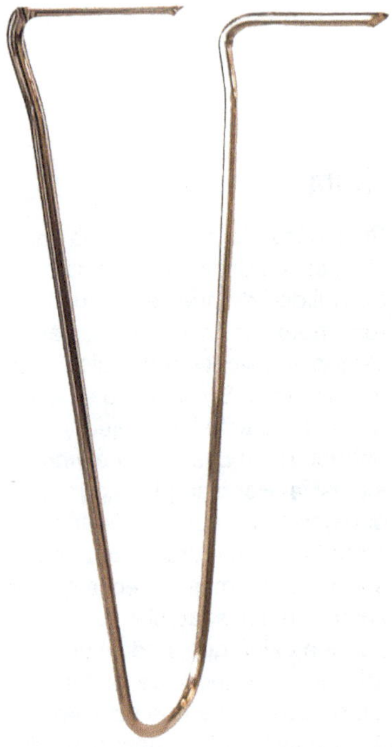

(A) Gancho para caños

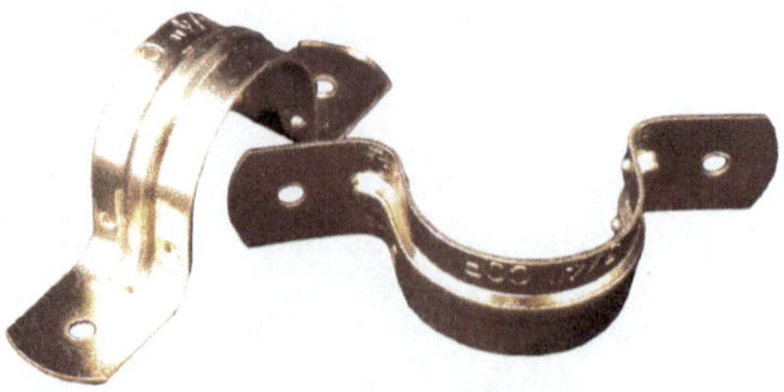

(B) Abrazadera para caños

(C) Gancho en J

Figura 22 Sujetadores colgantes que se utilizan en construcciones de entramado de madera.

Fuente: Sioux Chief Manufacturing Co., Inc. (22C)

Los sujetadores colgantes para tubos se utilizan principalmente para sujetar tubos, pero también pueden utilizarse como soporte para aisladores de vibración (*Figura 23*). Si no se prevén problemas de vibración, siga las prácticas habituales en plomería. Si hay posibilidades de que las vibraciones causen problemas, las especificaciones le deben indicar qué materiales utilizar.

Para fijar los tubos a las vigas y otras estructuras metálicas, se utilizan abrazaderas de un solo orificio, soportes de acero, abrazaderas para vigas o abrazaderas en C. Los sujetadores colgantes verticales, también llamados *abrazaderas para tubería ascendente*, consisten en una abrazadera de fricción que puede fijarse a los componentes estructurales de la obra para soportar la carga vertical del tubo (*Figura 24*). Para fijar los sujetadores colgantes a la mampostería, al hormigón o al acero, se utilizan elementos de fijación especiales.

Otros adjuntos para tubos pueden ser las abrazaderas de tubo universales y las canaletas estándares de $1\frac{5}{8}$ o $1\frac{1}{2}$ pulg. (4.13 o 3.81 cm) (*Figura 25*). Para insertar las abrazaderas ranuradas de acero, se las debe girar en el lugar deseado del lado ranurado de la canaleta. Según los acoplamientos utilizados, los tubos se pueden alinear más o menos cerca unos de otros.

3.1.2 Conectores

La sección de conexión del sujetador colgante une la fijación del tubo con la fijación estructural. Los conectores pueden dividirse en dos grupos: varillas y pernos, y otros adjuntos para varillas.

Las fijaciones de varillas incluyen conectores tipo ojal, piezas de extensión, acoplamientos, acoplamientos reductores, reguladores de sujetadores colgantes, tensores, horquillas y varillas con ojal. Una **horquilla** es un trozo de hierro doblado en forma de U, con orificios en los extremos para alojar un perno o pasador.

Para reducir el riesgo de corrosión, utilice sujetadores colgantes y soportes del mismo material que el tubo o el caño que se sostiene o soporta. Si debe utilizar sujetadores colgantes o soportes de otro material, asegúrese de que el tubo esté bien aislado. Si quiere unir tuberías y accesorios de metales distintos (como cobre y acero galvanizado), utilice una unión dieléctrica para evitar la corrosión galvánica.

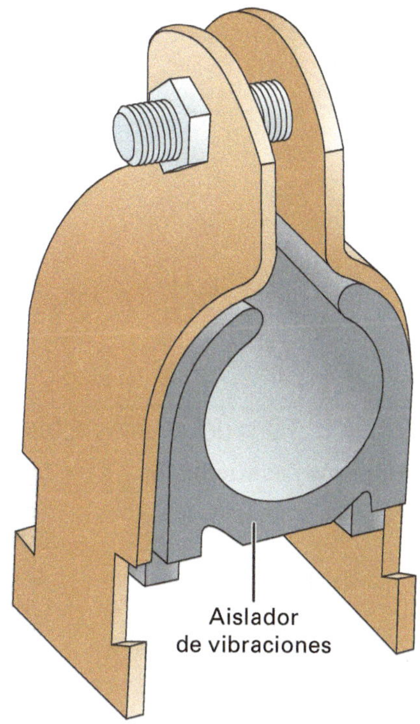

Figura 23 Aislador de vibraciones instalado en un sujetador colgante.

Horquilla: hierro, o eslabón de una cadena, doblado en forma de herradura, estribo o letra U, con orificios en los extremos para recibir un perno o pasador.

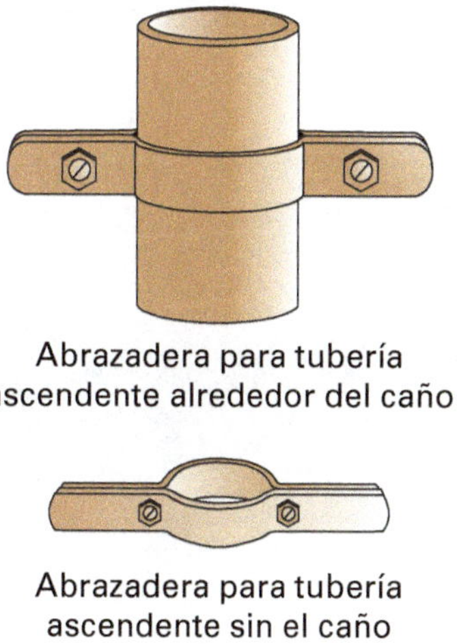

Figura 24 Sujetadores colgantes verticales.

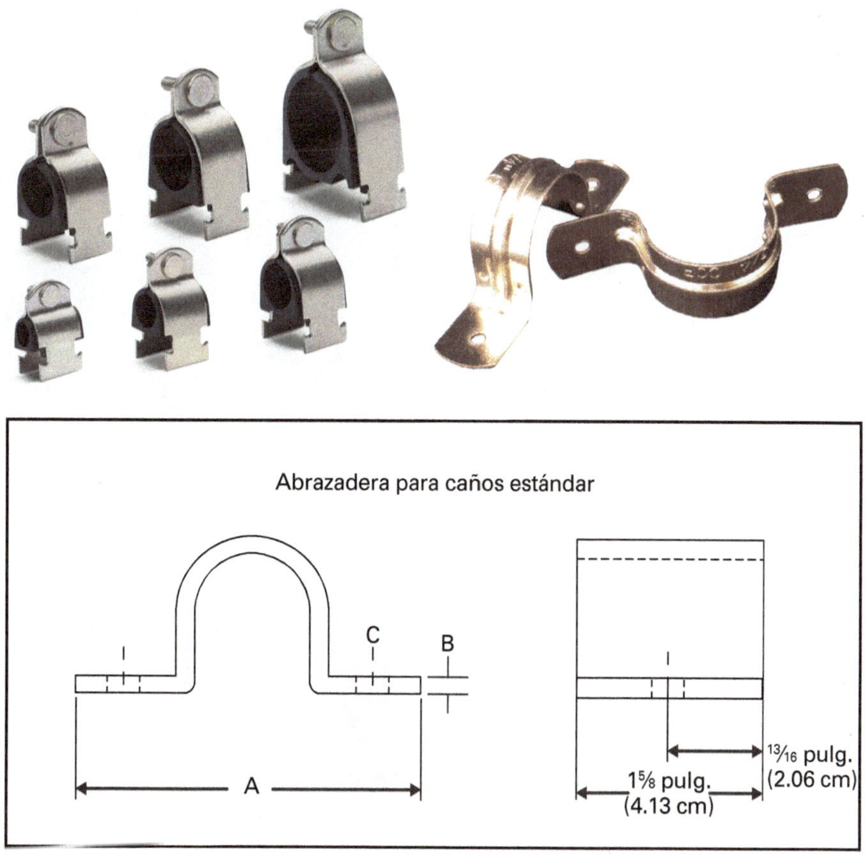

Figura 25 Abrazaderas para caño universales y canaletas.
Fuente: Sioux Chief Manufacturing Co., Inc. (arriba a la izquierda)

3.1.3 Adjuntos estructurales

Los adjuntos estructurales se utilizan para anclar el conjunto de sujetadores colgantes a la estructura de forma segura. Los adjuntos estructurales incluyen anclajes embutidos, pernos molly de plástico o de plomo, anclajes mariposa, abrazaderas para vigas, anclajes para clavos a presión, anclajes para tornillos de hormigón, anclajes con epoxi, varillas roscadas, unicanales y abrazaderas aislantes. Los conductos de agua en las paredes y el suelo deben estar encamisados. Consulte el código local correspondiente para determinar si se deben fijar camisas a los conductos de agua.

Lo que se utilice para instalar los sujetadores colgantes y los soportes depende del elemento y del tipo de material al que se quiera fijar (consulte la *Tabla 4*, la *Figura 26* y la *Figura 27*).

TABLA 4 Tipos de adjuntos estructurales y sus descripciones

Fijaciones estructurales	Descripción
Anclajes embutidos roscados	Se suelen utilizar en techos, paredes y pisos de hormigón. Los diferentes tamaños de anclajes están clasificados para diferentes pesos o separaciones entre anclajes.
Anclajes mariposas	Se utilizan para todos los soportes para paredes o techos huecos, incluidos las placas de yeso y los bloques.
Anclajes para clavos a presión	Se utilizan en hormigón, ladrillos y roca.
Anclajes para tornillos de hormigón	Se utilizan en hormigón, ladrillos y bloques huecos.
Sujetadores colgantes de varillas roscadas	Se utilizan en hormigón, madera o acero. Se pueden cortar las distintas longitudes de varillas roscadas a una longitud determinada. Los tamaños comunes de las varillas roscadas por completo son de ⅜ a ½ pulg. (0.95 a 1.27 cm)
Abrazaderas en C o abrazaderas para vigas	Se suelen utilizar para engancharlas al hierro o a una viga. Incluyen pernos de fijación que se deben apretar para garantizar que no se aflojen.
Canaleta (unicanal)	Se pueden encontrar en diferentes longitudes, anchos y alturas, y se pueden unir con pernos o mediante soldadura. También existen diferentes ménsulas unicanales para piso, pared y suspendidas.
Abrazaderas aislantes (aislantes)	Se utilizan cuando se pasa un caño de cobre a través de orificios perforados en pies derechos de acero (*Figura 26*).

Figura 26 Aisladores utilizados con pies derechos y entramado de acero.
Fuente: iStock@alacatr

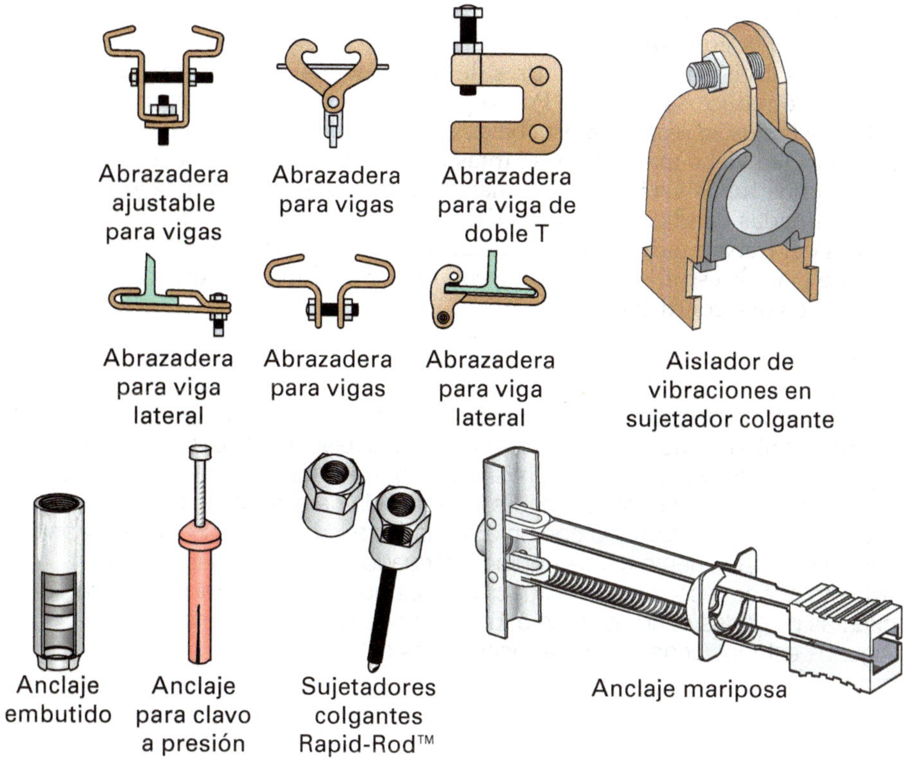

Figura 27 Fijaciones estructurales.

3.2.0 Aislamiento del tubo de cobre

En ciertas condiciones de temperatura y humedad, se forma condensación en las tuberías de agua fría que puede gotear en los equipos o en las áreas ocupadas. Del mismo modo, el calor puede escaparse de las tuberías de agua caliente. Para evitar estos incidentes, algunos tubos se aíslan (*Figura 28*).

El **aislamiento** es un material que ralentiza la transferencia de calor. El corcho, las fibras de vidrio, la lana mineral y las esponjas de poliuretano son ejemplos de esta clase de materiales. El aislamiento debe ser resistente al fuego, a la humedad y a las plagas.

Aislamiento: sustancia que retarda el flujo de calor.

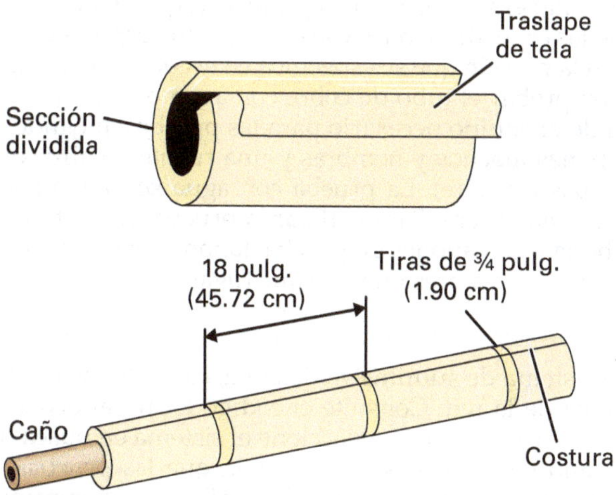

Figura 28 Tubo aislado.
Fuente: Wheeler Rex Pipe Tools

Si el aislamiento no se puede instalar antes de conectar el tubo, se lo debe dividir a lo largo para que encaje sobre el tubo. Luego, hay que sellar las costuras de las divisiones y las costuras de unión. El aislamiento no debe estirarse, porque se reduce su eficacia. Por lo general, no se coloca aislamiento sobre el tubo hasta que se realiza la prueba de presión. Sin embargo, si debe hacerlo con anterioridad, debe mantener las juntas libres para poder verificarlas.

Algunos tubos están siempre aislados, mientras que otros solo lo están en determinadas condiciones. Los códigos locales de edificación y las especificaciones del trabajo indican los requisitos en cuanto al aislamiento. En otra parte de este plan de estudios, aprenderá con mayor profundidad qué tubos se deben aislar y en qué condiciones.

¡ADVERTENCIA!

El retardador de fuego para vigas, el aislamiento y la empaquetadura de las juntas pueden contener asbesto, una sustancia tóxica relacionada con enfermedades pulmonares terminales. Si encuentra asbesto, no lo toque ni intente quitarlo. Debe informar a su supervisor sobre la presencia de este material de inmediato. El asbesto está relacionado con enfermedades a largo plazo. Solo el personal capacitado que cuente con el equipo adecuado para manipular y eliminar asbesto puede resolver estas situaciones. La normativa federal especifica cuántas pulgadas cuadradas de asbesto puede quitar un plomero por día. Algunos estados tienen códigos locales más estrictos.

¡ADVERTENCIA!

Esté atento a la pintura con plomo cuando trabaje con sistemas de plomería. La exposición al plomo puede dañar los riñones, el cerebro, el hígado y otras partes del cuerpo.

Si fuera necesario tener contacto con la pintura con plomo, los trabajadores deben tener certificación a la hora de quitarla. Deben utilizar un equipo de protección personal (PPE), lo que incluye una mascarilla y un traje especial.

3.3.0 Pruebas de presión

Una vez terminada la instalación, se debe realizar una prueba de presión para detectar fugas y garantizar que todas las conexiones sean seguras. Además, se debe inspeccionar el sistema para asegurarse de que el trabajo se haya realizado de acuerdo con las especificaciones y los códigos correspondientes. Siempre haga esta prueba con la presión que se especifica en el código local vigente.

Se puede comprobar el tubo de cobre con agua o aire a presión. Usted debe suministrar todo el equipo necesario para las pruebas, incluidos los tapones de prueba, los tapones machos y hembras y una fuente de aire comprimido (si se requieren pruebas con aire). La prueba con agua se puede hacer con tapones de prueba y una manguera. Para realizar la prueba, cierre todas las salidas del sistema de tuberías con tapones de prueba, tapones machos y hembras. Llene el sistema con agua o aire a presión y busque fugas.

3.3.1 Pruebas de presión en los sistemas de suministro de agua

Carga hidráulica: presión en la base de una columna de fluido de una altura determinada. En el caso del agua, un pie de carga hidráulica equivale a 0.433 libras por pulgada cuadrada (psi). La carga hidráulica se expresa en pies de líquido.

Para probar el sistema de suministro de agua, cierre todas las salidas y llene el sistema con agua de la red. Consulte el código local para conocer la presión y la **carga hidráulica** requeridas. Inspeccione el sistema en busca de fugas u otros problemas. Cuando los códigos especifiquen que las pruebas de agua deben realizarse a presiones superiores a las disponibles en el suministro normal de agua, utilice una bomba de prueba hidráulica (*Figura 28*) para generar la presión requerida. Consulte los códigos para conocer las presiones correctas que debe utilizar.

Para probar un sistema con aire, el plomero o inspector debe llenar la tubería con aire comprimido. Con el uso de un manómetro en el tapón de prueba, se puede determinar si hay alguna pérdida de presión en alguna parte de la tubería. Otro método útil para identificar las fugas es pasar espuma de jabón por las juntas. Si hay fugas en una junta, se formarán burbujas en ella.

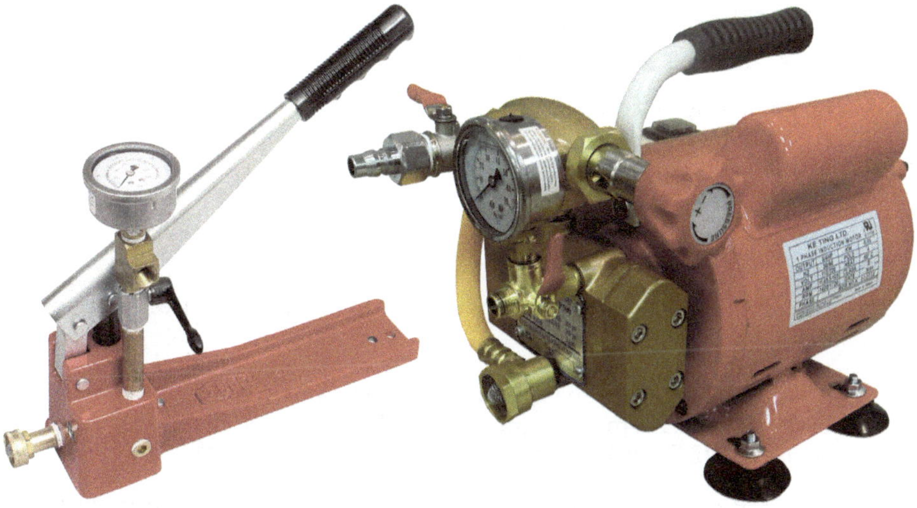

Figura 29 Bombas de prueba hidráulica
Fuente: Reed Manufacturing

¡ADVERTENCIA!

Nunca utilice oxígeno, acetileno ni otros gases para la prueba de presión de un sistema de refrigeración. El oxígeno puede provocar una explosión si entra en contacto con aceite refrigerante u otro gas inerte. El acetileno también es muy inflamable. El único gas que se puede introducir en un sistema es el nitrógeno.

3.0.0 Repaso de la sección

1. Los sujetadores colgantes se utilizan principalmente para sostener tubos, pero también pueden utilizarse para sostener _____.
   a. controles de presión
   b. canaletas unicanal
   c. aisladores de vibraciones
   d. las abrazaderas en C

2. El tipo de material de aislamiento que requiere una capacitación especial para su extracción es _____.
   a. el corcho
   b. la espuma en aerosol
   c. el asbesto
   d. la lana mineral

3. Cuando los códigos especifiquen que las pruebas de agua deben realizarse a presiones más altas que las disponibles en el suministro normal de agua, utilice _____.
   a. carga hidráulica más alta
   b. una bomba de prueba hidráulica
   c. una bomba manual
   d. un manómetro

Módulo 02107 Preguntas de repaso

1. En comparación con los otros tipos de tuberías, los tubos de cobre y sus accesorios suelen ser _____.
   a. menos costosos
   b. más costosos
   c. difíciles de instalar
   d. fáciles de instalar

2. Los tubos que se miden en tamaños nominales o estándares tienen un diámetro exterior _____.
   a. ⅛ pulg. (0.32 cm) más grande que el tamaño nominal
   b. ¼ pulg. (0.64 cm) más grande que el tamaño nominal
   c. ½ pulg. (1.27 cm) más grande que el tamaño nominal
   d. 1 pulg. (2.54 cm) más grande que el tamaño nominal

3. El tamaño de los tubos de cobre tipo K, L, M y DWV se determina según _____.
   a. el tamaño de su diámetro interior
   b. el tamaño de su diámetro exterior
   c. el tamaño nominal
   d. el diámetro de los tubos de cobre

4. Los tubos de cobre tipo K se marcan con el código de color _____.
   a. naranja
   b. azul
   c. amarillo
   d. verde

5. La válvula que *más* se suele utilizar para el drenaje y la protección contra las heladas en la superficie es la _____.
   a. válvula esférica
   b. válvula de compresión, cierre y desagüe
   c. válvula de globo
   d. válvula de compuerta

6. El tipo de válvula que también se conoce como llave de paso es la _____.
   a. válvula de cierre
   b. válvula de globo
   c. válvula de retención
   d. válvula esférica

7. Para evitar turbulencias cuando se instala más de un conector en T en una línea, los tubos de 3 pulg. (7.62 cm) deben tener un mínimo de _____.
   a. 3 pulg. (7.62 cm) de tramo entre conectores en T
   b. 6 pulg. (15.24 cm) de tramo entre conectores en T
   c. 18 pulg. (45.72 cm) de tramo entre conectores en T
   d. 30 pulg. (76.20 cm) de tramo entre conectores en T

8. Si los conectores en T no se instalan de forma correcta, pueden ocasionar un problema denominado _____.
   a. inyección forzada
   b. casquillamiento
   c. soldadura blanda o fuerte
   d. esparcimiento

9. Para medir tubos que tienen un conector unido en un solo extremo, se utiliza una _____.
   a. medición de centro a cara
   b. medición de cara al dorso
   c. medición de extremo a cara
   d. medición de centro a centro

10. La herramienta que se recomienda para cortar tubos es _____.
   a. la sierra circular
   b. la sierra para metales
   c. la cortadora pequeña
   d. el cortatubos manual

11. Cuando se utiliza una curvadora mecánica, el radio de curvatura *mínimo* para los tubos recocidos de ¼ pulg. (0.64 cm) es de _____.
   a. ¼ pulg. (0.64 cm)
   b. 1/2 pulg. (1.27 cm)
   c. ¾ pulg. (1.90 cm)
   d. 1 pulg. (2.54 cm)

12. En comparación con los tubos que unen, los accesorios para soldar son _____.
   a. un poco más pequeños
   b. un poco más grandes
   c. bastante más pequeños
   d. bastante más grandes

13. El tipo de unión que se suele utilizar para unir tubos de cobre blando con diámetros de ¼ a 2 pulg. (0.64 a 5.08 cm) es la _____.
   a. junta ranurada
   b. unión por soldadura blanda o fuerte
   c. junta abocardada
   d. junta angular

14. Los componentes estructurales de la obra que soportan la carga vertical del tubo se pueden sujetar con _____.
   a. ganchos en J
   b. conectores tipo ojal
   c. anclajes de cuña
   d. abrazaderas para tubería ascendente

15. La parte del sujetador colgante que une al tubo con el adjunto estructural se denomina _____.
   a. conector
   b. horquilla
   c. abrazadera
   d. ménsula

16. ¿Cuál de las siguientes opciones es la parte del sujetador colgante que une el adjunto del tubo con el adjunto estructural?
   a. Abrazaderas en C
   b. Anclajes mariposas
   c. Acoplamiento de varillas
   d. Pernos molly de plomo

17. ¿Cuál de las siguientes opciones *no* es un requisito de aislamiento para las tuberías de cobre?
    a. Resistencia a la humedad
    b. Resistencia al fuego
    c. Resistencia a la corrosión
    d. Protección contra las plagas

18. ¿Qué tipos de riesgos existen en las instalaciones donde se exigen juntas abocardadas?
    a. Incendios
    b. Congelación
    c. Corrosión
    d. Peso

19. La soldadura fuerte se utiliza cuando las juntas *deben* _____.
    a. ser flexibles
    b. ser resistentes
    c. separarse
    d. permanecer en un lugar

20. Para realizar la prueba de presión de un sistema de DWV, el plomero debe llenar el bajante de ventilación con _____.
    a. oxígeno comprimido
    b. acetileno comprimido
    c. metano líquido
    d. agua a presión

Las respuestas a las preguntas impares de repaso de los módulos se encuentran en el *Apéndice A*.

Piedra angular del oficio

John Stronkowski

Coordinador del plan de estudios de plomería

Porter & Chester

¿Cómo comenzó en la industria de la construcción?

Animado por mi familia, de joven trabajé en los oficios y descubrí que era una forma de pagar la universidad.

¿Quién o qué lo inspiró a ingresar en el sector?

Varios miembros de la familia eran trabajadores especializados. Mi abuelo y un tío eran contratistas generales. Cuando era joven, solía ir a trabajar con ellos. Esto despertó mi interés.

¿Qué es lo que más disfruta de su carrera?

Lo que más me gusta es el aspecto educativo. Puedo compartir mis conocimientos y experiencia y, con suerte, influir en la vida de mis alumnos.

¿Por qué considera que la capacitación y la formación son importantes en la construcción?

Las personas bien capacitadas en los oficios de la construcción son fundamentales para la seguridad y el bienestar del público en general. Los errores y los atajos tienen costos significativos más allá de lo económico.

¿Por qué considera que las credenciales son importantes en la construcción?

Las credenciales documentadas indican que un trabajador especializado tiene la capacitación adecuada, está actualizado en cuanto a los últimos avances tecnológicos y conoce los códigos de edificación nacionales y estatales. Las credenciales adecuadas también inspiran confianza al consumidor.

¿De qué manera la capacitación y la construcción lo han beneficiado en su carrera?

Fui director de capacitaciones en una escuela técnica durante más de 20 años. Mi cargo en la educación me ha permitido establecer programas de plomería en cinco escuelas técnicas y elaborar clases de educación continua para los oficios en el estado de Connecticut. Fui maestro instructor del NCCER, lo que me dio la oportunidad de llegar a una población estudiantil más amplia y tener un mayor impacto a través de la enseñanza.

En mis puestos como administrador de un geriátrico y como miembro de la Comisión de Construcción de Sacred Heart University (Universidad del Sagrado Corazón), pude tener una visión de los posibles problemas de construcción que pudieran surgir en los proyectos grandes. También he podido trabajar con trabajadores especializados de muchas disciplinas diferentes, lo que me ha permitido ampliar mi propia base de conocimientos.

¿Recomendaría la construcción y sus oficios como carrera para otras personas? ¿Por qué?

Sí, absolutamente. Como trabajador especializado con licencia en plomería, electricidad, HVAC, y como contratista general con licencia, recomiendo mucho la construcción. Brinda la oportunidad de tener tu propio negocio y puede ser muy gratificante en la parte económica.

¿Qué significa el oficio para usted?

Es el profesionalismo en su máxima expresión. No hay nada como sentirse orgulloso de lograr o superar los objetivos que uno se propone.

Respuestas a las preguntas del repaso de las secciones

Respuesta	Referencia de sección	Objetivo
Sección 1.0.0		
1. c	1.1.0	1a
2. c	1.2.0; *Tabla 1*	1b
3. b	1.3.1	1c
4. c	1.4.0	1d
Sección 2.0.0		
1. a	2.1.0; *Tabla 3*	2a
2. d	2.2.0	2b
3. c	2.3.0	2c
4. a	2.4.3	2d
Sección 3.0.0		
1. c	3.1.1	3a
2. c	3.2.0	3b
3. b	3.3.1	3c

Actualización de usuario

ESCANÉAME

¿Ha encontrado un error? Para enviar una corrección, visite **https://www.nccer.org/olf** o escanee el código QR con su dispositivo móvil.

Caños de hierro fundido y sus accesorios

Fuente: cortesía de Platinum Mechanical

Objetivos

Luego de finalizar este módulo, podrá hacer lo siguiente:

1. Identificar los tipos, usos y propiedades de los caños de hierro fundido.
   a. Describir los tipos de caños de hierro fundido y cómo se dimensionan y se etiquetan.
   b. Identificar los accesorios de hierro fundido y sus aplicaciones.
2. Describir los métodos para medir, cortar y unir caños de hierro fundido.
   a. Explicar las herramientas y los métodos utilizados para medir y cortar caños de hierro fundido.
   b. Describir cómo se une un caño con espiga y campana y uno sin campana.
3. Describir los métodos de soporte, instalación y prueba de tramos de caños horizontales y verticales.
   a. Describir cómo se sostienen los tramos de caños horizontales y verticales.
   b. Explicar cómo se instalan y prueban los caños de hierro fundido.

Tareas prácticas

Bajo supervisión, podrá hacer lo siguiente:

1. Escoger los materiales correctos para los sistemas de tuberías de hierro fundido.
2. Identificar los accesorios y sus usos.
3. Escoger el equipo de protección personal adecuado para trabajar con tuberías de hierro fundido.
4. Medir, cortar y unir caños de hierro fundido en forma correcta.
5. Seleccionar el soporte y el espaciado correctos para la aplicación.

Generalidades

El caño de hierro fundido se utiliza habitualmente para los sistemas de drenaje, desagüe y ventilación (DWV) en la plomería residencial, comercial e industrial. El hierro fundido es fuerte, duradero y resistente a la corrosión. Los fabricantes suministran una línea completa de accesorios para caños de hierro fundido para satisfacer casi todos los requisitos de los sistemas de desagües de plomería. Hoy en día, los métodos modernos hacen que el trabajo con caños de hierro fundido sea mucho más fácil que en el pasado. En este módulo, conocerá los materiales y los métodos clave para medir, cortar, instalar y probar sistemas de tuberías de hierro fundido.

NOTA

Los códigos varían entre jurisdicciones. Por eso, es importante que consulte el código correspondiente cada vez que tenga dudas sobre las reglamentaciones. Consultar un conjunto incorrecto de códigos puede causar tantos problemas como no consultar ninguno. Consiga el código local aprobado, léalo y familiarícese con él. La Administración de Seguridad y Salud Ocupacional (OSHA) de los Estados Unidos redacta los códigos de seguridad.

Recursos digitales para plomería

Escanee este código con la cámara de su teléfono o dispositivo móvil para ver los recursos digitales relacionados con este oficio.

ESCANÉAME

NCCER Credenciales reconocidas en la industria

Si está capacitando a través de un patrocinador acreditado por el NCCER, puede ser elegible para obtener credenciales del NCCER. El número de identificación de este módulo es 02108. Tenga en cuenta que este módulo puede haber sido utilizado en otros planes de estudios del NCCER y puede aplicarse a la realización de otros niveles. Comuníquese con el NCCER al 1.888.622.3720 o visite **www.nccer.org** para obtener más información.

También puede mostrar en línea sus credenciales reconocidas por el sector con las insignias digitales del NCCER. Transforme sus conocimientos, habilidades y logros en insignias que puede compartir en las plataformas de redes sociales, enviar a su red y agregar a su currículum. Para obtener más información, visite **www.nccer.org**.

1.0.0 Caño de hierro fundido

Tareas prácticas

1. Escoger los materiales correctos para los sistemas de tuberías de hierro fundido.
2. Identificar los accesorios y sus usos.

Objetivo

Identificar los tipos, usos y propiedades de los caños y accesorios de hierro fundido.

a. Describir los tipos de caños de hierro fundido y cómo se dimensionan y se etiquetan.
b. Identificar los accesorios de hierro fundido y sus aplicaciones.

El caño de hierro fundido, también conocido como *caño de suelo*, se utiliza habitualmente para los sistemas de drenaje, desagüe y ventilación (DWV - Drain, waste and vent) en la plomería residencial, comercial e industrial. Este tipo de material se ha utilizado durante siglos en los sistemas de DWV. El hierro fundido es un material para tuberías fuerte y duradero que resiste la corrosión y la abrasión. También puede soportar cambios de temperatura extremos.

El término "hierro fundido" se refiere a los productos fabricados a partir de hierro fundido que se forma mediante un sistema de producción de fundición en molde (*Figura 1*). La mayoría de las grandes líneas de agua están hechas de **hierro dúctil**, que se fabrica a partir de una aleación de hierro gris y magnesio. El hierro dúctil es menos frágil que la fundición gris, que hasta mediados del siglo XX era la forma más utilizada de caños de hierro fundido. Como el hierro dúctil es menos frágil, soporta mejor su peso cuando se lo instala en un edificio.

NOTA

Antes de que se comercializara el hierro dúctil en 1955, la fundición gris se utilizaba para las tuberías de la red de agua y los sistemas de desagües sanitarios. La fundición gris tiene un contenido de carbono controlado, pero es frágil. Esto significaba que era propenso a romperse bajo cargas pesadas.

Hierro dúctil: aleación de hierro fundido que contiene magnesio para reducir la fragilidad.

¿Sabías qué?

El pasado rocoso del hierro

Según algunos arqueólogos, el hombre sabe utilizar el hierro desde al menos el año 3200 a. C. Los pueblos antiguos utilizaban el hierro de los meteoritos para fabricar herramientas, armas y otros objetos. Las herramientas y armas de hierro fundido marcaron el período de la historia que los arqueólogos denominan Edad de Hierro, que comenzó hacia el año 1200 a. C. en Oriente Próximo. Hasta el siglo XIX, el hierro era el principal metal industrial. Con la llegada de la Revolución Industrial a mediados del siglo XIX, los fabricantes descubrieron una forma económica de fabricar acero (una mezcla de hierro, carbono y otros elementos químicos). El acero pronto sustituyó al hierro como metal básico para fabricar herramientas y equipos para la industria.

Figura 1 Caño de hierro fundido.

1.1.0 Caño con espiga y campana y caño sin campana

Los dos tipos de caño de hierro fundido son el caño con espiga y campana y el caño sin campana. Ambos vienen en una variedad de tamaños.

1.1.1 Espiga y campana

El **caño de hierro fundido con espiga y campana** tiene una forma de campana o ensanchamiento en un extremo llamado, *campana*. El extremo liso de la espiga de cada caño del tramo encaja en la campana adyacente. Los caños con espiga y campana se consiguen en las variedades de campana simple o campana doble (*Figura* 2). El caño de doble campana puede cortarse para crear dos caños de campana simple, lo que puede ser útil para un trabajo que requiera muchas uniones.

Caños de hierro fundido con espiga y campana: caño con una campana o ensanchamiento en un extremo donde se desliza la espiga (extremo liso) del siguiente caño para formar una unión. También se lo denomina *caño de enchufe y espiga*.

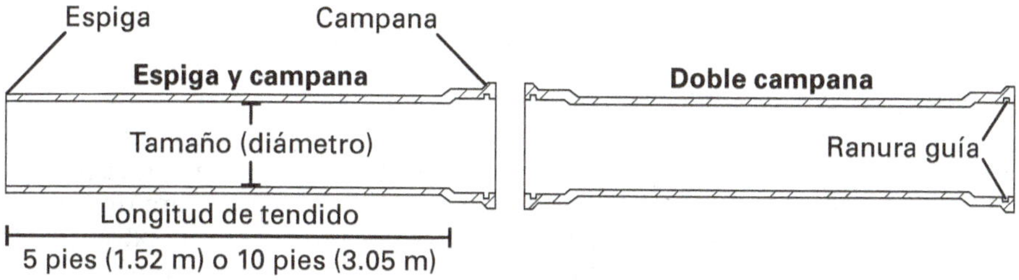

Figura 2 Caño de hierro fundido con espiga y campana y con doble campana.

1.1.2 Sin campana

El **caño de hierro fundido sin campana**, como su nombre lo indica, no tiene campana en ninguno de sus extremos (*Figura 3*). Este tipo de caño y accesorios pueden utilizarse en todas las áreas de la plomería donde se recomienda el hierro fundido. Introducidos en el mercado en la década de 1960, los caños y accesorios sin campana proporcionan un método más fácil de unir el hierro fundido en áreas donde el espacio es limitado. El caño sin campana se ha hecho muy popular gracias a esta característica. Tanto el caño de hierro fundido sin campana como el de espiga y campana son muy utilizados por los plomeros en la actualidad. Aunque los accesorios de la *Figura 3* fueron populares en su momento, algunos se han retirado del mercado debido a su mayor potencial de obstrucción.

Caño de hierro fundido sin campana: caño sin ensanchamiento o campana en sus extremos.

Figura 3 Caños de hierro fundido sin campana y accesorios.
Fuente: Charlotte Pipe and Foundry

> **¿Sabías qué?**
>
> **Forjado en fuego**
>
> Las rocas con altas concentraciones de hierro o minerales de hierro se denominan *mineral de hierro*. Este mineral se extrae de la superficie terrestre y debajo de ella. Para convertir el mineral de hierro en productos de hierro, los fabricantes refinan (o funden) el mineral para eliminar las impurezas. La fundición del mineral de hierro requiere calor extremo y un agente reductor para extraer el oxígeno del mineral. Este agente reductor, que se denomina *coque*, es una sustancia de color negro grisáceo compuesta principalmente por carbono. Cuando el coque se quema, desprende un calor intenso y extrae el oxígeno del mineral de hierro. También se añade piedra caliza al coque para eliminar los minerales no deseados del hierro, como el azufre y el fósforo. El resultado es hierro refinado que se puede utilizar para fabricar productos de hierro.

1.1.3 Tamaños y etiquetado

El caño de hierro fundido con espiga y campana se fabrica en varias longitudes y diámetros. Los diámetros más pequeños se utilizan en la construcción residencial. La longitud del caño, denominada *longitud de tendido*, es la medida desde la base de la campana hasta el extremo de la espiga.

Tamaños

Los caños de doble campana están disponibles en longitudes de 30, 60 y 120 pulg. (0.76 m; 1.52 m y 3.05 m). Los caños de 30 pulg. (0.76 m) de longitud se pueden cortar en dos caños cortos de una sola campana. Los caños sin campana y los de espiga y campana suelen tener el mismo espesor.

Existen menos tipos de accesorios para los caños superiores a 8 pulg. (20.32 cm). Generalmente, cuando se requieren tamaños superiores a 15 pulg. (38.10 cm) bajo un edificio, las especificaciones le exigirán que utilice caños de hierro dúctil, según lo permitan los códigos aplicables.

Los caños de hierro fundido se clasifican por el espesor de sus paredes. Los fabricantes hacen dos espesores de caño: **estándar** y **extra grueso**. Este último solo corresponde a los caños con espiga y campana. El caño estándar está marcado con las letras SV, por su denominación en inglés, *service*, y el término *service* indica el espesor de la pared del caño, que para un tamaño nominal determinado es ligeramente más fino que el de un caño extra grueso. El caño extra grueso está marcado con las letras XH, por su denominación en inglés, *Extra Heavy*. El caño estándar es el caño con campana más utilizado. Sin embargo, si una estructura está sujeta a vibraciones, asentamientos o corrosión excesiva, las especificaciones o códigos pueden exigir caños y accesorios extra gruesos. Siempre debe usar accesorios fabricados específicamente para el tipo de caño que esté utilizando.

Estándar: tipo de caño liviano de hierro fundido. El término "estándar" se refiere al espesor de la pared del caño, que es más delgada para un tamaño nominal en comparación con un caño extra grueso.

Extra grueso: tipo de caño de hierro fundido. El término "extra grueso" se refiere al espesor de la pared del caño, que es más gruesa que la de un caño estándar del mismo tamaño nominal.

Etiquetado

Todos los caños de hierro fundido y sus accesorios con la marca "C_I" (*Figura 4*) se fabrican de acuerdo con las normas establecidas por el Instituto de Caños de Hierro Fundido (CISPI - Cast Iron Soil Pipe Institute). Las normas CISPI exigen que todos los caños se midan antes de que el fabricante pueda distribuirlos. Además, el fabricante debe etiquetar todos los caños y accesorios con su nombre o marca comercial y con la marca CISPI. En la etiqueta de los accesorios, también se indica su diámetro (*Figura 5*). En el caño de hierro fundido sin campana, el rótulo aparece aproximadamente a $1\frac{1}{2}$ pulg. (3.81 cm) del extremo del caño.

PRECAUCIÓN

Si los materiales de plomería sin campana no están etiquetados en forma correcta, puede ser un indicio de que no fueron fabricados de acuerdo con las normas del CISPI. En la mayoría de los casos, los códigos de plomería no permiten la instalación de conexiones sin rótulos. Con el crecimiento del mercado mundial, las tuberías suelen incluir el país de origen en el rótulo.

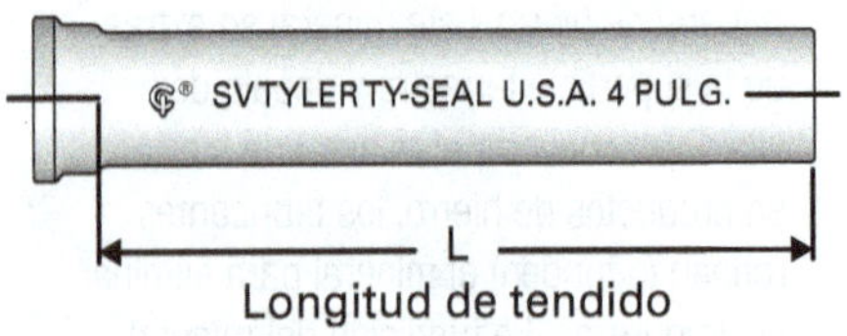

Figura 4 Rótulo del caño.
Fuente: Wade Division, Tyler Pipe

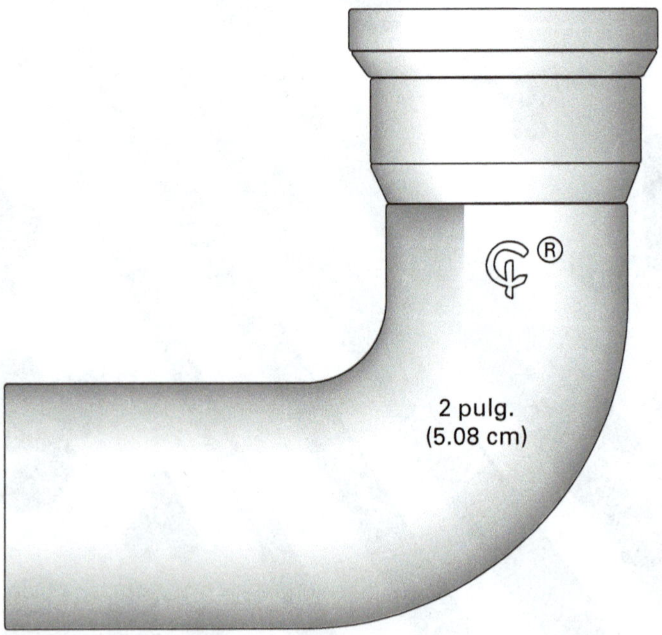

Figura 5 Rótulo de un conector con el diámetro.
Fuente: Instituto de Caños de Hierro Fundido

1.2.0 Conectores

Los conectores se utilizan para unir secciones de caños. Se puede crear casi cualquier configuración de un conjunto de caños con la amplia variedad de conectores existente. Los códigos de plomería exigen que se utilicen los tipos de conectores adecuados en los diferentes sistemas de plomería. En esta sección, se identifican los tipos comunes de conectores de hierro fundido utilizados en esos sistemas.

1.2.1 Codos

Los **codos** son conectores curvados que cambian la dirección del flujo en un solo caño de DWV. El tipo de codo, o la cantidad de cambio direccional, se expresa como una fracción de un círculo completo. Para determinar el número de grados que gira un codo en particular, multiplique la fracción por 360 grados. Por ejemplo, un codo de $^1/_8$ hace girar al caño:

$$^1/_8 \times 360° = 45°$$

Los codos se fabrican en la mayoría de los tamaños de caños estándares; el más pequeño es de $1^1/_2$ pulg. (3.81 cm) de diámetro. Consulte la *Figura 6* para conocer los codos más comunes.

Codos: accesorios que cambian la dirección del flujo en las tuberías.

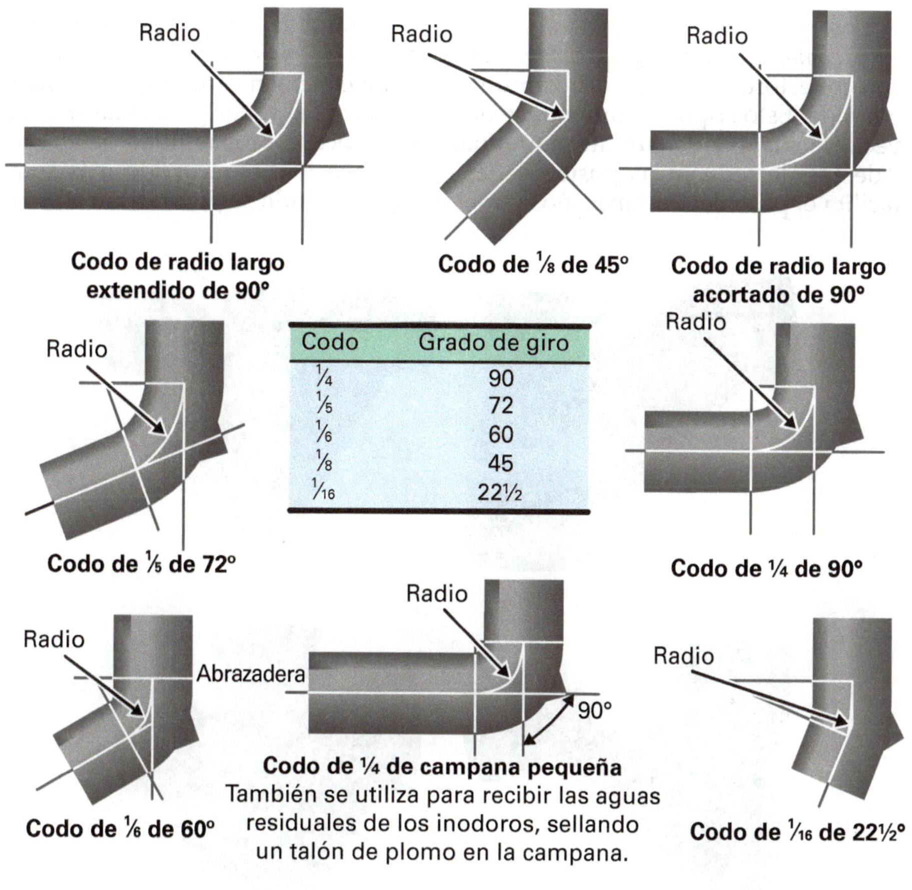

Codo	Grado de giro
1/4	90
1/5	72
1/6	60
1/8	45
1/16	22½

Figura 6 Codos comunes.

Codos largos: accesorios en forma de codos con un extremo (normalmente el de la espiga) más largo que el otro.

Los **codos largos** (*Figura 7*) son iguales que los codos estándares, con la diferencia de que tienen un tramo más largo que el otro. El tamaño de los codos largos se suele clasificar con un sistema de dos números. El primer número indica el diámetro del codo; el segundo, la longitud del tramo más largo del accesorio. Por ejemplo, un codo de $^1/_4$ de 4 × 12, tiene 4 pulg. (10.16 cm) de diámetro, y el tramo más largo tiene 12 pulg. (30.48 cm) de longitud. Los codos largos son caros y solo deben utilizarse en la base de los bajantes de plomería.

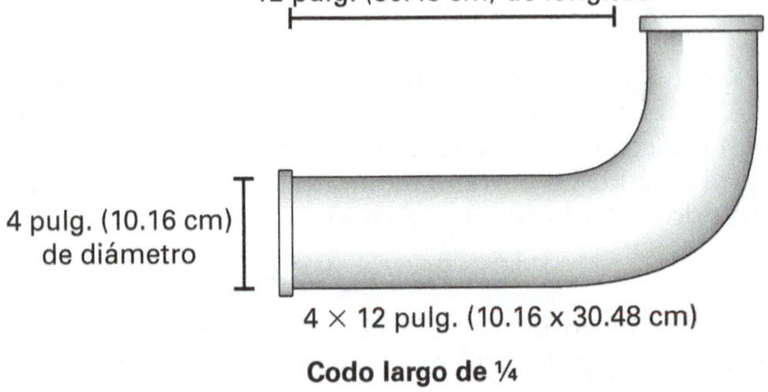

Figura 7 Codo largo.

Conectores combinados: accesorios que utilizan una curvatura gradual de las conexiones centrales para crear un recorrido suave y curvo, lo que reduce la probabilidad de atascos. Estos tipos de accesorios también facilitan el uso de un destapacaños si se produce un atasco.

Los **conectores combinados** (*Figura 8*), que también se denominan *conector en T combinado, conector Y combinado, codo en Y de radio largo* o *conectores T-Y*, son conectores en T que utilizan una junta de conexión central gradualmente curvada. Estos tipos de uniones se utilizan en los desagües para crear una trayectoria suave y de curvatura gradual que reduce la probabilidad de atascos. Además de reducir las posibilidades de obstrucción, el recorrido más suave facilita el paso del destapacaños por el desagüe cuando se produce un atasco.

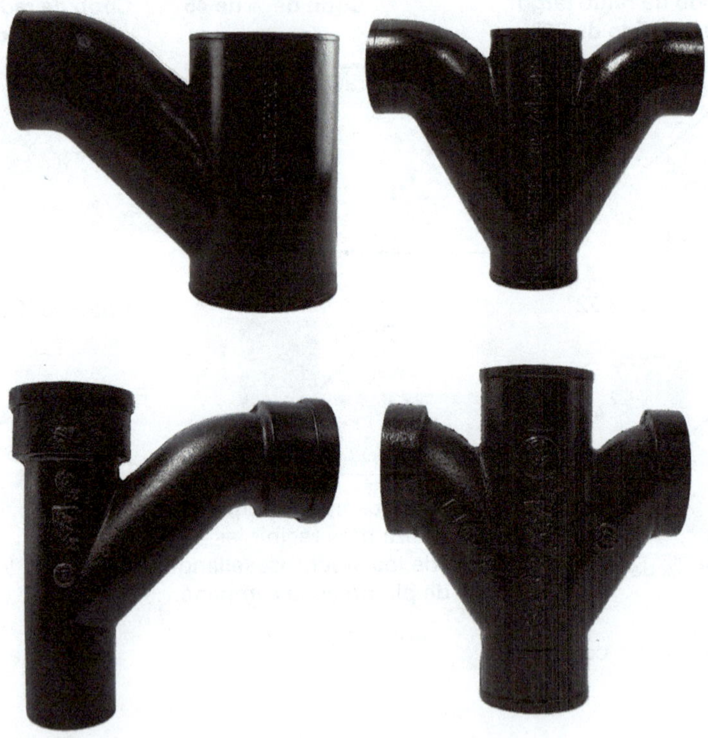

Figura 8 Accesorios de conexión combinados.
Fuente: Charlotte Pipe and Foundry

Los **codos de radio largo** son como los codos de $^1/_4$, pero el radio de la curva es mucho mayor que el de los codos estándares. Como se indica en la información sobre los conectores Y de radio largo, el mayor radio permite un flujo más suave a través del sistema de tuberías. Existen dos tipos de codos de radio largo: los codos de radio largo extendido y los codos de radios largos acortados. Se diferencian por el radio de la curva que forman los accesorios y por su longitud de tendido. Los codos de radio largo extendido tienen un radio y una longitud de tendido más largos; los de radio largo acortados tienen un radio y una longitud de tendido más cortos.

Los códigos permiten dos métodos de reducción del flujo: uno con **codos a 90° para inodoros** y otro con **bridas para inodoro**. Consulte siempre las especificaciones del fabricante y los planos de plomería antes de instalar los componentes del sistema de DWV.

Los codos a 90° para inodoros (*Figura 9*) conectan el inodoro con la tubería principal de desagüe. También vienen con bocas de entrada laterales izquierdas o derechas. Los codos a 90° para inodoros tienen una reducción del tamaño del caño en la dirección del flujo. Para adaptarse a las restricciones de emplazamiento del inodoro, estos codos se pueden conseguir con diversas configuraciones de la posición del tramo vertical y del diámetro con respecto a la boca de entrada del caño:

- Regular
- Desplazado
- Reductor

Codos de radio largo: accesorios con un radio de curvatura superior al de los codos estándar de 90 grados. Se utilizan para un cambio de dirección suave.

Codos a 90° para inodoros: accesorios similares a un codo que conectan los inodoros con la tubería principal de desagüe.

Brida para inodoro: accesorio utilizado para acoplar un codo a 90° para inodoro u otro caño de drenaje, desagüe y ventilación (DWV).

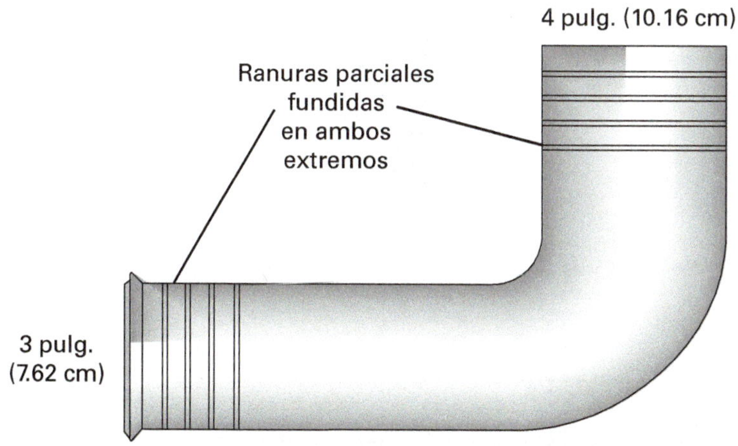

Figura 9 Codo a 90° para inodoro.

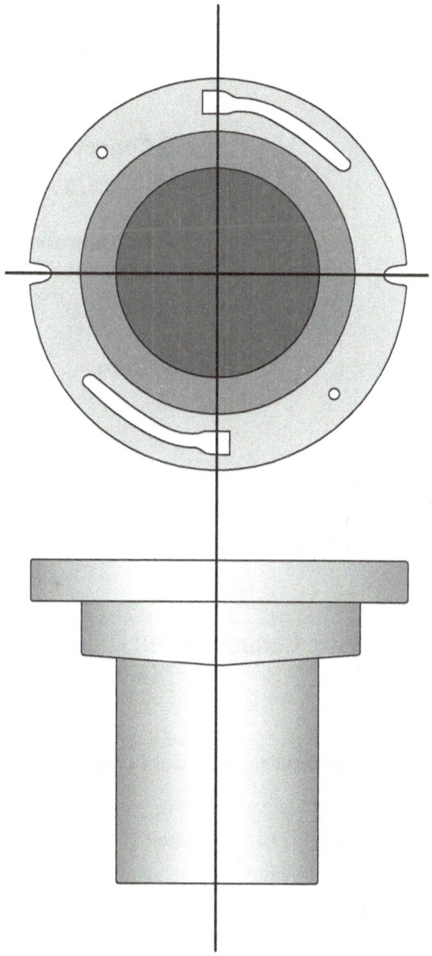

Figura 10 Brida para inodoro.

Tanto la boca de entrada como la de salida del conector pueden estar fabricadas con ranuras parciales para facilitar el corte. La brida para inodoro (*Figura 10*) se utiliza para acoplar el inodoro al codo a 90°. Estas bridas contienen orificios ranurados para tornillos que permiten fijar el inodoro a la brida de forma segura.

Un conector relacionado con los inodoros es el conector de arranque, que está diseñado para utilizarse en el punto de inicio de los sistemas de DWV. El conector de arranque combina varios tipos de accesorios en uno solo (*Figura 11*), lo que reduce el número de conectores individuales y la complejidad general de la instalación. Los conectores de arranque se fabrican en diversas configuraciones y suelen utilizarse en edificios de varios pisos.

1.2.2 Ramales

Una gran variedad de conectores permite conectar caños para crear ramales en el sistema de tuberías. Los **conectores Y** y los **conectores de doble Y** se utilizan para unir dos o tres desagües en un solo caño (*Figura 12*). Los conectores Y pueden conectar ramales en ángulos de 45° con el **bajante principal**, el caño vertical más grande que une el desagüe del edificio y el desagüe horizontal más alto del sistema. A veces, el conector de derivación tiene una abertura con rosca interna o externa en la campana del caño principal o del ramal. Se puede conectar un tapón al punto de acceso al drenaje (utilizado para cerrar el conector o el caño) o un caño roscado de un artefacto sanitario a esta abertura. Utilice un conector en Y invertido en el sistema de ventilación (*Tabla 1*).

Conectores Y: accesorios formados por un caño principal y un ramal a 45 grados para conectar un ramal de desagüe al drenaje principal horizontal de un edificio.

Conectores de doble Y: accesorios con un caño principal y dos ramales a 45 grados. Conectan los caños de desagües horizontales y los drenajes ramales a la red principal del edificio.

Bajante principal: caño vertical principal de la red de DWV al que se pueden conectar ramales.

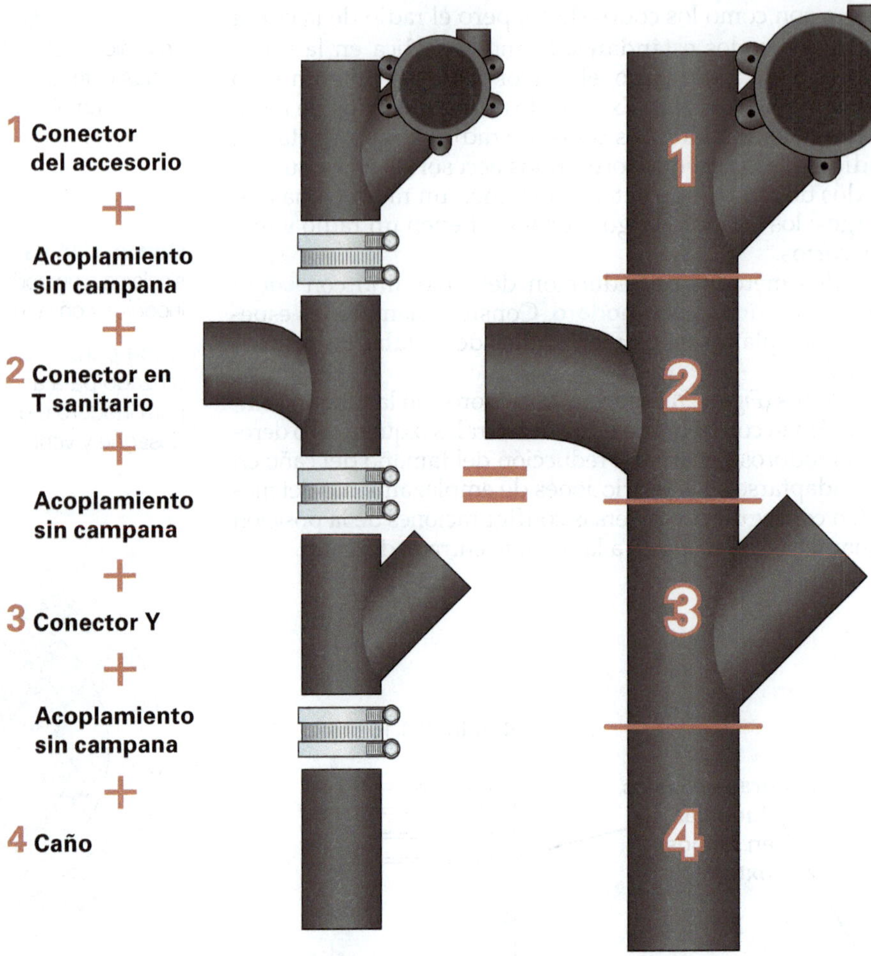

Figura 11 Accesorio de arranque.
Fuente: Charlotte Pipe and Foundry

TABLA 1 Conectores de DWV y sus usos

Código Internacional de Instalaciones Hidráulicas y Sanitarias® (2021)			
Tabla 706.3, Accesorios para el cambio de dirección			
Tipo de patrón del accesorio	**Cambio en la dirección del flujo**		
	Horizontal a vertical	**Vertical a horizontal**	**Horizontal a horizontal**
Codo de un dieciseisavo	X	X	X
Codo de un octavo	X	X	X
Codo de un sexto	X	X	X
Codo de 90°	X	X[a]	X[a]
Codo de radio largo acortado	X	X[a, b]	X[a]
Codo de radio largo extendido	X	X	X
Conector en T sanitario	X[c]	–	–
Conector Y	X	X	X
Combinación de conector Y con codo de un octavo	X	X	X

Para el sistema métrico del SI (Sistema Internacional de Unidades): 1 pulg. = 25.4 mm
a. Los accesorios solo se permitirán para una conexión al desagüe de 2 pulg. (5.08 cm) o menor.
b. 3 pulg. (7.62 cm) o mayor.
c. Para conocer las limitaciones de los conectores de doble T sanitarios, consulte la *Sección 706.3*.

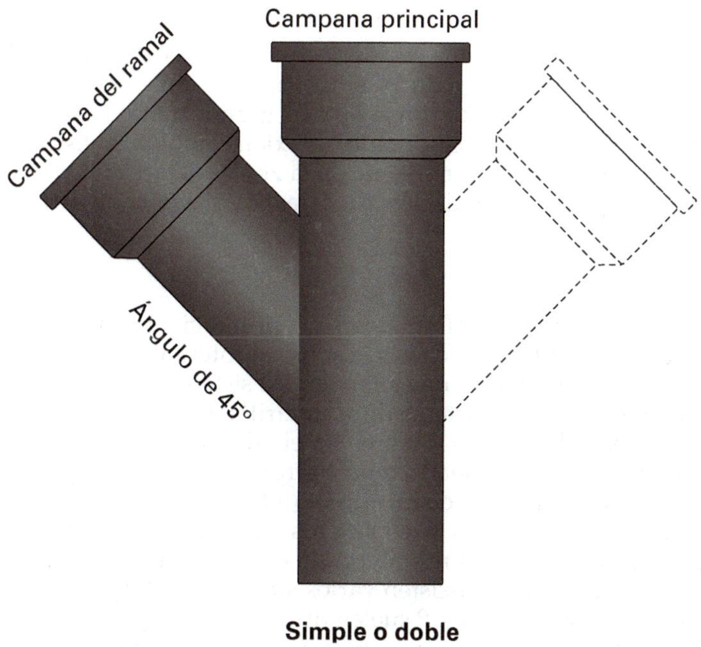

Figura 12 Conector Y.

El **conector en T sanitario** permite conectar caños en intersecciones de ángulo recto, en ramales que pasan de horizontal a vertical (*Figura 13*). Los códigos de modelo restringen el uso de los conectores en T sanitarios para los sistemas de drenaje sanitario en los que el flujo de materiales va de los tramos horizontales a los verticales. El **conector de doble T sanitario**, que también se denomina *cruz sanitaria*, permite conectar dos ramales que entran en el sistema desde direcciones opuestas. Este conector permite unir los tramos horizontales y verticales en el centro. Los conectores en T también se pueden utilizar en las líneas de ventilación. Las T vienen con aberturas con rosca interna o externa, así como con aberturas laterales. Al igual que los codos, estos conectores están diseñados con aberturas a la derecha o a la izquierda.

Las dimensiones de la T indican el diámetro de las aberturas. Si todas las aberturas tienen el mismo diámetro, solo se indica una sola dimensión. Cuando las aberturas de los ramales son más pequeñas que las aberturas rectas, el conector se rotula con dos números, como 4 × 3. El primer número es el diámetro (en pulgadas) de las aberturas en el tramo principal y recto, y el segundo es el diámetro (en pulgadas) de las aberturas del ramal.

Conector en T sanitario: accesorio en T para sistemas de DWV que consiste en un caño principal y un ramal que tiene una boca de entrada lateral curva a 90 grados; esta curva ayuda a canalizar el flujo de aguas residuales o de desechos desde una línea ramal a la línea principal. Este accesorio se utiliza siempre en posición vertical.

Conector de doble T sanitario: accesorio con un caño principal y dos ramales que cambia la dirección del flujo a 90 grados de la horizontal a la vertical. También se lo denomina *cruz sanitaria*.

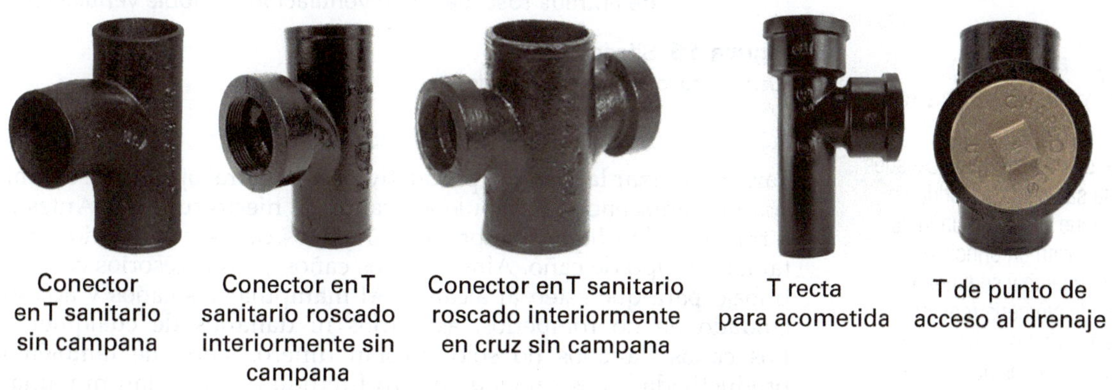

Figura 13 Uniones en T.
Fuente: Charlotte Pipe and Foundry

1.2.3 Reductores

Reductor: accesorio utilizado para reducir el tamaño de una línea recta de caño. A menudo se utiliza en el bajante de ventilación antes de que atraviese el techo para reducir la posibilidad de que la escarcha obstruya la abertura de ventilación en climas muy fríos.

Un **reductor** (*Figura 14*) es un accesorio que conecta dos caños de distintos diámetros. Se utiliza para reducir el tamaño de una línea recta de caños. Los reductores suelen conectar un caño más grande a otro más pequeño y esto puede incluir el uso de un accesorio de conexión combinado. Esto permite tener un caño de mayor tamaño por encima de la zona calefaccionada de un edificio, lo que impide que la acumulación de escarcha cierre la abertura del bajante de ventilación.

1.2.4 Sifones

Sifones: accesorios o dispositivos de DWV que proporcionan un sello líquido para evitar la emisión o el escape de gases de desechos del sistema, sin afectar materialmente el flujo de aguas residuales o de desechos a través del accesorio.

Los sifones son accesorios diseñados para proporcionar un sello líquido que impide que el gas de los desechos se escape al interior de un edificio; son una solución sencilla al problema que suponen los sistemas de plomería de separar un espacio habitable de un sistema de alcantarillado. El sello de agua de un sifón impide la entrada de gases y vapores en el edificio a través de los artefactos. Los sifones también funcionan como barrera contra las plagas que puedan entrar en el espacio habitable de un edificio a través de las tuberías de plomería.

Se instalan entre la línea de drenaje y los artefactos o desagües. Muchos sifones están diseñados con tapones de punto de acceso al drenaje que se pueden quitar para limpiar el sifón. Existen varios sifones en P (*Figura 15*) para diferentes aplicaciones. Los sifones en P suelen utilizarse en fregaderos y lavatorios.

Tenga en cuenta que los sifones en S ya no se instalan, pero todavía se encuentran en los edificios más antiguos. Los sifones de enlace pueden ser ilegales en una zona, pero no en otra.

Figura 14 Reductor y accesorio de conexión combinado.
Fuente: Charlotte Pipe and Foundry

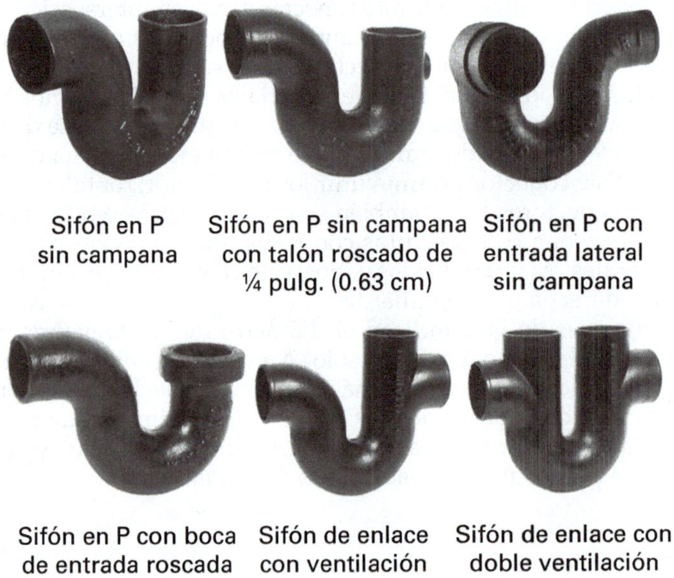

Figura 15 Sifones.
Fuente: Charlotte Pipe and Foundry

1.2.5 Almacenamiento y manipulación de los accesorios

Para garantizar la máxima productividad en el trabajo, utilice el sentido común cuando almacene y manipule los caños de hierro fundido. Antes de empezar a trabajar, planifique siempre. Organice los caños y accesorios en grupos por tamaño y tipo de caño. Almacene los caños y los accesorios cerca del lugar de trabajo para que estén al alcance. Al manipular los caños y accesorios, tenga cuidado de no romperlos, astillarlos ni dañarlos de cualquier otro modo. Los caños dañados no solo cuestan dinero, sino que también reducen la productividad. Los caños de hierro fundido no necesitan ninguna protección especial contra la intemperie. No obstante, cuando los almacene y manipule, asegúrese de que no les entre suciedad, insectos, roedores ni otros animales.

Códigos de plomería y caños de hierro fundido

Los códigos de plomería están diseñados para proteger la salud y la seguridad del público. Aunque varían de un lugar a otro, todos se basan en principios sólidos de saneamiento y seguridad.

Los códigos de plomería regulan todos los aspectos de los caños de hierro fundido, la elección de los accesorios y su instalación. Tómese su tiempo para familiarizarse con los códigos de plomería estatales, municipales o locales que se aplican en la zona en la que trabaja. Algunos accesorios están permitidos en una zona, pero quizás estén estrictamente prohibidos en otra.

Repaso de la sección 1.0.0

1. El extremo liso de un caño de hierro fundido fabricado con una campana o extremo ensanchado se denomina _____.
   a. jefe
   b. boca de entrada
   c. espiga
   d. sifón

2. Cuando se instalan caños y conectores de hierro fundido en estructuras sujetas a vibraciones, asentamientos o corrosión excesiva, los códigos de edificación y las especificaciones pueden exigirle que instale un _____.
   a. caño de PVC
   b. caño extra grueso
   c. caño estándar
   d. caño con amortiguación para vibraciones

3. Cuando se conectan caños en intersecciones en ángulo recto en tramos que pasan de horizontal a vertical, se debe utilizar un _____.
   a. codo a 90° para inodoro
   b. conector en T sanitario
   c. conector Y
   d. codo de radio largo extendido

4. ¿Cuál de las siguientes afirmaciones es *verdadera* sobre el almacenamiento y la manipulación de los caños de hierro?
   a. Los caños y accesorios deben pedirse a medida que los necesite para ahorrar tiempo y dinero.
   b. Los caños y accesorios expuestos deben cubrirse con lonas de polietileno sueltas para protegerlos de la exposición.
   c. Los caños y accesorios de hierro fundido son fuertes y resistentes, por lo que no es necesario tener ningún cuidado especial al manipularlos.
   d. Los caños y accesorios deben apilarse en grupos con cuidado, para evitar daños y la entrada de plagas.

2.0.0 Medición, corte y unión

Objetivo

Describir los métodos para medir, cortar y unir caños de hierro fundido.

a. Explicar las herramientas y los métodos utilizados para medir y cortar caños de hierro fundido.

b. Describir cómo se une un caño con espiga y campana y uno sin campana.

Tareas prácticas

3. Escoger el equipo de protección personal adecuado para trabajar con tuberías de hierro fundido.
4. Medir, cortar y unir caños de hierro fundido en forma correcta.

En esta sección, se describen los procedimientos para medir, cortar, unir y ensamblar caños de hierro fundido. Asegúrese de medir y cortar el caño con cuidado. Una medición imprecisa y un corte inadecuado o descuidado pueden costar dinero a la empresa. Si un caño queda corto, ya no sirve. Si no se lo corta de forma correcta, no se puede utilizar para hacer una unión segura. La medición y el corte de los caños con espiga y campana son más complicados que el trabajo en los caños sin campana.

2.1.0 Medición y corte de caños de hierro fundido

Longitud de inserción: longitud de un caño que encaja en el conector u otra junta al montar un tramo de caño. La medida debe incluirse en el cálculo antes de cortar un trozo de caño para su unión.

El caño de hierro fundido con espiga y campana tiene una longitud de tendido estándar de 5 pies (1.52 m) o 10 pies (3.05 m), medida desde la base de la campana hasta el extremo de la espiga. Algunos fabricantes también ofrecen longitudes de tendido de $2^1/_2$ pies (0.76 m) y $3^1/_2$ pies (1.07 m) en caños de campana simple. Cuando se conecten tramos largos que contengan muchas secciones de caños, deberá añadir la **longitud de inserción** a la medida entre la espiga de un extremo del tramo y la campana del otro extremo para obtener la medida correcta de caño necesario. La longitud de inserción es la longitud del extremo de la espiga que se introduce en la campana (*Figura 16*). Las longitudes de inserción para los tamaños de caño más utilizados son $2^1/_2$ pulg. (6.35 cm) para caños de 2 pulg. (5.08 cm), $2^3/_4$ pulg. (6.98 cm) para caños de 3 pulg. (7.62 cm); y 3 pulg. (7.62 cm) para caños de 4 pulg. (10.16 cm), 5 pulg. (12.70 cm) o 6 pulg. (15.24 cm).

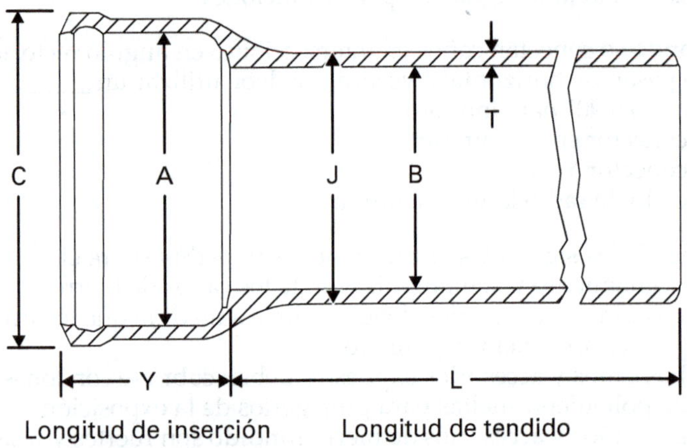

Figura 16 Medición de caños con espiga y campana.

2.1.1 Medición de caños con espiga y campana

Para medir correctamente los caños con espiga y campana, también hay que saber localizar el centro del conector. El centro de un conector es el punto donde se cruzan las líneas de centro de las bocas de entrada y salida del conector (*Figura 17*). Por ejemplo, en un sistema de drenaje, si se conecta un codo de $^1/_4$ a un conector de codo de $^1/_8$ con un tramo de caño de suelo, y la medida de centro a centro debe ser de 36 pulg. (91.44 cm), la longitud del caño es en realidad inferior a 36 pulg. (91.44 cm), porque los conectores ocupan parte de la medida total (*Figura 18*).

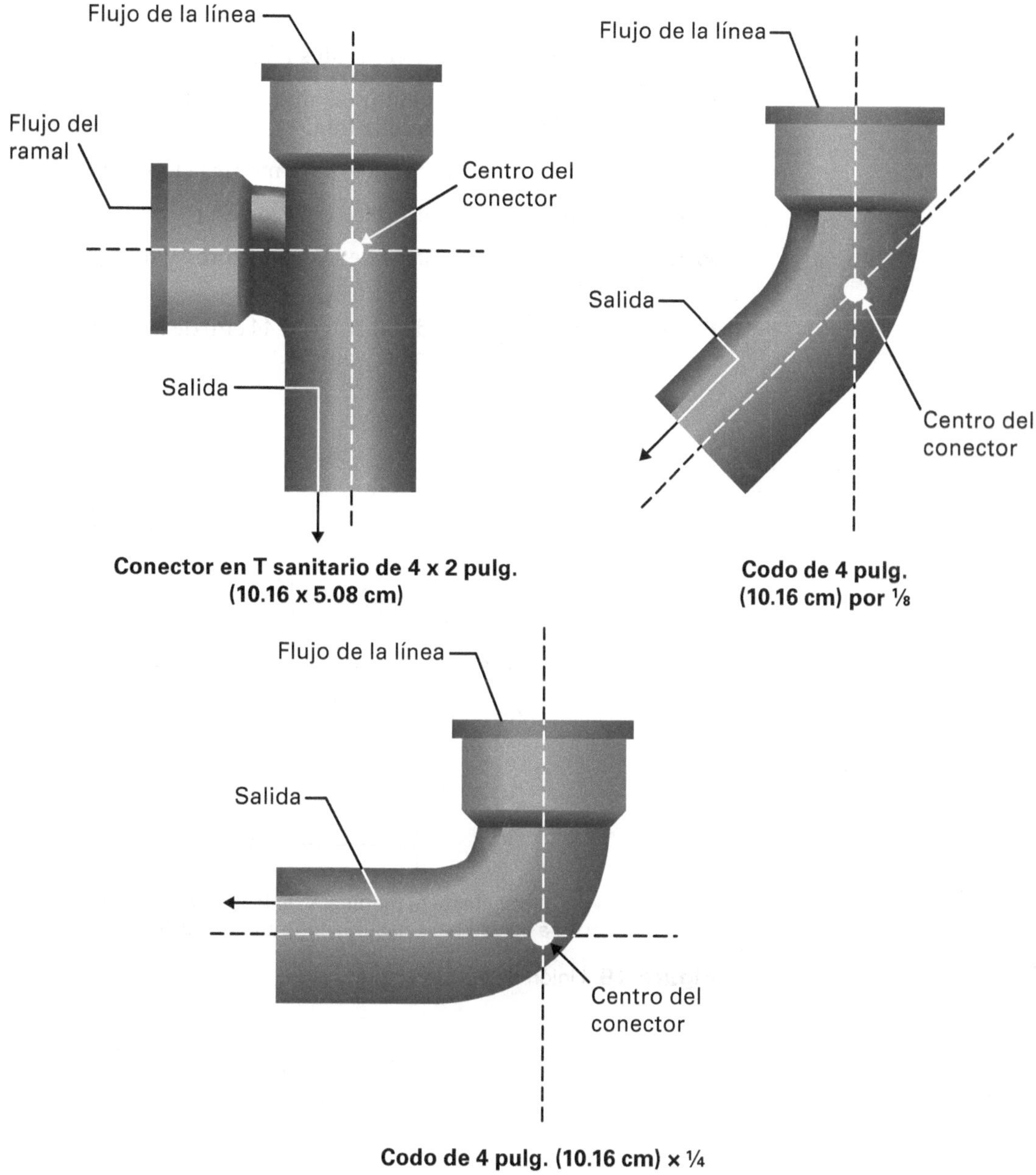

Figura 17 Cálculo del centro de un accesorio.

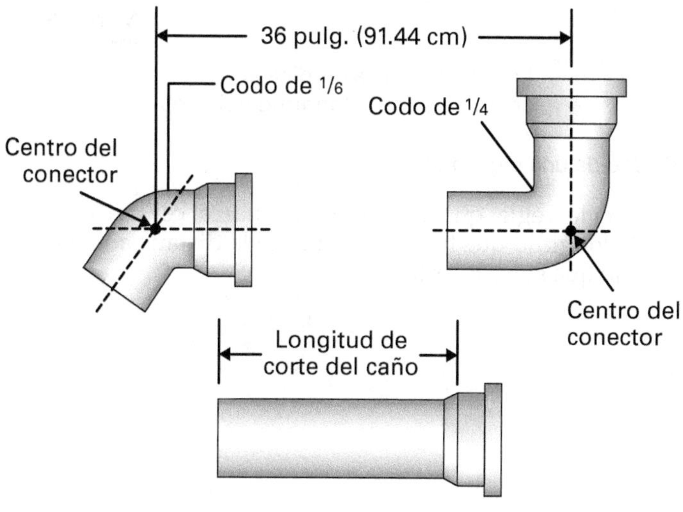

Figura 18 Determinación de la longitud de corte.

Para medir adecuadamente:

Paso 1 Coloque los conectores juntos (*Figura 19*).

Paso 2 Mida la distancia entre las marcas centrales de los conectores y reste ese número a la medida total.

Paso 3 Utilice una regla plegable para medir la longitud del caño.

Paso 4 Comience por insertar los conectores.

Paso 5 Establezca los centros de los conectores y marque estos puntos en sus superficies.

Paso 6 Coloque la marca de 36 pulg. (91.44 cm) de la regla en la marca del centro del conector derecho (*Figura 20*).

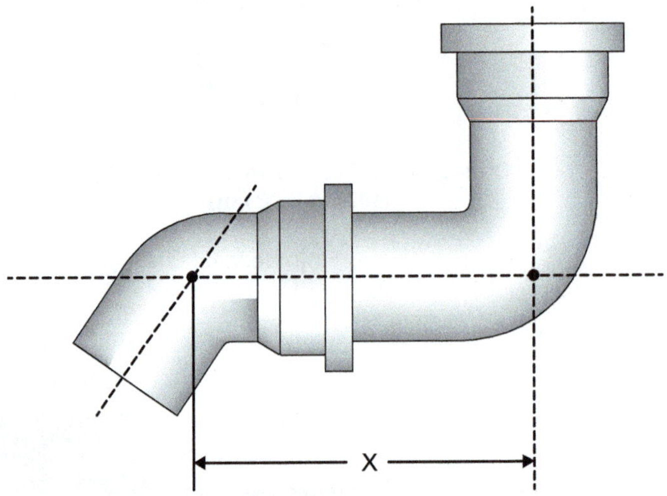

Figura 19 Unión de los conectores.

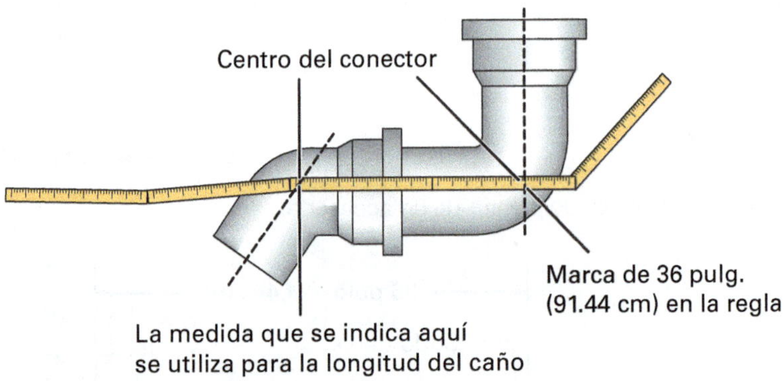

Figura 20 Uso de una regla plegable.

La marca de la regla que cae sobre la marca central del conector de la izquierda es la longitud que hay que restar de la distancia real entre conectores al medir el caño que se va a cortar.

2.1.2 Medición de caños sin campana

La medición de los caños de hierro fundido sin campana es bastante sencilla. Utilizando una regla plegable o una cinta métrica, mida la distancia exacta entre la conexión del conector y el caño, o de caño a caño, y reste la distancia del reborde en el interior de la empaquetadura de neopreno.

2.1.3 Corte de caños de hierro fundido

Después de medir el caño, córtelo a la longitud deseada con una **cortadora de caños de suelo**. Existen varios modelos de cortadoras de caños de suelo (*Figura 21*). Cada cortadora puede utilizarse para cortar una variedad de tamaños de caños. La cortadora de caños de suelo utiliza un tramo de cadena, cuyos eslabones contienen un disco de corte cada uno. Cuando la cadena se tensa alrededor del caño, las cuchillas presionan el metal. La mayoría de los fabricantes recomiendan marcar el caño antes de tensar la cortadora para romperlo. Una marca recta produce a una ruptura limpia.

Cortadora de caños de suelo: herramienta de alta resistencia utilizada para cortar caños de hierro fundido. Las cortadoras de caños de suelo pueden ser del tipo de encaje o de trinquete.

Cortadora de caños de suelo con trinquete

Minicortadora de caños de suelo

Cortadora de caños de suelo eléctrica

Cortadora de caños de suelo tipo encaje

Cortadora de caños de suelo eléctrica conectada a una herramienta accionada por una fuente de energía

Figura 21 Cortadoras de caños de suelo.
Fuente: RIDGID®

¿Sabías qué?

Más duro que el hierro

Una cortadora de caños de suelo estándar no corta el hierro dúctil. Utilice una cortadora de caños hidráulica para cortar caños para agua de hierro dúctil.

2.2.0 Unión de caños

Los caños con espiga y campana y los caños sin campana se conectan con métodos diferentes. En esta sección se detallan los métodos más comunes para unir estos tipos de caños de hierro fundido.

2.2.1 Unión de caños con espiga y campana

Junta por compresión: juntas formadas con una empaquetadura de neopreno insertada en el extremo ensanchado de un caño con espiga y campana. La presión aplicada entre ambos caños unidos obliga a la empaquetadura a comprimirse y a rellenar los huecos de aire en la junta.

Los caños con espiga y campana pueden unirse con **juntas por compresión** (*Figura 22*). Estas se utilizan con frecuencia porque requieren menos trabajo y son menos costosas que el plomo y la estopa. Al unir los caños, debe asegurarse de que estén bien alineados para garantizar que las juntas queden herméticas. Una alineación correcta significa que la línea de centro en cada tramo recto de caño es perfectamente recta, y que el caño y los accesorios se encuentran en el ángulo correcto.

Las juntas por compresión son un método rápido para unir caños y accesorios de hierro fundido. Pueden absorber las vibraciones y flexionarse o doblarse hasta cinco grados. Requieren el uso de caños y accesorios que no tengan un reborde en el extremo de la espiga. Siga siempre las especificaciones del fabricante cuando ensamble y ajuste el caño con espiga y campana.

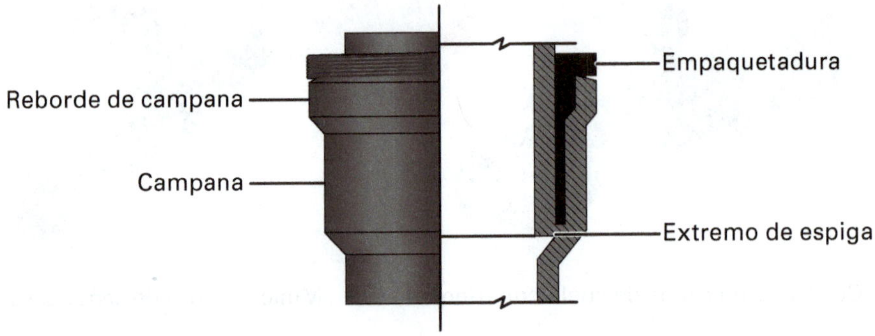

Figura 22 Junta por compresión.

Para crear una junta por compresión, inserte una empaquetadura de neopreno o de goma (*Figura 23*) en el extremo del caño con la campana. Utilice un extractor de cadena, un martillo de plomo o una barra de empuje para empujar o introducir la espiga en la campana. Este proceso hace que la empaquetadura de neopreno se comprima y rellene cualquier espacio de aire entre las dos secciones del caño.

Para hacer una junta por compresión, siga estos pasos:

Paso 1 Limpie la empaquetadura de neopreno y los extremos del caño.

Paso 2 Introduzca la empaquetadura en la campana.

Paso 3 Aplique un lubricante para caucho en el interior de la empaquetadura y en el extremo de la espiga del caño.

Paso 4 Introduzca el extremo de la espiga del caño en la empaquetadura utilizando una herramienta de extracción.

Figura 23 Empaquetadura por compresión.
Fuente: Charlotte Pipe and Foundry

2.2.2 Unión de caños sin campana

Para unir los caños sin campana, utilice **acoplamientos** (*Figura 24*). Los acoplamientos tienen tres componentes: una empaquetadura de neopreno o caucho, una carcasa de acero inoxidable y abrazaderas. Estas piezas se fabrican de conformidad con las normas del CISPI. Las empaquetaduras están hechas de un material elastomérico, que suele ser neopreno. Deben estar etiquetadas con el material de la empaquetadura y deben tener la marca y el número de patente del CISPI.

Acoplamientos: accesorios utilizados para conectar dos tramos de caño de hierro fundido sin campana.

La empaquetadura es flexible, con un reborde en el diámetro interior para controlar la distancia a la que se puede deslizar en el extremo del caño sin campana. Sella la unión entre los componentes sin campana. La carcasa y las abrazaderas son de acero inoxidable. También deben llevar un rótulo con la marca y el número de patente del CISPI, así como las palabras "all stainless" (acero inoxidable) u otras abreviaturas reconocidas. La carcasa de acero inoxidable corrugado rodea la empaquetadura de neopreno, con uno o más pares de abrazaderas alrededor de la empaquetadura y la carcasa. Los acoplamientos de transición permiten unir caños de hierro fundido con otros tipos de caños, como los de plástico. Los acoplamientos de alta resistencia tienen dos o tres pares de abrazaderas y están disponibles con tuercas de $^5/_{16}$ pulg. (0.79 cm) o $^3/_8$ pulg. (0.95 cm).

Antes de unir el caño con el acoplamiento, limpie siempre la zona del caño y del accesorio que va a cubrir la empaquetadura. La suciedad, el barro, la arena o cualquier otro material entre la empaquetadura y el caño puede provocar una conexión con fugas.

La unión de caños sin campana requiere una **llave dinamométrica** (*Figura 25*). La llave dinamométrica, que se utiliza para apretar las abrazaderas del acoplamiento, tiene una llave para tuercas de $^5/_{16}$ pulg. (0.79 cm) o $^3/_8$ pulg. (0.95 cm). Debe apretar cada abrazadera al par de torsión correcto. Para las llaves para tuercas de $^5/_{16}$ pulg. (0.79 cm), el par de torsión correcto es de aproximadamente 60 pulgadas-libra (in-lb) de fuerza. Para las llaves para tuercas de $^3/_8$ pulg. (0.95 cm), el par de torsión correcto es de aproximadamente 80 in-lb (pulgada por libra) de fuerza o más, según la marca del acoplamiento y su tamaño. Utilice una llave dinamométrica diseñada para desacoplarse al par de torsión correcto; oirá un chasquido cuando esto ocurra.

Llave dinamométrica: llave con un calibre u otro medio para indicar la cantidad de fuerza de rotación aplicada a un elemento de fijación, como una tuerca, a medida que se la gira.

Es necesaria la alineación correcta de los caños para garantizar uniones herméticas. Antes de ajustar las abrazaderas, asegúrese de que la alineación sea la correcta y de que el acoplamiento esté en su sitio. Cuando ajuste el acoplamiento, asegúrese de aplicar el torsión de manera uniforme. Para los acoplamientos con más de dos abrazaderas, los fabricantes especifican una secuencia de torsión escalonada para evitar que el acoplamiento se frunza. Cambie la llave dinamométrica de una abrazadera a la otra según la secuencia de par de torsión del fabricante. Apriete también todas las abrazaderas por pasos; no apriete una abrazadera por completo antes de pasar a la siguiente. Si ajusta por completo una abrazadera antes de empezar a ajustar la otra, la junta podría desalinearse y el acoplamiento podría tener fugas. Siga siempre las instrucciones del fabricante sobre el torsión adecuado para la llave dinamométrica que esté utilizando.

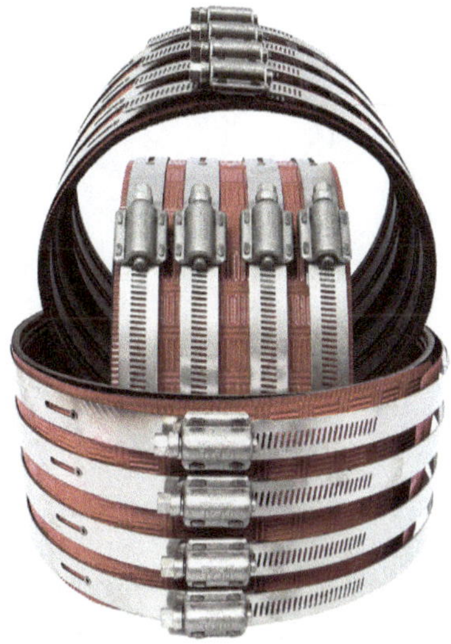

Figura 24 Acoplamientos estándares sin campana.
Fuente: Charlotte Pipe and Foundry

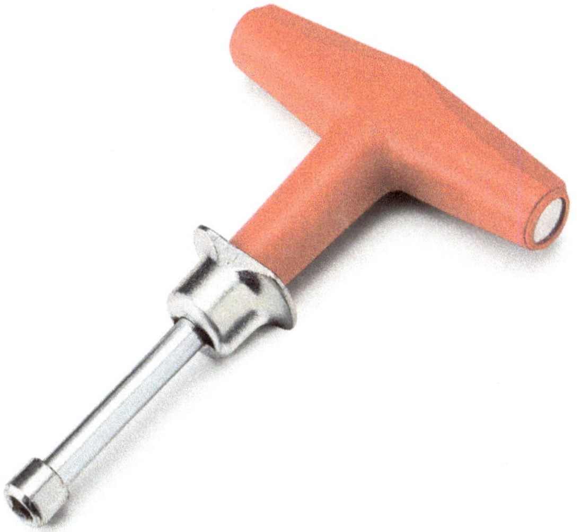

Figura 25 Llave dinamométrica.
Fuente: RIDGID®

Muchos plomeros utilizan una pistola de impacto (*Figura 26*) para ajustar con rapidez los elementos de fijación en las superficies duras. Esta herramienta combina la rotación de la broca y los golpes por minuto (una combinación de perforación y martilleo) para introducir el tornillo más rápido que los taladros convencionales. Este taladro aumenta la productividad con menos fatiga para el operario porque aplica el par de torsión directamente al tornillo y no a la muñeca del operario.

Figura 26 Pistola de impacto.
Fuente: RIDGID®

Repaso de la sección 2.0.0

1. El punto en el que se cruzan las líneas de centro de la boca de entrada y salida de un conector se denomina _____.
   a. centro
   b. codo
   c. codo de radio largo
   d. junta

2. Los plomeros unen los caños con espiga y campana mediante _____.
   a. juntas por compresión
   b. bridas
   c. acoplamientos
   d. juntas de expansión

3. El componente de un acoplamiento sin campana que sella la unión entre el caño y el accesorio es la _____.
   a. empaquetadura de lámina de plomo
   b. empaquetadura de neopreno
   c. empaquetadura de dilatación corrugada
   d. empaquetadura de dilatación de parafina

3.0.0 Soporte, instalación y prueba de caños

Objetivo

Describir los métodos de soporte, instalación y prueba de tramos de caños horizontales y verticales.

a. Describir cómo se sostienen los tramos de caños horizontales y verticales.
b. Explicar cómo se instalan y prueban los caños de hierro fundido.

Tarea práctica

5. Seleccionar el soporte y el espaciado correctos para la aplicación.

Los sujetadores colgantes se utilizan para sostener caños y accesorios horizontales o verticales. El objetivo principal de los sujetadores colgantes es mantener el caño alineado y evitar que se doble, balancee o deforme. Sin una alineación adecuada, es posible que los residuos no fluyan por el sistema de manera adecuada y se produzcan fugas. Los códigos de plomería exigen que los caños estén bien sujetos en forma horizontal y vertical. Nunca cuelgue un caño de otro ni permita que un caño sostenga a otro.

Los requisitos y códigos antisísmicos garantizan que el caño esté bien sujeto a la estructura en caso de vibración excesiva. Por ejemplo, algunos códigos exigen que la distancia entre los sujetadores colgantes y los soportes sea más estrecha que en zonas sin actividad sísmica. Pueden exigir amortiguadores antisísmicos para absorber las vibraciones. Además, los códigos pueden exigir una separación adicional para los caños que atraviesan paredes, pisos y techos, o pasan cerca de ellos, con el fin de prever los movimientos.

NOTA

Los planos de construcción y las especificaciones de su obra pueden tener requisitos inusuales para el soporte de los caños. Compruebe siempre los planos de construcción y las especificaciones antes de comenzar la instalación.

PRECAUCIÓN

Si va a instalar un caño en una zona sísmica, es decir, donde existe la posibilidad de que se produzcan terremotos, los códigos locales exigen la aplicación de sujeciones antisísmicas.

3.1.0 Soporte para tramos de caños horizontales y verticales

Los sistemas de plomería tienen dos orientaciones generales: horizontal y vertical. Solo en circunstancias especiales se puede encontrar un caño instalado en un gran ángulo con respecto al plano horizontal. Los ingenieros de diseño proporcionarán instrucciones especiales para estas situaciones. Los caños horizontales de DWV no están realmente nivelados, sino que tienen una ligera inclinación como se explica a continuación. En esta sección conocerá los métodos utilizados para sostener los caños horizontales y verticales.

Códigos sísmicos

El Código Internacional de la Edificación (IBC® - International Building Code) se considera la principal fuente de información sobre el código sísmico. El IBC® fue el resultado del esfuerzo conjunto de la Organización Internacional de Oficiales de la Construcción y Administradores de Códigos (BOCA - Building Officials and Code Administrators International), el Congreso Internacional de Códigos de Construcción del Sur (SBCCI - Southern Building Code Congress International) y el Código de Edificación Uniforme (UBC - Uniform Building Code). El IBC® incluye mapas de riesgos sísmicos, cargas de diseño sísmico y criterios de códigos sísmicos.

NOTA

Cuando se instala un caño de suelo por encima de las zonas de manipulación de alimentos, se utilizan técnicas de instalación especiales.

3.1.1 Sujetadores colgantes y soportes

Los sujetadores colgantes y los soportes que se utilizan dependen del tamaño del caño y del tipo de material al que se fija el sujetador o el soporte. A la hora de escoger los tipos de sujetadores colgantes o soportes, debe tener en cuenta si el caño se extiende horizontal o verticalmente. Todos los sujetadores colgantes y soportes están diseñados para mantener el caño alineado, pero también hay que asegurarse de que los caños horizontales no se muevan de un lado a otro. Cuando seleccione los soportes para los tramos de caños verticales, también debe tener en cuenta la carga vertical, o el peso total, del caño. Existe una variedad de sujetadores colgantes para los tramos horizontales y verticales. Es muy importante espaciar correctamente los sujetadores colgantes y los soportes.

Tramos horizontales

Para los tramos de caño horizontal, se pueden utilizar distintos tipos de sujetadores colgantes y soportes horizontales (*Figura 27*). Su elección depende de las condiciones y las especificaciones establecidas por el contratista, el arquitecto o el ingeniero. La mayoría de las autoridades y los códigos de plomería especifican que el caño debe tener sujetadores colgantes para sostenerlo en cada unión. Para proporcionar un mejor soporte, estos no deben estar a más de 18 pulg. (45.72 cm) de las uniones (*Figura 28*). Sin importar el tipo de soporte que utilice en un tramo horizontal de caño, asegúrese de mantener una **inclinación** adecuada.

Inclinación: medida del descenso de un tramo de caño desde un nivel. El cambio de nivel se expresa en grados de un ángulo o en la distancia de descenso por metro de recorrido. También se la denomina *porcentaje de pendiente*.

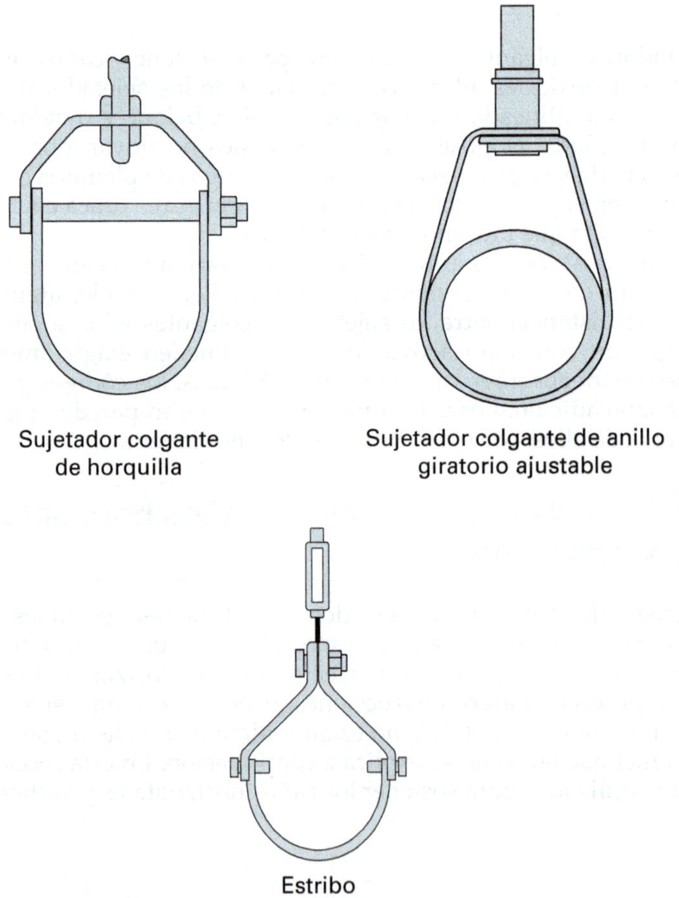

Figura 27 Sujetadores colgantes horizontales.

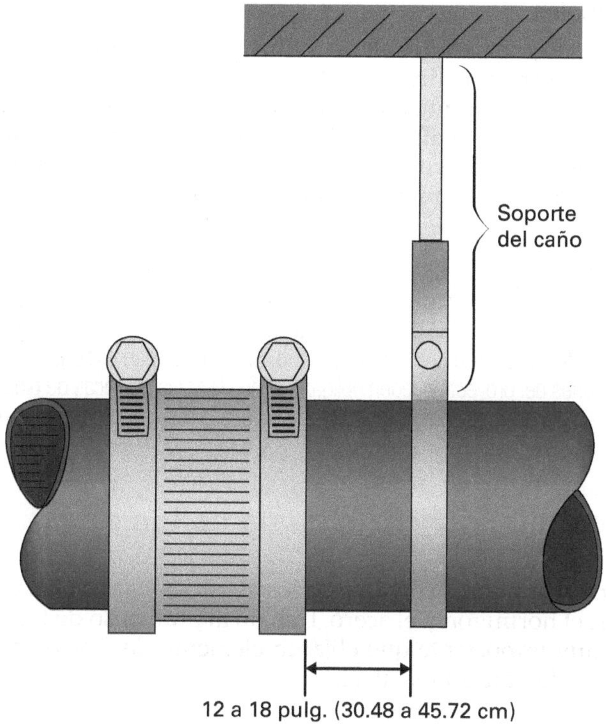

Figura 28 Distancia del sujetador colgante.

Los tramos horizontales de caño deben instalarse con una inclinación que permita la evacuación de las aguas residuales. La inclinación, que también se denomina *descenso*, es la pendiente hacia abajo del caño. Los sistemas de tuberías de DWV dependen de la gravedad para mover las aguas residuales fuera del sistema. Sin la inclinación correcta, la gravedad no es eficaz. Un caño ramal suele requerir una inclinación de $\frac{1}{8}$ a $\frac{1}{4}$ pulg. por pie (de 1.05 a 2.08 cm por metro) en todos los tramos horizontales. Con esta inclinación, las aguas residuales del ramal se mueven con la rapidez necesaria para limpiar el caño.

Si la inclinación es superior a $\frac{1}{4}$ pulg. por pie (2.08 cm por metro), los residuos líquidos y sólidos pueden separarse. Cuando se produce la separación, los residuos sólidos más pesados se depositan en el fondo del caño en lugar de fluir con el líquido. Si la inclinación es inferior a $\frac{1}{8}$ pulg. por pie (1.05 cm por metro), el flujo de los residuos se ralentiza y el ramal tiende a bloquearse. Cuando el caño está perfectamente alineado, debe fijarse a la estructura del edificio para que permanezca de ese modo. En otra sección de este plan de estudios, encontrará más información sobre cómo se determina la inclinación o pendiente necesaria para los caños de DWV.

Para fijar los sujetadores colgantes horizontales a las estructuras de madera, utilice tornillos, tirafondos o clavos grandes. Para fijar el caño a las vigas de doble T, las vigas de barra y otras estructuras metálicas, utilice abrazaderas para vigas o abrazaderas en C (*Figura 29*).

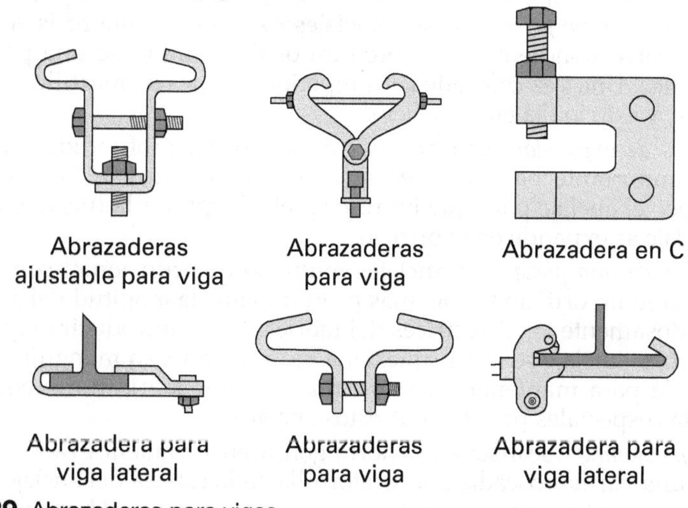

Figura 29 Abrazaderas para vigas.

Figura 30 Abrazadera para tuberías verticales.

Tramos verticales

Los sujetadores colgantes verticales se utilizan para soportar tramos verticales de caños y para mantener la alineación de estos. La correcta alineación de los caños es fundamental para garantizar un sistema a prueba de fugas. Para soportar la carga vertical (o el peso total) del caño, utilice una abrazadera para caño vertical (*Figura 30*). Ajuste el caño vertical en cada nivel de piso. Coloque la abrazadera para caño vertical de manera que soporte el peso del caño en forma adecuada.

Códigos de plomería para soportes y fijaciones

Como plomero, debe seleccionar y utilizar los soportes y fijadores más adecuados para el trabajo. También es responsable de instalar los sujetadores colgantes o los fijadores en los intervalos correctos a lo largo del tramo del caño. Si se presentan circunstancias inusuales, las especificaciones del proyecto pueden obligarlo a modificar las prácticas de plomería habituales. Nunca trabaje sin conocer los códigos aplicables y las especificaciones detalladas del proyecto.

3.2.0 Instalación y prueba de caños de hierro fundido

Puede fijar los sujetadores colgantes o los soportes para caños en la madera, la mampostería, el hormigón y el acero. Debido al gran peso de los caños de hierro fundido, es muy importante que elija un elemento de fijación con la fuerza de sujeción adecuada para su instalación.

Figura 31 Tornillos para madera.

3.2.1 Estructuras de madera

Los caños se fijan a las estructuras de madera con clavos, tornillos y pernos. Recuerde que los clavos no tienen la fuerza de sujeción de los tornillos y los pernos. Por lo tanto, los clavos solo deben utilizarse si las vibraciones y la resistencia no son factores en la instalación. En la *Figura 31* se muestran ejemplos de tornillos para madera. Los tirafondos son otra opción para fijar los caños a la madera.

3.2.2 Estructuras de mampostería y hormigón

Para fijar los sujetadores colgantes a la mampostería y al hormigón, se pueden utilizar diversos anclajes de expansión o sujetadores roscados para mampostería.

Anclajes de un solo paso

Los anclajes de un solo paso requieren un orificio previamente taladrado que coincida con el diámetro del anclaje. Cuando se lo ajusta, el anclaje se expande para sujetarse con firmeza al orificio. Existen muchos estilos (*Figura 32*). Los diámetros van desde $\frac{1}{4}$ hasta $1\frac{1}{4}$ pulg., con longitudes de $1\frac{3}{4}$ a 12 pulg. Las versiones métricas son similares.

- *Anclajes de cuña:* se trata de anclajes de alta resistencia suministrados con tuercas y arandelas. Introduzca el anclaje en el agujero. Golpéelo con un martillo para que al menos seis hilos queden por debajo de la superficie. Apriete la tuerca para expandir el anclaje y asegurarlo en el agujero.
- *Anclajes de perno prisionero:* son anclajes roscados de alta resistencia con su tuerca correspondiente. Requieren un orificio limpio de una profundidad específica. Una vez colocados, los repetidos golpes de martillo expanden el anclaje, y esto lo fija en el orificio.
- *Anclajes de expansión:* son anclajes multiuso. La profundidad del agujero no es importante, basta que sea suficiente para el anclaje. Limpie el orificio y golpee el anclaje para que ingrese en él. Al apretar la tuerca o el tornillo, el anclaje se expande en el orificio.
- *Anclajes de una pieza:* son anclajes multiuso que funcionan como resortes. Requieren un orificio limpio más profundo que la longitud del anclaje. Siga cuidadosamente las directrices del fabricante. Al introducir el anclaje en el agujero, el anclaje se comprime. Una vez asentado, su manguito elástico se expande para mantenerlo en su sitio. Algunos fabricantes venden herramientas especiales para colocar estos anclajes.
- *Anclajes Sammy®:* se instalan en hormigón, acero o madera. El anclaje Sammy® tiene una varilla roscada, que se atornilla en la cabeza del anclaje. Una llave especial para tuercas instala el anclaje, que se atornilla al hormigón.

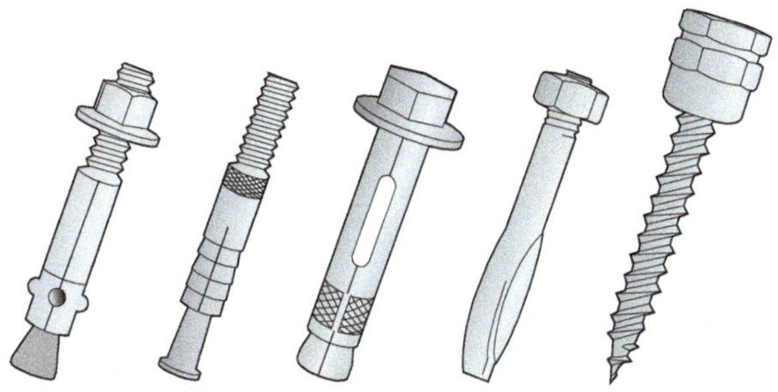

Figura 32 Anclajes de un solo paso.

Anclajes embutidos/para pernos

Los anclajes para pernos se instalan al ras de la superficie del hormigón y los pernos o tornillos para metales se enroscan en ellos. Algunos se pueden utilizar con varillas roscadas y se consiguen en los estilos que se muestran en la *Figura 33*.

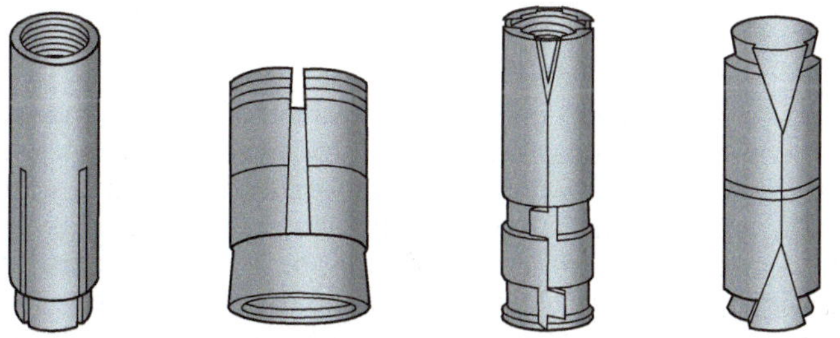

Figura 33 Anclajes de perno.

Los anclajes embutidos/para pernos son para aplicaciones pesadas. El primer tipo funciona en hormigón sólido y mampostería y tiene un anclaje de expansión con rosca interna y un tapón. Una vez introducido en el orificio preparado, una herramienta especial expande el anclaje. A continuación, el perno o tornillo se instala en el anclaje. El segundo, funciona en materiales huecos, como los bloques de hormigón (bloques de hormigón de cenizas). Los anclajes embutidos huecos tienen un manguito de expansión cónico y ranurado, y un cono de expansión dentado. El orificio pretaladrado se extiende en el espacio hueco. Después de golpear el anclaje para que ingrese en su sitio, fije el componente montado. Introduzca el perno o el tornillo. Al ajustar el perno, el anclaje se expande y se mantiene en su sitio.

Los anclajes de expansión simple y doble se instalan utilizando una técnica similar a la de los anclajes embutidos. Los anclajes de doble expansión son ideales para el hormigón más débil. Como ocurre con muchos anclajes, se expanden al ajustar el tornillo.

Cuando instale los anclajes, utilice un **rotomartillo percutor** (*Figura 34*) con una broca especial para mampostería. Después de taladrar el orificio, inserte un anclaje de tornillo, un anclaje de expansión de plástico o un anclaje de mampostería roscado en el orificio. Gire el tornillo en el inserto para expandirlo y permitir que se sujete con firmeza en la mampostería. Utilice pernos acodados para fijar los soportes de los caños a las unidades de mampostería huecas, como los bloques de hormigón.

Rotomartillo percutor: taladro con acción de martilleo que permite perforar hormigón, ladrillo o bloques de hormigón. Gira y martilla al mismo tiempo y perfora mucho más rápido que los taladros tradicionales.

PRECAUCIÓN

Los fabricantes suelen proporcionar dos tipos de índices de carga para las fijaciones de mampostería: axial (longitudinal) y de corte (lateral). Examine la forma en que la carga del caño se aplicará a los sujetadores colgantes para determinar qué capacidad de carga se necesitará para los sujetadores. La capacidad de carga de corte para un determinado tipo de fijación en mampostería es casi siempre superior a la capacidad de carga axial. Las especificaciones del proyecto suelen incluir instrucciones detalladas para seleccionar e instalar los sujetadores colgantes de caños.

PRECAUCIÓN

Se pueden utilizar herramientas de fijación insertadas por explosión o por gas para anclar los soportes de los caños al hormigón, la mampostería y el acero. Sin embargo, el fabricante debe certificar su uso. Los representantes de los fabricantes visitan los talleres y las obras para ofrecer capacitación sobre sus equipos y certificar al personal para su uso.

Figura 34 Rotomartillo percutor.
Fuente: RIDGID®

3.2.3 Prueba de las instalaciones

Las instalaciones de tuberías de hierro fundido de los sistemas de ventilación y drenaje se pueden probar mediante una prueba hidrostática (prueba de agua), una prueba de presión de aire, una prueba de humo y una prueba de menta. Las pruebas de aire y agua pueden realizarse en la etapa preliminar de instalación. Las pruebas de humo y de menta deben realizarse después de la instalación final. Si fuera posible, pruebe solo un piso a la vez.

Los códigos tienen diferentes requisitos para la prueba de agua. Algunos requieren una carga hidráulica de 10 pies (3.05 m) y otros, de 5 pies (1.52 m). Primero, tape todas las aberturas excepto un caño vertical. Extienda el caño vertical por lo menos 5 pies (1.52 m) más alto que la tubería de drenaje horizontal. Si el código exige una carga hidráulica de 10 pies (3.05 m), extienda el caño al menos 10 pies (3.05 m). Llénelo con agua. Esto le permite comprobar si hay alguna junta con fugas en el sistema. El inspector puede pedirle que retire los tapones de punto de acceso al drenaje o las tapas en distintos puntos de la tubería del sistema. Hágalo para asegurarse de que el agua haya llegado a todas las partes del sistema de desagüe.

La prueba de aire es igual a la de agua, solo que los caños se llenan con aire comprimido. Por lo general, el sistema debe presurizarse a un máximo de 5 libras por pulgada cuadrada (psi - pounds per square inch). Utilice un manómetro en el tapón de prueba para determinar si se ha perdido presión. Mientras que los caños y accesorios de hierro fundido unidos con juntas por compresión o acoplamientos deben tener una reducción de la presión del aire durante una prueba de 15 minutos, una reducción de más de 1 psi indica que el sistema falla.

La prueba con humo consiste en llenar los sifones con agua y añadir un humo espeso en el sistema de DWV. El bajante debe estar cerrado cuando el humo aparece en la abertura del techo. Se necesita una presión de 1 pulg. de columna de agua (c. a.) durante toda la prueba de humo. El sistema pasa la prueba si no se ve humo en ninguna conexión del sistema.

Si los inspectores de plomería deciden que no se puede utilizar una prueba con humo, utilice una prueba con menta. Para realizar una prueba con menta, añada 2 onzas (60 ml) de aceite de menta en cada abertura del sistema en el techo. Después de añadir el aceite de menta, añada 10 litros de agua caliente (160°F o 71°C). Selle cada terminal. Si puede oler la menta en cualquier punto del sistema, ha identificado una fuga.

El cumplimiento de todos los códigos es extremadamente importante para el éxito de una instalación de plomería. Un inspector comprobará su instalación para asegurarse de que cumpla todos los códigos. Los inspectores prestan especial atención a las conexiones cruzadas, los materiales defectuosos o de calidad inferior o a la mano de obra deficiente. Dado que es importante inspeccionar visualmente las juntas del sistema de tuberías, esto debe realizarse antes de cubrir los caños.

NOTA

Al realizar una prueba con menta, es esencial evitar el contacto de la piel y la ropa con el aceite de menta. Si esto sucede, deberá abandonar la zona hasta que finalice la prueba.

Repaso de la sección 3.0.0

1. El objetivo principal de los sujetadores colgantes de caños de hierro es mantener los caños _____.
   a. equilibrados
   b. conectados
   c. alineados
   d. protegidos de las perforaciones

2. Para proporcionar el mejor soporte para los tramos de caños horizontales, la distancia *máxima* a la que debe instalarse un sujetador colgante desde una junta es de _____.
   a. 16 pulg. (40.64 cm)
   b. 18 pulg. (45.72 cm)
   c. 24 pulg. (60.96 cm)
   d. 28 pulg. (71.12 cm)

3. Se pueden utilizar clavos para asegurar los sujetadores colgantes de caños en estructuras de madera si *no* van a estar sometidos a _____.
   a. vibraciones
   b. humedad
   c. calor excesivo
   d. viento fuerte

4. Cuando se realiza una prueba de aire de una instalación de caños de hierro fundido, se indica un fallo en el sistema si la presión de prueba cae *más de* _____.
   a. 0.5 psi
   b. 1 psi
   c. 1.5 psi
   d. 2 psi

Módulo 02108 Preguntas de repaso

1. Otro nombre para el caño de hierro fundido es _____.
   a. caño silencioso
   b. caño de suelo
   c. caño industrial
   d. caño pesado

2. Los caños de hierro fundido se clasifican por _____.
   a. el diámetro
   b. el espesor de sus paredes
   c. su composición
   d. la longitud

3. ¿Cuántos grados cambia la dirección del flujo un codo de $\frac{1}{5}$?
   a. 45
   b. 60
   c. 72
   d. 90

4. ¿Cuál de los accesorios de la lista solo está permitido en aplicaciones de flujo horizontal a flujo vertical?
   a. Codo de un octavo
   b. Conector en T sanitario
   c. Conector Y
   d. Codo de radio largo extendido

5. Las T se suelen dimensionar con dos números, como $4 \times 2\frac{1}{2}$. El segundo número indica _____.
   a. la longitud de la abertura de paso recta
   b. la longitud del ramal
   c. el diámetro de la abertura del ramal
   d. el diámetro de la abertura de paso recta

6. Los accesorios o dispositivos de DWV que impiden que el gas de los desagües se escape al interior de un edificio se denominan _____.
   a. conectores Y
   b. reductores
   c. sifones
   d. codos a 90° para inodoro

7. Cuando se prepare para un trabajo de plomería con hierro fundido, usted debe _____.
   a. dejar todos los accesorios y caños atados en los palés en los que se entregaron hasta que estén listos para su uso
   b. cortar todos los caños a la medida antes de comenzar la instalación
   c. organizar los caños y accesorios en grupos por tamaño y tipo de caño
   d. disponer los caños y accesorios en secuencia en todo el edificio antes de comenzar el trabajo

8. Para conectar un tramo de caño a otro de diferente tamaño, debe utilizar _____.
   a. un reductor
   b. una brida para inodoro
   c. un conector Y
   d. un conector en T sanitario

9. Cuando se mide la longitud de un tramo largo y recto de caño de hierro fundido con espiga y campana, la longitud total de caño necesaria es igual a _____.
   a. la medida del tramo
   b. la medida del tramo menos la longitud de inserción
   c. la medida del tramo más la longitud de inserción
   d. la medida del tramo más la longitud de inserción por el número de la longitud de tendido necesaria

10. Al insertar el extremo de la espiga del caño de hierro fundido en una campana, debe _____.
    a. girar el caño en ambos sentidos con la mano mientras lo inserta en la empaquetadura
    b. colocar el caño en la campana y, luego, golpear la empaquetadura para que ingrese en la campana
    c. empujar del caño en la campana utilizando una herramienta de extracción
    d. colocar el caño en la campana y, a continuación, verter sellador epoxi de fraguado rápido en el hueco para terminar la unión

11. Si se utiliza una llave dinamométrica de $^3/_8$ pulg. (0.95 cm), el par de torsión final sobre cada abrazadera de acoplamiento es de aproximadamente _____.
    a. 30 in-lb
    b. 60 in-lb
    c. 80 in-lb
    d. 120 in-lb

12. Cuando utilice una llave dinamométrica, *no* ajuste las abrazaderas antes de verificar la correcta colocación de _____.
    a. el acoplamiento
    b. el reductor roscado
    c. el anclaje
    d. la empaquetadura

13. Los tramos verticales de caño se sujetan con _____.
    a. abrazaderas para vigas
    b. estribos
    c. abrazaderas para tubería ascendente
    d. sujetadores colgantes de horquilla

14. ¿Cuál de los siguientes elementos se utiliza para taladrar en mampostería?
    a. Llave dinamométrica
    b. Pistola de impacto
    c. Rotomartillo percutor
    d. Martillo

15. La cantidad de presión de columna de agua necesaria para una prueba con humo es de _____.
    a. 1 pulg. (2.54 cm)
    b. 2 pulg. (5.08 cm)
    c. 3 pulg. (7.62 cm)
    d. 4 pulg. (10.16 cm)

Las respuestas a las preguntas impares de repaso de los módulos se encuentran en el *Apéndice A*.

Piedra angular del oficio

Lynn Rimmer

Instructor de instalación de tuberías/plomería

Tennessee College of Applied Technology

¿Qué lo llevó a elegir una profesión en la construcción?

Sabía que la universidad no era para mí, así que acepté un trabajo con un contratista general.

¿Quién o qué lo inspiró a ingresar en el sector?

Mi padre me ayudó a conseguir el trabajo y me dijo que me fijara en todos los oficios de la construcción.

¿Qué tipo de proyectos interesantes ha tenido?

Trabajé en Tate & Lyle (una planta de maíz), realicé las modificaciones de carbón a gas natural en TVA y trabajé en la ampliación de una planta química en los Grandes Lagos.

Háblenos de su trabajo actual.

Soy instructor de instalación de tuberías/plomería en el Tennessee College of Applied Technology y jefe de equipo de capacitación especial del sector. También enseño programas de soldadura (en tres lugares) en la universidad de fin de semana, y soy capacitador de la OSHA.

¿Cuáles son los factores que más contribuyeron a su éxito?

La experiencia y la asistencia a las clases de capacitación, cada vez que se ofrecían.

¿Qué consejos daría a quienes recién se incorporan al sector?

Busquen un buen programa de capacitación para aprendices en el oficio que les guste y aprovéchenlo. Sean flexibles y estén dispuestos a adaptarse a los cambios del oficio, la tecnología, etc.

¿Cómo ha modificado la tecnología su oficio?

Los caños salen al mercado más rápido y con formas de uso más eficientes, como las tuberías PEX (de plástico) en lugar de cobre.

¿Cómo ha sido su trayectoria profesional?

Excelente, hay una gran demanda de plomeros e instaladores de tuberías y aspersores.

Respuestas a las preguntas del repaso de las secciones

Respuesta	Referencia de sección	Objetivo
Sección 1.0.0		
1. c	1.1.1	1a
2. b	1.1.3	1a
3. b	1.2.2	1b
4. d	1.2.5	1b
Sección 2.0.0		
1. a	2.1.1	2a
2. a	2.2.1	2b
3. b	2.2.2	2b
Sección 3.0.0		
1. c	3.0.0	3
2. b	3.1.1	3a
3. a	3.2.1	3b
4. b	3.2.3	3b

Caños de acero y sus accesorios

MÓDULO 02109

Fuente: iStock@LoveTheWind

Objetivos

Luego de finalizar este módulo, podrá hacer lo siguiente:

1. Identificar los tipos, usos y propiedades de los caños de acero y sus accesorios.
   a. Describir los orígenes, las normas aplicables a los materiales y el almacenamiento y la manipulación de los caños de acero.
   b. Explicar los métodos utilizados para identificar las roscas de los caños.
   c. Describir la clasificación según las dimensiones y el rotulado de los caños de acero.
   d. Describir los diferentes tipos de accesorios y válvulas utilizados en los caños de acero.
2. Describir los diferentes métodos para medir, cortar y unir caños de acero.
   a. Explicar las herramientas y métodos que se utilizan para medir y cortar caños de acero.
   b. Describir las herramientas y los métodos que se utilizan para roscar caños de acero.
   c. Describir cómo se unen los caños roscados.
   d. Describir cómo se unen los caños ranurados.
   e. Explicar las herramientas y los métodos utilizados para instalar tubos de acero inoxidable corrugados (CSST).
3. Describir los métodos utilizados para instalar y probar los caños de acero.
   a. Describir los sujetadores colgantes y los elementos de fijación para sostener los caños de acero.
   b. Explicar cómo se sujetan tramos de caños verticales y horizontales.

Tareas prácticas

Bajo supervisión, podrá hacer lo siguiente:

1. Medir, cortar y unir caños de acero en forma correcta.
2. Medir, cortar, ranurar y montar tuberías de acero en forma correcta.

Generalidades

Los caños de acero se utilizan para la distribución de agua caliente y fría, los sistemas de calefacción por vapor y agua, los sistemas de tuberías de gas y aire, y los sistemas de drenaje, desagüe y ventilación (DWV). Los plomeros suelen utilizar caños de acero negro para las tuberías de gas o de aire comprimido y caños galvanizados para la ventilación. Los caños de acero se fabrican con roscas en ambos extremos, según lo establecido por la Norma Estadounidense para el Tamaño de Caños y Roscas de Caños, y se clasifican de acuerdo al tamaño y la resistencia.

NOTA

Los códigos varían entre jurisdicciones. Por eso, es importante que consulte el código correspondiente cada vez que tenga dudas sobre la normativa. Consultar un conjunto incorrecto de códigos puede causar tantos problemas como no consultar ninguno. Consiga el código local aprobado, léalo y familiarícese con él. La Administración de Seguridad y Salud Ocupacional (OSHA) de los Estados Unidos redacta los códigos de seguridad.

Recursos digitales para plomería

ESCANÉAME

Escanee este código con la cámara de su teléfono o dispositivo móvil para ver los recursos digitales relacionados con este oficio.

NCCER Credenciales reconocidas en la industria

Si está capacitando a través de un patrocinador acreditado por el NCCER, puede ser elegible para obtener credenciales del NCCER. El número de identificación de este módulo es 02109. Tenga en cuenta que este módulo puede haber sido utilizado en otros planes de estudios del NCCER y puede aplicarse a la realización de otros niveles. Comuníquese con el NCCER al 1.888.622.3720 o visite **www.nccer.org** para obtener más información.

También puede mostrar en línea sus credenciales reconocidas por el sector con las insignias digitales del NCCER. Transforme sus conocimientos, habilidades y logros en insignias que puede compartir en las plataformas de redes sociales, enviar a su red y agregar a su currículum. Para obtener más información, visite **www.nccer.org**.

1.0.0 Caño de acero

Tareas prácticas

1. Medir, cortar y unir caños de acero en forma correcta.
2. Medir, cortar, ranurar y montar tuberías de acero en forma correcta.

Objetivo

Identificar los tipos, usos y propiedades de los caños de acero y sus accesorios.

a. Describir los orígenes, las normas aplicables a los materiales y el almacenamiento y la manipulación de los caños de acero.
b. Explicar los métodos utilizados para identificar las roscas de los caños.
c. Describir la clasificación según las dimensiones y el rotulado de los caños de acero.
d. Describir los diferentes tipos de accesorios y válvulas utilizados en los caños de acero.

Los plomeros deben conocer los accesorios y las válvulas más comunes. También deben saber cómo medir, cortar y unir caños de acero y estar familiarizados con los **sujetadores colgantes** y los soportes utilizados con estos caños.

Sujetadores colgantes: en el caso de las instalaciones de plomería, son los accesorios de fijación de los caños, los conectores y las fijaciones estructurales que soportan y aseguran los caños.

Durante la fundición y la fabricación, los fabricantes agregan elementos químicos a la aleación de acero para producir tres tipos básicos de acero: acero al carbono, acero de baja aleación y acero de alta aleación (inoxidable). Para obtener el acero al carbono, se combina mineral de hierro con carbono. El acero al carbono también puede contener pequeños porcentajes de manganeso, silicio, aluminio, cobre y otros elementos. El manganeso ayuda a prevenir la fragilidad y mejora la resistencia, la dureza y la flexibilidad. El acero de baja aleación es más duro, lo que le brinda una mayor resistencia a la corrosión, pero puede ser difícil de soldar, según la cantidad de carbono y otros metales utilizados. El acero inoxidable es similar al acero al carbono, pero incluye cromo, que protege al metal de la oxidación.

Caño de acero negro: caño de acero de color negro utilizado para gas y aire comprimido. No debe utilizarse cuando la corrosión afecte su superficie sin recubrimiento.

Caño galvanizado: caño con proceso de electrodeposición de una aleación de zinc para proporcionar una capa protectora que resista la corrosión o la oxidación (herrumbre).

Los dos tipos más comunes de caños de acero al carbono son los **caños de acero negro** y los **caños galvanizados**. El caño de acero negro, cuyo color negro se debe a la presencia de carbono en el acero, se suele utilizar sobre todo como caño para gas o aire comprimido. Dado que no es muy resistente a la corrosión, debe utilizarse solo en aplicaciones en las que la corrosión no afecte sus superficies sin recubrimiento. El caño galvanizado es un caño de acero que ha sufrido un proceso de electrodeposición con zinc fundido. Esto protege a la superficie del caño de los materiales abrasivos y corrosivos y le da un color gris apagado. Aunque es más resistente a la corrosión que el caño de acero negro, el caño galvanizado tiene menor resistencia a la corrosión que otros materiales para caños. Por lo general, se usa para sistemas de ventilación.

1.1.0 Fuentes de, almacenamiento y manipulación de caños de acero

Los plomeros utilizan el acero que se fabrica tanto en los Estados Unidos como en otros países. La industria del acero estadounidense debe cumplir la normativa comercial que controla la cantidad de acero importado que las empresas pueden comprar y distribuir en el país.

1.1.1 Origen y estándares de los caños de acero

La seguridad y la calidad de los caños que se utilizan para los sistemas de plomería son fundamentales. Los fabricantes estadounidenses de caños deben cumplir con los códigos y las normas de fabricación nacionales que pueden no aplicarse en otros lugares. Por ejemplo, el gobierno de los Estados Unidos exige que los caños se ajusten a las normas de ASTM International (antes conocida como Sociedad Americana de Pruebas y Materiales) y que se marquen con las siglas de la organización.

1.1.2 Almacenamiento y manipulación de caños de acero

Para garantizar la máxima productividad en el trabajo, es importante utilizar el sentido común al almacenar y manipular los caños de acero. Antes de empezar a trabajar, planifique siempre con antelación. Organice los caños y accesorios en grupos por tamaño y tipo de caño. Almacene los caños y los accesorios cerca del lugar de trabajo para que estén al alcance. Al manipular los caños y accesorios, tenga cuidado de no doblarlos ni dañarlos. Los caños doblados o dañados no solo cuestan dinero, sino que también reducen la productividad.

1.2.0 Roscas

Los caños de acero para plomería se fabrican, por lo general, con roscas en ambos extremos y se conectan con accesorios roscados. La longitud del caño que se enrosca en el accesorio se denomina **tolerancia de inserción**. En 1886, los fabricantes adoptaron la decisión de estandarizar el tamaño de rosca en todos los productos de caños fabricados. El hilo de rosca estándar utilizado en los caños tiene forma de V, con un ángulo de 60 grados (*Figura 1*). La conicidad es de $^1/_{32}$ pulg. (0.8 mm) por pulgada de longitud de rosca. Cuando se las enrosca, las roscas cónicas de los caños producen una conexión hermética. Además, tras el montaje, crean un sistema de tubería mecánicamente rígido.

Tolerancia de inserción: longitud del caño que se enrosca en el accesorio al unir caños roscados.

Observe en la *Figura 1* que los siete primeros hilos desde el extremo de la rosca son hilos perfectos. Están bien definidos tanto en la cresta como en el valle. Los dos hilos siguientes son imperfectos en la cresta y perfectos en el valle, y los restantes son imperfectos en la cresta y en el valle. Los hilos imperfectos se producen cuando los hilos no se forman por completo o cuando los hilos perfectos se dañan y se rompen. Estos hilos de rosca no logran hermeticidad. Si los hilos perfectos se dañan o se rompen, también pierden su capacidad para sellar.

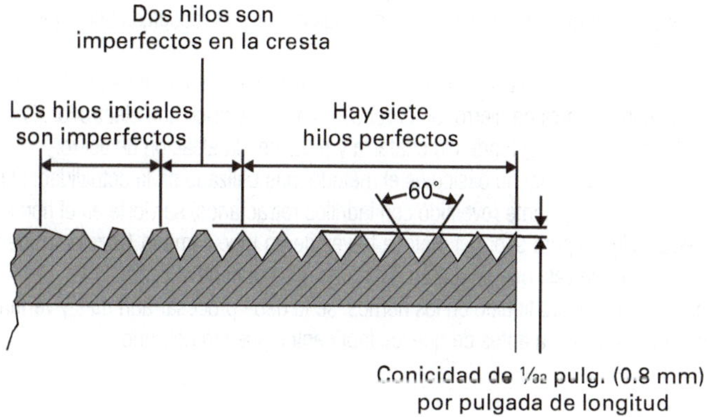

Figura 1 Rosca estadounidense estándar.

En la *Tabla 1*, se indica la cantidad de hilos de rosca por pulgada que se necesitan según el tamaño del caño. Se debe tener en cuenta que la cantidad total de hilos necesarios es diferente al número de hilos útiles necesarios.

TABLA 1 Norma estadounidense para el tamaño de caños y roscas de caños

Tamaño nominal del caño (en pulgadas)	Hilos por pulgada	Cantidad de hilos útiles*	Ajuste manual** (en pulgadas)	Ajuste manual y con llave para la inserción de rosca** (en pulgadas)	Longitud total de los hilos externos (en pulgadas)
$\frac{1}{8}$	27	7	$\frac{3}{16}$	$\frac{1}{4}$	$\frac{3}{8}$
$\frac{1}{4}$	18	7	$\frac{1}{4}$	$\frac{3}{8}$	$\frac{9}{16}$
$\frac{3}{8}$	18	7	$\frac{1}{4}$	$\frac{3}{8}$	$\frac{5}{8}$
$\frac{1}{2}$	14	7	$\frac{5}{16}$	$\frac{1}{2}$	$\frac{3}{4}$
$\frac{3}{4}$	14	8	$\frac{5}{16}$	$\frac{9}{16}$	$\frac{13}{16}$
1	$11\frac{1}{2}$	8	$\frac{3}{8}$	$\frac{11}{16}$	1
$1\frac{1}{4}$	$11\frac{1}{2}$	8	$\frac{7}{16}$	$\frac{11}{16}$	1
$1\frac{1}{2}$	$11\frac{1}{2}$	8	$\frac{7}{16}$	$\frac{3}{4}$	1
2	$11\frac{1}{2}$	9	$\frac{7}{16}$	$1\frac{3}{4}$	$1\frac{1}{16}$
$2\frac{1}{2}$	8	9	$\frac{11}{16}$	$1\frac{1}{8}$	$1\frac{9}{16}$
3	8	10	$\frac{3}{4}$	$1\frac{3}{16}$	$1\frac{5}{8}$
$3\frac{1}{2}$	8	10	$\frac{13}{16}$	$1\frac{1}{4}$	$1\frac{11}{16}$
4	8	10	$\frac{13}{16}$	$1\frac{5}{16}$	$1\frac{3}{4}$
5	8	11	$\frac{15}{16}$	$1\frac{3}{8}$	$1\frac{13}{16}$
6	8	12	$\frac{15}{16}$	$1\frac{1}{2}$	$1\frac{15}{16}$
8	8	14	$1\frac{1}{16}$	$1\frac{11}{16}$	$2\frac{1}{8}$
10	8	15	$1\frac{3}{16}$	$1\frac{15}{16}$	$2\frac{3}{8}$
12	8	17	$1\frac{3}{8}$	$2\frac{1}{8}$	$2\frac{9}{16}$

* Redondeado al hilo más cercano.

** Redondeado al dieciseisavo de pulgada ($\frac{1}{16}$ pulg.) más cercano.

La producción de acero

El acero se produce por medio de uno de los siguientes cuatro procesos: horno Bessemer, horno de crisol abierto, horno eléctrico u horno de oxígeno básico. El proceso Bessemer, inventado en la década de 1850, producía acero soplando aire a través del hierro fundido a alta presión. El proceso utilizaba oxígeno para extraer las impurezas, pero no tenía la eficacia necesaria para eliminar todos los elementos no deseados. Este proceso ya no se utiliza más en los Estados Unidos.

El proceso de horno de crisol abierto fue el método principal de producción de acero durante muchos años. Un horno de crisol abierto es un tanque enorme y poco profundo revestido con ladrillos refractarios. El combustible (gas, petróleo o carbón en polvo) se mezcla con aire caliente en los quemadores y se inyecta por todo el tanque. El hierro fundido, el acero reciclado y la piedra caliza se funden juntos en el tanque. Tras la eliminación de las impurezas recogidas por la piedra caliza, el acero está listo.

El proceso de horno eléctrico utiliza una enorme carga de electricidad para producir acero. El horno se carga con chatarra de hierro. Se produce un arco eléctrico con electrodos. Las temperaturas resultantes (6,000°F o 3,300°C) funden la chatarra y producen la aleación de acero.

El proceso del horno de oxígeno básico es el método más utilizado en la actualidad. El hierro fundido de un alto horno (un horno gigante revestido con ladrillos refractarios) se vierte en el horno de oxígeno básico. Se inyecta oxígeno puro sobre el metal a través de un tubo llamado *lanza de oxígeno*. El oxígeno se combina con las impurezas, que se retiran del horno, y se obtiene el acero.

Una vez elaborado el acero líquido en los hornos, se lo debe procesar aún más y verterlo en moldes para que adquiera forma sólida antes de que los fabricantes puedan utilizarlo.

1.3.0 Dimensionamiento y etiquetado de caños de acero

Los caños de acero se clasifican de dos maneras, según el diámetro del caño. Además, se rotulan con la clasificación del tamaño y otra información.

1.3.1 Dimensionamiento de caños

Los caños de acero se miden por el tamaño nominal. Para los caños de hasta 12 pulg., este tamaño se basa en el diámetro interior (ID - inside diameter) aproximado del caño. El tamaño nominal no es necesariamente igual al diámetro interior exacto; los caños de más de 12 pulg. (30.48 cm) se miden por su diámetro exterior (OD - outside diameter). Los caños de acero se fabrican en varios tamaños, que se miden por el ID del caño y su longitud.

Los caños de acero se pueden fabricar en longitudes de 21 pies (6.40 m), con o sin rosca. Esta longitud de caño de acero se denomina *longitud aleatoria*. La longitud de un caño de acero de 42 pies (12.80 m) se denomina *longitud aleatoria doble*. Los caños con un tamaño nominal mayor de 6 pulg. (15.24 cm) se pueden encontrar en longitudes aleatorias de entre 18 y 22 pies (5.49 y 6.71 m).

Además del tamaño y la longitud, se deben conocer los diferentes pesos de los caños de acero. El caño de acero para roscar se fabrica en tres pesos o resistencias: **peso estándar**, **extra resistente** y **doble extra resistente**. Algunos fabricantes llaman *extra reforzado* al extra resistente y *doble extra reforzado* al doble extra resistente. Debido a que todos los pesos para un tamaño de caño determinado tienen el mismo OD, como se muestra en la *Figura 2*, la misma **terraja** (dispositivo utilizado para roscar) sirve para los tres pesos de cada tamaño de caño.

Peso estándar: medida industrial estándar del peso o la resistencia de los caños de acero. También se la denomina *cédula 40*.

Extra resistente: medida industrial estándar del peso o la resistencia de los caños de acero. También se la denomina *cédula 80* y *extra reforzado*.

Doble extra resistente: medida industrial estándar del peso o la resistencia de los caños de acero. También se la denomina *cédula 120* y *doble extra reforzado*.

Terrajas: dispositivos utilizados para formar las roscas de los caños de acero.

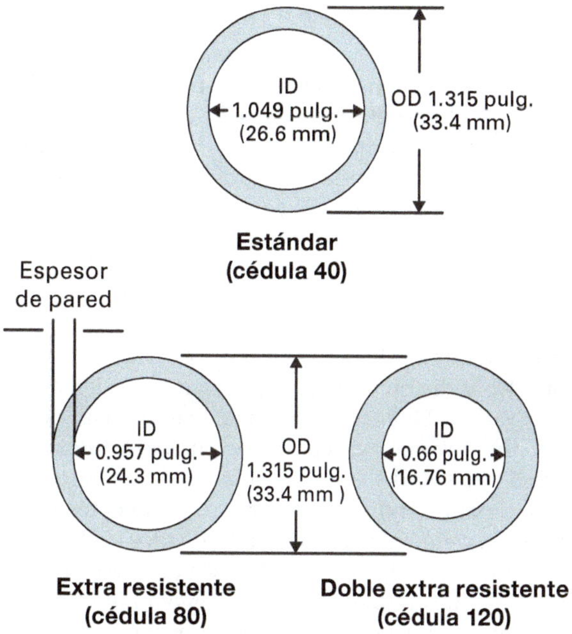

Figura 2 Diámetro interior y exterior de un caño de acero de 1 pulg. (2.54 cm) de diferentes pesos.

El espesor de la pared del caño y el ID difieren según el peso. Cuanto más gruesa sea la pared, más pequeño será el ID y más presión podrá soportar el caño. El peso estándar es adecuado en la mayoría de las aplicaciones de plomería. Sin embargo, se deben utilizar los dos pesos más fuertes cuando la presión así lo exija. Compruebe siempre los códigos correspondientes para conocer los requisitos en cuanto al peso. Puede consultar las dimensiones de los caños de acero de cédula 40 (peso estándar) y cédula 80 (extra resistente) en la *Tabla 2*.

TABLA 2 Dimensiones de caños de acero de cédula 40 y cédula 80

Dimensiones de caños de acero y hierro forjado de cédula 40 (peso estándar)				Dimensiones de caños de acero y hierro forjado de cédula 80 (extra resistente)		
Diámetro nominal (en pulgadas)	**Diámetro interior real (en pulgadas)**	**Diámetro exterior real (en pulgadas)**	**Peso por pie (en libras)**	**Diámetro interior real (en pulgadas)**	**Diámetro exterior real (en pulgadas)**	**Peso por pie (en libras)**
1/8	0.269	0.405	0.25	0.215	0.405	0.31
3/4	0.364	0.540	0.43	0.302	0.540	0.54
3/8	0.493	0.675	0.57	0.423	0.675	0.74
1/2	0.622	0.840	0.86	0.546	0.840	1.09
3/4	0.824	1.050	1.14	0.742	1.050	1.47
1	1.049	1.315	1.68	0.957	1.315	2.17
1 1/4	1.380	1.660	2.28	1.278	1.660	3.00
1 1/2	1.610	1.900	2.72	1.500	1.900	3.63
2	2.067	2.375	3.66	1.939	2.375	5.02
2 1/2	2.469	2.875	5.80	2.323	2.875	7.66
3	3.068	3.500	7.58	2.900	3.500	10.25
3 1/2	3.548	4.000	9.11	3.364	4.000	12.50
4	4.026	4.500	10.80	3.820	4.500	14.98
5	5.047	5.583	14.70	4.810	5.563	20.78
6	6.065	6.625	19.00	6.760	6.625	28.57

NOTA

El título completo de la norma ASTM A53/A53M es *Standard Specification for Pipe, Steel, Black and Hot-Dipped, Zinc-Coated, Welded and Seamless* (Especificación estándar para caños de acero, negros y recubiertos de zinc por inmersión en caliente, soldados y sin costura). Esta norma reemplaza a la ASTM A120.

1.3.2 Etiquetado

Para facilitar el manejo, los fabricantes envían los caños de acero en paquetes. El número de tramos por paquete viene determinado por el tamaño del caño. Cada paquete tiene una etiqueta que identifica la cantidad de pie del paquete. Si bien no existe una norma específica para el etiquetado, los caños de acero deben llevar el nombre o la marca del fabricante, su longitud y la norma ASTM A53/A53M, que indica que el caño cumple las normas de ASTM International.

1.4.0 Accesorios y válvulas

Los accesorios conectan tramos de caño recto para cambiar la dirección del flujo en los sistemas de suministro y distribución de agua y en los sistemas de drenaje, desagüe y ventilación (DWV - Drain, waste and vent). Las válvulas regulan el flujo del agua en un sistema. Suelen fijarse en los extremos de los caños para permitir el acceso al fluido que circula por el sistema. Los accesorios están diseñados para no bloquear ni ralentizar significativamente el flujo de líquidos en el caño, salvo que estén destinados a ello.

Los accesorios para caños de acero suelen ser de hierro maleable o fundido. El proceso de recocido del hierro fundido común genera hierro maleable. Este proceso, que consiste en calentar y enfriar con lentitud el hierro, lo hace más resistente para que se pueda doblar o golpear hasta un punto razonable sin que se quiebre. No sucede lo mismo con el cobre, el cual se vuelve flexible cuando se lo calienta.

Accesorios de presión: cualquier tipo de accesorio utilizado para los caños de suministro de vapor, gas o agua a presión. No están diseñados para tuberías de drenaje, que suelen estar a presión atmosférica o a una baja presión de columna de agua.

Accesorios de desagüe: accesorios diseñados con superficies interiores lisas y moldeadas para facilitar el flujo y formar un contorno interno ininterrumpido, para uso solo en sistemas de drenaje. También se los denomina *accesorios rebajados*.

Los accesorios para caños de acero se fabrican de dos tipos: **accesorio de presión** y **accesorios de desagüe**, también denominados *accesorios empotrados para desagüe* (*Figura* 3). Los accesorios de conexión para desagüe tienen un diseño con patrón de desagüe y roscas empotradas. Se deben utilizar solo en los sistemas de aguas negras y grises.

Los accesorios para caños de presión no pueden utilizarse en sistemas de drenaje porque las superficies interiores son un poco rugosas. Los accesorios de desagüe se diferencian de los accesorios de presión en varios aspectos. El interior de los accesorios de conexión para desagüe es liso y tiene una forma que facilita el flujo. Sus rebordes están rebajados para que, al enroscar el caño, este rellene la zona rebajada y forme un contorno interno ininterrumpido. Aunque rara vez ocurre, lo ideal es que un tubo enroscado a un accesorio de desagüe llene la cavidad

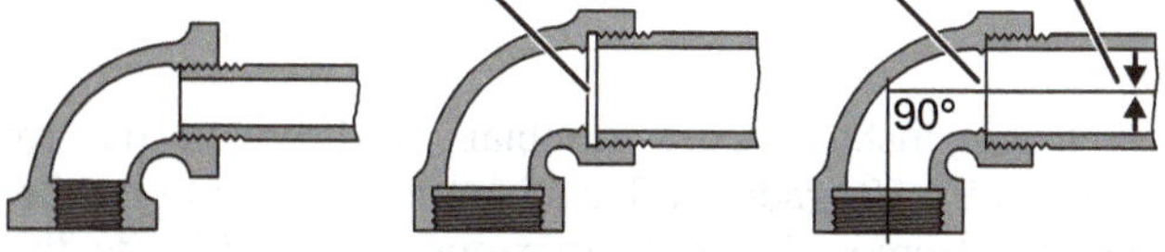

Figura 3 Accesorios de conexión a presión y de conexión para desagüe.

empotrada por completo. Estos accesorios están diseñados para que las líneas horizontales que lo atraviesan tengan una inclinación de $\frac{1}{4}$ pulg. por pie (2.08 cm por pie). Consulte la *Figura 3* para ver las ilustraciones de las condiciones normales e ideales de la mayoría de las uniones para desagüe.

En las siguientes secciones, se analizan los diferentes accesorios y válvulas que se pueden utilizar con caños roscados y ranurados. Los accesorios para caños roscados y ranurados no son intercambiables. También se describen los accesorios de conexión a presión comunes que se utilizan para la distribución de agua caliente y fría, los sistemas de calefacción por vapor y agua y los sistemas de tuberías de gas y aire. Las ligeras obstrucciones en la superficie interior del caño y la unión de los accesorios no afectan al flujo de materiales en ninguno de estos sistemas.

1.4.1 Conectores en T

Los conectores en T se consiguen en diferentes tamaños y patrones, y se utilizan para conectar ramales a un caño en un ángulo de 90 grados. Si las tres bocas de salida son del mismo tamaño, el accesorio se denomina *T normal* (*Figura 4*). Si los tamaños de las bocas de salida difieren, el accesorio se denomina *T reductora* (*Figura 5*). Las uniones en T se identifican primero por las dimensiones del tramo recto y, luego, por las dimensiones de la abertura lateral. Por ejemplo, un conector en T con una entrada de 2 pulg. (50.8 mm), una salida de 1 pulg.

Figura 4 Conector en T común.
Fuente: cortesía de Anvil International & Smith-Cooper

Figura 5 Conector en T reductor.
Fuente: cortesía de Anvil International & Smith-Cooper

¿Sabías qué?

Accesorios Durham

Los accesorios Durham son un tipo de accesorio de conexión sometido a presión para desagüe que están diseñados para que las líneas horizontales a las que se conectan tengan una inclinación de $\frac{1}{4}$ pulg. por pie (2.08 cm por metro). Ya no se suelen utilizar, pero puede llegar a encontrarlos al realizar el mantenimiento de los sistemas de desagüe en edificios antiguos.

(25.4 mm) y una salida de desvío de $\frac{3}{4}$ pulg. (19.05 mm) se denomina conector en T de 2 × 1 × $\frac{3}{4}$. Siempre indique el tamaño del paso más amplio primero; luego, el del paso más estrecho y, por último, el del desvío. También existen conectores en T con roscas macho (en el exterior del caño) en la salida de paso o de desvío.

1.4.2 Codos

Los codos, o L, se instalan para cambiar la dirección del caño. Los codos más comunes son la L a 90 grados; la L a 45 grados; el codo tipo calle, que posee una rosca macho en un extremo; y la L reductora, que posee salidas de diferentes tamaños (*Figura 6*). También existen L para formar codos a 11.25 grados, 22.5 grados y 60 grados.

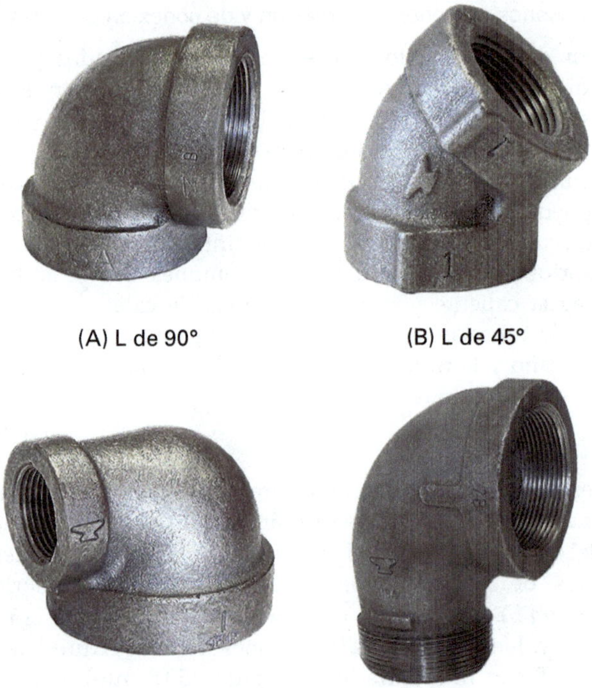

(A) L de 90° (B) L de 45°

(C) L reductora (D) Codo tipo calle

Figura 6 Codos.
Fuente: cortesía de Anvil International & Smith-Cooper

1.4.3 Uniones

Las uniones permiten desmontar un sistema de tuberías roscadas. Después de desconectar la unión, puede desenroscar la longitud del caño en cualquier extremo de la unión. Los dos tipos de uniones para caños de acero que se utilizan con mayor frecuencia son la unión doble de junta esmerilada y la unión con bridas.

Unión doble de junta esmerilada: accesorio que une dos piezas de caño ajustando la parte roscada y el reborde del accesorio sobre el caño. A continuación, se ajusta el collarín para unir las secciones de caño en una junta hermética. El accesorio permite el desmontaje posterior cuando fuera necesario.

La **unión doble de junta esmerilada** conecta dos caños ajustando la parte roscada y el reborde de la unión a los caños. Luego, el collarín une el reborde y la rosca. Esta unión crea una junta resistente al paso de gases y líquidos (*Figura 7*).

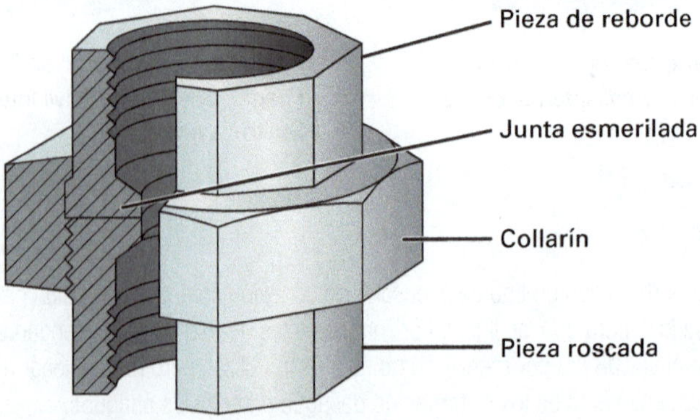

Figura 7 Unión doble de junta esmerilada.

La **unión brida** permite atornillar las bridas a los dos caños que se van a unir. A continuación, las bridas se unen con pernos y tuercas. Una empaquetadura entre las bridas también hace que esta unión sea resistente al paso de gases y líquidos (*Figura 8*).

Unión brida: accesorio perforado que conecta dos caños. Se atornilla una brida en el extremo de cada caño que hay que unir y luego se enroscan con tuercas y tornillos. Una empaquetadura entre las bridas crea un sello a prueba de fugas.

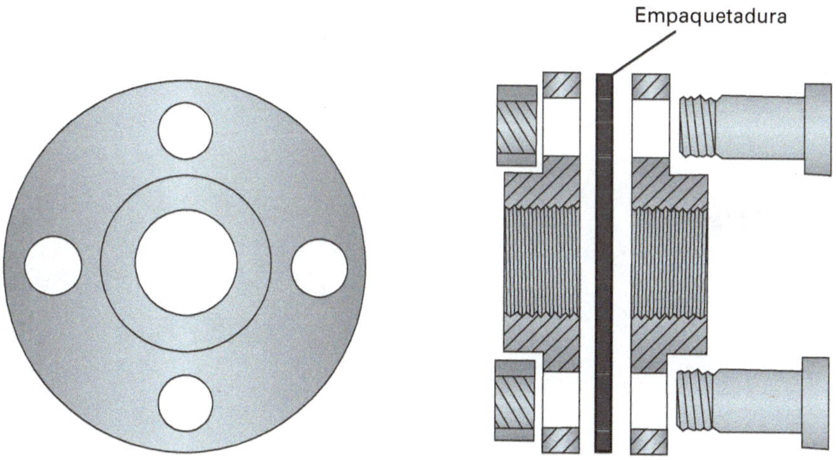

Brida **Brida (vista en corte)**

Figura 8 Unión brida.
Fuente: Mueller Industries

1.4.4 Acoplamientos y otros accesorios

Los acoplamientos se utilizan para conectar dos tramos de caño y lograr así tramos rectos. Los acoplamientos no pueden utilizarse en lugar de las uniones porque no pueden desmontarse (*Figura 9*) una vez terminada la instalación.

Otros accesorios para caños de acero son los **niples**, las **cruces**, los tapones macho y hembra y los casquillos. Los niples son piezas cortas (menos de 12 pulg. [30 cm] de largo) de caño roscadas en ambos extremos y se utilizan para hacer extensiones de un accesorio o para unir dos accesorios (*Figura 10*). Se fabrican de muchos tamaños, desde el niple cerrado o el niple completamente roscado. A diferencia de la mayoría de los accesorios, los niples son piezas macho que conectan componentes hembra.

Las cruces son accesorios que conectan cuatro tramos de caño en forma de cruz en un sistema de distribución. Este accesorio permite unir tramos horizontales y verticales en un solo punto. Los tapones macho cierran las aberturas de los accesorios para caños y vienen con diversas cabezas, como cuadradas, ranuradas y hexagonales (*Figura 11*). Los tapones hembra se utilizan para

PRECAUCIÓN

Los protectores de rosca cilíndricos no son cónicos y no pueden utilizarse como acoplamientos. Tenga cuidado cuando trabaje con protectores de rosca, porque los puede confundir fácilmente con los acoplamientos.

Niples: tramos cortos de caño con rosca macho en ambos extremos, utilizados para hacer extensiones de un accesorio o para unir dos accesorios.

Cruces: accesorios que conectan cuatro tramos de caño en forma de cruz en un sistema de distribución.

Acoplamientos comunes estándares, completos y semiacoplamientos

Acoplamiento reductor concéntrico

Figura 9 Acoplamientos.
Fuente: cortesía de Anvil International & Smith-Cooper

Niples para caños soldados negros y galvanizados

Figura 10 Niples.
Fuente: cortesía de Anvil International & Smith-Cooper

PRECAUCIÓN

Utilice solo reductores en las instalaciones de caños de gas y nunca utilice reductores roscados, ya que pueden dañar los caños.

cerrar los caños abiertos (*Figura 12*). Los reductores roscados suelen utilizarse para conectar el extremo macho de un caño a un accesorio más grande. Los reductores roscados tradicionales tienen una tuerca hexagonal en el extremo hembra (*Figura 13*). Algunos acoplamientos tienen piezas de extensión, que son accesorios con aberturas hembra en un extremo y conexiones macho en el otro. Los juegos para aislar bridas utilizan una empaquetadura para evitar que las bridas entren en contacto entre sí al unirse, al tiempo que garantizan un sellado hermético en la unión. Las uniones con aislamiento se utilizan para proteger a los caños exteriores contra la corrosión galvánica.

Tapones macho avellanados con cavidad cuadrada y hexagonal para caños

Tapón macho para caños con cavidad cuadrada

Figura 11 Tapones macho.
Fuente: cortesía de Anvil International & Smith-Cooper

Figura 12 Tapón hembra.
Fuente: cortesía de Anvil International & Smith-Cooper

Figura 13 Reductor roscado.

Uniones dieléctricas

Si se unen metales distintos, como el cobre y el caño galvanizado, se produce un proceso llamado *electrólisis* (descomposición química causada por el flujo de electricidad) que genera corrosión galvánica. Los accesorios de transición, como las uniones dieléctricas, evitan que se produzca la electrólisis. Las uniones dieléctricas o no conductoras aíslan los materiales diferentes mediante el plástico o caucho que se interpone entre los dos tipos de metales para interrumpir el paso de la electricidad. Sin embargo, las uniones dieléctricas pueden ocasionar otros problemas. Por ejemplo, se pueden formar depósitos de calcio, lo que produce obstrucciones con el tiempo. Por lo tanto, nunca se deben utilizar uniones dieléctricas a menos que estén revestidas de plástico. Cuando instale una unión dieléctrica, compruebe siempre la temperatura nominal de la unión antes de instalarla para asegurarse de que sea adecuada para la instalación. Al instalar una unión dieléctrica entre un caño de latón y uno de acero, coloque un juego aislante según las instrucciones del fabricante.

Válvula de globo: válvula que controla el flujo mediante el movimiento de un disco circular biselado o una arandela de asiento contra un asiento metálico circular o cónico que rodea la apertura del flujo.

Válvula de compuerta: válvula en la que el flujo se controla mediante el movimiento de una compuerta o disco que se desliza en ranuras mecanizadas en ángulo recto al flujo. Este tipo de válvula está diseñada para quedar completamente abierta o cerrada.

Válvula esférica: válvula utilizada para controlar el flujo de gases y líquidos. Se instala en sistemas de tuberías en los que se necesiten cierres rápidos para el funcionamiento o el mantenimiento en línea.

Válvula de cierre y desagüe: válvula similar a una válvula de globo que se abre o se cierra con el movimiento de un disco orientado en forma perpendicular al flujo a través del asiento de la válvula mediante un vástago roscado. Una arandela elastomérica, o engomada, unida al disco de la válvula, sella el asiento de la válvula y cierra el paso del agua. Esta válvula es la más utilizada para los grifos de agua.

1.4.5 Válvulas para caños roscados

Todas las válvulas comunes se fabrican para caños de acero roscados. Sin embargo, las válvulas utilizadas con los caños de acero no son necesariamente de acero. Las válvulas que más se utilizan para caños roscados son la **válvula de globo**, la **válvula de compuerta**, la **válvula esférica** y la **válvula de cierre y desagüe**. En la *Figura 14*, se muestran las primeras tres válvulas.

Las válvulas de globo se recomiendan para usos generales en las líneas de vapor, agua, gas y aceite, donde se suele necesitar mayor intervención y precisión en el control. Para cerrar la válvula, gire la manivela en el sentido de las agujas del reloj hasta que el vástago de la válvula asiente con firmeza la arandela o el disco entre el vástago y el asiento de la válvula. Esto cierra el flujo de gas o líquido.

Las válvulas de compuerta están diseñadas para quedar completamente abiertas o cerradas y son las más adecuadas como válvulas de cierre. Pueden utilizarse en líneas de vapor, agua, gas, aceite o aire. Si se instalan como válvulas de servicio

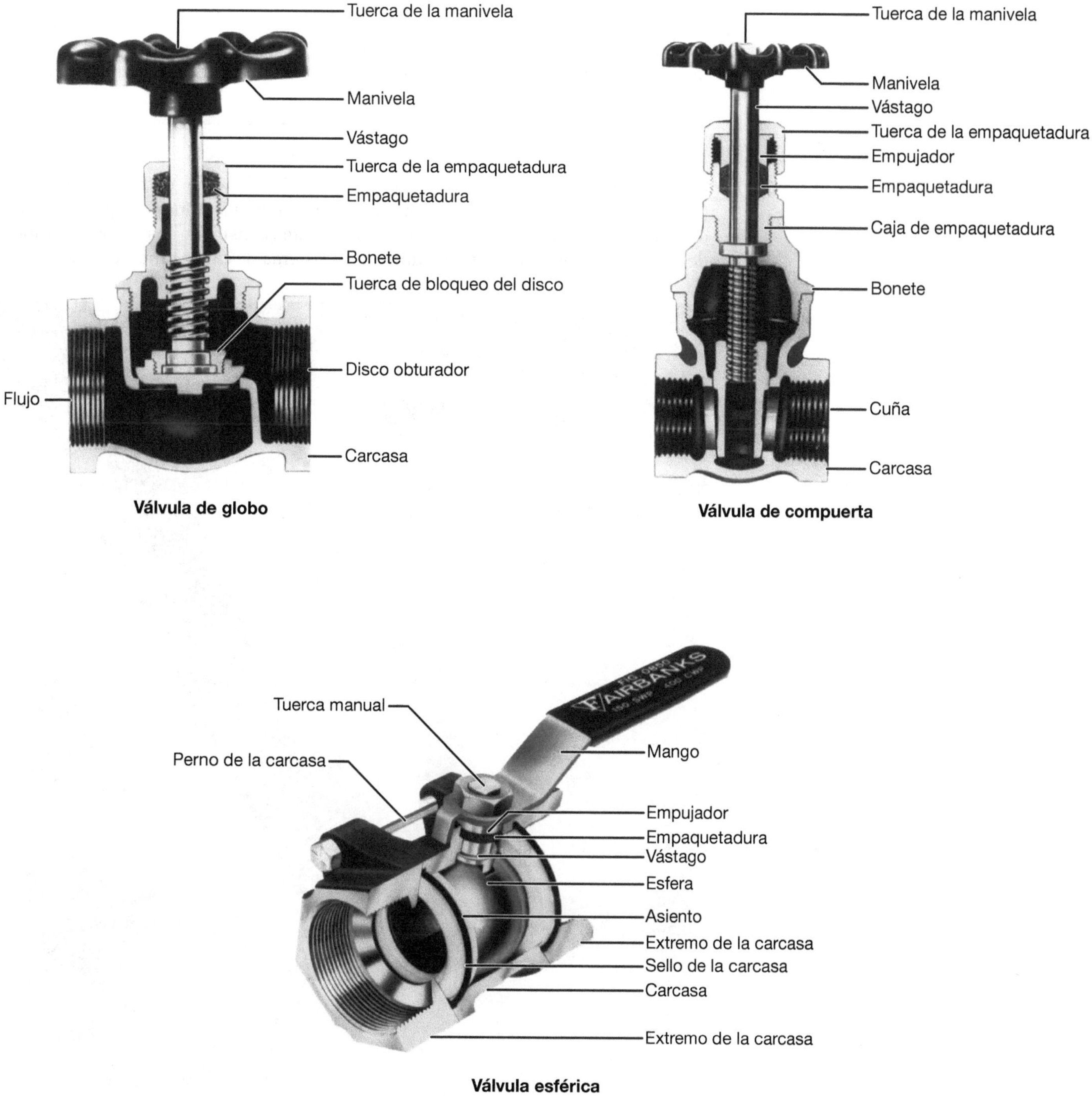

Figura 14 Válvulas para caños roscados.

(es decir, que no se utilizan con frecuencia), es necesario accionarlas periódicamente para evitar que se cierren por corrosión, acumulación de minerales o de sarro.

Las válvulas esféricas se utilizan como válvulas de cierre para controlar el flujo de gases y líquidos. Son las más adecuadas para las terminaciones de las líneas principales de suministro y de las líneas de bombeo. También se utilizan cuando se requieren cortes rápidos para el mantenimiento de la línea. La parte esférica de la válvula con paso perforado gira a la posición de apertura o cierre.

Para abrir o cerrar las válvulas de cierre y desagüe, se debe subir o bajar un disco horizontal (observando el vástago en vertical) con un vástago roscado. Una arandela elastomérica, o engomada, en el extremo del vástago sella el asiento de la válvula, lo que cierra el paso del agua. Esta válvula es la que más se utiliza como grifo, y para el drenaje y la protección contra las heladas en la superficie.

¡ADVERTENCIA!

Las válvulas de cierre y desagüe están prohibidas en las líneas de suministro de agua. No se pueden utilizar bajo tierra. Debido a la posibilidad de una conexión cruzada, existe riesgo de contaminación.

1.4.6 Accesorios y válvulas para caños ranurados

Existe una gran variedad de accesorios y válvulas con extremos ranurados (*Figura 15*). También se pueden encontrar empaquetaduras especiales para distintas condiciones de uso. Es importante consultar las especificaciones de diseño del fabricante antes de utilizar un sistema de caños ranurados.

Figura 15 Caño ranurado.
Fuente: Victaulic

Una junta de caño ranurada consta de los siguientes componentes:

- extremos de caño especialmente ranurados por máquinas específicas según las normas exactas del fabricante;
- una empaquetadura de caucho sintético;
- lubricante;
- un acoplamiento compuesto por dos carcasas que se acoplan a las ranuras.

¿Sabías qué?

La historia de los caños ranurados

El concepto de tubería ranurada se remonta a la Primera Guerra Mundial, cuando los ejércitos en el campo de batalla necesitaban unir caños de forma rápida y eficaz. Desde entonces, las tuberías ranuradas han evolucionado de forma continua. En la actualidad, es uno de los principales métodos para unir caños. Los caños de acero, cobre, hierro fundido y hierro dúctil pueden tener uniones ranuradas.

ProPress® para el acero

Viega ProPress® es un sistema de acoplamiento de caños ranurados que se utiliza en sistemas de tuberías inoxidables en los Estados Unidos desde 1999. ProPress® fue el primer sistema de caños de unión a presión que se introdujo en este país. Se pueden encontrar caños, válvulas y accesorios en acero inoxidable 304 y 316.

Repaso de la sección 1.0.0

1. El gobierno de los Estados Unidos exige que los caños de acero cumplan con las _____.
   a. Normas de rosca estadounidense
   b. Normas ANSI
   c. Normas ASTM
   d. Normas ADA

2. La conicidad de la parte roscada de un caño es _____.
   a. de 60 grados
   b. de 7 hilos por pulgada de longitud de caño
   c. perfecta
   d. de $^{1}/_{32}$ pulg. (0.8 mm) por pulgada de longitud de rosca

3. Para un tamaño nominal de caño en particular, las cédulas 40, 80 y 120 tienen el mismo _____.
   a. diámetro exterior (OD)
   b. diámetro interior (ID)
   c. diámetro de la rosca
   d. peso por pie

4. Las válvulas que *mejor* se adaptan a las terminaciones de las líneas principales de suministro y de las líneas de bombeo son las _____.
   a. de compuerta
   b. de globo
   c. esféricas
   d. de cierre y desagüe

2.0.0 Medición, corte y unión de caños de acero

Objetivo

Describir los diferentes métodos para medir, cortar y unir caños de acero.

a. Explicar las herramientas y métodos que se utilizan para medir y cortar caños de acero.
b. Describir las herramientas y los métodos que se utilizan para roscar caños de acero.
c. Describir cómo se unen los caños roscados.
d. Describir cómo se unen los caños ranurados.
e. Explicar las herramientas y los métodos utilizados para instalar tubos de acero inoxidable corrugados (CSST).

Tareas prácticas

1. Medir, cortar y unir caños de acero en forma correcta.
2. Medir, cortar, ranurar y montar tuberías de acero en forma correcta.

Los caños de acero ofrecen gran durabilidad en los sistemas de plomería. Los plomeros deben saber utilizar las herramientas adecuadas y los procedimientos estándares para medir, cortar y unir caños de acero.

2.1.0 Trabajo con caños roscados

Tendrá que familiarizarse con muchas herramientas y procesos para medir, cortar, roscar y unir materiales. Trabajar con caños de acero roscados es muy diferente que trabajar con caños de acero ranurados. Además de requerir diferentes tipos de accesorios, cada tipo de caño se une con métodos distintos. Sin embargo, los roscados y ranurados se pueden cortar con el mismo proceso. En las siguientes secciones, se explican los métodos para trabajar con caños de acero roscados y ranurados.

Cuando se trabaja con caños roscados, hay que saber cómo se mide la longitud del caño para su correcta instalación. Se debe tener en cuenta el ajuste de roscas, por lo que deberá consultar las tablas de ajuste de rosca, como la *Tabla 3*, o el caño que corte quedará demasiado corto. También debe calcular el ajuste del accesorio.

TABLA 3 Ajsute de roscas

Tamaño del caño (en pulgadas)	Diámetro exterior (en pulgadas)	Cantidad de hilos por pulgada	Longitud total de la rosca (en pulgadas)	Longitud eficaz (en pulgadas) (aprox.)	Ajuste de roscas (en pulgadas) (aprox.)
1/4	0.540	18	5/8	3/8	3/8
3/8	0.675	18	5/8	7/16	3/8
1/2	0.840	14	13/16	9/16	1/2
3/4	1.050	14	13/16	9/16	1/2
1	1.315	11 1/2	1	11/16	9/16
1 1/4	1.660	11 1/2	1	11/16	5/8
1 1/2	1.900	11 1/2	1	3/4	5/8
2	2.375	11 1/2	1 1/16	3/4	11/16
2 1/2	2.875	8	1 9/16	1 1/8	15/16
3	3.500	8	1 5/8	1 3/16	1
4	4.500	8	1 3/4	1 5/16	1 1/16
5	5.560	8	1 13/16	1 3/8	1 3/16
6	6.625	8	1 15/16	1 1/2	1 1/4

2.1.1 Medición

Es muy importante medir el caño con precisión. Si un caño no se corta de forma correcta, no se podrá lograr una unión segura. Para medir un caño de acero roscado, se pueden utilizar varios métodos:

- *De extremo a extremo.* Mida toda la longitud del caño, incluidos los dos extremos roscados.
- *De extremo al centro.* Se utiliza para los caños que tienen un accesorio enroscado en un solo extremo. La longitud del caño es igual a la medida menos la dimensión del accesorio de extremo a centro, más la longitud de inserción de acople.
- *De centro a centro.* Se utiliza con un tramo de caño que tiene accesorios enroscados en ambos extremos. La longitud del caño es igual a la medida menos la suma de las dimensiones de los accesorios de extremo a centro, más el doble de la longitud de la inserción de acople.
- *De extremo a cara.* Se utiliza para los caños que tienen un accesorio enroscado en un solo extremo. La longitud del caño es igual a la medida más la longitud de la inserción de acople.
- *De cara a cara.* Se utiliza para la misma situación que la medición de centro a centro. La longitud del caño es igual a la medida más el doble de la longitud de la inserción de acople.
- *De cara al dorso.* Se utiliza con caños que tienen accesorios enroscados en ambos extremos. La longitud del caño es igual a la medida más la distancia de la cara al dorso de un accesorio, más el doble de la longitud de la inserción de acople.

- *De centro a cara.* Se utiliza con caños que tienen accesorios enroscados en ambos extremos. La longitud del caño es igual a la medida desde el centro de uno de los accesorios enroscados hasta la cara del accesorio opuesto, más el doble de la longitud de la inserción de acople.
- *De extremo al dorso.* Se utiliza para los caños que tienen un accesorio enroscado en un solo extremo. La longitud del caño es igual a la medida más la longitud del accesorio enroscado, más la longitud de la inserción de acople.

2.1.2 Corte

Los caños de acero se pueden cortar con cortacaños, que pueden tener de uno a cuatro discos de corte (*Figura 16*). Un solo disco de corte requiere espacio suficiente para girar la cortadora una vuelta completa alrededor del caño. Utilice una cortadora con más discos cuando el espacio sea limitado. Cuantos más discos tenga una cortadora, menos rotaciones se necesitarán para cortar el caño. Además de los discos de corte, el cortacaños tiene un tornillo de ajuste y al menos dos ruedas de guía.

Para hacer funcionar el cortacaños, gírelo alrededor del caño y apriete el disco de corte una vuelta luego de cada giro. Evite apretar el disco de forma excesiva, ya que podría dañarlo o romperlo.

Utilice siempre discos de corte afilados. Si el tubo o el caño parecen aplastados después del corte, sustituya los discos de corte. Aplique aceite lubricante periódicamente a todas las piezas móviles del cortacaños para que funcione sin problemas.

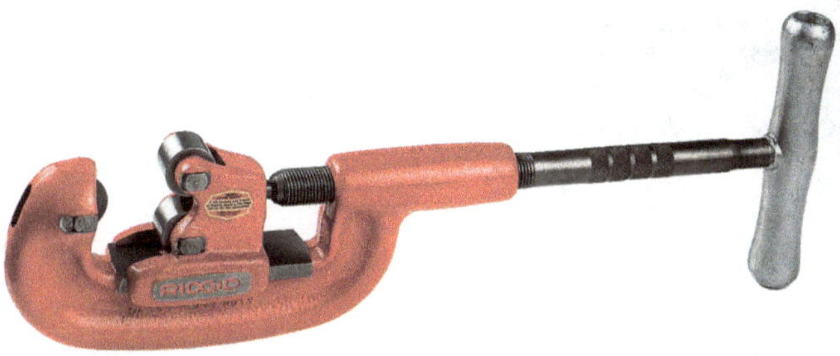

Figura 16 Cortacaños.
Fuente: cortesía de RIDGID Tool Company

2.1.3 Escariado

Después de cortar un trozo de caño, utilice un escariador para eliminar las rebabas que quedan en el interior del caño. Si no lo hace, las rebabas acumularán depósitos y ralentizarán el flujo de líquido a través del caño. Como los escariadores son cónicos, un mismo modelo puede desbarbar muchos tamaños de caño. Los escariadores pueden ser rectos o en espiral (*Figura 17*). Siempre es necesario el escariado en las instalaciones de caños.

PRECAUCIÓN

Tenga cuidado de no escariar demasiado el caño. Hacerlo puede dañar el espesor de la pared y debilitar el caño, lo que puede provocar que la pared se quiebre.

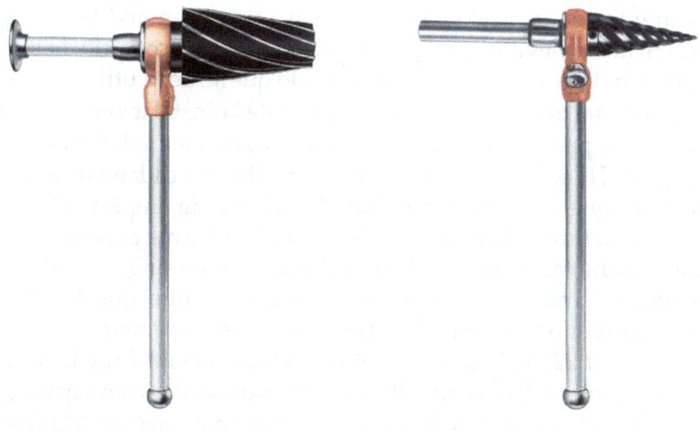

Figura 17 Escariadores.
Fuente: cortesía de RIDGID Tool Company

2.2.0 Roscado

Mango: componente de una roscadora manual o motorizada que recibe y sujeta con seguridad la terraja que forma las roscas de caños.

Existen dos tipos de roscadoras de caños: las manuales y las motorizadas. Las roscadoras manuales *Figura 18*) están compuestas por la terraja y el **mango**. El mango sujeta la terraja mientras esta forma las roscas. Aplique aceite de corte para proteger los segmentos de la terraja. Aunque la roscadora manual se suele manejar a mano, se puede utilizar en un accionamiento con algún tipo de energía, que fabrica las roscas de forma automática (*Figura 19*).

Figura 18 Roscadora manual.
Fuente: cortesía de RIDGID Tool Company

Figura 19 Roscadora en un accionamiento con una fuente de energía.
Fuente: cortesía de RIDGID Tool Company

Roscadora motorizada: máquina de accionamiento eléctrico útil para cortar roscas en grandes cantidades de caños. La máquina gira, rosca, corta y escaria caños.

Para roscar grandes cantidades de caños, utilice una **roscadora motorizada** (*Figura 20*). Esta máquina gira, rosca, corta y escaria caños. Para utilizar esta máquina, inserte el caño a través del mandril de la máquina (la pieza que centra y sujeta el caño) y, luego, apriete el mandril. El gatillo de bombeo de aceite permite controlar la aplicación de aceite desde la cubeta. El aceite lubrica la terraja. Dirija el proceso de roscado desde el interruptor de pedal. Realice un mantenimiento frecuente al interruptor de pedal para asegurarse de que funcione siempre con la mayor eficacia posible. Asegúrese de utilizar el aceite correcto para el interruptor de pedal. Siempre consulte las especificaciones del fabricante para conocer los tipos de aceites adecuados.

Prensa de yugo: prensa para caños con una mordaza en V dentada inferior rematada por un accesorio con bisagras que consiste en una mordaza que se posiciona por medio de un tornillo de compresión roscado. Cuando se lo fija, el conjunto crea un yugo que sujeta con firmeza un trozo de caño e impide que gire.

Prensa con cadena: herramienta que ayuda a cortar caños de gran tamaño; el caño se apoya y se sujeta con una prensa con mordazas en V y se asegura con una cadena unida a un tensor de tornillo.

Se pueden utilizar distintas prensas y llaves para sujetar el caño de forma segura durante el roscado. Las prensas tienen mandíbulas que sujetan el caño con firmeza y evitan que gire al roscarlo con un accesorio. Los dientes de las prensas pueden dejar marcas en el caño, por lo que se debe utilizar una prensa solo en los caños que no quedarán visibles después de la instalación. Utilice una **prensa de yugo** estándar para sujetar caños de diámetros pequeños.Utilice una **prensa con cadena** (*Figura 21*) para caños mucho más grandes. La cadena de esta prensa debe lubricarse para que no se ponga rígida. Asegúrese de emplear el aceite correcto. Si la cadena se endurece, la prensa no funcionará de forma adecuada.

Las llaves para caños tienen dientes dispuestos en ángulo y deben utilizarse para sostener y girar el material. Este ángulo permite que los dientes logren un agarre unidireccional al girar la llave. Las llaves más comunes son la llave recta para caños (*Figura 22*), la llave para caños acodada (*Figura 23*) y la llave para caños de palanca compuesta. Utilice una llave para caños acodada en espacios confinados donde la llave recta no se pueda utilizar. Utilice una llave para caños de palanca compuesta cuando sea necesario fuerza de palanca adicional para girar conjuntos de caños. Cuando la mordaza de gancho hace girar el caño en un sentido, un conjunto de muñón con cadena acodado (pivote) aplica presión en la dirección opuesta.

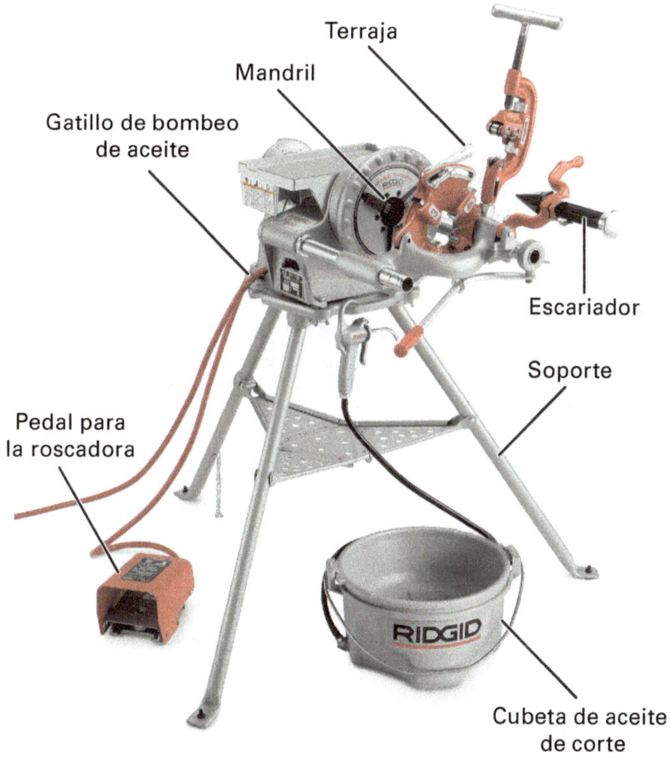

Figura 20 Roscadora motorizada.
Fuente: cortesía de RIDGID Tool Company

Figura 21 Prensa con cadena.
Fuente: cortesía de RIDGID Tool Company

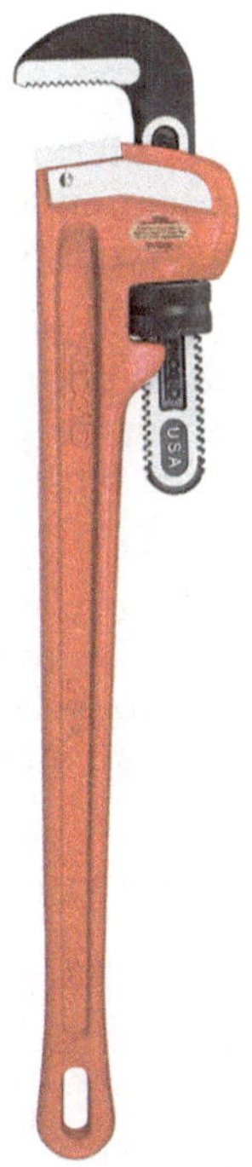

Figura 22 Llave recta para caños.
Fuente: cortesía de RIDGID Tool Company

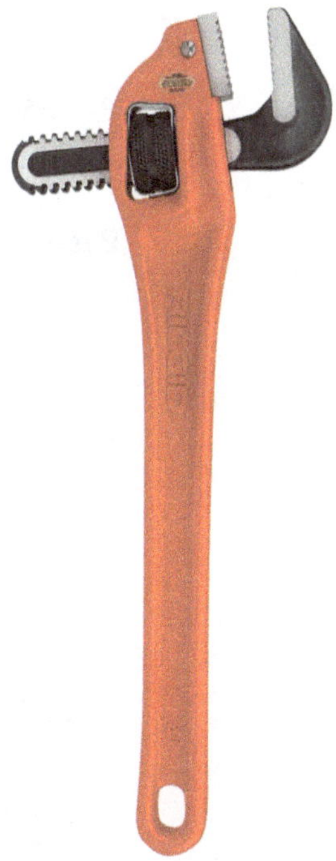

Figura 23 Llave para caños acodada.
Fuente: cortesía de RIDGID Tool Company

Pinzas para caños: herramientas similares a una llave inglesa que utilizan un tramo de cadena enrollado alrededor de un caño y unido a un tensor de leva para fijar la herramienta al caño; se utilizan para roscar y ajustar caños grandes.

Llave de cadena: de construcción y función similares a las llaves de cadena para tubos, pero de menor tamaño para uso con caños de menor diámetro.

Llave de correa: consiste en una correa pesada envuelta alrededor de un caño y pasada por una hebilla en el extremo superior del mango de la llave, lo que crea un tensor de leva. Se utiliza para roscar y enroscar caños cromados o con otros tipos de acabados, de modo que no queden marcas de las mordazas ni de arañazos.

Para sujetar caños grandes, utilice **pinzas para caños** o **llaves de cadena** (*Figura 24* y *Figura 25*). Las llaves de cadena para tubos son herramientas similares a una llave inglesa con un tramo de cadena que sujeta el caño. Se debe engrasar la cadena de las llaves de cadena para tubos y las llaves de cadena pequeña con frecuencia para evitar que se ponga rígida o se oxide.

Para sujetar caños cromados o con otros tipos de acabados, utilice una **llave de correa**. La correa permite que la llave agarre al caño sin dejar marcas de mandíbulas ni arañazos. Se puede aplicar resina a la correa para aumentar la fuerza de sujeción de la llave y reducir el deslizamiento.

Figura 24 Llave de cadena para tubos.
Fuente: cortesía de RIDGID Tool Company

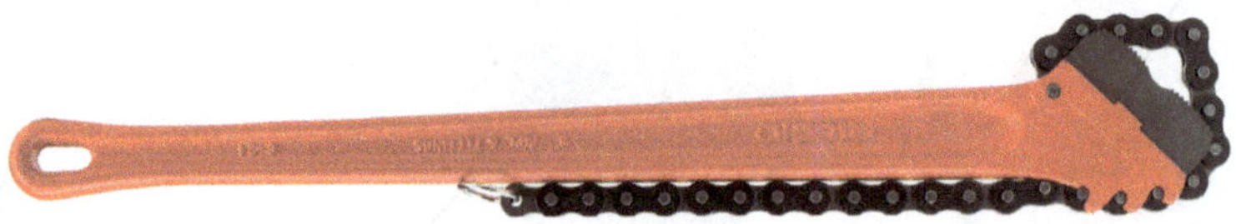

Figura 25 Llave de cadena pequeña.
Fuente: cortesía de RIDGID Tool Company

Para formar una rosca con una terraja manual y un mango, siga estos pasos (*Figura 26*):

Paso 1 Seleccione el tamaño correcto de la terraja para el caño que va a roscar.

Paso 2 Examínela para asegurarse de que las cuchillas no presenten muescas ni zonas desgastadas.

Paso 3 Asegure el caño a la prensa con firmeza.

Paso 4 Deslice la terraja en el extremo del caño, empezando por el extremo guía.

Paso 5 Empuje la terraja contra el caño con la parte inferior de la palma de la mano. Dé tres o cuatro vueltas cortas, despacio, en sentido horario. Tenga cuidado de mantener la terraja con firmeza contra el caño.

Paso 6 Cuando haya formado la cantidad suficiente de hilos para que la terraja quede sujeta al caño de manera estable, aplique un poco de aceite para roscar. Este aceite evita que el caño se sobrecaliente por la fricción y lubrica la terraja. Lubrique las terrajas cada dos o tres movimientos hacia abajo.

Paso 7 Retroceda un cuarto de vuelta después de cada giro completo hacia adelante para eliminar las virutas de metal. Continúe hasta que sobresalgan uno o dos hilos del caño por el extremo de la terraja donde se encuentra el mango. Hacer muy pocos hilos es tan malo como hacer demasiados.

Paso 8 Retire la terraja girándola en sentido contrario a las agujas del reloj.

Paso 9 Quite el exceso de aceite y las virutas.

¡ADVERTENCIA!

Las virutas metálicas que se producen al roscar un caño son filosas y pueden producir lesiones. Utilice guantes gruesos, un cepillo de alambre y un trapo para limpiar el exceso de aceite y residuos; no lo haga con las manos desprotegidas. Tenga en cuenta que las virutas metálicas que se le incrusten en la piel pueden ingresar en los tejidos y convertirse en un riesgo para la salud, además de causar problemas graves con ciertos tipos de sistemas de imágenes médicas (por ejemplo, la resonancia magnética).

Figura 26 Creación de una rosca con una terraja manual y mango.

Para crear una rosca con una roscadora motorizada, siga estos pasos (mientras observa la *Figura 27*):

Paso 1 Asegúrese de que la máquina y el pedal estén en buen estado de funcionamiento. Compruebe que no haya cables rasgados.

Paso 2 Escoja el tamaño correcto de terraja, instálela e inspeccione si tiene muescas.

Paso 3 Introduzca el caño en el mandril de la máquina. Asegúrese de proporcionar un soporte adicional para los caños largos.

Paso 4 Compruebe la alineación del caño y de la terraja.

Paso 5 Forme los hilos hasta que aparezcan dos hilos en el otro extremo de la terraja. Detenga la acción de roscado. Aplique el aceite de corte adecuado a los hilos y al caño durante la operación de roscado para reducir el calor y la fricción.

Paso 6 Desenrosque la terraja por completo del caño.

Paso 7 Retire el caño del mandril de la máquina. Tenga cuidado de no estropear los hilos.

Paso 8 Limpie el aceite y las virutas de metal del caño.

¡ADVERTENCIA!

Antes de utilizar cualquier máquina accionada por una fuente de energía, familiarícese con las instrucciones de mantenimiento y seguridad. Los pedales de corte, por cuestiones de seguridad, ya son un elemento estándar. Una máquina en malas condiciones atenta contra la seguridad. La suciedad y las virutas metálicas pueden atascarse en las terrajas y realizar roscados de forma deficiente. Cualquier componente obstruido también puede expulsar residuos por el aire; estas partículas pueden producirle ceguera a usted o a un compañero de trabajo.

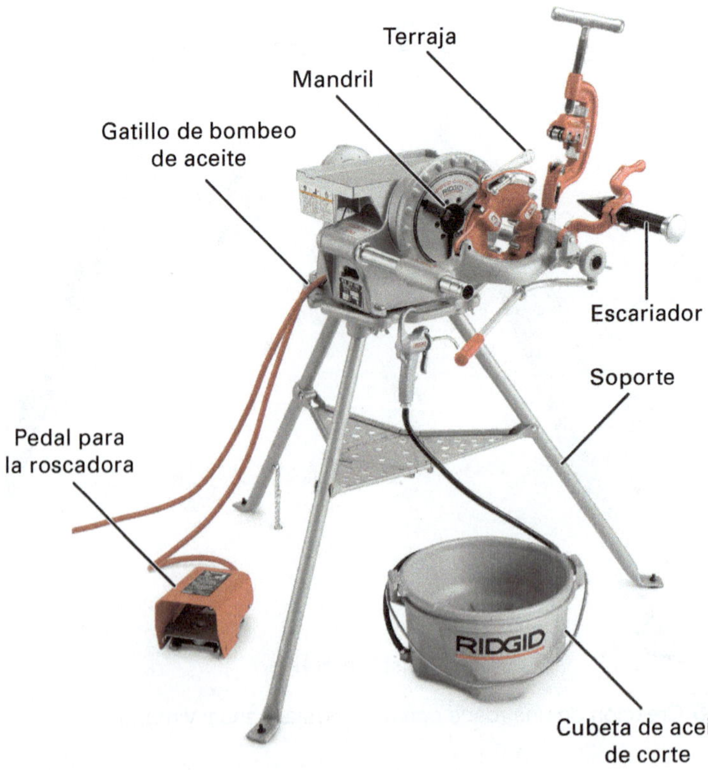

Figura 27 Creación de una rosca con una roscadora motorizada.
Fuente: cortesía de RIDGID Tool Company

2.3.0 Unión de caños roscados

Para unir caños roscados, utilice un **compuesto para caños y juntas**, a menudo llamado *pipe dope*, o una **cinta para sellar roscas**, a fin de lubricar el conjunto.

Para unir caños de acero roscados, realice los siguientes pasos:

Paso 1 Aplique el compuesto para caños y juntas o la cinta para sellar roscas solo en las roscas macho del caño o de los accesorios antes de montar una conexión. No aplique el compuesto ni la cinta en las roscas hembra de un caño o de un accesorio. El movimiento de torsión utilizado para unir los caños hará que la grasa o la cinta se amontonen si se aplican en las roscas hembra, y los residuos se quedarán atascados dentro del sistema de caños.

Paso 2 Si utiliza cinta para sellar roscas, colóquela en el sentido de las agujas del reloj, el mismo sentido en el que gira el accesorio (*Figura 28*). Antes de utilizar cinta para sellar roscas en un conjunto de caños de gas, asegúrese de verificar todos los códigos de gas aplicables para cerciorarse de que su uso esté permitido.

Paso 3 Enrosque el accesorio al caño roscado con la mano, asegurándose de dejar los primeros hilos sin cinta o compuesto (*Figura 29*). Gírelo en sentido de las agujas del reloj. Termine de ajustar el accesorio con una llave para caños.

Compuesto para caños y juntas: material de sellado blando y semisólido que se utiliza para unir tramos de caños. También se lo denomina *grasa para caños (pipe dope)*.

Cinta para sellar roscas: cinta utilizada para envolver las roscas de un caño antes de su unión, a fin de lubricar y garantizar un ajuste hermético y seguro. También llamada cinta de *PTFE* o de *Teflon*®.

Figura 28 Aplicación de cinta para sellar roscas.

Figura 29 Comience por introducirlo en el caño roscado a mano.

Herramienta de prensado de caños: herramienta que utiliza la fuerza hidráulica para fijar los caños con una conexión a presión sin necesidad de soldar o pegar. Es similar a una herramienta para prensar caños de cobre.

PRECAUCIÓN

Si no se introduce el caño a la profundidad adecuada, el sellado puede ser defectuoso.

La **herramienta de prensado de caños** (*Figura 30*) se utiliza para realizar una conexión a presión y asegurar los caños de acero y hierro. Para utilizar esta herramienta de forma correcta, siga estos pasos:

Paso 1 Prepare el caño asegurándose de que se lo haya cortado en ángulo recto. Utilice una tela esmeril para alisarlo.

Paso 2 Introduzca completamente el caño en el accesorio hasta que quede ajustado al tope del caño y marque la profundidad de inserción con un rotulador.

Paso 3 Inserte las mordazas de prensado de caños del tamaño adecuado en su herramienta de compresión y empuje el pasador para que encaje en su sitio.

Paso 4 Inserte el accesorio en la ranura de la mordaza; presione y mantenga el gatillo hasta que se complete la conexión a presión.

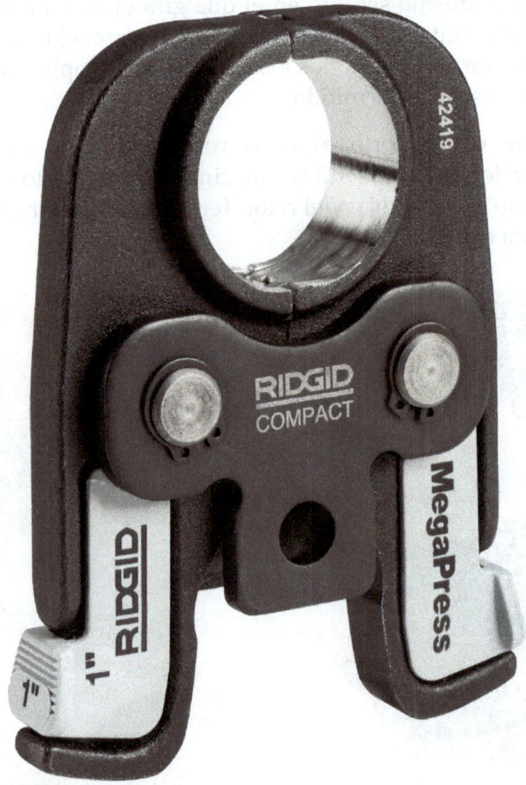

Figura 30 Conjunto de mordazas de una herramienta de compresión de caños.
Fuente: cortesía de RIDGID Tool Company

Compuesto para caños y juntas

El compuesto para caños y juntas se consigue en una amplia gama de materiales. El más común es el que se utiliza para las tuberías de agua domésticas. Este compuesto está diseñado para resistir el contacto con las sustancias que se mueven a través del sistema. Según el tipo de gas o líquido que circule por el sistema de caños, los fabricantes recomiendan diferentes tipos de compuestos para juntas. Lea siempre las recomendaciones del fabricante antes de utilizar el producto. La cinta de teflón o PTFE (politetrafluoroetileno) también se puede utilizar en lugar del compuesto para caños y juntas.

2.4.0 Ranurado y unión de caños ranurados

Como se ha señalado con anterioridad en este módulo, las conexiones de caños ranurados se han vuelto muy comunes en los distintos materiales de caños metálicos. En esta sección, conocerá los métodos utilizados para ranurar y unir tramos de caños ranurados. Trabajar con tuberías ranuradas requiere especialización y capacitación en sistemas específicos de caños ranurados.

2.4.1 Ranurado de los extremos de los caños

Aunque los caños ranurados suelen pedirse prefabricados para los trabajos grandes, se puede utilizar una máquina especial motorizada para ranurar con rodillos o por corte en la obra, similar a la que se muestra en la *Figura 31*. El ranurado con rodillos consiste en la conformación en frío del caño, presionando una canaleta circunferencial a su alrededor. No se extrae nada de material del caño. El ranurado por corte extrae el metal del diámetro exterior del caño mientras corta una depresión circunferencial en la pared del caño. En otra sección de este plan de estudios, encontrará más información sobre el ranurado de caños.

Figura 31 Herramienta de ranurado con rodillos.
Fuente: cortesía de RIDGID Tool Company

2.4.2 Unión de caños ranurados

Unir caños de acero ranurados es muy diferente a unir caños de acero roscados. Para unir caños ranurados (*Figura 32*), siga estos pasos, como se ilustra en la *Figura 33* y *Figura 34*:

Figura 32 Acoplamiento instalado.

Paso 1 Revise los extremos de los caños. Para que la unión no tenga fugas, los extremos no deben presentar hendiduras, salientes ni marcas de rodillo.

Paso 2 Verifique que la empaquetadura sea la adecuada para la función prevista. Algunos fabricantes codifican sus empaquetaduras por colores. Aplíquele una capa fina de lubricante en los bordes y en el exterior.

Paso 3 Instale la empaquetadura sobre el extremo del caño. Asegúrese de que el borde de esta no quede suelto.

Paso 4 Alinee y junte los extremos de los dos caños. Coloque la empaquetadura en posición deslizándola, y céntrela entre las ranuras de cada caño. Cerciórese de que ninguna parte de la empaquetadura se superponga con las ranuras de los caños.

Paso 5 Monte los segmentos de la carcasa sin ajustarlos y coloque solo uno de los pares de perno y tuerca para permitir que el conjunto gire sobre la junta.

Paso 6 Instale la carcasa posicionándola sobre la empaquetadura y entre las ranuras de ambos caños.

Paso 7 Introduzca el par de perno y tuerca restante. Asegúrese de que la cabeza del perno encaje en el hueco de la carcasa (observe la *Figura 32*, la *Figura 33* y la *Figura 34*).

Paso 8 Ajuste las tuercas de manera alternada y uniforme hasta mantener un contacto metal con metal en los cierres empernados angulares.

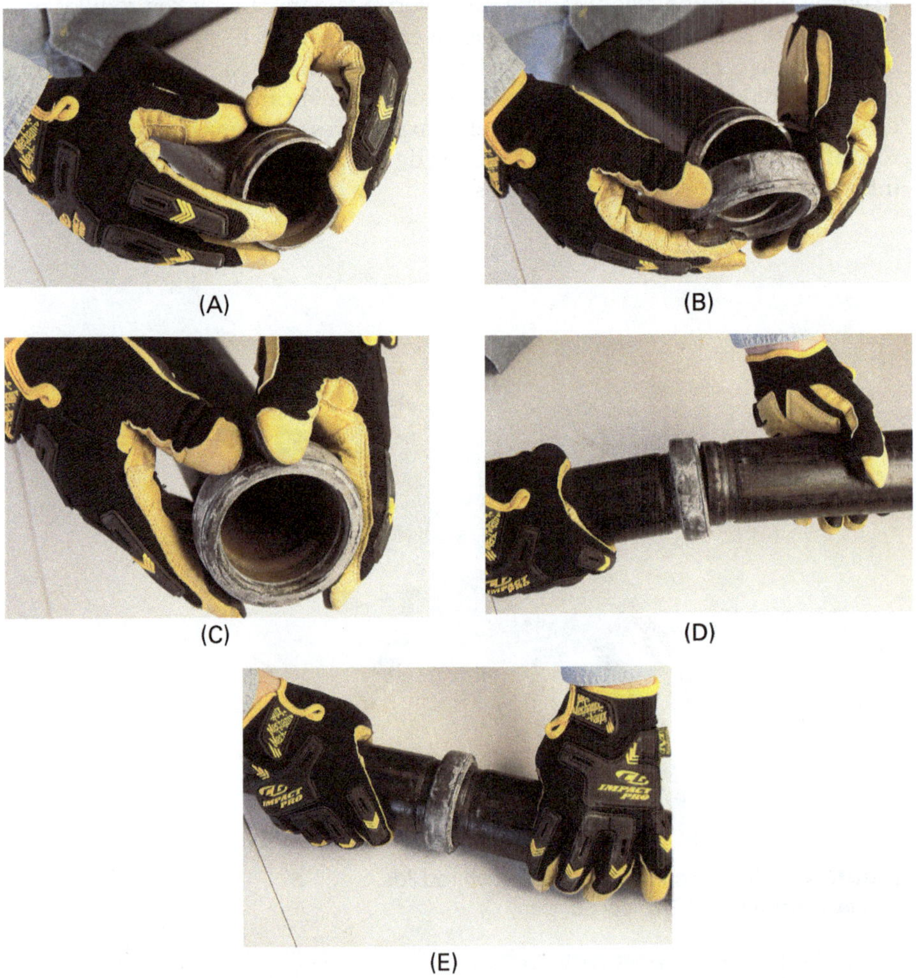

Figura 33 Unión de un caño ranurado (1 de 2).

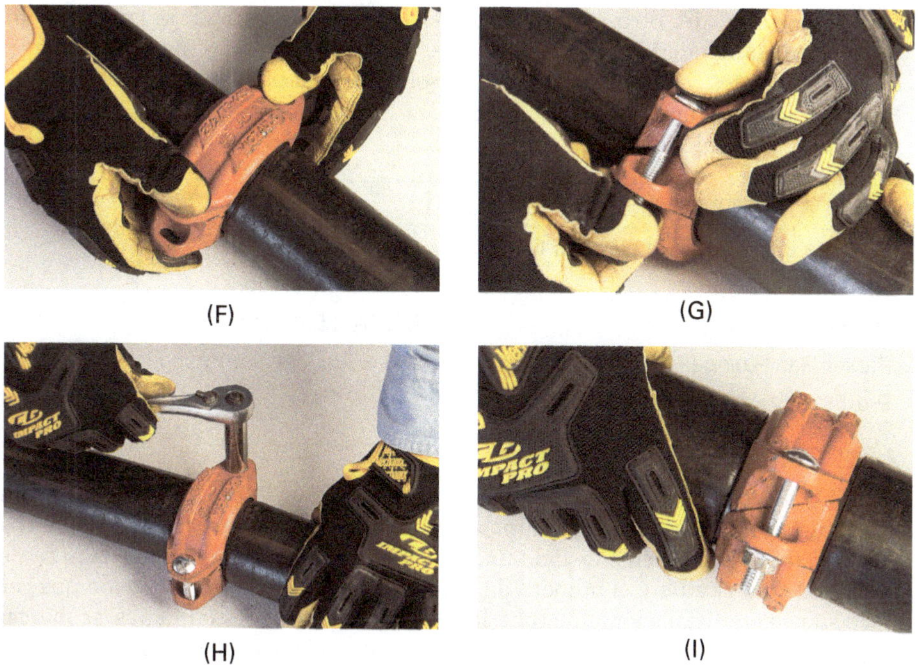

Figura 34 Unión de un caño ranurado (2 de 2).

2.5.0 Tubo de acero inoxidable corrugado

Los gases combustibles como el gas natural y el gas licuado de petróleo (LP) se utilizan habitualmente para cocinar, calentar y generar energía en todo Estados Unidos. Los plomeros son responsables de instalar sistemas de gas combustible seguros y eficientes. Uno de los métodos más populares entre los plomeros para suministrar gas combustible es utilizar **tubos de acero inoxidable corrugado (CSST)**.

Tubo de acero inoxidable corrugado (CSST - Corrugated stainless steel tubing): material para las tuberías de gas fabricado con un tubo de acero flexible, por lo general provisto de una cubierta de polietileno, aunque no siempre es así.

El CSST (corrugated stainless steel tubing) es un caño flexible de acero inoxidable, normalmente envuelto en una cubierta de plástico de polietileno (PE). Como alternativa a los caños rígidos de gas, el CSST ha ido ganando popularidad en los últimos 20 años. En esta sección, se presentarán los caños y accesorios CSST y se explicarán los principios básicos de corte, conexión y sujeción de este tipo de caño.

2.5.1 Introducción al CSST

El CSST tiene varias ventajas en comparación con otros tipos de tuberías de gas, como el acero negro, el PE o el cobre. Se suministra en tramos precortados y enrollados en carreteles, lo que permite cargarlo y transportarlo con mayor facilidad (*Figura 35*). Es más liviano que el caño rígido y no requiere herramientas especiales para cortarlo o instalarlo. Dado que se puede doblar, el CSST no requiere accesorios angulares, como los codos, para rodear las esquinas. Todos estos factores ayudan a reducir hasta la mitad el tiempo de trabajo y los costos que se necesitan para instalar CSST, en comparación con otros tipos de caños. El CSST cuesta más por pie que otros caños, pero el ahorro de mano de obra y de tiempo compensan al menos parte de este gasto.

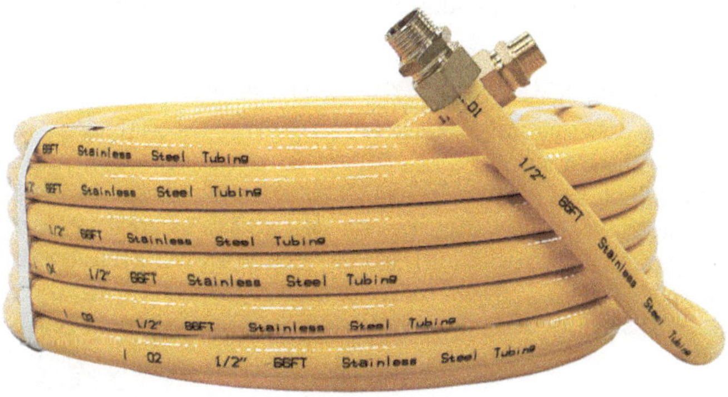

Figura 35 El CSST se compra en rollos.

A diferencia de otros tipos de caños de gas, el CSST se vende como un sistema completo, lo que incluye caños, accesorios y conexiones. Sin embargo, los componentes de este sistema no son intercambiables entre fabricantes. En la *Tabla 4*, se enumeran los principales fabricantes de sistemas CSST y los nombres comerciales de sus caños.

TABLA 4 Nombres y fabricantes de CSST

Nombre comercial del sistema CSST	Fabricante
Gastite®	Titeflex Corporation
TracPipe®	OMEGAFLEX®, Inc.
Parker Gas Piping (PGP™)	Parker Hannifin Corporation
Pro-Flex™	Tru-Flex™ Metal Hose, LLC

2.5.2 Dimensiones y etiquetas

El CSST se fabrica en tamaños que van desde $^{3}/_{8}$ a 2 pulg. (0.95 a 5.08 cm) de diámetro. El diseñador determina el tamaño adecuado del caño para cada instalación. Independientemente del tamaño, cada tramo de caño está rotulado con el nombre del fabricante y el número de pieza, así como con la organización que certificó su uso en instalaciones de tuberías de gas. En intervalos regulares, se marcan la presión máxima de funcionamiento y las palabras "Fuel Gas" (gas combustible). Algunos fabricantes también marcan las medidas cada 1 pie (30 cm) (*Figura 36*). Consulte siempre el código local correspondiente para conocer las especificaciones en cuanto al tamaño.

PRECAUCIÓN

No combine nunca accesorios de diferentes fabricantes. Esto podría causar problemas en la integridad del sistema.

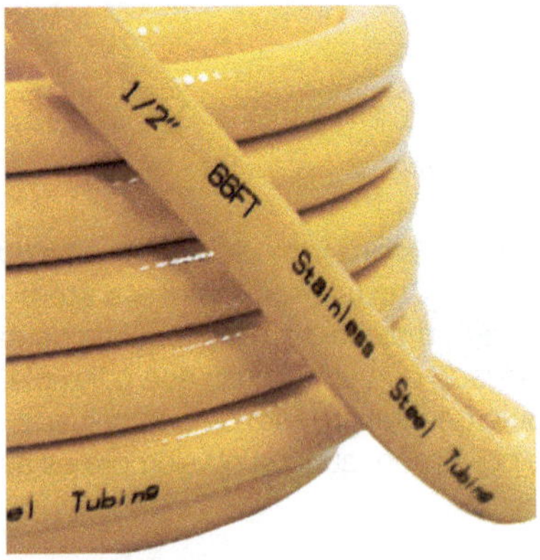

Figura 36 Rótulos habituales en un tramo de CSST.

Cómo llegó el CSST a los Estados Unidos

El CSST se introdujo en los Estados Unidos a finales de la década de 1980, gracias a los esfuerzos del Instituto de Investigación del Gas (GRI) y de Foster-Miller, Inc., una empresa consultora de ingeniería. GRI buscaba alternativas al caño de acero negro para los servicios públicos de gas. Los sistemas CSST se habían implementado en Japón y Europa solo unos años antes, y las dos organizaciones analizaron la tecnología para ver si podía utilizarse en Estados Unidos.

Las pruebas demostraron que el uso de CSST podía reducir la mano de obra necesaria para la instalación entre un cuarto y dos tercios. Además, el material demostró ser tan seguro y confiable como otros tipos de tuberías de gas muy utilizados. El Código Nacional de Gas Combustible de 1989 fue la primera edición del código en incluir el CSST como material aprobado para tuberías de gas, por lo que, desde entonces, el uso del CSST en los Estados Unidos ha continuado.

Los instaladores calificados son responsables de determinar el tamaño e instalar los sistemas de tuberías de CSST. El fabricante del CSST o uno de sus representantes certificados puede capacitar a los instaladores. Los instaladores deben seguir las instrucciones del fabricante para la instalación correcta del caño y los accesorios. Los instaladores calificados se deben asegurar de que los tramos de caños se ubiquen en lugares seguros, se sujeten de forma correcta y se conecten con firmeza.

Si debe doblar un CSST, deje un radio de curvatura amplio. Si el radio es muy cerrado, el caño y los accesorios se pueden tensar, lo que puede generar fugas. Nunca retuerza, enrosque ni estire un CSST. Consulte las instrucciones del fabricante para conocer los radios de curvatura admisibles para el caño que utilice. Los caños CSST tienen las medidas en pies indicadas en cada rollo para facilitar la instalación.

NOTA

El nuevo material PEX (polietileno reticulado) tiene un relleno de carbono para que el CSST pueda resistir el impacto de un rayo. La mayoría de los códigos exigen que el PEX esté pegado al CSST.

Códigos y normas sobre gases combustibles

El Código Nacional de Gas Combustible está aprobado por el Instituto Nacional Estadounidense de Normalización (ANSI) y la Asociación Nacional de Protección contra Incendios (NFPA). El código también se conoce como *ANSI Z223.1 y NFPA 54, Código Nacional de Gas Combustible.* Se aplica a los caños que se instalan entre la salida del medidor y todas las bocas de entrada de los aparatos en un edificio.

El ANSI y la Asociación Estadounidense del Gas (AGA) publican otra norma importante en relación con el CSST. La norma *ANSI/AGA LC 1, Sistemas de gas combustible con tubo de acero inoxidable corrugado,* establece los requisitos de construcción, instalación y rendimiento de los sistemas de CSST.

¡ADVERTENCIA!

Nunca conecte el CSST directamente a un medidor. Utilice un tramo de caño de acero con un diámetro mínimo de 1 pulg. (2.54 cm) entre el medidor y el CSST. Fije el caño de acero con firmeza a la pared exterior del edificio para evitar accidentes y lesiones. La normativa se basa en los requisitos de la empresa de gas y de los códigos. Consulte el código local correspondiente y las especificaciones del fabricante para obtener más información sobre el tamaño adecuado.

2.5.3 Reguladores y válvulas

La mayoría de los sistemas de gas residenciales, comerciales e industriales funcionan a una presión relativamente baja de 7 pulg. de **columna de agua (w.c.)** o 0.25 **libras manométricas por pulgada cuadrada (psig)**, según indica el medidor del sistema. Algunas instalaciones requieren presiones de funcionamiento más altas; se las denomina **sistemas de presión elevada**. Estos sistemas funcionan dentro de un rango de $\frac{1}{2}$ psig a 2 psig. La presión máxima de funcionamiento permitida para los sistemas de gas, según las normas del ANSI, es de 5 psig. Los sistemas de presión elevada requieren **reguladores** cuando las tuberías se conectan a un aparato u otro dispositivo (*Figura 37*). Los reguladores disminuyen la presión y mantienen un suministro uniforme de gas al dispositivo que lo utiliza.

Las válvulas esféricas y las **llaves de paso de gas** se instalan en los sistemas de CSST para cortar rápidamente el flujo de gas (*Figura 38*). Una manivela situada en el exterior del cuerpo de la válvula hace girar la esfera de la válvula hasta la posición de apertura o cierre. Las válvulas esféricas proporcionan un control positivo y rápido del flujo en los sistemas de tuberías de gas. También se utilizan mucho en sistemas de plomería de líquidos. Instale la válvula corriente arriba de los aparatos o conectores. Algunos códigos exigen que la válvula se coloque a menos de 6 pies (1.82 m) del aparato. Otros códigos exigen una distancia de solo 3 pies (91 cm) y requieren que la válvula esté en la misma habitación que el aparato.

Figura 37 Se utilizan reguladores para disminuir la presión de gas en sistemas de presión elevada.

Figura 38 Ejemplo de válvulas de gas específicas del fabricante.

2.5.4 Tipos de instalaciones de CSST

El CSST se puede extender directamente desde el medidor del edificio hasta cada aparato a través de conectores. Utilice conectores en T para unir los ramales a la línea principal de gas (*Figura 39*). De esta manera, se pueden conectar varios aparatos, como calefactores individuales, (*Figura 40*). Asegúrese de que todos los conectores y líneas sean del mismo tamaño; de lo contrario, la diferencia aumenta o disminuye la presión del gas.

Columna de agua (w.c.): unidad de presión basada en la presión ejercida por la altura del agua en una columna tubular o manómetro (por ejemplo, 12 in c. a. = 0.43 psig). Se utiliza para medir presiones bajas, como las del suministro de gas estándar (conocido como w.c. por su designación en inglés, water column).

Libras manométricas por pulgada cuadrada (psig - pounds per square inch gauge): unidad que mide la presión del sistema por encima de la atmosférica (0 psig es la presión atmosférica). Se utiliza para medir las presiones de funcionamiento de los sistemas de gas y otros sistemas de plomería.

Sistemas de presión elevada: sistemas de CSST que funcionan por encima de la presión normal de la red de gas de 7 in w.c.

Reguladores: dispositivos utilizados en sistemas de presión elevada para reducir y mantener una menor presión de gas en la salida del caño.

Llave de paso de gas: válvula diseñadas principalmente para el servicio de gas; proporcionan un control de flujo positivo y rápido en los sistemas de tuberías de gas.

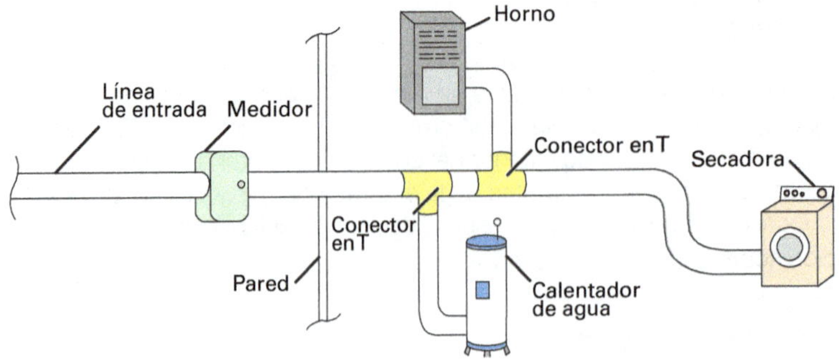

Figura 39 Instalación simple de CSST.

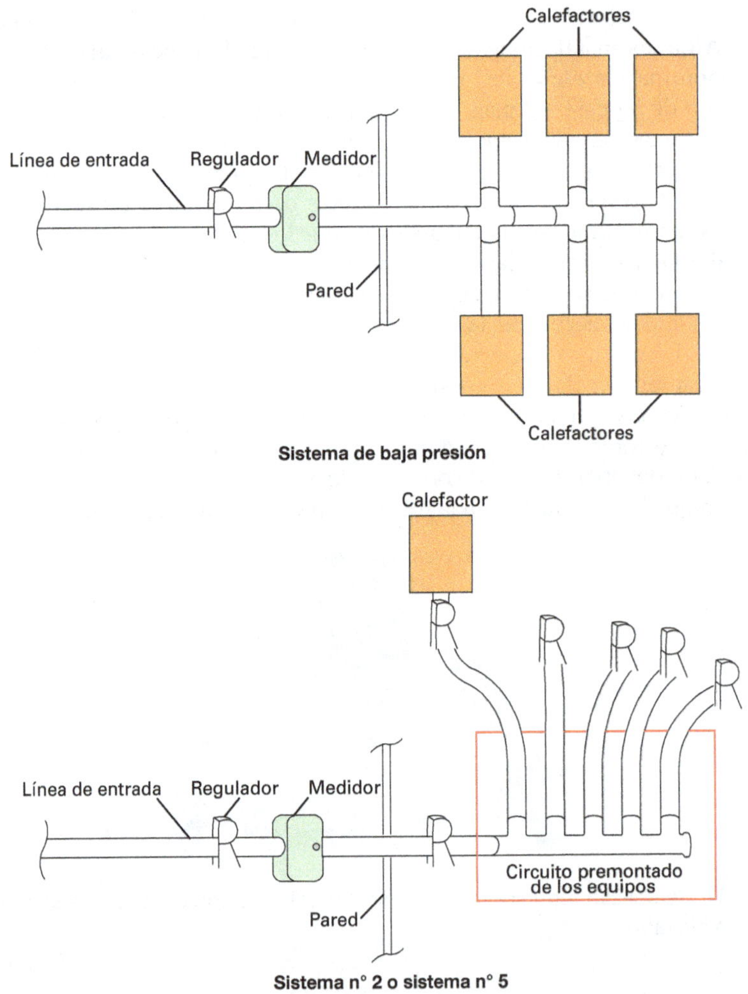

Figura 40 Instalación típica en paralelo para varios calefactores individuales.

Distribuidores: dispositivos que permiten que los suministros a múltiples dispositivos de gas se ramifiquen desde un caño de gas de CSST.

Placas de impacto: placa metálica pesada de un espesor determinado que se instala detrás de una pared para proteger el CSST de la penetración de clavos, tornillos y brocas.

El CSST también puede conectarse mediante **distribuidores** (*Figura 41*). Los distribuidores conectan un único conducto de gas a varios aparatos sin necesidad de realizar cortes repetidos a lo largo del conducto para cada ramal. Instale el distribuidor en un lugar central del edificio y, a continuación, conecte las líneas de CSST de los aparatos al distribuidor utilizando conectores aprobados. Los distribuidores permiten unir las tuberías de todos los aparatos en un único lugar de fácil acceso (*Figura 42*). Las **placas de impacto** (*Figura 43*), también llamadas *protecciones contra clavos*, se utilizan para proteger los tramos de CSST contra la penetración accidental de clavos, tornillos y otros objetos que pudieran perforar o dañar los caños.

Figura 41 Los distribuidores conectan un único conducto de gas a varios aparatos.

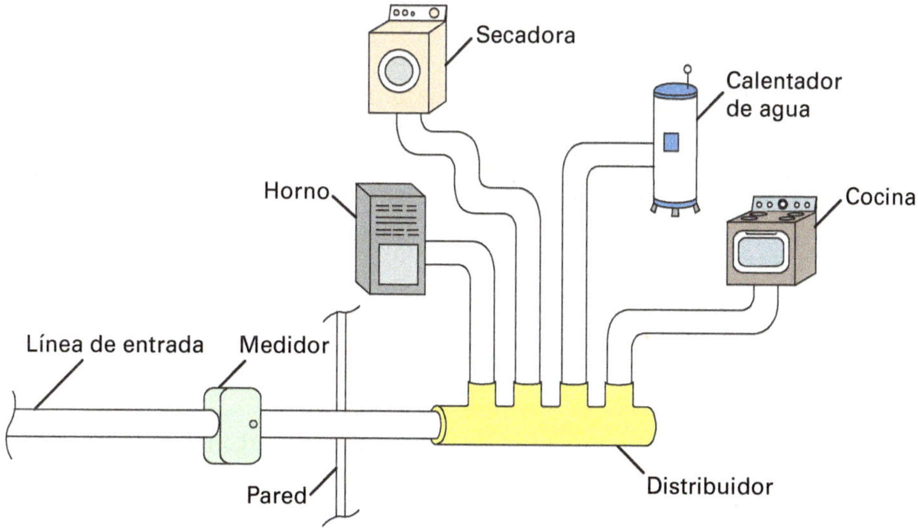

Figura 42 Instalación típica con un distribuidor.

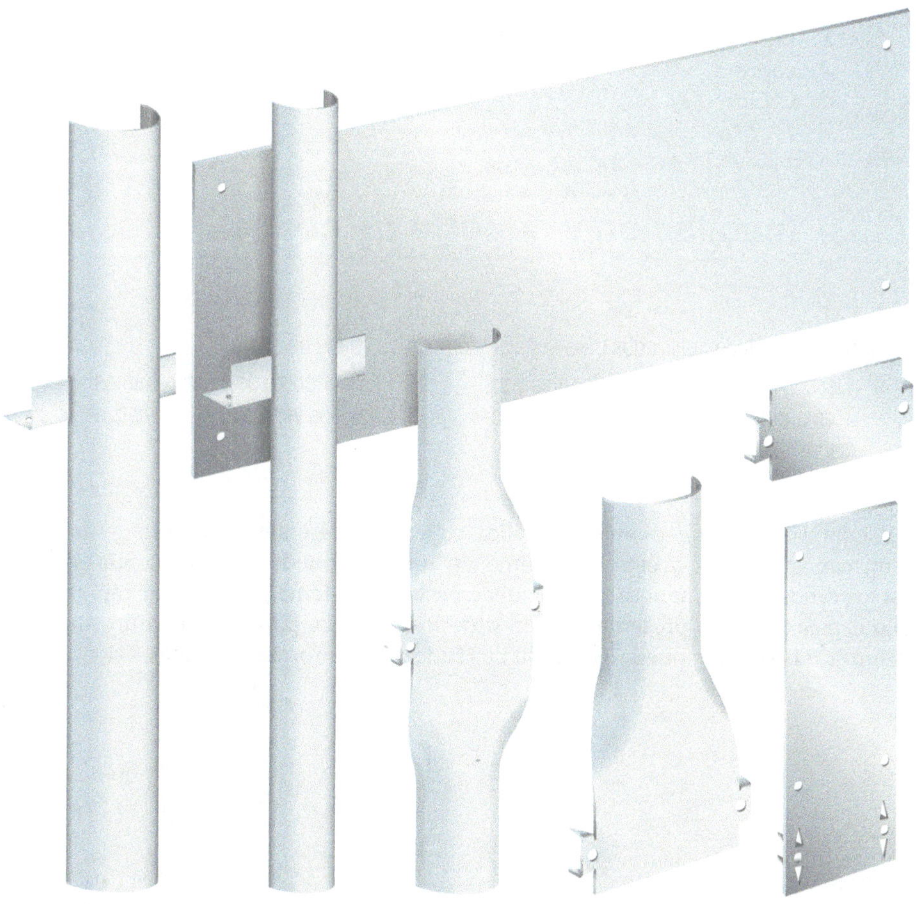

Figura 43 Placas de impacto.

Repaso de la sección 2.0.0

1. Si un tubo o un caño parece aplastado después de haberlo cortado, los discos de corte se deben _____.
   a. afilar
   b. reemplazar
   c. pulir
   d. ajustar

2. La terraja y el mango para sujetar la terraja son las dos partes de _____.
   a. un cortacaños
   b. una llave acodada
   c. una roscadora manual
   d. una prensa con cadena

3. Cuando utilice cinta para sellar roscas, coloque la cinta _____.
   a. en el sentido de las agujas del reloj
   b. en el sentido contrario a las agujas del reloj
   c. en las roscas macho y hembra
   d. solo en las roscas hembra

4. La preparación del caño ranurado mediante el ranurado por corte consiste en _____.
   a. presionar una ranura circunferencial en el caño
   b. eliminar el metal en una depresión circunferencial alrededor del caño
   c. utilizar una terraja para cortar ranuras en espiral llamadas *roscas* alrededor del caño
   d. cortar ranuras longitudinales en el extremo del caño

5. El tipo de caño especial que se suministra en tramos precortados y enrollados en carreteles se denomina _____.
   a. acero negro
   b. PE
   c. cobre
   d. CSST

3.0.0 Instalación y soporte de caños

Tarea práctica

No hay tareas prácticas en esta sección.

Objetivo

Describir los métodos utilizados para instalar y probar los caños de acero.

a. Describir los sujetadores colgantes y los elementos de fijación para sostener los caños de acero.

b. Explicar cómo se sujetan tramos de caños verticales y horizontales.

Instalar sistemas de plomería implica conectar diferentes accesorios y artefactos con caños. Gracias a esto, el sistema de tuberías puede funcionar. Sin embargo, si los caños no permanecen donde deben estar, el sistema puede fallar rápidamente. En esta sección, se presentan algunos de los métodos para sujetar caños de forma segura, a fin de que puedan cumplir sus funciones de forma confiable.

3.1.0 Soporte de caños y accesorios

La industria ha creado muchas formas de fijar los caños a las estructuras de soporte que los rodean. Existen diversos tipos de componentes que se colocan dentro de los sujetadores colgantes y soportes para caños.

3.1.1 Sujetadores colgantes y soportes

El plomero debe instalar y sostener todo el caño para que este y las juntas no tengan fugas. Un soporte inadecuado puede hacer que las juntas se deformen, y la tensión añadida aumenta las posibilidades de que el caño tenga fugas, se rompa o se fisure. Los códigos de plomería exigen que los caños estén bien sujetos en forma horizontal y vertical mediante un sistema de soportes.

Si un plomero instala un caño en una zona sísmica (donde existe la posibilidad de terremotos), los códigos locales exigen que se utilicen soportes antisísmicas. Su finalidad es garantizar que el caño esté bien sujeto a la estructura en caso de una vibración excesiva. Por ejemplo, algunos códigos exigen que la distancia entre los sujetadores colgantes y los soportes sea más estrecha que en zonas sin actividad sísmica. Además, pueden exigir que se deje un espacio adicional alrededor de los caños en los puntos en los que se unen a las paredes y los pisos para permitir el movimiento previsto.

Los plomeros necesitan saber cómo fijar los caños en superficies de madera, de mampostería (incluidos los azulejos y el hormigón) y de acero, y deben utilizar uno o más sujetadores colgantes para sostener el caño de acero. Los componentes básicos de los sujetadores colgantes son accesorios de tubería, conectores y fijaciónes estructurales. Utilice siempre sujetadores colgantes y soportes que estén fabricados con materiales compatibles con el material de las tuberías.

Consulte los códigos locales correspondientes y las recomendaciones del fabricante para conocer los intervalos de separación y el equipo necesario al instalar los sujetadores colgantes y soportes para caños. Los requisitos de separación se suelen encontrar en la sección de especificaciones de los planos del edificio. Si no se sujetan los caños de forma adecuada, el inspector de plomería rechazará la instalación. También la rechazará debido al trabajo deficiente o a las equivocaciones.

NOTA

Si no está de acuerdo con las recomendaciones del fabricante o los códigos, consulte a un supervisor sobre lo que se debe hacer y qué material se puede utilizar para realizar el trabajo.

3.1.2 Accesorios de caños

Los accesorios para los caños tocan o se conectan directamente con el caño.Los anillos, las abrazaderas y las horquillas son algunos de los accesorios con las que se pueden sostener las tuberías desde el cielorraso en forma horizontal (*Figura 44*). Para sujetar las tuberías en las construcciones de entramado de madera, se pueden utilizar abrazaderas para tubos, correas de chapa, cinta perforada para plomería (también llamada *fleje de acero*), medias abrazaderas, abrazaderas de suspensión, clips de sujeción y abrazaderas para caños (*Figura 45*). Los caños verticales se deben sujetar en cada nivel de piso con abrazaderas para caños ascendentes (*Figura 46*).

Otros accesorios para caños son las abrazaderas universales para caños que se fijan a las **canaletas** (*Figura 47*) por diversos medios. Las abrazaderas se consiguen con acabados estándares de acero dulce y acero electrogalvanizado.

Canaletas: secciones de extrusiones en forma de C, U o caja, de acero o aluminio, utilizadas para soportar caños y sujetadores colgantes de caños.

3.1.3 Conectores

Los conectores unen el accesorio del caño con la fijación estructural. Los dos grupos principales de conectores son las varillas y los pernos (1) y otros accesorios de varillas (2).

Los accesorios de varillas, que se encuentran en diferentes tamaños, incluyen conectores tipo ojal, piezas de extensión, acoplamientos de varilla, reguladores de sujetadores colgantes, tensores, horquillas y barras con ojal. Los conectores tipo ojal se utilizan con las varillas para sujetadores colgantes. Las piezas de extensión se utilizan para fijar las varillas para sujetadores colgantes a las abrazaderas para vigas y a otros tipos de fijaciones estructurales. Los acoplamientos y los acoplamientos reductores sujetan los tramos de caños donde se pueden conectar a un pie derecho existente.

Figura 44 Sujetadores colgantes utilizados para el soporte horizontal.

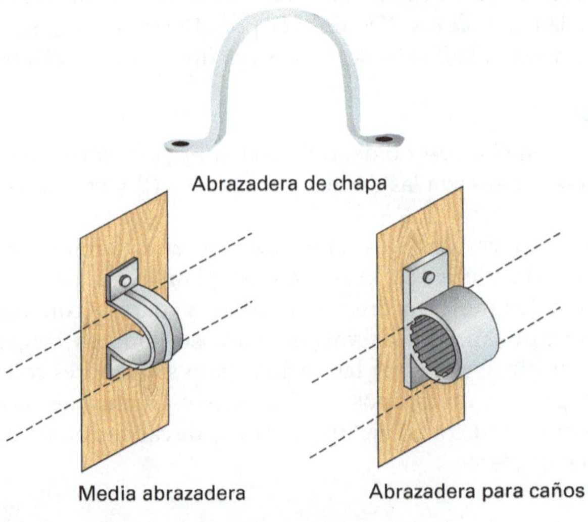

Figura 45 Soportes de caños para entramados de madera.

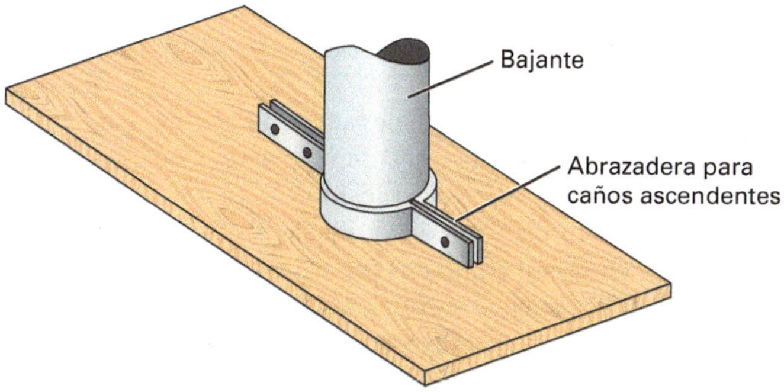

Figura 46 Soportes verticales para caño.

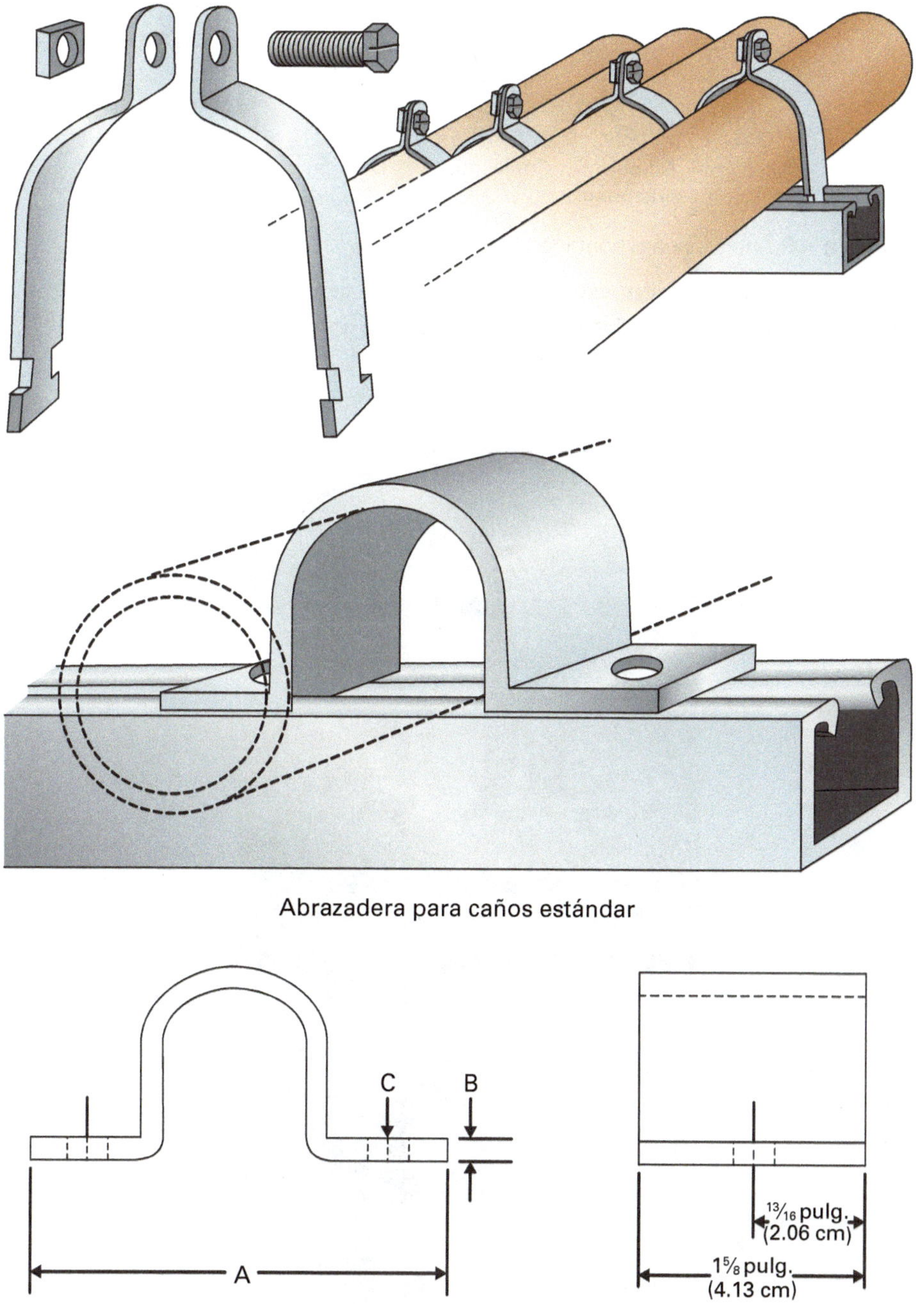

Figura 47 Abrazaderas para caño universales y canaletas.

3.2.0 Fijaciones estructurales

Las fijaciones estructurales son los anclajes y los dispositivos de anclaje que sostienen el conjunto de sujetadores colgantes de forma segura a la estructura del edificio. Incluyen anclajes insertados por explosión o por gas, insertos para hormigón, abrazaderas para vigas, abrazaderas en C, fijaciones para vigas, diversos soportes, bridas y placas para cielorraso, arandelas planas y placas con ojales.

Se pueden utilizar anclajes de cuña, anclajes con camisa, anclajes embutidos, anclajes de pernos y anclajes de tornillo para hormigón para fijar el sistema de tuberías al hormigón o ladrillo (*Figura 48*). Sin embargo, podría no ser apropiado colocarlos en ladrillo, en función de la estructura y la resistencia del material en cuestión. Además, se pueden utilizar anclajes no perforantes y autoperforantes en el hormigón.

PRECAUCIÓN

Consulte a su supervisor para determinar el tiempo adecuado de curado para el hormigón fresco, ya que los plomeros no pueden tomar esta decisión. Además, trabajar con el hormigón antes de que finalice el curado puede causar graves problemas.

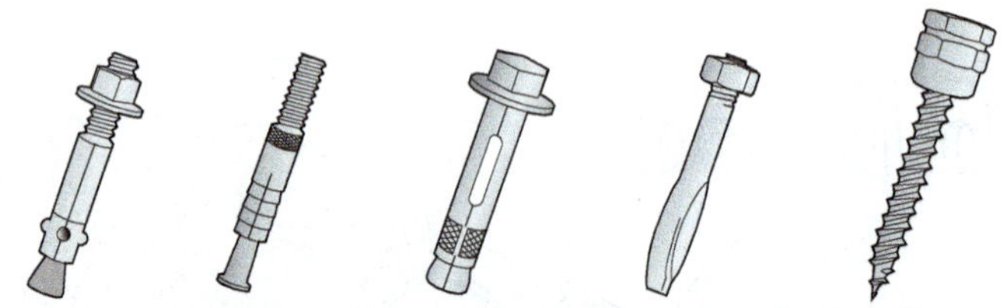

Figura 48 Anclajes para hormigón (o ladrillo).

En los edificios con estructura de acero, debe utilizar dispositivos tipo abrazadera para fijar los sujetadores colgantes para los caños más pequeños. Estos dispositivos pueden ser abrazaderas para vigas, abrazaderas para vigas de doble T y abrazaderas en C de acero (*Figura 49*).

PRECAUCIÓN

Tenga cuidado de no colocar una abrazadera en vigas que puedan tener recubrimientos ignífugos. Esto puede dañar la integridad del recubrimiento.

Figura 49 Abrazadera para vigas.
Fuente: Sioux Chief Manufacturing Co., Inc.

En los edificios con estructura de madera, utilice clavos y tornillos para fijar los sujetadores colgantes y los soportes de los caños a la estructura. Para los tramos verticales de caños, coloque abrazaderas para tubería ascendente (*Figura 50*) sobre el caño, y asegúrelo al marco estructural. Si utiliza cinta perforada para plomería, clávela directamente en las viguetas de suelo.

Las tuberías verticales deben sujetarse a intervalos suficientes para mantener la alineación del caño. El soporte de las tuberías verticales depende del tamaño del caño y de la necesidad de sostenerlo en las líneas del suelo o entre ellas. Sujete el caño vertical en cada línea de piso con abrazaderas para tubería ascendente. Como siempre, se deben cumplir los requisitos del código correspondiente.

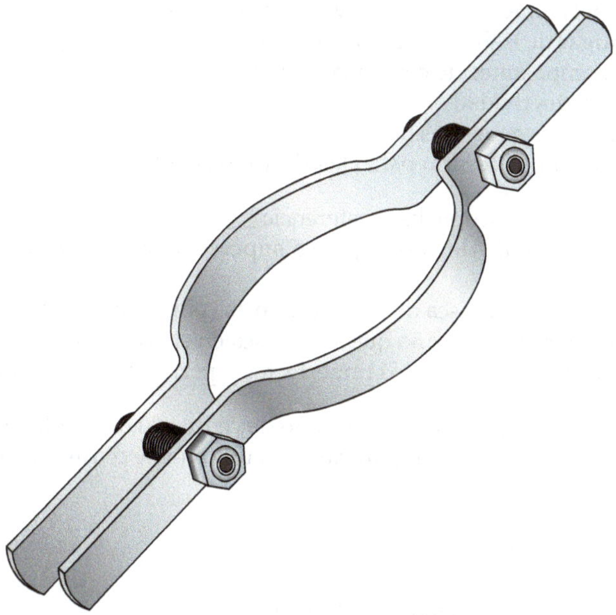

Figura 50 Abrazadera para tuberías verticales.

Repaso de la sección 3.0.0

1. Para evitar que los caños se pandeen, se doblen o se desplacen y queden desalineados, es necesario utilizar un sistema de _____.
   a. anclajes
   b. accesorios
   c. soportes
   d. inclinaciones

2. Para soportar los caños verticales que pasan entre los pisos, las fijaciones *más* adecuadas para este fin son _____.
   a. las abrazaderas en C
   b. las abrazaderas para tubería ascendente
   c. los insertos para hormigón
   d. las varillas para sujetadores colgantes

Módulo 02109 Preguntas de repaso

1. ¿Cuál de las siguientes afirmaciones es *verdadera* sobre los metales que se utilizan para los caños de plomería?
   a. El acero galvanizado es más resistente a la corrosión que el acero inoxidable.
   b. El acero galvanizado es menos resistente a la corrosión que el acero negro.
   c. El manganeso se suele agregar al acero al carbono durante la fundición para aumentar la resistencia.
   d. El acero inoxidable es similar al acero al carbono, pero no incluye cromo.

2. El almacenamiento adecuado y la organización de los materiales de plomería en el lugar de trabajo aumentan considerablemente _____.
   a. el tiempo antes de comenzar a trabajar
   b. la productividad
   c. los costos generales del trabajo
   d. el tiempo necesario para clasificar todas las piezas

3. La inserción de acople hace referencia _____.
   a. al porcentaje de rosca que se superpone a la rosca adyacente en un accesorio
   b. al ancho de la rosca de un accesorio en comparación con la rosca del caño
   c. a la longitud del caño que se enrosca en el accesorio
   d. a la relación entre hilos imperfectos y perfectos en un caño roscado

4. El diámetro interior (ID) de un caño de cédula 80 de 2 pulg. de tamaño nominal es _____ en comparación con un caño de cédula 40 del mismo tamaño.
   a. más grande
   b. más pequeño
   c. igual
   d. diferente en función del fabricante

5. Los paquetes de caños de acero incluyen etiquetas para identificar _____.
   a. el nombre o la marca del fabricante
   b. la cantidad de pies del paquete
   c. las instrucciones de almacenamiento y manipulación
   d. la norma ASTM A53

6. Los accesorios con roscas empotradas que se utilizan en sistemas de caños de aguas grises y negras se denominan _____.
   a. accesorios de conexión para desagüe
   b. tapones macho
   c. tapones hembra
   d. accesorios de conexión sometidos a presión

7. ¿Cuál de los siguientes accesorios se utiliza para cerrar los caños abiertos?
   a. Niples
   b. Tapones macho
   c. Tapones hembra
   d. Reductores roscados

8. ¿Para cuál de los siguientes propósitos en un sistema de plomería es *más* eficaz una válvula de globo?
   a. Cierre y apertura rápidos del flujo
   b. Básicamente para funcionar como válvula de cierre
   c. Ofrecer un control preciso del flujo
   d. Evitar el flujo inverso en un caño

9. Al medir un caño, podría cortarlo demasiado corto si no tiene en cuenta _____.
   a. el diámetro
   b. el peso del caño
   c. el tipo de caño
   d. la inserción de acople

10. ¿Cuál de los siguientes elementos se utiliza en los sistemas de CSST para cerrar el flujo de gas con rapidez?
    a. Reguladores
    b. Placas protectoras
    c. Llaves de paso de gas
    d. Distribuidores

11. Al medir un caño antes de cortarlo y roscarlo, ¿qué método sería *mejor* utilizar si la sección del caño tiene accesorios roscados en ambos extremos?
    a. De extremo a extremo
    b. De centro a centro
    c. De extremo al dorso
    d. De extremo al centro

12. ¿Cuál de las siguientes herramientas sería la *mejor* opción para girar un caño de hierro negro de diámetro pequeño (por ejemplo, 1 pulg.) mientras se lo enrosca en un accesorio?
    a. Llave de cadena pequeña
    b. Prensa con cadena
    c. Llave de cadena para tubos
    d. Prensa de yugo

13. ¿Cuál de las siguientes afirmaciones sobre el roscado de caños *no* es correcta?
    a. Primero, dé tres o cuatro vueltas cortas en sentido horario.
    b. Limpie con frecuencia las virutas con las manos sin protección para comprobar la suavidad del corte.
    c. Aplique aceite de corte después de que la terraja se haya sujetado con firmeza al caño para reducir la fricción.
    d. Termine el roscado cuando uno o dos hilos del caño sobresalgan de la terraja.

14. El *primer* paso para unir un caño para agua de acero al carbono roscado a un accesorio es _____.
    a. ranurar el extremo del caño
    b. escariar el accesorio hasta que quede liso
    c. aplicar compuesto para caños y juntas o cinta
    d. enroscar el caño en el accesorio de forma manual antes de ajustarlo por completo

15. Al unir caños ranurados, el plomero *debe* _____.
    a. asegurarse de que ninguna parte de la empaquetadura se superponga con las ranuras
    b. pulir los extremos del caño para que la empaquetadura se sujete bien
    c. apretar uno de los pernos de la carcasa para garantizar una buena alineación antes de colocar y apretar el otro perno
    d. asegurarse de que ambos lados de la empaquetadura cubran las dos ranuras por igual

16. Los sujetadores colgantes que tocan el caño o se conectan directamente con él se denominan _____.
    a. fijaciones
    b. soportes
    c. abrazaderas
    d. canaletas

17. La fijación directa de un caño a una superficie de hormigón puede implicar el uso de _____.
    a. sujetadores colgantes con estribos
    b. abrazaderas universales para caños fijadas a las canaletas
    c. anclajes insertados por explosión
    d. abrazaderas en C

18. ¿Cuál de los siguientes factores puede influir en la decisión de utilizar un caño extra resistente o doble extra resistente?
    a. El caño debe tener más de 21 pies (6.4 m) de longitud.
    b. Se tiene que proteger al caño de los materiales corrosivos.
    c. El caño debe soportar presiones fuertes.
    d. El caño solo tiene un extremo roscado.

19. Los accesorios de conexión para desagüe están diseñados para que las líneas horizontales a las que se conectan tengan _____.
    a. hilos de rosca adicionales
    b. inclinación
    c. uniones por brida
    d. protectores de rosca

20. Al cortar un caño, ¿cuánto se debe girar el disco de corte con cada vuelta del caño?
    a. Un giro por vuelta
    b. Dos giros por vuelta
    c. La menor cantidad de giros posible
    d. La mayor cantidad de giros posible

Las respuestas a las preguntas impares de repaso de los módulos se encuentran en el *Apéndice A*.

Respuestas a las preguntas del repaso de las secciones

Respuesta	Referencia de sección	Objetivo
Sección 1.0.0		
1. c	1.1.1	1a
2. d	1.2.0	1b
3. a	1.3.1	1c
4. c	1.4.5	1d
Sección 2.0.0		
1. b	2.1.2	2a
2. c	2.2.0	2b
3. a	2.3.0	2c
4. a	2.4.1	2d
5. d	2.5.1	2e
Sección 3.0.0		
1. c	3.1.1	3a
2. b	3.2.0	3b

MÓDULO 02110

Introducción a las instalaciones de plomería

Fuente: iStock@AlexandrBognat

Objetivos

Luego de finalizar este módulo, podrá hacer lo siguiente:

1. Identificar y describir las diferentes instalaciones de plomería.
   a. Identificar y describir los distintos materiales utilizados en la fabricación de instalaciones de plomería.
   b. Identificar y describir las instalaciones de baño más comunes.
   c. Explicar los principios de funcionamiento de los inodoros.
   d. Identificar y describir las instalaciones de cocina más comunes.
   e. Identificar y describir otras instalaciones de plomería comunes.
2. Describir los diferentes tipos de grifos utilizados en los sistemas de plomería.
   a. Describir los grifos de compresión y sin compresión.
   b. Describir los grifos de las instalaciones de la cocina y el baño.
   c. Describir los grifos de servicio.

Tarea práctica

Bajo supervisión, podrá hacer lo siguiente:

1. Identificar las instalaciones y electrodomésticos instalados con mayor frecuencia.

Generalidades

Los plomeros utilizan una variedad de instalaciones y grifería para los sistemas de plomería. En este módulo, se analizan los materiales utilizados habitualmente para fabricar las instalaciones, los tipos de instalaciones más comunes y los tipos de grifos disponibles. También se explica el funcionamiento de cada tipo de instalación y grifo. Esta información le ayudará a elegir las instalaciones y los grifos adecuados para cada instalación.

NOTA

Los códigos varían entre jurisdicciones. Por eso, es importante que consulte el código correspondiente cada vez que tenga dudas sobre las reglamentaciones. Consultar un conjunto incorrecto de códigos puede causar tantos problemas como no consultar ninguno. Consiga el código local aprobado, léalo y familiarícese con él. La Administración de Seguridad y Salud Ocupacional (OSHA) de los Estados Unidos redacta los códigos de seguridad.

NCCER **Credenciales reconocidas en la industria**

Si está capacitando a través de un patrocinador acreditado por el NCCER, puede ser elegible para obtener credenciales del NCCER. El número de identificación de este módulo es 02110. Tenga en cuenta que este módulo puede haber sido utilizado en otros planes de estudios del NCCER y puede aplicarse a la realización de otros niveles. Comuníquese con el NCCER al 1.888.622.3720 o visite **www.nccer.org** para obtener más información.

También puede mostrar en línea sus credenciales reconocidas por el sector con las insignias digitales del NCCER. Transforme sus conocimientos, habilidades y logros en insignias que puede compartir en las plataformas de redes sociales, enviar a su red y agregar a su currículum. Para obtener más información, visite **www.nccer.org**.

Recursos digitales para plomería

ESCANÉAME

Escanee este código con la cámara de su teléfono o dispositivo móvil para ver los recursos digitales relacionados con este oficio.

1.0.0 Instalaciones de plomería

Tarea práctica

1. Identificar las instalaciones y electrodomésticos instalados con mayor frecuencia.

Objetivo

Identificar y describir las diferentes instalaciones de plomería.

a. Identificar y describir los distintos materiales utilizados en la fabricación de instalaciones de plomería.
b. Identificar y describir las instalaciones de baño más comunes.
c. Explicar los principios de funcionamiento de los inodoros.
d. Identificar y describir las instalaciones de cocina más comunes.
e. Identificar y describir otras instalaciones de plomería comunes.

Como plomero, debe familiarizarse con los diferentes tipos de **instalaciones:** y **grifería** que existen para la plomería. Una instalación de plomería es un componente que hace una de las siguientes cosas o ambas:

1. Recibe agua de una línea de suministro.
2. Vierte agua, residuos o aguas residuales en un sistema de drenaje conectado.

Las instalaciones de plomería también se denominan simplemente *instalaciones*.. Por ejemplo, un grifo es una instalación que se utiliza para controlar el flujo de agua de un caño. Incluyen elementos comunes como **fregaderos**, **bañeras**, inodoros, lavavajillas y bebederos.

Si un plomero instala instalaciones y grifería en una zona sísmica (es decir, un lugar en donde existe la posibilidad de un terremoto), los códigos locales especifican los requisitos antisísmicos. El objetivo de estos requisitos es garantizar que el caño esté bien sujeto a la estructura en caso de vibración excesiva. Por ejemplo, los códigos pueden exigir que se deje un espacio adicional alrededor de los caños en los puntos en los que se unen a paredes y pisos para permitir el movimiento previsto.

Además de las herramientas básicas que normalmente usted lleva consigo, es posible que necesite las siguientes para instalar o reparar las instalaciones y grifos:

- Llave para lavabos
- Llave para filtro del fregadero
- Llave ajustable
- Llave para asiento
- Llave de tubo para válvula de ducha
- Llave ajustable de boca lisa
- Llave inglesa

Las instalaciones son los puntos en los que los usuarios residenciales y comerciales tienen contacto con el sistema de plomería de su hogar o lugar de trabajo mucho después de que se haya completado la instalación inicial. Mientras que los códigos y la capacitación en plomería suelen centrarse en los plomeros de las obras nuevas que realizan las instalaciones iniciales, es más probable que los consumidores interactúen con plomeros de mantenimiento que identifican, diagnostican y arreglan sus problemas de plomería.

Los códigos de plomería determinan los tipos de instalaciones y grifería permitidos en una zona. Siga siempre todos los códigos aplicables al instalar las instalaciones

Instalaciones:: receptáculos o dispositivos que se conectan de forma permanente o temporal al sistema de plomería de agua de los recintos. También se los denomina *accesorios*. Pueden conectarse al suministro de agua o verter las aguas usadas, los materiales residuales líquidos o las aguas residuales, ya sea en forma directa o indirecta, al sistema de drenaje de los recintos. Las instalaciones también pueden requerir tanto una conexión al suministro de agua como una descarga al sistema de drenaje.

Grifería: accesorios similares a válvulas que se utilizan para controlar el flujo de agua de los caños hacia los fregaderos, bañeras e instalaciones similares.

Fregaderos: vasijas poco profundas y de fondo plano que se utilizan principalmente para la preparación de alimentos, el lavado de la vajilla y para fines utilitarios. Compárese con *tarja*.

Bañeras: instalaciones de perfil bajo diseñados para sostener a las personas semireclinadas. Las bañeras se identifican por la ubicación del agujero de drenaje mientras uno se enfrenta a ellas. Si el desagüe está en el extremo derecho, es una bañera derecha; si está en el extremo izquierdo, es una bañera izquierda.

Servicio de plomería

Aunque es cierto que los plomeros de mantenimiento se ocupan de los desagües atascados, la imagen tradicional de una sopapa no está a la altura de la sofisticación de las herramientas de mantenimiento que se utilizan hoy en día. La limpieza básica de desagües incluye ahora barrenas (también denominadas *destapacaños*), herramientas de soplado de aire y tecnología de hidrolavado. Es habitual que los plomeros utilicen cámaras para inspeccionar caños subterráneos y ocultos, así como imágenes geotérmicas para localizar fugas. Muchos artefactos modernos, como los calentadores de agua sin depósito, se diagnostican mediante códigos de servicio y aplicaciones para teléfonos inteligentes.

A medida que avanzan las herramientas de servicio de plomería, sigue creciendo la gama de opciones profesionales relacionadas. El segmento tradicional de la plomería residencial o comercial es el más visible e incluye desde negocios locales de plomería hasta cadenas nacionales de franquicias de servicios. Las grandes instalaciones comerciales, como escuelas y hospitales, instituciones gubernamentales y transporte público, además de fábricas e instalaciones de procesamiento industrial, suelen emplear a sus propios equipos de plomería.

y la grifería. Aunque los detalles de la construcción de instalaciones de plomería pueden variar entre los diferentes códigos de plomería, todos se basan en los mismos principios básicos de saneamiento y seguridad. Los principios del saneamiento básico exigen aislar las aguas residuales para evitar que contaminen y propaguen enfermedades o provoquen afecciones.

Los siguientes principios básicos, establecidos en el Código Nacional de Normas de Plomería, se han incorporado a la mayoría de los demás códigos:

- *Principio 1: Todos los recintos ocupados deben disponer de agua potable.* Todos los recintos destinados a la vivienda, la ocupación o el uso de personas deben contar con suministro de agua potable. Dicho suministro de agua no debe estar conectado con fuentes de agua inseguras ni debe estar sujeto a los peligros del contraflujo.
- *Principio 2: Agua adecuada obligatoria.* La instalaciones, los dispositivos y los accesorios preensamblados deben recibir agua en un volumen suficiente y a presiones adecuadas para que puedan funcionar correctamente y sin ruidos indebidos en condiciones normales de uso.
- *Principio 3: Agua caliente obligatoria.* Se debe suministrar agua caliente a todas las instalaciones que normalmente necesiten o requieran agua caliente para su correcto uso y funcionamiento.
- *Principio 4: Conservación de agua.* El sistema de plomería se debe diseñar y ajustar para utilizar la mínima cantidad de agua compatible con un rendimiento y una limpieza adecuados.
- *Principio 5: Dispositivos de seguridad.* Los dispositivos de calentamiento y almacenamiento de agua se deben diseñar e instalar de forma que queden protegidos contra los peligros de explosión o sobrecalentamiento.
- *Principio 6: Uso del alcantarillado público cuando esté disponible.* Todo edificio con instalaciones de plomería instalados, destinado a la vivienda, la ocupación o el uso de personas, debe estar conectado al alcantarillado público siempre que se encuentre situado en un recinto donde haya alcantarillado público o que este pase por el recinto a una distancia razonable.
- *Principio 7: Instalaciones obligatorias.* Cada unidad de vivienda familiar debe tener al menos un inodoro, una **tarja**, un fregadero para la cocina y una bañera o ducha para reunir los requisitos básicos de saneamiento e higiene personal. Todas las demás estructuras de viviendas deben estar equipadas con suficientes instalaciones. La instalaciones deben ser de material duradero, liso, no absorbente y resistente a la corrosión, y no deben tener superficies ocultas en las que se acumule suciedad.

Tarja: vasija diseñada para instalarse en baños y otros lugares, principalmente para el lavado de las manos y la cara. Compárese con *fregaderos*.

- *Principio 8: Sistema de drenaje.* El sistema de drenaje se debe diseñar, construir y mantener para protegerlo contra la suciedad, el depósito de sólidos y los atascos. Se debe contar con puntos de acceso al drenaje adecuados para que los caños puedan limpiarse con facilidad.
- *Principio 9: Materiales duraderos y buena mano de obra.* Las tuberías del sistema de plomería deben ser de material duradero, no deben tener defectos de fabricación y deben estar diseñadas y construidas de forma que cumplan su función durante la vida útil prevista.
- *Principio 10: Coladeras* Cada instalación conectada directamente al sistema de drenaje debe estar equipado con un coladera de sello líquido.
- *Principio 11: Los sellos de los céspoles deben estar protegidos.* El sistema de drenaje debe estar diseñado para proporcionar una circulación adecuada de aire en todos los caños sin peligro de sifonaje, aspiración o forzamiento de los sellos de los céspoles en condiciones de uso ordinario.
- *Principio 12: Expulsión del aire viciado al exterior.* Cada terminal de ventilación debe extenderse al exterior e instalarse de forma que se reduzcan al mínimo las posibilidades de obstrucción y el retorno del aire viciado al edificio.
- *Principio 13: Prueba del sistema de plomería.* El sistema de plomería debe someterse a pruebas que revelen efectivamente todas las fugas y defectos de la obra o del material.

- *Principio 14: Excluir determinadas sustancias del sistema de plomería.* No se permite la entrada de ninguna sustancia en el sistema de drenaje del edificio si esta pudiera obstruir o acentuar la obstrucción de los caños, producir mezclas explosivas, destruir los caños o sus juntas o interferir indebidamente en el proceso de eliminación de las aguas residuales.
- *Principio 15: Evitar la contaminación.* Se debe proporcionar una protección adecuada para evitar la contaminación de alimentos, agua, productos estériles y materiales similares debido al contraflujo de aguas residuales. Cuando fuera necesario, la instalación, dispositivo o aparato debe conectarse de forma indirecta al sistema de drenaje del edificio.
- *Principio 16: Luz y ventilación.* Ningún inodoro, mingitorio o bidé podrá estar situado en una habitación o compartimento que no esté debidamente iluminado y ventilado.
- *Principio 17: Sistemas individuales de evacuación de aguas residuales.* Si se instalan inodoros u otras instalaciones en edificios en los que no hay alcantarillado público a una distancia razonable, se tomarán las medidas oportunas para eliminar las aguas residuales mediante algún método aprobado de tratamiento y eliminación de aguas residuales.
- *Principio 18: Evitar el desborde del alcantarillado.* Cuando un sistema de drenaje esté sujeto al contraflujo de aguas residuales del alcantarillado público o del sistema de eliminación privado, se tomarán las medidas adecuadas para evitar su desbordamiento en el edificio.
- *Principio 19: Mantenimiento adecuado.* Los sistemas de plomería se mantendrán en condiciones seguras y utilizables, tanto desde el punto de vista mecánico como sanitario.
- *Principio 20: Las instalaciones deben ser accesibles.* Todas las instalaciones deben instalarse teniendo en cuenta el espacio, a fin de que su uso previsto y limpieza resulten cómodos.
- *Principio 21: Seguridad estructural.* Las instalaciones de plomería se realizarán teniendo en cuenta la preservación de la resistencia de los elementos estructurales y la prevención de daños a las paredes y otras superficies por el uso de los artefactos.
- *Principio 22: Proteger las aguas subterráneas y superficiales.* Las aguas residuales y otros residuos no deben verterse en las aguas superficiales o subterráneas si no se han sometido previamente a alguna forma aceptable de tratamiento.

1.1.0 Tipos de materiales

Las instalaciones modernas están fabricadas con una variedad de materiales duraderos, resistentes a la corrosión y no absorbentes, con superficies lisas y fáciles de limpiar. Para fabricar las instalaciones, los fabricantes utilizan diferentes materiales, entre ellos **porcelana vítrea** (también denominada *porcelana vitrificada*), acero revestido con **esmalte porcelánico**, hierro fundido revestido con esmalte porcelánico, acero inoxidable, plástico acrílico y plástico reforzado con **fibra de vidrio** (FRP), que también se denomina *plástico reforzado con vidrio* (*GRP*). Los fabricantes pueden producir artefactos de un solo material, como los fregaderos de cocina de acero inoxidable, o de una combinación de materiales, como las cabinas de ducha de plástico reforzado con fibra de vidrio.

¡ADVERTENCIA!

Algunos artefactos antiguos de porcelana contienen plomo. Tenga cuidado al realizar tareas de mantenimiento o sustituir componentes antiguos.

1.1.1 Porcelana vítrea

La arcilla vitrificada es un material común que ha sido fundido en moldes y, luego, cocido para un acabado vidriado. Se utiliza en la fabricación de inodoros, mingitorios, bidés y, a menudo, para lavatorios. Estos artefactos suelen recibir varios nombres comunes, como *loza* y *porcelana*. En este módulo, el material se denomina

Porcelana vítrea: material cerámico duradero compuesto generalmente por un mineral de arcilla fina (caolinita) y a menudo mezclado con cuarzo, feldespato, sílice u otros materiales. La mezcla se calienta a temperaturas de entre 2,200°F y 2,600°F (1,200°C y 1,400°C) para crear un acabado no poroso y similar al vidrio. También se la denomina *loza*, *porcelana* o *porcelana vitrificada*.

Esmalte porcelánico: revestimiento de porcelana vitrificada (o loza) que proporciona un acabado atractivo y protector a los artefactos de hierro fundido o acero.

Fibra de vidrio: filamentos de vidrio tejidos en hilos, hebras retorcidas (trenzadas) y materiales textiles, como telas o alfombras. El tejido de fibra de vidrio saturado con un plástico (resina vinílica o epoxi), llamado *plástico reforzado con fibra de vidrio* o *GRP*, puede prensarse en moldes para fabricar productos como bañeras y mamparas de ducha.

porcelana vítrea. La porcelana vítrea está hecha de una mezcla de arcilla fina (llamada *caolín*) y puede tener cuarzo, feldespato, sílice u otros materiales. Los materiales se funden en un horno hasta alcanzar un estado similar al del vidrio o la vitrificación. El proceso completo de fusión, o vitrificación, requiere una temperatura de entre 2,200°F y 2,600°F (1,200°C y 1,400°C). El proceso produce una superficie sanitaria que es resistente, no porosa y fácil de limpiar.

1.1.2 Esmalte porcelánico

La porcelana se utiliza como revestimiento de esmalte para materiales fácilmente corrosibles, como el acero o la fundición. Los fabricantes utilizan un proceso de unión a alta temperatura que fusiona los dos materiales. Este proceso crea un material más duradero y funcional para fabricar artefactos. El revestimiento resultante se denomina *esmalte porcelánico*, también llamado *revestimiento de vidrio* o *esmalte vítreo*.

1.1.3 Hierro fundido

Algunos artefactos sanitarios, como las bañeras y los fregaderos, se fabrican con un tipo de hierro fundido llamado *hierro gris*. El hierro gris es ideal para los artefactos sanitarios porque se puede moldear en una variedad de formas. Se trata de una aleación de hierro fabricado a partir de hierro fundido que se forma en moldes. El hierro fundido puede recubrirse con un polvo de esmalte y, luego, calentarse a temperaturas extremadamente altas. El polvo de esmalte contiene pigmentos que permiten a los fabricantes producir artefactos de diferentes colores.

1.1.4 Chapa de acero

El uso de chapa de acero para los artefactos es un proceso de bajo costo. Los fabricantes forman los artefactos estampando la chapa de acero en las formas deseadas. Sobre las superficies de estos artefactos sanitarios, se fusiona un acabado de esmalte porcelánico, que es brillante, decorativo, protector e higiénico. Estos artefactos suelen ser más baratos que los de hierro fundido, pero también son menos duraderos porque se abollan y astillan con facilidad.

1.1.5 Acero inoxidable

El acero inoxidable es un metal muy utilizado en los artefactos sanitarios, especialmente en los fregaderos de cocina. Dado que es una aleación de acero resistente a la corrosión, el acero inoxidable resulta un material excelente para los artefactos sanitarios. Aunque es difícil de moldear, el acero inoxidable tiene varias ventajas sobre las superficies esmaltadas. No se requiere un revestimiento adicional para lograr una superficie sanitaria y tiene un acabado duradero que no se astilla.

1.1.6 Plástico

El plástico se utiliza a menudo para los artefactos sanitarios porque es versátil, ligero y relativamente económico. Sin embargo, su acabado no es tan duradero como el del hierro fundido esmaltado. En la actualidad, los plásticos más utilizados son el plástico acrílico y el plástico reforzado con fibra de vidrio (GRP - glass-reinforced plastic). El GRP se utiliza para fabricar duchas y bañeras de una sola pieza, que incluyen tanto la instalación como las paredes adyacentes. La resistencia del producto proviene de las fibras de vidrio. Las bañeras y cabinas de ducha de fibra de vidrio son ligeras y fáciles de instalar. El revestimiento de gel plástico que se aplica durante la fabricación confiere a estas instalaciones una superficie brillante y esmaltada. Los fabricantes también utilizan láminas de plástico acrílico jaspeado de colores para fabricar instalaciones decorativas que parecen hechos de mármol. Las instalaciones pueden ser tan atractivos como el mármol, pero no absorben tanta agua como este.

¿Sabías qué?

Materiales sintéticos

Muchas de las bañeras, cabinas de ducha y jacuzzis más populares que se fabrican hoy en día parecen hechas de materiales naturales, pero en realidad son de acrílico (un tipo de plástico). Un ejemplo de este tipo de material es DuPont Corian®, una superficie sólida de base acrílica que resiste los daños y es fácil de mantener. Con los acrílicos se pueden hacer encimeras, superficies de trabajo, fregaderos, cuencos, bordes de duchas y bañeras, revestimientos y alféizares.

1.2.0 Tipos básicos de instalaciones de baño

NOTA

Consulte siempre la presentación de datos para obtener el artefacto correcto. Los contenedores de envío de artefactos no suelen llevar la etiqueta con el nombre del artículo (por ejemplo, "fregadero de esquina"). Lo más habitual es que solo incluyan el número de catálogo del producto asignado por el fabricante.

Que cumple con la Ley ADA (Americans with Disabilities Act): que sigue las directrices de accesibilidad de la Ley de Estadounidenses con Discapacidades de 1990, descritas en el Código de Reglamentos Federales (*sección 28 del CFR, artículo 36, Apéndice A: Directrices de accesibilidad para edificios e instalaciones de la ADA*).

Etapa preliminar: primera fase de una instalación de plomería en la que todas las tuberías de suministro de agua y de desagüe se han pasado por agujeros perforados para preparar la instalación de una instalación de baño.

Instituto Nacional Estadounidense de Normalización (ANSI - American National Standards Institute): organización sin ánimo de lucro que se encarga de crear y aplicar normas para muchos sectores, incluidos los oficios de la construcción.

Caño de ventilación: caño instalado para proporcionar un flujo de aire hacia un sistema de drenaje o desde él, o para proporcionar una circulación de aire dentro de dicho sistema para proteger los sellos de los sifones de la contrapresión y el sifonaje. La combinación de todos los caños de ventilación de un sistema de plomería se denomina *sistema de ventilación*.

Caño de desagüe: caño de un sistema de plomería que solo transporta aguas residuales y de desechos.

Existe una gran variedad de estilos de instalaciones de baño. Las instalciones fabricadas para usos comerciales están diseñados para soportar un uso más intenso que los de instalaciones residenciales. Por ejemplo, el lavabo de un restaurante debe ser más duradero que el de una casa. Algunas instalaciones comerciales están incluso diseñadas a prueba de vandalismo.

Un edificio público debe **cumplir las normas de la Ley de Estadounidenses con Discapacidades (ADA)** de 1990. Esto significa que debe cumplir con los requisitos de la ADA en cuanto a la ubicación y el espaciado de las instalaciones. En la Ley ADA se establecieron los requisitos explícitos para mejorar la accesibilidad a las instalaciones por parte de las personas con discapacidad. Estos requisitos se basan en el espacio disponible y el alcance para las personas con diversas discapacidades. Los requisitos técnicos de la *Normas ADA de diseño accesible* se aplican a todos los edificios públicos, como restaurantes, cines, tiendas y centros médicos. Los requisitos abarcan todo, desde lavabos e inodoros hasta enfriadores de agua y barras de apoyo. Por ejemplo, los fregaderos que cumplen con la ley ADA deben montarse con la encimera o el borde a una altura no superior a los 34 pulg. (86.36 cm) por encima del suelo acabado. Como plomero, debe disponer de la información adecuada de las dimensiones en la **etapa preliminar** para cumplir los requisitos de la ADA.

En el sitio web del **Instituto Nacional Estadounidense de Normalización (ANSI)** también se establecen directrices similares para el diseño accesible. Las directrices ANSI se describen en el documento del ANSI de 2017, *A117.1, Edificios e instalaciones accesibles y utilizables.*

1.2.1 Fregaderos y lavabos

Un fregadero es una vasija poco profunda y de fondo plano que se utiliza para preparar alimentos y lavar la vajilla. Los fregaderos de cocina vienen con compartimentos simples, dobles y triples, y suelen instalarse en una encimera (*Figura 1*). Se fabrican con distintos materiales y de diferentes formas, tamaños, colores y estilos.

La gente suele confundir los términos *fregadero* y *lavabos*. Un lavabo es una vasija diseñada principalmente para lavarse las manos y la cara. No tiene tapón en el desagüe. En cambio, un fregadero sí tiene un tapón que sirve para llenar la vasija de agua. Los fregaderos y lavabos se consiguen en una variedad de colores, tamaños y formas. Su instalación requiere un **caño de ventilación** de diámetro pequeño y un **caño de desagüe**. El caño de ventilación permite que un flujo de aire salga del sistema de drenaje, desagüe y ventilación (DWV) y proporciona circulación de aire dentro del sistema. Los caños de ventilación protegen las juntas de los céspoles del sifonaje y la contrapresión. El caño de desagüe, que conecta el sifón con el caño de ventilación, transporta únicamente las aguas residuales al desagüe del edificio.

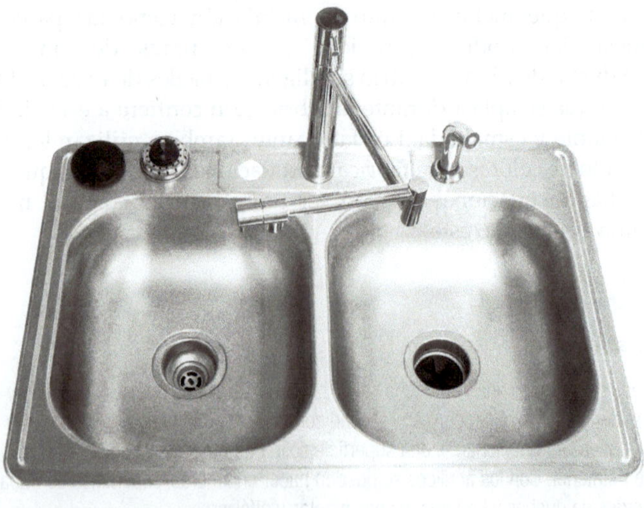

Figura 1 Fregadero de dos compartimentos.

Los fregaderos y lavabos se clasifican por su método de instalación. Las cinco grandes categorías de fregaderos y lavabos son: suspendidos, empotrados, con borde incorporado, bajo encimera y de pedestal. Cada tipo implica medidas diferentes en la etapa preliminar para su instalación. Estas medidas suelen encontrarse en los catálogos de instalaciones o en los documentos del fabricante. Estos garantizan la correcta instalación de la pieza, en el lugar y la altura adecuados.

Un lavabo suspendido bien instalado se fija a la pared mediante un soporte, también llamado *soporte de lavatorio* (*Figura 2*), o con un soporte de brazo oculto. El fabricante suministra el soporte, que suele ser de acero estampado o hierro fundido. Este tipo de lavatorio se suele instalar con el **nivel de desbordamiento** a 31 pulg. (78.74 cm) sobre el suelo, pero no más de 34 pulg. (86.36 cm), según las directrices de la ADA. El nivel de desbordamiento es el borde superior de la vasija, taza o accesorio. Si el agua se desborda, se derrama sobre la encimera y el suelo. Además, los lavatorios suspendidos requieren un espacio libre para las rodillas de al menos 27 pulg. (68.58 cm) desde el suelo hasta la parte inferior del lavatorio y que se extienda al menos 8 pulg. (20.32 cm) desde la pared hasta el borde frontal del lavatorio (*Figura 3*).

Nivel de desbordamiento: borde de la vasija, taza o artefacto sobre el que fluye el agua cuando está demasiado lleno.

Inciiativa verde

Sistemas de control de humedad

Los fabricantes están introduciendo en el mercado sistemas que controlan el uso del agua en los jardines y los sistemas de riego con mayor eficacia. Por ejemplo, algunos monitorean las condiciones meteorológicas para ajustar el cronograma de riego o cambiar la cantidad de agua necesaria para compensar la evaporación y la transpiración (pérdida de agua en las plantas). Otros monitorean la sequía del suelo circundante. Muchos de estos sistemas pueden adaptarse a los ya existentes con el uso de un controlador, que funciona de forma similar a los termostatos que ajustan la calefacción y climatización en una casa. Los sistemas más grandes y sofisticados utilizan computadoras conectadas en red para monitorear las condiciones en muchos lugares diferentes.

Figura 2 Soporte de brazo oculto para lavatorio suspendido.
Fuente: Zurn Industries, LLC

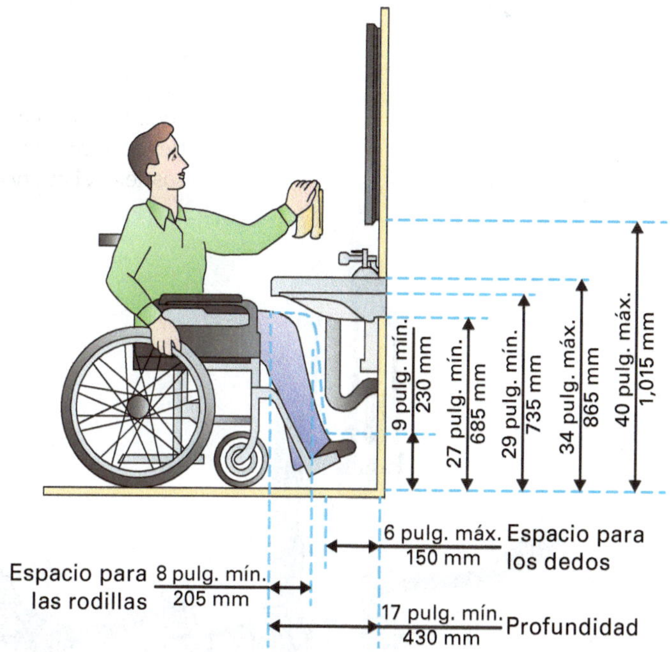

Figura 3 Altura del lavatorio montado en la pared que cumple con la ley ADA.

Existen varios estilos de lavabos suspendidos. Pueden ser de esquina, de respaldo elevado, con respaldo de repisa o estante, y accesibles para sillas de ruedas (*Figura 4*).

Para cumplir con la ADA, los lavabos accesibles para sillas de ruedas deben instalarse con el nivel de desbordamiento o la superficie de la encimera a una altura que no supere los 34 pulg. (86.36 cm) sobre el suelo. De este modo, las personas en silla de ruedas pueden llegar al lavabo (véase la *Figura 3*) y permite que la silla de ruedas se deslice fácilmente por debajo del lavabo. Los accesorios de desagüe deben estar acodados o desplazados hacia la pared, en lugar de caer directamente desde el lavabo. Esta disposición de los accesorios permite que las piernas del usuario quepan debajo del lavabo.

Figura 4 Lavabo suspendido (accesible para sillas de ruedas).

Los lavabos accesibles para silla de ruedas están equipados con grifos especiales con mangos de pala larga que se extienden hacia el usuario y no requieren agarrarlos ni girarlos para abrir el paso del agua (*Figura 5*). Esta función es especialmente necesaria para los usuarios con movilidad reducida o que padecen de artritis. Además del espacio para un giro de la silla de ruedas, el ANSI también tiene un requisito de espacio ambulatorio mínimo de 36 pulg. (91.44 cm) de profundidad y 60 pulg. (152.40 cm) de ancho (*Figura 6*).

El lavabo empotrado se coloca directamente sobre la encimera. Esta instalación se fabrica con el borde de montaje como parte de la estructura general. No requiere ningún marco de montaje externo para fijarlo a la encimera. Los fregaderos de cocina y de bar suelen ser diseños empotrados. El lavabo con borde incorporado tiene un marco de metal dispuesto sobre un borde de acero inoxidable. Este borde sostiene el cuenco en la encimera.

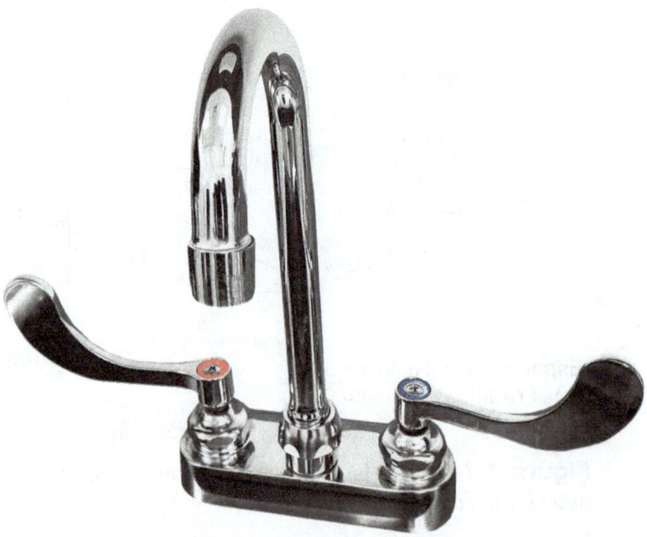

Figura 5 Grifo para lavabo accesible para sillas de ruedas.

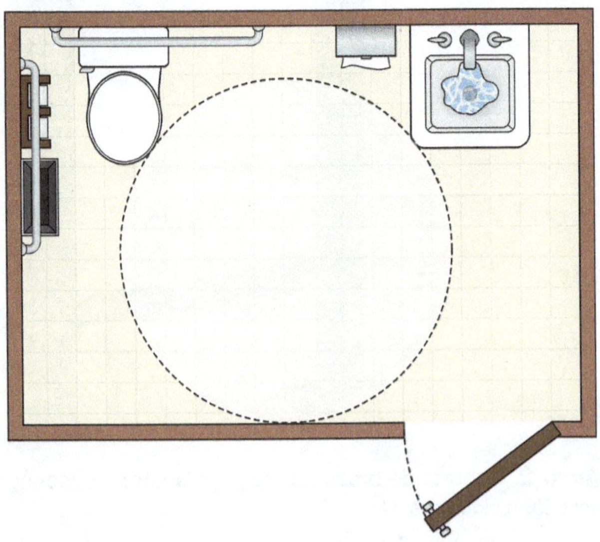

Figura 6 Plano de planta de un baño que cumple con la ley ADA.

El lavabo bajo encimera se fija a la parte inferior de una encimera. No tiene borde. Se necesitan soportes debajo de la encimera para sostenerlo. El lavabo con encimera está compuesto por una vasija instalada bajo una encimera, ambas en una sola pieza colocada encima de un mueble. Las encimeras de los lavabos pueden fabricarse con plástico acrílico marmoleado o materiales de piedra artificial y vienen en una gran variedad de colores y tamaños.

Los lavabos de pedestal son lavabos decorativos que se asientan sobre pedestales, en lugar de encimeras o muebles (*Figura 7*). Pueden montarse en el suelo o en la pared. Deben estar montados con firmeza de acuerdo con las especificaciones del fabricante.

Figura 7 Lavatorio de pedestal.

1.2.2 Bañeras

Las bañeras se describen como derechas o izquierdas, según la ubicación del desagüe. Una bañera derecha tiene el desagüe en el extremo derecho, si se mira la longitud desde su lado acabado. Una bañera izquierda tiene el desagüe en el extremo izquierdo.

Para lograr la higiene adecuada y reducir el mantenimiento, la superficie exterior de la bañera debe tener la durabilidad necesaria para soportar limpiezas frecuentes. Las bañeras vienen en distintos tamaños y formas, pero la estándar suele ser de 5 pies (1.52 m) de largo. Algunas bañeras cuentan con un dispositivo de seguridad especial antideslizante para reducir el peligro de caídas. Hay bañeras especiales con chorros que proporcionan salidas de alta presión para masajes terapéuticos. Se las suele denominar *bañeras de hidromasaje*. Los códigos exigen la instalación de paneles desmontables en las bañeras de hidromasaje para facilitar el acceso a las tuberías, los motores de los chorros de alta presión y otros componentes necesarios.

Los estilos de bañeras que se consiguen son independientes, empotrados o en módulos de bañera y ducha. La bañera independiente se apoya sobre patas que la separan del suelo. Algunas bañeras independientes se asientan directamente sobre el suelo, pero no están unidas a las paredes o cerramientos adyacentes. La bañera empotrada está integrada de forma permanente en las paredes y el suelo del cuarto de baño. Algunas empotradas incluyen un faldón en uno o más lados. Otras son unidades embutidas. Los módulos de bañera y ducha suelen fabricarse en una sola pieza, aunque, en algunos modelos, las paredes y la bañera son unidades independientes. Debido a su gran tamaño, los módulos de bañera y ducha suelen instalarse solo en viviendas nuevas de mayor tamaño.

Los módulos de bañera y ducha se fabrican de GRP. Las paredes suelen ser tan altas que no es necesario utilizar material de revestimiento convencional, como azulejos de cerámica. Como estos módulos no tienen juntas, la limpieza de la bañera después de la instalación es fácil.

1.2.3 Cabinas de ducha

Las cabinas de ducha, también llamadas *cabinas de baño*, son cabinas con grifería que rocía agua desde arriba. Se fabrican en muchos tamaños, formas y colores. Las cabinas de baño residenciales suelen consistir en un cabezal de ducha instalado en un espacio pequeño y cerrado. También existen cabinas de ducha con asientos. Las duchas de los edificios industriales, escuelas, gimnasios e instalaciones similares suelen tener una serie de cabezales de ducha instalados en un área de regaderas.

Las paredes de las cabinas están compuestas por materiales impermeables como el GRP recubierto de gel, acero esmaltado o azulejos. Pueden ser cabinas independientes o empotradas. Las duchas empotradas pueden consistir en un cerramiento prefabricado o tener paredes construidas con azulejos de cerámica vidriada (*Figura 8*). En cualquier caso, los códigos de plomería exigen una bandeja de seguridad debajo de la instalación. Siempre hay que aislar las cabinas de ducha. Cuando se instala una ducha de fibra de vidrio, se puede utilizar espuma no expansiva. Basta con inyectar la espuma entre la pared y el suelo, así como en el exterior del cerramiento. Compruebe los requisitos del código de plomería aplicable en cuanto al tamaño, la instalación de duchas y pisos y los materiales permitidos en su zona.

Los cerramientos para duchas se fabrican en módulos de una sola pieza, o con las paredes y la base en unidades independientes. Usted debe montar el cerramiento que consta de unidades independientes en la obra. Las dimensiones de la base de la ducha suelen ser 36 x 36 pulg. (91.44 x 91.44 cm) o 36 x 48 pulg. (91.44 x 121.92 cm), con una inclinación de $^1/_4$ pulg. por pie (2.08 cm por metro) hacia un desagüe central. Las bases de las cabinas de ducha suelen ser de fibra de vidrio, piedra fundida, acero esmaltado o **terrazo**.

Terrazo: tipo de superficie de suelo (comúnmente utilizada para duchas y otras instalaciones) que se obtiene mediante el vertido en el lugar o la prefabricación de una mezcla de pequeños trozos de mármol, otra piedra dura o vidrio y una base de argamasa. Una vez endurecida, la superficie se puede esmerilar y pulir para alisarla, aunque puede dejarse ligeramente rugosa para crear una superficie antideslizante.

Figura 8 Ducha empotrada prefabricada.

1.3.0 WC y mingitorios

Los WC, también denominados *inodoros*, son instalaciones con descarga de agua diseñados para evacuar los desechos humanos sólidos. Suelen fabricarse de porcelana vítrea, con frente redondo o en formas alargadas. Los inodoros alargados se utilizan en las instalaciones públicas. Tanto las formas redondas como las alargadas se utilizan en las residencias.

La ADA establece requisitos específicos para que los inodoros sean accesibles, como la altura de la pieza y el tamaño y ubicación de las barras de apoyo, los controles de descarga y los dispensadores de papel higiénico. Si va a instalar un inodoro para personas con discapacidad, debe cumplir estos requisitos. Un inodoro accesible debe tener una altura de entre 17 pulg. (43.18 cm) y 19 pulg. (48.26 cm), medida hasta la parte superior del asiento del inodoro. (En cambio, un inodoro estándar tiene una altura aproximada de 15 pulg. [38.10 cm]). La barra de sujeción detrás del inodoro debe tener una longitud mínima de 36 pulg. (91.44 cm). Los controles para las **válvulas de descarga** y los fluxómetros deben montarse en el lado ancho de las áreas de inodoros, a no más de 44 pulg. (111.76 cm) sobre el suelo. Las válvulas de descarga se utilizan para limpiar los inodoros e instalaciones similares.

Válvulas de descarga: dispositivos situados en el fondo de las cisternas para la descarga de los inodoros y artefactos similares.

Brida: borde en un extremo de un tramo de caño que proporciona un punto de conexión a otro tramo de caño o a un artefacto sanitario, como un inodoro o una válvula. Los pernos o pasadores con tuercas se utilizan para mantener unidas dos bridas, con algún tipo de empaquetadura entre ellas.

Hay dos estilos de inodoros: montados en el suelo y colgados de la pared (*Figura 9*). Un inodoro montado en el suelo se fija directamente al suelo. Su salida se acopla al caño del sistema de drenaje provisto de una **brida** recta para inodoro. Los inodoros suspendidos se cuelgan de la pared mediante soportes (*Figura 10*).

Montado en el suelo | Accesible para sillas de ruedas | Colgado en la pared

Figura 9 Inodoros.
Fuentes: Kohler Co (centro); Zurn Industries LLC (derecha)

Figura 10 Soporte para inodoro suspendido.
Fuente: Zurn Industries LLC

Los inodoros nuevos deben cumplir la *Ley de Política Energética de 1992*. Para ello, los modelos de inodoro deben consumir menos de 1.6 gal (6 L) de agua por descarga. Los inodoros de alta eficiencia consumen 1.28 gal (4.85 L) o menos por descarga.

1.3.1 Principios básicos de funcionamiento

El inodoro está diseñado para eliminar los desechos humanos sólidos y líquidos. Cuando se aprieta el botón de descarga, el agua se desplaza por los conductos de la taza a presión o por gravedad. El flujo de agua limpia la taza. A continuación, el agua desplaza los residuos sólidos a través del sifón y hacia el desagüe. Una acción de sifonaje elimina los residuos sólidos de la taza. El sifonaje se produce cuando el agua se desplaza por el tramo descendente del sifón. La masa de agua que fluye, junto con la carga hidráulica de la taza, arrastra los residuos.

La acción de sifonaje sigue extrayendo agua de la taza incluso después de que esta se reduzca a un hilo. A medida que disminuye el flujo de agua que pasa por el sifón, el aire puede entrar en él. Esto provoca una ruptura en la columna de agua del sifón e iguala la presión en sus dos extremos. La válvula de descarga suministra suficiente agua adicional para volver a cerrar el sifón.

La válvula de descarga controla el flujo de agua del depósito del inodoro hacia la taza (*Figura 11.*). Al bajar la palanca del depósito, la válvula se eleva por encima de la salida del depósito y flota allí. Esto permite que el agua del depósito fluya rápidamente hacia la taza. Cuando el nivel de agua del depósito desciende hasta el punto en que la válvula de descarga deja de flotar, esta se vuelve a colocar en el canal de descarga y el depósito se llena otra vez.

Inodoro de la realeza

El primer inodoro con descarga fue inventado en 1596 por Sir John Harington, ahijado de la reina Isabel I. Era una taza profunda impermeabilizada con brea, resina y cera. El agua llegaba al inodoro a través de un pequeño caño que bajaba desde una cisterna situada en el piso superior. Se necesitaban 7.5 gal (28.40 L) de agua para realizar la descarga.

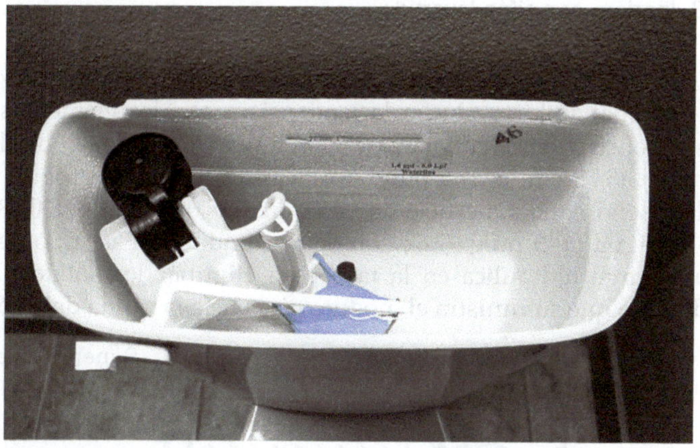

Figura 11 Válvula de descarga.
Fuente: iStock@Dcwcreations

1.3.2 Inodoros antiguos

En general, no está permitido vender o instalar inodoros que no se ajusten a la *Ley de Política Energética de 1992*. Sin embargo, es posible que siga encontrando estilos más antiguos de inodoros en edificios comerciales y residenciales, por lo que debe familiarizarse con ellos. Incluso puede encontrar estilos tan antiguos como los de cisterna mural de cadena y de cisterna esquinera. Los inodoros más antiguos con los que es más probable encontrarse son los de arrastre y los de sifón.

El inodoro de arrastre es económico y de construcción sencilla (*Figura 12*). Es el menos eficiente y el más ruidoso de todos los inodoros. El paso de desagüe está situado en la parte delantera de la taza, lo que hace que la parte delantera sobresalga por encima del paso. Es más susceptible a las manchas y la contaminación porque la superficie plana de la parte delantera de la taza está por encima del nivel del agua.

Los inodoros de sifón utilizan un chorro de agua para aumentar la velocidad de la acción sifónica y tienen un tramo descendente más largo que el tramo ascendente. Este diseño potencia el efecto sifón, que ayuda a extraer los residuos de la taza.

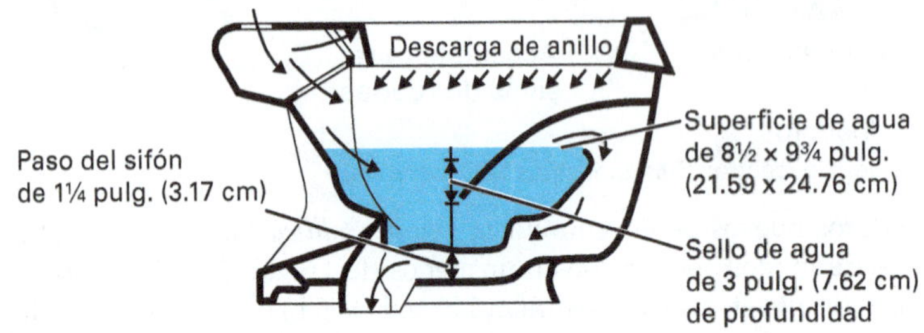

Figura 12 Inodoro de arrastre.

1.3.3 Diseños de inodoros

Aunque el inodoro con sifón invertido tiene el mismo aspecto y descarga que el inodoro de acción de sifonaje, su superficie de agua, el paso y el sello de agua son más pequeños que los de los otros modelos de inodoros con sifón (*Figura 13*). El paso de los desechos tiene 2 pulg. (5.08 cm) de diámetro. La superficie de agua es de $10^1/_4 \times 10$ pulg. (26.04 x 25.40 cm). El sello de agua tiene una profundidad de $2^1/_2$ pulg. (6.35 cm). Estas características permiten que el inodoro con sifón invertido funcione con menos agua que los demás modelos.

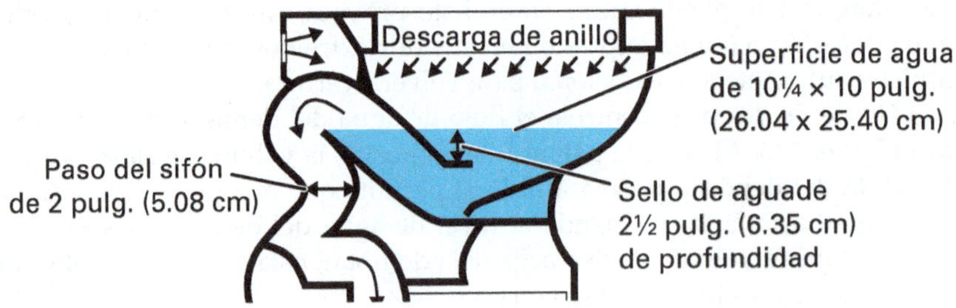

Figura 13 Inodoro con sifón invertido.

El inodoro con chorro de sifón tiene un conducto más grande y una mayor superficie de agua; ambos reducen la tendencia a que los elementos de desecho se atasquen y obstruyan el conducto (*Figura 14*). Tiene un paso de desechos que mide $2^1/_4$ pulg. (5.72 cm) o $2^5/_8$ pulg. (6.67 cm) de diámetro (según las especificaciones de diseño), una superficie de agua de $12 \times 10^1/_2$ pulg. (30.48 x 26.67 cm) y un sello de agua de 3 pulg. (7.62 cm) de profundidad. Este tipo de inodoro no requiere una carga hidráulica en la taza para eliminar los sólidos. En su lugar, el chorro de agua que suministra el inodoro gira hacia la salida del sifón.

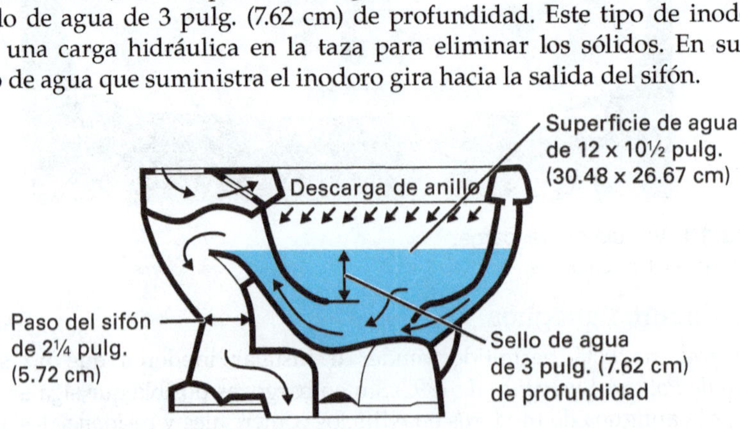

Figura 14 Inodoro con chorro de sifón.

El inodoro de acción de sifonaje suele fabricarse como un inodoro de una sola pieza que combina el inodoro y la cisterna en una sola unidad, lo que lo hace más compacto que los otros tipos (*Figura 15*). Tiene una superficie de agua de 12 x $11^1/_2$ pulg. (30.48 x 29.21 cm) y se descarga sin ruidos. Tiene un paso del sifón de 2 pulg. (5.08 cm) de diámetro y un sello de agua de 3 pulg. (7.62 cm) de profundidad.

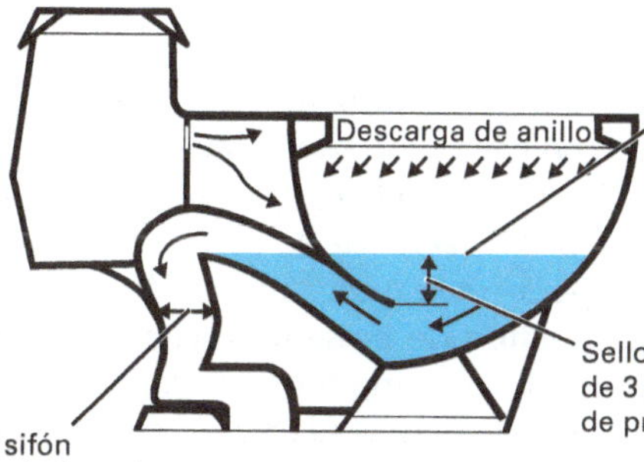

Figura 15 Inodoro de acción de sifonaje.

El inodoro de descarga, que suele ser una taza colgada en la pared, solo se encuentra en instalaciones de plomería comercial (*Figura 16*). Se descarga por la acción de un gran chorro de agua dirigido a la boca de entrada del paso del sifón. La fuerza del chorro de agua arrastra el contenido de la taza hacia la boca de entrada del paso del sifón. El chorro arrastra el contenido de la taza hacia la boca de salida para limpiar la taza. La principal ventaja del inodoro de descarga es su capacidad para arrastrar grandes cantidades de papel higiénico sin atascarse. El inodoro de descarga tiene un paso de desechos de $2^3/_4$ pulg. $2^3/_4$ pulg. (6.99 cm) diámetro, una superficie de agua de $11^1/_4 \times 14^1/_8$ pulg. (28.58 x 35.88 cm) y un sello de agua de $3^1/_4$ pulg. (8.26 cm) de profundidad.

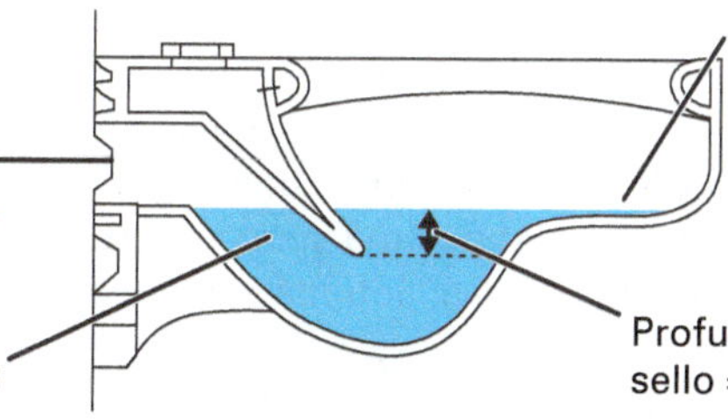

Figura 16 Inodoro de descarga.

1.3.4 Mingitorios con lavado por arrastre de agua

A diferencia de los inodoros, los mingitorios son artefactos sanitarios con descarga de agua diseñados para recibir directamente solo residuos humanos líquidos. Se fabrican de porcelana vítrea o acero inoxidable. Suelen instalarse en los baños públicos para hombres. Para cumplir con la ADA, los mingitorios deben tener un borde alargado a un máximo de 17 pulg. (43.18 cm) por encima del suelo. Los dos tipos principales son los mingitorios con lavado por arrastre y los de chorro de sifón.

El mingitorio con sistema de lavado arrastra los residuos hacia el sifón en lugar de extraerlos por efecto de este último. El agua entra por la parte superior del mingitorio, sale por las aberturas del borde superior hacia el interior del artefacto, se extiende por la parte trasera y sale por gravedad a través del sifón ubicado en la base hacia el sistema de desagüe sanitario.

Los mingitorios de arrastre se caracterizan por la abertura restringida sobre la boca de entrada del sifón, en la base del mingitorio (*Figura 17*). La finalidad de estas pequeñas aberturas sobre el sifón es evitar que este se obstruya con los residuos del mingitorio. Estas aberturas restringidas pueden tener dos diseños: en forma de colmena o pequeñas aberturas fundidas en la porcelana.

Los mingitorios de arrastre suspendidos tienen sifones en P de 2 pulg. (5.08 cm) incorporados. Las aberturas restringidas del sifón están fundidas en la loza de la parte inferior del mingitorio. Requieren un caño de desagüe de 2 pulg. (5.08 cm) y un caño de ventilación de diámetro pequeño.

Figura 17 Mingitorio con lavado por arrastre de agua

Algunos tienen una boca de salida inferior. Tienen un filtro de colmena sobre una abertura de desagüe que está unida a un sifón separado y expuesto de $1^1/_2$ pulg. (3.81 cm). El mingitorio de arrastre suspendido con la boca de salida inferior requiere un caño de ventilación de diámetro pequeño. Algunos códigos prohíben su uso porque tiene un sello de sifón invisible. Compruebe siempre los códigos aplicables antes de instalar un mingitorio.

1.3.5 Mingitorios con chorro de sifón

Los mingitorios con chorro de sifón utilizan una acción de descarga similar a la utilizada en los inodoros con chorro de sifón. Este tipo de mingitorio tiene una gran abertura sobre la boca de entrada del sifón, situada en la parte inferior. A fin de cumplir con la *Ley de Política Energética de 1992*, los mingitorios con chorro de sifón están diseñados para descargar un galón (3.78 litros) o menos de agua por uso. El tipo más común de mingitorio con chorro de sifón es el que se cuelga en la pared (suspendido). Los mingitorios suspendidos con chorro de sifón suelen tener un sifón incorporado de 2 pulg. (5.08 cm). Requieren un caño de ventilación de diámetro pequeño.

1.3.6 Dispositivos de descarga

Válvula fluxométrica: dispositivo que expulsa una cantidad predeterminada de agua en un artefacto para la descarga y que se cierra automáticamente por la presión directa del agua u otros medios mecánicos. También se denomina *fluxómetro*.

Un mingitorio estándar debe tener un dispositivo de descarga adecuado. El dispositivo de descarga debe ser capaz de eliminar completamente la orina del artefacto después de su uso para evitar la propagación de enfermedades, la suciedad en el mingitorio y el olor desagradable de la orina. Dado que la rotación de los usuarios es muy rápida y que el volumen de un depósito de agua no resulta práctico en estas instalaciones, los mingitorios suelen estar equipados con una **válvula fluxométrica** (*Figura 18*).

La válvula fluxométrica, o fluxómetro, es un dispositivo de descarga que se conecta directamente al suministro de agua, descarga una cantidad predeterminada de agua y no necesita depósito de almacenamiento. Este dispositivo se cierra automáticamente por la presión directa del agua u otros medios mecánicos. Como alternativa, algunos mingitorios están equipados con una válvula manual, una cisterna de descarga, una fotocélula (que utiliza un sensor de infrarrojos) o un dispositivo de descarga automática. Los sensores infrarrojos de los mingitorios detectan cuándo una persona está delante del mingitorio y cuándo se ha alejado, lo que activa automáticamente la acción de descarga.

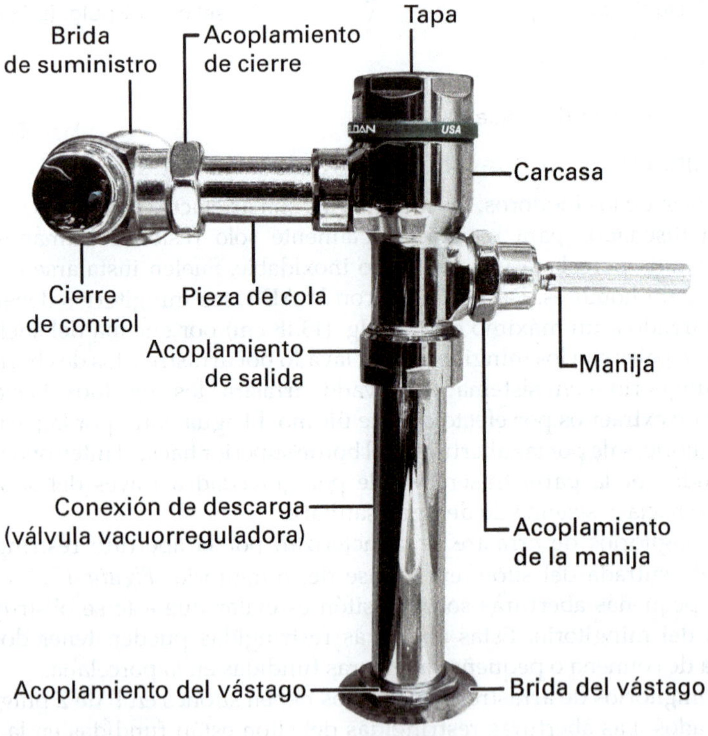

Figura 18 Fluxómetro.
Fuente: Sloan Valve Company

Los mingitorios con infrarrojos son más comunes en entornos comerciales, como aeropuertos y cines, donde el número de usuarios es muy elevado.

1.3.7 Mingitorios sin agua

Los mingitorios sin agua utilizan un filtro de cartucho que contiene un sello líquido en lugar de agua para eliminar los residuos y el olor (*Figura 19*). La parte superior del cartucho tiene forma de embudo para permitir que las aguas residuales fluyan hacia él, donde pasan a través del sello de líquido. Como el líquido es más ligero que el agua, flota por encima del agua residual que entra en el cartucho y así atrapa los olores. A medida que el agua residual fluye a través del cartucho, un filtro atrapa los sedimentos suspendidos en el agua residual. A continuación, el agua residual pasa por el sifón de la instalación y llega a la línea de desagüe. Un anillo de sellado en el exterior del cartucho proporciona una barrera hermética entre el cartucho y el artefacto.

Los mingitorios sin agua se instalan en lugares en los que el acceso al suministro de agua es difícil o cuando es necesario para la conservación del agua. El líquido sellador y los cartuchos deben sustituirse en forma periódica según las especificaciones del fabricante. Otros diseños de mingitorios sin agua se basan en sifones mecánicos para eliminar el olor. Sin embargo, los códigos de plomería de Estados Unidos prohíben el uso de sifones mecánicos.

Figura 19 Mingitorio sin agua con cartucho y líquido antiolores.
Fuente: Zurn Industries LLC

1.3.8 Bidés

Los bidés (*Figura 20*) son instalaciones que acompañan a los inodoros. Se utilizan para la higiene personal de los genitales externos y las partes posteriores del cuerpo. Debido a su baja altura y comodidad general, son especialmente útiles para personas mayores o personas que se recuperan de una enfermedad y tienen dificultades para utilizar una ducha o bañera.

El bidé es, desde hace mucho tiempo, una instalación muy popular en los baños europeos y sudamericanos, y es cada vez más común en los baños modernos de los Estados Unidos. Los bidés están equipados con grifería de agua fría y caliente para que el usuario pueda regular la temperatura del agua y el caudal. El usuario se sienta a horcajadas en el bidé, de cara a la grifería. El bidé también está provisto de un tapón pop-up que permite al usuario dejar que el agua se acumule en la taza. Para enjuagar la taza, el bidé tiene una acción de descarga en el borde similar a la utilizada en un inodoro y dispone de un sifón de $1^1/_2$ pulg. (3.81 cm).

Figura 20 Bidé.
Fuente: Zurn Industries LLC

¿Sabías qué?

Darse un chapuzón

Los orígenes del bidé son desconocidos, pero la mayoría de los historiadores creen que este acceosrio se inventó en Francia a finales del siglo XVII. Originalmente, los bidés se instalaban en los dormitorios, pero a principios del siglo XX, con la mejora de la plomería doméstica, empezaron a aparecer en los cuartos de baño. Los bidés que se acoplan al asiento del inodoro son cada vez más populares, sobre todo entre las personas mayores o con discapacidades.

La palabra *bidé* significa *poni* en francés, y los historiadores creen que el nombre del accesorio se debe a que la forma en que una persona se sienta en él se asemeja a la de un jinete en un poni.

1.3.9 Conservación del agua

La forma más práctica de evitar la escasez de agua es usarla menos para conservarla. Se han fabricado diversos dispositivos para ahorrar agua y energía ante el aumento de la demanda en todo el mundo. El uso del agua también requiere energía para el bombeo, la recolección, el tratamiento y la distribución. Por ejemplo, dejar correr el agua de un grifo durante cinco minutos consume la misma cantidad de energía que dejar encendida una bombilla de 60 vatios durante 14 horas. Según la Agencia de Protección del Medio Ambiente (EPA - Environmental Protection Agency), si solo 1 de cada 100 hogares estadounidenses se equipase con artefactos de bajo consumo de agua, se ahorrarían unos 100 millones de kWh de electricidad al año y se evitarían 80,000 toneladas de emisiones de gases de efecto invernadero. Esto equivale a retirar de circulación casi 15,000 automóviles durante un año. Si en el uno por ciento de los hogares estadounidenses se sustituyeran los inodoros antiguos e ineficientes por modelos con la etiqueta WaterSense, el país ahorraría más de 38 millones de kWh de electricidad, lo suficiente para abastecer de electricidad a más de 43,000 hogares durante un mes.

Existen muchos tipos de artefactos para reducir el consumo de agua en las duchas y los fregaderos. Entre ellos se incluyen los artefactos de bajo caudal o aireados y los tipos de controles alternativos. La aireación es la introducción de aire en el flujo de agua. Es una técnica habitual para reducir el caudal real de agua en grifos y cabezales de ducha manteniendo la percepción de un caudal elevado. Funciona bien para lavarse las manos y ducharse, pero puede ser frustrante cuando se llena una olla con agua para cocinar o para limpiar. Algunos grifos de cocina permiten al usuario controlar el grado de aireación y restablecer el caudal completo cuando se lo necesita.

Otros tipos de controles alternativos son los fregaderos accionados con el pie. Permiten controlar con precisión el tiempo del flujo, al dejar libres las manos del usuario. Los fregaderos e inodoros también disponen de controles de caudal automatizados más precisos. El programa WaterSense de la EPA ofrece un sistema de etiquetado para ayudar a identificar los artefactos y controles de bajo caudal.

La tecnología de los inodoros ha mejorado considerablemente. En la actualidad, existen múltiples opciones para mejorar la eficiencia en el uso del agua. Además de los inodoros convencionales de bajo caudal, varios fabricantes ofrecen ahora inodoros de doble descarga. Estos permiten una descarga de volumen completo para los residuos sólidos y una descarga de medio volumen para los líquidos. También existen unidades de control automatizadas de doble descarga. Estas unidades dispensan una descarga de volumen completo o de bajo volumen en función del tiempo que el usuario permanece dentro del alcance del sensor. También se incluyen controles manuales para que los usuarios puedan controlar el nivel de descarga si lo desean.

A la hora de seleccionar las fuentes de agua para el paisajismo, considere el riego por goteo o el riego controlado por sensores de humedad y temporizadores. El riego por goteo proporciona una liberación lenta de agua directamente a la zona radicular de la planta. De este modo, la evaporación es menor que en un sistema típico de aspersión. Los sensores de humedad y los temporizadores controlan los períodos de funcionamiento de los sistemas de riego. Esto garantiza que solo se dispense agua cuando sea necesario. También permite regar a primera hora de la mañana, cuando el agua tiene tiempo de llegar a las raíces de las plantas antes de evaporarse. Con cualquiera de los dos sistemas, asegúrese de ubicar y mantener correctamente todos los componentes del sistema para evitar desperdicios.

Los electrodomésticos de bajo consumo de agua, como los lavavajillas y las lavadoras de alta eficiencia, reducen el consumo de agua hasta un 50% con respecto a las unidades tradicionales. Dado que estas unidades consumen menos agua caliente, también ahorran energía y están recomendadas por el programa Energy Star de la EPA. Consulte en el sitio web de Energy Star la lista de lavadoras y lavavajillas que cumplen los criterios de ahorro de agua.

A continuación, se detallan los consumos máximos de agua para los artefactos fabricados después del 1 de enero de 1994.

- Inodoros con depósitos por gravedad, con fluxómetros, con válvula fluxométrica e hidráulicos electromecánicos: 1.6 gal (6.06 L) por descarga.
- Inodoros blancos de dos piezas con depósitos por gravedad solo para uso comercial (si se fabricaron entre el 1 de enero de 1994 y el 31 de diciembre de 1996): 3.5 gal (13.25 L) por descarga.
- Mingitorios: 1 pt (0.47 L) por descarga.

La *Ley de Política Energética de 1992* define las medidas que deben tomar los gobiernos estatales y locales y los fabricantes para conservar el agua. Algunos estados, como Arizona y California, obligan a utilizar inodoros de 1.1 gal (4.16 L) por descarga. Consulte siempre el código local aplicable para conocer los requisitos de conservación del agua que se aplican en su área.

1.4.0 Instalaciones comunes de la cocina

Aunque el fregadero es probablemente el accesorio más importante en las cocinas, existen otras que son comunes y están relacionados con el sistema de plomería de la cocina. Entre ellos se encuentran los trituradores de residuos de alimentos y los lavavajillas.

1.4.1 Trituradores de residuos de alimentos

Se trata de un dispositivo eléctrico que sirve para triturar los residuos de los alimentos hasta convertirlos en pulpa y verterlos en el sistema de desagüe. Debe utilizarse siempre con agua corriente suministrada por el grifo del fregadero de la cocina. Se montan bajo el fregadero de la cocina (o bajo uno de los compartimentos de un fregadero doble) en lugar del filtro del fregadero que, de otro modo, llevaría al accesorio de desagüe. Los trituradores pueden conectarse para que los residuos se viertan en un sifón en P separado o en un accesorio de residuos continuo. El accesorio permite que el agua residual que proviene del lavavajillas fluya a través del triturador de residuos de alimentos. La mayoría de los códigos de plomería exigen este proceso para los lavavajillas. Compruebe siempre los códigos aplicables en su zona para conocer los requisitos específicos.

Cuando instale un triturador de residuos de alimentos en un fregadero doble, debe utilizar una T direccional con un deflector interno que reúna los desechos del triturador y los desechos del otro compartimento del fregadero (*Figura 21*). La T y el deflector evitan que los desechos del triturador retrocedan hasta el otro compartimento del fregadero.

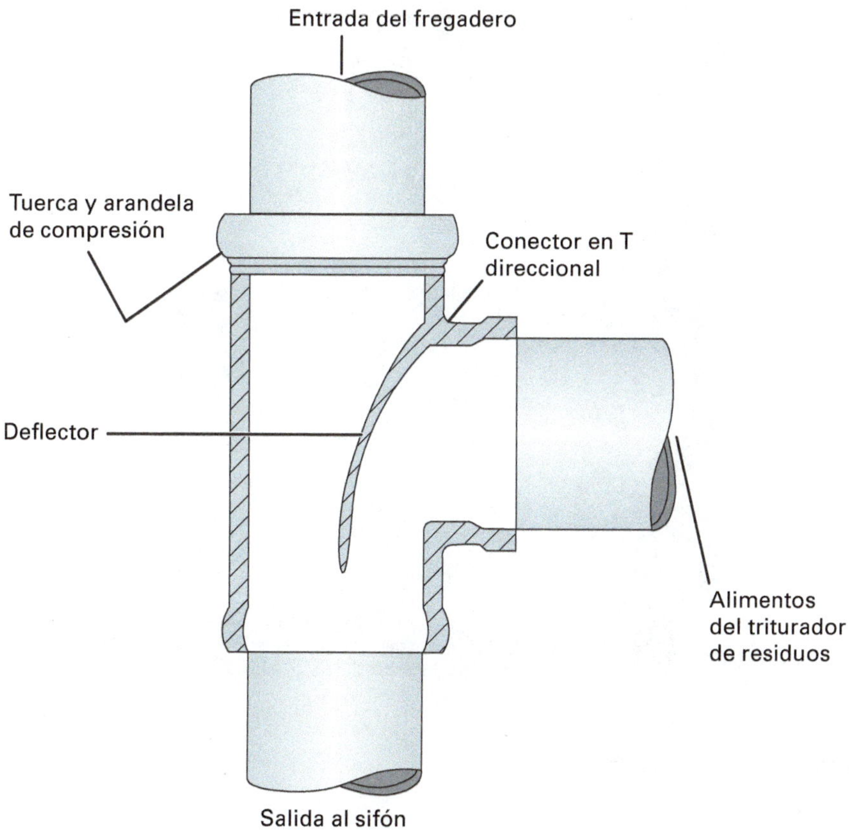

Figura 21 T direccional y deflector que conectan un triturador de residuos de alimentos a un desagüe de fregadero.

> **¿Sabías qué?**
>
> **Enjuague con agua fría**
>
> Al instalar un triturador de residuos de alimentos en una residencia, es importante recordar a los propietarios que deben hacer pasar una gran cantidad de agua fría a través del triturador cuando esté en uso. El agua ayuda a eliminar la pulpa de los restos de comida del caño de desagüe y evita que se obstruya.

1.4.2 Lavavajillas domésticos

Los lavavajillas domésticos (*Figura 22*) son aparatos eléctricos que se utilizan en el hogar para lavar la vajilla. Los tamaños más comunes son las unidades de 18 pulg. (45.72 cm) y 24 pulg. (60.96 cm) de ancho. La mayoría de los lavavajillas instalados en los hogares utilizan un sistema de eliminación de residuos por bombeo. Este sistema se instala con una manguera de goma o tubo de cobre que conecta la unidad de residuos del lavavajillas a una pieza de cola del lavavajillas bajo el filtro del fregadero. Si el fregadero está equipado con un triturador de residuos de alimentos, puede conectar el lavavajillas en la conexión de desagüe del triturador.

Según el *Código Eléctrico Nacional®* (*National Electrical Code®*), el triturador debe estar conectado a un circuito exclusivo de 20 A. Debe tener su propio disyuntor sin nada más conectado. Los requisitos pueden variar según el estado o la región. Consulte siempre los códigos locales aplicables en su región para garantizar una instalación segura.

En cualquier caso, algunos códigos exigen una válvula vacuorreguladora o espacio de aire (*Figura 23*) en la tubería de descarga del lavavajillas para que los residuos no retrocedan hacia el interior del lavavajillas.

Existe una tercera opción para ventilar los lavavajillas. Puede conectar una manguera de descarga al desagüe del fregadero de cocina a través de un sifón simple de $1^1/_2$ pulg. (3.81 cm). Utilice una línea de descarga de al menos $^3/_4$ pulg. (1.91 cm) de diámetro. Haga un bucle con la línea de descarga y fíjelo debajo de la encimera. También puede conectar la línea de descarga a un conexión de separación de aire para lavavajillas montado en la encimera. Para ello, utilice un conector Y para unir la manguera de desagüe entre la salida de residuos del fregadero y el sifón. Siga siempre todos los códigos aplicables para su instalación.

Figura 22 Lavavajillas doméstico.

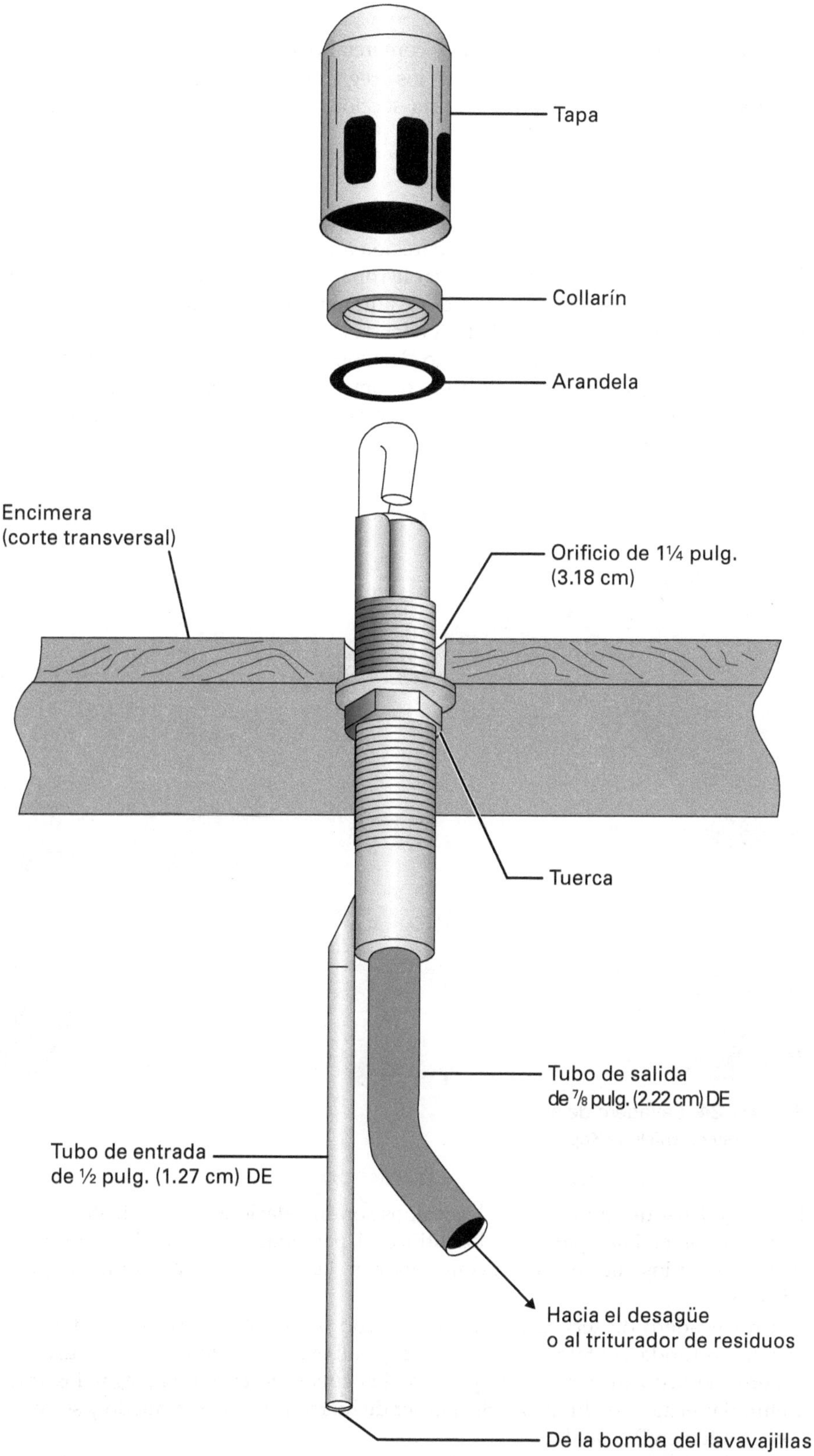

Figura 23 Montaje de una conexión de separación de aire para lavavajillas.

1.5.0 Otras instalaciones de plomería

Lavaderos: pilas fijas con patas o montadas en la pared, que suelen instalarse en el cuarto de lavado o la zona de servicio de las viviendas. Se utilizan para lavar la ropa y para recibir las aguas residuales de las lavadoras automáticas.

Los sistemas de plomería residencial y comercial pueden incluir algunos artefactos menos comunes, como los **lavaderos**, los fregaderos de servicio y lavatrapos, los desagües de suelo y bebederos. En esta sección, se examinará cada uno de estos artefactos sanitarios.

1.5.1 Lavaderos

Un lavadero (*Figura 24*) es una tarja profunda equipada con conexiones de agua fría, agua caliente y un desagüe. Es muy parecida a un fregadero, pero tiene una o dos vasijas muy profundas y sirve para lavar la ropa y otros artículos domésticos, y para recibir las aguas residuales de las lavadoras automáticas. Suelen instalarse en el cuarto de lavado o la zona de servicio de las viviendas.

Se consiguen con cubetas de uno o dos compartimentos. Los hay en modelos de suelo colocados sobre patas de acero o como modelos colgantes montados sobre un soporte que se fija a la pared. Los fabricantes suministran ambos modelos con las piezas de montaje adecuadas.

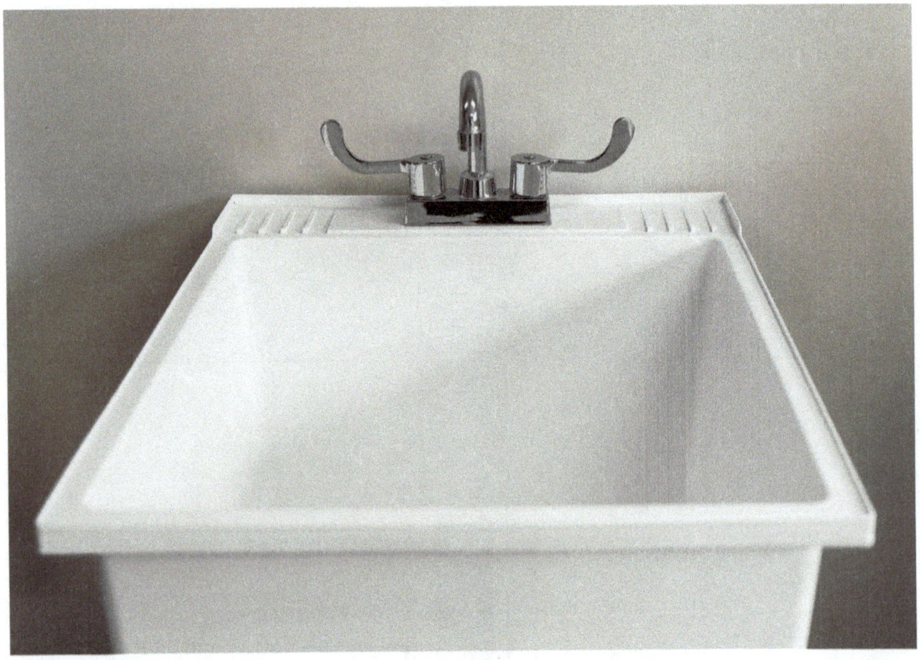

Figura 24 Lavadero de suelo.
Fuente: iStock@Melissa Kopka

1.5.2 Fregaderos de servicio y lavatrapos

Los fregaderos de servicio y los lavatrapos son instalaciones que se instalan en los edificios comerciales para que los utilice el personal de mantenimiento. Suelen instalarse en los cuartos de los conserjes y en las zonas de mantenimiento de los edificios.

Un fregadero de servicio, también llamado *fregadero de desperdicios*, tiene una cubeta profunda del tamaño necesario para albergar un cubo de fregar. Estos fregaderos se utilizan para llenar y vaciar los cubos de fregar, enjuagar los trapos y eliminar el agua de limpieza. Suelen ser de hierro fundido esmaltado y se venden con un sifón en P estándar.

Los lavatrapos, también llamados *tarja para trapos*, son fregaderos de servicio que se colocan en el piso de los cuartos de los conserjes. Su posición baja hace que el uso sea más cómodo que los fregaderos de servicio, ya que los usuarios no tienen que levantar tanto la cubeta del trapeador u otros objetos para introducirlos y retirarlos. Pueden ser de hierro fundido esmaltado, terrazo, fibra de vidrio o baldosas de cerámica.

1.5.3 Desagües y sumideros de suelo

El desagüe de suelo (*Figura 25*) es un accesorio instalado en el suelo que drena el agua y los residuos líquidos hacia un sistema de plomería. El sumidero de suelo es un tipo de desagüe de suelo revestido de porcelana vítrea u otro acabado fácil de limpiar. A menudo equipado con un sifón de cierre profundo, el sumidero de suelo reduce la cantidad de contaminantes que pueden acumularse en la rejilla y el cuerpo del desagüe. Los códigos de plomería generalmente exigen desagües en el suelo en ciertas instalaciones que requieren un alto nivel de saneamiento. Por ejemplo, los códigos pueden exigir la instalación de desagües de suelo en cocinas comerciales, cuartos de lavado comunes de edificios comerciales y baños de edificios comerciales que contengan dos o más inodoros o mingitorios. Instale cebadores para sifones en aquellos que se utilicen con poca frecuencia, para evitar la evaporación.

Figura 25 Drenaje de suelo.

1.5.4 Bebederos y enfriadores de agua

Los bebederos (*Figura 26*) son artefactos sanitarios que suministran un chorro de agua a través de una boquilla o burbujeador sin enfriarla. Proporcionan una fuente cómoda de agua potable sanitaria. Un bebedero que incluye una unidad de refrigeración de agua se llama *enfriador de agua* (*Figura 27*). Estas unidades requieren una conexión eléctrica para alimentar el sistema de refrigeración del agua. El agua potable se enfría a la temperatura deseada, por lo general alrededor de 50°F (10°C), antes salir por la boquilla. Tanto los bebederos como los enfriadores de agua vienen en varios estilos, pero el artefacto colgado de la pared es el más común. Ambos tipos de artefactos pueden fabricarse de porcelana vítrea, hierro fundido o acero esmaltado o de acero inoxidable.

Un oficio muy amplio

Los plomeros también instalan otros artefactos y aparatos. Normalmente, se necesita un plomero para instalar la caja de conexiones de la lavadora, como se muestra en la imagen. Son ellos quienes preparan las conexiones de agua caliente y fría y el desagüe. Un lavadero ofrece un método alternativo para vaciar la lavadora. El código de edificación local especificará la altura mínima permitida del desagüe, que suele ser de 30 pulg. (76.20 cm) por encima del suelo. Cuando instale tomacorrientes para lavadoras y secadoras, consulte el código eléctrico local para asegurarse de que estén ubicadas a la distancia adecuada de la caja de la lavadora. En general, la distancia mínima entre una caja de lavadora y un tomacorriente es de 3 pies (0.91 m).

También es bastante habitual que los plomeros instalen las conexiones de las máquinas de hielo de los refrigeradores. Además, pueden ayudar a instalar los sistemas de suministro y eliminación de agua de las piscinas privadas.

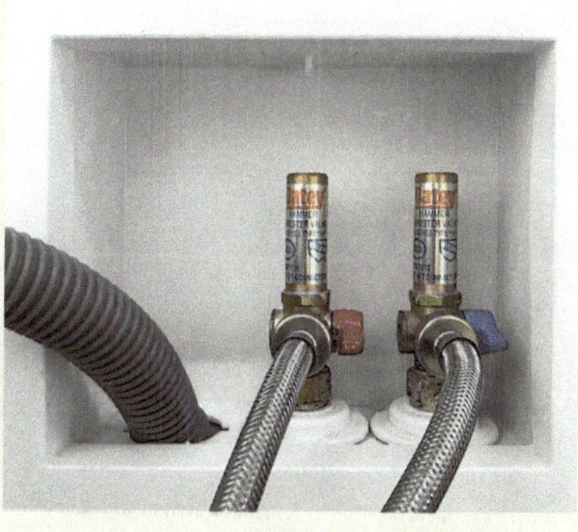

Figura 26 Bebedero que cumple con la Ley ADA (abajo a la izquierda).

Figura 27 Enfriador de agua que cumple con la Ley ADA.

Para cumplir con la Ley ADA, los bebederos y enfriadores de agua deben cumplir muchos requisitos. Por ejemplo, deben tener chorros a una altura que no supere los 36 pulg. (91.44 cm) desde el suelo hasta la salida del chorro. Además, los chorros deben estar situados en la parte delantera del artefacto y debe haber un espacio libre para las rodillas entre la parte inferior del frente del artefacto y el piso o el suelo que tenga al menos 27 pulg. (68.58 cm) de alto, 20 pulg. (50.8 cm) de ancho y de 17 pulg. a 19 pulg. (43.18 cm a 48.26 cm) de profundidad.

Los códigos de plomería especifican la cantidad mínima de instalaciones de agua potable necesarias para los diversos tipos de edificios. Por ejemplo, según el *Código Uniforme de Plomería®* (*UPC® - Uniform Pluming Code®*) de 2021, las escuelas deben disponer de una instalación de agua potable por cada 150 personas. Como siempre, compruebe los códigos aplicables a su instalación en particular.

1.5.5 Códigos locales de plomería

Los códigos locales de plomería rigen la construcción e instalación de bebederos y enfriadores de agua. Los códigos de plomería habituales exigen las siguientes características sanitarias:

- El cuenco del bebedero debe ser de un material no absorbente.
- Se debe colocar un protector bucal sobre la boquilla.
- El agua potable debe suministrarse a un ángulo que impida la caída sobre la boquilla.
- La boquilla debe estar situada por encima del nivel de desbordamiento del bebedero.
- El suministro de agua del bebedero debe estar totalmente separado de las aguas residuales.

Repaso de la sección 1.0.0

1. Otro nombre para la porcelana, que a menudo se utiliza en artefactos más caros, es _____.
   a. esmalte porcelánico
   b. hierro fundido
   c. porcelana vitrificada
   d. chapa de acero

2. Al instalar duchas empotradas, los códigos de plomería suelen exigir _____.
   a. una bandeja de seguridad debajo de la instalación
   b. azulejos en el interior de la ducha
   c. marcos de montaje bajo el suelo
   d. acero esmaltado en las paredes

3. Las instalaciones complementarios a los inodoros que se utilizan para la higiene personal se denominan _____.
   a. mingitorios
   b. bidés
   c. lavatorios
   d. módulos de bañera y ducha

4. Un dispositivo que evita que los residuos se acumulen en el lavavajillas se llama _____.
   a. deflector interno
   b. espacio de aire
   c. conector en T direccional
   d. caño de descarga

5. Una instalación dotada de conexiones para agua fría, agua caliente y desagüe y que tiene una o dos vasijas extraprofundas se denomina _____.
   a. sumidero de suelo
   b. lavamopas
   c. bidé
   d. lavadero

2.0.0 Grifería

Tarea práctica

1. Identificar las instalaciones y electrodomésticos instalados con mayor frecuencia.

Objetivo

Describir los diferentes tipos de grifos utilizados en los sistemas de plomería.

a. Describir los grifos de compresión y sin compresión.
b. Describir los grifos de las instalaciones de la cocina y el baño.
c. Describir los grifos de servicio.

Dado que los grifos se utilizan en todos los edificios residenciales, comerciales e industriales, es importante entender qué tipos de grifos existen, cómo funcionan y sus aplicaciones. Es esencial familiarizarse con los diferentes tamaños, formas y estilos de grifos para poder elegir el tipo adecuado para cada instalación.

Los grifos se dividen en dos categorías básicas: de compresión y sin compresión. Estos dos tipos pueden dividirse, a su vez, en grifos de baño, de cocina y de servicio.

2.1.0 Grifos de compresión y sin compresión

Arandela de asiento: disco flexible y comprimible fijado al disco de la válvula en el extremo del vástago de esta; se utiliza para cerrar y regular el flujo de agua a través de un grifo.

Disco de la válvula: en la mayoría de los accesorios de válvulas de compresión, se trata del extremo ensanchado del vástago de la válvula que sostiene y apoya la arandela de asiento para crear un sello hermético cuando la válvula está cerrada.

Asiento de la válvula: superficie circular o cónica fresada en el interior de una válvula contra la que se apoya el disco de la válvula o la arandela para cerrar el flujo de agua a través de la válvula.

Vástago de la válvula: parte de un grifo o válvula que conecta la manija o la manivela con el disco dentro del cuerpo de la válvula. Permite controlar el flujo de agua a través de la válvula cuando se gira la manija.

Para controlar el flujo de agua, los grifos de compresión comprimen una **arandela de asiento** entre el **disco de la válvula** y el **asiento de la válvula** (*Figura 28*). El recorrido del agua a través de la válvula pasa por el asiento de la válvula. El **vástago de la válvula** conecta la manija con el disco de la válvula en el extremo interior del vástago, que sostiene y apoya la arandela de asiento. En una válvula de compresión, el vástago es la parte del grifo que sube y baja al girar la manija a fin de controlar el flujo de agua a través de la válvula. La sección central del vástago de la válvula

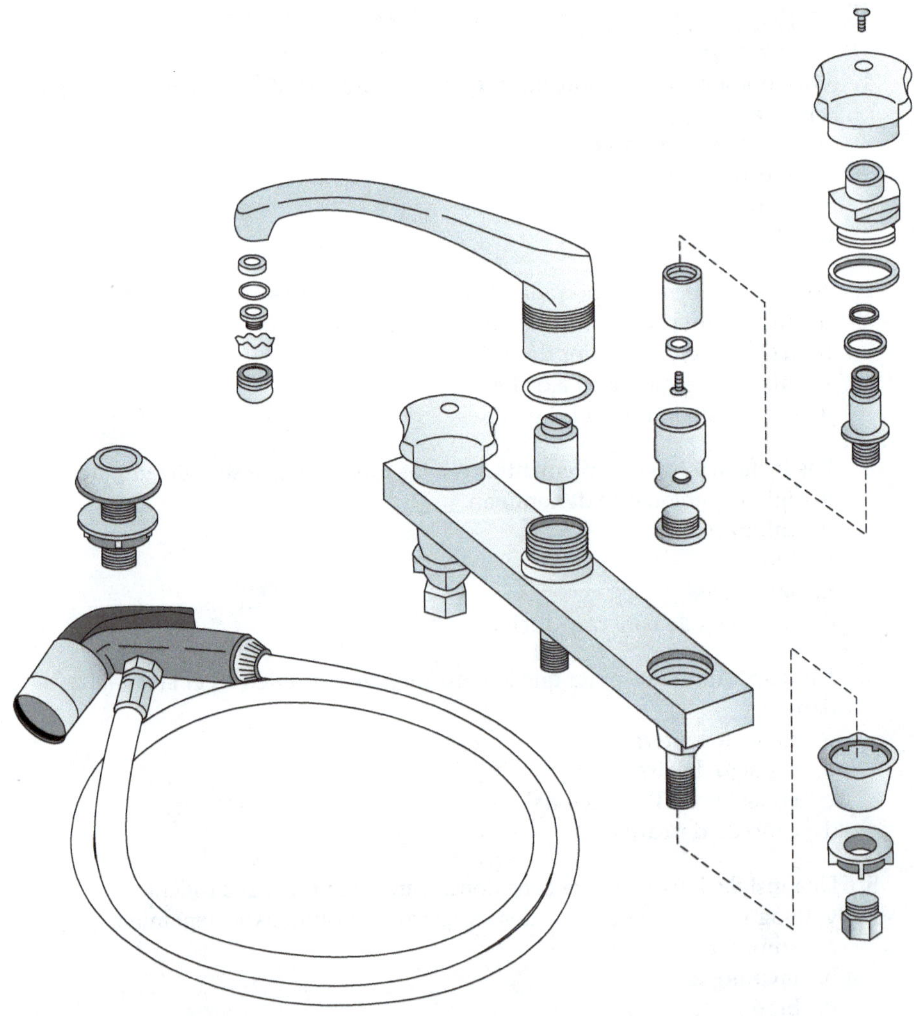

Figura 28 Despiece de un grifo de compresión con manguera rociadora.

está ensanchada y roscada; se enrosca en el cuerpo del grifo para que el vástago se mueva hacia arriba o hacia abajo al girar la manija.

Para regular el flujo del agua, los grifos sin compresión obstruyen el agua. Cuando el grifo está abierto, las aberturas de dos partes del interior de la válvula coinciden, lo que permite que el agua fluya. Cuando el grifo está cerrado, los orificios del paso de agua están desalineados y cortan el flujo de agua. El recorrido del flujo queda sellado por juntas tóricas entre las piezas para evitar fugas.

2.1.1 Grifos de compresión

Los grifos de compresión para los fregaderos de cocina o los lavatorios de baños suelen incluir dos válvulas de compresión y un mezclador que combina el agua caliente y fría y la suministra a través de un caño mezclador común a ambas válvulas. Un émbolo situado entre las válvulas de suministro controla la válvula de drenaje (*Figura 29*). Algunas viviendas antiguas pueden tener fregaderos y lavatorios que utilizan válvulas de compresión y grifos individuales para el agua caliente y fría. Estos grifos se instalan en pares (uno para el agua caliente y otro para el agua fría).

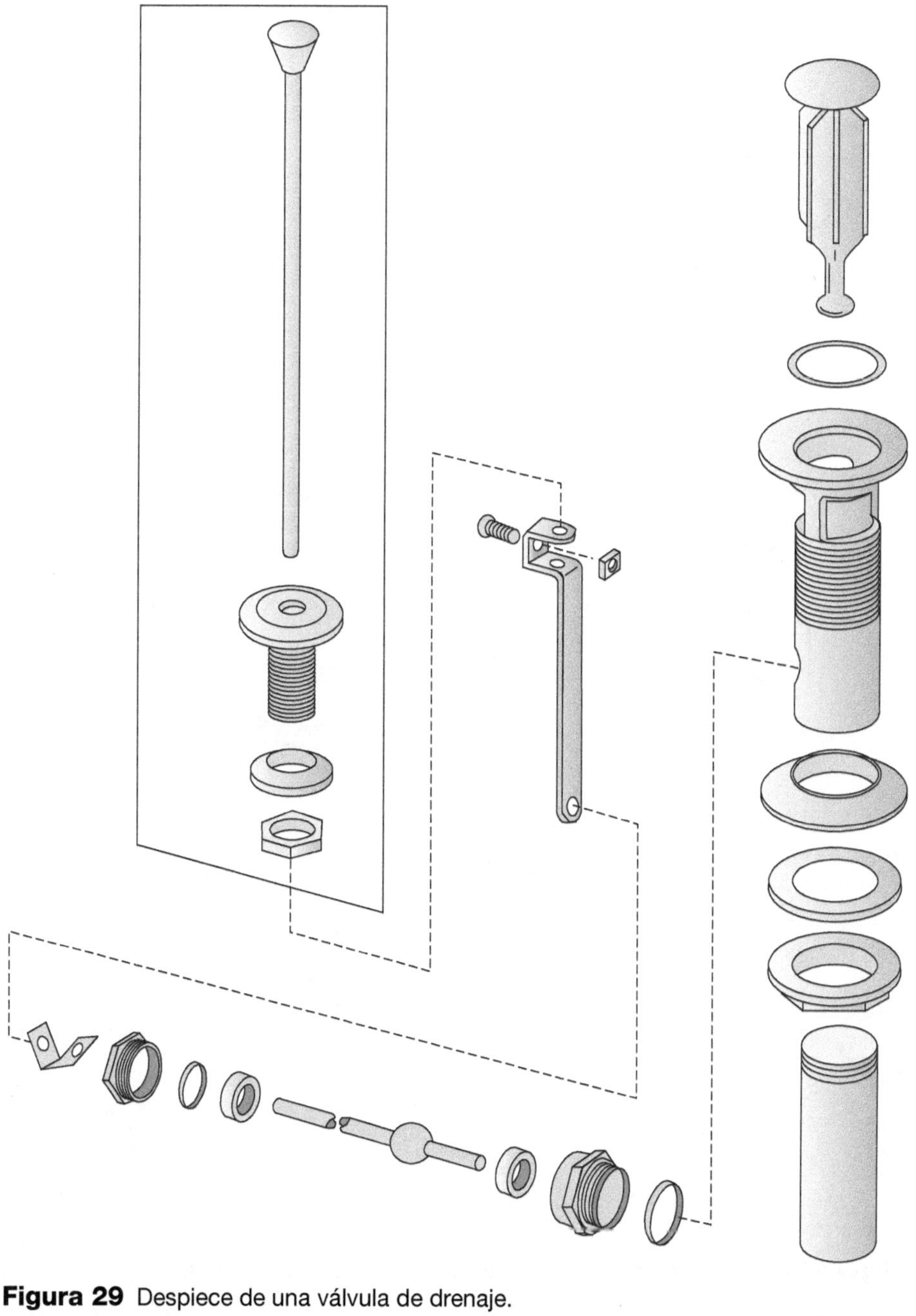

Figura 29 Despiece de una válvula de drenaje.

En algunos casos, puede resultar más práctico instalar un grifo de compresión de cierre automático para ahorrar agua (*Figura 30*). Este grifo cierra automáticamente la válvula en cuanto se suelta la manija. Sin embargo, puede presentar algunos problemas con el tiempo. Suele recibir muy poco caudal de agua, lo que puede provocar la acumulación de cal y otros minerales en el interior de la válvula. Como resultado, el grifo empieza a funcionar mal.

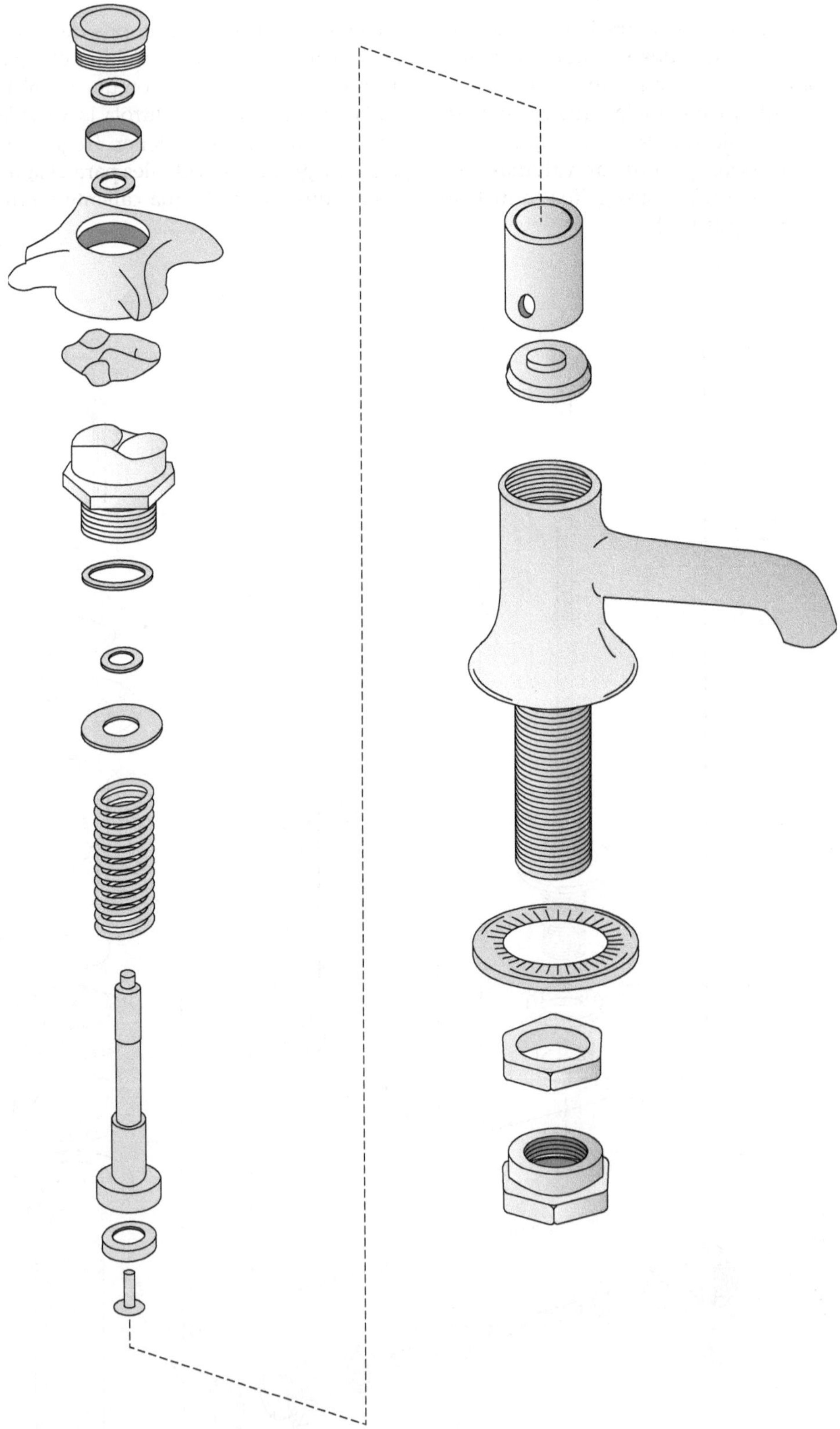

Figura 30 Despiece de un grifo de compresión de cierre automático.

2.1.2 Grifos sin compresión

Algunos tipos de grifos no dependen de la compresión de una arandela para controlar el flujo de agua. Este se controla mediante esferas, cilindros o discos giratorios. Como estos grifos no utilizan la compresión repetida de una arandela, suelen requerir menos mantenimiento que los grifos de compresión.

Los tipos más comunes son los grifos sin arandelas, los monocomando y los de pulsador. Para controlar el flujo de agua, los grifos sin arandelas hacen coincidir las aberturas de dos discos separados situados en la válvula. Mientras un disco permanece inmóvil, el otro gira con el mando o la palanca (*Figura 31*). Aunque estos grifos suelen llamarse *sin arandela*, su diseño suele incluir juntas tóricas para evitar fugas de agua dentro del conjunto de la válvula.

NOTA

Los grifos sin arandela que contienen juntas tóricas se desgastan con el tiempo, ya que estas rozan con las partes internas de la válvula. Las juntas tóricas funcionales dependen de tolerancias estrechas para funcionar correctamente. Las fuentes de agua con sedimentos, como las de pozos privados o suministros públicos antiguos, pueden acelerar el fallo y las fugas de los grifos sin arandela.

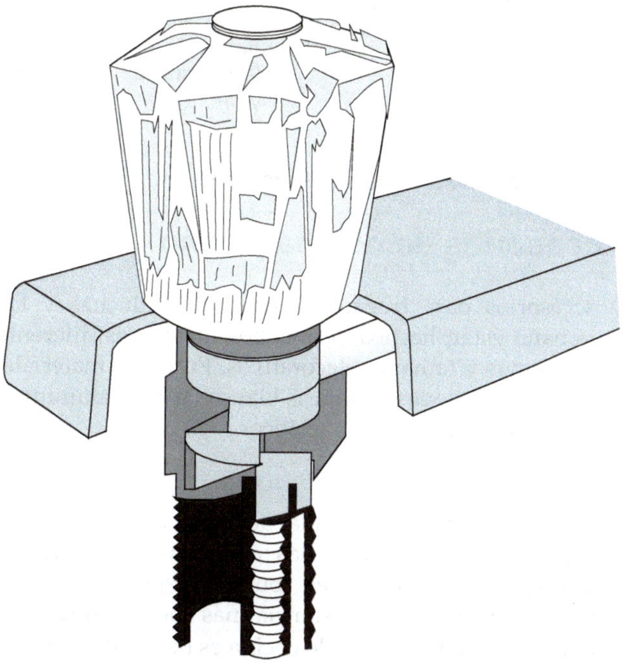

Figura 31 Cómo se controla el caudal de agua en un grifo sin arandela.

Los grifos monocomando (*Figura 32*) controlan el agua caliente y fría con un solo mando. Estos grifos se han hecho populares gracias a su comodidad. Los diseños más populares son el grifo esférico giratorio y el grifo cilíndrico giratorio. El primer tipo utiliza una esfera giratoria en lugar de una arandela de compresión. La esfera es de metal o plástico y contiene orificios de distintos tamaños. Cuando el usuario gira el monocomando, estas aberturas se alinean con los puertos de agua caliente y fría. La posición de la palanca controla la temperatura y el caudal de la mezcla de agua. Al mover la palanca hacia la derecha, sale el agua fría. Al moverla hacia la izquierda, sale el agua caliente. Al empujar la palanca hacia atrás, aumenta el caudal. En la *Figura 33*, se muestra una válvula reguladora de temperatura y presión.

Figura 32 Grifo monocomando.
Fuente: iStock@Olmarmar

El grifo cilíndrico giratorio, también llamado *grifo de cartucho*, también controla tanto la temperatura del agua como el caudal. Algunas válvulas de cartucho combinadas, como las utilizadas en las duchas, incluyen un pistón de compensación del suministro. El pistón ajusta su posición cuando cambia la presión de suministro de agua caliente o fría para mantener casi constante la temperatura de salida. A medida que el usuario modifica la temperatura y la presión del agua girando o tirando de la palanca individual, el pistón de compensación se desplaza automáticamente hacia el suministro de agua fría o caliente. Esto garantiza que el caudal y la temperatura del agua de salida permanezcan constantes.

Otro tipo de grifo monocomando utiliza un disco cerámico para controlar el caudal de agua. El disco cerámico está sellado dentro del cartucho. Dado que la cerámica es muy duradera y difícilmente erosionable, proporciona una vida útil duradera y sin problemas.

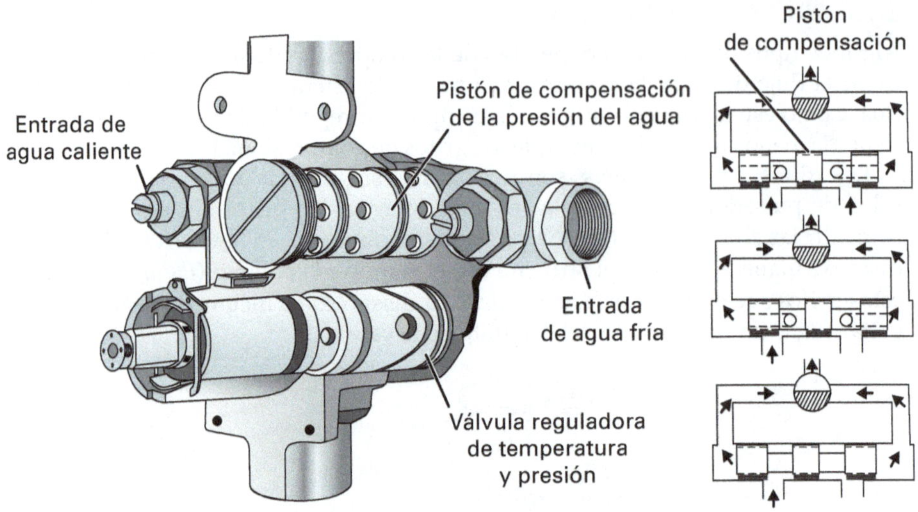

Figura 33 Válvula reguladora de temperatura y presión.

2.2.0 Accesorios de cocina y baño

Los grifos y accesorios para fregaderos de cocina, duchas y lavatorios, y las instalaciones de baño están hechos de muchos materiales diferentes y vienen en una variedad de formas y tamaños decorativos. Entre los materiales utilizados se encuentra el latón, las aleaciones metálicas blancas (zinc o aluminio) y los distintos tipos de plásticos, como el nailon y los acrílicos.

2.2.1 Grifos para fregaderos y lavabos

La distancia entre las bocas de entrada de agua caliente y fría de los grifos varía en función de la ubicación de las aberturas en el fregadero o lavabo. Esta distancia, que suele medirse en pulgadas pares, oscila entre 4 pulg. y 12 pulg. (10.16 cm y 30.48 cm). La distancia más común entre los suministros de agua fría y caliente para un fregadero de cocina es de 8 pulg. (20.32 cm) (*Figura 34*). Los centros más comunes para grifos de baño son de 4 pulg. u 8 pulg. (10.16 cm o 20.32 cm).

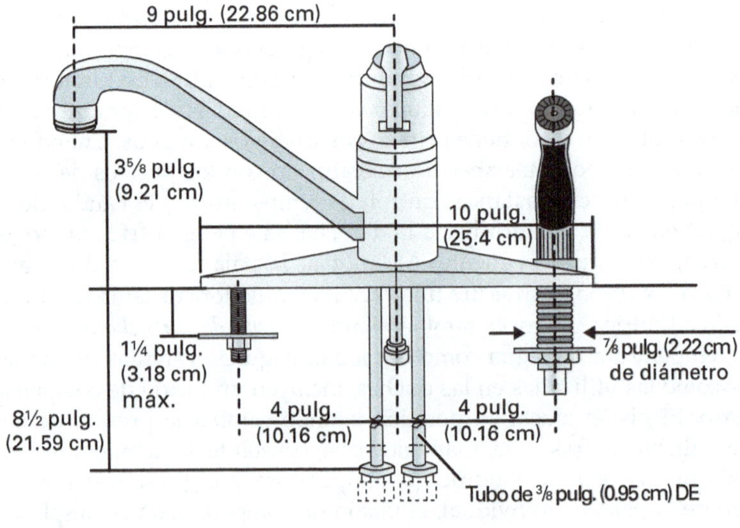

Figura 34 Grifo de cocina instalado en un fregadero con orificios de alimentación separados a 8 pulg. (20.32 cm).

2.2.2 Accesorios combinados para ducha y bañera

Desviador: dispositivo que redirige el flujo de agua, como en un accesorio combinado para ducha y bañera. Cuando el desviador está activado, el agua fluye a través del cabezal de la ducha, en lugar de a través de la salida de agua inferior.

Un accesorio combinado para ducha y bañera (*Figura 35*) controla el grifo y el cabezal de la ducha. Un **desviador**, situado la salida de agua inferior, envía el agua al cabezal de la ducha. Cuando se levanta la perilla del desviador, se bloquea el flujo de agua hacia la salida de agua inferior, lo que hace que esta suba

Figura 35 Accesorio de conexión combinado para ducha y bañera.
Fuente: iStock@GOLFX

Figura 36 Accesorio de conexión combinado con un conducto de agua flexible.
Fuente: Zurn Industries LLC

hacia el cabezal de la ducha. Para realizar el ajuste del caudal y la temperatura del agua, se pueden utilizar válvulas dobles de agua caliente y fría o una válvula mezcladora de presión de control único.

Otro tipo de ducha combinada utiliza un conducto de agua flexible. Este permite subir, bajar o girar el cabezal de la ducha en cualquier dirección. El cabezal puede sujetarse con la mano o colocarse en un soporte en la pared (*Figura 36*).

Una **válvula antiquemaduras** utiliza un sensor para ajustar la temperatura del agua caliente a un valor preestablecido mediante el control automático de la mezcla de agua caliente y fría procedente de suministros independientes. Las válvulas antiquemaduras garantizan que la temperatura del agua no supere la especificada en la salida del artefacto, para evitar así lesiones o molestias causadas por el agua demasiado caliente. Pueden instalarse en el calentador de agua o cerca de él. A veces se las denomina *válvulas mezcladoras* o *válvulas atemperadoras*.

Válvula antiquemaduras: válvula automática conectada al suministro de agua fría y caliente que utiliza un sensor para ajustar la temperatura del agua caliente y garantizar que no supere una temperatura determinada en la salida del artefacto.

2.3.0 Grifos de servicio

Los grifos de servicios se encuentran en las salas de calderas y cuartos de lavado, y en las paredes exteriores de los edificios. Suelen fabricarse con latón de alta calidad, aleación metálica blanca o materiales termoplásticos. La mayoría no están recubiertos porque su aspecto no suele ser importante. Entre los grifos de servicio de uso común se incluyen los de lavandería utilizados para las cubetas de lavandería, los fregaderos de servicio y los lavatrapos, así como los desagües de sedimentos y calderas. A diferencia de otros tipos de grifos, los de servicio no suelen tener artefactos o no forman parte de ellos.

La boca de salida de agua de un grifo de servicio, denominado **grifo para exterior**, puede ser de dos tipos: plano (sin rosca) o para manguera (roscado) (*Figura 37*). El grifo para exterior está inclinado para dirigir el agua hacia abajo. Los grifos de compresión más comunes tienen un caño de hierro con rosca hembra en la boca de entrada que se fija al caño de agua durante la instalación. Los grifos para exterior suelen tener una brida diseñada para encajar al ras con el revestimiento de la pared, mediante la cual el accesorio se fija a la superficie.

Grifo para exterior: grifo con salida en ángulo hacia abajo, generalmente utilizado para conexiones de servicios o mangueras en el exterior de un edificio.

Figura 37 Grifo para manguera roscado o grifo de jardín.
Fuente: Watts Regulator Company

Componentes de plástico en los grifos

Dado que los códigos exigen que ningún material de los grifos contenga plomo, muchos fabricantes han pasado a utilizar componentes de plástico. Por ejemplo, muchos grifos esféricos giratorios utilizan ahora esferas de plástico en lugar de metal.

Otro término para el grifo para manguera es *grifo de jardín*. En las instalaciones nuevas, se requieren válvulas vacuorreguladoras en los grifos para manguera para evitar el contraflujo. En las aplicaciones comerciales, los grifos para manguera se especifican a menudo como hidrantes de pared resistentes a las heladas (*Figura 38*). Estos grifos se fijan al caño de agua con roscas macho. Los grifos atraviesan la pared exterior de la estructura, y solo la salida del agua, o el cabezal del grifo, queda expuesta a la intemperie. Cuando se cierra el grifo, el agua drena desde la salida del agua, a través del tubo de extensión, hasta el asiento de la válvula, que está dentro del edificio. El asiento de la válvula debe estar bien protegido dentro de la estructura e instalado de acuerdo con las especificaciones del fabricante.

El hidrante de jardín resistente a la intemperie (*Figura 39*) se utiliza para proporcionar agua más allá de las paredes de un edificio. Esto puede ser necesario en aplicaciones agrícolas, por ejemplo. Con una función similar a la de un hidrante de pared resistente a las heladas, el asiento de la válvula está situado por debajo de la profundidad prevista de las heladas en el suelo, normalmente de 2 pies a 6 pies (0.61 m a 1.83 m), según las necesidades de la localidad. Es importante instalar correctamente los grifos anticongelantes para que no se congelen por la exposición a la intemperie.

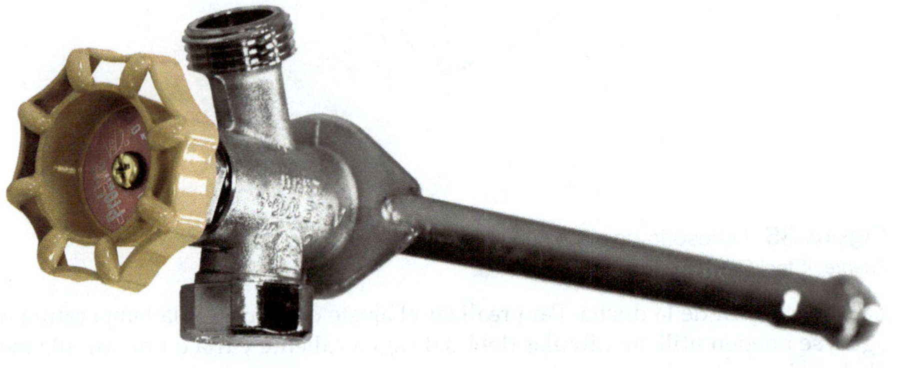

Figura 38 Hidrante de pared.

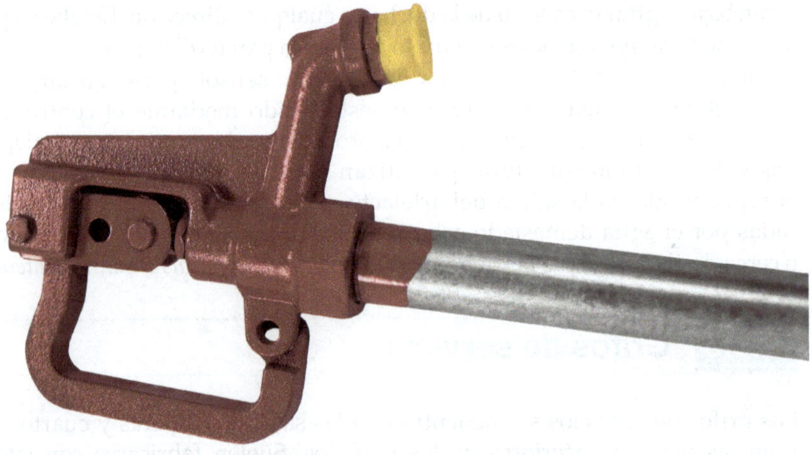

Figura 39 Hidrante de jardín.

Repaso de la sección 2.0.0

1. El tipo de grifo diseñado para detener el flujo de agua mediante la presión de una arandela de asiento entre el disco y el asiento de la válvula se llama _____.
   a. grifo de válvula
   b. grifo esférico giratorio
   c. grifo cilíndrico
   d. grifo de compresión

2. En un accesorio combinado para ducha y bañera, el dispositivo situado en la salida de agua inferior que envía el agua al cabezal de la ducha se denomina _____.
   a. desviador
   b. divisor
   c. tubería ascendente a los artefactos
   d. línea de agua

3. Existen dos tipos de bocas de salida de agua para las llaves de paso o grifos para exterior: liso y _____.
   a. para manguera
   b. con brida
   c. plano
   d. en ángulo

Módulo 02110 Preguntas de repaso

1. Un dispositivo que recibe agua de una línea de suministro de agua o descarga las aguas residuales en un sistema de drenaje conectado se denomina _____.
   a. instalación
   b. ventilación
   c. boca de salida
   d. boca de entrada

2. Gracias a su versatilidad, ligereza y costo relativamente bajo, el material que se utiliza a menudo para fabricar instalaciones de plomería es _____.
   a. la porcelana vítrea
   b. el hierro fundido
   c. el acero inoxidable
   d. el plástico

3. Los lavabos de esquina, de respaldo elevado y de repisa son ejemplos de _____.
   a. lavabos suspendidos
   b. lavabos accesibles para silla de ruedas
   c. lavabos empotrados
   d. lavabos bajo encimera

4. La instalación diseñada para sostener a una persona semirreclinada es _____.
   a. el fregadero
   b. la bañera
   c. el lavabo
   d. la ducha combinada

5. Para que cumpla con la Ley ADA, el control de descarga de agua de los inodoros *debe* estar situado por encima del suelo a *no más de* _____.
   a. 17 pulg. (43.18 cm)
   b. 19 pulg. (48.26 cm)
   c. 36 pulg. (91.44 cm)
   d. 44 pulg. (111.76 cm)

6. El mingitorio con una abertura restringida en su base, sobre la boca de entrada del sifón, se denomina _____.
   a. mingitorio de lavado por arrastre de agua
   b. mingitorio suspendido
   c. mingitorio con chorro de sifón
   d. mingitorio con descarga de agua

7. Cuando se instala un triturador de residuos de alimentos en un fregadero doble y para evitar que se produzcan atascos en el otro compartimento del fregadero durante su uso, debe instalarse _____.
   a. un espacio de aire
   b. un conector en T direccional
   c. un sifón en P
   d. un acoplamiento flexible

8. Para evitar el retroceso de los residuos del fregadero hacia un lavavajillas bajo encimera, los códigos pueden especificar la instalación de _____.
   a. un espacio de aire
   b. un conector en T direccional
   c. un sifón en P
   d. un acoplamiento flexible

9. La instalación similar a un fregadero, utilizado por el personal de mantenimiento del edificio, dotado de una conexión de desagüe e instalado en el suelo, se denomina _____.
   a. sumidero de suelo
   b. lavatrapos
   c. fregadero de servicio
   d. lavadero

10. La instalación recubierta de porcelana vítrea u otro acabado fácil de limpiar e instalado en el suelo para drenar el agua y los residuos líquidos en un sistema de plomería se denomina _____.
   a. lavatrapos
   b. sumidero de suelo
   c. lavadero
   d. fregadero de servicio

11. El grifo esférico giratorio utiliza una esfera giratoria en lugar de _____.
   a. una válvula
   b. una arandela de compresión
   c. un disco
   d. un pistón

12. El tipo de grifo que utiliza un cilindro giratorio y una válvula de compensación para controlar la temperatura y el caudal del agua se denomina _____.
   a. grifo monocomando
   b. grifo esférico giratorio
   c. grifo de cartucho
   d. grifo de disco de cerámica

13. La distancia *más* habitual entre las conexiones de agua caliente y fría de un grifo de fregadero de cocina es de _____.
   a. 2½ pulg. (6.35 cm)
   b. 6 pulg. (15.24 cm)
   c. 8 pulg. (20.32 cm)
   d. 12 pulg. (30.48 cm)

14. Un desviador está diseñado para _____.
   a. seleccionar el caudal de agua entre la salida de agua inferior de la bañera y el cabezal de la ducha
   b. evitar que la descarga de un triturador de desechos de comida se acumule en el otro fregadero
   c. impedir la entrada de gases del alcantarillado en un artefacto sanitario
   d. mezclar agua caliente y fría para suministrar la temperatura deseada

15. Una característica importante de los hidrantes de pared resistentes a las heladas es que _____.
    a. el asiento de la válvula se encuentra en la válvula vacuorreguladora
    b. el asiento de la válvula se encuentra en el interior del edificio
    c. los grifos se unen al caño de agua con roscas hembra
    d. los asientos de las válvulas se encuentran entre 2 pies (0.61 m) y 6 pies (1.83 m) por debajo del suelo

Las respuestas a las preguntas impares de repaso de los módulos se encuentran en el *Apéndice A*.

Respuestas a las preguntas del repaso de las secciones

Respuesta	Referencia de sección	Objetivo
Sección 1.0.0		
1. c	1.1.1	1a
2. a	1.2.3	1b
3. b	1.3.8	1c
4. b	1.4.2	1d
5. d	1.5.1	1e
Sección 2.0.0		
1. d	2.1.0	2a
2. a	2.2.2	2b
3. a	2.3.0	2c

Actualización de usuario

ESCANÉAME

¿Ha encontrado un error? Para enviar una corrección, visite **https://www.nccer.org/olf** o escanee el código QR con su dispositivo móvil.

Introducción a los sistemas de drenaje, desagüe y ventilación (DWV)

Fuente: iStock@photovs

Objetivos

Luego de finalizar este módulo, podrá hacer lo siguiente:

1. Describir los beneficios y los componentes de los sistemas de DWV.
   a. Identificar los componentes de DWV y sus funciones.
2. Describir los tipos de sifones, su finalidad y los requisitos de instalación.
   a. Identificar los tipos y las partes de los sifones.
   b. Describir los requisitos y desafíos de la instalación de sifones.
3. Describir los accesorios de DWV y sus aplicaciones.
   a. Identificar los accesorios de DWV.
4. Describir las conexiones al alcantarillado de DWV, los componentes y los códigos relacionados.
   a. Identificar los sistemas y componentes del alcantarillado y de la eliminación de aguas residuales.
   b. Explicar cómo los códigos de plomería afectan a la construcción de sistemas de DWV.

Tarea práctica

Bajo supervisión, podrá hacer lo siguiente:

1. Realizar un dibujo isométrico de un sistema simple de DWV y rotular sus componentes.

Generalidades

El sistema de drenaje, desagüe y ventilación (DWV) de un edificio forma parte de un sistema de plomería diseñado para proteger la salud y la seguridad de las personas que utilizan sus instalaciones. El sistema transporta las aguas residuales fuera del edificio, las trata y las devuelve al ecosistema. Para diseñar, instalar y mantener los sistemas de DWV, los plomeros deben conocer los factores que los afectan. Los sistemas de desagüe sanitario incluyen el sistema de tuberías del interior del edificio, la tubería de desagüe enterrada en el exterior del edificio y el alcantarillado público. Conocer cómo los desagües, los accesorios, los conductos de ventilación y los caños transportan los residuos de un edificio hacia el exterior permite a los plomeros evitar fallas en el sistema.

NOTA

Los códigos varían entre jurisdicciones. Por eso, es importante que consulte el código correspondiente cada vez que tenga dudas sobre las reglamentaciones. Consultar un conjunto incorrecto de códigos puede causar tantos problemas como no consultar ninguno. Consiga el código local aprobado, léalo y familiarícese con él. La Administración de Seguridad y Salud Ocupacional (OSHA) de los Estados Unidos redacta los códigos de seguridad.

Recursos digitales para plomería

ESCANÉAME

Escanee este código con la cámara de su teléfono o dispositivo móvil para ver los recursos digitales relacionados con este oficio.

1.0.0 Descripción general del sistema de drenaje, desagüe y ventilación

Tareas prácticas

No hay tareas prácticas en esta sección.

Objetivo

Describir los beneficios y los componentes de los sistemas de DWV.

a. Identificar los componentes de DWV y sus funciones.

Conexión al desagüe: conexión desde los sifones de los instalaciones hasta la unión con cualquier otro caño de desagüe.

Sistema de drenaje, desagüe y ventilación (DWV - Drain, waste, and vent): se refiere a los sistemas combinados de drenaje sanitario y ventilación. Este término es técnicamente equivalente a *aguas negras, grises y ventilación (SWV - soil-waste-vent)*.

Los plomeros deben entender cómo funcionan los sistemas de desagüe y de qué manera las aguas residuales circulan desde un edificio hacia las instalaciones de tratamiento, para luego verterlas al ecosistema (arroyos, ríos y lagos). El ciclo comienza en las **conexiones al desagüe** que se conectan al **sistema de drenaje, desagüe y ventilación (DWV)**. Los residuos, ya sean líquidos o en disolución con sólidos, entran en el sistema de DWV por la conexión al desagüe y fluyen hacia el sistema de caños sanitarios del edificio. El sistema de caños elimina de forma segura estos residuos que provienen del interior del edificio.

Los sistemas de DWV correctamente diseñados e instalados son esenciales para la seguridad pública. Sin los sistemas de DWV, los ciudadanos podrían contraer enfermedades transmitidas por las aguas residuales. Durante los últimos 150 años, el oficio de la plomería ha mejorado mucho la salud, la seguridad y la comodidad de los ciudadanos. Se han reducido muchos riesgos graves para la salud como resultado directo de buenas prácticas de plomería. En gran parte, esto se debe a que los sistemas de DWV están bien diseñados e instalados, y a que se cumplen los códigos de plomería.

Existen muchos problemas de salud, y muy graves, relacionados con el diseño, la instalación y el mantenimiento inadecuados de los sistemas de DWV. En el pasado, enfermedades como el cólera, la fiebre tifoidea, el tifus y la disentería se debían al mal diseño de los sistemas de DWV. Estas enfermedades pueden propagarse con rapidez cuando las bacterias del sistema de alcantarillado ingresan a los edificios a través de conductos de ventilación y sifones dañados o mal instalados.

Otro problema de salud relacionado con los sistemas de DWV es la acumulación de gases tóxicos del alcantarillado. Pueden producirse explosiones, incendios y asfixia cuando los gases del alcantarillado no se liberan de manera adecuada con una buena ventilación. El control de las aguas residuales a través de sistemas de DWV puede erradicar muchos problemas de saneamiento y salud pública.

¿Sabías qué?

La plomería y el SARS

Las buenas prácticas de plomería salvan vidas. En 2003, la Organización Mundial de la Salud llevó adelante una investigación para averiguar si los sistemas de plomería contribuyeron al brote del síndrome respiratorio agudo grave (SARS) en Hong Kong. La investigación demostró que la instalación y el funcionamiento defectuosos y las aplicaciones de plomería inadecuadas fueron posibles factores contribuyentes. Las gotas de agua repletas del virus volvían a ingresar a los departamentos a través de los sistemas de alcantarillado y desagüe, donde había fuertes flujos de aire ascendentes, coladeras deficientes y sellos de agua que no funcionaban. Los investigadores también indicaron que los sistemas de plomería, cuando se diseñan, instalan y mantienen de forma adecuada, son una herramienta importante para frenar la transmisión de enfermedades a través del sistema de desagüe de un edificio.

1.1.0 Sistemas y componentes de DWV

Alcantarillado del exterior del edificio: parte del sistema de drenaje que se extiende desde el final del drenaje del edificio y transmite su descarga a una alcantarilla pública, una alcantarilla privada, un sistema individual de eliminación de aguas residuales u otro punto de eliminación.

Es posible que se pida a los plomeros que diseñen, instalen y realicen el mantenimiento de los sistemas de DWV dentro de los edificios y los alcantarillados del exterior del edificio enterrados en la propiedad. Por lo general, la municipalidad es responsable de la instalación y el mantenimiento del alcantarillado público, las estaciones de bombeo y las plantas de tratamiento.

Los sistemas de drenaje sanitario constan de tres partes principales (*Figura 1*):

- los caños del interior del edificio, normalmente denominados *sistema de DWV*;
- el **alcantarillado del exterior del edificio**, que son los caños de desagüe enterrados en el exterior;
- el alcantarillado público, que lleva los residuos del edificio a la planta de tratamiento y, finalmente, de vuelta al ecosistema.

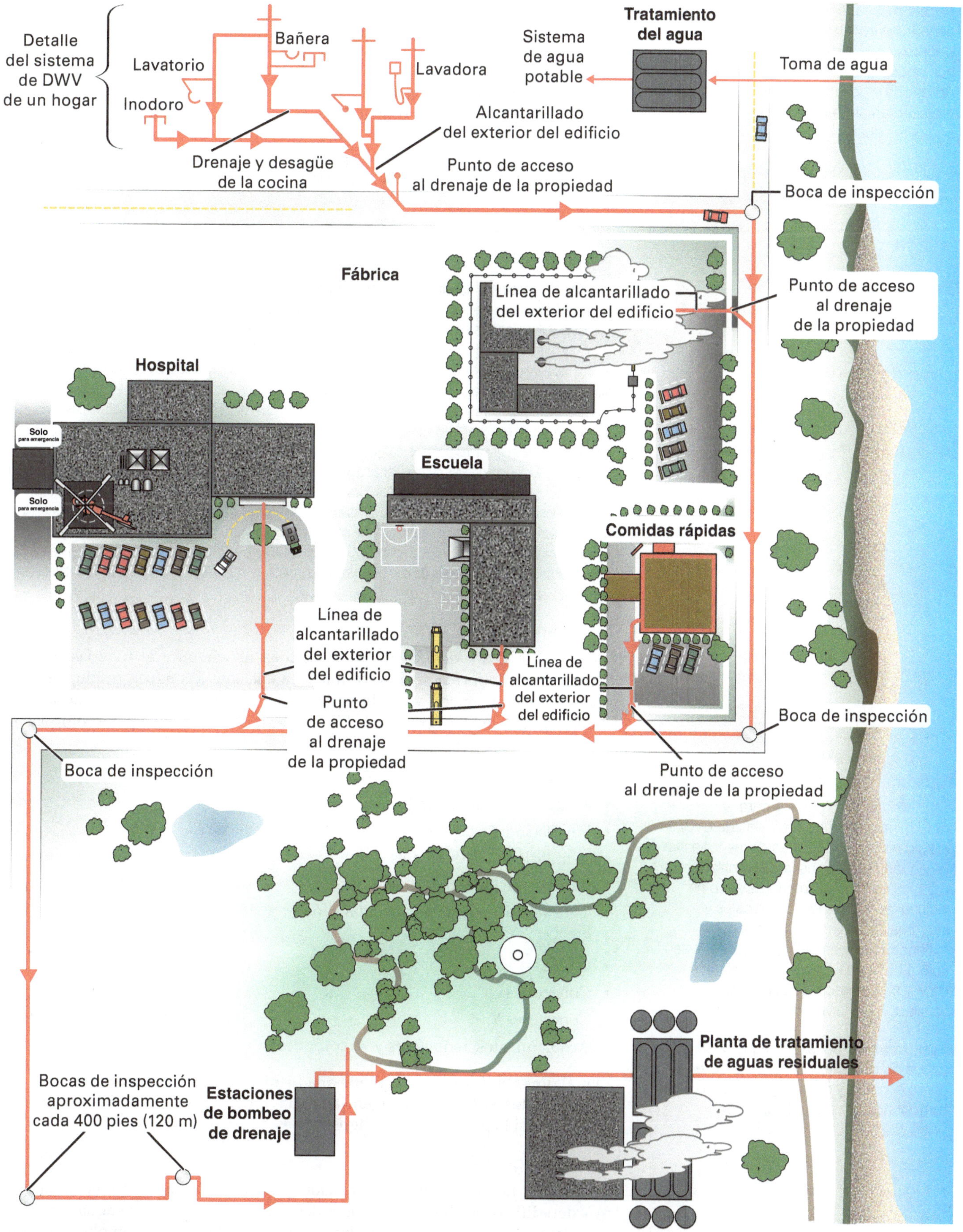

Figura 1 Esquema de un sistema de alcantarillado comunitario típico.

Aguas grises: aguas residuales generadas por procesos domésticos distintos de la eliminación de residuos humanos. Esto incluye el lavado personal, de la ropa y de la vajilla. Las aguas grises representan entre el 50% y el 80% de las aguas residuales de las viviendas.

Algunas instalaciones pueden incluir un sistema de **aguas grises** además del sistema de DWV. Esta tubería recoge el agua usada de fregaderos, duchas y lavaderos. Dado que recoge y reutiliza agua que no está muy contaminada y que de otro modo se desperdiciaría, los sistemas de aguas grises se consideran aplicaciones ecológicas. Las aguas grises se utilizan para la descarga de los inodoros o para regar los jardines. La mayoría de las jurisdicciones no permiten el riego de plantas comestibles con aguas grises, y algunas restringen el uso al riego subterráneo. Los sistemas de aguas grises deben cumplir los códigos de plomería locales, así como la normativa del departamento de salud.

Iniciativa verde

Sistemas de aguas grises

El sector de la plomería adopta cada vez más prácticas ecológicas. Identifica los beneficios del reciclaje y la reutilización de recursos limitados. Sin embargo, la adopción de nuevas prácticas conlleva algunos desafíos. Reflexionemos sobre el uso de las aguas grises para el riego de jardines. Todo el mundo está de acuerdo en que es una buena idea, pero las jurisdicciones locales tienden a pensar diferente en cuanto a la aceptación de estos sistemas. Por ejemplo, algunas jurisdicciones todavía definen las aguas grises como aguas residuales. Como consecuencia, no permiten el uso de aguas grises para este fin. Otras jurisdicciones pueden desalentar este uso con requisitos de aprobación costosos y complejos. Las comunidades y los gobiernos deben poner en la balanza los beneficios del uso de aguas grises frente a los posibles riesgos para la salud, las normativas adicionales y los costos adicionales. A medida que las comunidades adquieran experiencia con los sistemas de aguas grises, es probable que cambien las restricciones y los códigos. Esto implica que los plomeros deben estar muy atentos a los cambios en los códigos que se aplican en su área de trabajo. Además, deben prestar atención a otras autoridades, como el departamento de salud local, que también puede imponer normas para la reutilización de aguas grises. ¿Complicado? Por supuesto. Pero muchos creen que el uso de sistemas de aguas grises seguirá creciendo como una respuesta ante las preocupaciones medioambientales.

1.1.1 Sistemas de DWV en edificios

El sistema de DWV dentro de un edificio es un circuito de tuberías diseñado para eliminar, de forma segura, confiable y eficiente, las aguas residuales de las instalaciones de plomería y los desagües. Existen muchos nombres para cada tipo de caño y accesorio en esta red. En la *Figura 2*, se ilustran los principales componentes de un sistema de DWV:

Bajante: término general para determinados caños verticales de DWV, incluidas las desviaciones de las tuberías de aguas negras, grises, de ventilación o de los conductos interiores. Esto no incluye las instalaciones verticales y los ramales de ventilación que no se extienden a través del techo o que pasen solo a través de uno o dos pisos antes de volver a conectarse al bajante de ventilación o a la ventilación del bajante.

Adaptadores: accesorios que unen caños de diferentes tamaños o materiales, como el cobre y el caño galvanizado o el hierro fundido y el plástico.

- Drenaje del edificio
- **Bajante** de aguas negras
- Ventilación del bajante
- Ventilaciones individuales
- Ramales de los instalaciones
- Conexión al desagüe o brazo del sifón
- Sifones
- Codos
- Conectores en T
- Conectores Y
- Acoplamientos, reductores y **adaptadores**

En algunas aplicaciones, se puede añadir un sistema de aguas grises al sistema de DWV. Estos sistemas redirigen las aguas grises para determinados usos sin tratamiento, si lo permiten los códigos locales.

1.1.2 Desagües fijos

Los desagües fijos conectan las instalaciones de plomería con el sistema de caños de DWV del edificio. Muchas instalaciones tienen rejillas que filtran las aguas residuales antes de que entren en las tuberías de desagüe. Entre los ejemplos de rejillas de desagüe, se encuentran el filtro del fregadero de la cocina, los tapones pop-up para los lavatorios y otros filtros para duchas (*Figura 3*).

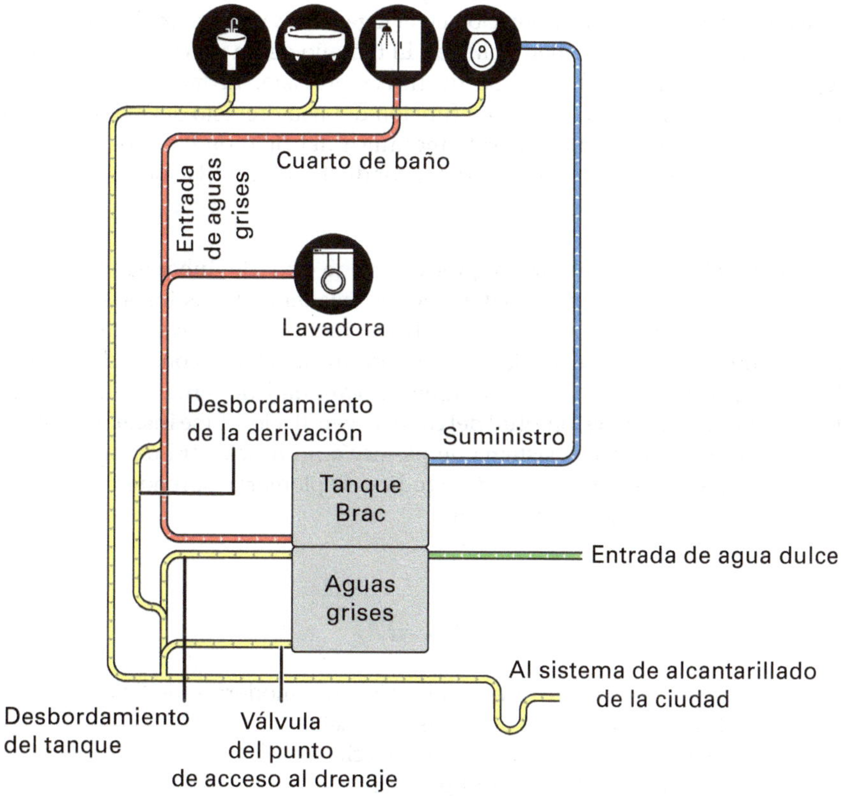

Figura 2 Componentes de un sistema de DWV y de aguas grises.

Figura 3 Rejillas de desagüe.

¿Sabías qué?

"PO"

En su origen, "PO" era una sigla utilizada para la apertura de un tapón macho. Este término procede de los primeros tipos de instalaciones de baño que utilizaban un tapón macho para sellar el desagüe. Ahora, los desagües de baño con conjuntos pop-up son más comunes que los antiguos tipos de cadena y tapón.

1.1.3 Sistemas de drenaje

Los sistemas de drenaje se dividen en dos grandes categorías: drenaje del edificio y drenaje pluvial. Los sistemas de aguas grises también se pueden utilizar en muchos ámbitos para resolver problemas medioambientales. Estos sistemas se utilizan sobre todo en aplicaciones comerciales e industriales, en donde se deben cumplir los requisitos del Liderazgo en Energía y Diseño Ambiental (LEED - Leadership in Engergy and Environmental Design).

Los drenajes pluviales recogen las aguas de lluvia de los techos y las aceras. Estas aguas se retienen para su eliminación en el lugar o se vierten a un determinado ritmo en un sistema de alcantarillado pluvial. El tamaño de un sistema de drenaje pluvial depende de la cantidad de agua de lluvia prevista. El tamaño de los sistemas de drenaje de edificios se define en función del uso previsto del agua en el edificio. Los plomeros deben comprender la mecánica del flujo de líquidos a través de un caño para dimensionar los drenajes y los conductos de ventilación de forma correcta.

1.1.4 Ventilaciones

Las ventilaciones equilibran la presión en la red de tuberías. Este equilibrio de presión es necesario para evitar que los coladeras de las instalaciones pierdan sus sellos. Para que las ventilaciones funcionen de forma correcta, los plomeros deben dimensionarlas según la cantidad de instalaciones conectadas, la cantidad de unidades de accesorios de desagüe (la cantidad de agua que se vierte en el desagüe por minuto) y la longitud del caño de ventilación. Si se instalan ventilaciones de tamaño inadecuado, el sistema de plomería no funcionará de manera correcta. A medida que avance en el plan de estudios de plomería, aprenderá a dimensionar los sistemas de drenaje y ventilación.

Repaso de la sección 1.0.0

1. ¿Qué riesgo se reduce gracias a los sistemas modernos de DWV?
   a. Mayores volúmenes de aguas residuales
   b. Los tipos de bacterias y virus infecciosos
   c. Los peligros para la salud pública
   d. La producción de gases explosivos de los desagües

2. Un tipo de sistema que puede recoger el agua no muy contaminada y redirigirla para determinados usos sin tratamiento se conoce como _____.
   a. sistema de aguas duras
   b. sistema de aguas grises
   c. sistema de aguas subterráneas
   d. sistema de aguas residuales

3. ¿Cuál es el factor *principal* cuando los ingenieros establecen el tamaño del sistema de drenaje de un edificio?
   a. El tamaño del edificio
   b. Las precipitaciones previstas
   c. El uso previsto del agua
   d. La capacidad del caño

2.0.0 Sifones de DWV

Tareas prácticas

No hay tareas prácticas en esta sección.

Objetivo

Describir los tipos de sifones, su finalidad y los requisitos de instalación.

a. Identificar los tipos y las partes de los sifones.

b. Describir los requisitos y desafíos de la instalación de sifones.

Los sifones y las ventilaciones protegen la seguridad de las personas en sus hogares y otros edificios. Los denominados *sifones* atrapan los malos olores, los gases peligrosos, los parásitos, los insectos y otros elementos que se encuentran en los sistemas de alcantarillado. Están construidos de manera que contienen una pequeña masa de agua que actúa como un sello. Este sello de agua en el sifón protege a las personas de los agentes patógenos en el aire (gérmenes), los malos olores y los gases del alcantarillado potencialmente explosivos.

Los sifones son elementos importantes dentro de un sistema de tuberías de DWV. Este tipo de accesorio proporciona un sello líquido de 2 a 4 pulg. (5 a 10 cm) y evita que los gases del alcantarillado se filtren al interior del edificio. Sin embargo, no debe entorpecer el flujo de las aguas negras o residuales a través del desagüe. Las ventilaciones desempeñan un papel importante en la protección del sello del sifón.

Los códigos modernos exigen que cada artefacto sanitario tenga un sifón que proteja al artefacto y a los usuarios del sistema de desagüe sanitario. Algunos instalaciones, como los inodoros y muchos mingitorios, tienen sifones integrados o incorporados.

Los sifones de los instalaciones son una parte vital de cualquier sistema de DWV. Para que el sifón del artefacto funcione de forma adecuada, debe recibir una descarga completa de agua, ser autolimpiante, tener un conducto interior liso y se debe poder llegar a él para destaparlo. La profundidad del sello y la cantidad de agua que suele mantenerse en el sifón son factores importantes para su diseño. El sifón del artefacto, que crea un sello de agua, necesita un sistema de ventilación para protegerlo del **sifonaje**, la **contrapresión**, el viento y la aspiración. La contrapresión también se suele denominar *contraflujo por contrapresión*.

Sifonaje: pérdida de agua en un sello de sifón que se genera por una presión desigual dentro y fuera de la tubería de DWV. El agua fluye inicialmente en la dirección de la presión más baja. El sifonaje sostenido, incluso en ausencia de diferencias de presión, resulta de la propiedad cohesiva del agua.

Contrapresión: condición que puede ocurrir en el sistema de DWV en la cual se crea una presión más alta que la atmosférica en la tubería de drenaje/ventilación, lo que causa una inversión del flujo normal a través del sistema de sifonaje. También se la denomina *contraflujo por contrapresión*.

2.1.0 Tipos y partes de los sifones

Existen varios tipos de sifones en plomería, pero los que más se encuentran en los edificios residenciales y comerciales de hoy en día son el **sifón en P** y el **sifón en S** (*Figura 4*). Si bien los sifones en S pueden encontrarse en casas antiguas, ya no se instalan debido a las restricciones de los códigos.

Sifón en P: sifón construido en forma de la letra P con la curva hacia abajo, que proporciona un sello de agua en un caño de aguas negras o grises, utilizado principalmente en fregaderos y lavatorios.

Sifón en S: sifón con un tramo largo descendente que tiende a favorecer el sifonaje. Los sifones en S ya no están permitidos por los códigos para las nuevas instalaciones, pero todavía se encuentran en los edificios más antiguos.

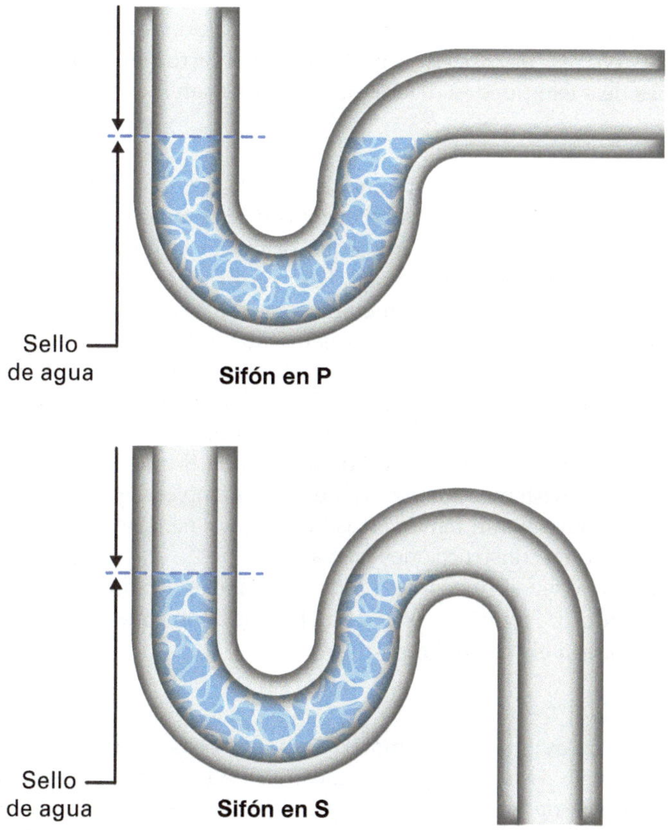

Figura 4 Sifón en P y sifón en S estándares.

2.1.1 Sifones en P

En la actualidad, el sifón en P es el más utilizado en los edificios. Puede ser de una o dos piezas con una tuerca de unión. Los sifones en P también pueden tener un **punto de acceso al drenaje**. En la *Figura 5* se muestran distintos tipos de sifones en P. Los sifones en P diseñados para conectarse directamente a los instalaciones suelen ser de $1\frac{1}{4}$ a $1\frac{1}{2}$ pulg. (3.18 a 3.81 cm) para fregaderos y lavabos, de $1\frac{1}{2}$ a 2 pulg. (3.81 a 5.08 cm) para bañeras y duchas, y de 2 a 4 pulg. (5.08 a 10.16 cm)

Punto de acceso al drenaje: punto de acceso a las partes conectad as del sistema de drenaje para la eliminación de atascos.

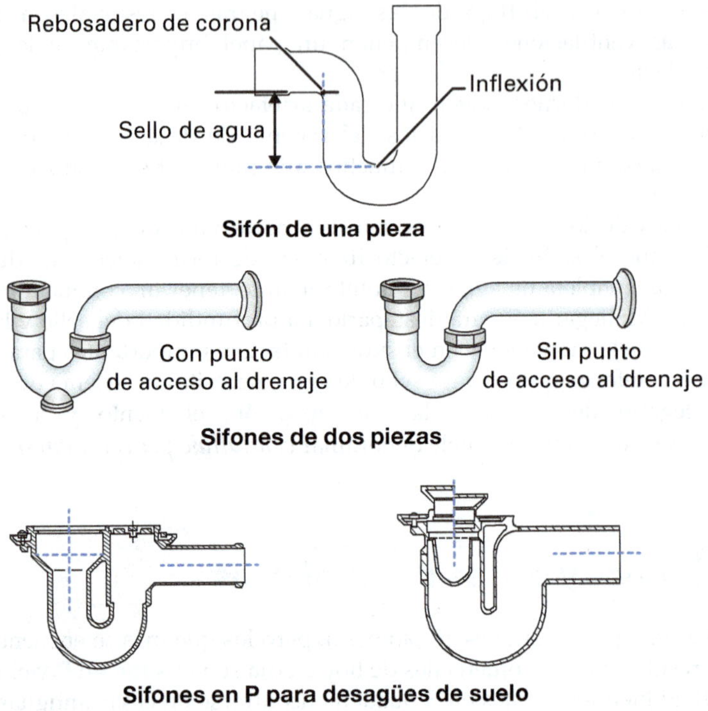

Figura 5 Tipos de sifones en P.

para desagües de suelo. Pueden ser de latón, de latón cromado, de plástico, de cobre, de hierro fundido, de hierro maleable o de vidrio. Los desagües de suelo pueden diseñarse con sifones en P.

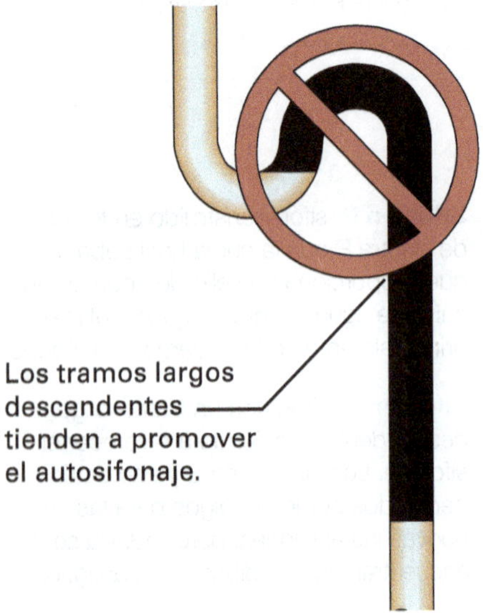

Figura 6 Sifón en S con un tramo largo descendente.

2.1.2 Sifones en S

A pesar de que los códigos de plomería actuales prohíben la instalación nueva de sifones en S, todavía se los puede encontrar en viviendas y edificios antiguos. Los sifones en S están prohibidos porque el tramo largo descendente (*Figura 6*) del sifón tiende a favorecer el sifonaje. Esto significa que el agua puede salir del sifón por succión y permitir que el metano y otros gases del alcantarillado ingresen a la vivienda. En el pasado, los plomeros intentaban hacer que el sifón fuera más eficaz al aumentar la profundidad del sello, pero solo se producían más problemas. Con una profundidad mayor, había más probabilidades de que se acumulen sólidos en el sifón. El crecimiento de hongos también era un problema en sifones demasiado profundos. Los dos tipos de sifones en S que se pueden encontrar en las construcciones existentes son los sifones en S completos y los sifones en S de ¾. Las tiendas de plomería aún tienen estos tipos de sifones para reparaciones, pero no se los debe instalar en construcciones nuevas.

Los inodoros tienen sifones integrados como parte de su diseño. Nunca se debe conectar un inodoro (*Figura 7*) a otro sifón. Esto se denomina **doble sifón** y crea una presión que bloquea el flujo del desagüe.

2.1.3 Interceptores

Los interceptores evitan que los materiales peligrosos o indeseables entren en los sistemas de drenaje del edificio, en los alcantarillados públicos o privados y en las plantas o procesos de tratamiento de aguas residuales. Los materiales peligrosos o indeseables pueden ser el cabello, las pelusas, la grasa, el aceite, los lubricantes, los líquidos inflamables, la arena, los sólidos, los desechos ácidos o alcalinos y las sustancias químicas. Los interceptores se fabrican para aplicaciones específicas. Los interceptores de cabello, por ejemplo, se instalan en salones de belleza, peluquerías, hospitales o peluquerías de mascotas. Los códigos de plomería exigen que se instalen interceptores de grasa por gravedad o hidromecánicos (*Figura 8*) en restaurantes, cocinas comerciales o talleres de reparación de automóviles. Aunque los interceptores difieren en cuanto al diseño, todos funcionan con principios similares. Las aguas residuales fluyen a través de una cámara donde se eliminan los materiales nocivos antes de que vuelvan a salir.

NOTA

Los sifones antisifonaje se consiguen con sellos de sifón más profundos. Se utilizan cuando el sistema de plomería está sometido a cambios anormales de presión o cuando puede producirse demasiada evaporación.

Doble sifón: situación en la que un sifón está unido a otro, lo que crea una presión negativa que cierra el flujo de drenaje previsto.

Interceptores: dispositivos diseñados e instalados para separar y retener materia nociva, peligrosa o indeseable de los residuos normales, lo que permite, al mismo tiempo, que las aguas residuales normales o los residuos líquidos se descarguen en el sistema de drenaje por gravedad.

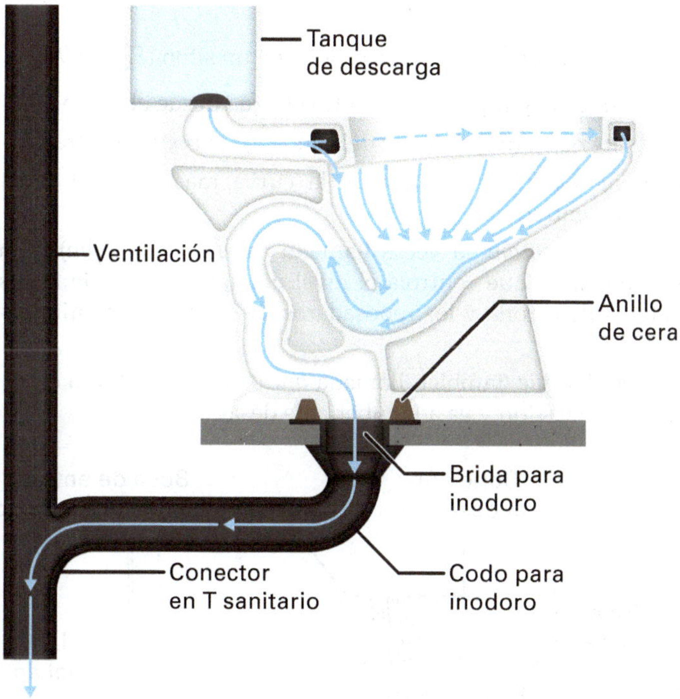

Figura 7 Sifón integral o incorporado.

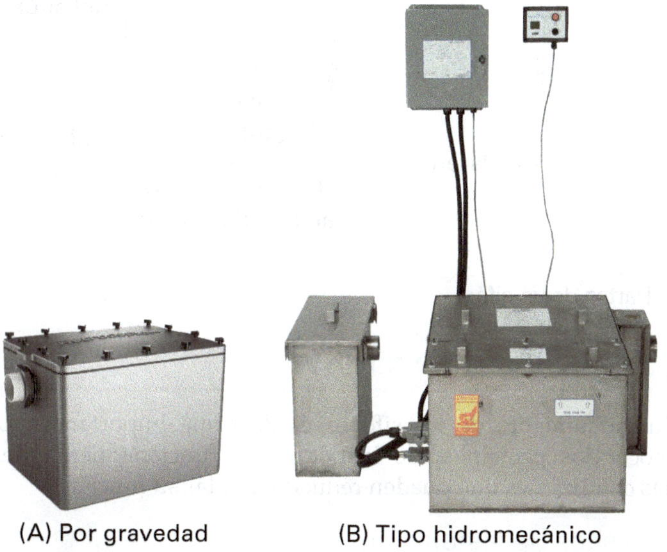

Figura 8 Interceptores de grasa.
Fuente: cortesía de Zurn

Por ejemplo, en los interceptores diseñados para capturar residuos sólidos como la grasa, las aguas residuales circulan por una cámara y pasan a través de rejillas de filtrado. Como los sólidos son más pesados que las aguas residuales, la gravedad los hace descender al fondo de la cámara, donde quedan retenidos hasta que se la limpia. Por otro lado, las grasas y los aceites son menos densos que el agua, por lo que flotan. Como resultado, estas sustancias quedan atrapadas en una cámara ubicada en la parte superior del artefacto.

Tanto el *IPC*® como el *UPC*® contienen códigos específicos relacionados con la instalación de interceptores por gravedad e hidromecánicos. Antes de la instalación, consulte los códigos correspondientes y las ordenanzas locales. Todos los interceptores se deben instalar de acuerdo con las instrucciones del fabricante.

2.1.4 Partes de los sifones

A continuación, se detallan las partes básicas de un sifón (*Figura 9*):

- *Boca de entrada*. Lugar por donde entra el agua desde el artefacto.
- *Inflexión superior*. Curva interior del caño bajo la boca de entrada.
- *Inflexión inferior*. Parte inferior de la curva más baja del caño por debajo de la boca de entrada.
- **Rebosadero** *de corona* (a veces llamado *rebosadero de sifón*). Punto más alto del sello del sifón que controla el nivel del agua dentro de la instalción. Los rebosaderos de corona y los rebosaderos de sifón se denominan simplemente *rebosaderos*.
- *Conexión al desagüe* (también llamada *brazo del sifón*). Punto en el que el agua residual sale del sifón y va a la tubería de desagüe.

Rebosadero: en el ámbito de la plomería, es el reborde de una instalación que controla el nivel del agua dentro de él. En inglés se lo conoce como *weir*, que proviene del inglés antiguo y significa "presa".

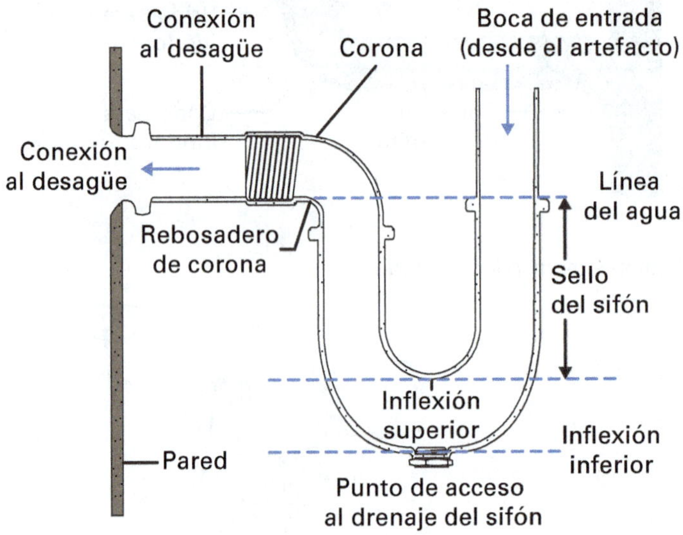

Figura 9 Partes de un sifón.

2.2.0 Instalación de sifones

El buen funcionamiento de los sifones es de suma importancia. Los plomeros deben conocer los principios de instalación y funcionamiento de los sifones, así como las condiciones que pueden reducir o anular su función.

2.2.1 Requisitos de instalación

Aunque los requisitos específicos de instalación relacionados con las dimensiones y ubicaciones de los sifones se rigen por los códigos correspondientes, existen algunos requisitos básicos de instalación para sifones que los plomeros deben respetar, como se muestra en la *Figura 10* y se detallan a continuación:

- La distancia vertical desde la salida de la instalación hasta el rebosadero de corona no puede exceder los 24 pulg. (60.96 cm).
- La distancia horizontal desde el rebosadero de corona hasta la ventilación del sifón varía en función de su diámetro.
- La caída total, o **descenso**, en la conexión al desagüe desde el rebosadero de corona hasta la ventilación no puede exceder el diámetro del caño de desagüe del sifón. Normalmente, el descenso es de $\frac{1}{4}$ pulg. por pie (2.08 cm por metro). Si el tramo horizontal se instala con una caída mayor, es probable que se sifone.

Muchos sifones en P se fabrican en dos piezas. La pieza de codo en J se une a la pieza final de la instalación y se asegura con una empaquetadura y una tuerca de compresión llamadas *arandela de junta de dilatación* y *tuerca de junta de dilatación*. El extremo de salida, llamado *brazo del sifón*, se une al desagüe horizontal, que se conecta a la ventilación.

NOTA

Consulte siempre el código local correspondiente para conocer los requisitos de instalación del sifón en su región.

Descenso: el nivel de inclinación con respecto a los tramos horizontales de un caño, expresado como una altura en pulgadas por pie de tramo.

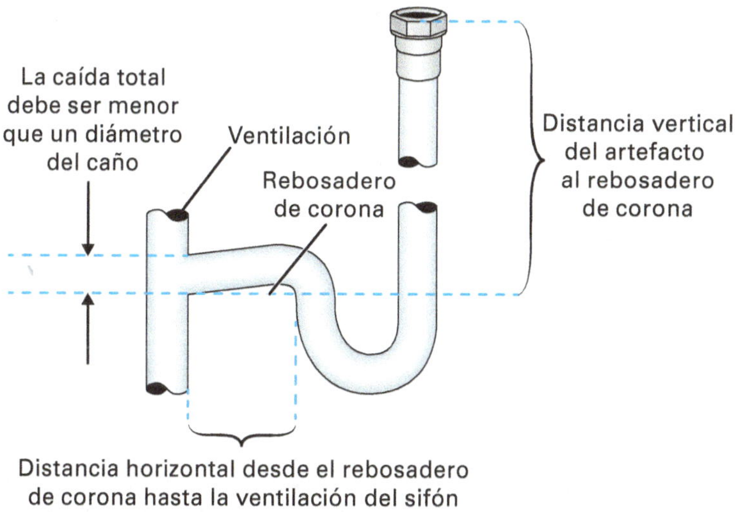

Figura 10 Dimensiones críticas de una ventilación de sifón.

Por lo general, se debe instalar un sifón por cada artefacto sanitario que no tenga uno incorporado. Algunos códigos permiten utilizar un sifón para más de un artefacto. Por ejemplo, tres lavatorios que estén a menos de 30 pulg. (76.20 cm) de distancia pueden estar conectados a un solo sifón. Los fregaderos con dos o tres compartimentos también se pueden conectar a un solo sifón.

2.2.2 Pérdida del sello del sifón

Cuando un sifón funciona correctamente, los residuos de la instalación fluyen hacia el sifón y lo atraviesan (*Figura 11*). El sifón se vuelve a llenar con lo último de las aguas residuales que salen de la instalación. Esta agua proporciona el sello líquido necesario. Para que el sifón funcione de esta manera, la presión a ambos lados del sifón debe permanecer casi igual. El agua tiende a fluir a nivel, línea que se denomina **gradiente hidráulico**. El rebosadero de corona debe instalarse más abajo que la parte superior del lugar donde la conexión al desagüe ingresa a la línea de ventilación.

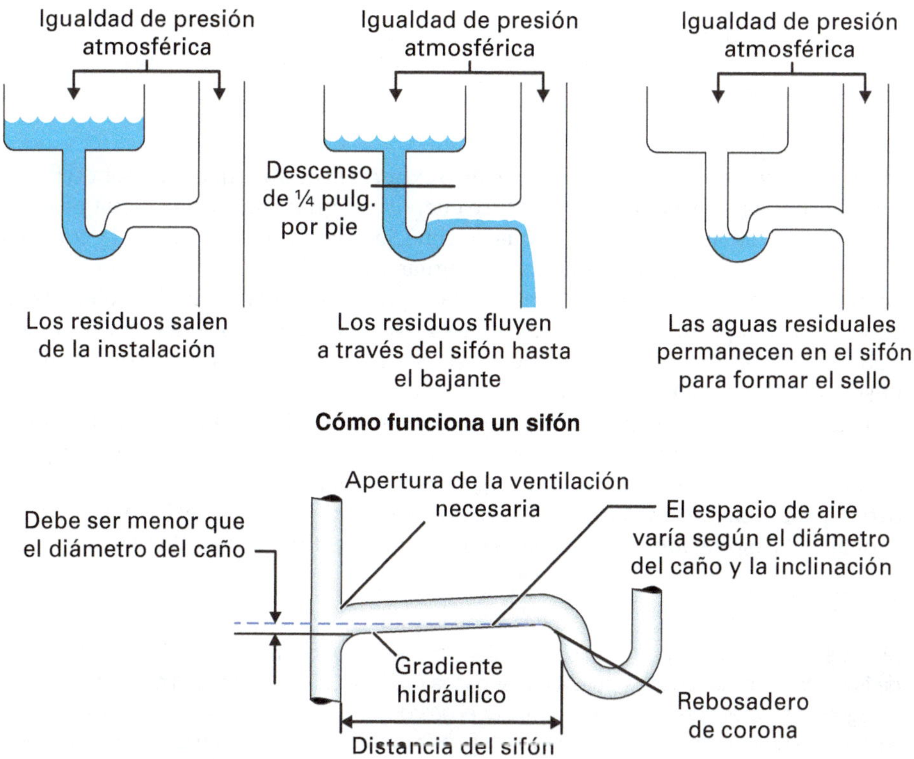

Figura 11 Funcionamiento de un sifón.

¿Sabías qué?

Historia del DWV y la salud pública

En los primeros acceosrios de plomería domésticos (en la década de 1850), las principales protecciones contra los malos olores y los gases de las alcantarillas eran sifones hechos a mano que el plomero instalaba en los desagües de las distintas instalaciones. Estos sifones solían perder el sello de agua a causa del sifonaje y la contrapresión, por lo que se volvían ineficaces. Los esfuerzos para evitar la pérdida del sello fracasaron porque todavía no se conocía el principio de ventilación de las conexiones al desagüe.

A principios del siglo XX, los problemas con los sifones de las instalaciones llevaron a las autoridades sanitarias a exigir una protección secundaria: la instalación de sifones en cada alcantarillado del exterior del edificio sanitario o combinado. Sin esta protección adicional, las ratas podían pasar de un edificio a otro con libertad. Los sifones de los edificios se convirtieron en la segunda línea de defensa contra las ratas en los sistemas de alcantarillado.

Este requisito fue un gran avance en su momento. Sin embargo, desde la invención de los sistemas modernos de recolección, desagüe y ventilación, la mayoría de los códigos modelo no requieren sifones para los edificios. De hecho, muchos de los códigos prohíben el uso de estos sifones. Las únicas excepciones son las áreas donde los gases del alcantarillado son muy corrosivos o contienen un alto contenido de gases explosivos, lo que genera un riesgo en el sistema del alcantarillado público que podría, por ejemplo, hacer explotar las bocas de inspección y causar daños importantes.

Gradiente hidráulico: nivel de la superficie del agua que fluye en un caño parcialmente lleno solo por gravedad.

Cuando el sistema de DWV se diseña e instala de forma adecuada, se evita el sifonaje y la contrapresión. Hay múltiples maneras en que un sifón puede perder su sello, incluidas las siguientes:

- Sifonaje
- Aspiración
- Impulso
- Oscilación (efecto del viento)
- Contrapresión
- **Evaporación**
- **Capilaridad**
- Grietas

Evaporación: cambio natural del agua de líquido a vapor a una temperatura inferior a su punto de ebullición.

Capilaridad: tendencia del agua a ser arrastrada hacia un material poroso o fibroso en contra de la gravedad por encima del nivel de la fuente de agua.

2.2.3 Sifonaje

El sifonaje ocurre cuando hay una presión negativa en el interior de la tubería de DWV. La diferencia de presión empuja el agua, normalmente retenida en el sifón, hacia el sistema de tuberías de DWV. Por lo general, el sifonaje se produce cuando la tubería de DWV está mal ventilada o cuando la ventilación está bloqueada (*Figura 12*). A medida que las aguas residuales salen del sifón, se crea un área de presión reducida en la tubería de desagüe. Debido a la diferencia de presión, el agua sale del sifón porque la fuerza ejercida por la presión atmosférica es mayor y destruye el sello del sifón. El sifonaje se produce cuando hay demasiada inclinación y el rebosadero de corona está más elevado que el punto en el que la conexión al desagüe entra en la ventilación.

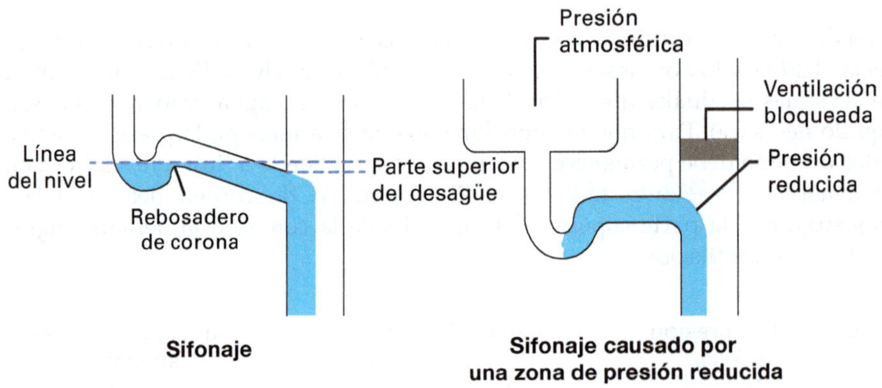

Figura 12 Sifonaje.

2.2.4 Aspiración

El término *aspiración* significa la captación o extracción de algo, que suele ser un fluido. En las tuberías, la aspiración se produce cuando un gran volumen de agua pasa por un conducto de aguas residuales que se conecta a un sifón. El flujo de la conexión disminuye la presión en el conducto de aguas residuales, lo que extrae el agua del sifón y hace que el sello falle. Debido a la aspiración, los fallos en los sellos de los sifones pueden permitir la entrada de gases y olores desde el sistema de ventilación. Cuando el sello del sifón ha fallado o está saturado con el gas o el olor, emitirá el mismo olor, a menudo desagradable, en el edificio.

Las instalaciones con sifones en S son los más vulnerables a la aspiración. Cuando se instala un sifón en S, se puede detectar un fallo en el sello por el olor de los gases del alcantarillado o por un sonido de gorgoteo en el caño. Los sistemas de desagüe deben proporcionar una circulación de aire adecuada en las tuberías para evitar el sifonaje y la aspiración y para proteger los sellos que forman los sifones.

¡ADVERTENCIA!

Muchos gases tóxicos no emiten olor. Verifique siempre que no haya fuga de gases antes de trabajar en un área donde pueda haber gases tóxicos. Utilice una prueba de humo, de agua o de aceite de menta para localizar el gas que puede estar ingresando al sistema a través de una fuga en la tubería. Además, puede utilizar un detector de gases tóxicos para supervisar los niveles potencialmente peligrosos de gas antes de trabajar en un área confinada.

2.2.5 Impulso

El impulso del agua (la combinación de su velocidad y masa) que corre por un caño puede forzar la salida del agua estancada en un sifón y vaciarlo, lo que rompe el sello. El agua puede ganar la velocidad necesaria para vaciar un sifón cuando la distancia vertical entre la salida de la instalación y el sifón es demasiado larga. En la mayoría de los casos, esa distancia debería limitarse a unos 12 pulg. (30.48 cm), aunque se podrían requerir distancias verticales mayores para determinados tipos de tubos verticales.

2.2.6 Oscilación

La oscilación, o efecto del viento, es una de las formas menos probables de que un sifón pierda su sello. Cuando hay fuertes corrientes de aire ascendentes o descendentes, la presión o succión del aire en movimiento puede hacer que el agua del sifón suba o baje con un movimiento de chapoteo u oscilación. Si sube tanto que se desborda hacia el caño de desagüe, queda menos agua en el sifón y el sello se debilita. Las contrapresiones inferiores a las normales podrían romper el sello.

2.2.7 Contrapresión

La contrapresión (*Figura 13*) puede hacer que se rompa el sello del sifón. La contrapresión es la presión en el interior de la tubería de DWV que es mayor que la presión atmosférica. Si el agua residual de la instalación A entra en el bajante de tal manera que un bloque de agua forma un tapón móvil, el aire del bajante por debajo del tapón se comprime. Este exceso de presión intenta escapar a través del sifón de la instalación B, como se ilustra en la *Figura 13*. Para evitar que la contrapresión normal destruya el sello del sifón, el bajante debe estar bien dimensionado y el sifón debe tener el tamaño adecuado y estar protegido por una ventilación. Además, el sello debe tener la profundidad suficiente; por lo general, se necesita un sello de sifón de 2 a 4 pulg. (5 a 10 cm).

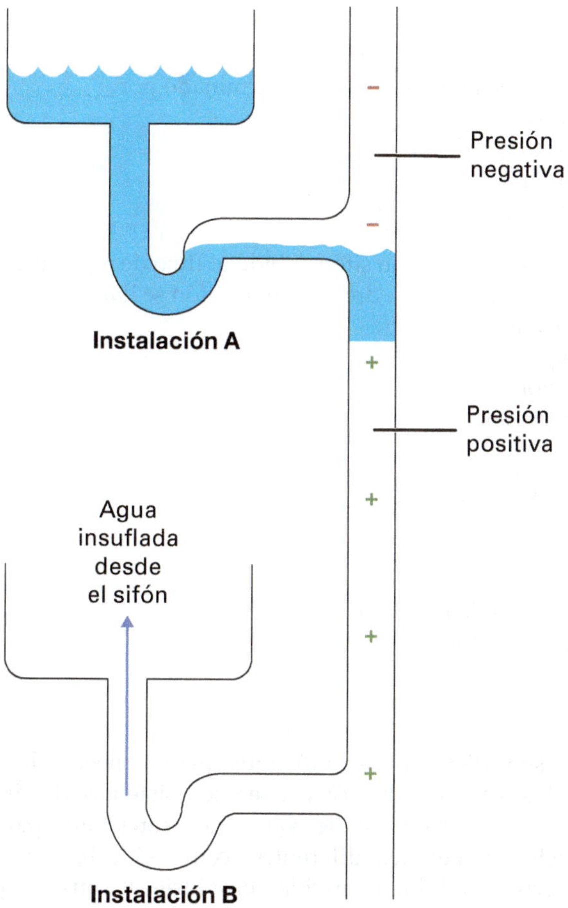

Figura 13 Contrapresión.

2.2.8 Evaporación

Un sifón puede perder su sello debido a la evaporación. Es más probable que ocurra esto en los sifones que se utilizan con poca frecuencia. El agua se evapora, lo que hace que el sello se rompa. Si las tuberías de DWV están bien diseñadas, la evaporación solo se convierte en un problema durante los períodos prolongados de inactividad. Cuando el gas del alcantarillado ingresa a una estructura, los desagües del suelo no utilizados suelen ser la causa. Si prevé períodos prolongados de inactividad, puede instalar sifones más profundos. Muchos códigos exigen cebadores para sifones cuando es probable que se evapore el agua del sello del sifón. Estos cebadores se conectan a una línea de agua que se utiliza con regularidad. El agua circula a través de un pequeño tubo hacia el sifón para que pueda mantener su sello.

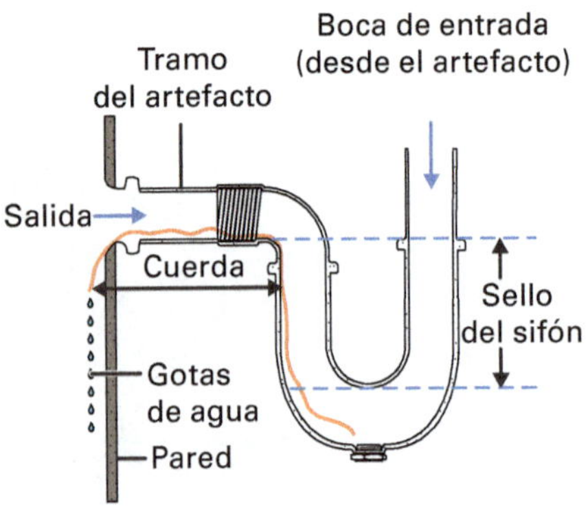

Figura 14 Capilaridad.

2.2.9 Capilaridad

La capilaridad (*Figura 14*) puede hacer que se rompa el sello del sifón si un material poroso, como una cuerda o un papel, queda atrapado en el sifón y en el conducto de aguas residuales. El material poroso actúa como una mecha y extrae el agua del sifón por capilaridad. La limpieza del sifón soluciona este problema.

2.2.10 Grietas

Una causa muy habitual de fuga de residuos y gases del alcantarillado en un edificio es una grieta en el sifón. Las grietas pueden provocarse por arandelas desgastadas, o bien, por una tuerca o una unión por soldadura o pegamento rotas.

Repaso de la sección 2.0.0

1. ¿Cuál de los siguientes es el tipo de sifón de DWV *más* común?
   a. Sifón en K
   b. Sifón en R
   c. Sifón en S
   d. Sifón en P

2. El nivel de agua en un sifón está determinado por _____.
   a. la inflexión superior
   b. el rebosadero de corona
   c. la corona
   d. la conexión de drenaje

3. La pérdida del sello de un sifón debido al flujo de agua que pasa por la conexión de la línea de drenaje de un sifón se llama _____.
   a. aspiración
   b. sifonaje
   c. oscilación
   d. contrapresión

3.0.0 Accesorios de DWV

Tarea práctica

1. Realizar un dibujo isométrico de un sistema simple de DWV y rotular sus componentes.

Objetivo

Describir los accesorios de DWV y sus aplicaciones.

a. Identificar los accesorios de DWV.

Conectores para desagüe: accesorios instalados en las secciones de drenaje del sistema de DWV para eliminar las aguas residuales de un edificio.

Los accesorios son dispositivos utilizados para conectar los caños. Cuando se utilizan en los sistemas de DWV o en los sistemas de drenaje especiales, se denominan **conectores para desagüe**. Los conectores para desagüe están hechos de muchos materiales diferentes, como el cobre, el latón, el plomo, el acero, el hierro fundido, la arcilla, el vidrio y varios tipos de plástico. El plástico y el hierro fundido son los materiales más utilizados en la construcción de sistemas de DWV (*Figura 15*). En esta sección, se describen los tipos de conectores para desagüe y sus usos dentro de los sistemas de tuberías de DWV.

Caños y accesorios de hierro fundido

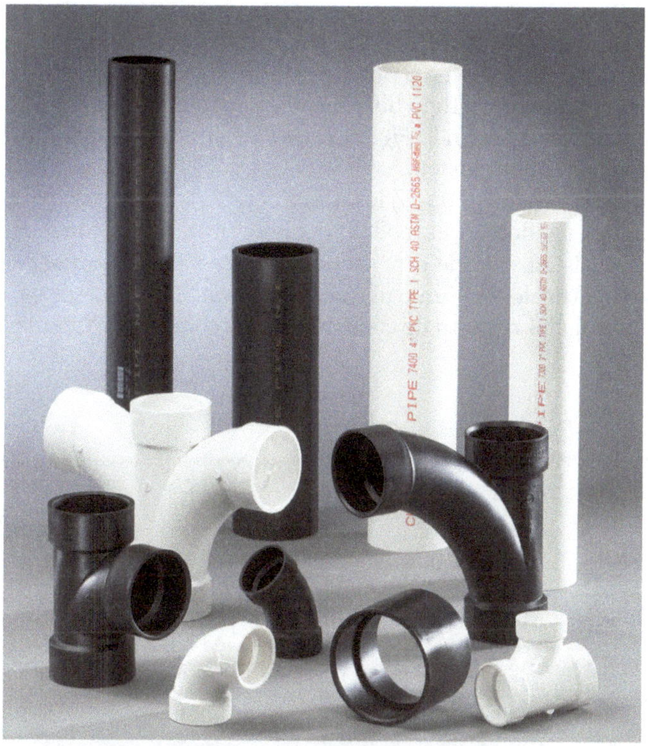

Caños y accesorios de plástico

Figura 15 Accesorios de DWV.
Fuente: Charlotte Pipe and Foundry

Los accesorios del mismo diseño tienen los mismos nombres, más allá de que estén hechos de plástico, hierro fundido o cualquier otro material. Por ejemplo, un conector en T sanitario de plástico y un conector en T sanitario de hierro fundido son idénticos. Aunque están hechos de materiales diferentes, los dos se denominan *conectores en T sanitarios.*

Existen varios conectores para caños de cobre que se utilizan en sistemas de DWV. Estos conectores pueden ser codos en L a 90°, 45° y 22$^1/_2$°, adaptadores macho, conectores en T, T de punto de acceso al drenaje, conectores en T reductores y reductores.

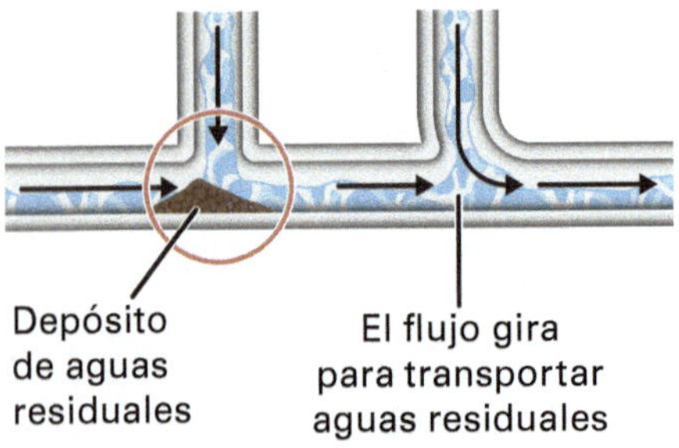

Figura 16 Diseño de barrido.

Espiga: cuando se refiere a los sistemas de DWV, se trata del extremo del caño o la parte macho de un conector que se inserta en la campana de un conector descendente.

3.1.0 Accesorios y aplicaciones en DWV

La mayoría de los códigos establecen que los accesorios de conexión para desagüe no pueden ralentizar ni bloquear el flujo de materiales en el caño. Por ello, los accesorios de conexión para desagüe sanitario se fabrican con un diseño de barrido para permitir un flujo suave del material en el sistema. El área marcada con un círculo rojo en la *Figura 16* muestra lo que ocurre cuando se utiliza un accesorio de diseño sin barrido en un sistema de desagüe sanitario.

Los códigos también exigen que la dirección de los accesorios con campana no debe ir contra el flujo del sistema; es decir, las aguas residuales deben circular desde el extremo de la campana hasta el extremo de **espiga** del caño.

3.1.1 Ventilación

Todos los sifones requieren algún tipo de ventilación. Los caños de ventilación son fundamentales para que las instalaciones funcionen correctamente como parte del sistema de drenaje sanitario. La ventilación evita que la contrapresión o el sifonaje rompan los sellos de los sifones que apoyan a las instalaciones. Todos los tubos de ventilación de un edificio conforman el sistema de ventilación y están conectados a las tuberías de desagüe. El sistema puede incluir uno o más caños. La ventilación se instala para proporcionar un flujo libre de aire y mantener una presión igualada en todo el sistema de desagüe. En la *Figura 17*, se muestra un ejemplo de los diferentes tipos de ventilaciones que existen.

Como se muestra en la *Figura 17*, los **conectores sanitarios** se pueden encontrar en modelos simples y dobles. El modelo doble se utiliza para conectar dos ramales que entran en el sistema desde direcciones opuestas. Esto permite colocar **tramos** horizontales y verticales en una ubicación central. Los accesorios de conexión sanitarios para ramales constan de conectores en T, conectores Y y una combinación de ambos.

Conectores sanitarios: accesorios utilizados para conectar los ramales de la red de DWV al sistema principal y para servir como puntos de acceso al drenaje.

Tramos: longitudes de caños que continúan en línea recta.

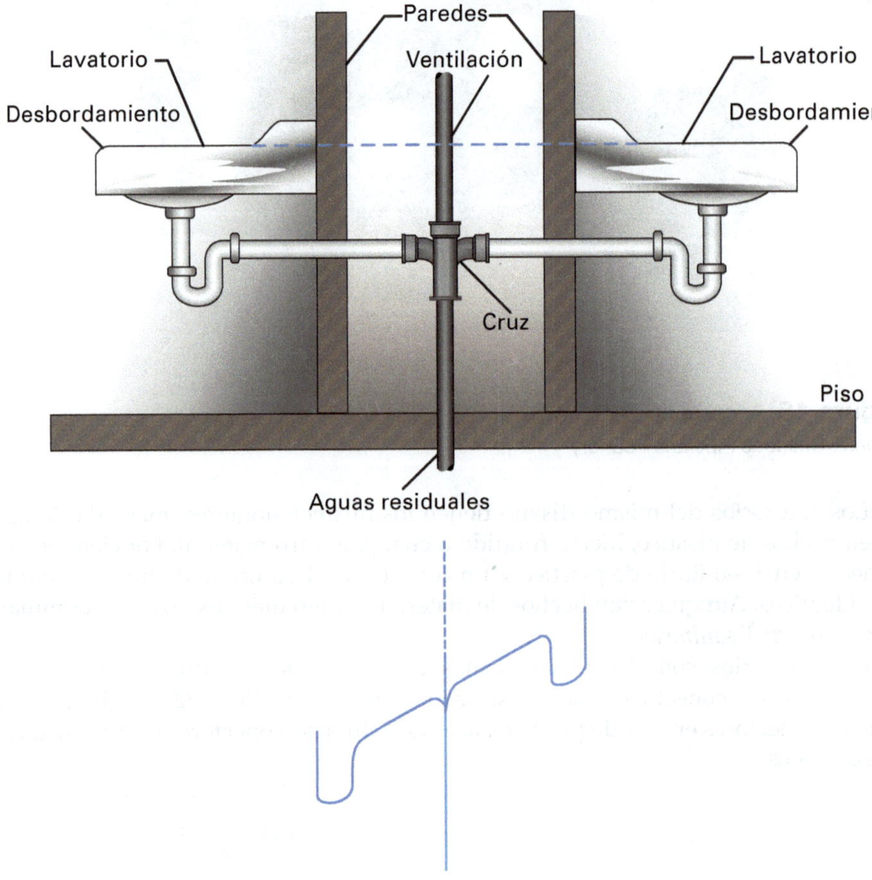

Figura 17 Ventilación común.
Fuente: Charlotte Pipe and Foundry

3.1.2 Codos

Los conectores sanitarios conectan las ramas DWV al sistema DWV principal. Las bocas de entrada de ramal de estos accesorios pueden ser reducciones (de un caño más grande a otro más pequeño). Si es así, pueden unirse al sistema sin reductores.

El término *curva* suele referirse a los conectores de hierro fundido. Con otros tipos de accesorios, son más comunes los términos *codo* y *codo en L*. Los codos cambian la dirección de un tramo de caño. Un tramo es una o más longitudes de caños en línea recta. Los codos vienen en varios tamaños. Algunos tamaños pueden conseguirse solo en un tipo de material, como el hierro fundido. Los catálogos de los fabricantes de caños y accesorios muestran todos los tamaños existentes según el material del accesorio. En la *Figura 18*, se pueden observar ejemplos de codos habituales.

> **¿Sabías qué?**
>
> **Accesorio tipo calle**
>
> El nombre "accesorio tipo calle" proviene del hecho de que la conexión macho del accesorio siempre apunta hacia la calle (hacia el otro lado del edificio) cuando se instala de forma correcta.

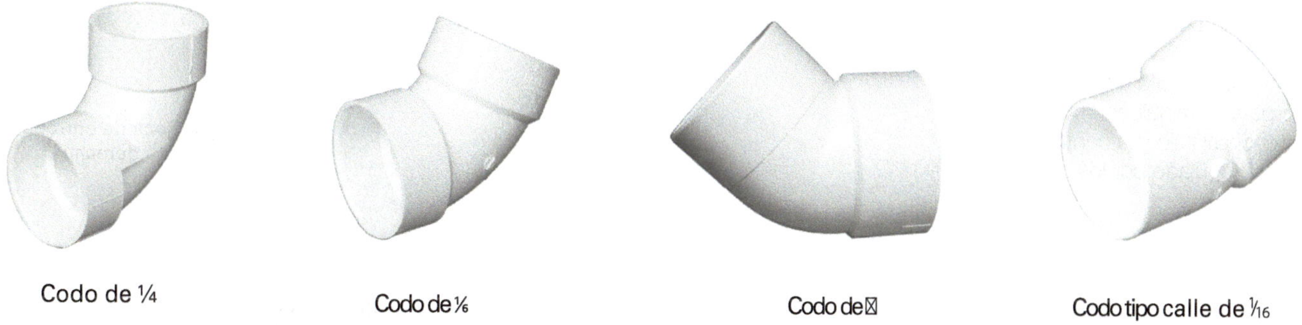

Figura 18 Codos.
Fuente: Charlotte Pipe and Foundry

El diseño de plomería le indicará qué codos utilizar y en qué parte del sistema colocarlos. Los codos se expresan como fracciones de un círculo completo. Un círculo tiene 360 grados. Para determinar con facilidad el número de grados que gira o cambia la dirección del flujo un codo en particular, multiplique la fracción del codo por 360 grados. Por ejemplo, para determinar el ángulo de giro de un codo de ¼, multiplique el tipo de codo (¼) por 360 grados:

$$\frac{1}{4} \times 360° = 360° \div 4 = 90°$$

Los codos se fabrican con **talones de entrada** y **bocas de entrada laterales** para permitir que las líneas más pequeñas se conecten al codo (*Figura 19*). Es importante tener en cuenta que un codo con boca de entrada lateral de patrón alto o bajo no puede utilizarse como ventilación si la entrada es horizontal.

Talones de entrada: aberturas en la parte curvada y posterior de los codos en línea con el codo, utilizadas para conectar líneas más pequeñas a la línea principal.

Bocas de entrada laterales: aberturas en los accesorios en forma de L o T en ángulo recto con respecto a la línea del tramo, utilizadas para conectar líneas más pequeñas a la línea principal.

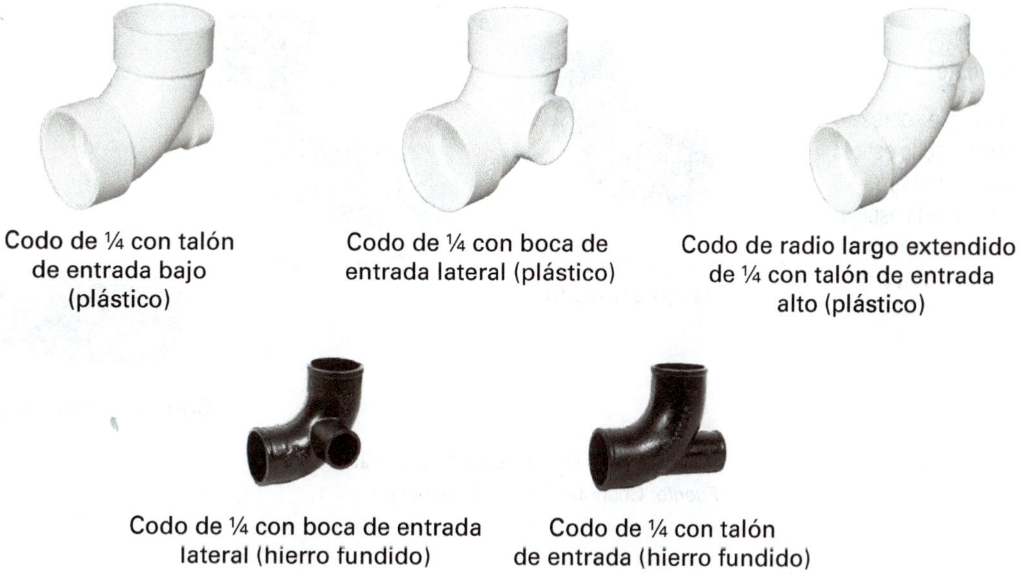

Figura 19 Codos con talón de entrada y bocas de entrada laterales. *Fuente:* Charlotte Pipe and Foundry

Las bocas de entrada laterales de los codos pueden ser simples o dobles. Para determinar si las bocas de entrada son derechas o izquierdas, coloque la espiga del codo hacia abajo y mire a través del extremo de la campana (esta es la misma dirección en la que el agua fluiría por el desagüe) (*Figura 20*). Las entradas izquierdas se encuentran del lado izquierdo, y las derechas, del lado derecho.

Existen tres modelos de codos de ¼ (*Figura 21*). El accesorio básico se denomina *codo de 90°*.

Se pueden utilizar **codos de radio largo acortado de ¼** y **codos de radio largo extendido de ¼** en la base de los bajantes de DWV. Distintos códigos los exigen porque el mayor radio de giro disminuye, en gran medida, la resistencia al flujo y la contrapresión. Verifique siempre los códigos correspondientes para determinar qué codo debe utilizarse en su región.

Codos de radio largo acortado de ¼: codos de radio acortado utilizados en la base de un bajante de DWV y en otros lugares. Su uso está regulado por los códigos.

Codos de radio largo extendido de ¼: se utilizan habitualmente en la base de los bajantes de DWV y en otros lugares cuando se necesita un radio más largo para disminuir en gran medida la resistencia al flujo y la contrapresión. Su uso está regulado por los códigos.

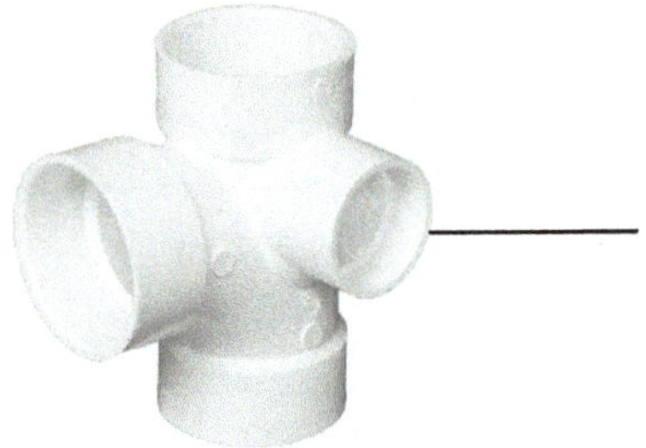

Conector en T sanitario con boca de entrada lateral derecha

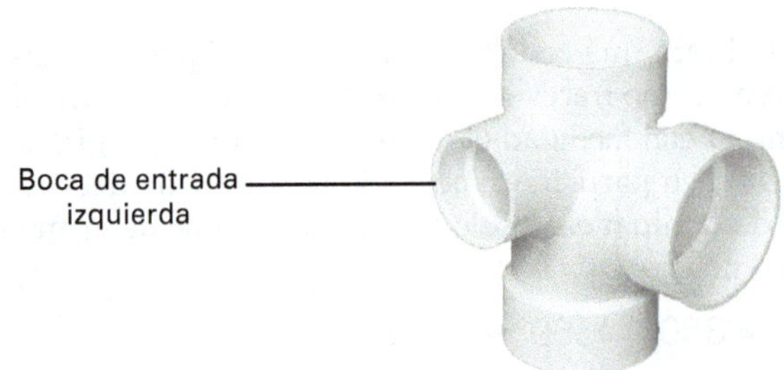

Conector en T sanitario con boca de entrada lateral izquierda

Figura 20 Determinación de la boca de entrada lateral izquierda o derecha.
Fuente: Charlotte Pipe and Foundry

¿Sabías qué?

Cómo hacer que encaje

La extensión triangular que sobresale de la parte inferior de un codo está diseñada para ayudar al plomero a introducir el accesorio en la espiga colocando una correa alrededor de la extensión y tirando hacia arriba.

Codo de radio largo acortado

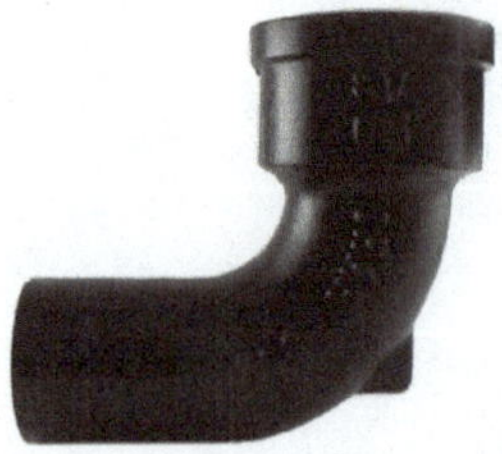

Codo de 90°

Codo de radio largo extendido

Figura 21 Tipos de codos de ¼.
Fuente: Charlotte Pipe and Foundry

Los **codos dobles de ¼** (también llamados *codos gemelos en L*), que se muestran en la *Figura 22*, se utilizan para recoger y combinar el flujo de dos tramos opuestos en un solo tramo de caño. Observe la dirección del flujo en la *Figura 22*.

Los códigos permiten el uso de **codos en L para ventilación** (*Figura 23*) solo en los conductos de ventilación. Si se colocaran en conductos de desagüe o drenajes, el radio de giro pronunciado restringiría mucho el flujo de los materiales. Solo se fabrican de plástico.

Codos dobles de ¼: accesorios utilizados para recoger y combinar el flujo de dos tramos opuestos en un solo tramo de caño.

Codos en L para ventilación: accesorios de plástico con un radio de giro pronunciado, utilizados únicamente en sistemas de tubería de ventilación. Su uso está regulado por los códigos.

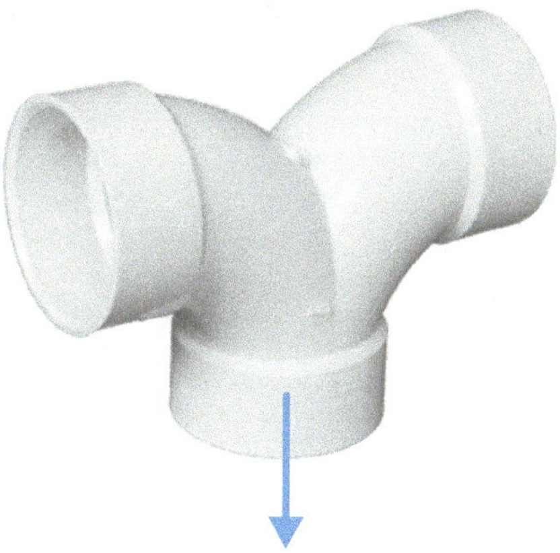

Figura 22 Codo doble de ¼.
Fuente: Charlotte Pipe and Foundry

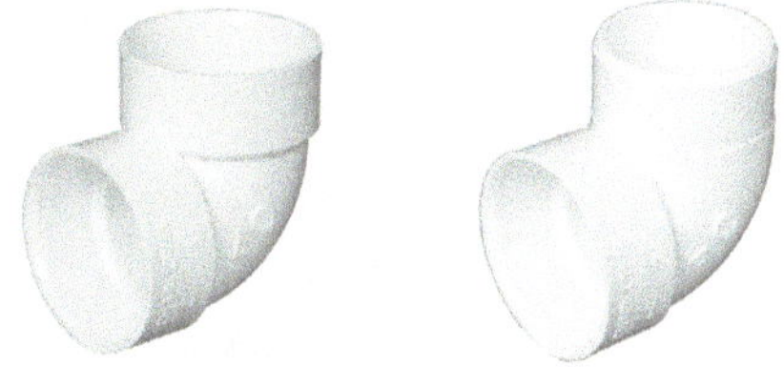

Figura 23 Codo en L para ventilación.
Fuente: Charlotte Pipe and Foundry

3.1.3 Adaptadores

Los accesorios de DWV se suelen utilizar con caños del mismo material. Sin embargo, los adaptadores (*Figura 24*) pueden utilizarse para unir caños de diferentes materiales. Por ejemplo, se pueden utilizar para unir tubos de cobre con tubos de hierro galvanizado o tubos de plástico con tubos de hierro fundido. También son útiles para unir caños de diferentes tamaños, cuando los códigos lo permiten.

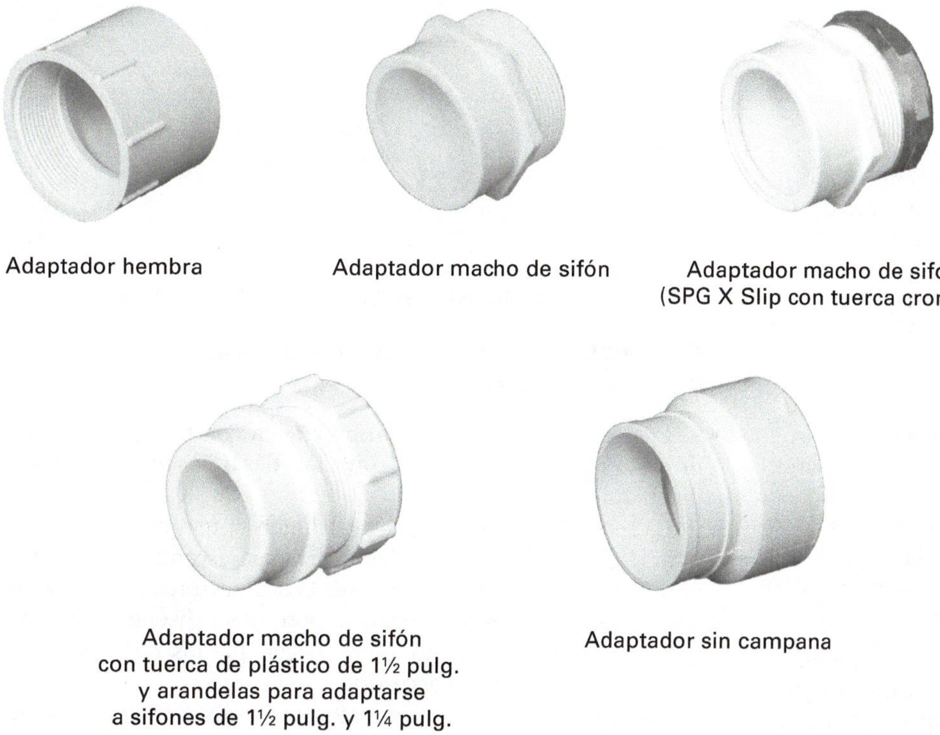

Figura 24 Adaptadores.
Fuente: Charlotte Pipe and Foundry

3.1.4 Puntos de acceso al drenaje

Los accesorios de limpieza son requeridos por los códigos de plomeria para facilitar el posterior servicio de obstrucciones en el desagüe. Los accesorios de acceso al drenaje tienen roscas internas en el accesorio de derivación para conectar un tapón de limpieza roscado. Se puede instalar un adaptador para un punto de acceso al drenaje (*Figura 25*) en un extremo o un ramal de un accesorio, a fin de proporcionar un acceso para la limpieza. En ambos casos, un tapón macho para el punto de acceso al drenaje permite acceder al sistema de tuberías de DWV para eliminar obstrucciones y evitar las fugas.

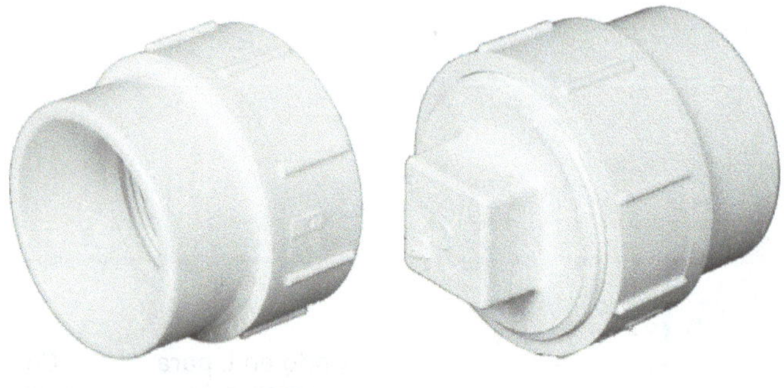

Figura 25 Adaptadores para punto de acceso al drenaje.
Fuente: Charlotte Pipe and Foundry

3.1.5 Conectores en T

Los conectores en T sanitarios, que se muestran en la *Figura 26*, se utilizan para los ramales que pasan de horizontal a vertical. Los códigos modelo restringen su uso para los sistemas de drenaje sanitario en los que el flujo del material pasa de los tramos horizontales a los verticales. Los conectores de doble T sanitarios suelen llamarse *cruces sanitarias*.

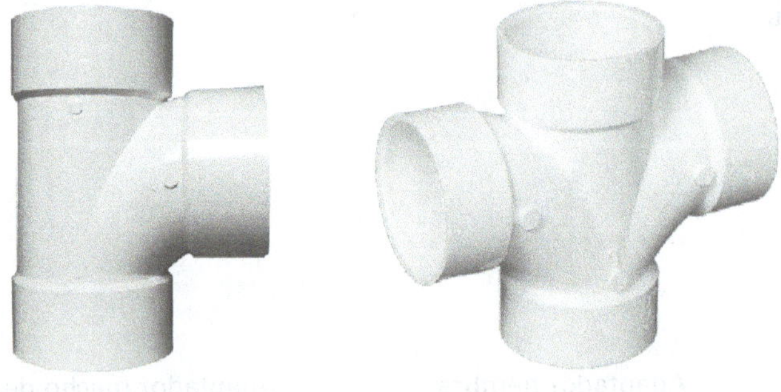

Figura 26 Conector en T sanitario y cruz sanitaria.
Fuente: Charlotte Pipe and Foundry

Los conectores en T sanitarios vienen con bocas de entradas laterales. La boca de entrada lateral permite conectar desagües más pequeños desde la derecha o la izquierda.

La mayoría de los códigos restringen el uso de **conectores en T para ventilación** (*Figura 27*). No se pueden utilizar para ventilar conductos ni como accesorios para el punto de acceso al drenaje. Los conectores en T para ventilación no pueden utilizarse en sistemas de drenaje porque su diseño restringe el flujo de material. Esta restricción de diseño puede hacer que los residuos y la **oxidación** del caño se acumulen dentro del accesorio.

Los **conectores en T para verificaciones** (*Figura 28*) se instalan en el sistema de plomería de DWV según lo exijan los distintos códigos. Estos conectores en T funcionan como puntos de prueba desde los que se puede presurizar el sistema para comprobar la existencia de fugas.

Conectores en T para ventilación: accesorios utilizados en sistemas de ventilación o como puntos de acceso al drenaje. No pueden utilizarse en el sistema de drenaje porque restringen el flujo de material. Su uso está regulado por los códigos.

Oxidación: recubrimiento escamoso y adherido a las paredes de los caños, resultante de la corrosión de los metales, especialmente del hierro o el acero. También es un revestimiento de óxido pesado sobre el cobre o las aleaciones de cobre que resulta de la exposición a altas temperaturas y al oxígeno.

Conectores en T para verificaciones: conectores en T instalados como lugares de prueba para presurizar el sistema de DWV y comprobar la existencia de fugas antes de ponerlo en funcionamiento.

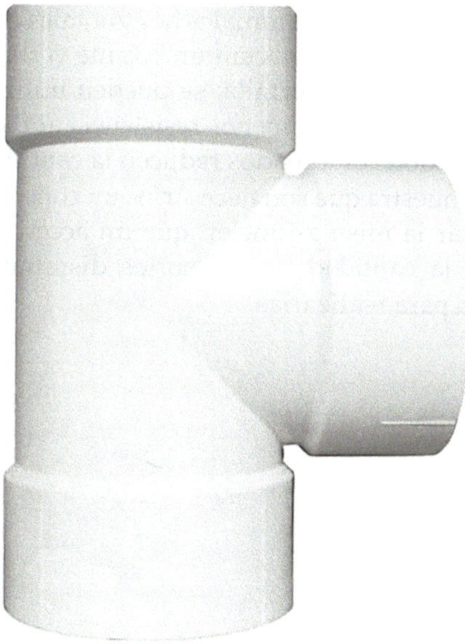

Figura 27 Conector en T para ventilación.
Fuente: Charlotte Pipe and Foundry

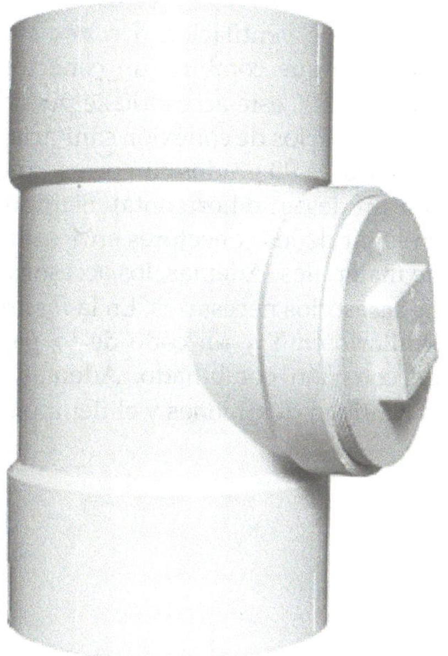

Conector en T de punto de acceso al drenaje con tapón

Figura 28 Conector en T para verificaciones.
Fuente: Charlotte Pipe and Foundry

Conector Y, tipo calle

Accesorio de conexión de doble Y

Figura 29 Conectores sanitarios en Y.
Fuente: Charlotte Pipe and Foundry

3.1.6 Conectores Y

Los **conectores sanitarios en Y** (*Figura 29*) proporcionan un sistema de DWV de flujo suave, de acuerdo con los requisitos de los códigos. Los códigos exigen que los ramales verticales que se cruzan con los ramales horizontales se conecten con accesorios de giro largo, como los conectores Y, con ángulos de 45 grados o de radio largo. Si no se utilizan los accesorios correctos, se pueden acumular tierra y residuos en la pared del caño opuesta al ramal.

Los **conectores sanitarios verticales en Y** (*Figura 30*) conectan el bajante de ventilación con el extremo inferior de los bajantes de aguas negras y de aguas grises.

Un **ramal de ventilación** (o *ventilación de ramal*) (*Figura 31*) une el extremo superior de la ventilación con la parte superior de los bajantes de aguas negras y de aguas grises.

Conectores sanitarios en Y: accesorios de conexión para desagüe que unen los ramales al tramo principal del caño en ángulo y tienen forma de Y.

Conectores sanitarios verticales en Y: accesorios utilizados para conectar bajantes de ventilación separados a los extremos inferiores de los bajantes de aguas negras y de aguas grises.

Ramal de ventilación: ventilación que conecta una o más líneas de ventilación individuales con un bajante de ventilación.

Prueba de presión al sistema de DWV

Los plomeros deben realizar una prueba de presión al sistema de DWV instalado para asegurarse de que no haya fugas. Por lo general, los códigos locales exigen esta prueba, y el inspector de obras local también puede realizar una prueba de seguimiento. Para realizar una prueba de presión, cierre el suministro principal de agua y bloquee la ventilación y las tuberías de drenaje en los accesorios en T cercanos al bajante principal. También debe bloquear todas las aberturas, como los desagües, los instalaciones y las salidas de los instalaciones, con tapones hembra de plástico pegados con solvente o globos de prueba inflables. Según las instrucciones del fabricante, conecte el compresor de aire y el manómetro en un punto de acceso (por lo general, un accesorio del punto de acceso al drenaje). Encienda el compresor hasta que el manómetro registre las libras por pulgada cuadrada (psi) correctas recomendadas por el fabricante o por el código local. Compruebe el manómetro cada tanto durante al menos 15 minutos. Si la presión se mantiene sin cambios en la medida de psi correcta significa que las líneas de DWV no tienen fugas. Las caídas de presión indican la presencia de fugas.

De todas formas, aunque la presión no cambie, también debe escuchar si hay señales de alguna fuga lenta a lo largo de la tubería. El manómetro podría no registrar este tipo de fugas. Si encuentra una fuga, repare todos los accesorios flojos o defectuosos y vuelva a repetir la prueba de presión. Debe respetar las pautas de seguridad del fabricante cuando trabaje con el compresor.

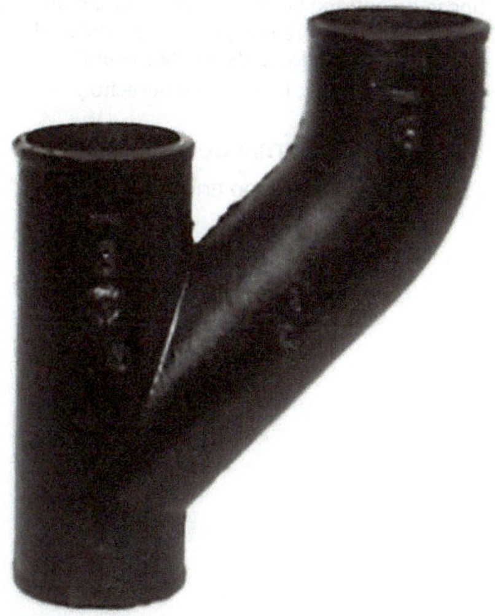

Figura 30 Conector sanitario vertical en Y.
Fuente: Charlotte Pipe and Foundry

Conectores en Y invertidos: accesorios utilizados para unir el extremo superior de las ventilaciones con la parte superior de los bajantes de aguas negras y de aguas grises. Tienen la apariencia de la letra Y invertida.

Accesorio de conexión sanitaria combinado: accesorio que combina un conector Y con un codo de $^1/_8$. Se utiliza para conectar ramales horizontales que se cruzan con otros ramales horizontales. Ofrece menos resistencia al flujo de material que un conector en T sanitario. También llamado *conector T-Y*.

Los conectores Y invertidos (*Figura 32*) pueden utilizarse en lugar de los ramales de ventilación. Un **accesorio de conexión sanitaria combinado** es un accesorio que combina un conector Y con un codo de $^1/_8$. También denominado *conector T-Y*, este accesorio se puede encontrar con una o dos entradas (*Figura 33*). Los accesorios de conexión sanitaria combinados conectan ramales horizontales que se cruzan a 90 grados con otros ramales horizontales. Conectan un bajante vertical con un desagüe horizontal. Siempre que el espacio lo permita, se pueden utilizar en lugar de los conectores en T sanitarios porque ofrecen menos resistencia al flujo de materiales. Además, los accesorios de conexión combinados reducen la cantidad de accesorios necesarios. En la *Figura 34*, se muestra que son necesarios un conector sanitario en Y y un codo de $^1/_8$ para realizar la misma función que un accesorio de conexión combinado. Además, reducir la cantidad de accesorios disminuye la cantidad de uniones y el tiempo necesario para realizarlas.

Accesorio de arranque sin campana con o sin bocas de entrada sin campana de 2 pulg. (5.08 cm) (diseñado para uso por encima del suelo en inodoros de salida trasera)
Doble, izquierdo o derecho

Figura 31 Ramal de ventilación.
Fuente: Charlotte Pipe and Foundry

Conector Y

Figura 32 Conector en Y invertido para ventilación.
Fuente: Charlotte Pipe and Foundry

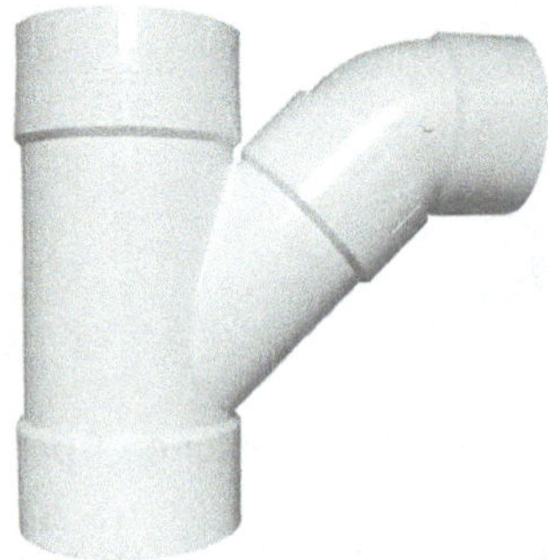

Combinación de conector Y con codo de $^1/_8$

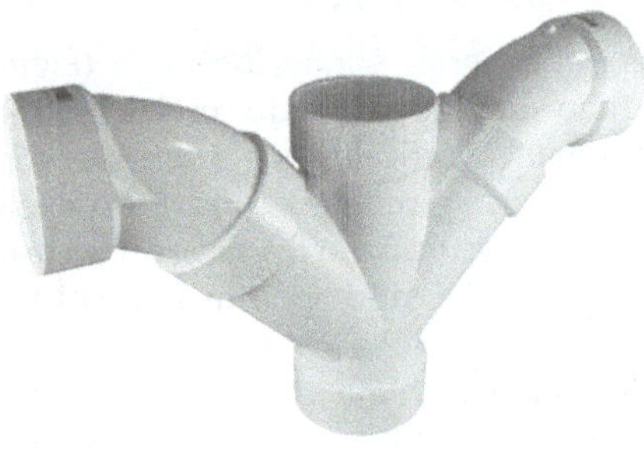

Combinación doble de conector Y con codo de $^1/_8$

Figura 33 Accesorios de conexión sanitaria combinados.
Fuente: Charlotte Pipe and Foundry

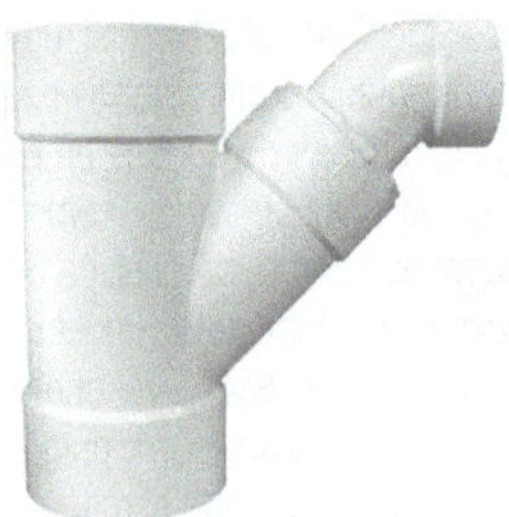

Combinación de conector Y con codo de $^1/_8$, reducción (dos piezas)

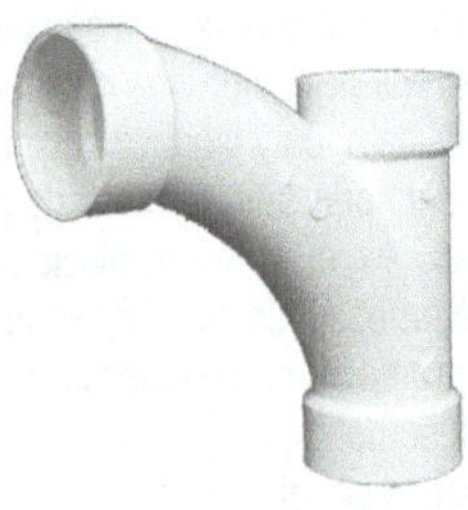

Combinación de conector Y con codo de $^1/_8$ (una pieza)

Figura 34 Accesorios de conexión combinados.
Fuente: Charlotte Pipe and Foundry

3.1.7 Accesorios diversos

Por lo general, se utilizan **aumentadores** (*Figura 35*) para aumentar el diámetro de los bajantes de ventilación, y se colocan al menos 1 pie (30 cm) por debajo de la intersección del bajante con el techo, aunque esta distancia puede variar según los códigos. Los aumentadores son necesarios en climas fríos para evitar que el vapor de agua de condensación se congele y cierre gradualmente la abertura de ventilación. La pérdida de la ventilación podría provocar la pérdida de los sellos de los sifones, lo que hace que el gas del alcantarillado entre en el edificio.

Como ya se ha explicado, se utilizan desviaciones (*Figura 36*) para cambiar la trayectoria del caño a fin de evitar obstrucciones. Pueden desviar el tramo de un caño de 2 a 12 pulg. (desde 5.08 hasta 30.48 cm).

Aumentadores: accesorios utilizados para ensanchar el diámetro de los bajantes de ventilación. Suelen colocarse al menos 1 pie (30 cm) por debajo de la penetración del bajante en el techo. Su uso está regulado por los códigos.

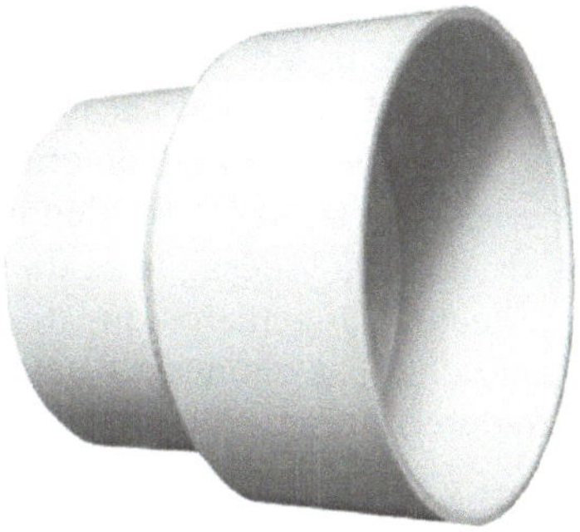

Aumentador/reductor de caño

Figura 35 Aumentador.
Fuente: Charlotte Pipe and Foundry

Brida para inodoro de desviación, ajustable (con anillo metálico)
Desviación de 1½ pulg.

Figura 36 Desviación
Fuente: Charlotte Pipe and Foundry

Repaso de la sección 3.0.0

1. La mayoría de los códigos establecen que los accesorios de conexión para desagüe *no* deben _____.
   a. estar hechos de PVC o caños de hierro
   b. ralentizar el flujo de sólidos o materiales en el caño
   c. instalarse con puntos de acceso al drenaje en sistemas residenciales de DWV
   d. ser accesorios de diseño de barrido en los sistemas de drenaje sanitario

2. Un codo de ⅛ cambia la dirección del flujo _____.
   a. 22½ grados
   b. 45 grados
   c. 70 grados
   d. 90 grados

3. Los conectores en T de plomería se utilizan para los tramos que pasan de ____.
   a. vertical a vertical
   b. vertical a horizontal
   c. horizontal a horizontal
   d. horizontal a vertical

4.0.0 Construcción de DWV y conexiones al alcantarillado

Objetivo

Describir las conexiones al alcantarillado de DWV, los componentes y los códigos relacionados.

a. Identificar los sistemas y componentes del alcantarillado y de la eliminación de aguas residuales.
b. Explicar cómo los códigos de plomería afectan a la construcción de sistemas de DWV.

Tareas prácticas

No hay tareas prácticas en esta sección.

Los plomeros tienen que estar familiarizados con todo lo que implica el diseño de sistemas de aguas residuales y el control del alcantarillado. Las conexiones a los sistemas de alcantarillado municipales y privados tienen que estar conectados de forma correcta para garantizar la eficacia de estos sistemas.

4.1.0 Tipos de sistemas de alcantarillado y sus componentes

Los sistemas de DWV dentro de un edificio recogen las aguas residuales que luego se envían a una planta de tratamiento. Los sistemas más grandes por fuera del edificio recogen, tratan y vierten las aguas residuales procesadas al medioambiente. Los plomeros deben estar familiarizados con estos sistemas y comprender los códigos de plomería relacionados con el tratamiento de las aguas residuales y el alcantarillado.

4.1.1 Pendiente

Pendiente: en el caso de los sistemas de DWV y, en especial, del alcantarillado, se trata de la inclinación de un tramo de caño. También se la denomina *inclinación* o *porcentaje de pendiente*.

Debido a que los sistemas de drenaje y desagüe se basan en la gravedad para mover los residuos sólidos y líquidos, los sistemas de tuberías de DWV se instalan con una inclinación hacia el punto de vertido (*Figura 37*). En plomería, esta inclinación se conoce como **pendiente**. La pendiente también se denomina *porcentaje de pendiente*. Los sistemas de tuberías de drenaje y desagüe se diseñan con la pendiente incorporada al sistema. Los arquitectos e ingenieros que diseñan los sistemas de tuberías suelen determinar la pendiente. La plomería residencial es una excepción, ya que es el plomero quien determina la pendiente según el código correspondiente.

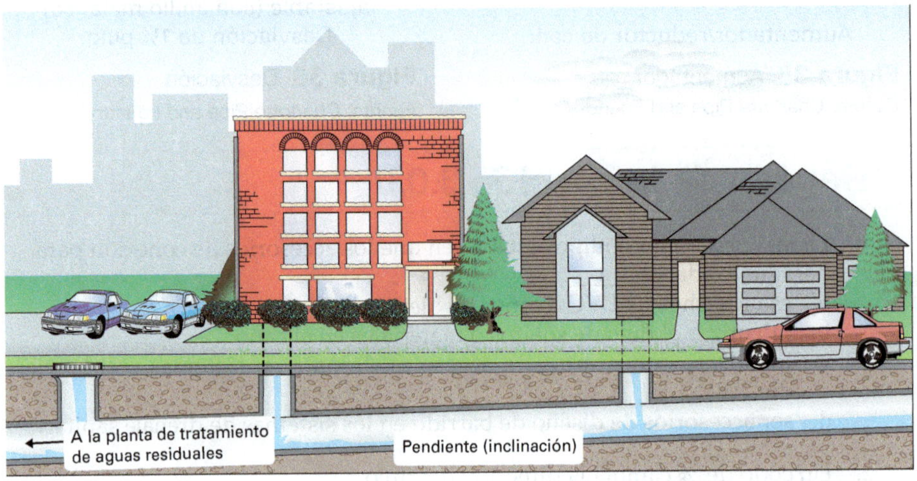

Figura 37 Inclinación o pendiente de un caño que conduce a la planta de tratamiento de aguas residuales.

Velocidad: técnicamente, es la rapidez y la dirección de un objeto en movimiento. Se utiliza comúnmente en lugar de *rapidez* para describir el movimiento de los fluidos en los caños.

En un sistema bien nivelado, los residuos líquidos fluyen a la **velocidad** adecuada, lo que barre el interior del caño y arrastra los sólidos. Si la pendiente es demasiado pronunciada, los residuos líquidos fluirán con mucha rapidez y dejarán atrás los sólidos. Si no hay suficiente pendiente, es posible que los residuos líquidos no fluyan con la rapidez necesaria para barrer el caño y eliminar los residuos sólidos.

Nivel torpedo

El nivel torpedo es una herramienta parecida a un nivel de uso general, pero es mucho más pequeño (por lo general, no tiene más de 1 pie (30.48 cm) de longitud) y es más simple. La mayor ventaja que tiene es poder medir la pendiente de pequeños tramos de caños; por ejemplo, los ramales de las instalaciones que recorren una distancia corta hasta el bajante. El nivel torpedo también es ligero y fácil de manipular en lugares estrechos.

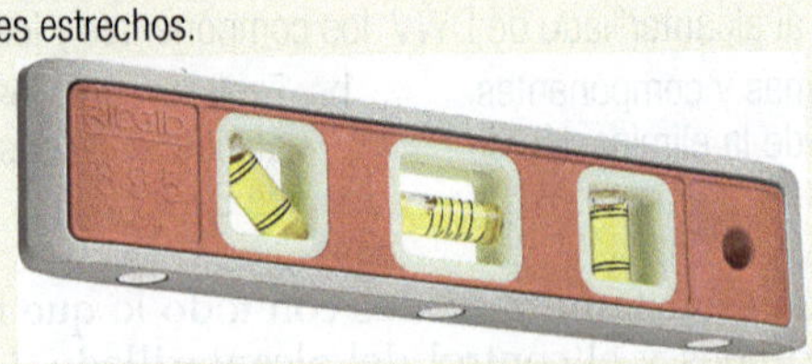

Fuente: cortesía de RIDGID Tool Company

Si la pendiente del caño no se mantiene constante, la velocidad de los residuos líquidos cambia en el punto en el que cambia la pendiente. En cualquiera de estos casos, el caño se suele obstruir rápido con residuos sólidos.

Los plomeros deben determinar la pendiente antes de comenzar el trabajo. Esta información se puede encontrar en los códigos locales de plomería, en las especificaciones de la estructura o en los planos de construcción. Si no se encuentra en ninguno de estos lugares, comuníquese con el inspector local de plomería para que obtener asesoramiento en función del lugar.

4.1.2 Drenaje del edificio

El drenaje del edificio es el caño horizontal principal dentro de un edificio. Lleva todas las aguas residuales y otros residuos líquidos al alcantarillado del exterior del edificio. En general, los códigos definen que el alcantarillado del exterior del edificio se debe ubicar entre 2 y 3 pies (60 y 90 cm) por fuera de los cimientos del edificio. El drenaje del edificio es la arteria principal a la que se pueden conectar otros ramales de drenaje del sistema sanitario.

Un bajante es cualquier caño vertical, incluidas las tuberías de desagüe y ventilación de un sistema de plomería. Un bajante de aguas negras es una sección vertical de caño que recibe la descarga de los inodoros, con o sin la descarga de otros instalaciones. El bajante de aguas negras se conecta al desagüe del edificio.

Un **intervalo de ramal** es una sección de un bajante. El intervalo de ramal suele corresponder a la altura de un piso en un edificio, pero nunca puede ser inferior a 8 pies (2.43 m).

Intervalo de ramal: distancia a lo largo de un bajante de aguas negras o de aguas grises que por lo general corresponde a la altura de un piso de un edificio, donde los ramales horizontales de un piso o nivel de un edificio se conectan al bajante. En ningún caso la distancia debe ser inferior a 8 pies (2.43 m).

Un ramal horizontal es la parte de una tubería de desagüe que se extiende de forma lateral (de costado) desde un bajante de aguas negras o grises y recibe la descarga de una o más conexiones al desagüe.

4.1.3 Puntos de acceso al drenaje

Los puntos de acceso al drenaje son una parte importante de dichos sistemas. Estos accesorios tienen tapones extraíbles que permiten a los plomeros acceder al interior del caño de drenaje y de desagüe en caso de que haya una obstrucción. Los puntos más pequeños de acceso al drenaje suelen estar situados en un lugar de fácil acceso en el exterior de la vivienda y suelen sobresalir solo unos centímetros del suelo (*Figura 38*). Existen puntos más grandes de acceso al drenaje que hasta incluyen tapas de bocas de inspección para edificios.

Figura 38 Punto de acceso al drenaje residencial común.

El alcantarillado del exterior del edificio o de la casa es el tramo del drenaje que va desde los cimientos del edificio hasta la red de alcantarillado o la fosa séptica (sistema privado de eliminación de aguas residuales). En general, comienza aproximadamente entre los 2 pies y 3 pies (60 cm y 90 cm) del exterior del edificio.

El alcantarillado del exterior del edificio se suele construir con plástico ABS (acrilonitrilo-butadieno-estireno) o PVC (policloruro de vinilo), hierro fundido o caños de arcilla vitrificada (una arcilla dura y no porosa). Cuando se entierra el alcantarillado, hay que apisonar el terreno para evitar que el caño se asiente y pierda su pendiente. En ocasiones, el caño se coloca sobre una base de grava que lo sostiene. En algunas partes del país, los plomeros colocan todo el alcantarillado desde la pared de los cimientos hasta la red de alcantarillado. En otras regiones, es posible que el equipo municipal encargado del alcantarillado supervise la instalación desde la divisoria de propiedad hasta la red de alcantarillado. Todas las operaciones relacionadas con el alcantarillado del exterior del edificio están reguladas por los códigos.

Arcilla vitrificada

La arcilla vitrificada solo se utiliza en el alcantarillado y pertenece al ámbito de las obras municipales. Los plomeros rara vez trabajan con arcilla vitrificada de forma directa, aunque pueden encontrarla en una obra después de que la haya colocado un instalador de tendidos de tubos. Se utiliza este tipo de arcilla porque es resistente a la corrosión de los productos químicos habituales en el alcantarillado, soporta la limpieza con abrasivos y tiene una vida útil muy prolongada.

Válvulas antirretorno

La válvula antirretorno es una válvula de retención especialmente diseñada para sistemas de caños de desagüe. Una válvula de retención impide que el fluido retroceda en el sistema de caños; la válvula antirretorno impide el contraflujo de las aguas residuales en el sistema. Cuando los plomeros instalan válvulas antirretorno subterráneas, suelen hacerlo en una caja de válvulas para poder llegar a ellas con facilidad. Las válvulas antirretorno se utilizan solo para aplicaciones especiales, y son el único tipo de válvula que algunas jurisdicciones permiten.

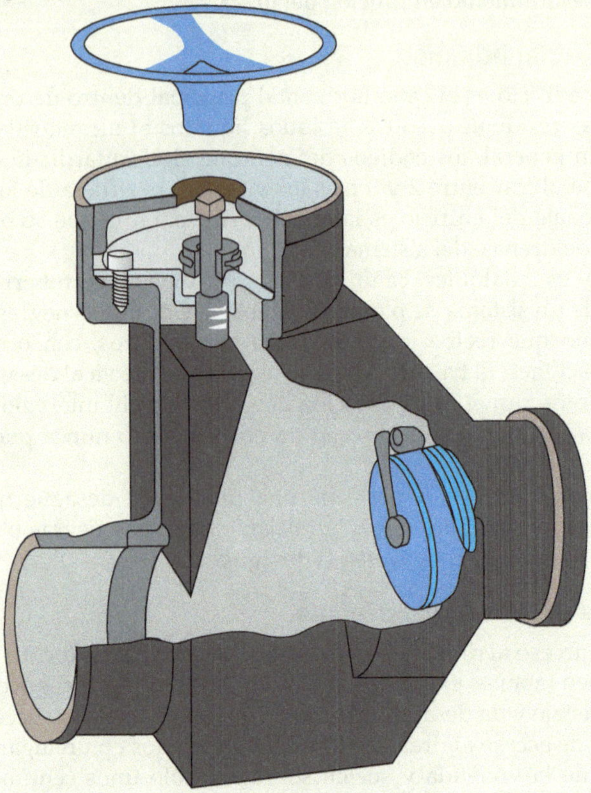

4.1.4 Alcantarillado del exterior del edificio

Se deben colocar pozos de registro para las tuberías subterráneas mayores de 8 pulg. (20.32 cm) de diámetro. Se las debe ubicar a intervalos no superiores de 400 pies (122 m) y en cada cambio importante de dirección, pendiente, **elevación** o tamaño de caño. Para cumplir con los códigos correspondientes de condiciones de tránsito y de carga, pozos de registros deben tener tapas metálicas con un determinado peso y resistencia.

Elevación: altura sobre un punto de referencia establecido, como un punto de referencia de pendiente en un plano de construcción.

4.1.5 Red de alcantarillado

El municipio o la ciudad es el organismo que instala, mantiene y controla el alcantarillado público o municipal. La red de alcantarillado suele estar situada en una calle, callejón o dentro de una servidumbre en un terreno de propiedad privada. La red de alcantarillado lleva las aguas residuales a la planta de tratamiento.

Los municipios o ciudades suelen instalar un alcantarillado de 6 pulg. (15.24 cm) en forma lateral desde la red de alcantarillado hasta el borde de cada lote. Este caño lateral conecta el alcantarillado del exterior del edificio con el sistema público de alcantarillado.

4.1.6 Sistemas municipales de tratamiento de aguas residuales

Muchas municipalidades tienen sistemas de alcantarillado que recogen y tratan las aguas residuales en una planta depuradora y, luego, las vierten al ecosistema. Las plantas municipales de tratamiento de aguas residuales (*Figura 39*) son instalaciones muy sofisticadas, ya que la salud y la seguridad pública dependen de su funcionamiento.

Estos sistemas están diseñados para manejar miles de litros de aguas residuales por día. Las instalaciones de tratamiento reciben las aguas residuales en tanques enormes de retención, donde las sustancias más pesadas se depositan en el fondo y las sustancias más ligeras flotan en la parte superior. La capa de sustancias más pesadas se denomina **lodo**. El lodo y las aguas residuales se tratan en las instalaciones.

Lodo: materia semilíquida que se deposita en un tanque de retención durante el proceso de tratamiento de residuos.

Figura 39 Planta municipal de tratamiento de aguas residuales.

4.1.7 Sistemas privados de eliminación de aguas residuales

Algunas municipalidades exigen que los hogares traten sus aguas residuales de forma individual en sistemas privados de eliminación. Estos sistemas privados deben satisfacer las necesidades de cada hogar y cumplir con los requisitos de los códigos y departamentos de salud correspondientes. Los sistemas privados de eliminación de aguas residuales son similares a los sistemas municipales de tratamiento, pero a menor escala. Las aguas residuales fluyen hacia un tanque de retención, donde el lodo se asienta y las bacterias purifican el agua. A continuación, los residuos líquidos fluyen a través de una caja de distribución hacia un campo de lixiviación, donde se filtran a la tierra en un ciclo de depuración natural.

Los plomeros deben conocer los tipos de sistemas de eliminación privada y las ventajas y desventajas de cada uno. Además, deben ser capaces de instalar sistemas privados de eliminación de aguas residuales correctamente y de acuerdo con los requisitos de los códigos. No todas las jurisdicciones permiten a los plomeros instalar sistemas privados de eliminación de aguas residuales.

Un sistema séptico convencional consta de una fosa séptica, una caja de distribución, un campo de lixiviación y tuberías que conectan todas esas partes (*Figura 40*). Un sistema de fosa séptica proporciona un tratamiento parcial de las aguas residuales crudas. Protege al sistema de absorción del suelo para que no se obstruya con los sólidos suspendidos en las aguas residuales crudas. Los códigos aplicables regulan estrictamente el uso de estos sistemas.

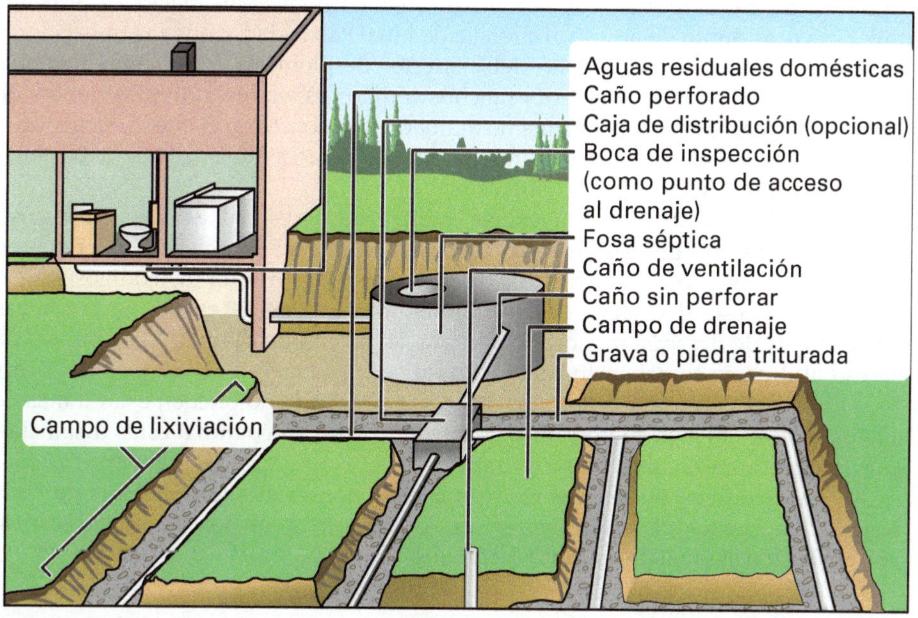

Figura 40 Partes de un sistema séptico.

Iniciativa verde

Instalaciónes de alta eficiencia

Cada año, un hogar estadounidense promedio puede desperdiciar hasta 450,000 gal (1,703,435 L) de agua. Los plomeros pueden ayudar a reducir el flujo de agua que "se va por el desagüe" con la instalación de instalaciones actualizadas de alta eficienca. Los cabezales de ducha de bajo caudal combinan aire con la presión del agua para proporcionar una buena ducha que utiliza menos cantidad de agua.
Los dispensadores de agua caliente instantáneos y los calentadores de agua sin tanque pueden reducir la cantidad de agua que los consumidores malgastan en fregaderos, bañeras y duchas mientras esperan que el agua se caliente. Los inodoros de alta eficiencia pueden consumir tan solo 1.28 gal (4.85 L) de agua por descarga. Aprender a ayudar a sus clientes a utilizar elementos sostenibles aporta mucha satisfacción personal al trabajo y ayuda a conservar nuestros recursos naturales.

¿Sabías qué?

La historia y sistemas de alcantarillado

Los babilónicos contaban con sistemas de alcantarillado hace unos 5,000 años. Más tarde, los romanos construyeron sistemas de alcantarillado tanto para las aguas pluviales como para las residuales. Sin embargo, todavía no se conocían los métodos de tratamiento del agua, por lo que las aguas residuales solían devolverse al río justo debajo de una ciudad o pueblo.

Para pensar

Para la mayoría de las personas, abrir un grifo y obtener agua potable o tirar la cadena de un inodoro es algo tan habitual que ni siquiera piensan en ello. Sin embargo, millones de personas en todo el mundo tienen dificultades para conseguir estos servicios básicos. Además, tienen que lidiar con las numerosas enfermedades que se derivan de un saneamiento deficiente o inexistente. Las Naciones Unidas, el World Plumbing Council (Consejo Mundial de Plomería) y la Organización Mundial de la Salud se unieron para apoyar un programa llamado *Década del Agua para la Vida, 2005-2015*. El objetivo del programa era brindar acceso al agua potable y a los servicios básicos de saneamiento a cientos de millones de personas en todo el mundo. Por desgracia, a finales de la década, se estimaba que 663 millones de personas seguían extrayendo agua de fuentes que no se habían mejorado.

4.2.0 Códigos de plomería

Los códigos de plomería están diseñados para proteger la salud, la seguridad y el bienestar del público. Aunque los requisitos de los códigos varían, todos los códigos se basan en los mismos principios de saneamiento y seguridad.

No existe un único código nacional de plomería con requisitos adoptados por todos los estados y localidades. Los códigos modelo se elaboran y revisan en forma periódica. Estos códigos pueden reconocer códigos internacionales y nacionales, así como otras normas. Los estados y otras jurisdicciones pueden utilizar estos códigos modelo como base para redactar sus propios códigos de plomería. Los condados y municipios también definen los requisitos de las tuberías de DWV. Los inspectores se encargan de hacer cumplir los requisitos.

4.2.1 El impacto del código en sistemas de desagüe y alcantarillado

Además de consultar los códigos de plomería en el *IPC®* y el *UPC®* (*Figura 41*), los plomeros necesitan estar familiarizados con los códigos y ordenanzas locales. Por ejemplo, los códigos modelo varían mucho en distintos temas de plomería. Los plomeros deben consultar el código correspondiente antes de comenzar un trabajo.

Figura 41 Manuales del *IPC®* y *UPC®*.

Los códigos establecen normas mínimas. Casi todos los códigos exigen que los plomeros instalen puntos de acceso al drenaje para tener acceso a todas las partes del sistema de desagüe y se pueda quitar cualquier obstrucción. Los puntos de acceso al drenaje van desde tapones extraíbles en tuberías horizontales hasta bocas de inspección en alcantarillados del exterior del edificio. Los códigos varían mucho en detalles específicos, por lo que los plomeros deben consultar los requisitos de los códigos correspondientes.

De acuerdo con la mayoría de los códigos, los plomeros no pueden utilizar un punto de acceso al drenaje con tapón para instalar nuevos instalaciones, a menos que haya otro punto de acceso al drenaje de igual capacidad y que los trabajadores tengan la aprobación por escrito del inspector de plomería. Para caños menores de 4 pulg. (10.16 cm) de diámetro, muchos códigos especifican que los puntos de acceso al drenaje deben tener el mismo diámetro que el caño en el que se encuentran. Para caños más grandes, el tamaño del punto de acceso al drenaje debe tener un diámetro mínimo de 4 pulg. (10.16 cm).

Varios códigos de plomería exigen puntos de acceso al drenaje en lugares específicos dentro del sistema de tuberías de DWV. También requieren que se pueda llegar a los accesorios con facilidad. La mayoría de los códigos exigen puntos de acceso al drenaje en los tramos horizontales de caños. En las líneas horizontales de desagüe menores de 4 pulg. (10.16 cm) de diámetro, los puntos de acceso al drenaje se deben instalar a una distancia máxima de 50 pies (15.24 m). Para líneas más grandes, los puntos de acceso al drenaje no pueden estar a más de 100 pies (30.48 m). Los códigos locales pueden variar en cuanto a estas distancias. Consulte siempre el código correspondiente.

Algunos códigos también exigen puntos de acceso al drenaje al pie de cada bajante de aguas negras y de aguas grises y cerca de la unión del drenaje del edificio con el alcantarillado del exterior del edificio.

Repaso de la sección 4.0.0

1. La caída de un caño de desagüe o alcantarillado para una determinada distancia horizontal recorrida se denomina _____.
   a. ascenso
   b. pendiente
   c. elevación
   d. altitud

2. La distancia a lo largo de un bajante de DWV entre los desagües de ramales horizontales de un piso y los del piso siguiente se denomina _____.
   a. intervalo de ramal
   b. caída
   c. gradiente hidráulico
   d. elevación

3. La mayoría de los códigos de plomería exigen que los puntos de acceso de las tuberías de 4 pulg. (10.16 cm) o menos *no estén separados más de* _____.
   a. 10 pies (3.05 m)
   b. 25 pies (7.62 m)
   c. 50 pies (15.24 m)
   d. 100 pies (30.48 m)

Módulo 02111 Preguntas de repaso

1. Las siguientes opciones son componentes principales de un sistema de DWV, *excepto* _____.
   a. el drenaje del edificio
   b. los sifones
   c. los conectores en T
   d. la válvula antirretorno

2. Un ejemplo de conexión al desagüe es el _____.
   a. sifón en P
   b. codo sanitario
   c. tapón macho pop-up
   d. interceptor

3. ¿Qué componente de DWV exige el código para los restaurantes?
   a. Conexión al desagüe
   b. Sifón en P
   c. Sifón en S
   d. Interceptor

4. El tamaño del sello del sifón es la distancia entre _____.
   a. la inflexión superior y la inflexión inferior
   b. la corona y la inflexión inferior
   c. el rebosadero de corona y la inflexión superior
   d. la entrada a la conexión al desagüe y el rebosadero de corona

5. La caída total desde el rebosadero de corona de un sifón hasta el fondo de la conexión del sifón con la ventilación *debe* tener _____.
   a. más de un diámetro de la tubería de desagüe
   b. menos de un diámetro del caño de ventilación
   c. menos de un diámetro de la tubería de desagüe
   d. más de un diámetro del caño de ventilación

6. El sifonaje del sifón se produce cuando _____.
   a. la presión de la ventilación es menor que la presión del aire en el artefacto
   b. las ráfagas de viento afectan a la presión de los bajantes
   c. el agua fluye por la conexión del sifón con la ventilación
   d. quedan atrapados materiales porosos en la conexión del sifón con la ventilación

7. Los materiales *más* comunes para los sistemas de DWV son el plástico y _____.
   a. el hierro fundido
   b. el cobre
   c. la arcilla
   d. el vidrio

8. Según los requisitos de los códigos, la dirección de los accesorios con campana *no* debe _____.
   a. instalarse de forma horizontal
   b. tener un diámetro mayor que 3 pulg. (7.62 cm)
   c. ir en contra del flujo del sistema
   d. estar hecho del mismo material que el caño

9. Para mantener el sello de agua en un sifón, todo sifón necesita _____.
   a. un interceptor
   b. una boca de entrada lateral
   c. una ventilación
   d. un desagüe

10. ¿Con qué tipo de boca de entrada se pueden encontrar los codos?
    a. delantera
    b. de ramal
    c. de talón
    d. con conector Y

11. La principal diferencia entre un codo en L para ventilación y un codo de desagüe es el _____.
    a. diámetro
    b. material
    c. radio de curvatura
    d. tamaño del caño

12. Si la pendiente de un desagüe no se mantiene constante, ¿cuál podría ser el resultado?
    a. Los residuos sólidos podrían acumularse en el caño.
    b. El flujo del desagüe podría causar sifonaje.
    c. El tratamiento de las aguas residuales podría resultar ineficiente.
    d. El gas del alcantarillado podría acumularse por encima del flujo.

13. La conexión al alcantarillado de un edificio comienza _____.
    a. en los cimientos del edificio
    b. en el punto donde la línea de desagüe del edificio se conecta a la red de alcantarillado o a la fosa séptica
    c. entre 2 y 3 pies (60 y 90 cm) por fuera de los cimientos
    d. en la parte inferior del bajante de DWV del edificio

14. Los sistemas privados de eliminación de aguas residuales convencionales incluyen _____.
    a. una fosa séptica y un campo de lixiviación
    b. un sistema de compostaje
    c. un sistema de aguas grises
    d. una conexión a la planta municipal de tratamiento de aguas residuales

15. Para brindar acceso a todas las partes de un sistema de drenaje, la mayoría de los códigos exigen que los plomeros instalen un _____.
    a. conector sanitario en Y
    b. punto de acceso al drenaje
    c. ramal de ventilación
    d. conector en T para verificaciones

Las respuestas a las preguntas impares de repaso de los módulos se encuentran en el *Apéndice A*.

Respuestas a las preguntas del repaso de las secciones

Respuesta	Referencia de sección	Objetivo
Sección 1.0.0		
1. c	1.0.0	1
2. b	1.1.0	1a
3. c	1.1.3	1a
Sección 2.0.0		
1. d	2.1.1	2a
2. b	2.1.4	2a
3. a	2.2.4	2b
Sección 3.0.0		
1. b	3.1.0	3a
2. b	3.1.2	3a
3. d	3.1.5	3a
Sección 4.0.0		
1. b	4.1.1	4a
2. a	4.1.2	4a
3. c	4.2.1	4b

Actualización de usuario

ESCANÉAME

¿Ha encontrado un error? Para enviar una corrección, visite **https://www.nccer.org/olf** o escanee el código QR con su dispositivo móvil.

MÓDULO 02112

Introducción a los sistemas de distribución de agua

Fuente: iStock@Roblre

Objetivos

Luego de finalizar este módulo, podrá hacer lo siguiente:

1. Describir cómo se distribuye el agua en los sistemas de agua municipales, residenciales y privados.
   a. Describir las fuentes de agua.
   b. Explicar los procesos de tratamiento de agua.
   c. Describir los sistemas de distribución de agua.
2. Identificar los principales componentes de un sistema de distribución de agua y describir la función de cada uno.
   a. Describir la finalidad de las válvulas antirretorno.
   b. Identificar los tipos de válvulas utilizadas en los sistemas de distribución de agua.
3. Explicar las relaciones entre los componentes de un sistema de distribución de agua.
   a. Identificar los principales componentes de un sistema de agua de un edificio y describir cómo se determina la ubicación adecuada.
   b. Explicar los requisitos para dimensionar las líneas principales de suministro.

Tarea práctica

Bajo supervisión, podrá hacer lo siguiente:

1. Hacer un dibujo isométrico de un sistema sencillo de distribución de agua y etiquetar sus componentes.

Generalidades

Los sistemas de distribución de agua transportan el agua desde su fuente hasta el edificio o estructura donde se la necesita. El camino que recorre el agua y los tipos de materiales que se utilizan para desplazarla dependen del edificio o la estructura. Los plomeros deben comprender cómo funcionan estos sistemas de distribución de agua y los distintos tipos de materiales que se utilizan en ellos.

NOTA

Los códigos varían entre jurisdicciones. Por eso, es importante que consulte el código correspondiente cada vez que tenga dudas sobre las reglamentaciones. Consultar un conjunto incorrecto de códigos puede causar tantos problemas como no consultar ninguno. Consiga el código local aprobado, léalo y familiarícese con él. La Administración de Seguridad y Salud Ocupacional (OSHA) de los Estados Unidos redacta los códigos de seguridad.

Recursos digitales para plomería

ESCANÉAME

Escanee este código con la cámara de su teléfono o dispositivo móvil para ver los recursos digitales relacionados con este oficio.

1.0.0 Tipos de sistemas de distribución

Tareas prácticas

No hay tareas prácticas en esta sección.

Objetivo

Describir cómo se distribuye el agua en los sistemas de agua municipales, residenciales y privados.

a. Describir las fuentes de agua.
b. Explicar los procesos de tratamiento de agua.
c. Describir los sistemas de distribución de agua.

El suministro y la distribución de agua desempeñan un papel importante en los sistemas de plomería. El suministro de agua puede ser privado (de un pozo) o municipal (suministrado a través de un sistema público de distribución de agua). Los componentes del sistema de distribución de agua incluyen los caños y accesorios que transportan el agua caliente y fría en un edificio, las válvulas que se utilizan para regular el flujo de agua a las instalaciones y otras bocas de salidas, y el equipo de calentamiento y tratamiento de agua.

Reservorios: fuentes de agua recogidas y almacenadas en lagos naturales o artificiales (hechos por el hombre).

Todos los ciclos de distribución de agua comienzan con una fuente de agua. El agua de un sistema privado proviene de un pozo cavado en un suministro de agua subterránea que suele tener la pureza necesaria para el consumo. El agua de los sistemas municipales proviene de **reservorios**, pozos, ríos, lagos y otras fuentes. Como no tiene la pureza suficiente para beberla, se trata y, luego, se distribuye a los hogares y edificios.

En los sistemas municipales, el agua de la ciudad se purifica antes de enviarla para su consumo. Se bombea a una planta de tratamiento, donde se eliminan las impurezas perjudiciales. Durante este ciclo, se le añade cloro, sulfato de aluminio y carbón activado. La mezcla de agua y productos químicos desemboca en una cubeta de mezcla, donde unas paletas mezclan todo. Desde aquí, el agua pasa a una cubeta de decantación, donde las impurezas se separan del agua. Al salir de la cubeta, la arena y la grava filtran el agua para eliminar la mayor parte de los materiales en suspensión restantes. Las plantas de tratamiento pueden añadir cloro de nuevo para asegurarse de que el agua esté libre de bacterias dañinas. En algunas ciudades, se añade flúor para prevenir las caries en la población general. Un reservorio retiene el agua filtrada hasta que se bombea a los caños principales de suministro que conducen a las **líneas de servicio particular** de los edificios. Los sistemas de tuberías de los edificios suministran el agua a los fregaderos, las bañeras, las duchas, los lavavajillas, las máquinas de hielo, las mangueras y cualquier otra salida de agua (*Figura 1*).

Líneas de servicio particular: tubería principal de suministro de agua a la que se conectan los ramales. También se las denomina *líneas de alimentación*.

Iniciativa verde

Agua reciclada

El agua reciclada se distribuye a través de caños separados de los caños principales de distribución de agua. Este sistema de doble tubería impide que los contaminantes del agua reciclada entren en el sistema de agua potable. En los Estados Unidos, el agua reciclada se distribuye siempre en caños de color lila, como los de la imagen. El uso de este color ayuda a distinguir su contenido del agua potable.

La idea de utilizar agua reciclada no es nueva. El condado de Los Ángeles (California) ha suministrado aguas residuales tratadas para el riego de parques y campos de golf desde 1929. Sin embargo, según la localidad, puede que este concepto no se practique en todas partes. En general, cada comunidad decide cómo gestionar el agua reciclada, y cada una ha establecido códigos para esta práctica. Por ejemplo, algunas utilizan el agua reciclada para la descarga de las instalaciones. Otras restringen su uso al riego de campos de golf o estadios deportivos.

1.1.0 Fuentes de agua

Capa freática: nivel por debajo de la superficie del suelo saturado de agua.

En 2015, alrededor del 13% de la población estadounidense obtenía el agua de fuentes privadas. La mayor parte de esta agua proviene de pozos. Los pozos (de tipo excavados, hincados, perforados o de sondeo) se cavan en la tierra para extraer el agua (*Figura 2*). Los excavados o hincados se consideran pozos poco profundos. Este tipo de pozo se utiliza generalmente cuando la **capa freática** se encuentra ente 20 pies y 50 pies (6 m y 15 m) de la superficie terrestre. Las aguas superficiales contaminan fácilmente los pozos excavados. Los pozos hincados

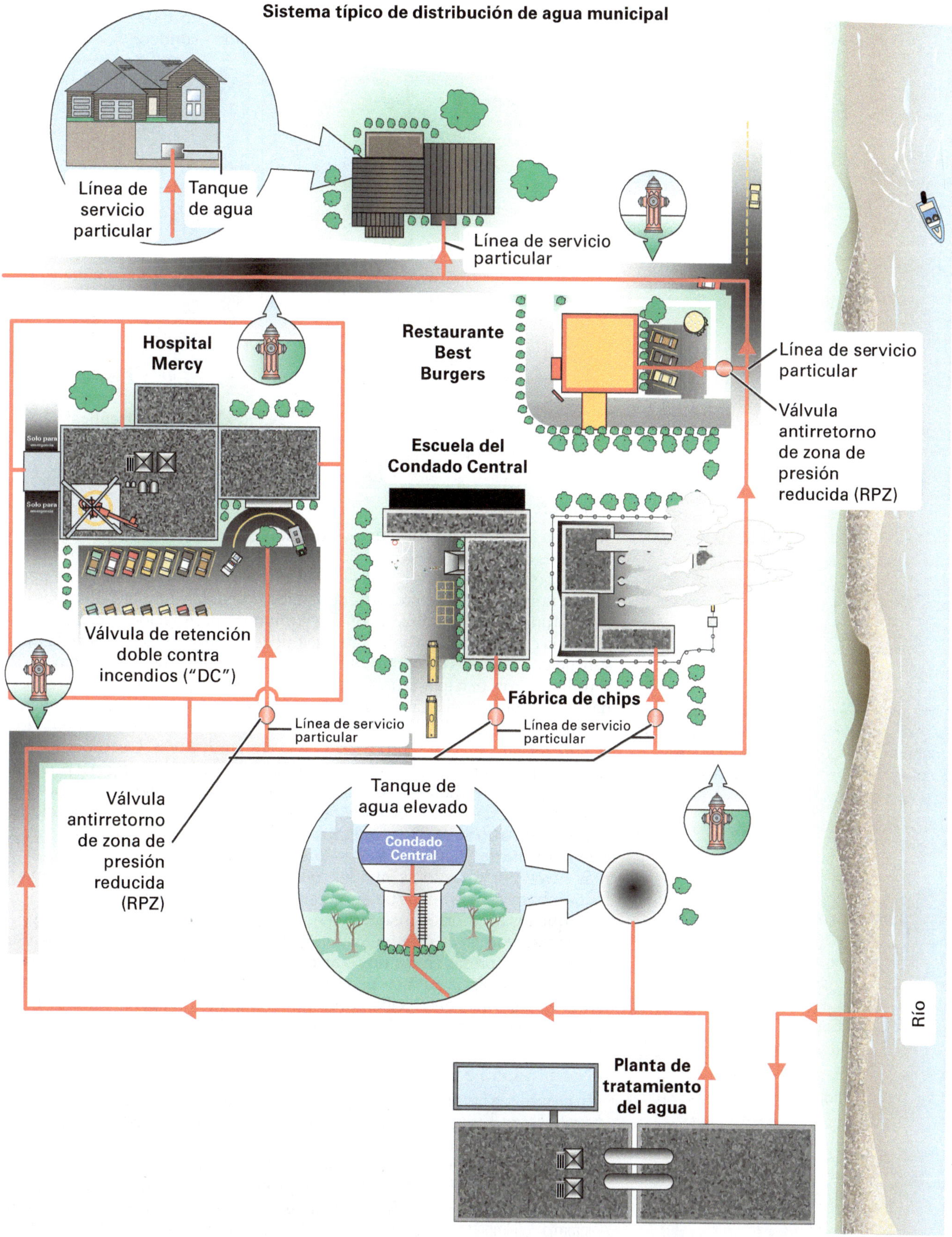

Figura 1 Distribución del agua.

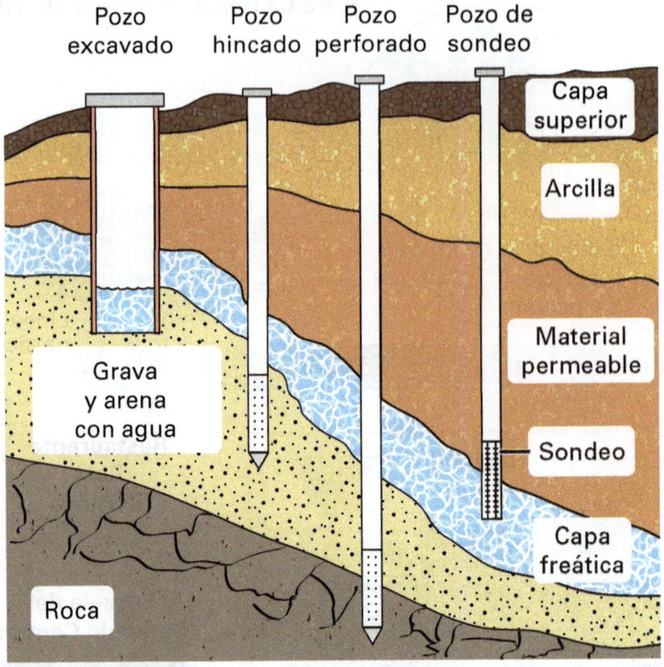

Figura 2 Tipos de pozos.

se hacen forzando un tubo de perforación en la tierra. Estos pozos solo resultan prácticos cuando el suelo está flojo y no tiene rocas.

Los pozos perforados se consideran pozos profundos. Cuando se perforan los pozos, normalmente se hace en roca sólida. Pueden extenderse decenas de metros de profundidad. Se realizan con un equipo de perforación dotado de una broca giratoria con dientes de diamante que puede penetrar en los materiales sólidos del subsuelo. Los pozos de sondeo suelen ser menos profundos y de mayor diámetro, y utilizan una barrena para tierra (perforadora). Normalmente, no se extienden hasta el lecho rocoso. Una vez que se alcanza la capa freática y se encuentra un volumen de agua adecuado, se coloca una **tubería de revestimiento de pozo** para estabilizar las paredes y protegerlo de la contaminación. Las tuberías se fabrican con distintos materiales y en diferentes diámetros (de $1^1/_2$ pulg. a 2 pulg. [3.81 cm a 5.08 cm]) y profundidades, según la distancia del agua bajo la superficie.

Tubería de revestimiento de pozo: tubo o caño exterior que se hunde en el suelo después de la perforación o excavación de un pozo para estabilizarlo.

Una vez establecido el pozo, el agua se bombea a la superficie hasta un depósito de almacenamiento dentro o cerca del edificio, donde los propietarios pueden tratarla y utilizarla. Por lo general, cuanto más profundo es el pozo, más litros por minuto se pueden bombear, según el nivel de la capa freática. La bomba presuriza el agua en el tanque para que proporcione suficiente agua para que los accesorios instalados funcionen correctamente.

Los reservorios son otra fuente de agua. Para formar la mayoría de los reservorios, se construyen presas en los ríos o arroyos. Los municipios pueden entonces recoger y almacenar el agua para su uso futuro. Los reservorios son especialmente importantes en las zonas que reciben poca lluvia durante una parte del año. Las bombas transportan el agua desde el reservorio hasta la planta de tratamiento de agua.

Localización y perforación de un pozo

Lo primero que hay que tener en cuenta antes de perforar o hincar un pozo es la normativa estatal y local. Los pozos pueden aprobarse para uso doméstico o comercial. Un perforador de pozos local es la mejor fuente de consulta ante las preguntas esenciales sobre qué tipo de pozo se necesita, qué permisos se requieren y el historial de los pozos de agua en la zona. Existen diversos acuíferos (canales de agua) y capas freáticas en distintas formaciones bajo la superficie del suelo. El historial de los pozos perforados en una zona en particular proporciona información importante para que el perforador determine el mejor lugar para perforar.

Otros factores que se deben tener en cuenta son la distancia a los límites de la propiedad y la posición de las fosas sépticas y los campos de lixiviación sépticos en relación con el emplazamiento del pozo. La mayoría de los códigos exigen una distancia mínima de 100 pies (30 m) entre el pozo y el campo de lixiviación. Dado que el plomero realizará las conexiones tanto al pozo como a la evacuación de aguas residuales, deberá colaborar estrechamente con el propietario, el perforador del pozo y los funcionarios encargados de hacer cumplir los códigos.

Iniciativa verde

Uso del agua

Según la Agencia de Protección Ambiental, un hogar típico de los Estados Unidos gasta casi USD 715 al año en su factura de agua y alcantarillado. Cada persona en los Estados Unidos consume una media de 100 gal (380 L) al día y genera más de 50 gal (190 L) de aguas residuales. (Aproximadamente la mitad del agua consumida se destina al riego y va a parar de nuevo al suelo, en lugar de a la corriente de aguas residuales). De estas aguas residuales, 9,000 gal (34,000 L) al año se utilizan para limpiar solo 230 gal (870 L) de residuos de los inodoros, un derroche sorprendente del agua que ha sido tratada según las normas de potabilidad.

Pruebas anuales

Los pozos municipales se someten a pruebas para garantizar su seguridad. Los pozos deben analizarse cada año para comprobar los niveles de bacterias, virus y microbios. Estas pruebas garantizan la pureza del agua. Normalmente, el departamento de salud local puede realizar estas pruebas. Se realizan muchas pruebas, pero varían unas de otras, así que infórmese en las dependencias municipales.

1.2.0 Tratamiento del agua

Gran parte del agua de los reservorios abiertos, los lagos, los arroyos y algunos pozos no es apta para el consumo humano hasta que se la haya tratado. El agua debe analizarse para detectar la presencia de sustancias químicas, **turbidez** (nubosidad resultante de las partículas en suspensión), materiales orgánicos u otros tipos de contaminantes. El tratamiento elimina las impurezas, los olores y el sabor desagradable del agua.

Turbidez: presencia de partículas (arena, barro, limo) suspendidas en el agua que le dan un aspecto turbio.

El tratamiento privado del agua con minerales inorgánicos, comúnmente llamada *agua dura*, suele consistir en descalcificadores de agua (*Figura 3*). Según otras cualidades del agua, algunas casas pueden tener también filtros de sedimentos o de carbón.

Figura 3 Ablandadores de agua.
Fuente: iStock@Aleksander Zaitsev

El tratamiento de agua municipal es más complejo debido al gran volumen de agua que utiliza el público. Cada día deben tratarse millones de litros de agua en las plantas municipales de tratamiento de agua para garantizar un nivel aceptable de seguridad para el público. Muchas de estas plantas (*Figura 4*) siguen esta secuencia:

Paso 1 El agua se bombea desde un río o un lago.

Paso 2 El agua va a los aireadores, por donde sale el dióxido de carbono disuelto. Los aireadores también eliminan el hierro y el manganeso al oxidar los minerales y filtrarlos del agua.

Coagulación: en los procesos de tratamiento de agua, es la aglomeración de los materiales suspendidos o disueltos que se convierten en una masa blanda, semisólida o sólida.

Precipitados: materiales sólidos resultantes de reacciones químicas en soluciones acuosas que se sedimentan.

pH: medida de la acidez o alcalinidad de una solución. Un pH de 7 es neutro, es decir, no es ni ácido ni alcalino; los números más altos son más alcalinos, mientras que los números más bajos son más ácidos. El símbolo procede del término químico de principios del siglo XX, *potencial de hidrógeno*.

Paso 3 El agua aireada pasa al clarificador, donde se mezclan la cal y el carbonato de sodio para provocar la **coagulación**, o aglomeración, que elimina los **precipitados** de calcio y magnesio. Los precipitados son compuestos químicos que contienen estos elementos y que se sedimentan en la solución. Este proceso ablanda el agua.

Paso 4 Se inyecta dióxido de carbono para lograr un proceso de carbonización en el agua, además de estabilizar y aumentar ligeramente la acidez (bajar el **pH**) del agua. El agua pasa por filtros de arena rápidos (o gruesos) para eliminar las partículas restantes.

Paso 5 Tras el proceso de filtrado, el agua pasa a los depósitos, donde se añade un compuesto de cloro (por ejemplo, clorhidrato de sodio) para desinfectarla. En esta fase, se suele añadir un compuesto de flúor para reducir la aparición de caries. Esta agua tratada se almacena en reservorios hasta que se la necesite.

Paso 6 Una vez que el agua sale de la planta de tratamiento, circula por unos caños denominados *red de suministro de agua*. La red de suministro de agua suele pasar por debajo de las calles y abastece a muchos edificios. Se necesitan permisos para realizar las conexiones a la red de suministro de agua. En algunas zonas, solo los trabajadores municipales están autorizados a realizar estas conexiones. En otras zonas, los contratistas o plomeros autorizados lo hacen. Las conexiones llevan el agua de la red a los edificios individuales a través de la línea de servicio particular del edificio.

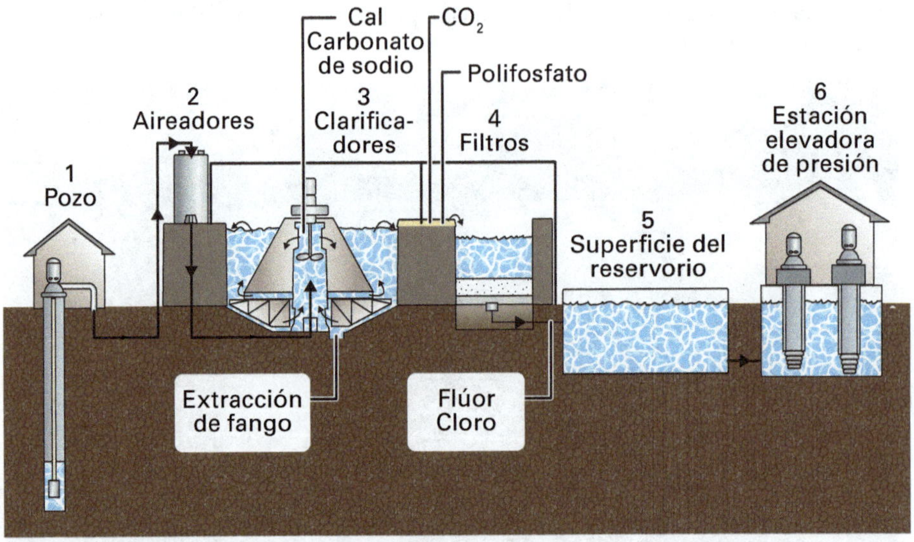

Figura 4 Planta municipal de tratamiento de agua.

1.2.1 Desinfección de un sistema de suministro de agua

El agua no tratada contiene innumerables microorganismos. Algunos de ellos pueden causar enfermedades y dolencias si se ingieren o inhalan. Para evitar la contaminación en un sistema de suministro de agua tratada, los plomeros deben hacer su trabajo de forma correcta y cuidadosa. Deben asegurarse de que los caños se almacenen y manipulen adecuadamente y que no se guarden en lugares sucios ni húmedos, que son los ambientes ideales para que los organismos nocivos se reproduzcan. Coloque un tapón a todos los caños instalados al final de cada jornada de trabajo. Cuando el sistema de suministro de agua esté completamente instalado, desinféctelo siguiendo este procedimiento:

Paso 1 Enjuague el sistema de caños completo con agua potable hasta que el agua salga limpia por todas las bocas de salida.

Paso 2 Llene todo el sistema con una solución de agua y cloro. Cierre las válvulas del sistema. Utilice una solución de al menos 50 partes por millón (ppm - parts per million) de cloro y deje reposar el sistema durante 24 horas. Como alternativa, utilice una solución de al menos 200 ppm de cloro y deje reposar el sistema durante 3 horas. Consulte el código local.

Paso 3 Enjuague el sistema con agua potable hasta que el cloro se haya purgado por completo. Analice el agua para comprobar que el sistema esté libre de cloro.

Paso 4 Haga que un laboratorio de pruebas o el departamento de salud analice el sistema para descartar la presencia de bacterias dañinas. Si las bacterias permanecen, repita los pasos anteriores hasta eliminarlas por completo del sistema.

Las empresas municipales de suministro de agua desinfectan los sistemas públicos de suministro de agua. Los sistemas privados requieren sus propios dispositivos de desinfección. Los plomeros pueden elegir uno de varios métodos para desinfectar un sistema privado. Los métodos más comunes son la **cloración**, la **pasteurización** y la **luz ultra violeta (UV)**. Cada método implica herramientas y materiales diferentes; los códigos locales rigen cada método.

1.2.2 Presión del agua

La presión del agua en algunos sistemas municipales puede ser demasiado baja o demasiado alta para el sistema de plomería de un edificio. El plomero tiene formas de compensarla. Si la presión del agua es demasiado baja, se puede instalar un sistema de refuerzo. Un tipo de elevador de presión tiene capacidades variables para satisfacer el aumento o la disminución de la demanda de agua (*Figura 5*). Por ejemplo, puede tener dos bombas: una que funcione al 33% de la capacidad del sistema y otra al 66%. Cuando la demanda es baja, funciona la bomba más pequeña. Cuando aumenta la demanda, se apaga y se pone en marcha la bomba más grande. En los períodos de máxima demanda, funcionan las dos.

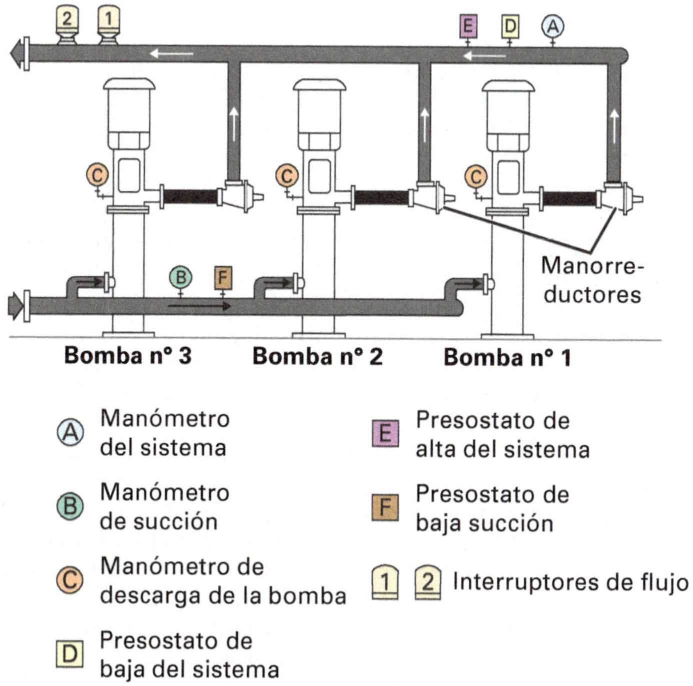

Figura 5 Sistema de capacidad variable.

Una forma de resolver este dilema es instalar torres de agua más altas que los edificios circundantes. Cada 1 pie (30 cm) extras de altura en una torre de agua la presión del agua aumenta en 0.43 libras por pulgada cuadrada (psi - pounds per square inch). Esto aumenta la presión en las líneas de agua municipales y permite utilizar bombas de agua más pequeñas.

Si la presión del agua que se suministra al sistema es demasiado alta, los plomeros pueden utilizar un **manorreductor** para reducirla y eliminar los cambios bruscos de presión. Los manorreductores (*Figura 6*) se ubican en función de las necesidades del sistema. Algunos códigos pueden exigir una válvula cuando la presión acumulada en cualquier momento del día supere los 80 psi. Un aparato como el lavavajillas quizás necesite un manorreductor, porque la presión de funcionamiento del aparato es muy diferente de la presión de la línea del sistema. Dondequiera que estén ubicadas, las válvulas deben ser accesibles para el mantenimiento y deben estar protegidas contra el uso indebido o las manipulaciones.

Cloración: uso de gas o compuestos de cloro para la desinfección del agua.

Pasteurización: práctica de calentar el agua y los alimentos a altas temperaturas para matar los organismos bacterianos dañinos que haya presente.

Luz ultra violeta (UV - Ultra-violet): forma de luz de alta energía con longitudes de onda más cortas que la luz visible. En los sistemas de suministro de agua, puede desinfectar el agua al destruir los microorganismos a medida que este líquido pasa por una cámara que contiene lámparas UV (ultravioleta).

Iniciativa verde

Conservación de agua

Todo el mundo tiene interés en conservar los recursos hídricos. Se pueden ver los efectos de las prácticas de conservación de agua en muchas zonas. Los hoteles, por ejemplo, piden a los huéspedes que reutilicen toallas y sábanas para reducir la cantidad de agua utilizada para la lavandería. Los fregaderos de los baños públicos pueden incluir un sensor que cierra automáticamente el agua tras un período determinado. Los gobiernos locales publican en sus sitios web ideas para ahorrar agua. Las comunidades y los estudiantes pueden participar en el Día Mundial del Agua, un programa anual diseñado para centrar la atención de los ciudadanos en la conservación del agua. El gobierno federal tiene programas que fomentan la conservación.

WaterSense, por ejemplo, es un programa de la Agencia de Protección Ambiental. Proporciona especificaciones para los productos de bajo consumo de agua, las viviendas nuevas y los servicios, y consejos para ahorrar agua. La etiqueta WaterSense facilita a los consumidores la búsqueda de productos que utilizan al menos un 20% menos de agua que otros similares y que funcionan igual o mejor que los modelos estándares. Mire a su alrededor. ¿Qué otros ejemplos de conservación del agua puede encontrar?

Manorreductor: válvula utilizada para reducir la presión del agua en un edificio. La válvula se activa por los cambios de presión en el sistema.

Figura 6 Manorreductor.

1.3.0 Suministro y distribución

El sistema de distribución de agua transporta el agua desde la fuente hasta el edificio o estructura donde se la necesita. La forma en que se mueve el agua y los componentes que la desplazan dependen del edificio o la estructura. Es importante comprender cómo funciona el sistema de distribución de agua, tanto para los pozos privados como para los sistemas municipales.

1.3.1 Materiales

Las líneas de servicio particular de agua se fabrican de cobre, plástico (como PVC y C900) y acero. La red de suministro de agua se consigue de varios materiales, incluido el hierro fundido. El costo del caño y su vida útil suelen depender de la elección de los materiales. Otros factores que se deben tener en cuenta son la resistencia a la corrosión, la posibilidad de heladas, la presión de funcionamiento, los códigos locales de plomería y la facilidad para su instalación. En muchos casos, la vida útil de los tubos galvanizados y de cobre depende de las condiciones del suelo y del agua. El caño galvanizado se somete a un proceso de electrodeposición con zinc para proporcionarle una capa protectora que resiste la corrosión o la oxidación (herrumbre). Sin embargo, los suelos ácidos tienden a actuar sobre el caño galvanizado. Los suelos con mayores niveles de dióxido de carbono también son ácidos y tienden a limitar la vida útil del tubo de cobre. El sulfuro de hidrógeno también es perjudicial para los caños de cobre. La corrosión que causa este gas rompe las paredes de los caños metálicos y hace que el metal se afine o se pique.

Corrosión galvánica: corrosión causada por una corriente eléctrica débil que se produce cuando existe un circuito eléctrico entre dos metales diferentes.

Otro factor que debe considerarse a la hora de elegir el caño para el suministro de agua es la posibilidad de **corrosión galvánica**. Esto puede ocurrir cuando un circuito conductor de electricidad conecta caños de diferentes metales, como el cobre y el acero galvanizado. Es el resultado de la acción de una corriente eléctrica débil que fluye entre los diferentes metales. Los plomeros deben tomar medidas para reducir la probabilidad de corrosión galvánica. Aprenderá más sobre cómo evitar la corrosión a medida que avance en su formación.

1.3.2 Línea de servicio particular de un suministro privado

En un suministro de agua privado, la línea de servicio particular va desde el pozo hasta la casa, y la bomba puede estar situada en el pozo o en la casa (*Figura 7*).

La instalación de un sistema privado de suministro de agua suele requerir un pozo, aunque se puede obtener agua de un manantial o una cisterna. Esta fuente de agua privada se necesita cuando no se dispone de acceso a los suministros de agua municipales, como en las zonas rurales.

El plomero puede ser el responsable de disponer (instalar) la bomba y realizar la acometida de agua hasta la estructura, o un perforador certificado puede hacerlo. En algunos casos, se requiere un instalador de bombas para colocar la bomba, proporcionar el servicio eléctrico y completar la acometida de agua al tanque a presión. Estas responsabilidades se superponen a menudo. Cada estado y código de plomería tiene requisitos específicos para la acometida de agua desde un pozo. En la mayoría de los casos, las autoridades competentes

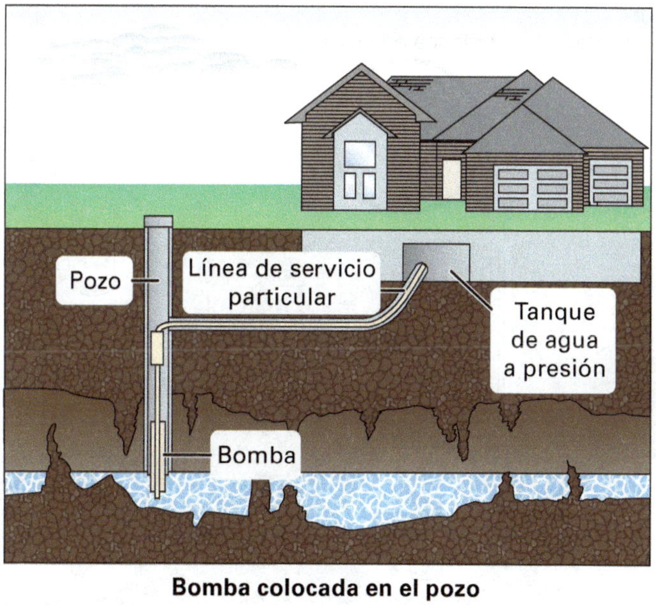

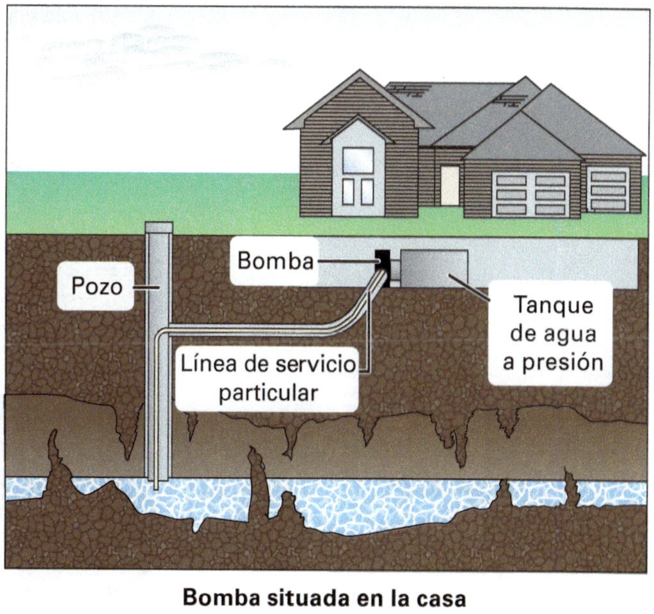

Figura 7 Ubicación de los pozos.

deben tomar una muestra de agua y analizarla después de purgar el pozo y antes de la conexión final.

1.3.3 Línea de servicio particular desde una red pública de suministro de agua

Los sistemas de distribución y suministro de agua en los edificios conectados a la red pública son diferentes de los utilizados en los sistemas privados. Las bombas son el principal mecanismo de distribución de los suministros privados de agua. En el caso de los edificios, la línea de servicio particular se conecta a la red de agua mediante una **llave de paso de la compañía suministradora** (*Figura 8*). Se trata de una válvula roscada en la red que no interrumpe el servicio a otros lugares. Un caño corto va desde la llave de paso de la compañía suministradora hasta la **llave de cierre** (*Figura 9*). La llave de cierre es una válvula de control instalada en las líneas de suministro de agua del edificio, entre la llave de paso de la compañía suministradora y el edificio. La **caja de válvula** es una carcasa cilíndrica colocada en el suelo sobre la llave de cierre. La abertura superior está a nivel del suelo. Se puede introducir una llave especial en la caja de válvula para desactivar la llave de cierre en caso de emergencia o para el mantenimiento (*Figura 10*). La caja de válvula, a veces denominada *arqueta de válvula*, está marcada en los planos y dibujos de la ciudad. Para poder localizarla en la propiedad, se debe buscar el marcador de metal (*Figura 11*). Debido a las diferencias en los procedimientos locales y los códigos aplicables, el plomero debe ponerse en contacto con las autoridades del municipio, pueblo o aldea para obtener más información sobre la conexión a la red de suministro de agua.

Llave de paso de la compañía suministradora: válvula que conecta la línea de servicio particular de agua del edificio con la red de suministro.

Llave de cierre: válvula de control instalada en las líneas de suministro de agua del edificio, entre la llave de paso de la compañía suministradora y el edificio.

Caja de válvula: carcasa cilíndrica colocada en el suelo sobre la llave de cierre, en la que se puede introducir una llave especial para cerrarla. También se la denomina *arqueta de válvula*.

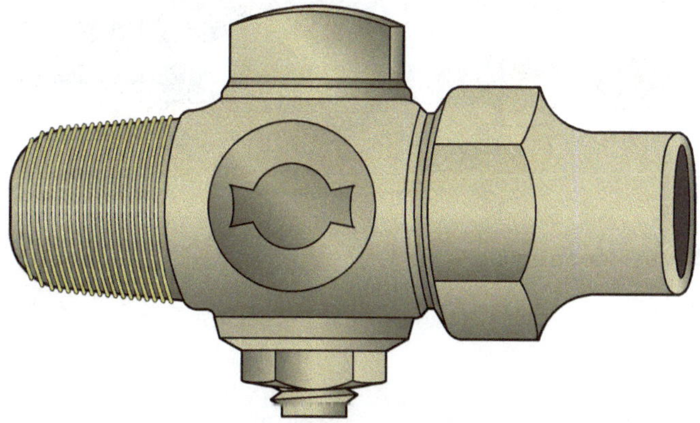

Figura 8 Llave de paso de la compañía suministradora.

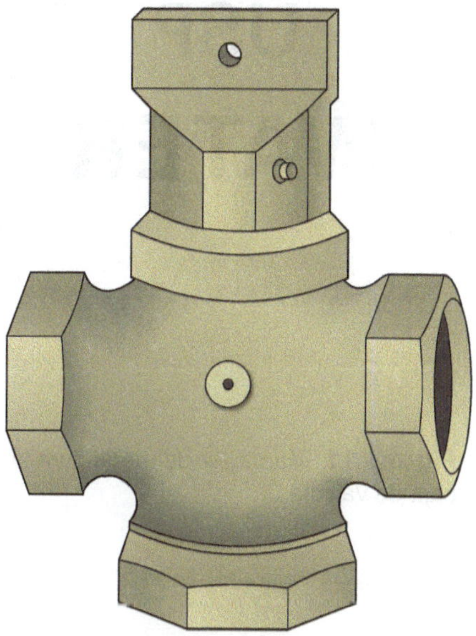

Figura 9 Llave de cierre.

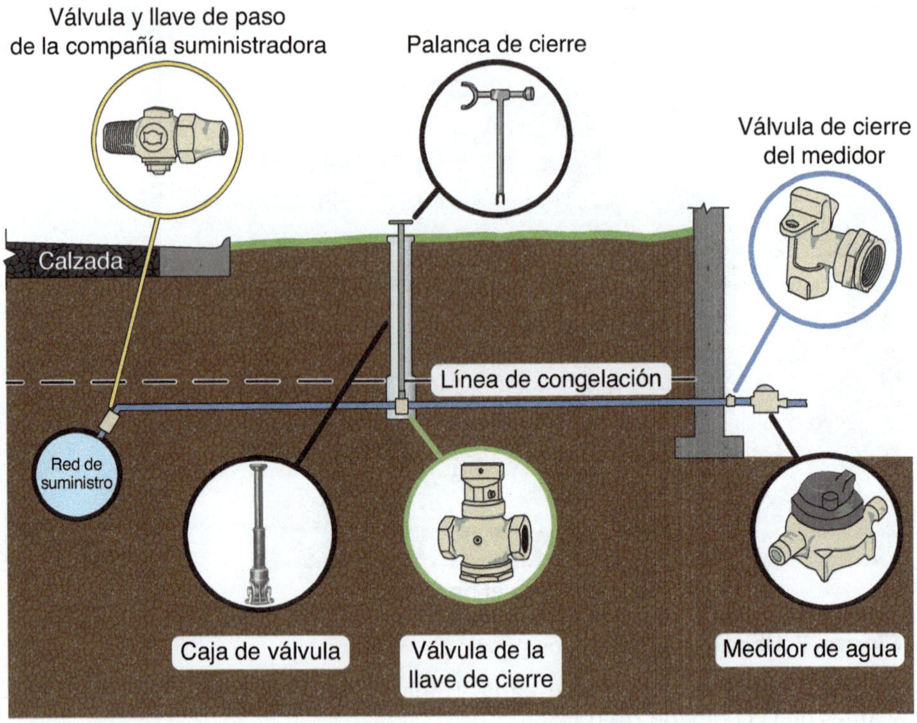

Figura 10 Conexión de suministro de agua municipal.

Medidor de agua: dispositivo para medir el volumen de agua utilizado por un edificio o cliente individual.

El plomero coloca la tubería de suministro de agua desde la llave de cierre hasta el interior del edificio e instala una línea de agua entre la llave de cierre y la conexión del **medidor de agua** (*Figura 12*). El medidor de agua mide el volumen de agua utilizado (en litros o metros cúbicos). Suele pertenecer al municipio y debe instalarlo un empleado de la ciudad o del condado. Antes, los medidores de agua se verificaban y leían en forma manual. Hoy en día, las municipalidades verifican y supervisan los medidores de agua mediante tecnologías virtuales inteligentes.

Figura 11 Marcador de metal para la caja de válvula.

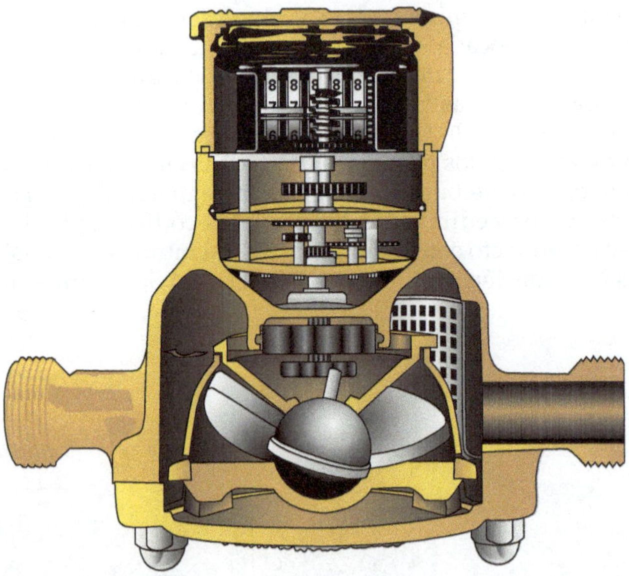

Figura 12 Medidor de agua.

Se instala una válvula de cierre en el medidor de agua (*Figura 13*) del lado de suministro para permitir el corte del servicio a todo el edificio. Una segunda válvula de cierre en el lado del edificio permite retirar el medidor para el mantenimiento. La válvula de cierre principal del edificio se instala en el interior, después de la instalación del medidor (*Figura 14*). Esta válvula permite cerrar y abrir el servicio durante la construcción. A partir de este punto, el sistema de suministro del edificio distribuye el agua a las instalaciones.

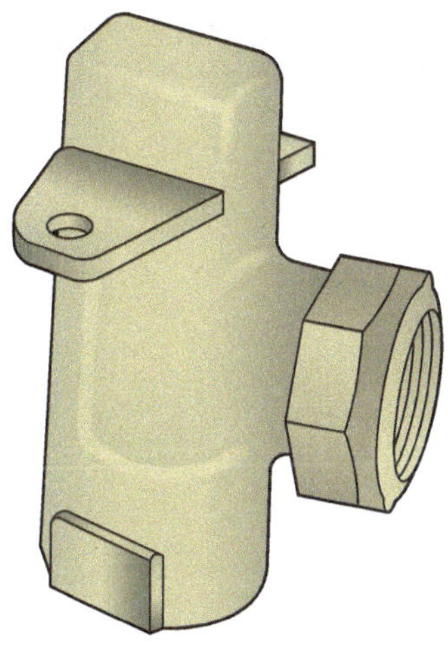

Figura 13 Válvula de cierre del medidor.

Protección contra las heladas

La protección contra las heladas es un factor importante que se debe tener en cuenta en muchas partes del país. La profundidad de las heladas, denominada *línea de congelación*, varía según la zona. Se determina a partir de los datos históricos de las temperaturas invernales. El plomero debe instalar la línea de servicio particular de agua por debajo de la línea de congelación para asegurarse de que las temperaturas de congelación y descongelación de la tierra no afecten a las tuberías. Si la línea de suministro de agua entra en el edificio por encima de este nivel, se la debe aislar para evitar que se congele. Consulte el código local para conocer la profundidad de las heladas en su zona.

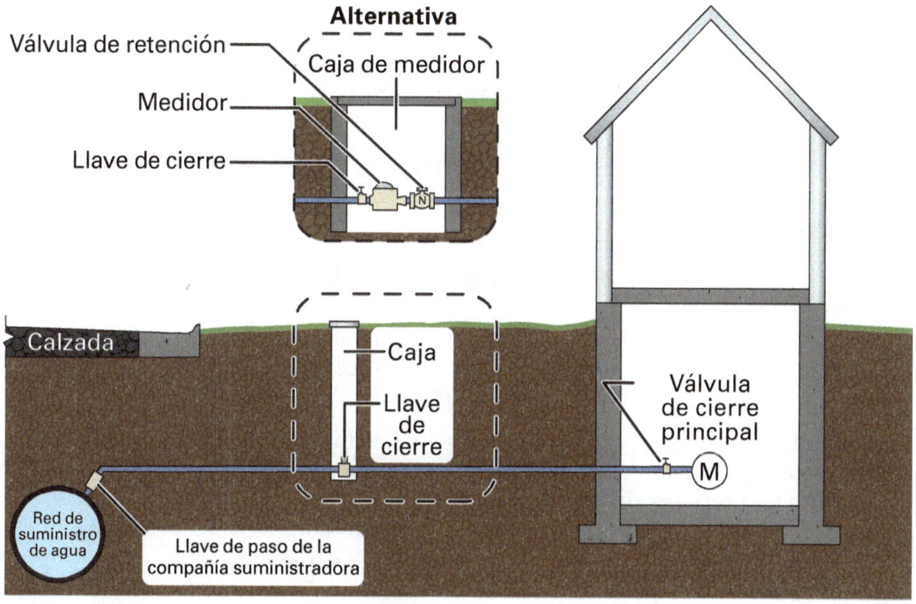

Figura 14 Válvula de cierre principal.

1.3.4 Pruebas de la red de suministro de agua

Los gobiernos municipales exigen varias pruebas en las redes de suministro de agua nuevas y establecidas. Estas pruebas se realizan para garantizar que la red tenga la presión correcta y esté libre de contaminantes. Los códigos locales suelen basarse en las normas elaboradas por la Asociación Americana de Obras Hidráulicas (AWWA - American Water Works Association).

Cuando se llena una nueva línea de suministro principal para la desinfección y el lavado, se requiere un conjunto de prevención del contraflujo. El conjunto aísla las líneas nuevas de las existentes. Impide que el agua de la nueva línea principal entre en el sistema existente hasta que se haya analizado. Una vez que las pruebas indican que el agua no posee contaminantes nocivos, se retira el conjunto de prevención del contraflujo. No se la utiliza durante las pruebas de presión hidrostática. Esta última se realiza para garantizar que existe presión suficiente en el sistema para suministrar agua a los grifos de hogares y empresas.

La red de suministro de agua establecida se comprueba en forma periódica para garantizar el caudal y la presión adecuados. También se lava para eliminar los sedimentos de los caños de distribución. En general, el departamento local de agua y alcantarillado es el encargado de realizar estas pruebas, según las directrices establecidas. Las bocas de incendio y las válvulas de venteo se utilizan como puntos de descarga del agua utilizada en estos procesos. Cada comunidad determina cómo gestionar esta agua que se elimina. Las autoridades locales deben tener en cuenta la seguridad pública y los efectos sobre el medioambiente. Algunas comunidades, por ejemplo, recogen el agua de las bocas de descarga en un camión. Luego, la decloran y la utilizan para limpiar las calles y los desagües pluviales y sanitarios. Los códigos locales establecen los métodos para reutilizar el agua de las bocas de descarga.

Repaso de la sección 1.0.0

1. Los tipos de pozos de agua *más profundos* suelen ser _____.
   a. excavados
   b. de sondeo
   c. perforados
   d. hincados

2. Para el tratamiento de agua en sistemas privados con problemas de dureza del agua, instale un _____.
   a. descalcificador de agua
   b. filtro de carbono
   c. filtro de sedimentos
   d. filtro de precipitación

3. El uso de tubería de cobre para aplicaciones subterráneas debe evitarse si _____.
   a. el suelo está húmedo
   b. el suelo no contiene sulfuro de hidrógeno
   c. el suelo es ácido
   d. la presión de funcionamiento de la red de suministro de agua es baja

2.0.0 Componentes del sistema de distribución de agua

Tareas prácticas

No hay tareas prácticas en esta sección.

Objetivo

Identificar los principales componentes de un sistema de distribución de agua y describir la función de cada uno.

a. Describir la finalidad de las válvulas antirretorno.
b. Identificar los tipos de válvulas utilizadas en los sistemas de distribución de agua.

Los objetivos principales de los sistemas de distribución de agua son suministrar agua potable limpia y proporcionar los medios para controlar el volumen, la presión y la rapidez del suministro de agua.

2.1.0 Prevención de la contaminación

El contraflujo es cualquier flujo no deseado de agua usada o no potable que regresa al sistema de distribución de agua potable. Este flujo inverso se produce debido a la conexión cruzada, que es un enlace directo entre un líquido contaminado y un suministro de agua potable. El contraflujo puede producirse por una conexión de plomería inadecuada o alterada o por dejar una manguera de jardín en un charco de agua contaminada, por ejemplo.

Estas condiciones no suponen en sí mismas un peligro significativo, pero crean la posibilidad de graves amenazas para la salud pública, especialmente en lo que respecta a las enfermedades transmitidas por el agua. El peligro se produce cuando existe una rotura en la red suministro u otro potencial de vacío en algún punto de la línea de agua. Si esto ocurre, la fuente de contaminación podría introducirse en la línea de suministro de agua. La prevención del contraflujo es necesaria en muchas instalaciones de plomería para evitar que el agua contaminada u otros líquidos fluyan de vuelta al sistema de agua potable.

2.1.1 Espacios de aire

El uso de espacios de aire y los niveles de restricción de desbordamiento son las formas más confiables de proteger las líneas de suministro de agua contra el sifonaje. Los espacios de aire se miden en forma vertical desde el extremo más bajo de la salida de agua potable hasta el nivel de desbordamiento de la instalación en el que se produce la descarga. En un fregadero de baño, por ejemplo, la salida del grifo se sitúa por encima del nivel de desbordamiento del fregadero (el punto en el que el agua empieza a desbordarse por la parte superior del fregadero). Esto es un espacio de aire diseñado. Además, el desagüe superior del fregadero devuelve el agua al desagüe inferior antes de que pueda llegar hasta el grifo. El espacio de aire mínimo requerido es dos veces el diámetro de la salida de agua potable, pero no menos de 1 pulg. (2.54 cm). Según la aplicación, el espacio de aire necesario puede venir establecido por el caudal del sistema u otros factores. Las reglas específicas para los espacios de aire y las instalaciones con espacios de aire están contenidas en la *Norma A112.1.3 de la Sociedad Estadounidense de Ingenieros Mecánicos (ASME - American Society of Mechanical Engineers), Accesorios de espacios de aire para uso con accesorios de plomería, aparatos y accesorios preensamblados.*

2.1.2 Válvula vacuorreguladora

Los dispositivos básicos de prevención del contraflujo están diseñados para evitar conexiones cruzadas peligrosas. La **válvula vacuorreguladora** (*Figura 15*) en una conexión de **grifo para manguera** (también llamado *grifo de jardín*) funciona como una válvula antirretorno, dado que permite el ingreso de aire al lado del agua potable de menor presión (vacío) mientras bloquea el flujo proveniente del lado de la salida del accesorio.

Válvula vacuorreguladora: tipo de válvula antirretorno que inhibe el contraflujo causado por la baja presión en un sistema de suministro de agua mediante la apertura de una vía de ventilación en un sistema de conexión cruzada para evitar el sifonaje.

Grifo para manguera: grifo con una salida roscada, normalmente colocada en ángulo con respecto a la boca de entrada del caño, que se utiliza para conectar una manguera. Suele estar situado en el exterior de un edificio. También se lo denomina *grifo de jardín* o *grifo para patio*.

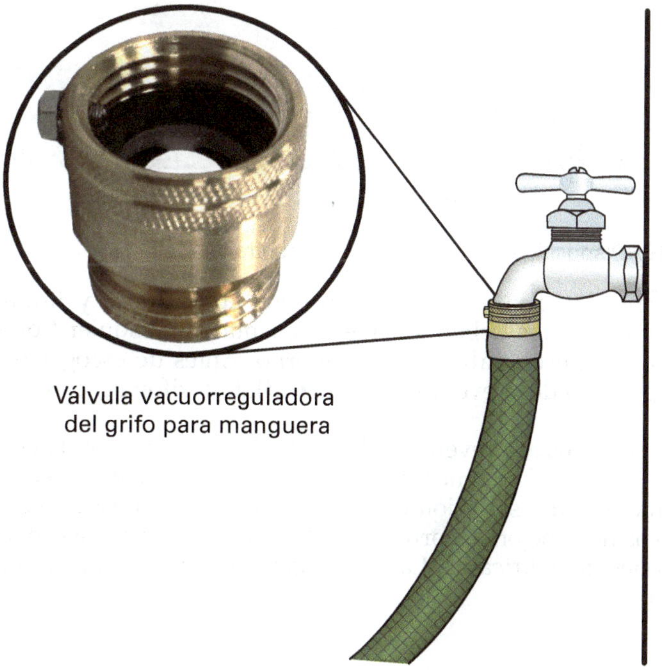

Figura 15 Válvula vacuorreguladora.

Siempre debe mantenerse una separación física entre los sistemas de agua privados y los municipales. Los pozos y sus sistemas de plomería asociados no deben conectarse al suministro de agua municipal. Los códigos especifican el grado de peligro y el dispositivo adecuado que debe utilizarse para las distintas aplicaciones.

2.1.3 Válvulas antirretorno

Algunas válvulas antirretorno protegen tanto de la contrapresión como del sifonaje, mientras que otras solo pueden manejar un tipo de contraflujo. La contrapresión se produce en el sistema de distribución de agua cuando una presión superior a la de suministro provoca un flujo inverso en las tuberías de agua potable. El sifonaje se produce cuando el agua contaminada vuelve desde un accesorio de plomería a la tubería de agua potable. Esto puede ocurrir cuando existe una presión negativa en el accesorio. Las cinco válvulas antirretorno mecánicas más utilizadas son las siguientes:

- válvulas vacuorreguladoras atmosféricas;
- válvulas vacuorreguladoras a presión;
- válvulas antirretorno de retención doble;
- conjuntos de válvulas de retención dobles;
- válvula antirretorno de zona de presión reducida (RPZ - reduced pressure zone).

En la *Figura 16* se muestran ejemplos de algunas de estas válvulas antirretorno.

Válvulas RPZ

Una válvula antirretorno de zona de presión reducida (RPZ) también puede denominarse *dispositivo de zona de presión reducida (RPZD), válvula RPZ* o *conjunto de zona de presión reducida.* Las válvulas RPZ están diseñadas para evitar el contraflujo y el sifonaje. Estas cualidades las hacen adecuadas para aplicaciones en las que el contraflujo en el suministro de agua podría causar graves problemas de salud. Los códigos locales establecen cuándo, dónde y cómo deben instalarse las válvulas RPZ. La mayoría de los códigos exigen estos dispositivos en aplicaciones residenciales para evitar el sifonaje desde los grifos para mangueras exteriores al suministro de agua doméstico.

Válvula vacuorreguladora atmosférica

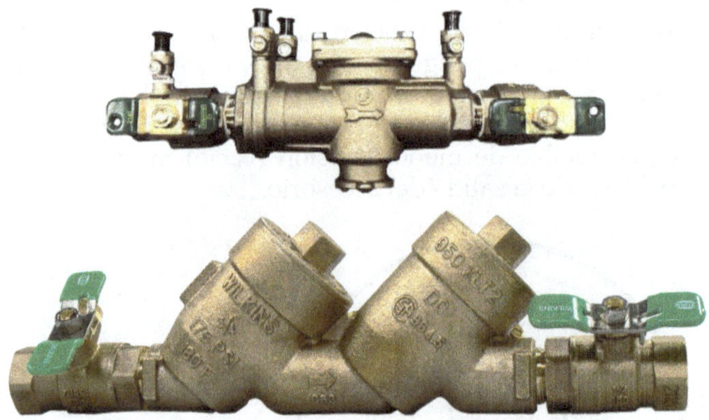

Conjuntos de válvulas de retención dobles

Figura 16 Dispositivos de prevención del contraflujo.

Cada tipo de válvula antirretorno tiene aplicaciones y limitaciones específicas. Estos factores deben tenerse en cuenta en cualquier tipo de diseño de sistemas que utilicen válvulas antirretorno. Antes de escoger e instalar cualquier dispositivo de prevención de contraflujo o sifonaje, consulte los códigos locales.

Los dispositivos de prevención del contraflujo deben recibir el mantenimiento adecuado para que funcionen con eficacia. La mayoría se someten a pruebas en la obra antes de su instalación y, posteriormente, a pruebas anuales. Cuando los dispositivos no funcionan correctamente, deben repararse y probarse según las instrucciones del fabricante. Las pruebas tienen que estar a cargo del personal certificado.

PRECAUCIÓN

Algunos códigos exigen la instalación de válvulas antirretorno en todas las estructuras nuevas, incluidas las residenciales. Asegúrese siempre de comprobar los planos arquitectónicos y todos los códigos aplicables antes de cualquier instalación.

Historia de caso

Accidentes por contraflujo

Instale siempre dispositivos adecuados para la prevención del contraflujo donde lo exija el código local. Asegúrese de instalarlos según las instrucciones del fabricante. No permita que su comunidad forme parte de una historia de terror como las que se comentan en los siguientes estudios de casos.

Caso práctico 1 de contraflujo

Durante una revisión rutinaria de mantenimiento de la caldera de calefacción por agua caliente de una escuela secundaria de Colorado, los trabajadores de mantenimiento dejaron abierta una válvula entre la línea de agua potable y la caldera. Esto hizo que el agua de la caldera que contenía anticongelante ingresara en el sistema de agua potable de la escuela. No había válvula antirretorno en la línea de alimentación de la caldera.

Nueve niños terminaron hospitalizados con síntomas gripales. El hospital trató a los estudiantes por intoxicación con etilenglicol (el ingrediente del anticongelante). La escuela se cerró mientras los trabajadores purgaban las tuberías de agua potable y reparaban la fuga. Se ordenó a los trabajadores que instalaran una válvula antirretorno en la línea de agua potable que va a la caldera.

Caso práctico 2 de contraflujo

Una oficina municipal inspeccionó una conexión cruzada en un edificio de apartamentos de gran altura. Los funcionarios descubrieron que una válvula de retención no protegía tres calentadores de agua. La presión de una bomba de agua fría a alta presión fluctuaba. Al caer de presión, el anticongelante contaminó el sistema de agua potable.

Caso práctico 3 de contraflujo

Una vivienda de Florida se conectó por error a las líneas de agua residuales tratadas, en lugar de a las líneas de agua potable. Como consecuencia, el residente sufrió fuertes cólicos estomacales y diarrea. Según un informe municipal, los trabajadores confundieron las líneas por accidente por no cavar lo suficiente para dejar al descubierto la cinta de identificación que distinguía ambas líneas de agua.

Se pidió a la municipalidad que desinfectara la plomería de la vivienda durante un período de tres meses y que supervisara la salud de los residentes durante 10 años. Como parte de un acuerdo con el departamento de salud estatal, también se exigió a la ciudad que gastara casi USD 75,000 para mejorar la capacitación, los procedimientos de instalación y la educación pública.

2.2.0 Válvulas

Las válvulas o grifos regulan el flujo del agua en un sistema de distribución. Pueden utilizarse para conectar y desconectar el servicio de agua, actuar como dispositivos de estrangulamiento que controlan el caudal de agua, regular la presión o impedir la inversión del flujo a través de una línea.

Es importante que los plomeros entiendan los términos relacionados con las válvulas. A continuación, términos de las válvulas de uso común:

- **Flujo continuo.** No se restringe al pasar a través de una válvula. El elemento que cierra la válvula se retrae completamente del paso.
- **Sin reducción de caudal.** Describe la capacidad de flujo de una válvula esencialmente igual al flujo máximo potencial a través de la tubería conectada.
- **Con reducción de la sección de paso.** Identifica la reducción del flujo de agua mediante la colocación de un dispositivo de cierre. No todos los tipos de válvulas son adecuados para la reducción de la sección de paso.

2.2.1 Tipos de válvulas

Los plomeros deben estar familiarizados con una variedad de válvulas. Estos son los tipos comunes de válvulas:

- Válvula de compuerta
- Válvula de globo
- **Válvula en ángulo**
- Válvula esférica
- **Válvula de retención**
- Manorreductor
- **Válvula de corte de suministro**
- **Válvula termostática/de equilibrio de presión**, también llamada *válvula de alivio de temperatura y presión (T/P)*
- Válvula atemperadora

Estas válvulas se utilizan en diferentes partes del sistema de distribución de agua (*Figura 17*).

2.2.2 Válvula de compuerta

Una válvula de compuerta (*Figura 18*) controla el flujo mediante el movimiento de una compuerta o disco que se desliza en ranuras mecanizadas en ángulo recto con el flujo. La compuerta se mueve por la acción del vástago roscado de la manija de control.

Existen dos diseños básicos de válvulas de compuerta:

- válvulas de compuerta de vástago ascendente (conocidas como *válvulas de vástago roscado interior*);
- válvulas de vástago no ascendente (conocidas como *válvulas de vástago roscado exterior*).

Una válvula de compuerta de vástago ascendente tiene el vástago unido a la compuerta. La compuerta y el vástago suben y bajan juntos cuando se acciona la válvula. En cambio, en una válvula de compuerta de vástago no ascendente, el vástago se enrosca en el extremo inferior en la compuerta. Al girar la manivela sobre el vástago, la compuerta sube o baja.

Flujo continuo: diseño de válvula que no restringe el flujo a través de ella. El elemento que cierra la válvula se retrae completamente fuera del paso.

Sin reducción de caudal: válvula que no restringe el flujo de un fluido a través de ella en comparación con el flujo potencial a través de la tubería conectada.

Con reducción de la sección de paso: reducción del flujo de agua a través de una válvula mediante la colocación de un dispositivo de cierre; aumenta la caída de presión a través de la válvula y, a la vez, la resistencia al flujo a través de ella.

Válvula en ángulo: válvula cuyo diseño interno es como una válvula de globo, pero su dirección de salida es a 90 grados con respecto a su boca de entrada.

Válvula de retención: válvula que permite que el líquido fluya en una sola dirección. La presión y el flujo dentro de la línea de entrada mantienen la válvula abierta. El cierre automático de la válvula se produce con la inversión del flujo, por el peso del mecanismo del disco o por la acción del resorte.

Válvula de corte de suministro: válvula que suele utilizarse para desconectar el suministro de agua caliente o fría de los inodoros y fregaderos. Se consigue con diseño recto o de ángulo recto y con elementos internos de una válvula esférica o de globo.

Válvula termostática/de equilibrio de presión: válvula mezcladora que detecta la temperatura de salida y la presión del agua caliente y fría entrante, y compensa las fluctuaciones de las temperaturas o presiones del agua caliente y fría para estabilizar su temperatura de salida. También se la denomina *válvula de alivio de temperatura y presión (T/P)*.

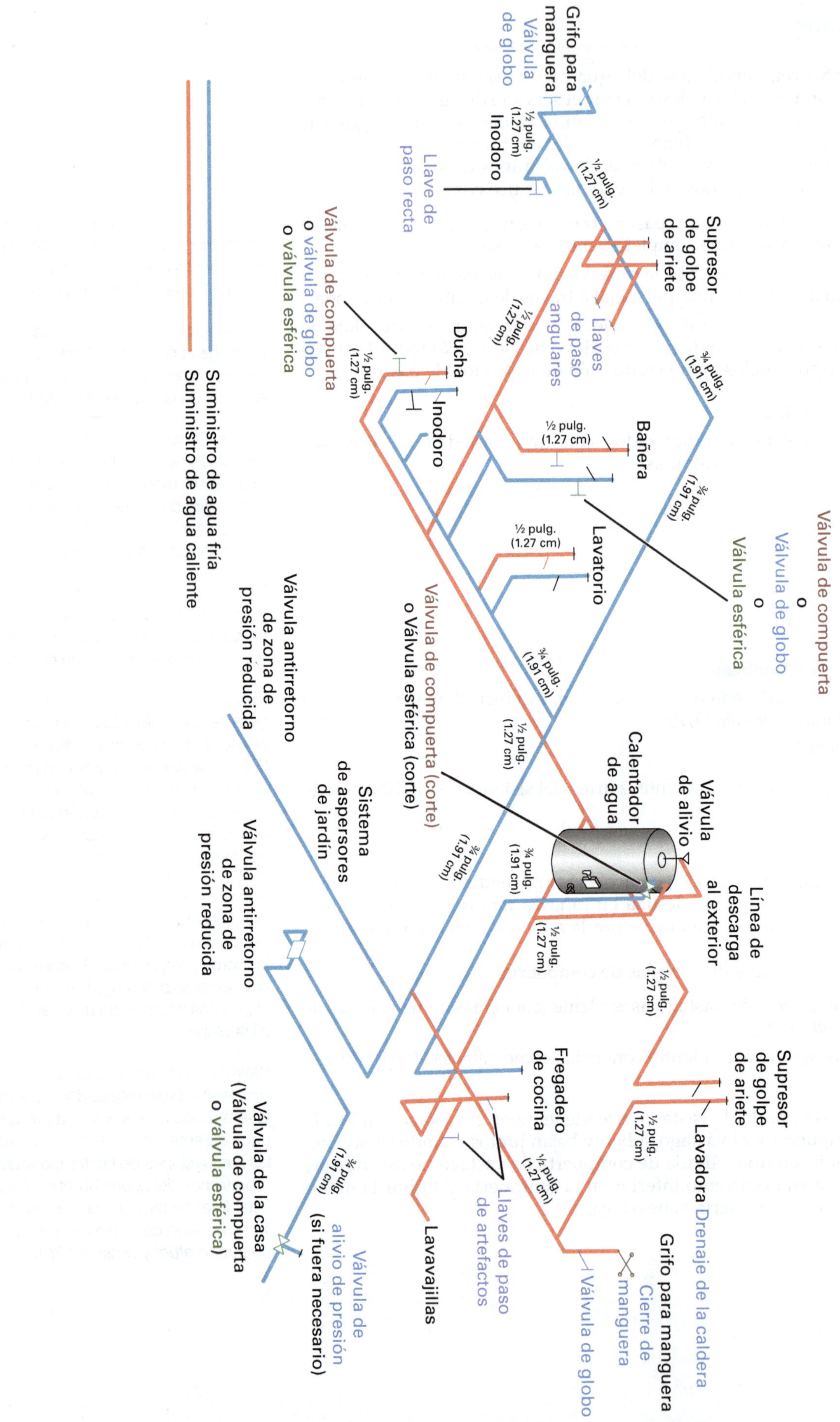

Figura 17 Válvulas en el sistema de distribución.

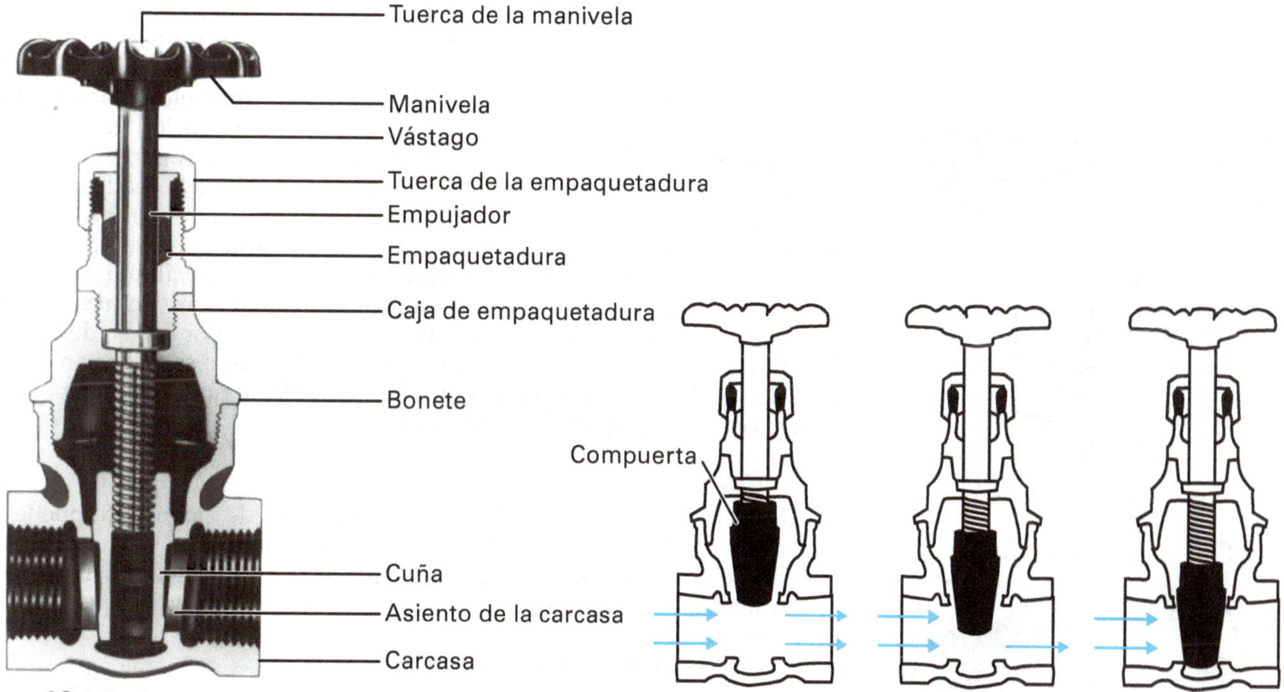

Figura 18 Válvula de compuerta.

Las válvulas de compuerta son las más adecuadas para las líneas de suministro principal y las líneas de bombeo. Proporcionan un paso sin obstrucciones y de flujo completo cuando la compuerta está completamente abierta. Pueden utilizarse en líneas que contienen vapor, agua, gas, aceite o aire. No son adecuadas para estrangular con precisión el flujo de fluidos.

2.2.3 Válvula de globo

En una válvula de globo (*Figura 19*), el flujo se controla mediante el movimiento de un disco circular o cónico contra un asiento metálico que rodea la apertura del flujo. Al girar la manivela, el vástago fuerza el disco hacia el asiento o lo retira por la acción de roscado.

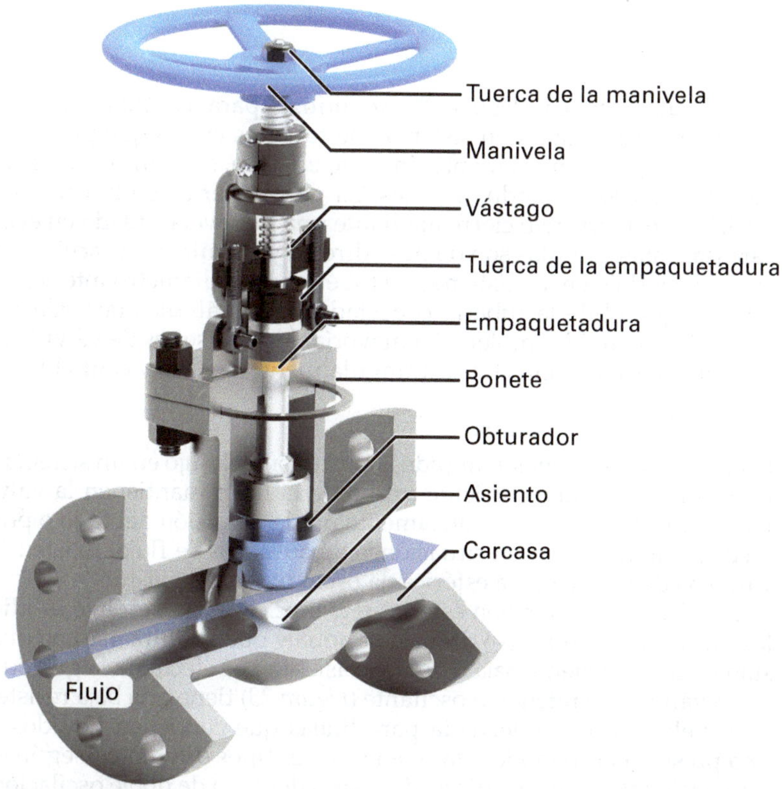

Figura 19 Válvula de globo.
Fuente: VÁLVULAS COOPER®

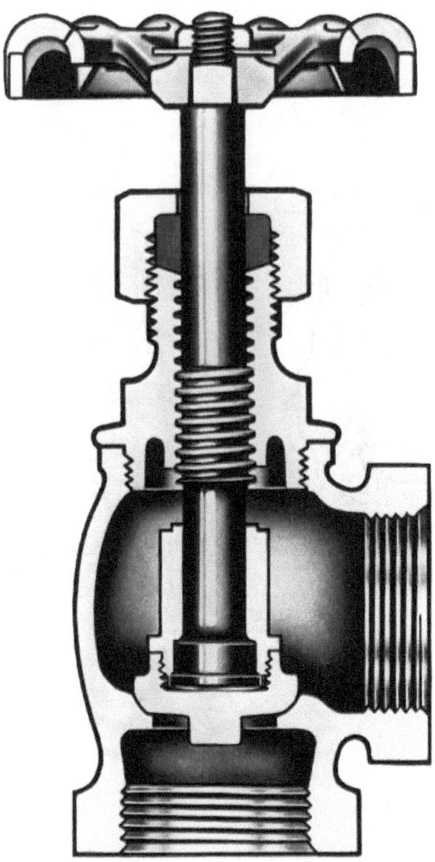

Figura 20 Válvula en ángulo.

Las válvulas de globo son útiles para usos generales en sistemas que contienen vapor, agua, gas o aceite, donde se requiere un uso frecuente y un control preciso del estrangulamiento del flujo. Dentro del cuerpo en forma de globo hay un tabique. Este tabique separa por completo el lado de la boca de entrada de la válvula del de la boca de salida, a excepción de una abertura circular denominada *asiento de la válvula (valve seat)*. La superficie de contacto del asiento de la válvula está rectificada para que se pueda realizar un sellado correcto y completo cuando la válvula está en posición cerrada. Al girar la manivela en el sentido de las agujas del reloj, la arandela o el disco se asientan entre el vástago y el asiento de la válvula, y se cierra la válvula. Esto cierra el flujo de gas o líquido. Es una práctica común instalar una válvula de globo de modo que el fluido de suministro a alta presión quede por debajo del asiento de la válvula. De este modo, la empaquetadura del vástago se coloca en el lado de la salida y de baja presión del asiento de la válvula, lo que reduce la posibilidad de fugas de la empaquetadura del vástago.

2.2.4 Válvula en ángulo

La válvula en ángulo (*Figura 20*) es como la válvula de globo, pero puede servir tanto de válvula como de codo de 90 grados. Dado que el flujo cambia de dirección solo una vez a través de la válvula, esta crea menos resistencia al flujo y turbulencias que la válvula de globo, en la que el flujo tiene que cambiar de dirección dos veces.

Hay tres tipos de válvulas en ángulo:

- Convencional
- Con obturador
- Con discos de composición

Las válvulas en ángulo convencionales tienen un disco que está en estrecho contacto con el asiento de la carcasa. Estas válvulas son adecuadas para usos menos intensivos, pero no para un estrangulamiento preciso. Las válvulas en ángulo con obturador tienen un cono largo y una amplia superficie de apoyo del asiento. Estas válvulas son ideales para el estrangulamiento preciso y el funcionamiento intensivo, y son eficaces para resistir la erosión en los sistemas de vapor. Los discos de composición tienen un disco de sellado hermético contra un asiento de corona elevada. Estas válvulas son muy adecuadas para usos con presión moderada.

2.2.5 Válvula esférica

La válvula esférica (*Figura 21*) se utiliza para controlar el flujo de gases y líquidos. Se instalan en sistemas de tuberías en los que puede ser necesario un cierre rápido para el mantenimiento en línea, o en líneas que se utilizan para mezclar diversos líquidos y gases. La parte esférica de la válvula se gira a la posición de apertura o cierre mediante una manivela situada en el exterior de la carcasa. Estas válvulas son de paso directo y permiten una acción rápida para el control del flujo en los sistemas de tuberías. Si el diámetro interior es del mismo tamaño que el de la tubería conectada, estas válvulas también proporcionan capacidad de flujo completo. La mayoría de los diseños de válvulas esféricas no proporcionan un control de estrangulamiento preciso y confiable.

2.2.6 Válvula de retención

Una válvula de retención impide la inversión del flujo en un sistema de tuberías. La presión y el flujo corriente arriba de la línea mantienen la válvula abierta. La válvula se cierra automáticamente por la inversión del flujo o por el peso del mecanismo del disco en situaciones de ausencia de flujo. Existen tres tipos de válvulas de retención: la esférica, la oscilante y la de pistón.

La válvula de retención esférica (*Figura 22*) permite el flujo unidireccional en las líneas de suministro o drenaje de agua y puede utilizarse con una contrapresión extremadamente baja o nula. Se asienta por efecto de la gravedad.

La válvula de retención oscilante (*Figura 23*) tiene una baja resistencia al flujo y, por ello, es muy adecuada para líneas que contienen líquidos o gases con una presión baja o moderada. Viene en tres tipos diferentes, según el fabricante: convencional de un solo disco, de discos dobles o de doble oscilación, y de disco único y asiento en ángulo.

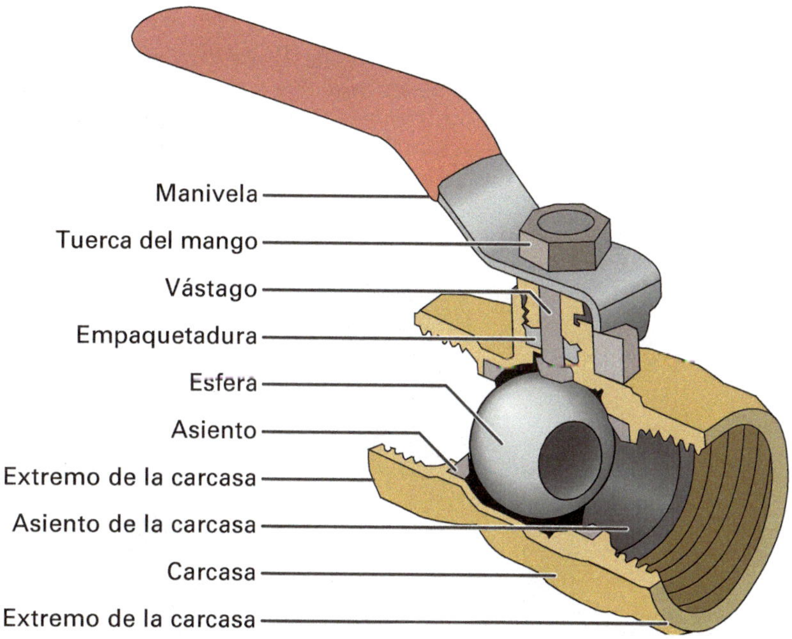

Figura 21 Válvula esférica.

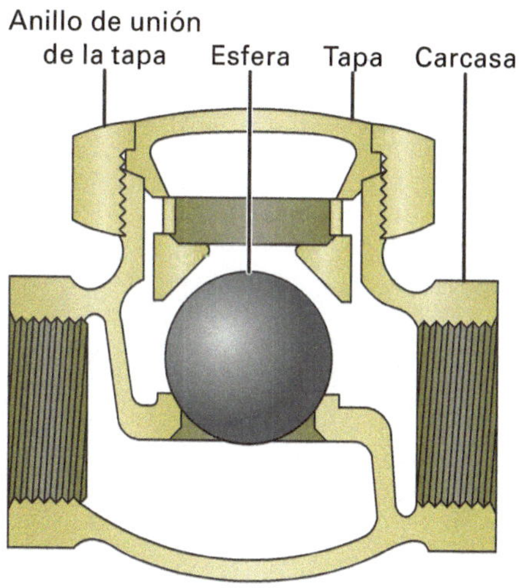

Figura 22 Válvula esférica de retención.

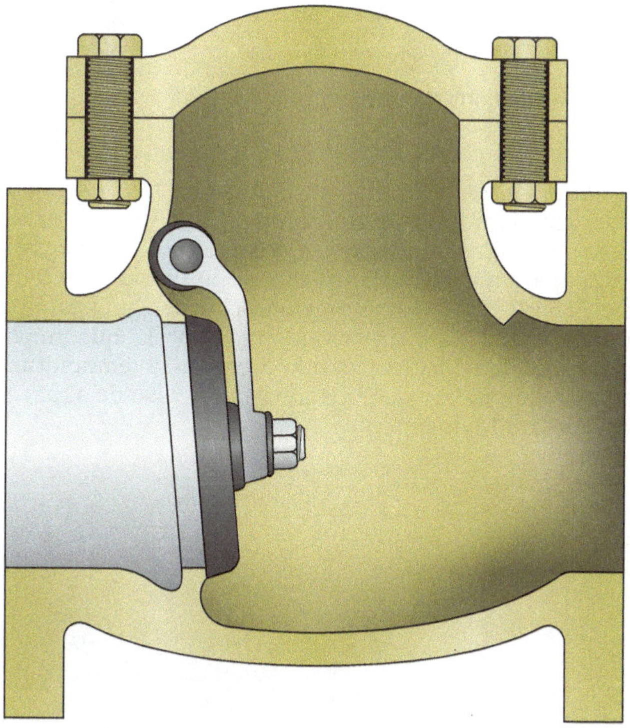

Figura 23 Válvula de retención oscilante.

2.2.7 Manorreductor

El manorreductor reduce la presión del agua en un edificio por debajo de la presión de la red de distribución de la calle para proteger las instalaciones sanitarios de los usuarios contra las fugas. La válvula se activa mediante la comparación de las presiones de entrada y salida. Cuando la presión de entrada o de salida cambia, un resorte situado en la cúpula de la válvula actúa sobre el diafragma para mover la válvula y abrirla o cerrarla. En un diseño típico, la válvula se abre cuando el diafragma presiona hacia abajo alejándose del asiento de la válvula, y permanece abierta hasta que la presión en el edificio alcanza un nivel establecido. A continuación, la válvula se desplaza hacia la posición de cierre para reducir la presión del agua del edificio. A menos que la demanda de agua del edificio se detenga, la válvula siempre está al menos ligeramente abierta para suministrar agua a la presión establecida.

2.2.8 Válvula de corte de suministro

Las válvulas de corte de suministro, o válvulas de suministro, suelen desconectar el suministro de agua caliente o fría de los inodoros y fregaderos. Estas válvulas de globo en miniatura facilitan el control de la conexión de agua en un accesorio individual para trabajos de reparación. Se consiguen con un diseño recto o en ángulo recto (*Figura 24*). Muchos fabricantes ofrecen ahora válvulas de cierre con un diseño de válvula esférica de un cuarto de vuelta, que son más fáciles de manejar y tienen mayor vida útil.

Figura 24 Válvulas de corte de suministro.

2.2.9 Válvula de alivio de temperatura y presión

Válvulas de alivio de presión: válvulas normalmente utilizadas para acometidas de líquidos con el objetivo de evitar la sobrepresurización de un sistema o componente. Pueden ser de acción lenta o rápida según su finalidad y diseño.

Las válvulas de alivio de temperatura y presión (T/P) (*Figura 25*) se utilizan normalmente para líquidos, aunque también pueden utilizarse válvulas de seguridad. Estas válvulas se utilizan a menudo en los calentadores de agua. Están diseñadas para abrirse ante un exceso de presión, de temperatura o de ambas. Estas **válvulas de alivio de presión** no tienen una cámara ni un anillo regulador para variar o ajustar la descarga, por lo que funcionan con un movimiento relativamente lento. Cuando aumenta la temperatura o la presión, se abren en forma gradual, lo que libera hasta un vaso de agua; al disminuir la presión, se cierran gradualmente.

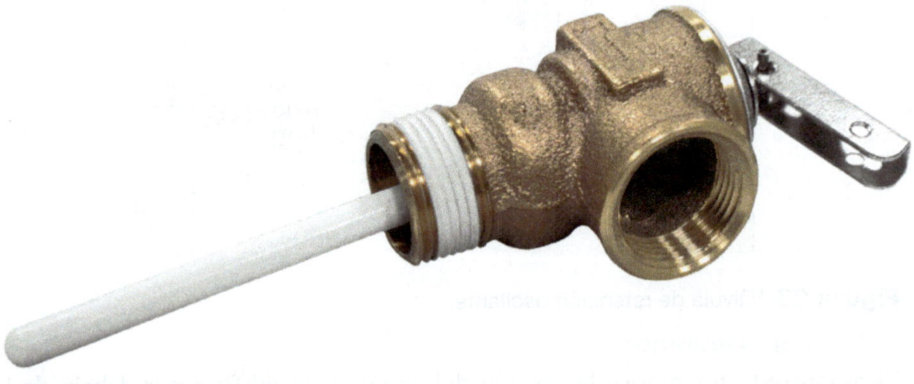

Figura 25 Válvula de alivio de presión.

2.2.10 Válvula atemperadora

El agua caliente y fría se puede mezclar para reducir el riesgo de quemaduras en grifos, como en las válvulas de las duchas, o para reducir la transpiración en los depósitos de los inodoros. La mejor manera de hacerlo es utilizar una válvula atemperadora (*Figura 26*). Las válvulas atemperadoras se fabrican tanto para aplicaciones residenciales como comerciales e industriales. Estas válvulas mezclan el agua procedente del calentador de agua a una temperatura predeterminada. La temperatura se regula con un termostato ajustable incorporado a la válvula.

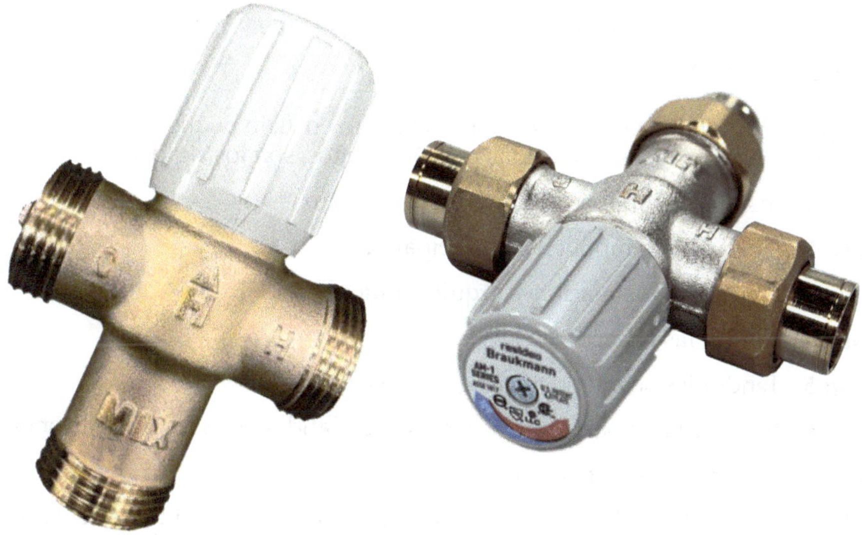

Figura 26 Válvulas atemperadoras.

Repaso de la sección 2.0.0

1. El efecto peligroso para la salud que puede ocurrir cuando hay una conexión cruzada entre un líquido contaminado y un suministro de agua potable se llama _____.
   a. contraflujo
   b. pasteurización
   c. cloración
   d. corrosión galvánica

2. La válvula en ángulo crea menos resistencia al flujo y turbulencias que la válvula de globo.
   a. Verdadero
   b. Falso

3. ¿Qué tipo de válvula de la lista se considera una válvula de flujo continuo?
   a. Válvula de cierre en ángulo
   b. Válvula de globo
   c. Válvula de retención
   d. Válvula esférica

3.0.0 Distribución de agua en edificios

Objetivo

Explicar las relaciones entre los componentes de un sistema de distribución de agua.

a. Identificar los principales componentes de un sistema de agua de un edificio y describir cómo se determina la ubicación adecuada.
b. Explicar los requisitos para dimensionar las líneas principales de suministro.

Tarea práctica

1. Hacer un dibujo isométrico de un sistema sencillo de distribución de agua y etiquetar sus componentes.

En un edificio residencial o comercial típico, hay muchas instalaciones comunes que un plomero instalará con frecuencia. Cada uno de estos artefactos tiene fines específicos y conlleva ciertas consideraciones a la hora de ubicarlos e instalarlos.

3.1.0 Colocación de los componentes principales del sistema

Los pasos para la instalación de plomería de un edificio pequeño, sin incluir las inspecciones y pruebas requeridas por los códigos, son los siguientes:

Paso 1 Instalar la tubería principal de suministro.

Paso 2 Ubicar los componentes principales.

Paso 3 Ubicar las instalaciones arquitectónicos.

Paso 4 Tender las tuberías de DWV.

Paso 5 Tender las acometidas de agua y los ramales.

Paso 6 Instalar las tuberías ascendentes y las salidas para las instalaciones.

Paso 7 Conectar las instalaciones.

Ramal: cualquier parte de un sistema de tuberías que no sea una tubería ascendente, una principal o un bajante.

Una vez instaladas las tuberías de suministro de agua para traer el agua de la red principal al edificio, el siguiente paso es ubicar e instalar el calentador de agua, los grifos para mangueras, el descalcificador de agua (si fuera necesario) y otros accesorios. Los arquitectos suelen ubicar estos componentes en los planos de los edificios para que sirvan eficazmente a sus fines (*Figura 27*). Sin embargo, la ubicación real de los principales componentes de servicio suele ser una decisión del plomero, en función de las circunstancias de la obra.

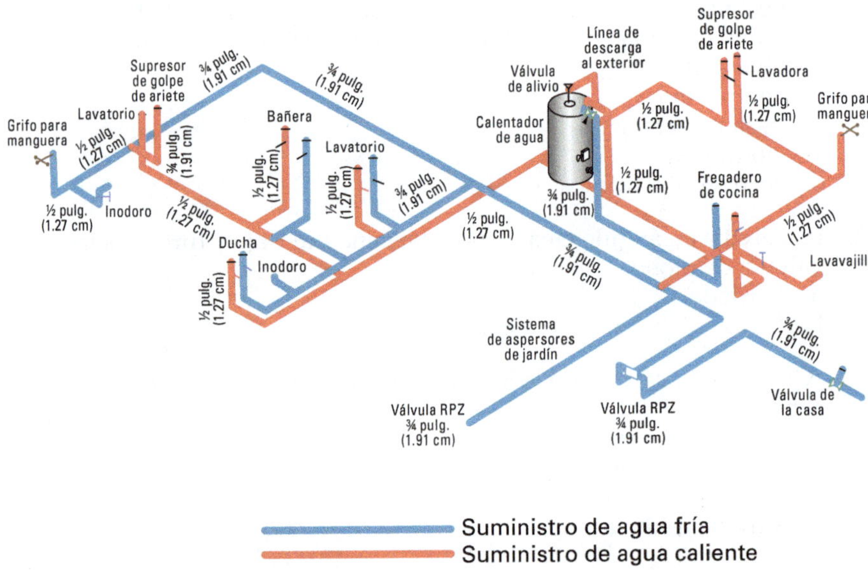

Figura 27 Ejemplo del sistema de tuberías de distribución de agua doméstica.

3.1.1 Ubicación del calentador de agua

A menos que los planos indiquen lo contrario, coloque el calentador de agua en el lugar más eficiente, que suele estar lo más cerca posible del mayor número de bocas de salida de agua caliente. De este modo, se minimiza la longitud de las tuberías de agua caliente que van desde el calentador a las instalaciones. Tenga en cuenta la ubicación del suministro de gas si instala un calentador de agua a gas, o la entrada del suministro eléctrico si se trata de un calentador eléctrico.

3.1.2 Ubicación del descalcificador de agua

Si el sistema de plomería incluye un descalcificador de agua, primero debe determinar el uso previsto de varios artefactos. No todos las instalaciones o bocas de salida requieren acceso al agua descalcificada. Por ejemplo, el suministro de agua caliente, incluido el calentador de agua, debe ser siempre agua tratada, pero los grifos para manguera pueden suministrar agua no descalcificada. Estas decisiones afectan a la disposición de los tramos de caños.

3.1.3 Ubicación de grifos para mangueras

En las estructuras residenciales, se suele requerir una boca de salida de agua exterior, también llamada *grifo para manguera* o *grifo de jardín* (*Figura 28*). Los tramos de tuberías que alimentan a los grifos para mangueras pueden ser largos, deben estar fuera del circuito del descalcificador de agua e, incluso, del de la válvula reguladora de presión, si hubiera una. La ubicación de los grifos para manguera depende de factores como el tamaño de la estructura, la accesibilidad del sótano o del espacio libre entre pisos (si existiera) y el uso previsto.

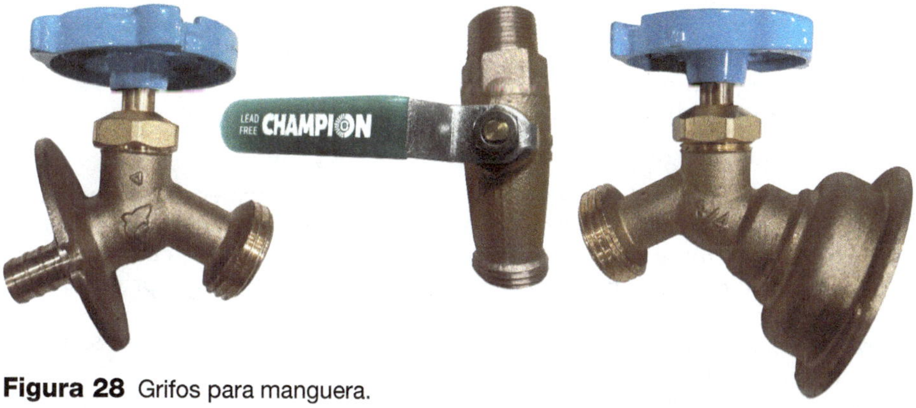

Figura 28 Grifos para manguera.

3.1.4 Colocación de las instalaciones

Después de instalar el calentador de agua, los grifos para mangueras y el descalcificador de agua, identifique la ubicación adecuada de las otras instalaciones que utilizan agua. En el caso de una residencia, esto incluirá los inodoros, las bañeras, las duchas, los fregaderos de tocador, el fregadero de la cocina y el suministro de agua para las máquinas de hielo. Consulte el plano del arquitecto, ya que su ubicación está determinada según el diseño del edificio. El plomero es responsable de proporcionar el sistema de distribución de agua más eficiente y, al mismo tiempo, reducir al mínimo el costo de los materiales y el tiempo de instalación.

Cuando los plomeros instalan el sistema de plomería de una estructura, primero deben instalar el sistema de DWV. Debido al gran tamaño de los caños, su limitada flexibilidad en la instalación y su permanencia una vez instalados, el trazado adecuado del sistema de DWV puede resolver la mayoría de los problemas. Recuerde que la disposición de las tuberías de suministro de agua depende de la ubicación de las tuberías de DWV. No se basa en la ubicación de las paredes ni las esquinas de un edificio.

3.2.0 Tuberías de suministro

Debe dimensionar correctamente el caño de suministro a las instalaciones y aparatos y utilizar las tablas de dimensionamiento suministradas por los códigos de plomería aplicables. Estas tablas estiman la demanda prevista de agua medida según las **unidades de artefacto de suministro de agua (WSFU)**. Tenga en cuenta lo siguiente al establecer el tamaño de las tuberías de suministro:

- el tipo de dispositivos de descarga utilizado en los diferentes artefactos;
- la presión del agua en libras por pulgada cuadrada (psi) en la fuente;
- la longitud del caño en el edificio;
- los tipos y la cantidad de artefactos diferentes instalados;
- cantidad total de artefactos en uso en un momento dado.

Unidades de artefacto de suministro de agua (WSFU - Water supply fixture units): factores de diseño para determinar la carga que los diferentes artefactos sanitarios producen en el lado de suministro de un sistema de plomería.

3.2.1 Líneas principales de suministro

Las líneas de servicio particular son las líneas principales de suministro de agua. Estas líneas también se conocen como *líneas de alimentación principales*. Para las instalaciones residenciales, la línea de alimentación principal desde el calentador de agua debe tener el tamaño correcto para suministrar el caudal y la presión requeridos. Los caños más pequeños pueden ahorrar energía y dinero. Los caños de mayor tamaño transportan más agua, pero el agua que queda en el sistema de tuberías se enfría cuando la instalación se apaga. Cuando el usuario vuelve a abrir el grifo, debe pasar más agua fría por el caño antes de que el agua caliente llegue a la instalación. Esto desperdicia agua y energía. Por este motivo, las líneas de servicio de agua caliente doméstico suelen ser de $^1/_2$ pulg. (1.27 cm) (consulte la *Figura 27*).

Cuando las instalaciones de agua caliente se colocan a gran distancia de la fuente de agua caliente, el uso de un sistema de circulación de agua caliente es una forma eficaz de conservar la energía y el agua. Al final de la línea de agua caliente, se puede instalar una T y una bomba para devolver el agua al lado frío o a la abertura de la válvula de drenaje del calentador. Es necesario instalar una válvula de retención en el conducto de entrada de agua fría para que el agua de retorno circule en una sola dirección.

Cuando planifique la instalación de las líneas de agua fría, tenga en cuenta las conexiones a los grifos para manguera y otras opciones que ahorran caños y tiempo. El agua fría que se utiliza en los grifos para manguera para aspersores de jardín y otras aplicaciones exteriores no debe descalcificarse.

PRECAUCIÓN

Mantenga la tubería de suministro de agua lo más limpia posible antes de su instalación y uso. El almacenamiento limpio y seco de los caños ayuda a prevenir la contaminación. Coloque un tapón a todos los extremos de los caños al final de cada jornada de trabajo.

3.2.2 Líneas de ramales y tuberías ascendentes

Una vez establecidos los tramos de las líneas principales de alimentación de agua caliente y fría, determine las tuberías ramales que alimentan a los distintos artefactos y aparatos del edificio. Los ramales son cualquier parte del sistema de tuberías que no sea una tubería ascendente, una principal o un bajante. Luego, ubique las **tuberías ascendentes a las instalaciones** y las salidas para las instalaciones. Las tuberías de suministro de agua también se ubican en relación con los desagües y los controles de las instalaciones. Cuando los plomeros instalan las tuberías de suministro de agua, deben volver a verificar la ubicación de los desagües para asegurarse de que estén colocando las tuberías en forma correcta.

Construya una tubería ascendente a las instalaciones que vaya dentro de la pared y sirva de conexión desde la instalación hasta el caño de suministro bajo el piso. Ensamble las tuberías ascendentes y las salidas para las instalaciones en una **tabla de refuerzo** o en un pie derecho en el interior de la pared y detrás de la instalación (*Figura 29*). Luego de ubicar las líneas de suministro de agua a las instalaciones y ensamblar las salidas para las instalaciones, el conjunto se coloca a través del orificio de acceso en el piso. Los plomeros deben utilizar siempre la presentación de datos aprobada para determinar las medidas cuando instalen las tuberías ascendentes y las salidas para las instalaciones.

En las líneas de agua de gran tamaño o en las que los controles de las instalaciones tienen válvulas de cierre rápido, debe instalar **supresores de golpe de ariete** (*Figura 30*) para absorber la energía cuando el flujo de agua se detiene en forma repentina, lo que se denomina **golpe de ariete**. Suelen colocarse cerca de la instalación como prolongación de la tubería ascendente del agua. Si los supresores de golpe de ariete no se instalan, si se instalan de forma incorrecta o fallan, puede producirse un golpe de ariete cuando se utiliza un control de accesorios de cierre rápido. Los golpes de ariete pueden acabar provocando una avería en el caño, las juntas o las válvulas del sistema de distribución de agua.

Tubería ascendente a las instalaciones: tramos verticales de caños situados en el interior de la pared para conectar la instalación con el caño de suministro situado bajo el suelo.

Tabla de refuerzo: tabla corta de madera instalada entre los entramados de la pared (o a veces, en el lado sin terminación del interior de la pared) utilizada para montar las tuberías ascendentes o las salidas para las instalaciones detrás de ellos.

Supresores de golpe de ariete: dispositivos instalados en un sistema de tuberías para absorber el golpe de ariete mediante el cierre gradual del flujo de agua contra un amortiguador de aire o gas.

Golpe de ariete: fuerte golpeteo que se produce cuando el sistema de tuberías se desvía contra los soportes al absorber la energía del flujo del agua cuando este se detiene de repente.

Figura 29 Instalación de la tubería ascendente y salida a las instalaciones.

Figura 30 Supresor de golpe de ariete.

Repaso de la sección 3.0.0

1. Los calentadores de agua deben colocarse cerca _____.
   a. de la línea de suministro principal
   b. de la mayor cantidad de bocas de salida de agua caliente
   c. de la mayor concentración de grifos para mangueras
   d. del tomacorriente más cercano

2. ¿Cuál de los siguientes elementos debe instalarse *primero* cuando se construye el sistema de plomería de una estructura?
   a. Líneas de agua caliente
   b. Salidas para las instalaciones
   c. Tuberías de DWV
   d. Las instalaciones

3. A efectos de planificación, la capacidad de un sistema de agua o su demanda se basa en _____.
   a. las WSFU establecidas por los códigos de plomería
   b. la clasificación del fabricante de la capacidad de la instalación
   c. el tamaño de la conexión de agua a la instalación
   d. la experiencia profesional del plomero

Módulo 02112 Preguntas de repaso

1. ¿Cuál de los siguientes es un tipo de pozo?
   a. Ampliado
   b. De sondeo
   c. Rebajado
   d. Encamisado

2. Una de las principales funciones de los clarificadores de las plantas municipales de tratamiento de agua es _____.
   a. oxidar minerales para filtrarlos y reutilizarlos
   b. eliminar los precipitados de calcio y magnesio
   c. aumentar los niveles de CO_2 para elevar la alcalinidad del agua
   d. añadir cloro y flúor al agua

3. ¿Cómo puede un plomero aumentar la presión del agua dentro de un edificio?
   a. Aumentar el tamaño de las tuberías de suministro
   b. Instalar una válvula reguladora de presión
   c. Instalar una bomba elevadora de presión
   d. Reducir el tamaño de las tuberías de suministro

4. La línea de suministro de un edificio debe conectarse a la red de suministro municipal mediante una _____.
   a. llave de paso de la compañía suministradora
   b. válvula de cierre
   c. caja de válvula
   d. válvula de corte de suministro

5. El objetivo principal de una válvula de cierre es _____.
   a. proporcionar un punto de corte conveniente para el suministro de agua de un edificio
   b. proporcionar un punto conveniente para conectar el suministro de un edificio a la red de suministro principal
   c. aislar un medidor de agua para su mantenimiento
   d. aislar una válvula reguladora de presión o un descalcificador de agua

6. La manera *más* confiable de proteger las líneas de suministro de agua es con _____.
   a. una válvula vacuorreguladora
   b. un espacio de aire
   c. una válvula antirretorno de retención doble
   d. una válvula RPZ

7. ¿Cuál de estas afirmaciones es *verdadera* sobre las válvulas de compuerta?
   a. Para abrir las válvulas de compuerta, se gira el disco plano paralelo a la corriente de agua.
   b. Las válvulas de compuerta son excelentes para el estrangulamiento preciso del flujo.
   c. Una válvula de compuerta es una válvula de flujo continuo sin reducción de caudal.
   d. El flujo de agua a través de una válvula de compuerta realiza dos giros bruscos.

8. ¿Qué tipo de válvula ofrece las ventajas de una válvula de globo y de un codo de 90 grados?
   a. Válvula de compuerta
   b. Válvula esférica
   c. Válvula de retención
   d. Válvula en ángulo

9. ¿Cuál de las siguientes afirmaciones es *verdadera* sobre las válvulas de retención?
   a. Las válvulas de retención tienen un actuador de manivela.
   b. Las válvulas de retención impiden la inversión del flujo.
   c. Las válvulas de retención se accionan con un motor.
   d. Las válvulas de retención permiten el flujo en ambos sentidos.

10. Un manorreductor estándar detecta _____.
    a. la presión de suministro
    b. la presión de salida
    c. la presión de suministro y de salida
    d. la presión atmosférica

11. ¿Qué método es preferible para reducir la posibilidad de accidentes por quemaduras en fregaderos y duchas?
    a. Bajar la temperatura del calentador de agua a 110°F (43°C)
    b. Instalar un supresor de golpe de ariete en la instalación de agua caliente
    c. Instalar una válvula atemperadora en el suministro de agua caliente y fría de la instalación
    d. Instalar un limitador de caudal en la línea de suministro de agua caliente

12. Los descalcificadores de agua *siempre* deben conectarse _____.
    a. al calentador de agua
    b. a todos las instalaciones y bocas de salida
    c. a las líneas de agua fría conectadas a los grifos para manguera
    d. a las tuberías de DWV

13. Las ubicaciones de las instalaciones estándares de agua caliente y fría que normalmente se encuentran en un edificio son determinadas por _____.
    a. el plomero
    b. la ubicación de la tubería de DWV
    c. el arquitecto
    d. los códigos nacionales y locales

14. ¿Cuál de las siguientes afirmaciones es *verdadera* cuando se realiza la instalación de plomería de un edificio con tuberías de mayor tamaño?
    a. Las tuberías más grandes reducen la presión de suministro más que las pequeñas.
    b. Las tuberías de agua caliente más grandes desperdician agua.
    c. Las tuberías más grandes retienen mejor el calor que las pequeñas.
    d. Las tuberías más grandes reducen el golpe de ariete.

15. El golpe de ariete se genera principalmente por _____.
    a. las tuberías colgadas y sueltas
    b. las válvulas de cierre rápido
    c. los tramos largos de tuberías
    d. los caños de diámetro pequeño

Las respuestas a las preguntas impares de repaso de los módulos se encuentran en el *Apéndice A*.

Respuestas a las preguntas del repaso de las secciones

Respuesta	Referencia de sección	Objetivo
Sección 1.0.0		
1. c	1.1.0	1a
2. a	1.2.0	1b
3. c	1.3.1	1c
Sección 2.0.0		
1. a	2.1.0	2a
2. a	2.2.4	2b
3. d	2.2.5	2b
Sección 3.0.0		
1. b	3.1.1	3a
2. c	3.1.4	3a
3. a	3.2.0	3b

Actualización de usuario

ESCANÉAME

¿Ha encontrado un error? Para enviar una corrección, visite **https://www.nccer.org/olf** o escanee el código QR con su dispositivo móvil.

APÉNDICE A: RESPUESTAS A LAS PREGUNTAS DE REPASO

MÓDULO 02101

Respuesta	Referencia de sección
1. c	1.1.1
3. c	1.2.0
5. b	2.1.3
7. c	2.1.9
9. c	2.2.0
11. c	2.2.1
13. d	1.2.3

MÓDULO 02102

Respuesta	Referencia de sección
1. c	1.0.0
3. a	1.1.2
5. d	2.1.7
7. b	2.1.7
9. a	2.2.3
11. b	2.2.4
13. c	2.3.1
15. a	2.3.3
17. b	2.3.4
19. a	2.3.4
21. c	3.1.2
23. b	4.1.0
25. c	4.4.0

MÓDULO 02103

Respuesta	Referencia de sección
1. d	1.2.5
3. c	1.3.3
5. b	1.4.1
7. a	1.4.2
9. d	1.4.3
11. c	1.5.4
13. c	1.6.2
15. c	2.2.1
17. d	2.3.3
19. d	2.3.3

MÓDULO 02104

Respuesta	Referencia de sección
1. c	1.1.2
3. b	1.1.5
5. a	1.4.2
7. c	1.4.3; *Tabla 1*
9. c	2.1.0
11. b	2.1.2
13. b	2.2.1
15. c	2.2.3

CÁLCULOS DEL MÓDULO 02104

Pregunta 1

2,032.25 + 7,525.5 = **9,557.75**

Pregunta 3

1,780 ÷ 12 = 148.33

Como no se puede tener una fracción de una pieza, la respuesta es **148**.

Pregunta 5

3 ÷ 16 = **1.875**

Pregunta 7

1 pulg. ÷ 12 = 0.083 pies

$^{5}/_{16}$ = 0.026

0.083 + 0.026 = **0.109**

Pregunta 13

Distancia del centro al extremo del conector = C – T

1$^{1}/_{2}$ pulg. – $^{1}/_{2}$ pulg. =
1 pulg. x 2 accesorios = 2 pulg.

42 pulg. – 2 pulg. = **40 pulg.**

Pregunta 15

$^{1}/_{2}$ pulg. + $^{1}/_{2}$ pulg. = 1 pulg.

18$^{7}/_{8}$ pulg. + 1 pulg. = **19$^{7}/_{8}$ pulg.**

MÓDULO 02105

Respuesta	Referencia de sección
1. d	1.3.1
3. d	1.5.2
5. c	1.1.3
7. b	1.1.7
9. d	2.4.1

MÓDULO 02106

Respuesta	Referencia de sección
1. d	1.1.3
3. b	1.1.6
5. b	1.3.1; *Tabla 3*
7. c	2.1.0
9. b	2.2.2
11. b	2.4.1
13. b	3.1.0; *Tabla 6*
15. d	3.2.0
17. b	3.1.2
19. b	2.1.2

MÓDULO 02107

Respuesta	Referencia de sección
1. b	1.0.0
3. c	1.2.0
5. b	1.3.2
7. d	1.3.4
9. c	2.1.0; *Tabla 3*
11. c	2.3.0
13. c	2.4.3
15. a	3.1.2
17. c	3.2.0
19. b	2.4.1

MÓDULO 02108

Respuesta	Referencia de sección
1. b	1.0.0
3. c	1.2.1
5. c	1.2.2
7. c	1.4.5
9. c	2.1.0
11. c	2.2.2
13. c	3.1.1
15. a	3.2.3

MÓDULO 02109

Respuesta	Referencia de sección
1. c	1.0.0
3. c	1.2.0
5. d	1.3.2
7. c	1.4.4
9. d	2.1.0
11. d	2.1.1
13. b	2.2.0
15. a	2.4.2
17. c	3.2.0
19. b	1.4.0

MÓDULO 02110

Respuesta	Referencia de sección
1. a	1.0.0
3. a	1.2.1
5. d	1.3.0
7. b	1.4.1
9. b	1.5.2
11. b	2.1.2
13. c	2.2.1
15. b	2.3.0

MÓDULO 02111

Respuesta	Referencia de sección
1. d	1.1.1
3. d	2.1.3
5. c	2.2.1
7. a	3.0.0
9. c	3.1.1
11. c	3.1.2
13. c	4.1.2
15. b	4.2.1

MÓDULO 02112

Respuesta	Referencia de sección
1. b	1.1.0
3. c	1.2.2
5. a	1.3.3
7. c	2.2.2
9. b	2.2.6
11. c	2.2.10
13. c	3.1.4
15. b	3.2.2

APÉNDICE 02101A

Principios éticos para los miembros de los oficios de la construcción

Honestidad: sea honesto y sincero en todas las negociaciones. Lleve a cabo sus actividades de acuerdo con los estándares profesionales más elevados. Cumpla todos los contratos y compromisos de manera leal. No engañe ni confunda a otros deliberadamente.

Integridad: demuestre integridad personal y el valor de sus convicciones al hacer lo correcto, aunque lo presionen para que haga lo contrario. No sacrifique sus principios, aunque parezca más fácil.

Lealtad: sea digno de confianza. Demuestre fidelidad y lealtad a las empresas, los empleadores, los patrocinadores, los compañeros de trabajo y las instituciones y organizaciones profesionales.

Imparcialidad: sea justo y equitativo en todas las negociaciones. No se aproveche de los errores o dificultades de los demás. Las personas justas tienen una mentalidad abierta y están comprometidas con la justicia, el trato igualitario con los demás y la tolerancia y aceptación de la diversidad.

Respeto a los demás: sea amable y trate a las personas con respeto y dignidad por igual.

Obediencia: cumpla las leyes, normas y reglamentos relacionados con todas las actividades personales y comerciales.

Compromiso con la excelencia: aspire a sobresalir en el desempeño de sus funciones; infórmese, prepárese bien y esfuércese constantemente por aumentar sus competencias mediante la adquisición de habilidades y conocimientos nuevos.

Liderazgo: con su propia conducta, asegúrese de ser un modelo positivo para los demás.

APÉNDICE 02103A

Lista de herramientas básicas para los aprendices de plomería

- Equipo de protección personal apropiado
- Herramientas de medición y replanteo
- Escuadras de medición, incluidas las siguientes:
  - Rápida
  - Combinada
  - Para enmarcar
- Niveles y herramientas de medición de precisión
- Plomada
- Herramientas de corte dentadas, incluidas las siguientes:
  - Sierra para metales
  - Sierra sable
  - Sierra de cinta portátil
  - Sierra abrasiva
- Hojas para sierra
- Formones y cortafríos
- Herramientas de corte fino
- Crayón de ocre rojo (keel)
- Piedra de jabón
- Taladros, incluidos los siguientes:
  - Eléctrico portátil
  - Desplazado
  - Inalámbrico
- Brocas de taladro
- Juego de terrajas
- Herramienta para soldadura blanda
- Llaves, incluidas las siguientes:
  - Para caños
  - De cadena para tubos
  - De correa
  - De boca
  - Ajustable
  - Para lavabos
  - Inglesa
  - Dinamométrica
- Alicates
- Martillo
- Cuña para cortar madera
- Destornillador de punta hueca
- Brocas
- Prensa

APÉNDICE 02105A

Planos y diagramas

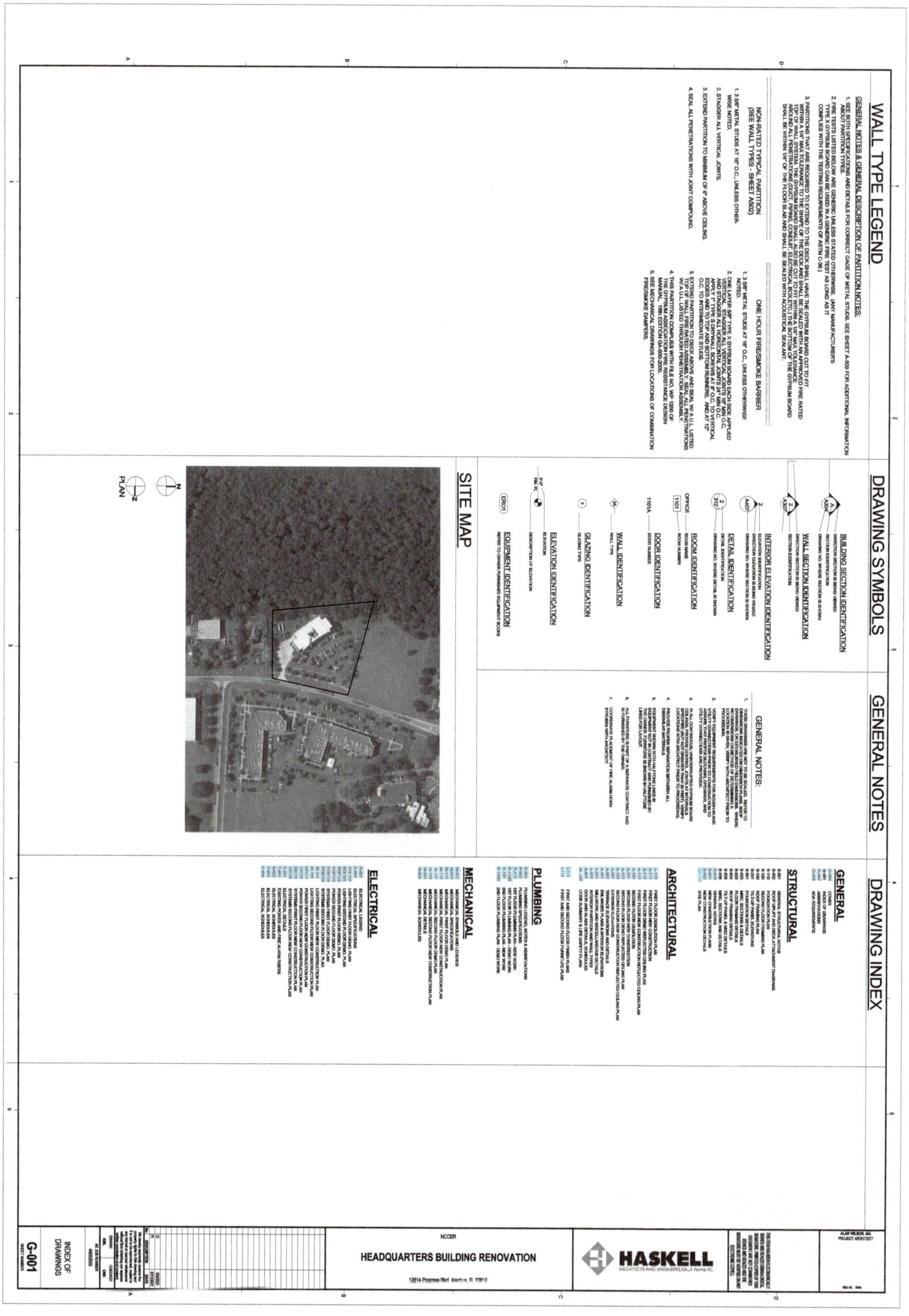

Figura A01 Portada

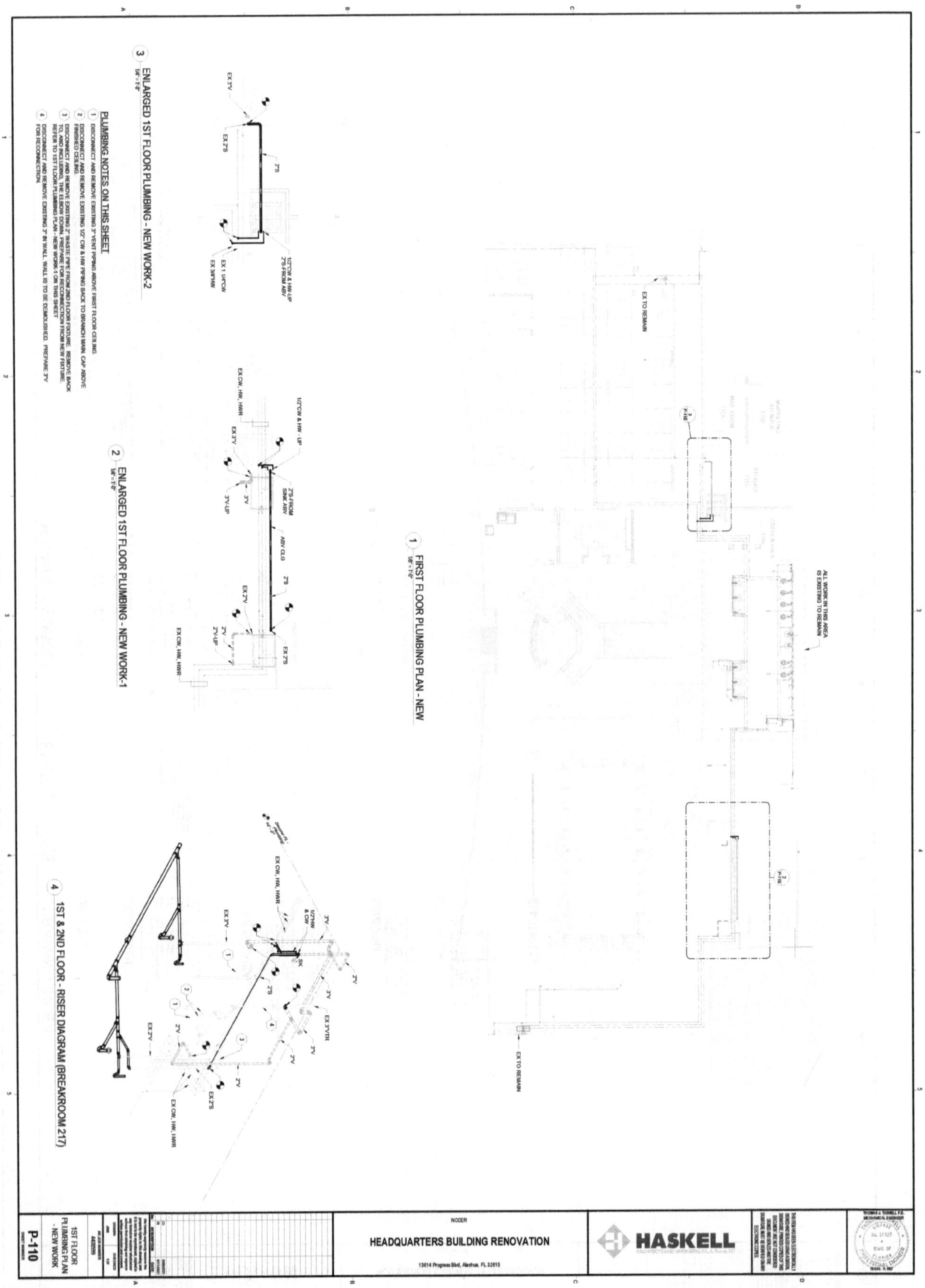

Figura A02 Plano del sitio que muestra los servicios públicos.

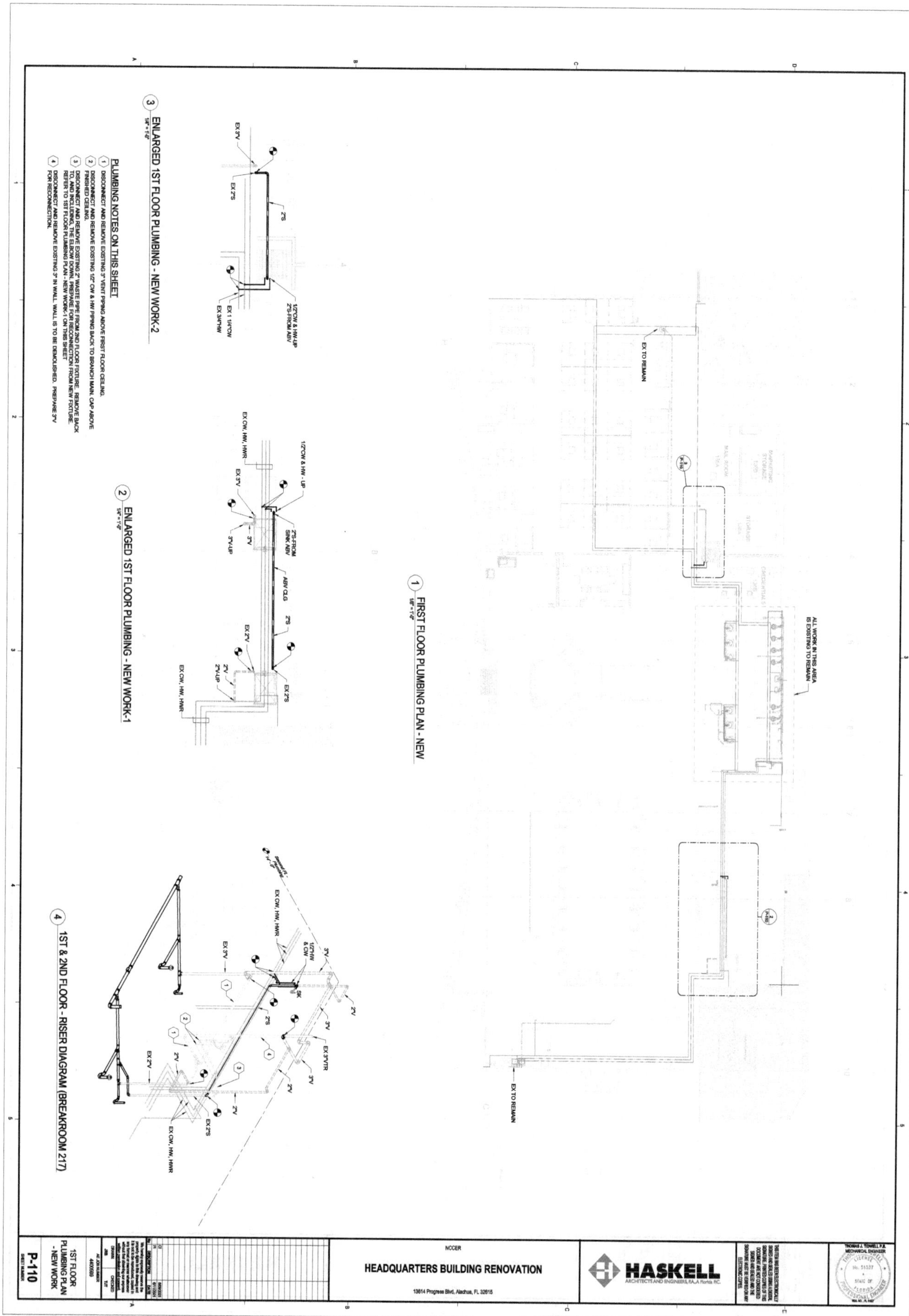

Figura A03 Plano de planta.

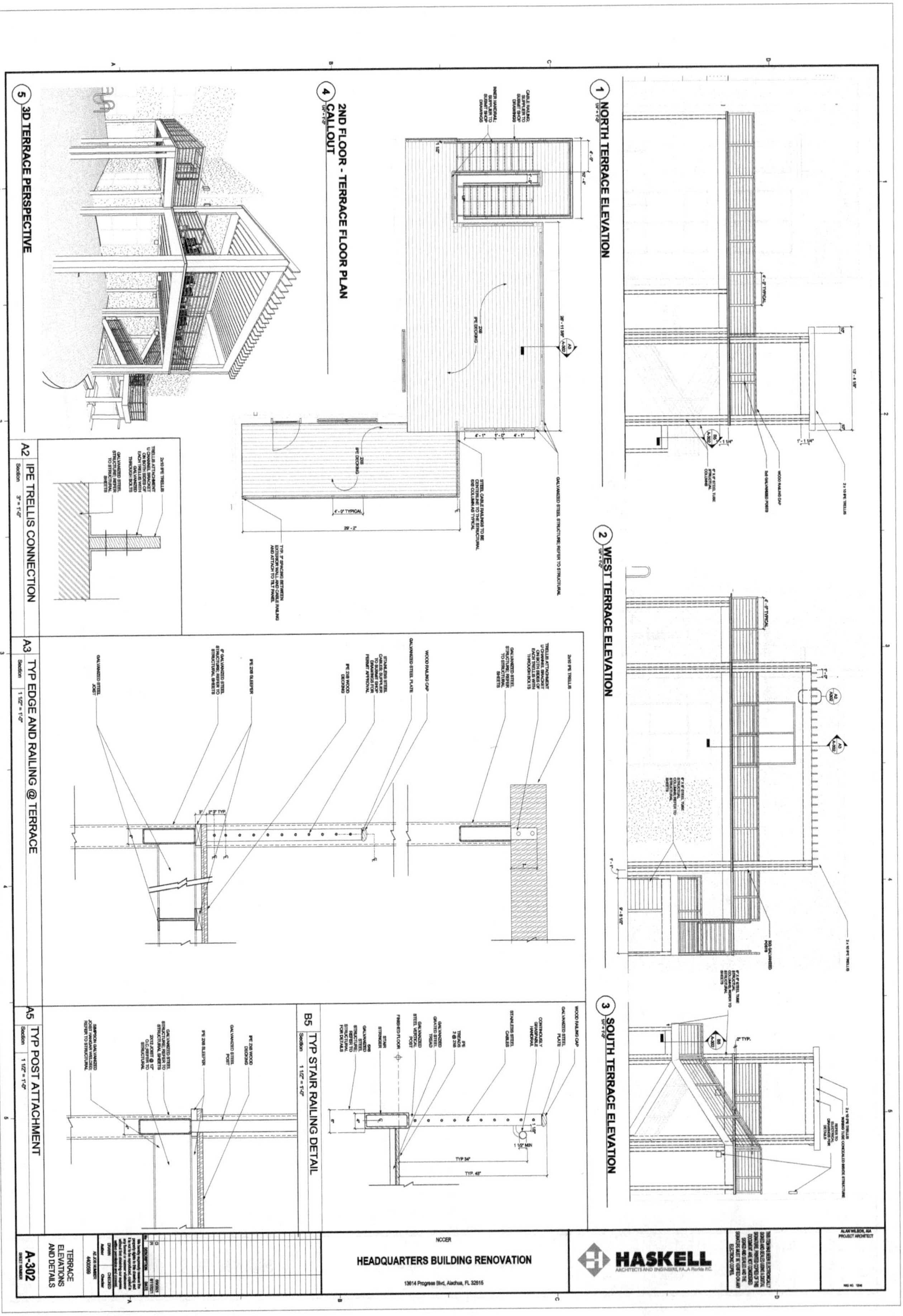

Figura A04 Dibujos de elevación.

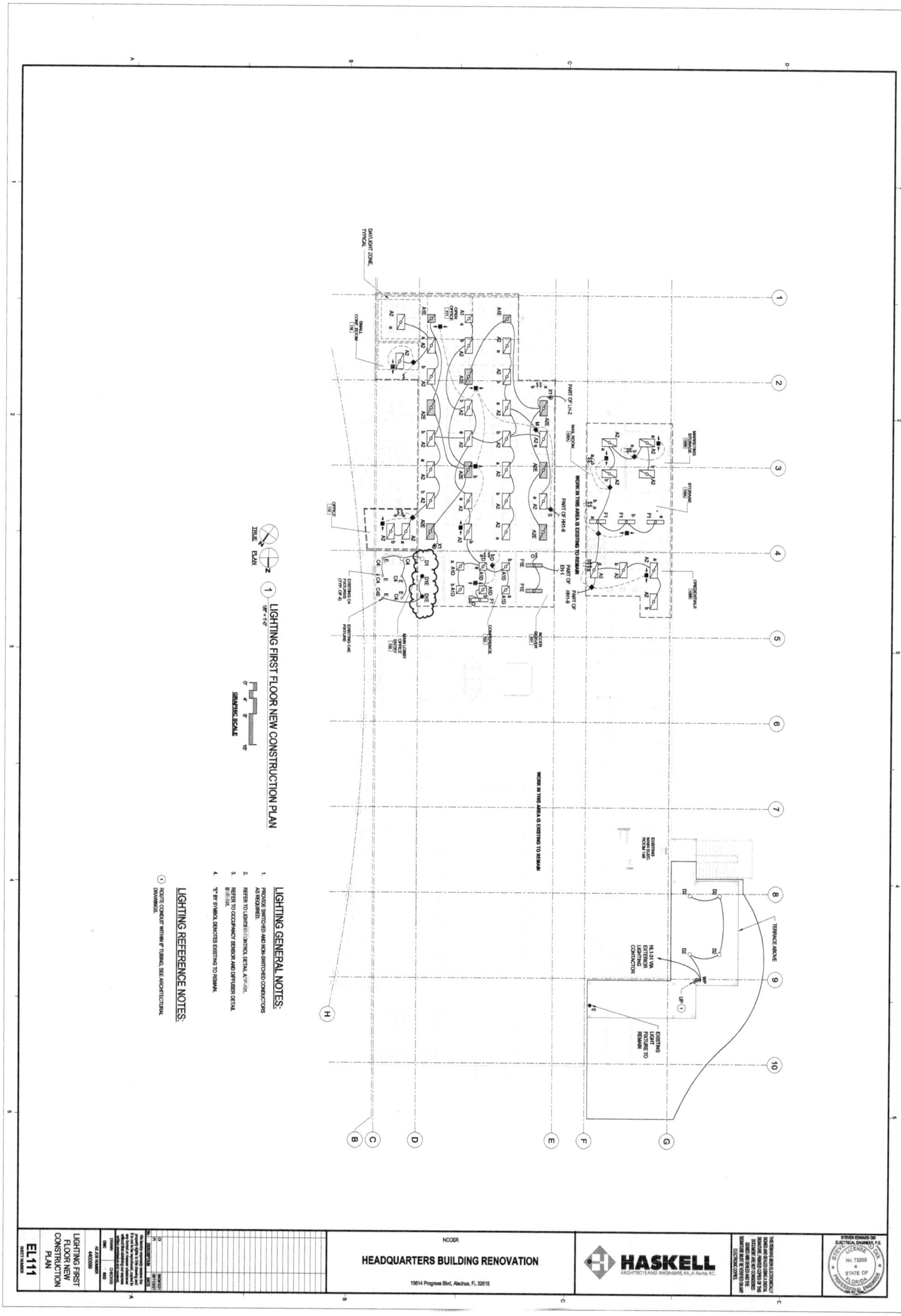

Figura A05 Plano de la instalación eléctrica.

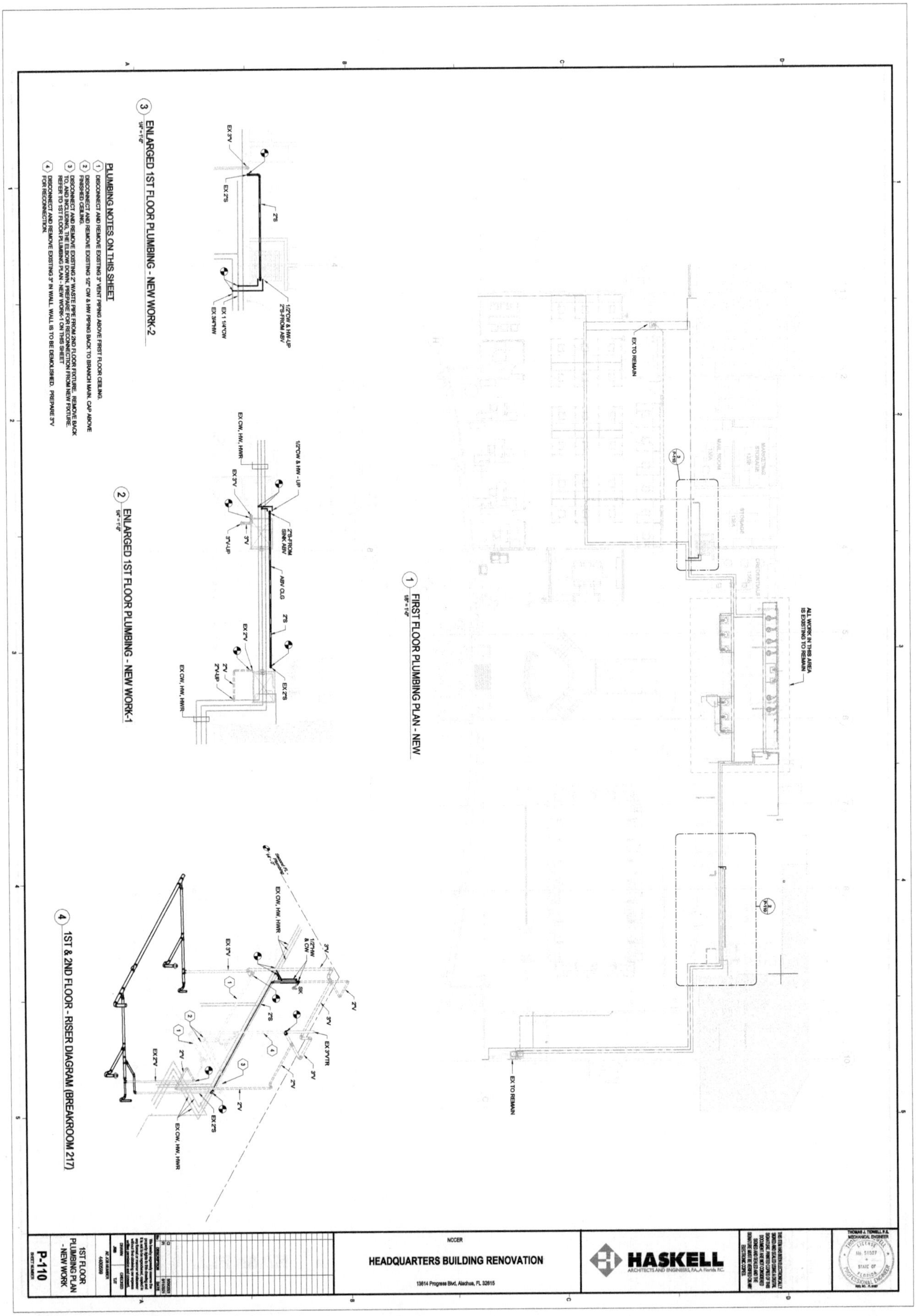

Figura A06 Plano de instalaciones sanitarias.

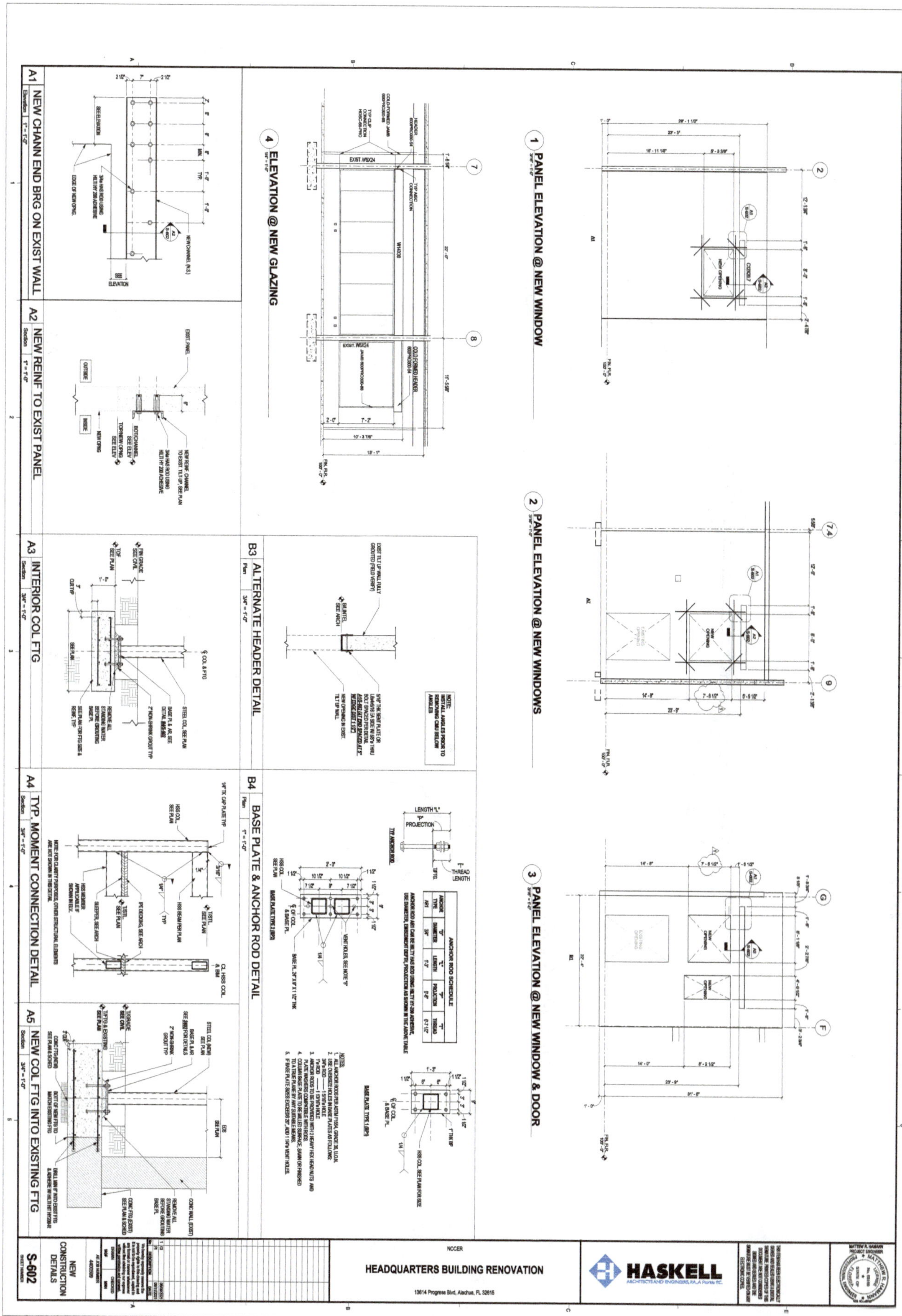

Figura A07 Plano de detalles.

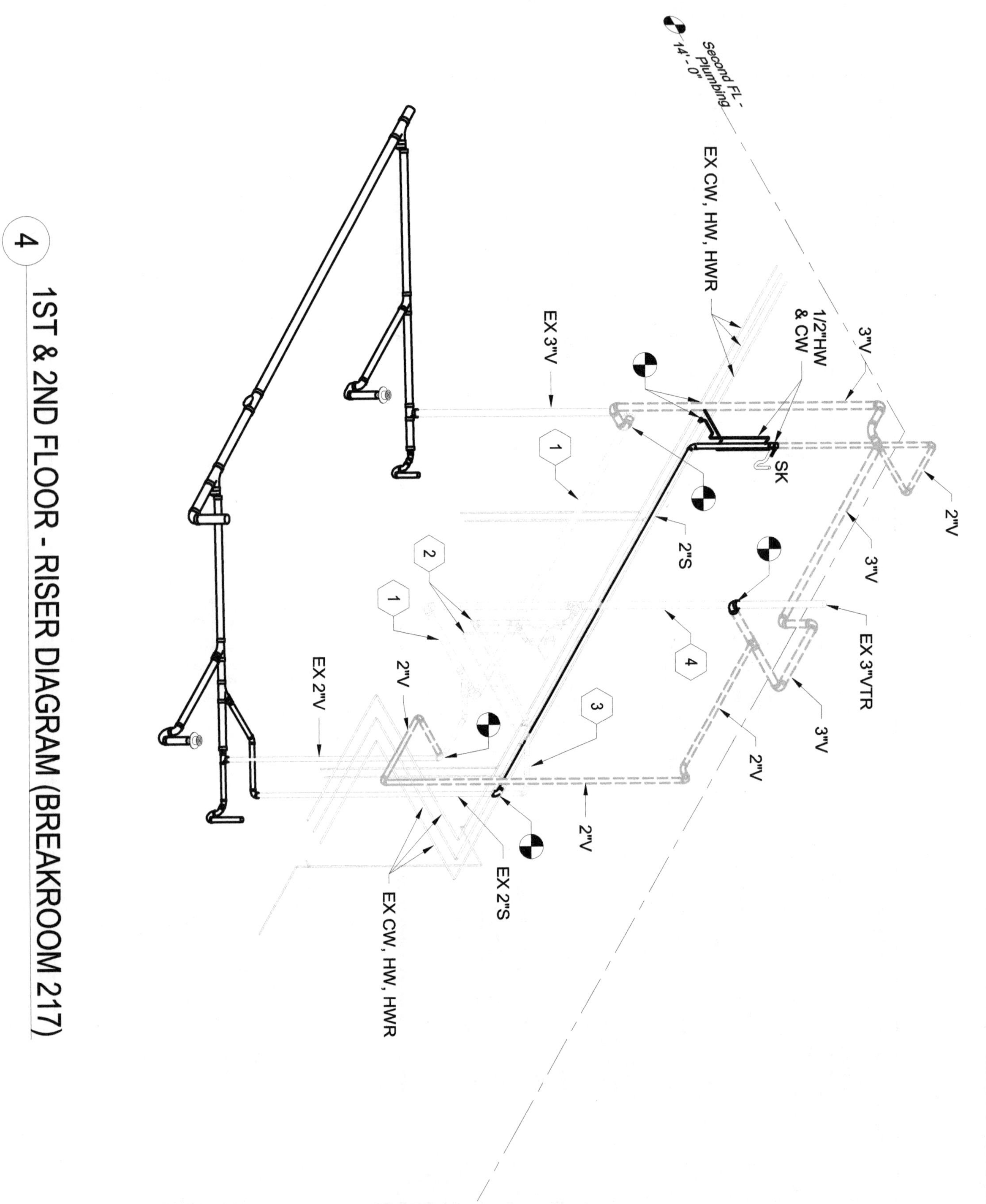

Figura A08 Diagrama de tuberías ascendentes.

RECURSOS ADICIONALES

02101 Introducción a la plomería

At Your Best as a Plumber: Your Playbook for Building a Great Career and Launching a Thriving Small Business as a Plumber (En su mejor momento como plomero: Su libro de jugadas para la construcción de una gran carrera y el lanzamiento de una pequeña empresa próspera como plomero). 2018. Juan Carosso. Nueva York, NY: Skyhorse Publishing, Inc.

Código Internacional de Instalaciones Hidráulicas y Sanitarias®, última edición. Country Club Hills, IL: Consejo Internacional de Códigos (ICC).

Código Internacional Residencial®, última edición. Country Club Hills, IL: Consejo Internacional de Códigos (ICC).

National Standard Plumbing Code (Código Nacional de Normas de Plomería), última edición. Ontario, CA: Asociación Internacional de Oficiales de Plomería y Mecánica.

Plumbing for Beginners: Step-By-Step Guide to Execute Plumbing Projects In and Around Your House. (Plomería para principiantes: Guía paso a paso para ejecutar proyectos de plomería en su casa y sus alrededores). 2021. Handy Andrew. Editorial independiente.

Uniform Plumbing Code (Código Uniforme de Plomería)®, última edición. Ontario, CA: Asociación Internacional de Oficiales de Plomería y Mecánica.

02102 Seguridad en la plomería

Agencia de Protección Ambiental. **www.epa.gov**.

Gestión de riesgos eléctricos, última edición. NCCER. Upper Saddle River, NJ: Prentice Hall.

Consejo Nacional de Seguridad. **www.nsc.org**.

OSHA. **www.osha.gov**.

02103 Herramientas del oficio de la plomería

Básico, última edición. NCCER. Hoboken, NJ: Pearson.

Sitio web de Council Tool. **www.counciltool.com**.

Sitio web de Ridgid Tools. **www.ridgid.com**.

Sitio web de Stanley Tools. **www.stanleytools.com**.

02104 Introducción a la matemática aplicada a la plomería

Plumber's and Pipefitter's Calculations Manual (Manual de cálculos para plomeros e instaladores de tuberías), 2005. R. Dodge Woodson. 2.ª edición. McGraw-Hill Professional: Nueva York, NY.

Plumbing Complete: Expert Advice from Start to Finish (Plomería completa: Asesoramiento experto de principio a fin), 2009. Rex Cauldwell. Taunton Press: Newton, CT.

02105 Introducción a los planos de plomería

Sitio web de la Ley de Estadounidenses con Discapacidades, **www.ada.gov.ar**.

Básico, última edición. NCCER. Hoboken, NJ. Pearson.

Hammer's Blueprint Reading Basics (Conceptos básicos de lectura de planos de Hammer), 2017. Charles A. Gillis y Warren Hammer. Nueva York: Industrial Press.

Managing and Visualizing Your BIM Data (Gestión y visualización de sus datos BIM), 2021. Ernesto Pellegrino, Manuel Andre Bottiglieri, Gavin Crump, Luisa Cypriano Pleper y Dounia Touil. Birmingham, Reino Unido: Packt Publishing.

Dibujo técnico, 15.ª edición, 2016. Frederick E. Giesecke, et al. Nueva York, NY. Pearson.

02106 Caños de plástico y sus accesorios

DESIGN GUIDE, Residential PEX Water Supply Plumbing Systems (GUÍA DE DISEÑO. Sistemas residenciales de plomería PEX para suministro de agua), 2.ª edición. Revisado en 2013. Marlboro, MD: Home Innovation Research Labs. **http://www.plasticpipe.org**.

Handbook of Polyethylene Pipe (Manual de caños de polietileno), 2.ª edición. Revisado en 2009. Irving, TX: Plastics Pipe Institute. **http://www.plasticpipe.org**.

Pipe Hangers and Supports—Materials, Design, Manufacture, Selection, Application, and Installation (Sujetadores colgantes y soportes de caños: materiales, diseño, fabricación, selección, aplicación e instalación), MSS SP-58. Última edición. Vienna, VA: Manufacturers Standardization Society.

Plumber's Handbook Revised (Manual revisado del plomero), Howard C. Massey. 2018. Carlsbad, CA: Craftsman Book Company.

Plumbing Installation and Design (Instalación y diseño de plomería), L. V. Ripka. 3.ª edición, 2011. Orland Park, IL: American Technical Publishers.

02107 Tubos de cobre y sus accesorios

The Copper Tube Handbook (El manual de los tubos de cobre), 2016. Nueva York: Copper Development Association. (También disponible sin cargo en PDF o en la aplicación en el sitio web de Copper Development Association, **www.copper.org).**

Pipe Hangers and Supports—Materials, Design, Manufacture, Selection, Application, and Installation (Sujetadores colgantes y soportes de caños: materiales, diseño, fabricación, selección, aplicación e instalación), MSS SP-58. Última edición. Vienna, VA: Manufacturers Standardization Society.

Plumber's Handbook Revised (Manual revisado del plomero), Howard C. Massey. 2006. Carlsbad, CA: Craftsman Book Company.

Plumbing Installation and Design (Instalación y diseño de plomería), L. V. Ripka. 3.ª edición, 2006. Orland Park, IL: American Technical Publishers.

02108 Caños de hierro fundido y sus accesorios

Cast Iron Soil Pipe and Fittings Handbook (Manual de caños y accesorios de hierro fundido). Revisado en 2006. Chattanooga, TN: Instituto de Caños de Hierro Fundido. **www.cispi.org**.

Ductile Iron Pipe and Fittings (M41): AWWA Manual of Water Supply Practice (Manual de prácticas de suministro de agua de la AWWA: Caños y accesorios de hierro dúctil), 3.ª edición, 2009. Washington, DC: American Water Works Association.

Plumbing Installation and Design (Instalación y diseño de plomería), 3.ª edición, 2006. L. V. Ripka. Orland Park, IL: American Technical Publishers.

PVC and Pipe Engineer: Put Together Cool, Easy, Maker-Friendly Stuff (Ingeniero de caños y PVC: Arme cosas interesantes, fáciles y aptas para creadores). 2018. Jordan Bunker. Beverly, MA: Quarto Publishing Group USA, Inc.

02109 Caños de acero y sus accesorios

Norma ANSI/AGA LC 1, Sistemas de gas combustible con tubos de acero inoxidable corrugado (CSST). Última edición. Washington DC: Consejo Internacional de Códigos (ICC).

NFPA 54, *ANSI Z223.1, Código Nacional de Gas Combustible*. Última edición. Washington DC: Asociación Nacional de Protección contra Incendios (NFPA).

Plumbing Installation and Design (Instalación y diseño de plomería). 4.ª edición, 2011. L. V. Ripka. Orland Park, IL: American Technical Publishers.

02110 Introducción a las intalaciones de plomería

Página web de WaterSense de la EPA **www.epa.gov/watersense**.

Norma del ICC/ANSI A117.1, Edificios e instalaciones accesibles y utilizables, última edición. Washington DC: Instituto Nacional Estadounidense de Normalización (ANSI).

Código Internacional de Instalaciones Hidráulicas y Sanitarias® (IPC®), última edición. Washington, DC: Consejo Internacional de Códigos (ICC).

2010 ADA Standards for Accessible Design, Chapter 6: Plumbing Elements and Facilities. (Normas ADA 2010 para el diseño accesible, capítulo 6: Elementos e instalaciones de plomería). **www.ada.gov**.

02111 Introducción a los sistemas de drenaje, desagüe y ventilación (DWV)

Design of Sewer System (Diseño del sistema de alcantarillado). Civil Engineers PK. Actualizado en 2017. **https://civilengineerspk.com/.**

Plumbing Venting: Decoding Chapter 9 of the IPC (Ventilación de las tuberías: Descifrando el capítulo 9 del IPC), Bob Scott. 2014. Clases de Procode.

2015 International Plumbing Code Commentary (Comentario del Código Internacional de Plomería 2015 (Incluye el Código Internacional de Eliminación de Aguas Residuales, IPSDC)), 2014. Consejo Internacional de Códigos (ICC).

Código Internacional de Instalaciones Hidráulicas y Sanitarias® 2020 (UPC®), 2020. Ontario, CA: Asociación Internacional de Oficiales de Plomería y Mecánica.

Código Internacional de Instalaciones Hidráulicas y Sanitarias® 2021 (IPC®), 2021. Washington, D.C.: Consejo Internacional de Códigos.

02112 Introducción a los sistemas de distribución de agua

Air Gap Fittings for Use with Plumbing Fixtures, Appliances, and Appurtenances, Standard A112.1.3 (R2019) (Accesorios con espacios de aire para uso en artefactos sanitarios, aparatos y accesorios preensamblados, Norma A112.1.3 [R2019]), última edición. Sociedad Estadounidense de Ingenieros Mecánicos (ASME). **https://www.asme.org/codes-standards/find-codes-standards/a112-1-3-air-gap-fittings-use-plumbing-fixtures-appliances-appurtenances/2000/drm-enabled-pdf**.

Código Internacional de Instalaciones Hidráulicas y Sanitarias®, última edición. Falls Church, VA: Consejo Internacional de Códigos.

National Standard Plumbing Code (Código Nacional de Normas de Plomería), última edición. Falls Church, VA: Asociación Nacional de Contratistas de Plomería, Calefacción y Refrigeración.

Understanding Your Water Bill (Cómo entender la factura del agua). Washington, D.C. Agencia de Protección Ambiental. **https://www.epa.gov/watersense/understanding-your-water-bill**.

Uniform Plumbing Code (Código Uniforme de Plomería)®, última edición. Ontario, CA: Asociación Internacional de Oficiales de Plomería y Mecánica.

Water Distribution System Operation and Maintenance (Funcionamiento y mantenimiento del sistema de distribución del agua), 2018. Sacramento, CA: Universidad Estatal de Sacramento, Oficina de Programas Hídricos, Empresas Universitarias.

Water Quality in Distribution Systems (Calidad del agua en los sistemas de distribución), primera edición, 2017. Denver, CO: American Water Works Association.

GLOSARIO

A plomo: recto con respecto al plano vertical.

Ablandamiento: proceso de eliminación de las sales de magnesio y sodio que provocan la aparición de escamas en el interior de la tubería y accesorios.

Abrazaderas de caño ascendente: tipo de soporte para caños con abrazaderas que está diseñado para sostener el peso de los caños y tubería verticales.

ABS (acrilonitrilo-butadieno-estireno o acrylonitrile-butadiene-styrene): caños y accesorios de plástico que se utilizan con frecuencia en sistemas de drenaje, desagüe y ventilación (DWV).

Accesorio de conexión sanitaria combinado: accesorio que combina un conector Y con un codo de ⅛. Se utiliza para conectar ramales horizontales que se cruzan con otros ramales horizontales. Ofrece menos resistencia al flujo de material que un conector en T sanitario. También llamado *conector T-Y*.

Accesorios: dispositivos que reciben agua de una línea de suministro. Los accesorios más comunes son los fregaderos, las cabinas de ducha y los inodoros.

Accesorios de desagüe: accesorios diseñados con superficies interiores lisas y moldeadas para facilitar el flujo y formar un contorno interno ininterrumpido, para uso solo en sistemas de drenaje. También se los denomina *accesorios rebajados*.

Accesorios de presión: cualquier tipo de accesorio utilizado para los caños de suministro de vapor, gas o agua a presión. No están diseñados para tubería de drenaje, que suelen estar a presión atmosférica o a una baja presión de columna de agua.

Accesorios preensamblados: accesorios o aparatos que no tienen demanda del lado del suministro de agua y no añaden ninguna carga del lado de los residuos.

Achaflanar: biselar el borde de un material de construcción a 45°.

Acoplamientos: accesorios utilizados para conectar dos tramos de caño de hierro fundido sin campana.

ACR: sistema de aire acondicionado y refrigeración.

Acueducto: canaleta fabricada por el hombre para transportar agua.

Adaptadores: accesorios que unen caños de diferentes tamaños o materiales, como el cobre y el caño galvanizado o el hierro fundido y el plástico.

Administración de Seguridad y Salud Ocupacional de los Estados Unidos (OSHA - Occupational Safety and Health Administration): división del Departamento de Trabajo de los Estados Unidos establecida para garantizar un entorno laboral seguro y saludable.

Agotamiento de acuíferos: uso de agua dulce subterránea a un ritmo más rápido de lo que tarda en reabastecerse.

Agua calentada por energía solar: agua que se ha calentado por la luz solar de forma directa o indirecta.

Agua regenerada: aguas residuales a las que se les han eliminado las impurezas y los sólidos para poder reutilizarse como agua no potable.

Aguas grises: aguas residuales generadas por procesos domésticos distintos de la eliminación de residuos humanos. Esto incluye el lavado personal, de la ropa y de la vajilla. Las aguas grises representan entre el 50% y el 80% de las aguas residuales de las viviendas.

Aislamiento: sustancia que retarda el flujo de calor.

Ajuste de rosca: distancia a la que un caño se enrosca en un accesorio. También se la denomina *inserción de acople.*

Ajuste por interferencia: ajuste que se aprieta a medida que el caño se introduce en la cavidad.

Alcantarillado del exterior del edificio: parte del sistema de drenaje que se extiende desde el final del drenaje del edificio y transmite su descarga a una alcantarilla pública, una alcantarilla privada, un sistema individual de eliminación de aguas residuales u otro punto de eliminación.

Amperaje: medida de la corriente eléctrica.

Aparato: herramienta que combina diferentes funciones para realizar un trabajo determinado.

Aprendizaje en el ámbito laboral (OJL - On-the-job learning): experiencia práctica que se emplea junto con las lecciones en el aula en un programa de capacitación para aprendices. La Oficina de Capacitación para Aprendices exige 144 horas de instrucción en el aula y 2,000 horas de OJL al año.

Apuntalamiento: estructura, como un sistema metálico hidráulico, mecánico o de madera, que soporta los lados de una excavación y está diseñada para evitar derrumbes.

Arandela de asiento: disco flexible y comprimible fijado al disco de la válvula en el extremo del vástago de esta; se utiliza para cerrar y regular el flujo de agua a través de un grifo.

Asbesto: sustancia fibrosa resistentes al fuego que se utiliza en el aislamiento de tubería, tejas, tableros de pared, revestimientos de pisos y algunos tipos de aislantes. En la actualidad, se encuentra prohibido por ley por suponer un riesgo para la salud.

Asiento de la válvula: superficie circular o cónica fresada en el interior de una válvula contra la que se apoya el disco de la válvula o la arandela para cerrar el flujo de agua a través de la válvula.

Atmósfera deficiente en oxígeno: ambiente en el que no hay suficiente oxígeno para sustentar la vida. Por lo general, se considera así por tener menos del 19.5% de oxígeno por volumen.

Atmósfera enriquecida de oxígeno: atmósfera en la que hay mucho oxígeno; por lo general, se considera así por tener más del 23.5% de oxígeno por volumen.

Aumentadores: accesorios utilizados para ensanchar el diámetro de los bajantes de ventilación. Suelen colocarse al menos 1 pie (30 cm) por debajo de la penetración del bajante en el techo. Su uso está regulado por los códigos.

Bajante: término general para determinados caños verticales de DWV, incluidas las desviaciones de la tubería de aguas negras, grises, de ventilación o de los conductos interiores. Esto no incluye las instalaciones verticales y los ramales de ventilación que no se extienden a través del techo o que pasen solo a través de uno o dos pisos antes de volver a conectarse al bajante de ventilación o a la ventilación del bajante.

Bajante principal: caño vertical principal de la red de DWV al que se pueden conectar ramales.

Bañeras: instalaciones de perfil bajo diseñados para sostener a las personas semireclinadas. Las bañeras se identifican por la ubicación del agujero de drenaje mientras uno se enfrenta a ellas. Si el desagüe está en el extremo derecho, es una bañera derecha; si está en el extremo izquierdo, es una bañera izquierda.

Barra de acero: material en barra sin cortar que se tiene disponible para utilizar en un proyecto.

Bloqueo: colocación de un dispositivo de bloqueo en un dispositivo de desconexión de energía eléctrica, de acuerdo con un procedimiento establecido, a fin de asegurar que este último y el equipo que se controla no se puedan utilizar hasta que se retire el dispositivo de bloqueo.

Bocas de entrada laterales: aberturas en los accesorios en forma de L o T en ángulo recto con respecto a la línea del tramo, utilizadas para conectar líneas más pequeñas a la línea principal.

Brida: borde en un extremo de un tramo de caño que proporciona un punto de conexión a otro tramo de caño o a un artefacto sanitario, como un inodoro o una válvula. Los pernos o pasadores con tuercas se utilizan para mantener unidas dos bridas, con algún tipo de empaquetadura entre ellas.

Brida para inodoro: accesorio utilizado para acoplar un codo a 90° para inodoro u otro caño de drenaje, desagüe y ventilación (DWV).

Caída de presión: disminución de la presión de un punto a otro causada por las pérdidas por fricción en un sistema de fluidos, como un sistema de agua.

Caída de tensión: tendencia a perder tensión de la electricidad que viaja a través de la longitud de un cable de extensión.

Caja de válvula: carcasa cilíndrica colocada en el suelo sobre la llave de cierre, en la que se puede introducir una llave especial para cerrarla. También se la denomina *arqueta de válvula*.

Cajón de entibación de zanjas: estructuras que pueden soportar la fuerza de un derrumbe y que, por lo tanto, pueden proteger a los empleados dentro de la excavación. Los cajones de entibación pueden ser estructuras permanentes o portátiles y se pueden trasladar a medida que avanzan los trabajos. Estos cajones pueden ser prefabricados o se los puede construir en la obra según el *artículo 1926.652 (c)(3)* o *(c)(4) del CFR 29*.

Cálculos de materiales: listas detalladas de todo el material y el equipo que se necesita para llevar a cabo un proyecto; se elaboran a partir de los planos y las especificaciones. Esta lista también se denomina *cómputo de materiales*.

Canal de biofiltración: depresión en el suelo que filtra los contaminantes de las aguas pluviales.

Canaletas: secciones de extrusiones en forma de C, U o caja, de acero o aluminio, utilizadas para soportar caños y sujetadores colgantes de caños.

Caño de acero negro: caño de acero de color negro utilizado para gas y aire comprimido. No debe utilizarse cuando la corrosión afecte su superficie sin recubrimiento.

Caño de campana y espiga: caño con una campana, o ensanchamiento, *en un extremo y una espiga, o extremo liso, en el otro extremo. La campana y la espiga de dos caños diferentes se conectan para formar una junta. También se lo denomina* caño de enchufe y espiga.

Caño de desagüe: caño de un sistema de plomería que solo transporta aguas residuales y de desechos.

Caño de hierro fundido sin campana: caño sin ensanchamiento o campana en sus extremos.

Caño de ventilación: caño instalado para proporcionar un flujo de aire hacia un sistema de drenaje o desde él, o para proporcionar una circulación de aire dentro de dicho sistema para proteger los sellos de los sifones de la contrapresión y el sifonaje. La combinación de todos los caños de ventilación de un sistema de plomería se denomina *sistema de ventilación*.

Caño galvanizado: caño con proceso de electrodeposición de una aleación de zinc para proporcionar una capa protectora que resista la corrosión o la oxidación (herrumbre).

Caño termoestable: caño que cambia su composición química cuando se calienta, por lo que, una vez endurecido por calor o productos químicos, conservará esa forma.

Caño termoplástico: caño que puede ablandarse una y otra vez cuando se calienta y endurecerse cuando se enfría. Cuando se ablandan, los materiales termoplásticos se pueden moldear en la forma que se quiera durante la fabricación.

Caños de hierro fundido con espiga y campana: caño con una campana o ensanchamiento en un extremo donde se desliza la espiga (extremo liso) del siguiente caño para formar una unión. También se lo denomina *caño de enchufe y espiga*.

Capa freática: nivel por debajo de la superficie del suelo saturado de agua.

Capilaridad: **(1)** flujo del soldante fundido en el espacio estrecho entre el caño y la junta durante la soldadura blanda. El soldante puede fluir hacia arriba, hacia abajo o en forma horizontal. **(2)** tendencia del agua a ser arrastrada hacia un material poroso o fibroso en contra de la gravedad por encima del nivel de la fuente de agua.

Captación de agua de lluvia: recolección y almacenamiento de agua de lluvia para el riego.

Cara: el extremo abierto de un conector en el que se conecta un caño, como la abertura de la boca de entrada o cualquiera de sus extremos.

Carga hidráulica: presión en la base de una columna de fluido de una altura determinada. En el caso del agua, un pie de carga hidráulica equivale a 0.433 libras por pulgada cuadrada (psi). La carga hidráulica se expresa en pies de líquido.

Casquillo: anillo de compresión de latón utilizado para unir tubos de cobre.

Cédulas: tablas que relacionan los espesores de las paredes de los caños con su presión nominal. Las cédulas de mayor número equivalen a paredes de caño más gruesas para un tamaño nominal determinado de caño.

Centro: punto medio exacto entre otros dos puntos o superficies.

Cinta para sellar roscas: cinta utilizada para envolver las roscas de un caño antes de su unión, a fin de lubricar y garantizar un ajuste hermético y seguro. También llamada cinta de *PTFE* o de *Teflon®*.

Cloración: uso de gas o compuestos de cloro para la desinfección del agua.

Cloro: un gas pesado de color amarillo-verdoso que se utiliza como desinfectante en el tratamiento del agua. Solo se lo debe manipular con el equipo de protección personal adecuado.

Coagulación: en los procesos de tratamiento del agua, es la aglomeración de los materiales suspendidos o disueltos que se convierten en una masa blanda, semisólida o sólida.

Cobre duro estirado: tubo fabricado mediante tracción a través de matrices para reducir su diámetro. El proceso de estirado en frío endurece el cobre y lo hace muy rígido.

Código: requisitos que adoptan los gobiernos locales y estatales con el fin de establecer normas mínimas para diversos tipos de construcción. Un código tiene fuerza de ley una vez adoptado por la autoridad competente (AHJ).

Códigos modelo: ordenanzas de edificación redactadas por una organización nacional de construcción según las normas nacionales de plomería recomendadas. Los códigos modelo que no han sido adoptados por una jurisdicción no tienen fuerza de ley.

Codos: accesorios que cambian la dirección del flujo en la tubería.

Codos a 90° para inodoros: accesorios similares a un codo que conectan los inodoros con la tubería principal de desagüe.

Codos de radio largo: accesorios con un radio de curvatura superior al de los codos estándar de 90 grados. Se utilizan para un cambio de dirección suave.

Codos de radio largo acortado de $^1/_4$: codos de radio acortado utilizados en la base de un bajante de DWV y en otros lugares. Su uso está regulado por los códigos.

Codos de radio largo extendido de $^1/_4$: se utilizan habitualmente en la base de los bajantes de DWV y en otros lugares cuando se necesita un radio más largo para disminuir en gran medida la resistencia al flujo y la contrapresión. Su uso está regulado por los códigos.

Codos dobles de $\frac{1}{4}$: accesorios utilizados para recoger y combinar el flujo de dos tramos opuestos en un solo tramo de caño.

Codos en L para ventilación: accesorios de plástico con un radio de giro pronunciado, utilizados únicamente en sistemas de tubería de ventilación. Su uso está regulado por los códigos.

Codos largos: accesorios en forma de codos con un extremo (normalmente el de la espiga) más largo que el otro.

Collarines de compresión: pieza que utiliza la fuerza de compresión para conectar tramos de tubería de polietileno.

Columna de agua (w.c.): unidad de presión basada en la presión ejercida por la altura del agua en una columna tubular o manómetro (por ejemplo, 12 in c. a. = 0.43 psig). Se utiliza para medir presiones bajas, como las del suministro de gas estándar (conocido como w.c. por su designación en inglés, water column).

Combustible: aire o materiales que pueden explotar y provocar un incendio.

Compuesto para caños y juntas: material de sellado blando y semisólido que se utiliza para unir tramos de caños. También se lo denomina *grasa para caños (pipe dope)*.

Con reducción de la sección de paso: reducción del flujo de agua a través de una válvula mediante la colocación de un dispositivo de cierre; aumenta la caída de presión a través de la válvula y, a la vez, la resistencia al flujo a través de ella.

Conector de doble T sanitario: accesorio con un caño principal y dos ramales que cambia la dirección del flujo a 90 grados de la horizontal a la vertical. También se lo denomina *cruz sanitaria*.

Conector de transición: accesorio especial que se utiliza para conectar un caño de plástico a un caño de un material diferente, según lo especifiquen los códigos correspondientes.

Conectores con junta elástica: accesorio con una junta tórica o empaquetadura de caucho en la cavidad.

Conector en T sanitario: accesorio en T para sistemas de DWV que consiste en un caño principal y un ramal que tiene una boca de entrada lateral curva a 90 grados; esta curva ayuda a canalizar el flujo de aguas residuales o de desechos desde una línea ramal a la línea principal. Este accesorio se utiliza siempre en posición vertical.

Conectores combinados: accesorios que utilizan una curvatura gradual de las conexiones centrales para crear un recorrido suave y curvo, lo que reduce la probabilidad de atascos. Estos tipos de accesorios también facilitan el uso de un destapacaños si se produce un atasco.

Conectores de doble Y: accesorios con un caño principal y dos ramales a 45 grados. Conectan los caños de desagües horizontales y los drenajes ramales a la red principal del edificio.

Conectores en T para ventilación: accesorios utilizados en sistemas de ventilación o como puntos de acceso al drenaje. No pueden utilizarse en el sistema de drenaje porque restringen el flujo de material. Su uso está regulado por los códigos.

Conectores en T para verificaciones: conectores en T instalados como lugares de prueba para presurizar el sistema de DWV y comprobar la existencia de fugas antes de ponerlo en funcionamiento.

Conectores en Y invertidos: accesorios utilizados para unir el extremo superior de las ventilaciones con la parte superior de los bajantes de aguas negras y de aguas grises. Tienen la apariencia de la letra Y invertida.

Conectores para desagüe: accesorios instalados en las secciones de drenaje del sistema de DWV para eliminar las aguas residuales de un edificio.

Conectores por fusión: accesorio con un tope del mismo diámetro exterior e interior que el del caño. Suele unirse a un caño mediante calor.

Conectores sanitarios: accesorios utilizados para conectar los ramales de la red de DWV al sistema principal y para servir como puntos de acceso al drenaje.

Conectores sanitarios en Y: accesorios de conexión para desagüe que unen los ramales al tramo principal del caño en ángulo y tienen forma de Y.

Conectores sanitarios verticales en Y: accesorios utilizados para conectar bajantes de ventilación separados a los extremos inferiores de los bajantes de aguas negras y de aguas grises.

Conectores Y: accesorios formados por un caño principal y un ramal a 45 grados para conectar un ramal de desagüe al drenaje principal horizontal de un edificio.

Conexión al desagüe: conexión desde los sifones de los instalaciones hasta la unión con cualquier otro caño de desagüe.

Conexión cruzada: enlace entre un sistema de agua potable y uno de agua no potable en el que una diferencia de presión accidental entre los dos sistemas provoca el contraflujo de agua contaminada hacia el sistema de agua potable.

Conformabilidad: facilidad con la que un material puede doblarse.

Conjunto de planos: conjunto de dibujos o planos detallados y a escala, dibujados por un arquitecto o ingeniero que muestran toda la información y las dimensiones necesarias para construir o remodelar una estructura.

Consejo de Construcción Ecológica de los Estados Unidos (USGBC - United States Green Building Council): organización del oficio de la construcción sin ánimo de lucro responsable del desarrollo de LEED.

Contraflujo: flujo de agua contaminada que ingresa en el sistema de agua potable por una conexión cruzada entre los sistemas de agua potable y no potable.

Contrapresión: condición que puede ocurrir en el sistema de DWV en la cual se crea una presión más alta que la atmosférica en la tubería de drenaje/ventilación, lo que causa una inversión del flujo normal a través del sistema de sifonaje. También se la denomina *contraflujo por contrapresión*.

Corrosión galvánica: corrosión causada por una corriente eléctrica débil que se produce cuando existe un circuito eléctrico entre dos metales diferentes.

Cortadora de caños de suelo: herramienta de alta resistencia utilizada para cortar caños de hierro fundido. Las cortadoras de caños de suelo pueden ser del tipo de encaje o de trinquete.

Costos directos: en el caso de los accidentes laborales, los costos directos pueden ser primas, indemnizaciones y facturas médicas correspondientes.

Costos indirectos: en el caso de los accidentes laborales, los costos indirectos suelen ser los daños a la propiedad y a los equipos, los retrasos en la construcción y los costos asociados a volver a capacitar a otros trabajadores.

CPVC (policloruro de vinilo clorado o chlorinated polyvinyl chloride): caños y conectores de plástico duraderos que se utilizan con frecuencia en sistemas de distribución de agua caliente y fría.

Crayón de ocre rojo (keel): elemento para marcar que utilizan los plomeros y que se asemeja a un crayón grande.

Cruces: accesorios que conectan cuatro tramos de caño en forma de cruz en un sistema de distribución.

Cuello: la parte del conector donde se enrosca otro caño o accesorio.

Decibelios (dB): medida de la intensidad o el volumen del sonido. Cuanto más alto sea el nivel de decibelios, más fuerte y potencialmente dañino será el sonido.

Descenso: el nivel de inclinación con respecto a los tramos horizontales de un caño, expresado como una altura en pulgadas por pie de tramo.

Desinfección: proceso de destrucción de los organismos perjudiciales en el agua potable.

Despiece: dibujo que muestra cómo ensamblar un producto complejo. También muestra la relación de las partes individuales con el objeto en su conjunto. Se lo puede denominar *dibujo de ensamble*.

Desviación: combinación de codos o curvas que permiten a una sección de la tubería salirse de la línea, pero continuar en línea paralela a la otra sección.

Desviador: dispositivo que redirige el flujo de agua, como en un accesorio combinado para ducha y bañera. Cuando el desviador está activado, el agua fluye a través del cabezal de la ducha, en lugar de a través de la salida de agua inferior.

Diagrama de tubería ascendentes: dibujo que muestra la tubería verticales y horizontales, junto con los tamaños y un número de tubería ascendente que remite al conjunto completo de planos de plomería.

Diagramas de una sola línea: planos de plomería que utilizan una sola línea para representar la línea de centro de un caño. Estos diagramas se pueden usar para representar caños de cualquier diámetro. También se los denomina *planos esquemáticos*.

Diámetro: distancia a lo largo del centro de un círculo.

Diámetro exterior (OD - Outside diameter): distancia entre las paredes externas de un caño.

Diámetro interior (ID - Inside diameter): distancia entre las paredes internas de un caño; se aproxima a los tamaños nominales de tubería que se utilizan en calefacción y plomería.

Diámetros de los tubos de cobre (CTS - Copper tube sizes): medición del diámetro exterior de un caño. Los tamaños más comunes son 15 mm, 18 mm y 22 mm (0.59 pulg., 0.71 pulg. y 0.87 pulg.).

Dibujo de accesorio de plomería: dibujo que muestra los componentes de un accesorio en detalle.

Dibujo de catálogo: dibujo de un accesorio sanitario que se encuentra en los catálogos de los fabricantes. También se lo conoce como *presentación de datos*.

Dibujo en corte: dibujo de corte transversal que muestra los elementos de construcción de una parte concreta de un edificio o accesorio.

Dibujo oblicuo: dibujo en perspectiva que muestra la silueta de un objeto. Muestra la parte frontal del objeto, y el cuerpo se representa con un ángulo ligero.

Dibujo ortográfico: plano de construcción que muestra vistas planas de los diferentes lados de un objeto. Los dibujos ortográficos se usan en los planos de elevación.

Dibujos de elevación: dibujos de estructuras que muestran una vista lateral, frontal o trasera.

Dibujos en perspectiva: dibujos que muestran la vista tridimensional de un objeto.

Dibujos isométricos: dibujos en perspectiva que crean la ilusión de un objeto tridimensional. Todas las líneas horizontales se proyectan en un ángulo de 30 grados.

Disco de la válvula: en la mayoría de los accesorios de válvulas de compresión, se trata del extremo ensanchado del vástago de la válvula que sostiene y apoya la arandela de asiento para crear un sello hermético cuando la válvula está cerrada.

Diseño asistido por computadora (CAD - Computer-aided drafting): confección de un conjunto de planos de construcción con la ayuda de una computadora.

Dispositivo de desconexión de energía eléctrica: cualquier dispositivo mecánico que impida de forma física la transmisión o liberación de energía. Se incluyen los disyuntores eléctricos de accionamiento manual, interruptores de desconexión, válvulas en línea y bloqueadores.

Dispositivos de bloqueo: todos los elementos que utilizan medios positivos, como un candado, para mantener un dispositivo de desconexión de energía eléctrica en una posición segura, a fin de impedir la activación de máquinas o equipos.

Dispositivos de etiquetado: cualquier elemento de advertencia notable, como una etiqueta y un medio de sujeción, que pueda fijarse de forma segura a un dispositivo de desconexión de energía eléctrica según el procedimiento establecido. La etiqueta indica que la máquina o el equipo no se debe poner en marcha hasta que se retire el dispositivo de etiquetado de acuerdo con el procedimiento de control de energía.

Distancia del centro al extremo del conector: longitud extra que se añade a un caño al acoplar los accesorios y que debe tenerse en cuenta al montar un sistema de tubería.

Distribuidores: dispositivos que permiten que los suministros a múltiples dispositivos de gas se ramifiquen desde un caño de gas de CSST.

Doble extra resistente: medida industrial estándar del peso o la resistencia de los caños de acero. También se la denomina *cédula 120* y *doble extra reforzado*.

Doble sifón: situación en la que un sifón está unido a otro, lo que crea una presión negativa que cierra el flujo de drenaje previsto.

Dorso: la parte del conector opuesta al lado que tiene la abertura o cara.

Drenaje, desagüe y ventilación (DWV - Drain, Waste, and Vent): sistema de tubería que combina el desagüe sanitario con la ventilación.

Eficiencia hídrica: uso gestionado del agua potable para reducir los residuos.

Elastomérico: engomado. Hecho de una sustancia elástica, como el vinilo polimérico.

Elevación: altura sobre un punto de referencia establecido, como un punto de referencia de pendiente en un plano de construcción.

Entalla: corte o ranura realizada por una hoja de sierra, determinada por la forma en que se colocan los dientes en la hoja.

Escala: relación entre las dimensiones de una estructura en un dibujo y sus dimensiones reales. Por ejemplo, en una escala de $1/4$, 0.25 pulg. representan 1 pie. La escala suele proporcionarse tanto en unidades estadounidenses estándares como en unidades métricas.

Escalímetro con escala de arquitecto: dispositivo de medición que utiliza unidades pequeñas, como $1/2$ pulg. o $1/4$ pulg., para representar 1 pie. También se consigue en unidades métricas. Estas unidades se utilizan para que todas las medidas del edificio guarden proporción con sus medidas reales, pero que también puedan caber en los planos.

Escalonamiento: método para proteger a los trabajadores de los derrumbes que consiste en excavar en los costados de la excavación uno o más niveles o escalones horizontales, entre los que se suelen realizar superficies verticales o casi verticales.

Escariado: proceso que elimina las rebabas de un caño después de haberlo cortado.

Esmalte porcelánico: revestimiento de porcelana vitrificada (o loza) que proporciona un acabado atractivo y protector a los artefactos de hierro fundido o acero.

Espacio confinado que no requiere permiso: espacio de trabajo confinado libre de peligros atmosféricos, físicos, eléctricos y mecánicos que puedan causar lesiones o la muerte.

Espacio confinado que requiere permiso: espacio confinado con peligros reales y posibles. Estos peligros pueden ser atmosféricos, físicos, eléctricos o mecánicos.

Espacios confinados: espacios que, por su diseño o configuración, tienen aberturas limitadas para la entrada y la salida, cuentan con una ventilación natural desfavorable, pueden contener o producir sustancias peligrosas y no están destinados a la ocupación permanente de los empleados.

Especificaciones: requisitos escritos que se incluyen en los planos o cianotipos de un proyecto de construcción. Brindan más detalles o descripciones de las normas técnicas que se deben cumplir durante la construcción. Por lo general, las especificaciones están por encima de los dibujos, pero el contrato las anula.

Espiga: cuando se refiere a los sistemas de DWV, se trata del extremo del caño o la parte macho de un conector que se inserta en la campana de un conector descendente.

Estampado en caliente: característica de un producto que se obtiene al golpear o dar forma a un metal calentado entre matrices con un martillo pilón o una prensa.

Estándar: tipo de caño liviano de hierro fundido. El término "estándar" se refiere al espesor de la pared del caño, que es más delgada para un tamaño nominal en comparación con un caño extra grueso.

Etapa de terminaciones: se trata de la tercera etapa de un proyecto de plomería. Durante la etapa de terminaciones, los plomeros instalan accesorios, dispositivos, sistemas de purificación de agua, calentadores de agua y controles. También se la denomina *etapa final* o *de acabado*.

Etapa preliminar: primera fase de una instalación de plomería en la que todas la tubería de suministro de agua y de desagüe se han pasado por agujeros perforados para preparar la instalación de una instalación de baño.

Etapa preliminar de instalación sobre el nivel del suelo: se trata de la segunda etapa de un proyecto de plomería. Durante esta fase, se realizan orificios en las paredes, cielorrasos y pisos. Luego, se fijan o cuelgan los caños de suministro y de desagüe para conectarlos a los accesorios. También se la denomina *instalación de bajante*, *conexión vertical* o *instalación a través de las paredes*.

Etapa preliminar de instalación subterránea: fase de un proyecto de plomería durante la cual el plomero ubica todas las conexiones de suministro y desagüe de los sistemas del edificio con respecto a los servicios públicos, y establece por dónde entrarán o saldrán estos sistemas del edificio.

Ética: conjunto de principios y valores que guían el comportamiento de un individuo.

Evaporación: cambio natural del agua de líquido a vapor a una temperatura inferior a su punto de ebullición.

Extra grueso: tipo de caño de hierro fundido. El término "extra grueso" se refiere al espesor de la pared del caño, que es más gruesa que la de un caño estándar del mismo tamaño nominal.

Extra resistente: medida industrial estándar del peso o la resistencia de los caños de acero. También se la denomina *cédula 80* y *extra reforzado*.

Ferroso: que contiene hierro.

Fibra de vidrio: filamentos de vidrio tejidos en hilos, hebras retorcidas (trenzadas) y materiales textiles, como telas o alfombras. El tejido de fibra de vidrio saturado con un plástico (resina vinílica o epoxi), llamado *plástico reforzado con fibra de vidrio* o *GRP*, puede prensarse en moldes para fabricar productos como bañeras y mamparas de ducha.

Filtrado: proceso de limpieza del agua para eliminar partículas y productos químicos.

Flujo continuo: diseño de válvula que no restringe el flujo a través de ella. El elemento que cierra la válvula se retrae completamente fuera del paso.

Fregaderos: vasijas poco profundas y de fondo plano que se utilizan principalmente para la preparación de alimentos, el lavado de la vajilla y para fines utilitarios. Compárese con *tarja*.

Fuentes de energía: cualquier fuente de energía eléctrica, mecánica, hidráulica, neumática, química, térmica o de otro tipo.

Fundente: sustancia soluble en agua que facilita la fusión (unión) de metales y ayuda a evitar la oxidación superficial (herrumbre, deslustre) durante la soldadura fuerte y la soldadura blanda. También se lo llama *pasta de soldar*.

Geotérmico: calor que se genera bajo la superficie de la tierra.

Golpe de ariete: **(1)** cambio extremo en la presión del agua dentro de un caño que ocurre al detenerse repentinamente una masa de agua en movimiento, como cuando se cierra rápido una válvula. Puede provocar un fuerte sonido, como un golpe, cuando los caños se flexionan e, incluso, puede dañar el sistema. **(2)** fuerte golpeteo que se produce cuando el sistema de tubería se desvía contra los soportes al absorber la energía del flujo del agua cuando este se detiene de repente.

Gradiente hidráulico: nivel de la superficie del agua que fluye en un caño parcialmente lleno solo por gravedad.

Grifería: accesorios similares a válvulas que se utilizan para controlar el flujo de agua de los caños hacia los fregaderos, bañeras e instalaciones similares.

Grifo para exterior: grifo con salida en ángulo hacia abajo, generalmente utilizado para conexiones de servicios o mangueras en el exterior de un edificio.

Grifo para manguera: grifo con una salida roscada, normalmente colocada en ángulo con respecto a la boca de entrada del caño, que se utiliza para conectar una manguera. Suele estar situado en el exterior de un edificio. También se lo denomina *grifo de jardín* o *grifo para patio*.

Guardia contra incendios: una o varias personas que se encargan de prevenir y extinguir los incendios y notificar a los bomberos o a los ocupantes en caso de emergencia por incendio.

Herramienta de dimensionamiento: herramienta compuesta por un tapón y un anillo medidor que se utiliza para devolver la forma a un caño deformado.

Herramienta de prensado de caños: herramienta que utiliza la fuerza hidráulica para fijar los caños con una conexión a presión sin necesidad de soldar o pegar. Es similar a una herramienta para prensar caños de cobre.

Herramientas accionadas por una fuente de energía: herramientas que necesitan una fuente de energía, como baterías, electricidad o energía hidráulica o neumática, para funcionar.

Herramientas con filo: herramientas que utilizan bordes afilados para realizar sus tareas. Las herramientas con filo incluyen sierras, cuchillos, tijeras, tijeras de hojalatero y tenazas.

Herramientas de combustible líquido: herramientas que utilizan un combustible líquido, como la gasolina o el propano líquido, para funcionar.

Herramientas de impacto: herramientas con las que se golpea o que reciben golpes para realizar sus tareas. Estas herramientas pueden ser martillos, cinceles y machos de roscar.

Hidrónico: sistema que calefacciona y refrigera por medio de la circulación de agua o vapor a través de un sistema cerrado de tubería.

Hierro dúctil: aleación de hierro fundido que contiene magnesio para reducir la fragilidad.

Hipotermia: condición letal causada por la exposición a temperaturas muy bajas.

Hoja de datos de seguridad (SDS - Safety data sheet): documento que debe acompañar a cualquier material peligroso. La SDS identifica el material e indica los límites de exposición, las características físicas y químicas, el tipo de riesgo que representa, las precauciones para un manejo y un uso seguros y las medidas de control específicas.

Horquilla: hierro, o eslabón de una cadena, doblado en forma de herradura, estribo o letra U, con orificios en los extremos para recibir un perno o pasador.

Inclinación: medida del descenso de un tramo de caño desde un nivel. El cambio de nivel se expresa en grados de un ángulo o en la distancia de descenso por metro de recorrido. También se la denomina porcentaje de pendiente.

Inerte: que no reacciona con otras sustancias químicas.

Inglete: superficie que forma el extremo o borde biselado de una pieza que se une por medio del corte de dos piezas en ángulo y su posterior fijación.

Instalaciones: receptáculos o dispositivos que se conectan de forma permanente o temporal al sistema de plomería de agua de los recintos. También se los denomina *accesorios*. Pueden conectarse al suministro de agua o verter las aguas usadas, los materiales residuales líquidos o las aguas residuales, ya sea en forma directa o indirecta, al sistema de drenaje de los recintos. Las instalaciones también pueden requerir tanto una conexión al suministro de agua como una descarga al sistema de drenaje.

Instituto Nacional Estadounidense de Normalización (ANSI - American National Standards Institute): organización sin ánimo de lucro que se encarga de crear y aplicar normas para muchos sectores, incluidos los oficios de la construcción.

Interceptores: dispositivos diseñados e instalados para separar y retener materia nociva, peligrosa o indeseable de los residuos normales, lo que permite, al mismo tiempo, que las aguas residuales normales o los residuos líquidos se descarguen en el sistema de drenaje por gravedad.

Intervalo de ramal: distancia a lo largo de un bajante de aguas negras o de aguas grises que por lo general corresponde a la altura de un piso de un edificio, donde los ramales horizontales de un piso o nivel de un edificio se conectan al bajante. En ningún caso la distancia debe ser inferior a 8 pies (2.43 m).

Junta abocardada: accesorio en el que un extremo de cada tubo que se unirá se abocina hacia fuera utilizando una herramienta especial. El extremo abocardado del tubo se acopla con el accesorio abocardado roscado y se fija al accesorio con una tuerca abocardada.

Junta por compresión: **(1)** método de conexión en el que se ajusta una tuerca roscada que aprieta un anillo de compresión para sellar la unión. **(2)** juntas formadas con una empaquetadura de neopreno insertada en el extremo ensanchado de un caño con espiga y campana. La presión aplicada entre ambos caños unidos obliga a la empaquetadura a comprimirse y a rellenar los huecos de aire en la junta.

Lavaderos: pilas fijas con patas o montadas en la pared, que suelen instalarse en el cuarto de lavado o la zona de servicio de las viviendas. Se utilizan para lavar la ropa y para recibir las aguas residuales de las lavadoras automáticas.

Leyenda: en los mapas, planos y diagramas, se trata de un cuadro explicativo que define toda la información simbólica del documento.

Libras manométricas por pulgada cuadrada (psig - pounds per square inch gauge): unidad que mide la presión del sistema por encima de la atmosférica (0 psig es la presión atmosférica). Se utiliza para medir las presiones de funcionamiento de los sistemas de gas y otros sistemas de plomería.

Libras por pulgada cuadrada (psi - pounds per square inch): medida común que se utiliza para la presión de líquidos y gases en los Estados Unidos.

Liderazgo en Energía y Diseño Ambiental (LEED - Leadership in Energy and Environmental Design): sistema para certificar que un edificio se ha diseñado y construido de acuerdo con los estándares ambientales.

Línea auxiliar de cota: línea que se utiliza en un dibujo para ubicar una cota lejos de los puntos reales de la medición. Se recurre a este método cuando un dibujo puede quedar demasiado saturado o desordenado si se mostrara la cota dentro de los dos puntos.

Línea de centro: línea con la que se indica el centro de un objeto en un dibujo.

Línea de cota: línea en un dibujo con una medida que indica la longitud real.

Líneas de servicio particular: tubería principal de suministro de agua a la que se conectan los ramales. También se las denomina *líneas de alimentación*.

Llave de cadena: de construcción y función similares a las llaves de cadena para tubos, pero de menor tamaño para uso con caños de menor diámetro.

Llave de cierre: válvula de control instalada en las líneas de suministro de agua del edificio, entre la llave de paso de la compañía suministradora y el edificio.

Llave de correa: consiste en una correa pesada envuelta alrededor de un caño y pasada por una hebilla en el extremo superior del mango de la llave, lo que crea un tensor de leva. Se utiliza para roscar y enroscar caños cromados o con otros tipos de acabados, de modo que no queden marcas de las mordazas ni de arañazos.

Llave de paso de gas: válvula diseñadas principalmente para el servicio de gas; proporcionan un control de flujo positivo y rápido en los sistemas de tubería de gas.

Llave de paso de la compañía suministradora: válvula que conecta la línea de servicio particular de agua del edificio con la red de suministro.

Llave dinamométrica: llave con un calibre u otro medio para indicar la cantidad de fuerza de rotación aplicada a un elemento de fijación, como una tuerca, a medida que se la gira.

Lodo: materia semilíquida que se deposita en un tanque de retención durante el proceso de tratamiento de residuos.

Longitud de inserción: longitud de un caño que encaja en el conector u otra junta al montar un tramo de caño. La medida debe incluirse en el cálculo antes de cortar un trozo de caño para su unión.

Luz ultra violeta (UV - Ultra-violet): forma de luz de alta energía con longitudes de onda más cortas que la luz visible. En los sistemas de suministro de agua, puede desinfectar el agua al destruir los microorganismos a medida que este líquido pasa por una cámara que contiene lámparas UV (ultravioleta).

Mango: componente de una roscadora manual o motorizada que recibe y sujeta con seguridad la terraja que forma las roscas de caños.

Manorreductor: válvula utilizada para reducir la presión del agua en un edificio. La válvula se activa por los cambios de presión en el sistema.

Medidor de agua: dispositivo para medir el volumen de agua utilizado por un edificio o cliente individual.

Modelado de información de construcción (BIM - Building information modeling): proceso inteligente que utiliza bases de datos informáticos y diseño asistido por computadora (CAD) para crear un modelo interactivo y dinámico de una estructura completa y para supervisar su ciclo de vida.

Neumático: se refiere a las herramientas accionadas por presión de aire.

Niples: tramos cortos de caño con rosca macho en ambos extremos, utilizados para hacer extensiones de un accesorio o para unir dos accesorios.

Nivel de desbordamiento: borde de la vasija, taza o artefacto sobre el que fluye el agua cuando está demasiado lleno.

Nivel torpedo: pequeño nivel que se utiliza en áreas confinadas o para nivelar tramos cortos de caños. La mayoría de los niveles torpedo tienen una ampolla que indica ángulos a 45 grados.

Nivelado: recto con respecto al plano horizontal.

No ferroso: que no contiene hierro y, por lo tanto, no es magnético.

Norma sobre la comunicación de riesgos (HazCom - Hazard Communication Standard): normativa federal de la OSHA que exige a los empleadores educar e informar a los trabajadores sobre los riesgos químicos en el lugar de trabajo (*CFR 29, artículos 1910.1200*).

Operaciones gaseosas: condiciones laborales en las que se presentan una o varias de las siguientes condiciones: presencia de niveles superiores a los mínimos de metano o gases explosivos; que se haya producido una ignición de gas en el lugar con anterioridad; o que el área esté conectada a otra subterránea denominada de operación gaseosa.

Oxidación: recubrimiento escamoso y adherido a las paredes de los caños, resultante de la corrosión de los metales, especialmente del hierro o el acero. También es un revestimiento de óxido pesado sobre el cobre o las aleaciones de cobre que resulta de la exposición a altas temperaturas y al oxígeno.

Pared de núcleo celular: pared de caños de plástico ligera y de baja densidad que contiene aire arrastrado (atrapado) en una espuma sólida.

Pared sólida: pared de caños de plástico que no contiene aire atrapado en forma de espuma sólida.

Pasteurización: práctica de calentar el agua y los alimentos a altas temperaturas para matar los organismos bacterianos dañinos que haya presente.

PB (polibutileno o polybutylene): tubería de plástico que solía utilizarse en plomería; ya no se la utiliza, pero todavía se encuentra en algunas construcciones residenciales.

PE (polietileno o polyethylene): caños y accesorios de plástico flexible que se suelen utilizar para la distribución de agua y que no se deterioran cuando se exponen a la luz solar.

Peligros atmosféricos: peligros potenciales en el aire o malas condiciones de calidad del aire.

Pendiente: en el caso de los sistemas de DWV y, en especial, del alcantarillado, se trata de la inclinación de un tramo de caño. También se la denomina *inclinación* o *porcentaje de pendiente*.

Persona competente: individuo que puede identificar los riesgos existentes y previsibles o condiciones de trabajo riesgosas, insalubres o peligrosas para los empleados. Esta persona está autorizada a tomar medidas correctivas inmediatas para eliminar o controlar estos riesgos y condiciones.

Peso estándar: medida industrial estándar del peso o la resistencia de los caños de acero. También se la denomina *cédula 40*.

PEX (polietileno reticulado o cross-linked polyethylene): caños y conectores fabricados con calor y presión alta que son resistentes a temperaturas y presiones altas y a sustancias químicas.

pH: medida de la acidez o alcalinidad de una solución. Un pH de 7 es neutro, es decir, no es ni ácido ni alcalino; los números más altos son más alcalinos, mientras que los números más bajos son más ácidos. El símbolo procede del término químico de principios del siglo XX, *potencial de hidrógeno*.

Piedra de jabón: elemento hecho de roca blanda a base de talco que se utiliza para marcar los caños metálicos antes de cortarlos.

Pintura base: líquido que se aplica a un caño de plástico antes de soldarlo con solvente para limpiar y ablandar previamente el caño y asegurarse de que la soldadura sea resistente.

Pinzas para caños: herramientas similares a una llave inglesa que utilizan un tramo de cadena enrollado alrededor de un caño y unido a un tensor de leva para fijar la herramienta al caño; se utilizan para roscar y ajustar caños grandes.

Placas de impacto: placa metálica pesada de un espesor determinado que se instala detrás de una pared para proteger el CSST de la penetración de clavos, tornillos y brocas.

Plano de cimientos: plano de construcción que muestra la ubicación y las dimensiones de los cimientos de un edificio.

Plano de coordinación: dibujo acotado con elevaciones y secciones que indican el trazado propuesto para los componentes del sistema. El plano de coordinación acotado incluye el equipo real acotado, así como el espacio de acceso que necesitará este equipo.

Plano de parcela: dibujo de una estructura que incluye las dimensiones del terreno, la ubicación de la estructura en relación con los límites de la propiedad, las elevaciones de los puntos clave, las curvas de nivel existentes y finales, los servicios públicos y los puntos cardinales. También se lo denomina *plano del sitio* o *plano de emplazamiento*.

Plano de planta: plano de construcción de un edificio en el que la planta se ve desde arriba (vista aérea). El plano muestra al menos el contorno de las ubicaciones de las paredes y las dimensiones a escala. En general, este dibujo está orientado de manera que la parte superior de la página represente el norte.

Plano del sitio: dibujo en el que se muestra la ubicación de uno o varios edificios en el sitio de construcción. En estos dibujos, se suelen mostrar las líneas topográficas, líneas eléctricas y de comunicación, líneas de agua y alcantarillado, aceras, accesos para vehículos e información similar.

Planos de construcción: dibujos que muestran el diseño, la ubicación y las dimensiones de un edificio y sus diversos componentes.

Planos de detalles: secciones de los planos de construcción que se amplían para explicar mejor la información.

Planos de HVAC (calefacción, ventilación y aire acondicionado): planos de construcción que muestran la ubicación de los equipos de horno y aire acondicionado y la ubicación de los conductos y registros o de la tubería y radiadores.

Planos de la instalación eléctrica: dibujos que muestran la ubicación de todos los tomacorrientes, interruptores y luminarias. Este plano puede superponerse sobre un plano de planta.

Planos de plomería: planos de construcción que muestran la ubicación de los accesorios y el recorrido de la tubería, así como el tamaño y el tipo de caños que se deben instalar.

Plomería: según el Código Nacional de Normas de Plomería, se trata de "la práctica, los materiales y los accesorios que se encuentran dentro de una estructura o transporte de un edificio o adyacente, utilizados en la instalación, el mantenimiento, la ampliación, la modificación y la eliminación de todas la tubería, los accesorios sanitarios, dispositivos sanitarios y los accesorios preensamblados...".

Plomero: persona que instala o repara sistemas de plomería y accesorios sanitarios.

Plomero calificado: plomero que ha aprobado un programa de capacitación para aprendices.

Plumbarius: término romano para designar a la persona que trabaja con plomo. Es la raíz de la palabra *plomero*.

Plumbum: palabra latina para *plomo*.

Porcelana vítrea: material cerámico duradero compuesto generalmente por un mineral de arcilla fina (caolinita) y a menudo mezclado con cuarzo, feldespato, sílice u otros materiales. La mezcla se calienta a temperaturas de entre 2,200°F y 2,600°F (1,200°C y 1,400°C) para crear un acabado no poroso y similar al vidrio. También se la denomina *loza*, *porcelana* o *porcelana vitrificada*.

Potable: agua segura para cocinar y beber.

Precipitados: materiales sólidos resultantes de reacciones químicas en soluciones acuosas que se sedimentan.

Prensa con cadena: herramienta que ayuda a cortar caños de gran tamaño; el caño se apoya y se sujeta con una prensa con mordazas en V y se asegura con una cadena unida a un tensor de tornillo.

Prensa de yugo: prensa para caños con una mordaza en V dentada inferior rematada por un accesorio con bisagras que consiste en una mordaza que se posiciona por medio de un tornillo de compresión roscado. Cuando se lo fija, el conjunto crea un yugo que sujeta con firmeza un trozo de caño e impide que gire.

Presentación de datos aprobada: accesorios y conectors en los dibujos de catálogos que el arquitecto o ingeniero han aprobado.

Presión nominal: presión máxima a la que se puede hacer funcionar un componente o sistema de forma continua.

Procedimientos de bloqueo y etiquetado: procesos que implican identificar equipos peligrosos, bloquearlos para que ningún trabajador pueda utilizarlos hasta que se certifique el uso seguro y colocar una etiqueta en el equipo que explique el problema y advierta que no debe usarse.

Programa arquitectónico: cuadros que describen y especifican los distintos tipos y tamaños de materiales de construcción que se emplean en una edificación. Los tipos más comunes son la programación de puertas, de ventanas y de acabados. También se pueden encontrar programación de equipos, vigas, columnas y zapatas.

Protección: dispositivos que protegen a los operarios de herramientas de las piezas móviles peligrosas, como cuchillas, engranajes y poleas.

Prueba de presión hidrostática: consiste en llenar un caño con agua y purgar todo el aire de los puntos más altos y lejanos del tramo.

Punto central: punto que se genera donde la línea de centro del caño y la del conector se encuentran dentro del conector. El punto central se utiliza para determinar la longitud correcta de un caño.

Punto de acceso al drenaje: punto de acceso a las partes conectadas del sistema de drenaje para la eliminación de atascos.

PVC (policloruro de vinilo o polyvinyl chloride): **(1)** material termoplástico que se utiliza con frecuencia en los tubos de los sistemas de agua fría; se trata del primer tipo de plástico aprobado para utilizarse en plomería. **(2)** caños y accesorios de plástico que se utilizan para la distribución de agua fría y para los sistemas de agua y sustancias químicas industriales, así como para los sistemas de drenaje, desagüe y ventilación (DWV).

Que cumple con la Ley ADA (Americans with Disabilities Act): que sigue las directrices de accesibilidad de la Ley de Estadounidenses con Discapacidades de 1990, descritas en el Código de Reglamentos Federales (*sección 28 del CFR, artículo 36, Apéndice A: Directrices de accesibilidad para edificios e instalaciones de la ADA*).

Ramal: cualquier parte de un sistema de tubería que no sea una tubería ascendente, una principal o un bajante.

Ramal de ventilación: ventilación que conecta una o más líneas de ventilación individuales con un bajante de ventilación.

Rebabas: bordes irregulares o dentados que ciertas herramientas de corte dejan en los metales.

Rebosadero: en el ámbito de la plomería, es el reborde de una instalación que controla el nivel del agua dentro de él. En inglés se lo conoce como weir, que proviene del inglés antiguo y significa "presa".

Recocido: proceso que implica calentar un material y enfriarlo lentamente para atenuar las tensiones internas. Esto reduce la fragilidad y aumenta la tenacidad.

Reductor: accesorio utilizado para reducir el tamaño de una línea recta de caño. A menudo se utiliza en el bajante de ventilación antes de que atraviese el techo para reducir la posibilidad de que la escarcha obstruya la abertura de ventilación en climas muy fríos.

Regla para nivelar: pieza larga de madera o metal que no se dobla ni tuerce en su longitud.

Reguladores: dispositivos utilizados en sistemas de presión elevada para reducir y mantener una menor presión de gas en la salida del caño.

Relación entre el diámetro exterior y el espesor (SDR - Size dimension ratios): relación entre los diámetros exteriores de caños y el espesor de sus paredes.

Reservorios: fuentes de agua recogidas y almacenadas en lagos naturales o artificiales (hechos por el hombre).

Resto: número que sobra en un problema de división. Por ejemplo, en el problema $34 \div 8$, 8 entra en 34 cuatro veces ($8 \times 4 = 32$) y queda 2 como resto.

Retranqueo: distancia exigida por los códigos entre un edificio y una divisoria de propiedad, como la calle.

Retranqueos laterales: espacios a lo largo de los lados de una estructura que brindan acceso a los patios traseros, reducen la posibilidad de que un incendio se propague de un edificio a otro y promueven la ventilación alrededor de la estructura.

Riostras: sogas, cadenas, cables o varillas sujetadas a otro elemento como soporte o guía.

Rombo de advertencia de la NFPA: etiqueta de cuatro colores en forma de rombo que se coloca en contenedores o puertas para advertir a las personas sobre los riesgos específicos de seguridad de un producto, habitación o edificio.

Roscadora motorizada: máquina de accionamiento eléctrico útil para cortar roscas en grandes cantidades de caños. La máquina gira, rosca, corta y escaria caños.

Rotomartillo percutor: taladro con acción de martilleo que permite perforar hormigón, ladrillo o bloques de hormigón. Gira y martilla al mismo tiempo y perfora mucho más rápido que los taladros tradicionales.

Servidumbre: derecho de paso designado, como el acceso garantizado a las empresas de servicios públicos para la reparación de los servicios que se encuentran en terrenos privados o que los atraviesan, o para que los vehículos crucen la propiedad privada.

Sifón en P: sifón construido en forma de la letra P con la curva hacia abajo, que proporciona un sello de agua en un caño de aguas negras o grises, utilizado principalmente en fregaderos y lavatorios.

Sifón en S: sifón con un tramo largo descendente que tiende a favorecer el sifonaje. Los sifones en S ya no están permitidos por los códigos para las nuevas instalaciones, pero todavía se encuentran en los edificios más antiguos.

Sifonaje: pérdida de agua en un sello de sifón que se genera por una presión desigual dentro y fuera de la tubería de DWV. El agua fluye inicialmente en la dirección de la presión más baja. El sifonaje sostenido, incluso en ausencia de diferencias de presión, resulta de la propiedad cohesiva del agua.

Sifones: accesorios o dispositivos de DWV que proporcionan un sello líquido para evitar la emisión o el escape de gases de desechos del sistema, sin afectar materialmente el flujo de aguas residuales o de desechos a través del accesorio.

Símbolos: marcas o dibujos que se utilizan para indicar un objeto, material, clase o entidad específicos. Las leyendas muestran los símbolos que se utilizan en un plano y su significado.

Sin reducción de caudal: válvula que no restringe el flujo de un fluido a través de ella en comparación con el flujo potencial a través de la tubería conectada.

Sistema de drenaje, desagüe y ventilación (DWV - Drain, waste, and vent): se refiere a los sistemas combinados de drenaje sanitario y ventilación. Este término es técnicamente equivalente a *aguas negras, grises y ventilación (SWV - soil-waste-vent)*.

Sistemas de presión elevada: sistemas de CSST que funcionan por encima de la presión normal de la red de gas de 7 in w.c.

Sistemas de protección: método para proteger a los empleados de los derrumbes, del material que podría caer dentro de la excavación o rodar desde un costado, o del derrumbamiento de las estructuras adyacentes. Los sistemas de protección incluyen los sistemas de soporte, sistemas de escalonamiento y pendiente y sistemas de cajones de entibación.

Soldadura blanda: método para unir metales o sellar juntas con soldante y calor.

Soldadura con solvente: unión que se crea al unir dos caños de plástico con cemento solvente, que ablanda la superficie del material y crea una unión sólida de plástico cuando el solvente se evapora.

Soldadura fuerte: método para unir dos piezas de metal que utiliza una aleación con un punto de fusión inferior al del metal o metales de la junta. La aleación se utiliza como metal de aportación para unir y rellenar los huecos entre las piezas mediante la capilaridad.

Soldante: aleación (estaño más antimonio, cobre y plata) con un punto de fusión bajo que se utiliza para unir metales o sellar juntas.

Subsidencia: depresión en la tierra causada por el desequilibrio de esfuerzos en el suelo que rodea una excavación.

Sujetadores colgantes: en el caso de las instalaciones de plomería, son los accesorios de fijación de los caños, los conectores y las fijaciones estructurales que soportan y aseguran los caños.

Supresores de golpe de ariete: dispositivos instalados en un sistema de tubería para absorber el golpe de ariete mediante el cierre gradual del flujo de agua contra un amortiguador de aire o gas.

T con cabeza abultada: conector en T utilizado en un ramal que es más grande que la línea principal o que tiene una salida más grande que las aberturas del tramo.

Tabla de refuerzo: tabla corta de madera instalada entre los entramados de la pared (o a veces, en el lado sin terminación del interior de la pared) utilizada para montar la tubería ascendentes o las salidas para los instalaciones detrás de ellos.

Talones de entrada: aberturas en la parte curvada y posterior de los codos en línea con el codo, utilizadas para conectar líneas más pequeñas a la línea principal.

Tamaño nominal: medida aproximada en pulgadas del diámetro interior (ID) del caño, utilizada para la mayoría de los tubos de cobre. Sin embargo, el tamaño nominal de los tubos para ACR se basa en el diámetro exterior (OD).

Tarja: vasija diseñada para instalarse en baños y otros lugares, principalmente para el lavado de las manos y la cara. Compárese con *fregaderos*.

Temple: fuerza y resistencia de un metal.

Termoestable: material plástico utilizado en plomería y sistemas sanitarios que se vuelve muy infusible e insoluble cuando se lo trata con calor o productos químicos.

Termoplástico: material plástico que se utiliza en plomería y sistemas sanitarios; es blando y flexible cuando se calienta, y duro y rígido cuando se enfría.

Terrajas: dispositivos utilizados para formar las roscas de los caños de acero.

Terrazo: tipo de superficie de suelo (comúnmente utilizada para duchas y otras instalaciones) que se obtiene mediante el vertido en el lugar o la prefabricación de una mezcla de pequeños trozos de mármol, otra piedra dura o vidrio y una base de argamasa. Una vez endurecida, la superficie se puede esmerilar y pulir para alisarla, aunque puede dejarse ligeramente rugosa para crear una superficie antideslizante.

Tolerancia: variación admisible de una medida o cantidad determinada.

Tolerancia de ajuste: distancia que hay desde el extremo de un caño que ingresa a un conector hasta el centro del conector.

Tolerancia de inserción: longitud del caño que se enrosca en el accesorio al unir caños roscados.

Torsión: fuerza de torsión o giro aplicada en un movimiento de rotación. Las medidas se dan en pulgadas-libras o en pies-libras.

Tramos: longitudes de caños que continúan en línea recta.

Tubería ascendente a los instalaciones: tramos verticales de caños situados en el interior de la pared para conectar el instalación con el caño de suministro situado bajo el suelo.

Tubería de revestimiento de pozo: tubo o caño exterior que se hunde en el suelo después de la perforación o excavación de un pozo para estabilizarlo.

Tubo de acero inoxidable corrugado (CSST - Corrugated stainless steel tubing): material para la tubería de gas fabricado con un tubo de acero flexible, por lo general provisto de una cubierta de polietileno, aunque no siempre es así.

Tubo para ACR: tubos de cobre recocido fabricados específicamente para uso en trabajos de aire acondicionado y refrigeración.

Turbidez: presencia de partículas (arena, barro, limo) suspendidas en el agua que le dan un aspecto turbio.

Unidades de artefacto de suministro de agua (WSFU - Water supply fixture units): factores de diseño para determinar la carga que los diferentes artefactos sanitarios producen en el lado de suministro de un sistema de plomería.

Unión brida: accesorio perforado que conecta dos caños. Se atornilla una brida en el extremo de cada caño que hay que unir y luego se enroscan con tuercas y tornillos. Una empaquetadura entre las bridas crea un sello a prueba de fugas.

Unión doble de junta esmerilada: accesorio que une dos piezas de caño ajustando la parte roscada y el reborde del accesorio sobre el caño. A continuación, se ajusta el collarín para unir las secciones de caño en una junta hermética. El accesorio permite el desmontaje posterior cuando fuera necesario.

Unión por soldadura blanda o fuerte: unión de caños que se logra al aplicar soldante en la unión y calentarlo hasta que fluya en el interior de la unión.

Válvula antiquemaduras: válvula automática conectada al suministro de agua fría y caliente que utiliza un sensor para ajustar la temperatura del agua caliente y garantizar que no supere una temperatura determinada en la salida del artefacto.

Válvula antirretorno: dispositivo que impide la entrada de agua no potable en un sistema de suministro potable.

Válvula de cierre y desagüe: válvula similar a una válvula de globo que se abre o se cierra con el movimiento de un disco orientado en forma perpendicular al flujo a través del asiento de la válvula mediante un vástago roscado. Una arandela elastomérica, o engomada, unida al disco de la válvula, sella el asiento de la válvula y cierra el paso del agua. Esta válvula es la más utilizada para los grifos de agua.

Válvula de compuerta: válvula en la que el flujo se controla mediante el movimiento de una compuerta o disco que se desliza en ranuras mecanizadas en ángulo recto al flujo. Este tipo de válvula está diseñada para quedar completamente abierta o cerrada.

Válvula de corte de suministro: válvula que suele utilizarse para desconectar el suministro de agua caliente o fría de los inodoros y fregaderos. Se consigue con diseño recto o de ángulo recto y con elementos internos de una válvula esférica o de globo.

Válvula de globo: válvula que controla el flujo mediante el movimiento de un disco circular biselado o una arandela de asiento contra un asiento metálico circular o cónico que rodea la apertura del flujo.

Válvula de retención: válvula que permite que el líquido fluya en una sola dirección. La presión y el flujo dentro de la línea de entrada mantienen la válvula abierta. El cierre automático de la válvula se produce con la inversión del flujo, por el peso del mecanismo del disco o por la acción del resorte.

Válvula en ángulo: válvula cuyo diseño interno es como una válvula de globo, pero su dirección de salida es a 90 grados con respecto a su boca de entrada.

Válvula esférica: válvula utilizada para controlar el flujo de gases y líquidos. Se instala en sistemas de tubería en los que se necesiten cierres rápidos para el funcionamiento o el mantenimiento en línea.

Válvula fluxométrica: dispositivo que expulsa una cantidad predeterminada de agua en un artefacto para la descarga y que se cierra automáticamente por la presión directa del agua u otros medios mecánicos. También se denomina *fluxómetro*.

Válvula termostática/de equilibrio de presión: válvula mezcladora que detecta la temperatura de salida y la presión del agua caliente y fría entrante, y compensa las fluctuaciones de las temperaturas o presiones del agua caliente y fría para estabilizar su temperatura de salida. También se la denomina *válvula de alivio de temperatura y presión (T/P)*.

Válvula vacuorreguladora: tipo de válvula antirretorno que inhibe el contraflujo causado por la baja presión en un sistema de suministro de agua mediante la apertura de una vía de ventilación en un sistema de conexión cruzada para evitar el sifonaje.

Válvulas de alivio de presión: válvulas normalmente utilizadas para acometidas de líquidos con el objetivo de evitar la sobrepresurización de un sistema o componente. Pueden ser de acción lenta o rápida según su finalidad y diseño.

Válvulas de descarga: dispositivos situados en el fondo de las cisternas para la descarga de los inodoros y artefactos similares.

Vástago de la válvula: parte de un grifo o válvula que conecta la manija o la manivela con el disco dentro del cuerpo de la válvula. Permite controlar el flujo de agua a través de la válvula cuando se gira la manija.

Velocidad: técnicamente, es la rapidez y la dirección de un objeto en movimiento. Se utiliza comúnmente en lugar de *rapidez* para describir el movimiento de los fluidos en los caños.

Viguetas: piezas de madera utilizadas de forma horizontal como soporte para techos o pisos.

www.ingramcontent.com/pod-product-compliance
Lightning Source LLC
Jackson TN
JSHW052254160926
108221JS00007B/28